LANDOLT-BÖRNSTEIN

Numerical Data and Functional Relationships
in Science and Technology

New Series
Editor in Chief: K.-H. Hellwege

Group IV: Macroscopic and Technical Properties of Matter

Volume 3
Thermodynamic Equilibria
of Boiling Mixtures

J. Weishaupt

Editor: H. Hausen

Springer-Verlag Berlin · Heidelberg · New York 1975

LANDOLT-BÖRNSTEIN

Zahlenwerte und Funktionen
aus Naturwissenschaften und Technik

Neue Serie

Gesamtherausgabe: K.-H. Hellwege

Gruppe IV: Makroskopische und technische Eigenschaften der Materie

Band 3
Thermodynamisches Gleichgewicht
siedender Gemische

J. Weishaupt

Herausgeber: H. Hausen

Springer-Verlag Berlin · Heidelberg · New York 1975

ISBN 3-540-07203-9 Springer-Verlag Berlin-Heidelberg-New York
ISBN 0-387-07203-9 Springer-Verlag New York-Heidelberg-Berlin

Library of Congress Cataloging in Publication Data (Revised)

Main entry under title: Zahlenwerte und Funktionen aus Naturwissenschaften und Technik, neue Serie. At head of title: Landolt-Börnstein. Added t. p.: Numerical data and functional relationships in science and technology. Tables chiefly in English. Intended to supersede the Physikalisch-chemische Tabellen by H. H. Landolt and R. Börnstein of which the 6th ed. began publication in 1950 under title: Zahlenwerte und Funktionen aus Physik, Chemie, Astronomie, Geophysik und Technik. Vcls. published after v. 1 of group have imprint: Berlin, New York, Springer-Verlag. Includes bibliographies. Contents: Gruppe IV. Makroskopische und technische Eigenschafen der Materie: Bd. 3. Termodynamisches Gleichgewicht siedender Gemische, von J. Weishaupt. 1. Physics—Tables, etc. 2. Chemistry—Tables, etc. 3. Engineering—Tables, calculations, etc. I. Hellwege, K. H., ed. II. Landolt, Hans Heinrich, 1831—1910. Physikalisch-chemische Tabellen. III. Börnstein, Richard, 1852—1913. IV. Title: Numerical data and functional relationships in science and technology.
QC61.Z3 Gruppe IV, Bd. 3   530′ 08s [539.7]   62—53136.

This work is subject to copyright. All rights are reserved, whether the whole or part of the material is concerned specifically those of translation, reprinting, re-use of illustrations, broadcasting, reproduction by photocopying machine or similar means, and storage in data banks.

Under §54 of the German Copyright Law where copies are made for other than private use, a fee is payable to the publisher, the amount of the fee to be determined by agreement with the publisher.

© by Springer-Verlag Berlin, Heidelberg 1975.

Printed in GDR.

The use of registered names, trademarks, etc. in this publication does not imply, even in the absence of a specific statement, that such names are exempt from the relevant protective laws and regulations and therefore free for general use.

Vorwort

Angaben über Temperatur, Druck und Zusammensetzung der Flüssigkeit und des Dampfes siedender Gemische im thermodynamischen Gleichgewicht sind bereits in den Bänden II/2a und IV/4b der 6. Auflage enthalten, in Band IV/4b unter Beschränkung auf technisch bedeutsame Gemische. Da Herr Dr. Kux, der Verfasser dieser Beiträge, sie schon sehr frühzeitig fertiggestellt hatte und sie wegen Erkrankung nicht ergänzen konnte, war es unvermeidlich, daß man darin bald Angaben über später bekannt gewordene Werte vermißte.

Um so mehr danke ich Herrn Dr. Weishaupt, Höllriegelskreuth, daß er sich bereit erklärt hat, die seit 1954 bis zum Anfang des Jahres 1974 veröffentlichten Ergebnisse von Messungen an siedenden Gemischen im vorliegenden Band der Neuen Serie zusammenzustellen. Da er sich bemühte, alle erreichbaren Werte zu erfassen, stellt sein Beitrag eine wertvolle Ergänzung nicht nur zu den Angaben im wärmetechnischen Band IV/4b, sondern auch zu dem umfangreicheren Artikel in Band II/2a dar.

Demnächst soll auch der im wärmetechnischen Band der 6. Auflage noch fehlende Beitrag von Dr. Kruis über das Lösungsgleichgewicht zwischen Gasen und Flüssigkeiten in einem gesonderten Teilband erscheinen. Hierin soll vor allem die Lösung von Gasen in reinen Flüssigkeiten und in wäßrigen Lösungen behandelt werden.

Hannover, im Sommer 1975   **Der Herausgeber**

Preface

In the 6th edition of Landolt/Börnstein, data on temperature, pressure and composition of liquid and vapour of boiling mixtures in thermodynamic equilibrium are contained in volumes II/2a and IV/4b, the latter being restricted to mixtures of technical importance.

Since these contributions had been compiled rather early and the author, Dr. Kux, could not supplement them due to illness, it was unavoidable that newer data were soon felt to be lacking.

The editor, therefore, was grateful to Dr. Weishaupt, Höllriegelskreuth, for his readiness to compile the results of measurements published since 1954 up to the beginning of 1974, for the present volume of the New Series. Since he endeavoured to gather all data within reach, his contribution is a valuable supplement not only to Volume IV/4b, but also to the more voluminous chapter in Volume II/2a.

The equilibria of solution of gases and liquids are dealt with in a separate contribution by Dr. Kruis which will appear as volume IV/4c of the 6th edition. Here, particularly the solution of gases in pure liquids and in aqueous solutions is treated.

Hanover, summer 1975   **The Editor**

Inhaltsverzeichnis — Contents

1 Einleitung — Introduction 1
2 Vorbemerkung zu den Angaben über die Gemische — Preliminary remarks concerning data on mixtures 22
3 Binäre Gemische — Binary mixtures 27
4 Ternäre und quaternäre Gemische — Ternary and quaternary mixtures 276
5 Literatur zu 3 und 4 — References for 3 and 4 344
6 Register — Index 351
  6.1 Verzeichnis der binären Gemische — Index of binary mixtures 351
    6.1.1 Alphabetische Übersicht nach Bruttoformeln — Alphabetical index of gross formulae 351
    6.1.2 Alphabetische Übersichtstabelle der binären Gemische nach Stoffnamen — Alphabetical index of the binary mixtures according to names of substances 365
  6.2 Verzeichnis der ternären und quaternären Gemische — Index of ternary and quaternary mixtures 369
    6.2.1 Alphabetische Übersicht nach Bruttoformeln — Alphabetical index of gross formulae 369
    6.2.2 Alphabetische Übersicht der ternären und quaternären Gemische nach Stoffnamen — Alphabetical index of ternary and quaternary mixtures . 375

Anordnung der chemischen Verbindungen — Arrangement of the chemical compounds

Anorganische Verbindungen

Die Anordnung in den Tabellen ist durch die Stellung der Elemente im Periodensystem bestimmt. Das Ordnungsverfahren, das im folgenden näher erläutert ist, wird durch das unten gezeigte Laufschema dargestellt.

I. Elemente

Den Edelgasen folgen die nichtmetallischen Elemente von „rechts nach links"*), darauf die metallischen von „links nach rechts"*). Die „metallischen" Elemente sind dick umrandet.

Der Wasserstoff ist abweichend vom Periodensystem mit dem Sauerstoff den Halogenen vorangestellt.

II. Verbindungen

1. Obige Regel gilt sinngemäß auch für die Ordnung von Verbindungen.

a) Die Stellung wird bei Verbindungen nichtmetallischer Elemente durch das im Laufschema am weitesten „links" liegende Element der Verbindung bestimmt.

b) Bei Verbindungen von Metallen untereinander oder mit Nichtmetallen wird die Stellung durch das im Laufschema am weitesten „rechts" liegende Metall (Hauptelement) der Verbindung bestimmt.

c) Das Ammonium folgt den Alkalimetallen.

Inorganic compounds

The arrangement in the tables is determined by the place of the elements in the periodic system. The ordering procedure explained in the following paragraphs, corresponds to the scheme shown below.

I. Elements

The groups of non-metallic elements follow the rare gases from "right to left"*), the groups of metallic elements thereafter from "left to right"*). The "metallic" elements are surrounded by a fat line.

Deviating from the periodic system, hydrogen and oxygen are placed before the halogenes.

II. Compounds

1. The above rule is valid correspondingly for the ordering of the compounds.

a) The place of compounds of non-metallic elements is determined by the element which is located farthest "left" in the ordering system.

b) The place of compounds of metals only or of metals and non-metals is determined by the metallic element (main element) which is located farthest right in the ordering system.

c) Ammonium follows the alcali metals.

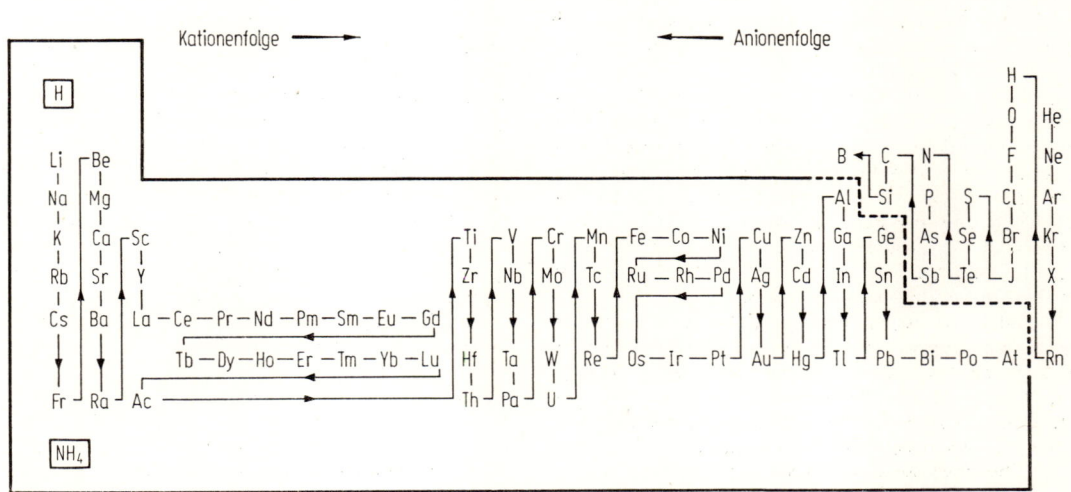

*) „rechts nach links" wird durch die bei He beginnenden Pfeile angedeutet, entsprechend „links nach rechts" durch den Verlauf der Pfeile von Li aus.

*) "right to left" is represented by the arrow starting at He, "left to right" by the arrow starting at Li in the scheme.

2. Die weitere Folge wird bestimmt:
a) durch die Wertigkeit des Hauptelementes,
b) durch den Index, mit dem das Hauptelement in komplexen Ionen vorkommt,
c) durch sinngemäße Anwendung obiger Regeln auf die weiteren Elemente der Verbindung.

2. The further order is determined by
a) the valence of the main element,
b) the index of the main element in complex ions,
c) the analogous application of the above rules to further elements of the compounds.

Organische Verbindungen

Die organischen Verbindungen sind in Gruppen eingeordnet. Für die Einordnung maßgebend ist das Element, welches am spätesten in der folgenden Tabelle vorkommt. Die Tabelle hat eine Elementenfolge, die sich aus dem Periodensystem ergibt.

Organic compounds

The organic compounds are arranged in groups. Decisive for the ordering is that element which appears latest in the following table. The sequence of elements in this table is given by the periodic system.

	I	II	III	IV	V	VI	VII
a	C	H, D	F, Cl, Br, J	O	N	Si	B	Metalle ... / metals ...
b				S	P			Li, Na ...
c				Se	As			wie im Laufschema /
d				Te	Sb			according to the ordering
e					Bi			system

Die Einreihung der Verbindungen innerhalb einer Gruppe erfolgt:
1. Nach steigender Anzahl der Kohlenstoffatome.
2. Nach Zahl der verschiedenen Elementarten, ohne Zählung des H; dabei werden die verschiedenen Halogene zusammen als nur eine einzige Elementart gewertet.
3. Nach steigender Anzahl der Atome der Elemente in der Reihenfolge, die sich aus der Tabelle ergibt.
4. Nach fallender Zahl der H-Atome bei Verbindungen, die sonst gleiche Zahl gleicher Elemente enthalten.
5. Bei isomeren Verbindungen gehen die einfacher gebauten den komplizierteren voran, z. B. die geradkettigen vor den einfach oder zweifach verzweigten, diese vor zyklischen oder heterozyklischen Verbindungen. Auch bei diesen gilt die Ordnung nach der Kettenzahl und -verzweigung der Substituenten.
6. Salze oder salzartige Verbindungen organischer Stoffe, wie die der Säuren, der Alkohole, die der Amine folgen unmittelbar den Stammverbindungen. Der salzbildende Anteil wird also nicht nach dem Laufschema (siehe unter 1. und 3.) gewertet. Zu diesen Verbindungen gehören auch die komplexen Verbindungen mit organischen Liganden. Sie sind eingeordnet, als ob sie Salze der komplexbildenden Metalle wären.
7. Die systematische Nomenklatur wurde nur beschränkt angewandt. Bevorzugt wurden die von den Autoren benutzten Bezeichnungen.
8. Als anorganische Verbindungen wurden Carbide, CO, CO_2, CS_2, COS, CSe_2, CTe_2, CN, HCN, HCNO, HCON und HCNS behandelt.
9. Die Bruttoformeln sind als ordnendes Prinzip der organischen Stoffe angegeben.

The ordering of compounds within a group is given
1. by increasing number of C atoms.
2. by the number of different elements, without counting the H. Different halogenes are considered one kind of element.
3. by increasing number of atoms from the sequence of elements in the table above.
4. by decreasing number of H atoms in compounds with equal numbers of equal elements besides H.
5. The more complicated isomeric compounds follow the simple ones, e.g. the straight chains precede the simple and double branched chains and these are followed by the cyclic and heterocyclic compounds. Their arrangement is also determined by the chain-number and -branching of the substituents.
6. Salt or salt-like compounds of organic substances, as the compounds of organic acids, alcohols or amines follow directly the parent compounds. The saligenous part is not considered according to the ordering system (see 1. and 3.). Also complex compounds with organic ligands belong to these compounds. They are arranged as if they were salts of the metals forming the complex compounds.
7. The systematic nomenclature is not used consequently. The names used by the original authors are preferred.
8. Carbides, CO, CO_2, CS_2, COS, CSe_2, CTe_2, CN, HCN, HCNO, HCON and HCNS are considered as inorganic compounds.
9. The gross formulae — as ordering principle — are given always.

1 Einleitung — Introduction

Stehen zwei Phasen eines Gemisches miteinander im thermodynamischen Gleichgewicht, so haben sie im allgemeinen verschiedene Zusammensetzung. Der zwischen den Zusammensetzungen der Phasen bestehende Zusammenhang, der von Fall zu Fall verschieden ist, bildet die Grundlage aller thermischen Trennverfahren. So ist die Kenntnis des Gleichgewichts zwischen Flüssigkeit und Dampf erforderlich zum Verständnis und zur Berechnung der Destillation und Rektifikation. Für Lösungsvorgänge ist das Gleichgewicht zwischen einem festen Körper oder einem zu lösenden Gas und dem flüssigen Lösungsmittel von Bedeutung. Technisch wichtig ist ferner das Gleichgewicht eines zu trocknenden Stoffes mit Luft von einem bestimmten Feuchtigkeitsgehalt.

Der vorliegende Beitrag ist dem thermodynamischen Gleichgewicht zwischen der flüssigen und dampfförmigen Phase von Zwei- und Mehrstoffgemischen gewidmet.

In Band IV/4b der 6. Auflage des Landolt-Börnstein befinden sich Abschnitte über das Gleichgewicht bei der Adsorption aus der Gasphase sowie über das Trocknungsgleichgewicht zwischen festen Stoffen und feuchter Luft. Band IV/4b enthält überdies einen Abschnitt über die Enthalpie und Entropie von Zweistoffgemischen im Bereich des Verdampfens und Schmelzens. Der sehr umfangreiche Beitrag von A. Kruis über das Lösungsgleichgewicht zwischen einem Gas und einer Flüssigkeit soll in Kürze in einem besonderen Band des Landolt-Börnstein erscheinen.

Vor allem muß auf Band II/2a der 6. Auflage, Abschnitt 22263 verwiesen werden, wenn für die Extraktion das Gleichgewichtsverhalten zwischen zwei flüssigen Phasen oder für die Kristallisation das Gleichgewicht zwischen einer flüssigen und einer festen Phase benötigt werden.

If two phases of a mixture are in thermal equilibrium, they generally have a different composition. The relation between the compositions of the phases, which varies from case to case, is the basis of all methods of thermal separation. Thus, information on liquid-vapour equilibrium is needed for the understanding and calculation of distillation and rectification. The equilibrium between a solid or a gas that is to be dissolved and the liquid solvent is important for solution processes. Of technical importance is also the equilibrium between a substance to be dried and air with a certain humidity.

The present volume deals with the thermodynamic liquid-vapour equilibrium of binary and multicomponent mixtures.

In Part IV/4b of the 6th edition of Landolt-Börnstein there are sections on the equilibrium in adsorption from the gaseous phase as well as the equilibrium between drying solids and humid air. Part IV/4b also contains a section on the enthalpy and entropy of binary mixtures in the region of evaporation and melting. The very comprehensive section by Kruis on the solution equilibrium between a gas and a liquid will appear shortly in a separate volume of Landolt-Börnstein.

We refer the reader in particular to Part II/2a of the 6th edition, section 22263, for those cases where data on the equilibrium between two liquid phases are needed for extraction or where the liquid-solid equilibrium is demanded for crystallisation.

Darstellung des Gleichgewichts zwischen einer flüssigen und einer dampfförmigen Phase in Diagrammen

In Band II/2a der 6. Auflage, S. 336 ff., ist die thermodynamische Theorie des Gleichgewichts unter Angabe aller wichtigen Beziehungen dargestellt. Hier soll die Theorie nur kurz so weit behandelt werden, wie es zum Verständnis der nachstehenden Tabellen und Diagramme erforderlich ist. Zunächst aber sollen die wichtigsten Fälle des Gleichgewichts an Hand von Diagrammen erörtert werden.

Ist in einer Lösung n_i' die Molzahl des i-ten Bestandteils, $n' = \sum n_i'$ die Molzahl aller Bestandteile, dann kennzeichnet der Molenbruch $x_i' = \dfrac{n_i'}{n'}$ den Gehalt der Lösung am i-ten Bestandteil. Dieser Gehalt kann aber auch durch das entsprechende Verhältnis m_i' der Masse des i-ten Bestandteils zur Gesamtmasse zum Ausdruck gebracht werden.

Representation of the liquid-vapour equilibrium in diagrams

The thermodynamic theory of equilibrium with all important relations is discussed in Part II/2a of the 6th edition, p. 336 ff. Here only as much theory will be presented as is necessary to understand the following tables and diagrams. First the most important cases of equilibrium will be discussed with the aid of diagrams.

If in a solution n_i' is the number of moles of the i-th component, $n' = \sum n_i'$ the number of moles of all components, then the mole fraction $x_i' = \dfrac{n_i'}{n'}$ represents the content of the i-th component in the solution. This content can also be expressed by the corresponding ration m_i' of the mass of the i-th component to the total mass of the solution. The

term "concentration" is often used instead of "content", in the abbreviated form "concentration of the solution", meaning the concentration of a component in the solution.

Each dissolved component exerts a partial vapour pressure p_i' which depends on its mole fraction x_i' as well as on the temperature and equals at equilibrium the partial pressure p_i'' of the same component in vapour. In more general cases partial vapour pressures are replaced by activities, which are discussed later on, and at higher pressures the partial pressures are replaced by fugacities. The behaviour of the partial vapour pressures or the corresponding activities as well as of the fugacities, as the case may be, determines the kind of equilibrium between a liquid solution and its vapour.

There are *dilute solutions* when the liquid contains a large amount of one of the components, the "solvent", and only a small amount of the "solute". By dissolving a substance in a solvent, the vapour pressure of the solvent will be reduced according to Raoult's law, as long as the solution is dilute:

$$\frac{p_{0L}' - p_L'}{p_{0L}'} = \frac{n_i'}{\sum n_i'} = \frac{n_i'}{n'} \tag{1}$$

p_{0L}' denotes the vapour pressure of the pure solvent, p_L' the vapour pressure of the solvent in the solution and n_i' the number of moles of the solute or even several solutes. Thus the relative vapour pressure reduction, which is shown on the left side of the equation, equals the mole fraction of the solute in the solution.

Ideal mixtures

In a ideal solution, Raoult's law is valid for any concentration of the components; therefore each component can be considered a solvent. Hence the partial vapour pressure may be expressed by

$$p_i' = x_i' p_{0i}', \tag{2}$$

if p_{0i}' is the vapour pressure of the pure i-th component at the same temperature. Thus the partial vapour pressures p_1' and p_2' are dependent on x_2' for a binary mixtures as shown in Fig. 1. If the total pressure P is low enough, such that the vapour can be regarded as a mixture of ideal gases and its total pressure is equal to the sum of all partial pressures p'' according to Dalton's law of partial pressures, then there exists for the partial pressure of the i-th component in the vapour the relation

$$p_i'' = x_i'' \cdot P, \tag{3}$$

Here x_i'' represents the mole fraction of the i-th component in the vapour. Since $p_i'' = p_i'$ at equilibrium, we can calculate for a given temperature, the values of x_i'' from the values of x_i' with the aid of eqs. (2) and (3) and thus the composition of the vapour, which corresponds to a given composition of a liquid at equilibrium.

Zur Vereinfachung sollen zunächst nur *Zweistoffgemische* betrachtet werden, für die sich das Gleichgewicht anschaulich in Diagrammen darstellen läßt. Zur Kennzeichnung der Zusammensetzung genügt wegen $x_1' + x_2' = 1$ und $x_1'' + x_2'' = 1$ die Angabe von x_2' bzw. x_2''.

Physikalisch am aufschlußreichsten ist die Darstellung bei konstanter Temperatur wie in Abb. 2, in der abhängig von x_2' und x_2'' der nach Gl. (2) und (3) errechenbare Gesamtdruck P aufgetragen ist. Die obere, für die siedende Flüssigkeit geltende Linie heißt Siedelinie, die untere Kurve für den Dampf Taulinie. Zwei im Gleichgewicht einander zugeordnete Zusammensetzungen von Flüssigkeit und Dampf werden durch gleich hoch liegende Punkte auf beiden Linien wiedergegeben, weil im Gleichgewicht beide Phasen gleichen Gesamtdruck haben.

Technisch bedeutsamer sind die Gleichgewichtskurven für konstanten Druck, wobei wie in Abb. 3 die Temperatur abhängig von x_2' und x_2'' aufgetragen ist. In dieser Darstellung liegt die Taulinie oberhalb der Siedelinie. Auch hier wird das Gleichgewicht durch zwei gleich hoch liegende Punkte auf beiden Linien wiedergegeben.

Schließlich kann man wie in Abb. 4 x_2'' abhängig von x_2' auftragen, was der technischen Anwendung wegen im allgemeinen für konstanten Druck durchgeführt wird.

In order to simplify the considerations, first only binary mixtures may be discussed where the equilibrium can be shown clearly by diagrams. The composition can be characterized by x_2' or x_2'' because of the relations $x_1' - x_2' = 1$ and $x_1'' - x_2'' = 1$.

Most informative from a physical point of view is the representation at a constant temperature as shown in Fig. 2, in which the total pressure P, calculated according to eqs. (2) and (3), is plotted as a function of x_2' and x_2''. The upper straight line representing the boiling liquid is called boiling point curve, the lower line representing the vapour is called dew point curve. Two coordinated compositions of a liquid and its vapour in equilibrium are given by points of equal ordinates on both of these curves because both phases have equal total pressures at equilibrium.

Of greater technical importance are the equilibrium curves at constant pressure, where the temperature is the ordinate, being a function of x_2' and x_2'' as shown in Fig. 3. In this plot the dew point curve lies above the boiling point curve. Again the equilibrium is represented by points with the same ordinate on the two lines.

Finally, x_2' can be plotted as a function of x_2'' as shown in Fig. 4, which is generally done at constant pressure with regard to the technical applications.

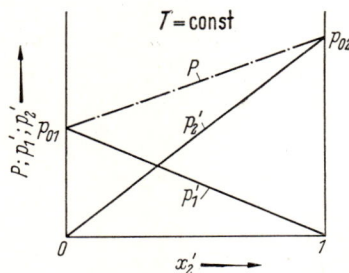

Abb. 1. Teildampfdrücke p_1' und p_2' und Gesamtdruck P eines idealen Gemisches bei konstanter Temperatur. p_{01} und p_{02} sind die Dampfdrücke der reinen Bestandteile.

Fig. 1. Partial vapour pressures p_1' and p_2' and total pressure P at constant temperature for an ideal mixture. p_{01} and p_{02} are the vapour pressures of the pure components.

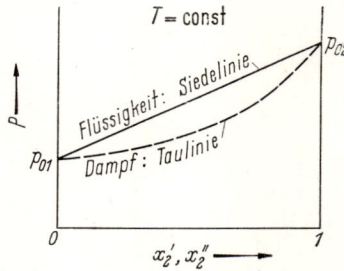

Abb. 2. Siedelinie und Taulinie eines idealen oder angenähert idealen Gemisches bei konstanter Temperatur.

Fig. 2. Boiling point and dew point curves for an ideal or almost ideal mixture at constant temperature.

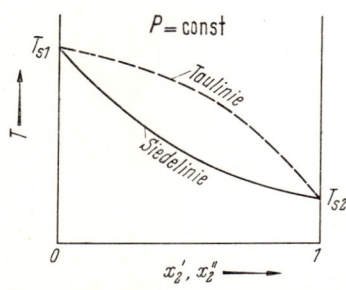

Abb. 3. Siedelinie und Taulinie eines idealen oder angenähert idealen Gemisches bei konstantem Druck. T_{s1} und T_{s2} sind die Siedetemperaturen der reinen Bestandteile.

Fig. 3. Boiling point and dew point curves for an ideal or almost ideal mixture at constant pressure. T_{s1} and T_{s2} are the boiling points of the pure components.

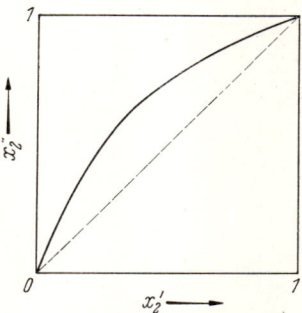

Abb. 4. Gleichgewichtskurve eines idealen oder angenähert idealen Gemisches.

Fig. 4. Equilibrium curve for an ideal or almost ideal mixture.

Nonideal mixtures

Attractive or also repulsive forces that exist between the molecules in a solution can be such that an evaporating molecule will be held in the liquid less or more strongly than in an ideal solution. In the first case, when the molecule can evaporate more easily at a given temperature, the number of evaporating molecules and thus the partial vapour pressure of the respective component increases. In the other case the partial vapour pressure is lower than that under ideal conditions.

Fig. 5 gives the curves for increased partial vapour pressure at a constant temperature. At the ends, i.e. at $x_2' = 1$ and $x_1' = 1 - x_2' = 1$ the curves have as tangents the dotted straight lines that represent ideal solutions. This is necessary, because close to $x_2' = 1$ and $x_1' = 1$, we have dilute solutions and for these Raoult's law has to be fulfilled.

If there is a significant deviation from ideal conditions, the total pressure P, which is obtained by adding p_1' and p_2', shows a maximum. If we plot P as a function of x_2' and x_2'', we get curves like those in Fig. 6 for liquid and vapour. At the maximum point the liquid and the vapour have equal composition, so that here $x_2'' = x_2'$. A liquid of this characteristic composition evaporates at a given temperature without a change in pressure and composition. This characteristic point is therefore also called the "azeotropic" point, which literally means "no turning during boiling". Whereas to the left of this point the vapour at equilibrium is richer in the more volatile component, just like in ideal mixtures, the opposite is true to the right of the azeotropic point.

Fig. 7 gives boiling point and dew point curves at constant pressure. Mixtures of water and ethyl alcohol, for example, show this behaviour with a minimum at the boiling point. Finally, if x_2'' is computed as a function of x_2', curves result like those in Fig. 8.

Figs. 9—12 show the equilibrium behaviour if the partial vapour pressures are lower than in ideal mixtures.

For the separation of mixtures by distillation or rectification the relative volatility α, known in the field as separation factor, is of importance. It is defined by the equation

$$\alpha = \frac{x_2''}{1 - x_2''} \frac{1 - x_2'}{x_2'}. \tag{4}$$

and thus can easily be obtained from an equilibrium diagram. In ideal mixtures α equals the ratio $\dfrac{p_{02}'}{p_{01}'}$ of the vapour pressures of the pure components at a given temperature. In nonideal mixtures α depends not only on T but also on x_2'. The more α deviates from unity, the more the boiling point and dew point curves are separated from each other in the graphs discussed. The de-

voneinander entfernt und um so mehr weicht in der Darstellung von Abb. 4 die Gleichgewichtskurve von der Diagonalen ab. Um so leichter gelingt im allgemeinen auch die Trennung des Gemisches durch Destillation oder Rektifikation.

viation also increases the differences between the equilibrium curve and the diagonal in Fig. 4, which in general means more easy distillation or rectification.

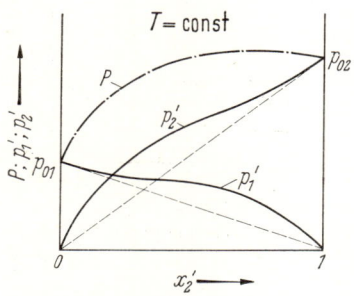

Abb. 5. Teildampfdrücke p_1' und p_2' und Gesamtdruck P eines Gemisches, bei dem die Teildampfdrücke gegenüber einem idealen Gemisch erhöht sind.

Fig. 5. Partial vapour pressures p_1' and p_2' and total pressure P for a mixture in which the partial vapour pressures are increased in comparison with an ideal mixture.

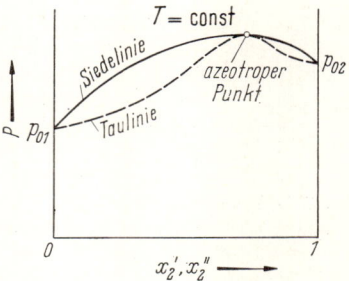

Abb. 6. Siedelinie, Taulinie und azeotroper Punkt eines Gemisches mit erhöhten Teildampfdrücken bei konstanter Temperatur.

Fig. 6. Boiling point and dew point curves and azeotropic point for a mixture with increased partial vapour pressures at constant temperature.

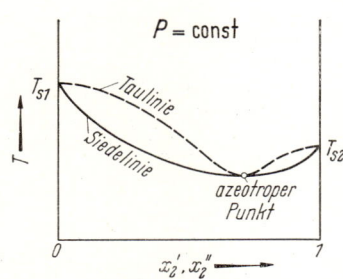

Abb. 7. Siedelinie, Taulinie und azeotroper Punkt eines Gemisches mit erhöhten Teildampfdrücken bei konstantem Druck.

Fig. 7. Boiling point and dew point curves and azeotropic point for a mixture with increased partial vapour pressures at constant pressure.

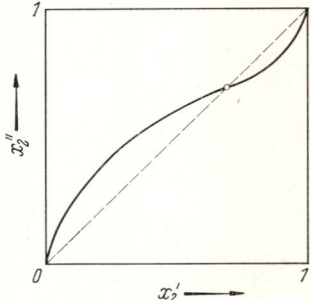

Abb. 8. Gleichgewichtskurve eines Gemisches mit erhöhten Teildampfdrücken.

Fig. 8. Equilibrium curve for a mixture with increased partial vapour pressures.

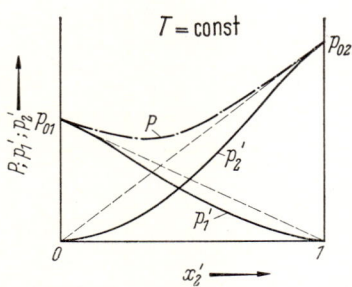

Abb. 9. Teildampfdrücke p_1' und p_2' und Gesamtdruck P eines Gemisches, bei dem die Teildampfdrücke gegenüber einem idealen Gemisch erniedrigt sind.

Fig. 9. Partial vapour pressures p_1' and p_2' and total pressure P for a mixture, in which the partial vapour pressures are reduced in comparison with an ideal mixture.

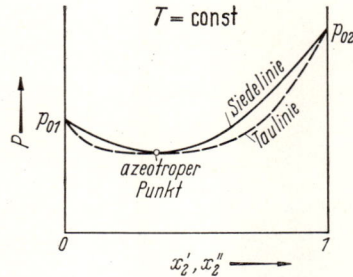

Abb. 10. Siedelinie, Taulinie und azeotroper Punkt eines Gemisches mit erniedrigten Teildampfdrücken bei konstanter Temperatur.

Fig. 10. Boiling point and dew point curves and azeotropic point for a mixture with reduced partial vapour pressures at constant temperature.

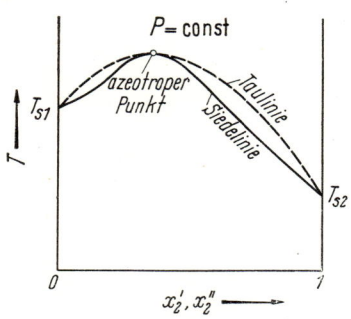
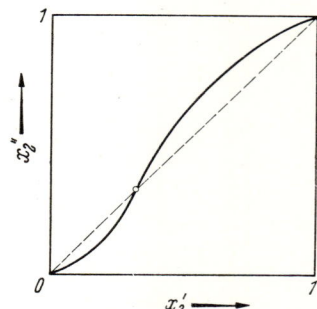

Abb. 11. Siedelinie, Taulinie und azeotroper Punkt eines Gemisches mit erniedrigten Teildampfdrücken bei konstantem Druck.

Fig. 11. Boiling point and dew point curves and azeotropic point for a mixture with reduced partial vapour pressures at constant pressure.

Abb. 12. Gleichgewichtskurve eines Gemisches mit erniedrigten Teildampfdrücken.

Fig. 12. Equilibrium curve for a mixture with reduced partial vapour pressures.

Lösungen mit Mischungslücke

Einen erhöhten Teildampfdruck wie nach Abb. 5 kann man sich angenähert dadurch erklären, daß in der Flüssigkeit ein Molekül, das in den Dampfraum übertreten will, von den benachbarten ungleichartigen Molekülen weniger stark angezogen wird als von den gleichartigen. Ein solches Molekül wird daher in der Flüssigkeit weniger stark festgehalten, als wenn nur gleichartige Moleküle vorhanden wären.

Sind die zwischen den Molekülen der verschiedenen Bestandteile wirkenden Anziehungskräfte noch geringer als in Abb. 5 vorausgesetzt, dann kann eine Entmischung unter Bildung von zwei flüssigen Phasen auftreten. Die eine Phase ist arm, die andere reich am gerade betrachteten Bestandteil.

Das Gleichgewicht von Lösungen mit Mischungslücke ist in Abb. 13 für konstanten Druck dargestellt. Die Punkte A und B geben die Zusammensetzungen der beiden flüssigen Phasen, Punkt C die Zusammensetzung des mit ihnen im Gleichgewicht stehenden Dampfes an. Punkt C entspricht bis zu einem gewissen Grad dem azeotropen Punkt in Abb. 7. Denn solange beide flüssigen Phasen vorhanden sind und der Druck sich nicht ändert, geht die Verdampfung bei konstanter Temperatur und konstanter Zusammensetzung des Dampfes vor sich. Die Siede- und Taulinien, die sich nach oben bis zu den Siedepunkten D und E der reinen Bestandteile erstrecken, gelten, wenn jeweils nur eine der beiden flüssigen Phasen vorhanden ist. So steht z. B. links von C mit dem Dampf nur die flüssige Phase im Gleichgewicht, die arm am zweiten Bestandteil ist.

Abb. 14 zeigt das Gleichgewicht in dem praktisch nur angenähert vorkommenden Grenzfall der vollkommen unmischbaren flüssigen Bestandteile.

Solutions with a solubility gap

Increased partial vapour pressure as shown in Fig. 5 can be explained roughly by the fact that a molecule in a liquid which is about to evaporate is attracted less by its nonequimolecular neighbours than its equimolecular neighbours. Such a molecule is held therefore less strongly in the liquid than in equimolecular surroundings.

If the attractive forces between the molecules of the different components are even smaller than those assumed in Fig. 5, then the mixture may separate into two liquid phases. One phase is poor, the other rich in the considered component.

The equilibrium of solutions with a solubility gap is shown in Fig. 13 at constant pressure. Points A and B give the composition of the two liquid phases, point C the composition of the vapour in equilibrium with these. Point C corresponds to a certain degree to the azeotropic point in Fig. 7. For as long as both liquid phases exist and the pressure remains unchanged, the evaporation takes place at constant temperature and constant composition of the vapour. The boiling point and dew point curves which extend up to the boiling points D and E of the pure components, are valid, if only one of the two liquid phases exists. This means for example, that to the left of C only the liquid phase poor in the second component will be in equilibrium with the vapour.

Fig. 14 gives the equilibrium for the limiting case of totally immiscible liquids, which occurs in practice only in approximation.

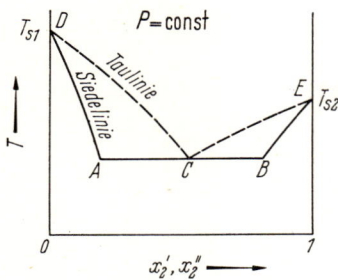
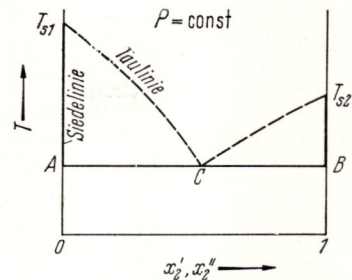

Abb. 13. Siedelinien und Taulinien eines Gemisches mit Mischungslücke. *A* und *B* stellen die Zusammensetzungen der beiden flüssigen Phasen dar, *C* die Zusammensetzung des mit ihnen im Gleichgewicht stehenden Dampfes.

Fig. 13. Boiling point and dew point curves for a mixture with a solubility gap. *A* and *B* represent the compositions of the two liquid phases, *C* the composition of the vapour in equilibrium with these.

Abb. 14. Siedelinien und Taulinien bei vollkommen nichtmischbaren Flüssigkeiten.

Fig. 14. Boiling point and dew point curves for completely immiscible liquids.

Dreistoff-Gemische

Die Zusammensetzung eines Gemisches aus drei Bestandteilen wird zweckmäßig durch einen Punkt im Dreiecksdiagramm wiedergegeben, das die Gestalt eines gleichseitigen Dreiecks hat und als schiefwinkliges Koordinatensystem aufgefaßt werden kann. Wie in Abb. 15 ist z. B. x_2' als Abszisse, x_3' als Ordinate aufgetragen, während der Gehalt am ersten Bestandteil durch $x_1' = 1 - x_2' - x_3'$ mitbestimmt ist. x_3' kann auch auf der rechten Dreiecksseite nach oben hin aufgetragen werden.

Das Gleichgewicht zwischen einer flüssigen und einer dampfförmigen Phase läßt sich im Dreiecksdiagramm dadurch zum Ausdruck bringen, daß man neben dem gleichmäßig geteilten Koordinatennetz, das man z. B. der Flüssigkeit zuordnet, ein ungleichmäßig geteiltes Netz einzeichnet, das dann die Zusammensetzung des Dampfes angibt. Dieses zweite Netz wird in Abb. 16 so gestaltet, daß jeder Punkt des Dreiecksdiagramms in beiden Netzen Zusammensetzungen von Flüssigkeit und Dampf wiedergibt, die einem Gleichgewicht entsprechen. Will man somit aus einem solchen Diagramm zu einer gegebenen Zusammensetzung der Flüssigkeit die Gleichgewichtszusammensetzung des Dampfes ermitteln, dann sucht man zunächst im gleichmäßig geteilten Netz den Punkt auf, der der Flüssigkeitszusammensetzung entspricht. Derselbe Punkt legt dann im ungleichmäßig geteilten Netz die Zusammensetzung des mit der Flüssigkeit im Gleichgewicht stehenden Dampfes fest. Umgekehrt kann auch die Zusammensetzung der Flüssigkeit durch das ungleichmäßig geteilte, die des Dampfes durch das gleichmäßig geteilte Netz dargestellt werden.

Wenn, wie in der Regel, das Diagramm für konstanten Druck entworfen ist, dann kann man auch Isothermen einzeichnen, wie sie in Abb. 16 gestrichelt angedeutet sind.

Ternary mixtures

The composition of a mixture with three components is best represented by a point in a triangular diagram which has the form of an equilateral triangle and which can be considered a non-orthogonal coordinate system. In Fig. 15, for example, x_2' is plotted as abscissa and x_3' as ordinate, while the concentration of the first component is determined by $x_1' = 1 - x_2' - x_3'$. x_3' may also be plotted upwards along the right-hand side of the triangle.

In such a triangular diagram the equilibrium between a liquid and a vapour phase can be represented by drawing not only a uniformly divided system of coordinates to be appointed to one of the phases, e.g. the liquid, but also a non-uniformly divided one which in that case will give the composition of the vapour. In Fig. 16 this second system is drawn in such a way that each point of the triangular diagram represents on both systems compositions of liquid and vapour which correspond to an equilibrium. In order to deduct the equilibrium composition of the vapour from such a diagram for a given composition of the liquid, then first on the uniform system the point shoud be sought which corresponds to the composition of the liquid. The same point then determines on the non-uniform system the composition of the vapour in equilibrium with the liquid. Conversely, the composition of the liquid can be represented by the non-uniform system and that of the vapour by the uniform system.

When, as is customary, the diagram is plotted at constant pressure, the isotherms can also be included. In Fig. 16 these are given by dotted lines.

Azeotrope Punkte können auf einer oder mehreren Seiten oder auch im Innern des Dreiecks liegen. Ihnen entsprechen Minima oder gelegentlich auch Maxima der Temperatur.

Eine Mischungslücke erstreckt sich in der Regel von einer Dreiecksseite aus ein Stück weit in das Innere des Diagramms. Hierbei haben die Grenzen der Mischungslücke häufig einen Verlauf, wie er schematisch in Abb. 17 dargestellt ist. Die Grenzkurve besteht aus zwei Ästen, die den beiden flüssigen Phasen zugeordnet sind. Punkte beider Äste, die im Diagramm durch eine gerade Linie, eine sog. Konode, miteinander verbunden sind, stellen die Zusammensetzungen von zwei Phasen dar, die miteinander im Gleichgewicht stehen. Nach dem Innern des Diagramms hin werden die Konoden immer kürzer und schrumpfen schließlich in einen Punkt zusammen, der „kritischer Punkt" oder „Faltenpunkt" genannt wird. Die Entmischungszone erstreckt sich jedoch gelegentlich auch von einer Dreiecksseite bis zu einer zweiten, wie es in Abb. 18 angedeutet ist.

Azeotropic points may lie on one or several sides of the triangle, or even in its interior. They correspond to minima or sometimes also maxima of the temperature.

A solubility gap extends as a rule from one triangular side some distance into the interior of the diagram. In these cases the shape of the solubility gap boundary is frequently similar to that shown schematically in Fig. 17. The boundary consists of two branches that correspond to the two liquid phases. Points on both branches which are connected by a straight line, a so-called connode or tie line, represent the compositions of two phases in mutual equilibrium. Towards the interior of the diagram the connodes become shorter and finally shrink to a point, the "critical point" or "plait point". Sometimes the region of the solubility gap extends from one side of the triangle to the other, as shown in Fig. 18.

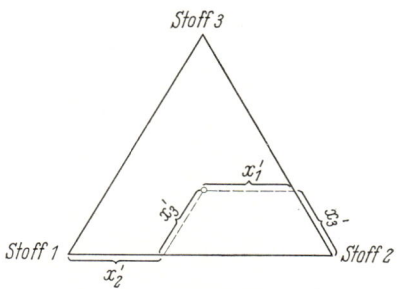

Abb. 15. Darstellung der Zusammensetzung eines Dreistoffgemisches im Dreiecksdiagramm. x_1', x_2' und x_3' stellen die Molenbrüche der drei Bestandteile dar.

Fig. 15. Representation of the composition of a ternary mixture in a triangular diagram. x_1', x_2', and x_3' represent the mole fractions of the three components.

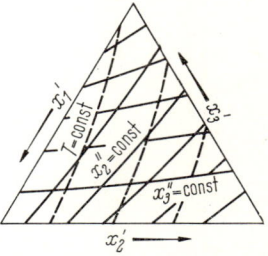

Abb. 16. Verdampfungsgleichgewicht eines Dreistoffgemisches, dargestellt durch das nicht gezeichnete, gleichmäßig geteilte Netz für die Flüssigkeit und das eingezeichnete, ungleichmäßig geteilte Netz für den Dampf. Linien konstanter Temperatur sind gestrichelt eingetragen.

Fig. 16. Evaporation equilibrium of a ternary mixture represented by a uniformly divided coordinate system (not shown) for the liquid and the shown non-uniformly divided system for the vapour. Constant temperatures are indicated by dotted lines.

Abb. 17. Gleichgewichtsdiagramm mit Mischungslücke. Die geraden Linien (Konoden) verbinden Zustandspunkte von zwei im Gleichgewicht stehenden flüssigen Phasen. Der Punkt, in dem beide Phasen identisch werden, heißt kritischer Punkt, kritischer Entmischungspunkt oder Faltenpunkt.

Fig. 17. Equilibrium diagram with a solubility gap. The straight lines (connodes or tie lines) connect the states of two liquid phases in equilibrium. The point where both phases become identical, is called the critical point or plait point.

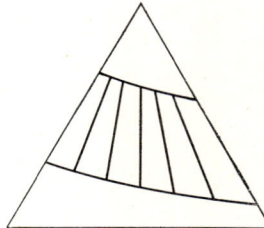

Abb. 18. Dreistoffgemisch mit einer Mischungslücke, die bis zu zwei Dreiecksseiten reicht.

Fig. 18. Ternary mixtures with a solubility gap which extends between two sides of the triangle.

Thermodynamische Grundlagen des Gleichgewichts zwischen einer flüssigen und einer dampfförmigen Phase

Werden in einem System Druck und Temperatur konstant gehalten, dann herrscht nach dem 2. Hauptsatz der Thermodynamik in diesem System Gleichgewicht, wenn die freie Enthalpie

$$G = H - TS$$

des Systems einen Kleinstwert hat. Hierbei bedeutet H die Enthalpie und S die Entropie des Systems. Besteht das System aus zwei Phasen, z. B. aus einer flüssigen und einer dampfförmigen Phase mit den freien Enthalpien G' und G'', und geht eine unendlich kleine Menge $-\delta n_i' = +\delta n_i''$ des i-ten Bestandteils aus der Flüssigkeit in den Dampf über, dann führt die Gleichgewichtsbedingung $\delta G = 0$ zu

Thermodynamic basics for the vapour-liquid equilibrium

According to the second law of thermodynamics a system is in equilibrium at constant pressure and temperature if the free enthalpy

$$G = H - TS$$

of the system has a minimum. H denotes the enthalpy and S the entropy of the system. If the system contains two phases, a liquid and a vapourous phase for example, with the free enthalpies G' and G'' and if an infinitesimal amount $-\delta n_1' = +\delta n_1''$ of the i-th component is transferred from the liquid to the vapour phase, then the equilibrium condition $\delta G = 0$ leads to:

$$\delta G = \frac{\partial G'}{\partial n_i'} dn_i' + \frac{\partial G''}{\partial n_i''} dn_i'' = \left(-\frac{\partial G'}{\partial n_i'} + \frac{\partial G''}{\partial n_i''}\right) \delta n_i'' = 0,$$

wobei die Differentiation bei konstantem Druck, konstanter Temperatur und Konstanthaltung aller Mengen der übrigen Bestandteile durchzuführen ist. Da der Klammerausdruck gleich Null sein muß, folgt, daß die chemischen Potentiale

where the differentiation has to be done at constant pressure, constant temperature and constant amounts of all other components. Since the expression in brackets has to equal zero, if follows that the chemical potentials

$$\mu_i' = \left(\frac{\partial G'}{\partial n_i'}\right)_{P,T,n_1',n_2'\ldots} \quad \text{und} \quad \mu_i'' = \left(\frac{\partial G''}{\partial n_i''}\right)_{P,T,n_1'',n_2''\ldots}$$

in beiden Phasen einander gleich sein müssen. Dasselbe trifft auch für etwaige weitere Phasen zu. Da dies überdies für jeden Bestandteil gilt, lauten die thermodynamischen *Gleichgewichtsbedingungen für ein Mehrphasensystem*

must be equal in both phases. The same applies to other possible phases. Since this is also valid for each component, the *conditions for thermodynamic equilibrium in a multicomponent system* have the form:

$$\begin{aligned} \mu_1' &= \mu_1'' = \mu_1''' = \cdots \\ \mu_2' &= \mu_2'' = \mu_2''' = \cdots \\ &\cdots\cdots\cdots\cdots\cdots \\ \mu_i' &= \mu_i'' = \mu_i''' = \cdots \end{aligned} \qquad (5)$$

Gleichung von Duhem-Margules

Für Gemische, die eine flüssige und dampfförmige Phase enthalten, ist die wichtigste Folgerung aus den Gleichgewichtsbedingungen die Gleichung von Duhem und Margules. Verhält sich der Dampf wie ein Gemisch idealer Gase, dann stellt die Gleichung von Duhem-Margules eine Beziehung zwischen den Teildampfdrücken $p_1', p_2', \ldots, p_i', \ldots$ der Bestandteile der Lösung dar und lautet

Duhem-Margules relation

For mixtures containing a liquid and a vapour phase the most important consequence of the equilibrium conditions is the Duhem-Margules equation. If we treat the vapour as a mixture of ideal gases, then the Duhem-Margules equation gives a relation between the partial vapour pressures $p_1', p_2', \ldots, p_i' \ldots$ of the components of the solution in the form

$$n_1' \frac{\partial \ln p_1'}{\partial n_i'} + n_2' \frac{\partial \ln p_2'}{\partial n_i'} + \cdots + n_k' \frac{\partial \ln p_k'}{\partial n_i'} + \cdots = 0, \qquad (6)$$

worin wiederum bei der Differentiation der Gesamtdruck P, die Temperatur T und die Mengen aller Bestandteile außer dem i-ten Bestandteil konstant zu halten sind.

Für ein Zweistoff-Gemisch vereinfacht sich Gl. (6) zu

where again the total pressure P, the temperature T and the amounts of all components except for the i-th component must be kept constant in differentiating.

For a binary mixture eq. (6) can be simplified:

$$x_2' \left(\frac{\partial \ln p_2'}{\partial x_2'}\right)_T = (1 - x_2') \left(\frac{\partial \ln p_1'}{\partial (1 - x_2')}\right)_T. \qquad (7)$$

If the total pressure P is not too high, eq. (7) can be applied with a good approximation e.g. to the boiling point line in Fig. 2, 6 or 10 even at variable total pressure because the thermodynamic properties of liquids depend only slightly on pressure.

According to eq. (7) partial vapour pressures p_1' and p_2' are not independent of each other. On the contrary p_2' can be calculated as a function of x_2', if the behaviour of p_1' is known. Even if, as is true in some experiments, only the total pressure P has been measured as a function of x_2' at constant temperature, p_2' can be calculated from eq. (7) by substituting $P - p_2'$ for p_1'. Has the behaviour of p_2' been computed, then p_1' is determined by the difference $P - p_2' = p_1'$.

Solutions of the Duhem-Margules relation

A very important application of the Duhem-Margules relation is based on the fact that its solution makes it possible to write down the equation governing the behaviour of partial vapour pressures p_1' and p_2'. This gives an overall view of the most important equilibrium cases. The most general solution is obtained by setting both sides of eq. (7) equal to a function $f(x) = 1 + A_1 x_2' + A_2 x_2'^2 + A_3 x_2'^3 + \cdots$ where the constants A_1, A_2 etc. are arbitrary. Integration gives for p_1' and p_2' the following relations:

$$\left. \begin{array}{l} p_2' = x_2' \cdot p_{02}' \cdot e^{-A_1(1-x_2') - \frac{A_2}{2}(1-x_2'^2) - \frac{A_3}{3}(1-x_2'^3) - \cdots}, \\ p_1' = (1 - x_2') p_{01}' \cdot e^{-\frac{A_1}{2} \cdot x_2'^2 - \frac{A_1+A_2}{3} x_2'^3 - \frac{A_1+A_2+A_3}{4} x_2'^4 - \cdots} \end{array} \right\} \quad (8)$$

with a subsidiary condition

$$A_1 + A_2 + A_3 + \cdots = 0.$$

p_{01}' and p_{02}' are the vapour pressures of the two pure components at the given temperature.

If $f(x) = 1$, that is $A_1 = A_2 = A_3 = \cdots = 0$, then the relations for ideal mixtures are obtained as comparison with eq. (2) will show. The simplest way to obtain qualitatively the basic behaviour of nonideal mixtures is to set $A_1 = -2B$, $A_2 = +2B$, and all other coefficients equal to zero. Then the following relations of Margules are obtained:

$$\left. \begin{array}{l} p_2' = x_2' \cdot p_{02}' \cdot e^{B(1-x_2')^2}, \\ p_1' = (1 - x_2') \cdot p_{01}' \cdot e^{Bx_2'^2}. \end{array} \right\} \quad (9)$$

The behaviour of curves with increased partial vapour pressure as shown in Fig. 5 may be obtained by assigning a positive value to B of the order of magnitude of unity, whereas a negative value for B results in a behaviour as shown in Fig. 9.

The composition x_2'' of the vapour in equilibrium with a liquid of concentration x_2' may be found by calculating $P = p_1' + p_2'$ from eqs. (8) or (9) and using eq. (3).

$$x_2'' = \frac{p_2''}{P} = \frac{p_2'}{P}$$

Here the vapour is regarded as a mixture of ideal gases, as was mentioned before.

Activities and activity coefficients

Formally we can write instead of eq. (8):

$$\left. \begin{array}{l} p_2' = a_2 \cdot p_{02}', \\ p_1' = a_1 \cdot p_{01}', \end{array} \right\} \quad (10)$$

where a_2 and a_1 denote "activities". a_2 and a_1 are the products of x_2' and x_1', respectively, and the corresponding exponential function in eq. (8). They indicate, to what degree the vapour pressures of the pure components influence the partial vapour pressures in the solution.

Instead of a_2 and a_1 it is usually more convenient to use the activity coefficients f_2 and f_1 which are equal to the exponential function in eqs. (8) or (9). Therefore eqs. (10) take the form:

$$\left. \begin{array}{l} p_2' = x_2' \cdot f_2 \cdot p_{02}', \\ p_1' = (1 - x_2') \cdot f_1 \cdot p_{01}'. \end{array} \right\} \quad (11)$$

According to eq. (9) there is for example:

$$\left. \begin{array}{l} \ln f_2 = B(1 - x_2')^2, \\ \ln f_1 = B \cdot x_2'^2. \end{array} \right\} \quad (12)$$

Van Laar found the following theoretical relations:

$$\left. \begin{array}{l} \ln f_2 = \dfrac{B}{\left(1 + \dfrac{B}{A} \cdot \dfrac{x_2'}{1 - x_2'}\right)^2}, \\[2ex] \ln f_1 = \dfrac{A}{\left(1 + \dfrac{A}{B} \cdot \dfrac{1 - x_2'}{x_2'}\right)^2}, \end{array} \right\} \quad (13)$$

which frequently give good agreement with experimental data for an appropriate choice of the constants A and B. But eqs. (13) are not as generally applicable as eq. (8). If $A = B$, then eqs. (13) become eqs. (12).

If the activities and activity coefficients are substituted for partial vapour pressures, they must obey the Duhem-Margules relation. If this is the case, then they are called *thermodynamically consistent*. Therefore with this equation there can be checked whether experimental or otherwise derived activities or activity coefficients are thermodynamically consistent in their dependence on composition. The same holds true for the fugacities discussed later.

Redlich-Kistner equation

For a numerical representation of a liquid-vapour equilibrium of a binary mixture, Redlich and Kistner [1] developed an equation discussed below. They start with the "excess free energy" i.e. the excess of the free energy of the actual mixture as compared to the free energy of an ideal solution at equal values of pressure, temperature and composition. The ratio Q of the excess free energy to RT is given by the thermodynamic relation

$$Q = x_2' \ln f_2 + (1 - x_2') \ln f_1, \tag{14}$$

where f_1 and f_2 denote the activity coefficients as in eq. (11). With the help of eq. (14) it is possible to determine, how for a special mixture Q depends on x_2', if values of f_1 and f_2 at constant temperature are derived from experimental equilibrium data. For f_1 and f_2 can be calculated from the observed values of x_2' and x_2'', from the total pressure P and from vapour pressures p'_{02} and p'_{01} using equations which are obtained by setting the expressions in eq. (11) equal to the expressions for the vapour $p_2'' = x_2'' P$ and $p_1'' = (1 - x_2'') P$; confer eq. (3). The values found in this way may also include deviations of the vapour from ideal behavior, if these deviations are not expressed separately by the fugacity. This later conception is discussed in the next section.

Redlich and Kistner [1] express Q according to eq. (14) by

$$Q = x_2'(1 - x_2')[B + C(2x_2' - 1) + D(2x_2' - 1)^2 + \cdots], \tag{15}$$

where the constants B, C and D can easily be chosen to fit the values of Q determined from experiments as a function of x_2'. This method is used widely for the numerical representation of experimental values. It can be generalized to multicomponent mixtures.

Redlich and Kistner [1] themselves proposed the following method to determine the constants for binary mixtures. Since eq. (14) gives with the aid of eq. (7):

$$\frac{dQ}{dx_2'} = \ln \frac{f_2}{f_1} \tag{16}$$

from eq. (15) also an expression for $\ln f_2/f_1$ can be derived by differentiating with respect to x_2'. The coefficients B, C and D of this expression can be determined by comparing with the experimental values of $\ln f_2/f_1$. There can also be made use of the fact that according to eqs. (4), (3), and (11)

machen, daß nach den Gln. (4), (3) und (11) $f_2/f_1 \cdot p'_{02}/p'_{01}$ gleich der aus Messungen leicht zu ermittelnden relativen Flüchtigkeit α ist.

Aus dem mit den Werten von B, C und D festgelegten Ausdruck für Q nach Gl. (15) lassen sich schließlich f_1 und f_2 auch einzeln berechnen nach den aus (15) und (16) folgenden Beziehungen

$$\ln f_2 = Q + (1 - x_2') \frac{dQ}{dx_2'}$$

Die so erhaltenen Werte von f_2 und f_1 sind thermodynamisch konsistent.

Gleichung von Wilson

Ein anderer, heute viel benutzter Ansatz für Q stammt von Wilson [2]. Er setzt für ein Gemisch aus n Bestandteilen

worin x_i den Molenbruch des i-ten Bestandteils im flüssigen Gemisch und $A_{j,i}$ Konstanten bedeuten, die den experimentellen Ergebnissen angepaßt werden können. Hierbei ist stets $A_{i,i} = 0$ zu setzen, während $A_{i,j}$ im allgemeinen von $A_{j,i}$ verschieden ist.

Für ein Gemisch aus zwei Bestandteilen erhält man nach Gl. (18)

wofür mit $A_{2,1} - 1 = B_{2,1}$ und $A_{1,2} - 1 = B_{1,2}$ auch geschrieben werden kann

Der Zusammenhang von Q mit den Aktivitätskoeffizienten f_1 und f_2 ist auch bei der Wilson-Gleichung (19) oder (20) durch die Beziehungen (16) und (17) bestimmt.

Der Vorteil der Gleichung von Wilson besteht darin, daß man bei Zweistoffgemischen schon mit zwei Konstanten die experimentellen Werte ebenso gut wiedergeben kann wie mit 3 bis 5 Konstanten bei Verwendung anderer Gleichungen, z. B. Gl. (15). Außerdem gibt die Gl. (18) von Wilson in vielen Fällen das gesamte Verhalten von Dreistoffgemischen gut wieder, wenn man lediglich die $3 \cdot 2 = 6$ Konstanten benutzt, die man für die drei Zweistoffgemische aus denselben Bestandteilen erhält. Trotzdem sind kleine Änderungen der Wilson-Gleichung vorgeschlagen worden, um ihre Genauigkeit weiter zu erhöhen.

Auch auf Gemische mit einer Mischungslücke läßt sich die Gl. (18) von Wilson [2] anwenden, wenn man ihre rechte Seite mit einer Konstanten C multipliziert, die etwas größer als 1 ist.

Fugazität

Aktivität und Aktivitätskoeffizienten bringen die Abweichungen der flüssigen Phase vom Verhalten einer idealen Lösung zum Ausdruck, wobei

$f_2/f_1 \cdot p'_{02}/p'_{01}$ equals the relative volatility α which can easily be calculated from measurements.

With Q determined by the values for B, C and D according to eq. (15), finally also f_1 and f_2 can be calculated separately by means of the relations following from eqs. (15) and (16)

$$\text{und} \quad \ln f_1 = Q - x_2' \frac{dQ}{dx_2'}. \tag{17}$$

Values for f_1 and f_2 derived in this way are thermodynamically consistent.

Wilson equation

Another nowadays much used expression for Q has been proposed by Wilson [2]. He put for a mixture of n components

$$Q = -\sum_{i}^{n} x_i \ln \left(1 - \sum_{j}^{n} A_{j,i} x_j\right), \tag{18}$$

wherein x_i denotes the molar fraction of the i-th component and $A_{j,i}$ constant parameters, which can be adjusted to experimental data. $A_{i,i}$ is always zero and $A_{j,i}$ differs principally from $A_{i,j}$.

The following equation results from (18) for a binary mixture

$$Q = -x_1 \ln (1 - A_{2,1} x_2) - x_2 \ln (1 - A_{1,2} x_1), \tag{19}$$

With $A_{2,1} - 1 = B_{2,1}$ and $A_{1,2} - 1 = B_{1,2}$ eq. (19) can also be written in the form

$$Q = -x_1 \ln (x_1 - B_{2,1} x_2) - x_2 \ln (x_2 - B_{1,2} x_1). \tag{20}$$

Also for the Wilson equation (19) or (20) the relation between Q and the activity coefficients f_1 and f_2 is given by the equations (16) and (17).

The equation of Wilson has the advantage that for a binary mixture the experimental values can be well represented with only two constants, whereas other equations such as eq. (15) require 3 to 5 constants for the same accuracy. Furthermore in many cases the eq. (18) of Wilson represents the whole behaviour of a ternary mixture, if only the $3 \cdot 2 = 6$ constants are used, which are obtained for the three binary mixtures containing the same components. Nevertheless small alterations of the Wilson-equation have been proposed to improve further its accuracy.

The Wilson equation [2] can also be applied to mixtures having a miscibility gap if the right side of eq. (18), (19) or (20) is multiplied by a constant C, which is somewhat larger than unity.

Fugacity

Activity and activity coefficients express the deviations of the liquid phase from the behaviour of an ideal solution. Here it is still assumed that the

zunächst noch vorausgesetzt ist, daß der Dampf sich wie ein Gemisch idealer Gase verhält. Bei höheren Drücken lassen sich aber auch die Abweichungen des Dampfes vom idealen Verhalten nicht vernachlässigen. Praktisch schließt man vielfach auch diese Abweichungen in die Aktivitäten oder Aktivitätskoeffizienten mit ein, und zwar schon deshalb, weil sich oft nur schwer feststellen läßt, welche Bruchteile der insgesamt beobachteten Abweichungen vom idealen Verhalten der flüssigen und dampfförmigen Phase zuzuschreiben sind.

Grundsätzlich läßt sich indessen der Einfluß der Abweichung des Dampfes vom Verhalten eines idealen Gasgemisches mit Hilfe der Fugazität gesondert zum Ausdruck bringen. Die Fugazität kann als ein korrigierter Druck oder Teildruck aufgefaßt werden und läßt sich wie folgt definieren.

Bei Gültigkeit des idealen Gasgesetzes besteht zwischen dem chemischen Potential μ_i'' und dem Druck oder Teildruck p_i'' des i-ten Bestandteils eines Gasgemisches die Beziehung

vapour behaves like a mixture of ideal gases. But at higher pressures the deviations of the vapour from ideal behaviour can no longer be neglected. In practice, these deviations are often included in the activities or activity coefficients, because it is often difficult to determine which fractions of the observed total deviations can be attributed to the liquid and which to the vapour phase.

In principle the effect of the deviation of the vapour from the behaviour of an ideal gas mixture can be separated out by the use of fugacity. Fugacity can be regarded as a corrected pressure or partial pressure and be defined as follows.

If the ideal gas law is valid there exists for the chemical potential μ_i'' and for the pressure or partial pressure p_i'' of the i-th component of a gas mixture the relation

$$\mu_i'' = f_i(T) + R \cdot T \cdot \ln p_i'', \tag{21}$$

wobei R die Gaskonstante und $f_i(T)$ eine aus der spezifischen Wärmekapazität c_{pi} des i-ten Bestandteils berechenbare Temperaturfunktion bedeuten. Bei Abweichungen vom idealen Gasgesetz gilt Gl. (21) nicht. Statt des Druckes p_i'' führt man die Fugazität $\mathring{p}_i''$ ein, die dadurch definiert sei, daß sie Gl. (21) auch bei höheren Drücken erfüllt, so daß allgemein gilt:

where R denotes the gas constant and $f_i(T)$ denotes a function of temperature which can be calculated from the specific heat capacity c_{pi} of the i-th component. Eq. (21) does not apply if deviations from the ideal gas law exist. Instead of the pressure p_i'' the fugacity $\mathring{p}_i''$ may be introduced which can be defined in such a way that eq. (21) is satisfied at higher pressures as well. Thus results the general equation:

$$\mu_i'' = f_i(T) + R \cdot T \cdot \ln \mathring{p}_i''. \tag{22}$$

Diese Beziehung trifft auch für die flüssige Phase zu, so daß auch

This relation is also valid for the liquid phase, so that also

$$\mu_i' = f_i(T) + R \cdot T \cdot \ln \mathring{p}_i' \tag{23}$$

ist. Im Gleichgewicht zwischen beiden Phasen muß wegen $\mu_i' = \mu_i''$ nach den Gln. (22) und (23) auch $\mathring{p}_i' = \mathring{p}_i''$ sein, die Fugazitäten müssen also einander gleich sein. Die Fugazitäten erfüllen die Gl. (6) oder (7) von Duhem-Margules.

Für einen Dampf oder ein Gas, das nur aus einem einzigen Stoff besteht, kann man mit Hilfe der Gleichung

If both phases are in equilibrium, for which $\mu_i' = \mu_i''$, after eqs. (22) and (23) the fugacities $\mathring{p}_1'$ and $\mathring{p}_2'$ must be equal. The fugacities satisfy eqs. (6) or (7) of Duhem-Margules.

For a vapour or a gas consisting of only one component the fugacity $\mathring{p}$ can be calculated from the equation of state by means of the following equation:

$$\mu = f(T) + R \cdot T \cdot \ln \mathring{p}$$

die Fugazität aus der Zustandsgleichung berechnen. Die Zustandsgleichung, ausgedrückt durch die Abhängigkeit des molaren Volumens V von p und T, laute

The equation of state given by the functional dependence of the molar volume V on p and T may be

$$V = \frac{R \cdot T}{p} - \Delta V,$$

so daß ΔV die Abweichung vom idealen Gasgesetz bedeutet. Dann ergibt sich für die Fugazität

so that ΔV denotes the deviation from the ideal gas law. Then we obtain for the fugacity

$$\ln \overset{*}{p} = \ln p - \frac{1}{R \cdot T} \int_0^p \Delta V \cdot dp, \qquad (24)$$

wobei die Integration bei konstant gehaltener Temperatur T durchzuführen ist.

Soweit das Theorem der übereinstimmenden Zustände erfüllt ist, läßt sich das Verhältnis $\overset{*}{p}/p$ abhängig vom reduzierten Druck $\pi = p/p_k$ und von der reduzierten Temperatur $\vartheta = T/T_k$ darstellen und deshalb aus einem Diagramm ablesen, wie es in Abb. 19 für niedrige Kohlenwasserstoffe aufgezeichnet ist.

wherein must be integrated at constant temperature T.

As long as the theorem of corresponding states is satisfied, the ratio $\overset{*}{p}/p$ can be expressed as a function of the reduced pressure $\pi = p/p_k$ and the reduced temperature $\vartheta = T/T_k$. Therefore it can be read off a diagram like that in Fig. 19 which is valid for hydrocarbons of low molecular weight.

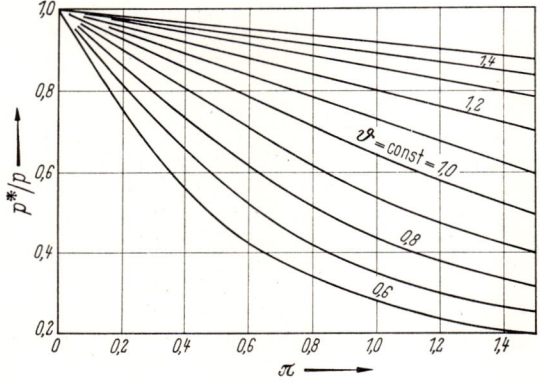

Abb. 19. Fugazität p^* in Abhängigkeit vom reduzierten Druck $\pi = p/p_k$ und von der reduzierten Temperatur $\vartheta = T/T_k$.

Fig. 19. Fugacity p^* as a function of reduced pressure $\pi = p/p_k$ and reduced temperature $\vartheta = T/T_k$.

Da man die Zustandsgleichung eines Gemisches in den meisten Fällen nicht kennt, nimmt man in der Regel an, daß man in einem Gemisch die Fugazität eines Bestandteils aus seinem Teildruck oder Teildampfdruck ebenso berechnen kann, wie wenn der Bestandteil bei diesem Druck rein vorhanden wäre. Auf diese Weise gelingt es, den Einfluß des nichtidealen Verhaltens des Dampfes auf das Gleichgewicht zu ermitteln.

Bedeutsam ist vor allem, daß man mit Hilfe der Fugazitäten den Begriff der *idealen Gemische* auf höhere Drücke erweitern kann. Zu diesem Zweck wendet man die durch die Gln. (2) und (3) ausgedrückten Gesetze der idealen Gemische statt auf die Drücke, wie folgt, auf die entsprechenden Fugazitäten an:

Since in most cases the equation of state for a mixture is not known, it is assumed as a rule that the fugacity of a component in a mixture can be calculated from partial pressure or partial vapour pressure just in the same way as if the component existed in pure form at this pressure. By this method the effect of the nonideal behaviour of the vapour on the equilibrium can be determined.

Of particular importance here is the fact that the conception of *ideal mixtures* can be extended to higher pressures by means of the fugacities. For this purpose we apply the laws of ideal mixtures expressed by eqs. (2) and (3) to the corresponding fugacities instead of to the pressures:

$$\left. \begin{array}{l} \overset{*}{p}_i{}' = x_i{}' \cdot \overset{*}{p}_{0i}{}', \\ \overset{*}{p}_i{}'' = x_i{}'' \cdot (\overset{*}{P})_i. \end{array} \right\} \qquad (25)$$

Hierbei ist im Gleichgewicht $\overset{*}{p}_i{}' = \overset{*}{p}_i{}''$ zu setzen. $\overset{*}{p}_{0i}$ ist die aus dem Dampfdruck des reinen i-ten Bestandteils errechnete Fugazität, $(\overset{*}{P})_i$ die Fugazität des Gesamtdrucks, die für jeden Bestandteil einen anderen Wert hat, weil nach Gl. (24) jeweils

At equilibrium there must be set $\overset{*}{p}_i{}' = \overset{*}{p}_i{}''$. $\overset{*}{p}_{0i}$ denotes the fugacity calculated from the vapour pressure of the pure i-th component, $(\overset{*}{P})_i$ denotes the fugacity of the total pressure, which has a different value for each component because

die individuelle Zustandsgleichung mit eingeht. Durch die Gln. (25) läßt sich z. B. das Gleichgewichtsverhalten von Sauerstoff-Stickstoff-Gemischen bei 10 bar mit guter Näherung wiedergeben, während die Gln. (2) und (3) bei diesem Druck versagen.

Wegen $\mathring{p}_i' = \mathring{p}_i''$ gilt nach den Gln. (25) für das Gleichgewicht der „idealen Gemische"

according to eq. (24) the individual equation of state has to be included in each case. For example, by use of eq. (25) a good approximation for the equilibrium behavior of oxygen-nitrogen mixtures at 10 bar is obtained, while eqs. (2) and (3) fail at this pressure.

Because $\mathring{p}_i' = \mathring{p}_i''$, there follows for the equilibrium of "ideal mixtures" from eq. (25) the relation

$$x_i'' = \frac{\mathring{p}_{0i}'}{(\mathring{P})_i} \cdot x_i', \tag{26}$$

wofür mit der Gleichgewichtskonstanten

which can be written with the aid of the equilibrium constant:

$$K_i = \mathring{p}_{0i}'/(\mathring{P})_i \tag{27}$$

auch

in the form:

$$x_i'' = K_i \cdot x_i' \tag{28}$$

geschrieben werden kann. Kennt man die Gleichgewichtskonstanten K_i für alle Bestandteile, dann kann man mit Hilfe der Gln. (28) verhältnismäßig einfach die Zusammensetzung eines Dampfes berechnen, der mit einer Flüssigkeit gegebener Zusammensetzung im Gleichgewicht steht. Die Gleichgewichtskonstante K_i ist für jeden Bestandteil eine Funktion des Gesamtdruckes P und der Temperatur T und kann daher Diagrammen entnommen werden, wie sie von Brown und Souders für Kohlenwasserstoffe berechnet worden sind. Als Beispiele sind in den Abb. 20 und 21 solche Diagramme für Methan und Pentan dargestellt.

If the equilibrium constants K_i are known for all components, then the composition of a vapour in equilibrium with a liquid of a given composition can be computed relatively simply with the aid of eq. (28). The equilibrium constant K_i is a function of the total pressure P and the temperature T for each component and thus can be read from diagrams like those developed by Brown and Sauders for hydrocarbons. Figs. 20 and 21 show examples of these diagrams for methane and pentane.

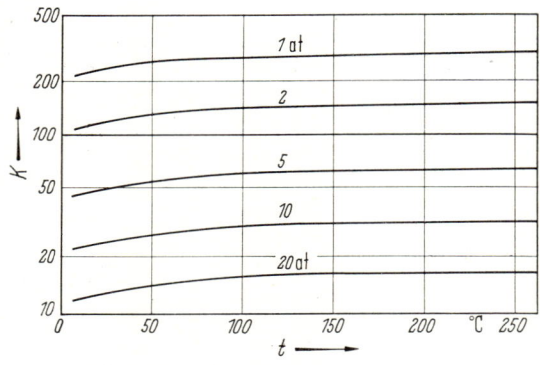

Abb. 20. Gleichgewichtskonstante von Methan.

Fig. 20. Equilibrium constant for methane.

at	1	2	5	10	20
bar	0,98	1,96	4,90	9,81	19,61

Abb. 21. Gleichgewichtskonstante von Pentan.

Fig. 21. Equilibrium constant for pentane.

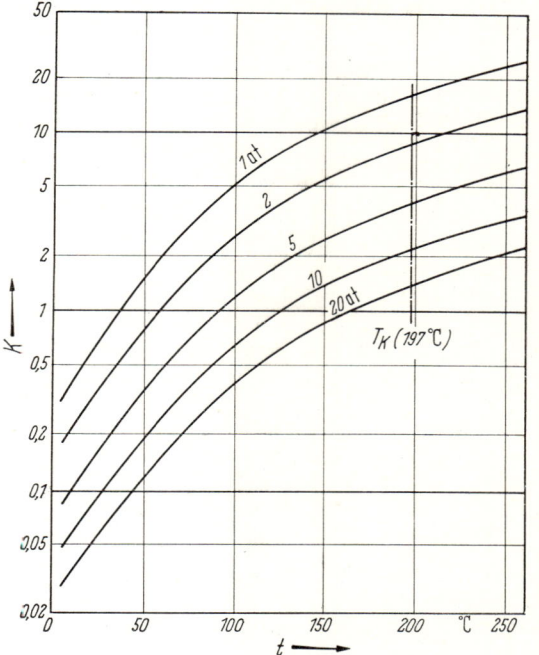

Generalizations

The following simplifications were used in the preceding discussion:

1. In eq. (6) of Duhem-Margules the condition of constant pressure was removed.

2. The fugacity of a component in a mixture was not calculated exactly after eqs. (22) or (23) but determined from the fugacity of the pure component with the help of a reasonable approximation as was done in eq. (25) for example.

To be able to apply the Duhem-Margules relation exactly to a variable pressure at constant temperature, the effect of the pressure must be expressed by an additional term. From the relation proposed by Gibbs and Duhem

$$S\,dT - V\,dP + \sum x_i\,d\mu_i = 0$$

there follows with (23) for $T = \text{const}$

$$-\frac{V}{RT}\,dP + \sum x_i\,d\ln p_i^* = 0,$$

where V denotes the molar volume of the liquid mixture, P the total pressure and p_i^* the fugacity of the i-th component in the mixture. Thus for a binary mixture the following generalized form of the Duhem-Margules relation is obtained

$$-\frac{V}{RT}\left(\frac{dP}{dx_1'}\right)_T + x_1'\left(\frac{d\ln p_1^*}{dx_1'}\right)_T + x_2'\left(\frac{d\ln p_2^*}{dx_1'}\right)_T = 0. \qquad (29)$$

However, the first term is usually small and can be neglected at pressures that are not too high.

For the fugacity p_i^* in a mixture there follows from eq. (24) with $P \cdot x_i'' = p_i$ the exact relation:

$$\ln p_i^* = \ln p_i - \frac{1}{RT}\int_0^{p_i} \Delta V_i'' \cdot dp,$$

where $\Delta V_i''$ denotes the deviation of the partial molar volume

$$V_i'' = \left(\frac{\partial V_{\text{ges}}''}{\delta n_i''}\right)_{P,T,n_1\ldots}$$

of the vapour from the volume of the ideal gas according to the equation:

$$V_i = \frac{RT}{p} - \Delta V_i''$$

and V_{ges}'' denotes the total volume of a large amount of vapour.

Equations of state for mixtures

If the equations of state for mixtures are valid for both the vapour and the liquid, activity coefficients and fugacities can be derived because

chemischen Potentialen allein aus Zustandsgleichungen für Gemische ableiten, sofern diese sowohl für den dampfförmigen wie auch für den flüssigen Zustand gelten. Daher müssen sich grundsätzlich auch die Gleichgewichtszusammensetzungen der Flüssigkeit und des Dampfes allein aus genauen Zustandsgleichungen berechnen lassen. In den letzten Jahren hat man sich mit bemerkenswertem Erfolg bemüht, diesen Weg zu beschreiben. Dabei ist man vor allem von zwei Zustandsgleichungen ausgegangen, der von Redlich und Kwong [*3* bis *7*] und der von Benedikt, Webb und Rubin [*8* bis *11*]. Beide Gleichungen umfassen das Flüssigkeits- und Dampfgebiet sowie das Gebiet um den kritischen Punkt und darüber.

they are related to the free enthalpy and the chemical potential (see page 9 and 14). Thus, the equilibrium compositions of the liquid and the vapour could in principle be computed alone from exact equations of state. In recent years, remarkably successful attempts have been made in this area. Two equations of state in particular have been used as the starting point for this: the equation of Redlich and Kwong [*3* to *7*] and that of Benedikt, Webb and Rubin [*8* to *11*]. Both equations include the liquid and the vapour region as well as the region of the critical point and beyond.

Zustandsgleichung von Redlich und Kwong

Die verhältnismäßig einfache Gleichung von Redlich-Kwong [*3, 6, 7*] lautet für Gemische aus beliebig vielen Bestandteilen ebenso wie für reine Stoffe

Equation of state of Redlich and Kwong

The relatively simple equation of Redlich and Kwong [*3, 6, 7*] which is valid for mixtures of any number of components as well as pure substances, may be written as follows

$$P = \frac{RT}{V-b} - \frac{a}{T^{1/2} V(V+b)}, \quad (30)$$

wobei V das Molvolumen der Flüssigkeit oder des Dampfes bedeutet. Für den i-ten reinen Bestandteil gilt mit der kritischen Temperatur T_{ki}, dem kritischen Druck P_{ki} und der Gaskonstanten R sowie mit den Konstanten $\Omega_a = 0{,}4278$ und $\Omega_b = 0{,}0867$

where V denotes the molar volume of the liquid or the vapour. For the i-th pure component with the critical temperature T_{ki}, the critical pressure P_{ki} and the gas constant R as well as with the constants $\Omega_a = 0{,}4278$ and $\Omega_b = 0{,}0867$ we have:

$$a = a_i = \frac{\Omega_a R^2 T_{ki}^{2,5}}{P_{ki}}, \qquad b = b_i = \frac{\Omega_b R T_{ki}}{P_{ki}}. \quad (31)$$

Um Gl. (30) auf Gemische mit N Bestandteilen anwenden zu können, haben Chuch und Prausnitz [*4*] folgende Mischungsregeln vorgeschlagen:

In order to apply eq. (30) to mixtures with N components, Chuch and Prausnitz [*4*] proposed the following mixing rules:

$$b = \sum_{1}^{N} x_i b_i \quad (32)$$

und

and

$$a = \sum_{i=1}^{N} \sum_{j=1}^{N} x_i x_j a_{ij} \quad (33)$$

mit

with

$$a_{ij} = \frac{(\Omega_{ai} + \Omega_{aj}) R^2 T_{kij}^{2,5}}{2 P_{kij}}, \quad (34)$$

wobei jetzt Ω_{ai} und Ω_{aj} den einzelnen Stoffen individuell angepaßte Konstanten der Art Ω_a bedeuten.

Außerdem teilen Chuch und Prausnitz [*4*] Regeln zur Bestimmung der kritischen Daten T_{kij}, P_{kij} und V_{kij} der jeweiligen Zweistoffgemische mit. Ferner hat Wilson [*5*, S. 113] vorgeschlagen, a als temperaturabhängig zu betrachten, und hierfür eine empirische Gleichung angegeben.

wherein Ω_{ai} and Ω_{aj} denote constants of the kind Ω_a, individually adapted to the different components.

In addition, Chuch and Prausnitz [*4*] give rules for determining the critical data T_{kij}, P_{kij} and V_{kij} for each binary mixture. Furthermore, Wilson [*4*, p. 113] proposes to consider a to be dependent on temperature and gives for it an empirical formula.

Equation of state of Benedict, Webb and Rubin

The somewhat complex but more exact equation of Benedict-Webb-Rubin [8] with 8 constants has the following form when density $\varrho = 1/V$ is introduced:

$$P = RT\varrho + \left(B_0 RT - A_0 - \frac{C_0}{T^2}\right)\varrho^2 + (bRT - a)\varrho^3 + a\alpha\varrho^6 + \frac{c\varrho^3}{T^2}(1 + \gamma\varrho^2)e^{-\gamma\varrho^2}. \tag{35}$$

This equation of state applies to approximately the same region as the equation of state of Redlich and Kwong. It can be applied to mixtures with the aid of the following mixing rules:

$$\left. \begin{aligned} B_0 &= \sum_i x_i B_{0i} \\ A_0 &= \left[\sum_i x_i A_{0i}^{1/2}\right]^2 \\ C_0 &= \left[\sum_i x_i C_{0i}^{1/2}\right]^2 \\ b &= \left[\sum_i x_i b_i^{1/3}\right]^3 \\ a &= \left[\sum_i x_i a_i^{1/3}\right]^3 \\ c &= \left[\sum_i x_i c_i^{1/3}\right]^3 \\ \alpha &= \left[\sum_i x_i \alpha_i^{1/3}\right]^3 \\ \gamma &= \left[\sum_i x_i \gamma_i^{1/3}\right]^3. \end{aligned} \right\} \tag{36}$$

This equation of state, also called B-W-R equation for short, was used in a great number of studies, particularly recently, compare e.g. [9 to 11]. In these studies small changes of constants and mixing rules were introduced or else temperature functions were used instead o findividual constants to improve the accuracy even further.

Critical points and critical curves

In some of the following tables and diagrams critical points and critical curves of the first and second order will be mentioned. Their meaning will be discussed briefly.

If the equilibrium of boiling binary mixtures at constant temperature is represented as in Fig. 2, then isotherms like those in Fig. 22 are obtained at temperatures which are higher than the critical temperature of one of the components. In this representation it is assumed that the second component has the lower critical temperature. The equilibrium lines no longer extend to $x_2' = x_2'' = 1$, but end further to the left in a loop at values of x_2' and x_2'' that decrease with increasing temperature. For each isotherm the boiling and dew point curves meet at the highest point of the isotherm. This is the point at which the pressure has a maximum at a given temperature, and it is called critical point of the first order or plait point. The point with a maximum value of x_2'' at a given temperature is called the critical point of the

2. Ordnung ist hingegen bei der gegebenen Temperatur der Punkt mit dem maximalen Wert von x_2''. In ihm berühren sich die Isotherme und ihre senkrechte Tangente. Dieser Punkt wurde früher auch Punkt des kritischen Kontaktes genannt. Die Kurven, welche die genannten kritischen Punkte für verschiedene Temperaturen verbinden, heißen entsprechend kritische Kurven erster und zweiter Ordnung.

Für eine festgehaltene Zusammensetzung $x_2' = x_2''$ ist der höchste Druck des Zweiphasengebietes durch die Umhüllende der Isothermen, die höchste Temperatur durch den kritischen Punkt zweiter Ordnung gegeben.

Bei flüssigen Dreistoffgemischen mit Mischungslücke wird, wie schon an Hand von Abb. 17 erörtert wurde, der Punkt, in dem die beiden flüssigen Phasen identisch werden, ebenfalls kritischer Punkt oder auch Faltenpunkt genannt. Deutlicher ist es, vom kritischen Entmischungspunkt zu sprechen. Ändert man Druck oder Temperatur, dann entsteht entsprechend der Verlagerung dieses Punktes eine kritische Kurve, bei gleichzeitiger Veränderung von p und T eine kritische Fläche.

second order. This is the point of contact of the isotherm and their vertical tangent. This point was previously called the point of critical contact. The lines which connect the above mentioned critical points at different temperatures are named respectively critical curves of the first or second order.

For a constant composition $x_2' = x_2''$ the highest pressure for the region of the binary phases is given by the envelope of the isotherms and the highest temperature is given by the critical point of the second order.

For liquid ternary mixtures with a solubility gap the point at which both liquid phases become identical is also called critical point or plait point as was discussed with the aid of Fig. 17. It is more obvious to talk of a critical point of demixing. If the pressure or the temperature is varied, a critical line is formed by the motion of the critical point of demixing; when p and T are changed simultaneously, all possible motion describes a critical surface.

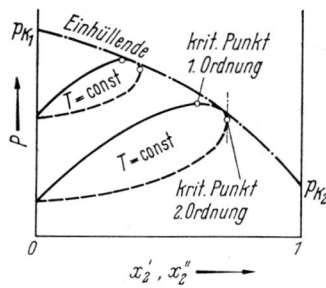

Abb. 22. Isothermen eines Zweistoffgemisches im kritischen Gebiet mit Einhüllender und kritischen Punkten 1. und 2. Ordnung.
——— Flüssigkeit; ––– Dampf.

Fig. 22. Isotherms of a binary mixture in the critical region with the envelope and critical points of the first and second order.
——— liquid; ––– vapour.

Gesamtdarstellungen des Phasengleichgewichts

Weitere Einzelheiten über das Gleichgewicht von flüssigen und dampfförmigen Gemischen kann man, abgesehen von Bd. II/2a, vor allem folgenden Büchern entnehmen:

General representations of phase equilibria

More details on the liquid-vapour equilibria can be found in Part II/2a of Landolt-Börnstein and in the following books:

Fr. Bošnjaković, Technische Thermodynamik. II. Teil, 4. Aufl. Dresden und Leipzig 1965.
A. Eucken — E. Wicke, Grundriß der physikalischen Chemie, 10. Aufl. Leipzig 1959.
D. H. Everet, Chemical Thermodynamics. London 1959, S. 42—113.
E. A. Guggenheim, Mixtures. Oxford 1952.
E. A. Guggenheim, Thermodynamics. 5. Aufl. Amsterdam 1967, S. 170—239.
R. Haase, Thermodynamik der Mischphasen. Berlin, Göttingen, Heidelberg: Springer 1956.
E. Hála, J. Pick, V. Fried, O. Vilim, Gleichgewicht Flüssig-Dampf. Berlin: Akademie-Verlag 1960.
J. H. Hildebrand u. R. L. Scott, Solubility of Non-Electrolytes. 3. Aufl. New York 1950.
G. Kortüm, Einführung in die chemische Thermodynamik. Göttingen und Weinheim 1960.
G. Kortüm u. H. Buchholz-Meisenheimer, Die Theorie der Destillation und Extraktion von Flüssigkeiten. Berlin, Göttingen, Heidelberg: Springer 1952.
G. N. Lewis u. M. Randall, Thermodynamics. 2. Aufl. New York 1961; 1. Aufl. übersetzt ins Deutsche von O. Redlich, Berlin 1927.
M. Planck, Vorlesungen über Thermodynamik. 10. Aufl. 1954, S. 113—173.

Über die Anwendung der Gleichgewichtsbetrachtungen bei der Destillation, Rektifikation und Extraktion unterrichten folgende Bücher:

The following books deal with the application of the equilibrium theory to distillation, rectification and extraction:

E. Kirschbaum, Destillier- und Rektifiziertechnik. 3. Aufl. Berlin, Göttingen, Heidelberg: Springer 1960;

sowie das schon erwähnte Buch von Kortüm u. Buchholz-Meisenheimer.

as well as the above mentioned book by Kortüm and Buchholz-Meisenheimer.

**Literatur über Gleichungen zur Darstellung des Phasengleichgewichts —
Literature on the equations representing phase equilibria**

1	O. Redlich and A. T. Kister: Algebraic representation of thermodynamic properties and the classification of solutions. Ind. Eng. Chem. **40** (1948) 345—348.
2	G. M. Wilson: A new expression for the excess free energy of mixing. J. Amer. Chem. Soc. **86** (1964) 127—130.
3	O. Redlich and J. N. S. Kwong: Chem. Rev. **44** (1949) 233.
4	P. L. Chuch and J. M. Prausnitz: Calculation of high-pressure vapour-liquid equilibria. Ind. Eng. Chem. **60** (1968) 34—52.
5	D. Zudkevitsch and J. Joffe: Correlation and prediction of vapour-liquid equilibria with the Redlich Kwong equation of state. Am. Inst. Chem. Engrs. J. **16** (1970) 112—119.
6	S. Peter u. H. Wenzel: Berechnung von binären Verdampfungsgleichgewichten mit Hilfe der Zustandsgleichung nach Redlich und Kwong. Chem. Ing. Techn. **43** (1971) 623—625.
7	B. J. Lee and W. C. Edmister: A generalized method for predicting vapour-liquid equilibrium. Am. Inst. Chem. Engrs. J. **17** (1971) 1412 ("improvement over the Redlich-Kwong equation").
8	M. Benedict, G. B. Webb and L. C. Rubin: An empirical equation for thermodynamic properties of high hydrocarbons and their mixtures. Chem. Eng. Progress **47** (1951) 419—422.
9	M. S. Lind and L. M. Naphtali: Prediction of vapour-liquid equilibria with the Benedict-Webb-Rubin equation of state. Am. Inst. Chem. Engrs. J. **9** (1963) 580—584.
10	R. V. Orye: Prediction and correlation of phase equilibria and thermal properties with the BWR equation of state. Ind. Eng. Chem. Procress Design and Development **8** (1969) 579—588.
11	M. Jorizane, S. Yoshimura, H. Masuoka and M. Nakamura: Prediction of high-pressure vapour-liquid equilibria for multi-component systems by the BWR equation of state. Journ. Chem. Engineering Japan, **4** (1974) 10—16.

2 Vorbemerkung zu den Angaben über die Gemische — Preliminary remarks concerning data on mixtures

Die Erscheinungsformen im Gleichgewichtsverhalten der flüssigen und der dampfförmigen Phase von Zwei- und Dreistoffgemischen, wie auch die analytische und zeichnerische Darstellung des Gleichgewichtes der beiden Phasen wurden in der von Hausen verfaßten Einleitung, Abschnitt 1, beschrieben. Dort wurden ferner die thermodynamischen Grundlagen des Phasengleichgewichtes behandelt, die kennzeichnenden Begriffe Aktivitätskoeffizient und Fugazität definiert, sowie Gleichungen zur Darstellung des Phasengleichgewichtes angeführt. Weitere Hinweise finden sich in den im nachfolgenden Abschnitt „Schrifttum über die Thermodynamik des Gleichgewichtes von Flüssigkeit und Dampf" zitierten Arbeiten.

In der nachstehenden Bearbeitung der Gemische wurde die Literatur bis Anfang 1974 herangezogen. Mehrfach wurden zu den mitgeteilten Daten noch zusätzliche, die Stoffkombination betreffende Zitate angegeben und so dem Benutzer der Tabellen die Möglichkeit gegeben, sich noch weiter im Schrifttum zu informieren.

Die Gemischzusammensetzung wird entweder in Molenteilen oder in Massenanteilen angegeben. x_i ist das Verhältnis der Molzahl des i-ten Bestandteiles zur Molzahl aller Bestandteile des Gemisches. Entsprechend ist m_i das Verhältnis der Masse des i-ten Bestandteiles zur Gesamtmasse. Die Flüssigkeit im Sättigungszustand ist mit ' gekennzeichnet, der mit ihr im Phasengleichgewicht stehende Dampf mit ". In den Diagrammen ist die Flüssigkeit durch ausgezogene Linien, der Dampf durch gestrichelte Linien dargestellt.

Bei jedem Zwei- oder Mehrstoffgemisch sind die mit Index 1, 2 usw. bezeichneten Bestandteile nach abnehmenden Kochpunkten Kp. angeordnet (einige Ausnahmen von dieser Regel werden begründet). Der Stoff 1, also der Bestandteil mit dem höchsten Kochpunkt, ist maßgebend für die Einordnung des Gemisches nach dem Laufschema des Landolt-Börnstein (s. S. VII).

Damit die gesuchten Gemische möglichst leicht aufgefunden werden können, sind in dem Register am Ende des vorliegenden Bandes die Namen der Gemischkomponenten und ihre chemischen Formeln in alphabetischer Reihenfolge aufgeführt.

Im allgemeinen wurden in den nachfolgenden Abschnitten *gemessene* Gleichgewichtsdaten mitgeteilt. Soweit solche nicht vorlagen, wurden ausgeglichene Werte dem Schrifttum entnommen. Oft finden sich in den Originalarbeiten weitere Zahlenangaben wie Konzentrationsverhältnisse, Aktivitätskoeffizienten, relative Flüchtigkeiten (Trennfaktoren), Konstanten für Gleichgewichtsbeziehungen nach van Laar, Wilson, Margules usw., Konstanten für die Antoine-Dampfdruckgleichung, Excessenergie u. a. Sie erlauben neben einer genaueren Festlegung der Gleichgewichtsbezie-

Equilibrium phenomena of liquid and vapour phases of binary and ternary mixtures, as well as the analytical and graphic representation of the equilibrium of the two phases have been discussed in the introduction written by Hausen. The introduction also contains discussion of the thermodynamic basis of phase equilibria, definitions of the characteristic concepts of the activity coefficient and the fugacity as well as equations that represent phase equilibria. More references can be found in the papers quoted in the next section entitled: "References on the Thermodynamics of the Liquid-Vapour Equilibrium".

The expanded material given below is based on the literature up to the beginning of 1974. References concerning the composition of substances were frequently included with the data, so that the user of the tables can get additional information from the literature.

The composition of the mixtures is given either in mole or mass fractions. x_i is the ratio of the number of moles of the i-th component to the number of moles of all the components of the mixture. Correspondingly, m_i is the ratio of the mass of the i-th component to the total mass. The liquid at the point of saturation is denoted by ', the vapour in equilibrium with it is denoted by ". In the diagrams the liquid is represented by solid lines, the vapour by dotted lines.

In each binary or multicomponent mixture the components are numbered 1, 2, etc., according to decreasing boiling points (some exceptions from this rule are explained). Substance 1, i.e. the component with the highest boiling point, determines the location of the mixture in accordance with the classification scheme of Landolt-Börnstein (see p. VII).

In order to facilitate the search for a particular mixture, the index at the end of this volume gives the names and chemical formulae of all components in alphabetical order.

In general, equilibrium data quoted in subsequent sections are experimental data. Whenever these were not available, averaged values from the literature were used. Frequently additional numerical data can be found in the references, such as ratios of concentration, activity coefficients, relative volatilities (separation factors), constants for the equilibrium relations of van Laar, Wilson, Margules, etc., constants for the Antoine vapour pressure equation, excess energy, etc. In addition to making it possible to determine the equilibrium relations more precisely, these data can be used for

hungen eine Programmierung für elektronische Rechenmaschinen oder ermöglichen Aussagen über kalorische Vorgänge beim Mischen zweier Stoffe. Darüberhinaus bieten die Originalarbeiten vielfach wertvolle Auskünfte über Flüssigkeits- und Dampfdichten, sowie Refraktionswerte von Gemischen. Der Inhalt des vorliegenden Bandes „Gleichgewicht zwischen der flüssigen und der dampfförmigen Phase von Zwei- und Mehrstoffgemischen" läßt sich gegen das von Kruis bearbeitete Sachgebiet „Löslichkeit" (Band IV/4c der 6. Auflage) nicht scharf abgrenzen. Es empfiehlt sich daher im Grenzbereich gegebenenfalls auch in diesem Band nachzusuchen.

Gemäß dem Gesetz der Einheiten im Meßwesen vom 2. Juli 1969 ist das „Internationale System der Einheiten" verbindlich anzuwenden. Demnach wurden in der vorliegenden Neubearbeitung alle Druckangaben, soweit nicht bereits in der Originalarbeit geschehen, in bar umgerechnet. Für die Umwandlung der Druckeinheiten gelten folgende Zahlen:

computer calculations. They also give information on caloric processes during the mixing of two substances. Furthermore, the original papers frequently offer valuable information on liquid and vapour densities, as well as data on refractive values of mixtures. The contents of the present volume "Liquid-Vapour Equilibrium of Binary and Multicomponent Mixtures" cannot be sharply differentiated from the field of "Solubility" written by Kruis. (Part IV/4c of the 6th edition.) In borderline cases we therefore recommend that the reader also consult that particular volume.

According to the German Law on units to be used at measurements, of July 2, 1969, the use of the "International System of Units" is mandatory. Correspondingly, in the present new edition all data concerning pressure have been recalculated in bar, when not done so in the original literature. The following conversions for the units of pressure apply:

$$1 \text{ at } = 1 \text{ kp/cm}^2 = 0{,}98067 \text{ bar}$$
$$1 \text{ atm } = 760 \text{ Torr } = 1{,}01325 \text{ bar}$$
$$1 \text{ lb/in}^2 = 0{,}06895 \text{ bar}$$
$$1 \text{ Torr } = 1{,}33322 \text{ mbar}$$

$$1 \text{ bar } = 1{,}01972 \text{ at}$$
$$1 \text{ bar } = 0{,}98692 \text{ atm}$$
$$1 \text{ bar } = 14{,}503 \text{ lb/in}^2$$
$$1 \text{ mbar } = 0{,}75006 \text{ Torr}$$

Sammlungen von Phasengleichgewichtsdaten — Compilations of data on phase equilibria

Chu, J. C., Wang, S. L., Levy, S. L., and Paul, R.: Vapor-liquid-equilibrium data. Annarbor Mich.: J. W. Edwards publisher Inc. 1956.

Horsley, L. H.: Azeotropic data. Anal. Chemistry **19** (1947) S. 508—609.

Kidnay, A. J., Hiza, M. J., and Miller, R. C.: Liquid-vapor equilibria research on systems of interest in cryogenics — a survey. Cryogenics **13** (1973) 575.

Kogan, W. B., und Fridmann, W. M.: Handbuch der Dampf-Flüssigkeits-Gleichgewichte. Berlin: Deutscher Verlag der Wissenschaften 1961.

Oellrich, L. R., Plöcker, U. J., und Knapp, H.: Flüssig-Dampf-Phasengleichgewichte. Verl. Inst. f. Thermodyn., TU Berlin (1973) (nur Stoffe mit Kochpunkten unter 350 K).

Sage, B. H., and Lacey, W. N.: Some properties of the lighter hydrocarbons, hydrogen sulfide and carbon dioxide. API Research Project 37, Am. Petrol. Inst. New York 1955.

Wichterle, I., Linek, J., and Hála, E.: Vapor-liquid-equilibrium — data biography. Amsterdam: Elsevier Publ. Co 1973.

Schrifttum über die Thermodynamik des Gleichgewichts von Flüssigkeit und Dampf

In Ergänzung zu den Schrifttumshinweisen in Bd. II/2a und Bd. IV/4b der 6. Auflage bringen nachstehende Veröffentlichungen vertiefte Darstellungen aus der Problematik des Flüssigkeits-Dampf-Gleichgewichtes:

References on the thermodynamics of liquid — vapour equilibria

In addition to the references in Parts II/2a and IV/4b of the 6th edition the following references treat liquid-vapour equilibria in greater depth:

Afanasenkova, T. F., Burova, G. V., Malenko, Yu. I., and Shakanova, N. E.: Study of azeotropy in binary and multicomponent systems. J. appl. Chem. USSR **46** (1973) 2248.

Andiappan, A., and McLean, A. Y.: Prediction of vapor-liquid-equilibria: derivation of a new expression for vapor-liquid-correlations. Canad. J. Chem. Eng. **50** (1972) 384.

Balakrishnan, S., and Krishnan, V.: Prediction of activity coefficients from the properties of pure components. Instn. chem. Engrs. Symp. Ser. **32** (1969) 52.

Bandrowski, J., und Trybula, St.: Neue Form der Gleichung zur Beschreibung des isobaren Gleichgewichtes Dampf-Flüssigkeit binärer Gemische. Inzynieria chemiczna **2** (1972) 365. (Text poln., Auszug engl.)

Benedict, M., Webb, G. B., and Rubin, L. C.: An empirical equation for thermodynamic properties of light hydrocarbons and their mixtures. Chem. Eng. Progr. **47** (1951) 419.

Bittrich, H. J., Schaar, E., und Zimmermann, G.: Die Berechnung von Aktivitätskoeffizienten für Dreikomponentensysteme aus binären Parametern und Totaldruckmessungen im ternären System. Chem. Techn. **24** (1972) 615.

Busch, J. S., and Canjar, L. N.: Compressibility of real binary gas mixtures. A. I. Ch. E. J. **7** (1961) 343.

Carli, A., und Patini, F.: Previsione degli equilibri liquidovapore di sistemi binari da dati di ebollizione. Chim. e Ind. Suppl. **7** (1971) 167.

Carli, A.: Activity coefficients from boiling data by computer. Brit. Chem. Eng. **17** (1972) 7 und 649.

Chang, S. D., and Lu, B. C.-Y.: A generalized virial equation of state and its application to vapor-liquid-equilibria at low temperatures. Adv. Cryogenic Eng. **17** (1972) 255.

Chaudron, J., and Asselineau, L.: Mixtures properties and vapor-liquid equilibria by modified Redlich-Kwong-equation of state. Chem. Engng. Sci. **28** (1973) 1991.

Chien, H. H. Y., and Null, H. R.: Generalized multicomponent equation for activity coefficient calculation. A. I. Ch. E. J. **18** (1972) 1177.

Christiansen, L. J.: Phasengleichgewichtsprobleme bei der Abscheidung von H_2S, CO_2 und CO aus Erdgasgemischen. Erdöl und Kohle **27** (1974) 130.

Chueh, P. L., and Prausnitz, J. M.: Vapor-liquid-equilibria at high pressures. Vapor-phase fugacity coefficients in nonpolar and quantum-gas mixtures. I & EC Fundamentals **6** (1967) 492.

Chueh, P. L., and Prausnitz, J. M.: Vapor-liquid-equilibria at high pressures. Calculation of critical temperatures, volumes and pressures of nonpolar mixtures. A. I. Ch. E. J. **13** (1967) 1107.

Chueh, P. L., and Prausnitz, J. M.: Calculation of high pressure vapor-liquid-equilibria. Appl. Thermodyn. Symp. **60** (1968) 34.

Dowling, G. R., and Todd, W. G.: Comparing vapor-liquid-equilibrium correlations. Chem. Engng. **80** (1973) 115.

Dutta, M.: The effect of molecular sice on vapour-liquid equilibria. Indian Chem. Eng. **13** (1971) 29.

Elshayal, J. M., and Lu, B. C.-Y.: Prediction of vapor-liquid-equilibria by means of a modified Clausius equation of state. Canad. J. chem. Engng. **51** (1973) 76.

Erbar, J. H., Persyn, C. L., and Edmister, W. C.: Proc. 43 RD Ann. Conv. Nat. Gas Processors Assoc. New Orleans (1964) 26.

Fischer, V.: Ein Zustandsdiagramm für Gemische aus beliebig vielen Bestandteilen. Ann. Phys. 5. Folge **21** (1934) 426.

Fries, H., and Buthod, P.: Equilibrium computations with speed and precision. Oil a. Gas J. **71** (1973) 70.

Hála, E.: Vapour-liquid equilibria in systems of electrolytic components. Instn. chem. Engrs. Symp. Ser. **32** (1969) 8.

Hirschfelder, J. O., Curtiss, Ch. F., and Bird, R. B.: Molecular theory of gases and liquids. New York: J. Wiley 1964.

Hiza, M. J., and Duncan, A. G.: A correlation for the prediction of interaction energy parameters for mixtures of small molecules. A. I. Ch. E. J. **16** (1970) 733.

Hlavatý, K.: Berechnung von Dampf-Flüssigkeitsgleichgewichten bei hohen und niedrigen Drücken mittels der Redlich-Kwong-Gleichung mit verschiedenen Kombinationsregeln für die Konstanten a und b. Coll. Czech. Comm. **38** (1973) 1868.

Kafarov, V. V., Boyarinov, A. I., Vetokhin, V. N., und Gartman, T. N.: Thermodynamische Überprüfung und Korrektur von experimentellen Dampf-Flüssigkeits-Gleichgewichtsdaten binärer Systeme. Russ. J. phys. Chem. **46** (1972) 1275.

Köpsel, R.: Vorausberechnung der Flüssigphasenkonstanten für Flüssigkeits-Gas- und Flüssigkeits-Dampf-Gleichgewichte. Chem. Techn. **26** (1974) 206.

Lee, B.-I., and Edmister, W. C.: A generalized method for predicting vapor-liquid equilibrium. A. I. Ch. E. J. **17** (1971) 1412.

Leland, T. W., Rowlingson, J. S., and Sather, G. A.: Statistical thermodynamics of mixtures of molecules of different sices. Trans. Farad. Soc. **64** (1968) 1447.

Lin, M.-S., and Naphtali, L. M.: Prediction of vapor-liquid equilibria with the Benedict-Webb-Rubin equation of state. A. I. Ch. E. J. **9** (1963) 580.

Löffler, J. H.: Thermodynamische Eigenschaften binärer Gemische leichter gesättigter Kohlenwasserstoffe im Kritischen Gebiet. Karlsruhe: C. F. Müller 1962.

Manley, D. B.: A better method for calculating relative volatility. Hydrocarbon Proc. **51** (1972) Nr. 1, 113.

Mertl, I.: Liquid-vapor equilibrium. Prediction of multicomponent vapor-liquid equilibria from the binary parameters in systems with limited miscibility. Coll. Czech. Chem. Comm. **37** (1972) 375.

Mollerup, J., and Fredenslund, Aa.: Molecular thermodynamics of solutions in the normal and critical regions. Chem. Engng. Sci. **28** (1973) 1285 und 1295.

Mukherjee, A.: Estimation of isobaric vapor-liquid-equilibrium data for binary systems. Canad. J. chem. Engng. **51** (1973) 386.

Nagata, I.: Prediction accuracy of multicomponent vapor-liquid equilibrium data from binary parameters. J. chem. Engng. Japan **6** (1973) 18.

Ness, H. C. van, Byer, St. M., and Gibbs, R. E.: Vapor-liquid-equilibrium: 1. An appraisal of data reduction methods. 2. Correlations from $P - x$ data for 15 systems. A. I. Ch. E. J. **19** (1973) 238 und 245.

Nohka, J., Sarashina, E., Arai, Y., and Saito, S.: Correlation of vapor-liquid equilibria for systems containing a polar component by the BWR-equation. J. chem. Engng. Japan **6** (1973) 10.

Nothnagel, K.-H., Abrams, D. S., and Prausnitz, J. M.: Generalized correlation for fugacity coefficients in mixtures at moderate pressures. I. & EC Proc. Des. Devel. **12** (1973) 25.

Orye, R. V.: Prediction and correlation of phase equilibria and thermal properties with the Benedict-Webb-Rubin equation of state. I & EC Proc. Design Dev. **8** (1969) 579.

Peter, S., und Wenzel, H.: Berechnung von binären Verdampfungsgleichgewichten mit Hilfe der Zustandsgleichung nach Redlich und Kwong. Chem. Ing. Techn. **43** (1971) 623.

Plöcker, J., Oellrich, L., und Knapp, H.: Berechnungsmöglichkeiten von Dampf-Flüssigkeits-Gleichgewichten in Mehrstoffsystemen. Verfahrenstechn. **7** (1973) 104.

Renon, H., Asselineau, L., Cohen, G., et Raimbault, C.: Calcul sur ordinateur des équilibres liquide-vapeur et liquide-liquide. Publ. de l'Inst. Français du Petrol, Coll. Sci. et Techn. du Petrole Nr. **17** (1971).

Redlich, O., and Kister, A. T.: Algebraic representation of thermodynamic properties and the classification of solutions. Ind. Eng. Chem. **40** (1948) 345.

Rowlinson, J. S., and Sutton, J. R.: The statistical thermodynamics of solutions of non-spherical molecules. Proc. Roy. Soc. (London) Ser. **A 229** (1955) 271 und 396.

Ruether, J. A., and Lu, B. C.-Y.: Estimation of pressure effect on binary azeotropic compositions. Canad. J. Chem. Eng. **50** (1972) 266.

Sarashina, E., Arai, Y., and Saito, S.: Application of the van der Waals one fluid theory to predict vapor-liquid-equilibria. J. chem. Engng. Japan **6** (1973) 120.

Sebastiani, E.: Method speeds up calculation of phase composition. Chem. Engng. Calculation and Shortcut Deskbook .

Spear, R. R., Robinson, R. L., and Chao, K.-Ch.: Critical states of ternary mixtures and equations of state. I. & EC Fundam. **10** (1971) 588.

Strubl, K., Svoboda, V., Holub, R., und Pick, J.: Gleichförmige Beziehung für Cyclohexan / n-Alkohol-Systeme. Coll. Czech. Chem. Comm. **39** (1974) 29.

Williams, R. A., and Henley, E. J.: A comprehensive vapor-liquid-equilibrium computer-program KVALUE. Chem. Eng. J. **1** (1970) 145.

Won, K. W., and Prausnitz, J. M.: High-pressure vapor-liquid-equilibria. Calculation of partial pressures from total pressure data. Thermodynamic consistency. I. & EC Fundam. **12** (1973) 459.

Yarborough, L.: Vapor-liquid-equilibrium data for multicomponent mixtures containing hydrocarbon and nonhydrocarbon components. J. Chem. Eng. Data **17** (1972) 129.

Yorizane, M., Yoshimura, S., Masuoka, H., and Nakamura, M.: Prediction of high pressure vapor-liquid equilibria for multicomponent systems by the BWR equation of state. J. Chem. Eng. Japan **4** (1971) 10.

Zudkevitch, D., and Joffe, J.: Correlation and prediction of vapor-liquid equilibria with the Redlich-Kwong equation of state. A. I. Ch. E. J. **16** (1970) 112.

Benutzte Formelzeichen — List of symbols

Buchstaben — letters

A, B, C, D	Konstante	constants
G	freie Enthalpie	free enthalpy
H	Enthalpie	enthalpy
K	Gleichgewichtskonstante $= x''/x'$	equilibrium constant $= x''/x'$
P	Druck	pressure
Q	Verhältnis der freien Überschußenergie zu RT	ratio of the free excess energy to RT
R	Gaskonstante	gas constant
S	Entropie	entropy
T	Temperatur in K	temperature in K
V	molares Volumen	molar volume
a, b, c	Konstante	constants
a	Aktivität	activity
c	spezifische Wärme	specific heat
f	Aktivitätskoeffizient, relative Flüchtigkeit	activity coefficient, relative volatility
g	Masse eines Bestandteiles	mass of a component
m	Massenanteil	mass fraction
n	Molzahl eines Bestandteiles	number of moles of a component
p	Druck	pressure
$\overset{*}{p}$	Fugazität	fugacity
t	Temperatur in °C	temperature in °C
x	Molenbruch	mole fraction
α	relative Flüchtigkeit (Trennfaktor)	relative volatility (separation factor)
ϑ	reduzierte Temperatur T/T_k	reduced temperature T/T_k
μ	chemisches Potential	chemical potential
π	reduzierter Druck p/p_k	reduced pressure p/p_k
ϱ	Dichte	density

Zeichen — primes

$'$	flüssige Phase im Sättigungszustand	liquide phase at the point of saturation
$''$	gasförmige Phase im Sättigungszustand	vapour phase at the point of saturation

Indizes — subscripts

1	Bestandteil mit der höchsten normalen Siedetemperatur	component with the highest normal boiling temperature
2, 3, 4	Bestandteile, nach abnehmender Siedetemperatur geordnet	components ordered according to decreasing boiling temperature
az	azeotroper Punkt	azeotropic point
i	i-ter Bestandteil	i-th component
k	kritischer Punkt	critical point
p	konstanter Druck	constant pressure

3 Binäre Gemische — Binary mixtures

1 x_1 He^4, Helium^4
M: 4,003   Kp.: 4,17 K

x_2 He^3, Helium^3
M: 3,017   Kp.: 3,2 K

[E 5]

Verhältnis der Molanteile x_2''/x_2' von Helium^3 in Dampf und Flüssigkeit in Abhängigkeit von x_2' und von der Temperatur

x_2'	1,4 K	1,5 K	1,6 K	1,7 K	1,8 K	1,9 K	2,0 K
0,004	39,75	29,25	22,25	16,75	13,00	10,25	8,75
0,008	33,75	25,62	20,00	15,87	12,62	10,12	8,37
0,019	24,53	19,63	16,05	13,26	11,00	9,21	7,79
0,030	19,17	16,03	13,53	11,57	9,93	8,43	7,10
0,040	16,10	13,82	11,92	10,22	8,67	7,47	6,42
0,063	11,67	10,43	9,24	8,11	7,11	6,35	5,75
0,083	9,34	8,52	7,76	7,04	6,24	5,70	5,22
0,111	7,32	6,76	6,29	5,79	5,33	4,90	4,57
0,134	6,22	5,79	5,42	5,04	4,68	4,36	4,07
0,167	5,12	4,82	4,53	4,24	3,96	3,74	3,53
0,192	4,53	4,28	4,03	3,80	3,58	3,39	3,22
0,226	3,91	3,71	3,52	3,34	3,15	3,01	2,88
0,239	3,72	3,53	3,36	3,19	3,02	2,89	2,76
0,302	3,00	2,87	2,75	2,64	2,53	2,44	2,35
0,383	2,39	2,31	2,24	2,17	2,11	2,05	1,99
0,527	1,78	1,73	1,69	1,66	1,63	1,61	1,58
0,563	—	—	—	—	—	—	—
0,734	1,31	1,29	1,28	1,26	1,26	1,24	1,23
0,824	1,18	1,17	1,16	1,15	1,15	1,14	1,14
0,908	1,09	1,08	1,08	1,07	1,07	1,07	1,06

x_2'	2,2 K	2,4 K	2,6 K	2,8 K	3,0 K	3,2 K
0,004	6,75	5,25	4,25	3,50	2,75	2,50
0,008	6,00	4,75	4,00	3,25	2,75	2,50
0,019	5,74	4,42	3,68	3,05	2,63	2,26
0,030	5,10	4,03	3,30	2,87	2,47	2,07
0,040	4,80	3,97	3,20	2,82	2,40	—
0,063	4,59	3,75	3,17	—	—	—
0,083	4,30	3,54	3,04	2,73	2,37	2,06
0,111	3,85	3,31	2,86	2,60	2,31	2,04
0,134	3,51	3,11	2,72	2,48	2,25	2,04
0,167	3,12	2,84	2,52	2,33	2,10	—
0,192	2,87	2,66	2,39	2,23	—	—
0,226	2,61	2,44	2,24	2,10	—	—
0,239	2,53	2,37	2,19	2,05	—	—
0,302	2,20	2,08	1,96	1,87	—	—
0,383	1,90	1,81	1,73	1,68	—	—
0,527	1,53	1,48	1,44	1,41	—	—
0,563	1,46	1,42	1,39	1,36	—	—
0,734	1,21	1,20	1,18	—	—	—
0,824	1,12	1,12	1,11	—	—	—
0,908	1,06	1,05	1,05	—	—	—

Die Originalarbeit enthält umfangreiche Tabellen für den Dampfdruck und den Kondensationsdruck des binären Gemisches

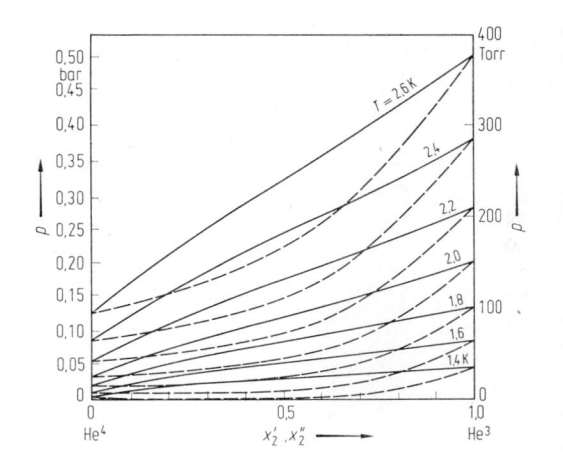

2 x_1 Ne, Neon
M: 20,18   Kp: 27,1 K

x_2 H$_2$, Wasserstoff
M: 2,016   Kp.: 20,4 K

[H 9]

$T = 26,00$ K			$T = 28,00$ K		
p in bar	x_2'	x_2''	p in bar	x_2'	x_2''
0,72	0,0000	0,0000	1,32	0,0000	0,0000
2,15	—	0,6370	2,89	—	0,5030
2,28	—	0,6580	3,57	—	0,5910
2,87	—	0,7190	3,78	0,0137	—
3,07	0,0224	—	4,44	—	0,6650
3,41	—	0,7580	4,57	0,0311	—
3,68	0,0409	—	5,43	0,0691	—
3,84	0,0413	—	5,84*)	—	0,7180
3,88	0,0412	—	5,89	0,6010	0,7350
3,92	0,0469	—	5,93	0,6510	0,7400
4,03*)	—	0,7950	5,96	0,6740	0,7490
4,05	0,7680	0,8010	6,01	0,7980	0,8050
4,11	0,8120	0,8270	6,03	0,8400	0,8340
4,13	0,8220	0,8210	5,88	—	0,9274
4,11	0,8420	0,8400	5,81	0,9578	0,9428
4,11	0,8630	0,8550	5,76	1,0000	1,0000
4,09	0,9115	0,9035			
3,92	1,0000	1,0000			

*) Druck bei dem sich die Flüssigkeit in zwei Phasen trennt

Zu **2**

$T = 30{,}00$ K		
p in bar	x_2'	x_2''
2,24	0,0000	0,0000
2,26	—	0,0307
3,25	—	0,3160
4,12	—	0,4150
5,12	0,0283	0,5070
6,09	0,0550	0,5880
6,79	—	0,6140
6,93	0,0893	—
6,99	—	0,6310
7,02	0,0937	—
7,68	—	0,6630
7,80	0,2360	—
7,84	—	0,6740
7,98	0,4400	—
8,24	0,6270	0,6960
8,49	0,7160	0,7430
8,55	0,7890	0,7880
8,56	0,8310	0,8200
8,54	0,8540	0,8400
8,50	0,8720	0,8550
8,38	0,9137	—
8,36	—	0,8980
8,31	0,9372	—
8,29	—	0,9218
8,11	1,0000	1,0000

$T = 34{,}66$ K		
p in bar	x_2'	x_2''
6,04	0,0000	0,0000
7,45	0,0178	0,1780
8,00	0,0243	0,2120
9,84	—	0,3410
9,84	0,0560	0,3480
10,2	—	0,3630
11,8	0,1100	0,4180
13,1	0,1980	0,4600
14,5	0,3070	0,5070
14,9	—	0,5160
15,6	0,4330	0,5410
16,0	0,5220	0,5600

$T = 37{,}64$ K		
p in bar	x_2'	x_2''
10,1	0,0000	0,0000
11,6	0,0182	0,1060
13,3	0,0439	0,1900
14,0	—	0,2230
15,4	—	0,2740
16,2	0,1110	0,3060
18,0	0,1780	0,3500
19,1	0,2090	0,3640
21,1	0,3500	0,3980

$T = 39{,}57$ K		
p in bar	x_2'	x_2''
13,7	0,0000	0,0000
16,5	0,0428	0,1390
17,0	0,0503	0,1510
19,1	0,0896	0,2100
21,3	0,1590	0,2550
21,7	0,1690	0,2620

$T = 42{,}50$ K		
p in bar	x_2'	x_2''
20,8	0,0000	0,0000
21,9	0,0176	0,0369
23,9	—	0,0817
24,1	0,0511	—
24,6	0,0627	0,0920
25,1	0,0693	0,0933

Flüssig — flüssig — Phasengleichgewicht

Temp. in K	Molanteile Wasserstoff	
	Phase 1	Phase 2
26,00	0,755	0,047
28,00	0,582	0,115

3 x_1 **Ne, Neon**
M: 20,183   Kp.: 27,1 K

x_2 **D$_2$, Deuterium**
M: 4,029   Kp.: 23,66 K

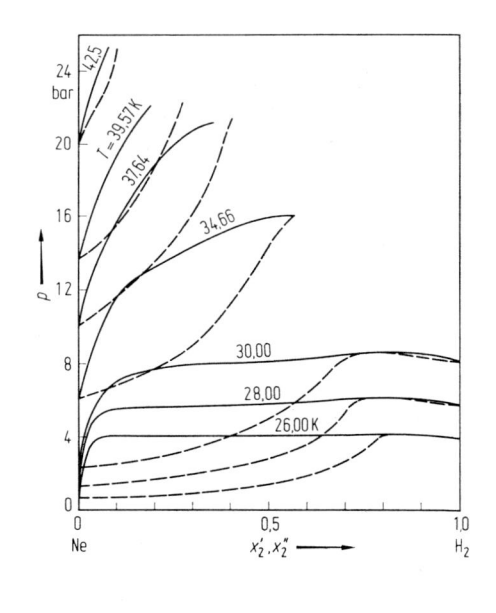

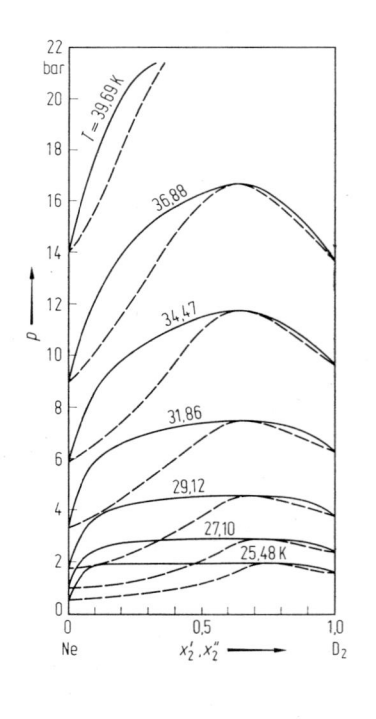

Weishaupt

Zu **3**
[S 29]

T in K	p in bar	x_2'	x_2''
24,87	1,69*)	0,1265	0,7224
		0,6439	
25,48	0,61	0,0000	0,0000
	1,55	0,0495	0,6150
	1,78	0,0796	0,6610
	1,93	0,1393	0,6885
	1,95	0,1862	0,6976
	1,96*)	0,1919	0,7007
		0,5238	
	1,96	0,5437	0,7029
	1,97	0,6329	0,7095
	1,98	0,7565	0,7361
	1,94	0,8315	0,7645
	1,82	0,9351	0,8661
25,60	2,02*)	0,2266	0,6922
		0,4844	
25,67	2,07*)	0,2586	—
		0,4577	
25,73	2,10*)	0,3182	0,6864
		0,3767	
27,10	1,01	0,0000	0,0000
	2,24	0,0630	0,5419
	2,77	0,1941	0,6362
	2,87	0,4186	0,6579
	2,88	0,4843	0,6619
	2,90	0,5506	0,6715
	2,92	0,6043	0,6797
	2,92	0,6519	0,6893
	2,92	0,6916	0,6973
	2,91	0,7106	0,7038
	2,90	0,7693	0,7284
	2,76	0,9107	0,8384
	2,62	0,9553	0,9040
	2,45	0,9995	0,9978
29,12	1,77	0,0000	0,0000
	2,65	0,0303	0,3084
	3,69	0,0951	0,4996
	4,06	0,1590	0,5534
	4,39	0,3308	0,5993
	4,49	0,4652	0,6232
	4,55	0,5544	0,6415
	4,58	0,6177	0,6597
	4,60	0,6716	0,6778
	4,56	0,7600	0,7181
	4,46	0,8431	0,7761
	4,30	0,9114	0,8466
	3,83	0,9998	0,9995
31,86	3,45	0,0000	0,0000
	4,46	0,0286	0,2052
	5,5	0,0765	0,3564
	6,3	0,1429	0,4438
	6,8	0,2479	0,5060
	7,1	0,3453	0,5410
	7,3	0,4463	0,5731
	7,4	0,5380	0,6053
	7,5	0,5975	0,6290

T in K	p in bar	x_2'	x_2''
31,86	7,5	0,6788	0,6686
	7,4	0,7490	0,7122
	7,2	0,8453	0,7873
	6,8	0,9304	0,8837
	6,5	0,9786	0,9582
	6,3	0,9994	0,9981
34,47	5,9	0,0000	0,0000
	6,3	0,0097	0,0573
	7,3	0,0385	0,1835
	8,4	0,0881	0,2922
	9,3	0,1476	0,3691
	10,1	0,2293	0,4277
	11,0	0,3791	0,5007
	11,4	0,4600	0,5395
	11,6	0,5435	0,5820
	11,7	0,6077	0,6188
	11,7	0,6960	0,6810
	11,5	0,7702	0,7313
	11,0	0,8522	0,8077
	10,3	0,9318	0,9104
36,88	9,0	0,0000	0,0000
	9,4	0,0115	0,0452
	11,4	0,0653	0,1879
	13,3	0,1563	0,3108
	15,8	0,4157	0,4818
	16,6	0,5955	0,6031
	16,6	0,6812	0,6571
	16,3	0,7438	0,7251
	16,0	0,7963	0,7705
	15,4	0,8747	0,8509
	14,4	0,9497	0,9336
39,69	14,0	0,0000	0,0000
	16,1	—	0,1237
	18,4	0,1239	0,2101
	20,3	0,2119	0,3007
	21,4	0,3241	0,3579

*) Druck, bei dem 2 flüssige Phasen vorliegen. Die schwere Flüssigkeit enthält weniger Deuterium.

Lage des azeotropen Punktes

T in K	p in bar	x_{2az}
25,48	1,98	0,725
27,10	2,93	0,700
29,12	4,60	0,686
31,86	7,5	0,656
34,47	11,7	0,640
36,88	16,6	0,620

4 x_1 Ar, Argon x_2 N_2, Stickstoff
M: 39,95   Kp.: 87,29 K   M: 28,01   Kp.: 77,35 K

[S 25]

$T = 83{,}82$ K

p in bar	x_2'	x_2''	p in bar	x_2'	x_2''
0,689	0	0	1,578	0,629	0,820
0,788	0,0580	0,170	1,605	0,651	0,830
0,832	0,0848	0,239	1,644	0,682	0,851
0,931	0,148	0,360	1,738	0,757	0,886
0,997	0,192	0,435	1,784	0,796	0,905
1,122	0,279	0,540	1,801	0,809	0,913
1,152	0,300	0,562	1,882	0,876	0,947
1,331	0,434	0,688	1,927	0,912	0,960
1,414	0,496	0,735	2,037	1,000	1,000
1,489	0,558	0,775			

Die Arbeit [E 4] enthält eine Zahlentafel für die Aktivitätskoeffizienten von Argon und Stickstoff bei 100 K, sowie ein Diagramm, aus dem darüber hinaus berechnete Aktivitätskoeffizienten bei 110 K hervorgehen. [M 24] bringt Aktivitätskoeffizienten bei 90,5, 100, 110 und 120 K.

[W 7]

$p = 1{,}013$ bar $= 1$ Atm			$p = 2{,}027$ bar $= 2$ Atm		
T in K	x_2'	x_2''	T in K	x_2'	x_2''
86,6	0,0462	0,1290	93,3	0,0670	0,1654
85,0	0,1411	0,3381	93,3	0,0708	0,1762
82,7	0,3131	0,5790	92,2	0,1371	0,3001
80,6	0,5523	0,7838	89,4	0,3406	0,5779
79,4	0,7077	0,8707	87,7	0,4978	0,7189
78,6	0,8457	0,9363	86,1	0,6956	0,8500
78,6	0,8504	0,9387	85,0	0,8450	0,9283
78,3	0,8790	0,9506	84,6	0,9001	0,9547
78,2	0,9001	0,9598	84,3	0,9410	0,9738
78,0	0,9323	0,9749	84,3	0,9529	0,9798
78,0	0,9523	0,9808	84,2	0,9719	0,9880
77,9	0,9549	0,9818	84,1	0,9810	0,9919
	0,9612	0,9851	84,0	0,9949	0,9974
77,9	0,9623	0,9843			
77,8	0,9822	0,9938			
77,7	0,9845	0,9940			
77,6	0,9928	0,9973			

$p = 8{,}11$ bar $= 8$ Atm			$p = 10{,}13$ bar $= 10$ Atm		
T in K	x_2'	x_2''	T in K	x_2'	x_2''
111,0	0,1126	0,2062	114,3	0,1452	0,2469
109,9	0,1775	0,3043	112,7	0,2515	0,3883
106,6	0,4142	0,5816	109,9	0,4502	0,6035
104,3	0,6073	0,7481	108,2	0,6400	0,7632
102,7	0,7771	0,8679	105,2	0,8801	0,9282
101,8	0,8647	0,9218	104,9	0,9090	0,9460
101,3	0,9306	0,9606	104,5	0,9384	0,9640
101,1	0,9466	0,9708	104,6	0,9529	0,9728
101,0	0,9582	0,9769	104,4	0,9657	0,9800
100,9	0,9691	0,9835	104,3	0,9666	0,9810
100,8	0,9835	0,9915	104,2	0,9839	0,9917
100,7	0,9957	0,9977	104,2	0,9948	0,9983
100,7	0,9963	0,9982			

$p = 4{,}053$ bar $= 4$ Atm			$p = 6{,}080$ bar $= 6$ Atm		
T in K	x_2'	x_2''	T in K	x_2'	x_2''
101,6	0,0702	0,1547	106,0	0,1452	0,2666
100,5	0,1320	0,2703	102,7	0,3758	0,5580
98,8	0,2448	0,4251	99,9	0,6219	0,7683
97,2	0,3687	0,5732	98,8	0,7409	0,8515
95,5	0,5277	0,7130	98,0	0,8395	0,9107
93,5	0,7372	0,8583	97,7	0,8728	0,9314
92,7	0,8444	0,9214	97,4	0,9035	0,9474
92,2	0,9181	0,9614	97,1	0,9373	0,9666
92,0	0,9373	0,9708	97,0	0,9522	0,9759
91,9	0,9529	0,9778	96,9	0,9610	0,9807
91,8	0,9632	0,9828	96,8	0,9701	0,9851
91,7	0,9737	0,9872	96,8	0,9802	0,9907
91,7	0,9775	0,9902	96,7	0,9918	0,9968
91,7	0,9872	0,9941			

$p = 12{,}16$ bar $= 12$ Atm			$p = 14{,}19$ bar $= 14$ Atm		
T in K	x_2'	x_2''	T in K	x_2'	x_2''
118,2	0,1072	0,1768	120,9	0,1041	0,1713
117,1	0,1699	0,2717	119,3	0,2014	0,3079
113,8	0,3896	0,5327	116,6	0,3866	0,5224
111,0	0,6152	0,7357	113,8	0,6032	0,7230
109,1	0,7858	0,8620	112,1	0,7464	0,8291
108,8	0,8135	0,8808	112,1	0,7552	0,8367
108,5	0,8418	0,8998	110,7	0,8757	0,9204
108,2	0,8688	0,9180	110,5	0,8998	0,9355
107,9	0,8981	0,9370	110,2	0,9318	0,9565
107,7	0,9228	0,9524	110,0	0,9507	0,9684
107,4	0,9528	0,9711	109,9	0,9588	0,9740
107,2	0,9679	0,9807	109,8	0,9632	0,9768
107,2	0,9778	0,9867	110,4	0,9662	0,9786
			109,7	0,9791	0,9870
			109,7	0,9842	0,9909
			109,7	0,9851	0,9912
			109,7	0,9890	0,9939

Zu **4**

$p = 16{,}21$ bar $= 16$ Atm					
T in K	x_2'	x_2''	T in K	x_2'	x_2''
123,2	0,1232	0,1940	112,7	0,9153	0,9451
121,5	0,2239	0,3309	112,5	0,9368	0,9592
119,3	0,3707	0,4960	112,4	0,9424	0,9633
116,5	0,5809	0,6905	112,2	0,9650	0,9774
113,8	0,8179	0,8765	112,1	0,9728	0,9824
112,9	0,8858	0,9252	112,0	0,9852	0,9910

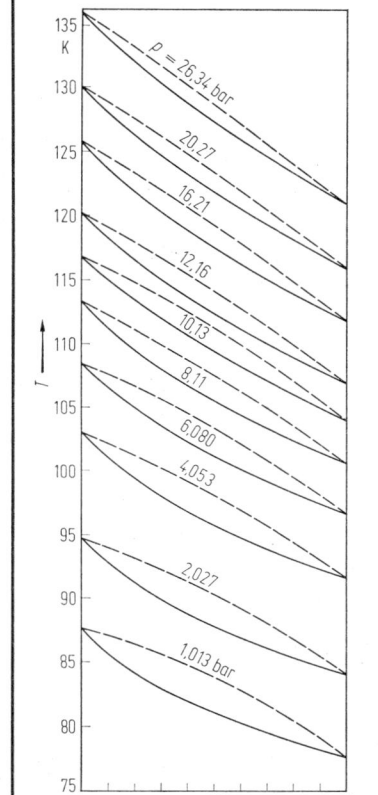

$p = 20{,}27$ bar $= 20$ Atm		
T in K	x_2'	x_2''
128,7	0,0671	0,1032
127,6	0,1290	0,1921
124,8	0,2954	0,4018
123,2	0,4034	0,5080
120,9	0,5707	0,6703
118,2	0,7986	0,8513
116,8	0,9096	0,9356
116,5	0,9364	0,9557
116,3	0,9599	0,9725
116,3	0,9628	0,9734
116,0	0,9951	0,9965
116,1	0,9792	0,9856
116,0	0,9913	0,9943

$p = 23{,}31$ bar $= 23$ Atm		
T in K	x_2'	x_2''
131,5	0,0767	0,1140
129,3	0,2043	0,2814
127,6	0,3092	0,4022
125,9	0,4147	0,5160
122,6	0,6574	0,7367
120,4	0,8409	0,8836
119,6	0,9108	0,9349
119,2	0,9488	0,9635
119,0	0,9662	0,9765
118,8	0,9728	0,9801
118,7	0,9821	0,9871
118,6	0,9942	0,9950

$p = 18{,}24$ bar $= 18$ Atm		
T in K	x_2'	x_2''
125,9	0,0994	0,1602
124,8	0,1669	0,2503
123,2	0,2698	0,3778
120,4	0,4584	0,5761
118,2	0,6198	0,7155
116,6	0,7692	0,8388
115,4	0,8461	0,8930
115,4	0,8705	0,9116
114,9	0,9040	0,9348
114,6	0,9341	0,9563
114,4	0,9587	0,9725
114,3	0,9603	0,9737
114,2	0,9748	0,9825
114,2	0,9797	0,9863
114,1	0,9886	0,9922

$p = 26{,}34$ bar $= 26$ Atm		
T in K	x_2'	x_2''
133,7	0,1055	0,1481
132,1	0,2004	0,2700
128,7	0,4080	0,4973
125,4	0,6378	0,7109
122,9	0,8373	0,8753
121,8	0,9301	0,9471
121,5	0,9494	0,9612
121,3	0,9654	0,9736
121,2	0,9739	0,9806
121,1	0,9864	0,9896
121,0	0,9950	0,9966

5 x_1 **Ar, Argon**
         M: 39,95   Kp.: 87,29 K
      x_2 **CO, Kohlenmonoxid**
         M: 28,01   Kp.: 81,7 K

[C 17]

$T = 123{,}4$ K			$T = 137{,}1$ K		
p in bar	x_2'	x_2''	p in bar	x_2'	x_2''
15,21	0,079	0,104	29,19	0,086	0,100
16,40	0,199	0,245	30,79	0,194	0,215
17,83	0,349	0,406	31,78	0,246	0,269
18,89	0,483	0,545	33,29	0,339	0,367
19,88	0,629	0,677	34,69	0,428	0,453
20,61	0,747	0,781	36,41	0,560	0,571
20,76	0,769	0,800	37,77	0,660	0,670
21,54	0,880	0,898			
21,98	0,938	0,947			

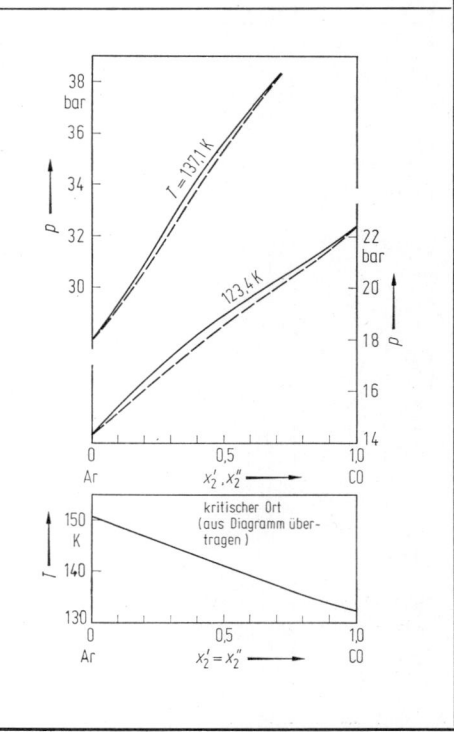

Weishaupt

6

x_1 **Kr, Krypton**
M: 83,80   Kp.: 120,0 K

x_2 **Ar, Argon**
M: 39,95   Kp.: 87,3 K

[S 12]

$T = 88{,}06$ K

T in K	p in bar	x_2'	x_2''
88,06	0,8274	0,6468	0,9783
88,04	0,9046	0,7674	0,9845
88,08	1,0026	0,8928	0,9921

Das Gemisch zeigt eine starke Abweichung vom Raoultschen Gesetz

K-Werte für höhere Kryptongehalte bei $T = 93{,}57$ K

p		x_1'	K
bar	at	p.p.m.	
1,366	1,393	9829	0,1177
1,366	1,393	10420	0,1023
1,250	1,275	99100	0,1068
1,250	1,275	103000	0,1042

7

x_1 **Kr, Krypton**
M: 83,80   Kp.: 120,0 K

x_2 **O$_2$, Sauerstoff**
M: 32,00   Kp.: 90,2 K

[B 25]

Werte von $K = x_1''/x_1'$, gültig für $x_1' < 1100$ p.p.m.

T	p		K
K	bar	at	
93,57	1,379	1,406	0,1218
101,35	2,751	2,805	0,1473
106,52	4,103	4,184	0,1675

In der Originalarbeit sind die Verteilungskonstanten $1/K = x_1'/x_1''$ angegeben. Obige Tabellen enthalten entgegen der üblichen Darstellung die x_1-Werte, da der Kryptongehalt im Sauerstoff interessiert.
Weitere Gleichgewichtsdaten für Temperaturen zwischen 90 und 100 K finden sich bei [C 9] Bd. 3, S. 328.

8

x_1 **D$_2$, Deuterium**
M: 4,029   Kp.: 26,66 K

x_2 **H$_2$, Wasserstoff**
M: 2,016   Kp.: 20,28 K

[N 18]

$p = 1{,}013$ bar $= 760$ Torr			$p = 3{,}040$ bar $= 2280$ Torr		
T in K	x_2'	x_2''	T in K	x_2'	x_2''
23,70	0,00	0,000	28,18	0,00	0,000
23,22	0,10	0,195	27,63	0,10	0,162
22,75	0,20	0,364	27,20	0,20	0,305
22,35	0,30	0,511	26,82	0,30	0,436
21,97	0,40	0,622	26,46	0,40	0,547
21,66	0,50	0,713	26,11	0,50	0,644
21,37	0,60	0,787	25,82	0,60	0,734
21,09	0,70	0,851	25,53	0,70	0,814
20,84	0,80	0,909	25,24	0,80	0,887
20,60	0,90	0,960	24,99	0,90	0,942
20,39	1,00	1,000	24,80	1,00	1,000

Die Werte in beiden Tabellen sind aus Diagrammen entnommen.
Für die Gemische H$_2$ + D$_2$ und H$_2$ + HD enthält die Originalarbeit Zahlenwerte für die Abweichung vom Raoultschen Gesetz im Druckbereich 500 bis 2500 Torr.

[N 18]

$T = 23$ K			$T = 24$ K		
p in bar	x_2'	x_2''	p in bar	x_2'	x_2''
0,823	0,00	0,000	1,103	0,00	0,000
0,961	0,10	0,199	1,263	0,10	0,187
1,088	0,20	0,367	1,421	0,20	0,354
1,214	0,30	0,488	1,561	0,30	0,473
1,329	0,40	0,604	1,708	0,40	0,580
1,446	0,50	0,690	1,851	0,50	0,673
1,570	0,60	0,769	1,996	0,60	0,753
1,676	0,70	0,828	2,124	0,70	0,819
1,789	0,80	0,890	2,258	0,80	0,885
1,902	0,90	0,946	2,398	0,90	0,946
2,021	1,00	1,000	2,548	1,00	1,000

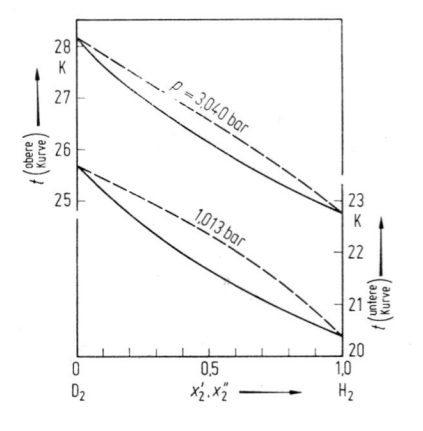

3 Binary mixtures

Zu **8**

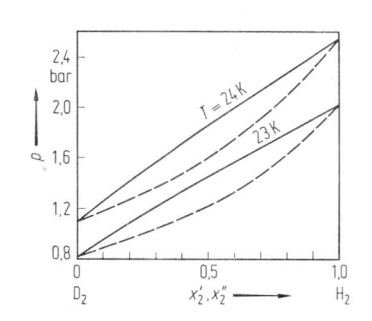

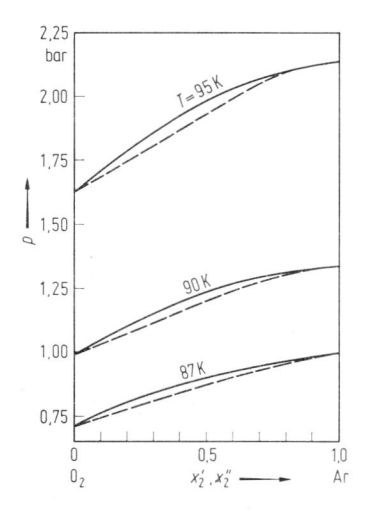

9 x_1 O_2, Sauerstoff M: 32,00   Kp.: 90,2 K
    x_2 Ar, Argon M: 39,95   Kp.: 87,29

[C 9]

$T = 87{,}0$ K			$T = 90$ K		
p in bar	x_2'	x_2''	p in bar	x_2'	x_2''
0,741	0,052	0,077	1,013	0,039 5	0,061
0,781	0,150	0,213	1,067	0,132	0,190
0,821	0,251	0,337	1,120	0,230	0,316
0,861	0,365	0,459	1,173	0,343	0,435
0,888	0,455	0,542	1,213	0,441 5	0,528
0,915	0,555	0,629	1,253	0,557 5	0,627
0,941	0,670	0,725	1,280	0,650	0,703
0,955	0,736	0,779	1,307	0,759	0,795
0,973	0,858	0,875	1,320	0,834	0,861

$T = 95$ K		
p in bar	x_2'	x_2''
1,667	0,045 5	0,067
1,747	0,141 5	0,198
1,827	0,247	0,324
1,907	0,368	0,450
1,960	0,454	0,535
2,013	0,550	0,620
2,067	0,669	0,717
2,093	0,752	0,784
2,107	0,818	0,838

Aktivitätskoeffizienten von Sauerstoff und Argon bei 100 K s. [E 4]

[W 7]

$p = 1{,}013$ bar $= 1$ Atm			$p = 2{,}027$ bar $= 2$ Atm			$p = 4{,}053$ bar $= 4$ Atm			$p = 6{,}080$ bar $= 6$ Atm		
T in K	x_2'	x_2''	T in K	x_2'	x_2''	T in K	x_2'	x_2''	T in K	x_2'	x_2''
90,3	0,008 8	0,014 2	97,4	0,019 5	0,028 8	105,9	0,011 0	0,014 8	111,6	0,003 5	0,005 2
90,2	0,029 9	0,046 0	97,3	0,027 4	0,039 5	105,9	0,025 2	0,034 6	111,7	0,003 6	0,005 8
90,1	0,050 6	0,076 5	97,3	0,046 4	0,064 4	105,8	0,029 1	0,040 1	111,7	0,007 3	0,009 5
90,1	0,064 7	0,097 8	97,2	0,052 4	0,075 3	105,7	0,044 6	0,060 5	—	0,011 6	0,015 1
89,9	0,072 6	0,108 8	97,1	0,069 0	0,097 5	105,7	0,047 1	0,064 0	111,6	0,015 3	0,019 6
89,7	0,098 5	0,142 8	97,1	0,080 8	0,113 8	105,8	0,051 4	0,067 7	111,5	0,023 2	0,035 3
89,6	0,124 9	0,177 0	97,0	0,096 2	0,133 5	105,6	0,051 9	0,065 6	111,6	0,027 4	0,037 6
89,1	0,234 3	0,319 7	96,8	0,118 0	0,159 4	105,6	0,055 8	0,075 9	111,5	0,034 4	0,046 1
89,1	0,255 9	0,332 7	96,3	0,235 7	0,297 2	105,4	0,080 4	0,107 7	111,4	0,055 0	0,071 7
88,3	0,505 4	0,576 8	95,6	0,499 9	0,560 8	105,2	0,141 7	0,182 8	111,2	0,086 8	0,111 0
88,0	0,668 2	0,717 3	95,6	0,505 9	0,567 4	104,9	0,194 7	0,244 4	111,1	0,119 8	0,150 8
87,7	0,840 3	0,859 7	95,2	0,590 2	0,643 2	104,1	0,423 2	0,480 7	110,4	0,243 0	0,285 0
87,4	0,954 1	0,957 2	94,8	0,788 1	0,815 1	103,5	0,629 6	0,661 6	109,9	0,392 8	0,440 7
87,4	0,976 4	0,978 3	94,6	0,972 2	0,976 2	103,2	0,786 9	0,807 7	109,3	0,585 0	0,619 2
			94,6	0,978 5	0,979 9	103,0	0,931 3	0,939 9	109,1	0,689 6	0,714 7
						103,0	0,950 6	0,955 2	108,9	0,783 2	0,798 6
									108,8	0,939 0	0,945 8

Fortsetzung nächste Seite

Weishaupt

Zu **9**

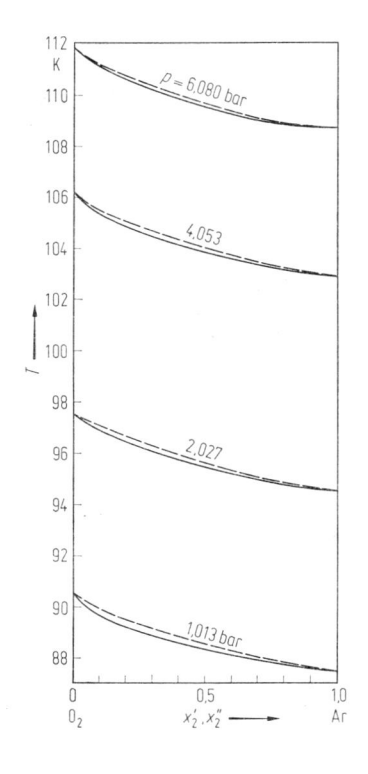

$p = 8{,}11$ bar = 8 Atm			$p = 10{,}13$ bar = 10 Atm		
T in K	x_2'	x_2''	T in K	x_2'	x_2''
116,1	0,0088	0,0106	119,9	0,0076	0,0099
116,1	0,0110	0,0148	119,8	0,0153	0,0195
116,0	0,0260	0,0313	119,8	0,0279	0,0350
116,0	0,0302	0,0398	119,7	0,0352	0,0445
115,9	0,0381	0,0493	119,8	0,0488	0,0654
115,8	0,0673	0,0854	119,6	0,0681	0,0833
115,8	0,0709	0,0877	119,7	0,0683	0,0855
115,6	0,0985	0,1231	119,6	0,0723	0,0894
115,2	0,2000	0,2391	119,4	0,1024	0,1240
114,3	0,4186	0,4628	118,8	0,2500	0,2866
113,8	0,6224	0,6524	117,9	0,4866	0,5226
113,3	0,8511	0,8610	117,4	0,7066	0,7254
113,2	0,9248	0,9294	117,2	0,7560	0,7721
			117,0	0,9094	0,9143
			117,0	0,9671	0,9681

$p = 16{,}21$ bar = 16 Atm			$p = 18{,}24$ bar = 18 Atm		
T in K	x_2'	x_2''	T in K	x_2'	x_2''
128,5	0,0068	0,0095	130,8	0,0100	0,0121
128,5	0,0082	0,0103	130,8	0,0181	0,0229
—	0,0113	0,0141	130,7	0,0212	0,0247
128,4	0,0125	0,0159	130,7	0,0265	0,0316
128,5	0,0186	0,0239	130,7	0,0372	0,0435
128,4	0,0343	0,0410	130,7	0,0384	0,0468
128,3	0,0407	0,0478	130,5	0,0558	0,0660
128,2	0,0412	0,0500	130,5	0,0682	0,0805
128,2	0,0573	0,0690	130,3	0,1035	0,1202
128,1	0,0744	0,0936	130,1	0,1340	0,1553
128,1	0,0773	0,0910	129,8	0,2039	0,2291
127,9	0,1043	0,1207	129,1	0,3892	0,4174
127,3	0,2391	0,2686	128,5	0,5770	0,5999
127,1	0,3101	0,3408	128,1	0,8189	0,8268
126,5	0,4736	0,5026	127,9	0,9064	0,9097
125,9	0,6902	0,7078	127,9	0,9206	0,9216
125,7	0,8058	0,8147			
125,6	0,9302	0,9323			

$p = 12{,}16$ bar = 12 Atm			$p = 14{,}19$ bar = 14 Atm		
T in K	x_2'	x_2''	T in K	x_2'	x_2''
123,0	0,0120	0,0151	125,9	0,0138	0,0182
123,0	0,0158	0,0197	125,8	0,0215	0,0263
122,9	0,0397	0,0488	125,8	0,0382	0,0480
122,9	0,0444	0,0547	125,6	0,0452	0,0553
122,9	0,0554	0,0677	125,7	0,0499	0,0608
122,8	0,0567	0,0694	125,7	0,0504	0,0609
122,8	0,0726	0,0879	125,5	0,0820	0,0983
122,7	0,0787	0,0963	125,3	0,0902	0,1268
122,5	0,1102	0,1322	125,3	0,1190	0,1407
122,1	0,2094	0,2405	125,3	0,1330	0,1581
121,5	0,3670	0,4032	124,8	0,2356	0,2650
120,9	0,5377	0,5677	124,0	0,4624	0,4925
120,4	0,7226	0,7403	123,4	0,6800	0,6989
120,3	0,7871	0,7999	123,1	0,8804	0,8847
120,2	0,8576	0,8639	123,0	0,9318	0,9322
120,2	0,9159	0,9190	123,0	0,9653	0,9678

$p = 20{,}27$ bar = 20 Atm			$p = 23{,}31$ bar = 23 Atm		
T in K	x_2'	x_2''	T in K	x_2'	x_2''
133,0	0,0080	0,0102	135,9	0,0134	0,0157
133,0	0,0161	0,0197	135,9	0,0233	0,0269
132,9	0,0249	0,0288	135,8	0,0331	0,0378
132,7	0,0581	0,0633	135,7	0,0407	0,0467
132,7	0,0629	0,0727	135,7	0,0611	0,0718
132,7	0,0689	0,0759	135,5	0,0948	0,1084
132,5	0,0932	0,1074	135,2	0,1528	0,1709
132,1	0,1605	0,1807	134,6	0,2852	0,3092
131,5	0,3363	0,3630	134,1	0,4386	0,4621
130,9	0,5025	0,5267	133,4	0,6679	0,6809
130,4	0,7127	0,7243	133,2	0,8177	0,8229
130,1	0,8401	0,8450	133,1	0,9093	0,9122

Weishaupt

3 Binary mixtures

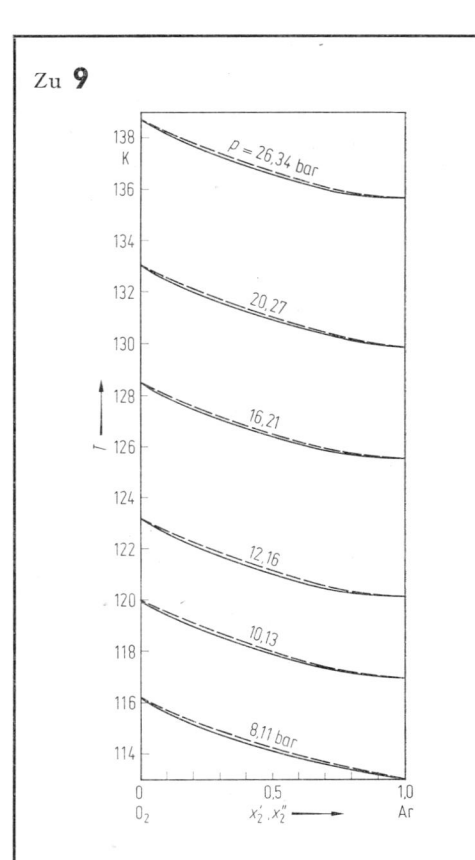

Zu 9

$p = 26{,}34$ bar $= 26$ Atm					
T in K	x_2'	x_2''	T in K	x_2'	x_2''
138,7	0,0196	0,0222	136,7	0,4805	0,4999
138,5	0,0372	0,0426	136,5	0,5594	0,5760
138,4	0,0547	0,0615	136,2	0,6519	0,6624
138,3	0,0702	0,0807	136,0	0,7087	0,7221
138,2	0,0970	0,1088	135,9	0,7719	0,7790
137,8	0,1702	0,1888	135,9	0,8067	0,8134
137,3	0,2902	0,3117	135,8	0,8530	0,8585
137,1	0,3591	0,3827	135,7	0,9300	0,9310

10

x_1 $\quad$ O_2, Sauerstoff
$\quad\quad$ M: 32,00 $\quad$ Kp.: 90,2 K
x_2 $\quad$ N_2, Stickstoff
$\quad\quad$ M: 28,01 $\quad$ Kp.: 77,35 K

[W 7]

$p = 1{,}013$ bar $= 1$ Atm			$p = 2{,}027$ bar $= 2$ Atm		
T in K	x_2'	x_2''	T in K	x_2'	x_2''
88,3	0,0755	0,2524	95,5	0,0721	0,2160
86,6	0,1554	0,4239	93,8	0,1470	0,3769
83,8	0,3115	0,6571	92,2	0,2359	0,5189
81,6	0,4961	0,8050	90,5	0,3437	0,6407
79,5	0,7307	0,9147	88,3	0,5139	0,7823
78,6	0,8647	0,9606	86,1	0,7401	0,9044
78,6	0,8710	0,9627	85,0	0,8744	0,9565
77,8	0,9860	0,9962	84,4	0,9449	0,9815

$p = 4{,}053$ bar $= 4$ Atm			$p = 6{,}080$ bar $= 6$ Atm		
T in K	x_2'	x_2''	T in K	x_2'	x_2''
103,8	0,0860	0,2081	109,9	0,0721	0,1646
102,1	0,1591	0,3527	108,8	0,1213	0,2595
98,8	0,3454	0,6008	106,6	0,2285	0,4310
98,2	0,3830	0,6380	104,4	0,3548	0,5840
95,5	0,5987	0,8070	102,1	0,5069	0,7208
93,6	0,7788	0,9065	99,9	0,6890	0,8468
92,7	0,8697	0,9485	98,2	0,8413	0,9284
91,9	0,9620	0,9861	97,1	0,9513	0,9794

$p = 8{,}11$ bar $= 8$ Atm			$p = 10{,}13$ bar $= 10$ Atm		
T in K	x_2'	x_2''	T in K	x_2'	x_2''
114,9	0,0512	0,1127	118,2	0,0706	0,1439
112,7	0,1495	0,2931	116,6	0,1463	0,2719
109,9	0,2940	0,4934	114,3	0,2587	0,4329
107,7	0,4290	0,6371	112,1	0,3844	0,5767
105,4	0,5830	0,7638	109,9	0,5284	0,7067
103,8	0,7138	0,8507	107,7	0,6881	0,8249
102,7	0,8025	0,9051	106,0	0,8212	0,9078
101,6	0,9125	0,9586	106,0	0,8243	0,9077
101,0	0,9645	0,9834	104,9	0,9203	0,9606
			104,2	0,9826	0,9923
			104,2	0,9887	0,9944

$p = 12{,}16$ bar $= 12$ Atm			$p = 14{,}19$ bar $= 14$ Atm		
T in K	x_2'	x_2''	T in K	x_2'	x_2''
120,4	0,1183	0,2185	124,3	0,0693	0,1308
118,2	0,2209	0,3698	122,1	0,1716	0,2923
118,2	0,2247	0,3643	120,4	0,2586	0,4055
116,0	0,3421	0,5214	117,7	0,4055	0,5725
113,8	0,4802	0,6496	115,5	0,5506	0,7035
111,6	0,6261	0,7712	113,2	0,7025	0,8198
109,9	0,7524	0,8592	113,2	0,7042	0,8188
108,8	0,8412	0,9107	111,5	0,8098	0,8897
108,2	0,8848	0,9385	111,5	0,8272	0,9017
107,9	0,9102	0,9522	110,5	0,9149	0,9537
107,4	0,9582	0,9774	109,9	0,9693	0,9835
107,4	0,9661	0,9799			

$p = 16{,}21$ bar $= 16$ Atm					
T in K	x_2'	x_2''	T in K	x_2'	x_2''
126,5	0,0870	0,1465	118,2	0,5290	0,6740
124,9	0,1588	0,2569	117,7	0,5444	0,7042
124,9	0,1652	0,2694	115,4	0,7174	0,8245
122,6	0,2728	0,4132	113,8	0,8448	0,9070
122,6	0,2741	0,4091	113,8	0,8501	0,9054
120,4	0,3943	0,5491	112,6	0,9292	0,9618
120,4	0,3981	0,5356	112,7	0,9320	0,9604
118,2	0,5040	0,6542	112,1	0,9808	0,9897

Weishaupt

Zu **10**

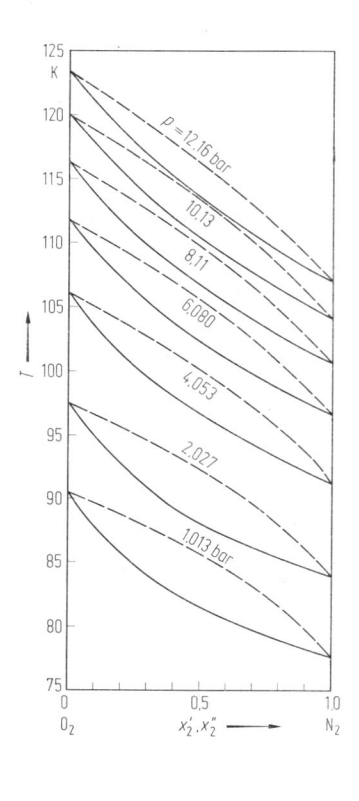

$p = 18{,}24$ bar $= 18$ Atm					
T in K	x_2'	x_2''	T in K	x_2'	x_2''
128,8	0,0852	0,1512	117,7	0,7120	0,8176
128,8	0,0873	0,1427	117,7	0,7270	0,8222
126,5	0,1959	0,3043	116,0	0,8399	0,8994
124,8	0,2765	0,4096	116,0	0,8426	0,9089
124,8	0,2784	0,4168	116,0	0,8451	0,8966
122,6	0,4023	0,5400	114,9	0,9283	0,9576
120,4	0,5320	0,6655	114,3	0,9710	0,9822

$p = 20{,}27$ bar $= 20$ Atm			$p = 23{,}31$ bar $= 23$ Atm		
T in K	x_2'	x_2''	T in K	x_2'	x_2''
130,9	0,0940	0,1553	133,5	0,1125	0,1742
129,2	0,1749	0,2724	131,5	0,2048	0,3004
126,5	0,3111	0,4378	127,6	0,4082	0,5301
126,5	0,3153	0,4583?	124,3	0,5871	0,6956
124,3	0,4232	0,5633	124,3	0,6105	0,7142
123,2	0,4803	0,6164	121,2	0,8068	0,8656
123,2	0,4981	0,6319	119,6	0,9233	0,9506
122,1	0,5615	0,6874	118,8	0,9807	0,9877
120,9	0,6394	0,7486			
118,9	0,7715	0,8504	$p = 26{,}34$ bar $= 26$ Atm		
118,9	0,7804	0,8555			
118,2	0,8210	0,8952	T in K	x_2'	x_2''
118,2	0,8273	0,8876	136,1	0,1071	0,1659
117,2	0,8987	0,9368	133,7	0,2319	0,3236
116,3	0,9697	0,9808	130,4	0,4057	0,5152
			127,1	0,5976	0,6942
			123,7	0,8094	0,8626
			122,1	0,9250	0,9464
			121,2	0,9790	0,9868
			121,2	0,9794	0,9858

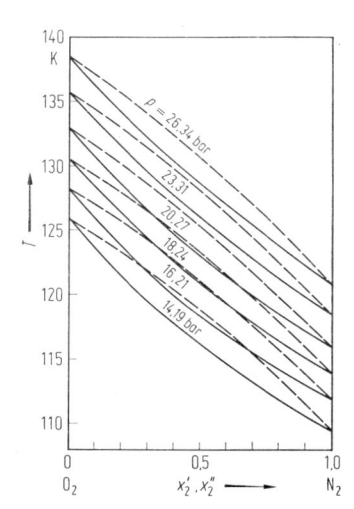

11 x_1 H_2O, Wasser
         M: 18,02   Kp.: 100,0 °C

   x_2 $CH_3 \cdot [CH_2]_4 \cdot CH_3$, Hexan
         M: 86,18   Kp.: 68,8 °C

[M 10]

Siedeverlauf des Zweistoffgemisches im heteroazeotropen Punkt

Druck		Siede-temp.	x_{2az}
bar	Torr	°C	
0,476	350	42,7	
0,533	400	45,9	
0,600	450	48,6	
0,667	500	51,1	
0,733	550	53,5	
0,800	600	55,6	
0,867	650	57,6	
0,933	700	59,4	
0,997	748	61,2	0,781

12 x_2 H₂O, Wasser
M: 18,02   Kp.: 100,0 °C

Die Mischungskomponenten sind in der Tabelle aufgeführt*)

[L 11]

Siedetemperatur der Mischung im Azeotropen Punkt

Syst. Nr.	1. Komponente				t_{az} in °C
	Name	Formel	M	Kp. in °C	
12a	Octan	CH₃·[CH₂]₆·CH₃	114,23	125,8	89,4
12b	Nonan	CH₃·[CH₂]₇·CH₃	128,26	150,6	95,1
12c	Toluol	C₇H₈	92,14	110,8	84,15
12d	o-Xylol	(C₈H₁₀)	106,17	143,6	94,0
12e	m-Xylol	(C₈H₁₀)	106,17	139	93,0
12f	p-Xylol	(C₈H₁₀)	106,17	138,4	92,8

Der Wassergehalt (Mol-%) im Azeotropen Punkt errechnet sich aus der Beziehung:

$$x_{2az} = -27{,}44404 + 1{,}8138\, t_{az} - 0{,}0348\, t_{az}^2 + 0{,}0003\, t_{az}^3$$

(Die mittlere Abweichung von Meßwerten — abgesehen vom System Nonan—Wasser — ist 1,09 Mol-% H₂O)

*) Entgegen der üblichen Regel wurden die Systeme unter dem Namen der niedriger siedenden, gemeinsamen Komponente eingereiht.

---

13 x_1 H₂O, Wasser
M: 18,02   Kp.: 100,00 °C

x_2 CH₃OH, Methanol
M: 32,04   Kp.: 64,58 °C

[D 2]

$p = 1{,}013$ bar = 760 Torr

t in °C	x_2'	x_2''
100,00	0,000 004	0,000 041
100,00	0,000 006	0,000 045
100,00	0,000 050	0,000 450
99,95	0,000 422	0,003 57
99,25	0,005 779	0,045 46
95,02	0,033 5	0,219 9
90,25	0,075 0	0,367 0
86,48	0,119 2	0,477 5
79,15	0,264 6	0,618 4
75,20	0,409 2	0,730 5
71,80	0,581 3	0,819 6
69,10	0,721 8	0,854 2
66,50	0,880 8	0,941 7
64,95	0,965 7	0,956 9
64,70	0,987 1	0,977 8

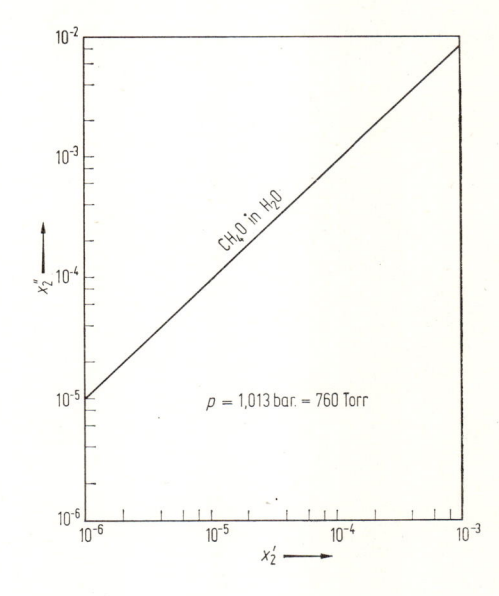

Die Werte sind teilweise gemittelt. In der Originalarbeit sind die Aktivitätskoeffizienten angegeben. Weitere Gleichgewichtsdaten bei $p = 1{,}0132$ bar s. [B 5], [V 4] und [Z 1]. In der Arbeit [M 17] sind Angaben über das Phasengleichgewicht Wasser/Methanol bei gesättigter Lösung von NaJ, von KJ, bzw. von Mischungen beider Salze enthalten. Gleichgewichtsdaten für gesättigte Lösungen von KNO₃, K₂SO₄, Na₂SO₄ und CuCl₂ finden sich bei [M 18].

Zu 13

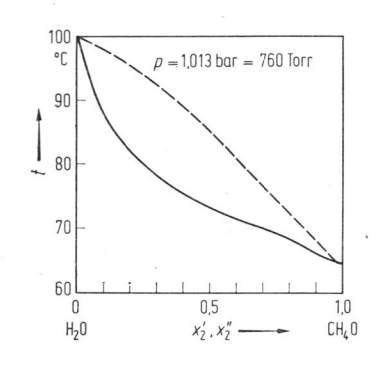

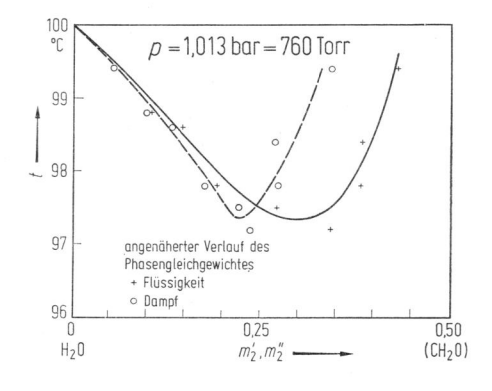

[Diagram: t vs x_2', x_2'' for H_2O / CH_4O at $p = 1{,}013$ bar = 760 Torr]

14 m_1 H_2O, **Wasser**
                M: 18,02   Kp.: 100,0 °C
         m_2 **HCHO, Formaldehyd**
                M: 30,03   Kp.: −21 °C

[*T 8*]

$p = 1{,}013$ bar = 760 Torr		
t °C	m_2'	m_2''
	Massenanteile HCHO	
99,4	0,0535	0,0519 3
99,4	0,0533 8	0,0588 3
99,6	0,0543 9	0,0537 4
98,8	0,1012	0,0974 7
98,6	0,1423	0,1288
98,6	0,1437	0,1278
97,8	0,1924	0,1766
97,8	0,1930	0,1746
97,5	0,2698	0,2192
97,5	0,2711	0,2206
97,2	0,3399	0,2359
97,2	0,3410	0,2369
98,2	0,3442	0,2384
97,8	0,3805	0,2730
98,4	0,3833	0,2669
99,4	0,4263	0,3358
99,4	0,4428	0,3398

Nach Angabe der Verfasser liegt das Formaldehyd in der wäßrigen Lösung in Form von Hydraten vor. Eine Azeotropmischung existiert nicht. Durch Beigabe von $CaCl_2$ fallen zunehmend formaldehydreichere Azeotropgemische an.

[Diagram: t vs m_2', m_2'' for H_2O / (CH_2O) at $p = 1{,}013$ bar = 760 Torr; angenäherter Verlauf des Phasengleichgewichtes, + Flüssigkeit, ○ Dampf]

15 x_1 H_2O, **Wasser**
                M: 18,02   Kp.: 100,00 °C
         x_2 C_2H_5OH, **Äthanol**
                M: 46,07   Kp.: 78,32 °C

[*D 2*]

$p = 1{,}013$ bar = 760 Torr		
t in °C	x_2'	x_2''
100,00	0,000002	0,000029
100,00	0,000017	0,00026
100,00	0,00017	0,0018
98,55	0,0044	0,0639
93,00	0,0315	0,2582
92,95	0,0370	0,3625
87,95	0,0740	0,3881
85,10	0,1218	0,4658
84,85	0,1283	0,4878
81,85	0,2548	0,5626
81,90	0,2597	0,5539
80,50	0,3937	0,6201
80,35	0,3971	0,6128
79,30	0,5472	0,6789
78,50	0,6980	0,7568

$p = 1{,}013$ bar = 760 Torr		
t in °C	x_2'	x_2''
78,20	0,8393	0,8391
78,20	0,8400	0,8416
78,20	0,9099	0,9189
78,20	0,9140	0,9223

Weitere Daten für vorstehenden Druck s. [*Z 1*]. Bei [*R 3*] finden sich Angaben über den Einfluß von gelöstem NH_4Cl auf das Flüssigkeits-Dampf-Gleichgewicht bei $p = 1{,}013$ bar. Weitere Angaben über das Phasengleichgewicht Wasser/Äthanol bei gesättigter Lösung von NaBr, von KBr, bzw. von Mischungen beider Salze sind in [*M 17*] enthalten. Einige Salze oder Salzmischungen lassen das Wasser–Äthanol-Azeotrop verschwinden. [*M 18*] behandelt das mit $CuCl_2$-gesättigte Gemisch.

3 Binary mixtures

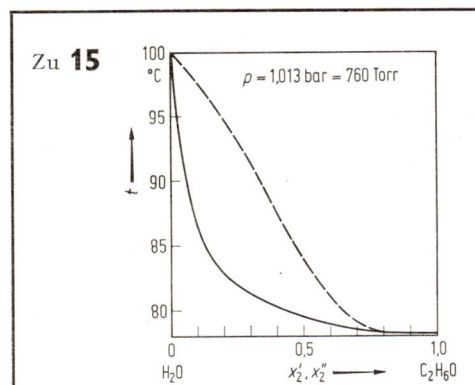

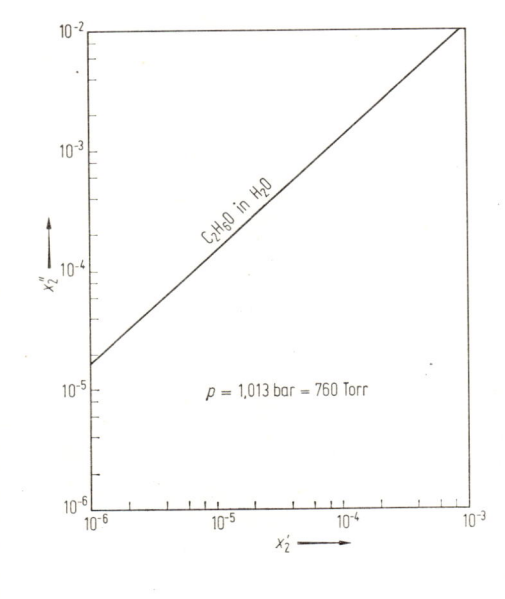

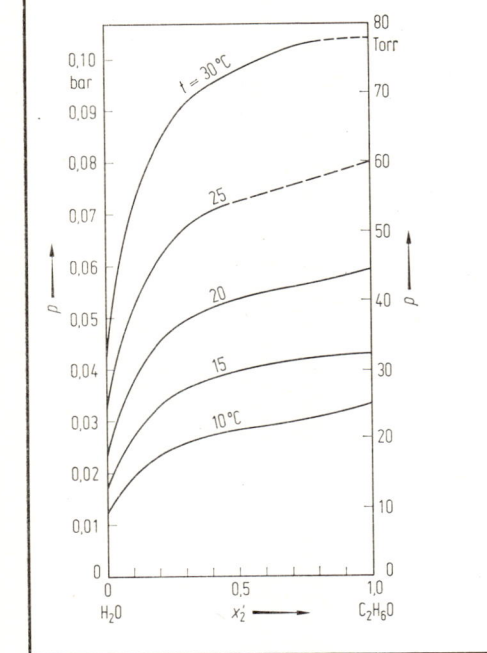

Zu **15**

[A 11]

Gesamtdruck p in bar

x_2'	$t=10°C$	15°C	20°C	25°C	30°C
0,1	0,0191	0,0271	0,0380	0,0521	0,0707
0,3	0,0260	0,0364	0,0495	0,0675	0,0913
0,5	0,0284	0,0399	0,0536	0,0727	0,0977
0,7	0,0297	0,0416	0,0559	0,0755[a]	0,1024
0,9	0,0319	0,0427	0,0580	0,0784	0,1039

[a]) Interpolierter Wert statt des unwahrscheinlichen Wertes 0,0681 im Original

Die Originalarbeit enthält einen Vergleich mit berechneten Drücken sowie die Aktivitätskoeffizienten nach der Redlich-Kister—Gleichung

[B 8]

$t = 150°C$			$t = 200°C$		
p in bar	x_2'	x_2''	p in bar*)	x_2'	x_2''
5,58	0,018	0,159	17,93	0,023	0,134
6,27	0,048	0,288	18,68	0,032	0,175
7,03	0,084	0,367	19,85	0,048	0,219
7,79	0,155	0,438	20,68	0,066	0,262
8,07	0,184	0,458	21,58	0,088	0,299
8,27	0,232	0,490	22,68	0,112	0,337
8,41	0,264	0,503	23,37	0,157	0,381
8,41	0,326	0,528	24,75	0,214	0,424
8,48	0,340	0,535	25,10	0,295	0,466
8,96	0,463	0,600	26,54	0,345	0,495
9,17	0,572	0,658	26,27	0,391	0,528
9,31	0,648	0,704	28,06	0,479	0,579
9,31	0,717	0,749	27,30	0,491	0,586
9,58	0,781	0,797	28,46	0,580	0,641
9,86	0,862	0,862	29,10	0,689	0,719
9,86	0,923	0,919	30,13	0,824	0,828
9,86	0,966	0,961	29,51	0,934	0,929

*) Druckablesungen ungenau

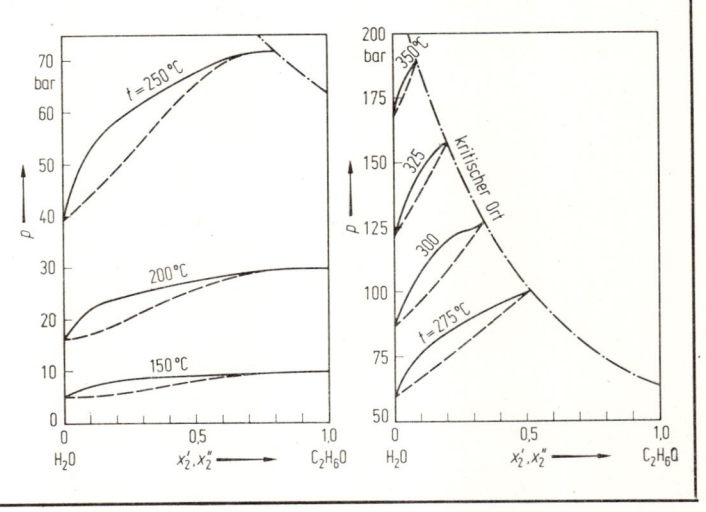

Zu **15**

$t = 250\,°C$			$t = 275\,°C$			$t = 300\,°C$			$t = 325\,°C$		
p in bar	x_2'	x_2''	p in bar	x_2'	x_2''	p in bar	x_2'	x_2''	p in bar	x_2'	x_2''
40,82	0,009	0,044	61,36	0,007	0,029	88,46	0,006	0,024	123,97	0,007	0,018
45,85	0,034	0,135	67,91	0,033	0,112	95,29	0,030	0,087	133,55	0,035	0,075
49,50	0,063	0,206	73,08	0,065	0,177	101,35	0,057	0,138	140,10	0,063	0,114
52,68	0,098	0,264	77,22	0,105	0,233	107,21	0,091	0,186	143,76	0,084	0,134
54,81	0,135	0,306	80,80	0,149	0,277	112,66	0,128	0,228	150,65	0,121	0,173
57,02	0,172	0,340	84,12	0,201	0,322	118,59	0,178	0,276	155,13	0,161	0,191
59,16	0,223	0,376	88,39	0,273	0,377	123,07	0,246	0,315	157,06	0,190	0,192
61,50	0,285	0,417	92,74	0,348	0,429	125,49	0,330	0,330[b]			
62,74	0,339	0,446	93,98	0,374	0,441	128,93	0,350	0,350[c]			
64,81	0,402	0,487	95,98	0,414	0,465				$t = 350\,°C$		
66,53	0,463	0,530	97,98	0,455	0,486						
69,15	0,565	0,605	98,60	0,490	0,490[b]				p in bar	x_2'	x_2''
71,15	0,673	0,690	100,39	0,512	0,512[c]				170,6	0,008	0,016
71,57	0,702	0,715							180,6	0,033	0,057
71,50	0,705	0,715							185,5	0,052	0,074
71,71	0,737	0,740							189,7	0,085	0,085[c]
71,71	0,756	0,756[a]									
71,71	0,79	0,79[b]									

[a] Entweder Einphasengebiet oder Azeotrop
[b] Kritischer Punkt
[c] Punkt im Einphasengebiet

16 x_1 H_2O, Wasser
                      M: 18,02   Kp.: 100,0 °C
          x_2 $CH_3 \cdot CHO$, Acetaldehyd
                      M: 44,05   Kp.: 20,2 °C

[A 11]

Gesamtdruck p in bar

x_2'	$t = 10\,°C$	15 °C	20 °C	25 °C	30 °C
0,1	0,2398	0,2631	0,2883	0,3367	0,4036
0,3	0,4094	0,4872	0,5575	0,6303	0,7376
0,5	0,5050	0,6083	0,7188	0,8296	0,9453
0,7	0,5803	0,6958	0,8308	0,9915	1,1351
0,9	0,6342	0,7686	0,9332	1,1368	1,3350

Die Originalarbeit enthält einen Vergleich mit berechneten Drücken, sowie die Aktivitätskoeffizienten nach der Redlich–Kister-Gleichung

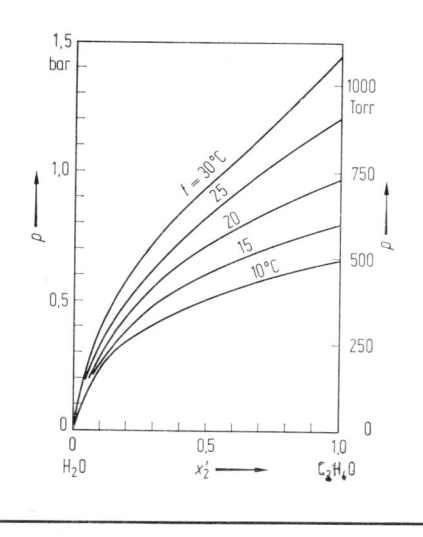

17 x_1, m_1 H_2O, Wasser
                        M: 18,02   Kp.: 100,0 °C
          x_2, m_2 $CH_3 \cdot CH_2 \cdot CH_2OH$, Propanol-(1)
                        M: 60,10   Kp.: 97,2 °C

[M 31]

$p = 1,013$ bar $= 760$ Torr

t in °C	x_2'	x_2''
92,35	0,0390	0,2810
88,85	0,0720	0,3600
87,95	0,1790	0,3880
88,00	0,2000	0,3790
87,50	0,4250	0,4260
87,80	0,4820	0,4380
89,20	0,7120	0,560
91,70	0,8500	0,6850
95,0	0,9400	0,8550

Weitere Meßwerte für $p = 760$ Torr finden sich bei [U 3] und für $P_\text{Mittel} = 757{,}6$ Torr bei [D 8]

$t = 40\,°C$			$t = 60\,°C$		
p in bar	x_2'	x_2''	p in bar	x_2'	x_2''
0,1143	0,0805	0,3410	0,270	0,0390	0,2800
0,1153	0,1295	0,3555	0,297	0,0650	0,3575
0,1153	0,1525	0,3615	0,305	0,1545	0,3670
0,1153	0,3050	0,3870	0,305	0,1960	0,3750
0,1143	0,3980	0,3995	0,305	0,2620	0,3920
0,1153	0,4700	0,4225	0,306	0,3000	0,3940
0,1147	0,5755	0,4540	0,308	0,4090	0,4120
0,1113	0,6660	0,4995	0,307	0,4895	0,4455
0,1087	0,7385	0,5405	0,305	0,5660	0,5030
0,0967	0,8440	0,6625	0,288	0,7050	0,5530
0,0927	0,8500	0,7260	0,287	0,7350	0,5575
0,0920	0,8975	0,7535	0,273	0,7960	0,6210
			0,246	0,8800	0,7460
			0,243	0,9250	0,7850
			0,226	0,9500	0,8500

3 Binary mixtures

Zu 17

$p = 1{,}013$ bar $= 760$ Torr

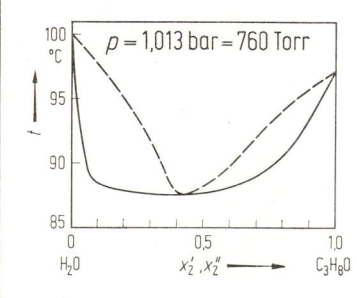

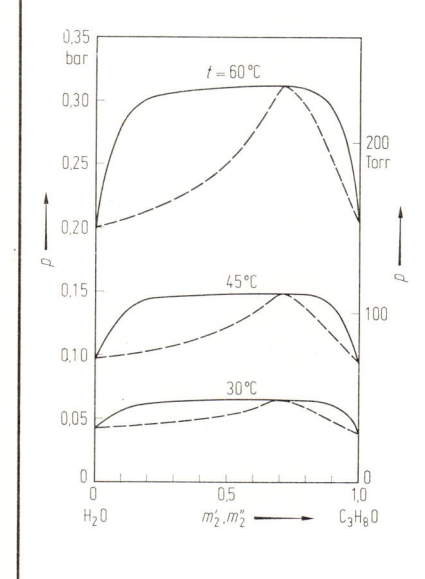

[U 1]

$t = 30\,°C$			$t = 45\,°C$		
p in mbar	m_2'	m_2''	p in mbar	m_2'	m_2''
42,8	0,000	0,000	96,5	0,000	0,000
44,9	0,017	0,160	106,4	0,024	0,270
52,9	0,070	0,490	110,9	0,037	0,362
61,2	0,158	0,638	124,9	0,074	0,528
62,1	0,200	0,655	140,8	0,145	0,648
62,9	0,255	0,654	144,4	0,195	0,670
64,3	0,528	0,670	146,8	0,320	0,680
64,3	0,595	0,675	147,9	0,542	0,685
64,3	0,697	0,688	148,4	0,625	0,695
64,0	0,802	0,713	148,9	0,710	0,703
62,7	0,870	0,747	148,9	0,752	0,715
58,9	0,918	0,794	148,0	0,792	0,723
56,4	0,934	0,820	144,7	0,860	0,753
47,7	0,984	0,915	138,0	0,910	0,797
38,8	1,000	1,000	93,9	1,000	1,000

$t = 60\,°C$

p in mbar	m_2'	m_2''	p in mbar	m_2'	m_2''
199,8	0,000	0,000	312,0	0,707	0,707
227,6	0,020	0,340	310,8	0,765	0,720
251,2	0,057	0,495	306,4	0,835	0,750
263,0	0,063	0,550	289,2	0,910	0,809
288,6	0,122	0,643	266,6	0,948	0,863
304,6	0,249	0,685	234,2	0,983	0,932
307,4	0,393	0,690	203,4	1,000	1,000
310,4	0,590	0,698			

Lage des azeotropen Punktes

t in °C	p in mbar	m_{2az}	x_{2az}
30	64,3	0,695	0,406
45	148,9	0,701	0,413
60	312,0	0,707	0,420

Weitere Gleichgewichtsdaten für 40 und 60 °C finden sich bei [M 31]

18

x_1 H_2O, Wasser
     M: 18,02   Kp.: 100,0 °C

x_2 $CH_3 \cdot CH(OH) \cdot CH_3$, Isopropanol
     M: 60,10   Kp.: 82,4 °C

[U 2]

$p = 1{,}013$ bar $= 760$ Torr

t in °C	x_2'	x_2''	t in °C	x_2'	x_2''
100,00	0,0000	0,0000	81,85	0,2862	0,5569
96,53	0,0023	0,1723	81,55	0,3431	0,5721
95,40	0,0067	0,2038	81,28	0,3435	0,5580
92,70	0,0130	0,3190	80,90	0,5046	0,5870
88,20	0,0322	0,4230	80,50	0,6251	0,6410
86,70	0,0410	0,4627	80,16	0,6831	0,6831
85,99	0,0470	0,4809	80,40	0,7294	0,7164
84,05	0,0717	0,5162	80,45	0,7845	0,7632
83,20	0,1113	0,5186	80,97	0,8641	0,8116
82,35	0,2065	0,5388	82,26	1,0000	1,0000
82,10	0,2435	0,5404			

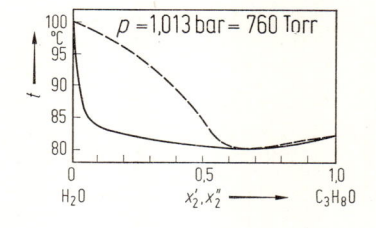

Azeotroper Punkt: $t_a = 80{,}16\,°C$; $x_{2a} = 0{,}6831$

Weitere Gleichgewichtsdaten für $p = 1{,}013$ bar siehe [V 4]. Für die Drücke 0,126, 0,256, 0,508 und 1,010 bar finden sich Gleichgewichtswerte bei [D 4].

Zu **18**

[B 8]

$t = 150\,°C$			$t = 200\,°C$			$t = 250\,°C$			$t = 275\,°C$		
p in bar	x_2'	x_2''	p in bar	x_2'	x_2''	p in bar	x_2'	x_2''	p in bar	x_2'	x_2''
5,17	0,004	0,094	18,48	0,017	0,145	43,1	0,011	0,078	69,0	0,026	0,114[b]
5,52	0,010	0,151	19,72	0,024	0,198	46,7	0,025	0,148	72,2	0,034	0,148[b]
6,07	0,014	0,233	21,03	0,036	0,253	49,2	0,037	0,181	74,8	0,050	0,184[b]
6,76	0,026	0,315	22,13	0,052	0,297	51,8	0,056	0,222	77,4	0,067	0,211[b]
7,72	0,050	0,382	23,37	0,072	0,336	54,5	0,077	0,267	79,7	0,087	0,243[b]
8,07	0,104	0,435	24,06	0,105	0,363	56,9	0,116	0,304	82,0	0,119	0,270
8,27	0,164	0,461	24,89	0,151	0,390	59,0	0,175	0,339	84,9	0,158	0,293
8,55	0,253	0,501	25,44	0,201	0,413	61,4	0,251	0,380	86,9	0,200	0,319
8,55	0,267	0,490	27,17	0,389	0,495	64,1	0,380	0,448	87,9	0,223	0,330
8,76	0,378	0,527	27,72	0,521	0,564	65,5	0,489	0,521	88,9	0,247	0,342
9,03	0,495	0,574	28,06	0,599	0,613	66,2	0,541	0,557	89,4	0,262	0,353
9,10	0,570	0,611	27,85	0,610	0,618	66,2	0,605	0,612	90,3	0,280	0,359
9,10	0,588	0,621	27,99	0,650	0,648	66,2	0,638	0,638[a]	90,9	0,291	0,366
9,10	0,661	0,667	27,79	0,682	0,673	65,6	0,669	0,669[a]	91,2	0,295	0,379
9,17	0,710	0,699	27,85	0,706	0,691	65,2	0,702	0,702[a]	91,4	0,310	0,379
9,10	0,745	0,726	27,37	0,788	0,762	64,9	0,738	0,738[a]	92,7	0,353	0,395
9,03	0,818	0,788	26,82	0,862	0,837				93,1	0,369	0,394
8,83	0,905	0,880	26,13	0,934	0,917				92,9	0,419	0,419[a]
8,62	0,941	0,923									

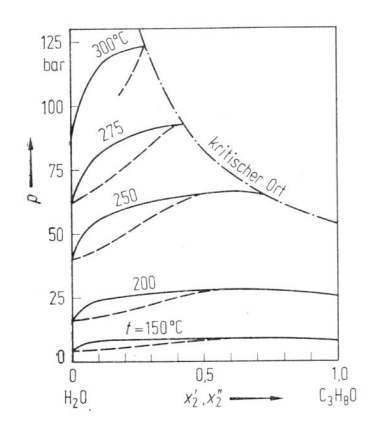

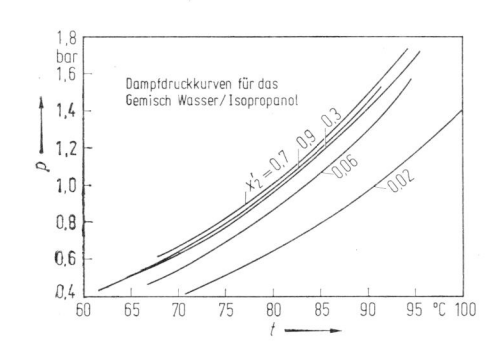

$t = 300\,°C$		
p in bar	x_2'	x_2''
88,9	0,003	0,018[c]
93,6	0,015	0,210[d]
116,5	0,095	0,222[d]
117,1	0,142	0,253
120,9	0,195	0,267
123,5	0,273	0,273[a]

[a] Einphasengebiet
[b] Leicht ausgasende Probe aus Dampfphase
[c] Dampfprobe ausgasend. Daten ungenau
[d] Beide Proben ausgasend. Daten ungenau

[R 5]

$x_2' = 0,02$		$x_2' = 0,06$		$x_2' = 0,2$	
p in bar	t in °C	p in bar	t in °C	p in bar	t in °C
0,4464	72,26	0,5333	69,67	0,5200	65,88
0,6930	81,73	0,7794	77,68	1,0042	81,82
0,9864	90,48	1,0070	83,58	1,1856	85,61
1,1739	95,02	1,2052	88,24	1,4508	91,13
1,4431	100,70	1,4560	92,94	1,7120	96,01

$x_2' = 0,3$		$x_2' = 0,4$		$x_2' = 0,6$	
p in bar	t in °C	p in bar	t in °C	p in bar	t in °C
0,5200	65,28	0,5200	64,88	0,6521	69,50
1,0042	81,03	1,0042	80,66	0,9990	79,81
1,1883	85,36	1,1899	84,85	1,1794	84,03
1,4508	90,74	1,4508	90,14	1,4521	89,47
1,7120	95,36	1,7120	94,77	1,7105	93,91

Zu 18

$x_2' = 0{,}7$		$x_2' = 0{,}8$		$x_2' = 0{,}9$		$x_2' = 1{,}0$	
p in bar	t in °C	p in bar	t in °C	p in bar	t in °C	p in bar	t in °C
0,6521	69,39	0,6521	69,56	0,4464	62,28	0,4464	63,39
0,9990	79,72	0,9990	79,85	0,6930	71,67	0,6930	72,78
1,1794	84,01	1,1794	84,05	0,9880	80,25	0,9875	81,35
1,4521	89,34	1,4521	89,51	1,1739	84,60	1,1739	85,70
1,7105	93,79	1,7105	94,07	1,4431	90,02	1,4431	91,12

19

x_1 H_2O, Wasser
     M: 18,02   Kp.: 100,0 °C

x_2 $CH_3 \cdot CO \cdot CH_3$, Aceton
     M: 58,08   Kp.: 56,14 °C

[E 2]

$p = 1{,}013$ bar $= 760$ Torr

t in °C	x_2'	x_2''	t in °C	x_2'	x_2''
100,00	0,00	0,0000	60,39	0,40	0,8426
90,66	0,01	0,2975	60,08	0,45	0,8470
84,75	0,02	0,4451	59,91	0,50	0,8518
80,60	0,03	0,5336	59,80	0,55	0,8571
77,50	0,04	0,5922	59,55	0,60	0,8634
75,13	0,05	0,6340	59,25	0,65	0,8706
70,87	0,075	0,7000	58,79	0,70	0,8791
68,19	0,10	0,7384	58,44	0,75	0,8893
66,32	0,125	0,7636	58,07	0,80	0,9017
65,02	0,15	0,7813	57,50	0,85	0,9172
63,39	0,20	0,8047	57,07	0,90	0,9371
62,24	0,25	0,8194	56,50	0,95	0,9634
61,45	0,30	0,8295	56,14	1,00	1,0000
60,78	0,35	0,8369			

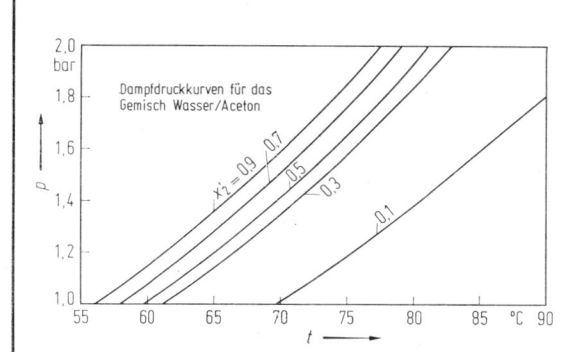

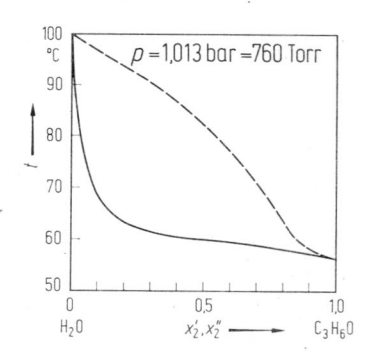

Die Originalarbeit enthält die Aktivitätskoeffizienten sowie einen Vergleich mit berechneten Gleichgewichtsdaten. Weitere Gleichgewichtsdaten bei $p = 1{,}013$ bar s. [V 4].

[R 5]

$x_2' = 0{,}1$		$x_2' = 0{,}2$		$x_2' = 0{,}3$	
p in bar	t in °C	p in bar	t in °C	p in bar	t in °C
1,0002	69,74	1,0212	63,46	1,0148	61,60
1,1836	74,91	1,2176	68,57	1,2036	66,66
1,4407	81,55	1,4796	74,41	1,4685	72,66
1,7005	87,58	1,7291	79,25	1,7252	77,91
				1,9865	82,73

$x_2' = 0{,}4$		$x_2' = 0{,}5$		$x_2' = 0{,}6$	
p in bar	t in °C	p in bar	t in °C	p in bar	t in °C
1,0163	60,91	1,0160	60,14	1,0019	58,71
1,2054	66,06	1,2063	65,16	1,1858	63,69
1,4700	72,19	1,4696	71,21	1,4512	69,99
1,7263	77,33	1,7259	76,34	1,7111	75,13
1,9910	81,97	1,9913	80,98	1,9850	79,78

$x_2' = 0{,}7$		$x_2' = 0{,}8$		$x_2' = 0{,}9$	
p in bar	t in °C	p in bar	t in °C	p in bar	t in °C
1,0012	58,02	1,0174	57,63	1,0019	56,24
1,1867	62,90	1,1899	62,28	1,1860	61,11
1,4525	69,08	1,4367	67,93	1,4525	67,31
1,7111	74,16	1,7199	73,34	1,7105	72,47
1,9800	78,81	1,9804	78,34	1,9818	77,24

Der Einfluß des Gehaltes an gelöstem Kaliumchlorid auf das Phasengleichgewicht wird bei [K 23] untersucht

20

x_1 **H_2O, Wasser**
     M: 18,02   Kp.: 100,0 °C

x_2 **$CH_2:CH \cdot CH_2OH$, Allylalkohol**
     M: 58,08   Kp.: 96,95 °C

[G 12]

$p = 1{,}013\ \text{bar} = 760\ \text{Torr}$

t in °C	x_2'	x_2''	t in °C	x_2'	x_2''
100,00	0,0000	0,0000	89,96	0,1680	0,3658
99,18	0,0025	0,0309	89,14	0,4216	0,4336
98,68	0,0049	0,0554	89,06	0,5517	0,4750
97,54	0,0113	0,0994	90,04	0,6921	0,5747
96,14	0,0193	0,1446	90,88	0,7658	0,6338
95,18	0,0267	0,1780	92,18	0,8340	0,7058
94,04	0,0397	0,2260	93,16	0,8813	0,7690
93,06	0,0556	0,2634	94,96	0,9402	0,8696
92,48	0,0622	0,2793	96,58	0,9824	0,9596
90,58	0,1058	0,3456			

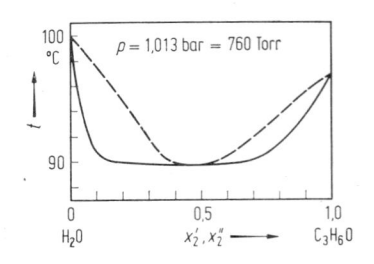

In der Originalarbeit sind die Aktivitätskoeffizienten angegeben

21

x_1 **H_2O, Wasser**
     M: 18,02   Kp.: 100,0 °C

x_2 **$CH_3 \cdot CO_2CH_3$, Essigsäure-methylester**
     M: 74,08   Kp.: 56,95 °C

[N 1]

$p = 5{,}86$ bar			$p = 8{,}77$ bar			$p = 11{,}72$ bar		
t in °C	x_2'	x_2''	t in °C	x_2'	x_2''	t in °C	x_2'	x_2''
121,98	0,175	0,600	143,02	0,138	0,477	156,36	0,178	0,523
115,92	0,425	0,698	132,24	0,410	0,645	144,85	0,430	0,624
115,09	0,619	0,725	131,12	0,635	0,687	143,56	0,632	0,633
113,38	0,826	0,810	130,68	0,812	0,798	143,32	0,819	0,784
115,02	0,905	0,879	131,58	0,910	0,908	144,56	0,913	0,874

Die Lage des azeotropen Punktes ist gegeben durch die Gleichungen:

$\log p_{(\text{bar})} = 5{,}1839 - 1712{,}8/T_{az}$ (T in K)
$x_{2\,az} = 1{,}063 - 2{,}45 \cdot 10^{-3}\, t_{az}$ (t in °C)

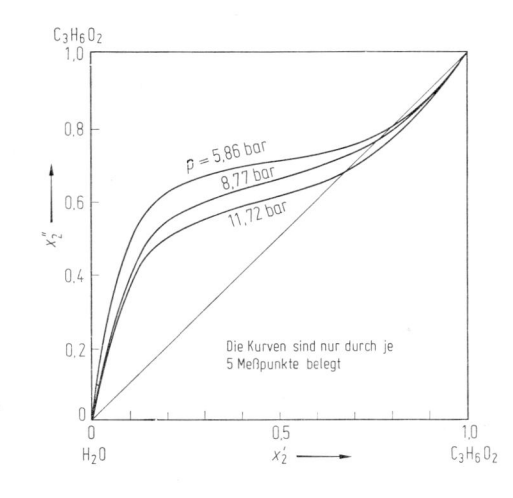

22

x_1 **H_2O, Wasser**
     M: 18,02   Kp.: 100,0 °C

x_2 **$(CH_3)_3COH$, tert.-Butanol**
     M: 74,12   Kp.: 82,55 °C

[V 12]

$p = 1{,}01\ \text{bar} = 760\ \text{Torr}*$

t in °C	x_2'	x_2''
80,6	0,8620	0,8120
81,2	0,9278	0,8958
81,5	0,9487	0,9235
82,0	0,9794	0,9700
81,98	0,9839	0,9722

*) Wahrscheinlicher Druck

23

x_1 H_2O, Wasser
M: 18,02   Kp.: 100,0 °C

x_2 (C_4H_8O), Tetrahydrofuran
M: 72,11   Kp.: 65,5 °C

[P 5]

$p = 1,013\,\text{bar} = 760\,\text{Torr}$

t in °C	x_2'	x_2''	t in °C	x_2'	x_2''
93,0	0,002	0,23	64,25	0,200	0,77
85,70	0,005	0,42	64,24	0,300	0,77
73,70	0,013	0,65	64,20	0,400	0,77
71,06	0,036	0,73	64,10	0,500	0,77
68,62	0,045	0,74	63,90	0,600	0,77
67,14	0,055	0,75	63,70	0,700	0,77
66,03	0,070	0,75	63,41	0,800	0,80
65,11	0,090	0,76	63,80	0,900	0,87
64,92	0,101	0,76	64,51	0,950	0,92
64,75	0,150	0,77			

Vorstehende Tabelle ist ein Auszug von 98 veröffentlichten Meßpunkten. Weitere Meßwerte (zum Teil im Bild mit berücksichtigt) finden sich bei [H 8] und [S 16]. Azeotroper Punkt: $t = 63,8$ °C; $x_2' = x_2'' = 0,809$. Bis zu einer tiefsten Temperatur von 71,8 °C konnten 2 flüssige Phasen beobachtet werden.

[S 16]

$t = 25$ °C

p in bar	x_2'	x_2''	p in bar	x_2'	x_2''
0,1651	0,05	0,8091	0,2152	0,6	0,8735
0,1781	0,1	0,8260	0,2216	0,7	0,8838
0,1869	0,2	0,8342	0,2277	0,8	0,8960
0,1946	0,3	0,8430	0,2320	0,9	0,9118
0,2018	0,4	0,8520	0,2280	0,95	0,9310
0,2085	0,5	0,8635			

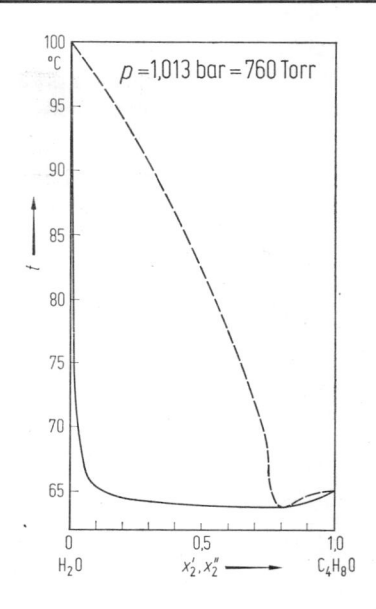

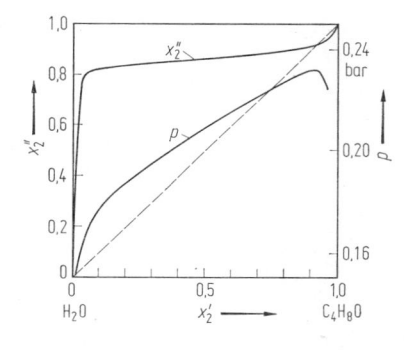

Die angegebenen Drücke wurden rechnerisch ermittelt. Die Arbeit enthält auch Angaben über das Phasengleichgewicht des Gemisches bei Anwesenheit von 0,3 Molenteilen Glykol. Dieses Gemisch zeigt keine Azeotropie.

24

x_1 H_2O, Wasser
M: 18,02   Kp.: 100,0 °C

x_2 $CH_3 \cdot CO_2C_2H_5$, Essigsäureäthylester
M: 88,11   Kp.: 77,06 °C

[Z 1]

$p = 1,013\,\text{bar} = 760\,\text{Torr}$

t in °C	x_2'	x_2''
zwei flüssige Phasen		
70,25	—	0,689
eine flüssige Phase		
70,60	0,792	0,715
71,05	0,845	0,750
72,70	0,918	0,848
74,30	0,954	0,888

[M 19]

$t = 40$ °C			$t = 55$ °C		
p in bar	x_2'	x_2''	p in bar	x_2'	x_2''
0,07421	0,00011	0,0038	0,1585	0,00012	0,0052
0,07445	0,00012	0,0054	0,1590	0,00017	0,0081
0,07445	0,00012	0,0055	0,1591	0,00018	0,0081
0,2702	0,9648	0,9022	0,4960	0,9695	0,9093
0,2660	0,9746	0,9246	0,4956	0,9699	0,9085
0,2630	0,9807	0,9431	0,4862	0,9780	0,9382
0,2585	0,9879	0,9649	0,4773	0,9894	0,9676
0,2540	0,9942	0,9884	0,4696	0,9927	0,9846

Fortsetzung nächste Seite

Zu 24

$t = 70\,°C$

p in bar	x_2'	x_2''
0,3118	0,00004	0,0015
0,3132	0,00010	0,0056
0,3142	0,00015	0,0084
0,3142	0,00016	0,0085
0,8617	0,9676	0,9059
0,8547	0,9723	0,9173
0,8407	0,9788	0,9395
0,8307	0,9855	0,9630
0,8137	0,9927	0,9826

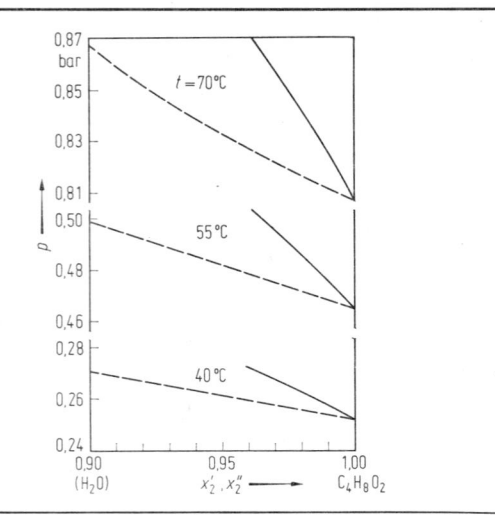

25

x_1 **H_2O, Wasser**
      M: 18,02   Kp.: 100,0 °C

x_2 **$CH_3 \cdot CN$, Acetonitril**
      M: 41,05   Kp.: 81,6 °C

[B 16]

$p = 1,013$ bar $= 760$ Torr

t in °C	x_2'	x_2''
86,5	0,029	0,263
81,1	0,093	0,505
80,0	0,142	0,559
78,6	0,254	0,617
77,4	0,402	0,655
76,7	0,507	0,664
76,6	0,527	0,673
76,0	0,718	0,728
76,6	0,839	0,780
76,8	0,856	0,761
80,4	0,986	0,945

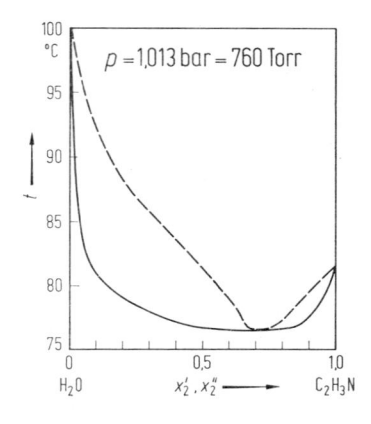

26

x_1 **H_2O, Wasser**
      M: 18,02   Kp.: 100,0 °C

x_2 **$CH_3 \cdot N(C_2H_5)_2$, Methyl-diäthyl-amin**
      M: 87,17   Kp.: 66 °C

[C 14]

Dampfdruck von Wasser—Methyl-diäthylamin-Gemischen
Zahlenwerte in mbar

x_2'	Temperatur in °C					
	10	20	30	35	40	47
0,0028	15,3	30,8	60,3	82,7	110,2	162,4
0,0048	17,5	36,3	72,4	100,1	133,4	197,5
0,0143	29,7	69,5	137,9	194,7	261,0	
0,0237	41,2	92,1	181,7	246,2	328,4	431,7
0,0625	60,4	115,1	210,0	278,0	365,1	511,6
0,0841	65,3	118,4	213,0	280,7	367,0	513,2

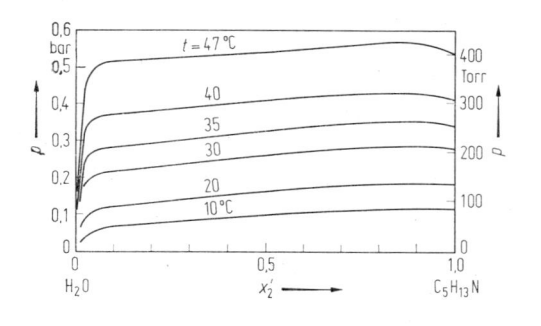

Fortsetzung nächste Seite

3 Binary mixtures

Zu 26

x_2'	Temperatur in °C					
	10	20	30	35	40	47
0,1243	70,9	125,6	218,0	286,5	370,3	516,6
0,2148	77,0	137,3	228,9	297,2	378,8	521,8
0,3340	86,5	147,9	243,1	310,5	390,2	527,6
0,4897	96,7	160,9	258,8	324,2	403,9	539,6
0,6250	103,0	169,9	268,8	334,8	414,4	548,8
0,6840	106,2	173,5	273,0	339,6	420,6	556,2
0,7801				346,2		563,3
0,8090	109,7	178,1	280,2	346,3	428,3	564,4
0,8660	112,5	180,9	282,8	356,5	429,6	562,3
0,8944				351,6		565,1
0,9001	113,7	182,3	284,4	351,4	427,5	559,2
0,9080				351,0		563,5
0,9231				350,0		560,9
0,9485	113,5	181,4	283,9	345,7	418,0	552,3
0,9547				346,0		551,1
0,9910	113,1	180,3	277,7	340,3	411,7	534,5
1,0000	112,9	180,0	276,9	338,8	411,0	533,6

Die Originalarbeit enthält Angaben über die Berechnung der Dampfzusammensetzung

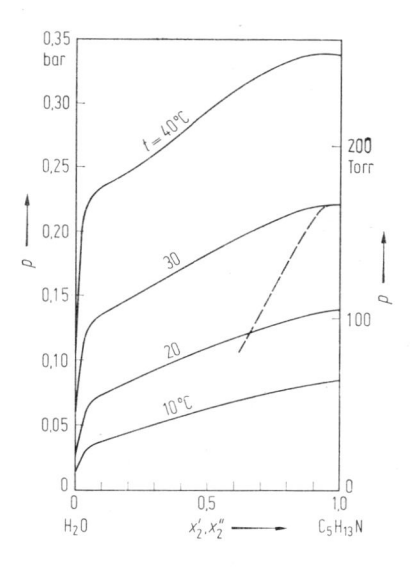

28

x_1 H_2O, Wasser
     M: 18,02   Kp.: 100,0 °C

x_2 $CH_3 \cdot CHN(CH_3)_2 \cdot CH_3$,
     Dimethyl-isopropylamin
     M: 87,17

27

x_1 H_2O, Wasser
     M: 18,2   Kp.: 100,0 °C

x_2 $CH_3 \cdot CHNH(C_2H_5) \cdot CH_3$,
     Äthyl-isopropylamin
     M: 87,17

[C 13]

Dampfdruck (bar) von Wasser–Äthyl-isopropylamin-Gemischen

x_2'	Temperatur in °C			
	10	20	30	40
0,0029	0,0138	0,0272	0,0528	0,0971
0,0061	0,0151	0,0319	0,0624	0,1199
0,0126	0,0181	0,0399	0,0821	0,1587
0,0242	0,0245	0,0555	0,1098	0,2060
0,0474	0,0339	0,0671	0,1273	0,2258
0,0961	0,0387	0,0743	0,1362	0,2347
0,1775	0,0431	0,0814	0,1451	0,2426
0,3015	0,0507	0,0922	0,1596	0,2600
0,3997	0,0573	0,1021*)	0,1713	0,2876
0,4827	0,0618	0,1079	0,1809	0,2922
0,5926	0,0681	0,1169	0,1931	0,3082
0,7033	0,0737	0,1246	0,2037	0,3221
0,7912	0,0779	0,1306	0,2124	0,3318
0,8527	0,0807	0,1344	0,2178	0,3377
0,8932	0,0816	0,1358	0,2175	0,3375
0,9076	0,0837	0,1381	0,2202	0,3402
0,9836	0,0856	0,1403	0,2220	0,3401
1,0000	0,0857	0,1404	0,2220	0,3392

*) Interpolierter Wert

Die Originalarbeit enthält eine Tabelle für das Flüssigkeits-Dampf-Gleichgewicht bei 30 °C, sowie in einer Graphik die Gleichgewichtszusammensetzung des Dampfes bei hohen Amin-Gehalten für obige Temperaturen.

[C 13]

Dampfdruck (bar) von Wasser–Dimethyl-isopropylamin-Gemischen

x_2'	Temperatur in °C			
	10	20	30	40
0,0029	0,0152	0,0316	0,0615	0,1135
0,0065	0,0201	0,0404	0,0820	0,1553
0,0118	0,0235	0,0523	0,1083	
0,0242	0,0351	0,0755	0,1495	
0,0464	0,0452	0,0903	0,1673	0,2948
0,0925	0,0533	0,1003	0,1799	0,3080
0,1748	0,0638	0,1145	0,1963	0,3262
0,2848	0,0779	0,1331	0,2204	0,3526
0,3483	0,0830	0,1409	0,2305	0,3634
0,4865	0,0934	0,1542	0,2469	0,3836
0,5792	0,0987		0,2572	0,3953

Fortsetzung nächste Seite

Zu 28

x_2'	Temperatur in °C			
	10	20	30	40
0,6776	0,1027	0,1669	0,2636	0,4036
0,7758	0,1073	0,1729	0,2698	0,4113
0,8496	0,1097	0,1763	0,2751	0,4168
0,8674	0,1105	0,1776	0,2762	0,4180
0,9079	0,1126	0,1790	0,2776	0,4177
0,9450	0,1104	0,1783	0,2782	0,4166
1,0000	0,1115	0,1785	0,2737	0,4054

Die Originalarbeit enthält in einer Graphik die Gleichgewichtszusammensetzung des Dampfes bei höheren Amin-Gehalten.

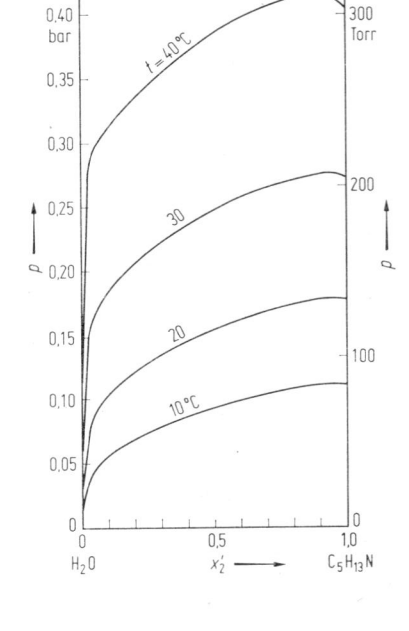

29 x_1 **H_2O, Wasser**
         M: 18,02   Kp.: 100,0 °C

   x_2 $H-N-CH_3$, (N,N)-Methyl-
           $|$ butylamin
           C_4H_9
         M: 87,17   Kp.: 90···90,5 °C
                    bei 772 Torr

[C 15]
Sättigungsdampfdruck (in mbar) des flüssigen Gemisches

x_2'	Temperatur			
	10 °C	20 °C	30 °C	40 °C
0,0028	13,00	26,00	49,80	90,06
0,0057	14,73	30,13	58,99	110,39
0,0145	17,93	36,66	71,53	129,45
0,0238	19,13	38,46	73,46	131,52
0,0553	19,46	39,06	74,13	132,59
0,1018	19,80	39,80	74,93	133,12
0,2619	—	44,60	80,53	139,45
0,4132	25,26	48,06	87,12	150,25
0,5478	27,93	51,73	92,52	156,72
0,6816	29,60	54,73	95,99	160,18
0,7448	30,53	55,93	96,99	160,32
0,8377	31,66	56,73	98,52	160,38
0,8766	31,80	56,93	97,19	159,65
0,8945	31,93	56,93	96,46	158,45
0,9093	32,33	56,99	96,72	—
0,9164	32,33	56,86	96,72	157,45
0,9223	32,13	56,53	95,72	155,25
1,0000	32,00	56,39	94,39	151,12

(Die letzten Stellen der Druckwerte sind nicht gesichert)
Die Originalarbeit enthält ein Diagramm für berechnete Dampfzusammensetzungen bei obigen Temperaturen

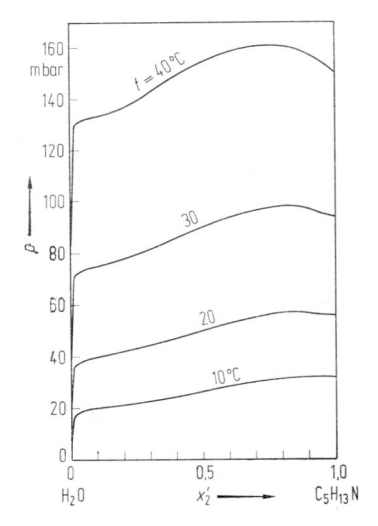

30 x_1 H_2O, Wasser
         M: 18,02   Kp.: 100,0 °C
       x_2 $(C_2H_5)_3N$, Triäthylamin
         M: 101,19 Kp.: 89 °C

[C 14]

Dampfdruck von Wasser—Triäthylamin-Gemischen

Zahlenwerte in mbar

x_2'	Temperatur in °C				
	5	10	15	18	20
0,0055	13,3	20,5	31,4	40,3	47,3
0,0101		29,1	43,7	57,9	65,6
0,0108	17,5	27,3	42,9	55,7	65,5
0,0165	22,5	35,0	53,5	67,9	79,3
0,0205		40,6	48,2	72,1	81,9
0,0216	25,6	39,1	56,2	71,1	82,8*)
0,0434		42,1	59,5	72,4	82,3*)
0,0489	29,5	42,4	59,9	73,0	83,0*)
0,0567		42,4	60,1	72,5	82,4*)
0,0772				73,3	83,1*)
0,0981	31,3	44,2	61,1	74,4	83,1*)
0,1126	31,3	43,9	61,1	74,1	83,3*)
0,1632		44,9	61,6	73,3	82,9*)
0,1789	31,7	44,7	62,5	73,9	83,4*)
0,2917	33,5	46,1	62,3	74,5	83,7*)
0,3843		47,3	62,5	74,3	82,9*)
0,427	34,5	46,6	62,6	74,5	83,4*)
0,557	35,2	47,5	63,5	75,4	84,6
0,5868		48,6	63,5	74,6	83,5
0,6827		49,1	64,5	75,3	85,2
0,779	35,9	48,1	64,1	76,0	84,9
0,8378		47,9	63,5	75,3	83,5
0,856	35,7	47,9	63,4	75,1	83,5
0,8732		48,4	63,0	74,6	83,3
0,892	35,4	47,4	63,1	74,7	83,1
0,9239		46,9	61,9	72,8	81,2
0,929	34,9	46,5	61,1	72,2	80,4
0,9381		46,4	61,2	71,9	74,6
0,9579		46,0	60,5	70,5	78,3
1,000	31,80	41,8	54,2	63,4	70,2
1,000		41,7	54,1	63,3	69,8

*) Zwei flüssige Phasen

Die Originalarbeit enthält Angaben über die Berechnung der Dampfzusammensetzung

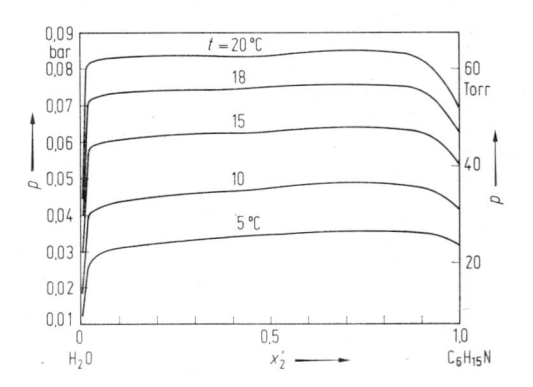

31 x_1 H_2O, Wasser
         M: 18,02   Kp. 100,0 °C
       x_2 $[(CH_3)_2CH]_2NH$, Di-isopropylamin
         M: 101,19 Kp.: 84 °C

[D 6]

Dampfdruck von Wasser—Di-isopropylamin-Gemischen in bar

x_2'	Temperatur in °C					
	10	15	20	25	30	39,95
0,00379	0,0159	0,0236	0,0345	0,0499	0,0713	0,1382
0,00632	0,0187	0,0283	0,0413	0,0620	0,0896	0,1753
0,0140	0,0265	0,0405	0,0613	0,0901	0,1289	
0,0249	0,0339	0,0496	0,0714	0,1003	0,1376*)	
0,0430	0,0363	0,0518	0,0733	0,1013	0,1375*)	
0,0999	0,0381	0,0535	0,0745	0,1019	0,1373*)	
0,243	0,0415	0,0571	0,0779	0,1041	0,1382	0,2345*)
0,365	0,0445	0,0603	0,0804	0,1074	0,1411	0,2345*)
0,574	0,0484	0,0647	0,0858	0,1126	0,1465	0,2384
0,703	0,0504	0,0669	0,0882	0,1151	0,1487	0,2407
0,798	0,0513	0,0677	0,0891	0,1157	0,1496	0,2410
0,852	0,0516	0,0680	0,0891	0,1156	0,1492	0,2392
0,872	0,0517	0,0682	0,0895	0,1157	0,1486	0,2376
0,946	0,0515	0,0675	0,0879	0,1130	0,1440	0,2263
1,000	0,0505	0,0657	0,0847	0,1077	0,1365	0,2103

*) Zwei flüssige Phasen

Zu **31**

$t = 10\,°C$			$t = 15\,°C$			$t = 20\,°C$			$t = 25\,°C$		
x_2'	x_2''	p in bar	x_2'	x_2''	p in bar	x_2'	x_2''	p in bar	x_2'	x_2''	p in bar
0,00		0,0123	0,00		0,0170	0,00		0,0234	0,00		0,0317
0,10	0,686	0,0381	0,10	0,691	0,0535	0,10	0,695	0,0745	0,10	0,697	0,1019
0,20	0,710	0,0405	0,20	0,708	0,0560	0,20	0,706	0,0767	0,20	0,701	0,1031
0,30	0,735	0,0430	0,30	0,729	0,0586	0,30	0,721	0,0794	0,30	0,712	0,1055
0,40	0,760	0,0453	0,40	0,748	0,0611	0,40	0,738	0,0821	0,40	0,726	0,1084
0,50	0,782	0,0472	0,50	0,768	0,0632	0,50	0,754	0,0843	0,50	0,741	0,1109
0,60	0,806	0,0488	0,60	0,789	0,0649	0,60	0,774	0,0863	0,60	0,759	0,1132
0,70	0,832	0,0503	0,70	0,814	0,0668	0,70	0,799	0,0881	0,70	0,782	0,1150
0,80	0,860	0,0514	0,80	0,839	0,0677	0,80	0,820	0,0891	0,80	0,802	0,1157
0,90	0,894	0,0517	0,90	0,895	0,0680	0,90	0,888	0,0888	0,90	0,868	0,1149
1,00		0,0505	1,00		0,0657	1,00		0,0847	1,00		0,1077

$t = 30\,°C$			$t = 39{,}95\,°C$		
x_2'	x_2''	p in bar	x_2'	x_2''	p in bar
0,00		0,0424	0,00		0,0735
0,10	heterogen	0,1375	0,10	heterogen	0,2345
0,20	heterogen	0,1375	0,20	,,	0,2345
0,30	0,705	0,1395	0,30	,,	0,2345
0,40	0,715	0,1420	0,40	,,	0,2345
0,50	0,729	0,1447	0,50	0,699	0,2368
0,60	0,745	0,1469	0,60	0,712	0,2390
0,70	0,766	0,1487	0,70	0,733	0,2407
0,80	0,805	0,1496	0,80	0,761	0,2410
0,90	0,851	0,1475	0,90	0,824	0,2342
1,00		0,1365	1,00		0,2103

Obige Gleichgewichtswerte wurden aus den Daten der vorangehenden Tabelle mit Hilfe der Gibbs–Duhem-Gleichung berechnet. In der Tabelle der Originalarbeit sind die x_2'-Werte mit den Abständen 0,05 abgestuft.

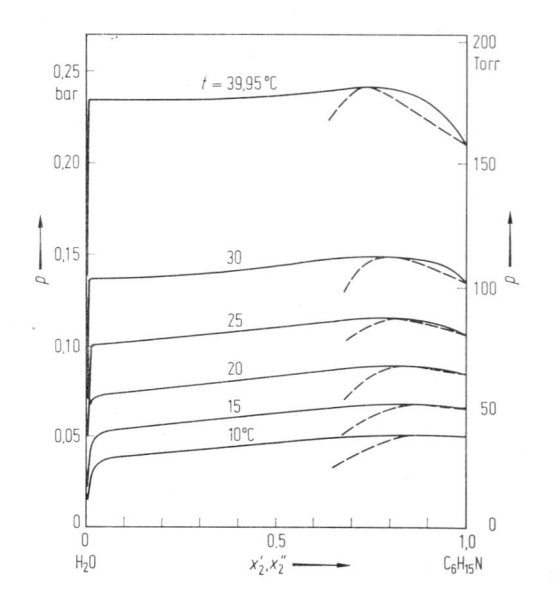

---

32 x_1 H_2O, Wasser
M: 18,02   Kp.: 100,0 °C

x_2 $CH_3 \cdot CH_2 \cdot \overset{\overset{H}{\cdot}}{\underset{\underset{NHC_2H_5}{\cdot}}{C}} \cdot CH_3$,

N-Äthyl-sec-butylamin
M: 101,19

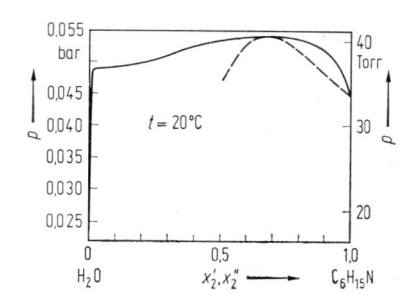

Weishaupt

Zu 32

[D 7]

$t = 20\,°C$

p in mbar	x_2'	x_2''	p in mbar	x_2'	x_2''
23,4	0,00	0,000	53,4	0,50	0,616
48,9	0,025	0,533	53,7	0,55	0,629
49,1	0,05	0,536	53,9	0,60	0,644
49,3	0,10	0,538	54,1	0,65	0,662
49,5	0,15	0,540	54,1	0,70	0,700
49,9	0,20	0,545	54,0	0,75	0,716
50,4	0,25	0,553	53,7	0,80	0,733
51,2	0,30	0,566	53,0	0,85	0,763
52,0	0,35	0,579	51,9	0,90	0,800
52,5	0,40	0,592	49,6	0,95	0,862
53,0	0,45	0,603	44,7	1,00	1,000

Nebenstehende Werte wurden aus gemessen Gemisch-Dampfdrücken berechnet. Die Originalarbeit enthält Dampfdruckwerte für die Stoffpaare Wasser/N-Äthyl-n-butylamin und Wasser/N-Äthyl-sec-butylamin im Temperaturbereich 10···39,95 °C.

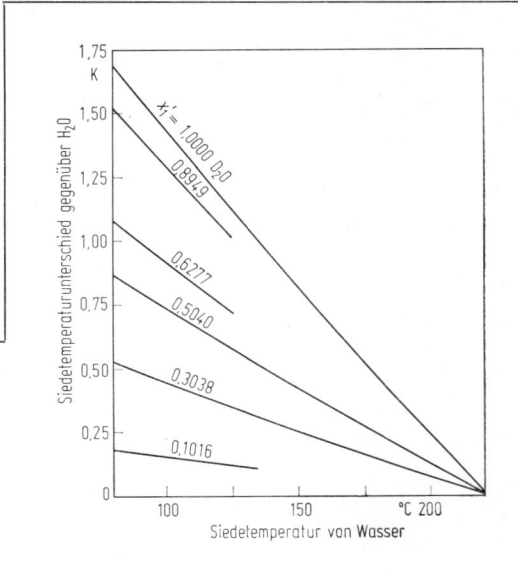

33

x_1 D_2O, Schweres Wasser
       M: 20,03   Kp.: $101{,}429_5$ °C

x_2 H_2O, Wasser
       M: 18,02   Kp.: 100,000 °C

[Z 5]

Siedetemperatur von H_2O °C	Siedetemperaturunterschied gegenüber H_2O					
	$x_1' =$ 0,1016	0,3038	0,5040	0,6277	0,8949	1,0000
80,000	0,180	0,526	0,868	1,078	1,515	1,683
90,000	0,167	0,486	0,803	0,997	1,402	1,556
100,000	0,154	0,447	0,738	0,917	1,289	$1{,}429_5$
110,000	0,142	0,408	0,674	0,837	1,177	$1{,}304_5$
120,000	0,129	0,370	$0{,}610_5$	0,759	1,067	1,181
130,000		0,332	0,548			1,058
140,000		0,294	0,485			0,937
150,000		0,257	$0{,}423_5$			0,817
160,000		0,220	0,362			0,698
170,000		0,183	0,302			0,580
180,000		0,147	0,242			0,464
190,000		0,111	$0{,}182_5$			0,349
200,000		$0{,}075_4$	0,124			0,235
210,000		0,040	$0{,}065_5$			0,122
220,000		0,006	0,008			0,011

Die Siedetemperatur der Gemische und des reinen D_2O erhält man durch Addition obiger Werte zur Siedetemperatur des Wassers unter demselben Druck. Die Originalarbeit enthält genaue Angaben über die Siedetemperatur von H_2O und D_2O und deren Gemische im Azeotropenbereich 220···222 °C, sowie über die Verschiebung der Konzentration des azeotropen Gemisches mit steigender Temperatur.

Zu 33

[Z 5]

x_1'	Relative Flüchtigkeit bei 100,00 °C	
	aus Siedediagramm berechnet	aus Gleichgewichtsmessungen
0	1,027 5	
0,10	1,027 3	1,027 25
0,20	1,027 1$_4$	
0,30	1,027 0	1,026 4
0,40	1,026 7	
0,50	1,026 5$_5$	1,025(?)
0,60	1,026 3	
0,70	1,026 0$_6$	
0,80	1,025 8	
0,90	1,025 5	
1,00	1,025 2	

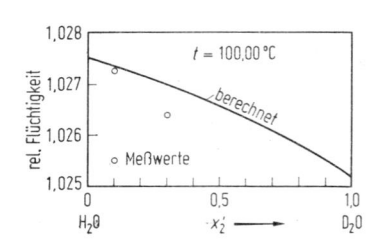

Die relative Flüchtigkeit ist in der Einleitung durch Gl. (4) definiert

34

x_1 BrF$_3$, Bromtrifluorid
M: 136,90   Kp.: 125,75 °C

x_2 BrF$_5$, Brompentafluorid
M: 174,90   Kp.: 40,76 °C

[L 21]

$t = 50{,}3 \pm 1{,}0$ °C			$t = 74{,}9 \pm 0{,}3$ °C		
p in bar	x_2'	x_2''	p in bar	x_2'	x_2''
0,441	0,206	0,924	0,469	0,067	0,705
0,513	0,225	0,910	0,696	0,120	0,820
0,595	0,297	0,961	0,907	0,180	0,829
0,728	0,393	0,960	0,997	0,194	0,884
0,797	0,449	0,963	1,004	0,209	0,895
0,948	0,560	0,976	1,185	0,270	—
1,025	0,623	0,983	1,203	0,246	0,909
1,236	0,859	0,990	1,363	0,287	—
1,283	0,913	0,995	1,563	0,359	0,949
			1,619	0,379	0,934
			1,677	0,410	0,950
			1,803	0,436	0,949
			1,968	0,520	0,944
			2,074	0,548	—
			2,096	0,574	0,952
			2,338	0,673	0,980
			2,381	0,693	0,985
			2,414	0,712	0,976
			2,689	0,849	0,990
			2,864	0,934	0,996

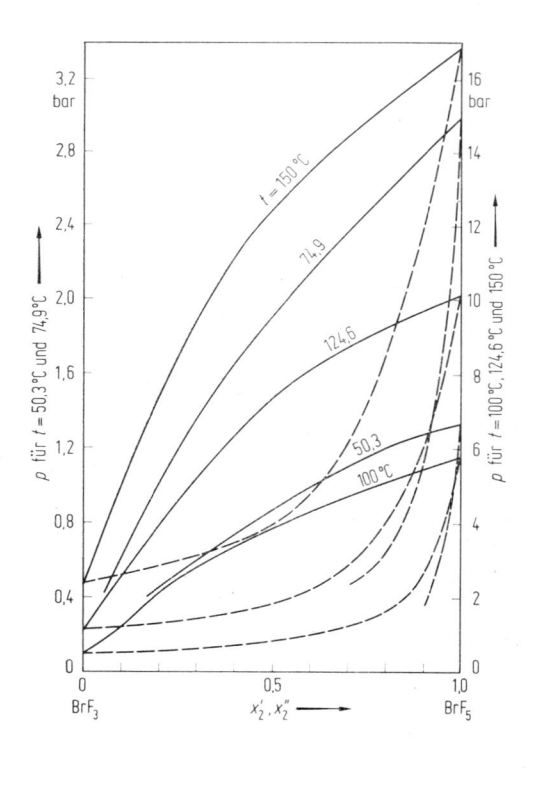

Fortsetzung nächste Seite

Zu **34**

$t = 100,0 \pm 0,3\,°C$			$t = 124,6 \pm 0,7\,°C$		
p in bar	x_2'	x_2''	p in bar	x_2'	x_2''
0,552	0,006	0,246	1,325	0,019	0,268
0,815	0,048	0,518	2,065	0,072	0,551
1,140	0,094	0,670	2,628	0,094	0,639
1,479	0,131	0,759	3,996	0,181	0,772
1,743	0,155	0,780	5,257	—	0,874
1,789	0,169	0,814	5,669	0,342	0,903
2,122	0,225	0,863	5,993	0,359	0,889
2,470	0,245	0,868	7,051	0,472	0,910
2,949	0,328	0,875	7,467	0,541	0,940
3,152	0,352	0,911	7,505	0,500	0,947
3,321	0,385	0,930	7,994	0,584	0,948
3,778	0,481	0,931	8,938	0,736	0,966
4,096	0,545	0,922	9,294	0,809	0,969
4,416	0,632	0,964	9,810	0,916	0,993
4,889	0,735	0,980	9,858	0,926	0,992
4,906	0,774	0,989			
5,378	0,864	0,994			
5,568	0,932	0,996			

$p = 1,008$ bar $= 756 \pm 8$ Torr		
t in °C	x_2'	x_2''
120,5	0,004	0,156
114,4	0,020	0,302
110,4	0,033	0,426
103,5	0,074	0,565
96,1	0,079	0,650
89,8	0,095	0,742
85,1	0,144	0,794
78,9	0,177	0,865
69,0	0,264	0,932
62,8	0,346	0,949
56,2	0,471	0,975
52,6	0,548	0,984
48,2	0,686	0,997
45,9	0,806	0,968
45,6	0,811	1,000
43,6	0,898	0,987

In der Originalarbeit sind für alle Meßwerte die Drücke gesondert angegeben

$t = 150,0 \pm 0,3\,°C$		
p in bar	x_2'	x_2''
3,418	0,035	0,384
3,470	0,036	0,426
4,333	0,070	0,549
5,905	0,132	0,689
7,871	0,211	0,785
8,105	0,247	0,797
9,745	0,337	—
9,946	0,345	0,845
12,111	0,458	0,852
12,666	0,523	0,910
13,636	0,590	0,945
15,081	0,764	0,969
16,696	0,970	1,000

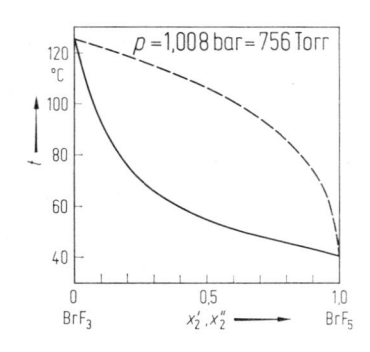

In der Originalarbeit sind für alle Meßwerte die Temperaturen gesondert angegeben

---

35 x_1 H_2S, Schwefelwasserstoff x_2 CO_2, Kohlendioxid
[S 22]   M: 34,08   Kp.: $-60,4\,°C$ M: 44,01   Tripelpunkt: $-56,6\,°C$

$p = 6,90$ bar $= 100$ lb/in²			$p = 13,79$ bar $= 200$ lb/in²			$p = 20,68$ bar $= 300$ lb/in²			$p = 27,58$ bar $= 400$ lb/in²		
t in °C	x_2'	x_2''	t in °C	x_2'	x_2''	t in °C	x_2'	x_2''	t in °C	x_2'	x_2''
$-17,8$	0,016	0,160	7,2	0,017	0,078	21,1	0,022	0,106	32,2	0,029	0,129
$-23,3$	0,044	0,300	4,4	0,033	0,145	15,5	0,052	0,230	26,6	0,067	0,250
$-28,9$	0,085	0,428	$-1,1$	0,069	0,277	10,0	0,093	0,349	21,1	0,116	0,363
$-34,4$	0,150	0,550	$-6,7$	0,113	0,410	4,4	0,150	0,460	15,5	0,185	0,460
$-40,0$	0,286	0,671	$-12,2$	0,178	0,525	$-1,1$	0,248	0,564	10,0	0,275	0,551
$-45,5$	0,499	0,796	$-17,8$	0,280	0,631	$-6,7$	0,370	0,660	4,4	0,395	0,645
$-48,3$	0,718	0,898	$-23,3$	0,453	0,741	$-12,2$	0,551	0,759	$-1,1$	0,570	0,749
			$-28,9$	0,765	0,880	$-15,0$	0,699	0,825	$-3,9$	0,683	0,815
			$-30,0$	0,859	0,925	$-16,7$	0,805	0,881	$-6,7$	0,836	0,905

Fortsetzung nächste Seite

Zu 35

$p = 34{,}47$ bar $= 500$ lb/in²			$p = 41{,}37$ bar $= 600$ lb/in²			$p = 55{,}16$ bar $= 800$ lb/in²			$p = 68{,}95$ bar $= 1000$ lb/in²		
t in °C	x_2'	x_2''	t in °C	x_2'	x_2''	t in °C	x_2'	x_2''	t in °C	x_2'	x_2''
43,3	0,025	0,101	54,4	0,011	0,043	65,6	0,041	0,109	79,4	0,034	0,063
37,8	0,065	0,216	48,9	0,053	0,165	60,0	0,086	0,210	76,7	0,059	0,106
32,2	0,115	0,320	43,3	0,099	0,269	54,4	0,140	0,305	71,1	0,109	0,195
26,6	0,174	0,417	37,8	0,152	0,362	48,9	0,200	0,396	65,6	0,160	0,285
21,1	0,250	0,511	32,2	0,220	0,452	43,3	0,280	0,478	60,0	0,219	0,370
15,5	0,360	0,605	26,6	0,300	0,540	37,8	0,374	0,560	54,4	0,299	0,460
10,0	0,503	0,697	21,1	0,423	0,631	32,2	0,495	0,648	48,9	0,401	0,549
4,4	0,710	0,815	15,5	0,581	0,728	26,6	0,644	0,755	43,3	0,513	0,636
1,7	0,846	0,900	10,0	0,791	0,860	21,1	0,850	0,888	37,8	0,640	0,730
			8,33	0,870	0,912	20,0	0,900	0,925	32,2	0,805	0,845
									29,4	0,910	0,928

$p = 82{,}74$ bar $= 1200$ lb/in²		
t in °C	x_2'	x_2''
90,6	0,038	0,061
87,8	0,062	0,099
82,2	0,112	0,170
76,7	0,165	0,240
71,1	0,226	0,316
65,6	0,304	0,390
60,0	0,405	0,455
57,2	0,465	0,485
55,7	0,500	0,500

Die Originalarbeit enthält ein Druck-Temperatur-Diagramm für die reinen Stoffe und für 7 verschiedene Gemische

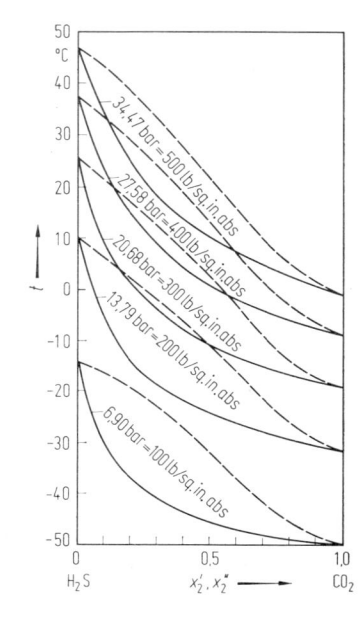

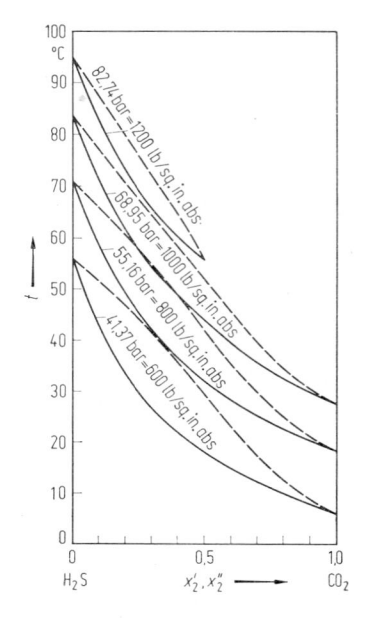

[S 26]

$t = -52$ °C			$t = -26{,}8$ °C			$t = 0$ °C		
p in bar	x_2'	x_2''	p in bar	x_2'	x_2''	p in bar	x_2'	x_2''
1,7	0,00	0,000	4,5	0,00	0,000	10,7	0,00	0,000
3,3	0,10	0,550	7,4	0,10	0,429	17,5	0,10	0,400
4,2	0,20	0,657	9,5	0,20	0,579	21,1	0,20	0,523
4,9	0,30	0,718	11,0	0,30	0,652	24,0	0,30	0,602
5,2	0,40	0,753	12,3	0,40	0,702	26,5	0,40	0,660
5,6	0,50	0,797	13,4	0,50	0,753	28,6	0,50	0,703
5,8	0,60	0,853	14,4	0,60	0,802	30,4	0,60	0,753
6,1	0,70		15,1	0,70	0,849	32,1	0,70	0,807
6,2	0,80		15,6	0,80	0,900	33,5	0,80	0,876
6,4	0,90		16,1	0,90	0,953	34,7	0,90	0,937
6,6	1,00	1,000	16,5	1,00	1,000	36,0	1,00	1,000

Die Werte sind aus einem Diagramm entnommen

Zu 35

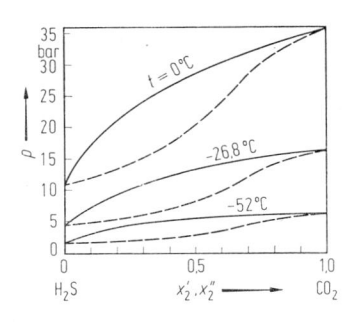

[B14]
Gemischzusammensetzung und Dichte längs der Kritischen Kurve

Druck bar	Temp. °C	$x_2' = x_2''$	Dichte g/cm³
90,05	100,38	0,0000	0,349
89,97	93,50	0,0630	0,364
89,78	84,16	0,1614	0,379
88,52	74,48	0,2608	0,392
85,87	64,74	0,3759	0,406
83,21	56,98	0,4728	0,417
77,85	43,72	0,6659	0,437
74,83	35,96	0,8292	0,453
74,16	33,53	0,9009	0,459
73,92	31,10	1,0000	0,465

36

x_1 H_2S, Schwefelwasserstoff
     M: 34,08   Kp.: $-60,4$ °C

x_2 C_2H_6, Äthan
     M: 30,07   Kp.: $-88,5$ °C

[K5]

$p = 13,79$ bar $= 200$ lb/in²

$x_2' = x_2''$	Temp. in °C Fkt.	Dampf
0	10,3	
0,1	−4,1	7,8
0,2	−11,1	3,8
0,3	−14,9	−1,1
0,4	−17,2	−6,2
0,5	−18,8	−11,1
0,6	−20,2	−16,1
0,7	−21,0	−19,5
0,8	−21,4	−21,0
0,9	−21,5	−21,6
0,930*)	−21,6₅	−21,6₅
1,0	−20,6	

$p = 20,68$ bar $= 300$ lb/in³

$x_2' = x_2''$	Temp. in °C Fkt.	Dampf
0	26,1	
0,1	12,4	22,6
0,2	5,4	18,2
0,3	1,2	13,4₅
0,4	−1,5₅	8,5₅
0,5	−3,3	3,5
0,6	−4,9	−1,2
0,7	−5,9	−4,7
0,8	−6,4	−6,1
0,896*)	−6,4₅	−6,4₅
0,9	−6,5₅	−6,5₅
1,0		−5,8

$p = 41,37$ bar $= 600$ lb/in²

$x_2' = x_2''$	Temp. in °C Fkt.	Dampf
0	57,6	
0,1	46,0	52,3
0,2	38,8	47,1
0,3	34,1	41,8
0,4	30,7	36,4
0,5	28,1	31,8
0,6	26,2₅	27,9₅
0,7	24,6₅	25,3
0,8	23,5₅	23,7
0,823*)	23,5	23,5
0,9	23,7	23,7
1,0	24,4	

$p = 55,16$ bar $= 800$ lb/in²

$x_2' = x_2''$	Temp. in °C Fkt.	Dampf
0	72,4	
0,1	62,0	66,5
0,2	54,7	60,8
0,3	49,6	55,1
0,4	45,7	49,8
0,5	42,7	45,0
0,6	40,5	41,5
0,7	38,9	39,1
0,717	38,7	

$p = 27,58$ bar $= 400$ lb/in²

$x_2' = x_2''$	Temp. in °C Fkt.	Dampf
0	38,2	
0,1	25,8	34,3
0,2	18,7	29,6
0,3	14,0	24,3
0,4	11,0	19,3
0,5	8,9₅	14,7
0,6	7,4	10,3
0,7	6,1	7,2
0,8	5,2	5,4
0,870*)	4,9	4,9
0,9	5,0	5,0
1,0	6,0₅	

$p = 34,47$ bar $= 500$ lb/in²

$x_2' = x_2''$	Temp. in °C Fkt.	Dampf
0	48,7	
0,1	36,6	44,0
0,2	30,0	39,0
0,3	25,4	33,8
0,4	21,9	28,4
0,5	19,2	24,0
0,6	17,3	19,7
0,7	16,0	16,8
0,8	15,1	15,3₅
0,845*)	15,0	15,0
0,9	15,2	15,2
1,0	16,0	

$p = 68,95$ bar $= 1000$ lb/in²

$x_2' = x_2''$	Temp. in °C Fkt.	Dampf
0	84,9	
0,1	75,1	78,4
0,2	68,0	72,0
0,3	62,5	65,6
0,34	60,9	63,0
0,36	60,3	61,9
0,38	59,8	60,7
0,387	60,0	

$p = 82,74$ bar $= 1200$ lb/in²

$x_2' = x_2''$	Temp. in °C Fkt.	Dampf
0	95,4	
0,02	93,1	94,0₅
0,04	90,8₅	92,5₅
0,06	89,1	91,0
0,08	87,6₅	89,4₅
0,10	86,3	87,8
0,12	85,2	86,2
0,134	84,7	

*) Azeotrop

Die Originalarbeit enthält ein Druck-Temperatur-Diagramm für die reinen Stoffe und für 6 Gemische sowie Dichtewerte für die gesättigten Phasen

Weishaupt

Zu 36

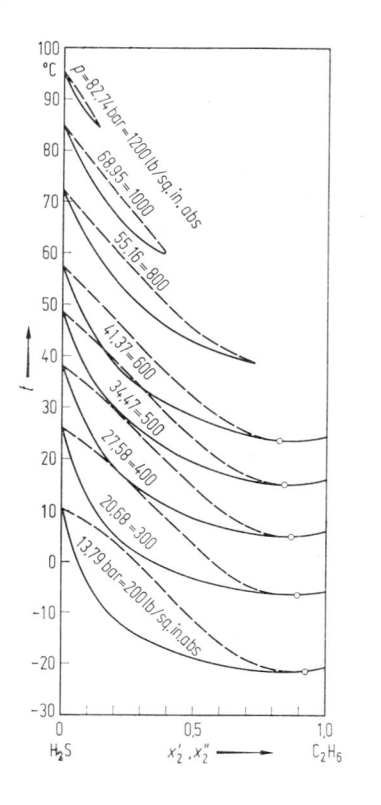

37

x_1 **SO₂, Schwefeldioxid**
M: 64,06   Kp.: −10,0 °C

x_2 **Cl₂, Chlor**
M: 70,91   Kp.: −34,6 °C

[G 7]

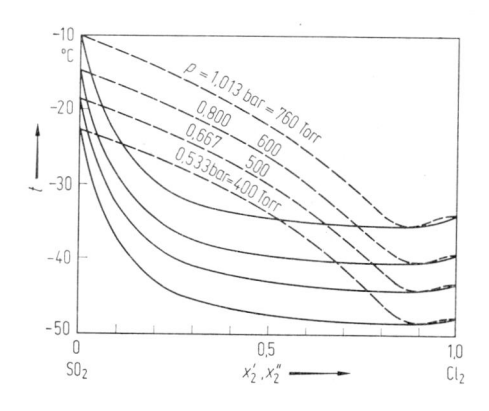

x_2'	Siedetemperatur in °C			
	0,5333 bar = 400 Torr	0,6666 bar = 500 Torr	0,7999 bar = 600 Torr	1,0132 bar = 760 Torr
0,00	−22,7	−18,5	−14,9	−10,2
0,02	−28,6	−24,1	−20,3	−15,3
0,04	−31,3	−26,7	−22,9	−17,8
0,06	−33,8	−29,2	−25,4	−20,3
0,08	−35,8	−31,3	−27,5	−22,4
0,10	−37,5	−33,0	−29,2	−24,1
0,15	−40,6	−36,2	−32,4	−27,4
0,20	−42,9	−38,5	−34,8	−29,8
0,25	−44,5	−40,1	−36,4	−31,4
0,30	−45,4	−41,0	−37,3	−32,3
0,35	−46,1	−41,7	−38,0	−33,0
0,40	−46,6	−42,2	−38,5	−33,5
0,45	−47,0	−42,6	−38,9	−33,9
0,50	−47,4	−43,0	−39,3	−34,3
0,55	−47,7	−43,3	−39,6	−34,6
0,60	−47,9	−43,5	−39,8	−34,8
0,65	−48,1	−43,7	−40,0	−35,0
0,70	−48,2	−43,8	−40,1	−35,1
0,75	−48,3	−43,9	−40,2	−35,2
0,80	−48,5	−44,1	−40,3	−35,3
0,85	−48,5	−44,1	−40,3	−35,3
0,90	−48,5	−44,1	−40,3	−35,3
0,95	−48,3	−43,9	−40,1	−35,0
1,00	−47,7	−43,1	−39,2	−33,9

x_2''	Taupunktstemperatur in °C			
	0,5333 bar = 400 Torr	0,6666 bar = 500 Torr	0,7999 bar = 600 Torr	1,0132 bar = 760 Torr
0,00	−22,7	−18,5	−14,9	−10,2
0,05	−23,7	−19,5	−16,0	−11,3
0,10	−24,6	−20,5	−17,0	−12,3
0,15	−25,7	−21,5	−18,1	−13,4
0,20	−26,7	−22,6	−19,1	−14,5
0,25	−27,7	−23,6	−20,2	−15,6
0,30	−28,8	−24,8	−21,3	−16,8
0,35	−30,0	−26,0	−22,6	−18,1
0,40	−31,3	−27,3	−24,0	−19,5
0,45	−32,5	−28,6	−25,3	−20,8
0,50	−34,0	−30,0	−26,7	−22,3
0,55	−35,5	−31,6	−28,3	−23,9
0,60	−37,2	−33,3	−30,1	−25,7
0,65	−39,1	−35,2	−31,9	−27,6
0,70	−41,1	−37,3	−34,0	−29,7
0,75	−43,3	−39,5	−36,2	−31,9
0,80	−45,6	−41,7	−38,3	−33,9
0,85	−47,9	−43,6	−40,0	−35,2
0,90	−48,6	−44,0	−40,2	−35,0
0,95	−48,0	−43,4	−39,5	−34,3
1,00	−47,7	−43,1	−39,2	−33,9

Die Temperaturwerte der reinen Stoffe bei 760 Torr stimmen mit Literaturangaben nur mäßig überein. Die Originalarbeit enthält ferner Gleichgewichtsdaten und -kurven für die Isothermen $t = -45$, -40 und -35 °C

3 Binary mixtures

38 x_1 **SO$_2$, Schwefeldioxid**
M: 64,06   Kp.: -10°C

x_2 **HCl, Chlorwasserstoff**
M: 36,46   Kp.: $-85,0$°C

[G 8]

$p = 10,13$ bar $= 7600$ Torr

t in °C	x_2'	x_2''	t in °C	x_2'	x_2''
52,0	—	0,116	6,4	0,298	0,866
49,0	0,038	—	1,0	0,358	0,877
45,0	0,049	0,294	$-2,0$	0,332	—
40,0	0,085	0,396	$-5,0$	0,400	0,932
38,6	0,079	0,430	$-8,0$	0,435	0,938
36,8	0,084	0,475	$-10,0$	0,501	0,939
30,4	0,144	0,596	$-13,0$	0,578	0,958
24,0	0,161	0,654	$-17,5$	0,655	0,972
19,5	0,192	0,723	$-22,0$	0,691	—
16,0	0,214	0,750	$-28,0$	0,894	—
12,0	0,256	0,804	$-30,0$	0,876	—
9,2	0,249	—			

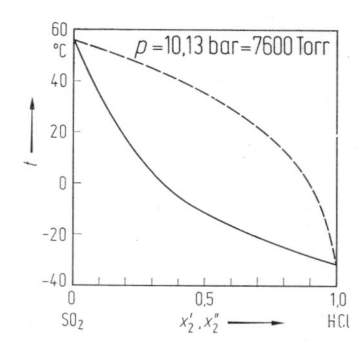

39 x_1 **SO$_2$, Schwefeldioxid**
M.: 64,06   Kp.: $-10,0$°C

x_2 **CH$_3$Cl, Methylchlorid**
M: 50,49   Kp.: $-23,7 \cdots -24$°C

[A 10]

$p = 1,013$ bar $= 760$ Torr

t in °C	x_2'	x_2''	t in °C	x_2'	x_2''
$-9,9$	0,000	0,000	$-20,0$	0,600	0,739
$-11,1$	0,100	0,224	$-21,4$	0,700	0,820
$-12,8$	0,200	0,333	$-22,4$	0,800	0,881
$-14,7$	0,300	0,450	$-23,5$	0,900	0,947
$-16,6$	0,400	0,556	$-23,9$	1,000	1,000
$-18,3$	0,500	0,650			

Vorstehende Werte wurden einem Diagramm entnommen

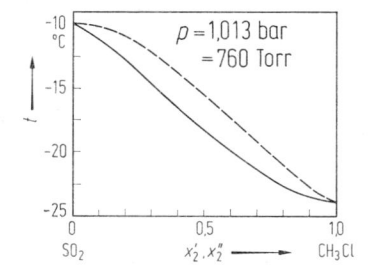

40 x_1 **NH$_3$, Ammoniak**
M: 17,03   Kp.: $-33,4$°C

x_2 **CO$_2$, Kohlendioxid**
M: 44,01   Tripelpunkt: $-56,6$°C

[L 8]

Siedepunkte binärer Gemische

x_2'	t in °C	p in bar	x_2'	t in °C	p in bar
0,023	129,6	103,0	0,157	159,9	120,8
	135,5	112,4		170,3	139,1
	141,0	122,2		180,7	164,5
	145,2	129,8		185,1	176,3
	155,9	147,7*)	0,177	140,9	83,4
0,030	129,4	100,0		150,7	97,3
	138,7	114,4		160,5	112,6
	140,8	116,9		170,5	130,3
	142,7	120,5		179,8	150,9
	147,8	129,9		189,3	175,6
	151,7	137,2	0,211	140,7	71,0
	155,3	144,1		151,4	83,7
	158,6	150,7		160,2	97,0
	161,6	157,1		169,9	111,9
	162,6	158,9		179,8	132,2
	163,7	161,3*)	0,218	140,6	69,9
0,099	140,9	102,7		150,4	82,1
	150,5	119,2		159,9	95,9
	160,5	139,2		170,3	111,8
	170,6	161,2		179,9	132,2
0,157	140,6	88,9		189,7	159,7
	149,7	106,2		195,1	177,0

*) Kritischer Punkt (retrograde Kondensation)

Fortsetzung nächste Seite

Zu **40**

x_2'	t in °C	p in bar	x_2'	t in °C	p in bar
0,246	140,7	58,7	0,281	185,0	138,9
	160,5	81,6	0,291	140,2	39,9
	170,3	97,6		149,3	52,0
	180,3	118,5		160,0	73,0
	190,1	147,5		170,0	98,5
0,270	150,0	55,9		180,0	135,4
	160,0	69,1		182,8	151,4
	166,0	87,5	0,301	141,0	42,5
	169,8	78,8		150,4	57,8
	180,0	114,6		160,6	79,6
0,281	137,3	38,1		171,6	118,1
	148,5	50,2	0,333	140,3	106,3
	158,2	64,1		144,7	129,8
	158,7	64,3		150,5	161,0
	173,4	97,5			

[*L 9*]
Siedetemperaturen binärer Gemische
(höhere Temperaturen)

x_2'	t in °C	p in bar	x_2'	t in °C	p in bar
0,100	149	119	0,260	219	359
	159	138		228	467
	168	158		235	552
	177	182		237	592
	179	186		246	717
	189	218		250	766
	196	243		251	782
	198	251		253	799
	203	272*)		255	810
0,202	159	96		257	817
	169	112		258	801
	177	131		259	785*)
	202	213	0,335	145	153
	221	330		151	193
	246	554*)		155	226
	247	556*)		160	288
0,260	159	78		161	323
	161	79		164	340
	170	94		169	413
	178	112		173	485
	180	116		179	589
	189	148		182	637
	197	184		184	674
	208	256		189	761
	213	296		199	973

*) Bedingungen des kritischen Punktes

Die Messungen für diese und die vorangehende Tabelle wurden beim chemischen Gleichgewicht der Reaktionen $H_2NCO \cdot ONH_4 \rightleftharpoons CO(NH_2)_2 + H_2O \rightleftharpoons 2NH_3 + CO_2$ durchgeführt. Da bei den Messungen nur ein geringer Teil der Einsatzmenge gasförmig war, ergibt sich unter Berücksichtigung der Phasenregel, daß die Wasserkonzentration im Sinne von Wasser als einer Gemischkomponente gleich Null ist. Vgl. auch [*L 7*].

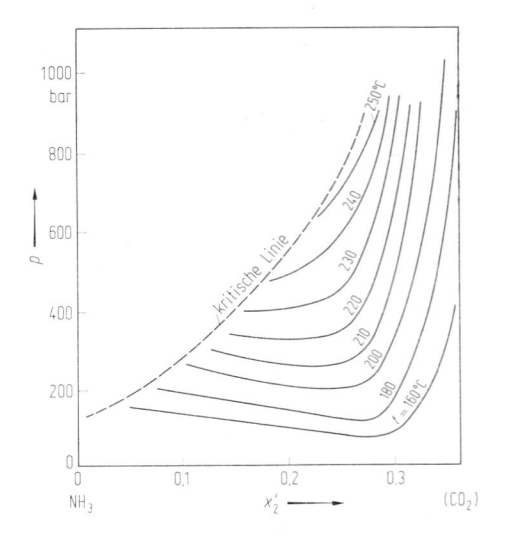

Die Arbeit [*L 9*] enthält eine Tabelle mit gemessenen und berechneten Taupunktsdrücken für die Temperaturen 160 und 180 °C. Ferner wurde der Einfluß von Inertgas (N_2) auf den Siededruck im Temperaturbereich 160 bis 220 °C untersucht.

41

x_1 NH_3, Ammoniak
      M: 17,03   Kp.: $-33{,}4$ °C

x_2 C_2H_6, Äthan
      M: 30,07   Kp.: $-88{,}5$ °C

[*K 7*]
Parameter für den Punkt, in dem sich die Azeotrope Linie mit der kritischen Kurve trifft:

$p_k = 54{,}3$ bar; $t_k = 30{,}75$ °C; $x_2' = x_2'' = 0{,}81$;
$v_k = 133$ cm³ mol^{-1}

Die Arbeit enthält ausführliche Daten für die p–v–t–x_1-Relation des binären Gemisches. Das Flüssig–flüssig-Gleichgewicht wird bei [*S 17*] behandelt.

42

x_1 **CO, Kohlenmonoxid**
M: 28,01   Kp.: 81,7 K

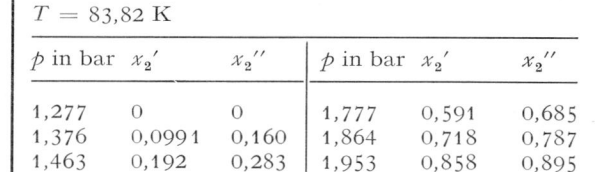

x_2 **N$_2$, Stickstoff**
M: 28,01   Kp.: 77,35 K

[S 25]

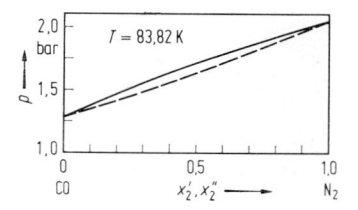

$T = 83{,}82$ K

p in bar	x_2'	x_2''	p in bar	x_2'	x_2''
1,277	0	0	1,777	0,591	0,685
1,376	0,0991	0,160	1,864	0,718	0,787
1,463	0,192	0,283	1,953	0,858	0,895
1,530	0,268	0,378	1,998	0,932	0,950
1,672	0,445	0,560	2,037	1,000	1,000

In der Arbeit [S 10] wurden für das System CO–N$_2$ die Fugazitäts-Koeffizienten bei $T = 85$, 100 und 120 K und bei Drücken von 0,5 bis 3,0, resp. 4,5 bis 8, resp. 15 bis 25 at aus den Messungen ermittelt. Ferner sind für 2 Bereiche der $P-V-T$-Ebene die Konstanten der Benedict–Webb–Rubin-Gleichung angegeben.

43

x_1 **CO$_2$, Kohlendioxid**
M: 44,01   Tripelpunkt: $-56{,}6\,°C$

x_2 **C$_2$H$_4$, Äthylen**
M: 28,05   Kp.: $-103{,}9$

[H 7]

Siedetemperaturen t' und Kondensationstemperaturen t'' in °C
$x_2' = x_2'' = x_2$

p bar	atm	$x_2=0{,}0$ t'	$x_2=0{,}0940$ t'	t''	$x_2=0{,}2113$ t'	t''	$x_2=0{,}3004$ t'	t''	$x_2=0{,}4025$ t'	t''	$x_2=0{,}5015$ t'	t''
20,27	20,0	−19,10	−22,52	−20,56	−25,14	−22,88	−26,87	−24,7	−28,00	−26,28	−28,71	−27,51
25,33	25,0	−11,52	−14,75	−13,20	−17,21	−15,30	−18,99	−17,09	−20,16	−18,70	−20,90	−19,90
30,40	30,0	− 5,06	−8,18	−6,85	−10,68	−8,78	−12,29	−10,53	−13,37	−12,14	−14,03	−13,34
35,46	35,0	0,65	−2,40	−1,40	−4,78	−3,21	−6,45	−4,98	−7,30	−6,45	−8,10	−7,60
40,53	40,0	5,80	2,81	3,63	0,48	1,69	−1,10	−0,17	−2,00	−1,37	−2,75	−2,37
45,60	45,0	10,55	7,52	8,55	5,22	6,21	3,68	4,50	2,60	3,28	2,08	2,38
50,66	50,0	14,87	11,93	12,72	9,68	10,52	8,22	8,78	7,16	7,68	6,52	6,82
55,72	55,0	18,92	15,85	16,57	13,80	14,35	12,33	12,76	11,31	11,68	10,7	10,93
60,80	60,0	22,60	19,65	20,28	17,58	18,07	16,13	16,48	15,28	15,40	—	—

p bar	atm	$x_2=0{,}6327$ t'	t''	$x_2=0{,}7059$ t'	t''	$x_2=0{,}7904$ t'	t''	$x_2=0{,}8470$ t'	t''	$x_2=0{,}8933$ t'	t''	$x_2=1{,}0$ t'
20,27	20,0	−29,40	−28,80	*−29,63*	*−29,42*	−29,62	−29,33	−29,57	−29,16	−29,36	−28,45	−28,00
25,33	25,0	−21,47	−20,90	*−21,60*	*−21,39*	−21,38	−21,02*)	−21,53	−20,88	−21,10	−20,31	−19,70
30,40	30,0	−14,42	−14,20	*−14,58*	*−14,49*	−14,32	−14,07	−14,17	−13,77	−13,95	−13,40	−12,50
35,46	35,0	−8,45	−6,20*)	*−8,55*	*−8,40*	−8,24	−7,9	−7,8	−7,58	−7,82	−7,24	−6,22
40,53	40,0	−3,04	−2,96	*−3,12*	*−3,02*	−2,80	−2,64	−2,48	−2,20	−2,23	−1,80	−0,65
45,60	45,0	*1,78*	*1,80*	1,82	1,90	2,25	2,38	2,62	2,85	2,97	3,23	4,47
50,66	50,0	*6,32*	*6,40*	6,45	6,50	6,93	7,00	7,28	7,43	7,73	8,00	9,10
55,72	55,0	*10,56*	*10,70*									

Die *kursiv* gedruckten Zahlen sind Minimumwerte

*) Werte unsicher

Zu 43

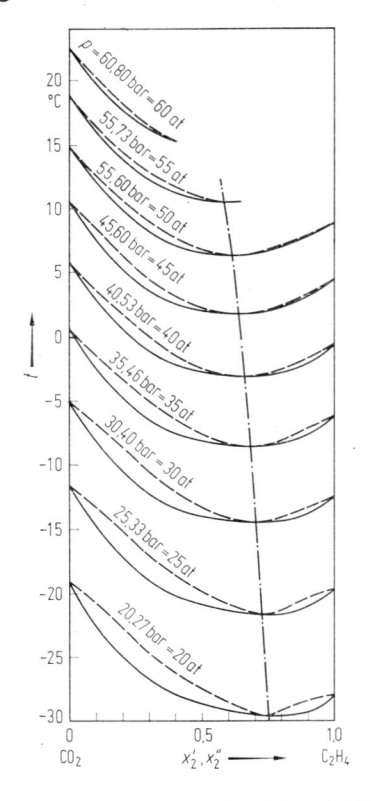

[H4]

$t = 0\,°C$

p in bar	x_2'	x_2''	p in bar	x_2'	x_2''
34,9	0,0000	0,0000	43,9	0,6830	0,6754
38,4	0,0671	0,1048	43,8	0,7294	0,7188
40,8	0,1573	0,2187	43,7	0,7638	0,7511
42,6	0,3041	0,3538	43,3	0,8470	0,8300
43,2	0,4685	0,4915	42,6	0,9156	0,8956
43,9	0,5324	0,5436	41,9	0,9511	0,9431
44,0	0,5851	0,5855	40,9	1,0000	1,0000
43,9	0,6225	0,6113			

44

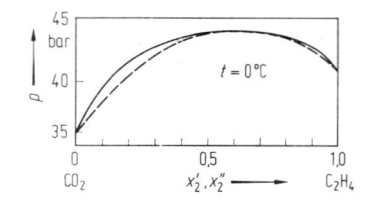

x_1 CS_2, Schwefelkohlenstoff
M: 76,14 Kp.: 46,25 °C

x_2 $CH_2:CH \cdot CH:CH_2$, Butadien-(1,3)
M: 54,09 Kp.: 4,75 °C

[W 8]

$t = 25,00\,°C$

p in bar	x_2'	x_2''	p in bar	x_2'	x_2''
0,4813	0,0000	0,000	0,9878	0,1245	0,560
0,6218	0,0296	0,244	1,0825	0,1537	0,608
0,7594	0,0620	0,398	1,1577	0,1794	0,642
0,8850	0,0948	0,497	1,2292	0,2041	0,669

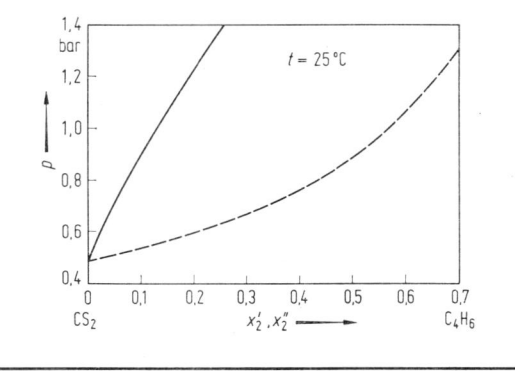

45

x_1 CH_4, Methan
M: 16,04 Kp.: 109,2 K

x_2 Ar, Argon
M: 39,95 Kp.: 87,29 K

[S 25]

$T = 90,67\,K$

p in bar	x_2'	x_2''	p in bar	x_2'	x_2''
0,117	0	0	0,860	0,508	0,924
0,267	0,0832	0,595	1,092	0,712	0,961
0,324	0,117	0,677	1,252	0,852	0,980
0,461	0,204	0,792	1,324	0,913	0,988
0,583	0,289	0,848	1,434	1,000	1,000
0,743	0,411	0,898			

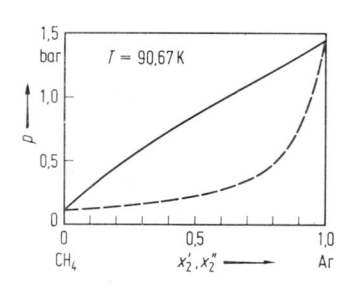

Zu 45
[G 13]

$T = 115{,}2$ K			$T = 123{,}4$ K		
p in bar	x_2'	x_2''	p in bar	x_2'	x_2''
1,972	0,044	0,264	3,516	0,062	0,302
2,399	0,105	0,469	6,481	0,290	0,677
3,034	0,170	0,594	7,37	0,372	0,747
4,21	0,333	0,747	8,17	0,433	0,791
5,36	0,481	0,843	8,89	0,500	0,815
6,34	0,602	0,885	9,62	0,576	0,848
6,61	0,656	0,887	10,10	0,609	0,863
7,14	0,708	0,924	11,10	0,702	0,903
7,78	0,807	0,948	11,96	0,768	0,923
8,20	0,876	0,962	12,96	0,858	0,954
8,56	0,916	0,978	13,20	0,880	0,962
8,85	0,953	0,986			

$T = 137{,}1$ K		
p in bar	x_2'	x_2''
6,58	0,040	0,169
7,38	0,076	0,281
8,24	0,114	0,371
9,93	0,194	0,497
11,91	0,295	0,613
15,69	0,470	0,751
18,26	0,597	0,819
20,23	0,685	0,862
22,16	0,768	0,899
23,83	0,836	0,930
24,68	0,870	0,944
26,09	0,927	0,967

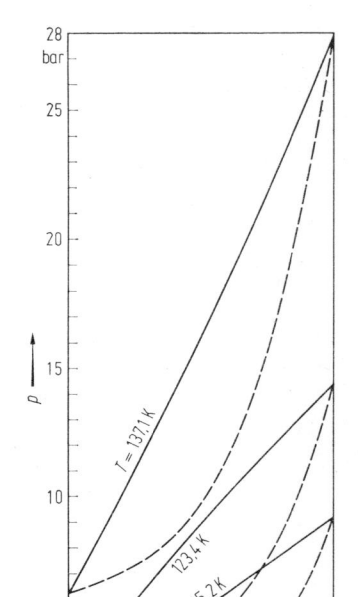

In der Originalarbeit sind die Konstanten der Redlich–Kister-Gleichung für obige Temperaturen, sowie für die Messungen bei $T = 90{,}67$ K von [S 25] angegeben.

46
x_1 CH_4, Methan   M: 16,04   Kp.: 109,2 K

x_2 CO, Kohlenmonoxid   M: 28,01   Kp.: 81,7 K

[S 25]

$T = 90{,}67$ K					
p in bar	x_2'	x_2''	p in bar	x_2'	x_2''
0,117	0	0	1,540	0,517	0,953
0,285	0,0422	0,608	1,834	0,671	0,970
0,539	0,113	0,800	2,089	0,801	0,980
0,744	0,178	0,859	2,276	0,892	0,991
0,954	0,253	0,898	2,524	1,000	1,000
1,395	0,444	0,943			

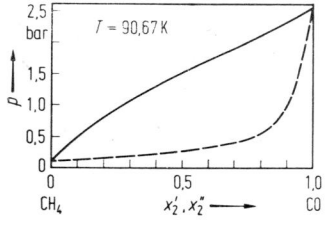

47
x_1 C_2H_6, Äthan   M: 30,07   Kp.: $-88{,}5$ °C

x_2 CO, Kohlenmonoxid   M: 28,01   Kp.: $-191{,}5$ °C

[T 7]

p bar	$t = -100$ °C		$t = -50$ °C	
	x_2'	x_2''	x_2'	x_2''
8,62			0,0117	0,306
13,79	0,0696	0,9659		
17,28			0,0436	0,621
27,58			0,0837	0,708
34,47	0,186	0,9784		
41,37			0,138	0,789
51,71			0,197	0,832
68,95	0,428	0,9727	0,258	0,840
82,74	0,569	0,9457	0,324	0,849
93,08	0,828	0,883		
103,42			0,444	0,790
110,32			0,511	0,764
117,21			0,636	0,677

Fortsetzung nächste Seite

Zu 47

p bar	$t = -25\,°C$		$t = 0\,°C$	
	x_2'	x_2''	x_2'	x_2''
27,58	0,0556	0,452		
34,47			0,0372	
41,37	0,106	0,569	0,0601	
55,16	0,157	0,643	0,116	0,386
68,95	0,219	0,682	0,173	0,433
96,53	0,359	0,637		
103,42	0,432	0,556		

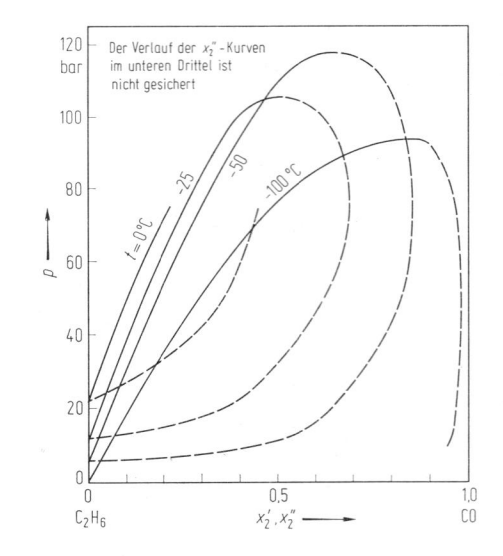

48 x_1 C_2H_6, Äthan
               M: 30,07   Kp.: $-88,5\,°C$

         x_2 CO_2, **Kohlendioxid**
               M: 44,01   Tripelpunkt: $-56,6\,°C$

[H 4]

$t = 0\,°C$

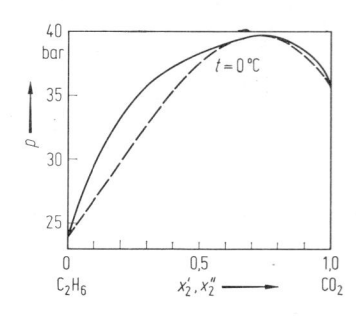

p in bar	x_2'	x_2''	p in bar	x_2'	x_2''
24,0	0,0000	0,0000	39,1	0,6042	0,6263
24,8	0,0106	0,0315	39,5	0,6682	0,6739
29,0	0,0907	0,1812	39,8	0,7135	0,7018
29,8	0,1085	0,1962	39,6	0,7875	0,7584
31,0	0,1437	0,2387	39,3	0,8447	0,8120
32,1	0,1765	0,2769	38,1	0,9347	0,9006
33,7	0,2396	0,3451	37,6	0,9583	0,9347
36,2	0,3108	0,4327	34,9	1,0000	1,0000
37,5	0,4382	0,5168			

[G 18]
Dampfdruck des binären Systems

$t = -31,7\,°C$		$t = -17,8\,°C$		$t = -3,9\,°C$		$t = 10,0\,°C$	
x_2'	p in bar	x_2'	p in bar	x_2'	p in bar	x_2'	p in bar
0,0000	10,09	0,0000	15,03	0,0000	21,65	0,0000	30,11
0,0832	12,05	0,1209	19,06	0,1656	27,87	0,1398	37,22
0,1711	13,63	0,2436	21,45	0,3188	31,77	0,2281	37,18
0,3047	15,18	0,3478	22,94	0,4229	33,64	0,2598	41,80
0,4594	16,10	0,4651	24,03	0,5125	34,72	0,3813	45,75
0,5604	16,38	0,5785	24,59	0,5762	35,21	0,5092	48,21
0,6330	16,46	0,5927	24,66	0,6211	35,48	0,5539	48,87
0,7145	16,36	0,6064	24,63	0,6284	35,51	0,5730	49,10
0,7996	16,10	0,6237	24,69	0,6713	35,65	0,6062	49,24
0,9098	15,16	0,6384	24,69	0,7183	35,66	0,6249	49,52
1,0000	13,41	0,6554	24,69	0,7692	35,45	0,6749	49,88
		0,7053	24,69	0,8407	34,96	0,7119	49,89
		0,7091	24,63	0,8611	34,68	0,7712	49,65
		0,7366	24,54	0,9366	33,28	0,8012	49,49
		0,8235	24,07	1,0000	31,46		
		0,9272	22,70				
		1,0000	20,99				

Vorstehende Tabelle enthält im Original auch Werte für die Dichte der Flüssigkeit. Die Unterlagen für die beigefügten Abbildungen wurden mit Hilfe der Benedict–Webb–Rubin-Zustandsgleichung und einer modifizierten B-W-R-Mischungsregel ermittelt.

3 Binary mixtures

Zu **48**

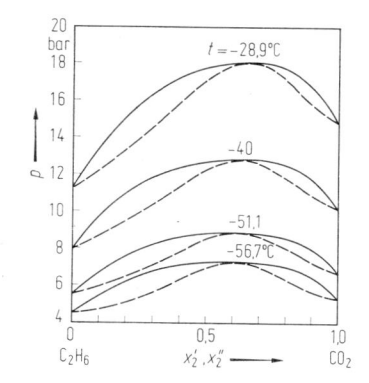

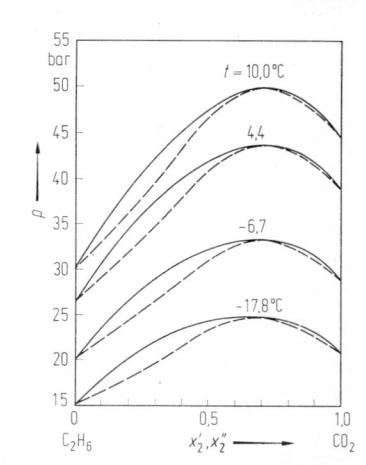

49

x_1 $CH_3 \cdot CH_3$, Äthan
         M: 30,07   Kp.: $-88,5\,°C$

x_2 CH_4, Methan
         M: 16,04   Kp.: $-164\,°C$

[B 17]

Sättigungstemperatur in °C im Siedepunkt (S.P.) und im Kondensationspunkt (K.P.)

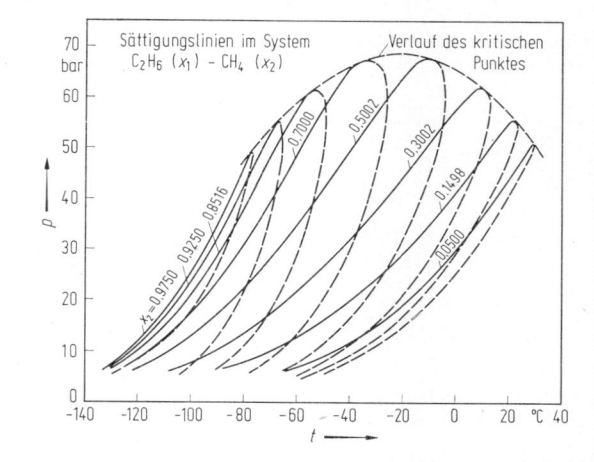

Gehalt an CH_4 →		$x_2 = 0{,}0500$		$x_2 = 0{,}1498$		$x_2 = 0{,}3002$		$x_2 = 0{,}5002$			
Druck ↓										Druck ↓	
bar	psia	S.P.	K.P.	S.P.	K.P.	S.P.	K.P.	S.P.	K.P.	bar	psia
6,89	100	−59,9	−45,2	−84,9	−48,4	−104,8	−53,9	−118,4	−62,7	6,89	100
10,34	150	−45,0	−32,6	−69,3	−36,6	−90,7	−42,7	−107,1	−52,3	10,34	150
13,79	200	−33,9	−22,9	−56,8	−27,3	−80,0	−33,9	−97,7	−44,7	13,79	200
17,24	250	−24,8	−14,9	−46,8	−19,5	−70,1	−26,8	−90,1	−38,4	17,24	250
20,68	300	−17,1	−8,1	−38,0	−12,9	−62,4	−20,7	−83,3	−33,1	20,68	300
24,13	350	−10,2	−2,1	−30,2	−7,3	−55,1	−15,4	−77,2	−28,4	24,13	350
27,58	400	−4,0	+3,4	−23,1	−2,3	−48,3	−10,8	−71,6	−24,3	27,58	400
31,03	450	+1,7	8,3	−16,7	+2,3	−41,8	−6,6	−66,1	−20,9	31,02	450
34,47	500	6,8	12,8	−11,1	6,5	−35,6	−2,8	−60,7	−17,8	34,47	500
37,92	550	11,7	16,8	−5,6	10,2	−30,0	+0,5	−55,7	−14,9	37,92	550
41,37	600	16,4	20,7	−0,4	13,7	−24,6	3,4	−51,0	−12,3	41,37	600
44,82	650	20,7	24,2	+4,4	16,7	−19,4	6,1	−46,3	−10,1	44,82	650
48,26	700	24,6	27,3	9,1	19,6	−14,4	8,4	−41,8	−8,1	48,26	700
51,71	750			13,8	21,8	−9,4	10,4	−37,4	−6,7	51,71	750
55,16	800			18,9	22,5	−4,6	11,8	−32,9	−5,4	55,16	800
58,61	850					+0,4	12,4	−28,4	−4,4	58,61	850
62,05	900					7,1	8,3	−23,7	−4,2	62,05	900
65,50	950							−18,6	−5,4	65,50	950

Fortsetzung nächste Seite

Zu **49**

Gehalt an CH$_4$ → Druck ↓		$x_2 = 0{,}7000$		$x_2 = 0{,}8516$		$x_2 = 0{,}9250$		$x_2 = 0{,}9750$		Druck ↓	
bar	psia	S.P.	K.P.	S.P.	K.P.	S.P.	K.P.	S.P.	K.P.	bar	psia
6,89	100	−124,9	−74,6	−128,6	−88,9	−130,2	−100,1	−131,3	−114,6	6,89	100
10,34	150	−115,2	−66,1	−119,4	−81,1	−121,3	−93,7	−122,8	−108,2	10,34	150
13,79	200	−107,3	−59,4	−112,2	−75,3	−114,4	−88,4	−116,1	−103,1	13,79	200
17,24	250	−100,6	−53,9	−106,1	−70,7	−108,7	−84,3	−110,4	−99,1	17,24	250
20,68	300	−94,8	−49,4	−100,8	−67,1	−103,7	−80,8	−105,4	−95,6	20,68	300
24,13	350	−89,4	−45,5	−96,0	−63,8	−99,1	−77,8	−101,1	−92,4	24,13	350
27,58	400	−84,7	−42,3	−91,6	−61,1	−95,1	−75,4	−97,2	−89,4	27,58	400
31,03	450	−80,3	−39,4	−87,4	−58,6	−91,3	−73,2	−93,6	−86,7	31,03	450
34,47	500	−75,9	−36,8	−83,7	−56,5	−87,8	−71,4	−90,3	−84,2	34,47	500
37,92	550	−71,7	−34,6	−80,1	−54,7	−84,4	−69,4	−87,2	−81,9	37,92	550
41,37	600	−67,8	−32,6	−76,5	−53,0	−81,2	−67,9	−84,2	−79,9	41,37	600
44,82	650	−63,9	−30,9	−73,1	−51,7	−78,1	−66,8	−81,5	−78,2	44,82	650
48,26	700	−60,3	−29,4	−69,8	−50,6	−75,0	−65,9	−78,6	−77,1	48,26	700
51,71	750	−56,7	−28,2	−66,6	−49,9	−71,8	−65,5			51,71	750
55,16	800	−53,2	−27,2	−63,2	−49,4					55,16	800
58,61	850	−49,4	−26,7	−59,4	−49,8					58,61	850
62,05	900	−45,6	−26,8							62,05	900
65,50	950	−40,9	−28,2							65,50	950

[S 20]
Sättigungsdruck in bar im Siedepunkt

Temp. °C	$x_2' = 0{,}00$	$x_2' = 0{,}05$	$x_2' = 0{,}20$	$x_2' = 0{,}40$	$x_2' = 0{,}60$	$x_2' = 0{,}80$	$x_2' = 0{,}95$	$x_2' = 1{,}00$
−150	0,005	0,11	0,47	0,97	1,49	1,98	2,19	2,38
−140	0,02	0,29	1,08	2,02	2,86	3,67	4,24	4,42
−130	0,05	0,49	1,76	3.36	4,80	6,12	7,22	7,52
−120	0,13	0,72	2,50	4,85	7,22	9,58	11,35	11,94

[B 17]
Kritische Konstanten von Äthan—Methan-Mischungen

x_2	Kritischer Punkt		Temperaturmaximum*)		Druckmaximum	
	t in °C	p in bar	t in °C	p in bar	t in °C	p in bar
0,0500	28,9	51,1	29,1	50,8	28,3	51,2
0,1498	21,8	55,5	22,8	54,3	20,6	55,9
0,3002	9,7	61,9	12,4	54,8	7,8	62,1
0,5002	−10,0	67,6	−4,2	60,9	−11,7	67,9
0,7000	−35,2	67,3	−26,7	60,3	−33,6	67,6
0,8516	−55,2	60,9	−49,4	56,2	−53,9	61,3
0,9250	−68,9	54,0	−65,6	51,4	−66,7	54,7
0,9746	−73,3	49,2	−76,9	49,0	−77,2	49,3

Die Arbeit [B 17] enthält Gleichgewichtsdiagramme für die Isobaren 6,89, 13,79, 20,68, 34,47, 48,26 und 62,05 bar, sowie solche für die Isothermen −101,1°, −73,3°, −40,0° und 0°C. Ferner finden sich für einen weiten Mischungsbereich Dichtewerte für Flüssigkeit und Dampf im Sättigungszustand.

*) Kritischer Punkt 2. Ordnung; vgl. Einleitung

3 Binary mixtures

Zu 49

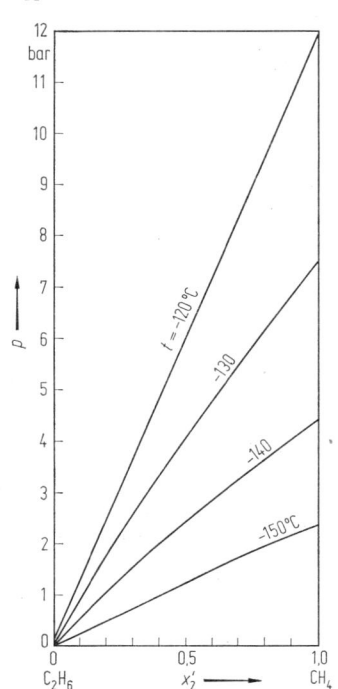

[Figure: p vs x_2' plot, p from 0 to 12 bar, curves for $t = -120$, -130, -140, -150 °C, x-axis from C_2H_6 to CH_4]

50 x_1 C_2H_6, Äthan
M: 30,07   Kp.: $-88,5$ °C

x_2 C_2H_4, Äthylen
M: 28,05   Kp.: $-103,9$ °C

[H 19]

$T = 159,2$ K

p in bar	x_2'	x_2''
0,2318	0,05	0,1682
0,2586	0,10	0,2907
0,3058	0,20	0,4591
0,3460	0,30	0,5720
0,3807	0,40	0,6559
0,4113	0,50	0,7233
0,4388	0,60	0,7815
0,4639	0,70	0,8350
0,4873	0,80	0,8873
0,5095	0,90	0,9413
0,5202	0,95	0,9698

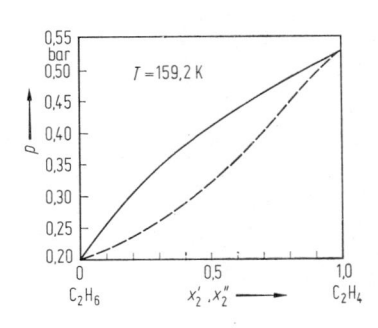

[Figure: p vs x_2', x_2'' at $T = 159,2$ K, x-axis from C_2H_6 to C_2H_4]

Vorstehende Gleichgewichtsdaten wurden mittels einer abgewandelten Redlich–Kwong-Zustandsgleichung berechnet. Aktivitätskoeffizienten für die Temperaturen 199,8, 233,2 und 255,4 K werden in der Arbeit [M 24] mitgeteilt.

51 x_1 C_2H_4, Äthylen
M: 28,05   Kp.: 169,3 K

x_2 CH_4, Methan
M: 16,04   Kp.: 109,2 K

[C 9]

$T = 127,1$ K			$T = 143,1$ K			$T = 158,1$ K			$T = 175,1$ K		
p in bar	x_2'	x_2''	p in bar	x_2'	x_2''	p in bar	x_2'	x_2''	p in bar	x_2'	x_2''
0,02$_9$	0	0	0,151	0	0	0,48	0	0	1,2$_7$	0	0
0,59$_8$	0,090	0,802	1,14	0,080	0,823	1,10	0,0372	0,478	2,9$_4$	0,057	0,458
0,74$_5$	0,115	0,865	1,55	0,120	0,873	1,21	0,040	0,5343	4,0$_2$	0,092	0,622
0,86$_3$	0,130	0,889	1,98	0,161	0,900	1,81	0,0845	0,634	4,9$_0$	0,121	0,635
0,96	0,160	0,900	2,57	0,218	0,918	2,14	0,0942	0,670	8,9$_2$	0,275	0,804
1,19	0,200	0,935	3,56	0,325	0,950	3,21	0,1445	0,835	14,3$_2$	0,484	0,867
1,41	0,230	0,940	3,90	0,372	0,966	4,90	0,2763	0,900	17,2$_6$	0,600	0,900
1,89	0,340	0,976	4,14	0,400	0,966	7,59	0,4366	0,935	19,9$_1$	0,703	0,934
2,12	0,420	0,980	4,41	0,425	0,976	10,2$_0$	0,619	0,958	26,9$_7$	1,000	1,000
2,58	0,600	0,990	4,61	0,460	0,976	11,9$_6$	0,773	0,968			
2,82	0,775	0,995	4,71	0,475	0,977	13,2$_4$	0,845	0,980			
3,01	1,000	1,000	5,88	0,650	0,984	13,5$_3$	0,864	0,985			
			6,67	0,800	0,990	14,3$_2$	1,000	1,000			
			7,31	1,000	1,000						

Fortsetzung nächste Seite

Zu **51**

$T = 186{,}1$ K			$T = 203{,}1$ K		
p in bar	x_2'	x_2''	p in bar	x_2'	x_2''
2,40	0	0	4,96	0	0
4,3₁	0,046	0,250	9,3₂	0,101	0,300
6,6₆	0,116	0,624	12,0₆	0,155	0,510
10,7₉	0,226	0,769	14,8₁	0,220	0,657
13,0₄	0,278	0,800	16,2₈	0,2614	0,670
15,6₉	0,360	0,850	18,0₄	0,285	0,680
17,3₆	0,456	0,866	20,7₉	0,345	0,704
21,5₇	0,591	0,884	22,6₅	0,361	0,761
25,3₀	0,681	0,922	25,1₀	0,409	0,764
28,3₄	0,765	0,949	27,0₇	0,440	0,772
38,8₃	1,000	1,000			

$T = 219{,}1$ K			$T = 235{,}1$ K		
p in bar	x_2'	x_2''	p in bar	x_2'	x_2''
8,9₂	0	0	14,7₁	0	0
10,7₉	0,045	0,165	16,4₈	0,056	0,104
11,4₇	0,059	0,216	18,4₄	0,092	0,196
13,6₃	0,120	0,376	20,7₉	0,143	0,243
15,4₉	0,167	0,460	23,5₄	0,193	0,277
20,8₉	0,248	0,540	28,2₄	0,264	0,330
22,7₅	0,270	0,567			
25,6₉	0,310	0,612			
26,8₇	0,338	0,621			

$T = 253{,}1$ K		
p in bar	x_2'	x_2''
24,3₂	0	0
26,8₇	0,0315	0,161
29,0₃	0,160	0,222
30,6₀	0,208	0,266
32,8₅	0,256	0,300
36,6₈	0,302	0,342
42,7₆	0,361	0,366

Weitere Gleichgewichtsdaten für $T = 148{,}1$ K, 159,2 K und 156,1 K finden sich bei [H 19]

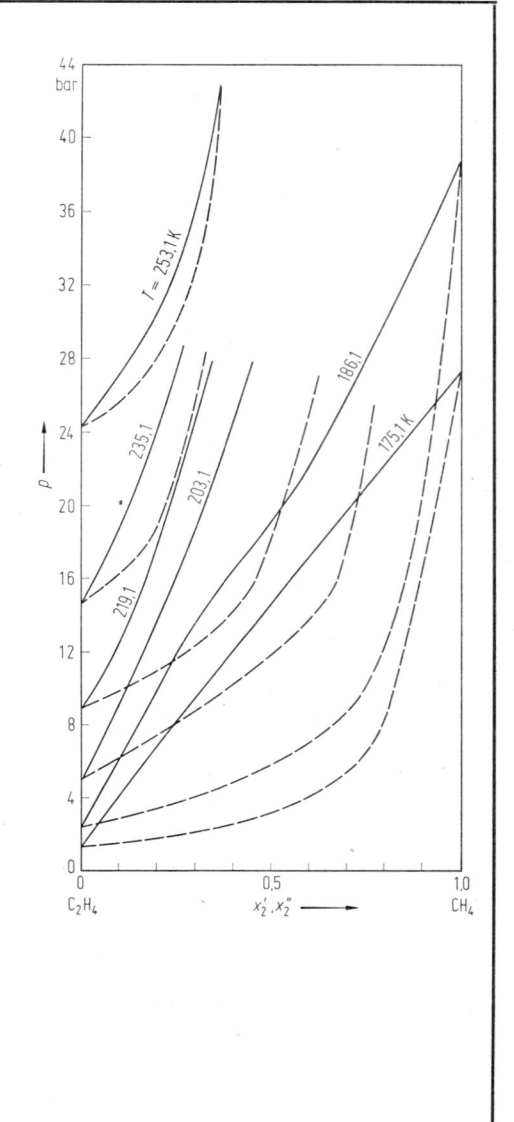

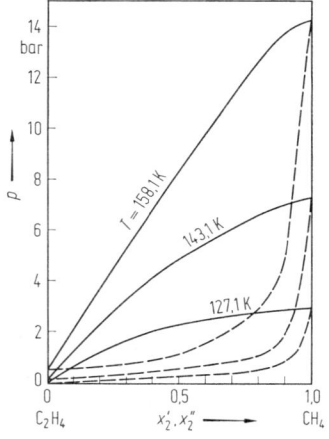

52 x_1 C_2H_2, Acetylen
M: 26,04   Kp.: $-83{,}6$ °C

x_2 C_2H_6, Äthan
M: 30,07   Kp.: $-88{,}5$ °C

[H 17]

$t = -37{,}2$ °C			$t = -17{,}8$ °C			$t = 4{,}45$ °C		
p in bar	x_2'	x_2''	p in bar	x_2'	x_2''	p in bar	x_2'	x_2''
11,86	0,726		20,17	0,739		32,08	0,850	0,771
10,85		0,726	19,31	0,794	0,697			
10,62	0,874		19,34	0,806				
10,34	0,891	0,798	18,49		0,764			
			16,54	0,959	0,908			

53

x_1 C_2H_2, Acetylen
      M: 26,04   Kp.: $-83,6$ °C

x_2 C_2H_4, Äthylen
      M: 28,05   Kp.: $-103,9$ °C

[H 17]

$t = -37,2$ °C			$t = -17,8$ °C		
p in bar	x_2'	x_2''	p in bar	x_2'	x_2''
(15,58)	0,818	0,842	(26,72)	0,816	0,834
15,66	0,907	0,912	(26,70)	0,825	
(15,93)	0,932	0,935	(26,61)	0,825	
(15,94)	0,933		(26,92)	0,911	
15,75	0,950	0,953	26,78	0,916	0,918
(15,96)	0,967	0,968	(27,08)	0,929	0,930
15,77	0,978	0,979	(26,96)	0,940	
(15,86)	0,980	0,980	26,79	0,958	0,957
15,82	0,9829	0,9833	26,77	0,966	0,966
			(26,82)	0,9806	0,9797

Zahlenwerte in Klammern können kleine Fehler aufweisen

$p = 20,69$ bar $= 300$ lb/in²			$p = 27,58$ bar $= 400$ lb/in²		
t in °C	x_2'	x_2''	t in °C	x_2'	x_2''
54,5	0,036	0,081	71,1	0,021	0,040
48,9	0,097	0,206	65,5	0,083	0,153
43,4	0,171	0,334	60,0	0,153	0,266
37,8	0,265	0,475	54,5	0,234	0,379
32,2	0,398	0,617	48,9	0,334	0,498
26,6	0,624	0,764	43,4	0,485	0,626
24,4	0,909[a]	0,909[a]	37,8	0,770	0,816
			37,2	0,919	0,919

[a] Beide Werte decken sich nicht mit den offensichtlich falschen Zahlen im Original

Das Daltonsche Partialdruckgesetz ist bis auf eine mittlere Abweichung von 5% erfüllt

54

x_1 $CH_3 \cdot CH_2 \cdot CH_3$, Propan
      M: 44,10   Kp.: $-44,5$ °C

x_2 H_2S, Schwefelwasserstoff
      M: 34,08   Kp.: $-60,4$ °C

[B 23]

$p = 1,379$ bar $= 20$ lb/in²			$p = 3,448$ bar $= 50$ lb/in²		
t in °C	x_2'	x_2''	t in °C	x_2'	x_2''
$-40,0$	0,040	0,180	$-12,2$	0,015	0,074
$-45,5$	0,100	0,360	$-17,8$	0,056	0,234
$-50,1$	0,170	0,545	$-23,3$	0,113	0,398
$-54,4$	0,255	0,635	$-28,9$	0,217	0,556
$-55,5$	0,320	0,670	$-33,3$	0,440	0,684
$-56,2$	0,700	0,700	$-34,4$	0,590	0,725
$-55,5$	0,946	0,920	$-34,8$	0,760	0,760
$-54,4$	0,985	0,974	$-34,4$	0,935	0,895
			$-33,3$	0,976	0,963

$p = 6,895$ bar $= 100$ lb/in²			$p = 13,79$ bar $= 200$ lb/in²		
t in °C	x_2'	x_2''	t in °C	x_2'	x_2''
10,0	0,027	0,081	35,0	0,054	0,130
4,5	0,080	0,226	32,2	0,083	0,200
$-1,1$	0,143	0,374	26,6	0,148	0,344
$-6,7$	0,230	0,521	21,1	0,229	0,487
$-12,2$	0,420	0,67	15,5	0,367	0,630
$-14,4_5$	0,595	0,74	10,0	0,598	0,774
$-15,0$	0,810	0,810	7,2	0,780	0,847
$-14,4_5$	0,930	0,90	6,7	0,858	0,858
			10,0	0,973	0,940

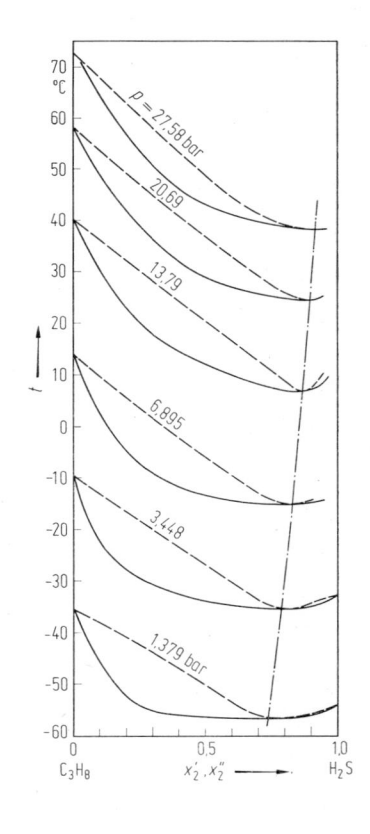

Zu **54**

[K4]
Sättigungstemperaturen in °C im Siedepunkt (S.P.) und im Kondensationspunkt (K.P.)

x_2', x_2''	$p = 13{,}79$ bar $= 200$ lb/in²		$p = 20{,}68$ bar $= 300$ lb/in²		$p = 27{,}58$ bar $= 400$ lb/in²	
	S.P.	K.P.	S.P.	K.P.	S.P.	K.P.
0,00	40,2	40,2	58,3	58,3	73,1	73,1
0,10	29,2	36,3	49,0	54,4	64,3	68,5
0,20	22,9	32,3	41,8	49,9	56,4	63,8
0,30	17,4	28,4	36,25	45,5	50,5	58,75
0,40	14,0	24,4	32,1	40,9	46,1	53,7
0,50	12,0	20,4	29,15	36,4	42,7	48,75
0,60	10,4	16,1	27,1	31,7	40,2	44,3
0,70	9,0	11,4	25,55	27,55	38,5	40,45
0,7975[a]	7,8	7,8				
0,80	7,8	7,85	24,6	24,9	37,4	38,9
0,8200[a]			24,5	24,5		
0,8550[a]					37,1	37,1
0,90	8,2	8,9	24,4	24,9	37,1	37,6
1,00	10,3	10,3	25,9	25,9	38,25	38,25

x_2', x_2''	$p = 34{,}47$ bar $= 500$ lb/in²		$p = 41{,}37$ bar $= 600$ lb/in²		$p = 48{,}26$ bar $= 700$ lb/in²	
	S.P.	K.P.	S.P.	K.P.	S.P.	K.P.
0,00	85,1	85,1	95,2	95,2		
0,10	76,4	80,1	86,9	89,3		
0,20	68,8	74,6	79,2	83,6	88,1	91,0
0,30	62,5	69,2	72,8	78,1	82,0	86,0
0,40	57,5	64,0	67,9	73,1	76,9	80,7
0,50	53,7	59,3	63,6	68,35	72,4	75,95
0,60	51,1	54,9	60,7	63,8	69,1	71,7
0,70	49,1	50,9	58,45	60,0	66,4	67,95
0,80	48,0	48,4	56,95	57,6	64,75	65,5
0,8550[a]	47,6	47,6				
0,8685[a]			56,4	56,4		
0,8810[a]					64,45	64,45
0,90	47,6	47,8	56,5	56,9	64,45	64,7
1,00	48,5	48,4	57,5	57,5	65,3	65,3

x_2', x_2''	$p = 55{,}16$ bar $= 800$ lb/in²		$p = 62{,}05$ bar $= 900$ lb/in²		$p = 68{,}95$ bar $= 1\,000$ lb/in²	
	S.P.	K.P.	S.P.	K.P.	S.P.	K.P.
0,40	84,9	86,5				
0,50	80,3	82,5				
0,60	76,5	78,5	83,2	84,4		
0,70	74,0	75,1	80,6	81,5		
0,80	72,3	72,75	78,85	79,2	84,75	85,3
0,8975[a]	71,7	71,7				
0,90	71,7	71,7	78,1	78,45	84,15	84,45
0,904[a]			78,15	78,15		
0,918[a]					84,25	84,25
1,00	72,5	72,5	78,8	78,8	84,7	84,7

Fortsetzung nächste Seite

3 Binary mixtures

Zu 54

x_2', x_2''	$p = 75{,}84$ bar $= 1\,100$ lb/in²		$p = 82{,}74$ bar $= 1\,200$ lb/in²	
	S.P.	K.P.	S.P.	K.P.
0,90	89,7	89,8		
0,930[a]	89,8	89,8		
0,943[a]			95,0	95,0
1,00	90,4	90,4	95,3	95,3

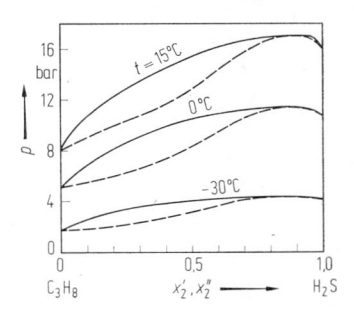

[a] Azeotroper Punkt

[S 26]

$t = -30\,°C$			$t = 0\,°C$			$t = 15\,°C$		
p in bar	x_2'	x_2''	p in bar	x_2'	x_2''	p in bar	x_2'	x_2''
1,73	0,00	0,000	5,06	0,00	0,000	8,05	0,00	0,000
2,63	0,10	0,383	6,76	0,10	0,332	10,65	0,10	0,272
3,19	0,20	0,526	8,05	0,20	0,479	12,14	0,20	0,441
3,57	0,30	0,594	9,05	0,30	0,568	13,40	0,30	0,546
3,82	0,40	0,643	9,82	0,40	0,637	14,52	0,40	0,608
4,04	0,50	0,691	10,48	0,50	0,693	15,49	0,50	0,667
4,18	0,60	0,712	10,92	0,60	0,740	16,22	0,60	0,737
4,26	0,70	0,743	11,19	0,70	0,786	16,68	0,70	0,789
4,33	0,80	0,800	11,33	0,80	0,838	16,95	0,80	0,838
4,30	0,90	0,886	11,33	0,90	0,895	17,07	0,90	0,890
4,23	0,95	0,946	11,26	0,95	0,935	17,02	0,95	0,929
4,04	1,00	1,000	10,72	1,00	1,000	16,10	1,00	1,000

Die Werte sind aus einem Diagramm entnommen

55

x_1 **C_3H_8, Propan**
M: 44,10   Kp.: $-44{,}5\,°C$

x_2 **CO_2, Kohlendioxid**
M: 44,01   Tripelpunkt: $-56{,}6\,°C$

[A 4]

Ausgeglichene Meßwerte

t °C	p		x_2'	x_2''
	bar	lb/in²		
0	4,62	67	0,00	0,00
	6,89	100	0,055	0,330
	13,79	200	0,260	0,683
	20,68	300	0,480	0,818
	27,58	400	0,712	0,882
	34,96	507	1,00	1,00
−20	2,34	34	0,00	0,00
	6,89	100	0,190	0,656
	13,79	200	0,518	0,851
	17,24	250	0,820	0,928
	19,65	285	1,00	1,00
−40	1,03	15	0,00	0,00
	3,45	50	0,165	0,710
	6,89	100	0,528	0,882
	10,00	145	1,00	1,00

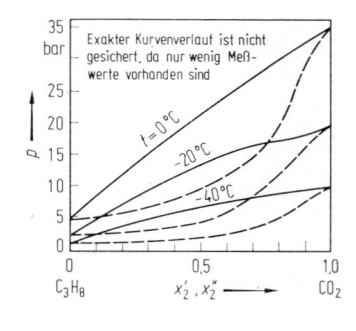

Ein Diagramm in der Originalarbeit enthält Daten für das Gleichgewichtsverhältnis bei Drücken bis 68,9 bar (1 000 lb/in²)

Weishaupt

56 x_1 $CH_3 \cdot CH_2 \cdot CH_3$, Propan
           M: 44,10   Kp.: $-44,5\,°C$

       x_2 C_2H_6, Äthan
           M: 30,07   Kp.: $-88,5\,°C$

[D 13]

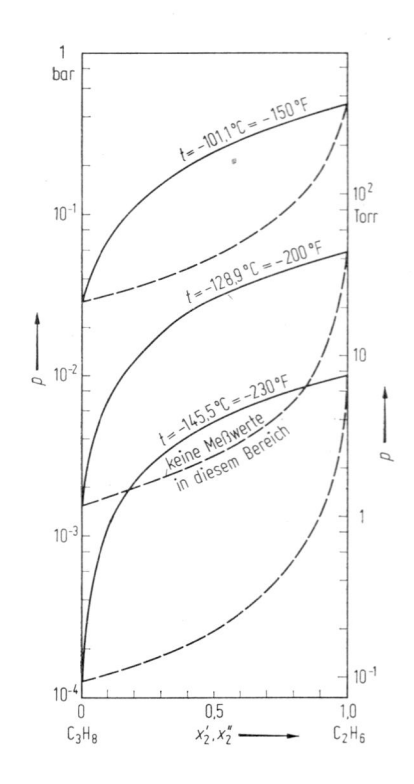

$t = -145,5\,°C$			$t = -128,9\,°C$		
p in Torr	x_2'	x_2''	p in Torr	x_2'	x_2''
0,094	0,0000	0,0000	1,158	0,0000	0,0000
0,136	0,0061	0,3310	5,066	0,0918	0,7948
0,500	0,0520	0,7875	8,468	0,1712	0,8863
1,000	0,1180	0,8980	21,000	0,4435	0,9444
1,703	0,2144	0,9569	25,500	0,5690	0,9791
2,250	0,2840	0,9725	29,500	0,6629	0,9862
3,000	0,3840	0,9820	37,000	0,8384	0,9948
3,595	0,4664	0,9860	43,928	1,0000	1,0000
4,077	0,5300	0,9890			
5,402	0,7060	0,9940			
6,000	0,7850	0,9950			
6,591	0,8650	0,9968			
7,000	0,9175	0,9980			
7,600	1,0000	1,0000			

$t = -101,1\,°C$		
p in Torr	x_2'	x_2''
21,5	0,0000	0,0000
30,0	0,0280	0,2997
51,0	0,0975	0,6135
80,0	0,1873	0,7754
165,0	0,4445	0,9246
234,0	0,6461	0,9633
291,0	0,8095	0,9851
341,0	0,9470	0,9967
363,2	1,0000	0,0000

Der besseren Anschaulichkeit wegen werden die Drücke in Torr angegeben. Die Arbeit [D 13] enthält noch weitere Gleichgewichtsdaten für die Temperaturen $t = -73,4$, $-45,5$ und $-17,8\,°C$.

[S 20]

Sättigungsdruck (in bar) im Siedepunkt (S.P.) und im Kondensationspunkt (K.P.)

x_2	$t = -70\,°C$		$t = -60\,°C$		$t = -40\,°C$		$t = -20\,°C$		$t = 0\,°C$	
	S.P.	K.P.	S.P.	K.P.	S.P.	K.P.	S.P.	K.P.	S.P.	K.P.
0,00	0,25	0,25	0,42	0,42	1,11	1,11	2,41	2,41	4,72	4,72
0,05	0,36	0,29	0,56	0,46	1,41	1,22	2,94	2,47	5,49	5,08
0,20	0,64	0,43	1,00	0,63	2,29	1,37	4,51	2,73	7,94	5,54
0,40	1,18	0,66	1,68	0,85	3,50	1,63	6,75	3,39	11,30	6,96
0,60	1,59	0,86	2,39	1,08	4,79	2,20	9,10	4,98	15,05	9,41
0,80	2,00	1,08	3,12	1,47	6,30	3,50	11,60	7,45	19,24	13,71
0,95	2,37	1,74	3,61	2,65	7,42	6,08	13,55	11,89	22,70	20,79
1,00	2,49	2,49	3,79	3,79	7,78	7,78	14,20	14,20	23,88	23,88

Weitere Gleichgewichtsdaten für $t = -76,3$, $-71,0$ und $0,0\,°C$ finden sich bei [H 15]

Zu 56

[M 15]

$t = 37,8\,°C$			$t = 48,9\,°C$		
p in bar	x_2'	x_2''	p in bar	x_2'	x_2''
13,01	0,000	0,000	16,78	0,000	0,000
13,79	0,0313	0,0789	17,24	0,0130	0,0300
17,24	0,149	0,310	20,68	0,116	0,230
20,68	0,255	0,455	24,13	0,209	0,366
24,13	0,353	0,558	27,58	0,297	0,468
27,58	0,447	0,638	31,03	0,379	0,548
31,03	0,535	0,704	34,47	0,457	0,614
34,47	0,622	0,764	37,92	0,533	0,672
37,92	0,705	0,816	41,37	0,607	0,726
41,37	0,781	0,861	44,82	0,678	0,773
44,82	0,843	0,894	48,20	0,745	0,815
48,20	0,895	0,922	49,99	0,773	0,826
49,99	0,919	0,935	51,71	0,801	0,821
50,44	0,935	0,935	51,85	0,810	0,810

$t = 60,0\,°C$			$t = 71,1\,°C$		
p in bar	x_2'	x_2''	p in bar	x_2'	x_2''
21,26	0,000	0,000	26,54	0,000	0,000
24,13	0,0711	0,140	27,58	0,0253	0,0480
27,58	0,152	0,267	31,03	0,104	0,176
31,03	0,230	0,367	34,47	0,174	0,270
34,47	0,305	0,448	37,92	0,241	0,343
37,92	0,378	0,515	41,37	0,305	0,403
41,37	0,448	0,573	44,82	0,369	0,457
44,82	0,515	0,618	48,20	0,432	0,502
48,20	0,581	0,655	49,99	0,463	0,516
49,99	0,613	0,672	50,88	0,506	0,506
51,71	0,652	0,670			
51,85	0,6685	0,6685			

$t = 82,2\,°C$			$t = 93,3\,°C$		
p in bar	x_2'	x_2''	p in bar	x_2'	x_2''
32,63	0,000	0,000	39,65	0,000	0,000
34,47	0,0356	0,0570	39,99	0,0065	0,0095
36,20	0,0693	0,106	40,68	0,0193	0,0275
37,92	0,102	0,149	41,37	0,0320	0,0446
39,65	0,135	0,188	42,06	0,0445	0,0602
41,37	0,168	0,225	42,75	0,0566	0,0742
43,09	0,201	0,262	43,44	0,0682	0,0869
44,82	0,235	0,294	44,13	0,0791	0,0949
46,54	0,270	0,324	44,47	0,0846	0,0953
48,20	0,309	0,331	44,71	0,0930	0,0930
48,61	0,3215	0,3215			

Kritische Daten

x_2	t in °C	p in bar	x_2	t in °C	p in bar
0,00	96,73	42,57	0,60	65,0	51,57
0,10	93,20	44,89	0,70	57,7	51,92
0,20	88,8	46,75	0,80	49,8	51,92
0,30	83,6	48,33	0,90	41,1	51,09
0,40	78,0	49,71	1,00	32,2	48,85
0,50	69,7	50,81			

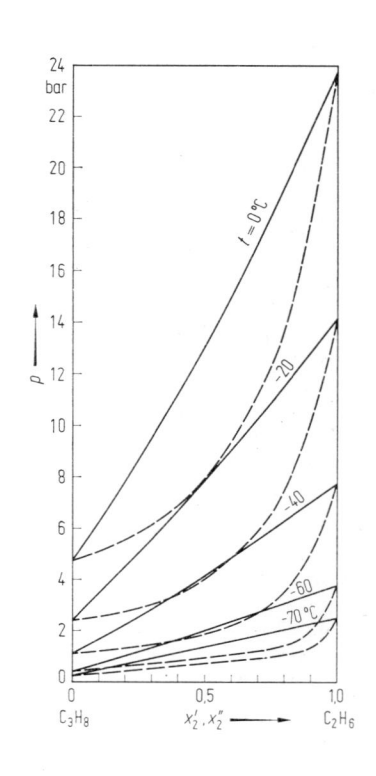

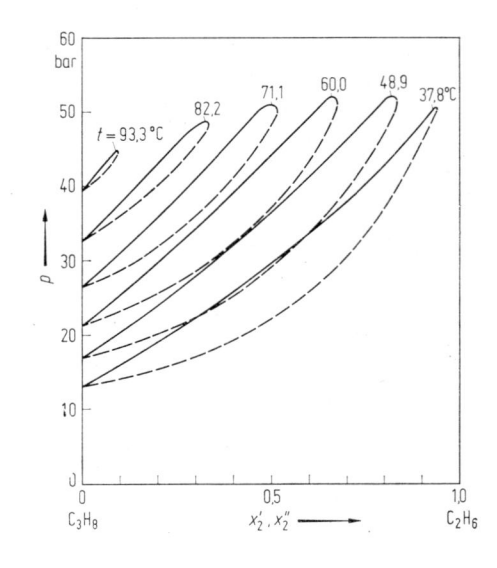

Weitere Angaben für die kritische Flüssigkeits-Dampf-Gleichgewichtskurve finden sich bei [M 23]

57 x_1 CH$_3$·CH$_2$·CH$_3$, Propan
M: 44,10   Kp.: $-44{,}5\,°C$

x_2 CH:CH, Acetylen
M: 26,04   Kp.: $-83{,}6\,°C$

[M 4]

Sättigungsdruck (bar) im Siedepunkt (S.P.)
und im Taupunkt (T.P.)

x_2	t in °C	Sättigungsdruck S.P.	T.P.	x_2	t in °C	Sättigungsdruck S.P.	T.P.
0,140	51,6	28,8	20,8	0,567	10,0	27,4	14,1
	62,0	35,2	26,2		27,7	37,6	24,0
	74,2	42,6	33,4		44,5	50,3	37,1
	84,2	48,9	41,0		56,8	61,7	54,2
	89,6	52,3	46,2		59,2	63,8	59,0
	90,5	53,2	47,6		61,8	Einphasenzustand*)	
	91,6	53,9	49,3	0,703	21,7	37,5	26,9
0,454	48,0	47,5	31,8		37,0	50,7	42,7
	58,6	55,5	42,7		45,9	59,4	52,1
	68,0	61,2	54,5		51,3	Einphasenzustand*)	
	68,8	61,6	55,2	0,763	15,5	35,3	29,3
	69,9	Einphasenzustand*)			27,4	43,8	37,9
0,486	15,6	28,5	17,3		38,7	54,5	47,2
	27,6	35,5	21,2		43,4	59,6	55,5
	38,2	42,7	27,9		46,3	Einphasenzustand*)	
	46,5	48,6	32,4	0,834	23,8	43,0	37,9
	59,1	58,2	44,1		37,8	57,6	52,1
	65,1	Einphasenzustand*)			40,2	61,4	58,6
					42,9	Einphasenzustand*)	

*) Kritischer Punkt 2. Ordnung; vgl. Einleitung, Abb. 22.

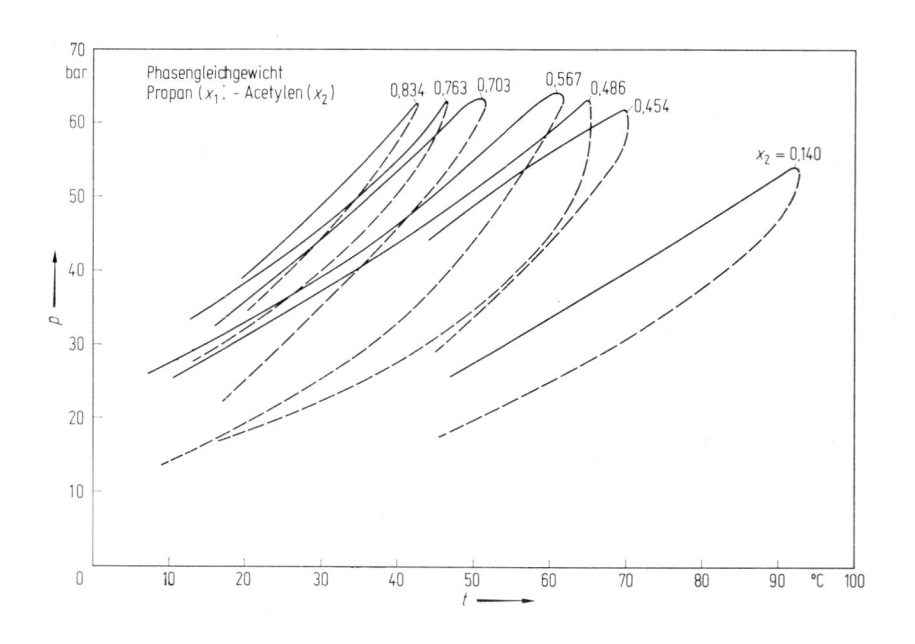

58 x_1 $CH_3 \cdot CH_2 \cdot CH_3$, **Propan**
          M: 44,10   Kp.: $-44{,}5\,°C$

     x_2 $CH_3 \cdot CH:CH_2$, **Propylen**
          M: 42,08   Kp.: $-47{,}0\,°C$

[H 3]

\multicolumn{3}{c}{$t = 0\,°C$}			$t = 20{,}1\,°C$		
p in bar	x_2'	x_2''	p in bar	x_2'	x_2''
4,76	0,0000	0,0000	8,41	0,0000	0,0000
4,80	0,0141	0,0184	8,62	0,0766	0,0989
4,94	0,1234	0,1533	9,01	0,2253	0,2702
4,97	0,1487	0,1849	9,29	0,3473	0,3911
4,99	0,1616	0,1988	9,45	0,4406	0,4873
5,04	0,1980	0,2385	9,63	0,5630	0,6086
5,07	0,2140	0,2572	9,78	0,6358	0,6740
5,13	0,2618	0,3086	9,87	0,6967	0,7258
5,17	0,2956	0,3454	10,04	0,8311	0,8571
5,19	0,2972	0,3488	10,14	0,8974	0,9103
5,21	0,3144	0,3649	10,25	1,0000	1,0000
5,23	0,3321	0,3839			
5,25	0,3535	0,4047			
5,29	0,3779	0,4288			
5,40	0,4875	0,5343			
5,46	0,5437	0,5872			
5,53	0,6159	0,6534			
5,60	0,6882	0,7187			
5,65	0,7392	0,7667			
5,74	0,8499	0,8662			
5,79	0,9224	0,9304			
5,84	1,0000	1,0000			

[M 7]
Relative Flüchtigkeit α

$p = 22{,}06$ bar

x_2'	x_2''	α	x_2'	x_2''	α
0,4168	0,4451	1,1224	0,6695	0,6909	1,1034
0,4899	0,5187	1,1221	0,7781	0,7933	1,0945
0,5282	0,5548	1,1131	0,8211	0,8336	1,0915
0,6137	0,6373	1,1060	0,9245	0,9299	1,0833

[M 6]

$t = -28{,}9\,°C = -20\,°F$			$t = -12{,}2\,°C = 10\,°F$		
p in bar	x_2'	x_2''	p in bar	x_2'	x_2''
1,755	0	0	3,204	0	0
1,820	0,1000	0,1296	3,312	0,1000	0,1259
1,881	0,2000	0,2478	3,414	0,2000	0,2421
1,937	0,3000	0,3566	3,507	0,3000	0,3502
1,988	0,4000	0,4581	3,594	0,4000	0,4519
2,035	0,5000	0,5540	3,674	0,5000	0,5487
2,077	0,6000	0,6458	3,747	0,6000	0,6418
2,116	0,7000	0,7353	3,814	0,7000	0,7325
2,150	0,8000	0,8235	3,876	0,8000	0,8220
2,182	0,9000	0,9116	3,931	0,9000	0,9109
2,210	1,0000	1,0000	3,982	1,0000	1,0000

$t = 4{,}4\,°C = 40\,°F$			$t = 21{,}1\,°C = 70\,°F$		
p in bar	x_2'	x_2''	p in bar	x_2'	x_2''
5,417	0	0	8,596	0	0
5,583	0,1000	0,1225	8,839	0,1000	0,1193
5,741	0,2000	0,2368	9,069	0,2000	0,2318
5,887	0,3000	0,3442	9,287	0,3000	0,3385
6,025	0,4000	0,4461	9,491	0,4000	0,4404
6,152	0,5000	0,5435	9,683	0,5000	0,5385
6,269	0,6000	0,6378	9,862	0,6000	0,6337
6,378	0,7000	0,7297	10,028	0,7000	0,7268
6,478	0,8000	0,8203	10,182	0,8000	0,8184
6,569	0,9000	0,9102	10,324	0,9000	0,9093
6,653	1,0000	1,0000	10,455	1,0000	1,0000

$t = 37{,}8\,°C = 100\,°F$			$t = 54{,}4\,°C = 130\,°F$		
p in bar	x_2'	x_2''	p in bar	x_2'	x_2''
12,946	0	0	18,657	0	0
13,283	0,1000	0,1163	19,107	0,1000	0,1137
13,606	0,2000	0,2271	19,540	0,2000	0,2228
13,912	0,3000	0,3330	19,956	0,3000	0,3280
14,203	0,4000	0,4350	20,355	0,4000	0,4299
14,478	0,5000	0,5336	20,734	0,5000	0,5290
14,736	0,6000	0,6297	21,094	0,6000	0,6258
14,979	0,7000	0,7237	21,434	0,7000	0,7208
15,205	0,8000	0,8165	21,753	0,8000	0,8146
15,415	0,9000	0,9084	22,052	0,9000	0,9075
15,609	1,0000	1,0000	22,328	1,0000	1,0000

Die Originalarbeit enthält in Tabellenform Daten für den Kompressibilitätsfaktor der reinen Stoffe und für das spez. Volumen flüssiger Gemische

Zu **58**

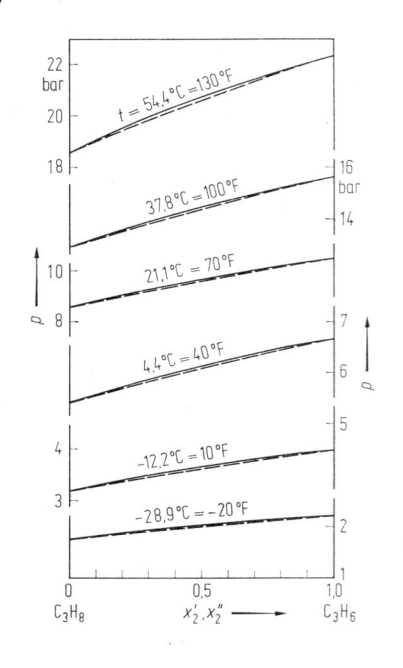

$t = 60{,}0\,°\mathrm{C} = 140\,°\mathrm{F}$			$t = 66{,}5\,°\mathrm{C} = 150\,°\mathrm{F}$		
p in bar	x_2'	x_2''	p in bar	x_2'	x_2''
21,140	0,0	0,0	23,656	0,0	0,0
21,668	0,1	0,1128	24,221	0,1	0,1115
22,174	0,2	0,2211	24,767	0,2	0,2191
22,655	0,3	0,3257	25,291	0,3	0,3233
23,112	0,4	0,4271	25,791	0,4	0,4247
23,544	0,5	0,5259	26,268	0,5	0,5238
23,950	0,6	0,6228	26,718	0,6	0,6210
24,330	0,7	0,7182	27,140	0,7	0,7168
24,684	0,8	0,8126	27,533	0,8	0,8116
25,012	0,9	0,9064	27,896	0,9	0,9059
25,314	1,0	1,0	28,227	1,0	1,0

$t = 71{,}1\,°\mathrm{C} = 160\,°\mathrm{F}$					
p in bar	x_2'	x_2''	p in bar	x_2'	x_2''
26,384	0,0	0,0	29,699	0,6	0,6190
26,983	0,1	0,1102	30,165	0,7	0,7152
27,569	0,2	0,2170	30,598	0,8	0,8104
28,136	0,3	0,3209	30,996	0,9	0,9052
28,682	0,4	0,4223	31,356	1,0	1,0
29,204	0,5	0,5215			

[*L 3*]

$t = 37{,}8\,°\mathrm{C} = 100\,°\mathrm{F}$			$t = 43{,}3\,°\mathrm{C} = 110\,°\mathrm{F}$		
p in bar	x_2'	x_2''	p in bar	x_2'	x_2''
13,000	0,0	0,0	14,767	0,0	0,0
13,377	0,1	0,1178	15,180	0,1	0,1166
13,725	0,2	0,2286	15,566	0,2	0,2259
14,045	0,3	0,3338	15,925	0,3	0,3320
14,339	0,4	0,4347	16,257	0,4	0,4331
14,610	0,5	0,5325	16,565	0,5	0,5312
14,858	0,6	0,6281	16,850	0,6	0,6271
15,089	0,7	0,7225	17,114	0,7	0,7215
15,302	0,8	0,8155	17,360	0,8	0,8150
15,503	0,9	0,9081	17,591	0,9	0,9078
15,696	1,0	1,0	17,809	1,0	1,0

$t = 48{,}9\,°\mathrm{C} = 120\,°\mathrm{F}$			$t = 54{,}4\,°\mathrm{C} = 130\,°\mathrm{F}$		
p in bar	x_2'	x_2''	p in bar	x_2'	x_2''
16,707	0,0	0,0	18,826	0,0	0,0
17,157	0,1	0,1154	19,317	0,1	0,1141
17,582	0,2	0,2251	19,782	0,2	0,2231
17,981	0,3	0,3300	20,222	0,3	0,3279
18,353	0,4	0,4313	20,635	0,4	0,4293
18,700	0,5	0,5297	21,024	0,5	0,5279
19,023	0,6	0,6259	21,388	0,6	0,6245
19,324	0,7	0,7206	21,727	0,7	0,7195
19,605	0,8	0,8143	22,043	0,8	0,8135
19,866	0,9	0,9074	22,338	0,9	0,9069
20,111	1,0	1,0	22,611	1,0	1,0

59 x_1 $CH_3 \cdot CH_2 \cdot CH_3$, **Propan**
   M: 44,10   Kp.: $-44{,}5\,°\mathrm{C}$

   x_2 $CF_3 \cdot CN$, **Trifluor-acetonitril**
   M: 95,02   Kp.: $-63{,}7\,°\mathrm{C}$
   (743 Torr)

[*M 28*]
Kritische Daten der Gemische

x_2	p_k in bar	T_k in K
0,1565	43,14	357,17
0,2870	42,51	345,00
0,4496	40,69	332,53
0,6660	37,67	318,59
0,8818	36,14	311,94
1,0000	36,180	311,11

3 Binary mixtures

60 x_1 $CH_3 \cdot CH:CH_2$, **Propylen**
M: 42,08   Kp.: −47,0 °C

x_2 H_2S, **Schwefelwasserstoff**
M: 34,08   Kp.: −60,4 °C

[S 26]

$t = -30\,°C$			$t = 0\,°C$		
p in bar	x_2'	x_2''	p in bar	x_2'	x_2''
2,04	0,00	0,000	5,90	0,00	0,000
2,74	0,10	0,303	6,87	0,10	0,173
3,06	0,20	0,442	7,80	0,20	0,318
3,25	0,30	0,500	8,65	0,30	0,433
3,42	0,40	0,572	9,33	0,40	0,527
3,57	0,50	0,613	9,88	0,50	0,623
3,72	0,60		10,35	0,60	0,730
3,89	0,70		10,71	0,70	0,827
4,03	0,80		10,93	0,80	0,887
4,08	0,90		10,93	0,90	0,901
4,08	0,95		10,88	0,95	0,919
4,03	1,00	1,000	10,71	1,00	1,000

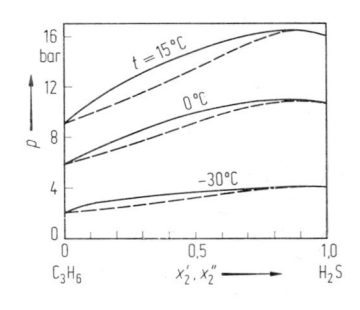

$t = 15\,°C$					
p in bar	x_2'	x_2''	p in bar	x_2'	x_2''
9,16	0,00	0,000	15,45	0,60	0,718
10,76	0,10	0,191	16,05	0,70	0,812
12,07	0,20	0,337	16,42	0,80	0,877
13,19	0,30	0,473	16,47	0,90	0,891
14,11	0,40	0,571	16,34	0,95	
14,81	0,50	0,643	16,03	1,00	1,000

Die Werte sind aus einem Diagramm entnommen

---

61 x_1 $CH_3 \cdot CH:CH_2$, **Propylen**
M: 42,08   Kp: −47,0 °C

x_2 CO_2, **Kohlendioxid**
M: 44,01 Tripelpunkt: −56,6 °C

[H 7]

Siedetemperaturen t' und Kondensationstemperaturen t'' in °C

p		$x_2=0,0$	$x_2=0,1485$		$x_2=0,3164$		$x_2=0,5004$		$x_2=0,6948$		$x_2=0,8437$		$x_2=1,0$
bar	atm	t'	t'	t''	t'	t''	t'	t''	t'	t''	t'	t''	t'
5,07	5	—	−27,4	−8,2	—	−15,2	—	−22,4	—	—	—	—	—
10,13	10	19,2	−4,0	15,6	−19,4	6,7?	−28,4	−1,8	—	−15,9	—	—	−39,90
15,20	15	36,2	12,6	30,4	−4,2	21,6	−14,6	10,8	−21,2	−3,6	−24,6	−16,4	−28,20
20,27	20	49,4	25,7	42,1	8,3	32,8	−3,6	20,8	−11,2	6,3	−15,4	−7,1	−19,10
25,33	25	60,2	37,3	51,7	18,5	41,7	5,8	29,1	−2,8	14,2	−7,6	0,4	−11,52
30,40	30	69,9	46,9	59,9	27,8	49,4	14,1	36,3	4,6	21,0	−0,7	6,8	−5,06
35,46	35	77,4	55,7	67,1	36,1	55,8	21,5	42,6	11,3	26,4	5,5	12,5	0,65
40,53	40	84,6	63,8	73,4	43,7	61,3	28,4	48,0	17,2	31,0	11,1	17,6	5,80
45,60	45	91,2	71,3	78,8	50,8	66,2	34,7	52,4	22,7	35,4	16,2	22,1	10,55
50,66	50	—	78,9	—	57,8	70,3	40,7	56,3	28,0	39,2	21,0	26,0	14,87
55,72	55	—	—	—	65,0	—	46,4	59,2	32,9	42,5	25,4	29,7	18,92
60,80	60	—	—	—	—	—	52,8	—	37,6	—	29,4	33,0	22,60

Aktivitätskoeffizienten für das System C_3H_6−CO_2 bei den Temperaturen −30°, −15°, 0°, 15°, 30° und 40 °C werden in der Arbeit [M 24] mitgeteilt.

Zu 61

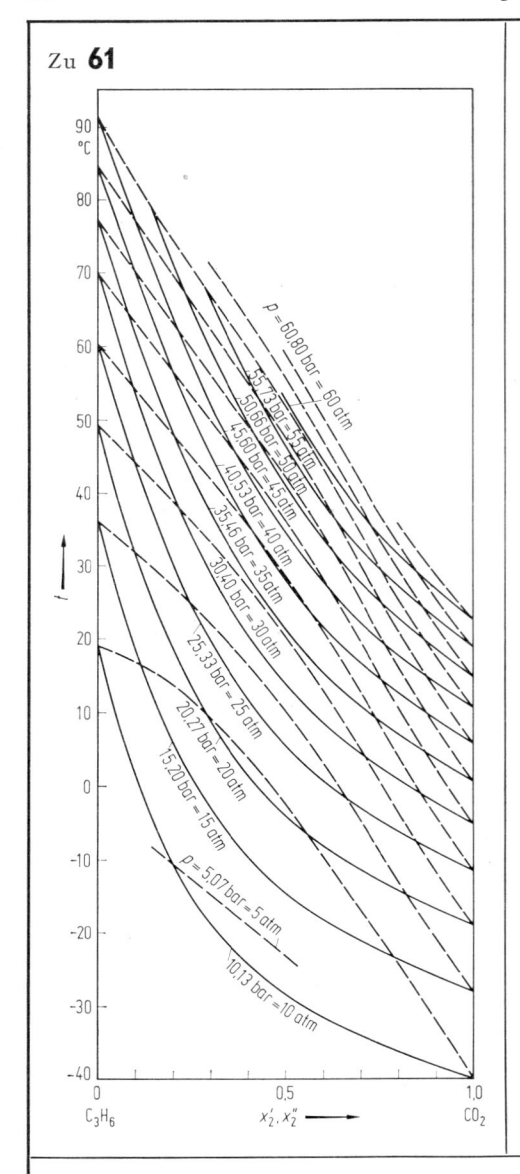

[Diagram: p-t-x with isobars from p = 5.07 bar = 5 atm up to p = 60.80 bar = 60 atm, x-axis from C_3H_6 to CO_2]

62

x_1 $CH_3 \cdot CH:CH_2$, Propylen
M: 42,08   Kp.: $-47,0\,°C$

x_2 $CH_3 \cdot CH_3$, Äthan
M: 30,07   Kp.: $-88,5\,°C$

[H 15]

$t = -75,3\,°C$			$t = -71,4\,°C$		
p in bar	x_2'	x_2''	p in bar	x_2'	x_2''
0,221	0,0	0,0	0,299	0,0	0,0
0,323	0,062	0,371	0,373	0,024	0,154
0,375	0,093	0,464	0,610	0,145	0,541
0,463	0,152	0,584	0,776	0,210	0,662
0,579	0,217	0,694	0,935	0,292	0,740
0,800	0,336	0,805	1,088	0,364	0,788
0,945	0,429	0,849	1,181	0,421	0,834
1,147	0,539	0,901	1,415	0,525	0,888
1,395	0,703	0,945	1,700	0,676	0,934
1,597	0,813	0,968	1,924	0,783	0,962
1,881	1,0	1,0	2,184	0,915	0,986
			2,361	1,0	1,0

$t = 0,0\,°C$

p in bar	x_2'	x_2''
5,841	0,0	0,0
7,100	0,0678	0,2110
8,292	0,1429	0,3650
9,055	0,1937	0,4505
11,030	0,3274	0,5941
12,960	0,4416	0,6865
15,008	0,5716	0,7718
15,958	0,5997	0,8021
23,369	1,0	1,0

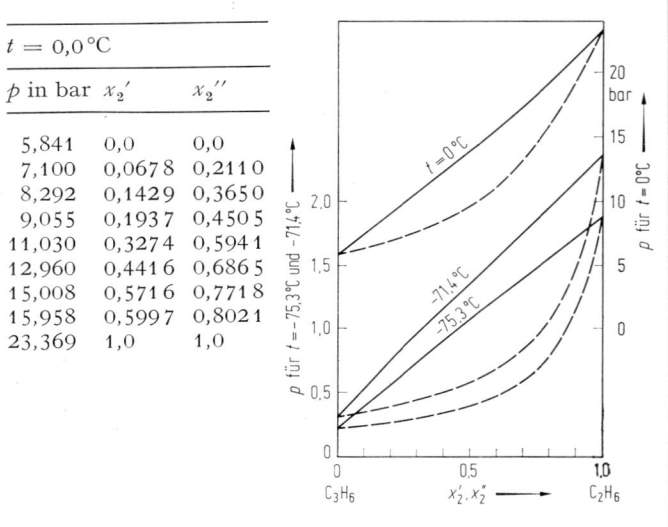

[Diagram: p vs x_2', x_2'' from C_3H_6 to C_2H_6, curves at $t = 0\,°C$, $-71,4\,°C$, $-75,3\,°C$]

63

x_1 $CH_3 \cdot CH:CH_2$, Propylen
M: 42,08   Kp.: $-47,0\,°C$

x_2 $CH_2:CH_2$, Äthylen
M: 28,05   Kp.: $-103,9\,°C$

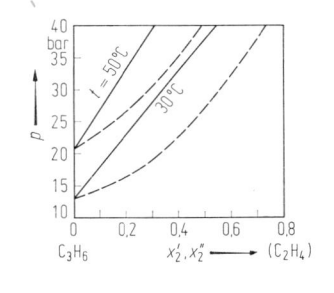

[Diagram: p vs x_2', x_2'' from C_3H_6 to (C_2H_4), isotherms 30 °C and 50 °C]

[R 16]
Sättigungsdruck (bar) im Siedepunkt (S.P.)
und im Taupunkt (T.P.)
(aus einem Diagramm entnommen)

$t = 30\,°C$			$t = 50\,°C$		
x_2	Sättigungsdruck		x_2	Sättigungsdruck	
	S.P.	T.P.		S.P.	T.P.
0,0	13,0	—	0,0	20,7	—
0,1	18,3	14,8	0,1	27,2	23,7
0,2	23,0	16,5	0,2	33,1	26,7
0,3	28,1	19,0	0,3	39,7	30,4
0,4	32,9	22,6	0,4	—	35,2
0,5	38,0	26,8			
0,6	—	32,4			
0,7	—	37,9			

3 Binary mixtures

Zu 63
[H6]
Kritische Daten

x_2	t_k °C	p_k [a] bar	Krit. Dichte[b] mol/l
0,000	92,1	45,7	5,70
0,117	84,8	48,3	5,35
0,256	76,5	50,4	5,15
0,384	68,0	52,3	4,68
0,494	59,6	53,6	4,86
0,625	49,6	54,7	5,13
0,759	37,1	54,4	5,38
0,914	19,8	52,7	6,20
1,000	9,6	51,6	7,70

[a]) Gleichgewichtsdruck bei der Kritischen Temperatur
[b]) Dichte der Gleichgewichtsphase bei der Kritischen Temperatur

Erste und letzte Zeile der Tabelle entstammen anderen Quellen

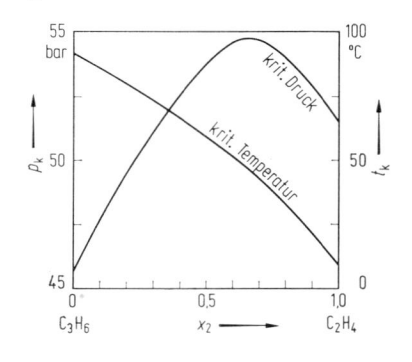

64
x_1 CH$_3$·CH:CH$_2$, Propylen
  M: 42,08 Kp.: −47,0 °C
x_2 CH:CH, Acetylen
  M: 26,04 Kp.: −83,6 °C

[M4]
Sättigungsdruck (bar) im Siedepunkt (S.P.) und im Kondensationspunkt (K.P.)

x_2	t in °C	Sättigungsdruck S.P.	K.P.
0,125	28,6	26,3	14,5
	43,8	32,1	20,5
	53,5	37,4	25,9
	68,6	45,6	34,3
	74,4	49,1	39,0
	79,5	52,3	44,7
	81,1	53,2	46,1
	83,2	55,2	48,4
0,212	27,3	30,3	16,1
	37,3	34,1	20,0
	48,8	40,8	25,1
	59,2	47,9	33,0
	69,3	53,0	41,0
	76,9	58,4	48,3
	79,2	59,0	50,7
	80,1	59,1	53,4
	80,8		54,9
0,494	22,4	33,8	21,4
	33,3	41,0	27,9
	43,7	49,0	34,3
	55,1	57,4	43,9
	58,8	60,3	48,3
	61,7	62,7	54,1
	64,5	63,1	59,0

Fortsetzung nächste Seite

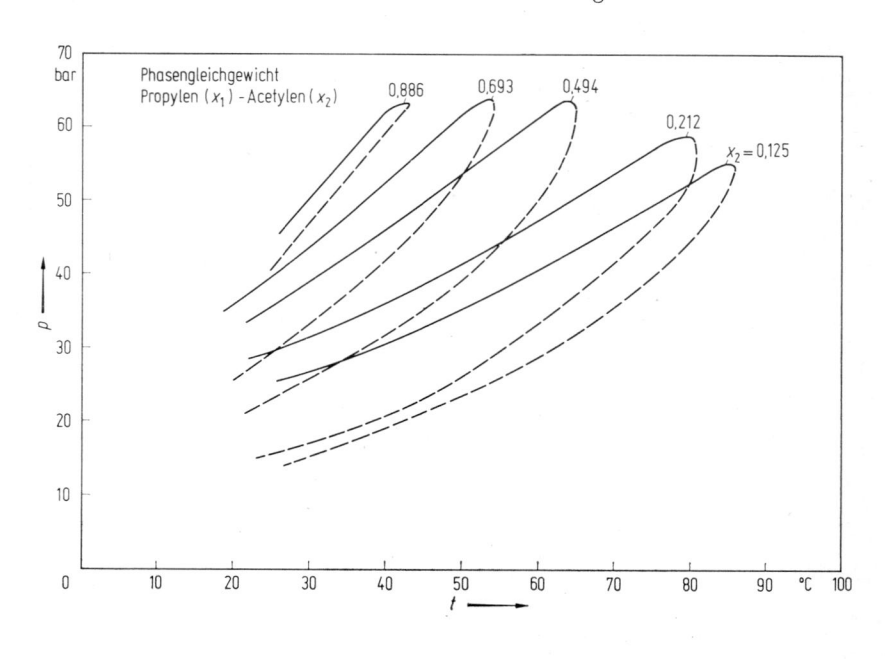

Zu 64

x_2	t in °C	Sättigungsdruck S.P.	K.P.
0,693	24,2	39,3	28,5
	38,0	50,7	40,0
	48,7	60,7	51,2
	50,2	62,2	54,1
	52,7	63,4	58,1
	54,1	Einphasenzustand*)	
0,8855	28,0	48,1	44,3
	37,7	59,3	56,5
	39,9	62,1	59,1
	43,3	Einphasenzustand*)	

*) Kritischer Punkt 2. Ordnung; vgl. Einleitung, Abb. 22.

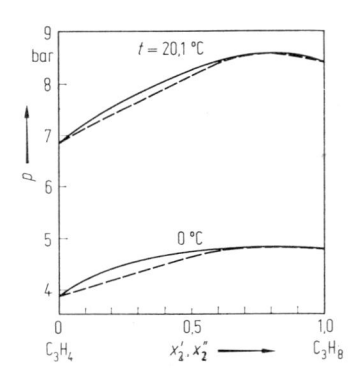

65

x_1 $CH_2:C:CH_2$, Propadien (Allen)
M: 40,07   Kp.: -32°C

x_2 $CH_3 \cdot CH_2 \cdot CH_3$, Propan
M: 44,1   Kp.: $-44,5$°C

[H 3]

$t = 0$°C			$t = 20,1$°C		
p in bar	x_2'	x_2''	p in bar	x_2'	x_2''
3,84	0,0000	0,0000	6,86	0,0000	0,0000
3,89	0,0149	0,0320	7,13	0,0739	0,1035
4,01	0,0426	0,1021	7,48	0,1904	0,2567
4,20	0,1104	0,2123	7,72	0,2835	0,3445
4,34	0,1785	0,3257	8,02	0,3915	0,4528
4,46	0,2561	0,4029	8,28	0,5270	0,5650
4,50	0,2875	0,4301	8,48	0,6352	0,6570
4,68	0,5100	0,6286	8,49	0,7120	0,7300
4,75	0,6319	0,6894	8,54	0,7424	0,7411
4,78	0,7291	0,7536	8,53	0,8183	0,8076
4,79	0,7632	0,7791	8,51	0,9214	0,8906
4,80	0,7974	0,8055	8,48	0,9632	0,9407
4,79	0,8612	0,8394	8,41	1,0000	1,0000
4,78	0,9233	0,8863			
4,78	0,9336	0,8938			
4,77	0,9738	0,9619			
4,76	1,0000	1,0000			

Azeotrope Daten

t in °C	p in bar	$x_2' = x_2''$	Lit.
-42	1,0132	0,883	[H 18]
0	4,80	0,8045	[H 3]
20,1	8,54	0,7407	[H 3]

66

x_1 $CH_2:C:CH_2$, Propadien (Allen)
M: 40,07   Kp.: -32°C

x_2 $CH_3 \cdot CH:CH_2$, Propylen
M: 42,08   Kp.: $-47,0$°C

[H 3]

$t = 0$°C			$t = 20,1$°C		
p in bar	x_2'	x_2''	p in bar	x_2'	x_2''
3,84	0,0000	0,0000	6,86	0,0000	0,0000
4,02	0,0790	0,1300	7,22	0,1155	0,1559
4,28	0,1439	0,2551	7,37	0,1490	0,2003
4,49	0,2330	0,3511	7,85	0,2735	0,3409
4,65	0,3129	0,4525	8,33	0,3923	0,4794
4,80	0,3972	0,5388	8,52	0,4635	0,5450
5,13	0,5818	0,6928	8,88	0,5642	0,6315
5,27	0,6910	0,7642	9,32	0,6936	0,7426
5,38	0,7223	0,7847	9,75	0,8195	0,8536
5,56	0,8085	0,8510	9,89	0,8817	0,9042
5,56	0,8065	0,8582	9,97	0,8963	0,9114
5,72	0,9009	0,9278	10,01	0,9210	0,9375
5,72	0,9038	0,9282	10,25	1,0000	1,0000
5,84	1,0000	1,0000			

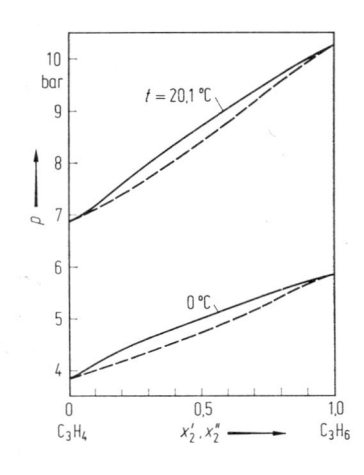

3 Binary mixtures

67 x_1 $CH_3 \cdot C{:}CH$, Propin (Methylacetylen)
M: 40,07   Kp.: $-27,5$ °C

x_2 NH_3, Ammoniak
M: 17,3   Kp.: $-33,4$ °C

[S 6]

$t = -70,5$ °C			$t = -56,7$ °C		
p in bar	x_2'	x_2''	p in bar	x_2'	x_2''
0,077	0,000	0,000	0,193	0,000	0,000
0,087	0,060	0,153	0,212	0,040	0,124
0,093	0,110	0,251	0,229	0,080	0,219
0,100	0,170	0,347	0,252	0,140	0,332
0,109	0,270	0,467	0,271	0,200	0,416
0,117	0,370	0,553	0,296	0,300	0,516
0,121	0,470	0,610	0,313	0,400	0,584
0,124	0,570	0,635	0,324	0,500	0,630
0,125	0,670	0,682	0,329	0,600	0,666
0,124	0,770	0,715	0,331	0,680	0,668
0,120	0,870	0,794	0,328	0,770	0,685
0,115	0,940	0,868	0,321	0,840	0,732
0,105	1,000	1,000	0,308	0,900	0,800
			0,271	1,000	1,000

$t = -43,9$ °C		
p in bar	x_2'	x_2''
0,379	0,000	0,000
0,451	0,080	0,224
0,497	0,140	0,338
0,557	0,240	0,464
0,599	0,340	0,546
0,628	0,440	0,608
0,647	0,540	0,657
0,659	0,640	0,700
0,664	0,740	0,734
0,657	0,860	0,793
0,640	0,920	0,847
0,617	0,960	0,906
0,580	1,000	1,000

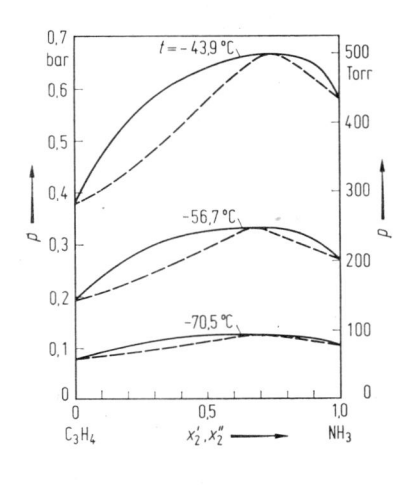

68 x_1 $CH_3 \cdot [CH_2]_2 \cdot CH_3$, n-Butan
M: 58,12   Kp.: $-0,5$ °C

x_2 H_2S, Schwefelwasserstoff
M: 34,08   Kp.: $-60,4$ °C

[R 10]

(Bezugsquelle für Zahlenwerte s. Originalarbeit)

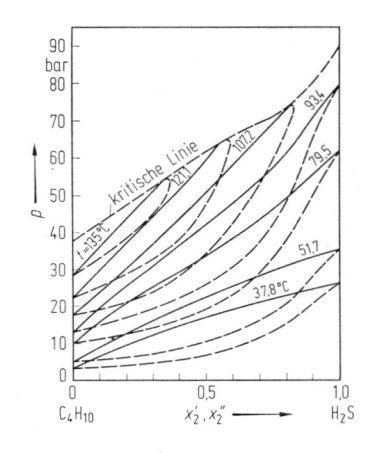

69 x_1 $CH_3 \cdot [CH_2]_2 \cdot CH_3$, n-Butan
M: 58,12   Kp.: $-0,5$ °C

x_2 $CH_3 \cdot CH_3$, Äthan
M: 30,07   Kp.: $-88,5$ °C

[M 16]

$t = 65,5$ °C			$t = 93,3$ °C		
p in bar	x_2'	x_2''	p in bar	x_2'	x_2''
35,4	0,482	0,797	35,1	0,299	0,575
38,5	0,524	0,795	37,7	0,322	0,599
43,9	0,596	0,818	41,0	0,364	0,614
48,3	0,653	0,833	42,3	0,381	0,618
52,7	0,714	0,842	45,9	0,424	0,639
55,5	0,753	0,845	47,6	0,437	0,650
			53,0	0,506	0,662
			54,8	0,529	0,665

$t = 121,1$ °C			Kritische Daten		
p in bar	x_2'	x_2''	x_2	t_k in °C	p_k in bar
32,4	0,118	0,258	0,0	157	38,0
35,7	0,149	0,294	0,1	146	41,8
43,0	0,230	0,377	0,2	138	45,7
48,3	0,290	0,422	0,3	129	49,4
50,3	0,312	0,424	0,4	119	52,8
			0,5	107	55,9
			0,6	94	58,1
			0,7	80,5	59,3
Die kritischen Daten			0,8	66	58,2
sind einem Diagramm			0,9	50	55,1
entnommen			1,0	33	49,4

Weishaupt

Zu **69**

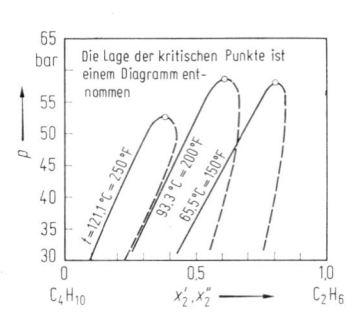

[S 20]
Sättigungsdruck (bar) im Siedepunkt (S.P.) und im Kondensationspunkt (K.P.)

x_2	$t = -20\,°C$		$t = -10\,°C$		$t = 0\,°C$	
	S.P.	K.P.	S.P.	K.P.	S.P.	K.P.
0,00	0,45	0,45	0,70	0,70	1,03	1,03
0,05	0,54	0,48	0,82	0,73	1,18	1,07
0,20	0,82	0,56	1,19	0,86	1,66	1,18
0,40	1,19	0,72	1,69	1,08	2,34	1,39
0,60	1,59	0,89	2,23	1,34	3,10	1,79
0,80	2,00	1,19	2,81	1,89	3,89	2,62
0,95	2,31	1,98	3,28	2,86	4,51	4,04
1,00	2,41	2,41	3,42	3,42	4,72	4,72

70 x_1 $CH_3 \cdot [CH_2]_2 \cdot CH_3$, n-Butan
M: 58,12 Kp.: $-0,5\,°C$

x_2 $CH_3 \cdot CH_2 \cdot CH_3$, Propan
M: 44,10 Kp.: $-44,5\,°C$

[H 15]

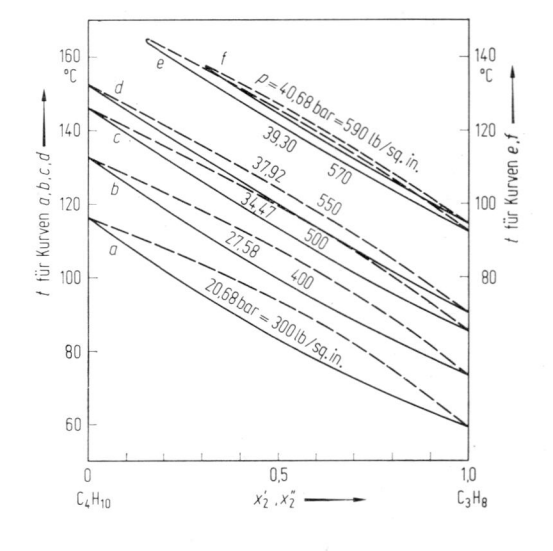

$t = -36,0\,°C$			$t = -24,0\,°C$		
p in bar	x_2'	x_2''	p in bar	x_2'	x_2''
0,208	0,0	0,0	0,377	0,0	0,0
0,263	0,0512	0,1960	0,481	0,0575	0,2179
0,288	0,0727	0,2849	0,576	0,1129	0,3642
0,356	0,1186	0,4095	0,640	0,1554	0,4572
0,404	0,1692	0,5153	0,741	0,1907	0,5162
0,469	0,2272	0,5999	0,821	0,2481	0,5949
0,512	0,2706	0,6489	0,856	0,2808	0,6326
0,649	0,3737	0,7546	0,969	0,3329	0,6914
0,693	0,4251	0,7893	1,125	0,4194	0,7630
0,820	0,5357	0,8560	1,209	0,4688	0,7991
0,903	0,6037	0,8915	1,347	0,5450	0,8458
1,085	0,7571	0,9394	1,424	0,5992	0,8694
1,205	0,8796	0,9726	1,557	0,6703	0,9014
1,275	0,9453	0,9889	1,683	0,7432	0,9269
1,328	1,0	1,0	1,884	0,8512	0,9619
			2,004	0,9188	0,9811
			2,137	1,0	1,0

[K 3]
Sättigungstemperatur (°C) im Siedepunkt (S.P.) und im Kondensationspunkt (K.P.)

x_2	$p = 20,68$ bar		$p = 27,58$ bar		$p = 34,47$ bar		$p = 37,92$ bar		$p = 39,30$ bar	
	S.P.	K.P.	S.P.	K.P.	S.P.	K.P.	S.P.	K.P.	S.P.	K.P.
0,00	116,2	116,2	132,7	132,7	146,0	146,0	152,2	152,2		
0,10	108,6	112,0	125,4	128,1	139,2	141,1	145,5	146,5		
0,20	101,7	107,8	118,6	123,3	132,5	135,8	138,8	140,9	140,7	142,6
0,30	95,2	103,4	112,0	118,3	125,85	130,4	132,3	135,3	134,4	137,0
0,40	88,9	98,7	105,6	113,0	119,25	124,8	125,6	129,7	128,2	131,4
0,50	82,9	93,6	99,4	107,4	113,0	119,1	119,3	124,0	121,9	125,6
0,60	77,4	88,1	93,7	101,6	107,0	113,1	113,2	118,0	115,6	119,7
0,70	72,4	81,9	88,3	95,5	101,2	106,8	107,2	111,6	109,4	113,5
0,80	67,8	75,1	83,05	88,8	95,55	100,0	101,4	104,8	103,5	106,8
0,90	63,3	67,5	77,9	81,5	90,25	92,9	95,8	97,7	97,8	100,0
1,00	59,3	59,3	73,5	73,5	85,5	85,5	90,4	90,4	92,7	92,7

Fortsetzung nächste Seite

Zu 70

x_2	$p = 40{,}68$ bar		$p = 43{,}09$ bar	
	S.P.	K.P.	S.P.	K.P.
0,00				
0,10				
0,20				
0,30	136,8[a]	137,9[a]		
0,40	130,7	132,8		
0,50	124,1	127,2		
0,60	117,8	121,2		
0,70	111,8	115,0		
0,80	105,9	108,4	108,1[b]	108,1[b]
0,90	99,9	101,4		
1,00	94,6	94,6		

[a] $x_2 = 0{,}3085$
[b] $x_2 = 0{,}826$

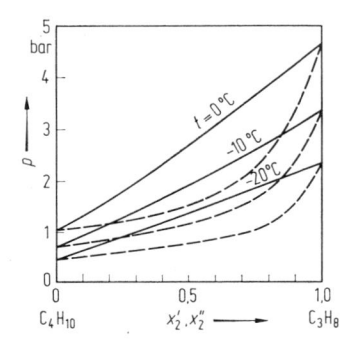

[K3]
Kritische Daten

x_2	t_k °C	p_k bar	ϱ_k g/cm³
0,000	152,2	37,98	0,228
0,147	145,4	39,36	0,225
0,309	137,7	40,74	0,223
0,521	126,6	42,36	0,222
0,755	113,0	43,06	0,223
0,826	108,3	43,07	0,223
0,926	101,8	42,85	0,225
1,000	96,87	42,60	0,226

Die Arbeit [K3] enthält Angaben von Temperatur, Druck und Dichte beim Maximaldruck und bei der Maximaltemperatur

71

x_1 $CH_3 \cdot [CH_2]_2 \cdot CH_3$, Butan
     M: 58,12   Kp.: $-0{,}5$ °C

x_2 $(CH_3)_3CH$, Isobutan
     M: 58,12   Kp.: $-10{,}2$ °C

[H 15]

$t = 60{,}74$ °C			$t = 80{,}77$ °C			$t = 100{,}72$ °C		
p in bar	x_2'	x_2''	p in bar	x_2'	x_2''	p in bar	x_2'	x_2''
6,525	0,0	0,0	10,262	0,0	0,0	15,442	0,0	0,0
6,681	0,1	0,1252	10,588	0,1	0,1189	15,910	0,1	0,1162
6,822	0,2	0,2438	10,887	0,2	0,2230	16,449	0,2	0,2280
6,998	0,3	0,3554	11,192	0,3	0,3428	16,960	0,3	0,3360
7,200	0,4	0,4607	11,526	0,4	0,4481	17,469	0,4	0,4402
7,328	0,5	0,5605	11,859	0,5	0,5490	17,979	0,5	0,5409
7,674	0,6	0,6556	12,222	0,6	0,6456	18,460	0,6	0,6381
7,936	0,7	0,7465	12,590	0,7	0,7389	18,941	0,7	0,7325
8,215	0,8	0,8339	12,947	0,8	0,8290	19,372	0,8	0,8242
8,509	0,9	0,9183	13,291	0,9	0,9161	19,814	0,9	0,9133
8,814	1,0	1,0	13,676	1,0	1,0	20,246	1,0	1,0

72

x_1 $CH_3 \cdot [CH_2]_2 \cdot CH_3$, **Butan**
M: 58,12   Kp.: $-0,5\,°C$

x_2 $CH_3 \cdot CH_2 \cdot CH:CH_2$, **Buten-(1)**
M: 56,11   Kp.: $-6,1\,°C$

[L 4]

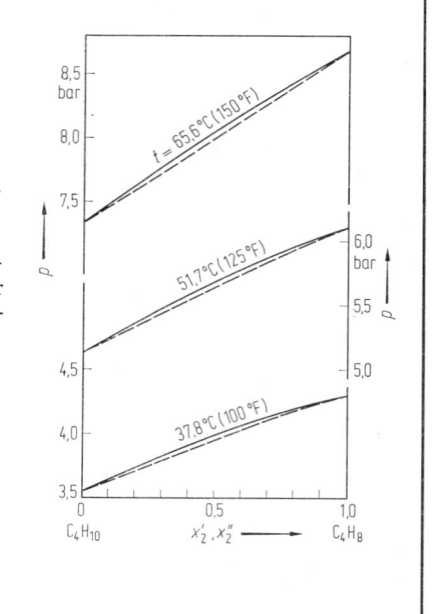

x_2'	$t = 37,8\,°C$ (100°F)		$t = 51,7\,°C$ (125°F)		$t = 65,6\,°C$ (150°F)	
	x_2''	p in bar	x_2''	p in bar	x_2''	p in bar
0,0000	0,0000	3,551	0,0000	5,131	0,0000	7,340
0,1000	0,1206	3,647	0,1168	5,248	0,1143	7,488
0,2000	0,2345	3,739	0,2284	5,362	0,2247	7,635
0,3000	0,3425	3,828	0,3354	5,472	0,3313	7,779
0,4000	0,4452	3,913	0,4383	5,579	0,4344	7,920
0,5000	0,5436	3,993	0,5375	5,680	0,5344	8,059
0,6000	0,6383	4,067	0,6336	5,777	0,6315	8,194
0,7000	0,7302	4,136	0,7273	5,869	0,7262	8,325
0,8000	0,8204	4,200	0,8191	5,955	0,8189	8,452
0,9000	0,9099	4,256	0,9097	6,036	0,9100	8,574
1,0000	1,0000	4,306	1,0000	6,110	1,0000	8,692

73

x_1 $CH_3 \cdot [CH_2]_2 \cdot CH_3$, **Butan**
M: 58,12   Kp.: $-0,5\,°C$

x_2 $CH_2:CH \cdot CH:CH_2$, **Butadien-(1,3)**
M: 54,09   KP.: $-4,75\,°C$

[L 4]

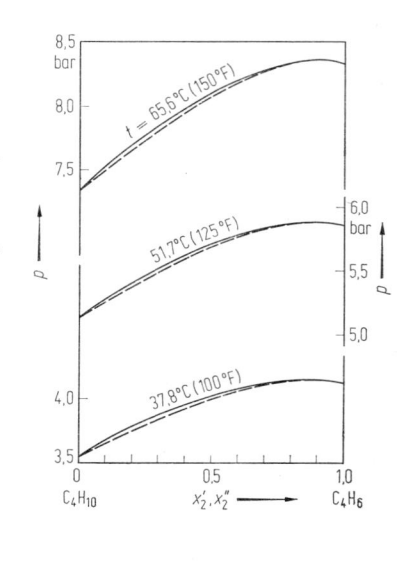

x_2'	$t = 37,8\,°C$ (100°F)		$t = 51,7\,°C$ (125°F)		$t = 65,6\,°C$ (150°F)	
	x_2''	p in bar	x_2''	p in bar	x_2''	p in bar
0,0000	0,0000	3,549	0,0000	5,131	0,0000	7,340
0,1000	0,1249	3,669	0,1200	5,275	0,1172	7,524
0,2000	0,2386	3,777	0,2315	5,406	0,2276	7,694
0,3000	0,3435	3,871	0,3360	5,523	0,3321	7,848
0,4000	0,4417	3,953	0,4349	5,625	0,4318	7,986
0,5000	0,5351	4,021	0,5298	5,712	0,5276	8,106
0,6000	0,6257	4,076	0,6220	5,781	0,6210	8,204
0,7000	0,7157	4,117	0,7134	5,834	0,7133	8,281
0,8000	0,8069	4,144	0,8058	5,869	0,8061	8,335
0,9000	0,9012	4,158	0,9008	5,885	0,9011	8,360
1,0000	1,0000	4,127	1,0000	5,854	1,0000	8,331

74

x_1 $(CH_3)_3CH$, **Isobutan**
M: 58,12   Kp.: $-10,2\,°C$

x_2 CO_2, **Kohlendioxid**
M: 44,01   Tripelpunkt: $-56,6\,°C$

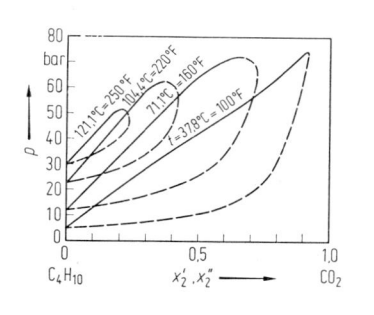

Zu **74**

[B 11]

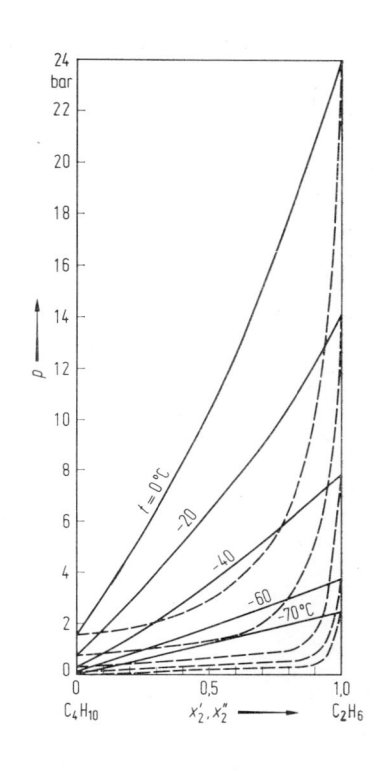

$t = 37,8\,°C = 100\,°F$			$t = 71,1\,°C = 160\,°F$		
p in bar	x_2'	x_2''	p in bar	x_2'	x_2''
5,03	0,000	0,000	11,72	0,000	0,000
7,24	0,0251	0,2657	21,65	0,0946	0,4154
12,34	0,0881	0,5668	28,55	0,1573	0,5481
21,30	0,2056	0,7297	36,54	0,2320	0,6166
27,65	0,2891	0,7872	46,40	0,3227	0,6706
35,44	0,3991	0,8267	54,26	0,3930	0,7006
43,58	0,5195	0,8480	62,61	0,4814	0,7177
50,54	0,6205	0,8690	65,92	0,5191	0,7209
55,92	0,7073	0,8822			
62,19	0,7828	0,8959			
66,95	0,8324	0,9058			
70,19	0,8694	0,9125			
71,85	0,8845	0,9154			

$t = 104,4\,°C = 220\,°F$			$t = 121,1\,°C = 250\,°F$		
p in bar	x_2'	x_2''	p in bar	x_2'	x_2''
22,55	0,000	0,000	30,20	0,000	0,000
36,20	0,1242	0,3288	36,13	0,0597	0,1464
40,20	0,1490	0,3638	39,92	0,0856	0,1865
45,71	0,1960	0,4054	45,44	0,1308	0,2345
51,64	0,2390	0,4160	48,33	0,1601	0,2361
57,23	0,2833	0,4149			
61,99	0,3419				

75 x_1 **(CH$_3$)$_3$CH, Isobutan**
                M: 58,12   Kp.: $-10,2\,°C$

   x_2 **CH$_3 \cdot$CH$_3$, Äthan**
                M: 30,07   Kp.: $-88,5\,°C$

[S 20]

Sättigungsdruck (bar) im Siedepunkt (S.P.) und im Kondensationspunkt (K.P.)

x_2	$t = -70\,°C$		$t = -60\,°C$		$t = -40\,°C$		$t = -20\,°C$		$t = 0\,°C$	
	S.P.	K.P.	S.P.	K.P.	S.P.	K.P.	S.P.	K.P.	S.P.	K.P.
0,00	0,005	0,005	0,10	0,10	0,29	0,29	0,74	0,74	1,56	1,56
0,05	0,16	0,05	0,27	0,14	0,56	0,30	1,25	0,78	2,32	1,62
0,20	0,49	0,10	0,79	0,22	0,41	0,41	2,84	0,95	4,71	1,82
0,40	0,98	0,18	1,50	0,31	2,79	0,59	5,14	1,16	8,26	2,40
0,60	1,49	0,23	2,19	0,42	4,35	0,73	7,62	1,52	12,52	3,68
0,80	1,98	0,31	2,94	0,53	6,07	0,94	10,49	3,06	17,80	6,37
0,95	2,37	0,78	3,56	1,41	7,35	3,45	13,14	7,33	22,28	14,02
1,00	2,49	2,49	3,79	3,79	7,78	7,78	14,20	14,20	23,88	23,88

Zu 75

[B 12]

Messungen bei höheren Temperaturen

p in bar	x_2'	x_2''	p in bar	x_2'	x_2''
\multicolumn{3}{c}{$t = 38{,}1\,°C$}	\multicolumn{3}{c}{$t = 71{,}3\,°C$}

p in bar	x_2'	x_2''	p in bar	x_2'	x_2''
5,03	0,000	0,000	11,7	0,000	0,000
10,7	0,1782	0,5524	13,2	0,0367	0,1771
14,3	0,2742	0,6863	15,4	0,0867	0,2999
15,1	0,2951		19,9	0,1697	0,4513
22,5	0,4841	0,8277	23,2	0,2328	0,5330
23,0	0,4978		28,8	0,3285	0,6201
27,6	0,5955	0,8639	35,4	0,4333	0,6962
31,0	0,6648	0,8879	39,2	0,4931	0,7194
35,6	0,7536	0,9152	41,9	0,5366	0,7382
40,3	0,8314	0,9267	47,8	0,6240	0,7766
40,3	0,8318	0,9370	53,7	0,7118	0,7792
43,9	0,8858	0,9481			
44,1	0,8875	0,9524			
45,8	0,9135	0,9588			
49,1	0,9541	0,9788			
49,8	0,9626				

p in bar	x_2'	x_2''	p in bar	x_2'	x_2''
\multicolumn{3}{c}{$t = 104{,}3\,°C$}	\multicolumn{3}{c}{$t = 120{,}9\,°C$}

p in bar	x_2'	x_2''	p in bar	x_2'	x_2''
22,5	0,000	0,000	30,2	0,000	0,000
23,4	0,0226	0,0593	32,0	0,0211	0,0431
27,2	0,0812	0,1827	34,0	0,0583	0,1153
30,4	0,1345	0,2657	37,6	0,1183	0,2031
33,7	0,1638	0,3342	39,6	0,1372	0,2082
36,7	0,2269	0,3854	41,9	0,1672	0,2197
41,5	0,2742				
45,3	0,3421	0,4554			
48,3	0,3811	0,4694			
49,6	0,4169	0,4690			

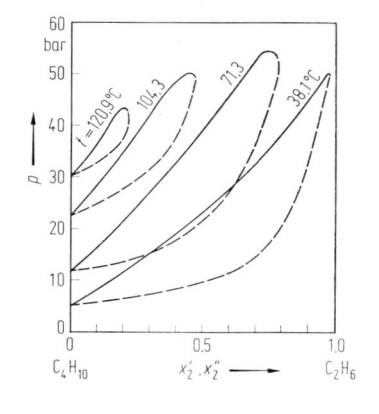

76

x_1 $(CH_3)_3CH$, Isobutan
     M: 58,12   Kp.: $-10{,}2\,°C$

x_2 $CH_3 \cdot CH_2 \cdot CH_3$, Propan
     M: 44,10   Kp.: $-44{,}5\,°C$

[H 15]

p in bar	x_2'	x_2''	p in bar	x_2'	x_2''
\multicolumn{3}{c}{$t = -36{,}0\,°C$}	\multicolumn{3}{c}{$t = -24{,}0\,°C$}

p in bar	x_2'	x_2''	p in bar	x_2'	x_2''
0,351	0,0000	0,0000	0,611	0,0000	0,0000
0,408	0,0423	0,1311	0,727	0,0785	0,2086
0,497	0,1495	0,3682	0,783	0,1055	0,2655
0,541	0,1805	0,4223	0,789	0,1125	0,2816
0,575	0,2106	0,4729	0,925	0,2072	0,4536
0,595	0,2414	0,5123	1,039	0,2708	0,5376
0,637	0,2796	0,5661	1,093	0,3186	0,5993
0,683	0,3330	0,6175	1,123	0,3342	0,6168
0,765	0,4111	0,7001	1,188	0,3881	0,6602
0,783	0,4286	0,7062	1,220	0,3981	0,6746
0,849	0,4980	0,7742	1,263	0,416	0,6854
0,923	0,5671	0,8102	1,379	0,4876	0,7477
0,939	0,5769	0,8215	1,428	0,5208	0,7688
1,019	0,6503	0,8664	1,568	0,6052	0,8240
1,049	0,6828	0,8792	1,727	0,7115	0,8810
1,107	0,7453	0,9069	1,913	0,8437	0,9468
1,152	0,8104	0,9362	1,970	0,8753	0,9572
1,257	0,9174	0,9743	2,137	1,0000	1,0000
1,328	1,0000	1,0000			

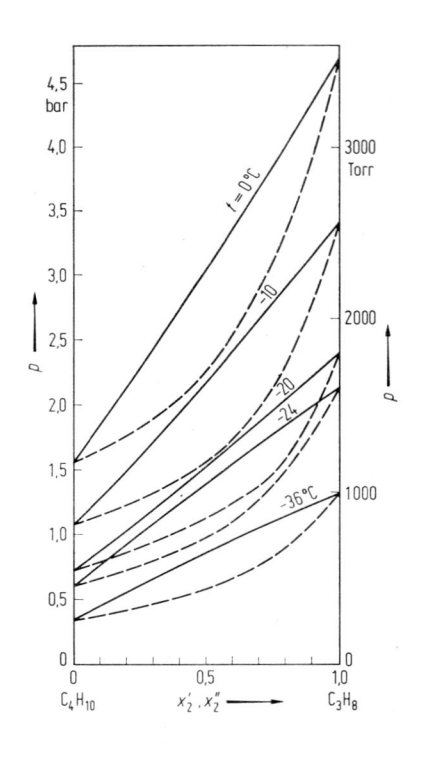

Weishaupt

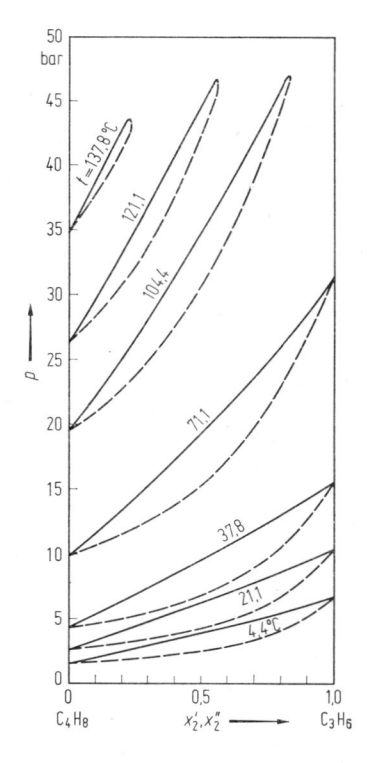

Zu 76

[S 20]
Sättigungsdruck (bar) im Siedepunkt (S.P.)
und im Kondensationspunkt (K.P.)

x_2	$t = -20\,°C$		$t = -10\,°C$		$t = 0\,°C$	
	S.P.	K.P.	S.P.	K.P.	S.P.	K.P.
0,00	0,73	0,73	1,08	1,08	1,56	1,56
0,05	0,79	0,75	1,19	1,11	1,70	1,60
0,20	1,04	0,86	1,49	1,25	2,13	1,77
0,40	1,36	1,04	1,94	1,44	2,73	2,06
0,60	1,71	1,26	2,42	1,73	3,35	2,59
0,80	2,06	1,58	2,92	2,31	4,02	3,34
0,95	2,32	2,16	3,28	3,11	4,53	4,31
1,00	2,41	2,41	3,42	3,42	4,72	4,72

$t = 104,4\,°C$

p in bar	x_2'	x_2''
19,48	0,000	0,000
20,68	0,046	0,083
24,13	0,166	0,265
27,58	0,280	0,400
31,03	0,390	0,510
34,47	0,492	0,601
37,92	0,589	0,676
41,37	0,680	0,745
43,09	0,724	0,776
44,82	0,768	0,804
46,54	0,812	0,828
46,88	0,820	0,828
46,99	0,824	0,824

$t = 121,1\,°C$

p in bar	x_2'	x_2''
26,33	0,000	0,000
27,58	0,039	0,062
31,03	0,140	0,204
34,47	0,234	0,314
37,92	0,326	0,407
41,37	0,415	0,481
42,75	0,450	0,509
44,13	0,485	0,533
45,51	0,521	0,553
46,54	0,547	0,554
46,62	0,551	0,551

$t = 137,8\,°C$

p in bar	x_2'	x_2''
34,89	0,000	0,000
36,20	0,034	0,048
37,92	0,080	0,107
39,99	0,129	0,166
41,37	0,165	0,203
42,75	0,199	0,229
43,09	0,207	0,230
43,44	0,217	0,217

In der Originalarbeit sind für Drücke bis nahe 700 bar bei vorstehenden Temperaturen die spezifischen Volumen von 4 Buten-Propylen-Gemischen angegeben

77 x_1 $CH_3 \cdot CH_2 \cdot CH:CH_2$, Buten-(1)
          M: 56,11   Kp.: $-6,1\,°C$

          x_2 $CH_3 \cdot CH:CH_2$, Propylen
          M: 42,08   Kp.: $-47,0\,°C$

[G 9]

$t = 4,4\,°C$

p in bar	x_2'	x_2''
1,510	0,000	0,000
2,07	0,113	0,326
2,76	0,257	0,564
3,45	0,400	0,709
4,14	0,533	0,801
4,82	0,664	0,874
5,52	0,793	0,929
6,21	0,914	0,973
6,72	1,000	1,000

$t = 21,1\,°C$

p in bar	x_2'	x_2''
2,63	0,000	0,000
2,76	0,017	0,057
3,45	0,112	0,302
4,14	0,207	0,469
5,52	0,349	0,681
6,89	0,571	0,812
8,62	0,784	0,920
10,34	0,983	0,994
10,49	1,000	1,000

$t = 37,8\,°C$

p in bar	x_2'	x_2''
4,31	0,000	0,000
5,52	0,120	0,298
6,89	0,254	0,509
8,62	0,413	0,671
10,34	0,560	0,787
12,07	0,716	0,871
13,79	0,856	0,938
15,67	1,000	1,000

$t = 71,1\,°C$

p in bar	x_2'	x_2''
9,85	0,000	0,000
10,34	0,030	0,070
13,79	0,219	0,392
17,24	0,396	0,590
20,68	0,560	0,728
24,13	0,716	0,834
27,58	0,858	0,918
31,48	1,000	1,000

78

x_1 **$(CH_3)_2C:CH_2$, Isobuten**
M: 56,11   Kp.: $-6,6$ °C

x_2 **$(CH_3)_3CH$, Isobutan**
M: 58,12   Kp.: $-10,2$ °C

[H 15]

$p = 10,70$ bar

t in °C	x_2'	x_2''	t in °C	x_2'	x_2''
73,83	0,0	0,0	70,45	0,6	0,6157
73,28	0,1	0,1059	70,06	0,7	0,7132
72,70	0,2	0,2108	69,75	0,8	0,8098
72,08	0,3	0,3141	69,50	0,9	0,9052
71,47	0,4	0,4161	69,31	1,0	1,0
70,93	0,5	0,5166			

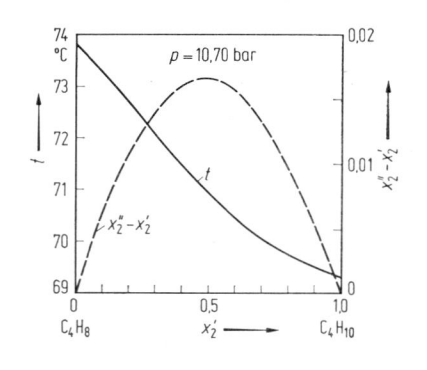

79

x_1 **$CH_2:CH \cdot CH:CH_2$, Butadien-(1,3)**
M: 54,09   Kp.: $-4,75$ °C

x_2 **$CH_3 \cdot CH_2 \cdot CH:CH_2$, Buten-(1)**
M: 56,11   Kp.: $-6,1$ °C

[L 4]

x_2'	$t = 37,8$ °C (100 °F)		$t = 51,7$ °C (125 °F)		$t = 65,6$ °C (150 °F)	
	x_2''	p in bar	x_2''	p in bar	x_2''	p in bar
0,0000	0,0000	4,128	0,0000	5,854	0,0000	8,332
0,1000	0,1061	4,164	0,1057	5,905	0,1051	8,397
0,2000	0,2093	4,196	0,2088	5,949	0,2081	8,456
0,3000	0,3104	4,222	0,3099	5,987	0,3095	8,508
0,4000	0,4099	4,245	0,4096	6,018	0,4094	8,554
0,5000	0,5083	4,263	0,5082	6,045	0,5084	8,593
0,6000	0,6062	4,278	0,6063	6,065	0,6066	8,626
0,7000	0,7039	4,288	0,7042	6,083	0,7045	8,652
0,8000	0,8020	4,295	0,8024	6,095	0,8024	8,672
0,9000	0,9006	4,300	0,9009	6,103	0,9008	8,685
1,0000	1,0000	4,302	1,0000	6,109	1,0000	8,692

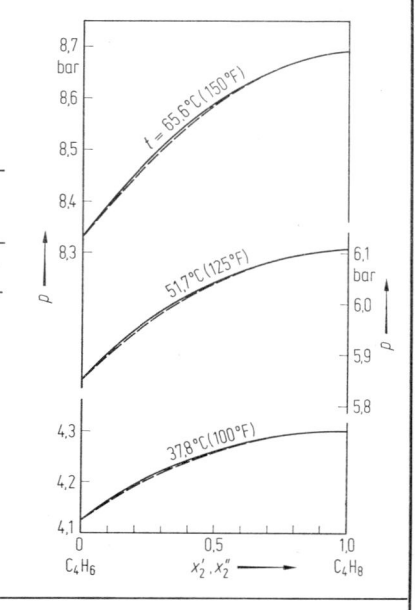

80

x_1 **$CH_2:CH \cdot C:CH$, Vinylacetylen**
M: 52,08   Siedetemp. $2 \cdots 3$ °C bei 729 Torr

x_2 **NH_3, Ammoniak**
M: 17,03   Kp.: $-33,4$ °C

[S 6]

$t = -55,0$ °C			$t = -44,4$ °C		
p in bar	x_2'	x_2''	p in bar	x_2'	x_2''
0,052	0,000	0,000	0,091	0,000	0,000
0,109	0,140	0,579	0,119	0,020	0,245
0,131	0,200	0,673	0,141	0,040	0,382
0,152	0,260	0,737	0,185	0,080	0,544
0,184	0,360	0,809	0,240	0,140	0,667
0,213	0,460	0,856	0,285	0,200	0,734
0,237	0,560	0,889	0,324	0,260	0,779
0,257	0,660	0,914	0,379	0,360	0,828
0,273	0,760	0,934	0,423	0,460	0,862
0,288	0,860	0,953	0,460	0,560	0,887
0,299	0,960	0,979	0,491	0,660	0,908
0,303	1,000	1,000	0,517	0,760	0,926
			0,539	0,860	0,946
			0,557	0,960	0,977
			0,564	1,000	1,000

Fortsetzung nächste Seite

3 Binary mixtures

Zu **80**

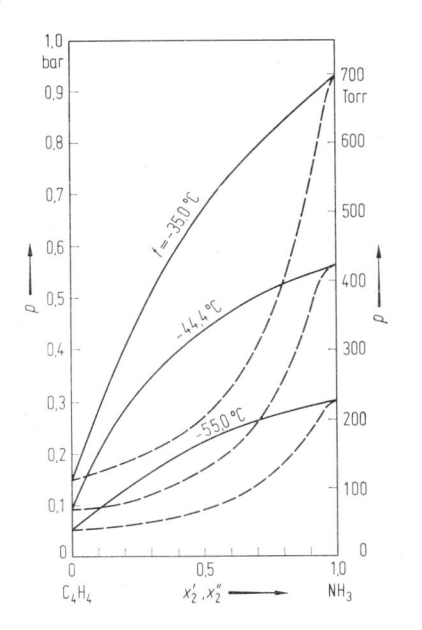

$t = -35.0\,°C$					
p in bar	x_2'	x_2''	p in bar	x_2'	x_2''
0,151	0,000	0,000	0,700	0,540	0,886
0,256	0,080	0,459	0,736	0,600	0,901
0,308	0,120	0,569	0,771	0,660	0,915
0,380	0,180	0,674	0,803	0,720	0,927
0,448	0,240	0,741	0,833	0,780	0,940
0,509	0,300	0,788	0,863	0,840	0,953
0,567	0,360	0,823	0,891	0,900	0,967
0,615	0,420	0,848	0,916	0,960	0,983
0,660	0,480	0,869	0,932	1,000	1,000

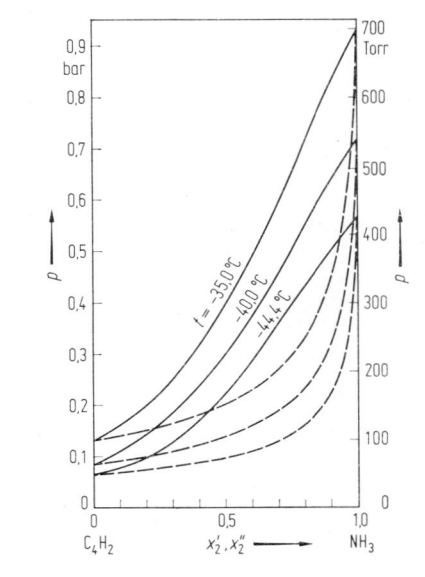

81 x_1 **CH : C · C : CH**, Diacetylen
M: 50,06   Kp.: 9,5···10 °C

x_2 **NH$_3$**, Ammoniak
M: 17,03   Kp.: −33,4 °C

[S 6]

$t = -44.4\,°C$			$t = -40.0\,°C$			$t = -35.0\,°C$		
p in bar	x_2'	x_2''	p in bar	x_2'	x_2''	p in bar	x_2'	x_2''
0,065	0,000	0,000	0,085	0,000	0,000	0,129	0,000	0,000
0,091	0,162	0,436	0,149	0,214	0,559	0,209	0,220	0,523
0,116	0,262	0,632	0,181	0,287	0,681	0,249	0,293	0,651
0,140	0,332	0,742	0,212	0,352	0,762	0,289	0,356	0,736
0,165	0,390	0,811	0,244	0,410	0,818	0,331	0,414	0,797
0,191	0,444	0,859	0,276	0,465	0,859	0,371	0,467	0,841
0,216	0,490	0,892	0,308	0,517	0,890	0,411	0,519	0,875
0,241	0,533	0,9163	0,339	0,562	0,9140	0,451	0,563	0,902
0,265	0,570	0,9345	0,371	0,603	0,9326	0,491	0,605	0,923
0,284	0,596	0,9485	0,403	0,642	0,9471	0,531	0,645	0,939
0,316	0,642	0,9594	0,435	0,679	0,9587	0,571	0,682	0,952
0,341	0,676	0,9681	0,467	0,714	0,9680	0,611	0,717	0,9630
0,367	0,710	0,9751	0,497	0,747	0,9755	0,651	0,751	0,9716
0,391	0,742	0,9808	0,529	0,779	0,9815	0,691	0,784	0,9785
0,416	0,774	0,9855	0,561	0,811	0,9863	0,731	0,816	0,9842
0,441	0,808	0,9894	0,593	0,844	0,9902	0,771	0,847	0,9888
0,467	0,842	0,9926	0,624	0,879	0,9934	0,852	0,919	0,9962
0,492	0,878	0,9952	0,656	0,916	0,9961	0,892	0,956	0,9983
0,516	0,916	0,9974	0,688	0,957	0,9982	0,932	1,000	1,0000
0,541	0,958	0,9991	0,720	1,000	1,0000			
0,567	1,000	1,0000						

Weishaupt

82

x_1 $CH_3 \cdot [CH_2]_3 \cdot CH_3$, n-Pentan
M: 72,15   Kp.: 36,15 °C

x_2 $CH_3 \cdot CH_2 \cdot CH_3$, Propan
M: 44,10   Kp.: −44,5 °C

[K3]

Sättigungstemperatur (°C) im Siedepunkt (S.P.) und im Kondensationspunkt (K.P.)

x_2	$p=20{,}68$ bar		$p=27{,}58$ bar		$p=34{,}47$ bar		$p=41{,}37$ bar		$p=44{,}82$ bar	
	S.P.	K.P.	S.P.	K.P.	S.P.	K.P.	S.P.	K.P.	S.P.	K.P.
0,00	165,2	165,2	183,3	183,3	194,6[a]	194,6[a]				
0,10	150,4	157,94	168,9	175,8	185,0	188,7				
0,20	135,7	150,6	154,4	167,7	171,1	179,9	171,1[b]	171,1[b]		
0,30	121,1	142,8	140,2	158,9	157,1	170,6	161,4[c]	168,4[c]		
0,40	106,6	134,7	126,4	150,0	143,2	160,7	159,4	167,2		
0,50	95,4	126,7	114,9	140,9	131,3	150,8	146,1	158,0	151,7[d]	151,7[d]
0,60	86,6	118,1	105,0	131,1	120,1	140,9	134,5	148,2	142,7	148,3
0,70	78,9	108,3	96,1	120,6	110,6	130,4	124,3	137,2	131,7	138,6
0,80	71,9	96,7	88,1	108,1	101,9	117,9	114,6	125,0	121,6	126,9
0,90	65,3	81,7	80,4	92,9	93,3	103,2	105,0	110,6	113,3[e]	115,6[e]
1,00	58,8	58,8	73,0	73,0	85,0	85,0	95,2	95,2	113,3[f]	113,3[f]

[a] $x_2=0{,}032$
[b] $x_2=0{,}337$
[c] $x_2=0{,}3873$
[d] $x_2=0{,}55$
[e] $x_2=0{,}8776$
[f] $x_2=0{,}886$

Kritische Daten

x_2	t_k °C	p_k bar	ϱ_K g/cm³
0,000	196,6	33,76	0,232
0,147	187,0	37,10	0,241
0,387	166,8	42,33	0,244
0,616	144,7	45,35	0,240
0,786	126,1	45,64	0,235
0,878	114,3	44,94	0,231
1,000	96,87	42,60	0,226

Die Arbeit [K3] enthält Angaben von Temperatur, Druck und Dichte beim Maximaldruck und bei der Maximaltemperatur

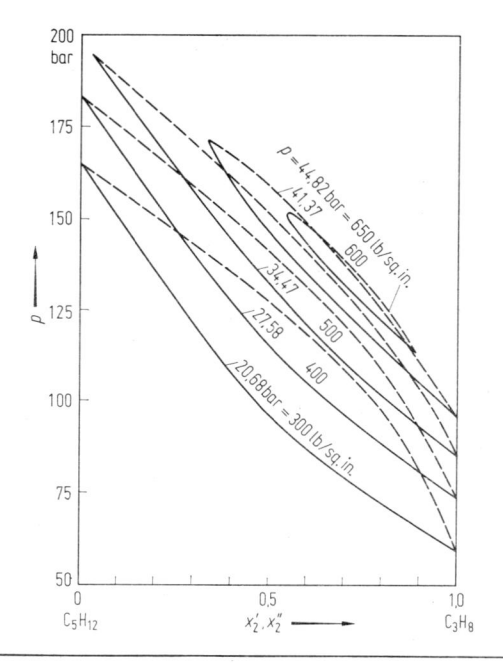

83

x_1 C_5H_{12}, n-Pentan
M: 72,15   Kp.: 36,15 °C

x_2 $CH_3 \cdot CH_2 \cdot C(CH_3):CH_2$,
2-Methylbuten-(1)
M: 70,14   Kp.: 31···3 °C

[B 15 a]

Dampfdruck von n-Pentan-2-Methyl-buten-(1)-Gemischen in mbar

x_2'	Temperatur in °C					
	0	5	10	15	20	25
0,1507	267,3	317,3	397,7	495,3	600,0	717,3
0,1950	273,2	323,4	402,5	498,4	608,6	725,3
0,2686	274,0	328,6	413,3	506,8	613,3	739,4
0,4610	286,4	347,4	430,7	526,4	641,3	771,0
0,6101	290,0	356,6	439,3	540,0	651,4	786,6
0,8001	293,7	362,8	446,6	547,7	663,0	805,3

84

x_1 $CH_3 \cdot [CH_2]_3 \cdot CH_3$, n-Pentan
M: 72,15   Kp.: 36,15 °C

x_2 $CH_3 \cdot CH_2 \cdot CH(CH_3)_2$, Isopentan
(2-Methyl-butan)
M: 72,15   Kp.: 27,95 °C

[M 3]

p in bar	t in °C	$\alpha_{1,2}$	p in bar	t in °C	$\alpha_{1,2}$
2,34	55,0	1,25		88,9	1,195
	55,6	1,25		92,8	1,185
	58,3	1,245	7,86	103,3	1,17
	62,2	1,24		107,8	1,16
	62,8	1,245		111,7	1,15
5,10	85,0	1,195		111,1	1,145
	88,9	1,185			

Trennfaktor $\alpha_{1,2} = \dfrac{x_2'' \cdot x_1'}{x_1'' \cdot x_2'}$

Wegen des niedrigen Wertes von $\alpha_{1,2}$ wurde eine 6stufige Gleichgewichtsapparatur benutzt

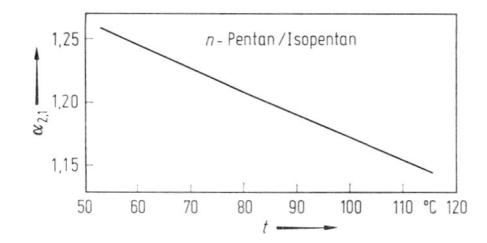

n-Pentan / Isopentan

85

x_1 C_5H_{12}, n-Pentan
M: 72,15   Kp.: 36,15 °C

x_2 $CH_2:CH \cdot C(CH_3):CH_2$, Isopren
M: 68,12   Kp.: 34,3 °C

[B 15a]
Dampfdruck von n-Pentan—Isopren-Gemischen in mbar

x_2'	Temperatur in °C					
	0	5	10	15	20	25
0,1500	261,0	312,2	389,1	480,3	592,0	711,3
0,2401	265,0	319,6	399,3	488,0	600,6	731,9
0,4075	269,3	330,6	410,3	502,4	639,6	738,6
0,5550	272,0	336,6	416,8	507,7	620,0	749,8
0,7700	271,0	338,6	418,1	510,4	620,6	756,6
0,8801	269,0	337,7	416,8	510,6	618,0	757,5
0,9500	266,7	336,3	414,3	508,8	616,6	757,0

86

x_1 C_5H_{10}, Penten-(1)
M: 70,14   Kp.: 39···40 °C

x_2 C_5H_{12}, n-Pentan
M: 72,15   Kp.: 36,15 °C

[B 15a]
Dampfdruck von Penten-(1)—n-Pentan-Gemischen in mbar

x_2'	Temperatur in °C					
	0	5	10	15	20	25
0,142	260,4	322,9	398,6	486,0	596,0	715,9
0,213	268,9	333,0	410,5	500,5	614,9	739,3
0,351	283,6	350,0	430,0	523,4	642,6	770,1
0,458	292,1	360,1	442,8	—	661,5	789,0
0,543	300,6	368,5	453,7	552,0	674,7	808,1
0,701	308,8	380,4	467,6	567,3	693,3	832,5
0,860	315,0	389,0	477,7	580,4	706,1	844,7

87

x_1 C_5H_{10}, Penten-(1)
M: 70,14   Kp.: 39···40 °C

x_2 $CH_2:CH \cdot C(CH_3):CH_2$, Isopren
M: 68,12   Kp.: 34,3 °C

[B 15a]
Dampfdruck von Penten-(1)—Isopren-Gemischen in mbar

x_2'	Temperatur in °C					
	0	5	10	15	20	25
0,068	274,6	342,1	419,3	513,6	622,8	750,6
0,285	287,0	355,7	437,6	532,6	648,5	778,6
0,383	292,6	361,3	445,6	542,0	659,3	791,0
0,480	297,6	368,0	453,4	548,6	666,7	798,3
0,616	304,8	376,6	462,5	562,2	685,3	817,8
0,686	308,0	379,3	468,8	567,3	692,2	825,9
0,717	310,8	380,0	471,7	572,2	695,9	828,3
0,843	314,0	388,0	478,2	580,8	707,9	845,5
0,906	317,3	397,3	480,6	584,6	712,2	853,3
0,956	316,0	399,0	480,1	584,5	711,8	852,2

88

x_1 $CH_3 \cdot [CH_2]_2 \cdot CH:CH_2$, Penten-(1)
M: 70,14   Kp.: 39···40 °C

x_2 C_4F_8, Perfluor-cyclobutan
M: 200,03   Kp.: −5,5···−5,0 °C

[M 28]
Kritische Daten der Gemische

x_2	p_K bar	T_K K	x_2	p_K bar	T_K K
0,0000	35,510	463,77	0,4924	31,23	406,43
0,0859	35,76	453,10	0,7150	28,86	393,24
0,1700	35,39	441,05	0,8399	28,07	388,98
0,3099	33,90	423,77	1,0000	27,848	388,44

89

x_1 $(CH_3)_2C:CH \cdot CH_3$, Trimethyläthylen (2-Methyl-buten-(2))
M: 70,14   Kp.: 38,42 °C

x_2 C_5H_{12}, n-Pentan
M: 72,15   Kp.: 36,15 °C

[B 15 a]

Dampfdruck von Trimethyläthylen—n-Pentan-Gemischen in mbar

x_2'	Temperatur in °C					
	0	5	10	15	20	25
0,1501	231,2	273,6	347,2	428,6	530,4	643,3
0,2710	238,4	285,3	358,0	444,1	542,6	656,6
0,3500	242,3	287,7	364,5	449,3	546,6	668,6
0,3802	245,1	290,9	370,0	453,3	553,3	669,0
0,5230	248,3	294,4	374,0	457,3	562,5	676,6
0,6501	253,3	296,1	374,5	458,0	562,9	682,5
0,8002	252,8	296,8	374,6	458,9	564,6	683,4

90

x_1 $(CH_3)_2C:CH \cdot CH_3$, Trimethyläthylen (2-Methyl-buten-(2))
M: 70,14   Kp.: 38,42 °C

x_2 $CH_3 \cdot CH_2 \cdot C(CH_3):CH_2$, 2-Methyl-buten-(1)
M: 70,14   Kp.: 31···33 °C

[B 15 a]

Dampfdruck von Trimethyläthylen—2-Methyl-buten-(1)-Gemischen in mbar

x_2'	Temperatur in °C					
	0	5	10	15	20	25
0,0902	226,7	276,1	344,2	425,3	525,3	640,0
0,1797	238,9	288,0	358,6	441,6	552,0	666,1
0,3839	258,6	315,4	386,6	476,0	587,8	711,7
0,4780	263,3	326,6	400,6	492,0	601,6	727,9
0,6051	274,2	335,5	417,3	512,1	622,6	747,9
0,8321	288,6	357,4	436,0	537,6	654,6	789,3
0,9005	294,4	361,6	445,3	548,0	665,3	797,7

91

x_1 $(CH_3)_2C:CH \cdot CH_3$, Trimethyläthylen (2-Methyl-buten-(2))
M: 70,14   Kp.: 38,42 °C

x_2 $CH_2:CH \cdot C(CH_3):CH_2$, Isopren
M: 68,12   Kp.: 34,3 °C

[B 21]

$t = 20$ °C				$t = 30$ °C			
x_2'	x_2''	x_2'	x_2''	x_2'	x_2''	x_2'	x_2''
0,217	0,253	0,662	0,699	0,217	0,248	0,662	0,692
0,221	0,253	0,666	0,702	0,223	0,255	0,666	0,692
0,375	0,421	0,676	0,708	0,375	0,410	0,676	0,699
0,376	0,417	0,825	0,841	0,376	0,415	0,814	0,831
0,511	0,553	0,827	0,844	0,520	0,558	0,825	0,837
0,521	0,565	0,814	0,836	0,521	0,560	0,827	0,840

Die Originalarbeit enthält auch Dreistoff-Gleichgewichtsdaten bei 20 °C und 30 °C für die Systeme Trimethyläthylen—Isopren—N,N-Dimethylformamid, Trimethyläthylen—Isopren—Anilin und Trimethyläthylen—Isopren—Nitromethan.

Daten zur Berechnung des Phasengleichgewichtes für das binäre System bei den Temperaturen 0, 5, 10, 15, 20 und 25 °C enthält die Arbeit [G 19].

[B 15 a]

Dampfdruck von Trimethyläthylen—Isopren-Gemischen in mbar

x_2'	Temperatur in °C					
	0	5	10	15	20	25
0,1202	224,8	273,7	345,0	423,0	524,0	643,0
0,3126	236,4	291,3	362,9	445,5	550,2	671,9
0,4601	242,7	300,5	373,3	461,1	567,2	697,5
0,6002	250,0	311,8	386,2	477,3	580,1	714,6
0,8540	259,4	330,0	402,1	497,3	602,6	740,1

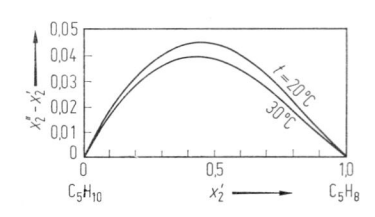

92

x_1 $CH_2:CH \cdot C(CH_3):CH_2$, Isopren
M: 68,12   Kp.: 34,3 °C

x_2 $CH_3 \cdot CH_2 \cdot C(CH_3):CH_2$, 2-Methylbuten-(1)
M: 70,14   Kp.: 31···33 °C

[B 15 a]

Dampfdruck von Isopren—2-Methyl-buten-(1)-Gemischen in mbar

x_2'	Temperatur in °C					
	0	5	10	15	20	25
0,1080	269,7	341,4	419,4	516,9	624,8	765,5
0,2120	273,6	346,6	424,6	523,4	633,3	775,9
0,3082	278,2	350,4	431,6	529,7	643,2	782,6
0,3330	280,0	353,0	430,0	532,0	644,0	783,3
0,4599	284,9	358,6	436,2	536,2	654,6	791,5
0,6895	290,1	363,7	444,6	547,3	663,7	804,2
0,8849	296,0	367,3	450,0	553,4	672,6	810,5

93 x_1 H$_2$C$\diagup\overset{CH_2}{\underset{CH_2}{}}\diagdown$C=CH$_2$

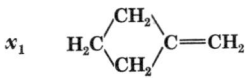

Methylencyclobutan
M: 68,12   Kp.: 42,2 °C

x_2 (CH$_3$)$_2$C:CH·CH$_3$, **Trimethyl-äthylen**
M: 70,14   Kp.: 38,5 °C

[G 5]

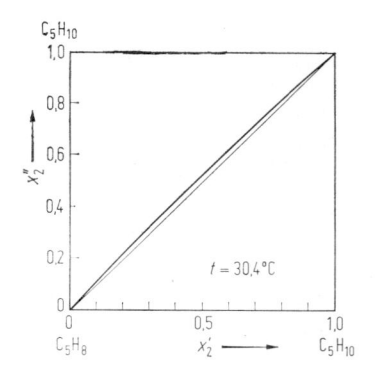

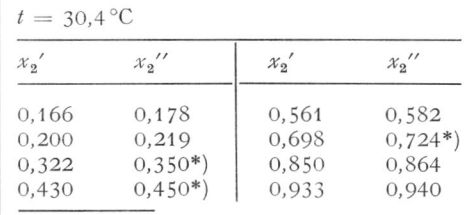

$t = 30{,}4\,°C$

x_2'	x_2''	x_2'	x_2''
0,166	0,178	0,561	0,582
0,200	0,219	0,698	0,724*)
0,322	0,350*)	0,850	0,864
0,430	0,450*)	0,933	0,940

*) Aus dem Trennfaktor errechnet, da Angaben in Originalarbeit unwahrscheinlich sind!

---

94 x_1 H$_2$C$\diagup\overset{CH_2}{\underset{CH_2}{}}\diagdown$C=CH$_2$

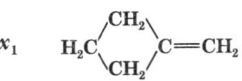

Methylencyclobutan
M: 68,12   Kp.: 42,2 °C

x_2 CH$_2$:CH·C(CH$_3$):CH$_2$, **Isopren**
M: 68,12   Kp.: 34,3 °C

[G 5]
Berechnete Trennfaktoren

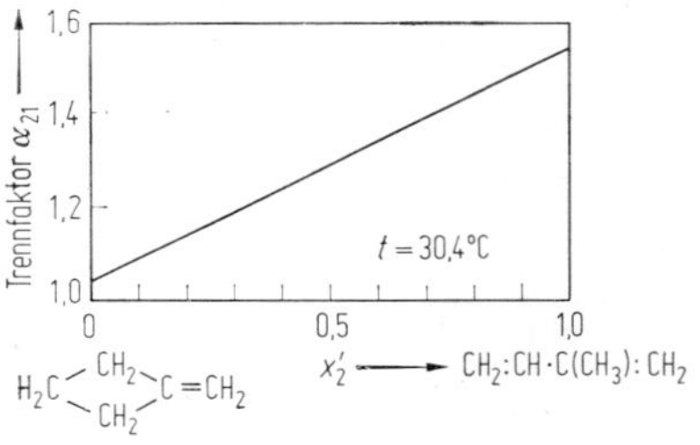

$t = 30{,}4\,°C$

x_2'	α_{21}	x_2'	x_2''
0,10	1,092	0,60	1,342
0,20	1,142	0,70	1,395
0,30	1,192	0,80	1,445
0,40	1,243	0,90	1,495
0,50	1,292		

---

95 x_1 C$_5$H$_8$, ⬠ **Cyclopenten**

M: 68,12   Kp.: 43···44,2 °C (751 Torr)

x_2 CH$_2$:CH·C(CH$_3$):CH$_2$, **Isopren**
M: 68,12   Kp.: 34,3 °C

[B 15a]
Dampfdruck von Cyclopenten—Isopren-Gemischen in mbar

x_2'	Temperatur in °C					
	0	5	10	15	20	25
0,216	200,0	251,5	314,8	386,2	472,0	572,6
0,245	201,9	255,2	318,4	390,8	477,4	578,0
0,371	214,8	268,5	332,6	408,9	501,2	606,5
0,516	225,9	282,4	350,6	430,5	528,5	639,6
0,575	231,2	289,7	358,9	440,5	540,6	651,5
0,649	238,8	298,4	368,9	452,8	554,5	669,7
0,693	241,5	302,6	374,9	459,7	563,4	680,9
0,761	245,5	307,6	380,6	466,6	571,4	691,7
0,775	246,5	308,9	382,8	469,8	574,6	694,9

96

x_1 C_5H_8, ⬡ Cyclopenten

M: 68,12   Kp.: 43···44,2 °C
(751 Torr)

x_2 C_5H_6, ⬡ Cyclopentadien

M: 66,10   Kp.: 40 °C

[B 15a]

Dampfdruck von Cyclopenten—Cyclopentadien-Gemischen in mbar

x_2'	Temperatur in °C			
	0	5	10	15
0,126	181,6	229,2	285,2	352,0
0,267	185,3	234,4	291,7	362,1
0,298	187,3	236,5	294,4	365,6
0,411	190,7	241,1	298,6	370,8
0,514	194,5	244,9	303,3	375,3
0,668	199,1*)	250,0	310,0	382,4
0,849	201,9*)	253,5	314,6	388,1

*) wahrscheinliche Werte

97

x_1 C_5H_6, ⬡ Cyclopentadien

M: 66,10   Kp.: 40 °C

x_2 C_5H_{12}, n-Pentan

M: 72,15   Kp.: 36,15 °C

[B 15a]

Dampfdruck von Cyclopentadien—n-Pentan-Gemischen in mbar

x_2'	Temperatur in °C			
	0	5	10	15
0,090	222,8	278,6	340,6	417,3
0,195	233,9	294,6	356,0	434,6
0,275	243,2*)	302,6	369,3	450,6
0,420	253,5	314,6	384,0	474,0
0,565	261,0	324,6	399,3	492,0
0,650	264,1	327,3	404,0	497,3
0,700	263,4	326,6	404,0	496,6
0,775	266,4	328,0	404,0	496,6
0,815	266,0	327,3	403,6	497,3
0,900	266,0	322,6	398,0	490,0

*) interpolierter Wert

98

x_1 C_5H_6, ⬡ Cyclopentadien

M: 66,10   Kp.: 40 °C

x_2 $CH_2:CH \cdot C(CH_3):CH_2$, Isopren

M: 68,12   Kp.: 34,3 °C

Die Arbeit [G 19] enthält Daten zur Berechnung des Phasengleichgewichtes bei $t = 0$ °C

99

x_1 $CH_3 \cdot [CH_2]_4 \cdot CH_3$, n-Hexan
M: 86,18   Kp.: 68,8 °C

x_2 $CH_3 \cdot [CH_2]_3 \cdot CH_3$, n-Pentan
M: 72,15   Kp.: 36,15 °C

[T 3]

$p = 0,9999$ bar $= 750$ Torr

t in °C	x_2'	x_2''	t in °C	x_2'	x_2''
63,96	0,085	0,183	54,52	0,307	0,536
62,94	0,107	0,228	50,92	0,396	0,637
60,94	0,154	0,307	47,42	0,522	0,747
59,08	0,195	0,375	47,20	0,524	0,748
56,62	0,255	0,462	43,58	0,654	0,832
56,40	0,256	0,465	41,14	0,742	0,893

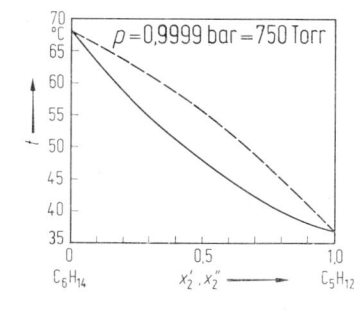

100

x_1 C_6H_{14}, n-Hexan
M: 86,18   Kp.: 68,8 °C

x_2 $CH_2:CH \cdot C(CH_3):CH_2$, Isopren
M: 68,12   Kp.: 34,3 °C

[B 15a]

Dampfdruck von n-Hexan—Isopren-Gemischen in mbar

x_2'	Temperatur in °C					
	0	5	10	15	20	25
0,105	94,0	120,5	152,3	189,6	236,0	290,0
0,241	124,4	157,6	196,3	243,2	305*)	368,0
0,267	132,3	166,7	204,4	258,4	318,8	382,8
0,418	161,3	202,9	252,0	308,9	380,4	456,5
0,450	166,7	210,7	264,1	326,0	402,6	490,6
0,581	193,6	246,9	306,9	379,0	465,4	566,0
0,756	229,7	287,0	356,4	438,1	536,4	651,1
0,820	242,1	302,0	372,4	457,0	558,4	675,9
0,896	254,1	316,9	391,7	478,5	585,7	706,6

*) interpolierter Wert

101

x_1 C_6H_{14}, **n-Hexan**
M: 86,18 Kp.: 68,8 °C

x_2 C_5H_6,  **Cyclopentadien**
M: 66,10 Kp.: 40 °C

[B 15a]

Dampfdruck von n-Hexan—Cyclopentadien-Gemischen in mbar

x_2'	$t = 10\,°C$	x_2'	$t = 10\,°C$
0,060	122,1	0,657	268,8
0,281	187,3	0,770	296,0
0,300	191,3	0,833	300,5
0,475	233,5	0,923	315,4
0,558	244,8	0,965	316,9
0,575	251,9		

102

x_1 $CH_3 \cdot [CH_2]_4 \cdot CH_3$, **Hexan**
M: 86,18 Kp.: 68,8 °C

x_2 $CH_3 \cdot [CH_2]_3 \cdot CH:CH_2$, **Hexen-(1)**
M: 84,16 Kp.: 63,35 °C

[S 35]

$p = 1{,}013$ bar $= 760$ Torr

t in °C	x_2'	x_2''	t in °C	x_2'	x_2''
67,9	0,097	0,113	64,8	0,592	0,626
67,8	0,105	0,123	64,7	0,603	0,627
67,2	0,193	0,220	64,4	0,676	0,707
66,5	0,292	0,326	64,3	0,715	0,744
65,9	0,386	0,423	64,1	0,780	0,803
65,7	0,412	0,450	64,0	0,786	0,808
65,4	0,477	0,515	63,7	0,884	0,897
64,8	0,587	0,622	63,7	0,892	0,900

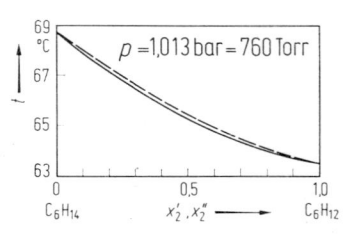

103

x_1 $CH_3 \cdot [CH_2]_4 \cdot CH_3$, **n-Hexan**
M: 86,18 Kp.: 68,8 °C

x_2 CH_3OH, **Methanol**
M: 32,04 Kp.: 64,7 °C

[R 1]

$p = 1{,}013$ bar $= 760$ Torr

t in °C	x_2'	x_2''	t in °C	x_2'	x_2''
56,9	0,010	0,300	51,4	0,906	0,550
51,3	0,022	0,418	51,6	0,923	0,560
51,2	0,040	0,439	52,8	0,949	0,612
50,5	0,095	0,477	53,8	0,957	0,635
49,9	0,175	0,491	54,7	0,965	0,664
50,0	0,283	0,496	55,8	0,965	0,695
49,9	0,405	0,497	55,6	0,968	0,694
49,9	0,704	0,500	58,2	0,977	0,768
49,9	0,724	0,500	63,0	0,993	0,935
50,1	0,854	0,516	63,5	0,995$_5$	0,950
50,2	0,875	0,515			

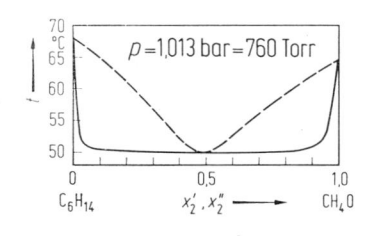

104

x_1 $CH_3 \cdot [CH_2]_4 \cdot CH_3$, **n-Hexan**
M: 86,18 Kp.: 68,8 °C

x_2 $(C_2H_5)_2NH$, **Diäthylamin**
M: 73,14 Kp.: 55,5 ··· 56,3 °C

[H 21]

$t = 60$ °C

p in bar	x_2'	x_2''	p in bar	x_2'	x_2''
0,8429	0,114	0,192	1,0975	0,657	0,727
0,9046	0,218	0,329	1,1431	0,807	0,845
0,9762	0,351	0,467	1,1639	0,898	0,915
1,0422	0,499	0,600			

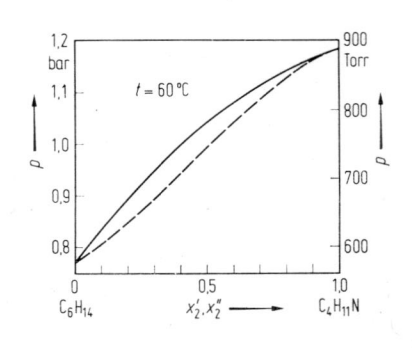

105

x_1 $(CH_3)_2CH \cdot CH(CH_3)_2$,
2,3-Dimethylbutan
M: 86,18   Kp.: 58,0 °C

x_2 $CH_3 \cdot CO \cdot CH_3$, Aceton
M: 58,08   Kp.: 56,1 °C

[W 6]

$p = 1{,}013$ bar $= 760$ Torr

t in °C	x_2'	x_2''	t in °C	x_2'	x''
55,2	0,025	0,096	45,7	0,603	0,544
50,6	0,090	0,252	45,8	0,678	0,585
46,6	0,251	0,405	46,0	0,703	0,593
46,0	0,331	0,443	47,5	0,827	0,663
45,6	0,464	0,489	50,8	0,929	0,802
45,6	0,504	0,506			

Einige weitere Daten finden sich bei [M 2]

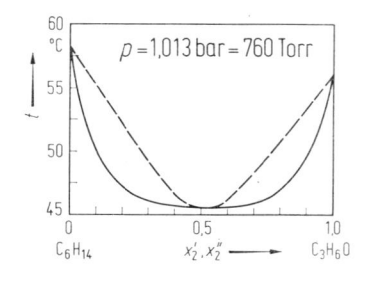

106

x_1 $CH_3 \cdot [CH_2]_3 \cdot CH:CH_2$, Hexen-(1)
M: 84,16   Kp.: 63,5 °C

x_2 $(C_2H_5)_2NH$, Diäthylamin
M: 73,14   Kp.: 55,5···56,3 °C

[H 21]

$t = 60$ °C

p in bar	x_2'	x_2''	p in bar	x_2'	x_2''
0,9513	0,108	0,148	1,1172	0,656	0,701
0,9922	0,217	0,276	1,1487	0,805	0,831
1,0368	0,347	0,412	1,1692	0,901	0,913
1,0836	0,510	0,569			

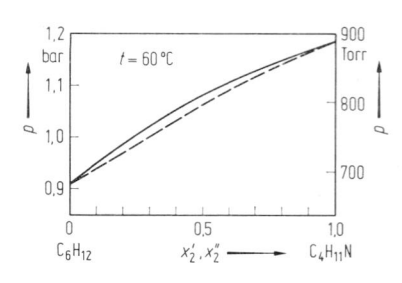

107

x_1 C_6H_{12}, Cyclohexan
M: 84,16   Kp.: 80,8 °C

x_2 $CH_2:CH \cdot C(CH_3):CH_2$, Isopren
M: 68,12   Kp.: 34,3 °C

[B 15a]

Dampfdruck von Cyclohexan–Isopren-Gemischen in mbar

x_2'	Temperatur in °C				
	5	10	15	20	25
0,146	111,1	139,5	171,1	212,0	258,0
0,156	116,3	146,0	178,0	220,4	268,2
0,175	121,6	148,8	184,1	226,5	276,5
0,268	150,8	181,6	223,2	290,0	350,9
0,336	170,7	211,3	260,0	318,0	383,6
0,432	196,8	243,3	294,8	360,0	438,6
0,456	204,4	253,3	304,0	379,3	457,3
0,531	223,5	275,7	333,6	405,6	—
0,582	234,7	291,8	358,8	436,8	526,0
0,664	255,7	314,8	385,7	472,0	570,1
0,726	268,5	330,4	403,7	496,0	600,0
0,881	308,1	380,0	466,0	568,0	686,6

108

x_1 C_6H_{12}, Cyclohexan
M: 84,16   Kp.: 80,8 °C

x_2 C_5H_6, Cyclopentadien
M: 66,10   Kp.: 40 °C

[B 15a]

Dampfdruck von Cyclohexan–Cyclopentadien-Gemischen in mbar

x_2'	$t = 10$ °C	x_2'	$t = 10$ °C
0,1425	116,5	0,625	241,6
0,213	138,1	0,7108	267,2
0,355	181,6	0,8173	289,4
0,439	198,5	0,8297	289,0
0,531	224,0	0,9086	304,1
0,533	222,8		

109 x_1 C_6H_{12}, **Cyclohexan**
           M: 84,16   Kp.: 80,8 °C

       x_2 $CH_3 \cdot [CH_2]_4 \cdot CH_3$, **Hexan**
           M: 86,18   Kp.: 68,8 °C

[L 15]
Sättigungsdampfdruck flüssiger Cyclohexan—n-Hexan-Gemische

$x_2' = 0{,}064$		$x_2' = 0{,}321$		$x_2' = 0{,}349$		$x_2' = 0{,}504$		$x_2' = 0{,}736$		$x_2' = 0{,}850$	
t in °C	p in mbar	t in °C	p in mbar	t in °C	p in mbar	t in °C	p in mbar	t in °C	p in mbar	t in °C	p in mbar
0,60	41,41	0,61	49,69	0,52	49,52	0,48	53,94	0,37	57,06	0,57	59,74
3,74	48,98	3,49	57,65	5,21	63,10	4,35	66,01	3,41	66,86	4,18	72,05
8,49	62,59	4,92	62,02	10,43	82,01	8,26	80,41	8,32	85,64	7,93	87,18
12,19	75,54	6,24	66,34	14,98	102,14	12,43	98,63	12,53	105,38	13,06	112,32
16,23	91,74	10,30	81,23	17,27	113,74	15,77	115,46	16,53	127,49	16,13	129,49
20,83	113,95	13,31	93,92	20,43	131,40	19,46	136,91	20,67	154,01	20,51	158,41
25,42	140,12	14,90	101,04	24,99	161,13	25,02	175,49	24,93	186,01		
		17,98	116,60								
		21,41	135,96								

$x_2' = 1{,}000$

t in °C	p in mbar	t in °C	p in mbar
0,43	61,87	12,56	114,35
1,64	65,97	14,93	127,99
3,53	72,90	17,53	144,57
5,65	81,02	19,96	161,56
8,05	91,71	22,33	179,40
9,93	100,56	25,17	203,35

Die Originalarbeit enthält Gleichgewichtskurven aus berechneten Werten für die Temperaturen 0°, 5°, 10°, 15°, 20° und 25 °C. Daten zur Berechnung des Gleichgewichtes s. a. [G 19].

110 x_1 C_6H_{12}, **Cyclohexan**
           M: 84,16   Kp.: 80,8 °C

       x_2 $(CH_3)_2CH \cdot CH(CH_3)_2$, **2,3-Dimethylbutan**
           M: 86,18   Kp.: 58,1 °C

[E 6]
Dampfdruck p und Aktivitätskoeffizient f_2 des binären Gemisches bei $t = 25$ °C

x_2'	p in bar	$\ln f_2$
0,00000	0,13024	
0,10248	0,15312	0,1217
0,13094	0,15907	0,1112
0,18324	0,16981	0,0964
0,27051	0,18700	0,0748
0,29845	0,19220	0,0673
0,35087	0,20208	0,05733
0,42901	0,21620	0,04266
0,48630	0,22637	0,03394
0,51077	0,23057	0,03006
0,53230	0,23441	0,02776
0,57243	0,24117	0,02199
0,57914	0,24243	0,02188
0,70886	0,26440	0,00991
0,78867	0,27772	0,00492
0,90039	0,29643	0,00137
1,00000	0,31291	

111 x_1 C_6H_{12}, **Cyclohexan**
           M: 84,16   Kp.: 80,8 °C

       x_2 C_6H_6, **Benzol**
           M: 78,11   Kp.: 80,2 °C

[F 8]

$t = 39{,}99$ °C

p in bar	x_2'	x_2''
0,2599	0,1282	0,1657
0,2675	0,2354	0,2766
0,2730	0,3685	0,3912
0,2748	0,4932	0,4950
0,2736	0,6143	0,5909
0,2690	0,7428	0,6979
0,2600	0,8656	0,8205

In der Originalarbeit werden die obigen experimentellen Werte aus [S 4] mit aus der Gibbs—Duhem-Gleichung gewonnenen Daten verglichen

Zu **111**

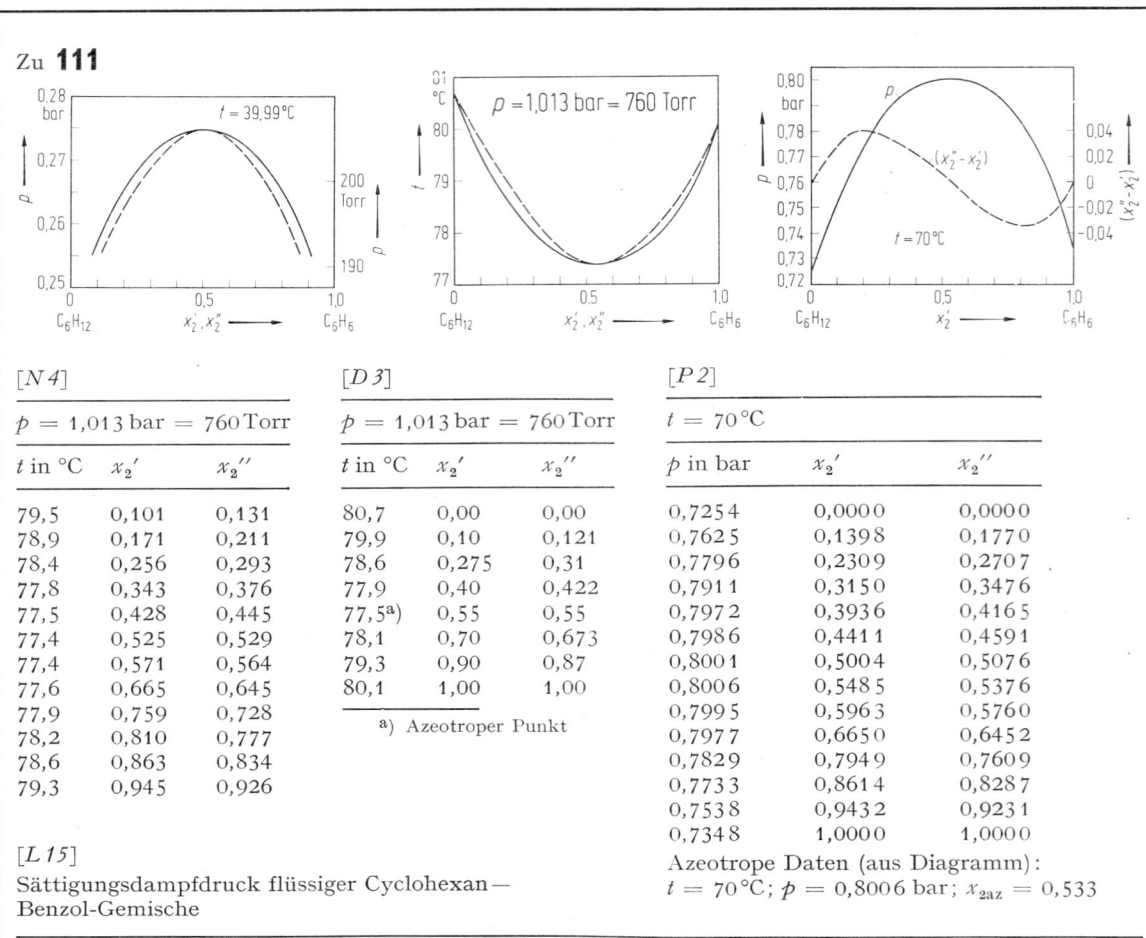

[N 4]

$p = 1{,}013$ bar $= 760$ Torr

t in °C	x_2'	x_2''
79,5	0,101	0,131
78,9	0,171	0,211
78,4	0,256	0,293
77,8	0,343	0,376
77,5	0,428	0,445
77,4	0,525	0,529
77,4	0,571	0,564
77,6	0,665	0,645
77,9	0,759	0,728
78,2	0,810	0,777
78,6	0,863	0,834
79,3	0,945	0,926

[D 3]

$p = 1{,}013$ bar $= 760$ Torr

t in °C	x_2'	x_2''
80,7	0,00	0,00
79,9	0,10	0,121
78,6	0,275	0,31
77,9	0,40	0,422
77,5 [a]	0,55	0,55
78,1	0,70	0,673
79,3	0,90	0,87
80,1	1,00	1,00

[a] Azeotroper Punkt

[P 2]

$t = 70$ °C

p in bar	x_2'	x_2''
0,7254	0,0000	0,0000
0,7625	0,1398	0,1770
0,7796	0,2309	0,2707
0,7911	0,3150	0,3476
0,7972	0,3936	0,4165
0,7986	0,4411	0,4591
0,8001	0,5004	0,5076
0,8006	0,5485	0,5376
0,7995	0,5963	0,5760
0,7977	0,6650	0,6452
0,7829	0,7949	0,7609
0,7733	0,8614	0,8287
0,7538	0,9432	0,9231
0,7348	1,0000	1,0000

Azeotrope Daten (aus Diagramm):
$t = 70$ °C; $p = 0{,}8006$ bar; $x_{2az} = 0{,}533$

[L 15]
Sättigungsdampfdruck flüssiger Cyclohexan–Benzol-Gemische

$x_2' = 0{,}000$		$x_2' = 0{,}077$		$x_2' = 0{,}162$		$x_2' = 0{,}265$		$x_2' = 0{,}582$		$x_2' = 0{,}826$	
t in °C	p in mbar	t in °C	p in mbar	t in °C	p in mbar	t in °C	p in mbar	t in °C	p in mbar	t in °C	p in mbar
6,08	51,63	0,42	40,17	0,62	42,54	0,63	43,97	0,53	43,89	0,45	41,86
10,70	65,75	3,18	46,61	3,69	50,13	4,41	53,78	6,13	58,83	3,24	48,60
12,53	72,27	5,56	52,98	7,14	59,74	8,28	65,82	10,23	72,47	5,77	55,54
15,03	81,59	6,10	54,50	9,66	67,96	11,97	79,03	14,19	88,26	9,35	66,74
17,23	90,94	10,33	67,55	12,80	79,43	16,52	98,62	17,74	104,67	12,58	78,51
20,74	107,18	13,99	81,11	16,00	92,83	20,48	118,80	21,68	125,81	17,04	97,54
23,13	119,85	17,86	97,72	18,87	106,27	22,37	129,63	25,06	146,56	21,08	118,20
25,14	131,20	21,82	117,49	21,66	120,77	24,92	145,32			24,94	140,80
		25,05	136,13	25,00	140,03						

$x_2' = 0{,}898$		$x_2' = 1{,}000$			
t in °C	p in mbar	t in °C	p in mbar	t in °C	p in mbar
0,50	39,77	6,68	50,87	16,63	85,18
2,51	44,48	7,02	51,91	17,97	90,83
6,30	54,17	9,88	60,39	20,00	100,40
10,18	66,41	10,07	60,93	20,07	100,71
13,59	78,78	11,43	65,57	22,34	112,16
16,91	92,75	12,80	70,27	25,05	127,44
20,87	111,98	13,47	72,65	25,32	128,87
25,51	138,75	15,29	79,46		

Die Originalarbeit enthält Gleichgewichtskurven aus berechneten Werten für die Temperaturen 0°, 5°, 10°, 15°, 20° und 25 °C.

112 x_1 C_6H_{12}, Cyclohexan
                 M: 84,16   Kp.: 80,8 °C

         x_2 CCl_4, Tetrachlorkohlenstoff
                 M: 153,82 Kp.: 76,7 °C

[R 11]

$p = 1,013$ bar $= 760$ Torr

t in °C	x_2'	x_2''	t in °C	x_2'	x_2''
80,6	0,022	0,024	77,7	0,497	0,529
80,1	0,077	0,091	77,5	0,548	0,576
79,7	0,140	0,162	77,2	0,610	0,636
79,3	0,199	0,227	77,0	0,676	0,696
78,9	0,258	0,290	76,9	0,737	0,753
78,6	0,316	0,350	76,8	0,799	0,810
78,2	0,376	0,409	76,8	0,860	0,866
77,9	0,438	0,470	76,7	0,919	0,922
77,7	0,482	0,513	76,7	0,980	0,981

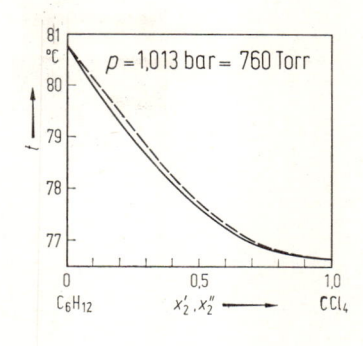

[F 8]

$t = 40$ °C

p in bar	x_2'	x_2''	p in bar	x_2'	x_2''
0,2541	0,1262	0,1515	0,2728	0,5151	0,5474
0,2608	0,2453	0,2822	0,2759	0,6061	0,6341
0,2668	0,3669	0,4066	0,2802	0,7542	0,7702
0,2712	0,4739	0,5103	0,2827	0,8756	0,8822
0,2712	0,4753	0,5116			

In der Originalarbeit werden die nebenstehenden experimentellen Werte aus [S 5] mit aus der Gibbs–Duhem-Gleichung gewonnenen Daten verglichen

---

113 x_1 C_6H_{12}, Cyclohexan
                 M: 84,16   Kp.: 80,8 °C

         x_2 $CH_3 \cdot CH_2OH$, Äthanol
                 M: 46,07   Kp.: 78,32···,34 °C

[H 16]

$p = 1,0132$ bar $= 760$ Torr

t in °C	x_2'	x_2''	t in °C	x_2'	x_2''
73,99	0,020	0,175	64,88	0,557	0,455
69,08	0,030	0,302	65,01	0,613	0,460
66,94	0,065	0,358	65,25	0,678	0,475
66,08	0,081	0,363	65,56	0,738	0,505
65,59	0,125	0,388	66,03	0,763	0,496
65,23	0,151	0,396	66,40	0,781	0,498
65,12	0,206	0,408	66,90	0,809	0,545
64,93	0,258	0,415	67,26	0,833	0,578
64,87	0,283	0,418	67,98	0,853	0,595
64,84	0,315	0,426	68,86	0,881	0,623
64,78	0,366	0,430	69,44	0,898	0,653
64,77	0,403	0,431	70,11	0,909	0,678
64,78	0,444	0,438	71,42	0,929	0,725
64,81	0,500	0,443	72,48	0,951	0,778

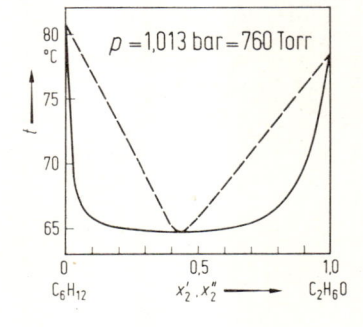

Mischungswärmen bei $t = 35°$ und 45 °C s. [N 10]

114

x_1 C_6H_{12}, Cyclohexan
     M: 84,16   Kp.: 80,8 °C

x_2 $CH_3 \cdot CO \cdot CH_3$, Aceton
     M: 58,08   Kp.: 56,2···56,3 °C

[P 11]

$t = 25\,°C$

p in bar	x_2'	x_2''
0,130 35	0,0000	0,0000
0,309 18	0,2077	0,6184
0,323 83	0,2868	0,6452
0,332 20	0,3520	0,6609
0,337 38	0,4158	0,6737
0,341 81	0,4847	0,6867
0,345 52	0,5654	0,7025
0,347 65	0,6311	0,7156
0,348 74	0,6809	0,7272
0,349 44	0,7316	0,7403
0,348 32	0,7990	0,7681
0,345 26	0,8610	0,7976
0,337 94	0,9209	0,8536
0,306 04	1,0000	1,0000

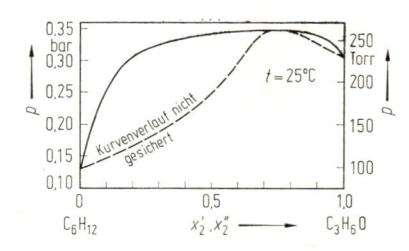

115

x_1 C_6H_{12}, Cyclohexan
     M: 84,16   Kp.: 80,8 °C

x_2 $CH_3 \cdot CO_2CH_3$, Essigsäure-methylester
     M: 74,08   Kp.: 56,8 °C

[N 4]

$p = 1,013\,\text{bar} = 760\,\text{Torr}$

t in °C	x_2'	x_2''	t in °C	x_2'	x_2''
74,3	0,033	0,182	56,7	0,507	0,673
68,4	0,085	0,350	56,0	0,616	0,714
64,9	0,142	0,443	55,8	0,688	0,744
59,7	0,283	0,575	55,7	0,722	0,759
59,0	0,313	0,594	55,5	0,781	0,789
57,9	0,373	0,625	55,55	0,835	0,820
56,8	0,478	0,664	55,8	0,940	0,914

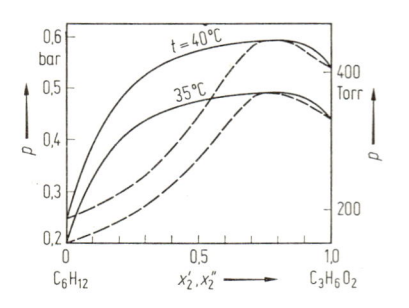

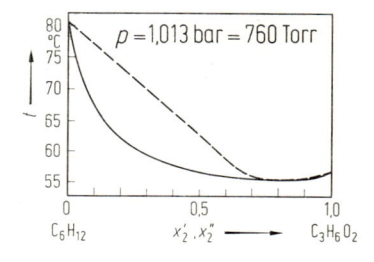

[N 8]

$t = 35\,°C$			$t = 40\,°C$		
p in bar	x_2'	x_2''	p in bar	x_2'	x_2''
0,2008	0,000	0,000	0,2462	0,000	0,000
0,3409	0,111	0,455	0,2994	0,028	0,201
0,4164	0,231	0,592	0,3473	0,062	0,334
0,4665	0,440	0,667	0,4630	0,174	0,521
0,4841	0,605	0,712	0,5330	0,322	0,618
0,4917	0,715	0,748	0,5694	0,457	0,670
0,4928	0,753	0,763	0,5842	0,610	0,711
0,4892	0,844	0,817	0,5934	0,735	0,754
0,4776	0,921	0,878	0,5922	0,860	0,826
0,4432	1,000	1,000	0,5697	0,952	0,915
			0,5406	1,000	1,000

Die Dampfdrücke der reinen Stoffe sind berechnet. Die Originalarbeit enthält Zahlenwerte für die Mischungswärmen bei 25°, 35° und 45 °C.

Weishaupt

116

x_1 (C$_6$H$_{12}$), **Methylcyclopentan**
M: 84,16   Kp.: 71,72···72 °C

x_2 CH$_3\cdot$[CH$_2$]$_4\cdot$CH$_3$, **n-Hexan**
M: 86,18   Kp.: 68,74···68,8 °C

[E 3]

Sättigungstemperatur (°C) im Siedepunkt (S.P.) und im Kondensationspunkt (K.P.)

x_2	p = 0,2666 bar = 200 Torr		p = 0,5333 bar = 400 Torr		p = 0,7999 bar = 600 Torr		p = 1,0132 bar = 760 Torr	
	S.P.	K.P.	S.P.	K.P.	S.P.	K.P.	S.P.	K.P.
0,000	33,92	33,92	52,29	52,29	64,32	64,32	71,72	71,72
0,050	33,75	33,82	52,08	52,20	64,17	64,25	71,48	71,54
0,100	33,61	33,73	51,87	52,00	64,00	64,12	71,23	71,31
0,200	33,35	33,52	51,48	51,63	63,70	63,83	70,82	70,94
0,300	33,13	33,34	51,11	51,26	63,43	63,52	70,46	70,58
0,400	32,93	33,13	50,75	50,92	63,14	63,22	70,13	70,26
0,500	32,71	32,91	50,40	50,56	62,81	62,93	69,82	69,94
0,600	32,50	32,68	50,11	50,27	62,52	62,64	69,55	69,66
0,700	32,26	32,46	50,00	50,13	62,23	62,35	69,30	69,43
0,800	32,02	32,22	49,89	49,98	61,94	62,03	69,07	69,20
0,900	31,82	31,97	49,78	49,82	61,67	61,75	68,90	68,96
0,950	31,75	31,83	49,70	49,75	61,53	61,60	68,82	68,88
1,000	31,68	31,68	49,67	49,67	61,40	61,40	68,77	68,77

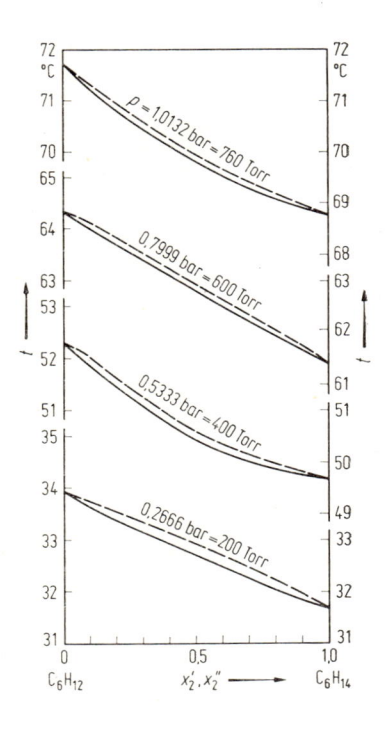

117

x_1 C$_6$H$_{10}$, **Cyclohexen**
M: 82,15   Kp.: 83,3 °C

x_2 C$_5$H$_{12}$, **n-Pentan**
M: 72,15   Kp.: 36,15

[B 15 a]

Dampfdruck von Cyclohexen—n-Pentan-Gemischen in mbar

x_2'	Temperatur in °C				
	5	10	15	20	25
0,144	90,0	112,5	141,1	174,8	214,3
0,223	114,4	142,4	176,0	216,9	252,7
0,329	143,2	177,7	218,5	267,6	325,0
0,435	170,5	211,9	260,2	318,8	387,2
0,516	191,9	237,6	291,7	356,8	432,1
0,586	209,3	258,1	316,1	385,4	466,0
0,758	250,3	309,2	379,0	461,7	558,4
0,842	270,0	331,8	407,6	496,5	601,0

118

x_1 C$_6$H$_{10}$, **Cyclohexen**
M: 82,15   Kp.: 83,3 °C

x_2 CH$_2$:CH$\cdot$C(CH$_3$):CH$_2$, **Isopren**
M: 68,12   Kp.: 34,3 °C

Die Arbeit [G 19] enthält Daten zur Berechnung des Phasengleichgewichtes bei den Temperaturen 0, 5, 10, 15, 20 und 25°C.

119

x_1 C_6H_{10}, Cyclohexen
      M: 82,15   Kp.: 83,3 °C

x_2 C_5H_6, Cyclopentadien
      M: 66,10   Kp.: 40 °C

[B 15a]

Dampfdruck von Cyclohexen–Cyclopentadien-Gemischen in mbar

x_2'	$t = 10\,°C$	x_2'	$t = 10\,°C$
0,115	102,1	0,738	257,3
0,223	132,5	0,741	261,6
0,293	149,7	0,903	296,2
0,415	179,9	0,917	299,3
0,509	206,3		

121

x_1 C_6H_{10}, Cyclohexen
      M: 82,15   Kp.: 83,3 °C

x_2 C_6H_{12}, Cyclohexan
      M: 84,16   Kp.: 80,8 °C

[M 20]

$p = 1,013\,\text{bar} = 760\,\text{Torr}$

t in °C	x_2'	x_2''	t in °C	x_2'	x_2''
82,91	0,0281	0,0321	81,99	0,3770	0,4020
82,84	0,0276	0,0312	81,92	0,4291	0,4610
82,63	0,0627	0,0758	81,79	0,4886	0,5085
82,80	0,0997	0,1139	81,66	0,5395	0,5546
82,57	0,1742	0,1902	81,59	0,5776	0,5868
82,44	0,2211	0,2428	81,45	0,5998	0,6100
82,14	0,2939	0,3128	81,34	0,6547	0,6677
82,16	0,3149	0,3438	81,11	0,7070	0,7140

Daten zur Berechnung des Phasengleichgewichtes bei den Temperaturen 5, 10, 15, 20 und 25 °C siehe [G 19]

[B 15a]

Dampfdruck von Cyclohexen–Cyclohexan-Gemischen in mbar

x_2'	Temperatur in °C				
	5	10	15	20	25
0,092	46,1	59,6	76,3	96,5	121,9
0,226	47,1	60,9	77,7	98,7	124,4
0,371	48,7	62,7	79,9	101,1	126,7
0,432	48,3	62,0	78,9	100,3	126,4
0,481	48,7	63,5	81,6	103,2	130,3
0,550	50,4	64,3	81,3	102,9	128,5
0,769	49,2	63,6	81,9	104,3	131,9
0,796	50,1	64,9	83,2	105,9	133,3
0,891	49,7	64,4	82,4	104,9	132,5

120

x_1 C_6H_{10}, Cyclohexen
      M: 82,15   Kp.: 83,3 °C

x_2 C_6H_{14}, n-Hexan
      M: 86,18   Kp.: 68,8 °C

[B 15a]

Dampfdruck von Cyclohexen–n-Hexan-Gemischen in mbar

x_2'	Temperatur in °C				
	5	10	15	20	25
0,034	47,3	61,2	78,0	98,8	124,1
0,086	50,4	65,2	82,8	105,1	131,5
0,199	54,9	70,8	89,7	113,2	141,7
0,282	59,1	75,5	95,3	120,3	149,6
0,402	62,0	79,5	100,5	127,3	159,2
0,462	64,8	82,9	104,9	132,4	164,9
0,545	66,8	85,5	108,1	136,8	170,9
0,705	70,8	90,9	115,6	146,9	184,5
0,868	77,2	98,1	123,9	155,6	192,7

122

x_1 C_6H_{10}, Cyclohexen
      M: 82,15   Kp.: 83,3 °C

x_2 C_6H_6, Benzol
      M: 78,11   Kp.: 80,2 °C

[M 27]

$t = 0\,°C$			$t = 20\,°C$		
p in bar	x_2'	x_2''	p in bar	x_2'	x_2''
0,0335	0,0	0,0	0,0949	0,0	0,0
0,0349	0,087	0,112	0,0987	0,067	0,087
0,0355	0,147	0,179	0,1006	0,158	0,187
0,0359	0,206	0,239	0,1011	0,191	0,219
0,0364	0,343	0,368	0,1016	0,236	0,263
0,0365	0,479	0,486	0,1031	0,425	0,440
0,0365	0,534	0,535	0,1033	0,540	0,542
0,0365	0,547	0,546	0,1031	0,699	0,685
0,0365	0,605	0,597	0,1029	0,758	0,744
0,0363	0,733	0,715	0,1027	0,800	0,786
0,0362	0,819	0,799	0,1012	0,928	0,920
0,0361	0,857	0,839	0,0997	0,993	0,992
0,0357	0,941	0,930	0,0996	1,0	1,0
0,0351	1,0	1,0			

Die x_2''-Werte sind aus einer anderen Meßreihe interpoliert

Zu **122**

[D 14]

$t = 25°C$			$t = 50°C$			$t = 75°C$					
p in bar	x_2'	x_2''	p in bar	x_2'	x_2''	p in bar	x_2'	x_2''	p in bar	x_2'	x_2''
0,1183	0,000	0,000	0,3350	0,000	0,000	0,7978	0,000	0,000	0,8710	0,622	0,631
0,1205	0,052	0,066	0,3418	0,070	0,087	0,8111	0,068	0,082	0,8739	0,660	0,666
0,1227	0,104	0,129	0,3436	0,083	0,108	0,8245	0,142	0,165	0,8758	0,702	0,706
0,1241	0,160	0,193	0,3493	0,139	0,165	0,8359	0,207	0,236	0,8734	0,712	0,713
0,1260	0,214	0,248	0,3502	0,174	0,204	0,8422	0,273	0,301	0,8763	0,752	0,751
0,1267	0,268	0,303	0,3521	0,200	0,230	0,8491	0,337	0,364	0,8735	0,798	0,795
0,1287	0,325	0,361	0,3552	0,245	0,279	0,8558	0,400	0,424	0,8749	0,842	0,836
0,1292	0,386	0,414	0,3573	0,266	0,299	0,8590	0,450	0,474	0,8723	0,890	0,885
0,1301	0,475	0,496	0,3604	0,312	0,344	0,8655	0,511	0,531	0,8719	0,902	0,897
0,1313	0,529	0,543	0,3617	0,362	0,395	0,8687	0,556	0,571	0,8706	0,943	0,938
0,1315	0,558	0,568	0,3640	0,386	0,413	0,8711	0,607	0,619	0,8637	1,000	1,000
0,1309	0,607	0,610	0,3658	0,430	0,456						
0,1313	0,641	0,641	0,3669	0,476	0,497						
0,1308	0,656	0,655	0,3681	0,526	0,542						
0,1308	0,725	0,717	0,3684	0,540	0,556						
0,1304	0,790	0,776	0,3697	0,588	0,598						
0,1297	0,856	0,842	0,3697	0,648	0,652						
0,1289	0,901	0,887	0,3698	0,690	0,690						
0,1279	0,952	0,944	0,3700	0,706	0,704						
0,1268	1,000	1,000	0,3701	0,760	0,755						
			0,3705	0,767	0,761						
			0,3690	0,826	0,817						
			0,3665	0,891	0,882						
			0,3656	0,944	0,937						
			0,3628	1,000	1,000						

[D 14]

Azeotrope Daten:

$t =$	$p =$	$x_{2az} =$	
0°C;	0,0365 bar;	0,53	[M 27]
20°C;	0,1033 bar;	0,54	,,
25°C;	0,1315 bar;	0,641	[D 14]
50°C;	0,370 bar;	0,690	,,
75°C;	0,876 bar;	0,732	,,

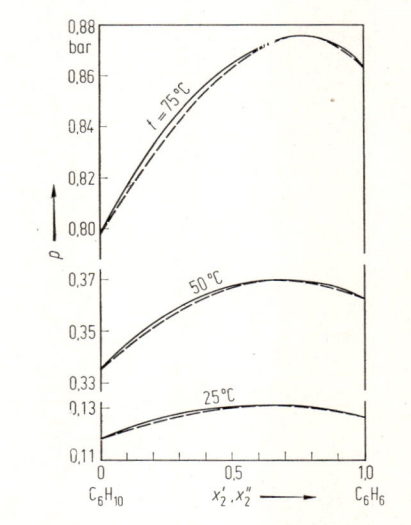

123

x_1 C_6H_{10}, Cyclohexen
       M: 82,15   Kp.: 83,3°C

x_2 CCl_4, Tetrachlorkohlenstoff
       M: 153,82   Kp.: 76,7°C

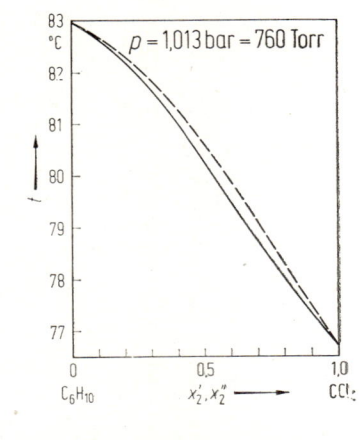

[R 11]

$p = 1,013$ bar $= 760$ Torr

t in °C	x_2'	x_2''	t in °C	x_2'	x_2''
82,9	0,020	0,022	80,3	0,491	0,540
82,7	0,080	0,090	79,9	0,545	0,594
82,5	0,140	0,156	79,4	0,608	0,657
82,2	0,196	0,220	79,0	0,669	0,714
81,9	0,257	0,288	78,5	0,731	0,773
81,5	0,316	0,352	78,1	0,792	0,827
81,1	0,376	0,417	77,6	0,856	0,883
80,7	0,435	0,480	77,2	0,918	0,935
80,4	0,482	0,530	76,8	0,982	0,986

124 x_1 C_6H_6, Benzol
          M: 78,11   Kp.: 80,2 °C

          x_2 $CH_3 \cdot [CH_2]_3 \cdot CH_3$, n-Pentan
          M: 72,15   Kp.: 36,15 °C

[B 22]

$t = -17,8\,°C$			$t = 16,0\,°C$		
p in bar	x_2'	x_2''	p in bar	x_2'	x_2''
0,0707	0,461	0,896	0,1313	0,052	0,448
0,0687	0,463	0,889	0,1440	0,066	0,453
0,0700	0,475	0,886	0,1564	0,081	0,439
0,0740	0,546	0,898	0,1567	0,089	0,513
0,0773	0,607	0,911	0,1693	0,098	0,542
0,0787	0,650	0,916	0,1840	0,124	0,503
0,0820	0,700	0,930	0,2007	0,156	0,551
0,0853	0,768	0,940	0,2046	0,159	0,553
0,0893	0,818	0,949	0,2366	0,225	0,722
0,0920	0,847	0,958	0,2620	0,301	0,675
0,0927	0,867	0,963	0,2893	0,374	0,797
0,0923	0,895	0,970	0,2946	0,423	0,822
0,0967	0,919	0,979	0,3220	0,479	0,833
0,0973	0,935	0,981	0,3273	0,525	0,852
0,0987	0,949	0,984	0,3500	0,561	0,869
0,0993	0,960	0,989	0,3666	0,625	0,871
			0,3773	0,665	0,889
			0,3913	0,715	0,908
			0,4073	0,761	0,923
			0,4220	0,815	0,937
			0,4350	0,857	0,949
			0,4506	0,896	0,962
			0,4613	0,934	0,977
			0,4686	0,956	0,986

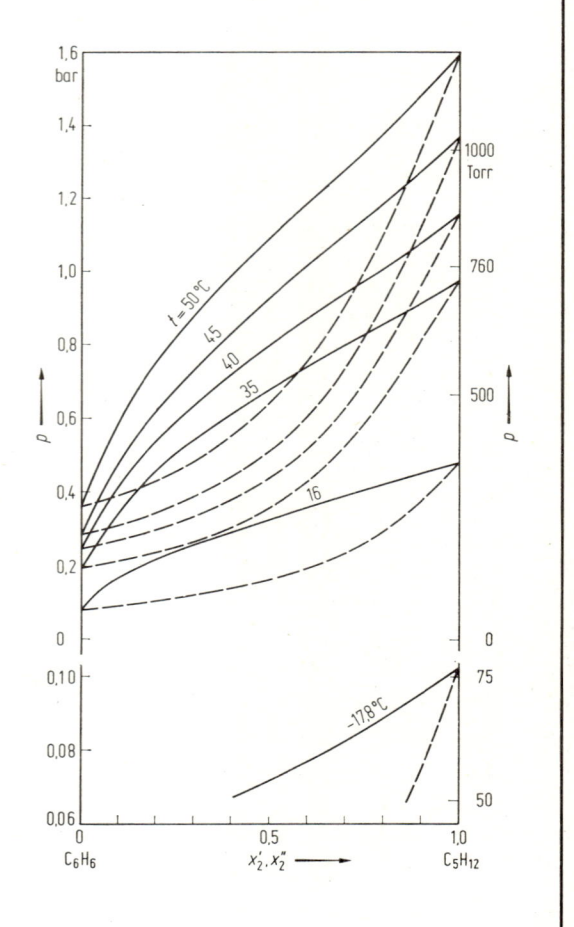

[W 4]

$t = 35\,°C$			$t = 40\,°C$			$t = 45\,°C$			$t = 50\,°C$		
p in bar	x_2'	x_2''	p in bar	x_2'	x_2''	p in bar	x_2'	x_2''	p in bar	x_2'	x_2''
0,1977	0,0000	0,0000	0,2435	0,0000	0,0000	0,2845	0,0000	0,0000	0,3167	0,0000	0,0000
0,2760	0,0528	0,3252	0,3264	0,0465	0,2872	0,3329	0,0255	0,1819	0,4404	0,0314	0,2282
0,3516	0,1079	0,4879	0,3921	0,0877	0,4264	0,3920	0,0543	0,3169	0,5176	0,0702	0,3496
0,4136	0,1609	0,5822	0,4654	0,1386	0,5356	0,5496	0,1467	0,5478	0,6238	0,1239	0,4796
0,4838	0,2332	0,6672	0,5534	0,2148	0,6389	0,5987	0,1829	0,5996	0,6943	0,1647	0,5469
0,5360	0,2913	0,7129	0,6158	0,2756	0,6932	0,6587	0,2286	0,6476	0,7474	0,2032	0,5981
0,6053	0,3848	0,7701	0,6743	0,3368	0,7322	0,7106	0,2706	0,6849	0,8134	0,2472	0,6436
0,6453	0,4459	0,7992	0,7286	0,4061	0,7701	0,7825	0,3373	0,7322	0,9109	0,3259	0,7042
0,7241	0,5689	0,8492	0,7790	0,4749	0,8021	0,8439	0,4011	0,7684	0,9798	0,3926	0,7446
0,7747	0,6598	0,8801	0,8211	0,5296	0,8249	0,9014	0,4636	0,7969	1,0275	0,4352	0,7675
0,8161	0,7367	0,9056	0,8839	0,6183	0,8601	0,9333	0,4991	0,8135	1,0906	0,5032	0,7986
0,8667	0,8135	0,9319	0,9267	0,6828	0,8824	0,9868	0,5678	0,8409	1,1624	0,5746	0,8296
0,9154	0,8998	0,9615	0,9651	0,7364	0,9013	1,0439	0,6328	0,8645	1,2452	0,6636	0,8652
0,9764	1,0000	1,0000	0,9999	0,7929	0,9212	1,1154	0,7171	0,8962	1,2775	0,6909	0,8756
			1,0587	0,8738	0,9502	1,1758	0,7899	0,9215	1,5915	1,0000	1,0000
			1,1560	1,0000	1,0000	1,3650	1,0000	1,0000			

Zu 124

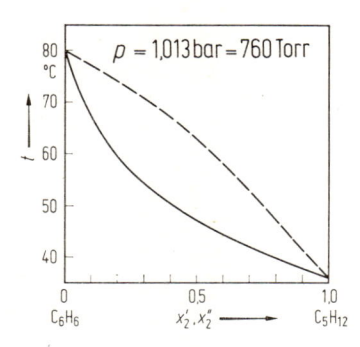

p = 1,013 bar = 760 Torr

[M 32]
Sättigungstemperaturen in °C im Siedepunkt (S.P.) und im Kondensationspunkt (K.P.)

$p = 1{,}013$ bar $= 760$ Torr

x_2	S.P.	K.P.	x_2	S.P.	K.P.
0,0	80,1	80,1	0,6	44,5	58,1
0,05	73,0	78,8	0,7	42,2	52,8
0,1	67,3	77,4	0,8	39,9	47,2
0,2	59,6	74,1	0,9	37,8	41,3
0,3	54,3	70,8	0,95	36,8	38,6
0,4	50,3	67,2	1,0	36,1	36,1
0,5	47,0	63,0			

Die Werte sind einem Diagramm entnommen

125

x_1 C_6H_6, Benzol
      M: 78,11   Kp.: 80,2 °C

x_2 $CH_2:CH \cdot C(CH_3):CH_2$, Isopren
      M: 68,12   Kp.: 34,3 °C

[B 15a]
Dampfdruck von Benzol–Isopren-Gemischen in mbar

x_2'	Temperatur in °C				
	0	5	10	15	20
0,086	81,2	103,5	129,7	162,5	201,9
0,186	111,2	139,6	174,9	218,3	268,5
0,394	170,7	215,2	267,8	328,8	399,8
0,525	208,4	257,6	316,9	387,2	468,6
0,594	226,9	279,2	343,4	419,7	509,3
0,681	255,3	312,5	381,8	463,4	555,3
0,715	261,7	321,3	393,4	479,7	578,0
0,819	286,4	351,6	428,5	524,8	635,3
0,893	308,2	377,6	460,1	560,9	677,9

126

x_1 C_6H_6, Benzol
      M: 78,11   Kp.: 80,2 °C

x_2 C_5H_6, Cyclopentadien
      M: 66,10   Kp.: 40 °C

[B 15a]
Dampfdruck von Benzol–Cyclopentadien-Gemischen in mbar

x_2'	Temperatur in °C		
	5	10	15
0,101	70,9	92,0	117,2
0,336	121,1	153,2	190,9
0,353	124,4	156,7	196,3
0,442	142,5	179,1	221,6
0,487	151,7	189,2	234,9
0,639	182,8	228,5	283,3
0,721	200,4	249,1	307,4
0,810	220,8	274,1	336,5

127

x_1 C_6H_6, Benzol
      M: 78,11   Kp.: 80,2 °C

x_2 $CH_3 \cdot [CH_2]_4 \cdot CH_3$, Hexan
      M: 86,18   Kp.: 68,8 °C

[P 7]
$p = 1{,}013$ bar $= 760$ Torr

t in °C	x_2'	x_2''	t in °C	x_2'	x_2''
77,6	0,073	0,140	69,4	0,692	0,725
75,1	0,172	0,268	69,1	0,792	0,807
73,4	0,268	0,376	69,0	0,828	0,838
72,0	0,372	0,460	68,9	0,883	0,888
70,9	0,462	0,540	68,8	0,947	0,950
70,0	0,585	0,644	68,8	0,962	0,964

Weitere Gleichgewichtsdaten für diesen Druck (ohne Temperaturwerte) siehe [B 5]

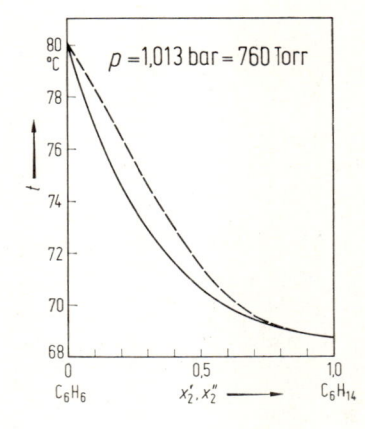

Zu 127

[S 21]
$t = 25\,°C$

p in bar	x_2'	x_2''
0,1539	0,1	0,242
0,1685	0,2	0,363
0,1793	0,3	0,456
0,1872	0,4	0,529
0,1927	0,5	0,592
0,1969	0,6	0,661
0,2008	0,7	0,744
0,2040	0,8	0,820
0,2057	0,9	0,904

[H 16]
$t = 55{,}1 \pm 0{,}1\,°C$

p in bar	x_2'	x_2''
0,4954	0,086	0,184
0,4958	0,085	0,178
0,5118	0,118	0,227
0,5366	0,176	0,306
0,5462	0,206	0,344
0,5666	0,273	0,405
0,5935	0,375	0,489
0,6106	0,495	0,581
0,6239	0,573	0,636
0,6273	0,600	0,659
0,6399	0,706	0,735
0,6467	0,770	0,786
0,6479	0,877	0,883

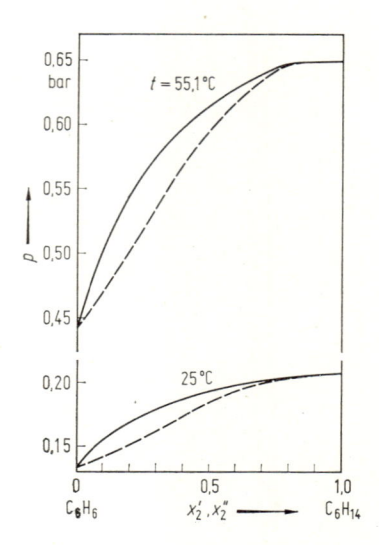

In der Arbeit [H 16] sind für jeden Meßwert die Temperaturen gesondert angegeben

[L 15]
Sättigungsdampfdruck flüssiger Benzol—n-Hexan-Gemische

$x_2' = 0{,}048$		$x_2' = 0{,}118$		$x_2' = 0{,}269$		$x_2' = 0{,}366$		$x_2' = 0{,}501$		$x_2' = 0{,}735$		$x_2' = 0{,}910$	
t in °C	p in mbar	t in °C	p in mbar	t in °C	p in mbar	t in °C	p in mbar	t in °C	p in mbar	t in °C	p in mbar	t in °C	p in mbar
5,28	53,42	0,47	46,40	0,53	53,30	0,70	56,81	1,17	61,17	0,84	63,18	0,38	62,65
10,42	69,90	3,74	55,05	3,95	63,87	4,15	67,90	5,11	74,95	5,33	79,65	4,77	78,65
14,98	87,54	6,61	63,91	7,34	76,02	7,63	81,43	9,29	92,56	10,48	102,96	8,69	95,78
17,98	101,20	10,74	78,83	10,77	89,60	12,83	104,87	13,56	113,91	13,91	121,27	13,85	122,84
21,07	117,28	16,22	102,82	16,57	118,81	16,55	124,84	17,24	135,01	17,68	144,68	17,95	148,61
24,98	140,16	21,14	129,27	20,25	140,71	20,15	147,44	20,81	158,89	21,15	169,09	20,71	168,38
		24,36	149,44	24,10	167,01	25,06	183,16	24,91	190,62	25,30	202,98	25,16	204,85

Die Originalarbeit enthält Gleichgewichtskurven aus berechneten Werten für die Temperaturen 0°, 5°, 10°, 15°, 20° und 25°C

128

x_1 C_6H_6, Benzol
     M: 78,11   Kp.: 80,2 °C

x_2 $CH_3 \cdot [CH_2]_3 \cdot CH\!:\!CH_2$, Hexen-(1)
     M: 84,16   Kp.: 63,35 °C

[V 1]
Dampfdruck (bar) von Benzol—Hexen-(1)-Gemischen

x_2'	Temperatur in °C		
	10°	30°	50°
0,000	0,0607	0,1591	0,3617
0,069	0,0711	0,1815	0,4016
0,142	0,0786	0,1968	0,4334
0,242	0,0879	0,2164	0,4706
0,403	0,0982	0,2397	0,5202
0,526	0,1057	0,2553	0,5522
0,590	0,1091	0,2640	0,5683
0,739	0,1172	0,2831	0,6045
0,838	0,1221	0,2928	0,6220
1,000	0,1264	0,3052	0,6470

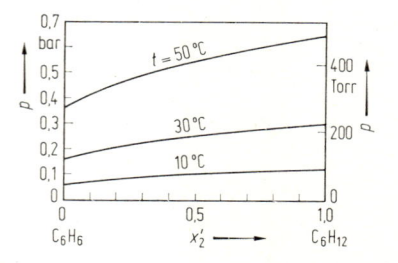

129

x_1 C_6H_6, Benzol
      M: 78,11   Kp.: 80,2 °C

x_2 $CH_3 \cdot [CH_2]_2 \cdot C:CH_2$, 2-Methyl-penten-(1)
      M: 84,16

[V 1]

Dampfdruck (bar) von Benzol—2-Methyl-penten-(1)-Gemischen

x_2'	Temperatur in °C		
	10°	30°	50 °C
0,045	0,0676	0,1745	0,3900
0,172	0,0832	0,2069	0,4521
0,328	0,0970	0,2355	0,5087
0,490	0,1073	0,2605	0,5582
0,571	0,1127	0,2716	0,5802
0,698	0,1190	0,2882	0,6149
0,774	0,1232	0,2968	0,6317
0,934	0,1309	0,3138	0,6645
1,000	0,1331	0,3201	0,6771

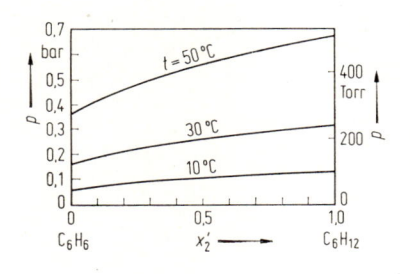

130

x_1 C_6H_6, Benzol
      M: 78,11   Kp.: 80,2 °C

x_2 $CH_3 \cdot CH \cdot CH_2 \cdot CH:CH_2$,
           $\underset{CH_3}{\cdot}$ 4-Methylpenten-(1)
      M: 84,16

[V 1]

Dampfdruck (bar) von Benzol—4-Methyl-penten-(1)-Gemischen

x_2'	Temperatur in °C		
	10°	30°	50°
0,105	0,0853	0,2093	0,4527
0,186	0,1000	0,2405	0,5122
0,334	0,1216	0,2867	0,6003
0,459	0,1365	0,3198	0,6646
0,565	0,1472	0,3445	0,7124
0,680	0,1600	0,3716	0,7652
0,753	0,1659	0,3850	0,7912
0,914	0,1816	0,4179	0,8553
1,000	0,1914	0,4388	0,8934

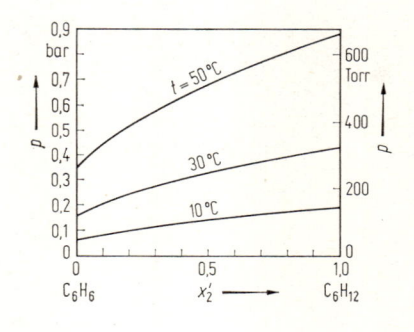

131

x_1 C_6H_6, Benzol
      M: 78,11   Kp.: 80,2 °C

x_2 $CHCl_3$, Chloroform
      M: 119,38   Kp.: 61,2 °C

[N 2]

$p = 1,013$ bar $= 760$ Torr

t in °C	x_2'	x_2''	t in °C	x_2'	x_2''
79,2	0,060	0,089	72,2	0,443	0,570
79,0	0,068	0,100	71,6	0,467	0,601
78,4	0,116	0,167	70,8	0,517	0,652
77,9	0,133	0,190	69,7	0,570	0,702
76,9	0,193	0,270	68,3	0,637	0,762
76,2	0,229	0,316	67,0	0,700	0,814
75,7	0,266	0,361	65,4	0,783	0,875
74,7	0,318	0,429	64,1	0,853	0,922
74,4	0,333	0,443	62,6	0,934	0,968
73,3	0,388	0,508			

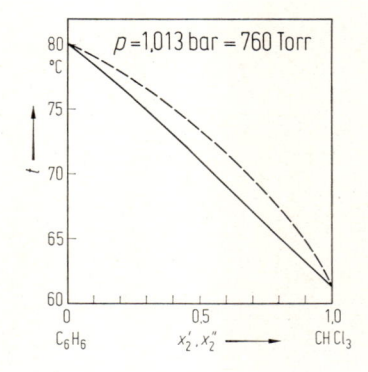

Zu 131

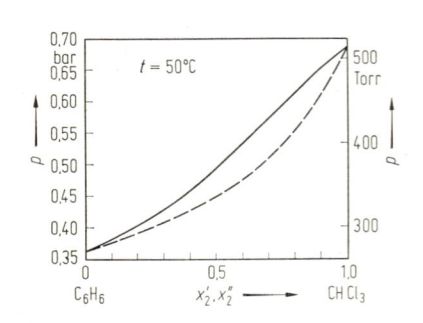

[N 7]

$t = 50\,°C$

p in bar	x_2'	x_2''	p in bar	x_2'	x_2''
0,3682	0,034	0,055	0,5120	0,547	0,702
0,3717	0,055	0,077	0,5178	0,564	0,715
0,3848	0,121	0,182	0,5477	0,647	0,791
0,3929	0,149	0,218	0,5653	0,693	0,824
0,4030	0,184	0,271	0,5834	0,746	0,863
0,4234	0,276	0,395	0,6235	0,833	0,922
0,4392	0,314	0,438	0,6375	0,868	0,942
0,4645	0,406	0,554	0,6663	0,946	0,980
0,4706	0,434	0,581	0,6687	0,951	0,983
0,4848	0,479	0,636			

132

x_1 C_6H_6, **Benzol**
       M: 78,11   Kp.: 80,2 °C

x_2 CCl_4, **Tetrachlorkohlenstoff**
       M: 153,82   Kp.: 76,7 °C

[R 11]

$p = 1,013\,\text{bar} = 760\,\text{Torr}$

t in °C	x_2'	x_2''	t in °C	x_2'	x_2''
79,9	0,021	0,025	77,3	0,501	0,525
79,7	0,061	0,072	77,1	0,559	0,582
79,2	0,124	0,144	77,0	0,622	0,641
78,8	0,188	0,213	76,8	0,686	0,701
78,5	0,251	0,281	76,7	0,751	0,760
78,1	0,313	0,344	76,7	0,815	0,820
77,8	0,376	0,407	76,7	0,878	0,881
77,6	0,439	0,467	76,7	0,939	0,941
77,3	0,495	0,520	76,7	0,978	0,979

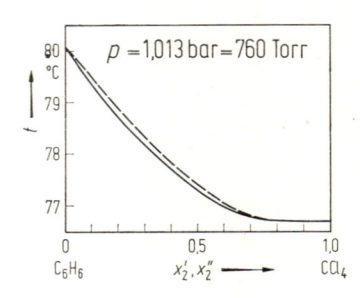

Weitere Daten (ohne Temperaturwerte) siehe [B 5]

133

x_1 C_6H_6, **Benzol**
       M: 78,11   Kp.: 80,2 °C

x_2 CH_3OH, **Methanol**
       M: 32,04   Kp.: 64,7 °C

[S 31]

$p = 0,3073$ bar $= 230,5$ Torr			$p = 0,4533$ bar $= 340,0$ Torr			$p = 0,6949$ bar $= 521,2$ Torr		
t in °C	x_2'	x_2''	t in °C	x_2'	x_2''	t in °C	x_2'	x_2''
43,40	0,0052	0,0967	53,27	0,0068	0,1140	67,23	0,0017	0,0361
37,19	0,0257	0,3046	50,04	0,0165	0,2147	65,42	0,0085	0,1082
33,03	0,0660	0,4255	46,92	0,0287	0,2969	62,28	0,0165	0,2034
31,65	0,1116	0,4712	42,23	0,0711	0,4240	59,53	0,0287	0,2701
31,13	0,1454	0,4827	40,81	0,1127	0,4720	57,75	0,0387	0,3198
30,46	0,2005	0,5072	39,58	0,1486	0,4976	56,22	0,0474	0,3637
30,12	0,2532	0,5156	39,20	0,1947	0,5072	52,95	0,0823	0,4427
29,95	0,3214	0,5260	38,83	0,2315	0,5231	50,64	0,1294	0,4961
29,84	0,3752	0,5365	38,51	0,3172	0,5373	49,82	0,1811	0,5210
29,80	0,4278	0,5418	38,39	0,3728	0,5465	49,27	0,2342	0,5352

Fortsetzung nächste Seite

Zu **133**

$p = 0{,}3073$ bar = 230,5 Torr			$p = 0{,}4533$ bar = 340,0 Torr			$p = 0{,}6949$ bar = 521,2 Torr		
t in °C	x_2'	x_2''	t in °C	x_2'	x_2''	t in °C	x_2'	x_2''
29,77	0,4626	0,5478	38,32	0,4209	0,5522	48,71	0,3072	0,5523
29,72	0,5251	0,5575	38,26	0,4597	0,5608	48,50	0,3728	0,5633
29,72	0,5954	0,5672	38,20	0,5188	0,5676	48,35	0,4209	0,5739
29,86	0,6510	0,5811	38,13	0,5886	0,5817	48,33	0,4597	0,5792
30,03	0,7142	0,5990	38,22	0,6454	0,5947	48,24	0,5191	0,5880
30,59	0,8104	0,6454	38,33	0,7068	0,6135	48,16	0,5830	0,5984
31,44	0,8778	0,7047	38,85	0,8007	0,6516	48,22	0,6402	0,6105
33,09	0,9371	0,7972	39,72	0,8712	0,7113	48,27	0,7017	0,6276
34,47	0,9662	0,8722	41,43	0,9350	0,8031	48,78	0,7910	0,6670
35,93	0,9847	0,9464	42,80	0,9643	0,8743	49,62	0,8683	0,7241
36,38	0,9933	0,9693	44,04	0,9851	0,9422	51,20	0,9305	0,8096
36,57	0,9956	0,9805	44,67	0,9923	0,9690	52,62	0,9634	0,8798
			44,87	0,9959	0,9811	53,86	0,9837	0,9413
						54,45	0,9913	0,9681

[S 30]

$p = 0{,}9866$ bar = 740 Torr					
t in °C	x_2'	x_2''	t in °C	x_2'	x_2''
75,73	0,0085	0,1207	58,05	0,2780	0,5620
74,52	0,0100	0,1600	57,53	0,4002	0,5843
72,75	0,0197	0,2057	57,28	0,5052	0,5985
68,85	0,0374	0,3012	57,10	0,5953	0,6170
65,68	0,0569	0,3808	57,25	0,6409	0,6265
62,22	0,0931	0,4611	57,60	0,7838	0,6762
60,68	0,1240	0,4948	58,62	0,8787	0,7482
59,78	0,1507	0,5148	60,45	0,9467	0,8504
58,78	0,2100	0,5411	61,82	0,9738	0,9167
58,60	0,2259	0,5471	62,75	0,9872	0,9539

[N 6]

[S 30]

$t = 45$ °C					
p in bar	x_2'	x_2''	p in bar	x_2'	x_2''
0,3168	0,0032	0,0555	0,5965	0,2701	0,5438
0,3272	0,0051	0,0869	0,6043	0,3607	0,5588
0,3494	0,0100	0,1527	0,6081	0,4721	0,5765
0,3968	0,0227	0,2523	0,6110	0,5543	0,5899
0,4149	0,0272	0,2909	0,6091	0,6316	0,6045
0,4314	0,0317	0,3072	0,6063	0,7027	0,6249
0,4670	0,0514	0,3775	0,6054	0,7245	0,6319
0,4981	0,0634	0,4164	0,6038	0,7597	0,6437
0,5159	0,0860	0,4412	0,5771	0,8680	0,7177
0,5345	0,1014	0,4683	0,5493	0,9173	0,7786
0,5547	0,1272	0,4899	0,4961	0,9730	0,9002
0,5718	0,1538	0,5093	0,4737	0,9853	0,9397
0,5894	0,2250	0,5325			

$p = 1{,}013$ bar = 760 Torr					
t in °C	x_2'	x_2''	t in °C	x_2'	x_2''
76,5	0,010	0,128	58,3	0,575	0,603
71,1	0,028	0,263	58,4	0,634	0,615
62,7	0,088	0,455	58,4	0,715	0,643
62,0	0,109	0,475	58,9	0,811	0,694
59,9	0,179	0,530	59,7	0,866	0,737
59,3	0,226	0,538	60,7	0,912	0,795
59,1	0,311	0,554	61,7	0,939	0,831
58,6	0,399	0,566	62,9	0,970	0,896
58,4	0,529	0,597			

Der azeotrope Punkt liegt bei $t_{az} = 58{,}3$ °C und $x_{2az} = 0{,}610$. Weitere Daten finden sich bei [H 20].

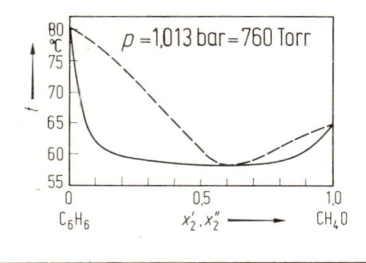

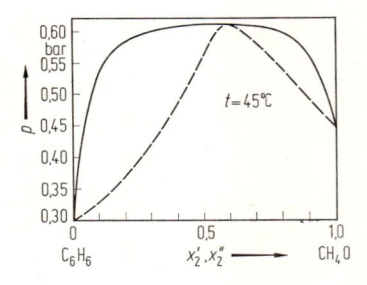

Zu 133

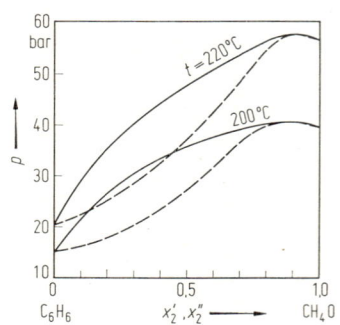

[S 31]

$t = 200\,°C$			$t = 220\,°C$		
p in bar	x_2'	x_2''	p in bar	x_2'	x_2''
17,03	0,0272	0,1554	22,62	0,0233	0,1068
20,55	0,0749	0,2993	27,20	0,0748	0,2626
23,51	0,1315	0,4035	34,30	0,1778	0,4485
28,30	0,2466	0,5311	42,71	0,3617	0,6044
33,82	0,4056	0,6439	47,78	0,4996	0,6864
36,61	0,5266	0,6902	52,29	0,6511	0,7606
38,85	0,6650	0,7602	55,19	0,7474	0,8118
40,64	0,8278	0,8549	56,61	0,8235	0,8569
40,81	0,8990	0,8945	57,64	0,8933	0,8999
40,58	0,9520	0,9434	57,57	0,9521	0,9477

134 x_1 C_6H_6, Benzol
M: 78,11   Kp.: 80,2 °C

x_2 $CH_3 \cdot CH_2OH$, Äthanol
M: 46,07   Kp.: 78,32 °C

[N 19]

$p = 0,2400$ bar = 180 Torr			$p = 0,5333$ bar = 400 Torr		
t in °C	x_2'	x_2''	t in °C	x_2'	x_2''
39,5	0,000	0,000	60,3	0,000	0,000
33,6	0,100	0,277	52,8	0,100	0,301
32,8	0,200	0,314	51,6	0,200	0,353
32,5	0,300	0,331	51,3	0,300	0,377
32,5	0,338	0,338	51,2	0,399	0,399
32,6	0,400	0,349	51,2	0,400	0,399
32,9	0,500	0,370	51,3	0,500	0,424
33,3	0,600	0,399	51,6	0,600	0,453
34,0	0,700	0,434	52,2	0,700	0,491
35,5	0,800	0,500	54,1	0,800	0,554
39,3	0,900	0,652	56,3	0,900	0,680
45,7	1,000	1,000	62,5	1,000	1,000

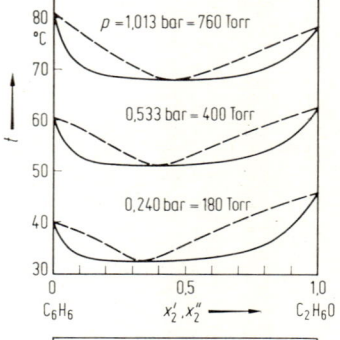

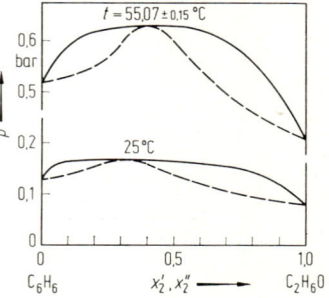

[L 1]

$p = 1,0132$ bar = 760 Torr

t in °C	x_2'	x_2''	t in °C	x_2'	x_2''
80,1	0,000	0,000	68,45	0,639	0,515
75,55	0,030	0,142	69,4	0,749	0,575
72,3	0,065	0,244	70,6	0,828	0,642
70,4	0,114	0,309	72,7	0,896	0,740
68,7	0,216	0,374	74,8	0,943	0,837
68,15	0,317	0,410	76,15	0,968	0,900
68,0	0,406	0,435	77,15	0,984	0,948
68,0	0,544	0,480	78,3	1,000	1,000

[S 21]

$t = 25\,°C$

p in bar	x_2'	x_2''
0,1616	0,1	0,260
0,1660	0,2	0,300
0,1665	0,3	0,312
0,1659	0,4	0,328
0,1647	0,5	0,342
0,1611	0,6	0,368
0,1543	0,7	0,406
0,1420	0,8	0,470
0,1193	0,9	0,603

Die Arbeit [S 21] enthält auch eine Gleichgewichtskurve für $t = 45\,°C$

Zu 134

[H 16]

$t = 55{,}07 \pm 0{,}15\,°C$

p in bar	x_2'	x_2''
0,5637	0,057	0,246
0,6105	0,159	0,326
0,6185	0,266	0,369
0,6266	0,367	0,398
0,6279	0,526	0,434
0,6133	0,632	0,472
0,5832	0,743	0,523
0,5488	0,830	0,602
0,4784	0,916	0,747

[K21]*)

$t = 75\,°C$

x_2'	x_2''
0,101	0,364
0,302	0,425
0,500	0,465
0,700	0,547
0,900	0,752

*) Die Arbeit [K21] enthält auch die Aktivitätskoeffizienten der Komponenten bei 75 °C

$t = 40\,°C$			$t = 50\,°C$		
p in bar	x_2'	x_2''	p in bar	x_2'	x_2''
0,2811	0,0570	0,1758	0,3989	0,0417	0,1282
0,3060	0,1027	0,2769	0,4470	0,1011	0,2661
0,3129	0,1608	0,3689	0,4846	0,1639	0,3585
0,3739	0,2615	0,4921	0,5483	0,2700	0,4921
0,3956	0,3240	0,5535	0,5767	0,3248	0,5487
0,4121	0,3734	0,5946	0,5983	0,3734	0,5878
0,4381	0,4636	0,6631	0,6367	0,4629	0,6564
0,4594	0,5300	0,7085	0,6665	0,5300	0,7039
0,4752	0,5892	0,7481	0,6889	0,5885	0,7410
0,5083	0,7325	0,8355	0,7343	0,7319	0,8305
0,5240	0,8051	0,8782	0,7701	0,8437	0,9001
0,5414	0,8807	0,9238	0,7940	0,9300	0,9492

135

x_1 C_6H_6, Benzol
      M: 78,11   Kp.: 80,2 °C

x_2 $CH_3 \cdot CO \cdot CH_3$, Aceton
      M: 58,08   Kp.: 56,1 °C

[F 5]

$p = 1{,}013\,\text{bar} = 760\,\text{Torr}$

t in °C	x_2'	x_2''	t in °C	x_2'	x_2''
76,5	0,054	0,155	64,2	0,432	0,623
74,9	0,084	0,218	62,4	0,532	0,698
71,8	0,156	0,338	60,6	0,647	0,774
69,1	0,237	0,440	59,6	0,709	0,813
68,8	0,240	0,444	59,1	0,758	0,845
66,4	0,335	0,541	57,7	0,869	0,915

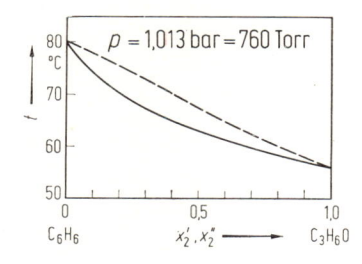

[K 19]

$t = 30\,°C$

p in bar	x_2'	x_2''	p in bar	x_2'	x_2''
0,1855	0,0610	0,1702	0,2919	0,4629	0,6690
0,2022	0,1035	0,2761	0,3052	0,5334	0,7156
0,2211	0,1608	0,3697	0,3167	0,5885	0,7513
0,2469	0,2607	0,4949	0,3457	0,7661	0,8588
0,2624	0,3233	0,5604	0,3642	0,8795	0,9294
0,2732	0,3734	0,6021	0,3719	0,9474	0,9678

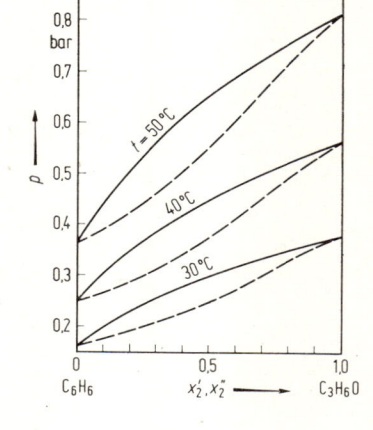

136

x_1 C_6H_6, Benzol
      M: 78,11   Kp.: 80,2 °C

x_2 $CH_3 \cdot CO_2CH_3$, Essigsäuremethylester
      M: 74,08   Kp.: 56,9 °C

[H 20]

$p = 1{,}013\,\text{bar} = 760\,\text{Torr}$

t in °C	x_2'	x_2''	t in °C	x_2'	x_2''
77,81	0,052	0,130	64,81	0,522	0,697
76,76	0,084	0,193	63,03	0,616	0,767
73,12	0,192	0,369	61,31	0,711	0,827
72,40	0,214	0,403	59,75	0,806	0,885
71,17	0,255	0,456	58,58	0,887	0,929
69,28	0,328	0,532	57,78	0,939	0,962
66,87	0,427	0,620			

Weitere Werte finden sich bei [N 2]

Zu **136**

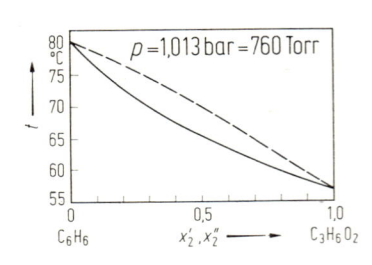

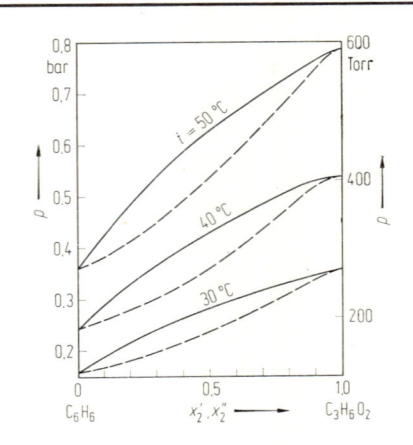

$p = 1{,}013$ bar $= 760$ Torr

[N 8]

$t = 30\,°C$			$t = 40\,°C$			$t = 50\,°C$		
p in bar	x_2'	x_2''	p in bar	x_2'	x_2''	p in bar	x_2'	x_2''
0,1591	0,000	0,000	0,2437	0,000	0,000	0,3617	0,000	0,000
0,1765	0,056	0,153	0,2826	0,081	0,203	0,4130	0,080	0,194
0,1794	0,065	0,176	0,3077	0,136	0,305	0,4858	0,191	0,381
0,1944	0,118	0,271	0,3433	0,236	0,443	0,5159	0,254	0,461
0,2100	0,168	0,354	0,4070	0,421	0,630	0,5769	0,371	0,577
0,2218	0,212	0,419	0,4385	0,521	0,708	0,5942	0,414	0,614
0,2341	0,258	0,474	0,4726	0,641	0,789	0,6191	0,466	0,657
0,2398	0,291	0,508	0,5041	0,761	0,854	0,6449	0,548	0,716
0,2573	0,376	0,590	0,5217	0,844	0,903	0,6842	0,650	0,784
0,2673	0,417	0,619	0,5302	0,914	0,945	0,7001	0,702	0,816
0,2886	0,524	0,708	0,5406	1,000	1,000	0,7199	0,759	0,851
0,3038	0,619	0,768				0,7403	0,811	0,884
0,3280	0,761	0,855				0,7749	0,927	0,955
0,3282	0,778	0,864				0,7871	1,000	1,000
0,3360	0,839	0,903						
0,3440	0,868	0,920						
0,3470	0,915	0,950						
0,3605	1,000	1,000						

Die Dampfdrücke der reinen Stoffe sind berechnet. Die Originalarbeit enthält Zahlenwerte für die Mischungswärmen bei 25° und 35 °C.

137

x_1 C_6H_6, Benzol
M: 78,11   Kp.: 80,2 °C

x_2 $CH_3 \cdot CH_2 \cdot CO \cdot CH_3$, Butanon-(2) (Methyläthylketon)
M: 72,11   Kp.: 79,6 °C

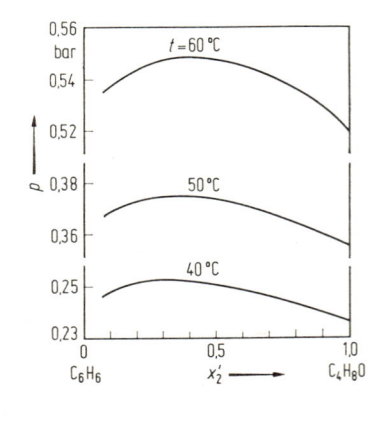

[K 19]

$t = 40\,°C$			$t = 50\,°C$		
p in bar	x_2'	x_2''	p in bar	x_2'	x_2''
0,2469	0,0803	0,0920	0,3678	0,0811	0,0928
0,2505	0,1484	0,1618	0,3712	0,1500	0,1634
0,2549	0,2157	0,2253	0,3738	0,2165	0,2269
0,2521	0,2829	0,2869	0,3754	0,2829	0,2885
0,2519	0,3385	0,3377	0,3755	0,3385	0,3385
0,2516	0,3953	0,3880	0,3749	0,3961	0,3921
0,2515	0,4517	0,4394	0,3749	0,4517	0,4427
0,2505	0,5248	0,5083	0,3735	0,5248	0,5108
0,2499	0,5711	0,5496	0,3729	0,5711	0,5537
0,2493	0,6341	0,6109	0,3715	0,6341	0,6125
0,2463	0,7041	0,6799	0,3695	0,7041	0,6799
0,2449	0,7609	0,7417	0,3666	0,7600	0,7408
0,2434	0,8170	0,7977	0,3642	0,8170	0,7977
0,2408	0,8799	0,8614	0,3608	0,8790	0,8631
0,2389	0,9403	0,9277	0,3587	0,9403	0,9294
0,2373	1,0000	1,0000	0,3564	1,0000	1,0000

Fortsetzung nächste Seite

Zu 137

$t = 60\,°C$

p in bar	x_2'	x_2''	p in bar	x_2'	x_2''
0,5359	0,0811	0,0951	0,5463	0,5711	0,5587
0,5417	0,1484	0,1642	0,5452	0,6333	0,6158
0,5448	0,2157	0,2292	0,5429	0,7032	0,6832
0,5479	0,2829	0,2925	0,5386	0,7609	0,7425
0,5483	0,3385	0,3442	0,5367	0,8170	0,7986
0,5473	0,3961	0,3945	0,5308	0,8799	0,8656
0,5490	0,4517	0,4443	0,5273	0,9403	0,9303
0,5471	0,5248	0,5133	0,5203	1,0000	1,0000

Die Siedetemperaturen von reinem Butanon-(2) wurden mit der Antoine-Gleichung berechnet. Wegen der geringen Unterschiede von x_2' und x_2'' wurden im Bild nur die x_2'-Werte dargestellt. Weitere Gleichgewichtswerte für $p = 1,0132$ bar (760 Torr) sowie für $t = 50\,°C$ siehe Abschnitt 4 System 61.

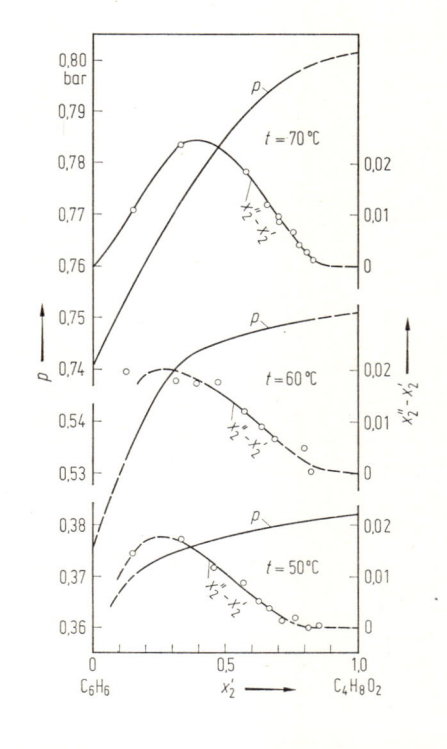

138

x_1 C_6H_6, Benzol
     M: 78,11   Kp.: 80,2 °C

x_2 $CH_3 \cdot CO_2C_2H_5$, Essigsäure-äthylester
     M: 88,11   Kp.: 77,1 °C

[C3]

$p = 1,013$ bar $= 760$ Torr

t in °C	x_2'	x_2''	t in °C	x_2'	x_2''
80,01	0,016	0,020	77,84	0,528	0,547
79,95	0,027	0,033	77,67	0,587	0,605
79,77	0,060	0,071	77,49	0,697	0,707
79,40	0,136	0,157	77,38	0,774	0,780
79,28	0,160	0,184	77,32	0,834	0,838
78,96	0,230	0,256	77,31	0,841	0,845
78,66	0,300	0,329	77,29	0,857	0,860
78,43	0,359	0,387	77,23	0,912	0,914
78,19	0,422	0,448	77,19	0,950	0,951
78,12	0,441	0,465			

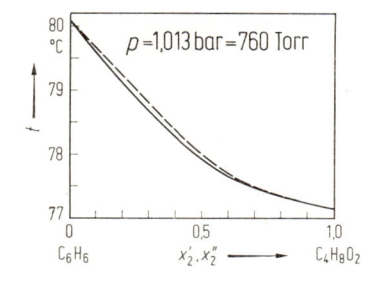

[L17]

$t = 50\,°C$			$t = 60\,°C$		
p in bar	x_2'	x_2''	p in bar	x_2'	x_2''
0,36996	0,1497	0,1641	0,53298	0,1225	0,1422
0,37509	0,3346	0,3519	0,54642	0,3124	0,3302
0,37690	0,4580	0,4696	0,55046	0,3904	0,4079
0,37825	0,5697	0,5783	0,55381	0,4724	0,4900
0,37939	0,6289	0,6342	0,55645	0,5702	0,5822
0,37971	0,6708	0,6746	0,55769	0,6338	0,6428
0,37999	0,7170	0,7182	0,55862	0,6841	0,6908
0,38053	0,7629	0,7646	0,55943	0,7595	0,7646
0,38053	0,7599	0,7616	0,55985	0,8200	0,8205
0,38077	0,8162	0,8162			
0,38102	0,8545	0,8549			
0,38107	0,8637	0,8637			
0,38123	0,8976	0,8976			

$t = 70\,°C$

p in bar	x_2'	x_2''	p in bar	x_2'	x_2''
0,75612	0,1486	0,1595	0,79527	0,6995	0,7083
0,77280	0,3302	0,3538	0,79719	0,7510	0,7578
0,78877	0,5650	0,5835	0,79784	0,7765	0,7807
0,79260	0,6519	0,6638	0,79821	0,8029	0,8058
0,79260	0,6523	0,6643	0,79967	0,8282	0,8295
0,79527	0,6974	0,7070	0,79981	0,8545	0,8558

139 x_1 C_6H_6, Benzol
          M: 78,11   Kp.: 80,2 °C

   x_2 $(CH_3)_2CH \cdot O \cdot CH(CH_3)_2$,
          Di-isopropyläther
          M: 102,18   Kp.: 68,3 °C

[L 18]

$t = 50$ °C			$t = 60$ °C		
p in bar	x_2'	x_2''	p in bar	x_2'	x_2''
0,364 1	0,008	0,014	0,524 0	0,012	0,019
0,376 0	0,037	0,066	0,549 0	0,071	0,114
0,391 3	0,085	0,141	0,621 1	0,294	0,384
0,416 1	0,156	0,241	0,644 3	0,376	0,467
0,449 4	0,272	0,380	0,654 3	0,425	0,514
0,457 0	0,334	0,440	0,661 4	0,447	0,536
0,471 6	0,414	0,517	0,674 7	0,505	0,588
0,477 7	0,467	0,566	0,684 7	0,549	0,630
0,490 2	0,549	0,635	0,705 4	0,637	0,703
0,492 8	0,584	0,672	0,718 1	0,683	0,745
0,504 8	0,657	0,725	0,722 5	0,712	0,770
0,512 0	0,711	0,770	0,732 1	0,751	0,800
0,516 1	0,742	0,799	0,741 5	0,790	0,831
0,527 0	0,810	0,850	0,751 3	0,829	0,862
0,529 2	0,831	0,870			
0,536 1	0,880	0,906			
0,536 9	0,935	0,951			

$t = 70$ °C					
p in bar	x_2'	x_2''	p in bar	x_2'	x_2''
0,737 3	0,008	0,014	0,970 3	0,577	0,656
0,755 5	0,033	0,060	0,987 5	0,648	0,718
0,785 3	0,085	0,136	1,004 6	0,710	0,767
0,827 1	0,158	0,229	1,009 0	0,739	0,790
0,885 0	0,272	0,366	1,030 7	0,809	0,849
0,905 1	0,334	0,431	1,034 4	0,831	0,866
0,925 4	0,411	0,503	1,045 5	0,878	0,905
0,940 3	0,465	0,552	1,066 4	0,947	0,959
0,961 3	0,542	0,625			

140 x_1 $CH_3 \cdot [CH_2]_5 \cdot CH_3$, n-Heptan
          M: 100,21   Kp.: 98,34 °C

   x_2 $CH_2{:}CH \cdot C(CH_3){:}CH_2$, Isopren
          M: 68,12   Kp.: 34,3 °C

Die Arbeit [G 19] enthält Daten zur Berechnung des Phasengleichgewichtes bei $t = 25$ °C

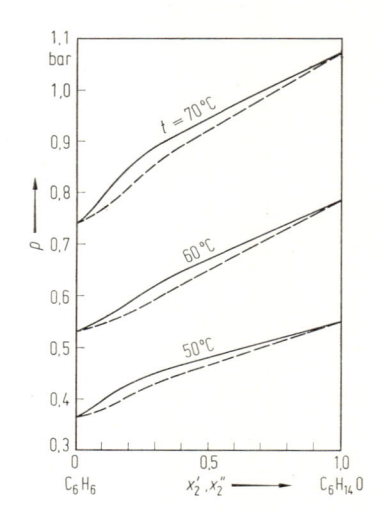

141 x_1 $CH_3 \cdot [CH_2]_5 \cdot CH_3$, n-Heptan
          M: 100,21   Kp.: 98,34 °C

   x_2 Cyclopentadien
          M: 66,10   Kp.: 40 °C

Die Arbeit [G 19] enthält Daten zur Berechnung des Phasengleichgewichtes bei $t = 10$ °C

142 x_1 $CH_3 \cdot [CH_2]_5 \cdot CH_3$, n-Heptan
          M: 100,21   Kp.: 98,4 °C

   x_2 C_6H_6, Benzol
          M: 78,11   Kp.: 80,2 °C

[M 32]

Sättigungstemperaturen in °C im Siedepunkt (S.P.) und im Kondensationspunkt (K.P.)

$p = 1,013$ bar $= 760$ Torr

x_2	S.P.	K.P.	x_2	S.P.	K.P.
0,0	98,8	98,8	0,6	83,7	86,0
0,05	96,6	97,6	0,7	82,4	83,9
0,1	94,9$_5$	96,7	0,8	81,4	82,1
0,2	91,8	94,8	0,9	80,6$_5$	80,8$_5$
0,3	89,2	92,7	0,95	80,4	80,4$_5$
0,4	86,9	90,5	1,0	80,2	80,2
0,5	85,1$_5$	88,2			

Die Werte sind einem Diagramm entnommen

Zu 142

[N 19]

$p = 0{,}2400$ bar $= 180$ Torr			$p = 0{,}533$ bar $= 400$ Torr		
t in °C	x_2'	x_2''	t in °C	x_2'	x_2''
56,1	0,000	0,000	77,9	0,000	0,000
51,5	0,100	0,245	73,9	0,100	0,218
48,3	0,200	0,404	70,5	0,200	0,373
45,9	0,300	0,516	68,0	0,300	0,490
44,2	0,400	0,603	66,0	0,400	0,583
42,8	0,500	0,672	64,4	0,500	0,660
41,7	0,600	0,734	63,3	0,600	0,727
40,9	0,700	0,790	62,1	0,700	0,788
40,4	0,800	0,848	61,4	0,800	0,849
39,8	0,900	0,914	60,8	0,900	0,916
39,5	1,000	1,000	60,3	1,000	1,000

[B 24]

$t = 60$ °C

p in bar	x_2'	x_2''	p in bar	x_2'	x_2''
0,2885	0,0454	0,1000	0,4680	0,5802	0,7092
0,3195	0,0927	0,1930	0,4879	0,6836	0,7761
0,3559	0,1879	0,3417	0,5042	0,7912	0,8429
0,3924	0,2934	0,4717	0,5168	0,8958	0,9135
0,4207	0,3872	0,5625	0,5203	0,9425	0,9495
0,4475	0,4878	0,6457	0,5220	0,9790	0,9802
0,4677	0,5784	0,7078			

[B 28]

$t = 110$ °C

p in bar	x_2'	x_2''	p in bar	x_2'	x_2''
1,586	0,1196	0,2010	2,420	0,1262	0,1821
1,669	0,1710	0,2739	2,601	0,2472	0,3465
1,780	0,2580	0,3820	2,809	0,3761	0,4993
1,805	0,2775	0,4039	2,934	0,4746	0,5981
1,931	0,3778	0,5060	3,083	0,5719	0,6816
2,017	0,4721	0,5893	3,125	0,5927	0,6816
2,104	0,5543	0,6556	3,254	0,7213	0,7908
2,240	0,7285	0,7882	3,415	0,8780	0,9000
2,339	0,8747	0,9006			

$t = 125$ °C (shown above right column)

$t = 140$ °C

p in bar	x_2'	x_2''	p in bar	x_2'	x_2''
3,185	0,0785	0,1207	4,358	0,0759	0,1172
3,323	0,1242	0,1868	4,547	0,1256	0,1882
3,614	0,2458	0,3466	4,772	0,1886	0,2714
3,697	0,2742	0,3805	4,883	0,2362	0,3302
3,898	0,3726	0,4882	4,938	0,2643	0,3635
4,109	0,4727	0,5842	5,547	0,4725	0,5804
4,276	0,5729	0,6693	5,803	0,5936	0,6868
4,502	0,7230	0,7844	6,025	0,7164	0,7837
4,677	0,8765	0,8997	6,283	0,8729	0,8998

$t = 155$ °C (right column above)

$t = 170$ °C

p in bar	x_2'	x_2''
5,899	0,0747	0,1030
6,129	0,1245	0,1729
6,358	0,1882	0,2598
6,545	0,2370	0,3229
6,727	0,2792	0,3743
6,994	0,3589	0,4629
7,305	0,4657	0,5657
7,634	0,5690	0,6532
8,004	0,7149	0,7705
8,331	0,8707	0,8995

$t = 185$ °C

p in bar	x_2'	x_2''
7,757	0,0733	0,1013
7,998	0,1210	0,1647
8,295	0,1816	0,2442
8,544	0,2279	0,2989
8,794	0,2770	0,3565
9,104	0,3561	0,4437
9,608	0,4933	0,5799
9,968	0,5855	0,6619
10,348	0,7099	0,7638
10,868	0,8735	0,8928

$t = 200$ °C

p in bar	x_2'	x_2''
10,135	0,0735	0,1027
10,515	0,1146	0,1570
10,618	0,1468	0,1983
11,240	0,2164	0,2839
11,447	0,2762	0,3538
11,758	0,3372	0,4218
12,297	0,4542	0,5430
12,960	0,5823	0,6623
13,382	0,7059	0,7654
14,040	0,8701	0,8926

$t = 215$ °C

p in bar	x_2'	x_2''
12,997	0,0707	0,0955
13,307	0,1123	0,1477
14,205	0,2149	0,2686
14,618	0,2785	0,3400
14,827	0,3224	0,3880
15,861	0,4523	0,5246
16,449	0,5791	0,6477
17,105	0,6990	0,7525
17,729	0,8662	0,8847

143

x_1 $CH_3 \cdot [CH_2]_5 \cdot CH_3$, **n-Heptan**
M: 100,21   Kp.: 98,34 °C

x_2 C_6H_{12}, **Cyclohexan**
M: 84,16   Kp.: 80,8 °C

Die Arbeit [G 19] enthält Daten zur Berechnung des Phasengleichgewichtes bei $t = 5, 10, 15$ und $20\,°C$

144

x_1 $CH_3 \cdot [CH_2]_5 \cdot CH_3$, **n-Heptan**
M: 100,21   Kp.: 98,34 °C

x_2 C_6H_{10}, **Cyclohexen**
M: 82,15   Kp.: 83,3 °C

Die Arbeit [G 19] enthält Daten zur Berechnung des Phasengleichgewichtes bei $t = 5, 10, 15, 20$ und $25\,°C$

145

x_1 $CH_3 \cdot [CH_2]_5 \cdot CH_3$, **n-Heptan**
M: 100,21   Kp.: 98,4 °C

x_2 CCl_4, **Tetrachlorkohlenstoff**
M: 153,82   Kp.: 76,7 °C

[R 11]

$p = 1,013\,\text{bar} = 760\,\text{Torr}$

t in °C	x_2'	x_2''	t in °C	x_2'	x_2''
97,8	0,021	0,037	85,1	0,501	0,650
95,9	0,082	0,142	83,8	0,564	0,706
94,1	0,142	0,236	82,5	0,631	0,758
92,2	0,209	0,328	81,3	0,696	0,806
90,8	0,261	0,396	80,2	0,760	0,849
89,3	0,322	0,468	79,2	0,821	0,889
87,9	0,378	0,531	78,3	0,881	0,926
86,5	0,438	0,591	77,5	0,940	0,963
85,2	0,497	0,645	77,0	0,976	0,987

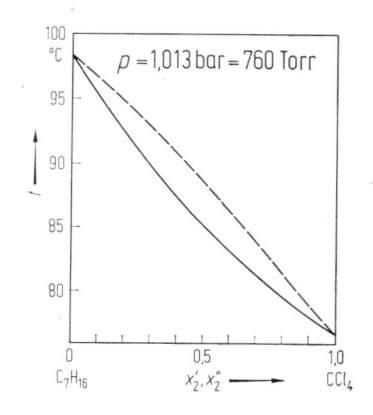

146

x_1 $CH_3 \cdot [CH_2]_5 \cdot CH_3$, **n-Heptan**
M: 100,21   Kp.: 98,4 °C

x_2 $CF_3 \cdot CCl_2 \cdot CClF \cdot CF_3$, **2,2,3-Trichlor-heptafluorbutan**
M: 287,39   Kp.: 97,4 °C

[Y 2]

$p = 1,013\,\text{bar} = 760\,\text{Torr}$

t in °C	x_2'	x_2''	t in °C	x_2'	x_2''
98,4	0,000	0,000	93,7	0,213	0,284
98,3	0,002	0,006	93,15 a)	0,284	0,342
97,7	0,021	0,041	92,6	0,382	0,403
97,35	0,029	0,050	92,5	0,431	0,457
96,55	0,065	0,102	92,95	0,702	0,671
96,0	0,085	0,135	94,1	0,836	0,823
94,6	0,164	0,222	97,43	1,000	1,000
94,2	0,180	0,239			

a) Interpolierter Wert statt des unwahrscheinlichen Wertes 93,45 im Original

Der azeotrope Punkt liegt bei $t_{az} = 92,3\,°C$ mit $x_{2az} = 0,525$

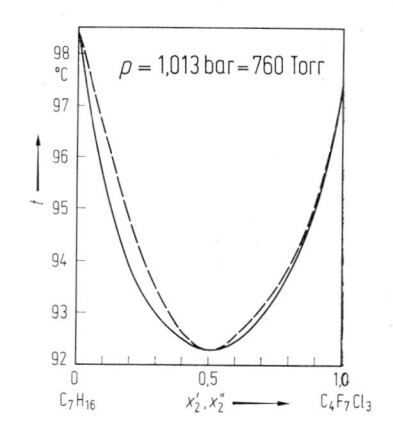

147

x_1 $CH_3 \cdot [CH_2]_5 \cdot CH_3$, **n-Heptan**
M: 100,21   Kp.: 98,4 °C

x_2 C_6F_6, **Hexafluorbenzol**
M: 186,06   Kp.: 80 °C

[H 12]

Kritische Temperatur der Gemische

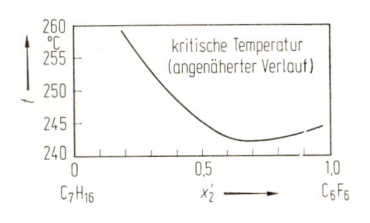

x_2'	t_k in °C	x_2'	t_k in °C
0,2213	257,0	0,6228	242,4
0,3569	249,4	0,8623	243,7
0,4669	247,9	0,9505	243,5
0,5837	243,0		

148

x_1 $CH_3 \cdot [CH_2]_5 \cdot CH_3$, **n-Heptan**
M: 100,21   Kp.: 98,4 °C

x_2 $CH_3 \cdot CH_2OH$, **Äthanol**
M: 46,07   Kp.: 78,32 °C

[R 1]

$p = 1,013$ bar $= 760$ Torr

t in °C	x_2'	x_2''	t in °C	x_2'	x_2''
90,5	0,013	0,205	71,3	0,679	0,660
85,0	0,023	0,330	71,3	0,690	0,666
76,8	0,051	0,490	71,2	0,742	0,678
75,6	0,083	0,535	71,5	0,821	0,700
73,3	0,181	0,580	71,9	0,880	0,732
72,4	0,241	0,590	72,1	0,886	0,732
71,6	0,309	0,605	72,5	0,910	0,760
71,4	0,406	0,625	74,5	0,961	0,847
71,1	0,546	0,635	74,3	0,961	0,837
71,4	0,610	0,648	75,4	0,969	0,881
71,2	0,660	0,653			

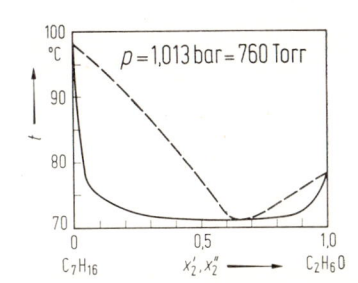

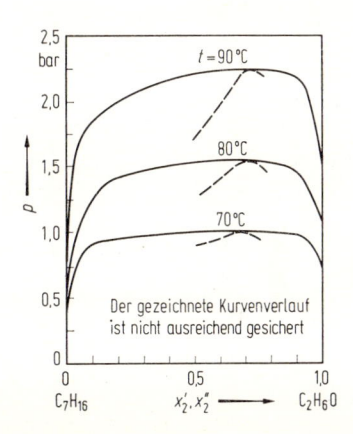

[R 4]

$t = 70$ °C			$t = 80$ °C			$t = 90$ °C		
p in bar	x_2'	x_2''	p in bar	x_2'	x_2''	p in bar	x_2'	x_2''
0,4063	0,0	0,0000	0,5753	0,0	0,0000	0,7940	0,0	0,0000
0,9170	0,1	0,5323	1,4181	0,1	0,5746	1,9417	0,1	0,5942
0,9499	0,2	0,5962	1,4278	0,2	0,6153	2,0698	0,2	0,6292
0,9643	0,3	0,6319	1,4305	0,3	0,6413	2,0840	0,3	0,6581
0,9691	0,4	0,6330	1,4401	0,4	0,6500	2,1000	0,4	0,6525
0,9823	0,5	0,6502	1,4549	0,5	0,6545	2,0839	0,5	0,6556
1,0036	0,6	0,6579	1,5287	0,6	0,6786	2,2156	0,6	0,6807
0,9990	0,7	0,6582	1,5401	0,7	0,6842	2,2343	0,7	0,6868
0,9975	0,8	0,6874	1,4992	0,8	0,6915	2,2037	0,8	0,7015
0,9819	0,9	0,7128	1,4943	0,9	0,7217	2,1935	0,9	0,7364
0,7274	1,0	1,0000	1,0875	1,0	1,0000	1,5778	1,0	1,0000

Weitere Angaben über das Phasengleichgewicht, den Dampfdruck der Mischung bei 30 °C, die Mischungsenthalpie im Temperaturbereich 10···75 °C sowie die Änderung des Flüssigkeitsvolumens bei der Mischung finden sich in der Arbeit [N 17]

149

x_1 $CH_3 \cdot [CH_2]_5 \cdot CH_3$, n-Heptan
M: 100,21   Kp.: 98,4 °C

x_2 $CH_3 \cdot CH_2 \cdot CH_2OH$, Propanol-(1)
M: 60,10   Kp.: 97,4 °C

[G 20]

$p = 1{,}011$ bar $= 758{,}5$ Torr

t in °C	x_2'	x_2''	t in °C	x_2'	x_2''
89,5	0,1	0,280	84,7	0,6	0,550
87,1	0,2	0,390	85,2	0,7	0,575
85,7	0,3	0,445	86,1	0,8	0,600
84,8	0,4	0,490	88,8	0,9	0,685
84,6	0,5	0,525			

Während der Messungen schwankte der Druck zwischen 757 und 760 Torr. Die angegebenen Temperaturen sind nicht auf 760 Torr bezogen. Siehe auch **334**.

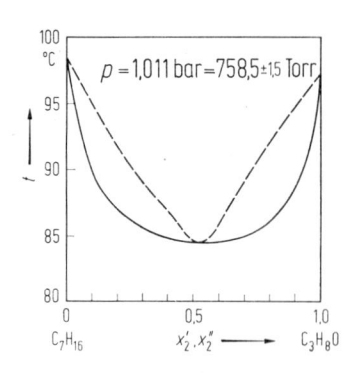

150

x_1 $CH_3 \cdot [CH_2]_5 \cdot CH_3$, Heptan
M: 100,21   Kp.: 98,4 °C

x_2 $(CH_3)_2CH \cdot O \cdot CH(CH_3)_2$, Di-isopropyläther
M: 102,18   Kp.: 67,8···8,1 °C

[V 9]

$p = 1{,}013$ bar			$p = 2{,}026$ bar		
t in °C	x_2'	x_2''	t in °C	x_2'	x_2''
90,3	0,187	0,360	115,7	0,205	0,380
85,8	0,303	0,510	111,0	0,320	0,525
84,3	0,354	0,567	108,2	0,398	0,607
82,2	0,416	0,632	106,8	0,432	0,641
79,7	0,498	0,710	105,1	0,489	0,695
78,4	0,545	0,749	103,2	0,544	0,742
76,2	0,634	0,812	101,4	0,601	0,787
74,2	0,713	0,859	98,0	0,752	0,880
71,0	0,854	0,932			
69,2	0,932	0,972			

$p = 3{,}040$ bar

t in °C	x_2'	x_2''
134,0	0,193	0,347
130,7	0,254	0,425
125,8	0,383	0,573
122,7	0,465	0,652
120,3	0,537	0,721
116,8	0,642	0,801
113,8	0,728	0,852
111,9	0,801	0,901

Weitere Gleichgewichtsdaten für $p = 0{,}914$ bar (685 Torr) finden sich bei [V 5]

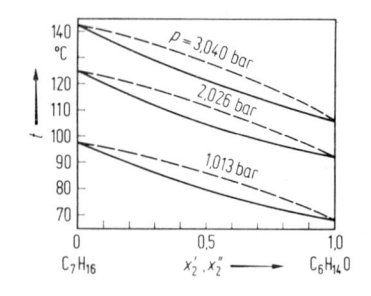

151

x_1 $CH_3 \cdot CH_2 \cdot CH(CH_3) \cdot CH(CH_3)_2$, 2.3-Dimethyl-pentan
M: 100,21   Kp.: 89,78 °C

x_2 C_6H_6, Benzol
M: 78,11   Kp.: 80,2 °C

[K 26]

$p = 1{,}0132$ bar $= 760$ Torr

t in °C	x_2'	x_2''	t in °C	x_2'	x_2''
89,1	0,036	0,068	79,5	0,776	0,788
88,3	0,072	0,132	79,4	0,825	0,825
87,3	0,115	0,191	79,5	0,842	···
87,1	0,125	0,218	79,5	0,845	0,842
85,8	0,181	0,285	79,5	0,862	···
84,7	0,247	0,360	···	0,882	0,873
82,8	0,373	0,493	79,6	0,905	···
81,9	0,445	0,548	···	0,908	0,897
81,4	0,486	0,585	···	0,913	0,900
80,9	0,535	0,620	79,6	0,930	···
80,5	0,585	0,655	79,7	0,943	···
80,3	0,614	0,675	···	0,944	0,933
79,9	0,675	0,716	79,8	0,972	···
79,7	0,714	0,744	···	0,980	0,972
79,7	0,754	0,770			

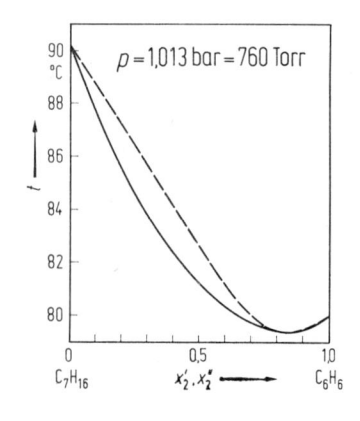

152 x_1 $(CH_3)_2CH \cdot CH_2 \cdot CH(CH_3)_2$, 2,4-Dimethyl-pentan
M: 100,21   Kp.: 80,5···80,8 °C

x_2 C_6H_6, Benzol
M: 78,11   Kp.: 80,2 °C

[S 28]

Azeotrope Punkte

p in bar	0,3333	0,5333	1,0132
t_{az} in °C	44,2	57,3	76,7
x_{2az}	0,540	0,540	0,560

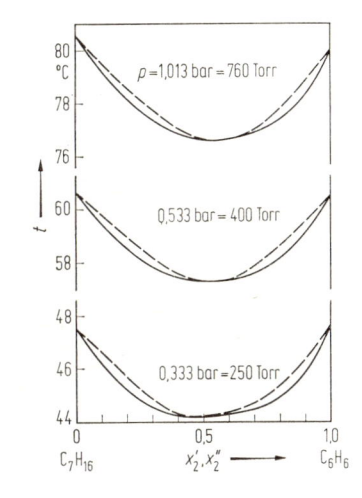

$p = 0{,}3333$ bar $= 250$ Torr

t in °C	x_2'	x_2''
47,5	0,000	0,000
46,6	0,069	0,099
46,1	0,097	0,139
45,9	0,135	0,183
45,1	0,224	0,279
44,6	0,293	0,343
44,5	0,350	0,394
44,2	0,397	0,433
44,3	0,456	0,479
44,3	0,541	0,540
44,2	0,587	0,577
44,5	0,609	0,589
44,7	0,732	0,681
44,8	0,743	0,689
45,0	0,812	0,749
45,3	0,887	0,823
45,8	0,930	0,881
46,8	0,948	0,906
47,7	1,000	1,000

$p = 0{,}5333$ bar $= 400$ Torr

t in °C	x_2'	x_2''
60,6	0,000	0,000
60,0	0,047	0,069
59,2	0,130	0,170
58,5	0,201	0,257
57,8	0,309	0,355
57,5	0,373	0,412
57,5	0,452	0,479
57,4	0,481	0,498
57,4	0,539	0,539
57,1	0,541	0,541
57,4	0,593	0,585
57,7	0,611	0,596
57,5	0,669	0,639
58,1	0,781	0,729
58,8	0,866	0,808
59,4	0,937	0,892
60,0	0,963	0,930
60,6	1,000	1,000

$p = 1{,}0132$ bar $= 760$ Torr

t in °C	x_2'	x_2''
80,5	0,000	0,000
79,8	0,049	0,067
79,3	0,088	0,119
79,1	0,107	0,139
79,1	0,116	0,150
78,8	0,139	0,177
78,3	0,179	0,227
77,9	0,226	0,274
77,5	0,273	0,319
77,0	0,367	0,406
76,7	0,442	0,471
76,8	0,455	0,479
76,7	0,511	0,525
76,6	0,540	0,547
76,7	0,543	0,547
76,7	0,578	0,575
76,8	0,631	0,615
76,9	0,701	0,673
77,1	0,747	0,709
77,9	0,829	0,784
77,9	0,852	0,801
78,3	0,879	0,835
78,4	0,897	0,854
78,5	0,910	0,869
78,8	0,927	0,889
78,9	0,935	0,901
80,1	1,000	1,000

Die Originalarbeit behandelt ferner den Einfluß von Hexylenglykol (2-Methyl-pentandiol-(2,4)), von Anilin und von Furfurol (jeweils 4 verschiedene Konzentrationen) als dritter Komponente auf das das Phasengleichgewicht bei 400 Torr

---

153 x_1 $(CH_3)_2CH \cdot CH_2 \cdot CH(CH_3)_2$, 2,4-Dimethyl-pentan
M: 100,21   Kp.: 80,5···80,8 °C

x_2 CCl_4, Tetrachlorkohlenstoff
M: 153,82   Kp.: 76,7 °C

[R 11]

$p = 1{,}013$ bar $= 760$ Torr

t in °C	x_2'	x_2''	t in °C	x_2'	x_2''
80,3	0,023	0,026	76,7	0,582	0,605
79,7	0,087	0,106	76,5	0,642	0,658
79,1	0,155	0,185	76,4	0,701	0,712
78,6	0,227	0,263	76,3	0,760	0,763
78,2	0,286	0,326	76,3	0,816	0,815
77,7	0,352	0,391	76,4	0,872	0,867
77,4	0,413	0,449	76,5	0,926	0,921
77,1	0,473	0,506	76,7	0,979	0,977
76,9	0,518	0,548			

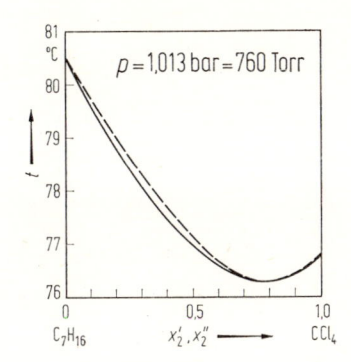

154

x_1 $(CH_3)_2CH \cdot CH_2 \cdot CH(CH_3)_2$, 2,4-Dimethyl-pentan
M: 100,21   Kp.: 80,5···80,8 °C

x_2 $CH_3 \cdot CO_2CH:CH_2$, Essigsäure-vinylester
M: 86,09   Kp.: 72,5 °C

[S 39]

$p = 1,013$ bar $= 760$ Torr

t in °C	x_2'	x_2''	t in °C	x_2'	x_2''
80,5	0,000	0,000	67,2	0,606	0,606
75,0	0,073	0,187	67,37	0,709	0,662
70,8	0,188	0,381	68,9	0,879	0,792
67,7	0,421	0,513	71,0	0,965	0,922
67,4	0,470	0,541	72,2	1,000	1,000

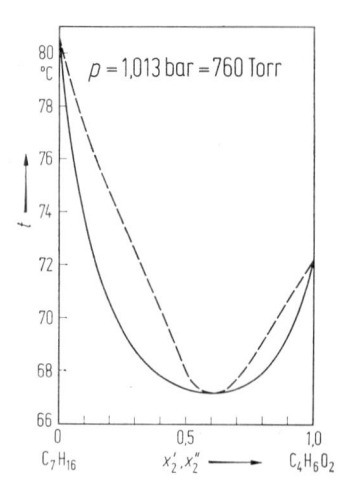

155

x_1 (C_7H_{14}), Cycloheptan
M: 98,19   Kp.: 118···120 °C

x_2 $(CH_3)_2CH \cdot CH(CH_3)_2$, 2,3-Dimethylbutan
M: 86,18   Kp.: 58,1 °C

[E 7]

Dampfdruck p und Aktivitätskoeffizient f_2 des binären Gemisches bei $t = 25$ °C

x_2'	p in bar	$\ln f_2$
0,00000	0,02918	
0,06934	0,05304	0,1902
0,11758	0,06882	0,1699
0,14663	0,07815	0,1603
0,24521	0,10823	0,1249
0,33367	0,13378	0,0969
0,40517	0,15368	0,07703
0,46170	0,16908	0,06313
0,49031	0,17668	0,05604
0,68286	0,22753	0,02159
0,77403	0,25155	0,01101
0,87214	0,27774	0,00354
0,91267	0,28879	0,00185
1,00000	0,31291	

156

x_1 (C_7H_{14}), Methylcyclohexan
M: 98,19   Kp.: 101 °C

x_2 CCl_4, Tetrachlorkohlenstoff
M: 153,82   Kp.: 76,7 °C

[R 11]

$p = 1,013$ bar $= 760$ Torr

t in °C	x_2'	x_2''	t in °C	x_2'	x_2''
100,2	0,020	0,038	85,9	0,520	0,681
98,2	0,077	0,138	84,5	0,586	0,734
96,4	0,133	0,228	83,1	0,654	0,786
94,7	0,188	0,311	81,7	0,721	0,832
92,9	0,248	0,393	80,5	0,787	0,875
91,3	0,306	0,465	79,3	0,850	0,914
89,9	0,357	0,521	78,2	0,915	0,952
88,5	0,413	0,580	77,2	0,976	0,986
87,4	0,458	0,624			

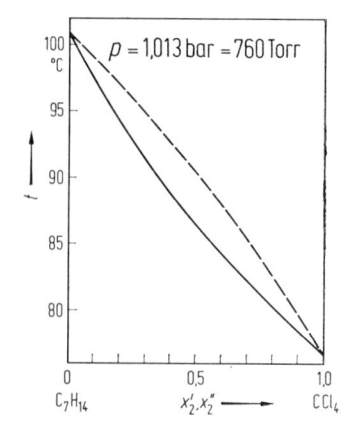

157

x_1 — (C$_7$H$_{14}$), Methylcyclohexan
M: 98,19 Kp.: 101 °C

x_2 — (C$_6$F$_6$), Hexafluorbenzol
M: 186,06 Kp.: 80,27

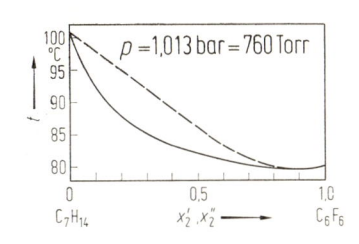

[C 10]

$p = 1{,}013$ bar $= 760$ Torr

t in °C	x_2'	x_2''	t in °C	x_2'	x_2''	t in °C	x_2'	x_2''	t in °C	x_2'	x_2''
100,93	0,0000	0,0000	89,66	0,1558	0,3832	81,68	0,5543	0,6819	79,81	0,8896	0,8935
98,77	0,0193	0,0770	88,63	0,1839	0,4217	81,22	0,5797	0,7067	80,01	0,9187	0,9229
97,80	0,0296	0,1097	86,70	0,2424	0,4802	80,87	0,6234	0,7325	79,85	0,9471	0,9483
97,10	0,0411	0,1357	85,49	0,2777	0,5204	80,61	0,6805	0,7618	79,87	0,9494	0,9494
95,30	0,0613	0,1999	84,62	0,3256	0,5480	80,32	0,7430	0,7968	79,97	0,9706	0,9693
94,24	0,0755	0,2270	83,70	0,3720	0,5832	80,06	0,7928	0,8220	80,25	1,0000	1,0000
92,50	0,0976	0,2842	82,92	0,4162	0,6124	79,87	0,8177	0,8297			
91,06	0,1210	0,3317	82,21	0,4782	0,6461	79,95	0,8314	0,8656			

Azeotroper Punkt: $t_a = 79{,}87$ °C; $x_{2a} = 0{,}9494$

158

x_1 — (C$_7$H$_{14}$), Methylcyclohexan
M: 98,19 Kp.: 101 °C

x_2 — CH$_3\cdot$CH$_2\cdot$CH$_2$OH, Propanol-(1)
M: 60,10 Kp.: 97,4 °C

[R 2]

$p = 1{,}013$ bar $= 760$ Torr

t in °C	x_2'	x_2''	t in °C	x_2'	x_2''
93,0	0,050	0,242	87,2	0,600	0,492
88,9	0,100	0,325	87,7	0,700	0,525
88,1	0,200	0,404	88,3	0,800	0,575
87,4	0,300	0,431	91,4	0,900	0,720
87,1	0,400	0,455	93,7	0,950	0,832
87,0	0,500	0,480			

Azeotroper Punkt: $t = 87{,}0$ °C, $x_{2az} = 0{,}465$

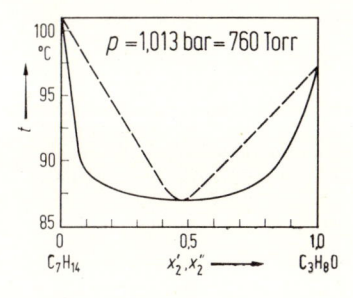

159

x_1 — (C$_7$H$_{14}$), Methylcyclohexan
M: 98,19 Kp.: 101 °C

x_2 — CH$_3\cdot$CH(OH)$\cdot$CH$_3$, Isopropanol
M: 60,10 Kp.: 82,4 °C

[N 5]

$p = 0{,}6667$ bar $= 500$ Torr

t in °C	x_2'	x_2''	t in °C	x_2'	x_2''
75,4	0,030	0,344	66,5	0,668	0,623
71,0	0,077	0,434	66,5	0,735	0,650
68,8	0,180	0,491	67,0	0,788	0,682
68,0	0,250	0,511	67,5	0,843	0,719
67,0	0,331	0,540	68,1	0,887	0,768
66,8	0,427	0,558	69,2	0,935	0,835
66,7	0,509	0,581	70,3	0,965	0,899
66,6	0,581	0,600			

Azeotroper Punkt: $t = 66{,}5$ °C, $x_{2az} = 0{,}61$

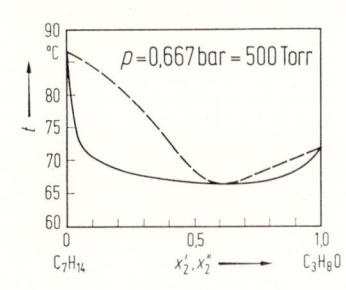

Zu 159

[N 9]

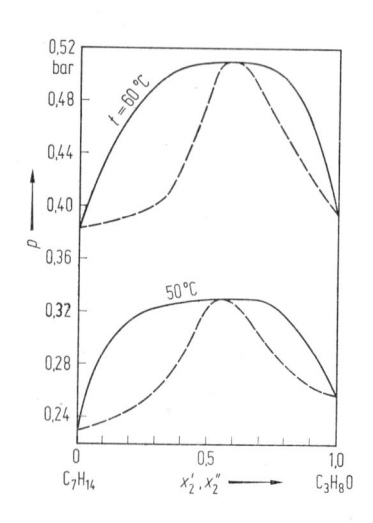

$t = 50\,°C$			$t = 60\,°C$		
p in bar	x_2'	x_2''	p in bar	x_2'	x_2''
0,2637	0,043	0,319	0,4073	0,042	0,342
0,2948	0,105	0,425	0,4490	0,104	0,437
0,3186	0,216	0,469	0,4760	0,225	0,494
0,3200	0,317	0,497	0,5019	0,363	0,530
0,3293	0,432	0,521	0,5067	0,495	0,561
0,3301	0,541	0,545	0,5079	0,548	0,576
0,3304	0,615	0,567	0,5107	0,576	0,583
0,3305	0,680	0,588	0,5062	0,651	0,602
0,3217	0,783	0,633	0,5025	0,766	0,656
0,2968	0,879	0,716	0,4805	0,865	0,719
0,2817	0,937	0,789	0,4484	0,936	0,820
			0,4266	0,962	0,880

160

x_1 C_7H_8, Toluol
     M: 92,14   Kp.: 110,08 °C

x_2 $CH_3 \cdot CH \cdot C(CH_3):CH_2$, Isopren
     M: 68,12   Kp.: 34,3 °C

Die Arbeit [G 19] enthält Daten zur Berechnung des Phasengleichgewichtes bei $t = 0, 5, 10, 15, 20$ und $25\,°C$

161

x_1 C_7H_8, Toluol
     M: 92,14   Kp.: 110,8 °C

x_2 (C_5H_6), Cyclopentadien
     M: 66,10   Kp.: 40 °C

Die Arbeit [G 19] enthält Daten zur Berechnung des Phasengleichgewichtes bei $t = 0, 5, 10$ und $15\,°C$

162

x_1 C_7H_8, Toluol
     M: 92,14   Kp.: 110,8 °C

x_2 $CH_3 \cdot [CH_2]_4 \cdot CH_3$, Hexan
     M: 86,18   Kp.: 68,8 °C

[M 32]

Sättigungstemperaturen in °C im Siedepunkt (S.P.) und im Kondensationspunkt (K.P.)

x_2	$p = 0,2000$ bar $= 150$ Torr		$p = 0,4000$ bar $= 300$ Torr		$p = 1,0132$ bar $= 760$ Torr	
	S.P.	K.P.	S.P.	K.P.	S.P.	K.P.
0,0	61,9	61,9	80,9	80,9	110,7	110,7
0,05	54,8	60,5	74,1	79,4	104,8	109,1
0,1	50,5	59,3	70,0	78,2	100,5	107,6
0,2	44,0	56,8	63,3	75,2	93,4	104,4
0,3	39,7	54,2	58,8	72,3	88,4	101,2
0,4	36,8	51,1	55,2	69,1	84,1	97,6
0,5	34,2	47,9	52,4	65,6	80,6	93,6
0,6	31,9	44,1	49,7	61,5	77,7	89,2
0,7	29,8	39,9	47,4	57,0	75,0	84,2
0,8	28,2	35,3	45,5	52,3	72,5	79,1
0,9	26,4	30,2	43,6	47,0	70,4	73,8
0,95	25,6	27,5	42,7	44,6	69,3	71,0
1,0	24,8	24,8	41,9	41,9	68,7	68,7

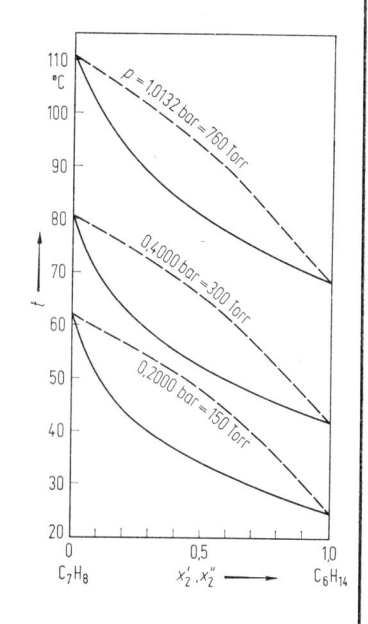

Die Werte sind einem Diagramm entnommen

3 Binary mixtures

163 x_1 C_7H_8, **Toluol**
M: 92,14   Kp.: 110,8 °C

x_2 $CH_3 \cdot [CH_2]_3 \cdot CH:CH_2$, **Hexen-(1)**
M: 84,16   Kp.: 63,35 °C

[V 1]

Dampfdruck von Toluol–Hexen-(1)-Gemischen in bar

x_2'	Temperatur in °C		
	10°	30°	50°
0,000	0,0166	0,0488	0,1228
0,148	0,0374	0,0960	0,2181
0,317	0,0578	0,1430	0,3117
0,373	0,0637	0,1570	0,3414
0,438	0,0703	0,1730	0,3741
0,558	0,0825	0,2030	0,4342
0,791	0,1061	0,2561	0,5459

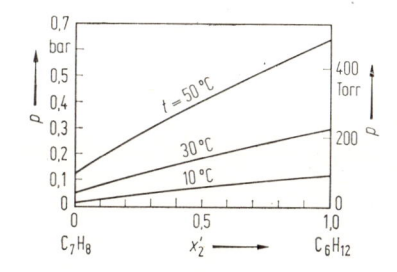

164 x_1 C_7H_8, **Toluol**
M: 92,14   Kp.: 110,8 °C

x_2 C_6H_6, **Benzol**
M: 78,11   Kp.: 80,2 °C

[K 6]

$p = 1,013$ bar $= 760$ Torr

t in °C	x_2'	x_2''
110,62*)	0,000	0,000
107,04	0,081	0,170
99,84	0,268	0,455
91,96	0,505	0,710
80,08*)	1,000	1,000

*) Die Siedepunkte der reinen Bestandteile nach [K6] weichen etwas ab von den sonst aus der Literatur bekannten Werten, die in der Überschrift angegeben sind.

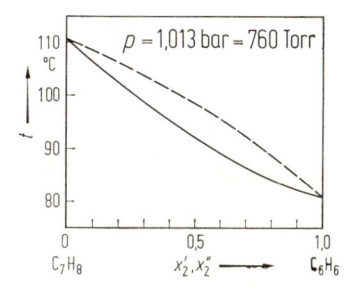

165 x_1 C_7H_8, **Toluol**
M: 92,14   Kp.: 110,8 °C

x_2 $(CH_3)_2CH \cdot CH_2 \cdot C(CH_3)_3$, **2,2,4-Trimethylpentan**
M: 114,23   Kp.: 99,3 °C

[R 4]

$t = 100$ °C

p in bar	x_2'	x_2''	p in bar	x_2'	x_2''
0,7417	0,0	0,0000	0,9819	0,6	0,6437
0,8058	0,1	0,1700	0,9983	0,7	0,7319
0,8584	0,2	0,2999	1,0117	0,8	0,8201
0,9009	0,3	0,4049	1,0236	0,9	0,9102
0,9347	0,4	0,4945	1,0354	1,0	1,0000
0,9612	0,5	0,5754			

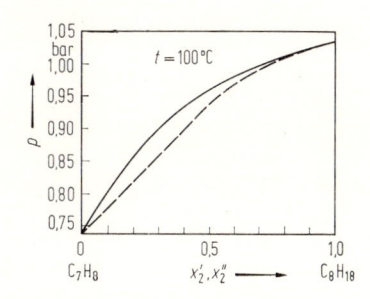

166

x_1 **C₇H₈, Toluol**
M: 92,14   Kp.: 110,8 °C

x_2 **CCl₄, Tetrachlorkohlenstoff**
M: 153,82   Kp.: 76,7 °C

[R 11]

$p = 1{,}013\,\text{bar} = 760\,\text{Torr}$

t in °C	x_2'	x_2''	t in °C	x_2'	x_2''
109,8	0,016	0,036	93,1	0,414	0,640
107,6	0,060	0,132	91,2	0,468	0,688
105,3	0,109	0,228	88,9	0,540	0,749
103,1	0,159	0,313	86,8	0,610	0,801
101,0	0,207	0,387	84,7	0,683	0,849
98,9	0,258	0,458	82,7	0,757	0,890
97,0	0,308	0,521	80,9	0,828	0,927
95,0	0,361	0,583	79,0	0,905	0,961
93,5	0,401	0,626	77,3	0,978	0,991

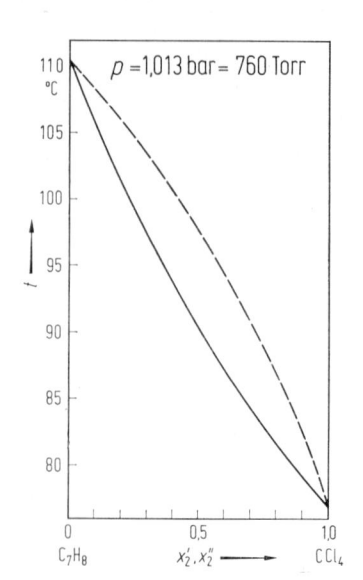

167

x_1 **C₇H₈, Toluol**
M: 92,14   Kp.: 110,8 °C

x_2 **(C₆F₆), Hexafluorbenzol**
M: 186,06   Kp.: 80,27 °C

[C 10]

$p = 1{,}013\,\text{bar} = 760\,\text{Torr}$

t in °C	x_2'	x_2''	t in °C	x_2'	x_2''
110,78	0,000	0,000	95,17	0,398	0,605
108,51	0,023	0,056	93,27	0,448	0,652
107,50	0,048	0,108	92,48	0,502	0,702
106,54	0,062	0,134	90,67	0,576	0,762
105,21	0,091	0,192	88,81	0,646	0,813
104,71	0,104	0,215	86,49	0,732	0,868
103,21	0,150	0,283	84,49	0,807	0,912
102,23	0,180	0,328	82,69	0,880	0,948
100,51	0,219	0,388	81,46	0,930	0,970
99,98	0,246	0,414	80,58	0,968	0,985
98,25	0,296	0,486	80,31	0,985	0,991
97,74	0,308	0,508	80,58	0,990	0,992
96,30	0,366	0,563	80,26	1,000	1,000
95,66	0,380	0,582			

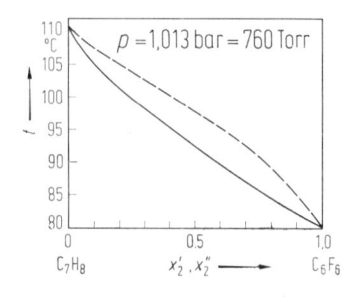

168

x_1 **C₇H₈, Toluol**
M: 92,14   Kp.: 110,8 °C

x_2 **CH₃OH, Methanol**
M: 32,04   Kp.: 64,7 °C

[B 27]

$p = 1{,}013\,\text{bar} = 760\,\text{Torr}$

t in °C	x_2'	x_2''	t in °C	x_2'	x_2''
110,60	0,000	0,000	65,75	0,330	0,822
89,90	0,046	0,519	65,10	0,439	0,828
84,80	0,058	0,627	64,15	0,675	0,842
80,40	0,070	0,704	63,70	0,830	0,866
74,75	0,094	0,777	63,60	0,870	0,878
71,30	0,114	0,793	63,70	0,930	0,912
69,70	0,132	0,801	64,10	0,974	0,957
66,75	0,234	0,813	64,60	1,000	1,000

Im Bereich geringer Methanolgehalte liegt eine merkliche Abweichung der Meßwerte gegenüber den Daten von [B 10] vor

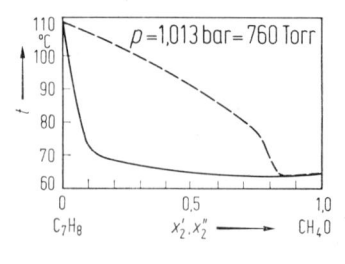

3 Binary mixtures

169

x_1 **C_7H_8, Toluol**
M: 92,14   Kp.: 110,8 °C

x_2 **$CH_3 \cdot CH_2OH$, Äthanol**
M: 46,07   Kp.: 78,3 °C

[L 1]

$p = 1{,}0132\,\text{bar} = 760\,\text{Torr}$

t in °C	x_2'	x_2''	t in °C	x_2'	x_2''
110,6	0,0000	0,0000	77,95	0,4890	0,7141
91,06	0,0666	0,4478	77,30	0,6330	0,7444
88,20	0,0908	0,5083	77,04	0,7310	0,7751
87,45	0,0985	0,5224	77,00	0,8082	0,8094
85,60	0,1191	0,5570	77,15	0,8794	0,8554
83,40	0,1576	0,5991	77,40	0,9262	0,8975
80,60	0,2523	0,6536	77,45	0,9382	0,9099
79,10	0,3469	0,6830	77,60	0,9545	0,9304
78,40	0,4283	0,7018	78,3	1,0000	1,0000

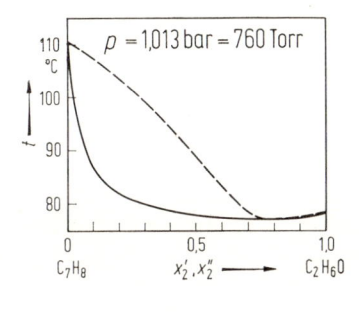

170

x_1 **C_7H_8, Toluol**
M: 92,14   Kp.: 110,8 °C

x_2 **$CH_2{:}CH \cdot CH_2OH$, Allylalkohol**
M: 58,08   Kp.: 96,95 °C

[F 12]

$p = 1{,}013\,\text{bar} = 760\,\text{Torr}$

t in °C	x_2'	x_2''	t in °C	x_2'	x_2''
99,60	0,1000	0,3100	92,10	0,6000	0,6300
96,40	0,2000	0,4350	92,10	0,7000	0,6602
94,42	0,3000	0,5120	92,91	0,8000	0,7200
92,90	0,4000	0,5650	94,12	0,9000	0,8200
92,43	0,5000	0,6058			

Azeotroper Punkt: $t_{az} = 92{,}0\,°C$; $x_{2\,az} = 0{,}635$

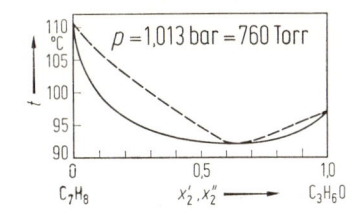

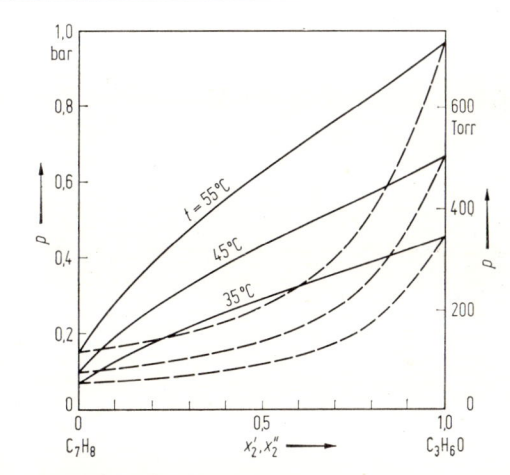

171

x_1 **C_7H_8, Toluol**
M: 92,14   Kp.: 110,8 °C

x_2 **$CH_3 \cdot CO \cdot CH_3$, Aceton**
M: 58,08   Kp.: 56,2…56,3 °C

[K 19]

$t = 35\,°C$			$t = 45\,°C$			$t = 55\,°C$		
p in bar	x_2'	x_2''	p in bar	x_2'	x_2''	p in bar	x_2'	x_2''
0,1554	0,1469	0,6356	0,1348	0,0367	0,2915	0,1992	0,0356	0,2774
0,1809	0,1988	0,7164	0,1681	0,0688	0,4518	0,2497	0,0708	0,4479
0,1878	0,2126	0,7201	0,2304	0,1421	0,6261	0,3362	0,1431	0,6139
0,2155	0,2757	0,7775	0,2820	0,2145	0,7201	0,4038	0,2108	0,6979
0,2543	0,3761	0,8273	0,3207	0,2757	0,7684	0,4613	0,2739	0,7513
0,2826	0,4541	0,8573	0,3754	0,3752	0,8197	0,5380	0,3678	0,8062
0,3050	0,5234	0,8788	0,4151	0,4518	0,8498	0,6004	0,4533	0,8418
0,3235	0,5821	0,8988	0,4506	0,5226	0,8760	0,6477	0,5212	0,8675
0,3447	0,6450	0,9132	0,4760	0,5821	0,8927	0,6851	0,5821	0,8855
0,3620	0,7043	0,9306	0,5090	0,6450	0,9115	0,7326	0,6463	0,9066
0,3771	0,7519	0,9441	0,5338	0,7056	0,9285	0,7670	0,7037	0,9203
0,3932	0,8026	0,9548	0,5554	0,7525	0,9403	0,8010	0,7537	0,9414
0,4113	0,8578	0,9670	0,5787	0,8026	0,9516	0,8335	0,8032	0,9484
0,4337	0,9257	0,9823	0,6048	0,8573	0,9649	0,8696	0,8567	0,9623
			0,6382	0,9252	0,9813	0,9171	0,9257	0,9766

172

x_1 C_7H_8, Toluol
M: 92,14   Kp.: 110,8 °C

x_2 $(CH_3)_2 \cdot CH \cdot CH_2OH$, Isobutanol
M: 74,12   Kp.: 107,7 °C

[S 36]

x_2'	$t = 80°C$		$t = 100°C$	
	p in bar	x_2''	p in bar	x_2''
0,000	0,3906	0,000	0,7453	0,000
0,125	0,4648	0,230	0,8880	0,247
0,250	0,4870	0,341	0,9464	0,370
0,375	0,4949	0,405	0,9766	0,433
0,500	0,4924	0,446	0,9824	0,511
0,625	0,4822	0,497	0,9719	0,570
0,750	0,4597	0,587	0,9432	0,653
0,875	0,4128	0,725	0,8760	0,776
1,000	0,3333	1,000	0,7606	1,000

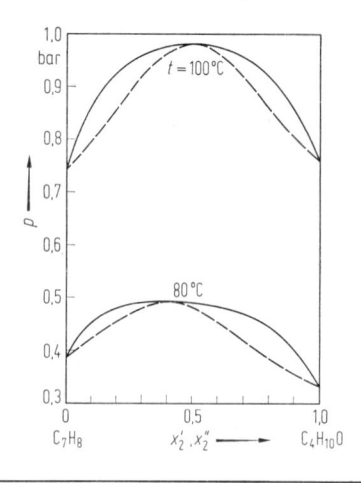

173

x_1 C_7H_8, Toluol
M: 92,14   Kp.: 110,8 °C

x_2 $(CH_3)_3COH$, tert.-Butanol
M: 74,12   Kp.: 82,55 °C

[F 12]

$p = 1{,}013$ bar $= 760$ Torr

t in °C	x_2'	x_2''	t in °C	x_2'	x_2''
99,00	0,100	0,350	82,90	0,600	0,750
93,56	0,200	0,505	81,90	0,700	0,795
89,41	0,300	0,590	81,20	0,800	0,850
86,32	0,400	0,650	80,65	0,900	0,910
84,38	0,500	0,700			

Azeotroper Punkt: $t_{az} = 81{,}5\,°C$; $x_{2az} = 0{,}940$

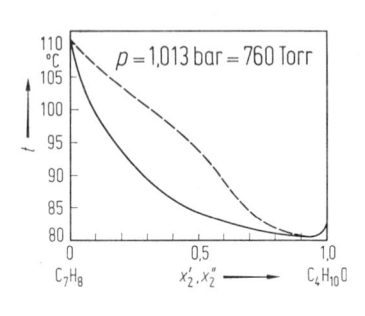

174

x_1 C_7H_8, Toluol
M: 92,14   Kp.: 110,8 °C

x_2 $CH_3 \cdot CH_2 \cdot CO \cdot CH_3$, Butanon-(2)
(Methyläthylketon)
M: 72,11   Kp.: 79,6 °C

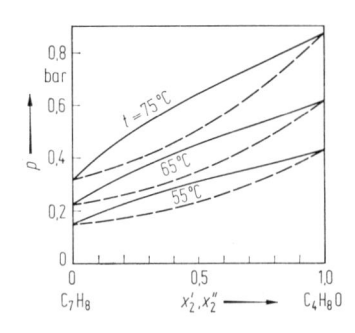

[K 19]

$t = 55°C$			$t = 65°C$		
p in bar	x_2'	x_2''	p in bar	x_2'	x_2''
0,1518	0,0000	0,0000	0,2259	0,0000	0,0000
0,1728	0,0565	0,1861	0,2579	0,0575	0,1842
0,2044	0,1421	0,3668	0,3042	0,1441	0,3641
0,2338	0,2293	0,4948	0,3453	0,2303	0,4879
0,2535	0,2933	0,5660	0,3707	0,2933	0,5559
0,2694	0,3488	0,6174	0,3924	0,3470	0,6075
0,2842	0,4059	0,6646	0,4128	0,4024	0,6541
0,3081	0,5017	0,7347	0,4359	0,4646	0,7015
0,3250	0,5660	0,7744	0,4488	0,5017	0,7268
0,3381	0,6231	0,8075	0,4723	0,5652	0,7682
0,3512	0,6791	0,8386	0,4924	0,6231	0,8044
0,3673	0,7456	0,8738	0,5114	0,6799	0,8341
0,3826	0,8060	0,9071	0,5319	0,7441	0,8694
0,3963	0,8708	0,9370	0,5516	0,8060	0,9035
0,4110	0,9319	0,9673	0,5752	0,8708	0,9363
0,4321	1,0000	1,0000	0,5943	0,9312	0,9658
			0,6226	1,0000	1,0000

Fortsetzung nächste Seite

Zu 174

$t = 75\,°C$

p in bar	x_2'	x_2''	p in bar	x_2'	x_2''
0,3261	0,0000	0,0000	0,6718	0,5668	0,7659
	0,0575	0,1747	0,6978	0,6215	0,7968
0,4366	0,1450	0,3560	0,7235	0,6799	0,8295
0,4916	0,2284	0,4759	0,7580	0,7441	0,8716
0,5321	0,2942	0,5500	0,7841	0,8060	0,9013
0,5613	0,3479	0,5993	0,8141	0,8716	0,9319
0,5911	0,4024	0,6484	0,8412	0,9319	0,9651
0,6196	0,4629	0,6935	0,8755	1,0000	1,0000
0,6405	0,5017	0,7221			

Die Siedetemperaturen der reinen Stoffe wurden mit der Antoine-Gleichung berechnet

175

x_1 C_7H_8, Toluol
     M: 92,14   Kp.: 110,8 °C

x_2 $CH_3 \cdot CO_2C_2H_5$, Essigsäure-äthylester
     M: 88,11   Kp.: 77,1 °C

[C3]

$p = 1,013\,\text{bar} = 760\,\text{Torr}$

t in °C	x_2'	x_2''	t in °C	x_2'	x_2''
108,82	0,021	0,064	85,16	0,598	0,800
107,87	0,032	0,097	83,55	0,656	0,837
106,94	0,048	0,137	82,25	0,715	0,867
103,46	0,107	0,265	81,14	0,773	0,899
99,80	0,175	0,391	79,91	0,835	0,928
95,51	0,270	0,528	78,80	0,891	0,953
95,02	0,283	0,545	78,39	0,922	0,967
92,09	0,365	0,629	77,81	0,954	0,980
89,22	0,452	0,703	77,60	0,970	0,987

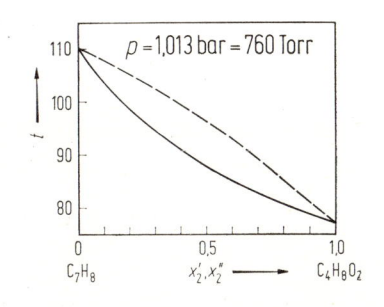

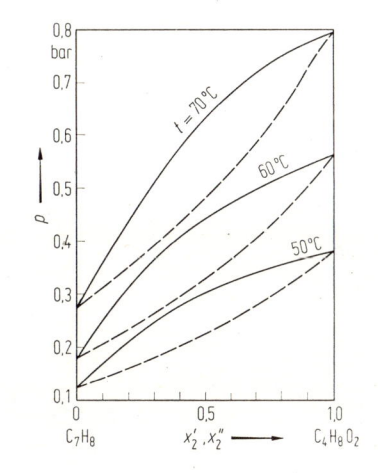

[L17]

$t = 50\,°C$			$t = 60\,°C$			$t = 70\,°C$		
p in bar	x_2'	x_2''	p in bar	x_2'	x_2''	p in bar	x_2'	x_2''
0,1392	0,029	0,064	0,2036	0,029	0,064	0,2994	0,029	0,064
0,1456	0,047	0,107	0,2165	0,044	0,107	0,3273	0,052	0,114
0,1552	0,071	0,154	0,2302	0,069	0,153	0,3344	0,075	0,145
0,1669	0,084	0,192	0,2525	0,086	0,199	0,3737	0,095	0,196
0,1751	0,108	0,243	0,2638	0,108	0,237	0,3818	0,113	0,228
0,1759	0,137	0,283	0,2642	0,131	0,283	0,3905	0,138	0,285
0,1881	0,170	0,352	0,2765	0,162	0,345	0,3988	0,159	0,334
0,1989	0,183	0,385	0,2978	0,186	0,391	0,4398	0,190	0,393
0,2252	0,228	0,464	0,3305	0,226	0,454	0,4750	0,264	0,488
0,2517	0,294	0,559	0,3705	0,301	0,556	0,5392	0,301	0,544
0,2746	0,397	0,658	0,4056	0,399	0,660	0,5666	0,407	0,675
0,2925	0,489	0,758	0,4285	0,478	0,749	0,6131	0,471	0,737
0,3002	0,536	0,794	0,4433	0,552	0,801	0,6433	0,561	0,802
0,3156	0,560	0,818	0,4638	0,575	0,828	0,6649	0,583	0,828
0,3257	0,575	0,822	0,4801	0,588	0,834	0,6933	0,604	0,843
0,3376	0,649	0,862	0,4920	0,639	0,853	0,7031	0,646	0,846
0,3452	0,734	0,904	0,5069	0,735	0,904	0,7307	0,752	0,909
0,3556	0,795	0,928	0,5198	0,786	0,921	0,7471	0,780	0,918
0,3648	0,851	0,951	0,5345	0,860	0,951	0,7695	0,869	0,953

176

x_1 C_7H_8, Toluol
     M: 92,14   Kp.: 110,8 °C

x_2 ($C_4H_8O_2$), 1,4-Dioxan
     M: 88,11   Kp.: 101,3 °C

[S 36]

x_2'	$t = 80\,°C$		$t = 100\,°C$	
	p in bar	x_2''	p in bar	x_2''
0,000	0,3906	0,000	0,7453	0,000
0,125	0,4164	0,168	0,7979	0,159
0,250	0,4393	0,318	0,8408	0,300
0,375	0,4623	0,441	0,8762	0,450
0,500	0,4794	0,563	0,9106	0,565
0,625	0,4912	0,675	0,9344	0,678
0,750	0,4985	0,785	0,9522	0,785
0,875	0,5055	0,888	0,9692	0,890
1,000	0,5098	1,000	0,9778	1,000

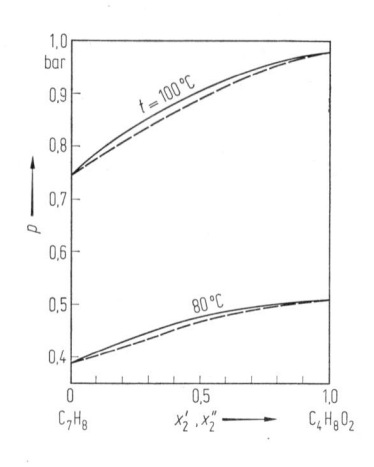

177

x_1 C_7H_8, Toluol
     M: 92,14   Kp.: 110,8 °C

x_2 $(C_2H_5 \cdot CH_2)_2O$, Dipropyläther
     M: 102,18   Kp.: 90,0 °C

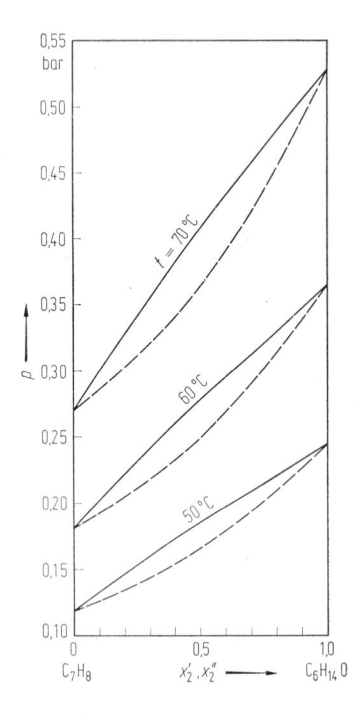

[L 18]

$t = 50\,°C$			$t = 60\,°C$		
p in bar	x_2'	x_2''	p in bar	x_2'	x_2''
0,1237	0,033	0,060	0,1887	0,033	0,065
0,1250	0,039	0,076	0,1900	0,039	0,076
0,1254	0,045	0,081	0,1909	0,045	0,081
0,1334	0,098	0,179	0,2029	0,103	0,184
0,1384	0,134	0,238	0,2097	0,134	0,233
0,1421	0,160	0,281	0,2178	0,164	0,286
0,1465	0,193	0,327	0,2213	0,193	0,312
0,1505	0,230	0,360	0,2298	0,238	0,377
0,1529	0,249	0,391	0,2330	0,255	0,389
0,1628	0,312	0,453	0,2451	0,319	0,468
0,1715	0,385	0,540	0,2589	0,394	0,549
0,1799	0,457	0,611	0,2705	0,457	0,607
0,1906	0,538	0,684	0,2877	0,541	0,681
0,1965	0,592	0,723	0,2940	0,586	0,716
0,2085	0,690	0,799	0,3123	0,695	0,792
0,2237	0,812	0,882	0,3323	0,810	0,879
0,2311	0,872	0,919	0,3434	0,880	0,922
0,2395	0,954	0,972	0,3566	0,954	0,972
0,2427	0,980	0,985	0,3627	0,982	0,985

$t = 70\,°C$					
p in bar	x_2'	x_2''	p in bar	x_2'	x_2''
0,2790	0,033	0,065	0,3808	0,400	0,557
0,2804	0,039	0,073	0,3935	0,450	0,611
0,2827	0,045	0,081	0,4198	0,541	0,694
0,3009	0,103	0,187	0,4264	0,584	0,722
0,3071	0,134	0,235	0,4547	0,695	0,801
0,3120	0,149	0,256	0,4814	0,810	0,882
0,3243	0,186	0,312	0,4979	0,880	0,930
0,3385	0,246	0,382	0,5152	0,953	0,972
0,3436	0,260	0,405	0,5255	0,981	0,985
0,3545	0,310	0,463			

178

x_1 C_7H_8, Toluol
　　　M: 92,14　Kp.: 110,8 °C

x_2 $(CH_3)_2CH \cdot O \cdot CH(CH_3)_2$,
　　　Di-isopropyläther
　　　M: 102,18　Kp.: 68,3 °C

[L 18]

$t = 50\,°C$			$t = 60\,°C$			$t = 70\,°C$		
p in bar	x_2'	x_2''	p in bar	x_2'	x_2''	p in bar	x_2'	x_2''
0,1519	0,057	0,228	0,2156	0,044	0,171	0,3125	0,044	0,163
0,1633	0,080	0,298	0,2442	0,085	0,292	0,3274	0,060	0,213
0,1780	0,108	0,371	0,3132	0,190	0,501	0,3532	0,086	0,281
0,2153	0,193	0,518	0,3584	0,260	0,589	0,4442	0,186	0,478
0,2424	0,248	0,592	0,3710	0,280	0,610	0,5101	0,266	0,577
0,2576	0,287	0,638	0,3846	0,302	0,635	0,5121	0,270	0,585
0,2649	0,298	0,648	0,4325	0,380	0,708	0,5310	0,290	0,607
0,3014	0,380	0,718	0,4701	0,447	0,753	0,6018	0,378	0,692
0,3278	0,448	0,766	0,5278	0,548	0,815	0,6467	0,436	0,733
0,3706	0,549	0,825	0,5569	0,599	0,842	0,7246	0,535	0,797
0,3905	0,600	0,851	0,6179	0,711	0,896	0,7707	0,603	0,833
0,4772	0,807	0,938	0,6747	0,810	0,933	0,9278	0,800	0,933
0,5148	0,892	0,965	0,7298	0,892	0,964	1,0039	0,888	0,962

179

x_1 C_7H_8, Toluol
　　　M: 92,14　Kp.: 110,8 °C

x_2 $CH_3 \cdot SiCl_3$, Silicium-methyl-
　　　trichlorid
　　　M: 149,48　Kp.: 66,1 °C

[S 24]

Siedetemperatur des Gemisches

$p = 1{,}0115$ bar $= 758{,}7 \pm 1{,}0$ Torr

t in °C	x_2'	t in °C	x_2'
110,8	0,000	77,6	0,641
106,1	0,053	74,1	0,689
98,1	0,179	73,2	0,723
94,7	0,253	67,6	0,9042
90,2	0,332	65,6	1,000
82,6	0,481		

Die Originalarbeit enthält für vorstehenden Druck ein Diagramm mit Siede- und Kondensationslinie

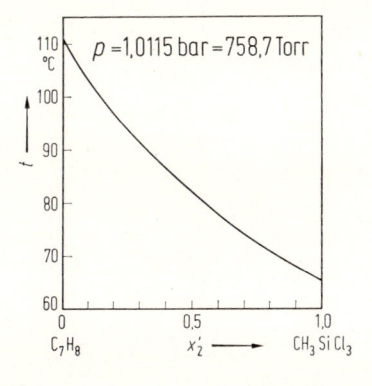

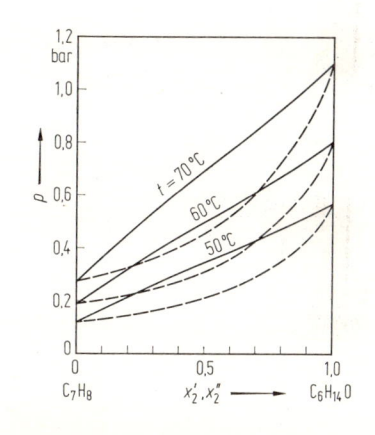

180

x_1 $CH_3 \cdot [CH_2]_6 \cdot CH_3$, n-Octan
　　　M: 114,23　Kp.: 125,8 °C

x_2 C_6H_{12}, Cyclohexan
　　　M: 84,16　Kp.: 80,8 °C

In der Arbeit [J 2] sind für die Temperaturen 25°, 35°, 45° und 55 °C die Zweiten Virialkoeffizienten und Molarvolumen der reinen Stoffe sowie die Exzeßenergien, die Aktivitätskoeffizienten und die Dampfdrücke für den gesamten Mischungsbereich zur Berechnung der Gleichgewichtszusammensetzungen angegeben. Das Gemisch zeigt geringes positives Abweichen vom Raoultschen Gesetz.

181 x_1 $CH_3 \cdot [CH_2]_6 \cdot CH_3$, n-Octan
M: 114,23   Kp.: 125,8 °C

x_2 C_6H_6, Benzol
M: 78,11   Kp.: 80,2 °C

[K17]

$t = 220$ °C			$t = 230$ °C			$t = 240$ °C			$t = 250$ °C		
p in bar	x_2'	x_2''	p in bar	x_2'	x_2''	p in bar	x_2'	x_2''	p in bar	x_2'	x_2''
7,963	0,000	0,000	9,439	0,000	0,000	11,12	0,000	0,000	13,01	0,000	0,000
8,274	0,010	0,169	9,653	0,006	0,081	11,72	0,017	0,119	13,79	0,025	0,141
8,963	0,042	0,271	10,34	0,032	0,207	12,41	0,050	0,214	15,17	0,096	0,263
9,653	0,090	0,352	11,03	0,075	0,287	13,79	0,142	0,354	16,55	0,185	0,359
11,03	0,214	0,491	12,41	0,174	0,420	15,17	0,235	0,455	17,93	0,268	0,449
12,41	0,335	0,620	13,79	0,282	0,537	16,55	0,329	0,549	19,31	0,350	0,533
13,79	0,455	0,730	15,17	0,391	0,640	17,93	0,422	0,637	20,68	0,430	0,610
15,17	0,577	0,820	16,55	0,499	0,729	19,31	0,515	0,720	22,06	0,515	0,684
16,55	0,699	0,890	17,93	0,606	0,810	20,68	0,610	0,795	23,44	0,596	0,755
17,93	0,820	0,946	19,31	0,715	0,883	22,06	0,702	0,861	24,82	0,678	0,820
18,62	0,880	0,971	20,68	0,822	0,940	23,44	0,797	0,917	26,20	0,761	0,881
19,58	1,000	1,000	22,06	0,935	0,984	24,82	0,890	0,964	27,58	0,843	0,933
			22,68	1,000	1,000	25,51	0,945	0,985	28,96	0,930	0,976
						26,06	1,000	1,000	29,92	1,000	1,000

$t = 260$ °C			$t = 270$ °C		
p in bar	x_2'	x_2''	p in bar	x_2'	x_2''
15,14	0,000	0,000	17,52	0,000	0,000
16,55	0,051	0,174	17,93	0,012	0,048
17,93	0,127	0,267	19,31	0,068	0,162
19,31	0,203	0,349	20,68	0,138	0,248
20,68	0,278	0,427	22,06	0,209	0,322
22,06	0,354	0,503	23,44	0,280	0,390
23,44	0,429	0,576	24,82	0,350	0,454
24,82	0,503	0,643	26,20	0,415	0,518
26,20	0,577	0,708	27,58	0,480	0,581
27,58	0,652	0,769	28,96	0,545	0,642
28,96	0,725	0,827	30,34	0,608	0,702
30,34	0,795	0,878	31,72	0,671	0,760
31,72	0,863	0,927	33,10	0,734	0,813
33,10	0,935	0,971	34,47	0,797	0,864
34,18	1,000	1,000	35,85	0,860	0,911
			37,23	0,922	0,953
			37,92	0,955	0,974
			38,85	1,000	1,000

$t = 280$ °C

p in bar	x_2'	x_2''	p in bar	x_2'	x_2''
20,16	0,000	0,000	33,10	0,564	0,629
20,68	0,016	0,044	34,47	0,621	0,686
22,06	0,070	0,128	35,85	0,677	0,738
23,44	0,138	0,206	37,23	0,732	0,788
24,82	0,203	0,275	38,61	0,787	0,836
26,20	0,264	0,340	39,99	0,841	0,880
27,58	0,324	0,400	41,37	0,896	0,924
28,96	0,385	0,457	42,75	0,953	0,967
30,34	0,446	0,514	43,95	1,000	1,000
31,72	0,506	0,572			

Der Verlauf der Phasengrenzen bis zum kritischen Bereich des binären Gemisches kann einem $P-T$-Diagramm der Arbeit [K17] entnommen werden

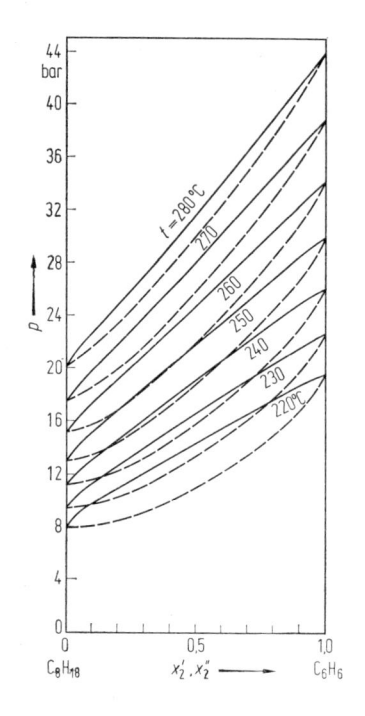

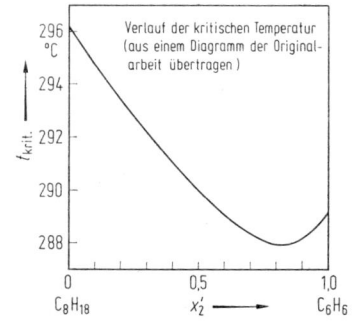

Verlauf der kritischen Temperatur (aus einem Diagramm der Originalarbeit übertragen)

182

x_1 $CH_3 \cdot [CH_2]_6 \cdot CH_3$, **n-Octan**
     M: 114,23   Kp.: 125,8 °C

x_2 CCl_4, **Tetrachlorkohlenstoff**
     M: 153,82   Kp.: 76,7 °C

[R 11]

$p = 1,013$ bar $= 760$ Torr

t in °C	x_2'	x_2''	t in °C	x_2'	x_2''
123,6	0,024	0,067	91,0	0,565	0,839
118,5	0,088	0,234	88,3	0,632	0,874
113,8	0,151	0,380	85,9	0,697	0,904
109,6	0,213	0,489	83,8	0,759	0,928
106,1	0,268	0,571	81,9	0,820	0,950
102,6	0,327	0,647	80,2	0,877	0,967
99,6	0,382	0,705	78,6	0,932	0,982
96,7	0,439	0,753	77,2	0,982	0,996
93,9	0,497	0,796			

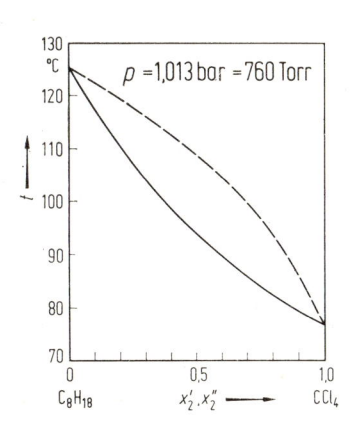

183

x_1 $CH_3 \cdot [CH_2]_6 \cdot CH_3$, **n-Octan**
     M: 114,23   Kp.: 125,8 °C

x_2 C_6F_6, **Hexafluorbenzol**
     M: 186,06   Kp.: 80 °C

[H 12]

Kritische Temperatur der Gemische

x_2'	t_k in °C	x_2'	t_k in °C
0,2384	282,0	0,7228	250,9
0,2973	276,8	0,7734	248,0
0,4277	267,0	0,7859	248,0
0,5396	260,5	0,8851	246,6

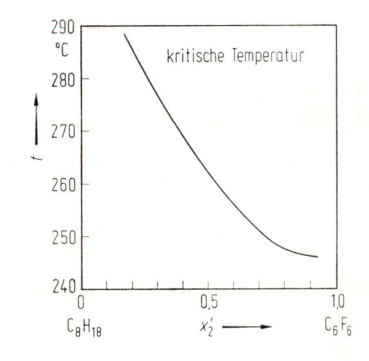

184

x_1 $CH_3 \cdot [CH_2]_6 \cdot CH_3$, **n-Octan**
     M: 114,23   Kp.: 125,8 °C

x_2 $CH_3 \cdot CH(OH) \cdot CH_3$, **Isopropanol**
     M: 60,10   Kp.: 82,4 °C

[P 6]

$p = 0,533$ bar $= 400$ Torr

t in °C	x_2'	x_2''	t in °C	x_2'	x_2''
97,64	0,008	0,198	65,7	0,68	0,791
90,9	0,021	0,366	65,6	0,788	0,823
84,0	0,044	0,495	65,4	0,840	0,840
73,5	0,122	0,631	65,5	0,872	0,860
70,6	0,231	0,690	65,7	0,890	0,869
68,7	0,291	0,714	66,1	0,907	0,886
67,2	0,462	0,740	66,4	0,938	0,911
65,8	0,66	0,782	66,5	0,956	0,930

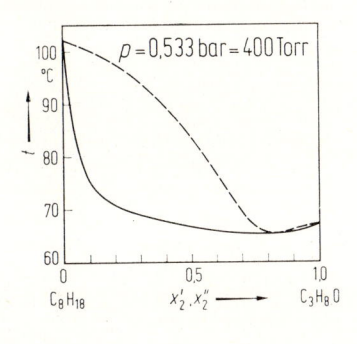

185

x_1 $CH_3 \cdot [CH_2]_6 \cdot CH_3$, n-Octan
M: 114,23   Kp.: 125,8 °C

x_2 $CH_3 \cdot CH_2 \cdot CO \cdot CH_3$, Butanon-(2)
(Methyl-äthylketon)
M: 72,11   Kp.: 79,6 °C

[M 11]

$t = 65\,°C$

p in bar	x_2'	x_2''	p in bar	x_2'	x_2''
0,2249	0,058	0,472	0,5164	?	0,845
0,3265	0,148	0,655	0,5739	0,636	0,855
0,4236	0,265	0,765	0,5872	0,730	0,870
0,4813	0,376	0,814	0,5996	0,810	0,880
0,4781	0,382	0,816	0,6074	0,970	0,968

Die Zahlenreihe läßt etwa bei $x_2 = 0{,}96$ einen azeotropen Punkt erkennen

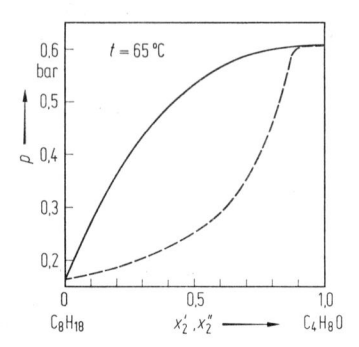

186

x_1 $CH_3 \cdot [CH_2]_6 \cdot CH_3$, n-Octan
M: 114,23   Kp.: 125,8 °C

x_2 ($C_4H_8O_2$), 1,4-Dioxan
M: 88,11   Kp.: 101,22 °C

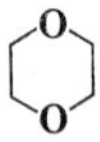

[T 1]

$t = 80\,°C$

p in bar	x_2'	x_2''	p in bar	x_2'	x_2''
0,2526	0,021	0,098	0,5110	0,560	0,725
0,3382	0,115	0,367	0,5318	0,881	0,863
0,4081	0,230	0,532	0,5238	0,954	0,930
0,5010	0,506	0,699	0,5168	0,981	0,967

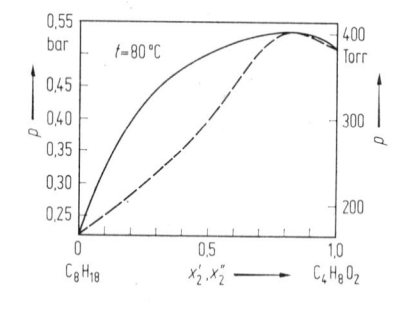

187

x_1 $(CH_3)_2CH \cdot CH_2 \cdot C(CH_3)_3$,
2,2,4-Trimethyl-pentan
(Isooctan)
M: 114,23   Kp.: 99,3 °C

x_2 CCl_4, Tetrachlorkohlenstoff
M: 153,82   Kp.: 76,7 °C

[R 11]

$p = 1{,}013$ bar $= 760$ Torr

t in °C	x_2'	x_2''	t in °C	x_2'	x_2''
98,2	0,028	0,051	82,8	0,591	0,729
95,7	0,104	0,175	81,6	0,654	0,774
93,7	0,163	0,264	80,6	0,713	0,815
91,6	0,232	0,362	79,6	0,771	0,855
89,9	0,294	0,441	78,8	0,826	0,890
88,2	0,375	0,515	78,1	0,881	0,924
86,6	0,419	0,578	77,5	0,934	0,957
85,2	0,478	0,632	76,9	0,982	0,989
84,2	0,525	0,677			

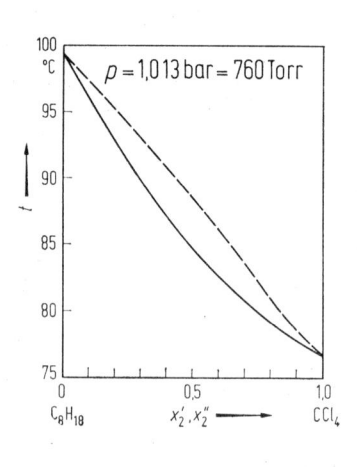

188

x_1 $(CH_3)_2CH \cdot CH_2 \cdot C(CH_3)_3$, 2,2,4-Trimethylpentan
M: 114,23   Kp.: 99,3 °C

x_2 $CH_3 \cdot CH_2OH$, Äthanol
M: 46,07   Kp.: 78,32 °C

[F 8]

$t = 50\,°C$

p in bar	x_2'	x_2''	p in bar	x_2'	x_2''
0,2764	0,0113	0,2938	0,4251	0,6144	0,5969
0,3335	0,0340	0,4238	0,4201	0,7713	0,6279
0,3625	0,0579	0,4752	0,4018	0,8799	0,6881
0,3950	0,1240	0,5254	0,3771	0,9319	0,7526
0,4202	0,3428	0,5701	0,3617	0,9516	0,7942
0,4243	0,5176	0,5863	0,3238	0,9829	0,9008
0,4250	0,5943	0,5941			

In der Originalarbeit werden die obigen experimentellen Werte aus [K 20] mit aus der Gibbs—Duhem-Gleichung gewonnenen rechnerischen Daten verglichen

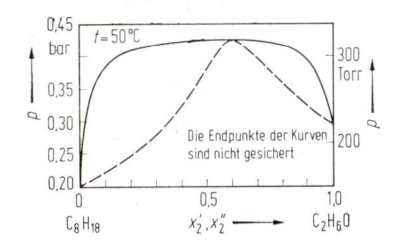

189

x_1 $(CH_3)_2CH \cdot CH_2 \cdot C(CH_3)_3$, 2,2,4-Trimethyl-pentan
M: 114,23   Kp.: 99,2 °C

x_2 $CH_3 \cdot CH(OH) \cdot CH_3$, Isopropanol
M: 60,10   Kp.: 82,2 °C

[B 26]

$p = 1{,}013\ \text{bar} = 760\ \text{Torr}$

t in °C	x_2'	x_2''	t in °C	x_2'	x_2''
99,2	0,000	0,000	77,8	0,517	0,602
93,5	0,029	0,177	77,6	0,613	0,630
89,4	0,058	0,293	77,3	0,676$_5$	0,654$_5$
83,6	0,121	0,435	78,1*)	0,800	0,720
80,2	0,230	0,526	78,4	0,878	0,780
79,1	0,331	0,555	80,2	0,957$_5$	0,895
78,6	0,390$_5$	0,573	82,2	1,000	1,000

*) Wert erscheint unsicher

[N 15]

$t = 44{,}95\,°C$

p in bar	x_2'	x_2''	p in bar	x_2'	x_2''
0,1589	0,000	0,000	0,2734	0,658	0,547
0,2061	0,018	0,227	0,2730	0,666	0,554
0,2290	0,043	0,313	0,2716	0,703	0,560
0,2554	0,140	0,400	0,2694	0,730	0,579
0,2557	0,152	0,406	0,2661	0,774	0,589
0,2654	0,297	0,447	0,2525	0,854	0,654
0,2717	0,332	0,481	0,2492	0,874	0,670
0,2756	0,415	0,495	0,2401	0,902	0,707
0,2766	0,492	0,509	0,2336	0,922	0,733
0,2761	0,514	0,513	0,2161	0,955	0,811
0,2748	0,620	0,537	0,1821	1,000	1,000

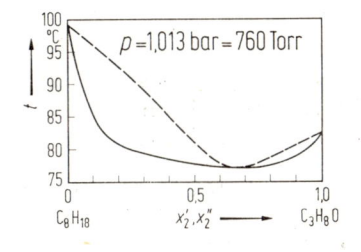

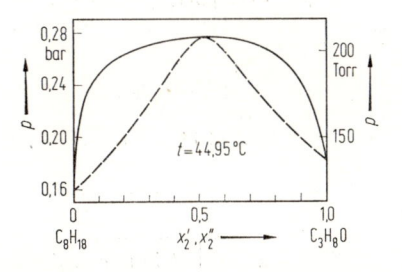

Die Originalarbeit enthält Meßwerte für die Mischungsenthalpien bei 25, 45 und 65 °C sowie die Mischungsvolumen bei 25 °C

190 x_1 $CH_3 \cdot [CH_2]_5 \cdot CH:CH_2$, **Octen-(1)**
M: 112,22   Kp.: 122···123 °C

x_2 C_6H_6, **Benzol**
M: 78,11   Kp.: 80,2 °C

[V 1]

Dampfdruck (bar) von Octen-(1)—Benzol-Gemischen

x_2'	Temperatur in °C		
	10°	30°	50°
0,000	0,0096	0,0304	0,0806
0,165	0,0207	0,0575	0,1380
0,265	0,0269	0,0722	0,1691
0,411	0,0351	0,0929	0,2136
0,533	0,0415	0,1084	0,2471
0,602	0,0448	0,1173	0,2672
0,661	0,0469	0,1229	0,2808
0,824	0,0544	0,1411	0,3209
0,887	0,0561	0,1471	0,3343

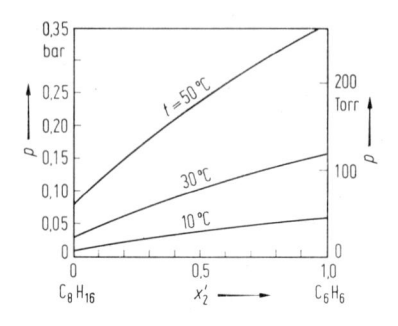

191 x_1 $CH_3 \cdot [CH_2]_5 \cdot CH:CH_2$, **Octen-(1)**
M: 112,22   Kp.: 122···123 °C

x_2 CCl_4, **Tetrachlorkohlenstoff**
M: 153,82   Kp.: 76,7 °C

[R 11]

$p = 1{,}013$ bar $= 760$ Torr

t in °C	x_2'	x_2''	t in °C	x_2'	x_2''
120,0	0,021	0,058	93,6	0,497	0,774
115,8	0,084	0,202	91,3	0,552	0,812
112,0	0,145	0,329	88,6	0,619	0,855
108,3	0,206	0,435	86,3	0,685	0,889
105,1	0,262	0,527	84,1	0,750	0,917
101,9	0,324	0,602	82,1	0,811	0,942
99,1	0,379	0,665	80,4	0,870	0,962
96,3	0,438	0,726	78,7	0,928	0,980
94,2	0,482	0,763	77,3	0,980	0,995

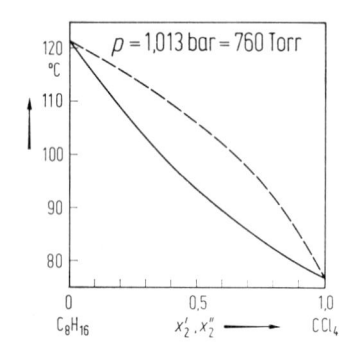

192 x_1 $CH_3 \cdot [CH_2]_5 \cdot CH:CH_2$, **Octen-(1)**
M: 112,22   Kp.: 122···123 °C

x_2 ($C_4H_8O_2$), **1,4-Dioxan**
M: 88,11   Kp.: 101,22 °C

[T 1]

$t = 80$ °C

p in bar	x_2'	x_2''	p in bar	x_2'	x_2''
0,3504	0,120	0,302	0,5322	0,760	0,793
0,4289	0,284	0,509	0,5320	0,866	0,858
0,4748	0,425	0,618	0,5198	0,937	0,920
0,5110	0,603	0,715			

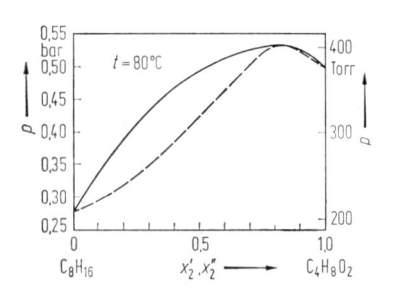

193 x_1 (C$_8$H$_{16}$), Äthylcyclohexan
M: 112,22 Kp.: 131,8 °C

x_2 CH$_3$·[CH$_2$]$_6$·CH$_3$, n-Octan
M: 114,23 Kp.: 125,8 °C

[P6] und [P8]

$p = 0,0667$ bar = 50 Torr*)			$p = 0,1333$ bar = 100 Torr*)			$p = 0,5333$ bar = 400 Torr			$p = 0,6667$ bar = 500 Torr*)		
t in °C	x_2'	x_2''	t in °C	x_1'	x_2''	t in °C	x_2'	x_2''	t in °C	x_2'	x_2''
52,2	0,110	0,127	68,65	0,099	0,117	108,72	0,095	0,113	116,1	0,112	0,132
52,0	0,194	0,215	68,4	0,193	0,217	108,16	0,191	0,215	115,5	0,190	0,215
51,7	0,289	0,314	68,05	0,296	0,323	107,67	0,289	0,317	115,0	0,290	0,318
51,45	0,384	0,414	67,65	0,385	0,413	107,11	0,394	0,424	114,5	0,383	0,416
51,2	0,481	0,508	67,3	0,492	0,522	106,61	0,481	0,513	114,0	0,480	0,512
50,9	0,593	0,616	67,0	0,599	0,627	106,06	0,593	0,623	113,5	0,591	0,621
50,7	0,689	0,708	66,65	0,689	0,712	105,5	0,688	0,710	113,2	0,692	0,716
50,4	0,791	0,804	66,3	0,783	0,797	105,0	0,795	0,811	112,3	0,791	0,815
50,1	0,898	0,905	65,95	0,889	0,897	104,6	0,898	0,908	111,8	0,906	0,910

$p = 1,0132$ bar = 760 Torr*)		
t in °C	x_2'	x_2''
131,2	0,119	0,143
131,0	0,192	0,220
130,1	0,286	0,315
129,35	0,388	0,424
128,75	0,489	0,525
128,05	0,589	0,623
127,45	0,689	0,715
126,9	0,785	0,806
126,35	0,894	0,902

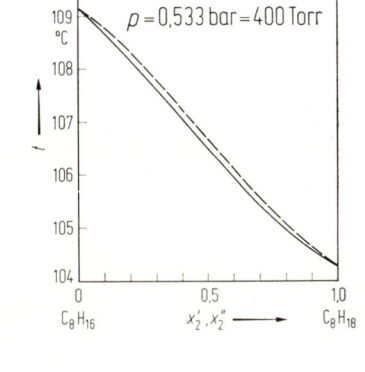

*) kein Bild

---

194 x_1 (C$_8$H$_{16}$), Äthylcyclohexan
M: 112,22 Kp.: 131,8 °C

x_2 CH$_3$·CH(OH)·CH$_3$, Isopropanol
M: 60,10 Kp.: 82,4 °C

[P6]

$p = 0,533$ bar = 400 Torr

t in °C	x_2'	x_2''	t in °C	x_2'	x_2''
101,6	0,006	0,202	68,8	0,442	0,768
101,1	0,007	0,220	67,5	0,652	0,785
92,9	0,021	0,414	66,5	0,761	0,824
92,1	0,023	0,424	66,4	0,784	0,828
85,1	0,046	0,554	66,4	0,839	0,853
84,1	0,049	0,568	66,3	0,887	0,880
78,3	0,091	0,664	66,24	0,871	0,873
77,5	0,11	0,679	66,25	0,900	0,893
70,8	0,214	0,728	66,5	0,941	0,923

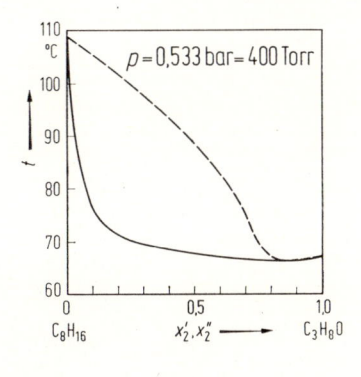

195

x_1 — (C$_8$H$_{10}$), Äthylbenzol
M: 106,17   Kp.: 136,19 °C

x_2 C$_6$H$_6$, Benzol
M: 78,11   Kp.: 80,2 °C

[K 6]

$p = 1,013$ bar $= 760$ Torr

t in °C	x_2'	x_2''	t in °C	x_2'	x_2''
136,18	0,000	0,000	93,95	0,601	0,879
135,31	0,009	0,033	88,01	0,753	0,937
134,54	0,017	0,059	82,95	0,902	0,979
132,93	0,030	0,106	81,62	0,945	0,989
119,99	0,165	0,458	81,09	0,966	0,993
109,65	0,302	0,664	80,08	1,000	1,000
101,86	0,438	0,785			

Daten für die Exzeßenthalpie des binären Gemisches bei $t = 25$ °C finden sich bei [W 9]

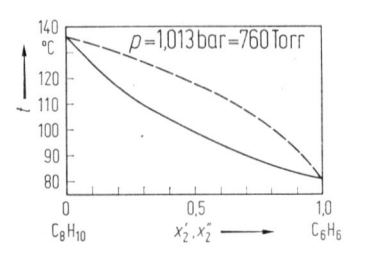

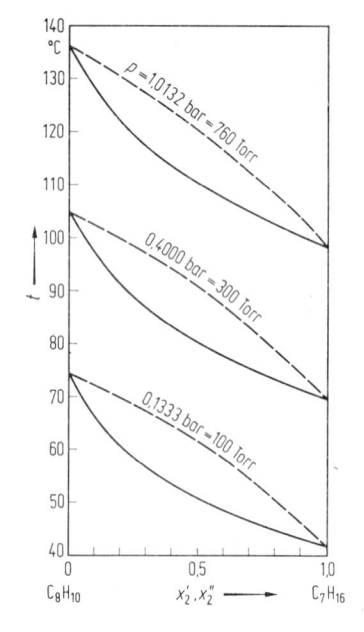

196

x_1 — (C$_8$H$_{10}$), Äthylbenzol
M: 106,17   Kp.: 136,19 °C

x_2 CH$_3$·[CH$_2$]$_5$·CH$_3$, Heptan
M: 100,21   Kp.: 98,43 °C

[M 32]

Sättigungstemperaturen in °C im Siedepunkt (S.P.) und im Kondensationspunkt (K.P.)

x_2	$p = 0,1333$ bar $= 100$ Torr		$p = 0,4000$ bar $= 300$ Torr		$p = 1,0132$ bar $= 760$ Torr	
	S.P.	K.P.	S.P.	K.P.	S.P.	K.P.
0,0	74,2	74,2	104,7	104,7	136,2	136,2
0,05	69,5	73,2	100,3	103,7	131,7	134,8
0,1	66,0	72,0	96,9	102,6	128,2	133,3
0,2	60,7	69,8	91,2	99,9	122,1	130,4
0,3	56,7	67,4	86,7	97,2	117,3	127,3
0,4	53,3	64,5	83,1	94,2	113,4	123,9
0,5	50,7	61,4	80,3	90,6	110,4	120,1
0,6	48,6	58,3	77,6	87,0	107,5	116,1
0,7	46,7	54,5	75,4	83,0	105,0	112,0
0,8	44,9	50,5	73,2	78,7	102,6	107,7
0,9	43,3	46,2	71,3	74,2	100,5	103,0
0,95	42,5	44,0	70,4	72,0	99,3	100,8
1,0	41,8	41,8	69,5	69,5	98,4	98,4

Die Werte sind einem Diagramm entnommen

197 x_1 (C$_8$H$_{10}$), Äthylbenzol
M: 106,17   Kp.: 136,19 °C

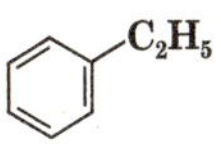

x_2 (C$_8$H$_{16}$), Äthylcyclohexan
M: 112,22   Kp.: 131,8 °C

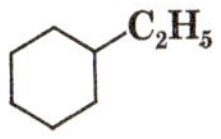

[Q 1]

$p = 0{,}533$ bar $= 400$ Torr

t in °C	x_2'	x_2''	t in °C	x_2'	x_2''
113,9	0,0	0,0	109,7	0,6	0,63
113,04	0,1	0,13	109,4	0,7	0,72
112,11	0,2	0,24	109,22	0,8	0,81
111,26	0,3	0,35	109,14	0,9	0,90
110,6	0,4	0,45	109,1	1,0	1,00
110,1	0,5	0,54			

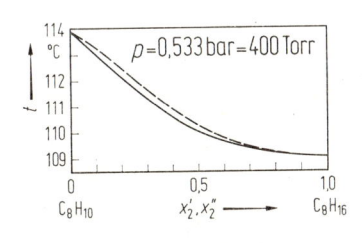

198 x_1 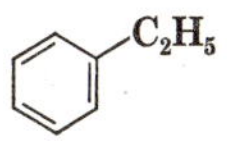 (C$_8$H$_{10}$), Äthylbenzol
M: 106,17   Kp.: 136,19 °C

x_2 CCl$_4$, Tetrachlorkohlenstoff
M: 153,82   Kp.: 76,7 °C

[R 11]

$p = 1{,}0132$ bar $= 760$ Torr

t in °C	x_2'	x_2''	t in °C	x_2'	x_2''
134,1	0,018	0,060	97,7	0,486	0,829
129,2	0,065	0,215	94,1	0,556	0,869
124,4	0,114	0,352	90,8	0,629	0,901
119,9	0,164	0,456	87,8	0,701	0,928
116,1	0,208	0,539	85,0	0,771	0,950
112,1	0,258	0,616	82,4	0,842	0,967
108,5	0,308	0,676	79,9	0,910	0,983
105,3	0,356	0,729	77,6	0,977	0,996
101,8	0,412	0,777			

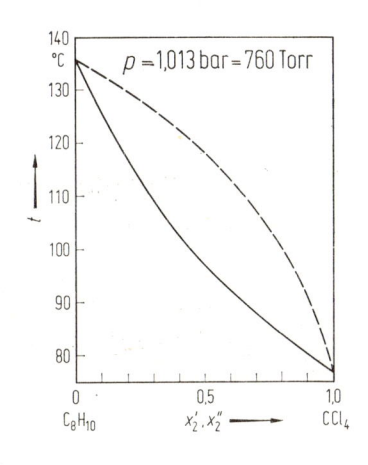

199 x_1 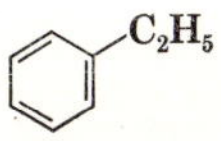 (C$_8$H$_{10}$), Äthylbenzol
M: 106,17   Kp.: 136,19 °C

x_2 CH$_3$·CO$_2$H, Essigsäure
M: 60,05   Kp.: 118,5 °C

[B 3]

$p = 0{,}967$ bar $= 725 \pm 3$ Torr

t in °C	x_2'	x_2''	t in °C	x_1'	x_2''
127,0	0,050	0,175	113,0	0,550	0,695
126,0	0,060	0,200	112,0	0,720	0,765
125,0	0,075	0,225	112,2	0,820	0,805
123,0	0,090	0,270	113,0	0,907	0,870
121,0	0,145	0,355	114,0	0,960	0,920
120,0	0,175	0,385	115,0	0,980	0,950
117,0	0,290	0,505			

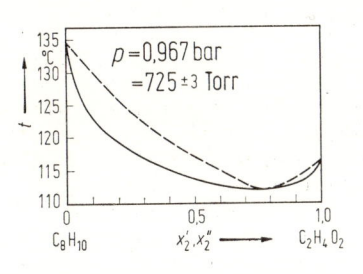

Azeotroper Punkt bei 725 Torr: $t_{az} = 112{,}0$ °C; $x_{2az} = 0{,}775$

200 x_1 (C$_8$H$_{10}$), Äthylbenzol — C$_2$H$_5$ substituent on benzene ring

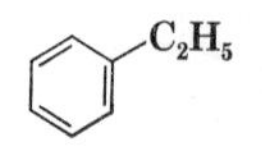

M: 106,17   Kp.: 136,19 °C

x_2 CH$_3$·CH·CH$_2$ Propylenoxid
         _O_/

M: 58,08   Kp.: 34,1 °C

[F 9]

$p = 1{,}0132$ bar $= 760$ Torr

t in °C	x_2'	x_2''	t in °C	x_2'	x_2''
113,40	0,0537	0,510	61,60	0,3792	0,945
103,00	0,0965	0,675	56,20	0,4590	0,960
86,35	0,1685	0,820	42,70	0,7000	0,975
73,80	0,2532	0,890	34,65	0,9450	0,9981
67,30	0,3140	0,925			

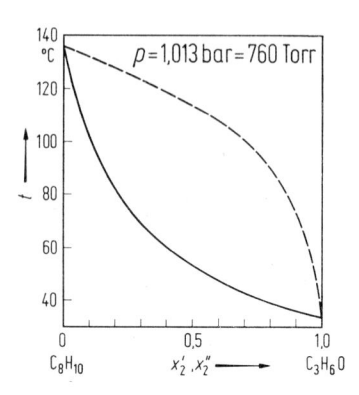

---

201 x_1 (C$_8$H$_{10}$), Äthylbenzol

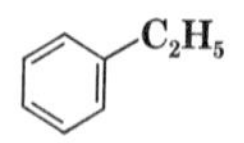

M: 106,17   Kp.: 136,19 °C

x_2 CH$_3$·CH$_2$·CO·CH$_3$,   Butanon-(2) (Methyläthylketon)

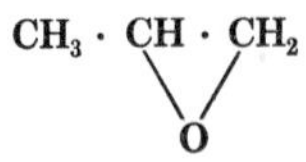

M: 72,11   Kp.: 79,6 °C

[K 19]

$t = 55$ °C			$t = 65$ °C			$t = 75$ °C					
p in bar	x_2'	x_2''	p in bar	x_2'	x_2''	p in bar	x_2'	x_2''	p in bar	x_2'	x_2''
0,0226	0,0000	0,0000	0,0915	0,0000	0,0000	0,1381	0,0000	0,0000	0,5553	0,5030	0,8625
0,0677	0,0691	0,4218	0,1064	0,0221	0,1697	0,1596	0,0221	0,1591	0,6055	0,5856	0,8904
0,0921	0,0940	0,5097	0,1171	0,0353	0,2592	0,1794	0,0353	0,2493	0,6605	0,6703	0,9156
0,1175	0,1183	0,5570	0,1301	0,0529	0,3404	0,1938	0,0552	0,3280	0,7100	0,7523	0,9384
0,1449	0,1791	0,6655	0,1428	0,0714	0,4109	0,2140	0,0714	0,4018	0,7509	0,8176	0,9537
0,1713	0,2393	0,7303	0,1761	0,1172	0,5399	0,3126	0,1812	0,6333	0,7983	0,8911	0,9693
0,2005	0,3175	0,7915	0,2156	0,1801	0,6479	0,3621	0,2383	0,7002	0,8350	0,9460	0,9818
0,2371	0,4164	0,8451	0,2503	0,2383	0,7142	0,4182	0,3137	0,7605	0,8755	1,0000	1,0000
0,2696	0,5115	0,8803	0,2947	0,3175	0,7791	0,4896	0,4109	0,8190			
0,2941	0,5881	0,9037	0,3451	0,4127	0,8325						
0,3222	0,6759	0,9280	0,3917	0,5097	0,8721						
0,3455	0,7553	0,9467	0,4281	0,5881	0,8964						
0,3654	0,8176	0,9606	0,4671	0,6751	0,9222						
0,3902	0,8917	0,9762	0,5014	0,7530	0,9416						
0,4072	0,9441	0,9885	0,5309	0,8183	0,9562						
0,4321	1,0000	1,0000	0,5645	0,8924	0,9744						
			0,5908	0,9454	0,9879						
			0,6226	1,0000	1,0000						

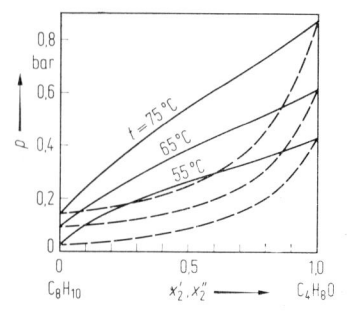

Die Siedetemperaturen der reinen Stoffe wurden mit der Antoine-Gleichung berechnet

202 x_1 (C$_8$H$_{10}$), Äthylbenzol
M: 106,17   Kp.: 136,19 °C

x_2 CH$_3$·CO$_2$C$_2$H$_5$, Essigsäure-äthylester
M: 88,11   Kp.: 77,06 °C

[L 17]

$t = 50$ °C			$t = 60$ °C		
p in bar	x_2'	x_2''	p in bar	x_2'	x_2''
0,0511	0,016	0,101	0,0797	0,016	0,088
0,0556	0,028	0,168	0,0897	0,033	0,204
0,0652	0,047	0,294	0,1037	0,054	0,330
0,0780	0,102	0,515	0,1328	0,102	0,498
0,0944	0,118	0,558	0,1848	0,189	0,665
0,1316	0,211	0,703	0,2040	0,227	0,713
0,1577	0,282	0,764	0,2217	0,260	0,735
0,1681	0,311	0,800	0,2378	0,291	0,777
0,1916	0,389	0,844	0,2769	0,370	0,829
0,2357	0,529	0,899	0,3433	0,514	0,885
0,2693	0,631	0,919	0,3881	0,617	0,921
0,2830	0,678	0,941	0,4069	0,665	0,933
0,3094	0,770	0,961	0,4489	0,761	0,953
0,3241	0,821	0,968	0,4733	0,815	0,968

$t = 70$ °C					
p in bar	x_2'	x_2''	p in bar	x_2'	x_2''
0,1209	0,016	0,073	0,2978	0,230	0,703
0,1279	0,024	0,123	0,3210	0,264	0,742
0,1392	0,035	0,208	0,4816	0,495	0,870
0,1596	0,056	0,320	0,5508	0,601	0,904
0,1876	0,094	0,455	0,5678	0,633	0,925
0,2501	0,169	0,610	0,6409	0,748	0,949
0,2822	0,205	0,671	0,6745	0,807	0,962

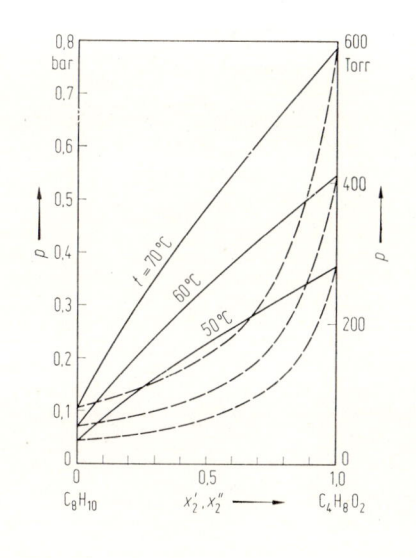

203 x_1 (C$_8$H$_{10}$), Äthylbenzol
M: 106,17   Kp.: 136,19 °C

x_2 (C$_2$H$_5$·CH$_2$)$_2$O, Dipropyläther
M: 102,18   Kp.: 90,0 °C

[L 18]

$t = 50$ °C			$t = 60$ °C		
p in bar	x_2'	x_2''	p in bar	x_2'	x_2''
0,0536	0,031	0,124	0,0817	0,027	0,111
0,0635	0,071	0,247	0,0957	0,068	0,247
0,0800	0,148	0,466	0,1187	0,139	0,439
0,0924	0,207	0,554	0,1361	0,195	0,527
0,1405	0,440	0,787	0,1500	0,240	0,587
0,1621	0,552	0,855	0,2062	0,432	0,778
0,1783	0,631	0,879	0,2357	0,538	0,834
0,1960	0,713	0,909	0,2594	0,622	0,872
0,2086	0,776	0,934	0,2856	0,708	0,906
0,2232	0,851	0,958*)	0,3049	0,773	0,927
0,2374	0,916	0,974	0,3265	0,845	0,956
			0,3602	0,961	0,990

$t = 70$ °C					
p in bar	x_2'	x_2''	p in bar	x_2'	x_2''
0,1235	0,027	0,090	0,3721	0,607	0,870
0,1672	0,108	0,342	0,4082	0,696	0,897
0,1747	0,134	0,416	0,4381	0,766	0,934
0,1728	0,130	0,404	0,4678	0,842	0,953
0,1988	0,189	0,517	0,4972	0,912	0,974
0,3378	0,526	0,828	0,5170	0,961	0,985

*) interpolierter Wert

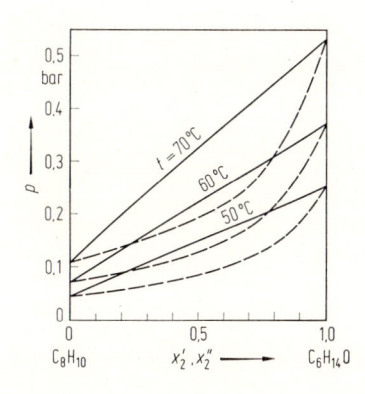

204

x_1 ⌬–C_2H_5 (C_8H_{10}), Äthylbenzol
M: 106,17   Kp.: 136,19 °C

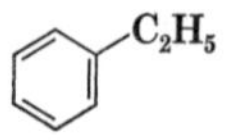

x_2 $(CH_3)_2CH \cdot O \cdot CH(CH_3)_2$, Di-isopropyläther
M: 102,18   Kp.: 68,3 °C

[L 18]

$t = 50$ °C			$t = 60$ °C			$t = 70$ °C					
p in bar	x_2'	x_2''	p in bar	x_2'	x_2''	p in bar	x_2'	x_2''	p in bar	x_2'	x_2''
0,0776	0,050	0,411	0,1111	0,048	0,345	0,1836	0,063	0,393	0,6631	0,549	0,901
0,0947	0,075	0,517	0,1289	0,067	0,432	0,1857	0,069	0,406	0,7590	0,663	0,933
0,0971	0,085	0,527	0,1361	0,077	0,470	0,2454	0,120	0,559	0,8373	0,740	0,951
0,1283	0,142	0,646	0,1780	0,130	0,608	0,2501	0,126	0,580	0,9114	0,805	0,972
0,1336	0,155	0,656	0,2353	0,209	0,728	0,3802	0,255	0,743	0,9983	0,901	0,984
0,2013	0,281	0,785	0,2805	0,268	0,777	0,4573	0,336	0,803	1,0791	0,977	0,998
0,2440	0,360	0,820	0,4241	0,471	0,884	0,5736	0,457	0,867			
0,2628	0,399	0,840	0,4893	0,560	0,915						
0,3001	0,479	0,878	0,5572	0,662	0,943						
0,3485	0,574	0,919	0,6094	0,738	0,958						
0,3952	0,672	0,948	0,6721	0,827	0,974						
0,4345	0,745	0,961	0,7263	0,903	0,984						
0,4857	0,845	0,977	0,7533	0,949	0,992						
0,5185	0,900	0,986	0,7802	0,977	0,999						
0,5353	0,950	0,993									
0,5480	0,977	0,999									

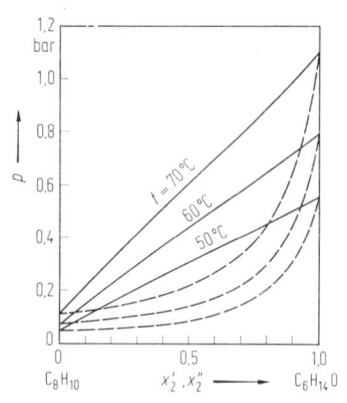

205

x_1 ⌬–CH_3,CH_3 (C_8H_{10}), o-Xylol
M: 106,17   Kp.: 143,6 °C

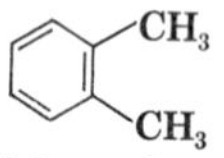

x_2 C_6H_{12}, Cyclohexan
M: 84,16   Kp.: 80,8 °C

[J 1]

$t = 30,00$ °C		$t = 50,00$ °C	
x_2'	p in mbar	x_2'	p in mbar
0	12,00	0	34,12
0,1808	51,22	0,1788	116,68
0,3490	79,50	0,3466	179,08
0,4397	93,75	0,4374	208,53
0,5726	111,43	0,5709	247,42
0,6577	120,43	0,6565	271,31
0,7142	129,99	0,7133	288,78
0,7813	136,03	0,7807	304,08
0,8241	139,56	0,8237	316,48
0,8724	145,52	0,8722	329,65
1	161,34	1	366,76

Die Originalarbeit enthält auch die Werte für die Aktivitätskoeffizienten der vorstehenden Gemische

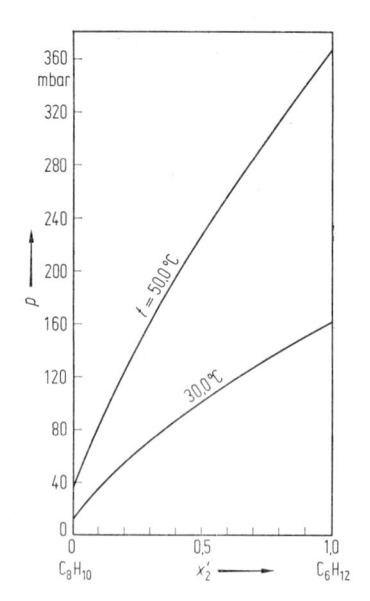

206

x_1 (C$_8$H$_{10}$), o-Xylol
M: 106,17   Kp.: 143,6 °C

x_2 CCl$_4$, Tetrachlorkohlenstoff
M: 153,82   Kp.: 76,7 °C

[R 11]

$p = 1,013$ bar $= 760$ Torr

t in °C	x_2'	x_2''	t in °C	x_2'	x_2''
142,0	0,018	0,065	99,4	0,478	0,852
136,0	0,064	0,229	95,1	0,554	0,889
130,4	0,112	0,369	91,6	0,624	0,916
125,0	0,161	0,494	88,2	0,700	0,940
120,7	0,204	0,573	85,3	0,771	0,958
116,1	0,253	0,646	82,6	0,841	0,972
111,8	0,302	0,709	80,0	0,910	0,985
107,9	0,352	0,759	77,7	0,976	0,996
104,2	0,404	0,803			

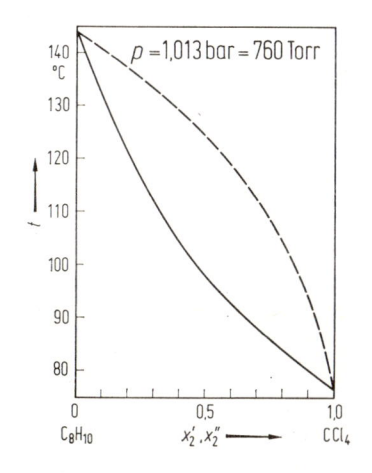

207

x_1 (C$_8$H$_{10}$), m-Xylol
M: 106,17   Kp.: 139 °C

x_2 C$_6$H$_{12}$, Cyclohexan
M: 84,16   Kp.: 80,8 °C

[J 1]

$t = 30,00$ °C		$t = 50,00$ °C	
x_2'	p in mbar	x_2'	p in mbar
0	15,17	0	42,34
0,2258	58,23	0,2234	132,64
0,3712	80,59	0,3685	182,60
0,4797	95,99	0,4774	218,00
0,5751	109,74	0,5733	246,12
0,6455	118,39	0,6441	266,32
0,6954	125,03	0,6943	280,04
0,7350	130,36	0,7341	291,68
0,7963	137,56	0,7954	308,37
0,8344	141,97	0,8340	319,07
0,8618	146,59	0,8615	326,70
1	161,34	1	366,76

Die Originalarbeit enthält auch die Werte für die Aktivitätskoeffizienten der vorstehenden Gemische

208

x_1 (C$_8$H$_{10}$), m-Xylol
M: 106,17   Kp.: 139,09 °C

x_2 (C$_8$H$_{10}$), p-Xylol
M: 106,17   Kp.: 138,34 °C

[K 2]

$p = 1,013$ bar $= 760$ Torr

t in °C	x_2'	x_2''	t in °C	x_2'	x_2''
139,088	0,0000	0,0000	138,644	0,6000	0,6049
139,016	0,1000	0,1018	138,568	0,7000	0,7043
138,943	0,2000	0,2032	138,491	0,8000	0,8033
138,869	0,3000	0,3042	138,414	0,9000	0,9019
138,795	0,4000	0,4049	138,335	1,0000	1,0000
138,720	0,5000	0,5051			

Wegen nicht ausreichender Analysengenauigkeit wurden vorstehende Gleichgewichtsdaten mit Hilfe der Wilson-Gleichung aus den Siedetemperaturen der reinen Stoffe berechnet

209

x_1 (C$_8$H$_{10}$), m-Xylol
M: 106,17   Kp.: 139 °C

x_2 CCl$_4$, Tetrachlorkohlenstoff
M: 153,82   Kp.: 76,7 °C

[R 11]

$p = 1{,}013$ bar $= 760$ Torr

t in °C	x_2'	x_2''	t in °C	x_2'	x_2''
137,0	0,018	0,058	98,1	0,488	0,843
131,9	0,065	0,219	94,1	0,562	0,880
126,8	0,114	0,356	90,6	0,635	0,911
122,0	0,164	0,465	87,5	0,704	0,935
118,1	0,208	0,552	84,6	0,775	0,955
113,9	0,258	0,626	82,1	0,843	0,971
110,2	0,306	0,687	79,7	0,911	0,984
106,4	0,357	0,739	77,5	0,977	0,996
102,8	0,412	0,788			

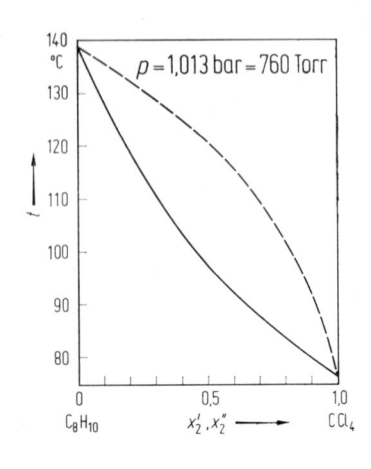

210

x_1 (C$_8$H$_{10}$), p-Xylol
M: 106,17   Kp.: 138,4 °C

x_2 C$_6$H$_{12}$, Cyclohexan
M: 84,16   Kp.: 80,8 °C

[J 3]

Dampfdruck von p-Xylol—Cyclohexan-Gemischen

$t = 25$ °C		$t = 35$ °C	
x_2'	p in mbar	x_2'	p in mbar
0,0000	12,1	0,0000	21,0
0,1522	37,1	0,1528	58,0
0,2666	53,2	0,2674	81,6
0,3456	64,9	0,3464	99,1
0,5276	84,1	0,5290	127,4
0,6069	90,2	0,6080	139,9
0,6825	98,9	0,6829	153,2
0,7269	103,3	0,7275	158,8
0,8805	117,9	0,8806	182,2
1,0000	129,6	1,0000	200,3

$t = 45$ °C		$t = 55$ °C	
x_2'	p in mbar	x_2'	p in mbar
0,0000	34,2	0,0000	55,5
0,1532	88,2	0,1536	131,9
0,2680	123,5	0,2684	182,3
0,3470	146,8	0,3474	215,6
0,5300	191,1	0,5307	279,0
0,6088	210,0	0,6094	306,5
0,6832	229,9	0,6834	333,7
0,7280	239,0	0,7284	349,0
0,8807	273,3	0,8808	400,0
1,0000	302,2	1,0000	441,5

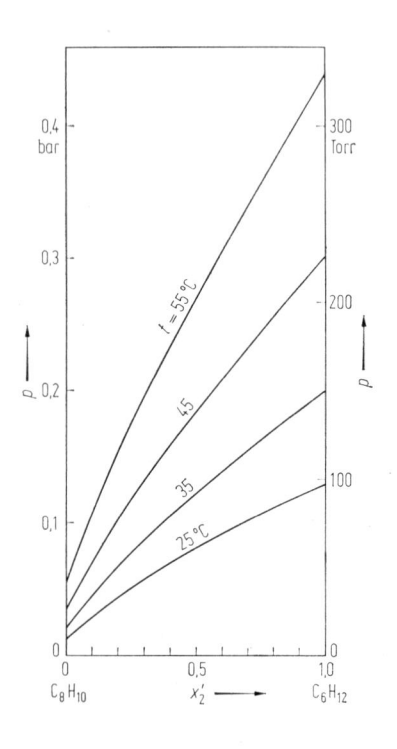

Fortsetzung nächste Seite

Zu 210

[J 1]

$t = 30{,}00\,°C$		$t = 50{,}00\,°C$	
x_2'	p in mbar	x_2'	p in mbar
0	15,83	0	44,44
0,1337	49,18	0,1327	104,51
0,2521	62,82	0,2507	143,76
0,3382	76,42	0,3366	173,36
0,4032	85,71	0,4017	194,59
0,4631	94,32	0,4617	212,75
0,5544	106,18	0,5532	240,31
0,6203	116,08	0,6194	259,03
0,6681	120,83	0,6673	272,79
0,7059	125,28	0,7052	282,84
0,7349	128,93	0,7344	290,97
0,7782	133,93	0,7778	302,49
0,8088	137,80	0,8085	311,09
0,8229	139,33	0,8226	315,62
1	161,34	1	366,76

Die Originalarbeit enthält auch die Werte für die Aktivitätskoeffizienten der vorstehenden Gemische

212

x_1 (C$_8$H$_{10}$), p-Xylol
M: 106,17   Kp.: 138,4 °C

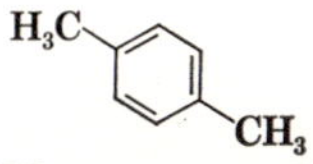

x_2 CH$_3$·CO$_2$H, Essigsäure
M: 60,05   Kp.: 118,5 °C

[B 3]

$p = 0{,}967$ bar $= 725 \pm 3$ Torr

t in °C	x_2'	x_2''	t in °C	x_2'	x_2''
132,0	0,010?	0,160	114,1	0,745	0,785
125,5	0,110	0,320	114,0	0,837	0,834
122,5	0,185	0,440	114,2	0,870	0,855
120,0	0,240	0,520	114,8	0,925	0,895
118,0	0,320	0,585	115,3	0,955	0,930
116,5	0,360	0,645	116,3	0,996	0,992
115,0	0,510	0,720			

Azeotroper Punkt bei 725 Torr: $t_{az} = 114{,}0\,°C$; $x_{2az} = 0{,}815$

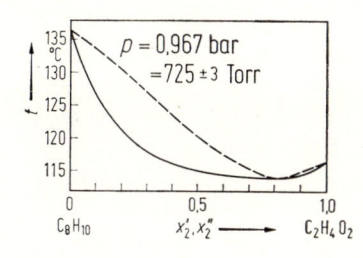

211

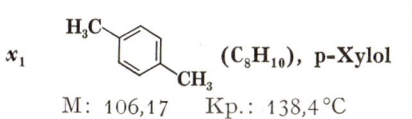

x_1 (C$_8$H$_{10}$), p-Xylol
M: 106,17   Kp.: 138,4 °C

x_2 CCl$_4$, Tetrachlorkohlenstoff
M: 153,82   Kp.: 76,7 °C

[R 11]

$p = 1{,}013$ bar $= 760$ Torr

t in °C	x_2'	x_2''	t in °C	x_2'	x_2''
136,4	0,017	0,059	98,1	0,485	0,836
131,1	0,063	0,216	94,4	0,558	0,876
126,2	0,111	0,349	91,1	0,629	0,908
121,8	0,157	0,453	88,0	0,701	0,934
117,6	0,203	0,539	85,2	0,772	0,954
113,5	0,252	0,616	82,6	0,840	0,969
109,8	0,301	0,679	80,0	0,911	0,984
106,2	0,351	0,731	77,6	0,977	0,997
102,7	0,405	0,779			

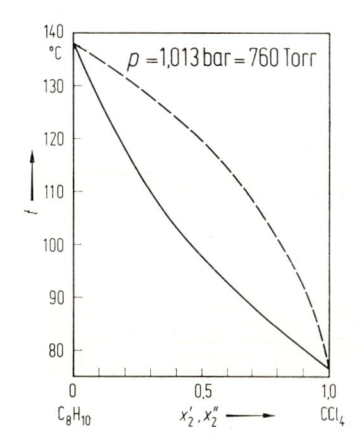

213

x_1 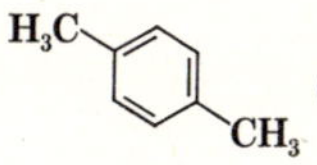 (C$_8$H$_{10}$), p-Xylol
M: 106,17   Kp.: 138,4 °C

x_2 CH$_3$·CO$_2$C$_2$H$_5$, Essigsäureäthylester
M: 88,11   Kp.: 77,15 °C

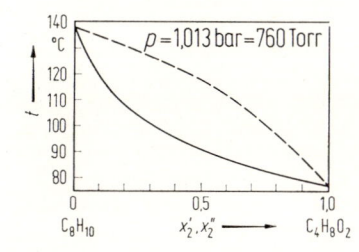

Zu 213

[C3]

$p = 1{,}013$ bar $= 760$ Torr

t in °C	x_2'	x_2''	t in °C	x_2'	x_2''
136,54	0,006	0,048	95,00	0,399	0,825
133,12	0,019	0,138	93,17	0,440	0,847
130,03	0,033	0,220	90,12	0,524	0,878
127,88	0,044	0,280	86,54	0,635	0,916
123,44	0,070	0,384	85,65	0,667	0,926
119,08	0,100	0,475	83,10	0,765	0,948
115,97	0,124	0,530	80,91	0,846	0,967
111,13	0,165	0,612	79,20	0,912	0,981
105,05	0,235	0,695	78,17	0,949	0,989
99,62	0,310	0,771	77,92	0,965	0,992

$p = 0{,}0667$ bar $= 50$ Torr*)

t in °C	x_2'	x_2''
65,60	0,000	0,000
65,10	0,055	0,075
64,76	0,0885	0,1222
63,95	0,175	0,241
63,00	0,295	0,365
62,45	0,360	0,438
62,20	0,390	0,478
61,30	0,500	0,585
60,80	0,571	0,644
59,90	0,685	0,746
59,60	0,726	0,774
58,40	0,874	0,904
58,03	0,928	0,945
57,67	1,000	1,000

$p = 0{,}1333$ bar $= 100$ Torr

t in °C	x_2'	x_2''
82,19	0,000	0,000
81,75	0,042	0,0588
80,85	0,133	0,174
80,35	0,185	0,2375
79,62	0,2703	0,3375
79,30	0,315	0,380
79,12	0,333	0,400
78,35	0,418	0,4875
77,55	0,5060	0,585
76,63	0,6100	0,6815
75,63	0,7405	0,795
74,90	0,8498	0,882
74,37	0,9357	0,9505
74,10	1,000	1,000

$p = 0{,}2667$ bar $= 200$ Torr*)

t in °C	x_2'	x_2''
97,00	0,433	0,501
96,42	0,489	0,5585
95,65	0,588	0,650
94,85	0,693	0,751
94,2	0,7953	0,911
93,4	0,892	0,920
92,70	1,000	1,000

*) kein Bild

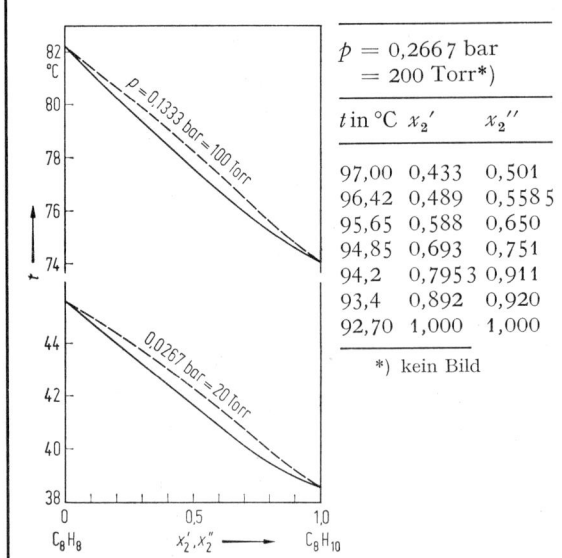

214

x_1 $C_6H_5 \cdot CH{:}CH_2$, **Styrol**
M: 104,15 Kp.: 145,8 °C

x_2 (C$_2$H$_5$-benzene) (C$_8$H$_{10}$), **Äthylbenzol**
M: 106,17 Kp.: 136,1 °C

[C4]

$p = 0{,}0133$ bar $= 10$ Torr*)

t in °C	x_2'	x_2''
32,40	0,000	0,000
31,68	0,0825	0,128
31,13	0,150	0,220
30,60	0,222	0,310
29,40	0,396	0,5075
29,15	0,433	0,535
28,27	0,575	0,6625
28,04	0,6050	0,695
27,73	0,6505	0,732
27,30	0,715	0,785
27,21	0,7305	0,797
26,92	0,777	0,835
26,24	0,8935	0,925
25,88	1,000	1,000

$p = 0{,}0267$ bar $= 20$ Torr

t in °C	x_2'	x_2''
45,60	0,000	0,000
45,10	0,0555	0,090
44,90	0,0782	0,120
44,60	0,115	0,162
44,40	0,139	0,201
43,62	0,2405	0,318
43,37	0,2715	0,355
42,95	0,335	0,4055
41,98	0,460	0,535
41,30	0,545	0,630
39,75	0,755	0,825
39,10	0,874	0,910
38,70	0,965	0,975
38,58	1,000	1,000

215

x_1 $CH_3 \cdot [CH_2]_7 \cdot CH_3$, **Nonan**
M: 128,26 Kp.: 150,6···150,8 °C

x_2 C_6F_6, **Hexafluorbenzol**
M: 186,06 Kp.: 80 °C

[H12]

Kritische Temperatur der Gemische

x_2'	t_k in °C
0,2540	303,3
0,3408	294,5
0,5074	278,0
0,5912	270,8
0,7968	255,0
0,8500	251,3
0,8711	248,6

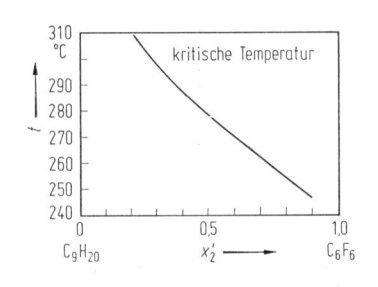

216

x_1 $CH_3 \cdot [CH_2]_7 \cdot CH_3$, Nonan
M: 128,26 Kp.: 150,6 ··· 150,8 °C

x_2 (C$_4$H$_8$O$_2$), 1,4-Dioxan
M: 88,11 Kp.: 101,22 °C

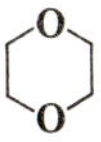

[T 1]

$t = 80\,°C$

p in bar	x_2'	x_2''	p in bar	x_2'	x_2''
0,1119	0,013	0,125	0,4552	0,684	0,889
0,1457	0,047	0,341	0,4966	0,887	0,939
0,2121	0,121	0,585	0,5092	0,973	0,979
0,2894	0,231	0,723			

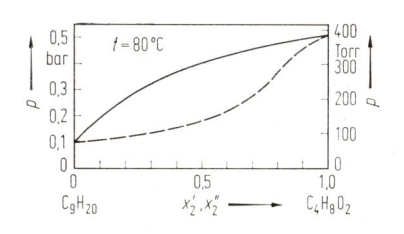

217

x_1 (CH$_3$)$_2$CH $\cdot$ [CH$_2$]$_2$ $\cdot$ C(CH$_3$)$_3$, 2,2,5-Trimethyl-hexan
M: 128,26 Kp.: 123,9 °C

x_2 CCl$_4$, Tetrachlorkohlenstoff
M: 153,82 Kp.: 76,7 °C

[R 11]

$p = 1{,}013\,\text{bar} = 760\,\text{Torr}$

t in °C	x_2'	x_2''	t in °C	x_2'	x_2''
122,0	0,025	0,063	88,9	0,596	0,845
116,6	0,094	0,236	86,5	0,662	0,879
111,8	0,160	0,378	84,4	0,725	0,908
107,5	0,225	0,493	82,4	0,788	0,932
103,5	0,290	0,582	80,9	0,841	0,951
100,1	0,351	0,653	79,4	0,893	0,968
97,2	0,408	0,711	78,2	0,941	0,983
94,3	0,469	0,759	77,1	0,986	0,996
91,7	0,526	0,803			

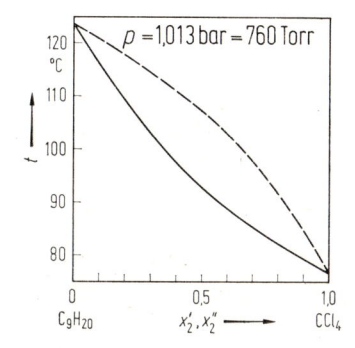

218

x_1 (C$_9$H$_{12}$), n-Propyl-benzol
M: 120,20 Kp.: 159,2 °C

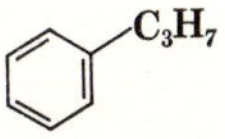

x_2 C$_6$H$_6$, Benzol
M: 78,11 Kp.: 80,2 °C

[K 6]

$p = 1{,}013\,\text{bar} = 760\,\text{Torr}$

t in °C	x_2'	x_2''	t in °C	x_2'	x_2''
159,24	0,000	0,000	96,50	0,604	0,938
158,38	0,005	0,028	93,29	0,668	0,955
156,58	0,014	0,078	85,61	0,846	0,984
150,36	0,050	0,241	82,02	0,944	0,995
138,33	0,126	0,496	81,23	0,965	0,997
122,69	0,248	0,726	80,08	1,000	1,000

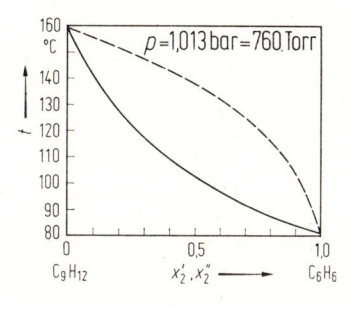

219

x_1 $CH_3 \cdot [CH_2]_8 \cdot CH_3$, **Decan**
      M: 142,29   Kp.: 173,75 °C

x_2 C_6H_6, **Benzol**
      M: 78,11   Kp.: 80,2 °C

[H 12]

Kritische Temperatur der Gemische

x_2'	t_k in °C	x_2'	t_k in °C
0,2236	335,0	0,6245	314,6
0,4055	326,8	0,7005	310,4
0,5155	320,1	0,8209	301,8
0,5290	320,9	0,8734	297,0

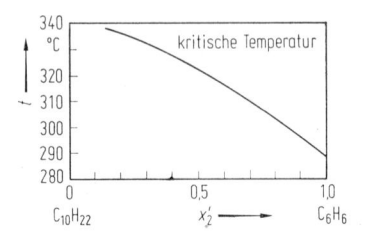

220

x_1 $CH_3 \cdot [CH_2]_8 \cdot CH_3$, **Decan**
      M: 142,29   Kp.: 173,75 °C

x_2 C_6F_6, **Hexafluorbenzol**
      M: 186,06   Kp.: 80 °C

[H 12]

Kritische Temperatur der Gemische

x_2'	t_k in °C	x_2'	t_k in °C
0,3027	317,0	0,6961	272,4
0,3729	310,3	0,7208	270,8
0,4050	307,2	0,8260	257,3
0,5433	294,3	0,8754	254,3
0,6574	282,3	0,9044	253,3

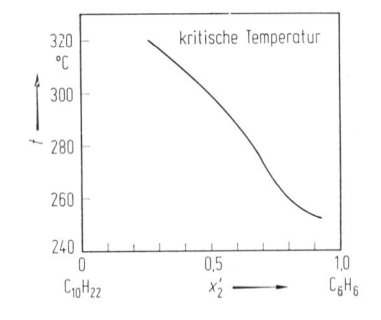

221

x_1 $CH_3 \cdot [CH_2]_8 \cdot CH_3$, **Decan**
      M: 142,29   Kp.: 173,75 °C

x_2 $CH_3 \cdot [CH_2]_2 \cdot CH_2OH$, **Butanol-(1)**
      M: 74,12   Kp.: 117,5 °C

[L 6]

$t = 100$ °C

p in bar	x_2'	x_2''	p in bar	x_2'	x_2''
0,0983	0,000	0,000	0,4956	0,785	0,894
0,3708	0,130	0,768	0,5020	0,847	0,907
0,3645	0,155	0,780	0,5066	0,873	0,918
0,3904	0,220	0,788	0,5076	0,904	0,938
0,4201	0,320	0,775	0,5129	0,952	0,953
0,4260	0,350	0,810	0,5133	0,955	0,955
0,4457	0,437	0,837	0,5124	0,967	0,961
0,4676	0,602	0,844	0,5133	0,975	0,960
0,4720	0,625	0,860	0,5148	0,990	0,980
0,4797	0,688	0,858	0,5000	1,000	1,000
0,4853	0,716	0,878			

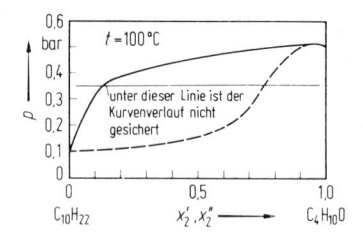

222

x_1 (C$_{10}$H$_{18}$), trans-Decahydronaphthalin
M: 138,25   Kp.: 187,2 °C

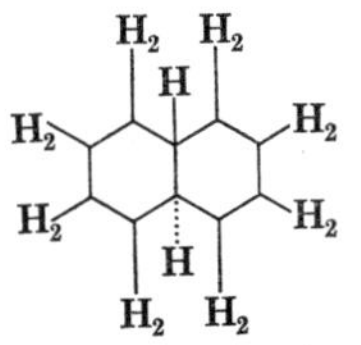

x_2 C$_6$H$_6$O, Phenol
M: 94,11   Kp.: 181,75 °C

[A 1]

$p = 1,013$ bar $= 760$ Torr

t in °C	x_2'	x_2''	t in °C	x_2'	x_2''
187,18	0,000	0,000	170,24	0,537	0,527
184,00	0,020	0,115	170,38	0,604	0,544
179,60	0,060	0,241	170,55	0,654	0,567
176,48	0,113	0,313	171,36	0,745	0,598
173,78	0,191	0,383	172,37	0,810	0,642
172,85	0,230	0,406	173,67	0,861	0,697
172,05	0,270	0,425	175,93	0,912	0,773
170,68	0,373	0,475	177,74	0,954	0,826
170,27	0,490	0,515	181,75	1,000	1,000

Azeotroper Punkt: $t_{az} = 170,2$ °C; $x_{2az} = 0,524$

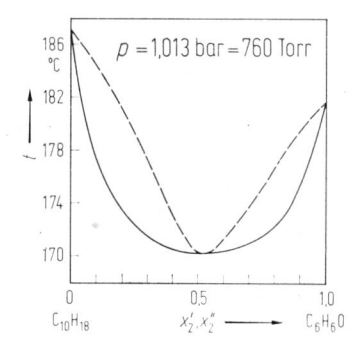

223

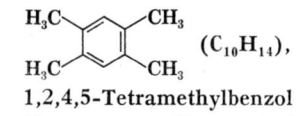

x_1 (C$_{10}$H$_{14}$), 1,2,4,5-Tetramethylbenzol
M: 134,22   Kp.: 196,9 °C

x_2 (C$_7$H$_8$O), o-Kresol
M: 108,14   Kp.: 190,9 °C

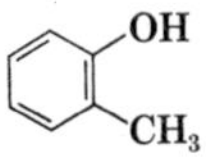

[A 1]

$p = 1,013$ bar $= 760$ Torr

t in °C	x_2'	x_2''	t in °C	x_2'	x_2''
196,89	0,000	0,000	188,93	0,602	0,610
195,98	0,028	0,030	188,71	0,648	0,633
194,50	0,090	0,135	188,91	0,754	0,728
191,97	0,229	0,288	189,31	0,848	0,819
190,49	0,360	0,412	189,97	0,932	0,905
189,42	0,521	0,547	190,91	1,000	1,000

Azeotroper Punkt: $t_{az} = 188,9$ °C; $x_{2az} = 0,625$

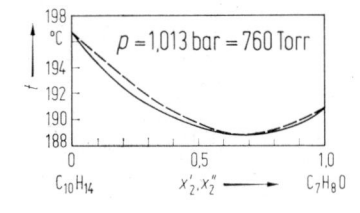

224 x_1 ($C_{10}H_{12}$),

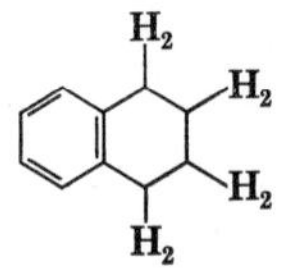

1,2,3,4-Tetrahydronaphthalin
M: 132,21   Kp.: 207,6 °C

x_2 (C_7H_8O),

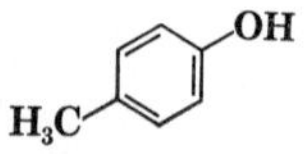

p-Kresol
M: 108,14   Kp.: 201,9 °C

[A 1]

$p = 1,013$ bar $= 760$ Torr

t in °C	x_2'	x_2''	t in °C	x_2'	x_2''
207,60	0,000	0,000	198,80	0,484	0,510
204,17	0,073	0,125	198,70	0,606	0,592
201,54	0,173	0,267	198,99	0,708	0,660
199,58	0,326	0,404	200,08	0,863	0,797
199,52	0,334	0,410	201,90	1,000	1,000

Azeotroper Punkt: $t_{az} = 198,8$ °C; $x_{2az} = 0,570$

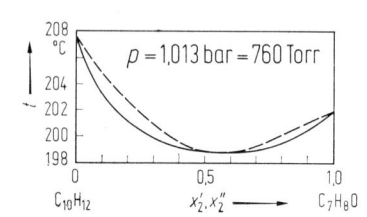

---

225 x_1 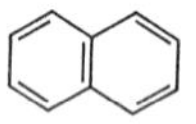   ($C_{10}H_8$), Naphthalin

M: 128,18   Kp.: 218,05 °C

x_2 $CH_3 \cdot [CH_2]_{10} \cdot CH_3$, n-Dodecan
M: 170,34   Kp.: 214,5 °C

[L 22]

Da Naphthalin bei $p = 100$ Torr eine niedrigere Siedetemperatur hat als n-Dodecan, werden in Tabelle und Bild die x_1-Werte angegeben.

$p = 0,133$ bar $= 100$ Torr

t in °C	x_1'	x_1''	t in °C	x_2'	x_2''
145,17	0,052	0,082	140,25	0,629	0,632
144,53	0,099	0,141	140,39	0,721	0,692
142,89	0,210	0,268	141,01	0,808	0,777
142,45	0,266	0,320	141,41	0,859	0,798
141,90	0,343	0,385	142,11	0,900	0,848
140,65	0,507	0,547	143,25	0,960	0,929

Azeotroper Punkt bei 100 Torr (durch Interpolation ermittelt): $t_{az} = 140,25$ °C; $x_{1az} = 0,637$

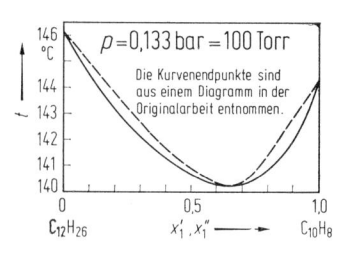

226

m_1 (C$_{10}$H$_8$), Naphthalin
M: 128,18   Kp.: 218,05 °C

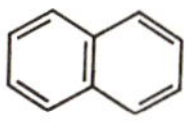

m_2 (C$_7$H$_8$O), o-Kresol
M: 108,14   Kp.: 190,7···191,1 °C

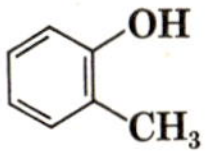

m_3 (C$_7$H$_8$O), m-Kresol
M: 108,14   Kp.: 202,5···202,8 °C

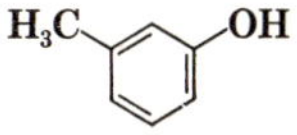

m_4 (C$_7$H$_8$O), p-Kresol
M: 108,14   Kp.: 202,3···202,5 °C

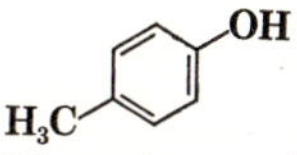

m_5 (C$_6$H$_6$O), Phenol
M: 94,11   Kp.: 182,2 °C

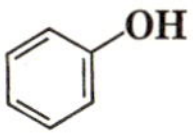

[G 1]
Azeotrope Daten

Syst.-Nr.	System	p Torr	t_{az} °C	Gehalt (Massenanteil) 2. Komponente
226a	Naphthalin—o-Kresol	760		nichtazeotrop
		60	115,0	m_{2az} = 0,9953
		20	89,9	0,9597
226b	Naphthalin—m-Kresol	760	201,5	m_{3az} = 0,9623
		60	122,6	0,5695
		20	96,4	0,4720
226c	Naphthalin—p-Kresol	760	201,4	m_{4az} = 0,9313
		60	122,5	0,5587
		20	96,1	0,4520
226d	Naphthalin—Phenol	760		nichtazeotrop
		60	108,3	m_{5az} = 0,9922
		20	85,6	0,9286

227

x_1 CH$_3$·[CH$_2$]$_{10}$·CH$_3$, n-Dodecan
M: 170,34   Kp.: 214,5 °C

x_2 C$_6$F$_6$, Hexafluorbenzol
M: 186,06   Kp.: 80 °C

[H 12]
Kritische Temperatur der Gemische

x_2'	t_k in °C	x_2'	t_k in °C
0,2244	361,0	0,7243	291,5
0,4888	328,8	0,7952	278,3
0,5819	313,2	0,9538	251,6
0,7074	293,3		

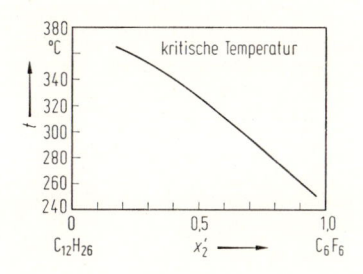

228

x_1 $CH_3 \cdot [CH_2]_{10} \cdot CH_3$, n-Dodecan
M: 170,34   Kp.: 216,28 °C

x_2 C_6H_6O, Phenol
M: 94,11   Kp.: 181,75 °C

[A 1]

$p = 1,013$ bar $= 760$ Torr

t in °C	x_2'	x_2''	t in °C	x_2'	x_2''
216,28	0,000	0,000	178,58	0,621	0,765
210,32	0,045	0,246	177,85	0,752	0,773
201,14	0,109	0,456	177,74	0,782	0,780
192,59	0,100	0,590	177,80	0,875	0,823
187,55	0,258	0,669	178,60	0,935	0,876
182,79	0,371	0,720	181,75	1,000	1,000
179,60	0,510	0,750			

Azeotroper Punkt: $t_{az} = 177,7$ °C; $x_{2az} = 0,778$

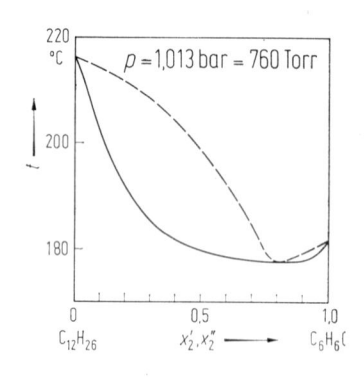

229

x_1 $CH_3 \cdot [CH_2]_{11} \cdot CH_3$, n-Tridecan
M: 184,37   Kp.: 235,4 °C

x_2 (C_7H_8O), p-Kresol
M: 108,14   Kp.: 202,5 °C

[A 1]

$p = 1,013$ bar $= 760$ Torr

t in °C	x_2'	x_2''	t in °C	x_2'	x_2''
235,40	0,000	0,000	199,80	0,632	0,761
234,05	0,016	0,040	198,41	0,741	0,792
230,31	0,063	0,206	197,62	0,798	0,817
227,63	0,106	0,296	197,98	0,839	0,830
215,22	0,246	0,547	198,17	0,893	0,865
207,76	0,372	0,663	198,28	0,931	0,890
205,21	0,420	0,690	198,61	0,956	0,922
203,66	0,460	0,710	199,36	0,986	0,971
200,94	0,561	0,749	201,90	1,000	1,000

Azeotroper Punkt: $t = 197,6$ °C; $x_2 = 0,825$

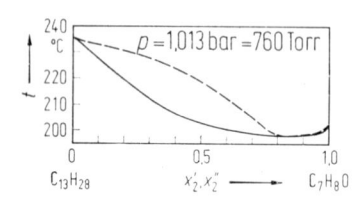

230

x_1 CH_2F_2, Difluormethan
M: 52,02   Kp.: $-51,6$ °C

x_2 CO_2, Kohlendioxid
M: 44,01
Tripelpunkt: $-56,6$ °C

[A 2]

$t = -51,1$ °C			$t = -28,9$ °C			$t = -6,7$ °C			$t = 10,0$ °C		
p in bar	x_2'	x_2''	p in bar	x_2'	x_2''	p in bar	x_2'	x_2''	p in bar	x_2'	x_2''
1,05	0,000	0,000	2,87	0,000	0,000	6,56	0,000	0,000	11,10	0,000	0,000
1,14	0,0199	0,101	3,08	0,0190	0,079	6,87	0,0138	0,051	11,79	0,0200	0,062
1,30	0,044	0,213	3,41	0,0480	0,183	7,38	0,0370	0,120	13,65	0,081	0,215
1,70	0,124	0,447	3,75	0,073	0,275	8,80	0,103	0,296	14,97	0,120	0,294
2,08	0,199	0,587	4,47	0,135	0,424	10,30	0,173	0,442	16,86	0,186	0,414
2,80	0,324	0,737	5,23	0,197	0,540	12,08	0,252	0,556	20,02	0,286	0,543
3,52	0,458	0,825	6,59	0,313	0,676	13,58	0,320	0,628	24,03	0,418	0,656
4,16	0,564	0,882	7,94	0,429	0,771	15,70	0,427	0,712	26,72	0,483	0,721
4,83	0,688	0,924	9,57	0,560	0,847	18,85	0,567	0,804	30,23	0,583	0,789
5,57	0,822	0,9609	11,11	0,689	0,904	20,53	0,633	0,847	34,74	0,719	0,863
5,78	0,864	0,9694	12,44	0,798	0,942	23,02	0,747	0,895	38,13	0,814	0,910
6,14	0,927	0,9822	13,36	0,883	0,9651	25,06	0,831	0,932	40,83	0,893	0,948
6,52	1,000	1,000	14,07	0,944	0,9819	26,65	0,898	0,9590	43,05	0,949	0,9751
			14,77	1,000	1,000	28,17	0,9605	0,9810	44,93	1,000	1,000
						29,12	1,000	1,000			

Fortsetzung nächste Seite

Zu 230

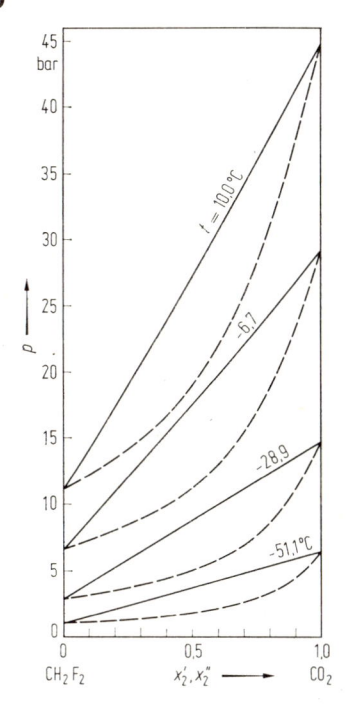

231

x_1 CH_2Cl_2, Dichlormethan
       M: 84,93   Kp.: 40,67 °C

x_2 $CH_2:CH \cdot CH:CH_2$, Butadien-(1,3)
       M: 54,09   Kp.: 4,75 °C

[W 8]

$t = 25,00\,°C$

p in bar	x_2'	x_2''	p in bar	x_2'	x_2''
0,5776	0,0000	0,000	1,0643	0,1860	0,544
0,6893	0,0390	0,188	1,1386	0,2175	0,588
0,7954	0,0807	0,327	1,2036	0,2455	0,622
0,8997	0,1190	0,423	1,2645	0,2722	0,651
0,9859	0,1535	0,491			

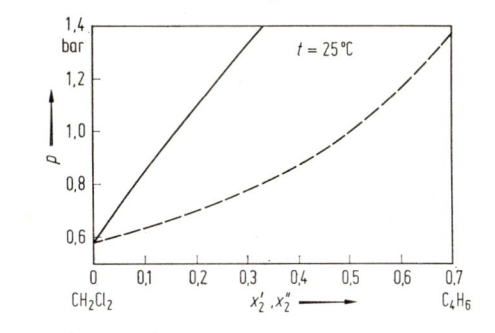

232

x_1 CH_2Cl_2, Dichlormethan
       M: 84,93   Kp.: 40,67 °C

x_2 $CH_3 \cdot [CH_2]_3 \cdot CH_3$, n-Pentan
       M: 72,15   Kp.: 36,15 °C

[T 3]

$p = 0,9999$ bar $= 750$ Torr

t in °C	x_2'	x_2''	t in °C	x_2'	x_2''
38,88	0,006	0,020	30,94	0,384	0,433
38,74	0,009	0,028	30,58	0,485	0,511
38,32	0,015	0,046	30,58	0,567	0,559
38,00	0,020	0,061	30,66	0,622	0,592
37,48	0,028	0,082	30,68	0,626	0,594
37,02	0,038	0,106	30,80	0,654	0,611
36,48	0,050	0,135	30,98	0,694	0,640
35,74	0,070	0,170	31,20	0,735	0,669
34,86	0,097	0,202	31,58	0,782	0,701
34,00	0,128	0,236	32,82	0,888	0,819
33,02	0,175	0,275	33,66	0,929	0,879
32,20	0,230	0,320	33,92	0,945	0,897
31,50	0,299	0,371	34,86	0,983	0,959

Azeotroper Punkt bei $p = 750$ Torr: $t_{az} = 30,6\,°C$; $x_{2az} = 0,545$

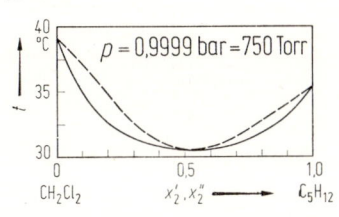

233

x_1 CHF_3, Trifluormethan
       M: 70,01   Kp.: $-82,2\,°C$

x_2 CF_4, Tetrafluormethan
       M: 88,00   Kp.: $-130\,°C$

[P 4]

$t = -128\,°C$			$t = -101,1\,°C$		
p in bar	x_2'	x_2''	p in bar	x_2'	x_2''
0,245	0,0273	0,8773	0,510	—	0,3828
0,398	0,0728	0,9287	0,736	0,0200	0,5860
0,508	0,1016	0,9493	1,298	0,0519	0,7736
0,642	0,1657	0,9579	2,069	0,1011	—
0,763	0,2560	0,9662	2,612	0,1557	0,8908
0,832	0,3303	0,9722	3,034	0,2154	0,9191
0,855	0,4066	0,9706	3,228	0,2397	0,9136
0,892	0,5039	0,9745	3,660	0,3492	0,9275
0,922	0,6123	0,9745	3,994	0,4822	0,9355
0,921	0,6128	0,9743	4,031	0,5066	0,9389
0,941	0,6466	0,9804	4,229	0,6282	0,9448
0,968	0,8189	0,9834	4,327	0,7241	0,9496
0,980	0,8908	0,9851	4,462	0,8024	0,9564
			4,579	0,8705	0,9635
			4,702	0,9267	0,9737

Fortsetzung nächste Seite

Zu **233**

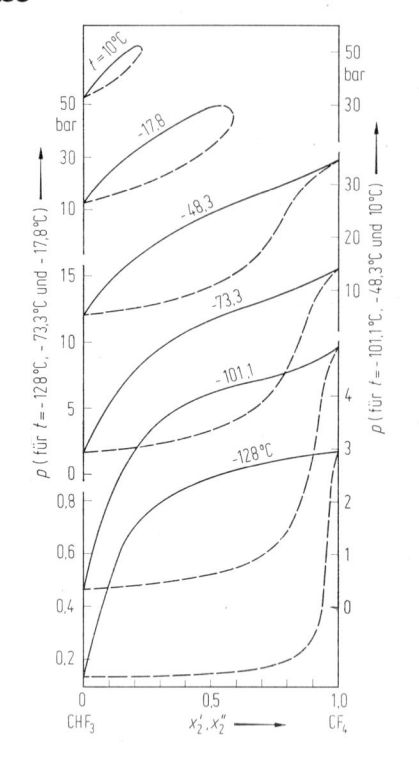

$t = -73{,}3\,°\mathrm{C}$			$t = -48{,}3\,°\mathrm{C}$		
p in bar	x_2'	x_2''	p in bar	x_2'	x_2''
1,846	0,0032	0,1056	6,196	0,0140	0,1542
2,031	0,0070	0,1860	7,941	—	0,3351
2,217	0,0127	0,2629	8,941	0,0562	0,4025
2,507	—	0,3355	9,524	0,0674	0,4384
2,576	0,0203	0,3485	13,214	0,1356	0,5955
3,235	0,0362	0,4786	17,898	0,2508	0,7036
3,936	0,0557	0,5754	20,796	0,3461	0,7445
5,127	0,0924	0,6759	22,880	0,4354	0,7755
6,445	0,1350	0,7472	25,887	0,5613	0,8079
8,730	0,2424	0,8209	25,962	0,5722	—
10,768	0,3956	0,8563	27,330	0,6529	—
11,822	0,5103	0,8772	27,888	0,6729	0,8367
12,316	0,5757	0,8845	29,707	0,7593	0,8640
13,455	0,7462	0,9125	29,793	0,7612	0,8646
14,056	0,8194	0,9287	30,310	0,8026	0,8779
14,709	0,9068	0,9547	32,913	0,9128	0,9346
14,763	0,9190	0,9548	33,764	0,9664	0,9699
15,087	0,9484	0,9710			

$t = -17{,}8\,°\mathrm{C}$			$t = +10\,°\mathrm{C}$		
p in bar	x_2'	x_2''	p in bar	x_2'	x_2''
19,532	0,0509	0,2006	35,823	0,0244	0,0649
22,298	0,0741	0,2851	39,060	0,0506	0,1195
25,480	0,1130	0,3634	41,175	0,0714	0,1464
29,057	0,1571	0,4293	41,324	0,0706	0,1490
35,312	0,2426	—	43,566	0,0933	0,1748
37,992	0,2850	0,5353	43,632	0,0944	0,1749
40,292	0,3294	0,5545	46,823	0,1302	0,2039
43,158	0,3821	0,5744	46,437	0,1209	0,2011
46,642	0,4189	0,5829	48,448	0,1428	0,2162
48,519	0,4773	0,5356	50,953	0,1690	0,2282
			51,610	0,1805	0,2254
			51,950	0,1927	0,2229

234 x_1 **CHCl$_3$, Chloroform**
  M: 119,38   Kp.: 61,3 °C

  x_2 **(CH$_3$)$_2$CH·CH(CH$_3$)$_2$, 2,3-Dimethylbutan**
  M: 86,18   Kp.: 58,0 °C

[W 6]

$p = 1{,}013\,\mathrm{bar} = 760\,\mathrm{Torr}$

t in °C	x_2'	x_2''	t in °C	x_2'	x_2''
59,2	0,087	0,130	56,0	0,588	0,588
58,1	0,176	0,230	56,1	0,688	0,671
57,0	0,275	0,326	56,5	0,785	0,760
56,5	0,367	0,406	57,0	0,894	0,872
56,0	0,509	0,525			

Weitere Daten finden sich bei [M 2]

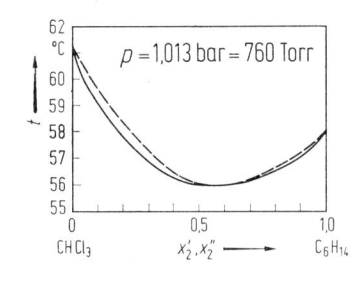

235 x_1 **CHCl$_3$, Chloroform**
  M: 119,38   Kp.: 61,3 °C

  x_2 **CH$_3$·CO·CH$_3$, Aceton**
  M: 58,08   Kp.: 56,2 ··· 56,3 °C

[K 25]
Azeotrope Daten

p in Torr	t_{az} in °C	x_{2az}
710	62,12	} 0,3420 Mol-Tl.
760	64,4 (berechnet)	

236

x_1 $CHCl_3$, Chloroform
M: 119,38   Kp.: 61,2 °C

x_2 $CH_3 \cdot CO_2CH_3$, Essigsäure-methylester
M: 74,08   Kp.: 56,9 °C

[N 2]

$p = 1{,}013$ bar $= 760$ Torr

t in °C	x_2'	x_2''	t in °C	x_2'	x_2''
62,2	0,064	0,040	63,7	0,532	0,592
63,5	0,159	0,117	63,2	0,563	0,631
63,7	0,171	0,130	62,4	0,640	0,719
64,2	0,224	0,191	61,4	0,706	0,791
64,6	0,263	0,236	60,3	0,782	0,854
64,7	0,335	0,327	59,2	0,851	0,907
64,7	0,406	0,425	58,1	0,920	0,953
64,2	0,463	0,502			

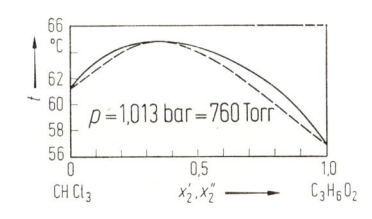

[N 7]

$t = 50$ °C

p in bar	x_2'	x_2''	p in bar	x_2'	x_2''
0,6670	0,064	0,040	0,6107	0,477	0,526
0,6426	0,134	0,089	0,6203	0,525	0,584
0,6294	0,178	0,131	0,6447	0,612	0,698
0,6074	0,258	0,220	0,6773	0,707	0,796
0,6001	0,314	0,308	0,6837	0,726	0,814
0,5987	0,356	0,354	0,6906	0,747	0,835
0,6007	0,394	0,405	0,7135	0,815	0,886
0,6050	0,438	0,470	0,7625	0,935	0,966

Azeotrope Daten (aus Diagramm):
$t = 50$ °C; $p_{az} = 0{,}599$ bar; $x_{2az} = 0{,}36$

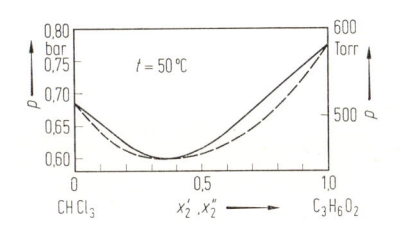

237

x_1 CCl_4, Tetrachlorkohlenstoff
M: 153,82   Kp.: 76,7 °C

x_2 (C_5H_{10}), Cyclopentan
M: 70,14   Kp.: 49,5 °C

[R 11]

$p = 1{,}013$ bar $= 760$ Torr

t in °C	x_2'	x_2''	t in °C	x_2'	x_2''
75,7	0,026	0,056	57,6	0,600	0,772
72,8	0,098	0,199	56,2	0,661	0,815
70,0	0,171	0,317	55,0	0,719	0,853
67,7	0,239	0,413	53,7	0,780	0,888
65,7	0,301	0,492	52,6	0,834	0,918
63,7	0,366	0,564	51,6	0,883	0,945
62,0	0,428	0,628	50,5	0,939	0,972
60,4	0,488	0,682	49,6	0,985	0,994
59,2	0,536	0,723			

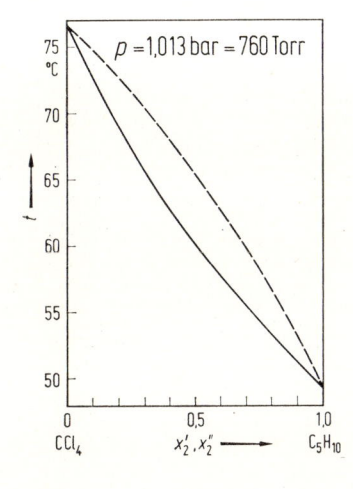

238

x_1 CCl_4, **Tetrachlorkohlenstoff**
M: 153,82   Kp.: 76,7 °C

x_2 $CH_3 \cdot [CH_2]_4 \cdot CH_3$, **n-Hexan**
M: 86,18   Kp.: 68,8 °C

[R 11]

$p = 1{,}013$ bar $= 760$ Torr

t in °C	x_2'	x_2''	t in °C	x_2'	x_2''
76,4	0,018	0,028	70,3	0,552	0,606
75,4	0,075	0,112	69,9	0,615	0,662
74,4	0,135	0,188	69,6	0,675	0,714
73,6	0,193	0,255	69,4	0,736	0,767
72,9	0,252	0,319	69,2	0,797	0,821
72,2	0,309	0,378	69,0	0,860	0,875
71,6	0,369	0,438	68,9	0,919	0,929
71,1	0,430	0,495	68,8	0,974	0,977
70,7	0,487	0,548			

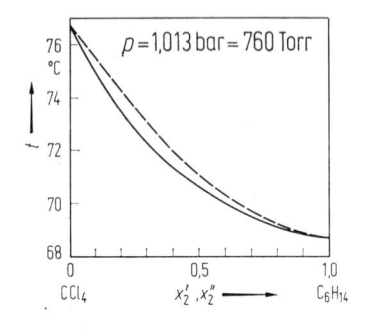

239

x_1 CCl_4, **Tetrachlorkohlenstoff**
M: 153,82   Kp.: 76,7 °C

x_2 $CH_3 \cdot CH_2 \cdot CH_2 \cdot CH(CH_3)_2$,
2-Methyl-pentan
M: 86,18   Kp.: 60,2 °C

[R 11]

$p = 1{,}013$ bar $= 760$ Torr

t in °C	x_2'	x_2''	t in °C	x_2'	x_2''
76,1	0,018	0,037	64,5	0,546	0,660
74,3	0,074	0,140	63,7	0,612	0,712
72,6	0,129	0,226	63,0	0,672	0,761
71,1	0,186	0,301	62,4	0,737	0,810
69,7	0,246	0,371	61,9	0,798	0,855
68,4	0,302	0,434	61,3	0,862	0,900
67,4	0,358	0,491	60,8	0,921	0,944
66,3	0,417	0,548	60,4	0,979	0,985
65,3	0,482	0,606			

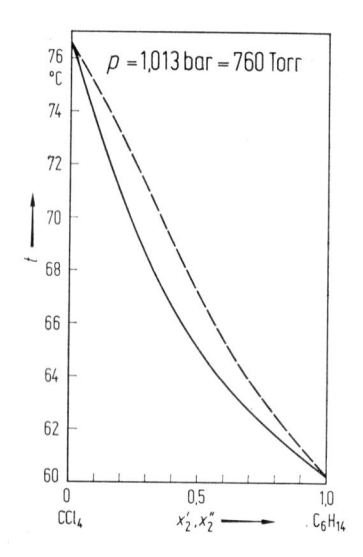

240

x_1 CCl_4, **Tetrachlorkohlenstoff**
M: 153,82   Kp.: 76,7 °C

x_2 $CH_3 \cdot CH_2 \cdot CH(CH_3) \cdot CH_2 \cdot CH_3$,
3-Methyl-pentan
M: 86,18   Kp.: 63,2 °C

[R 11]

$p = 1{,}013$ bar $= 760$ Torr

t in °C	x_2'	x_2''	t in °C	x_2'	x_2''
76,2	0,022	0,037	67,4	0,538	0,625
74,8	0,078	0,127	66,7	0,602	0,681
73,6	0,136	0,208	66,1	0,667	0,735
72,4	0,194	0,280	65,5	0,732	0,787
71,4	0,251	0,347	65,0	0,791	0,835
70,4	0,310	0,410	64,5	0,855	0,885
69,5	0,368	0,469	64,0	0,919	0,937
68,7	0,430	0,528	63,5	0,979	0,984
68,1	0,474	0,568			

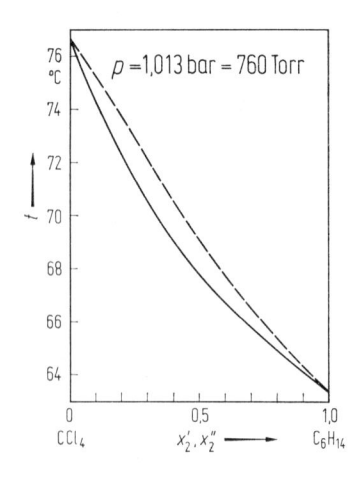

241 x_1 CCl$_4$, Tetrachlorkohlenstoff
  M: 153,82   Kp.: 76,7 °C

  x_2 CH$_3$·CH$_2$·C(CH$_3$)$_3$,
  2,2-Dimethyl-butan
  M: 86,18   Kp.: 49,70 °C

[R 11]

$p = 1,013$ bar $= 760$ Torr

t in °C	x_2'	x_2''	t in °C	x_2'	x_2''
75,6	0,020	0,051	59,6	0,463	0,656
73,0	0,072	0,167	58,6	0,505	0,691
70,5	0,126	0,268	57,2	0,575	0,740
68,2	0,181	0,353	55,9	0,641	0,785
66,2	0,234	0,422	54,7	0,710	0,830
64,3	0,289	0,486	53,6	0,775	0,870
62,7	0,344	0,549	52,5	0,844	0,911
61,1	0,402	0,604	51,2	0,918	0,954
60,2	0,437	0,635	50,1	0,978	0,988

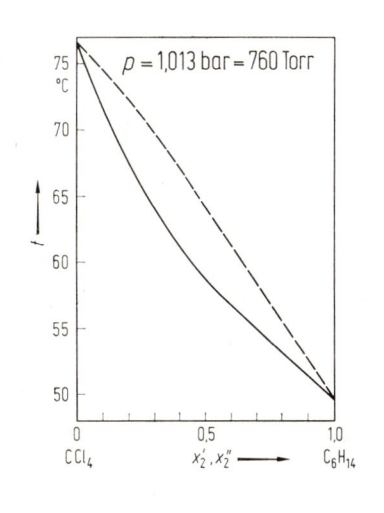

242 x_1 CCl$_4$, Tetrachlorkohlenstoff
  M: 153,82   Kp.: 76,7 °C

  x_2 (CH$_3$)$_2$·CH·CH(CH$_3$)$_2$,
  2,3-Dimethyl-butan
  M: 86,18   Kp.: 58,1 °C

[R 11]

$p = 1,013$ bar $= 760$ Torr

t in °C	x_2'	x_2''	t in °C	x_2'	x_2''
76,1	0,018	0,039	63,2	0,531	0,662
74,2	0,073	0,146	62,2	0,596	0,714
72,5	0,126	0,229	61,4	0,653	0,759
70,7	0,186	0,312	60,5	0,724	0,813
69,2	0,241	0,378	59,8	0,789	0,857
67,8	0,298	0,443	59,2	0,853	0,902
66,5	0,354	0,499	58,7	0,913	0,943
65,3	0,414	0,559	58,2	0,978	0,986
64,2	0,474	0,611			

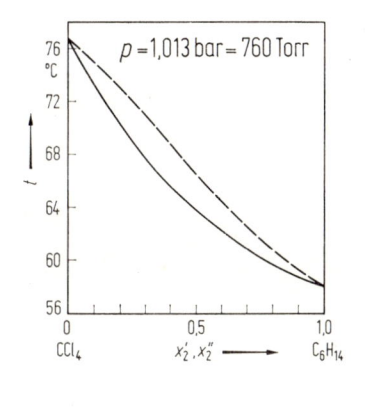

243 x_1 CCl$_4$, Tetrachlorkohlenstoff
  M: 153,82   Kp.: 76,7 °C

  x_2 CH$_3$·[CH$_2$]$_3$·CH:CH$_2$, Hexen-(1)
  M: 84,16   Kp.: 63,35 °C

[R 11]

$p = 1,013$ bar $= 760$ Torr

t in °C	x_2'	x_2''	t in °C	x_2'	x_2''
76,3	0,019	0,030	67,7	0,540	0,636
75,1	0,076	0,119	67,0	0,603	0,692
74,0	0,134	0,197	66,4	0,658	0,740
72,9	0,192	0,274	65,7	0,731	0,799
71,9	0,250	0,342	65,1	0,794	0,849
70,9	0,310	0,410	64,5	0,859	0,897
70,0	0,370	0,472	64,1	0,920	0,943
69,2	0,429	0,532	63,6	0,980	0,986
68,5	0,476	0,578			

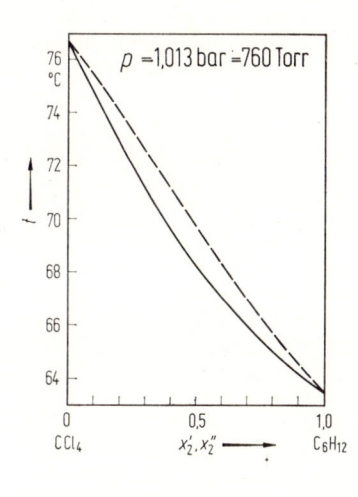

244 x_1 CCl_4, **Tetrachlorkohlenstoff**
M: 153,82 Kp.: 76,7 °C

x_2 (C_6H_{12}), **Methylcyclopentan**
M: 84,16 Kp.: 71,85···72 °C

[R 11]

$p = 1{,}013$ bar $= 760$ Torr

t in °C	x_2'	x_2''	t in °C	x_2'	x_2''
76,5	0,024	0,030	73,1	0,584	0,612
75,9	0,090	0,110	72,9	0,642	0,669
75,4	0,154	0,182	72,7	0,701	0,722
74,9	0,219	0,253	72,5	0,760	0,777
74,5	0,282	0,318	72,4	0,815	0,829
74,1	0,346	0,384	72,2	0,871	0,880
73,8	0,410	0,445	72,0	0,924	0,931
73,5	0,471	0,506	71,9	0,979	0,981
73,3	0,528	0,560			

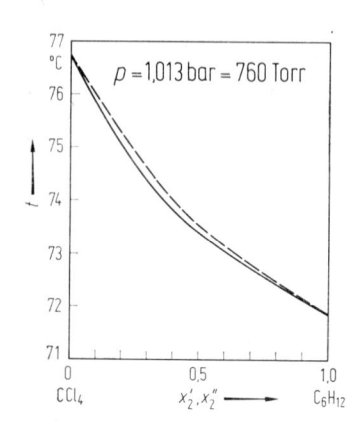

245 x_1 CCl_4, **Tetrachlorkohlenstoff**
M: 153,82 Kp.: 76,7 °C

x_2 $CH_3 \cdot CO \cdot CH_3$, **Aceton**
M: 58,08 Kp.: 56,2···56,3 °C

[B 2]

$p = 0{,}400$ bar $= 300$ Torr			$p = 0{,}600$ bar $= 450$ Torr		
t in °C	x_2'	x_2''	t in °C	x_2'	x_2''
48,77	0,0000	0,0000	60,40	0,0000	0,0000
43,95	0,0510	0,2020	55,29	0,0490	0,1890
40,58	0,1120	0,3300	52,80	0,0875	0,2795
38,60	0,1660	0,4015	49,50	0,1625	0,3930
36,80	0,2345	0,4700	47,96	0,2200	0,4530
35,46	0,3110	0,5275	46,26	0,2970	0,5150
34,20	0,3990	0,5755	44,88	0,3830	0,5735
33,33	0,4850	0,6305	44,06	0,4470	0,6100
33,18	0,5150	0,6430	43,65	0,4930	0,6355
32,74	0,5630	0,6785	43,05	0,5650	0,6770
32,21	0,6555	0,7335	42,68	0,6040	0,6990
31,90	0,7165	0,7670	42,42	0,6525	0,7280
31,53	0,7675	0,8030	42,11	0,7025	0,7590
31,52	0,7880	0,8190	41,92	0,7410	0,7840
31,33	0,8650	0,8760	41,82	0,7630	0,8000
31,28	0,9085	0,9135	41,73	0,8045	0,8290
31,27	0,9340	0,9360	41,58	0,8890	0,8945
31,27	0,9470	0,9470	41,56	0,9045	0,9090
31,25	0,9550	0,9555	41,57	0,9125	0,9165
31,25	0,9615	0,9615	41,53	0,9260	0,9270
31,23	0,9795	0,9790	41,46	0,9450	0,9450
31,25	0,9940	0,9940	41,50	0,9685	0,9675
31,29	1,0000	1,0000	41,56	1,0000	1,0000

Fortsetzung nächste Seite

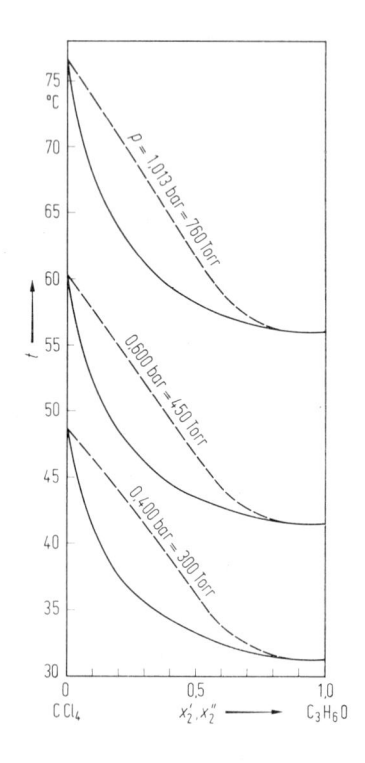

Zu 245

$p = 0,800$ bar $= 600$ Torr			$p = 1,013$ bar $= 760$ Torr		
t in °C	x_2'	x_2''	t in °C	x_2'	x_2''
69,16	0,0000	0,0000	76,74	0,0000	0,0000
49,26	0,9045	0,9085	70,80	0,0590	0,2025
49,27	0,9050	0,9090	68,74	0,0870	0,2710
49,36	1,0000	1,0000	64,45	0,1790	0,4075
			61,91	0,2640	0,4895
			59,83	0,3740	0,5655
			58,74	0,4510	0,6125
			57,94	0,5255	0,6550
			57,18	0,6165	0,7065
			56,67	0,6960	0,7560
			56,36	0,7620	0,7985
			56,15	0,8295	0,8460
			56,01	0,8950	0,8980
			56,02	0,9140	0,9150
			55,99	0,9530	0,9520
			56,08	1,0000	1,0000

Azeotrope Punkte

p in bar	t_{az} in °C	x_{2az}
0,400	31,22	0,9640
0,600	41,47	0,9520
0,800	49,26	0,9490
1,013	55,98	0,9485

246

x_1 CCl$_4$, Tetrachlorkohlenstoff
M: 153,82 Kp.: 76,7 °C

x_2 (C$_2$H$_5$)$_2$O, Diäthyläther
M: 74,12 Kp.: 34,6 °C

[B 5]

$p = 1,013$ bar $= 760$ Torr

x_2'	x_2''	x_2'	x_2''
0,187	0,496	0,757	0,934
0,342	0,699	0,829	0,960
0,471	0,797	0,892	0,979
0,580	0,859	0,950	0,992
0,675	0,901		

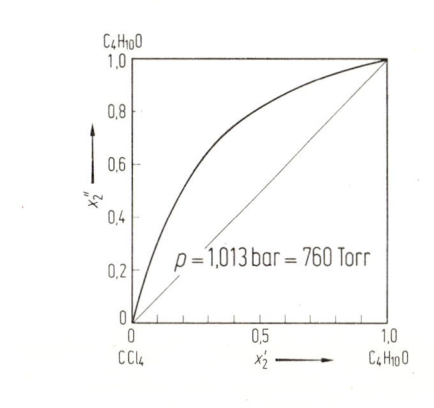

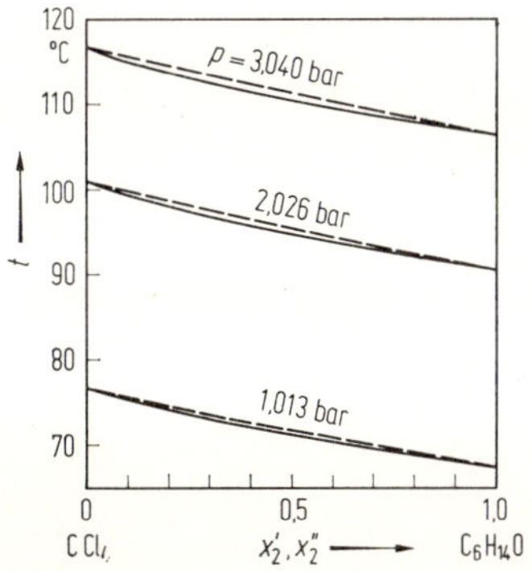

247

x_1 CCl$_4$, Tetrachlorkohlenstoff
M: 153,82 Kp.: 76,7 °C

x_2 (CH$_3$)$_2$CH·O·CH(CH$_3$)$_2$, Di-isopropyläther
M: 102,18 Kp.: 67,8···68,1 °C

[V 9]

$p = 1,013$ bar			$p = 2,026$ bar			$p = 3,040$ bar		
t in °C	x_2'	x_2''	t in °C	x_2'	x_2''	t in °C	x_2'	x_2''
74,7	0,148	0,183	98,1	0,202	0,237	113,4	0,207	0,240
73,4	0,252	0,304	97,4	0,283	0,328	113,0	0,283	0,324
72,8	0,313	0,368	96,5	0,343	0,394	112,4	0,348	0,392
72,1	0,394	0,455	95,6	0,407	0,460	111,7	0,413	0,460
71,6	0,444	0,507	95,2	0,454	0,509	110,6	0,498	0,545
70,4	0,583	0,641	94,3	0,536	0,587	109,8	0,577	0,619
69,9	0,652	0,704	93,4	0,603	0,649	109,3	0,648	0,687
69,5	0,708	0,755	92,3	0,798	0,829	108,6	0,754	0,782
68,9	0,784	0,823						
68,6	0,853	0,882						

Weitere Gleichgewichtsdaten für $p = 0,914$ bar (685 Torr) finden sich bei [V 6]

248 x_1 CCl$_4$, Tetrachlorkohlenstoff
M: 153,82   Kp.: 76,7 °C

x_2 CS$_2$, Schwefelkohlenstoff
M: 76,14   Kp.: 46,4 °C

[B 5]

$p = 1{,}013$ bar $= 760$ Torr

x_2'	x_2''	x_2'	x_2''
0,0296	0,0823	0,3908	0,6340
0,0615	0,1555	0,5318	0,7470
0,1106	0,2660	0,6630	0,8290
0,1435	0,3325	0,7574	0,8780
0,2585	0,4950	0,8604	0,9320

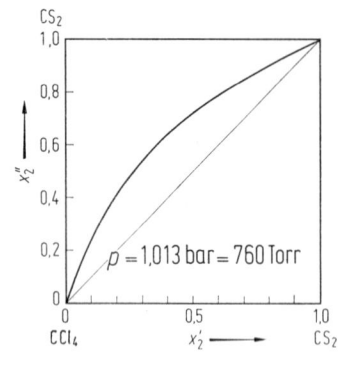

[S 27]

$t = -17{,}84$ °C			$t = -0{,}06$ °C		
p in bar	x_2'	x_2''	p in bar	x_2'	x_2''
12,18	0,000	0,000	19,66	0,000	0,000
13,05	0,0427	0,0863	21,35	0,0615	0,0979
13,85	0,0922	0,1670	22,79	0,1240	0,1890
14,58	0,1456	0,2368	24,22	0,2021	0,2783
15,18	0,2003	0,2963	25,28	0,2768	0,348
15,65	0,2529	0,347	26,24	0,365	0,436
16,22	0,336	0,429	26,93	0,462	0,506
16,53	0,397	0,475	27,32	0,538	0,564
16,76	0,463	0,514	27,48	0,564	0,586
16,91	0,516	0,549	27,52	0,582	0,598
17,01	0,594	0,605	27,61	0,652	0,652
17,02	0,663	0,655	27,50	0,7371	0,7240
16,91	0,7390	0,7121	27,22	0,8062	0,7829
16,72	0,7999	0,7635	26,82	0,8598	0,8355
16,39	0,8585	0,8209	25,97	0,9378	0,9194
16,05	0,9033	0,8668	24,98	1,000	1,000
15,73	0,9378	0,9092			
14,98	1,000	1,000			

Azeotropie

t in °C	p_{az} in bar	x_{2az}
−73,36	2,159	0,533
−48,39	6,238	0,579
−17,84	17,04	0,630
−0,06	27,62	0,656

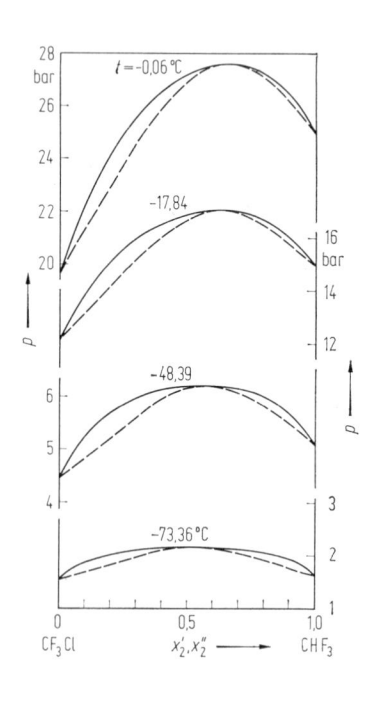

249 x_1 CF$_3$Cl, Trifluorchlormethan
(Frigen 13)
M: 104,46   Kp.: −81,5 °C

x_2 CHF$_3$, Trifluormethan
(Frigen 23)
M: 70,01   Kp.: −163 °C

[S 27]

$t = -73{,}36$ °C			$t = -48{,}39$ °C		
p in bar	x_2'	x_2''	p in bar	x_2'	x_2''
1,543	0,000	0,000	4,461	0,000	0,000
1,740	0,0485	0,1416	4,875	0,0425	0,1100
1,839	0,0868	0,2074	5,197	0,0907	0,1958
1,953	0,1472	0,2909	5,430	0,1320	0,2526
2,044	0,2126	0,343	5,701	0,1982	0,3229
2,081	0,2507	0,376	5,892	0,2617	0,377
2,104	0,2873	0,396	6,049	0,337	0,431
2,144	0,412	0,482	6,165	0,433	0,495
2,159	0,538	0,535	6,198	0,470	0,516
2,158	0,565	0,548	6,218	0,499	0,533
2,158	0,564	0,550	6,200	0,665	0,629
2,143	0,635	0,580	6,165	0,7067	0,656
2,137	0,657	0,591	6,094	0,7614	0,6928
2,130	0,6675	0,599	5,970	0,8249	0,7497
2,103	0,7544	0,646	5,825	0,8702	0,7975
2,076	0,7839	0,6733	5,617	0,9207	0,8588
2,057	0,8148	0,6912	5,457	0,9526	0,9071
2,002	0,8538	0,7392	5,130	1,000	1,000
1,902	0,9118	0,8121			
1,734	0,9747	0,9252			
1,641	1,000	1,000			

250 x_1 **CH$_3 \cdot$CH$_2$Cl, Äthylchlorid**
         M: 64,52   Kp.: 12,3···13,1 °C

         x_2 **SO$_2$, Schwefeldioxid**
         M: 64,06   Kp.: −10,0 °C

[A 10]

$p = 1,013$ bar $= 760$ Torr

t in °C	x_2'	x_2''	t in °C	x_2'	x_2''
12,4	0,000	0,000	−6,9	0,600	0,895
7,5	0,100	0,237	−8,1	0,700	0,936
3,3	0,200	0,448	−8,9	0,800	0,965
−0,1	0,300	0,610	−9,5	0,900	0,984
−3,0	0,400	0,736	−10,1	1,000	1,000
−5,2	0,500	0,830			

Vorstehende Werte wurden einem Diagramm entnommen

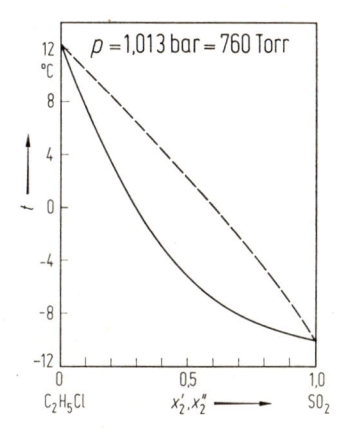

251 x_1 **CH$_3 \cdot$CH$_2$Cl, Äthylchlorid**
         M: 64,52   Kp.: 13,1 °C

         x_2 **CH$_3 \cdot$[CH$_2$]$_2 \cdot$CH$_3$, n-Butan**
         M: 58,12   Kp.: −0,5 °C

[G 10]

Konstante A und B in der Gleichung

$\log P = A - B/(t + 230)$

(Gesamtdruck P in Torr, Temp. t in °C)

x_2'	A	B
0,120	6,7944	959,2
0,322	6,6591	938,1
0,455	6,7678	975,3
0,699	6,7724	1003,8
0,800	6,9576	1053,5

Im untersuchten Bereich von −20 bis +12,3 °C gehorcht das Gemisch dem Raoultschen Gesetz.

252 x_1*)   **CH$_3 \cdot$CH$_2$Cl, Äthylchlorid**
         M: 64,52   Kp.: 13,1 °C

         x_2 **CH$_2$:CHCl, Vinylchlorid**
         M: 62,50   Kp.: −13,9 °C

*) Die Verfasser verwenden statt x_1 den Buchstaben x_2 für den höher siedenden Begleitstoff.

[G 10]

Konstante A und B in der Gleichung

$\log P = A - B/(t + 230)$

(P in Torr, t in °C)

x_2'	A	B
0,172	6,6476	890,9
0,360	6,5702	851,0
0,580	6,5635	828,9
0,788	6,5174	802,5
0,952	6,4690	780,4

Im untersuchten Bereich von −20 bis +12,3 °C gehorcht das Gemisch dem Raoultschen Gesetz. Für den Trennfaktor α gilt die Beziehung:

$$\log \alpha = \frac{233,7}{T} - 0,4395$$

(Der Trennfaktor α ist definiert durch Gl. (4) in der Einleitung)

253 x_1*)   **CH$_3 \cdot$CHCl$_2$, 1,1-Dichloräthan**
         M: 98,96   Kp.: 57,3 °C

         x_2 **CH$_3 \cdot$CH$_2$Cl, Äthylchlorid**
         M: 64,52   Kp.: 13,1 °C

*) Die Verfasser verwenden statt x_1 den Buchstaben x_2 für den höher siedenden Begleitstoff.

[G 10]

Konstante A und B in der Gleichung

$\log P = A - B/(t + 230)$

(Gesamtdruck P in Torr, Temp. t in °C)

x_2'	A	B
0,233	6,4905	981,9
0,482	6,8815	1002,8
0,638	6,8365	995,3
0,817	6,7065	976,7?
0,901	6,7433	946,4

Im untersuchten Bereich von −20 bis +12,3 °C gehorcht das Gemisch dem Raoultschen Gesetz. Für den Trennfaktor α gilt die Beziehung:

$$\log \alpha = \frac{316,1}{T} - 0,3334$$

(Der Trennfaktor α ist definiert durch Gl. (4) in der Einleitung)

254

x_1 $CH_2Cl \cdot CH_2Cl$, 1,2-Dichloräthan
      M: 98,96   Kp.: 82,7···83,5 °C

x_2 C_6H_{12}, Cyclohexan
      M: 84,16   Kp.: 80,8

[M 20]

$p = 1{,}013$ bar $= 760$ Torr

t in °C	x_2'	x_2''	t in °C	x_2'	x_2''
83,23	0,0065	0,0209	75,07	0,5631	0,5489
82,79	0,0113	0,0426	75,41	0,6979	0,6170
82,85	0,0123	0,0498	75,69	0,7473	0,6560
82,41	0,0165	0,0646	76,37	0,8103	0,7158
82,24	0,0206	0,0661	76,74	0,8395	0,7579
81,68	0,0321	0,0891	77,59	0,8826	0,8015
81,54	0,0326	0,0878	78,69	0,9280	0,8598
80,94	0,0537	0,1249	79,31	0,9521	0,9007
78,89	0,1165	0,2357	80,29?	0,9545	0,9024
77,49	0,1804	0,2869	80,79?	0,9731	0,9369
76,46	0,2582	0,3712	79,99	0,9654	0,9424
75,69	0,3533	0,4478	80,49	0,9930	0,9771

Azeotroper Punkt: $t_{az} = 75{,}06\,°C$; $x_{2az} = 0{,}53$

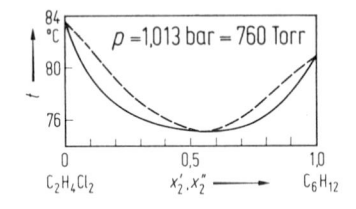

255

x_1 $CH_2Cl \cdot CH_2Cl$, 1,2-Dichloräthan
      M: 98,96   Kp.: 82,7···83,5 °C

x_2 C_6H_{10}, Cyclohexen
      M: 82,15   Kp.: 83,3 °C

[M 20]

$p = 1{,}013$ bar $= 760$ Torr

t in °C	x_2'	x_2''	t in °C	x_2'	x_2''
83,64	0,0038	0,0069	79,09	0,5144	0,5040
83,27	0,0200	0,0398	79,44	0,6349	0,5944
82,79	0,0367	0,0673	79,74	0,7047	0,6547
82,19	0,0719	0,1214	79,89	0,7318	0,6743
81,79	0,0969	0,1590	80,21	0,7808	0,7251
81,49	0,1215	0,1886	80,47	0,8124	0,7598
80,81	0,1671	0,2560	80,79	0,8428	0,7918
80,19	0,2401	0,3382	81,19	0,8775	0,8270
79,71	0,2978	0,3752	81,59	0,9276	0,8835
79,54	0,3387	0,4079	82,09	0,9385	0,9010
79,54	0,3564	0,4042	82,49	0,9735	0,9514
79,37	0,4512	0,4629	82,89	0,9935	0,9852
79,17	0,5056	0,5059			

Azeotroper Punkt: $t_{az} = 79{,}14\,°C$; $x_{2az} = 0{,}505$

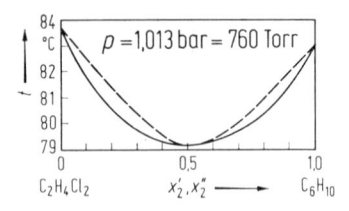

256

x_1 $CH_2Cl \cdot CH_2Cl$, 1,2-Dichloräthan
      M: 98,96   Kp.: 82,7···83,5 °C

x_2 C_6H_6, Benzol
      M: 78,11   Kp.: 80,2 °C

[B 5]

$p = 1{,}013$ bar $= 760$ Torr

x_2'	x_2''	x_2'	x_2''
0,1298	0,1380	0,5264	0,5400
0,2021	0,2150	0,6337	0,6455
0,3195	0,3360	0,7761	0,7855
0,3623	0,3740	0,8803	0,8897
0,4720	0,4830		

Fortsetzung nächste Seite

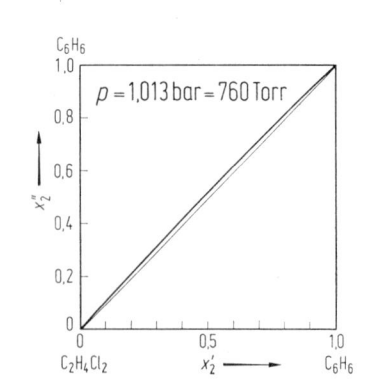

Zu 256

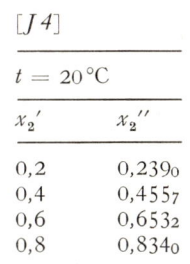

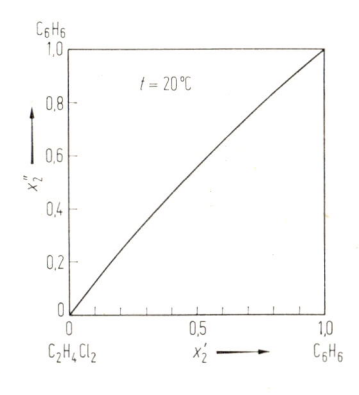

[J 4]

$t = 20\,°C$

x_2'	x_2''
0,2	0,239₀
0,4	0,455₇
0,6	0,653₂
0,8	0,834₀

257

x_1 CH$_2$Cl·CH$_2$Cl, 1,2-Dichloräthan (Äthylenchlorid)
M: 98,96   Kp.: 82,7···83,5 °C

x_2 CCl$_4$, Tetrachlorkohlenstoff
M: 153,82   Kp.: 76,7 °C

[S 2]

$p = 1{,}013$ bar $= 760$ Torr

t in °C	x_2'	x_2''	t in °C	x_2'	x_2''
81,0	0,053	0,100	75,8	0,493	0,543
80,0	0,100	0,160	75,4	0,568	0,598
79,3	0,140	0,213	75,3	0,595	0,618
78,6	0,180	0,260	75,2	0,700	0,700
78,6	0,188	0,268	75,2	0,758	0,750
78,1	0,213	0,300	75,3	0,795	0,783
77,4	0,278	0,357	75,3	0,805	0,787
76,9	0,315	0,398	75,5	0,860	0,843
76,8	0,325	0,405	76,0	0,938	0,928
76,3	0,388	0,468			

Azeotroper Punkt: $t_{az} = 75{,}2\,°C$; $x_{2az} = 0{,}700$

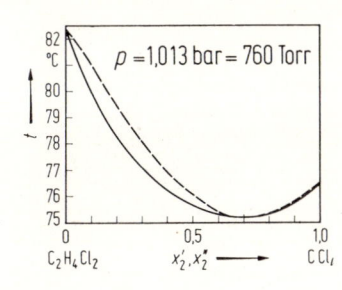

258

x_1 CH$_2$Cl·CH$_2$Cl, 1,2-Dichloräthan
M: 98,96   Kp: 82,7···83,5 °C

x_2 CH$_3$·CH$_2$Cl, Äthylchlorid
M: 64,52   Kp: 13,1 °C

[G 10]

Konstante A und B in der Gleichung

$$\log P = A - B/(t + 230)$$

(Gesamtdruck P in Torr, Temp. t in °C)

x_2'	A	B
0,0932	5,9328	929,8
0,207	6,2567	958,8
0,545	6,5284	942,9
0,818	6,6519	936,5
0,950	6,7275	939,0

Im untersuchten Bereich von -20 bis $+12{,}3\,°C$ gehorcht das Gemisch dem Raoultschen Gesetz. Für den Transformator α gilt die Beziehung:

$$\log \alpha = \frac{507{,}6}{T} - 0{,}5598$$

(Der Trennfaktor ist definiert durch Gl. (4) in der Einleitung)

259

x_1 CH$_2$Cl·CH$_2$Cl, 1,2-Dichloräthan (Äthylenchlorid)
M: 98,96   Kp.: 82,7···83,5 °C

x_2 CCl$_3$·CH$_3$, 1,1,1-Trichloräthan
M: 133,41   Kp.: 74,1 °C

[S 2]

$p = 1{,}013$ bar $= 760$ Torr

t in °C	x_2'	x_2''	t in °C	x_2'	x_2''
82,4	0,035	0,060	77,2	0,406	0,495
81,9	0,055	0,092	76,6	0,465	0,552
81,4	0,080	0,120	76,1	0,520	0,595
81,2	0,087	0,142	75,6	0,587	0,655
80,6	0,125	0,187	75,0	0,662	0,712
79,8	0,183	0,251	74,5	0,736	0,800
79,4	0,210	0,285	74,3	0,795	0,835
78,8	0,263	0,340	74,0	0,845	0,895
78,2	0,315	0,395	73,8	0,917	0,955
77,8	0,352	0,445			

Fortsetzung nächste Seite

Zu 259

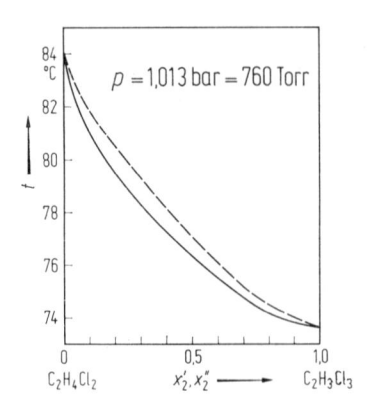

[B 15]

$p = 0{,}9466$ bar $= 710$ Torr

t in °C	x_2'	x_2''	t in °C	x_2'	x_2''
81,00	0,000	0,000	74,10	0,470	0,565
80,00	0,045	0,080	73,20	0,575	0,655
79,30	0,075	0,140	73,00	0,610	0,730
78,40	0,120	0,215	72,65	0,675	0,760
77,00	0,205	0,315	72,40	0,775	0,825
75,60	0,315	0,445	72,30	1,000	1,000
75,20	0,350	0,452			

260

x_1 $CH_2Cl \cdot CH_2Cl$, 1,2-Dichloräthan (Äthylenchlorid)
     M: 98,96   Kp.: 82,7···83,5 °C

x_2 $CH_3 \cdot CH_2OH$, Äthanol
     M: 46,07   Kp.: 78,32 °C

[S 2]

$p = 1{,}013$ bar $= 760$ Torr

t in °C	x_2'	x_2''	t in °C	x_2'	x_2''
79,9	0,030	0,130	70,1	0,528	0,513
78,0	0,042	0,195	70,2	0,598	0,535
76,7	0,073	0,233	70,8	0,705	0,582
74,1	0,113	0,315	71,4	0,765	0,628
72,6	0,152	0,360	72,1	0,817	0,670
71,6	0,210	0,395	72,9	0,862	0,715
70,9	0,283	0,436	74,7	0,923	0,817
70,5	0,345	0,452	75,7	0,948	0,865
70,2	0,425	0,478	77,3	0,978	0,945
70,1	0,488	0,498			

Azeotroper Punkt: $t_{az} = 70{,}1$ °C; $x_{2az} = 0{,}505$

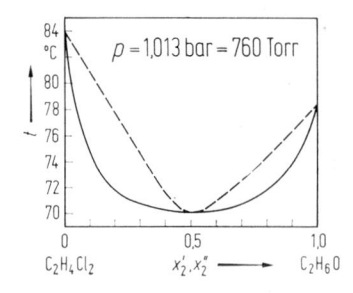

261

x_1 $CH_2:CCl_2$, 1,1-Dichloräthylen
     M: 96,94   Kp.: 37 °C

x_2 $CH_3 \cdot CH_2Cl$, Äthylchlorid
     M: 64,52   Kp.: 13,1 °C

[G 10]

Konstante A und B in der Gleichung

$$\log P = A - B/(t + 230)$$

(Gesamtdruck P in Torr, Temp. t in °C)

x_2'	A	B
0,220	6,6687	973,6
0,380	6,7607	981,9
0,645	6,7446	958,2
0,775	6,7768	957,8
0,930	6,7241	936,2

Im untersuchten Bereich von -20 bis $+12{,}3$ °C gehorcht das Gemisch dem Raoultschen Gesetz. Für den Trennfaktor α gilt die Beziehung:

$$\log \alpha = \frac{149{,}7}{T} - 0{,}2144$$

(Der Trennfaktor α ist definiert durch Gl. (4) in der Einleitung)

262 x_1 H₂C:CHCl / Cl cis-1,2-Dichloräthylen
M: 96,94   Kp.: 60,25 °C

x_2 $CH_3 \cdot CH_2Cl$, Äthylchlorid
M: 64,52   Kp.: 13,1 °C

[G 10]

Konstante A und B in der Gleichung
$\log P = A - B/(t + 230)$
(Gesamtdruck P in Torr, Temp. t in °C)

x_2'	A	B
0,206	6,6105	1025,3
0,289	6,5987	1000,0
0,370	6,6191	991,8
0,556	6,7418	987,8
0,819	6,7334	951,1

Im untersuchten Bereich von -20 bis $+12,3$ °C gehorcht das Gemisch dem Raoultschen Gesetz. Für den Trennfaktor α gilt die Beziehung:

$$\log \alpha = \frac{340,0}{T} - 0,3643$$

(Der Trennfaktor α ist definiert durch Gl. (4) in der Einleitung)

263 x_1 cis-1,2-Dichloräthylen
M: 96,94   Kp.: 60,25 °C

x_2 trans-1,2-Dichloräthylen
M: 96,94   Kp.: 48,35 °C

[S 2]

$p = 1,013$ bar $= 760$ Torr

t in °C	x_2'	x_2''	t in °C	x_2'	x_2''
58,7	0,064	0,100	51,6	0,535	0,636
57,9	0,110	0,169	51,5	0,542	0,639
57,4	0,137	0,206	50,7	0,602	0,687
57,0	0,160	0,237	50,1	0,655	0,734
56,1	0,224	0,320	49,3	0,747	0,804
55,4	0,252	0,356	48,5	0,838	0,872
54,3	0,325	0,432	48,2	0,877	0,911
53,0	0,411	0,524	48,0	0,900	0,919
52,3	0,465	0,574	47,7	0,944	0,957

Zu **263**

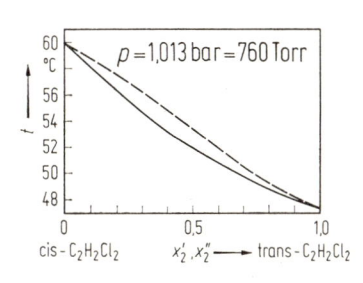

264 x_1 cis-1,2-Dichloräthylen
M: 96,94   Kp.: 60,25 °C

x_2 $CH_3 \cdot CO \cdot CH_3$, Aceton
M: 58,08   Kp.: 56,2···56,3 °C

[A 7]

$p = 1,013$ bar $= 760$ Torr

t in °C	x_2'	x_2''	t in °C	x_2'	x_2''
60,3	0,000	0,000	61,3	0,463	0,493
60,6	0,023	0,016	61,0	0,516	0,553
60,8	0,035	0,032	60,8	0,548	0,586
61,0	0,053	0,044	60,5	0,587	0,640
61,3	0,095	0,080	60,2	0,638	0,697
61,4	0,125	0,110	59,2	0,736	0,799
61,5	0,163	0,147	58,6	0,799	0,845
61,7	0,233	0,218	57,8	0,883	0,915
61,8	0,263	0,251	57,1	0,926	0,950
61,9	0,333	0,337	56,7	0,979	0,987
61,8	0,357	0,364	56,4	1,000	1,000
61,6	0,393	0,407			

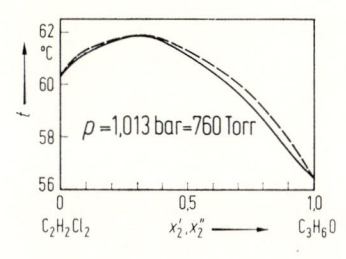

265 x_1 $\underset{Cl\ \ Cl}{\overset{H\ \ H}{C:C}}$ cis-1,2-Dichloräthylen

M: 96,94   Kp.: 60,25 °C

x_2 $HCO_2 \cdot C_2H_5$ Ameisensäure-äthylester

M: 74,08   Kp.: 54,0 °C

[A 7]

$p = 1,013$ bar $= 760$ Torr

t in °C	x_2'	x_2''	t in °C	x_2'	x_2''
60,3	0,000	0,000	57,7	0,579	0,624
60,3	0,012	0,014	57,1	0,648	0,700
60,3	0,039	0,043	56,7	0,718	0,765
60,1	0,120	0,129	56,4	0,783	0,825
59,7	0,194	0,213	55,8	0,840	0,877
59,2	0,283	0,313	55,3	0,886	0,919
58,8	0,363	0,398	54,4	0,955	0,970
58,6	0,425	0,463	54,0	0,993	0,998
58,2	0,505	0,548	53,9	1,000	1,000

Vgl. auch System 357 Ameisensäure-äthylester/trans-Dichloräthylen

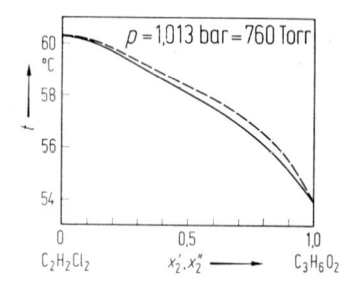

266 x_1 $\underset{Cl\ \ Cl}{\overset{H\ \ H}{C:C}}$ cis-1,2-Dichloräthylen

M: 96,94   Kp.: 60,25 °C

x_2 $CH_3 \cdot CO_2CH_3$, Essigsäure-methylester

M: 74,08   Kp.: 56,95 °C

[A 7]

$p = 1,013$ bar $= 760$ Torr

t in °C	x_2'	x_2''	t in °C	x_2'	x_2''
60,3	0,000	0,000	61,5	0,395	0,408
60,6	0,031	0,027	61,4	0,444	0,465
61,0	0,072	0,062	61,2	0,511	0,541
61,2	0,112	0,099	60,8	0,583	0,623
61,3	0,147	0,133	60,2	0,651	0,696
61,4	0,198	0,183	59,7	0,715	0,770
61,5	0,224	0,213	59,2	0,772	0,820
61,6	0,276	0,266	58,4	0,880	0,907
61,7	0,296	0,291	57,6	0,950	0,965
61,7	0,326	0,326	57,3	0,988	0,993
61,7	0,347	0,351	57,2	1,000	1,000
61,6	0,375	0,383			

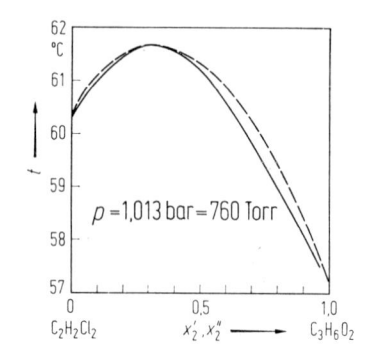

267 x_1 $\underset{Cl\ \ H}{\overset{H\ \ Cl}{C:C}}$ trans-1,2-Dichloräthylen

M: 96,94   Kp.: 48,3 °C

x_2 $CH_3 \cdot CH_2Cl$, Äthylchlorid

M: 64,52   Kp.: 13,1 °C

[G 10]

Konstante A und B in der Gleichung

$\log P = A - B/(t + 230)$

(Gesamtdruck P in Torr, Temp. t in °C)

x_2'	A	B
0,200	6,6350	1009,1
0,406	6,5227	949,5
0,594	6,4310	901,3
0,726	6,3921	878,8
0,960	6,6230	912,4

Im untersuchten Bereich von -20 bis $+12,3$ °C gehorcht das Gemisch dem Raoultschen Gesetz. Für den Trennfaktor α gilt die Beziehung:

$$\log \alpha = \frac{247,8}{T} - 0,2761$$

(Der Trennfaktor α ist definiert durch Gl. (4) in der Einleitung)

268 x_1 CH$_3$·CCl$_3$, **1,1,1-Trichloräthan**
M: 133,41 Kp.: 74,1 °C

x_2 $\begin{smallmatrix}H & H\\ \diagdown & \diagup\\ C & : & C\\ \diagup & & \diagdown\\ Cl & & Cl\end{smallmatrix}$ **cis-1,2-Dichloräthylen**
M: 96,94 Kp.: 60,25 °C

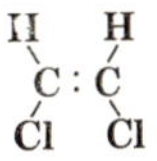

[S 2]

$p = 1{,}013$ bar $= 760$ Torr

t in °C	x_2'	x_2''	t in °C	x_2'	x_2''
73,1	0,048	0,074	65,0	0,584	0,681
72,3	0,100	0,143	64,1	0,662	0,748
70,9	0,186	0,256	63,5	0,697	0,776
70,3	0,221	0,302	63,0	0,737	0,808
69,4	0,282	0,372	62,2	0,807	0,861
68,0	0,367	0,467	61,6	0,856	0,901
67,4	0,408	0,513	61,2	0,899	0,929
66,6	0,464	0,568	61,0	0,908	0,933
65,8	0,522	0,625			

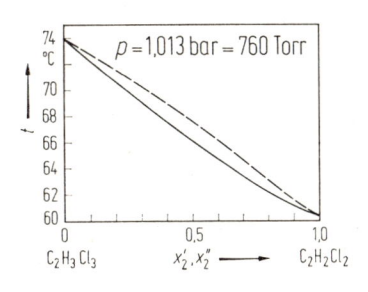

269 x_1 CH$_3$·CCl$_3$, **1,1,1-Trichloräthan**
M: 133,41 Kp.: 74,1 °C

x_2 $\begin{smallmatrix}H & & Cl\\ \diagdown & & \diagup\\ C & : & C\\ \diagup & & \diagdown\\ Cl & & H\end{smallmatrix}$ **trans-1,2-Dichloräthylen**
M: 96,94 Kp.: 48,35 °C

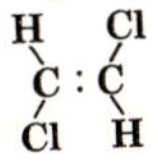

[S 2]

$p = 1{,}013$ bar $= 760$ Torr

t in °C	x_2'	x_2''	t in °C	x_2'	x_2''
72,4	0,038	0,079	58,9	0,446	0,660
71,0	0,075	0,158	56,1	0,560	0,745
70,1	0,094	0,188	53,2	0,681	0,828
69,1	0,122	0,239	52,3	0,734	0,867
66,3	0,200	0,371	51,3	0,787	0,901
63,2	0,291	0,485	50,0	0,843	0,930
61,9	0,338	0,544	49,2	0,890	0,947
60,7	0,372	0,591	48,6	0,926	0,966

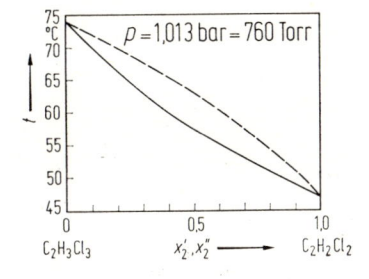

270 x_1 CH$_2$Cl·CHCl$_2$, **1,1,2-Trichloräthan**
M: 133,41 Kp.: 113,65 °C

x_2 CCl$_4$, **Tetrachlorkohlenstoff**
M: 153,82 Kp.: 76,7 °C

[K 10]

$p = 0{,}987$ bar $= 740$ Torr

t in °C	x_2'	x_2''	t in °C	x_2'	x_2''
104,0	0,090	0,262	86,9	0,490	0,750
96,4	0,210	0,494	80,2	0,792	0,906
93,6	0,270	0,587	79,4	0,837	0,927
89,8	0,403	0,687	77,6	0,927	0,970

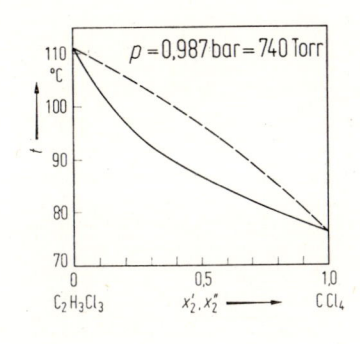

271 x_1 $CH_2Cl \cdot CHCl_2$, 1,1,2-Trichlor-
äthan
M: 133,41   Kp.: 113,6 °C

x_2 $CH_3 \cdot CH_2Cl$, Äthylchlorid
M: 64,52   Kp.: 13,1 °C

[G 10]

Konstante A und B in der Gleichung

$\log P = A - B/(t + 230)$

(Gesamtdruck P in Torr, Temp. t in °C)

x_2'	A	B
0,218	6,2346	966,8
0,428	6,4960	964,3
0,670	6,4864	917,1
0,849	6,7146	946,6

Im untersuchten Bereich von −20 bis +12,3 °C gehorcht das Gemisch dem Raoultschen Gesetz. Für den Trennfaktor α gilt die Beziehung:

$$\log \alpha = \frac{745,0}{T} - 0,8175$$

(Der Trennfaktor α ist definiert durch Gl. (4) in der Einleitung)

272 x_1 $CH_2Cl \cdot CHCl_2$, 1,1,2-Trichlor-
äthan
M: 133,41   Kp.: 113,65 °C

x_2 $CH_2Cl \cdot CH_2Cl$, 1,2-Dichloräthan
M: 98,96   Kp.: 82,7···83,5 °C

[K 10]

Die Aktivitätskoeffizienten unterscheiden sich im gesamten Konzentrationsbereich praktisch nicht vom Wert 1. Demnach gilt für dieses Gemisch das Raoultsche Gesetz.

273 x_1 $CHCl:CCl_2$, Trichloräthylen
M: 131,39   Kp.: 86,9 °C

x_2 CCl_4, Tetrachlorkohlenstoff
M: 153,82   Kp.: 76,7 °C

[S 2]

$p = 1,013$ bar $= 760$ Torr

t in °C	x_2'	x_2''	t in °C	x_2'	x_2''
86,0	0,060	0,075	81,0	0,525	0,589
85,1	0,147	0,176	80,5	0,580	0,650
84,4	0,202	0,250	80,0	0,627	0,700
84,2	0,224	0,278	79,1	0,706	0,780
83,5	0,274	0,344	78,5	0,767	0,829
83,1	0,315	0,380	78,1	0,804	0,866
82,5	0,376	0,445	78,1	0,808	0,873
81,7	0,451	0,525	77,3	0,918	0,950
81,3	0,490	0,565	76,9	0,965	0,980

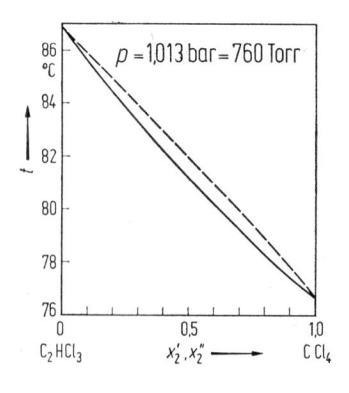

274 x_1 $CHCl:CCl_2$, Trichloräthylen
M: 131,39   Kp.: 86,9 °C

x_2 $CH_3 \cdot CH_2Cl$, Äthylchlorid
M: 64,52   Kp.: 13,1 °C

[G 10]

Konstante A und B in der Gleichung

$\log P = A - B/(t + 230)$

(Gesamtdruck P in Torr, Temp. t in °C)

x_2'	A	B
0,140	6,1908	980,5
0,441	6,5664	970,8
0,667	6,7294	971,4
0,803	6,7804	967,9
0,940	6,7726	949,7

Im untersuchten Bereich von −20 bis +12,3 °C gehorcht das Gemisch dem Raoultschen Gesetz. Für den Trennfaktor α gilt die Beziehung:

$$\log \alpha = \frac{483,6}{T} - 0,4091$$

(Der Trennfaktor α ist definiert durch Gl. (4) in der Einleitung)

275

x_1 CHCl:CCl$_2$, Trichloräthylen
M: 131,39   Kp.: 86,9 °C

x_2 CH$_2$Cl·CH$_2$Cl, 1,2-Dichloräthan
M: 98,96   Kp.: 82,7···83,5 °C

[S 2]

$p = 1,013$ bar $= 760$ Torr

t in °C	x_2'	x_2''	t in °C	x_2'	x_2''
85,7	0,050	0,072	82,2	0,547	0,567
84,8	0,113	0,153	82,2	0,610	0,630
84,4	0,150	0,190	82,2	0,731	0,725
83,7	0,235	0,275	82,2	0,772	0,762
83,4	0,280	0,312	82,3	0,800	0,790
83,4	0,285	0,339	82,4	0,850	0,840
82,9	0,364	0,413	82,5	0,862	0,852
82,8	0,388	0,432	82,7	0,900	0,890
82,6	0,423	0,463	83,0	0,948	0,940
82,3	0,478	0,513			

Azeotroper Punkt: $t_{az} = 82,1$ °C; $x_{2az} = 67,5$

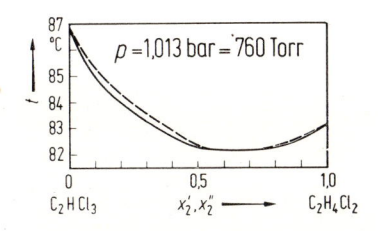

276

x_1 CCl$_2$:CCl$_2$, Tetrachloräthylen
M: 165,83   Kp.: 121,1 °C

x_2 CH$_2$Cl·CH$_2$Cl, 1,2-Dichloräthan
M: 98,96   Kp.: 82,7···83,5 °C

[S 2]

$p = 1,013$ bar $= 760$ Torr

t in °C	x_2'	x_2''	t in °C	x_2'	x_2''
117,8	0,020	0,115	95,2	0,400	0,696
114,0	0,050	0,217	93,7	0,450	0,725
110,9	0,092	0,315	92,2	0,500	0,755
108,0	0,120	0,388	89,9	0,594	0,804
106,0	0,150	0,437	88,8	0,632	0,822
103,3	0,200	0,512	88,2	0,679	0,842
102,3	0,222	0,535	86,8	0,750	0,875
100,5	0,264	0,592	85,5	0,838	0,916
98,9	0,300	0,620	84,2	0,938	0,970
98,5	0,311	0,629			

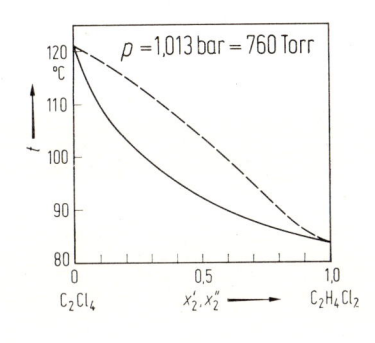

277

x_1 CCl$_2$:CCl$_2$, Tetrachloräthylen
M: 165,83   Kp.: 121,1 °C

x_2 CHCl:CCl$_2$, Trichloräthylen
M: 131,39   Kp.: 86,9 °C

[S 2]

$p = 1,013$ bar $= 760$ Torr

t in °C	x_2'	x_2''	t in °C	x_2'	x_2''
117,0	0,075	0,178	101,0	0,462	0,698
115,7	0,100	0,228	100,0	0,493	0,718
113,8	0,142	0,297	98,4	0,550	0,756
112,8	0,162	0,338	96,3	0,614	0,800
110,5	0,217	0,420	94,4	0,685	0,843
109,1	0,250	0,468	93,4	0,723	0,872
106,9	0,308	0,537	92,1	0,769	0,888
105,7	0,336	0,572	91,0	0,809	0,919
104,4	0,364	0,609	89,5	0,875	0,950
103,4	0,394	0,627			

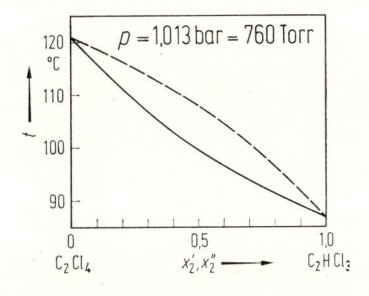

278	x_1	$CCl_2:CCl_2$, Tetrachloräthylen
		M: 165,83 Kp.: 121,1 °C
	x_2	CH_3OH, Methanol
[S 2]		M: 32,04 Kp.: 64,7 °C

$p = 1,013$ bar $= 760$ Torr

t in °C	x_2'	x_2''	t in °C	x_2'	x_2''
117,2	0,001	0,074	65,3	0,215	0,837
116,5	0,001	0,110	64,4	0,533	0,848
113,2	0,003	0,210	64,2	0,656	0,852
107,7	0,003	0,335	63,9	0,776	0,859
102,7	0,003	0,445	63,5	0,883	0,883
97,6	0,008	0,530	63,6	0,931	0,910
93,0	0,011	0,588	63,6	0,937	0,913
87,0	0,017	0,660	63,8	0,950	0,927
80,5	0,024	0,724	64,2	0,979	0,958
70,2	0,066	0,800			

Azeotroper Punkt: $t_{az} = 63,5$ °C; $x_{2az} = 0,883$

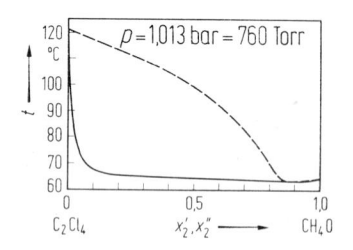

279	x_1	$CCl_2:CCl_2$, Tetrachloräthylen
		M: 165,83 Kp.: 121,1 °C
	x_2	$CH_3 \cdot CH_2 \cdot CH_2OH$, Propanol-(1)
[S 2]		M: 60,10 Kp.: 97,4 °C

$p = 1,013$ bar $= 760$ Torr

t in °C	x_2'	x_2''	t in °C	x_2'	x_2''
116,0	0,015	0,150	95,0	0,400	0,630
113,0	0,024	0,229	94,7	0,476	0,638
110,6	0,037	0,291	94,5	0,504	0,646
109,1	0,050	0,335	94,2	0,600	0,665
104,4	0,082	0,430	94,0	0,703	0,702
102,8	0,100	0,460	94,3	0,827	0,773
99,9	0,150	0,516	94,8	0,873	0,818
98,1	0,200	0,560	95,0	0,900	0,845
97,1	0,240	0,577	95,9	0,949	0,910
95,7	0,336	0,618			

Azeotroper Punkt: $t_{az} = 94,0$ °C; $x_{2az} = 0,705$

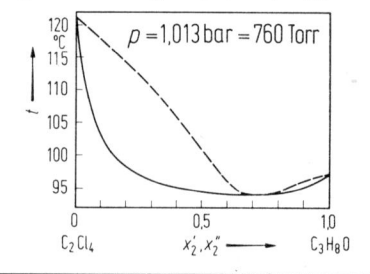

280	x_1	$CCl_2:CCl_2$, Tetrachloräthylen
		M: 165,83 Kp.: 121,1 °C
	x_2	(C_5H_5N), Pyridin
[F 7]		M: 79,10 Kp.: 115,5 °C

$t = 60$ °C			$t = 80$ °C		
p in bar	x_2'	x_2''	p in bar	x_2'	x_2''
0,1395	0,0652	0,1354	0,2893	0,0301	0,0661
0,1416	0,0837	0,1654	0,3055	0,0763	0,1473
0,1507	0,1628	0,2727	0,3203	0,1315	0,2277
0,1555	0,2115	0,3225	0,3276	0,1703	0,2788
0,1575	0,2465	0,3507	0,3354	0,2188	0,3237
0,1628	0,3500	0,4307	0,3378	0,2372	0,3415
0,1660	0,4462	0,4985	0,3404	0,2567	0,3583
0,1675	0,5035	0,5348	0,3507	0,3537	0,4292
0,1681	0,5546	0,5655	0,3528	0,3825	0,4545
0,1682	0,6209	0,6113	0,3554	0,4160	0,4773
0,1680	0,6578	0,6357	0,3583	0,5003	0,5330
0,1673	0,6912	0,6600	0,3601	0,5683	0,5793
0,1663	0,7357	0,6957	0,3606	0,6401	0,6270
0,1648	0,7820	0,7362	0,3601	0,6890	0,6641
0,1612	0,8567	0,8092	0,3593	0,7190	0,6878
0,1574	0,9200	0,8815	0,3586	0,7425	0,7065
0,1541	0,9525	0,9248	0,3579	0,7657	0,7253
			0,3556	0,7970	0,7553
			0,3539	0,8207	0,7760
			0,3492	0,8600	0,8173
			0,3380	0,9374	0,9087
			0,3288	0,9797	0,9677

Fortsetzung nächste Seite

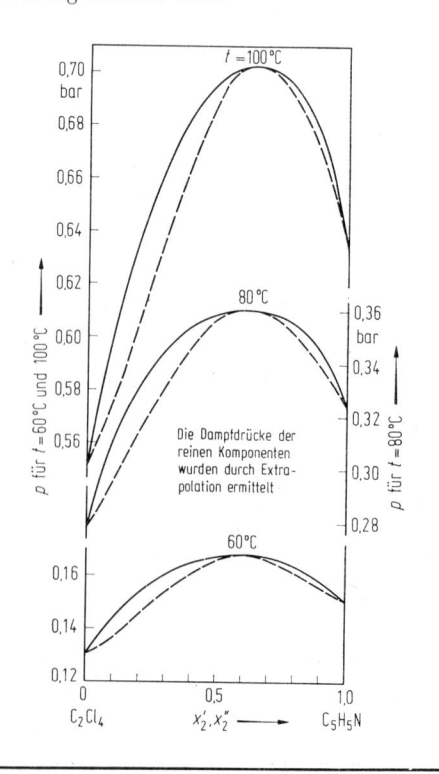

Die Dampfdrücke der reinen Komponenten wurden durch Extrapolation ermittelt

Zu 280

$t = 100\,°C$

p in bar	x_2'	x_2''	p in bar	x_2'	x_2''
0,5820	0,0593	0,1196	0,7021	0,6362	0,6323
0,6020	0,0992	0,1780	0,7017	0,7007	0,6803
0,6261	0,1537	0,2537	0,7016	0,7077	0,6837
0,6530	0,2470	0,3448	0,7005	0,7366	0,7109
0,6650	0,3028	0,3898	0,6893	0,8280	0,7928
0,6765	0,3613	0,4365	0,6841	0,8655	0,8312
0,6913	0,4545	0,5087	0,6800	0,8862	0,8522
0,6973	0,5035	0,5390	0,6753	0,9058	0,8753
0,6980	0,5102	0,5445	0,6560	0,9585	0,9403
0,7019	0,6036	0,6079			

Azeotrope Punkte

t in °C	p_{az} in bar	x_{2az}
60	0,1681	0,5895
80	0,3604	0,5978
100	0,7020	0,6213

Einige weitere Gleichgewichtsdaten von binären Gemischen aus chlorierten C_1- und C_2-Kohlenwasserstoffen finden sich bei [L 10].

---

281 x_1 $CH_3 \cdot CH_2 \cdot CH_2Cl$, 1-Propylchlorid
M: 78,54   Kp.: 46,4 °C

x_2 SO_2, Schwefeldioxid
M: 64,06   Kp.: −10,0 °C

[A 10]

$p = 1,013$ bar = 760 Torr

t in °C	x_2'	x_2''	t in °C	x_2'	x_2''
46,4	0,000	0,000	−3,3	0,600	0,946
28,8	0,100	0,525	−5,6	0,700	0,968
17,1	0,200	0,722	−7,3	0,800	0,981
9,4	0,300	0,823	−8,9	0,900	0,993
3,6	0,400	0,884	−10,0	1,000	1,000
−0,4	0,500	0,923			

Vorstehende Werte wurden einem Diagramm entnommen

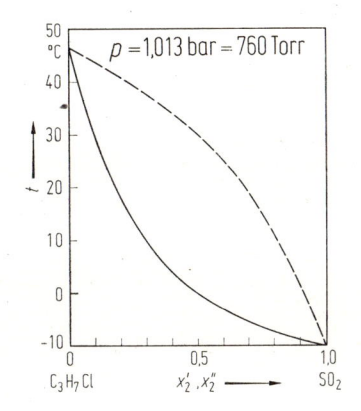

---

282 x_1 $CH_3 \cdot CHCl \cdot CH_2Cl$, 1,2-Dichlorpropan
M: 112,99   Kp.: 96,8 °C

x_2 $CH_3 \cdot CH_2Cl$, Äthylchlorid
M: 64,52   Kp.: 13,1 °C

[G 10]

Konstante A und B in der Gleichung

$$\log P = A - B/(t + 230)$$

(Gesamtdruck P in Torr, Temp. t in °C)

x_2'	A	B
0,151	6,4743	1057,8
0,477	6,2678	899,2
0,645	6,6422	956,3
0,790	6,7193	956,4
0,908	6,7647	952,3

Im untersuchten Bereich von −20 bis +12,3 °C gehorcht das Gemisch dem Raoultschen Gesetz. Für den Trennfaktor α gilt die Beziehung:

$$\log \alpha = \frac{494,2}{T} - 0,2966$$

(Der Trennfaktor α ist definiert durch Gl. (4) in der Einleitung)

283

x_1 CH$_2$Cl·CHCl·CH$_2$Cl,
1,2,3-Trichlorpropan
M: 147,44   Kp.: 156,85 °C

x_2 CH$_3$·[CH$_2$]$_4$·CH$_3$, Hexan
M: 86,18   Kp.: 68,8 °C

[S 35]

$p = 1,013$ bar $= 760$ Torr

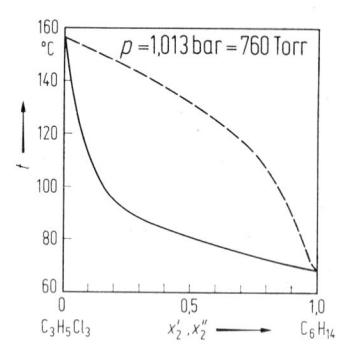

t in °C	x_2'	x_2''	t in °C	x_2'	x_2''
112,6	0,092	0,753	76,4	0,670	0,958
99,3	0,163	0,854	76,3	0,692	0,960
88,7	0,287	0,911	73,8	0,797	0,967
82,6	0,447	0,938	73,4	0,798	0,968
79,7	0,573	0,948	70,7	0,895	0,980

284

x_1 CH$_2$Cl·CHCl·CH$_2$Cl,
1,2,3-Trichlorpropan
M: 147,44   Kp.: 156,85 °C

x_2 CH$_3$·[CH$_2$]$_3$·CH:CH$_2$, Hexen-(1)
M: 84,16   Kp.: 63,35 °C

[S 35]

$p = 1,013$ bar $= 760$ Torr

t in °C	x_2'	x_2''	t in °C	x_2'	x_2''
114,1	0,097	0,731	77,2	0,527	0,955
101,1	0,168	0,840	75,6	0,578	0,961
90,3	0,274	0,903	72,8	0,679	0,969
83,6	0,378	0,933	68,4	0,830	0,983
81,3	0,429	0,942	67,7	0,843	0,984
77,4	0,518	0,953	66,1	0,916	0,991

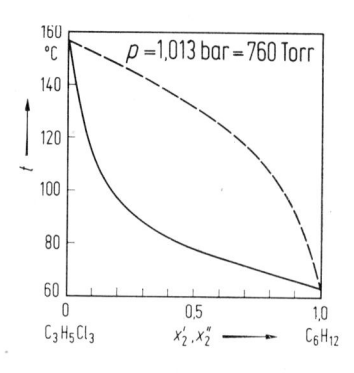

285

x_1 C$_3$F$_8$, Octafluor-propan
M: 188,02   Kp.: $-36 \cdots -38$ °C

x_2 C$_3$H$_8$, Propan
M: 44,10   Kp.: $-44,5$ °C

[M 28]

Kritische Daten der Gemische

x_2	p_K in bar	T_K in K
0	26,617	345,03
0,1162	27,72	341,73
0,3233	29,34	337,77
0,4263	30,25	337,38
0,5235	31,33	338,37
0,7060	34,54	345,28
0,9074	39,94	360,40

286

x_1 CH$_2$:CH·CH$_2$Br, Allylbromid
M: 120,98   Kp.: 70 °C

x_2 CH$_2$:CH·CH$_2$Cl, Allylchlorid
M: 76,53   Kp.: 44,6 $\cdots$ 45,7 °C

[M 29]

$p = 1,013$ bar $= 760$ Torr

t in °C	x_2'	x_2''	t in °C	x_2'	x_2''
66,51	0,10	0,149	51,94	0,60	0,761
61,90	0,20	0,315	49,19	0,70	0,840
59,97	0,30	0,421	47,70	0,80	0,900
55,94	0,40	0,574	45,60	0,90	0,953
54,43	0,50	0,665			

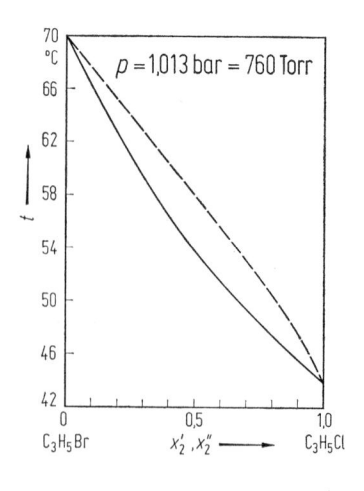

287 x_1 $CF_3 \cdot CH:CH_2$, 3,3,3-Trifluorpropen
M: 96,05   Kp.: $-24 \cdots -19\,°C$

x_2 $CH_2:CH_2$, Äthylen
M: 28,05   Kp.: $-103,9\,°C$

[Z 3]

t in °C	p in bar	x_2'	x_2''	t in °C	p in bar	x_2'	x_2''
10	3,93	0,000	0,000	60	16,0	0,000	0,000
	9,80	0,065	0,493		19,6	0,025	0,275
	15,7	0,137	0,630		29,4	0,102	0,455
	29,4	0,364	0,870		39,2	0,193	0,625
	39,2	0,600	0,965		49,0	0,330	0,720
	49,0	0,902	0,970		58,8	0,525	0,720
20	5,47	0,000	0,000	80	25,0	0,000	0,000
	9,80	0,044	0,400		29,4	0,028	0,295
	15,7	0,102	0,560		39,2	0,093	0,420
	29,4	0,280	0,812		49,0	0,195	0,540
	39,2	0,480	0,920		58,8	0,350	0,555
	49,0	0,695	0,950	90	29,2	0,000	0,000
30	7,34	0,000	0,000		33,8	0,030	0,255
	9,80	0,020	0,300		39,2	0,060	0,319
	15,7	0,068	0,468		49,0	0,155	0,435
	29,4	0,222	0,742		58,8	0,310	0,435
	39,2	0,388	0,865				
	49,0	0,585	0,920				
40	9,80	0,000	0,000				
	15,7	0,042	0,386				
	29,4	0,170	0,647				
	39,3	0,308	0,795				
	49,0	0,490	0,855				
	58,8	0,710	0,855				

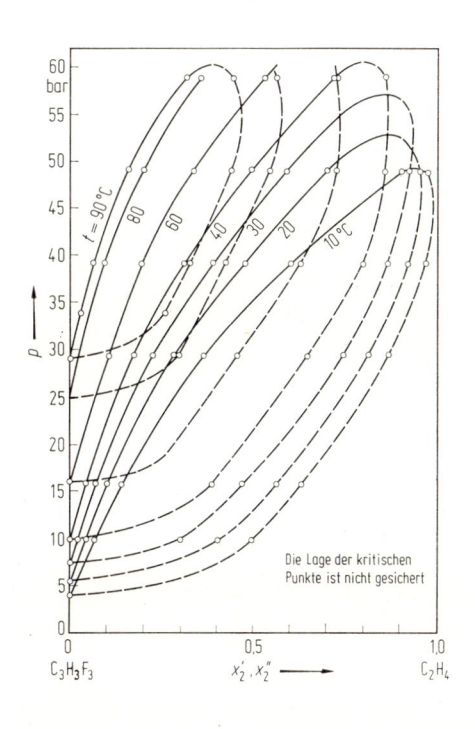

Die Lage der kritischen Punkte ist nicht gesichert

---

288 x_1 $CH_3 \cdot [CH_2]_2 \cdot CH_2Cl$, 1-Butylchlorid
M: 92,95   Kp.: $77,8 \cdots 78,6\,°C$

x_2 SO_2, Schwefeldioxid
M: 64,06   Kp.: $-10,0\,°C$

[A 10]

$p = 1{,}013$ bar $= 760$ Torr

t in °C	x_2'	x_2''	t in °C	x_2'	x_2''
77,8	0,000	0,000	$-1,2$	0,500	0,986
53,1	0,050	0,704	$-4,6$	0,600	0,991
40,9	0,100	0,814	$-6,7$	0,700	0,995
22,6	0,200	0,925	$-8,1$	0,800	0,997
11,1	0,300	0,965	$-9,2$	0,900	0,999
3,9	0,400	0,980	$-10,0$	1,000	1,000

Vorstehende Werte wurden einem Diagramm entnommen

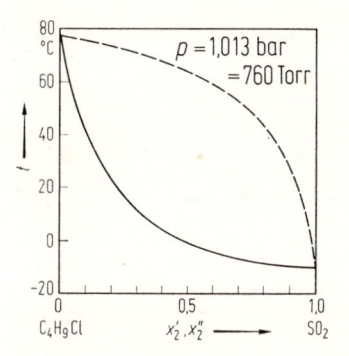

289 x_1 $CF_3 \cdot CCl_2 \cdot CClF \cdot CF_3$,
2,2,3-Trichlor-heptafluor-butan
M: 287,39   Kp.: 97,4 °C

x_2 ($C_5Cl_2F_6$), 1,2-Dichlorhexafluorcyclopenten
M: 244,96   Kp.: 90,6 °C

[Y 2]

$p = 1{,}013$ bar $= 760$ Torr

t in °C	x_2'	x_2''	t in °C	x_2'	x_2''
97,4	0,000	0,000	93,5	0,598	0,659
96,6	0,103	0,119	93,1	0,663	0,718
95,7	0,234	0,271	92,4	0,769	0,804
95,1	0,320	0,368	91,9	0,845	0,863
94,6	0,396	0,451	91,3	0,916	0,926
94,3	0,465	0,523	90,6	1,000	1,000
94,0	0,511	0,572			

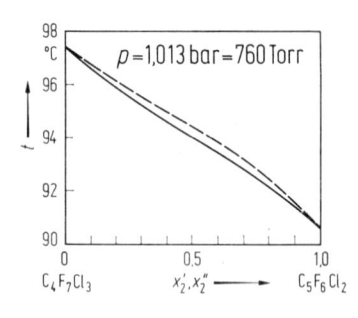

291 x_1 C_6F_{14}, n-Perfluorhexan
M: 338,04   Kp.: 58···60 °C

x_2 C_3H_8, Propan
M: 44,10   Kp.: −44,5 °C

[M 28]

Kritische Daten der Gemische

x_2	p_K in bar	T_K in K
0	18,681	448,77
0,1225	22,08	443,20
0,3287	28,26	430,19
0,5781	35,63	405,50
0,7345	37,87	388,50
0,8695	38,84	375,67
0,9088	39,46	372,57

290 x_1 $CH_2\!:\!CH \cdot CCl\!:\!CH_2$, Chloropren
M: 88,54   Kp.: 59,4 °C

x_2 $CH_2\!:\!CH \cdot CH\!:\!CH_2$, Butadien-(1,3)
M: 54,09   Kp.: −4,75 °C

[J 6]

$p = 1{,}013$ bar $= 760$ Torr

t in °C	x_2'	x_2''	t in °C	x_2'	x_2''
41,0	0,10	0,520	2,4	0,70	0,963
28,5	0,20	0,732	−0,5	0,80	0,978
20,5	0,30	0,833	−2,8	0,90	0,9874
14,2	0,40	0,889	−3,5	0,95	0,9918
9,2	0,50	0,922	−3,8	0,975	0,9947
5,5	0,60	0,947			

Die Originalarbeit enthält gesondert ein Diagramm $x_2'' = f(x_2')$ für den Bereich $0{,}9 < x_2' < 1{,}0$

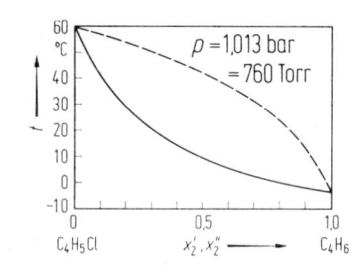

290a u. **b** s. S. 171

292 x_1 (C_6H_5Cl), Chlorbenzol
M: 112,56   Kp.: 131,8 °C

x_2 C_6H_6, Benzol
M: 78,11   Kp.: 80,2 °C

[F 5]

$p = 1{,}013$ bar $= 760$ Torr

t in °C	x_2'	x_2''	t in °C	x_2'	x_2''
126,4	0,053	0,174	93,9	0,591	0,860
121,8	0,104	0,311	90,3	0,684	0,904
115,1	0,192	0,480	89,5	0,703	0,912
108,2	0,295	0,628	86,7	0,786	0,942
102,7	0,399	0,731	86,1	0,804	0,950
97,1	0,514	0,816	83,5	0,884	0,971

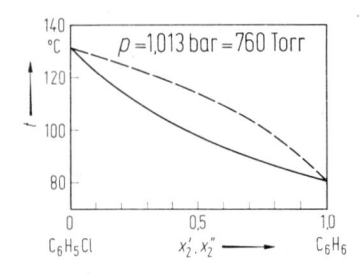

293

x_1 ⌬—Cl (C_6H_5Cl), Chlorbenzol
M: 112,56   Kp.: 131,8 °C

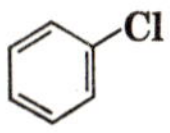

x_2 CH_3OH, Methanol
M: 32,04   Kp.: 64,7 °C

[N 11]

$p = 0{,}973$ bar $= 730$ Torr

t in °C	x_2'	x_2''	t in °C	x_2'	x_2''
113,6	0,016	0,372	67,7	0,539	0,892
107,7	0,022	0,472	66,9	0,671	0,902
72,1	0,161	0,844	66,1	0,786	0,918
—	0,387	0,872	65,4	0,882	0,937
68,0	0,448	0,890	—	0,954	0,967

Die Temperaturwerte beziehen sich auf 760 Torr

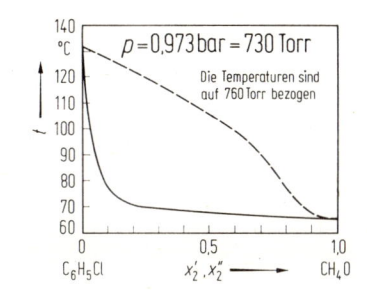

294

x_1 ⌬—Cl (C_6H_5Cl), Chlorbenzol
M: 112,56   Kp.: 131,8 °C

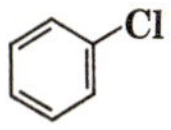

x_2 $CH_3 \cdot CO \cdot CH_3$, Aceton
M: 58,08   Kp.: 56,1 °C

[F 5]

$p = 1{,}013$ bar $= 760$ Torr

t in °C	x_2'	x_2''	t in °C	x_2'	x_2''
122,6	0,031	0,238	69,8	0,572	0,929
114,5	0,064	0,409	65,8	0,683	0,954
102,8	0,130	0,607	62,7	0,772	0,966
94,1	0,208	0,726	62,4	0,784	0,973
82,6	0,334	0,836	59,4	0,884	0,986
74,5	0,466	0,900			

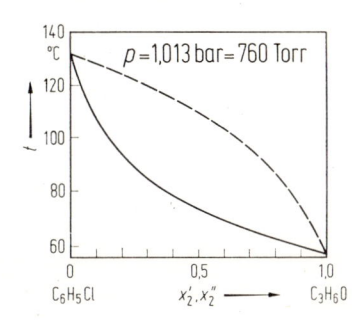

290a
[A 10]

$C_5H_{11}Cl$	SO_2
1-Amylchlorid	Schwefeldioxid

290b
[A 10]

$C_6H_{13}Cl$	SO_2
1-Hexylchlorid	Schwefeldioxid

295

x_1 C_6F_6, Hexafluorbenzol
M: 186,06   Kp.: 81···82 °C

x_2 $CH_3 \cdot CH_2 \cdot CH_3$, Propan
M: 44,10   Kp.: −44,5 °C

[M 28]
Kritische Daten der Gemische

x_2'	p_K in bar	T_K in K
0	33,184	516,47
0,1008	36,67	508,13
0,3027	43,53	488,66
0,5319	50,57	454,53
0,7314	50,96	420,39
0,9083	46,29	387,08

296

x_1 C_6F_6, Hexafluorbenzol
M: 186,06   Kp.: 81···82 °C

x_2 $CH_3 \cdot [CH_2]_3 \cdot CH_3$, n-Pentan
M: 72,15   Kp.: 36,15 °C

[H 12]
Kritische Temperatur der Gemische

x_2'	t_k in °C	x_2'	t_k in °C
0,0901	237,4	0,5808	204,0
0,1683	232,2	0,6328	202,4
0,1855	231,4	0,6798	199,6
0,2854	222,8	0,7857	198,0
0,3424	215,8		

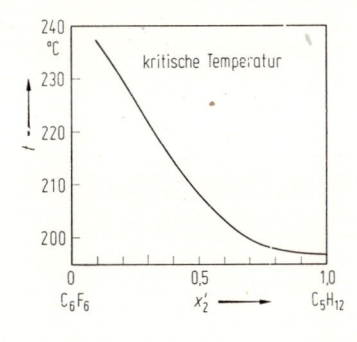

297 x_1 (C_6F_6),

Hexafluorbenzol
M: 186,06   Kp.: 80,27 °C

x_2 $CH_3 \cdot [CH_2]_4 \cdot CH_3$, **Hexan**
M: 86,18   Kp.: 68,8 °C

[C 10]

$p = 1{,}013$ bar $= 760$ Torr

t in °C	x_2'	x_2''	t in °C	x_2'	x_2''
80,25	0,0000	0,0000	68,27	0,5373	0,6189
78,04	0,0412	0,1053	68,21	0,5743	0,6339
77,42	0,0508	0,1335	68,16	0,6290	0,6485
75,83	0,0819	0,2094	68,09	0,6725	0,6970
74,95	0,1128	0,2620	67,99	0,6928	0,7143
74,15	0,1326	0,2825	67,92	0,7040	0,7155
72,26	0,1553	0,3482	67,93	0,7338	0,7480
71,91	0,1938	0,4016	67,94	0,7555	0,7555
71,24	0,2170	0,4250	67,94	0,7686	0,7598
70,50	0,2487	0,4350	67,96	0,7813	0,7728
69,95	0,2773	0,4723	67,80	0,8085	0,7972
69,75	0,3025	0,4807	68,02	0,8825	0,8505
69,36	0,3480	0,4950	68,12	0,9172	0,8927
69,27	0,3793	0,5102	68,36	0,9432	0,9250
69,06	0,4302	0,5455	68,74	1,0000	1,0000
68,60	0,4851	0,5736			

Azeotroper Punkt: $t_{az} = 67{,}94$ °C; $x_{2az} = 0{,}7555$

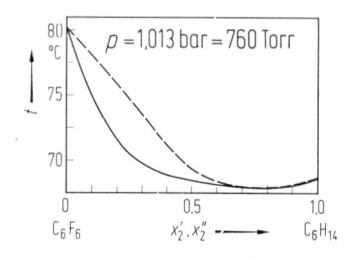

[M 28]
Kritische Daten der Gemische

x_2'	p_K in bar	T_K in K
0,0813	32,40	513,79
0,2961	31,40	506,65
0,5071	30,80	502,80
0,6541	30,50	502,31
0,8875	30,41	505,00
1,0000	30,348	507,68

[H 12]
Kritische Temperatur der Gemische

x_2'	t_k in °C
0,1042	238,3
0,1834	234,3
0,4257	229,1
0,5346	227,2
0,7663	229,1

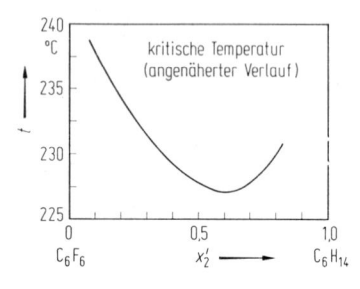

298 x_1 (C_6F_6),

Hexafluorbenzol
M: 186,06   Kp.: 80,27 °C

x_2 C_6H_6, **Benzol**
M: 78,11   Kp.: 80,15 °C

[C 10]

$p = 1{,}013$ bar $= 760$ Torr

t in °C	x_2'	x_2''	t in °C	x_2'	x_2''
80,26	0,000	0,000	79,65	0,628	0,640
80,31	0,042	0,041	79,47	0,678	0,682
80,23	0,097	0,094	79,45	0,717	0,722
80,23	0,130	0,126	79,36	0,742	0,746
80,31	0,149	0,145	79,34	0,766	0,765
80,25	0,161	0,158	79,32	0,806	0,805
80,27	0,171	0,168	79,34	0,837	0,833
80,31	0,219	0,220	79,35	0,870	0,866
80,20	0,225	0,224	79,35	0,885	0,880
80,18	0,279	0,282	79,39	0,906	0,900
80,30	0,293	0,301	79,39	0,925	0,918
80,18	0,375	0,382	79,54	0,956	0,954
80,03	0,423	0,432	79,65	0,984	0,982
80,03	0,461	0,473	79,85	0,987	0,985
79,87	0,503	0,516	80,15	1,000	1,000
79,74	0,542	0,553			

Vermutlich wegen der naheliegenden Dampfdruckwerte und einer elektrostatischen Wechselwirkung beider Komponenten hat das vorliegende Gemisch zwei azeotropische Punkte.

Punkt 1: $t_{az} = 80{,}3$ °C; $x_{2az} = 0{,}208$
Punkt 2: $t_{az} = 79{,}3$ °C; $x_{2az} = 0{,}813$

Fortsetzung nächste Seite

Zu 298

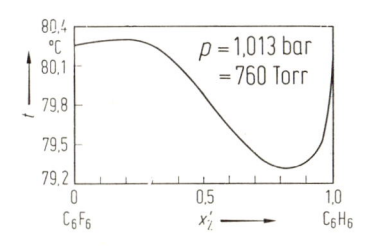

(Diagram: t vs x_2' from C_6F_6 to C_6H_6, $p = 1{,}013$ bar $= 760$ Torr, temperature range 79,2–80,4 °C)

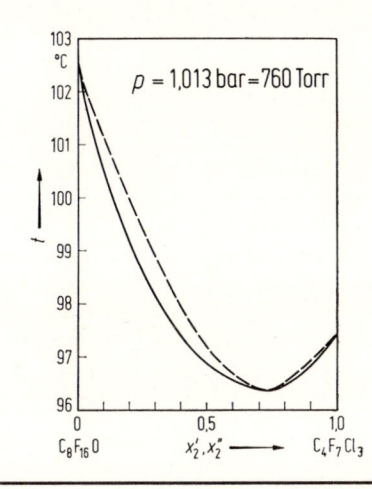

Weitere Meßergebnisse bei $p = 300$, 500 und 760 Torr finden sich in der Arbeit [$K13$]. Im ganzen untersuchten Druckbereich hat das Gemisch zwei Azeotrope Punkte.

[$K13$]

$t = 50\,°C$

p in bar	x_2'	x_2''	p in bar	x_2'	x_2''
0,3396	0,0000	0,0000	0,3513	0,6000	0,6290
0,3380	0,0500	0,0475	0,3564	0,7000	0,7215
0,3364	0,1000	0,0970	0,3605	0,8000	0,8125
0,3357	0,2000	0,2100	0,3638	0,9000	0,9005
0,3376	0,3000	0,3160	0,3628	0,9500	0,9480
0,3417	0,4000	0,4250	0,3597	1,0000	1,0000
0,3466	0,5000	0,5295			

298a

$C_7H_{15}Cl$ SO_2
1-Heptylchlorid   Schwefeldioxid

[$A10$]

299

x_1 [CF$_2$]$_8$–O ($C_8F_{16}O$),
Perfluor-octylcyclooxid
M: 416,06   Kp.: 102,6 °C

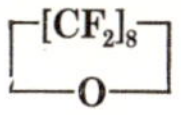

x_2 $CF_3 \cdot CCl_2 \cdot CFCl \cdot CF_3$,
2,2,3-Trichlor-heptafluor-butan
M: 287,39   Kp.: 97,4 °C

[$Y2$]

$p = 1{,}013$ bar $= 760$ Torr

t in °C	x_2'	x_2''	t in °C	x_2'	x_2''
102,60	0,000	0,000	96,45	0,655	0,672
102,00	0,015	0,030	96,40	0,6875	0,697
101,40	0,048	0,081	96,40	0,705	0,712
100,56	0,097	0,153	96,35*)	0,747	0,746
99,50	0,170	0,243	96,40	0,7795	0,772
98,92	0,227	0,3015	96,48	0,809	0,796
98,36	0,271	0,352	96,73	0,866	0,850
97,99	0,316	0,392	96,85	0,902	0,887
97,44	0,399	0,464	96,94	0,921	0,908
97,00	0,471	0,530	97,10	0,948	0,938
96,70	0,563	0,603	97,40	1,000	1,000

*) Azeotroper Punkt

(Diagram: t vs x_2', x_2'' from $C_8F_{16}O$ to $C_4F_7Cl_3$, $p = 1{,}013$ bar $= 760$ Torr)

300

x_1 $C_8F_{16}O$, Perfluor-octylcyclooxid
M: 416,06   Kp.: 102,6 °C

x_2 (Cl–C=C–Cl ring with F$_2$, F$_2$, F$_2$) ($C_5Cl_2F_6$),
1,2-Dichlorhexafluorcyclopenten
M: 244,96   Kp.: 90,6 °C

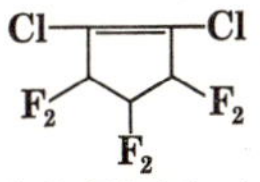

[$Y2$]

$p = 1{,}013$ bar $= 760$ Torr

t in °C	x_2'	x_2''	t in °C	x_2'	x_2''
102,57	0,000	0,000	90,60	0,775	0,797
100,03	0,078	0,149	90,60	0,815	0,829
98,26	0,127	0,231	90,49	0,8515	0,856
96,50	0,1925	0,326	90,40*)	0,872	0,872
95,36	0,261	0,392	90,43	0,887	0,885
93,75	0,363	0,487	90,49	0,899	0,895
92,63	0,451	0,567	90,52	0,9115	0,906
91,95	0,518	0,620	90,55	0,935	0,928
91,48	0,561	0,653	90,55	0,971	0,966
91,23	0,619	0,692	90,58	0,983	0,980
90,92	0,680	0,727	90,60	1,000	1,000
90,63	0,740	0,774			

*) Azeotroper Punkt

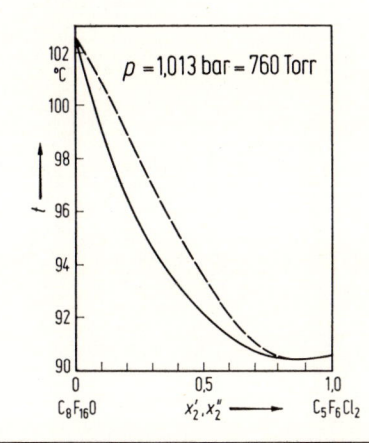

(Diagram: t vs x_2', x_2'' from $C_8F_{16}O$ to $C_5F_6Cl_2$, $p = 1{,}013$ bar $= 760$ Torr)

301	x_1	$C_8F_{16}O$, Perfluor-octylcyclooxid
		M: 416,06 Kp.: 102,6 °C
	x_2	$CF_3 \cdot [CF_2]_5 \cdot CF_3$, Perfluor-heptan
		M: 388,05 Kp.: 81,9···82,0 °C

[Y 2]

$p = 1,013$ bar $= 760$ Torr

t in °C	x_2'	x_2''	t in °C	x_2'	x_2''
102,6	0,000	0,000	89,4	0,573	0,718
101,7	0,028	0,051	88,4	0,621	0,757
100,3	0,076	0,135	87,3	0,688	0,809
99,0	0,123	0,210	85,5	0,795	0,882
97,7	0,172	0,285	83,6	0,906	0,948
96,6	0,215	0,346	82,8	0,951	0,972
93,6	0,346	0,510	82,0	1,000	1,000
91,7	0,444	0,612			

Das Gemisch gehorcht über den ganzen Konzentrationsbereich dem Raoultschen Gesetz. Die mittlere relative Flüchtigkeit (Trennfaktor) ist 1,92.

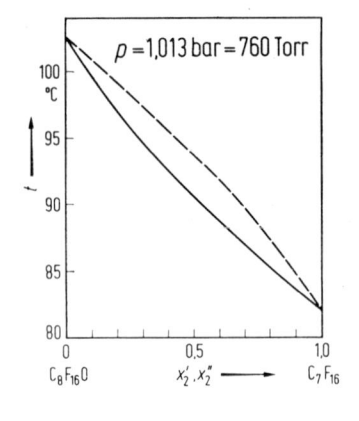

302	x_1	CH_3OH, Methanol
		M: 32,04 Kp.: 64,7 °C
	x_2	$CH_3 \cdot [CH_2]_3 \cdot CH_3$, n-Pentan
		M: 72,15 Kp.: 36,15 °C

[T 3]

$p = 0,9999$ bar $= 750$ Torr

t in °C	x_2'	x_2''	t in °C	x_2'	x_2''
62,22	0,001	0,050	30,18	0,397	0,783
59,00	0,007	0,164	30,16	0,615	0,806
56,08	0,009	0,249	30,08	0,803	0,812
52,76	0,013	0,318	30,10	0,881	0,814
49,02	0,020	0,403	30,36	0,950	0,829
46,04	0,026	0,447	30,38	0,963	0,833
44,52	0,032	0,468	30,54	0,979	0,840
42,04	0,039	0,500	30,98	0,989	0,861
35,76	0,076	0,615	31,96	0,991	0,898
31,98	0,135	0,696	33,48	0,997	0,950
30,46	0,250	0,756	34,52	0,999	0,980

Azeotroper Punkt bei $p = 750$ Torr: $t_{az} = 30,1$ °C; $x_{2az} = 0,811$.

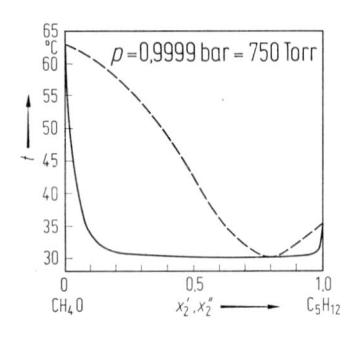

303	x_1	CH_3OH, Methanol
		M: 32,04 Kp.: 64,7 °C
	x_2	$(CH_3)_2CH \cdot CH(CH_3)_2$, 2,3-Dimethylbutan
		M: 86,18 Kp.: 58,0 °C

[W 6], [K 9]

$p = 1,013$ bar $= 760$ Torr

t in °C	x_2'	x_2''	t in °C	x_2'	x_2''
60,4	0,009	0,139	44,5	0,532	0,606
55,3	0,024	0,297	44,5	0,585	0,608
51,4	0,045	0,420	44,5	0,610	0,607
46,6	0,096	0,536	44,6	0,726	0,609
45,4	0,149	0,563	44,6	0,847	0,615
44,6	0,216	0,579	45,8	0,949	0,658
44,5	0,296	0,594	48,9	0,983	0,734
44,6	0,408	0,604	51,3	0,991	0,810
44,5	0,507	0,608			

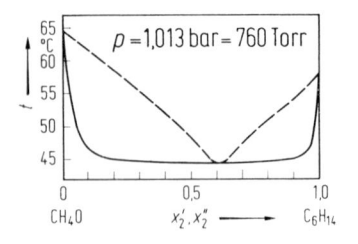

304

x_1 **CH$_3$OH, Methanol**
M: 32,04   Kp.: 64,7 °C

x_2 **CH$_2$Cl$_2$, Dichlor-methan**
M: 84,93   Kp.: 40,67 °C

[T 3]

$p = 0{,}9999$ bar $= 750$ Torr

t in °C	x_2'	x_2''	t in °C	x_2'	x_2''
62,70	0,017	0,063	37,38	0,717	0,823
59,88	0,040	0,191	37,36	0,734	0,821
54,90	0,087	0,370	37,36	0,742	0,825
50,92	0,136	0,477	37,26	0,770	0,828
46,20	0,214	0,602	37,20	0,801	0,835
42,00	0,323	0,702	37,18	0,829	0,841
39,40	0,451	0,759	37,18	0,862	0,854
37,82	0,623	0,803	37,20	0,891	0,863
37,62	0,656	0,809	37,48	0,932	0,889

Azeotroper Punkt bei $p = 750$ Torr: $t_{az} = 37{,}2$ °C
$x_{2az} = 0{,}846$

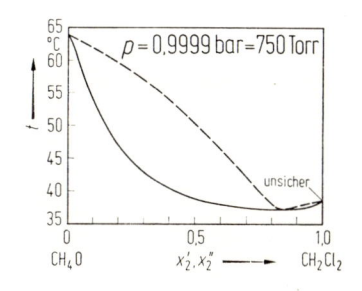

305

x_1 **CH$_3$OH, Methanol**
M: 32,04   Kp.: 64,7 °C

x_2 **CHCl$_3$, Chloroform**
M: 119,38   Kp.: 61,2 °C

[N 3]

$p = 1{,}013$ bar $= 760$ Torr

t in °C	x_2'	x_2''	t in °C	x_2'	x_2''
63,0	0,040	0,102	53,8	0,520	0,607
62,0	0,065	0,154	53,7	0,557	0,619
60,9	0,095	0,215	53,5	0,628	0,643
59,3	0,146	0,304	53,5	0,636	0,646
57,8	0,196	0,378	53,5	0,667	0,655
57,0	0,230	0,420	53,7	0,753	0,684
55,9	0,287	0,472	53,9	0,797	0,701
55,3	0,332	0,507	54,4	0,855	0,730
54,7	0,383	0,540	55,2	0,904	0,768
54,3	0,425	0,564	56,3	0,937	0,812
54,0	0,459	0,580	57,9	0,970	0,875

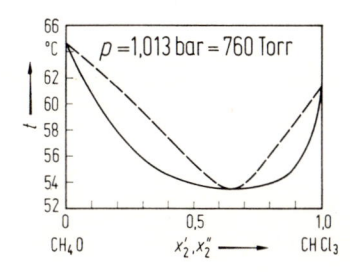

306

x_1 **CH$_3$OH, Methanol**
M: 32,04   Kp.: 64,7 °C

x_2 **CH$_3 \cdot$CO$\cdot$CH$_3$, Aceton**
M: 58,08   Kp.: 56,2$\cdots$56,3 °C

[V 4]

$p = 1{,}013$ bar $= 760$ Torr

t in °C	x_2'	x_2''	t in °C	x_2'	x_2''
61,63	0,101	0,186	56,22	0,485	0,561
61,02	0,126	0,222	55,41	0,626	0,663
59,53	0,200	0,328	55,16	0,721	0,727
58,35	0,275	0,405	55,22	0,776	0,770
57,49	0,340	0,465	55,25	0,823	0,806
56,63	0,429	0,522	55,36	0,872	0,855

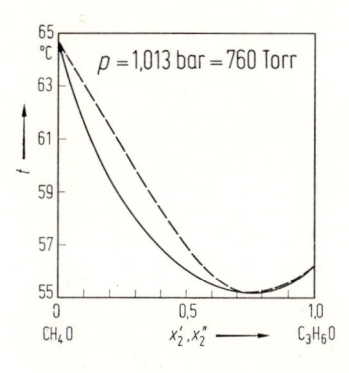

Fortsetzung nächste Seite

Zu 306

[F6]

$t = 55\,°C$

p in bar	x_2'	x_2''	p in bar	x_2'	x_2''
0,7228	0,0287	0,0647	0,9764	0,5052	0,5844
0,7527	0,0570	0,1295	0,9846	0,5432	0,6174
0,7593	0,0644	0,1407	0,9981	0,6332	0,6772
0,7752	0,0858	0,1848	1,0028	0,6538	0,6849
0,7895	0,1046	0,2190	0,9994	0,6605	0,6929
0,8134	0,1357	0,2637	1,0027	0,6945	0,7124
0,8252	0,1452	0,2694	1,0046	0,7327	0,7383
0,8375	0,1663	0,3055	1,0050	0,7525	0,7618
0,8676	0,2173	0,3633	1,0099	0,7752	0,7729
0,8769	0,2390	0,3863	1,0105	0,7922	0,7876
0,9008	0,2787	0,4184	0,9987	0,9080	0,8959
0,9320	0,3579	0,4779	1,0003	0,9088	0,8963
0,9501	0,4050	0,5135	1,0005	0,9197	0,8941
0,9636	0,4480	0,5512	0,9979	0,9448	0,9336

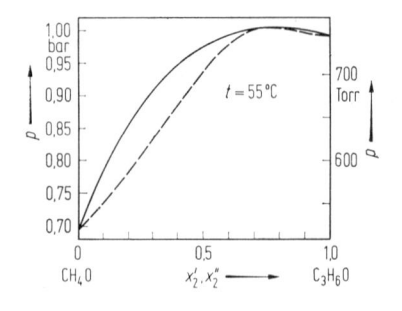

307

x_1 CH$_3$OH, Methanol
M: 32,04   Kp.: 64,7 °C

x_2 CH$_3$·CH·CH$_2$ (C$_3$H$_6$O),
_O_/
Propylenoxid
M: 58,08   Kp.: 34,1 °C

[V13]

$p = 1{,}013\ \text{bar} = 760\ \text{Torr}$

t in °C	x_2'	x_2''	t in °C	x_2'	x_2''
64,2*)	0,0100	0,0542	38,38	0,5688	0,7990
62,32	0,0387	0,1883	35,87	0,7707	0,8767
47,96	0,2721	0,6295	35,08	0,8718	0,9179
40,28	0,5125	0,7707	34,54	0,9162	0,9306
40,31	0,5150	0,7751			

*) aus Diagramm

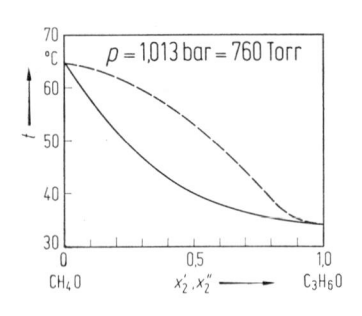

308

x_1 CH$_3$OH, Methanol
M: 32,04   Kp.: 64,7 °C

x_2 CH$_3$·CO$_2$CH$_3$, Essigsäuremethylester
M: 74,08   Kp.: 56,9 °C

[N6]

$p = 1{,}013\ \text{bar} = 760\ \text{Torr}$

t in °C	x_2'	x_2''	t in °C	x_2'	x_2''
63,3	0,026	0,086	54,9	0,388	0,507
62,1	0,045	0,129	54,4	0,476	0,560
60,6	0,076	0,200	54,0	0,564	0,607
58,9	0,140	0,292	53,8	0,672	0,672
58,3	0,160	0,319	54,3*)	0,830	0,776
57,3	0,196	0,362	55,0	0,899	0,847
56,0	0,297	0,452	55,9	0,953	0,905

*) Interpolierter Wert an Stelle von 53,3 im Original

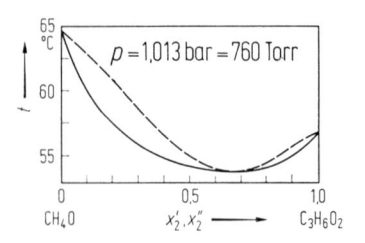

Fortsetzung nächste Seite

Zu **308**

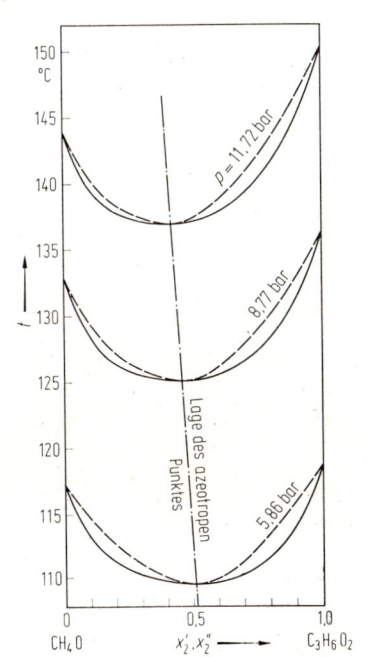

[N 1]

$p = 5,86$ bar			$p = 8,77$ bar		
t in °C	x_2'	x_2''	t in °C	x_2'	x_2''
112,69	0,124	0,200	127,47	0,130	0,184
111,64	0,185	0,263	126,54	0,185	0,245
111,25	0,232	0,308	126,16	0,233	0,292
110,59	0,301	0,364	125,60	0,303	0,340
110,07	0,359	0,417	125,31	0,374	0,372
109,81	0,464	0,473	125,13	0,460	0,457
109,74	0,516	0,516	125,20	0,525	0,498
109,79	0,558	0,536	125,39	0,555	0,518
110,07	0,623	0,579	126,04	0,627	0,577
110,21	0,648	0,604	126,19	0,657	0,600
110,51	0,685	0,628	126,52	0,686	0,616
111,31	0,771	0,689	127,62	0,762	0,681

$p = 11,72$ bar		
t in °C	x_2'	x_2''
138,86	0,129	0,167
138,12	0,185	0,227
137,59	0,234	—
137,27	0,292	0,324
137,03	0,365	0,382
136,98	0,458	0,444
137,24	0,527	0,487
137,51	0,559	0,513
138,20	0,626	0,570
139,19	0,686	0,615
140,24	0,757	0,681

Die Lage des Azeotropen Punktes ist gegeben durch die Gleichungen:

$$\log P = 5,2568 - 1718,0/T_{az} \quad (T \text{ in K})$$

$$x_{2,az} = 0,849 - 3,13 \cdot 10^{-3} t_{az} \quad (t \text{ in °C})$$

309 x_1 **CH₃OH**, Methanol
M: 32,04   Kp.: 64,7 °C

x_2 (C₄H₈O), Tetrahydrofuran
M: 72,11   Kp.: 65,95 °C

(Da Methanol im Meßbereich die höher siedende Komponente ist erhält es den Index 1)

[M 14]

$p = 0,3140$ bar $= 235,5$ Torr			$p = 0,5126$ bar $= 384,5$ Torr		
t in °C	x_2'	x_2''	t in °C	x_2'	x_2''
36,80	0,0195	0,0480	47,05	0,0380	0,0800
36,20	0,0395	0,0890	46,70	0,0580	0,1090
35,85	0,0560	0,1220	45,65	0,1080	0,1950
34,90	0,0950	0,1910	45,25	0,1260	0,2210
32,55	0,2430	0,3700	44,70	0,1610	0,2640
31,60	0,3510	0,4550	43,95	0,2270	0,3290
31,50	0,3940	0,4880	43,25	0,2990	0,3880
31,00	0,5450	0,5750	43,05	0,3240	0,4090
30,85	0,7260	0,6880	42,45	0,4300	0,4870
31,30	0,8360	0,7720	42,25	0,6570	0,6250
31,55	0,8680	0,8030	43,10	0,8290	0,7500
32,00	0,9050	0,8460	44,75	0,9400	0,8910
32,40	0,9330	0,8870	45,20	0,9580	0,9210
32,95	0,9590	0,9280			

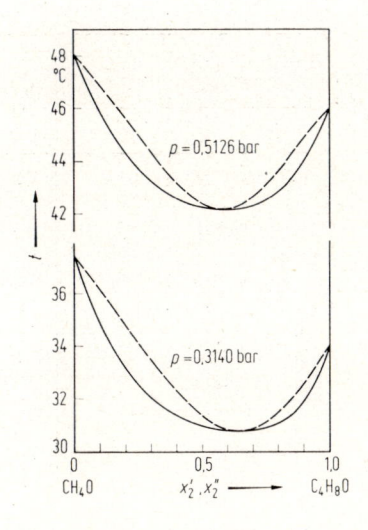

310

x_1 CH$_3$OH, Methanol
   M: 32,04   Kp.: 64,7 °C

x_2 CS$_2$, Schwefelkohlenstoff
   M: 76,14   Kp.: 46,3 °C

[I 1]

$p = 1,013$ bar $= 760$ Torr

t in °C	x_2'	x_2''	t in °C	x_2'	x_2''
58,8	0,013	0,206	37,8	0,649	0,701
53,0	0,025	0,349	37,6	0,700	0,701
47,8	0,045	0,487	37,9	0,757	0,705
43,5	0,099	0,653	37,8	0,903	0,723
42,8	0,106	0,659	37,7	0,916	0,734
40,0	0,151	0,676	37,8	0,928	0,727
38,9	0,194	0,701	38,2	0,930	0,729
38,5	0,200	0,691	41,0	0,990	0,844
38,0	0,340	0,698	44,1	0,997	0,995

Azeotroper Punkt: $t_{az} = 37,5$ °C; $x_{2az} = 0,700$

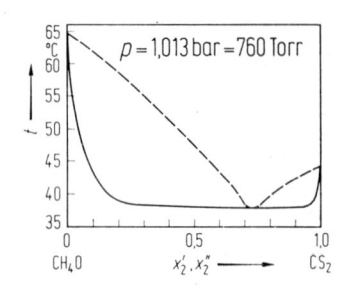

311

x_1 CH$_3$OH, Methanol
   M: 32,04   Kp.: 64,7 °C

x_2 (C$_2$H$_5$)$_2$NH, Diäthylamin
   M: 73,14   Kp.: 55,5 °C

[N 13]

$p = 0,9733$ bar $= 730$ Torr

t in °C*)	x_2'	x_2''	t in °C*)	x_2'	x_2''
	0,026	0,016	66,5	0,340	0,401
65,7	0,057	0,036	65,6	0,400	0,485
	0,126	0,107	65,3	0,411	0,499
67,0	0,164	0,143	63,6	0,508	0,632
67,1	0,201	0,188	62,7	0,547	0,686
67,1	0,219	0,209	61,0	0,645	0,778
67,3	0,242	0,245	59,2	0,732	0,847
	0,264	0,282	59,1	0,742	0,853
66,9	0,281	0,300	57,9	0,808	0,892
66,7	0,321	0,377	57,4	0,831	0,906
66,8	0,326	0,377			

*) Die Temperaturwerte beziehen sich auf 760 Torr

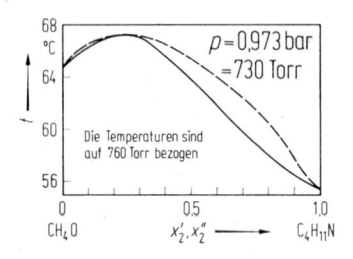

312

x_1 H·CO$_2$H, Ameisensäure
   M: 46,03   Kp.: 100,75 °C

x_2 H$_2$O, Wasser
   M: 18,02   Kp.: 100,00 °C

[I 2]

$p = 0,0933$ bar $= 70$ Torr			$p = 0,2933$ bar $= 200$ Torr			$p = 1,0132$ bar $= 760$ Torr		
t in °C	x_2'	x_2''	t in °C	x_2'	x_2''	t in °C	x_2'	x_2''
38,4	0,094	0,031	62,8	0,055	0,0235	102,3	0,0405	0,0245
43,3	0,244	0,110	66,5	0,168	0,0835	104,6	0,155	0,102
44,5	0,291	0,157	68,9	0,278	0,177	105,9	0,218	0,162
47,0	0,392	0,287	69,8	0,320	0,223	107,1	0,321	0,279
48,2	0,496	0,448	71,2	0,396	0,327	107,6	0,409	0,402
48,6	0,566	Azeotrop	72,3	0,516	Azeotrop	107,6	0,411	0,405
48,5	0,598	0,624	72,3	0,536	0,548	107,6	0,424	Azeotrop
47,4	0,734	0,816	71,4	0,637	0,703	107,6	0,464	0,482
46,3	0,826	0,900	70,5	0,713	0,803	107,1	0,522	0,567
45,7	0,907	0,953	69,4	0,796	0,883	106,0	0,632	0,718
			69,2	0,812	0,896	104,2	0,740	0,836
			68,2	0,900	0,950	102,9	0,829	0,907
						101,8	0,900	0,951

Zu **312**

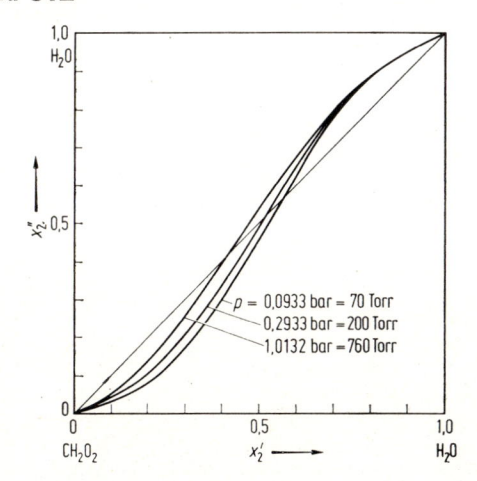

[K 12]

Phasengleichgewicht im Bereich niedrigen Säuregehaltes bei atmosphärischem Druck

Säuregehalt in Molenteilen

x_1'	x_1''
0,000 007 25	0,000 003 3
0,000 019 0	0,000 008 5
0,000 240	0,000 105
0,000 319	0,000 150

$p = 0,0933$ bar $= 70$ Torr
$0,2933$ bar $= 200$ Torr
$1,0132$ bar $= 760$ Torr

---

313 m_1 **H·CO$_2$H, Ameisensäure**
M: 46,03   Kp.: 100,6···100,75 °C

m_2 **CHCl$_3$, Chloroform**
M: 119,38   Kp.: 61,2 °C

[C 20]

$p = 1,013$ bar $= 760$ Torr

t in °C	m_2'	m_2''	t in °C	m_2'	m_2''
	Massenanteile			Massenanteile	
100,6	0,000	0,000	59,5	0,736	0,869
79,5	0,091	0,604	59,2	0,831	0,881
69,0	0,180	0,750	59,1	0,881	0,896
62,0	0,326	0,826	59,1	0,922	0,912
60,4	0,497	0,852	59,2	0,941	0,926
59,9	0,568	0,859	61,2	1,000	1,000
59,6	0,674	0,864			

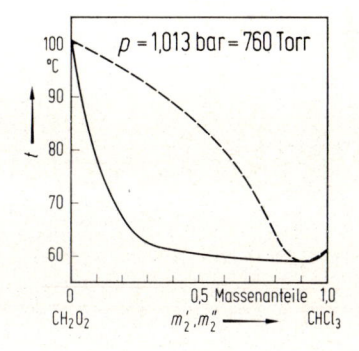

---

314 x_1 **HCO$_2$H, Ameisensäure**
M: 46,03   Kp.: 100,6···100,75 °C

x_2 **CH$_3$·CO·CH$_3$, Aceton**
M: 58,08   Kp.: 56,2···56,3 °C

[G 15]

$p = 1,013$ bar $= 760$ Torr

t in °C	x_2'	x_2''	t in °C	x_2'	x_2''
100,7	0,000	0,000	80,5	0,498	0,800
93,4	0,290	0,467	74,7	0,582	0,875
90,6	0,341	0,554	64,8	0,772	0,964
88,8	0,362	0,594	56,5	1,000	1,000

Siehe Anmerkungen zu System 316

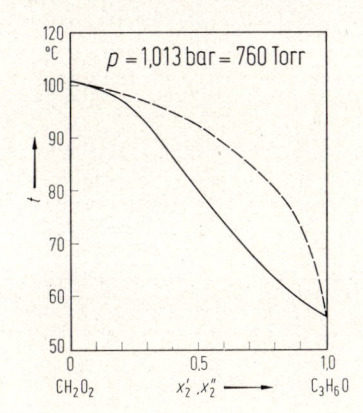

315

x_1 HCO$_2$H, Ameisensäure
M: 46,03   Kp.: 100,75 °C

x_2 CH$_3$·CH$_2$·CO·CH$_3$, Butanon
M: 72,11   Kp.: 79,6 °C

[G 15]

$p = 1{,}013$ bar $= 760$ Torr

t in °C	x_2'	x_2''	t in °C	x_2'	x_2''
100,7	0,000	0,000	93,3	0,563	0,741
100,7	0,067	0,072	88,9	0,696	0,867
100,6	0,225	0,261	87,0	0,752	0,905
99,6	0,314	0,380	79,6	1,000	1,000
96,3	0,473	0,614			

Das System scheint ein Azeotrop mit Temperaturmaximum bei niedrigen Butanon-Gehalten zu haben, doch wurde seine Existenz nicht nachgeprüft.
Die Zahlenwerte wurden von den Verfassern schriftlich mitgeteilt.

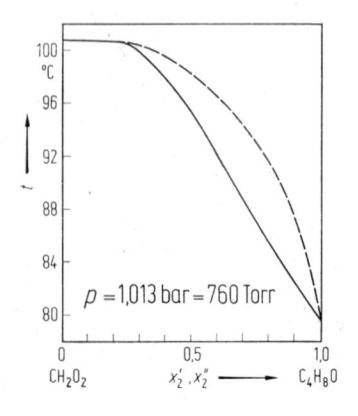

316

x_1 HCO$_2$H, Ameisensäure
M: 46,03   Kp.: 100,6···100,75 °C

x_2 (CH$_3$)$_2$CH·O·CH(CH$_3$)$_2$, Di-isopropyläther
M: 102,18   Kp.: 67,8···68,1 °C

[G 15]

$p = 1{,}013$ bar $= 760$ Torr

t in °C	x_2'	x_2''	t in °C	x_2'	x_2''
100,7	0,000	0,000	74,3	0,688	0,836
89,5	0,094	0,261	74,1	0,701	0,838
89,5	0,095	0,235	69,6	0,905	0,965
83,0	0,288	0,492	69,6	0,926	0,969
78,4	0,478	0,675	67,5	1,000	1,000
75,6	0,617	0,783			

Ameisensäuremoleküle assoziieren in der Gasphase. Für die Berechnung des Molenanteils wurde das Molekulargewicht dieser Komponente in monomerer Form herangezogen.
Die Verfasser zeigen, wie man bei richtiger Berücksichtigung der Assoziation Aktivitätskoeffizienten erhält, die die Bedingung der thermodynamischen Konsistenz erfüllen.
Die verwendete Ameisensäure hatte eine Reinheit von 99%.

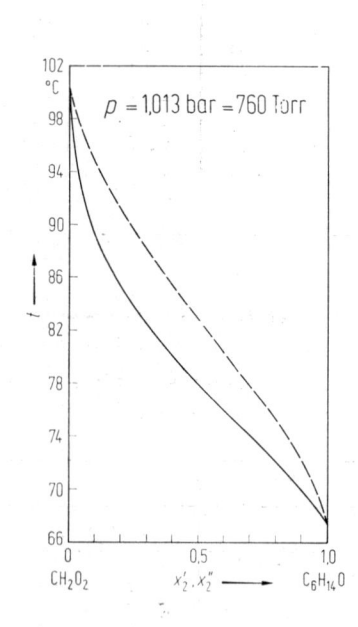

Weishaupt

317 x_1 C_2H_5OH, Äthanol
M: 46,07   Kp.: 78,32 °C

x_2 $CH_3 \cdot [CH_2]_4 \cdot CH_3$, n-Hexan
M: 86,18   Kp.: 68,8 °C

[S 18]

$p = 1,013$ bar $= 760$ Torr

t in °C	x_2'	x_2''	t in °C	x_2'	x_2''
76,0	0,010	0,095	58,1	0,588	0,650
73,2	0,020	0,193	58,0	0,670	0,660
67,4	0,060	0,365	58,2₅	0,725	0,670
65,9	0,080	0,420	58,4₅	0,765	0,675
61,8	0,152	0,532	59,1₅	0,898	0,710
59,4	0,245	0,605	60,2	0,955	0,745
58,7	0,333	0,630	63,5	0,990	0,840
58,3₅	0,452	0,640	66,7	0,994	0,935

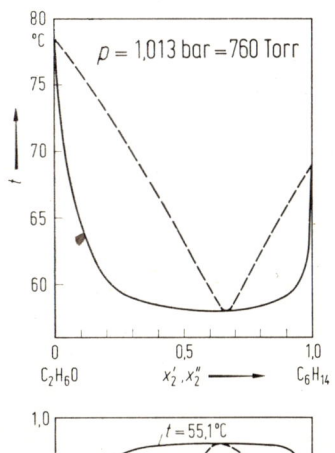

[S 21]

$t = 25$ °C

p in bar	x_2'	x_2''
0,1936	0,1	0,620
0,2294	0,2	0,694
0,2437	0,3	0,721
0,2500	0,4	0,734
0,2521	0,5	0,739
0,2533	0,6	0,744
0,2538	0,7	0,749
0,2538	0,8	0,758
0,2525	0,9	0,776

Weitere Gleichgewichtsdaten für $t = 50$ °C finden sich bei [P 2]

[H 16]

$t = 55,1 \pm 0,1$ °C

p in bar	x_2'	x_2''
0,4604	0,011	0,178
0,6549	0,070	0,431
0,7179	0,100	0,487
0,7845	0,141	0,520
0,8319	0,206	0,568
0,8725	0,303	0,583
0,8803	0,332	0,595
0,8911	0,387	0,606
0,8975	0,409	0,609
0,8993	0,498	0,621
0,9019	0,537	0,622
0,9022	0,603	0,635
0,8994	0,724	0,650
0,8979	0,810	0,682
0,8731	0,900	0,704
0,8539	0,943	0,746
0,8026	0,961	0,802

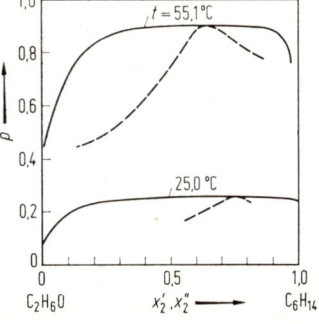

Die Arbeit [H 16] enthält Temperaturangaben gesondert für jeden Meßpunkt

---

318 x_1 $CH_3 \cdot CH_2OH$, Äthanol
M: 46,07   Kp.: 78,32 °C

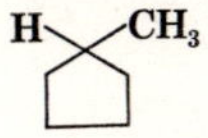

x_2 (C_6H_{12}), Methylcyclopentan
M: 84,16   Kp.: 71,8 °C

[S 18]

$p = 1,013$ bar $= 760$ Torr

t in °C	x_2'	x_2''	t in °C	x_2'	x_2''
76,1	0,015	0,092	60,1	0,533	0,639
73,65	0,035	0,185	60,05	0,652	0,650
67,0	0,102	0,407	60,3	0,784	0,668
64,6	0,143	0,481	61,25	0,915	0,705
62,8	0,200	0,540	63,7	0,970	0,778
61,2	0,287	0,587	66,3	0,985	0,850
60,3	0,420	0,618			

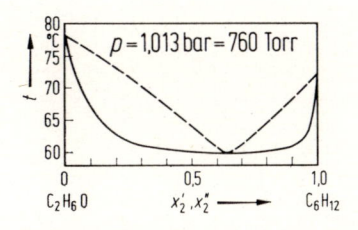

319 x_1 $CH_3 \cdot CH_2OH$, Äthanol
                   M: 46,07   Kp.: 78,32 °C

           x_2 $CHCl_3$, Chloroform
                   M: 119,38   Kp.: 61,3 °C

[K 25]

Azeotrope Daten

p in Torr	t_{az} in °C	x_{2az}
710	57,14	
760	59,20 (berechnet)	} 0,838 5 Mol-Tl.

320 x_1 C_2H_5OH, Äthanol
                   M: 46,07   Kp.: 78,32 °C

           x_2 $CH_3 \cdot CHO$, Acetaldehyd
                   M: 44,05   Kp.: 20,2 °C

[A 11]

Gesamtdruck p in bar

x_2'	$t = 10$ °C	15 °C	20 °C	25 °C	30 °C
0,1	0,0464	0,0623	0,0737	0,0981	0,1558
0,3	0,1000	0,1538	0,1889	0,2694	0,3505
0,5	0,2430	0,3340	0,4216	0,5539	0,6671
0,7	0,4584	0,5634	0,6782	0,8160	1,0110
0,9	0,6177	0,7505	0,9057	1,0984	1,3068

Die Originalarbeit enthält einen Vergleich mit berechneten Drücken sowie die Aktivitätskoeffizienten nach der Redlich–Kister-Gleichung

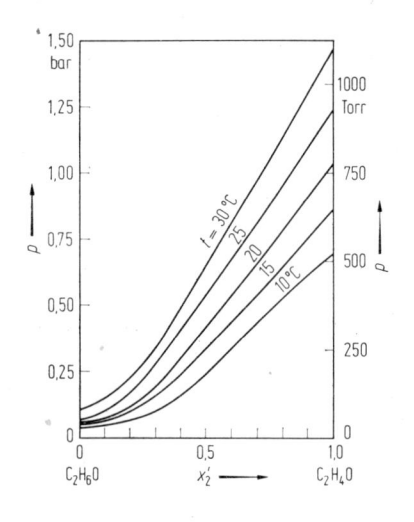

321 x_1 C_2H_5OH, Äthanol
                   M: 46,07   Kp.: 78,3 °C

           x_2 $CH_3 \cdot CO_2C_2H_5$, Essigsäure-äthylester
                   M: 88,11   Kp.: 77,1 °C

[M 31]

$p = 1,013$ bar $= 760$ Torr

t in °C	x_2'	x_2''	t in °C	x_2'	x_2''
76,7	0,0518	0,1076	72,28	0,6642	0,6357
75,5	0,1226	0,2092	72,5	0,6872	0,6366
74,14	0,214	0,3181	73,04	0,7729	0,7040
72,9	0,3172	0,3908	73,78	0,8657	0,7854
72,7	0,3558	0,4382	73,82	0,8740	0,7854
72,35	0,4559	0,4926	75,55	0,9495	0,8964
72,18	0,4948	0,5197			

Weitere Daten s. [Z 1]

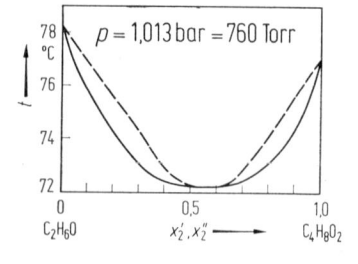

[M 19]

$t = 40$ °C			$t = 55$ °C		
p in bar	x_2'	x_2''	p in bar	x_2'	x_2''
0,1821	0,0060	0,0220	0,3790	0,0055	0,0185
0,2012	0,044	0,144	0,4033	0,037	0,104
0,2175	0,084	0,227	0,4336	0,083	0,201
0,2440	0,187	0,370	0,4662	0,151	0,297
0,2558	0,242	0,428	0,4804	0,196	0,348
0,2662	0,320	0,484	0,4954	0,243	0,389
0,2777	0,454	0,560	0,5152	0,340	0,453
0,2802	0,495	0,574	0,5300	0,464	0,521
0,2824	0,552	0,607	0,5360	0,592	0,601
0,2842	0,663	0,664	0,5345	0,682	0,652
0,2828	0,749	0,716	0,5326	0,715	0,674
0,2728	0,885	0,829	0,5136	0,853	0,786
0,2674	0,920	0,871	0,5020	0,898	0,839
0,2604	0,960	0,928	0,4866	0,944	0,902

Fortsetzung nächste Seite

Zu 321

$t = 70\,°C$

p in bar	x_2'	x_2''	p in bar	x_2'	x_2''
0,7314	0,0065	0,0175	0,9482	0,625	0,597
0,7458	0,018	0,046	0,9418	0,691	0,641
0,8447	0,131	0,237	0,9303	0,755	0,681
0,8861	0,210	0,321	0,9055	0,822	0,747
0,9071	0,263	0,367	0,8687	0,903	0,839
0,9383	0,387	0,454	0,8471	0,932	0,888
0,9466	0,452	0,493	0,8207	0,975	0,948
0,9495	0,488	0,517			

Weitere Daten finden sich bei [M 31]

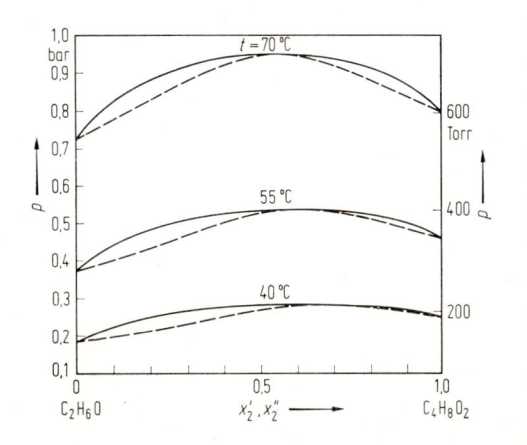

322

x_1 $HOCH_2 \cdot CH_2OH$, Glykol
       M: 62,07   Kp.: 197,4 °C

x_2 H_2O, Wasser
       M: 18,02   Kp.: 100,0 °C

[S 23]

$p = 0{,}0133$ bar $= 10$ Torr			$p = 0{,}0333$ bar $= 25$ Torr			$p = 0{,}0667$ bar $= 50$ Torr			$p = 0{,}1333$ bar $= 100$ Torr		
t in °C	x_2'	x_2''	t in °C	x_2'	x_2''	t in °C	x_2'	x_2''	t in °C	x_2'	x_2''
87,0	0,008	0,332	103,5	0,009	0,302	115,5	0,012	0,310	133,4	0,011	0,245
86,0	0,012	0,437	93,8	0,024	0,563	100,5	0,046	0,697	116,9	0,050	0,644
77,1	0,028	0,679	83,0	0,053	0,779	86,2	0,098	0,872	105,0	0,092	0,812
66,3	0,051	0,829	74,5	0,100	0,896	76,0	0,156	0,936	96,7	0,145	0,900
62,8	0,074	0,880	64,0	0,152	0,944	69,2	0,215	0,961	86,8	0,206	0,943
62,0	0,103	0,917	57,0	0,218	0,970	61,0	0,308	0,980	76,2	0,300	0,971
53,5	0,145	0,950	48,1	0,315	0,984	56,1	0,401	0,988	71,8	0,397	0,983
47,2	0,196	0,969	42,8	0,404	0,9905	51,4	0,494	0,9920	66,4	0,504	0,990
35,1	0,319	0,987	39,0	0,510	0,9940	49,3	0,603	0,9950	62,3	0,601	0,9935
29,2	0,392	0,9920	36,8	0,598	0,9960	47,0	0,697	0,9970	59,5	0,688	0,9956
23,5	0,517	0,9958	33,0	0,706	0,9978	45,0	0,749	0,9976	57,8	0,755	0,9970
22,0	0,590	0,9971	30,4	0,795	0,9987	42,4	0,813	0,9985	56,4	0,820	0,9980
20,3	0,648	0,9978									
19,5	0,701	0,9983									
18,4	0,756	0,9987									

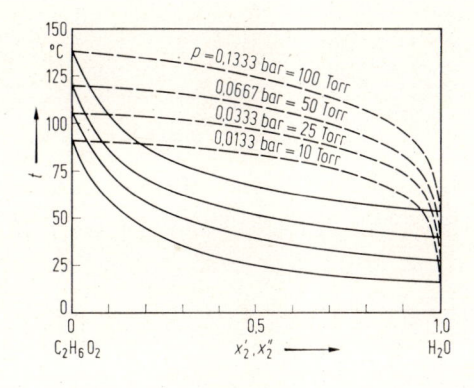

323

x_1 HOCH$_2$·CH$_2$OH, Glykol
M: 62,07   Kp.: 198···199 °C

x_2 CH$_3$OH, Methanol
M: 32,04   Kp.: 64,7 °C

[B 4]

$p = 1,013$ bar $= 760$ Torr

t in °C	x_2'	x_2''	t in °C	x_2'	x_2''
199,0	0,000	0,000	110,0	0,142	0,960
188,6	0,010	0,152	101,0	0,185	0,985
180,3	0,015	0,368	89,2	0,250	0,995
171,1	0,027	0,540	77,5	0,360	0,955
166,0	0,032	0,610	68,0	0,590	0,998
147,2	0,075	0,845	65,5	0,754	0,999
131,5	0,100	0,922	64,1	1,000	1,000

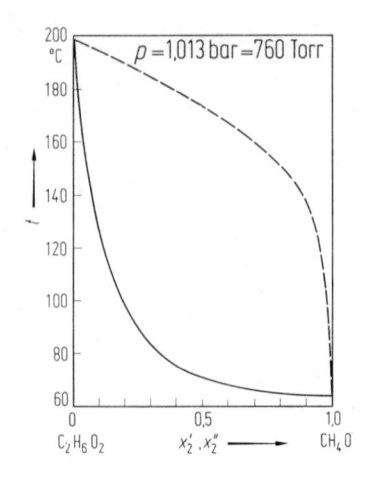

324

x_1 HOCH$_2$·CH$_2$OH, Glykol
M: 62,07   Kp.: 197,4 °C

x_2 (C$_4$H$_8$O), Tetrahydrofuran
M: 72,11   Kp.: 65,72

[S 16]

$p = 1,013$ bar $= 760$ Torr

t in °C	x_2'	x_2''	t in °C	x_2'	x_2''
102,64	0,1	0,9791	72,18	0,6	0,9971
85,90	0,2	0,9920	70,84	0,7	0,9975
79,08	0,3	0,9949	69,50	0,8	0,9980
75,62	0,4	0,9960	67,95	0,9	0,9987
73,60	0,5	0,9966			

$p = 1,0132$ bar $= 760$ Torr

t in °C	x_2'	x_2''	t in °C	x_2'	x_2''
116,5	0,022	0,058	104,4	0,522	0,649
114,6	0,054	0,123	103,1	0,624	0,735
113,4	0,086	0,168	102,3	0,696	0,792
113,5	0,099	0,183	101,6	0,778	0,851
113,1	0,101	0,188	100,8	0,876	0,914
110,6	0,189	0,298	100,5	0,923	0,944
107,8	0,303	0,433	100,4	0,945	0,960
106,1	0,413	0,545	100,1	0,985	0,989

325

x_1, m_1 CH$_3$·CO$_2$H, Essigsäure
M: 60,05   Kp.: 118,5 °C

x_2, m_2 H$_2$O, Wasser
M: 18,02   Kp.: 100,0 °C

[I 2]

$p = 0,0933$ bar $= 70$ Torr

t in °C	x_2'	x_2''
53,1	0,006	0,0365
52,1	0,0435	0,0965
51,2	0,072	0,140
49,8	0,152	0,237
48,7	0,254	0,347
47,9	0,360	0,453
47,3	0,471	0,561
46,7	0,534	0,622
46,5	0,566	0,653
45,9	0,663	0,742
45,6	0,744	0,811
45,2	0,831	0,878
45,0	0,896	0,925
44,6	0,959	0,973

$p = 0,2933$ bar $= 200$ Torr

t in °C	x_2'	x_2''
77,7	0,011	0,0385
75,9	0,050	0,111
75,3	0,078	0,153
73,6	0,148	0,246
73,2	0,168	0,272
71,7	0,280	0,391
70,6	0,389	0,499
69,8	0,467	0,573
69,2	0,543	0,647
69,0	0,560	0,662
68,1	0,642	0,734
67,7	0,742	0,816
67,2	0,842	0,888
67,0	0,901	0,929
66,5	0,955	0,969

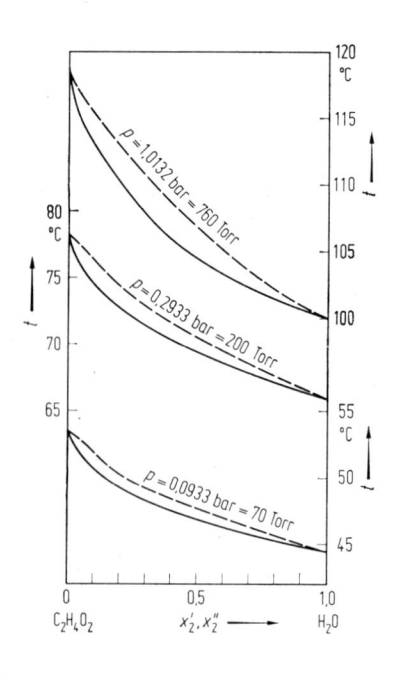

Zu **325**

[G 3] Meßwerte			Ausgeglichene Werte			[K 12] Phasengleichgewicht im Bereich niedrigen Säuregehaltes bei atmosphärischem Druck	
$p = 1{,}013$ bar $= 760$ Torr			$p = 1{,}013$ bar $= 760$ Torr			Säuregehalt in Molenteilen	
t in °C	m_2'	m_2''	t in °C	m_2'	m_2''	x_1'	x_1''
	Massenanteile			Massenanteile			
115,3	0,015	0,025	118,1	0,000	0,000	0,000 016 4	0,000 011 7
108,0	0,099	0,171	107,9	0,100	0,167	0,000 025 6	0,000 018 7
107,5	0,104	0,179	104,7	0,200	0,301	0,000 064 2	0,000 048 2
105,2	0,171	0,262	103,2	0,300	0,423	0,000 097 2	0,000 075 6
105,1	0,186	0,276	102,1	0,400	0,529	0,000 104 4	0,000 070 8
103,4	0,280	0,403	101,3	0,500	0,622	0,000 270	0,000 194 0
102,4	0,370	0,499	100,9	0,600	0,700		
102,0	0,380	0,507	100,7	0,700	0,774		
101,2	0,499	0,616	100,2	0,800	0,851		
100,8	0,628	0,726	100,1	0,900	0,925		
100,7	0,704	0,779	100,0	1,000	1,000		
100,2	0,841	0,881					
100,0	0,862	0,897					
100,1	0,928	0,946					
100,0	1,000	1,000					

Weitere Werte finden sich bei [R 6]. In dieser Arbeit wird ferner der Einfluß von gelösten Chloriden des Calciums, des Strontiums und des Bariums auf das Phasengleichgewicht Essigsäure—Wasser behandelt. In allen untersuchten Fällen stellte sich eine Azeotropie mit Minimumtemperatur ein.

[L 5]

$t = 20$ °C			$t = 40$ °C			$t = 80$ °C		
p in mbar	x_2'	x_2''	p in mbar	x_2'	x_2''	p in mbar	x_2'	x_2''
15,65	0,0000	0,000	47,73	0,0000	0,000	279,2	0,0000	0,000
17,9	0,0776	0,135	52,5	0,0613	0,114	317,3	0,0776	0,148
18,3	0,1185	0,180	54,4	0,0987	0,170	328,1	0,1185	0,204
18,8	0,1778	0,245	56,7	0,1510	0,230	341,6	0,1778	0,281
19,3	0,2392	0,314	58,4	0,2037	0,285	355,7	0,2392	0,350
20,0	0,3511	0,419	60,4	0,2700	0,355	378,6	0,3511	0,459
20,7	0,4724	0,537	62,0	0,3347	0,419	403,4	0,4724	0,580
21,5	0,6080	0,668	63,7	0,4330	0,513	422,9	0,6080	0,710
21,9	0,6915	0,741	65,1	0,5094	0,589	436,0	0,6915	0,782
22,3	0,7648	0,811	66,5	0,5740	0,653	445,6	0,7648	0,840
22,8	0,8908	0,920	69,9	0,7512	0,811	459,2	0,8908	0,924
23,37	1,0000	1,000	72,0	0,8907	0,922	473,4	1,0000	1,000
			73,75	1,0000	1,000			

Neben den hier angegebenen Druckwerten nach der statischen Methode enthält die Originalarbeit auch Druckangaben aus dynamischen Messungen. Unter der Annahme, daß das Dampfgemisch neben Wasser nur monomere und dimere Essigsäuremoleküle enthält und daß das Dampfgemisch ideales Verhalten zeigt, konnte hieraus der Anteil an Monomeren und Dimeren im Dampf berechnet werden. Betr. Dimerisation in der flüssigen Phase s. [H 1].

Zu 325

[H 2]

$t = 70\,°C$

p in bar	m_2'	m_2''	p in bar	m_2'	m_2''
	Massenanteile			Massenanteile	
0,1843	0,0000	0,0000	0,2574	0,1693	0,2385
0,1861	0,0073	—	0,2670	0,2233	0,3098
0,1908	0,0123	0,0185	0,2780	0,3047	0,3932
0,2118	0,0309	0,0515	0,2878	0,4170	0,5112
0,2244	0,0514	0,0861	0,2981	0,5681	0,6528
0,2388	0,0892	0,1368	0,3048	0,7585	0,8141
0,2498	0,1313	0,1929	0,3116	1,0000	1,0000

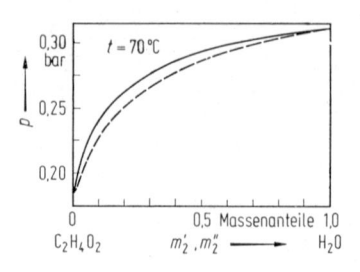

326

m_1 $CH_3 \cdot CO_2H$, Essigsäure
       M: 60,05   Kp.: 118,5 °C

m_2 $CHCl_3$, Chloroform
       M: 119,38   Kp.: 61,2 °C

[C 20]

$p = 1,013$ bar $= 760$ Torr

t in °C	m_2'	m_2''	t in °C	m_2'	m_2''
	Massenanteile			Massenanteile	
118,1	0,000	0,000	74,4	0,571	0,892
106,8	0,058	0,353	70,5	0,671	0,932
101,3	0,149	0,504	68,1	0,748	0,954
95,4	0,217	0,626	64,9	0,857	0,971
88,8	0,313	0,732	61,2	1,000	1,000
81,4	0,438	0,827			

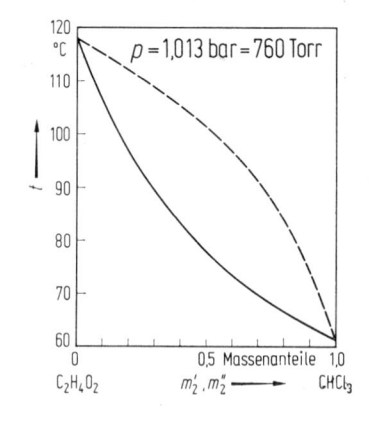

327

m_1 $CH_3 \cdot CO_2H$, Essigsäure
       M: 60,05   Kp.: 118,5 °C

m_2 $H \cdot CO_2H$, Ameisensäure
       M: 46,03   Kp.: 100,75 °C

[C 20]

$p = 1,013$ bar $= 760$ Torr

t in °C	m_2'	m_2''	t in °C	m_2'	m_2''
	Massenanteile			Massenanteile	
118,1	0,000	0,000	106,6	0,455	0,534
114,2	0,100	0,144	105,3	0,549	0,611
113,3	0,140	0,186	104,0	0,651	0,711
112,3	0,176	0,230	102,9	0,745	0,792
110,8	0,229	0,294	101,9	0,836	0,866
109,4	0,314	0,378	101,2	0,905	0,926
107,9	0,383	0,456	100,6	1,000	1,000

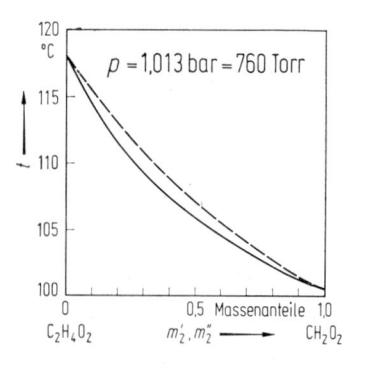

328

m_1 $CH_3 \cdot CO_2H$, Essigsäure
      M: 60,05   Kp.: 118,5 °C

m_2 $C_2H_5 \cdot CO \cdot C_2H_5$, Pentanon-(3)
      (Diäthyl-keton)
      M: 86,13   Kp.: 101,7 °C

[H 2]

$t = 70$ °C

p in bar	m_2'	m_2''	p in bar	m_2'	m_2''
	Massenanteile			Massenanteile	
0,1844	0,0000	0,0000	0,2817	0,6469	0,7825
0,1928	0,0444	0,0687	0,2888	0,6876	0,8125
0,2038	0,1244	0,1992	0,3096	0,8196	0,9041
0,2134	0,1895	0,2707	0,3228	0,8823	0,9439
0,2225	0,2522	0,3535	0,3269	0,9004	0,9544
0,2317	0,3234	0,4502	0,3276	0,9362	0,9744
0,2374	0,3824	0,5110	0,3460	0,9745	0,9908
0,2589	0,4992	0,6549	0,3470	1,0000	1,0000
0,2713	0,5629	0,7095			

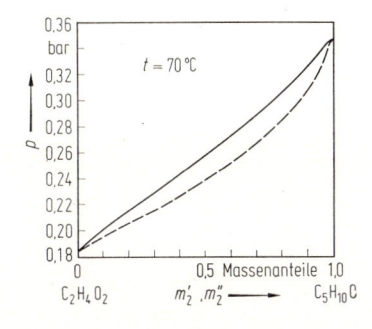

329

x_1 $CH_3 \cdot CO_2H$, Essigsäure
      M: 60,05   Kp.: 118,5 °C

x_2 $(CH_3)_2CH \cdot O \cdot CH(CH_3)_2$,
      Di-isopropyläther
      M: 102,18   Kp.: 68,5 °C

[M 26]

$p = 1,013$ bar $= 760$ Torr

t in °C	x_2'	x_2''	t in °C	x_2'	x_2''
98,4	0,10	0,402	74,9	0,60	0,878
89,6	0,20	0,592	72,9	0,70	0,914
84,1	0,30	0,704	71,1	0,80	0,946
80,2	0,40	0,779	69,6	0,90	0,974
77,2	0,50	0,835			

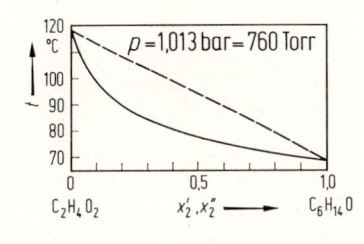

330

m_1 $CH_3 \cdot CH_2 \cdot CH_2OH$, Propanol-(1)
      M: 60,10   Kp.: 97,4 °C

m_2 $CH_3 \cdot [CH_2]_3 \cdot CH_3$, n-Pentan
      M: 72,15   Kp.: 36,15 °C

[A 3]

Heteroazeotroper Punkt bei $p = 1,013$ bar
(760 Torr): $t_{az} = 35,0$ °C; $m_{2az} = 0,9815$ (Gew.-Tl.)

331

m_1 $CH_3 \cdot CH_2 \cdot CH_2OH$, Propanol-(1)
      M: 60,10   Kp.: 97,4 °C

m_2 $CH_3 \cdot CH_2 \cdot CH(CH_3)_2$, Isopentan
      M: 72,15   Kp.: 27,95 °C

[A 3]

Heteroazeotroper Punkt bei $p = 1,013$ bar
(760 Torr): $t_{az} = 27,5$ °C; $m_{2az} = 0,993$ (Gew.-Tl.)

332

x_1, m_1 $CH_3 \cdot CH_2 \cdot CH_2OH$, Propanol-(1)
          M: 60,10   Kp.: 97,4 °C

x_2, m_2 $CH_3[CH_2]_4CH_3$, Hexan
          M: 86,18   Kp.: 68,8 °C

[P 7]

$p = 1,013$ bar $= 760$ Torr

t in °C	x_2'	x_2''	t in °C	x_2'	x_2''
89,6	0,024	0,256	67,7	0,620	0,800
82,0	0,060	0,490	67,0	0,752	0,836
74,6	0,144	0,662	66,4	0,784	0,856
71,9	0,236	0,728	66,2	0,904	0,916
71,2	0,262	0,716	65,8	0,95	0,95
70,0	0,370	0,760	67,2	0,975	0,97
68,4	0,476	0,786			

[A 3]

Heteroazeotroper Punkt bei $p = 1,013$ bar:
$t_{az} = 67,0$ °C; $m_{2az} = 0,884$ (Gew.-Tl.)

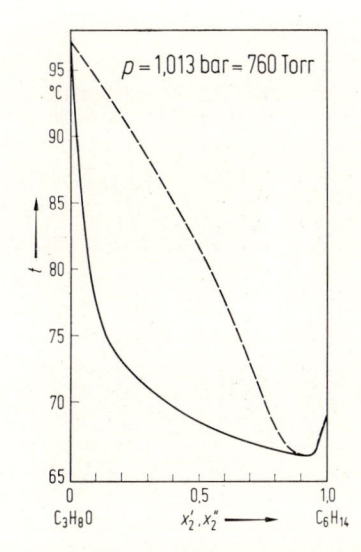

333 x_1, m_1 $CH_3 \cdot CH_2 \cdot CH_2OH$, Propanol-(1)
   M: 60,10   Kp.: 97,4 °C

   x_2, m_2 C_6H_6, Benzol
   M: 78,11   Kp.: 80,2 °C

[P 7]

$p = 1{,}013$ bar $= 760$ Torr

t in °C	x_2'	x_2''	t in °C	x_2'	x_2''
92,8	0,049	0,142	76,51	0,64	0,728
88,4	0,104	0,296	76,0	0,764	0,774
84,75	0,180	0,436	76,05	0,792	0,776
82,0	0,254	0,530	76,25	0,834	0,812
79,0	0,398	0,622	76,88	0,916	0,864
77,4	0,504	0,680	78,25	0,956	0,916

Weitere Meßwerte für $p = 760$ Torr finden sich bei [U 3]

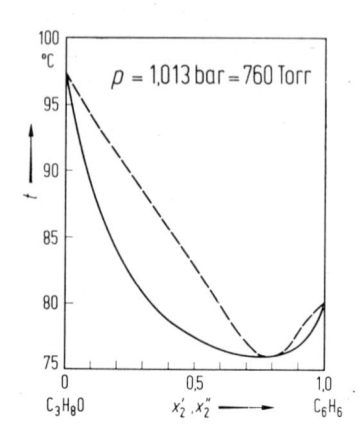

[U 1]

$t = 30$ °C			$t = 45$ °C		
p in mbar	m_2'	m_2''	p in mbar	m_2'	m_2''
38,8	0,000	0,000	93,9	0,000	0,000
56,9	0,048	0,350	119,3	0,032	0,248
83,5	0,105	0,590	154,5	0,090	0,488
102,8	0,167	0,703	205,4	0,195	0,672
114,3	0,235	0,760	244,6	0,300	0,760
132,7	0,340	0,810	280,8	0,450	0,810
145,9	0,440	0,840	302,4	0,600	0,829
159,7	0,610	0,861	312,6	0,702	0,849
165,2	0,730	0,882	316,0	0,783	0,860
168,0	0,850	0,905	318,4	0,850	0,879
168,5	0,916	0,916	318,9	0,884	0,890
168,3	0,937	0,922	318,4	0,920	0,904
166,7	0,967	0,945	313,3	0,963	0,934
165,1	0,985	0,963	307,7	0,980	0,962
160,0	1,000	1,000	300,1	1,000	1,000

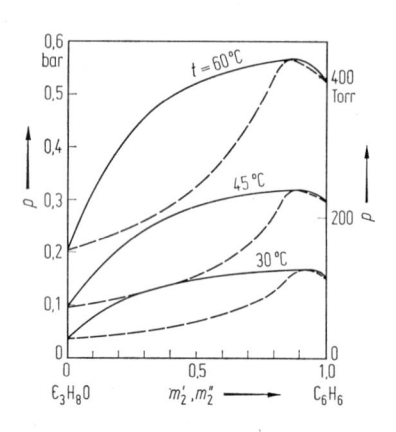

$t = 60$ °C

p in mbar	m_2'	m_2''
203,4	0,000	0,000
236,6	0,025	0,202
286,6	0,067	0,392
326,8	0,110	0,510
394,2	0,194	0,628
450,4	0,285	0,704
491,2	0,407	0,750
521,8	0,511	0,784
546,9	0,640	0,808
561,2	0,755	0,831
565,7	0,826	0,851
566,4	0,876	0,865
564,1	0,907	0,875
547,2	0,966	0,935
524,2	1,000	1,000

Lage des Azeotropen Punktes

t in °C	p in mbar	m_{2az}	x_{2az}
30	168,5	0,916	0,893
45	318,9	0,891	0,863
60	566,5	0,860	0,825

334 x_1 $CH_3 \cdot CH_2 \cdot CH_2OH$, Propanol-(1)
  M: 60,10 Kp.: 97,4 °C

  x_2 $CH_3 \cdot [CH_2]_5 \cdot CH_3$, Heptan
  M: 100,21 Kp.: 98,4 °C

(Da sich die Dampfdruckkurven der reinen Stoffe zwischen $p = 760$ Torr und dem vorliegenden Druckbereich überschneiden, wurde entgegen der üblichen Darstellung der Stoff mit dem niedrigeren Siedepunkt mit x_1 bezeichnet.)

[L 6]

$t = 75$ °C

p in bar	x_2'	x_2''	p in bar	x_2'	x_2''
0,3972	0,000	0,000	0,7363	0,356	0,463
0,4644	0,020	0,075	0,7333	0,375	0,480
0,5185	0,037	0,145	0,7298	0,565	0,550
0,5312	0,045	0,180	0,7317	0,510	0,540
0,5658	0,060	0,218	0,7185	0,660	0,570
0,5901	0,078	0,275	0,6887	0,820	0,640
0,6238	0,094	0,305	0,6754	0,860	0,655
0,6486	0,108	0,338	0,6631	0,880	0,685
0,6698	0,138	0,370	0,6441	0,905	0,710
0,6895	0,163	0,402	0,5947	0,970	0,785
0,7221	0,207	0,420	0,4820	1,000	1,000
0,7322	0,320	0,470			

s. a. **149**

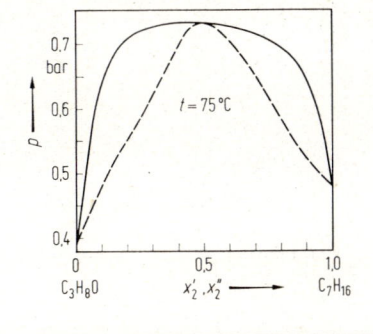

335 x_1 $CH_3 \cdot CH_2 \cdot CH_2OH$, Propanol-(1)
  M: 60,10 Kp.: 97,4 °C

  x_2 $CH_2Cl \cdot CH_2Cl$, 1,2-Dichloräthan
  M: 98,96 Kp.: 82,7···83,5 °C

[S 2]

$p = 1,013$ bar $= 760$ Torr

t in °C	x_2'	x_2''	t in °C	x_2'	x_2''
94,4	0,047	0,131	81,0	0,587	0,680
92,9	0,075	0,198	80,8	0,617	0,693
91,6	0,092	0,250	80,5	0,695	0,725
90,3	0,126	0,300	80,4	0,732	0,741
89,0	0,156	0,352	80,5	0,790	0,771
87,4	0,194	0,412	80,8	0,875	0,830
85,5	0,250	0,480	81,6	0,935	0,886
84,3	0,300	0,525	81,8	0,944	0,899
83,4	0,350	0,565	82,3	0,969	0,931
82,0	0,457	0,626			

Azeotroper Punkt: $t_{az} = 80,4$ °C; $x_{2az} = 0,75$

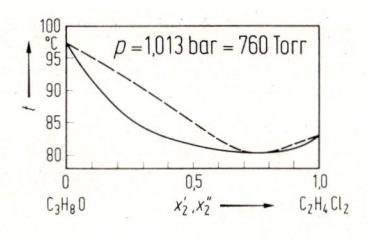

336 x_1 $CH_3 \cdot CH_2 \cdot CH_2OH$, Propanol-(1)
  M: 60,10 Kp.: 97,4 °C

  x_2 $CHCl:CCl_2$, Trichloräthylen
  M: 131,39 Kp.: 86,9 °C

[S 2]

$p = 1,013$ bar $= 760$ Torr

t in °C	x_2'	x_2''	t in °C	x_2'	x_2''
95,3	0,030	0,089	83,0	0,434	0,605
93,5	0,059	0,175	82,4	0,507	0,641
91,8	0,092	0,230	82,0	0,577	0,671
90,8	0,112	0,292	81,8	0,636	0,689
89,3	0,147	0,351	81,7	0,742	0,729
87,8	0,188	0,412	82,1	0,861	0,782
86,7	0,222	0,457	82,9	0,916	0,833
85,0	0,300	0,523	83,3	0,930	0,852
84,0	0,360	0,560	84,6	0,964	0,907

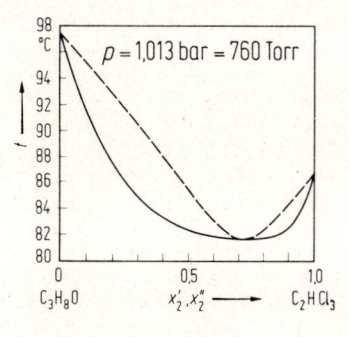

Azeotroper Punkt: $t_{az} = 81,6$ °C; $x_{2az} = 0,718$

337

x_1 $CH_3 \cdot CH_2 \cdot CH_2OH$, Propanol-(1)
M: 60,10   Kp.: 97,4 °C

x_2 CH_3OH, Methanol
M: 32,04   Kp.: 64,7 °C

[H 14]

$p = 1,013$ bar $= 760$ Torr

t in °C	x_2'	x_2''	t in °C	x_2'	x_2''
89,0	0,137	0,372	73,9	0,572	0,848
83,2	0,280	0,620	71,3	0,671	0,897
79,7	0,386	0,733	69,4	0,758	0,932
78,3	0,420	0,759	66,7	0,890	0,972
76,7	0,477	0,798			

Die Molgehalte in Flüssigkeit und Dampf wurden aus den in der Originalarbeit angegebenen Massen-Prozenten berechnet.

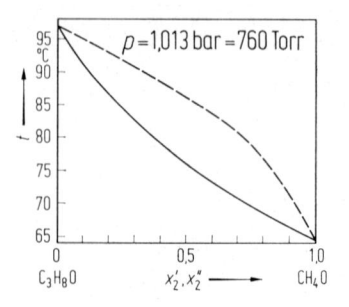

338

x_1 $CH_3 \cdot CH_2 \cdot CH_2OH$, Propanol-(1)
M: 60,10   Kp.: 97,4 °C

x_2 $CH_3 \cdot CO_2C_2H_5$, Essigsäure-äthylester
M: 88,11   Kp.: 77,1 °C

[M 31]

$p = 1,013$ bar $= 760$ Torr

t in °C	x_2'	x_2''	t in °C	x_2'	x_2''
96,00	0,0238	0,0763	85,47	0,3221	0,5434
94,9	0,0523	0,1331	84,15	0,3822	0,5870
93,25	0,0938	0,2322	82,8	0,4684	0,6627
91,95	0,1137	0,2731	80,38	0,6377	0,7619
90,55	0,1494	0,3435	79,5	0,7320	0,8236
89,2	0,1802	0,3884	78,5	0,8333	0,8791
87,5	0,2440	0,4608	78,0	0,9074	0,9301

$t = 40$ °C			$t = 60$ °C		
p in bar	x_2'	x_2''	p in bar	x_2'	x_2''
0,112	0,1100	0,4285	0,239	0,0480	0,1950
0,127	0,1500	0,5131	0,273	0,0905	0,3100
0,145	0,2012	0,5870	0,296	0,1175	0,3765
0,170	0,3087	0,6656	0,319	0,1596	0,4595
0,205	0,5126	0,7715	0,349	0,2189	0,5232
0,215	0,6149	0,8198	0,381	0,2770	0,5903
0,220	0,6481	0,8305	0,407	0,3625	0,6472
0,227	0,7223	0,8584	0,433	0,4158	0,6891
0,228	0,7450	0,8700	0,457	0,5284	0,7500
0,235	0,8201	0,900	0,483	0,6262	0,7878
0,237	0,8524	0,9175	0,505	0,7023	0,8340
0,247	0,9143	0,9523	0,524	0,8140	0,8880
			0,536	0,9157	0,9440

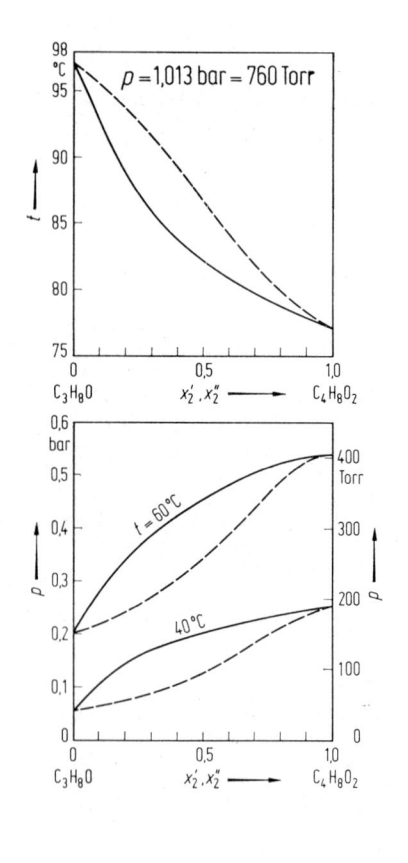

339 x_1 $CH_3 \cdot CH_2 \cdot CH_2OH$, **Propanol-(1)**
M: 60,10   Kp.: 97,4 °C

x_2 $(C_2H_5)_3N$, **Triäthylamin**
M: 101,19   Kp.: 89 °C

[C 16]
Gesamtdruck in mbar

x_2'	Temperatur in °C			
	10	20,05	30,05	40
0,0000	10,1	20,3	38,3	69,6
0,0838	11,5	23,3	44,2	78,4
0,1711	15,0	28,4	52,2	90,4
0,2787	19,0	35,0	62,1	105,1
0,3717	22,6	40,6	70,7	117,5
0,4581	25,6	45,6	77,9	127,7
0,5508	28,3	50,3	84,7	137,6
0,6625	32,3	56,1	92,5	147,7
0,7236	34,1	58,3	96,8	153,3
0,7548	35,1	59,5	98,1	155,8
0,8677	37,4	63,7	104,7	164,2
0,9410	39,8	66,9	108,4	169,0
1,0000	41,7	69,9	112,9	173,9

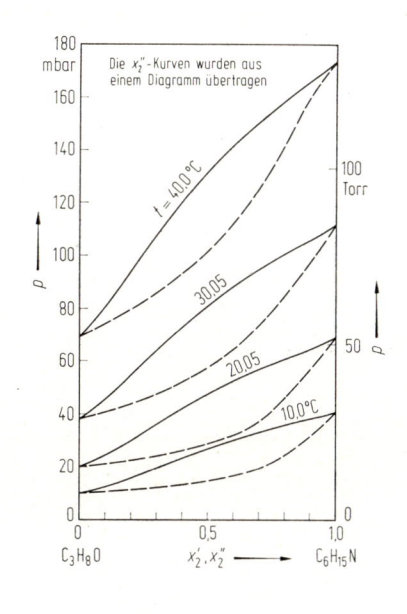

340 x_1 $CH_3 \cdot CH(OH) \cdot CH_3$, **Isopropanol**
M: 60,10   Kp.: 82,4 °C

x_2 C_6H_{12}, **Cyclohexan**
M: 84,16   Kp.: 80,7···80,8 °C

[N 5]

$p = 0,6666$ bar $= 500$ Torr

t in °C	x_2'	x_2''	t in °C	x_2'	x_2''
67,3	0,029	0,132	58,0	0,475	0,598
67,0	0,068	0,253	57,8	0,556	0,619
63,1	0,138	0,394	57,8	0,637	0,632
61,2	0,213	0,476	57,9	0,734	0,664
60,1	0,266	0,517	58,5	0,818	0,687
59,1	0,313	0,538	59,1	0,884	0,713
58,3	0,408	0,578	61,9	0,963	0,816

[Y 3]

$p = 1,013$ bar $= 760$ Torr

t in °C	x_2'	x_2''	t in °C	x_2'	x_2''
78,71	0,027	0,112	69,06	0,640	0,595
76,91	0,070	0,218	69,10	0,708	0,627
74,80	0,120	0,276	69,42	0,742	0,649
72,28	0,191	0,371	69,45	0,784	0,660
70,19	0,306	0,489	69,66	0,807	0,673
69,37	0,442	0,550	70,11	0,862	0,697
69,02	0,485	0,548	70,31	0,873	0,709
69,14	0,516	0,572	71,50	0,921	0,773
69,01	0,538	0,582	74,74	0,978	0,850
69,08	0,571	0,582	74,01	0,990?	0,838
69,21	0,631	0,605	76,73	0,995	0,893

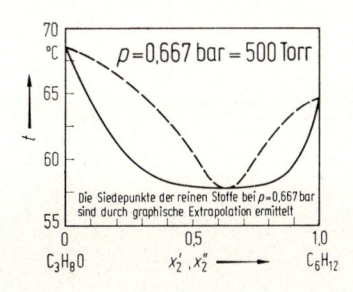

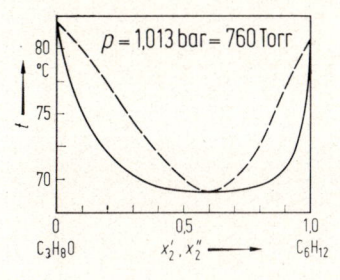

Zu 340

[N 9]

$t = 50\,°C$			$t = 60\,°C$		
p in bar	x_2'	x_2''	p in bar	x_2'	x_2''
0,3518	0,089	0,374	0,5753	0,126	0,398
0,3769	0,126	0,433	0,6170	0,185	0,467
0,4500	0,267	0,557	0,6555	0,246	0,510
0,4761	0,451	0,625	0,6771	0,300	0,536
0,4861	0,634	0,656	0,7093	0,431	0,583
0,4844	0,748	0,685	0,7223	0,619	0,634
0,4822	0,833	0,714	0,7198	0,721	0,654
0,4634	0,929	0,762	0,7051	0,851	0,695
0,4568	0,946	0,781	0,6834	0,899	0,721
			0,6313	0,960	0,801

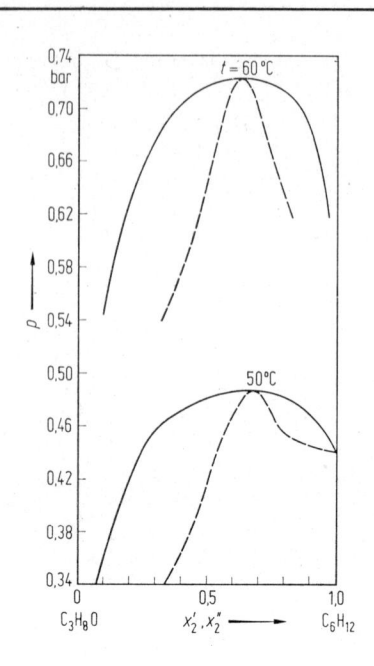

---

341 x_1 $CH_3 \cdot CH(OH) \cdot CH_3$, Isopropanol
M: 60,10   Kp.: 82,4 °C

x_2 C_6H_6, Benzol
M: 78,11   Kp.: 80,2 °C

[N 5]

$p = 0{,}6666$ bar $= 500$ Torr

t in °C	x_2'	x_2''	t in °C	x_2'	x_2''
69,5	0,039	0,148	60,9	0,495	0,600
67,1	0,089	0,262	60,3	0,566	0,626
65,4	0,142	0,350	60,2	0,640	0,647
63,9	0,197	0,424	60,1	0,716	0,674
62,9	0,255	0,469	60,3	0,797	0,707
61,8	0,335	0,525	63,0	0,942	0,828
61,0	0,414	0,563	64,7	0,976	0,896

Gleichgewichtsdaten für $p = 1{,}013$ bar (760 Torr), sowie für $t = 50\,°C$, s. a. Abschnitt 4, System 61

[U 2]

$p = 1{,}013$ bar $= 760$ Torr

t in °C	x_2'	x_2''	t in °C	x_2'	x_2''
82,26	0,0000	0,0000	71,82	0,5223	0,5809
78,96	0,0743	0,1852	71,78	0,5599	0,5905
77,03	0,1017	0,2821	71,70	0,6065	0,6065
74,75	0,1860	0,3860	71,90	0,6899	0,6370
73,31	0,2877	0,4626	72,54	0,8375	0,6640
72,40	0,3907	0,5213	73,68	0,8923	0,7063
72,48	0,3873	0,5234	76,01	0,9518	0,8160
71,96	0,4860	0,5660	80,10	1,0000	1,0000

Azeotroper Punkt: $t_{az} = 71{,}70\,°C$; $x_{2\,az} = 0{,}6065$

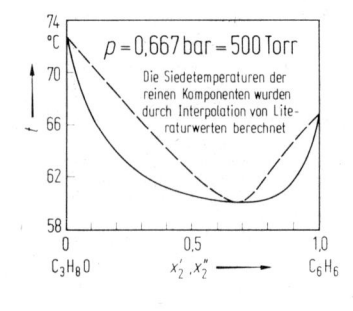

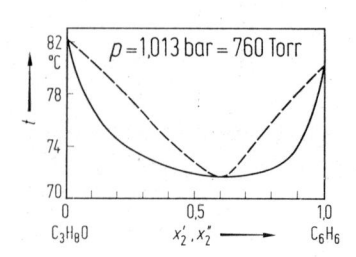

Zu **341** [N 9]

$t = 50\,°C$			$t = 60\,°C$			$t = 70\,°C$		
p in bar	x_2'	x_2''	p in bar	x_2'	x_2''	p in bar	x_2'	x_2''
0,3190	0,080	0,300	0,4796	0,068	0,231	0,7947	0,140	0,322
0,3517	0,139	0,405	0,5210	0,119	0,332	0,8699	0,249	0,435
0,3744	0,181	0,456	0,5551	0,155	0,383	0,9096	0,353	0,500
0,4174	0,307	0,553	0,5882	0,212	0,443	0,9280	0,441	0,544
0,4282	0,366	0,582	0,6195	0,307	0,514	0,9387	0,535	0,583
0,4380	0,460	0,618	0,6363	0,379	0,549	0,9427	0,618	0,614
0,4452	0,606	0,664	0,6543	0,502	0,597	0,9400	0,709	0,650
0,4465	0,659	0,675	0,6585	0,609	0,635	0,9139	0,836	0,717
0,4481	0,717	0,695	0,6605	0,647	0,648	0,8744	0,905	0,778
0,4456	0,747	0,709	0,6598	0,731	0,677	0,8263	0,947	0,851
0,4428	0,807	0,729	0,6434	0,857	0,742			
0,4366	0,864	0,761	0,6110	0,919	0,799			
0,4288	0,898	0,785	0,5681	0,966	0,883			
0,4008	0,962	0,873						
0,3886	0,978	0,915						

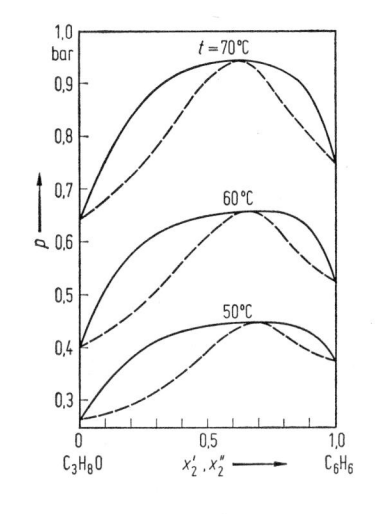

342 x_1 $CH_3 \cdot CH(OH) \cdot CH_3$, **Isopropanol**
             M: 60,10   Kp.: 82,4 °C

         x_2 CCl_4, **Tetrachlorkohlenstoff**
             M: 153,82   Kp.: 76,61 ··· 76,7 °C

[Y 3]

$p = 1,013$ bar $= 760$ Torr

t in °C	x_2'	x_2''
79,15	0,058	0,138
75,71	0,104	0,283
74,90	0,138	0,310
73,71	0,158	0,345
72,54	0,190	0,399
71,78	0,225	0,433
71,62	0,236	0,438
70,57	0,291	0,478
70,12	0,317	0,497
69,54	0,343	0,500
69,70	0,377	0,531
69,15	0,422	0,584
69,43	0,462	0,558
68,46	0,464	0,588
68,86	0,512	0,589
68,31	0,587	0,619
68,56	0,661	0,641
68,75	0,693	0,629
68,91	0,741	0,670
69,00	0,789	0,708
69,28	0,824	0,711
69,28	0,847	0,742
69,59	0,854	0,735
71,40	0,946	0,842
74,79	0,989	0,940

[N 5]

$p = 1,013$ bar $= 760$ Torr

t in °C	x_2'	x_2''
79,9	0,034	0,114
78,5	0,062	0,185
76,8	0,092	0,252
74,0	0,173	0,376
72,8	0,224	0,442
70,6	0,342	0,534
69,7	0,412	0,575
69,1	0,486	0,604
69,0	0,578	0,640
68,8	0,647	0,665
68,9	0,730	0,692
69,1	0,804	0,719
70,2	0,880	0,760
72,2	0,943	0,821
74,1	0,970	0,893

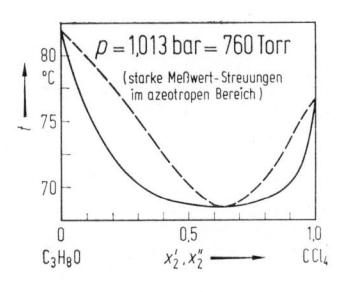

343

x_1 $CH_3 \cdot CH(OH) \cdot CH_3$, **Isopropanol**
       M: 60,10   Kp.: 82,4 °C

x_2 CH_3OH, **Methanol**
       M: 32,04   Kp.: 64,7 °C

[V 4]

[F 6]

$t = 55$ °C

$p = 1,013$ bar $= 760$ Torr			$p = 1,013$ bar $= 760$ Torr		
t in °C	x_2'	x_2''	t in °C	x_2'	x_2''
79,38	0,157	0,255	72,94	0,502	0,667
78,07	0,229	0,347	71,90	0,555	0,713
76,92	0,292	0,427	71,05	0,601	0,752
76,05	0,338	0,482	70,18	0,650	0,792
74,80	0,399	0,557	68,43	0,747	0,862
73,30	0,475	0,647	67,45	0,805	0,900

p in bar	x_2'	x_2''	p in bar	x_2'	x_2''
0,3293	0,0451	0,1120	0,4855	0,4682	0,6664
0,3345	0,0822	0,1702	0,5110	0,5310	0,7189
0,3452	0,1069	0,2056	0,5371	0,5990	0,7693
0,3640	0,1638	0,3062	0,5772	0,6983	0,8330
0,3856	0,1902	0,3428	0,5939	0,7372	0,8596
0,3835	0,2107	0,3711	0,6140	0,7946	0,8915
0,3968	0,2314	0,4070	0,6219	0,8432	0,9191
0,4168	0,2739	0,4626	0,6378	0,8854	0,9479
0,4411	0,3498	0,5460	0,6512	0,9232	0,9636
0,4616	0,3986	0,6027	0,6597	0,9529	0,9816

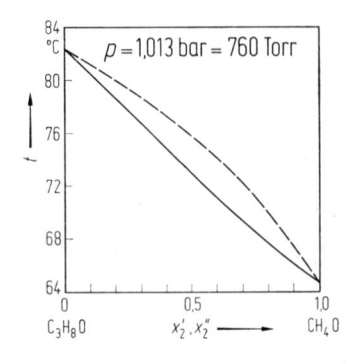

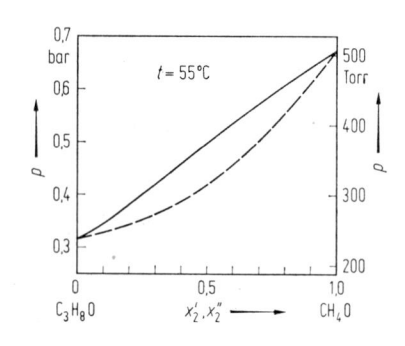

344

x_1 $CH_3 \cdot CH(OH) \cdot CH_3$, **Isopropanol**
       M: 60,10   Kp.: 82,4 °C

x_2 $CH_3 \cdot CO \cdot CH_3$, **Aceton**
       M: 58,08   Kp.: 56,1 °C

[F 6]

$p = 1,013$ bar $= 760$ Torr

t in °C	x_2'	x_2''	t in °C	x_2'	x_2''
79,78	0,0359	0,1135	64,60	0,4215	0,6974
75,41	0,1080	0,3018	63,80	0,4629	0,7242
73,41	0,1468	0,3793	61,19	0,6077	0,8081
71,63	0,1927	0,4525	58,75	0,7691	0,8873
69,32	0,2486	0,5261	56,78	0,9249	0,9614
65,01	0,3997	0,6860			

Weitere Gleichgewichtsdaten für $p = 1,013$ bar s. [V 4]

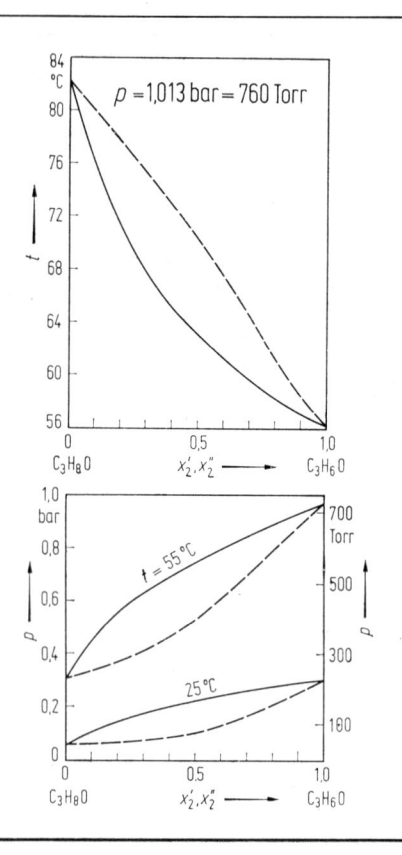

Zu 344

[R5]

$x_2' = 0{,}1$		$x_2' = 0{,}2$		$x_2' = 0{,}3$	
p in bar	t in °C	p in bar	t in °C	p in bar	t in °C
0,6987	66,92	0,6987	62,41	0,6987	58,69
1,0002	76,38	1,0002	72,15	1,0002	68,61
1,1863	81,01	1,1852	77,08	1,1850	73,60
1,4488	86,55	1,4488	82,93	1,4488	79,50
1,7149	91,58	1,7149	88,22	1,7149	85,00

$x_2' = 0{,}4$		$x_2' = 0{,}5$		$x_2' = 0{,}6$	
p in bar	t in °C	p in bar	t in °C	p in bar	t in °C
1,0120	66,23	1,0120	64,15	1,0120	62,11
1,1978	71,02	1,1978	69,15	1,1978	66,97
1,4661	77,14	1,4661	75,69	1,4661	73,21
1,7239	82,48	1,7239	80,74	1,7239	78,48
2,0026	87,18	2,0026	85,69	2,0026	83,34

$x_2' = 0{,}7$		$x_2' = 0{,}8$		$x_2' = 0{,}9$	
p in bar	t in °C	p in bar	t in °C	p in bar	t in °C
1,0098	60,21	1,0098	58,68	1,0098	57,21
1,1922	65,14	1,1922	63,59	1,1922	62,09
1,4623	71,39	1,4623	69,91	1,4623	68,38
1,7179	76,57	1,7179	75,12	1,7179	73,54
1,9861	81,87	1,9861	80,21	1,9861	78,38

[P11]

$t = 25\,°C$

p in bar	x_2'	x_2''
0,05869	0,000	0,000
0,12463	0,117	0,579
0,13755	0,171	0,622
0,16732	0,249	0,695
0,18502	0,322	0,736
0,20078	0,381	0,766
0,21537	0,455	0,797
0,23135	0,532	0,843
0,24707	0,638	0,877
0,26988	0,784	0,928
0,30604	1,000	1,000

[F6]

$t = 55\,°C$

p in bar	x_2'	x_2''
0,3439	0,0237	0,1166
0,3993	0,0642	0,2777
0,4421	0,0971	0,3625
0,5203	0,1591	0,4762
0,5905	0,2353	0,5722
0,6085	0,2687	0,6024
0,6900	0,3879	0,6995
0,7118	0,4314	0,7284
0,7507	0,5234	0,7655
0,8029	0,6084	0,8098
0,8504	0,7216	0,8617
0,8594	0,7338	0,8729
0,9122	0,8569	0,9240
0,9431	0,9214	0,9629

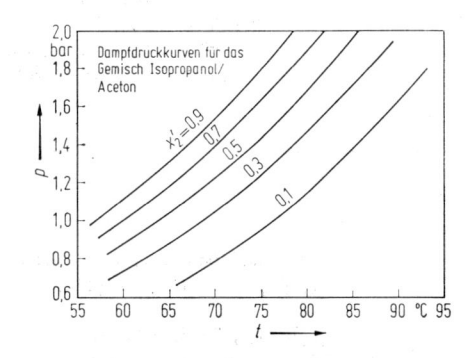

Dampfdruckkurven für das Gemisch Isopropanol/Aceton

345

x_1 CH$_3\cdot$CH(OH)$\cdot$CH$_3$, **Isopropanol**
M: 60,10   Kp.: 82,4 °C

x_2 CH$_3\cdot$CH$_2\cdot$CO$\cdot$CH$_3$, **Butanon-2 (Methyläthylketon)**
M: 72,11   Kp.: 79,6 °C

Gleichgewichtsdaten bei $p = 1{,}013$ bar (760 Torr), s. [Z4], bei $t = 50\,°C$ s. Abschnitt 4, System 61 Isopropanol/Benzol/Butanon-2

346

x_1 CH$_3\cdot$CHOH$\cdot$CH$_3$, **Isopropanol**
M: 60,10   Kp.: 82,4 °C

x_2 CH$_3\cdot$CO$_2$C$_2$H$_5$, **Essigsäureäthylester**
M: 88,11   Kp.: 77,1 °C

[M31]

$p = 1{,}013$ bar $= 760$ Torr

t in °C	x_2'	x_2''	t in °C	x_2'	x_2''
80,30	0,1185	0,1932	76,85	0,4015	0,4760
79,38	0,1705	0,2590	76,40	0,4610	0,5338
78,70	0,2290	0,3250	75,92	0,6150	0,6462
77,25	0,3445	0,4250	76,85	0,9040	0,8886

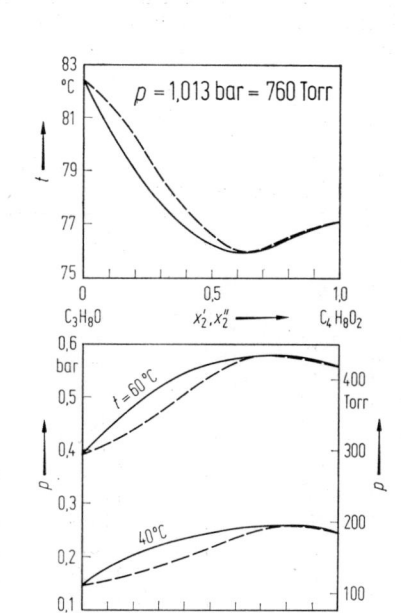

Zu 346

$t = 40\,°C$			$t = 60\,°C$		
p in bar	x_2'	x_2''	p in bar	x_2'	x_2''
0,157	0,0380	0,1347	0,417	0,0455	0,1254
0,161	0,0500	0,1660	0,429	0,0740	0,1585
0,168	0,0700	0,2175	0,439	0,0855	0,1900
0,183	0,1155	0,3065	0,441	0,0935	0,2176
0,198	0,1500	0,3730	0,457	0,1295	0,2628
0,203	0,1990	0,4230	0,473	0,1590	0,2980
0,215	0,2700	0,4950	0,478	0,1755	0,3205
0,219	0,2900	0,5040	0,513	0,2665	0,4213
0,232	0,3850	0,5780	0,525	0,3135	0,4613
0,237	0,4615	0,6225	0,539	0,3600	0,4881
0,245	0,5400	0,6665	0,549	0,4275	0,5369
0,255	0,6405	0,7120	0,551	0,4320	0,5413
0,259	0,8140	0,8150	0,560	0,4915	0,5832
0,256	0,9085	0,8986	0,574	0,5905	0,6422
			0,576	0,6800	0,6977
			0,579	0,7525	0,7445
			0,574	0,8350	0,8205
			0,576	0,9195	0,900
			0,567	0,9225	0,8932

348 x_1 $HOCH_2 \cdot CH(OH) \cdot CH_2OH$, Glycerin
   M: 92,10   Kp.: 290°C

x_2 H_2O, Wasser
   M: 18,02   Kp.: 100°C

[B 5]

$p = 1,013$ bar $= 760$ Torr

x_2'	x_2''	x_2'	x_2''
0,025	0,5650	0,400	0,9973
0,050	0,8180	0,500	0,9988
0,075	0,9140	0,600	0,9995
0,100	0,9520	0,700	0,9998
0,200	0,9909	0,800	0,9999
0,300	0,9973	0,900	0,9999

347 x_1 $CH_3 \cdot CH(OH) \cdot CH_3$, Isopropanol
   M: 60,10   Kp.: 82,4°C

x_2 $(C_2H_5)_3N$, Triäthylamin
   M: 101,19   Kp.: 89°C

(Da Isopropanol im Meßbereich einen niedrigeren Dampfdruck hat als Triäthylamin erhielt es den Index 1.)
[C 16]

Gesamtdruck in mbar

x_2'	Temperatur in °C			
	10	20,05	30,05	40
0,0000	21,5	42,1	78,7	138,4
0,0716	24,5	—	85,1	148,3
0,1422	26,8	50,8	90,8	156,9
0,2178	30,1	55,6	97,3	165,7
0,2884	31,8	58,5	101,8	171,3
0,3359	33,3	61,7	105,1	175,8
0,4292	35,4	64,1	109,1	182,2
0,5066	37,1	65,9	111,9	185,8
0,5636	37,6	67,3	114,1	187,5
0,6475	39,0	69,3	115,8	189,5
0,7377	39,9	70,1	116,7	189,4
0,8244	40,8	70,8	117,0	188,1
0,9234	41,3	70,8	116,0	183,6
1,0000	41,7	69,9	112,9	173,9

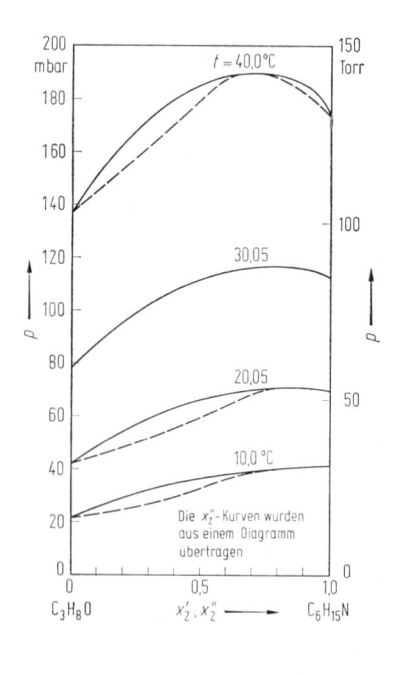

349 x_1 **$CH_2:CH \cdot CH_2OH$, Allylalkohol**
M: 58,08   Kp.: 96,95 °C

x_2 **$(CH_3)_3COH$, tert.-Butanol**
M: 74,12   Kp.: 82,55 °C

[F 12]

$p = 1,013$ bar $= 760$ Torr

t in °C	x_2'	x_2''	t in °C	x_2'	x_2''
94,55	0,1000	0,1740	86,40	0,6000	0,7241
92,46	0,2000	0,3150	85,32	0,7000	0,8030
90,91	0,3000	0,4372	84,20	0,8000	0,8740
89,30	0,4000	0,5433	83,30	0,9000	0,9400
87,81	0,5000	0,6381			

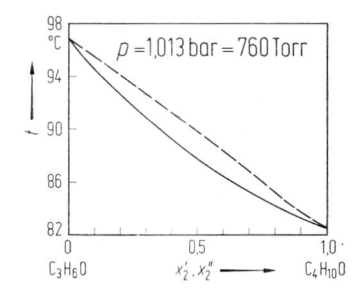

350 x_1 **$CH_3 \cdot CO \cdot CH_3$, Aceton**
M: 58,08   Kp.: 56,2 ··· 56,3 °C

x_2 **$CH_3 \cdot [CH_2]_3 \cdot CH_3$, n-Pentan**
M: 72,15   Kp.: 36,05 ··· 36,15 °C

[L 19]

$p = 1,013$ bar $= 760$ Torr

t in °C	x_2'	x_2''	t in °C	x_2'	x_2''
56,07	0,000	0,000	32,35	0,503	0,678
49,15	0,021	0,108	31,97	0,611	0,711
45,76	0,061	0,307	31,93	0,728	0,739
39,58	0,134	0,475	32,27	0,869	0,810
36,67	0,2105	0,550	33,89	0,953	0,9065
34,35	0,292	0,6145	36,05	1,000	1,000
32,85	0,405	0,664			

Bei den Messungen lagen geringfügige Abweichungen vom Solldruck vor. Die angegebenen Temperaturen sind auf $p = 760$ Torr bezogen.

Der azeotrope Punkt liegt bei

$t_{az} = 31,86$ °C; $x_{2az} = 0,742$ gemessen bzw.
$t_{az} = 33,10$ °C; $x_{2az} = 0,750$ berechnet

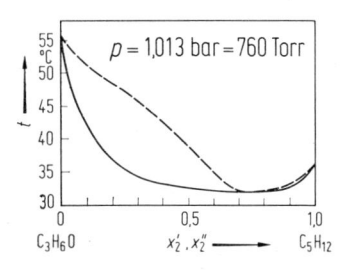

351 x_1 **$CH_3 \cdot CO \cdot CH_3$, Aceton**
M: 58,08   Kp.: 56,2 ··· 56,3 °C

x_2 $\begin{matrix} H & Cl \\ C:C \\ Cl & H \end{matrix}$ **$(C_2H_2Cl_2)$, trans-1,2-Dichloräthylen**
M: 96,94   Kp.: 48,35 °C

[A 7]

$p = 1,013$ bar $= 760$ Torr

t in °C	x_2'	x_2''	t in °C	x_2'	x_2''
56,4	0,000	0,000	51,0	0,537	0,620
56,3	0,021	0,032	50,1	0,655	0,723
56,0	0,040	0,048	49,6	0,726	0,776
55,8	0,070	0,091	49,1	0,787	0,820
55,1	0,130	0,172	48,8	0,868	0,885
54,8	0,157	0,198	48,5	0,909	0,922
54,2	0,207	0,264	48,3	0,956	0,962
53,5	0,276	0,346	48,3	0,975	0,978
52,3	0,390	0,474	48,3	1,000	1,000
51,4	0,469	0,547			

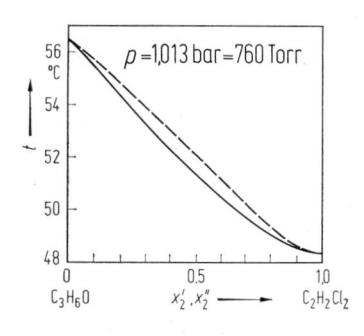

352

x_1 $CH_3 \cdot CO \cdot CH_3$, Aceton
M: 58,08   Kp.: 56,2···56,3 °C

x_2 $CH_3 \cdot CH \cdot CH_2$ (C_3H_6O),
   $\quad\quad\quad\backslash O /$ Propylenoxid
M: 58,08   Kp.: 34,1 °C

[V 13]

$p = 1{,}013\,\text{bar} = 760\,\text{Torr}$

t in °C	x_2'	x_2''	t in °C	x_2'	x_2''
53,99	0,0707	0,1225	40,89	0,6320	0,7700
52,09	0,1330	0,2240	39,59	0,6725	0,8020
47,09	0,3275	0,4800	38,39	0,7500	0,8525
44,59	0,4400	0,6050	37,59	0,7930	0,8800
41,49	0,6000	0,7500	37,29	0,8075	0,8900
40,99	0,6090	0,7550	34,49	0,9785	0,9887

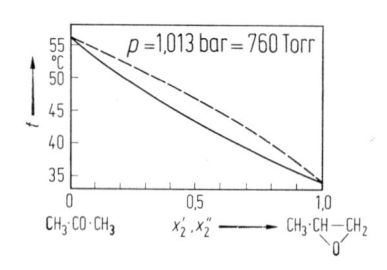

353

x_1 $CH_3 \cdot CO \cdot CH_3$, Aceton
M: 58,08   Kp.: 56,2···56,3 °C

x_2 $HCO_2 \cdot C_2H_5$, Ameisensäure-
   äthylester
M: 74,08   Kp.: 54,1 °C

[B 1]

$p = 1{,}013\,\text{bar} = 760\,\text{Torr}$

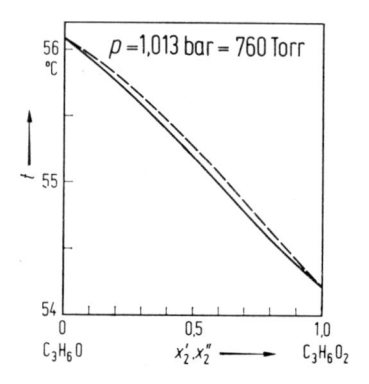

t in °C	x_2'	x_2''	t in °C	x_2'	x_2''
55,9	0,120	0,135	55,0	0,585	0,615
55,7	0,245	0,273	54,8	0,700	0,725
55,5	0,365	0,395	54,6	0,800	0,820
55,4	0,405	0,435	54,4	0,894	0,908
55,2	0,504	0,530			

354

x_1 $CH_3 \cdot CH \cdot CH_2$ 1,2-Propylenoxid
   $\quad\quad\backslash O /$
M: 58,08   Kp.: 34,1 °C

x_2 $H_3C \cdot CHO$, Acetaldehyd
M: 44,05   Kp.: 20,2 °C

[D 9]

$t = 20\,°C$

x_2'	x_2''
0,1554	0,2386
0,2758	0,4030
0,4143	0,5525
0,5514	0,6850
0,7201	0,8194
0,8998	0,9317

Für dieses System kann das Raoultsche Gesetz angewandt werden

355

x_1 $CH_3 \cdot CH(OH) \cdot CH_2OH$.
   Propandiol-(1,2)
M: 76,10   Kp.: 187···189 °C

x_2 H_2O, Wasser
M: 18,02   Kp.: 100,0 °C

[S 23]

$p = 0{,}0133\,\text{bar} = 10\,\text{Torr}$			$p = 0{,}0333\,\text{bar} = 25\,\text{Torr}$		
t in °C	x_2'	x_2''	t in °C	x_2'	x_2''
81,1	0,010	0,359	98,2	0,012	0,364
70,0	0,048	0,760	83,5	0,060	0,775
62,2	0,102	0,892	69,0	0,133	0,916
49,9	0,195	0,9579	57,1	0,206	0,955
38,3	0,266	0,9783	48,2	0,319	0,9785
31,4	0,427	0,9916	42,0	0,428	0,9884
23,2	0,510	0,9947	38,6	0,514	0,9922
20,5	0,605	0,9967	35,8	0,605	0,9950
18,1	0,681	0,9978	33,5	0,700	0,9968

Fortsetzung nächste Seite

Zu **355**

$p = 0{,}0667$ bar $= 50$ Torr			$p = 0{,}1333$ bar $= 100$ Torr		
t in °C	x_2'	x_2''	t in °C	x_2'	x_2''
98,5	0,048	0,668	100,8	0,106	0,827
83,8	0,110	0,854	91,1	0,167	0,896
71,4	0,209	0,938*)	81,3	0,258	0,947
64,0	0,294	0,966	73,4	0,363	0,970
58,3	0,382	0,980	70,3	0,427	0,979
53,4	0,475	0,9871	66,5	0,512	0,9855
50,1	0,560	0,9914	63,0	0,606	0,9904
47,1	0,643	0,9941	61,1	0,670	0,9928
46,0	0,722	0,9961	58,4	0,728	0,9944
43,5	0,815	0,9978	57,5	0,762	0,9955
42,1	0,875	0,9987	55,7	0,828	0,9970
			54,3	0,866	0,9979

*) interpolierter Wert

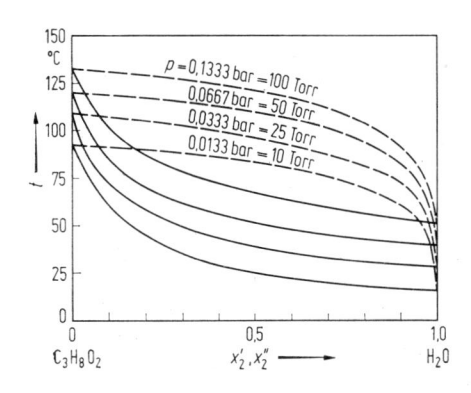

---

356 x_1 **$CH_3 \cdot CH_2 \cdot CO_2H$, Propionsäure**
M: 74,08   Kp.: 141,35 °C

x_2 **H_2O, Wasser**
M: 18,02   Kp.: 100,00 °C

[*I 2*]

$p = 0{,}0933$ bar $= 70$ Torr			$p = 0{,}2933$ bar $= 200$ Torr		
t in °C	x_2'	x_2''	t in °C	x_2'	x_2''
71,7	0,029	0,240	95,0	0,033	0,253
63,2	0,072	0,459	85,4	0,100	0,507
50,6	0,290	0,736	75,2	0,278	0,704
45,5	0,683	0,875	71,4	0,417	0,778
44,7	0,887	0,930	67,9	0,724	0,880
44,5	0,951	0,959	67,7	0,753	0,888
44,5	0,981	0,9825	66,9	0,891	0,929
			66,4	0,951	0,956
			66,4	0,956	Azeotrop
			66,4	0,980	0,978

$p = 1{,}0132$ bar $= 760$ Torr					
t in °C	x_2'	x_2''	t in °C	x_2'	x_2''
131,8	0,040	0,252	101,0	0,758	0,882
121,1	0,115	0,471	99,9	0,892	0,925
113,2	0,232	0,633	99,8	0,950	Azeotrop
107,3	0,382	0,733	99,9	0,979	0,974

Bei [*R 3*] finden sich Angaben über den Einfluß von gelöstem $NaNO_3$, KNO_3, KBr und $Pb(NO_3)_2$ auf das Flüssigkeits–Dampf-Phasengleichgewicht bei $p = 1{,}0132$ bar

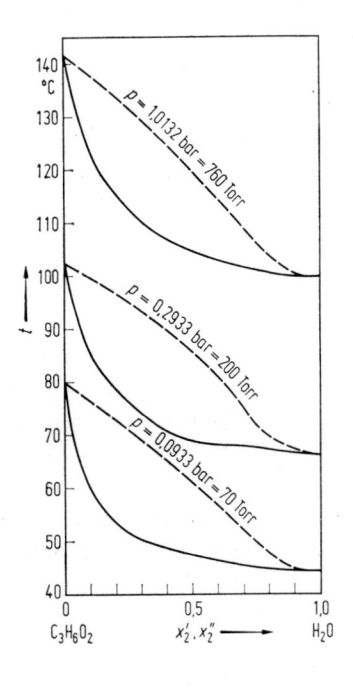

357

x_1 $HCO_2 \cdot C_2H_5$, Ameisensäure-äthylester
   M: 74,08   Kp.: 54,0 °C

x_2 $\underset{Cl\ \ H}{\overset{H\ \ \ Cl}{C:C}}$ trans-1,2-Dichloräthylen
   M: 96,94   Kp.: 48,35 °C

[A 7]

$p = 1{,}013 \text{ bar} = 760 \text{ Torr}$

t in °C	x_2'	x_2''	t in °C	x_2'	x_2''
53,9	0,000	0,000	49,9	0,619	0,662
53,7	0,050	0,067	49,5	0,691	0,727
53,5	0,110	0,140	49,3	0,758	0,784
53,0	0,167	0,208	49,0	0,829	0,849
52,5	0,228	0,282	48,9	0,851	0,868
51,9	0,312	0,369	48,6	0,934	0,938
51,3	0,387	0,448	48,5	0,974	0,976
50,9	0,451	0,512	48,3	1,000	1,000
50,5	0,525	0,583			

Vgl. auch System 265, cis-Dichloräthylen/Ameisen-säure-äthylester

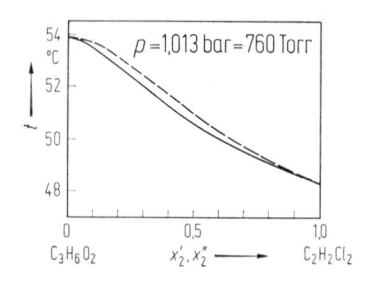

358

x_1 $CH_3 \cdot CO_2CH_3$, Essigsäure-methylester
   M: 74,08   Kp.: 56,95 °C

x_2 $\underset{Cl\ \ H}{\overset{H\ \ \ Cl}{C:C}}$ trans-1,2-Dichlor-äthylen
   M: 96,94   Kp.: 48,35 °C

[A 7]

$p = 1{,}013 \text{ bar} = 760 \text{ Torr}$

t in °C	x_2'	x_2''	t in °C	x_2'	x_2''
57,2	0,000	0,000	52,3	0,602	0,675
57,0	0,014	0,017	51,3	0,690	0,763
57,0	0,032	0,039	50,8	0,743	0,808
56,7	0,082	0,100	50,1	0,832	0,877
56,4	0,131	0,155	49,4	0,903	0,929
55,6	0,222	0,265	49,1	0,929	0,949
54,8	0,314	0,368	48,5	0,971	0,978
54,1	0,392	0,454	48,3	0,984	0,990
53,1	0,508	0,581	48,3	1,000	1,000

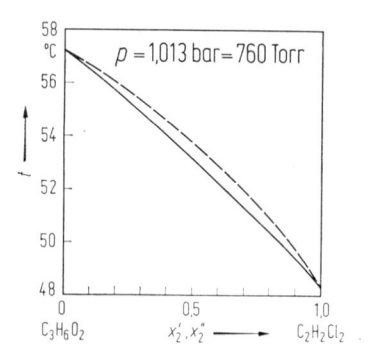

359

x_1 $CH_3 \cdot CO_2CH_3$, Essigsäure-methylester
   M: 74,08   Kp.: 56,95 °C

x_2 $CH_3 \cdot CO \cdot CH_3$, Aceton
   M: 58,08   Kp.: 56,2…56,3 °C

[B 1]

$p = 1{,}013 \text{ bar} = 760 \text{ Torr}$

t in °C	x_2'	x_2''	t in °C	x_2'	x_2''
56,3	0,067	0,088	55,4	0,597	0,582
55,9	0,210	0,242	55,5	0,713	0,694
55,7	0,300	0,338	55,6	0,784	0,763
55,5	0,403	0,422	55,8	0,895	0,875
55,4	0,545	0,560			

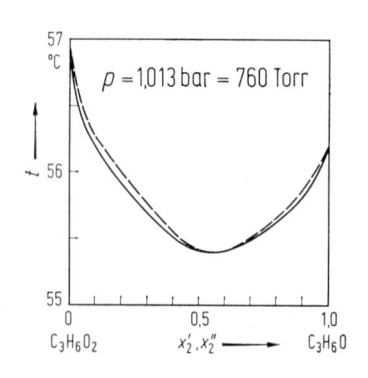

360

x_1 $CH_3 \cdot CO_2CH_3$, Essigsäure-methylester
M: 74,08   Kp.: 56,95 °C

x_2 $HCO_2 \cdot C_2H_5$, Ameisensäure-äthylester
M: 74,08   Kp.: 54,1 °C

[B 1]

$p = 1,013$ bar $= 760$ Torr

t in °C	x_2'	x_2''	t in °C	x_2'	x_2''
56,6	0,094	0,105	55,6	0,595	0,620
56,4	0,225	0,250	55,3	0,705	0,725
56,3	0,280	0,300	55,0	0,786	0,805
56,2?	0,403	0,425	54,8	0,874	0,880
55,9	0,485	0,511			

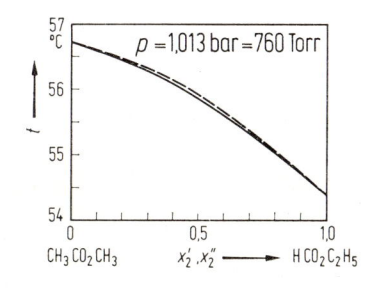

361

x_1 $H_2C\!-\!\!-\!\!CH \cdot CH_2OH$ Glycid
        $\diagdown O \diagup$
(2,3-Epoxi-propanol)
M: 74,08   Kp.: 161 °C (teilw. Zersetzung)

x_2 C_7H_8, Toluol
M: 92,14   Kp.: 110,8 °C

[F 12]

$p = 40$ mbar $= 30$ Torr

t in °C	x_2'	x_2''	t in °C	x_2'	x_2''
49,22	0,1000	0,7200	26,42	0,6000	0,9203
38,60	0,2000	0,8252	26,06	0,7000	0,9250
32,80	0,3000	0,8701	25,70	0,8000	0,9401
29,64	0,4000	0,8980	25,41	0,9000	0,9602
27,80	0,5000	0,9130			

Azeotroper Punkt bei $p = 40$ mbar:
$t_{az} = 25,2$ °C; $x_{2az} = 0,980$

Die Flüssigkeit ist nur begrenzt mischbar. Zur Vermeidung einer Kondensationsreaktion wurden dem Gemisch 0,1% Diphenylamin zugegeben

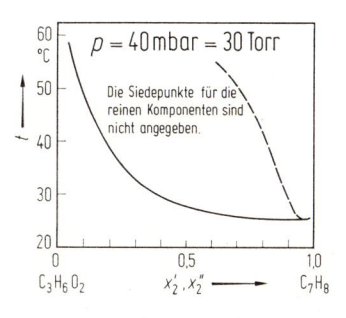

362

x_1 $H_2C\!-\!\!-\!\!CH \cdot CH_2OH$ Glycid
        $\diagdown O \diagup$
(2,3-Epoxi-propanol)
M: 74,08   Kp.: 161 °C

x_2 $C_6H_5\text{-}CH(CH_3)_2$ (C_9H_{12}), Isopropyl-benzol (Cumol)
M: 120,20   Kp.: 152,5 °C

[F 12]

$p = 40$ mbar $= 30$ Torr

t in °C	x_2'	x_2''	t in °C	x_2'	x_2''
55,36	0,100	0,680	53,00	0,600	0,730
53,41	0,200	0,725	53,10	0,700	0,735
53,02	0,300	0,730	53,20	0,800	0,755
53,00	0,400	0,730	53,85	0,900	0,820
53,00	0,500	0,730			

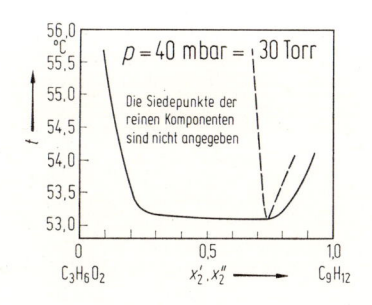

Azeotroper Punkt bei 40 mbar:
$t_{az} = 53,10$ °C; $x_{2az} = 0,740$

Die Flüssigkeit ist nur begrenzt mischbar. Zur Vermeidung einer Kondensationsreaktion wurden dem Gemisch 0,1% Diphenylamin zugegeben

363 x_1 $CH_2{:}CH{\cdot}CO_2H$, Acrylsäure
  M: 72,06   Kp.: 141 °C

  x_2 $CH_3{\cdot}CO_2CH(CH_3)_2$, Essigsäure-isopropylester
  M: 102,13   Kp.: 90 °C

[L 16]

$p = 0{,}2666$ bar $= 200$ Torr

t in °C	x_2'	x_2''	t in °C	x_2'	x_2''
101,9	0,000	0,000	83,65	0,195	0,624
101,00	0,014	0,062	80,25	0,245	0,725
98,65	0,034	0,159	67,05	0,468	0,902
97,00	0,052	0,234	61,05	0,629	0,959
93,80	0,084	0,339	53,65	0,907	0,995
91,05	0,116	0,418	51,76	1,000	1,000

Die Siedetemperaturen der reinen Stoffe wurden mit der Antoine-Gleichung berechnet

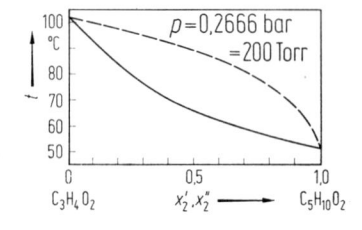

364 x_1 $CH_2{:}CH{\cdot}CO_2H$, Acrylsäure
  M: 72,06   Kp.: 141 °C

  x_2 $(CH_3)_2CH{\cdot}O{\cdot}CH(CH_3)_2$, Diisopropyläther
  M: 102,18   Kp.: 67,8···68,1 °C

[L 16]

$p = 0{,}2666$ bar $= 200$ Torr

t in °C	x_2'	x_2''	t in °C	x_2'	x_2''
101,9	0,000	0,000	53,60	0,330	0,920
93,20	0,028	0,250	50,55	0,378	0,939
88,50	0,048	0,384	46,15	0,466	0,957
74,70	0,119	0,678	39,55	0,656	0,984
63,40	0,208	0,813	34,80	0,857	0,995
57,00	0,288	0,885	31,8	1,000	1,000

Die Siedetemperaturen der reinen Stoffe wurden mit der Antoine-Gleichung berechnet

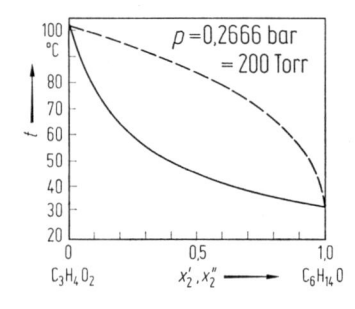

365 x_1 $CH_2{:}CH{\cdot}CO_2H$, Acrylsäure
  M: 72,06   Kp.: 141 °C

  x_2 $CH_3{\cdot}CO{\cdot}CH_2{\cdot}CH(CH_3)_2$,
  2-Methyl-pentanon-(4)
  (Methyl-isobutyl-keton)
  M: 100,16   Kp.: 117···118 °C

[L 16]

$p = 0{,}2666$ bar $= 200$ Torr

t in °C	x_2'	x_2''	t in °C	x_2'	x_2''
101,9	0,000	0,000	90,70	0,379	0,660
100,60	0,044	0,087	89,30	0,430	0,722
98,55	0,121	0,220	87,35	0,491	0,793
97,40	0,166	0,298	84,05	0,621	0,874
95,70	0,214	0,387	82,00	0,698	0,920
95,05	0,235	0,424	79,35	0,818	0,964
92,40	0,322	0,555	75,32	1,000	1,000

Die Siedetemperaturen der reinen Stoffe wurden mit der Antoine-Gleichung berechnet

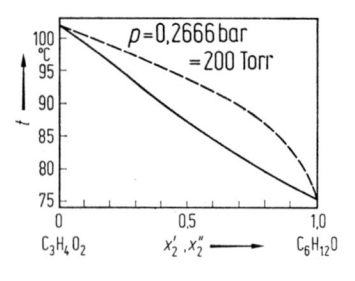

366 x_1 $CH_3 \cdot [CH_2]_2 \cdot CH_2OH$, Butanol-(1)
          M: 74,12   Kp.: 117,5 °C

          x_2 C_6H_{12}, Cyclohexan
          M: 84,16   Kp.: 80,8 °C

[V 11]

$t = 50\,°C$			$t = 70\,°C$		
p in bar	x_2'	x_2''	p in bar	x_2'	x_2''
0,0531	0,0065	0,1343	0,1887	0,0213	0,2818
0,1968	0,1446	0,7858	0,2540	0,0592	0,4844
0,2407	0,2083	0,8374	0,3768	0,1205	0,6648
0,2710	0,2663	0,8611	0,4472	0,1721	0,7324
0,3136	0,3954	0,8891	0,5046	0,2122	0,7675
0,3426	0,5558	0,9084	0,5974	0,3179	0,8242
0,3586	0,6892	0,9199	0,6397	0,3983	0,8365
0,3660	0,7807	0,9267	0,6711	0,4609	0,8545
0,3702	0,8418	0,9343	0,7270	0,6601	0,8812
0,3728	0,8900	0,9383	0,7486	0,7803	0,9066
0,3737	0,9487	0,9512	0,7554	0,8860	0,9187
0,3744	0,9589	0,9533	0,7613	0,8955	0,9174
0,3736	0,9704	0,9582	0,7577	0,9228	0,9237
0,3670	0,9964	0,9910	0,7555	0,9691	0,9475
			0,7454	0,9847	0,9734
			0,7463	0,9833	0,9720

[R 4]

$t = 80\,°C$			$t = 90\,°C$		
p in bar	x_2'	x_2''	p in bar	x_2'	x_2''
0,2123	0,0	0,0000	0,3409	0,0	0,0000
0,4213	0,1	0,5419	0,6443	0,1	0,5112
0,5878	0,2	0,6982	0,8609	0,2	0,6677
0,7192	0,3	0,7475	1,0161	0,3	0,7290
0,8216	0,4	0,7782	1,1297	0,4	0,7712
0,8999	0,5	0,8200	1,2158	0,5	0,8117
0,9572	0,6	0,8497	1,2828	0,6	0,8321
0,9956	0,7	0,8548	1,3333	0,7	0,8421
1,0155	0,8	0,8843	1,3645	0,8	0,8752
1,0163	0,9	0,8921	1,3543	0,9	—
0,9956	1,0	1,0000	1,3285	1,0	1,0000

$t = 100\,°C$			$t = 110\,°C$		
p in bar	x_2'	x_2''	p in bar	x_2'	x_2''
0,5247	0,0	0,0000	0,7775	0,0	0,0000
0,9119	0,1	0,4681	1,2111	0,1	0,4117
1,1833	0,2	0,6283	1,5390	0,2	0,5779
1,3738	0,3	0,6952	1,7852	0,3	0,6563
1,5105	0,4	0,7376	1,9690	0,4	0,7017
1,6128	0,5	0,7818	2,1045	0,5	0,7522
1,6921	0,6	0,8057	2,2012	0,6	0,7792
1,7521	0,7	0,8263	2,2639	0,7	0,7984
1,7884	0,8	0,8445	2,2921	0,8	0,8261
1,7892	0,9	0,8723	2,2809	0,9	0,8750
1,7344	1,0	1,0000	2,2204	1,0	1,0000

Die Originalarbeit enthält ein (klein gezeichnetes) Gleichgewichtsdiagramm für die Isobaren 400, 760 und 900 Torr

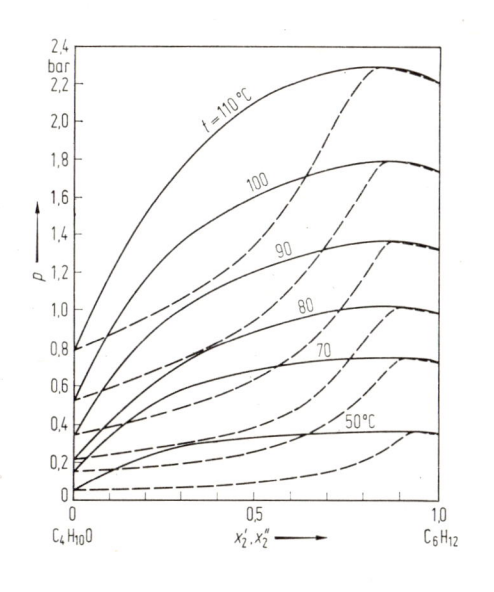

---

367 x_1 $CH_3 \cdot [CH_2]_2 \cdot CH_2OH$, Butanol-(1)
          M: 74,12   Kp.: 117,5 °C

          x_2 C_6H_6, Benzol
          M: 78,11   Kp.: 80,2 °C

[M 9]

$p = 1{,}013$ bar $= 760$ Torr

t in °C	x_2'	x_2''	t in °C	x_2'	x_2''
117,70	0,000	0,000	84,54	0,560	0,847
116,90	0,004	0,025	83,19	0,631	0,867
112,00	0,040	0,217	81,98	0,714	0,885
107,10	0,085	0,380	81,36	0,790	0,904
102,22	0,134	0,510	80,87	0,848	0,920
100,22	0,161	0,560	80,67	0,897	0,947
98,70	0,180	0,590	80,39	0,928	0,952
95,60	0,234	0,660	80,28	0,942	0,960
92,25	0,308	0,724	80,21	0,948	0,963
89,69	0,369	0,779	80,16	0,954	0,966
88,28	0,397	0,787	80,09	1,000	1,000
86,39	0,475	0,819			

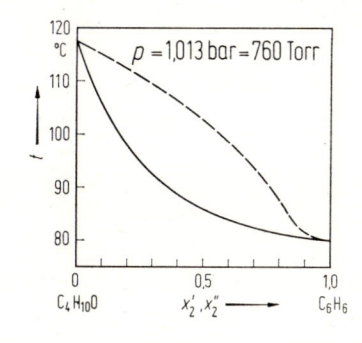

368 x_1 $CH_3 \cdot [CH_2]_2 \cdot CH_2OH$, Butanol-(1)
M: 74,12   Kp.: 117,5 °C

x_2 $CH_3 \cdot [CH_2]_5 \cdot CH_3$, n-Heptan
M: 100,21   Kp.: 98,34 °C

[V 7]

$p = 0,912$ bar $= 684 \pm 5$ Torr

t in °C	x_2'	x_2''	t in °C	x_2'	x_2''
103,8	0,057	0,370	89,5	0,552	0,758
98,2	0,142	0,544	89,0	0,614	0,774
95,2	0,221	0,621	88,8	0,738	0,795
92,2	0,329	0,693	89,3	0,911	0,846
90,2	0,434	0,730	93,4	0,980	0,935

[V 8]

$p = 1,927$ bar $= 1445$ Torr			$p = 2,940$ bar $= 2205$ Torr		
t in °C	x_2'	x_2''	t in °C	x_2'	x_2''
128,5	0,094	0,319	146,3	0,068	0,225
124,4	0,156	0,439	142,0	0,127	0,350
118,3	0,323	0,607	136,1	0,243	0,482
116,6	0,402	0,641	131,6	0,387	0,565
115,4	0,497	0,666	130,4	0,481	0,595
115,0	0,586	0,685	129,9	0,552	0,612
114,8	0,651	0,694	130,4	0,721	0,654
114,8	0,764	0,720	130,9	0,763	0,670
115,3	0,812	0,740	132,5	0,848	0,709
117,2	0,906	0,809	134,4*)	0,904	0,782

$p = 3,953$ bar $= 2965$ Torr			$p = 4,966$ bar $= 3725$ Torr		
t in °C	x_2'	x_2''	t in °C	x_2'	x_2''
155,0	0,114	0,300	161,2	0,108	0,286
150,6	0,198	0,414	157,3	0,187	0,385
148,0	0,265	0,465	153,9	0,302	0,475
145,8	0,328	0,510	151,8*)	0,413	0,517
144,1	0,401	0,536	150,8	0,508	0,543
142,5	0,512	0,574	150,4	0,604	0,576
142,0	0,598	0,595	150,9	0,687	0,597
142,4	0,702	0,623	151,3	0,724	0,613
143,0	0,783	0,650	152,8	0,797	0,645
145,0	0,879	0,720	156,6	0,898	0,725

*) Aus Diagramm, da Angabe in Originalarbeit unwahrscheinlich

Für die azeotropen Daten bestehen folgende Beziehungen:

$t_{az} = 301,0 - 260,0 x_{2az}$

und

$\log T_{az} = 0,0963 \log p_{az} + 2,562$.

Dabei sind t_{az} (in °C) bzw. T_{az} (in K) die azeotrope Temperatur, p_{az} (in bar) der azeotrope Druck und x_{2az} (in Molenteilen) der Gehalt an n-Heptan.

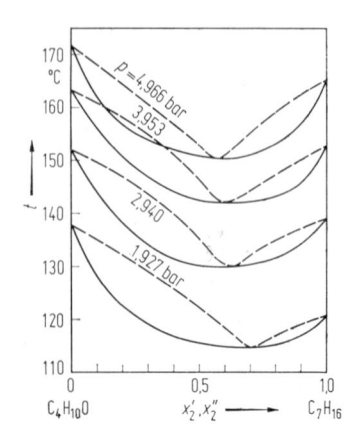

369 x_1 $CH_3 \cdot [CH_2]_2 \cdot CH_2OH$, Butanol-(1)
M: 74,12   Kp.: 117,5 °C

x_2 Methyl-cyclohexan (C_7H_{14}),
M: 98,19   Kp.: 101 °C

[R 2]

$p = 1,013$ bar $= 760$ Torr

t in °C	x_2'	x_2''	t in °C	x_2'	x_2''
112,5	0,050	0,207	96,9	0,600	0,706
108,6	0,100	0,324	96,6	0,700	0,733
104,0	0,200	0,473	96,6	0,800	0,756
101,3	0,300	0,558	97,6	0,900	0,824
99,4	0,400	0,619	98,6	0,950	0,895
97,9	0,500	0,665			

Azeotroper Punkt: $t_{az} = 96,5$ °C, $x_{2az} = 0,745$

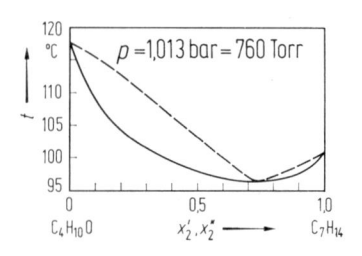

370

x_1 $CH_3 \cdot [CH_2]_2 \cdot CH_2OH$, Butanol-(1)
     M: 74,12   Kp.: 117,5 °C

x_2 C_7H_8, Toluol
     M: 92,14   Kp.: 110,8 °C

[M 8]

$p = 1,013$ bar $= 760$ Torr

t in °C	x_2'	x_2''	t in °C	x_2'	x_2''
117,70	0,000	0,000	105,60	0,614	0,653
116,05	0,028	0,075	105,50	0,668	0,675
112,90	0,096	0,221	105,50	0,675	0,676
110,50	0,165	0,321	105,50	0,701	0,687
109,00	0,227	0,399	105,60	0,766	0,720
107,60	0,318	0,487	106,30	0,859	0,784
106,40	0,415	0,554	106,50	0,871	0,794
106,00	0,487	0,595	108,10	0,948	0,894
105,80	0,532	0,617	110,60	1,000	1,000
105,70	0,558	0,627			

Der azeotrope Punkt liegt bei $t_{az} = 105,5$ °C und $x_{2az} = 0,678$

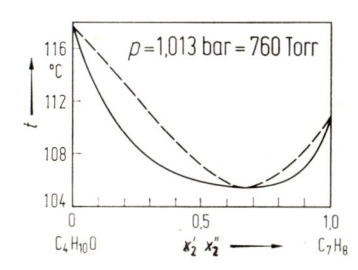

371

x_1 $CH_3 \cdot [CH_2]_2 \cdot CH_2OH$, Butanol-(1)
     74,12 M: Kp.: 117,5 °C

x_2 CCl_4, Tetrachlorkohlenstoff
     M: 153,82   Kp.: 76,7 °C

[R 7]

$p = 1,013$ bar $= 760 \pm 1$ Torr

t in °C	x_2'	x_2''	t in °C	x_2'	x_2''
108,3	0,0462	0,306	85,1	0,4038	0,820
105,8	0,0620	0,375	84,3	0,4230	0,824
105,3	0,0656	0,396	83,2	0,4716	0,840
101,6	0,0964	0,490	82,0	0,5240	0,855
101,8	0,1060	0,495	80,8	0,5741	0,870
100,5	0,1172	0,529	79,9	0,6420	0,880
99,5	0,1200	0,540	79,3	0,6672	0,885
97,3	0,1444	0,589	79,0	0,7060	0,890
97,0	0,1624	0,612	78,5	0,7572	0,900
94,5	0,1986	0,660	78,3	0,7996	0,910
90,0	0,2726	0,740	77,5	0,8696	0,928
90,2	0,2794	0,742	77,5	0,9076	0,940
89,1	0,2918	0,755	77,1	0,9302	0,947
86,5	0,3508	0,800	77,4	0,9338	0,952
85,5	0,3912	0,816	77,1	0,9616	0,960
85,5	0,3986	0,816			

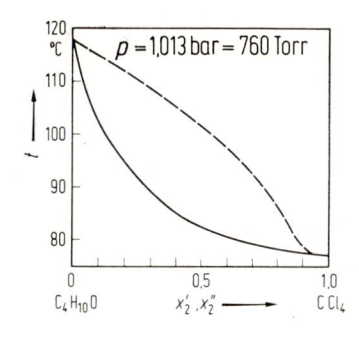

372

x_1 $CH_3 \cdot [CH_2]_2 \cdot CH_2OH$, Butanol-(1)
     M: 74,12   Kp.: 117,5 °C

x_2 $CH_2Cl \cdot CH_2Cl$, 1,2-Dichloräthan
     M: 98,96   Kp.: 82,7···83,5 °C

[S 33]

$p = 0,968$ bar $= 726$ Torr

t in °C	x_2'	x_2''	t in °C	x_2'	x_2''
116,6	0,000	0,000	92,20	0,315	0,718
115,0	0,013	0,078	90,35	0,373	0,758
110,0	0,054	0,260	88,90	0,424	0,784
108,15	0,069	0,316	87,90	0,468	0,806
106,80	0,085	0,366	86,40	0,543	0,830
104,35	0,110	0,440	85,30	0,621	0,856
101,70	0,143	0,508	84,40	0,692	0,879
100,00	0,163	0,547	83,90	0,754	0,897
99,40	0,175	0,568	83,55	0,808	0,909
98,50	0,185	0,585	82,95	0,846	0,922
97,35	0,206	0,613	82,55	0,898	0,940
96,30	0,224	0,636	82,20	0,938	0,958
94,55	0,256	0,670	81,80	0,974	0,981

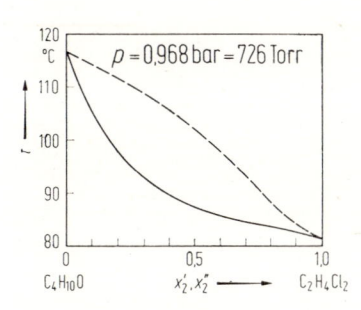

Die Werte der ersten 3 Zeilen unter dem Tabellenkopf sind einem Diagramm entnommen. In der Originalarbeit sind zusätzlich die gemessenen Drücke angegeben. Sie schwanken ±2 Torr um den Mittelwert. Ferner enthält die Arbeit die Dichte des Flüssigkeitsgemisches bei 40 °C

373

x_1 $CH_3 \cdot [CH_2]_2 \cdot CH_2OH$, Butanol-(1)
     M: 74,12   Kp.: 117,5 °C

x_2 CH_3OH, Methanol
     M: 32,04   Kp.: 64,7 °C

[H 14]

$p = 1,013$ bar $= 760$ Torr

t in °C	x_2'	x_2''	t in °C	x_2'	x_2''
102,5	0,119	0,618	81,0	0,427	0,885
95,3	0,222	0,759	79,4	0,505	0,911
89,0	0,306	0,826	74,8	0,607	0,939
84,2	0,381	0,866	71,4	0,724	0,961
81,2	0,420	0,881			

Die Molgehalte in Flüssigkeit und Dampf wurden aus den in der Originalarbeit angegebenen Massen-Prozenten berechnet

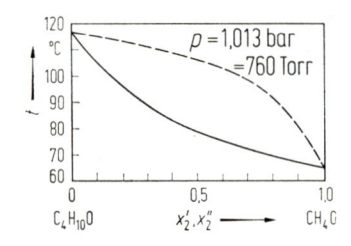

375

x_1 $CH_3 \cdot [CH_2]_2 \cdot CH_2OH$, Butanol-(1)
     M: 74,12   Kp.: 117,5 °C

x_2 $(CH_3)_3COH$, tert.-Butanol
     M: 74,12   Kp.: 82,55 °C

[G 4]

$t = 40$ °C

p in mbar	x_2'	x_2''	p in mbar	x_2'	x_2''
25,50	0,000	0,000	88,86	0,611	0,898
27,33	0,024	0,090	95,23	0,660	0,922
30,70	0,062	0,213	98,31	0,688	0,928
38,06	0,142	0,421	111,08	0,787	0,959
44,81	0,214	0,555	115,82	0,817	0,969
52,97	0,295	0,665	127,31	0,903	0,986
58,17	0,347	0,720	131,74	0,940	0,991
70,50	0,450	0,807	134,39	0,965	0,999
78,61	0,526	0,855	138,95	1,000	1,000
85,45	0,581	0,886			

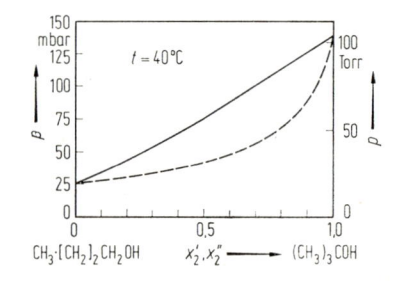

374

x_1 $CH_3 \cdot [CH_2]_2 \cdot CH_2OH$, Butanol-(1)
     M: 74,12   Kp.: 117,5 °C

x_2 $CH_3 \cdot CH_2 \cdot CH(OH) \cdot CH_3$, Butanol-(2)
     M: 74,12   Kp.: 99,5 °C

[G 4]

$t = 40$ °C

p in mbar	x_2'	x_2''	p in mbar	x_2'	x_2''
25,50	0,000	0,000	46,96	0,567	0,759
28,94	0,072	0,187	48,49	0,608	0,788
32,10	0,166	0,336	51,33	0,693	0,840
37,60	0,312	0,532	52,00	0,719	0,857
39,24	0,354	0,577	54,61	0,782	0,892
41,37	0,411	0,631	57,40	0,872	0,938
42,37	0,439	0,659	59,94	0,944	0,972
44,66	0,504	0,711	61,51	1,000	1,000

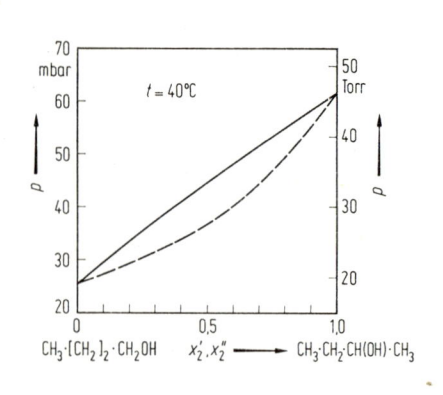

376

x_1 $CH_3 \cdot [CH_2]_2 \cdot CH_2OH$, Butanol-(1)
M: 74,12   Kp.: 117,5 °C

x_2 $(CH_3)_2CH \cdot CH_2OH$, Isobutanol
M: 74,12   Kp.: 107,7 °C

[G 4]

$t = 40\,°C$

p in mbar	x_2'	x_2''	p in mbar	x_2'	x_2''
25,50	0,000	0,000	33,25	0,411	0,530
26,85	0,064	0,111	35,00	0,540	0,638
27,57	0,094	0,162	35,30	0,572	0,666
28,01	0,116	0,192	35,70	0,608	0,695
28,37	0,137	0,224	36,40	0,669	0,742
29,37	0,177	0,280	36,74	0,711	0,775
29,97	0,239	0,352	38,06	0,852	0,884
30,70	0,254	0,369	38,88	0,959	0,970
32,33	0,354	0,475	39,30	1,000	1,000
32,78	0,371	0,495			

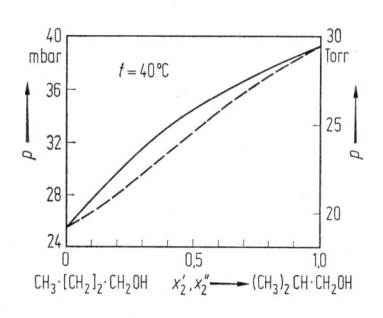

377

x_1 $CH_3 \cdot [CH_2]_2 \cdot CH_2OH$, Butanol-(1)
M: 74,12   Kp.: 117,5 °C

x_2 (C_4H_8O), Tetrahydrofuran
M: 72,11   Kp.: 65,5 °C

[S 15]

$p = 1,013$ bar $= 760$ Torr

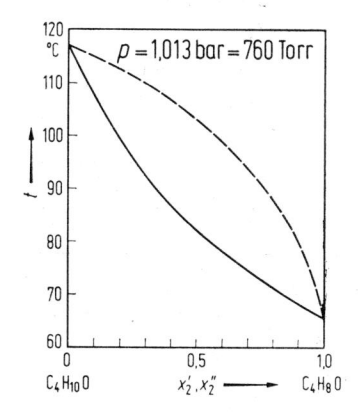

t in °C	x_2'	x_2''	t in °C	x_2'	x_2''
107,15	0,1	0,3895	78,00	0,6	0,9187
98,85	0,2	0,6011	74,35	0,7	0,9486
92,15	0,3	0,7371	71,30	0,8	0,9698
86,55	0,4	0,8215	68,30	0,9	0,9868
82,00	0,5	0,8785			

378

x_1 $CH_3 \cdot [CH_2]_2 \cdot CH_2OH$, Butanol-(1)
M: 74,12   Kp.: 117,5 °C

x_2 $CH_2{:}CH \cdot CO_2C_2H_5$, Acrylsäure-äthylester
M: 100,12   Kp.: 99,5 °C

[F 4]

$p = 1,013$ bar $= 760$ Torr

t in °C	x_2'	x_2''	t in °C	x_2'	x_2''
113,4	0,068	0,153	102,7	0,496	0,638
111,2	0,128	0,260	101,5	0,608	0,729
108,6	0,202	0,325	101,2	0,654	0,761
106,2	0,289	0,467	100,8	0,722	0,809
105,3	0,341	0,510	100,6	0,786	0,854
104,8	0,363	0,527	100,2	0,901	0,934

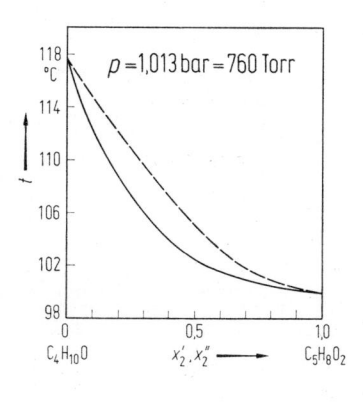

379

x_1 $CH_3 \cdot [CH_2]_2 \cdot CH_2OH$, Butanol-(1)
M: 74,12   Kp.: 117,5 °C

x_2 $CH_2:C(CH_3) \cdot CO_2CH_3$,
Methacrylsäure-methylester
M: 100,12   Kp.: 100,2···100,3 °C

[C 11]

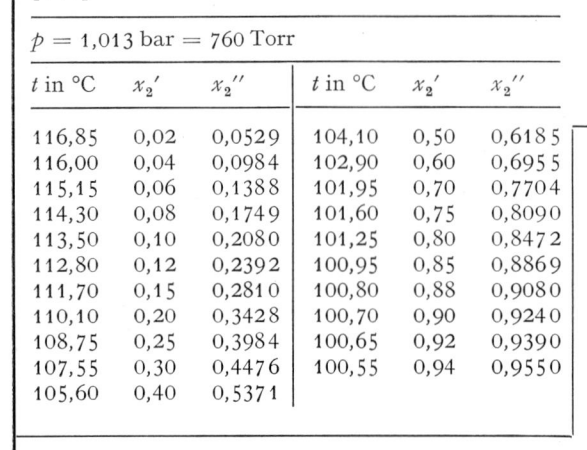

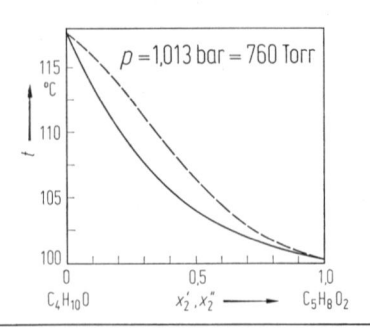

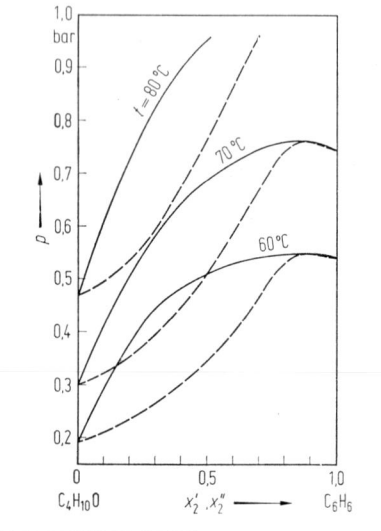

$p = 1,013$ bar $= 760$ Torr

t in °C	x_2'	x_2''	t in °C	x_2'	x_2''
116,85	0,02	0,0529	104,10	0,50	0,6185
116,00	0,04	0,0984	102,90	0,60	0,6955
115,15	0,06	0,1388	101,95	0,70	0,7704
114,30	0,08	0,1749	101,60	0,75	0,8090
113,50	0,10	0,2080	101,25	0,80	0,8472
112,80	0,12	0,2392	100,95	0,85	0,8869
111,70	0,15	0,2810	100,80	0,88	0,9080
110,10	0,20	0,3428	100,70	0,90	0,9240
108,75	0,25	0,3984	100,65	0,92	0,9390
107,55	0,30	0,4476	100,55	0,94	0,9550
105,60	0,40	0,5371			

380

x_1 $CH_3 \cdot CH_2 \cdot CH(OH) \cdot CH_3$,
Butanol-(2)
M: 74,12   Kp.: 99,5 °C

x_2 C_6H_6, Benzol
M: 78,11   Kp.: 80,2 °C

[E 1]

$t = 60$ °C			$t = 70$ °C			$t = 80$ °C		
p in bar	x_2'	x_2''	p in bar	x_2'	x_2''	p in bar	x_2'	x_2''
0,2710	0,0775	0,313	0,3856	0,076	0,277	0,5804	0,077	0,277
0,3840	0,211	0,583	0,5134	0,205	0,510	0,6672	0,142	0,394
0,4104	0,241	0,615	0,6082	0,334	0,622	0,7309	0,205	0,463
0,4313	0,263	0,635	0,6827	0,483	0,718	0,7762	0,246	0,515
0,4992	0,462	0,746	0,7065	0,554	0,751	0,8237	0,297	0,555
0,5258	0,602	0,785	0,7282	0,625	0,776	0,8578	0,330	0,591
0,5449	0,736	0,835	0,7476	0,695	0,813	0,8865	0,380	0,616
0,5493	0,865	0,880	0,7590	0,805	0,840	0,9094	0,420	0,643
0,5471	0,955	0,940	0,7618	0,877	0,885	0,9295	0,455	0,667
			0,7590	0,912	0,896	0,9533	0,490	0,690

381

x_1 $CH_3 \cdot CH_2 \cdot CHOH \cdot CH_3$,
Butanol-(2)
M: 74,12   Kp.: 99,5 °C

x_2 $CH_3 \cdot CH_2OH$, Äthanol
M: 46,07   Kp.: 78,3 °C

[H 10]

$p = 1,013$ bar $= 760$ Torr

t in °C	x_2'	x_2''	t in °C	x_2'	x_2''
97,5	0,0552	0,126	82,0	0,753	0,870
90,6	0,321	0,505	80,9	0,817	0,900
87,9	0,442	0,636	80,8	0,825	0,912
85,5	0,570	0,743	78,9	0,924	0,966

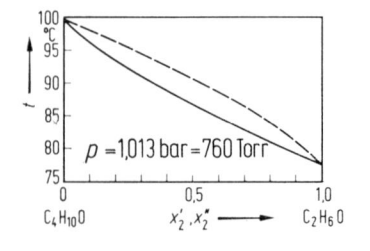

382 x_1 $CH_3 \cdot CH_2 \cdot CH(OH) \cdot CH_3$, Butanol-(2)
M: 74,12   Kp.: 99,5 °C

x_2 $(CH_3)_3COH$, tert.-Butanol
M: 74,12   Kp.: 82,55 °C

[G 4]

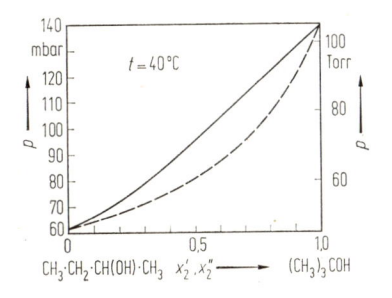

$t = 40$ °C

p in mbar	x_2'	x_2''	p in mbar	x_2'	x_2''
61,51	0,000	0,000	93,9	0,489	0,685
64,8	0,081	0,125	98,0	0,535	0,729
66,8	0,112	0,187	103,5	0,595	0,779
69,6	0,160	0,269	106,9	0,638	0,812
71,7	0,196	0,322	114,9	0,727	0,871
73,7	0,225	0,368	118,7	0,768	0,897
80,1	0,314	0,491	128,8	0,884	0,954
85,9	0,390	0,585	136,0	0,968	0,988
87,6	0,413	0,609	138,95	1,000	1,000

383 x_1 $(CH_3)_3COH$, tert.-Butanol
M: 74,12   Kp.: 82,55 °C

x_2 C_6H_6, Benzol
M: 78,11   Kp.: 80,2 °C

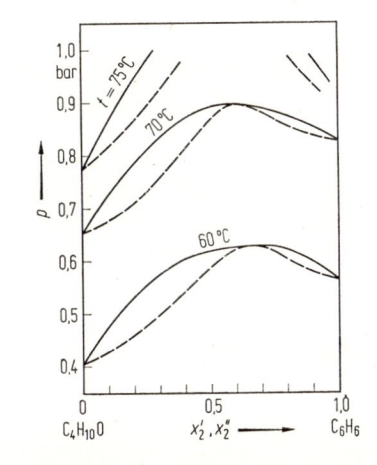

[E 1]

$t = 60$ °C			$t = 70$ °C			$t = 75$ °C		
p in bar	x_2'	x_2''	p in bar	x_2'	x_2''	p in bar	x_2'	x_2''
0,4623	0,071	0,205	0,7533	0,143	0,290	0,8268	0,058	0,124
0,5342	0,194	0,377	0,8268	0,275	0,420	0,8898	0,126	0,243
0,5781	0,300	0,473	0,8546	0,360	0,477	0,9396	0,190	0,307
0,6035	0,402	0,532	0,8779	0,452	0,535	0,9741	0,237	0,385
0,6249	0,550	0,617	0,8963	0,541	0,585	0,9776	0,915	0,825
0,6274	0,628	0,655	0,8930	0,636	0,633	0,9706	0,925	0,837
0,6274	0,684	0,680	0,8898	0,697	0,664	0,9636	0,935	0,850
0,6274	0,746	0,708	0,8833	0,740	0,690	0,9481	0,946	0,870
0,6153	0,833	0,764	0,8769	0,797	0,727			
0,6035	0,883	0,800	0,8705	0,825	0,747			

384 x_1 $(CH_3)_3COH$, tert.-Butanol
           M: 74,12   Kp.: 82,55 °C

   x_2 $CH_3 \cdot CO \cdot CH_3$, Aceton
           M: 58,08   Kp.: 56,2···,3 °C

[V 12]

$p = 1{,}013$ bar $= 760$ Torr*)

t in °C	x_2'	x_2''	t in °C	x_2'	x_2''
81,6	0,0074	0,020	65,1	0,4900	0,7130
81,8	0,0077	0,0216	—	0,5550	0,7580
80,0	0,0480	0,1250	63,7	0,5780	0,7700
79,6	0,0605	0,1500	61,9	0,6750	0,8290
79,3	0,0654	0,1620	60,1	0,7600	0,8800
77,2	0,1130	0,2570	58,2	0,8860	0,9400
—	0,2680	0,4850	56,6	0,9650	0,9830
—	0,2690	0,4930	56,6	0,9700	0,9850
69,4	0,3430	0,5780	56,6	0,9900	0,9950

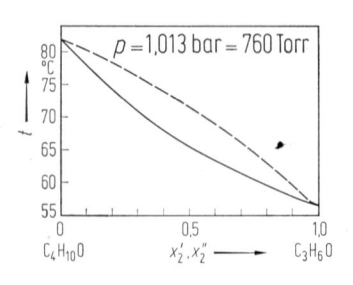

*) Aus den vom Diagramm sich ergebenden Siedepunkten der reinen Stoffe ist zu schließen, daß bei dem angegebenen Druck gemessen wurde.

---

385 x_1 $(CH_3)_3COH$, tert.-Butanol
           M: 74,12   Kp.: 82,55 °C

   x_2 $CH_3 \cdot \underset{\underset{O}{\diagdown\diagup}}{CH} \cdot CH_2$ Propylenoxid

           M: 58,08   Kp.: 34,1 °C

[V 13]

$p = 1{,}013$ bar $= 760$ Torr

t in °C	x_2'	x_2''	t in °C	x_2'	x_2''
66,08	0,1632	0,5578	41,72	0,6975	0,9382
59,19	0,2619	0,7089	37,34	0,8572	0,9744
48,97	0,4788	0,8609	34,65	0,9801	0,9967
42,09	0,6498	0,9262			

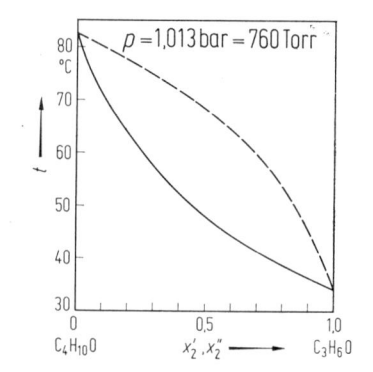

---

386 x_1 $(CH_3)_2CH \cdot CH_2OH$, Isobutanol
           M: 74,12   Kp.: 107,7 °C

   x_2 C_6H_{12}, Cyclohexan
           M: 84,16   Kp.: 80,7 °C

[N 14]

$p = 1{,}013$ bar $= 760$ Torr

t in °C	x_2'	x_2''	t in °C	x_2'	x_2''
100,6	0,054	0,275	79,2	0,668	0,807
95,6	0,108	0,438	78,7	0,777	0,835
88,0	0,220	0,634	78,5	0,820	0,845
84,2	0,332	0,727	78,3*)	0,850	0,850
81,6	0,463	0,773	78,5	0,880	0,865
80,3	0,541	0,790	79,6	0,980	0,960

*) Azeotroper Punkt

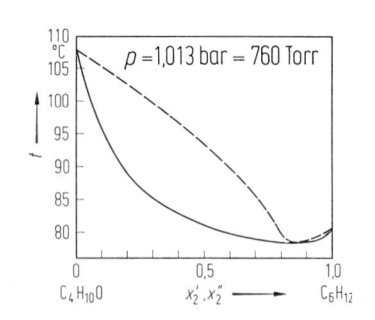

387 x_1 $(CH_3)_2CH \cdot CH_2OH$, Isobutanol
M: 74,12   Kp.: 107,7 °C

x_2 C_6H_6, Benzol
M: 78,11   Kp.: 80,1 °C

[N 14]

$p = 1,013$ bar $= 760$ Torr

t in °C	x_2'	x_2''	t in °C	x_2'	x_2''
103,4	0,042	0,185	81,8	0,643	0,810
91,2	0,219	0,562	80,8	0,735	0,840
88,0	0,308	0,656	80,2	0,821	0,868
84,7	0,437	0,733	79,8*)	0,905	0,905
83,3	0,513	0,768	79,9	0,962	0,945

*) Azeotroper Punkt

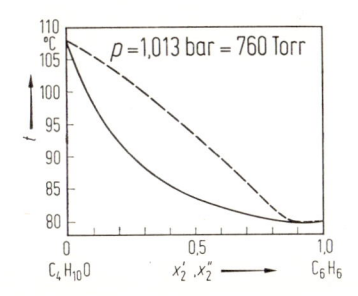

[E 1]

$t = 60$ °C

p in bar	x_2'	x_2''
0,2698	0,140	0,558
0,3872	0,328	0,743
0,4225	0,373	0,755
0,4585	0,496	0,812
0,4814	0,569	0,836
0,4972	0,677	0,856
0,5113	0,760	0,875
0,5154	0,813	0,885
0,5300	0,945	0,944
0,5292	0,950	0,946

$t = 70$ °C

p in bar	x_2'	x_2''
0,3760	0,117	0,494
0,4873	0,194	0,619
0,5736	0,318	0,706
0,591*)	0,350	0,723
0,6249	0,425	0,764
0,6621	0,505	0,785
0,6985	0,645	0,833
0,7282	0,760	0,865
0,7392	0,857	0,893
0,7448	0,953	0,945

$t = 80$ °C

p in bar	x_2'	x_2''
0,4833	0,084	0,364
0,6153	0,165	0,527
0,7200	0,240	0,618
0,8146	0,353	0,694
0,8578	0,413	0,727
0,8833	0,449	0,746
0,9061	0,500	0,763
0,9161	0,518	0,764
0,9396	0,561	0,787
0,9498	0,604	0,803

*) interpolierter Wert

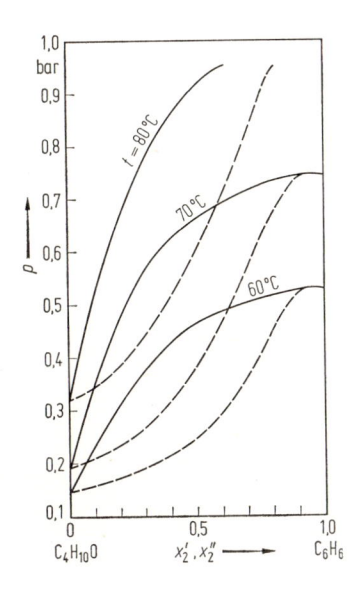

388 x_1 $(CH_3)_2CH \cdot CH_2OH$, Isobutanol
M: 74,12   Kp.: 107,7 °C

x_2 $CH_3 \cdot CH_2 \cdot CH(OH) \cdot CH_3$, Butanol-(2)
M: 74,12   Kp.: 99,5 °C

[G 4]

$t = 40$ °C

p in mbar	x_2'	x_2''	p in mbar	x_2'	x_2''
39,30	0,000	0,000	50,7	0,586	0,693
39,9	0,038	0,051	51,2	0,603	0,709
40,7	0,080	0,109	52,3	0,662	0,760
41,9	0,136	0,182	54,4	0,721	0,810
42,5	0,205	0,271	55,2	0,761	0,841
43,7	0,252	0,329	56,7	0,810	0,877
45,3	0,342	0,440	57,6	0,862	0,916
46,5	0,396	0,500	59,6	0,927	0,957
47,7	0,445	0,552	60,3	0,955	0,976
48,5	0,493	0,600	61,51	1,000	1,000
50,3	0,555	0,664			

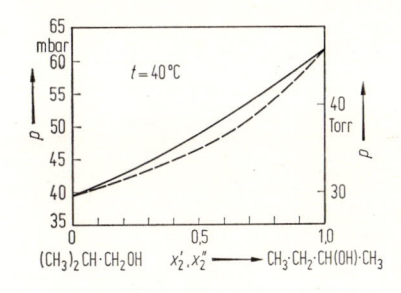

Weishaupt

389

x_1 (CH$_3$)$_2$CH·CH$_2$OH, Isobutanol
     M: 74,12   Kp.: 107,7 °C

x_2 (CH$_3$)$_3$COH, tert.-Butanol
     M: 74,12   Kp.: 82,55 °C

[G 4]

$t = 40$ °C

p in mbar	x_2'	x_2''	p in mbar	x_2'	x_2''
39,30	0,000	0,000	82,58	0,486	0,753
45,22	0,086	0,182	83,66	0,488	0,766
48,05	0,109	0,271	89,03	0,540	0,806
56,00	0,201	0,447	94,99	0,596	0,841
65,81	0,304	0,586	97,29	0,626	0,859
68,71	0,339	0,627	100,56	0,649	0,872
70,47	0,355	0,644	111,87	0,759	0,924
71,19	0,363	0,654	120,19	0,818	0,947
74,09	0,393	0,687	131,79	0,930	0,982
76,71	0,418	0,709	132,94	0,943	0,986
79,41	0,444	0,730	138,95	1,000	1,000

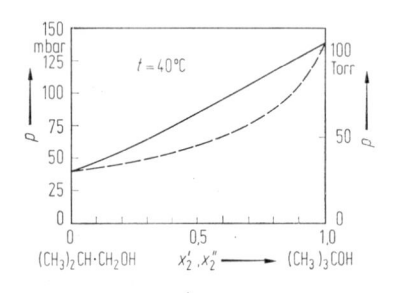

390

x_1 (CH$_3$)$_2$·CH·CH$_2$OH, Isobutanol
     M: 74,12   Kp.: 107,7 °C

x_2 (C$_4$H$_8$O$_2$), 1,4-Dioxan
     M: 88,11   Kp.: 101,3

[S 36]

x_2'	$t = 80$ °C		$t = 100$ °C	
	p in bar	x_2''	p in bar	x_2''
0,000	0,3333	0,000	0,7606	0,000
0,125	0,3796	0,214	0,8175	0,167
0,250	0,4146	0,374	0,8646	0,323
0,375	0,4417	0,495	0,9035	0,453
0,500	0,4668	0,593	0,9327	0,566
0,625	0,4825	0,697	0,9516	0,684
0,750	0,4941	0,794	0,9647	0,774
0,875	0,5037	0,893	0,9740	0,881
1,000	0,5098	1,000	0,9778	1,000

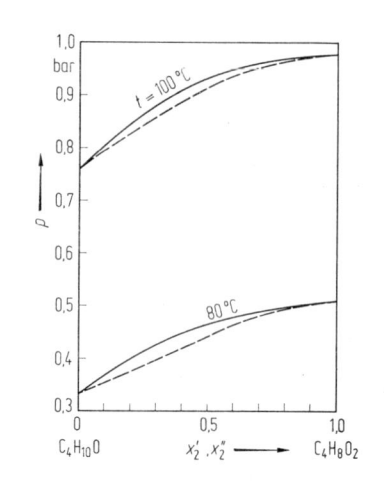

391

x_1 (C$_2$H$_5$)$_2$O, Diäthyläther
     M: 74,12   Kp.: 34,6 °C

x_2 CH$_2$:CH·CH:CH$_2$, Butadien-(1,3)
     M: 54,09   Kp.: 4,75 °C

[W 8]

$t = 25,00$ °C

p in bar	x_2'	x_2''	p in bar	x_2'	x_2''
0,7149	0,0000	0,000	1,0149	0,1677	0,405
0,7905	0,0435	0,131	1,0815	0,2056	0,468
0,8564	0,0808	0,227	1,1547	0,2413	0,521
0,9355	0,1248	0,324	1,2174	0,2735	0,565

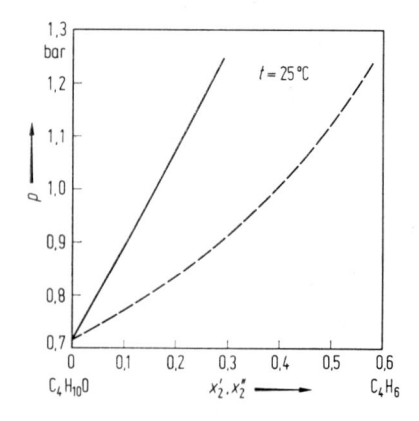

392

x_1 CH$_3$·CH$_2$·CO·CH$_3$, Butanon-(2) (Methyl-äthylketon)
M: 72,11 Kp.: 79,6 °C

x_2 CH$_3$·[CH$_2$]$_4$·CH$_3$, n-Hexan
M: 86,18 Kp.: 68,8 °C

[M 11]

$t = 65$ °C

p in bar	x_2'	x_2''	p in bar	x_2'	x_2''
0,6961	0,055	0,175	0,9886	0,415	0,561
0,7912	0,120	0,315	1,0264	0,608	0,646
0,8527	0,182	0,405	1,0253	0,714	0,699
0,9334	0,316	0,498	1,0174	0,785	0,740
0,9627	0,370	0,525			

Azeotrope Daten: $t_{az} = 65$ °C; $x_{2az} = 0,68$

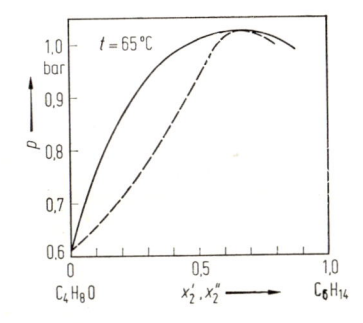

393

x_1 CH$_3$·CH$_2$·CO·CH$_3$, Butanon-(2)
M: 72,11 Kp.: 79,6 °C

x_2
```
 H   H
  C:C    cis-1,2-Dichlor-äthylen
 Cl  Cl
```
M: 96,94 Kp.: 60,25 °C

[A 7]

$p = 1,013$ bar $= 760$ Torr

t in °C	x_2'	x_2''	t in °C	x_2'	x_2''
79,6	0,000	0,000	77,0	0,298	0,380
79,6	0,005	0,006	75,9	0,367	0,477
79,5	0,017	0,018	74,0	0,470	0,597
79,4	0,042	0,048	72,1	0,552	0,688
79,3	0,064	0,072	70,1	0,634	0,771
79,2	0,081	0,094	67,6	0,730	0,850
79,0	0,115	0,134	65,1	0,830	0,921
78,6	0,148	0,180	62,6	0,931	0,975
78,3	0,183	0,228	61,6	0,956	0,985
77,9	0,242	0,302	60,3	1,000	1,000

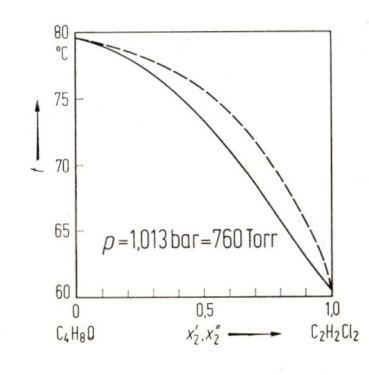

394

x_1 CH$_3$·CH$_2$·CO·CH$_3$, Butanon-(2)
M: 72,11 Kp.: 79,6 °C

x_2
```
 H   Cl
  C:C    trans-1,2-Dichlor-äthylen
 Cl  H
```
M: 96,94 Kp.: 48,35 °C

[A 7]

$p = 1,013$ bar $= 760$ Torr

t in °C	x_2'	x_2''	t in °C	x_2'	x_2''
79,6	0,000	0,000	61,1	0,504	0,728
79,1	0,015	0,032	59,6	0,557	0,773
77,3	0,065	0,130	58,1	0,600	0,804
74,9	0,120	0,242	56,1	0,670	0,855
72,9	0,169	0,329	53,9	0,760	0,900
70,2	0,244	0,442	51,8	0,853	0,938
68,4	0,285	0,507	49,8	0,945	0,974
66,7	0,339	0,566	49,2	0,973	0,983
65,5	0,371	0,604	48,3	1,000	1,000
62,9	0,448	0,685			

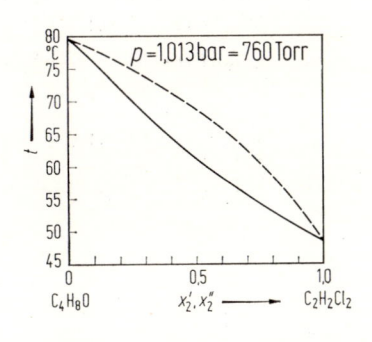

395 x_1 $CH_3 \cdot CH_2 \cdot CO \cdot CH_3$, Butanon-(2)
(Methyl-äthylketon)
M: 72,11   Kp.: 79,6 °C

x_2 CH_3OH, Methanol
M: 32,04   Kp.: 64,7 °C

[P 9]

$p = 1,013$ bar $= 760$ Torr

t in °C	x_2'	x_2''	t in °C	x_2'	x_2''
75,3	0,076	0,193	65,1	0,622	0,695
72,2	0,147	0,308	64,4	0,747	0,777
70,7	0,197	0,377	64,3	0,829	0,832
68,8	0,265	0,453	64,3	0,841	0,842
67,5	0,356	0,528	64,3	0,873	0,869
65,9	0,498	0,622	64,4	0,936	0,926

Die Originalarbeit enthält ferner Daten für das Phasengleichgewicht des vorstehenden Gemisches bei Anwesenheit von Pentanon-(3) (Diäthylketon)

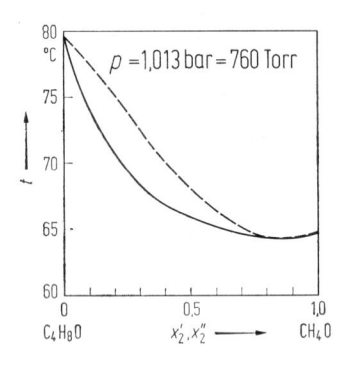

396 x_1 $CH_3 \cdot CH_2 \cdot CO \cdot CH_3$, Butanon-(2)
M: 72,11   Kp.: 79,2 °C

x_2 $CH_3 \cdot CH_2OH$, Äthanol
M: 46,07   Kp.: 78,3 °C

[H 10]

$p = 1,013$ bar $= 760$ Torr

t in °C	x_2'	x_2''	t in °C	x_2'	x_2''
77,8	0,0400	0,0864	74,0$_5$	0,521	0,513
75,6	0,151	0,208	74,5$_5$	0,695	0,642
75,0	0,223	0,279	75,4	0,808	0,743
74,1$_5$	0,485	0,492	77,3	0,956	0,932

Azeotroper Punkt: $t_{az} = 74,0$ °C; $x_{2az} = 0,501$

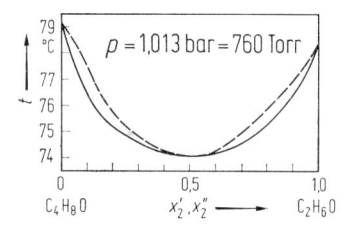

397 x_1 $CH_3 \cdot CH_2 \cdot CO \cdot CH_3$, Butanon-(2)
M: 72,11   Kp.: 79,6 °C

x_2 $CH_3 \cdot CH \cdot CH_2$ Propylenoxid
          \   /
           O
M: 58,08   Kp.: 34,1 °C

[V 13]

$p = 1,013$ bar $= 760$ Torr

t in °C	x_2'	x_2''	t in °C	x_2'	x_2''
75,12	0,0611	0,1905	46,19	0,5931	0,8526
71,49	0,1073	0,3162	43,39	0,6600	0,8848
65,09	0,1876	0,4810	41,24	0,7407	0,9206
61,07	0,2848	0,6020	37,29	0,8685	0,9650
52,69	0,4279	0,7488			

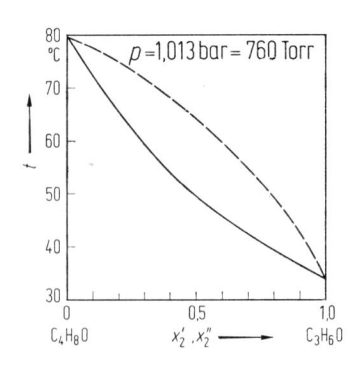

398

x_1 (C$_4$H$_8$O), Tetrahydrofuran
M: 72,11   Kp.: 65,5···65,8 °C

x_2 (C$_4$H$_4$O), Furan
M: 68,08   Kp.: 32 °C

[S 15]

$p = 1,013$ bar $= 760$ Torr

t in °C	x_2'	x_2''	t in °C	x_2'	x_2''
63,65	0,05	0,1160	43,25	0,60	0,8343
61,60	0,10	0,2210	40,05	0,70	0,8947
57,60	0,20	0,4000	37,00	0,80	0,9418
53,85	0,30	0,5460	34,15	0,90	0,9769
50,20	0,40	0,6631	32,15	0,95	0,9902
46,70	0,50	0,7573			

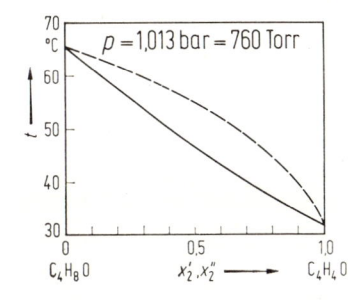

399

x_1  (C$_4$H$_8$O), Tetrahydrofuran
M: 72,11   Kp.: 65,5···65,8 °C

x_2 (C$_5$H$_6$O), 2-Methylfuran (Silvan)
M: 82,10   Kp.: 63,7 °C

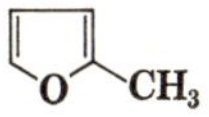

[B 19]

$p = 1,013$ bar $= 760$ Torr

t in °C	x_2'	x_2''	t in °C	x_2'	x_2''
65,72	0,043	0,044	64,64	0,692	0,711
65,62	0,182	0,184	64,56	0,719	0,737
65,50	0,310	0,316	64,35	0,780	0,799
65,43	0,374	0,382	64,05	0,859	0,875
65,24	0,471	0,485	63,97	0,885	0,899
65,20	0,496	0,508	63,72	0,957	0,963
64,86	0,626	0,642			

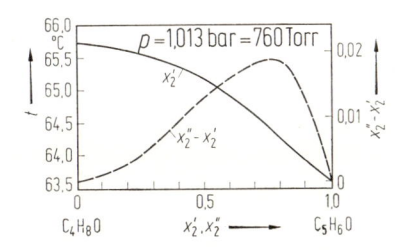

400

x_1 CH$_3$·CH$_2$·O·CH$_2$·CH$_2$OH, Cellosolve (Äthylenglykol-monoäthyläther)
M: 90,12   Kp.: 135,1 °C

x_2 CH$_3$·[CH$_2$]$_4$·CH$_3$, Hexan
M: 86,18   Kp.: 68,8 °C

[S 35]

$p = 1,013$ bar $= 760$ Torr

t in °C	x_2'	x_2''	t in °C	x_2'	x_2''
94,0	0,095	0,777	71,7	0,531	0,937
91,4	0,107	0,800	71,4	0,553	0,939
82,1	0,178	0,875	70,2	0,704	0,948
76,1	0,283	0,912	69,9	0,713	0,950
72,5	0,442	0,933	69,7	0,867	0,965

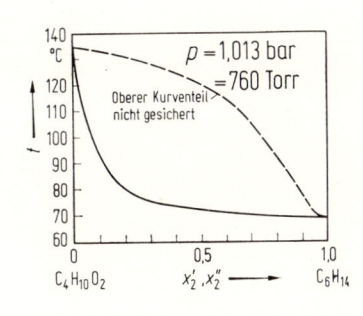

401

x_1 $CH_3 \cdot CH_2 \cdot O \cdot CH_2 \cdot CH_2OH$, Cellosolve
M: 90,12 Kp.: 135,1 °C

x_2 $CH_3 \cdot [CH_2]_3 \cdot CH:CH_2$, Hexen-(1)
M: 84,16 Kp.: 63,35 °C

[S 35]

$p = 1,013$ bar $= 760$ Torr

t in °C	x_2'	x_2''	t in °C	x_2'	x_2''
110,5	0,050	0,565	71,2	0,427	0,935
94,7	0,105	0,763	68,5	0,577	0,951
85,0*)	0,167	0,850	66,2	0,773	0,970
73,9	0,328	0,918	65,1	0,876	0,982

*) Interpolierter Wert, da Druckfehler in Originalarbeit

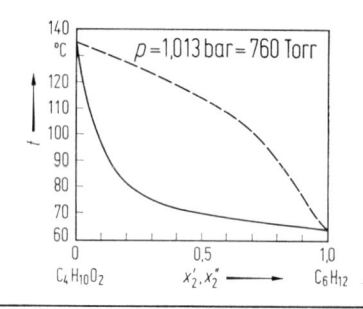

402

x_1 $CH_3 \cdot CO_2C_2H_5$, Essigsäureäthylester
M: 88,11 Kp.: 77,1 °C

x_2 $CHCl_3$, Chloroform
M: 119,38 Kp.: 61,2 °C

[N 3]

$p = 1,013$ bar $= 760$ Torr

t in °C	x_2'	x_2''	t in °C	x_2'	x_2''
77,5	0,071	0,064	75,1	0,504	0,596
77,6	0,110	0,102	74,7	0,528	0,628
77,7	0,140	0,134	73,5	0,581	0,700
77,8	0,174	0,171	71,8	0,650	0,780
77,8	0,223	0,227	70,4	0,704	0,839
77,5	0,259	0,270	68,9	0,751	0,879
77,3	0,301	0,323	67,7	0,790	0,910
76,8	0,365	0,408	65,6	0,856	0,950
76,0	0,448	0,522	63,7	0,922	0,978

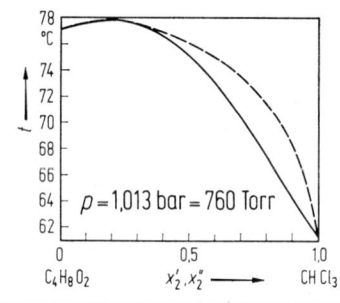

403

x_1 $CH_3 \cdot CO_2C_2H_5$, Essigsäureäthylester
M: 88,11 Kp.: 77,1 °C

x_2 CH_3OH, Methanol
M: 32,04 Kp.: 64,5···64,7 °C

[M 31]   [N 3]

$p = 1,013$ bar $= 760$ Torr

t in °C	x_2'	x_2''	t in °C	x_2'	x_2''
77,10	0,0000	0,0000	74,4	0,028	0,120
76,10	0,0125	0,0475	74,0	0,037	0,133
74,15	0,0320	0,1330	71,5	0,073	0,220
71,24	0,0800	0,2475	69,3	0,123	0,310
67,75	0,1550	0,3650	66,4	0,211	0,420
65,60	0,2510	0,4550	66,0	0,236	0,442
64,10	0,3465	0,5205	65,8	0,239	0,440
64,00	0,4020	0,5560	65,3	0,265	0,468
63,25	0,4975	0,5970	64,0	0,352	0,526
62,97	0,5610	0,6380	63,7	0,408	0,558
62,65	0,6220	0,6670	63,6	0,440	0,573
62,50	0,6960	0,7000	63,1	0,533	0,620
62,35	0,7650	0,7420	62,9	0,585	0,647
62,60	0,8250	0,7890	62,4	0,664	0,687
62,80	0,8550	0,8070	62,4	0,708	0,711
63,21	0,9160	0,8600	62,4	0,748	0,737
63,90	0,9550	0,9290	62,4	0,793	0,768
64,70	1,0000	1,0000	62,5	0,822	0,790
			62,8	0,883	0,842
			64,0	0,961	0,934

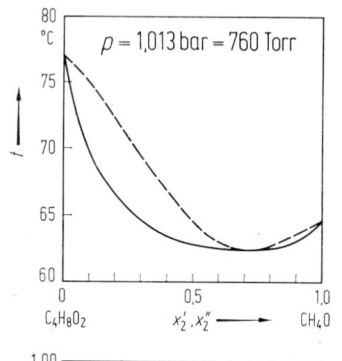

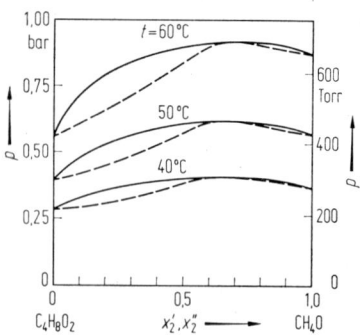

Weitere Daten s. [A 5], [N 12] und [Z 1].
Der Einfluß von gelöstem Calciumchlorid auf das Phasengleichgewicht ist bei [O 2] behandelt.

Zu **403** [M 31]

$t = 40\,°C$			$t = 50\,°C$			$t = 60\,°C$		
p in bar	x_2'	x_2''	p in bar	x_2'	x_2''	p in bar	x_2'	x_2''
0,309	0,0500	0,2115	0,441	0,0525	0,1700	0,608	0,0190	0,0950
0,309	0,0670	0,2130	0,498	0,1260	0,3375	0,654	0,0495	0,1785
0,320	0,0970	0,2620	0,541	0,2315	0,4360	0,727	0,1090	0,3100
0,345	0,1540	0,3718	0,580	0,3435	0,5125	0,744	0,1360	0,3450
0,358	0,2175	0,4242	0,607	0,4500	0,5685	0,789	0,1900	0,4160
0,379	0,2620	0,4695	0,613	0,5425	0,6170	0,815	0,2375	0,4350
0,386	0,3000	0,4912	0,614	0,5680	0,6325	0,859	0,3590	0,5320
0,395	0,3820	0,5356	0,615	0,6350	0,6640	0,880	0,4020	0,550
0,397	0,4500	0,5360	0,617	0,7060	0,6975	0,897	0,4950	0,5940
0,405	0,5680	0,6150	0,615	0,7580	0,7290	0,913	0,590	0,6430
0,407	0,6560	0,660	0,610	0,8215	0,7655	0,920	0,6990	0,7020
0,403	0,7190	0,694	0,603	0,8755	0,8100	0,917	0,7350	0,7280
0,405	0,780	0,730	0,593	0,9250	0,8550	0,903	0,8980	0,8470
0,402	0,810	0,7495				0,899	0,9100	0,8535

404

x_1 ($C_4H_8O_2$), 1,4-Dioxan
M: 88,11   Kp.: 101,3 °C

x_2 $CH_3 \cdot [CH_2]_2 \cdot CH{:}CH_2$, Penten-(1)
M: 70,14   Kp.: 28 °C

[T 1]

$t = 80\,°C$

p in bar	x_2'	x_2''	p in bar	x_2'	x_2''
0,9583	0,062	0,485	1,2139	0,104	0,601
1,1512	0,093	0,583	1,4316	0,142	0,671

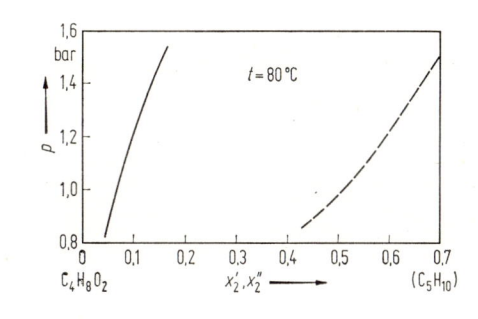

405

x_1 ($C_4H_8O_2$), 1,4-Dioxan
M: 88,11   Kp.: 101,3 °C

x_2 $CH_3 \cdot [CH_2]_4 \cdot CH_3$, Hexan
M: 86,18   Kp.: 68,8 °C

[S 35]

$p = 1,013$ bar $= 760$ Torr

t in °C	x_2'	x_2''	t in °C	x_2'	x_2''
84,9	0,110	0,435	71,7	0,543	0,740
79,2	0,217	0,571	70,8	0,637	0,783
76,5	0,287	0,630	69,6	0,770	0,837
75,3	0,324	0,652	68,9	0,862	0,886
74,3	0,373	0,675	68,8	0,887	0,900

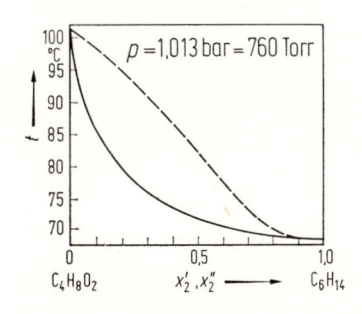

Zu 405

[T 1]

$t = 80\,°C$

p in bar	x_2'	x_2''	p in bar	x_2'	x_2''
0,6103	0,030	0,198	1,2704	0,485	0,710
0,7827	0,074	0,363	1,2891	0,490	0,717
0,8054	0,088	0,398	1,3783	0,751	0,819
0,9222	0,137	0,490	1,4311	0,976	0,976
1,2208	0,408	0,681			

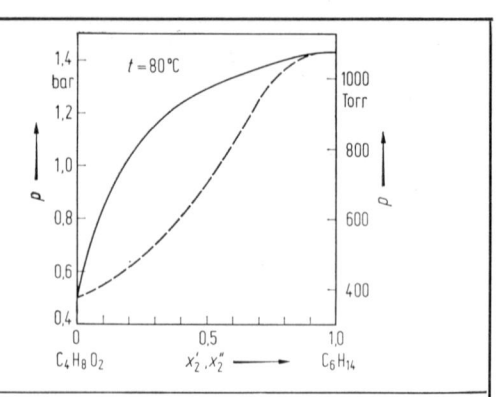

406

x_1 ($C_4H_8O_2$), 1,4-Dioxan
M: 88,11   Kp.: 101,3 °C

x_2 $CH_3 \cdot [CH_2]_3 \cdot CH:CH_2$, Hexen-(1)
M: 84,16   Kp.: 63,35 °C

[S 35]

$p = 1,013$ bar $= 760$ Torr

t in °C	x_2'	x_2''	t in °C	x_2'	x_2''
87,6	0,098	0,390	71,6	0,470	0,755
85,2	0,125	0,450	69,0	0,607	0,810
83,1	0,155	0,502	67,4	0,735	0,865
79,3	0,210	0,576	65,2	0,872	0,930
76,9	0,277	0,637	64,8	0,932	0,960
72,9	0,376	0,710			

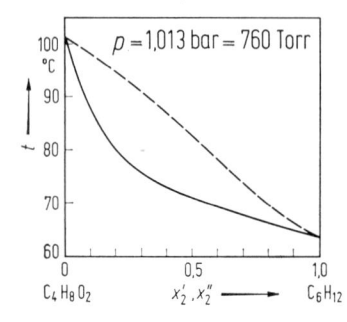

[T 1]

$t = 80\,°C$

p in bar	x_2'	x_2''	p in bar	x_2'	x_2''
0,5548	0,015	0,095	1,3227	0,489	0,745
0,6725	0,058	0,277	1,4865	0,742	0,855
0,8029	0,108	0,415	1,5930	0,885	0,930
1,0931	0,285	0,629			

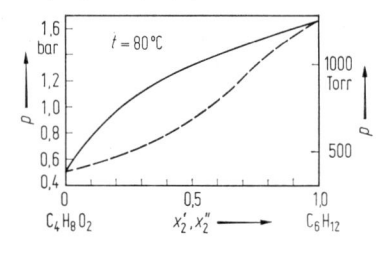

407

x_1 ($C_4H_8O_2$), 1,4-Dioxan
M: 88,11   Kp.: 101,3 °C

x_2 C_6H_6, Benzol
M: 78,11   Kp.: 80,2 °C

[D 12]

Dampfdruck (bar) von 1,4-Dioxan—Benzol-Gemischen

x_2'	Temperatur in °C		
	25	30	40
0,0000	0,0489	0,0632	0,1017
0,0626	0,0560	0,0712	0,1121
0,1258	0,0609	0,0773	0,1227
0,1456	0,0625	0,0795	0,1248
0,2711	0,0707	0,0905	0,1439
0,2946	0,0745	0,0948	0,1499
0,3644	0,0797	0,1009	0,1577
0,4687	0,0875	0,1108	0,1731
0,4998	0,0899	0,1141	0,1788
0,5609	0,0944	0,1195	0,1865
0,5753	0,0963	0,1221	0,1911
0,6203	0,0995	0,1255	0,1947
0,7149	0,1067	0,1341	0,2072
0,7573	0,1103	0,1384	0,2130
0,8140	0,1139	0,1437	0,2232
0,8258	0,1152	0,1447	0,2236
0,8742	0,1180	0,1487	0,2301
0,9643	0,1252	0,1574	0,2424
1,0000	0,1259	0,1587	0,2448

Die Originalarbeit enthält eine Anleitung zur Berechnung der Gleichgewichtskonstanten

Zu **407**

408

x_1 (C$_4$H$_8$O$_2$), 1,4-Dioxan
  M: 88,11   Kp.: 101,3 °C

x_2 CH$_3$·[CH$_2$]$_5$·CH$_3$, Heptan
  M: 100,21   Kp.: 98,34 °C

[T 1]

$t = 80\,°C$

p in bar	x_2'	x_2''	p in bar	x_2'	x_2''
0,5334	0,017	0,063	0,7121	0,626	0,584
0,5809	0,049	0,152	0,6918	0,764	0,672
0,6107	0,079	0,209	0,6650	0,827	0,730
0,6577	0,161	0,320	0,6565	0,852	0,759
0,7062	0,353	0,451	0,6314	0,911	0,836
0,7233	0,515	0,518	0,5938	0,977	0,951

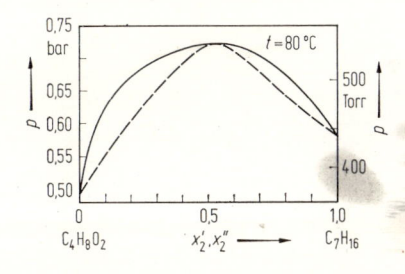

409

x_1 (C$_4$H$_8$O$_2$), 1,4-Dioxan
  M: 88,11   Kp.: 101,3 °C

x_2 CCl$_4$, Tetrachlorkohlenstoff
  M: 153,82   Kp.: 76,7 °C

[D 12]

Dampfdruck (in bar) von 1,4-Dioxan—Tetrachlorkohlenstoff-Gemischen

x_2'	Temperatur in °C		
	25	30	40
0,0000	0,0489	0,0632	0,1015
0,0747	0,0585	0,0749	0,1228
0,1220	0,0651	0,0815	0,1348
0,2004	0,0744	0,0955	0,1525
0,2418	0,0789	0,1011	0,1611
0,2995	0,0863	0,1093	0,1705
0,3531	0,0917	0,1161	0,1809
0,3710	0,0952	0,1200	0,1856
0,4579	0,1040	0,1307	0,2009
0,4717	0,1060	0,1327	0,2028
0,4938	0,1063	0,1335	0,2049
0,5708	0,1127	0,1419	0,2192
0,6140	0,1171	0,1473	0,2273
0,6554	0,1197	0,1505	0,2316
0,7291	0,1260	0,1583	0,2436
0,7588	0,1281	0,1615	0,2501
0,7966	0,1344	0,1680	0,2561
0,8494	0,1383	0,1727	0,2621
0,8980	0,1419	0,1773	0,2698
0,9441	0,1463	0,1827	0,2776
1,0000	0,1513	0,1883	0,2842

Die Originalarbeit enthält eine Anleitung zur Berechnung der Gleichgewichtskonstanten

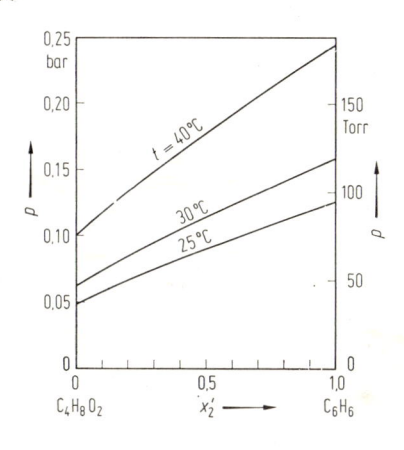

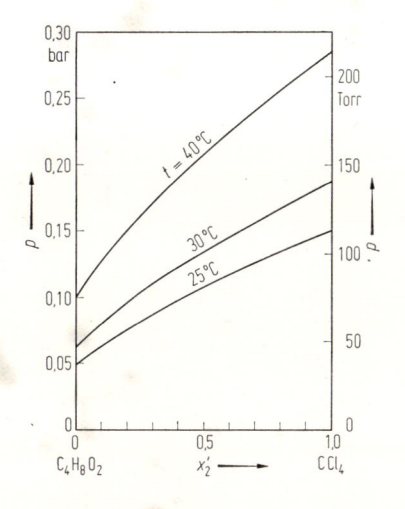

410 x_1 (C$_4$H$_8$O$_2$), 1,4-Dioxan
M: 88,11   Kp.: 101,3 °C

x_2 CH$_3\cdot$CH$_2\cdot$CH$_2$OH, Propanol-(1)
M: 60,10   Kp.: 97,15 °C

[G 21]

$p = 1{,}013$ bar $= 760$ Torr

t in °C	x_2'	x_2''	t in °C	x_2'	x_2''
98,40	0,100	0,162	95,30	0,600	0,590
96,90	0,200	0,270	95,40	0,700	0,665
95,80	0,300	0,372	95,60	0,800	0,757
95,40	0,400	0,480	96,30	0,900	0,865
95,21	0,500	0,520			

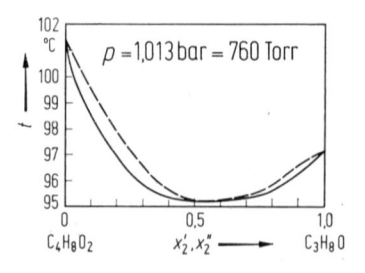

---

411 m_1 CH$_2$:C(CH$_3$)$\cdot$CO$_2$H, Methacrylsäure
M: 86,09   Kp.: 161 °C

m_2 H$_2$O, Wasser
M: 18,02   Kp.: 100,0 °C

[A 3]
Heteroazeotroper Punkt bei $p = 66{,}7$ mbar (50 Torr): $t_{az} = 37{,}5$ °C;
$m_{2az} = 0{,}800$ (Massen-Tl.)

---

412 x_1 CH$_2$:CH$\cdot$CO$_2$CH$_3$, Acrylsäuremethylester
M: 86,09   Kp.: 80,5 °C

x_2 CH$_3$OH, Methanol
M: 32,04   Kp.: 64,7 °C

[F 3]
Lage des azeotropen Punktes

p in bar	t_{az} in °C	x_{2az}
0,261	31,2	0,676
0,399	40,3	0,692
0,537	47,8	0,706
0,667	51,8	0,716
0,800	55,7	0,728
1,000 3	61,8	0,748

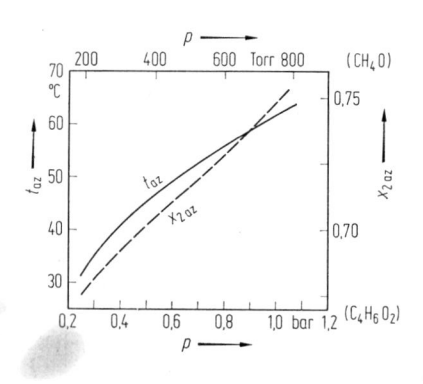

Weishaupt

413 x_1 $(CH_3 \cdot CO)_2O$, Essigsäure-anhydrid
M: 102,09 °C   Kp.: 139,55 °C

x_2 C_6H_{12}, Cyclohexan
M: 84,16   Kp.: 80,8 °C

[J 6]

$p = 1,013$ bar $= 760$ Torr

t in °C	x_2'	x_2''	t in °C	x_2'	x_2''
101,5	0,10	0,750	81,0	0,70	0,899
87,5	0,20	0,850	80,6	0,80	0,903
84,0	0,30	0,878	80,4	0,90	0,922
82,7	0,40	0,885	80,2	0,95	0,944
81,8	0,50	0,890	80,4	0,975	0,967
81,3	0,60	0,892			

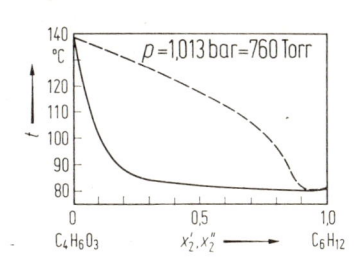

Der azeotrope Punkt liegt bei $t_{az} = 80,12$ °C und $x_{2az} = 0,935$. Die Originalarbeit enthält ein Detaildiagramm von der Umgebung des azeotropen Punktes.

414 x_1 $(CH_3 \cdot CO)_2O$, Essigsäure-anhydrid
M: 102,09   Kp.: 139,55 °C

x_2 $CH_3 \cdot COOH$, Essigsäure
M: 60,05   Kp.: 118,1 °C

[J 6]

$p = 0,133$ bar $= 100$ Torr			$p = 1,013$ bar $= 760$ Torr		
t in °C	x_2'	x_2''	t in °C	x_2'	x_2''
79,3	0,10	0,199	136,3	0,10	0,180
76,9	0,20	0,360	133,3	0,20	0,330
74,8	0,30	0,495	130,6	0,30	0,460
72,9	0,40	0,610	128,3	0,40	0,566
71,1	0,50	0,703	126,2	0,50	0,660
69,3	0,60	0,780	124,5	0,60	0,740
67,6	0,70	0,845	122,6	0,70	0,815
65,9	0,80	0,902	121,0	0,80	0,880
64,2	0,90	0,953	119,5	0,90	0,940
63,4	0,95	0,978	118,5	0,95	0,970
63,0	0,975	0,989	118,2	0,975	0,985

Das Gemisch verhält sich bei $p = 0,133$ bar praktisch ideal, während bei $p = 1,013$ bar eine geringe Abweichung vom Idealverhalten vorliegt.

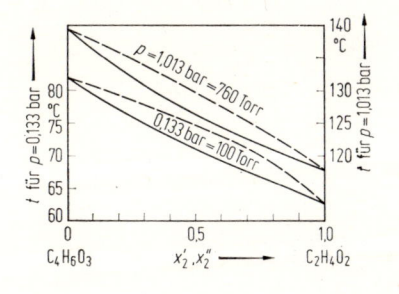

415 x_1 $(CH_3 \cdot CO)_2O$, Essigsäure-anhydrid
M: 102,09   Kp.: 139,55 °C

x_2 $CH_3 \cdot CO \cdot CH_3$, Aceton
M: 58,08   Kp.: 56,2···56,3 °C

[J 6]

$p = 1,013$ bar $= 760$ Torr

t in °C	x_2'	x_2''	t in °C	x_2'	x_2''
119,0	0,10	0,470	66,5	0,70	0,969
103,0	0,20	0,705	62,5	0,80	0,981
91,5	0,30	0,832	59,5	0,90	0,991
82,5	0,40	0,896	57,7	0,95	0,996
76,5	0,50	0,932	57,0	0,975	0,998
71,0	0,60	0,953			

Wegen des großen Unterschiedes der Siedetemperaturen der reinen Stoffe gibt es keine befriedigende Korrelation durch die Van-Laar-Gleichung

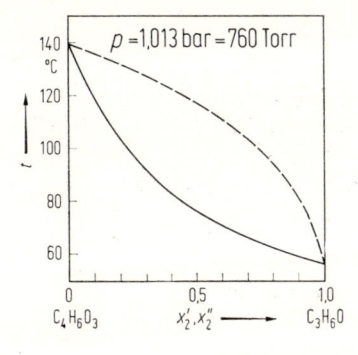

416 x_1 $(CH_3 \cdot CO)_2O$, Essigsäure-
anhydrid
M: 102,09   Kp.: 139,55 °C

x_2 $(CH_3)_2CH \cdot O \cdot CH(CH_3)_2$,
Di-isopropyläther
M: 102,18   Kp.: 68,5 °C

[M 25]

$p = 1{,}013$ bar $= 760$ Torr

t in °C	x_2'	x_2''	t in °C	x_2'	x_2''
105,8	0,10	0,661	75,4	0,60	0,939
91,4	0,20	0,800	73,5	0,70	0,953
84,6	0,30	0,862	71,7	0,80	0,968
80,0	0,40	0,896	70,1	0,90	0,982
77,4	0,50	0,921			

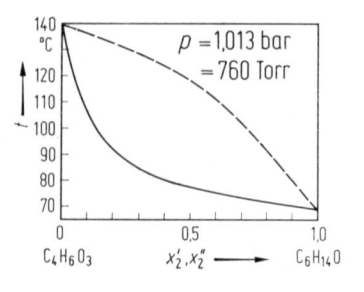

---

418 x_1 $HOCH_2 \cdot CH_2 \cdot O \cdot CH_2 \cdot CH_2OH$, Diglykol (Diäthylenglykol)
M: 106,12   Kp.: 245 °C

Die Mischungskomponenten sind in der Tabelle aufgeführt

[A 6]

Zweistoffgemische von Diglykol mit verschiedenen unendlich verdünnten Komponenten

Syst.-Nr.	2. Komponente				Nat. Log. des Aktivitätskoeffizienten bei		
	Name	Formel	M	Kp. in °C	25 °C	50 °C	70 °C
	Paraffine						
418a	n-Hexan	$CH_3 \cdot [CH_2]_4 \cdot CH_3$	86,18	68,8	4,98	4,55	4,29
418b	n-Heptan	$CH_3 \cdot [CH_2]_5 \cdot CH_3$	100,21	98,34	5,37	4,93	4,62
418c	n-Octan	$CH_3 \cdot [CH_2]_6 \cdot CH_3$	114,23	125,8	5,82	5,33	4,99
418d	n-Nonan	$CH_3 \cdot [CH_2]_7 \cdot CH_3$	128,26	150,6	6,22	5,69	5,33
418e	n-Decan	$CH_3 \cdot [CH_2]_8 \cdot CH_3$	142,29	173,75	6,64	6,08	5,69
418f	n-Dodecan	$CH_3 \cdot [CH_2]_{10} \cdot CH_3$	170,34	214,5	7,41	6,84	6,36
	Cycloparaffine						
418g	Cyclohexan	C_6H_{12}	84,16	80,8	4,05	3,78	3,52
418h	Methylcyclohexan	(C_7H_{14})	98,19	101	4,50	4,20	3,90
	Olefine						
418i	Hexen-(1)	$CH_3 \cdot [CH_2]_3 \cdot CH:CH_2$	84,16	63,35	4,14	3,92	3,70
418k	Hepten-(1)	$CH_3 \cdot [CH_2]_4 \cdot CH:CH_2$	98,19	98···99	4,66	4,35	4,04
418l	Decen-(1)	$CH_3 \cdot [CH_2]_7 \cdot CH:CH_2$	140,27	170,5	5,97	5,48	5,30
	Aromaten						
418m	Benzol	C_6H_6	78,11	80,2	2,11	1,97	1,88
418n	Toluol	C_7H_8	92,14	110,8	2,59	2,43	2,30
418o	Äthylbenzol	(C_8H_{10})	106,17	136,1	3,09	2,86	2,73

Die vorliegende Arbeit enthält auch die Aktivitätskoeffizienten derselben Komponenten in Triäthylenglykol und Tetraäthylenglykol bei den Temperaturen 25, 50 und 70 °C

417

x_1 $(CH_3 \cdot CO)_2O$, Essigsäure-anhydrid
     M: 102,09   Kp.: 139,55 °C

x_2 (C_5H_5N), Pyridin
     M: 79,10   Kp.: 115,3 °C

[J 6]

$p = 1{,}013$ bar $= 760$ Torr

t in °C	x_2'	x_2''	t in °C	x_2'	x_2''
134,7	0,10	0,225	120,5	0,70	0,815
131,2	0,20	0,365	118,6	0,80	0,880
128,5	0,30	0,480	117,0	0,90	0,940
126,0	0,40	0,580	116,3	0,95	0,970
124,0	0,50	0,665	116,0	0,975	0,985
122,0	0,60	0,740			

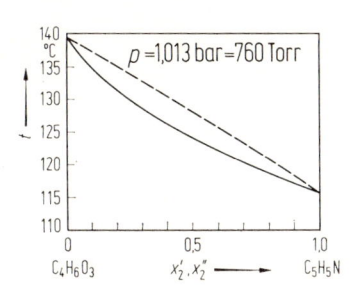

419

x_1 $HOCH_2 \cdot CH_2 \cdot O \cdot CH_2 \cdot CH_2OH$, Diglykol
     M: 106,12   Kp.: 245 °C

x_2 C_6H_6, Benzol
     M: 78,11   Kp.: 80,2 °C

[L 13]

$p = 1{,}013$ bar $= 760$ Torr

t in °C	x_2'	Aktivitätskoeffizient	
		f_1	f_2
245,0	0,000	1,000	—
113,2	0,100	1,042	3,920
97,8	0,200	1,116	2,965
88,5	0,300	1,191	2,581
83,8	0,400	1,305	2,227
81,6	0,500	1,533	1,905
81,1	0,600	1,953	1,612
81,1	0,700	2,623	1,400
81,1	0,800	4,733	1,207
80,5	0,900	10,930	1,093
80,1	1,000	—	1,000

Definition des Aktivitätskoeffizienten siehe Einleitung, S. 11

420

x_1 $HOCH_2 \cdot CH_2 \cdot O \cdot CH_2 \cdot CH_2OH$, Diglykol
     M: 106,12   Kp.: 245 °C

x_2 $CH_3 \cdot [CH_2]_5 \cdot CH_3$, Heptan
     M: 100,21   Kp.: 98,34 °C

[L 13]

$p = 1{,}013$ bar $= 760$ Torr

t in °C	x_2'	Aktivitätskoeffizient	
		f_1	f_2
245,0	0,000	1,000	—
98,6	0,100	1,165	9,933
98,6	0,200	1,386	4,967
98,6	0,300	1,654	3,312
98,6	0,400	2,019	2,485
98,6	0,500	2,485	1,988
98,6	0,600	3,275	1,657
98,6	0,700	4,899	1,420
98,6	0,800	8,513	1,243
98,6	0,900	22,14	1,105
98,3	1,000	—	1,000

Definition des Aktivitätskoeffizienten siehe Einleitung, S. 11

421

x_1 $HOCH_2 \cdot CH_2 \cdot O \cdot CH_2 \cdot CH_2OH$, Diglykol
     M: 106,12   Kp.: 245 °C

x_2 (C_8H_{10}), o-Xylol
     M: 106,17   Kp.: 143,6 °C

[L 13]

$p = 1{,}013$ bar $= 760$ Torr

t in °C	x_2'	Aktivitätskoeffizient	
		f_1	f_2
245,0	0,000	1,000	—
173,8	0,100	1,073	4,168
144,6	0,200	1,207	4,655
144,6	0,300	1,428	3,134
144,6	0,400	1,716	2,346
144,6	0,500	2,160	1,871
144,6	0,600	2,847	1,554
144,6	0,700	3,929	1,329
144,6	0,800	6,521	1,154
144,6	0,900	18,380	0,998
144,2	1,000	—	1,000

Definition des Aktivitätskoeffizienten siehe Einleitung, S. 11

422 x_1 $CH_3 \cdot [CH_2]_3 \cdot CH_2OH$, n-Amyl-alkohol (Pentanol-(1))
             M: 88,15   Kp.: 138 °C
         x_2 C_6H_{12}, Cyclohexan
             M: 84,16   Kp.: 80,8 °C

[M 22]

$p = 0,533$ bar $= 400$ Torr			$p = 0,800$ bar $= 600$ Torr		
t in °C	x_2'	x_2''	t in °C	x_2'	x_2''
119,52	0,000	0,000	130,94	0,000	0,000
98,19	0,100	0,615	111,46	0,100	0,556
84,46	0,200	0,803	98,01	0,200	0,757
77,39	0,300	0,874	90,67	0,300	0,843
73,84	0,400	0,909	86,87	0,400	0,886
68,93	0,500	0,934	81,79	0,500	0,917
64,69	0,600	0,951	77,89	0,600	0,937
63,14	0,700	0,961	75,48	0,700	0,951
62,14	0,800	0,969	74,71	0,800	0,961
61,88	0,900	0,977	74,12	0,900	0,972
60,79	1,000	1,000	73,11	1,000	1,000

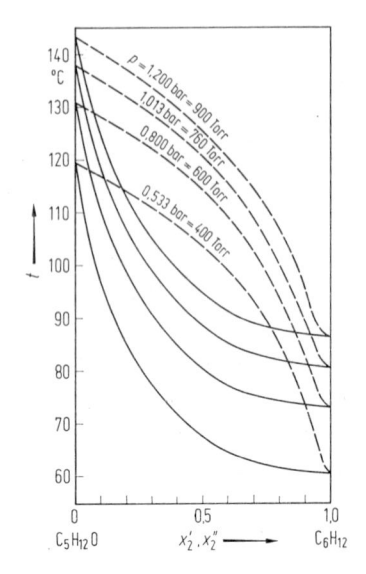

$p = 1,013$ bar $= 760$ Torr			$p = 1,200$ bar $= 900$ Torr		
t in °C	x_2'	x_2''	t in °C	x_2'	x_2''
138,01	0,000	0,000	143,27	0,000	0,000
119,30	0,100	0,527	124,95	0,100	0,508
106,23	0,200	0,730	112,27	0,200	0,710
98,81	0,300	0,823	104,82	0,300	0,808
94,89	0,400	0,872	100,83	0,400	0,861
89,63	0,500	0,906	95,40	0,500	0,898
85,90	0,600	0,928	91,78	0,600	0,922
83,16	0,700	0,944	88,89	0,700	0,939
82,39	0,800	0,956	88,11	0,800	0,951
81,74	0,900	0,968	87,44	0,900	0,965
80,70	1,000	1,000	86,56	1,000	1,000

Für die vorstehenden Flüssigkeitsgemische enthält die Originalarbeit Siededaten bis etwa 3,6 bar

$t = 90$ °C			$t = 100$ °C		
p in bar	x_2'	x_2''	p in bar	x_2'	x_2''
0,1593	0,000	0,000	0,2469	0,000	0,000
0,4208	0,100	0,655	0,5723	0,100	0,606
0,6121	0,200	0,784	0,8218	0,200	0,751
0,7698	0,300	0,844	1,0311	0,300	0,820
0,9100	0,400	0,881	1,2159	0,400	0,862
1,0356	0,500	0,906	1,3784	0,500	0,891
1,1411	0,600	0,924	1,5130	0,600	0,911
1,2192	0,700	0,938	1,6129	0,700	0,927
1,2677	0,800	0,950	1,6756	0,800	0,941
1,2943	0,900	0,964	1,7090	0,900	0,957
1,3233	1,000	1,000	1,7384	1,000	1,000

[M 22]

$t = 70$ °C			$t = 80$ °C			$t = 110$ °C			$t = 120$ °C		
p in bar	x_2'	x_2''	p in bar	x_2'	x_2''	p in bar	x_2'	x_2''	p in bar	x_2'	x_2''
0,0599	0,000	0,000	0,0996	0,000	0,000	0,3710	0,000	0,000	0,5427	0,000	0,000
0,2257	0,100	0,758	0,3085	0,100	0,706	0,7751	0,100	0,562	1,0460	0,100	0,524
0,3306	0,200	0,849	0,4518	0,200	0,817	1,0940	0,200	0,718	1,4444	0,200	0,686
0,4124	0,300	0,890	0,5673	0,300	0,868	1,3643	0,300	0,795	1,7845	0,300	0,769
0,4878	0,400	0,915	0,6714	0,400	0,898	1,6025	0,400	0,842	2,0854	0,400	0,821
0,5594	0,500	0,931*)	0,7670	0,500	0,920	1,8102	0,500	0,874	2,3472	0,500	0,857
0,6213	0,600	0,946	0,8483	0,600	0,935	1,9802	0,600	0,897	2,5600	0,600	0,882
0,6658	0,700	0,956	0,9082	0,700	0,947	2,1049	0,700	0,915	2,7124	0,700	0,902
0,6898	0,800	0,964	0,9436	0,800	0,957	2,1812	0,800	0,931	2,8007	0,800	0,919
0,7010	0,900	0,974	0,9623	0,900	0,969	2,2188	0,900	0,950	2,8366	0,900	0,941
0,7245	1,000	1,000	0,9890	1,000	1,000	2,2459	1,000	1,000	2,8578	1,000	1,000

*) Interpolierter Wert

Fortsetzung nächste Seite

Zu 422

$t = 130\,°C$

p in bar	x_2'	x_2''	p in bar	x_2'	x_2''
0,7746	0,000	0,000	3,2721	0,600	0,866
1,4041	0,100	0,492	3,4554	0,700	0,887
1,8922	0,200	0,656	3,5506	0,800	0,906
2,3087	0,300	0,743	3,5755	0,900	0,932
2,6809	0,400	0,799	3,5860	1,000	1,000
3,0077	0,500	0,838			

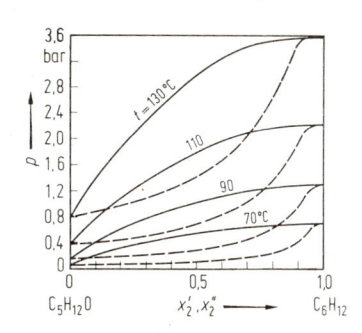

423

x_1 $CH_3 \cdot [CH_2]_3 \cdot CH_2OH$, n-Amylalkohol
     M: 88,15   Kp.: 138 °C

x_2 C_7H_8, Toluol
     M: 92,14   Kp.: 110,8 °C

[S 1]

$p = 1,011$ bar $= 758$ Torr

t in °C	x_2'	x_2''	t in °C	x_2'	x_2''
116,8	0,465	0,685	111,4	0,767	0,847
115,8	0,530	0,725	111,0	0,826	0,875
113,4	0,593	0,757	110,5	0,863	0,900
114,3	0,600	0,765	110,1	0,920	0,935
113,2	0,635	0,776	110,2	0,960	0,975
112,4	0,685	0,800	110,7	0,995	0,995
112,0	0,710	0,825			

In der Originalarbeit ist für jeden Meßpunkt der Druck gesondert angegeben. Die mittlere Abweichung von obigem Mittelwert beträgt ±4 Torr.

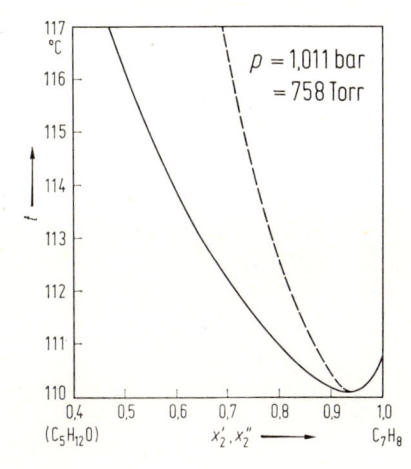

In der Originalarbeit sind die x_2'-Werte um maximal 0,050 abgestuft.

Fortsetzung nächste Seite

[S 1]

$t = 30\,°C$

p in bar	x_2'	x_2''
0,00604	0,010	0,323
0,01211	0,050	0,674
0,01748	0,100	0,783
0,02530	0,200	0,861
0,03171	0,300	0,899
0,03669	0,400	0,920
0,04014	0,500	0,934
0,04274	0,600	0,942
0,04509	0,700	0,951
0,04688	0,800	0,959
0,04725	0,850	0,961

$t = 50\,°C$

p in bar	x_2'	x_2''
0,02106	0,010	0,208
0,03492	0,050	0,539
0,04762	0,100	0,675
0,06598	0,200	0,783
0,08048	0,300	0,837
0,09202	0,400	0,870
0,10054	0,500	0,891
0,10694	0,600	0,907
0,11234	0,700	0,922
0,11687	0,800	0,936
0,11964	0,900	0,950
0,12056	0,950	0,962

$t = 70\,°C$

p in bar	x_2'	x_2''
0,0636	0,010	0,135
0,0907	0,050	0,414
0,1163	0,100	0,561
0,1535	0,200	0,693
0,1827	0,300	0,764
0,2065	0,400	0,810
0,2247	0,500	0,842
0,2383	0,600	0,865
0,2494	0,700	0,887
0,2592	0,800	0,911
0,2670	0,900	0,939
0,2694	0,950	0,959

$t = 90\,°C$

p in bar	x_2'	x_2''
0,1673	0,010	0,091
0,2141	0,050	0,313
0,2586	0,100	0,454
0,3250	0,200	0,599
0,3783	0,300	0,686
0,4224	0,400	0,745
0,4565	0,500	0,788
0,4820	0,600	0,821
0,5042	0,700	0,852
0,5218	0,800	0,887
0,5369	0,900	0,929
0,5410	0,950	0,956

$t = 110\,°C$

p in bar	x_2'	x_2''	p in bar	x_2'	x_2''
0,3887	0,010	0,065	0,9355	0,700	0,820
0,4621	0,050	0,238	0,9681	0,800	0,867
0,5308	0,100	0,361	0,9904	0,900	0,918
0,6355	0,200	0,509	0,9943	0,950	0,951
0,7243	0,300	0,609	0,9944	0,970	0,969
0,7991	0,400	0,682	0,9941	0,980	0,979
0,8563	0,500	0,735	0,9938	0,990	0,982
0,8993	0,600	0,778			

Zu **423**

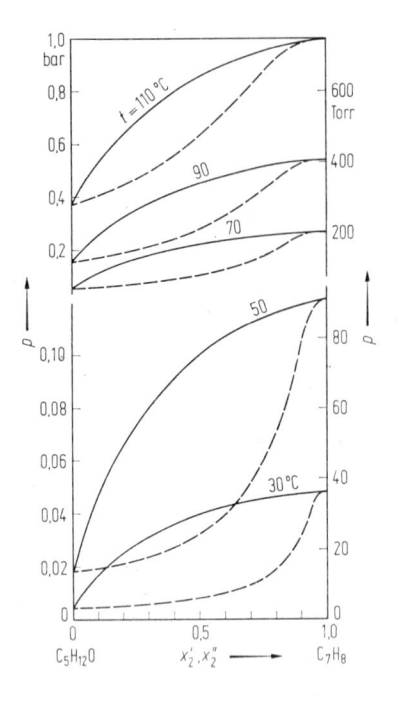

424 x_1 $CH_3 \cdot [CH_2]_3 \cdot CH_2OH$, n-Amyl-alkohol
M: 88,15   Kp.: 138 °C

x_2 CH_3OH, Methanol
M: 32,04   Kp.: 64,7 °C

[H 14]

$p = 1,013$ bar $= 760$ Torr

t in °C	x'	x''	t in °C	x'	x''
122,5	0,022?	0,368?	78,2	0,530	0,960
113,1	0,110	0,698	73,3	0,622	0,975
99,4	0,214	0,840	67,5	0,799	0,988
87,9	0,330	0,910	66,1	0,888	0,993$_5$
79,2	0,513	0,957			

Die Molgehalte in Flüssigkeit und Dampf wurden aus den in der Originalarbeit angegebenen Massen-Prozenten berechnet

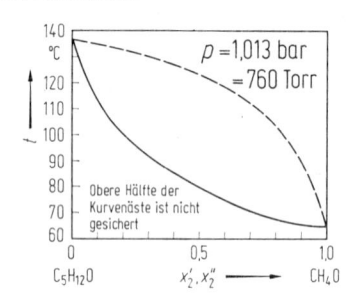

425 x_1 $CH_3 \cdot [CH_2]_3 \cdot CH_2OH$, n-Amyl-alkohol
M: 88,15   Kp.: 138 °C

x_2 $CH_3 \cdot CH_2OH$, Äthanol
M: 46,07   Kp.: 78,3 °C

[H 10]

$p = 1,013$ bar $= 760$ Torr

t in °C	x_2'	x_2''	t in °C	x_2'	x_2''
132,4	0,015 2	0,125	101,8	0,325	0,797
130,2	0,028 3	0,224	97,6	0,410	0,852
119,5	0,112	0,499	90,5$_5$	0,568	0,916
112,3	0,183	0,644	82,3$_5$	0,826	0,978
102,6	0,324	0,798	80,3	0,917	0,988

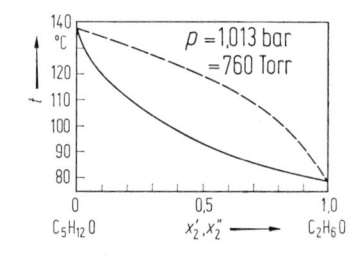

426 x_1 $(CH_3)_2CH \cdot CH_2 \cdot CH_2OH$, Isoamylalkohol
M: 88,15   Kp.: 131,2 ··· 131,7 °C

x_2 C_7H_8, Toluol
M: 92,14   Kp.: 110,8 °C

[R 8]

$t = 80$ °C			$t = 95$ °C		
p in bar	x_2'	x_2''	p in bar	x_2'	x_2''
0,131	0,000	0,000	0,261	0,000	0,000
0,180	0,055	0,312	0,333	0,065	0,280
0,191	0,074	0,345	0,376	0,120	0,375
0,216	0,112	0,455	0,385	0,129	0,405
0,268	0,236	0,605	0,420	0,170	0,460
0,280	0,241	0,610	0,441	0,205	0,504
0,283	0,256	0,630	0,472	0,273	0,572
0,328	0,432	0,721	0,504	0,321	0,616
0,344	0,520	0,755	0,507	0,323	0,625
0,352	0,566	0,786	0,544	0,395	0,669
0,357	0,578	0,778	0,576	0,457	0,689
0,373	0,730	0,832	0,608	0,590	0,751
0,376	0,813	0,864	0,620	0,629	0,769
0,380	0,820	0,872	0,625	0,672	0,782
0,393	0,914	0,928	0,636	0,770	0,820
0,391	1,000	1,000	0,643	0,870	0,880
			0,636	1,000	1,000

Fortsetzung nächste Seite

Zu **426**

$t = 107\,°C$

p in bar	x_2'	x_2''
0,427	0,000	0,000
0,553	0,110	0,300
0,627	0,191	0,436
0,700	0,251	0,512
0,715	0,289	0,551
0,729	0,296	0,561
0,792	0,398	0,644
0,857	0,511	0,709
0,892	0,629	0,763
0,907	0,694	0,793
0,920	0,964	0,964
0,911	0,980	0,976
0,915	1,000	1,000

Das nichtideale Verhalten des Systems nimmt mit zunehmender Temperatur ab. Bei 760 Torr liegt der azeotrope Punkt bei $t_{az} = 109,6\,°C$ und $x_{2az} = 0,842$.

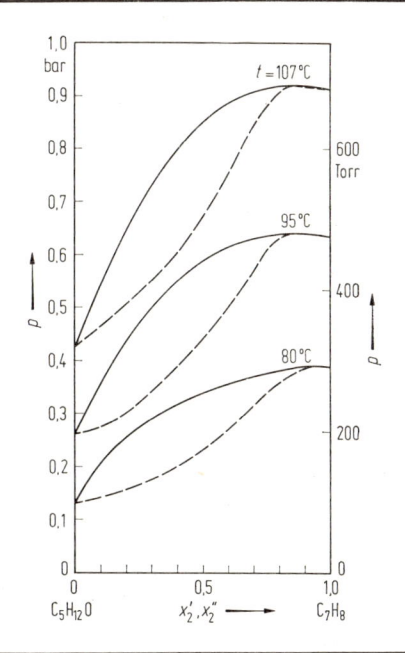

---

427 x_1 $CH_3 \cdot [CH_2]_2 \cdot CO \cdot CH_3$, Pentanon-(2) (Methyl-n-propylketon)
M: 86,13   Kp.: 102,8 °C

x_2 $CH_3 \cdot CH_2OH$, Äthanol
M: 46,07   Kp.: 78,3 °C

[H 10]

$p = 1,013\,\text{bar} = 760\,\text{Torr}$

t in °C	x_2'	x_2''
87,9	0,0652	0,237
86,0	0,130	0,347
83,0	0,301	0,518
80,85	0,534	0,683
79,8	0,613	0,732
79,7	0,624	0,738
78,8	0,789	0,838
78,45	0,854	0,885
78,5	0,867	0,892
78,35	0,919	0,930
78,2	0,959	0,953
78,15	0,969	0,967
78,35	0,985	0,983

Azeotroper Punkt: $t_{az} = 78,0\,°C$; $x_{2az} = 0,962$

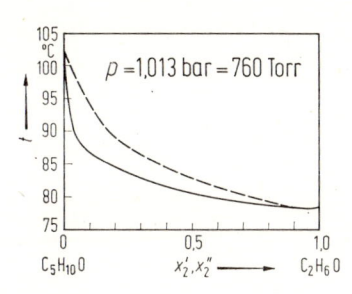

---

428 x_1 $CH_3 \cdot [CH_2]_2 \cdot CO \cdot CH_3$, Pentanon-(2)
M: 86,13   Kp.: 102,8 °C

x_2 $CH_3 \cdot [CH_2]_5 \cdot CH_3$, Heptan
M: 100,21   Kp.: 98,4 °C

[S 9]

$t = 90\,°C$

p in bar	x_2'	x_2''
0,6894[1]	0,000	0,000
0,8748	0,110	0,249
0,9251	0,202	0,351
0,9350	0,310	0,424
0,9440	0,354	0,469
0,9472	0,478	0,535
0,9499	0,565	0,572
0,9503[2]	0,58	0,58
0,9370	0,638	0,607
0,9314	0,674	0,642
0,9159	0,792	0,713
0,8942	0,923	0,835
0,7858[1]	1,000	1,000

[1] Literaturwerte
[2] Die Werte für den azeotropen Punkt sind extrapoliert bzw. interpoliert.

Die Konsistenzprüfung zeigt größere Abweichungen. Aus diesem Grunde wurde von einer graphischen Darstellung abgesehen.

429

x_1 $C_2H_5 \cdot CO \cdot C_2H_5$, Pentanon-(3) (Diäthyl-keton)
M: 86,13   Kp.: 102,5···102,7 °C

x_2 $CH_3 \cdot [CH_2]_4 \cdot CH_3$, n-Hexan
M: 86,18   Kp.: 68,7 °C

[M 11]

$t = 65 °C$

p in bar	x_2'	x_2''	p in bar	x_2'	x_2''
0,4559	0,126	0,430	0,7663	0,492	0,752
0,5003	0,166	0,510	0,7870	0,557	0,785
0,5756	0,237	0,588	0,8148	0,628	0,818
0,6280	0,298	0,632	0,8779	0,752	0,869
0,6629	0,360	0,684	0,9156	0,937	0,951
0,7322	0,439	0,732			

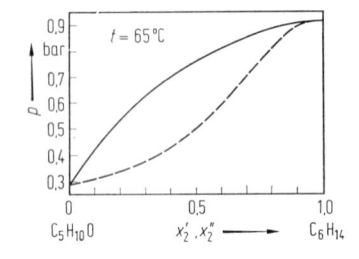

430

x_1 ($C_5H_{10}O$), 2-Methyl-tetrahydrofuran (Tetrahydrosilvan)
M: 86,14   Kp.: 80,2 °C

x_2 (C_5H_6O), 2-Methyl-furan (Silvan)
M: 82,10   Kp.: 63,7 °C

[B 19]

$p = 1,013$ bar $= 760$ Torr

t in °C	x_2'	x_2''	t in °C	x_2'	x_2''
79,9	0,024	0,036	72,6	0,456	0,578
79,1	0,079	0,117	70,2	0,602	0,720
78,6	0,106	0,155	67,6	0,760	0,848
77,6	0,168	0,241	66,8	0,808	0,884
76,1	0,245	0,340	66,4	0,833	0,901
74,1	0,368	0,483	64,8	0,932	0,967

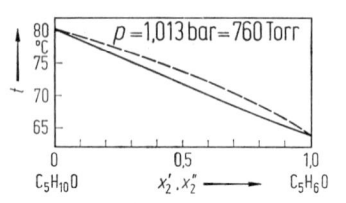

431

x_1 Methyl-cyclopropylketon
M: 84,12   Kp.: 110···112 °C

x_2 H_2O, Wasser
M: 18,02   Kp.: 100,0 °C

[K 16]

$p = 1,013$ bar $= 760$ Torr

t in °C	x_2'	x_2''	t in °C	x_2'	x_2''
103,4	0,067	0,281	88,5	0,531	0,706
98,7	0,141	0,433	88,5	0,706	0,706
92,2	0,268	0,590	88,5	0,955	0,706

Azeotroper Punkt bei $p = 1,012$ bar (759 Torr):
$t_{az} = 88,5 °C$; $x_{2az} = 0,706$

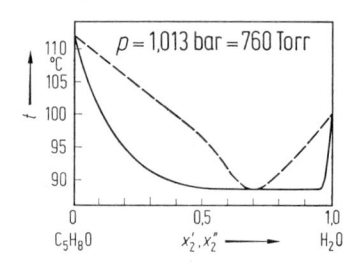

432

x_1 $CH_3 \cdot [CH_2]_3 \cdot CO_2H$, Valeriansäure
M: 102,13 Kp.: 186 °C

x_2 $CH_3 \cdot [CH_2]_5 \cdot CH_3$, n-Heptan
M: 100,21 Kp.: 98,34 °C

[L 20]

$t = 50\,°C$

p in bar	x_2'	x_2''	p in bar	x_2'	x_2''
0,0023	0,000	0,000	0,1511	0,567	0,993
0,1204	0,365	0,988	0,1680	0,767	0,987
0,1348	0,453	0,989	0,1888	1,000	1,000
0,1408	0,497	0,988			

$t = 75\,°C$

p in bar	x_2'	x_2''	p in bar	x_2'	x_2''
0,0103	0,000	0,000	0,0371	0,000	0,000
0,1569	0,128	0,924	0,2368	0,062	0,863
0,1685	0,126	0,952	0,2674	0,077	0,860
0,1733	0,136	0,937	0,4037	0,138	0,926
0,2216	0,201	0,959	0,4869	0,183	0,936
0,2885	0,287	0,978	0,5822	0,264	0,943
0,2896	0,308	0,977	0,6075	0,291	0,952
0,3413	0,408	0,983	0,7255	0,411	0,963
0,3502	0,464	0,983	0,7719	0,483	0,966
0,3708	0,534	0,985	0,8295	0,557	0,975
0,3964	0,600	0,987	0,8866	0,657	0,980
0,4020	0,652	0,986	0,9165	0,701	0,986*)
0,4310	0,758	0,984	1,0592	1,000	1,000
0,4394	0,778	0,991			
0,4818	1,000	1,000			

$t = 100\,°C$

*) Interpolierter Wert

Die Arbeit enthält eine Tabelle für das spez. Volumen des Gemisches bei 25 °C

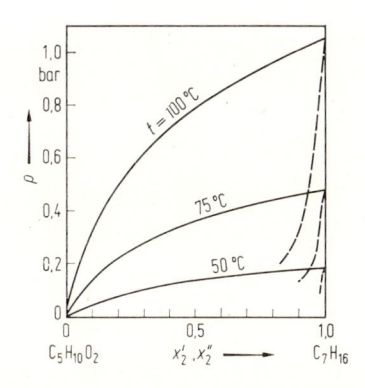

433

x_1 $CH_3 \cdot [CH_2]_3 \cdot CO_2H$, Valeriansäure
M: 102,13 Kp.: 186 °C

x_2 HCO_2H, Ameisensäure
M: 46,03 Kp.: 100,75 °C

[K 11]

$t = 50,0\,°C$

p in mbar	x_2'	x_2''	p in mbar	x_2'	x_2''
2,3	0,000	0,000	10,1	0,000	0,000
76,8	0,400	0,938	108,7	0,198	0,838
91,6	0,498	0,955	188,8	0,352	0,906
103,2	0,598	0,961	230,5	0,426	0,924
116,4	0,678	0,969	302,2	0,615	0,950
135,3	0,863	0,982	316,2	0,666	0,954
146,4	0,913	0,988	346,2	0,747	0,969
171,3	1,000	1,000	393,2	0,905	0,979
			405,8	0,936	0,986
			441,6	1,000	1,000

$t = 75,0\,°C$

$t = 100,0\,°C$

p in mbar	x_2'	x_2''	p in mbar	x_2'	x_2''
37,2	0,000	0,000	613,5	0,510	0,917
137,2	0,131	0,622	617,0	0,508	0,918
195,7	0,142	0,738	659,5	0,592	0,932
256,4	0,206	0,813	747,9	0,697	0,943
295,4	0,217	0,813	799,4	0,759	0,955
322,9	0,293	0,846	886,9	0,886	0,973
360,1	0,313	0,858	950,2	0,960	0,988
468,0	0,390	0,883	988,2	1,000	1,000
538,5	0,464	0,905			

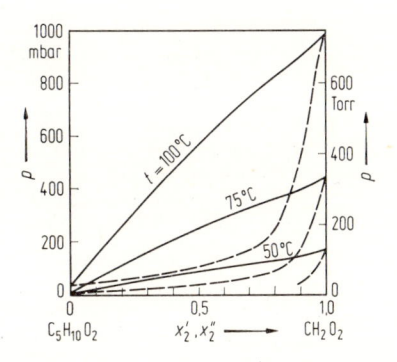

434 x_1 $HCO_2 \cdot [CH_2]_3 \cdot CH_3$, Ameisen-
säure-butylester
M: 102,13   Kp.: 106,8 °C

x_2 HCO_2H, Ameisensäure
M: 46,03   Kp.: 100,75 °C

[K 18]

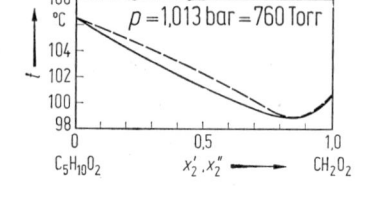

$p = 1,013$ bar = 760 Torr

t in °C	x_2'	x_2''	t in °C	x_2'	x_2''
106,60	0,000	0,000	99,20	0,765	0,800
104,35	0,187	0,265	98,90	0,844	0,848
102,65	0,354	0,446	99,00	0,872	0,868
101,20	0,496	0,592	99,15	0,904	0,899
100,45	0,597	0,669	99,65	0,952	0,942
99,70	0,695	0,744	100,70	1,000	1,000

Azeotroper Punkt (interpoliert):
$t_{az} = 99,0$ °C; $x_{2az} = 0,870$

---

435 x_1 ($C_5H_{10}O_2$),
Tetrahydrofurfurylalkohol
M: 102,13   Kp.: 177 °C bei 750 Torr

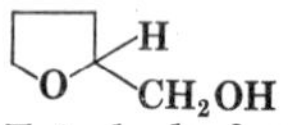

x_2 ($C_5H_6O_2$),
Furfurylalkohol
M: 98,10   Kp.: 171 °C bei 750 Torr

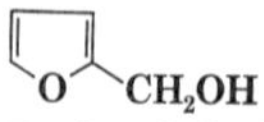

[Z 7]

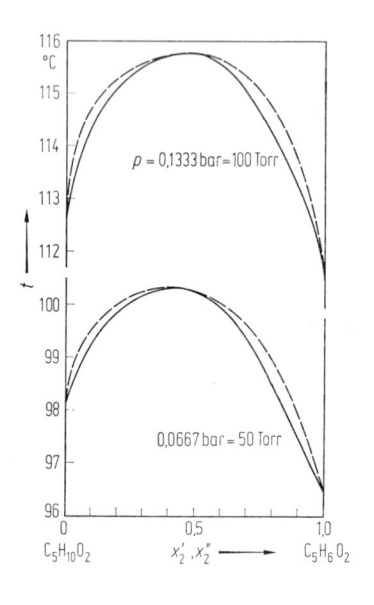

$p = 0,067$ bar = 50 Torr			$p = 0,133$ bar = 100 Torr		
t in °C	x_2'	x_2''	t in °C	x_2'	x_2''
98,1	0,000	0,000	112,5	0,000	0,000
99,0	0,052	0,034	113,8	0,052	0,027
99,3	0,104	0,066	114,4	0,104	0,063
99,8	0,207	0,153	115,1	0,207	0,153
100,1	0,309	0,265	115,5	0,309	0,281
100,2	0,410	0,396	115,7	0,410	0,417
100,3	0,520	0,530	115,9	0,520	0,569
99,9	0,610	0,647	115,6	0,610	0,680
99,3	0,708	0,757	114,9	0,708	0,777
98,4	0,806	0,852	114,2	0,806	0,861
97,5	0,905	0,937	113,2	0,905	0,936
97,0	0,952	0,969	112,6	0,952	0,967
96,7	0,982	0,992	112,1	0,982	0,988
96,5	1,000	1,000	111,6	1,000	1,000

436 m_1 (C$_5$H$_{10}$O$_2$),
Tetrahydrofurfurylalkohol
M: 102,13   Kp.: 177 °C bei 750 Torr

m_2 (C$_5$H$_4$O$_2$), Furfurol
M: 96,09   Kp.: 161,7 °C

[Z 6]

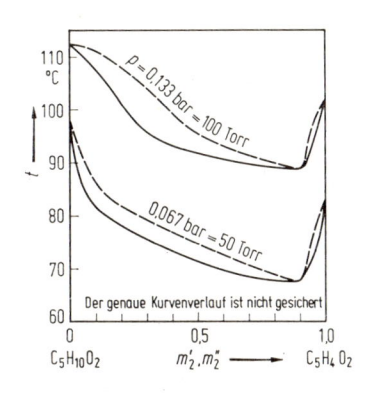

$p = 0,067$ bar $= 50$ Torr			$p = 0,133$ bar $= 100$ Torr		
t in °C	m_2'	m_2''	t in °C	m_2'	m_2''
	Massenanteile			Massenanteile	
98,1	0,0000	0,0000	112,5	0,0000	0,0000
82,7	0,0492	0,1697	111,1	0,0491	0,1491
79,8	0,0911	0,2212	107,3	0,1072	0,2302
78,9	0,1693	0,3806	103,7	0,1585	0,2922
77,3	0,2209	0,4018	99,8	0,2264	0,3892
73,4	0,3775	0,5995	95,5	0,3043	0,4840
71,5	0,4911	0,7112	94,7	0,3847	0,5406
68,1	0,6221	0,7652	92,1	0,5258	0,7135
71,5	0,7672	0,8786	92,2	0,5909	0,7178
68,5	0,8305	0,8787	90,2	0,7009	0,7923
67,8	0,9006	0,9006	89,6	0,7913	0,8825
72,3	0,9525	0,9375	87,7	0,9033	0,9053
77,2	0,9803	0,9536	96,0	0,9511	0,9380
83,0	1,0000	1,0000	98,1	0,9768	0,9683
			102,0	1,0000	1,0000

[F 3]
Lage des azeotropen Punktes

p in bar	t_{az} °C	x_{2az}	p in bar	t_{az} °C	x_{2az}
0,133	33,2	0,712	0,667	66,8	0,820
0,264	46,8	0,751	0,788	70,8	0,830
0,369	53,1	0,777	0,9990	77,0	0,851
0,528	61,6	0,801			

437 x_1 CH$_2$:CH·CO$_2$·C$_2$H$_5$, Acrylsäure-äthylester
M: 100,12   Kp.: ~ 99 °C

x_2 CH$_3$·CH$_2$OH, Äthanol
M: 46,07   Kp.: 78,32 °C

[F 2]

$p = 1,013$ bar $= 760$ Torr

t in °C	x_2'	x_2''	t in °C	x_2'	x_2''
95,1	0,018	0,1211	78,5	0,6880	0,7591
90,9	0,1024	0,3382	78,5	0,7115	0,7725
87,1	0,1916	0,4601	78,5	0,7634	0,8025
86,5*)	0,217	0,4827	78,35	0,8047	0,8224
83,0	0,3103	0,5740	78,1	0,8143	0,8267
81,6	0,3676	0,6109	78,1	0,8303	0,8396
80,8	0,4341	0,6473	78,0	0,8474	0,8496
80,8	0,4839	0,6648	78,0	0,8815	0,8796
79,6	0,5092	0,6821	78,0	0,9178	0,9099
79,3	0,5667	0,7035	78,0	0,9290	0,9122
79,0	0,5910	0,7241	78,1	0,9452	0,9352
78,7	0,6428	0,7403	78,3	0,9770	0,9720
78,5	0,6635	0,7466			

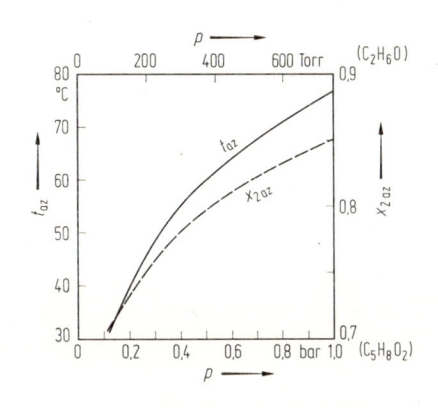

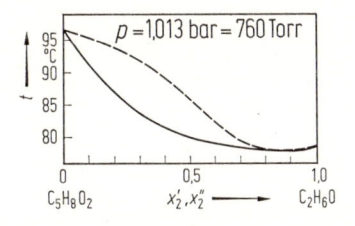

*) Interpolierter Wert

438

x_1 CH$_2$:C(CH$_3$)·CO$_2$CH$_3$,
Methacrylsäure-methylester
M: 100,12   Kp.: 100,2···100,3 °C

x_2 CH$_3$OH, Methanol
M: 32,04   Kp.: 64,7 °C

[P 1]

$p = 0{,}253$ bar = 190 Torr			$p = 1{,}013$ bar = 760 Torr		
t in °C	x_2'	x_2''	t in °C	x_2'	x_2''
60,7	0,00	0,000	100,2	0,00	0,000
51,3	0,05	0,344	85,1	0,05	0,416
46,5	0,10	0,486	80,7	0,10	0,510
40,6	0,20	0,633	74,9	0,20	0,640
37,9	0,30	0,702	71,2	0,30	0,710
36,4	0,40	0,748	69,3	0,40	0,750
35,2	0,50	0,781	68,0	0,50	0,780
34,4	0,60	0,805	66,9	0,60	0,810
33,6	0,70	0,829	65,9	0,70	0,842
32,8	0,80	0,861	65,2	0,80	0,876
32,4	0,90	0,911	64,5	0,90	0,920
33,1	1,00	1,000	64,6	1,00	1,000

Azeotrope Daten

p bar	Torr	t_{az} °C	x_{2az}
0,133	100	20,06	0,9222
0,267	200	33,58	0,9342
1,013	760	64,36	0,9591

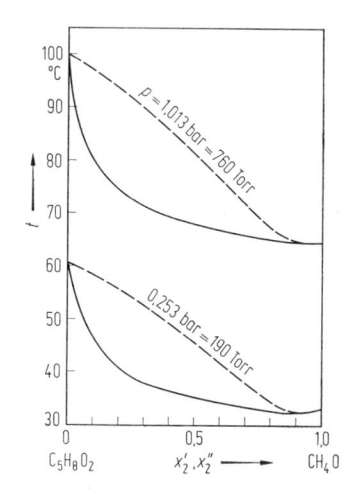

439

x_1 ⌬O–CH$_2$OH (C$_5$H$_6$O$_2$),
Furfurylalkohol
M: 98,10   Kp.: 171 °C bei 750 Torr

x_2 H$_2$O, Wasser
M: 18,02   Kp.: 100,0 °C

[B 20]

$p = 0{,}0733$ bar = 55 Torr

t in °C	x_2'	x_2''	t in °C	x_2'	x_2''
93,0	0,0075	0,290	41,15	0,470	0,975
88,5	0,013	0,404	40,9	0,538	0,978
72,55	0,047	0,740	40,8	0,569	0,979
71,0	0,052	0,762	40,4	0,716	0,980
60,4*)	0,102	0,876	40,3	0,747	0,980
47,5	0,226	0,948	40,1	0,865	0,981
46,5	0,245	0,952	40,1	0,881	0,981
44,2	0,303	0,962	40,0	0,966	0,984
43,2	0,340	0,966	39,95	0,977	0,986

*) Interpolierter Wert

Das System ist bei vorliegendem Druck nicht-azeotrop

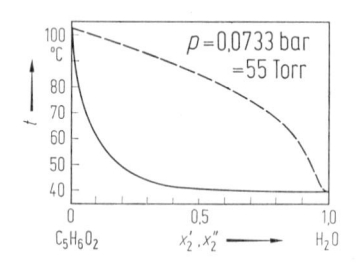

440

m_1 ⌬O–CH$_2$OH (C$_5$H$_6$O$_2$),
Furfurylalkohol
M: 98,10   Kp.: 171 °C bei 750 Torr

m_2 ⌬O–CHO (C$_5$H$_4$O$_2$), Furfurol
M: 96,09   Kp.: 161,7 °C

[Z 6]

$p = 0{,}067$ bar = 50 Torr

t in °C	Massenanteile		t in °C	Massenanteile	
	m_2'	m_2''		m_2'	m_2''
96,5	0,0000	0,0000	80,0	0,6113	0,7391
90,4	0,0451	0,1263	78,1	0,6982	0,8174
89,8	0,1037	0,2103	75,3	0,7725	0,8840
87,5	0,2017	0,3300	76,9	0,8876	0,9362
83,9	0,2750	0,3955	74,6	0,9490	0,9488
81,6	0,3480	0,5136	81,2	0,9710	0,9624
80,5	0,4871	0,6633	83,0	1,0000	1,0000

Kein Bild wegen starker Meßwerte-Streuungen

441 x_1 (C$_5$H$_4$O$_2$), Furfurol
M: 96,09   Kp.: 161,7 °C

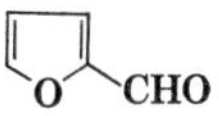

x_2 (C$_8$H$_{10}$), Äthylbenzol
M: 106,17   Kp.: 136,1 °C

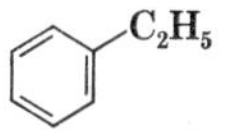

[P 10]

$p = 0{,}964$ bar $= 723$ Torr

t in °C	x_2'	x_2''	t in °C	x_2'	x_2''
154,5	0,035	0,138	133,5	0,654	0,762
152,5	0,050	0,177	132,7	0,775	0,835
149,8	0,092	0,297	132,6	0,847	0,867
144,9	0,181	0,468	132,5	0,923	0,926
138,5	0,381	0,642	132,45	0,930	0,931
136,4	0,467	0,657	132,3	0,942	0,942
134,5	0,558	0,709	132,5	0,960	0,955
134,0	0,600	0,732	132,7	0,979	0,974

Azeotroper Punkt bei 723 Torr: $t_{az} = 132{,}3$ °C; $x_{2az} = 0{,}942$

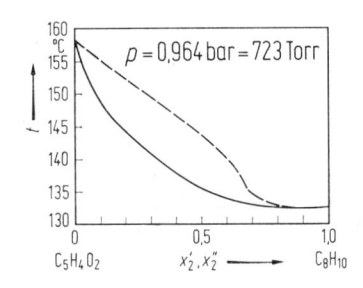

442 x_1 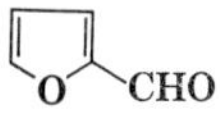 (C$_5$H$_4$O$_2$), Furfurol
M: 96,09   Kp.: 161,7 °C

x_2 (C$_8$H$_{10}$), p-Xylol
M: 106,17   Kp.: 138,4 °C

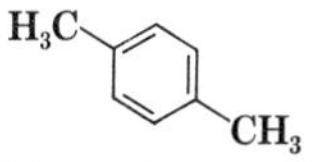

[P 10]

$p = 0{,}964$ bar $= 723$ Torr

t in °C	x_2'	x_2''	t in °C	x_2'	x_2''
155,8	0,022	0,096	136,8	0,542	0,684
153,2	0,044	0,164	136,2	0,604	0,714
151,5	0,064	0,232	135,3	0,686	0,752
149,5	0,093	0,289	134,6	0,765	0,800
148,0	0,125	0,352	134,4	0,850	0,859
144,8	0,195	0,460	134,2	0,899	0,897
141,3	0,295	0,526	134,4	0,917	0,911
140,0	0,345	0,562	134,6	0,933	0,925
138,8	0,416	0,632	134,8	0,946	0,942
137,6	0,473	0,634	135,2	0,962	0,954

Azeotroper Punkt bei 723 Torr: $t_{az} = 134{,}2$ °C; $x_{2az} = 0{,}898$

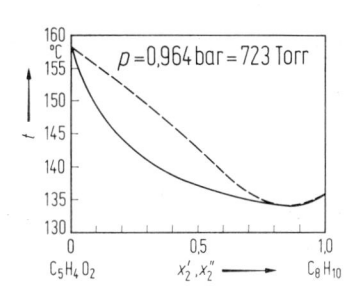

---

443 x_1 (CH$_3\cdot$CO$_2$)$_2$CH$_2$, Methylendiacetat
M: 132,12   Kp.: 170,0 °C

x_2 (CH$_3\cdot$CO)$_2$O, Essigsäureanhydrid
M: 102,09   Kp.: 139,55 °C

Bei den vorliegenden Drücken verhält sich das Gemisch im wesentlichen ideal

[J 6]

$p = 0{,}1333$ bar $= 100$ Torr			$p = 1{,}013$ bar $= 760$ Torr		
t in °C	x_2'	x_2''	t in °C	x_2'	x_2''
107,0	0,10	0,243	166	0,10	0,218
103,2	0,20	0,421	162	0,20	0,389
99,5	0,30	0,560	158,2	0,30	0,525
96,2	0,40	0,670	154,8	0,40	0,633
93,4	0,50	0,760	151,5	0,50	0,721
90,8	0,60	0,830	148,7	0,60	0,795
88,2	0,70	0,885	146,0	0,70	0,857
86,0	0,80	0,930	143,7	0,80	0,911
84,0	0,90	0,969	141,5	0,90	0,958
83,0	0,95	0,985	140,5	0,95	0,979
82,5	0,975	0,993	140,0	0,975	0,990

Fortsetzung nächste Seite

Zu 443

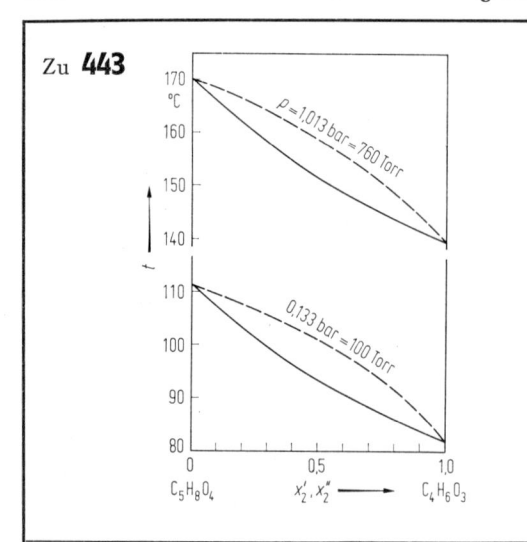

(Diagramm: t vs. x_2', x_2'' von $C_5H_8O_4$ zu $C_4H_6O_3$, Kurven für $p = 1,013$ bar $= 760$ Torr und $0,133$ bar $= 100$ Torr)

444

x_1 $CH_3 \cdot [CH_2]_4 \cdot CH_2OH$, Hexanol-(1)
M: 102,18   Kp.: 157,5 °C

x_2 C_6H_{12}, Cyclohexan
M: 84,16   Kp.: 80,8 °C

[S 38]

$p = 0,0933$ bar $= 70$ Torr			$p = 0,1333$ bar $= 100$ Torr		
t in °C	x_2'	x_2''	t in °C	x_2'	x_2''
90,40	0,0053	0,2535	100,00	0,0047	0,1643
75,40	0,0311	0,7430	77,90	0,0433	0,7822
63,30	0,0564	0,8780	70,90	0,0610	0,8492
52,35	0,0943	0,9377	63,90	0,0844	0,9103
46,70	0,1206	0,9563	53,60	0,1367	0,9486
35,50	0,2052	0,9759	46,85	0,1853	0,9675
29,70	0,2951	0,9842	45,45	0,1963	0,9687
29,20	0,2995	0,9842	37,90	0,2977	0,9798
25,65	0,3936	0,9864	34,05	0,3956	0,9831
23,30	0,4808	0,9908	33,60	0,4065	0,9842
21,70	0,5762	0,9942	31,40	0,4803	0,9863
20,85	0,6211	0,9943	30,40	0,5238	0,9897
20,00	0,7265	0,9942	28,80	0,6293	0,9920
19,60	0,7871	0,9942	27,95	0,7074	0,9928
18,90	0,8604	0,9952	27,50	0,7458	0,9942
18,45	0,9608	0,9953	26,60	0,8724	0,9942
18,30	0,9708	0,9964	25,70	0,9708	0,9954

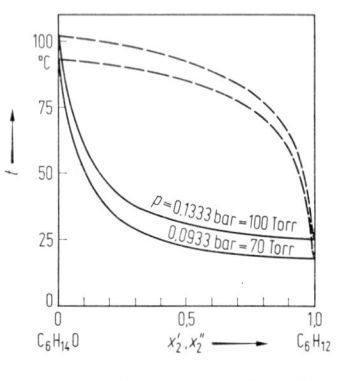

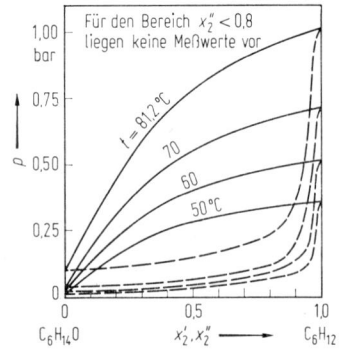

[S 38]

$t = 50$ °C			$t = 60$ °C		
p in bar	x_2'	x_2''	p in bar	x_2'	x_2''
0,1340	0,1505	0,9608	0,1664	0,1322	0,9366
0,1977	0,2607	0,9697	0,1848	0,1500	0,9463
0,2177	0,2996	0,9787	0,2357	0,2116	0,9553
0,2664	0,4317	0,9808	0,2968	0,2920	0,9643
0,2865	0,4989	0,9842	0,3377	0,3623	0,9719
0,2878	0,5190	0,9830	0,3592	0,3982	0,9708
0,3142	0,6475	0,9819	0,3909	0,4679	0,9743
0,3178	0,6495	0,9819	0,4256	0,5648	0,9764
0,3320	0,7471	0,9843	0,4277	0,5672	0,9775
0,3397	0,7947	0,9853	0,4578	0,6667	0,9808
0,3440	0,8360	0,9875	0,4784	0,7651	0,9819
0,3506	0,8987	0,9898	0,4789	0,7697	0,9830
0,3540	0,9238	0,9908	0,4996	0,8770	0,9853
			0,5128	0,9632	0,9915

$t = 70$ °C			$t = 81,2$ °C		
p in bar	x_2'	x_2''	p in bar	x_2'	x_2''
0,1269	0,0588	0,8319	0,2868	0,1003	0,8590
0,1321	0,0592	0,8288	0,4165	0,1775	0,9148
0,1755	0,0990	0,8868	0,4485	0,1992	0,9204
0,2613	0,1586	0,9250	0,5296	0,2450	0,9366
0,3009	0,1882	0,9367	0,5505	0,2665	0,9376
0,4232	0,3143	0,9597	0,5820	0,2967	0,9432
0,4809	0,3727	0,9632	0,6095	0,3112	0,9474
0,5822	0,5604	0,9775	0,6929	0,3926	0,9542
0,6325	0,6893	0,9798	0,7318	0,4348	0,9564
0,6579	0,7200	0,9852	0,7427	0,4526	0,9575
0,6869	0,8795	0,9875	0,7659	0,4793	0,9575
0,7023	0,9398	0,9897	0,8283	0,5625	0,9632
0,7174	0,9675	0,9897	0,8681	0,6226	0,9675
0,7179	0,9842	0,9908	0,8970	0,6838	0,9687
0,7251	0,9954	0,9975	0,9226	0,7351	0,9720
			0,9547	0,8204	0,9743
			0,9763	0,8755	0,9798
			0,9891	0,9103	0,9808

445 x_1 $(C_2H_5 \cdot CH_2)_2O$, Dipropyläther
M: 102,18   Kp.: 90,0 °C

x_2 C_6H_6, Benzol
M: 78,11   Kp.: 80,1 °C

[L 18]

$t = 50\,°C$			$t = 60\,°C$			$t = 70\,°C$					
p in bar	x_2'	x_2''	p in bar	x_2'	x_2''	p in bar	x_2'	x_2''	p in bar	x_2'	x_2''
0,2500	0,039	0,051	0,3768	0,058	0,078	0,5450	0,060	0,085	0,6518	0,525	0,603
0,2607	0,118	0,161	0,3757	0,059	0,082	0,5504	0,080	0,105	0,6568	0,546	0,620
0,2732	0,223	0,284	0,3913	0,151	0,201	0,5544	0,104	0,140	0,6620	0,580	0,652
0,2767	0,249	0,318	0,3949	0,181	0,244	0,5635	0,128	0,174	0,6668	0,606	0,674
0,2824	0,292	0,372	0,4165	0,293	0,365	0,5725	0,166	0,219	0,6705	0,637	0,700
0,2905	0,364	0,447	0,4176	0,313	0,384	0,5750	0,175	0,231	0,6843	0,719	0,773
0,2996	0,440	0,530	0,4262	0,352	0,430	0,5845	0,216	0,274	0,7017	0,828	0,860
0,3070	0,514	0,594	0,4319	0,400	0,484	0,5921	0,245	0,311	0,7109	0,883	0,903
0,3125	0,565	0,634	0,4424	0,465	0,554	0,6143	0,345	0,422	0,7208	0,940	0,952
0,3151	0,600	0,677	0,4453	0,478	0,563	0,6242	0,415	0,487	0,7241	0,957	0,967
0,3217	0,666	0,735	0,4513	0,518	0,604	0,6330	0,433	0,513	0,7264	0,979	0,984
0,3259	0,707	0,768	0,4650	0,614	0,691	0,6392	0,465	0,537			
0,3289	0,726	0,783	0,4703	0,643	0,714						
0,3316	0,762	0,814	0,4715	0,661	0,724						
0,3377	0,822	0,860	0,4802	0,725	0,779						
0,3415	0,863	0,895	0,4858	0,753	0,800						
0,3446	0,900	0,923	0,4891	0,780	0,822						
0,3483	0,934	0,956	0,4936	0,812	0,851						
0,3498	0,965	0,971	0,4984	0,848	0,878						
0,3511	0,979	0,985	0,5039	0,895	0,918						
			0,5075	0,925	0,940						
			0,5126	0,960	0,969						

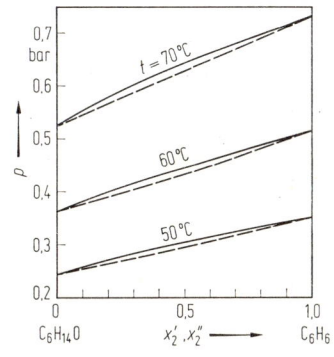

446 x_1 $(CH_3)_2CH \cdot O \cdot CH(CH_3)_2$, Di-isopropyläther
M: 102,18   Kp.: 67,8 ··· 68,1 °C

x_2 CH_3OH, Methanol
M: 32,04   Kp.: 64,7 °C

[N 12]

$p = 0{,}973$ bar $= 730$ Torr

t in °C*)	x_2'	x_2''	t in °C*)	x_2'	x_2''
62,4	0,070	0,198	58,1	0,762	0,633
60,7	0,124	0,290	58,5	0,820	0,679
58,0	0,285	0,418	58,9	0,839	0,695
57,4	0,420	0,480	60,0	0,888	0,750
57,0	0,551	0,534	60,1	0,901	0,762
57,2	0,650	0,577	60,9	0,927	0,796
57,8	0,727	0,613	62,8	0,968	0,881

*) Die Temperaturangaben sind auf 760 Torr bezogen

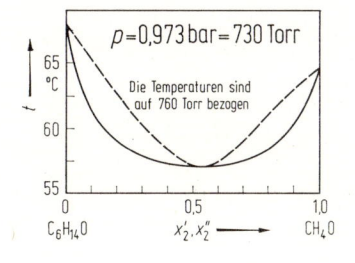

447 m_1 (C$_6$H$_{12}$O), Cyclohexanol
M: 100,16   Kp.: 160 °C

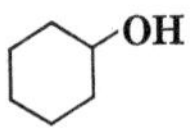

m_2 (C$_8$H$_{10}$), o-Xylol
M: 106,17   Kp.: 143,6 bis 144,3 °C

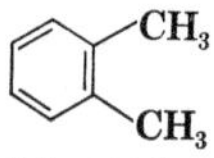

m_3 (C$_8$H$_{10}$), m-Xylol
M: 106,17   Kp.: 139,0 °C

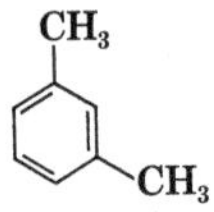

m_4 (C$_8$H$_{10}$), p-Xylol
M: 106,17   Kp.: 138,3 °C

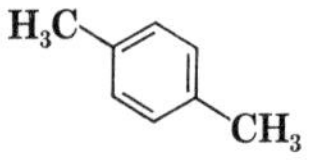

[G 1]

Azeotrope Daten binärer Gemische von Cyclohexanol mit den Xylol-Isomeren

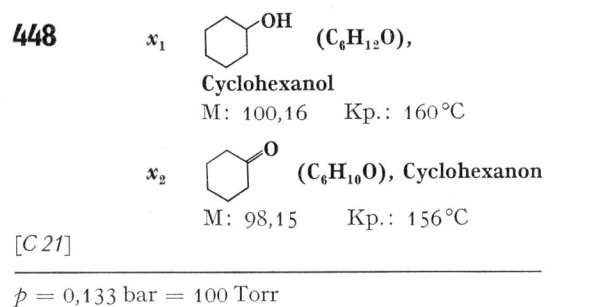

Syst.-Nr.	System	p Torr	t_{az} °C	Massenanteil der 2. Komponente
447a	Cyclohexanol–o-Xylol	760	142,8	m_{2az} = 0,8644
		100	80,9	0,9846
		10	29,8	0,9888
447b	Cyclohexanol–m-Xylol	760	138,7	m_{3az} = 0,9524
		100	76,4	0,9822
		10	27,0	0,9913
447c	Cyclohexanol–p-Xylol	760	137,8	m_{4az} = 0,9522
		100	75,3	0,9862
		10	25,7	0,9910

---

448 x_1 (C$_6$H$_{12}$O), Cyclohexanol
M: 100,16   Kp.: 160 °C

x_2 (C$_6$H$_{10}$O), Cyclohexanon
M: 98,15   Kp.: 156 °C

[C 21]

$p = 0,133$ bar = 100 Torr

t in °C	x_2'	x_2''	t in °C	x_2'	x_2''
104,6	0,0133	0,0201	95,2	0,585	0,710
102,8	0,114	0,180	92,8	0,801	0,865
101,6	0,165	0,276	92,0	0,899	0,932
99,4	0,285	0,433	91,2	0,922	0,949
96,4	0,499	0,625	91,0	0,945	0,966

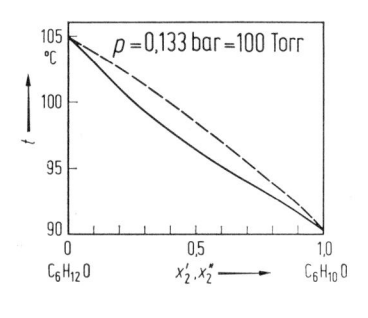

449

x_1 C_6H_6O, Phenol
M: 94,11   Kp.: 181,7···182,2 °C

x_2 $CH_3 \cdot [CH_2]_6 \cdot CH_3$, n-Octan
M: 114,23   Kp.: 125,65 °C

[A 1]

$p = 1,013$ bar $= 760$ Torr

t in °C	x_2'	x_2''	t in °C	x_2'	x_2''
181,75	0,000	0,000	128,54	0,516	0,855
174,20	0,006	0,212	127,59	0,623	0,866
168,93	0,009	0,285	126,46	0,769	0,894
157,71	0,024	0,515	125,96	0,838	0,906
151,20	0,052	0,630	125,44	0,914	0,929
146,01	0,080	0,714	125,40	0,931	0,935
138,16	0,151	0,796	125,43	0,963	0,955
132,41	0,250	0,830	125,59	0,986	0,980
130,69	0,320	0,842	125,65	1,000	1,000
129,34	0,435	0,853			

Azeotroper Punkt: $t_{az} = 125,4$ °C; $x_{2az} = 0,938$

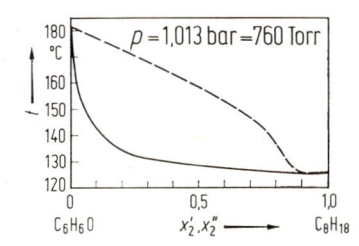

450

x_1 C_6H_6O, Phenol
M: 94,11   Kp.: 181,7···182,2 °C

x_2 $CH_3 \cdot [CH_2]_6 \cdot CH:CH_2$, Nonen-(1)
M: 126,24   Kp.: 146,87 °C

[A 1]

$p = 1,013$ bar $= 760$ Torr

t in °C	x_2'	x_2''	t in °C	x_2'	x_2''
181,75	0,000	0,000	150,43	0,350	0,720
180,01	0,010	0,059	148,55	0,458	0,735
176,00	0,028	0,135	147,63	0,528	0,744
169,14	0,062	0,330	146,39	0,679	0,783
163,84	0,100	0,450	145,65	0,837	0,846
158,62	0,148	0,561	146,79	0,985	0,975
154,20	0,230	0,662	146,87	1,000	1,000

Azeotroper Punkt: $t_{az} = 145,6$ °C; $x_{2az} = 0,864$

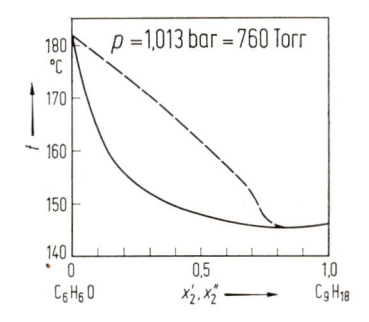

451

x_1 C_6H_6O, Phenol
M: 94,11   Kp.: 181,7···182,2 °C

x_2 ($C_6H_{12}O$), Cyclohexanol
M: 100,16   Kp.: 160 °C

[C 21]

$p = 0,120$ bar $= 90$ Torr

t in °C	x_2'	x_2''	t in °C	x_2'	x_2''
119	0,157	0,126	111,0	0,705	0,878
111[a]	0,260	0,260	107,8	0,795	0,945
119,2	0,284	0,305	107,6	0,792	0,934
118,9	0,354	0,417	106,9	0,801	0,944
118,0	0,430	0,547	103,3[b]	0,931	0,987
116,0	0,514	0,676	102,4	0,977	0,9963
111,3	0,671	0,855			

[a] Dieser Punkt (azeotrope Mischung) wurde bei 70 Torr gemessen.
[b] Aus Diagramm

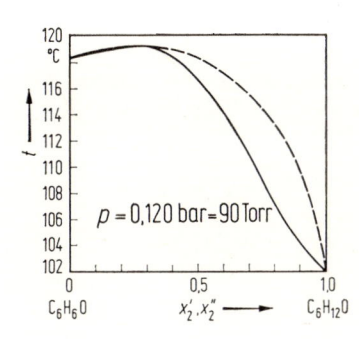

452 x_1 $C_4H_9 \cdot O \cdot CH_2 \cdot CH_2(OH)$,
Butylcellosolve
(Äthylenglykol-mono-butylester)
M: 118,18   Kp.: 164···176 °C

x_2 $CH_3 \cdot [CH_2]_6 \cdot CH_3$, n-Octan
M: 114,23   Kp.: 125,8 °C

[P 6]

$p = 0,533$ bar $= 400$ Torr

t in °C	x_2'	x_2''	t in °C	x_2'	x_2''
142,0	0,022	0,204	106,0	0,580	0,862
132,5	0,060	0,407	105,0	0,738	0,886
122,7	0,128	0,606	105,0	0,744	0,882
116,0	0,210	0,722	104,5	0,882	0,928
109,3	0,322	0,796	104,3	0,938	0,952
107,04	0,450	0,828			

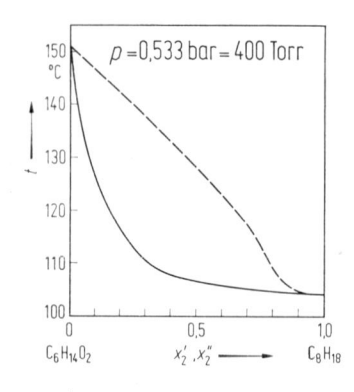

453 x_1 $C_4H_9 \cdot O \cdot CH_2 \cdot CH_2(OH)$,
Butylcellosolve
M: 118,18   Kp.: 164···176 °C

x_2 (C$_8$H$_{16}$),
Äthylcyclohexan
M: 112,22   Kp.: 131,8 °C

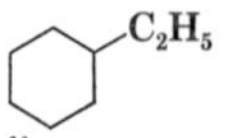

[P 6]

$p = 0,533$ bar $= 400$ Torr

t in °C	x_2'	x_2''	t in °C	x_2'	x_2''
148,0	0,003	0,030	114,5	0,37	0,786
146,2	0,010	0,102	113,5	0,44	0,80
140,0	0,034	0,268	112,5	0,501	0,815
135,5	0,054	0,375	111,5	0,640	0,841
130,2	0,088	0,496	111,0	0,768	0,864
128,5	0,100	0,528	11,00	0,840	0,896
122,5	0,170	0,631	109,6	0,936	0,95
118,0	0,251	0,720	109,4	0,941	0,953

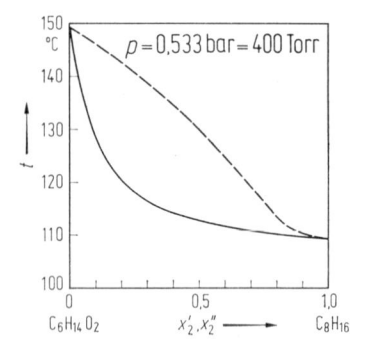

454 x_1 $(H_3C)_2C(OH) \cdot CH_2 \cdot CH(OH) \cdot CH_3$,
2-Methyl-pentandiol-(2,4)
(Hexylenglykol)
M: 118,18   Kp.: 198,5 °C

x_2 (C$_8$H$_{16}$),
Äthylcyclohexan
M: 112,22   Kp.: 131,8 °C

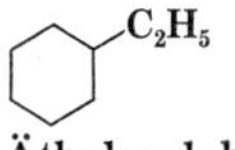

[Q 1]

$p = 0,533$ bar $= 400$ Torr

t in °C	x_2'	x_2''	t in °C	x_2'	x_2''
177,2	0	0	112,0	0,6	0,97
143,6	0,1	0,76	111,2	0,7	0,97
128,6	0,2	0,88	110,5	0,8	0,97
120,8	0,3	0,93	109,7	0,9	0,97
116,1	0,4	0,95	109,1	1,0	1,00
113,4	0,5	0,96			

Geringe Übereinstimmung mit berechneten Gleichgewichtswerten

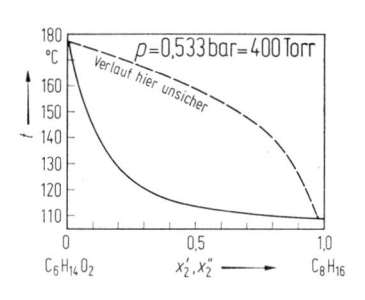

455

x_1 $(H_3C)_2C(OH)\cdot CH_2\cdot CH(OH)\cdot CH_3$,
2-Methyl-pentandiol-(2,4)
M: 118,18   Kp.: 198,5 °C

x_2 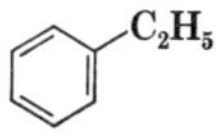 (C_8H_{10}), Äthylbenzol
M: 106,17   Kp.: 136,1 °C

[Q 1]

$p = 0,533$ bar $= 400$ Torr

t in °C	x_2'	x_2''	t in °C	x_2'	x_2''
177,2	0,0	0,0	119,7	0,6	0,945
154,2	0,1	0,64	118,0	0,7	0,952
139,8	0,2	0,82	116,6	0,8	0,96
130,6	0,3	0,89	115,2	0,9	0,973
125,3	0,4	0,92	113,9	1,0	1,00
122,0	0,5	0,94			

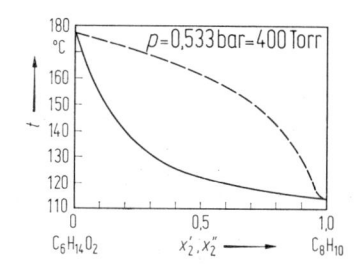

456

x_1 $CH_3\cdot \underset{OH}{CH}\cdot CH_2\cdot O\cdot CH_2\cdot \underset{OH}{CH}\cdot CH_3$,
Dipropylenglykol
M: 134,18   Kp.: 231,8 °C

x_2 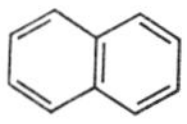 $(C_{10}H_8)$, Naphthalin
M: 128,18   Kp.: 218,05 °C

[L 22]

$p = 0,133$ bar $= 100$ Torr

t in °C	x_2'	x_2''	t in °C	x_2'	x_2''
163,43	0,054	0,223	145,18	0,506	0,748
158,11	0,116	0,411	143,79	0,687	0,802
152,47	0,221	0,573	143,31	0,806	0,844
149,97	0,280	0,629	143,17	0,848	0,864
146,97	0,436	0,699	143,05	0,933	0,916

Azeotroper Punkt bei 100 Torr (durch Interpolation ermittelt): $t_{az} = 143,1$ °C; $x_{2az} = 0,888$

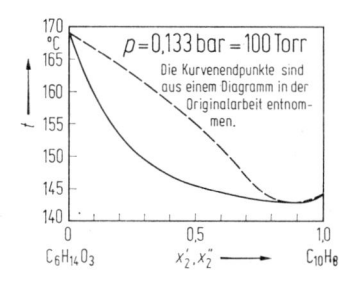

457

x_1 $HCO_2[CH_2]_2\cdot CH(CH_3)_2$,
Ameisensäure-isoamylester
M: 116,16   Kp.: 123,8 bis 124,2 °C

x_2 $H\cdot CO_2H$, Ameisensäure
M: 46,03   Kp.: 100,75 °C

[T 6]

$p = 1,013$ bar $= 760$ Torr

t in °C	x_2'	x_2''	t in °C	x_2'	x_2''
122,35	0,050	0,095	104,0	0,675	0,810
119,8	0,117	0,208	103,2	0,715	0,831
116,15	0,218	0,363	101,85	0,791	0,869
113,10	0,309	0,486	100,7	0,854	0,900
110,7	0,387	0,578	99,8	0,909	0,929
108,8	0,457	0,652	99,45	0,940	0,948
107,3	0,519	0,706	99,30	0,960	0,960
105,95	0,576	0,748	99,7	0,9808	0,976
104,9	0,628	0,782	100,2	0,992	0,985

Azeotroper Punkt: $t_{az} = 99,3$ °C; $x_{2az} = 0,961$

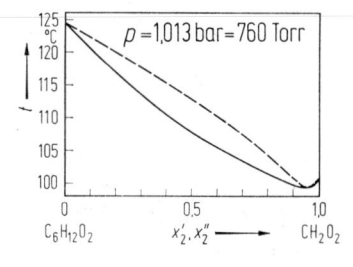

458 x_1 $CH_3 \cdot CO_2[CH_2]_3 \cdot CH_3$, Essigsäure-n-butylester
M: 116,16   Kp.: 126,1 °C

x_2 $CH_3 \cdot [CH_2]_5 \cdot CH_3$, Heptan
M: 100,21   Kp.: 98,34 °C

[S 7]

$t = 74{,}7\,°C$			$t = 100{,}0\,°C$		
p in bar	x_2'	x_2''	p in bar	x_2'	x_2''
0,1892	0,000	0,000	0,477	0,000	0,000
0,1925	0,010	0,035	0,521	0,045	0,165
0,1985	0,020	0,082	0,603	0,120	0,358
0,2182	0,050	0,180	0,667	0,175	0,420
0,2322	0,072	0,245	0,675	0,168	0,425
0,2534	0,100	0,325	0,721	0,233	0,500
0,3008	0,190	0,490	0,757	0,285	0,545
0,3181	0,228	0,535	0,792	0,315	0,575
0,3416	0,285	0,590	0,817	0,345	0,610
0,3600	0,340	0,650	0,867	0,440	0,668
0,3810	0,405	0,675	0,905	0,525	0,725
0,3977	0,495	0,728	0,919	0,580	0,760
0,4156	0,565	0,760	0,932	0,615	0,770
0,4321	0,675	0,805	0,960	0,685	0,800
0,4500	0,768	0,860	1,013	0,810	0,860
0,4634	0,855	0,905	1,027	0,863	0,898
0,4728	0,920	0,930	1,053	0,975	0,979
0,4822	1,000	1,000	1,061	1,000	1,000

Die Originalarbeit enthält Werte für das spez. Volumen des binären Gemisches, sowie Dampfdruckdaten für Essigsäure-n-butylester

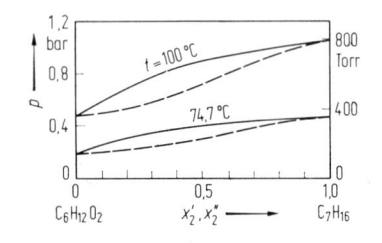

459 x_1 $C_2H_5 \cdot CH_2 \cdot CO_2C_2H_5$, Buttersäure-äthylester
M: 116,16   Kp.: 121,2 °C

x_2 $CH_3 \cdot [CH_2]_5 \cdot CH_3$, n-Heptan
M: 100,21   Kp.: 98,34 °C

[S 8]

$t = 74{,}7\,°C$			$t = 100\,°C$		
p in bar	x_2'	x_2''	p in bar	x_2'	x_2''
0,2253	0,000	0,000	0,532	0,000	0,000
0,2289	0,010	0,025	0,548	0,015	0,050
0,2390	0,026	0,090	0,617	0,070	0,215
0,2426	0,040	0,146	0,637	0,085	0,228
0,2565	0,055	0,180	0,725	0,155	0,350
0,2698	0,085	0,230	0,757	0,195	0,410
0,2953	0,125	0,347	0,784	0,233	0,470
0,3129	0,155	0,365	0,837	0,333	0,545
0,3164	0,180	0,416	0,885	0,440	0,638
0,3388	0,232	0,430	0,925	0,520	0,680
0,3572	0,304	0,525	0,945	0,600	0,715
0,4141	0,520	0,725	0,963	0,647	0,750
0,4218	0,555	0,705	0,984	0,700	0,790
0,4252	0,575	0,737	0,989	0,767	0,833
0,4354	0,625	0,742	0,999	0,805	0,860
0,4497	0,745	0,827	1,007	0,858	0,885
0,4632	0,820	0,875	1,013	0,885	0,900
0,4681	0,845	0,895	1,027	0,895	0,915
0,4722	0,900	0,930	1,060	1,000	1,000
0,4784	0,950	0,980			
0,4813	0,975	0,985			
0,4822	1,000	1,000			

Eine Zahlentafel in der Arbeit [S 8] enthält Angaben über das spez. Volumen der flüssigen Gemische bei 20 °C

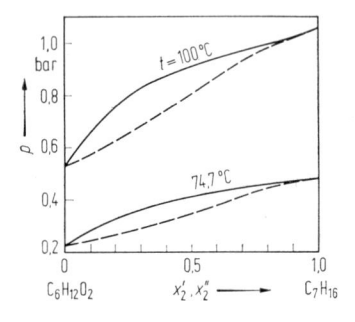

460 x_1 ($C_6H_{10}O_2$), 4-Vinyldioxan-(1,3)
M: 114,15   Kp.: 142···143 °C (761 Torr)

x_2 ($C_6H_{12}O_2$), 4,4-Dimethyldioxan-(1,3)
M: 116,16   Kp.: 133,3 °C

[L 12]

$p = 1{,}013$ bar $= 760$ Torr

t in °C	x_2'	x_2''	t in °C	x_2'	x_2''
142,3	0,000	0,000	136,0	0,573	0,631
140,0	0,087	0,108	134,0	0,785	0,824
138,0	0,341	0,397	133,3	1,000	1,000

(Die wenigen Meßpunkte lassen keine eindeutige Kurvendarstellung zu)

461

x_1 $CH_3 \cdot [CH_2]_5 \cdot CH_2OH$, Heptanol-(1)
M: 116,20   Kp.: 175,8···176,2 °C

x_2 C_6H_{12}, Cyclohexan
M: 84,16   Kp.: 80,8 °C

[M 22]

$p = 0,533$ bar $= 400$ Torr			$p = 0,800$ bar $= 600$ Torr		
t in °C	x_2'	x_2''	t in °C	x_2'	x_2''
155,63	0,000	0,000	167,96	0,000	0,000
111,44	0,100	0,841	127,52	0,100	0,787
91,09	0,200	0,947	105,66	0,200	0,925
79,28	0,300	0,974	92,96	0,300	0,963
72,83	0,400	0,985	85,90	0,400	0,977
69,40	0,500	0,989	81,9*)	0,500	0,983
65,19	0,600	0,993	79,06	0,600	0,988
63,65	0,700	0,994	76,99	0,700	0,990
62,56	0,800	0,995	75,36	0,800	0,992
62,20	0,900	0,996	74,73	0,900	0,994
60,79	1,000	1,000	73,11	1,000	1,000

$p = 1,013$ bar $= 760$ Torr			$p = 1,200$ bar $= 900$ Torr		
t in °C	x_2'	x_2''	t in °C	x_2'	x_2''
175,58	0,000	0,000	181,26	0,000	0,000
137,68	0,100	0,749	145,36	0,100	0,717
114,87	0,200	0,909	121,81	0,200	0,895
101,54	0,300	0,954	107,96	0,300	0,947
94,12	0,400	0,972	100,30	0,400	0,967
90,2*)	0,500	0,977	96,3*)	0,500	0,972
87,52	0,600	0,984	93,75	0,600	0,981
85,20	0,700	0,988	91,27	0,700	0,985
83,32	0,800	0,990	89,26	0,800	0,989
82,55	0,900	0,993	88,40	0,900	0,992
80,80	1,000	1,000	86,56	1,000	1,000

*) Interpolierter Wert

Für die vorstehenden Flüssigkeitsgemische enthält die Originalarbeit Siededaten bis etwa 3,7 bar

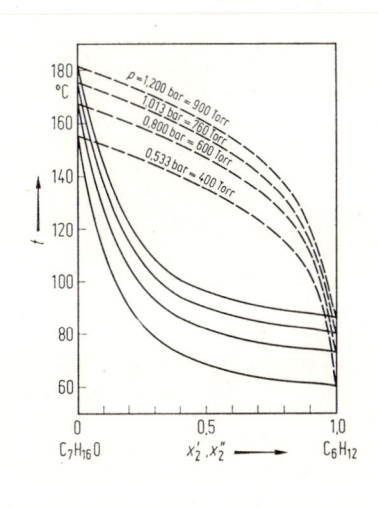

462

x_1 $C_3H_7 \cdot CO \cdot C_3H_7$, Heptanon-(4) (Di-n-propylketon)
M: 114,19   Kp.: 143,2···143,5 °C

x_2 $CH_3 \cdot [CH_2]_4 \cdot CH_3$, n-Hexan
M: 86,18   Kp.: 68,7 °C

[M 11]

$t = 65$ °C

p in bar	x_2'	x_2''	p in bar	x_2'	x_2''
0,3435	0,255	0,864	0,6259	0,580	0,952
0,4547	0,382	0,906	0,7550	0,790	0,975
0,5400	0,530	0,942	0,8783	0,928	0,988

Die Meßreihe ist wegen experimenteller Schwierigkeiten unvollständig. Die thermodynamische Konsistenz ist schlecht erfüllt.

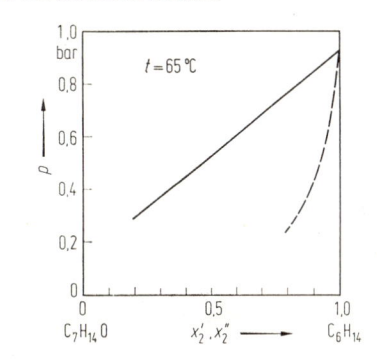

463

x_1 (structure: benzene ring with OH and CH_3)   (C_7H_8O), o-Kresol
M: 108,14   Kp.: 190,9 °C

x_2 $CH_3 \cdot [CH_2]_7 \cdot CH:CH_2$, n-Decen-(1)
M: 140,27   Kp.: 170,5 °C

[A 1]

$p = 1,013$ bar $= 760$ Torr

t in °C	x_2'	x_2''	t in °C	x_2'	x_2''
190,91	0,000	0,000	169,01	0,725	0,750
189,14	0,004	0,022	168,95	0,750	0,765
186,82	0,020	0,105	169,04	0,840	0,831
181,32	0,085	0,306	169,32	0,903	0,881
177,98	0,146	0,401	169,55	0,924	0,916
174,20	0,249	0,494	169,94	0,958	0,945
172,32	0,354	0,556	170,15	0,980	0,973
170,35	0,494	0,630	170,53	1,000	1,000
169,34	0,640	0,701			

Azeotroper Punkt:
$t_{az} = 169,0$ °C;
$x_{2az} = 0,800$

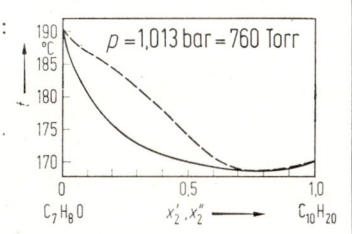

464

x_1 (C₇H₈O), o-Kresol [structure: phenol with OH and CH₃]
M: 108,14   Kp.: 190,9 °C

x_2 (C₁₀H₁₈), trans-Decahydronaphthalin [structure]
M: 138,25   Kp.: 187,2 °C

[A 1]

$p = 1,013$ bar $= 760$ Torr

t in °C	x_2'	x_2''	t in °C	x_2'	x_2''
190,91	0,000	0,000	178,89	0,533	0,546
189,23	0,022	0,061	178,94	0,594	0,576
187,14	0,050	0,143	179,20	0,680	0,624
185,40	0,085	0,220	179,89	0,758	0,676
182,48	0,178	0,340	181,54	0,863	0,758
180,69	0,270	0,409	183,52	0,952	0,848
179,20	0,435	0,499	187,18	1,000	1,000

Azeotroper Punkt: $t_{az} = 178,9$ °C; $x_{2az} = 0,545$

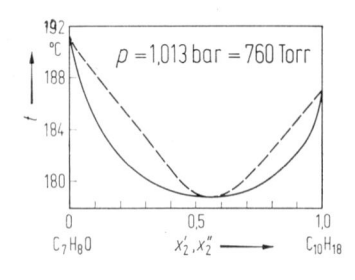

465

x_1 (C₇H₈O), o-Kresol [structure: phenol with OH and CH₃]
M: 108,14   Kp.: 190,9 °C

x_2 (C₁₀H₁₄), n-Butylbenzol [structure with C₄H₉]
M: 134,22   Kp.: 183,3 °C

[A 1]

$p = 1,013$ bar $= 760$ Torr

t in °C	x_2'	x_2''	t in °C	x_2'	x_2''
190,91	0,000	0,000	181,45	0,682	0,694
189,31	0,015	0,059	181,42	0,751	0,751
186,40	0,079	0,165	181,67	0,830	0,824
185,28	0,108	0,217	181,93	0,876	0,867
184,27	0,161	0,271	182,16	0,899	0,888
183,01	0,271	0,391	182,24	0,916	0,907
182,46	0,354	0,461	182,46	0,939	0,932
181,83	0,499	0,569	183,25	1,000	1,000
181,62	0,561	0,616			

Azeotroper Punkt: $t_{az} = 181,4$ °C; $x_{2az} = 0,751$

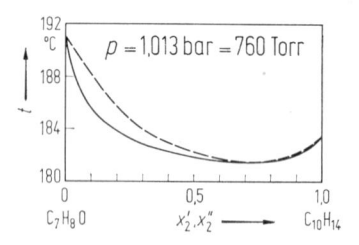

466

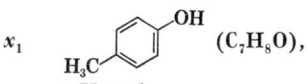

x_1 (C₇H₈O), p-Kresol [structure with H₃C and OH]
M: 108,14   Kp.: 202,5 °C

x_2 C₇H₈, Toluol
M: 92,14   Kp.: 110,8 °C

[M 12]

$p = 1,013$ bar $= 760$ Torr

t in °C	x_2'	x_2''	t in °C	x_2'	x_2''
200	0,004	0,052	150	0,212	0,832
195	0,016	0,166	140	0,304	0,888
190	0,030	0,300	130	0,460	0,936
180	0,062	0,488	120	0,692	0,972
170	0,102	0,642	115	0,852	0,988
160	0,148	0,752			

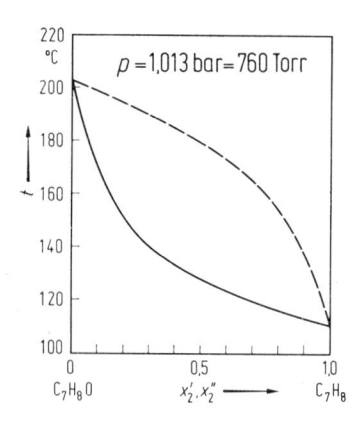

Die Werte sind einem Diagramm entnommen. Eine Zahlentafel in der Originalarbeit enthält experimentell und rechnerisch ermittelte Werte der Aktivitätskoeffizienten.

467

x_1 H₃C–C₆H₄–OH (C₇H₈O), p-Kresol
M: 108,14 Kp.: 202,5 °C

x_2 CH₃·[CH₂]₆·CH₃, n-Octan
M: 114,23 Kp.: 125,8 °C

[T 2]

$p = 1{,}013$ bar $= 760$ Torr

t in °C	x_2'	x_2''	t in °C	x_2'	x_2''
201,9	0,000	0,000	130,9	0,543	0,923
189,5	0,015	0,271	130,4	0,574	0,925
180,4	0,028	0,438	129,5	0,630	0,931
176,0	0,038	0,509	129,3	0,672	0,933
171,0	0,048	0,581	129,0	0,692	0,937
165,0	0,064	0,646	128,8	0,731	0,938
158,0	0,085	0,730	128,1	0,787	0,944
148,2	0,137	0,815	127,1	0,844	0,952
143,6	0,168	0,844	126,7	0,890	0,962
139,1	0,238	0,873	126,1	0,917	0,969
135,0	0,337	0,893	126,0	0,944	0,978
133,8	0,392	0,905	125,8	1,000	1,000
131,8	0,488	0,917			

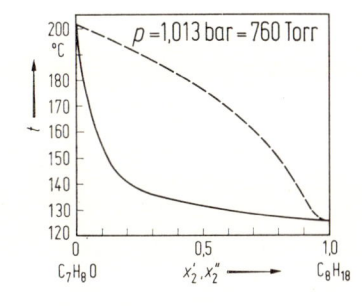

468

x_1 H₃C–C₆H₄–OH (C₇H₈O), p-Kresol
M: 108,14 Kp.: 201,9 °C

x_2 CH₃·[CH₂]₈·CH₃, n-Decan
M: 142,29 Kp.: 174,1 °C

[A 1]

$p = 1{,}013$ bar $= 760$ Torr

t in °C	x_2'	x_2''	t in °C	x_2'	x_2''
201,90	0,000	0,000	172,07	0,592	0,696
199,36	0,017	0,095	171,65	0,628	0,708
194,40	0,049	0,225	171,54	0,667	0,714
183,79	0,174	0,452	171,16	0,740	0,750
180,00	0,245	0,527	171,16	0,785	0,779
176,73	0,310	0,589	171,36	0,832	0,807
175,19	0,349	0,614	173,82	0,997	0,981
173,14	0,474	0,658	174,12	1,000	1,000
172,86	0,496	0,667			

Azeotroper Punkt: $t_{az} = 171{,}2\,°C$; $x_{2az} = 0{,}757$

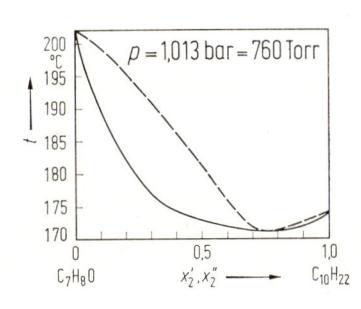

469

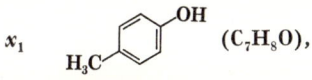

x_1 H₃C–C₆H₄–OH (C₇H₈O), p-Kresol
M: 108,14 Kp.: 201,9 °C

x_2 CH₃·[CH₂]₇·CH:CH₂, Decen-(1)
M: 140,27 Kp.: 170,5 °C

[A 1]

$p = 1{,}013$ bar $= 760$ Torr

t in °C	x_2'	x_2''	t in °C	x_2'	x_2''
201,90	0,000	0,000	170,88	0,622	0,754
197,77	0,014	0,082	169,87	0,770	0,808
193,97	0,036	0,235	169,63	0,858	0,861
188,08	0,067	0,389	169,52	0,890	0,884
181,84	0,142	0,538	169,97	0,954	0,940
178,70	0,205	0,593	170,22	0,983	0,977
175,62	0,301	0,643	170,43	0,991	0,990
173,31	0,414	0,691	170,53	1,000	1,000
171,74	0,535	0,725			

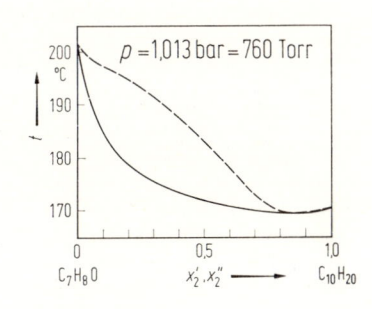

Azeotroper Punkt: $t_{az} = 169{,}5\,°C$; $x_{2az} = 0{,}870$

470 x_1 p-Kresol (C$_7$H$_8$O),
M: 108,14   Kp.: 201,9 °C

x_2 1,2,4,5-Tetramethylbenzol (C$_{10}$H$_{14}$),
M: 134,22   Kp.: 196,9 °C

[A 1]

$p = 1,013$ bar $= 760$ Torr

t in °C	x_2'	x_2''	t in °C	x_2'	x_2''
201,90	0,000	0,000	193,48	0,632	0,635
200,42	0,055	0,100	193,75	0,710	0,692
198,74	0,110	0,198	194,17	0,787	0,760
196,10	0,240	0,337	195,24	0,924	0,886
194,31	0,422	0,488	195,97	0,977	0,959
193,61	0,530	0,563	196,89	1,000	1,000

Azeotroper Punkt: $t_{az} = 193,5$ °C; $x_{2az} = 0,635$

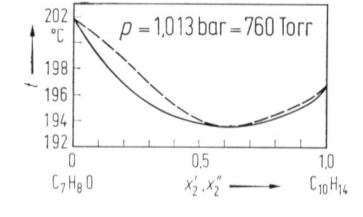

471 x_1 p-Kresol (C$_7$H$_8$O),
M: 108,14   Kp.: 201,9 °C

x_2 1-Methyl-4-isopropyl-benzol (C$_{10}$H$_{14}$),
M: 134,22   Kp.: 177,1 °C

[A 1]

$p = 1,013$ bar $= 760$ Torr

t in °C	x_2'	x_2''	t in °C	x_2'	x_2''
201,90	0,000	0,000	177,97	0,758	0,822
194,36	0,087	0,289	177,29	0,850	0,870
189,55	0,174	0,423	177,06	0,887	0,901
187,17	0,292	0,554	177,05	0,953	0,961
182,14	0,417	0,640	177,05	0,976	0,981
180,82	0,509	0,688	177,04	1,000	1,000
179,14	0,622	0,759*)			

*) Interpolierter Wert. Keine Azeotropie

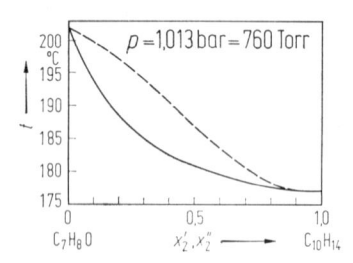

472 m_1 Acetophenon (Acetylbenzol) (C$_8$H$_8$O),
M: 120,15   Kp.: 202 °C

m_2 H$_2$O, Wasser
M: 18,02   Kp.: 100,0 °C

[A 3]

Heteroazeotroper Punkt bei $p = 1,013$ bar (760 Torr):

$t_{az} = 99,0$ °C; $m_{2az} = 0,815$ (Massen-Tl.)

473 x_1 CH$_2$:CH·CO$_2$C$_4$H$_9$, Acrylsäure-n-butylester
M: 128,17   Kp.: 147,4 °C

x_2 CH$_3$·[CH$_2$]$_2$·CH$_2$OH, Butanol-(1)
M: 74,12   Kp.: 117,5 °C

[F 4]

$p = 1,013$ bar $= 760$ Torr

t in °C	x_2'	x_2''	t in °C	x_2'	x_2''
138,1	0,068	0,230	124,1	0,432	0,668
133,7	0,125	0,349	123,3	0,481	0,701
129,7	0,216	0,476	121,4	0,578	0,764
128,2	0,255	0,517	121,1	0,615	0,788
126,9	0,305	0,565	119,9	0,721	0,85
124,8	0,398	0,643	118,6	0,819	0,905

Fortsetzung nächste Seite

3 Binary mixtures

Zu **473**

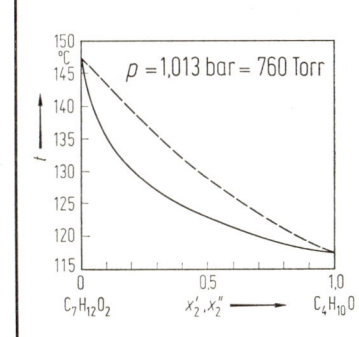

[F3] Lage des Azeotropen Punktes

p in bar	t_{az} °C	x_{2az}
0,0287	42,6	0,762
0,0667	57,3	0,818
0,127	68,3	0,867
0,259	82,0	0,926
0,429	94,0	0,943
0,593	101,8	0,956
0,797	108,0	0,980
0,999	116,5	0,984

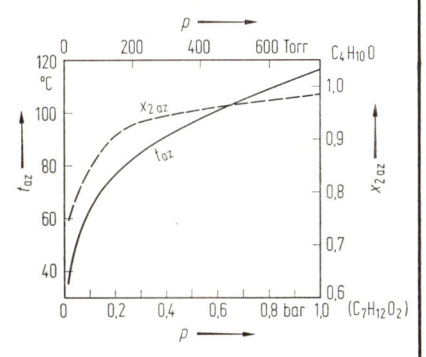

474 x_1 $CH_3 \cdot [CH_2]_6 \cdot CH_2OH$, Octanol-(1)
M: 130,23   Kp.: 194 °C

x_2 C_6H_{12}, Cyclohexan
M: 84,16   Kp.: 80,8 °C

[M 22]

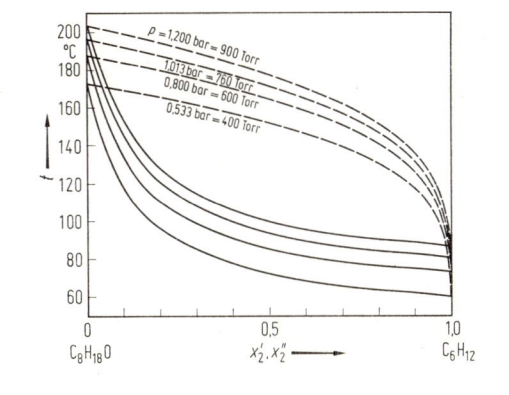

$p = 0,533$ bar $= 400$ Torr			$p = 0,800$ bar $= 600$ Torr		
t in °C	x_2'	x_2''	t in °C	x_2'	x_2''
172,70	0,000	0,000	186,91	0,000	0,000
117,15	0,100	0,903	134,28	0,100	0,850
96,10	0,200	0,974	110,95	0,200	0,957
85,06	0,300	0,989	99,63	0,300	0,981
77,46	0,400	0,995	91,80	0,400	0,990
71,58	0,500	0,997	85,17	0,500	0,994
68,54	0,600	0,998	81,18	0,600	0,996
66,55	0,700	0,999	79,25	0,700	0,997
63,79	0,800	0,999	76,72	0,800	0,998
62,35	0,900	0,999	75,02	0,900	0,999
60,79	1,000	1,000	73,11	1,000	1,000

$p = 1,013$ bar $= 760$ Torr			$p = 1,200$ bar $= 900$ Torr		
t in °C	x_2'	x_2''	t in °C	x_2'	x_2''
196,17	0,000	0,000	203,33	0,000	0,000
145,10	0,100	0,814	153,09	0,100	0,786
120,03	0,200	0,944	126,72	0,200	0,934
108,43	0,300	0,974	114,87	0,300	0,968
100,48	0,400	0,986	106,85	0,400	0,982
93,64	0,500	0,992	99,97	0,500	0,989
89,05	0,600	0,995	94,93	0,600	0,993
87,11	0,700	0,996	92,97	0,700	0,995
84,69	0,800	0,997	90,60	0,800	0,996
82,83	0,900	0,998	88,64	0,900	0,998
80,80	1,000	1,000	86,56	1,000	1,000

Für die vorstehenden Flüssigkeitsgemische enthält die Originalarbeit Siededaten bis etwa 3,7 bar

475 x_1 $CH_3 \cdot [CH_2]_6 \cdot CH_2OH$, Octanol-(1)
M: 130,23   Kp.: 194 °C

x_2 $CH_3 \cdot [CH_2]_4 \cdot CH_2OH$, Hexanol-(1)
M: 102,18   Kp.: 155,8 °C

[R 15]

$p = 0,0400$ bar $= 30$ Torr			$p = 0,0667$ bar $= 50$ Torr		
t in °C	x_2'	x_2''	t in °C	x_2'	x_2''
92,6	0,396	0,752	102,5	0,400	0,735
88,4	0,549	0,838	98,5	0,531	0,840
84,7	0,709	0,938	94,7	0,713	0,916
82,4	0,824	0,967	92,4	0,825	0,963
79,6	1,000	1,000	89,4	1,000	1,000

$p = 0,1333$ bar $= 100$ Torr					
t in °C	x_2'	x_2''	t in °C	x_2'	x_2''
117,8	0,417	0,722	106,5	0,830	0,949
113,4	0,549	0,830	103,9	1,000	1,000
109,4	0,707	0,908			

Die Sättigungstemperaturen von Hexanol-(1) wurden durch Interpolation von Dampfdruckdaten ermittelt

Weishaupt

Zu 475

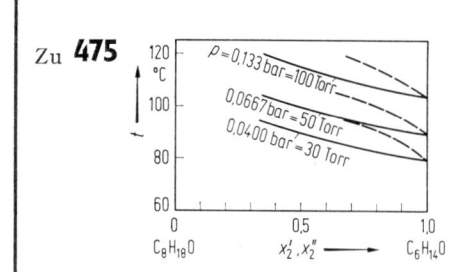

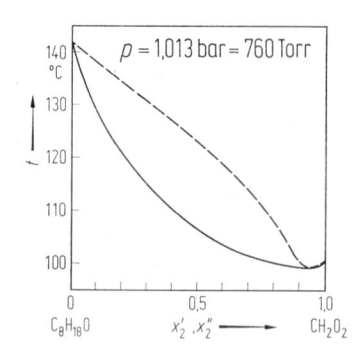

476

x_1 $CH_3 \cdot [CH_2]_3 \cdot O \cdot [CH_2]_3 \cdot CH_3$, Di-n-butyläther
M: 130,23   Kp.: 141,9 °C

x_2 HCO_2H, Ameisensäure
M: 46,03   Kp.: 100,7 °C

[G 15]

$p = 1,013$ bar $= 760,0$ Torr

t in °C	x_2'	x_2''	t in °C	x_2'	x_2''
141,9	0,000	0,000	100,1	0,844	0,902
132,6	0,062	0,243	99,5	0,918	0,934
126,1	0,128	0,422	99,4	0,954	0,952
119,6	0,214	0,581	99,9	0,987	0,977
110,9	0,399	0,763	100,7	1,000	1,000
103,3	0,633	0,863			

Nach einer persönlichen Mitteilung der Verfasser

477

x_1 $CH_3 \cdot [CH_2]_3 \cdot CH(CH_2OH) \cdot CH_2 \cdot CH_3$, 2-Äthyl-hexanol-(1)
M: 130,23   Kp.: 181 °C

x_2 $CH_2:CH \cdot CO_2H$, Acrylsäure
M: 72,06   Kp.: 141 °C

[L 16]

$p = 0,1333$ bar $= 100$ Torr

t in °C	x_2'	x_2''	t in °C	x_2'	x_2''
124,9	0,000	0,000	113,30	0,331	0,729
121,90	0,138	0,352	112,70	0,341	0,758
120,90	0,161	0,423	107,70	0,461	0,857
120,70	0,166	0,423	98,45	0,637	0,941
118,70	0,224	0,583	93,85	0,757	0,969
115,10	0,306	0,707	90,05	0,855	0,986
114,60	0,289	0,683	84,9	1,000	1,000

Die Siedetemperaturen der reinen Stoffe wurden mit der Antoine-Gleichung berechnet

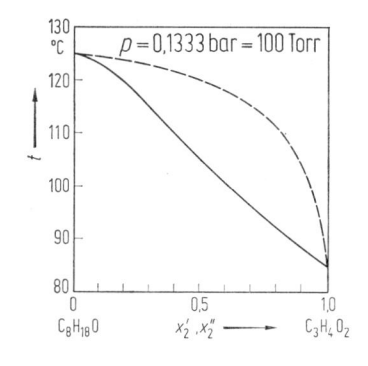

478

x_1 Methylphenylcarbinol $(C_8H_{10}O)$
M: 122,17   Kp.: 205,0 °C

x_2 (C_8H_{10}), Äthylbenzol
M: 106,17   Kp.: 136,1 °C

[F 9]

$p = 1,013$ bar $= 760$ Torr

t in °C	x_2'	x_2''	t in °C	x_2'	x_2''
193,50	0,0514	0,2823	142,00	0,7000	0,9300
183,00	0,1400	0,4520	138,75	0,8000	0,9510
169,00	0,3000	0,6990	137,00	0,9000	0,9750
149,00	0,5901	0,8921	136,90	0,9772	0,9890

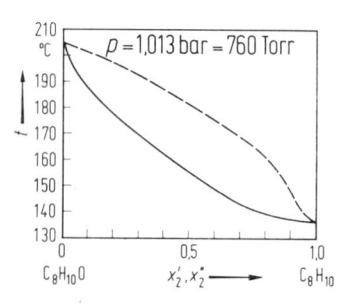

479 x_1 ⌬—C(=O)—CH$_3$ (C$_8$H$_8$O),

Methyl-phenyl-keton
(Acetophenon)
M: 120,15   Kp.: 202 °C

x_2 CH$_3$·CH$_2$·CH(OH)·CH$_3$,
Butanol-(2)
M: 74,12   Kp.: 99,5 °C

[M 21]

$p = 1{,}013$ bar $= 760$ Torr

t in °C	x_2'	x_2''	t in °C	x_2'	x_2''
191,5	0,010	0,121	122,1	0,220	0,907
182,3	0,012	0,199	115,7	0,295	0,938
165,8	0,037	0,433	111,9	0,352	0,955
159,2	0,047	0,519	108,1	0,466	0,967
145,2	0,086	0,707	106,1	0,521	0,977
138,9	0,110	0,783	104,8	0,633	0,982
129,5	0,163	0,862			

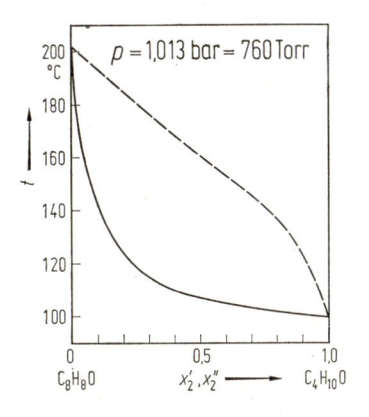

480 x_1 CH$_3$·[CH$_2$]$_6$·CO$_2$H, n-Caprylsäure
M: 144,22   Kp.: 239,3 °C

x_2 CH$_3$·[CH$_2$]$_4$·CO$_2$H, n-Capronsäure
M: 116,16   Kp.: 208 °C

[R 12]

$p = 0{,}0267$ bar $= 20$ Torr			$p = 0{,}067$ bar $= 50$ Torr			$p = 0{,}133$ bar $= 100$ Torr		
t in °C	x_2'	x_2''	t in °C	x_2'	x_2''	t in °C	x_2'	x_2''
139,6	0,00	0,000	158,9	0,00	0,000	175,4	0,00	0,000
134,9	0,10	0,316	154,4	0,10	0,280	171,0	0,10	0,256
130,5	0,20	0,514	150,0	0,20	0,466	166,9	0,20	0,445
126,4	0,30	0,644	146,1	0,30	0,600	163,3	0,30	0,590
123,3	0,40	0,741	142,8	0,40	0,700	160,0	0,40	0,697
120,7	0,50	0,816	139,9	0,50	0,779	156,9	0,50	0,773
118,7	0,60	0,870	137,6	0,60	0,843	154,2	0,60	0,835
116,7	0,70	0,916	135,6	0,70	0,892	151,8	0,70	0,888
114,8	0,80	0,951	133,8	0,80	0,935	149,8	0,80	0,933
113,1	0,90	0,979	131,9	0,90	0,969	147,8	0,90	0,968
111,5	1,00	1,000	129,9	1,00	1,000	145,7	1,00	1,000

Neben den vorstehenden, ausgeglichenen Daten sind in der Originalarbeit auch die Meßwerte in Zahlentafeln angegeben

481 m_1 (C$_8$H$_8$O$_2$), o-Toluylsäure
  M: 136,14   Kp.: 259 °C

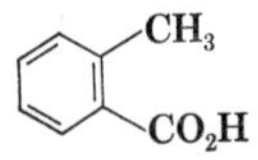

m_2 HC·CO\
        ‖   O (C$_4$H$_2$O$_3$),
        HC·CO/
  Maleinsäureanhydrid
  M: 98,06   Kp.: 202 °C

[S 37]

$p = 0{,}133$ bar $= 100$ Torr

m_2'	m_2''	m_2'	m_2''
0,05	0,535	0,50	0,895
0,10	0,734	0,60	0,909
0,20	0,831	0,70	0,925
0,30	0,863	0,80	0,945
0,40	0,881	0,90	0,970

Persönliche Mitteilung des Verfassers

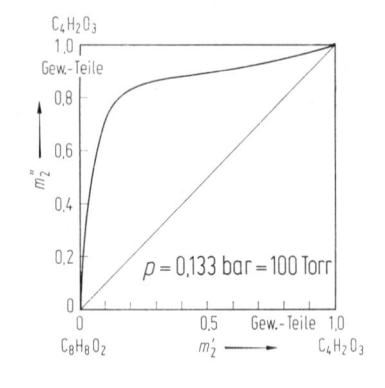

482 x_1 (CH$_2$:CHO·CH$_2$·CH$_2$)$_2$O, Diglykol-divinyl-äther
  M: 158,20   Kp.: 196,8 °C

x_2 (C$_2$H$_5$O·CH$_2$·CH$_2$)$_2$O, Diglykol-diäthyl-äther
  M: 162,23   Kp.: 187,9 °C

[D 11]

$p = 13{,}3$ mbar $= 10$ Torr

t in °C	x_2'	x_2''	t in °C	x_2'	x_2''
77,7	0,000	0,000	73,4	0,580	0,650
77	0,085	0,120	72,9	0,655	0,725
76,4	0,163	0,210	71,8	0,828	0,870
75,6	0,265	0,335	71,2	0,920	0,941
75	0,350	0,425	70,7	1,000	1,000
74,1	0,482	0,562			

Das Gemisch weicht nur sehr wenig vom Idealverhalten ab

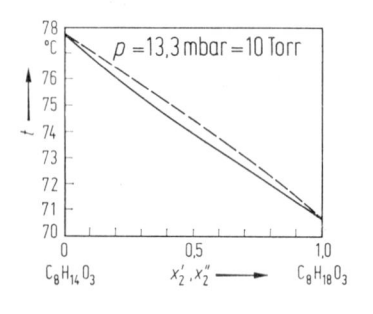

483 m_1 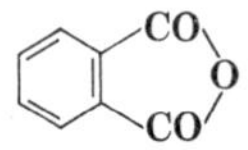 (C$_8$H$_4$O$_3$),
  Phthalsäure-anhydrid
  M: 148,12   Kp.: 284,5 °C

m_2 (C$_7$H$_6$O$_2$),
  Benzoesäure
  M: 122,12   Kp.: 250 °C

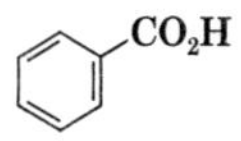

[S 37]

$p = 0{,}133$ bar $= 100$ Torr

m_2'	m_2''	m_2'	m_2''
Massenanteile		Massenanteile	
0,10	0,250	0,60	0,701
0,20	0,381	0,70	0,768
0,30	0,481	0,80	0,837
0,40	0,563	0,90	0,916
0,50	0,635		

(Persönliche Mitteilung des Verfassers)

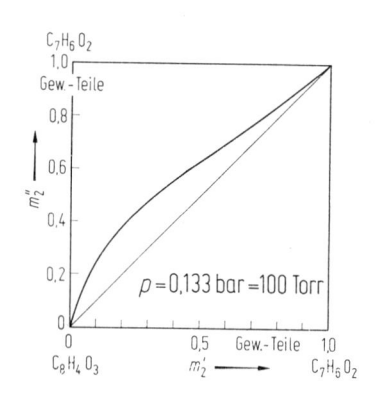

484

x_1 $CH_3 \cdot [CH_2]_6 \cdot CO_2CH_3$, Caprylsäure-methylester
M: 158,24

x_2 $CH_3 \cdot [CH_2]_4 \cdot CO_2CH_4$, Capronsäure-methylester
M: 130,19

[R 15]

t in °C	x_2'	x_2''	t in °C	x_2'	x_2''
$p = 0,0267$ bar $= 20$ Torr			$p = 0,0667$ bar $= 50$ Torr		
90,6	0,000	0,000	110,2	0,000	0,000
63,1	0,568	0,880	102,9	0,105	0,352
62,5	0,615	0,900	99,3	0,177	0,487
59,8	0,730	0,933	97,5	0,217	0,549
54,7	1,000	1,000	95,4	0,255	0,586
$p = 0,0400$ bar $= 30$ Torr			91,6	0,344	0,710
			90,7	0,365	0,727
98,3	0,000	0,000	89,5	0,387	0,719
72,1	0,574	0,873	87,2	0,457	0,796
70,9	0,623	0,900	87,1	0,461	0,794
68,1	0,731	0,935	86,5	0,473	0,814
63,1	1,000	1,000	85,6	0,498	0,819
$p = 0,0533$ bar $= 40$ Torr			84,6	0,531	0,843
			83,9	0,548	0,864
104,9	0,000	0,000	82,6	0,595	0,882
81,4	0,471	0,819	82,4	0,619	0,889
78,6	0,581	0,870	81,1	0,662	0,906
77,0	0,615	0,891	79,4	0,730	0,928
77,0	0,622	0,893	78,3	0,782	0,942
69,2	1,000	1,000	73,9	1,000	1,000

Die Sättigungstemperaturen der reinen Stoffe wurden durch Interpolation von Dampfdruckdaten ermittelt

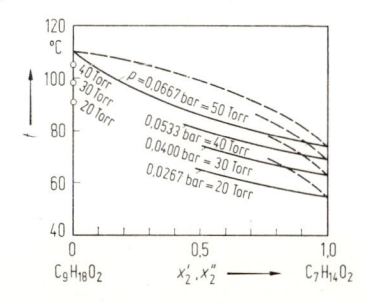

485

m_1 Dimethyl-phenyl-carbinol ($C_9H_{12}O$),
M: 136,2   Kp.: 215···220 °C (Zers.)

m_2 H_2O, Wasser
M: 18,02   Kp.: 100,0 °C

[A 3]

Heteroazeotroper Punkt bei $p = 1,013$ bar (760 Torr):

$t_{az} = 99,7$ °C; $m_{2az} = 0,895$ (Massen-Tl.)

486

x_1 $CH_3 \cdot [CH_2]_8 \cdot CH_2OH$, Decanol-(1)
M: 158,29   Kp.: 232,9 °C

x_2 $CH_3 \cdot [CH_2]_6 \cdot CH_2OH$, Octanol-(1)
M: 130,23   Kp.: 194 °C

[R 13]

t in °C	x_2'	x_2''	t in °C	x_2'	x_2''
$p = 0,0267$ bar $= 20$ Torr			$p = 0,067$ bar $= 50$ Torr		
121,0	0,130	0,352	138,7	0,179	0,445
117,8	0,227	0,527	135,6	0,261	0,572
114,4	0,347	0,660	131,1	0,417	0,716
107,9	0,613	0,860	130,1	0,459	0,762
103,8	0,817	0,937	126,6	0,595	0,849
			120,7	0,883	0,965
$p = 0,133$ bar $= 100$ Torr			$p = 0,400$ bar $= 300 \pm 2$ Torr		
153,8	0,229	0,484	185,8	0,223	0,419
149,5	0,352	0,649	180,2	0,392	0,644
144,0	0,574	0,827	179,2	0,404	0,657
139,8	0,725	0,908	174,1	0,570	0,778
136,7	0,895	0,969	170,3	0,717	0,856
			168,2	0,804	0,899

Die meisten Daten sind Mittelwerte aus je 2 Messungen

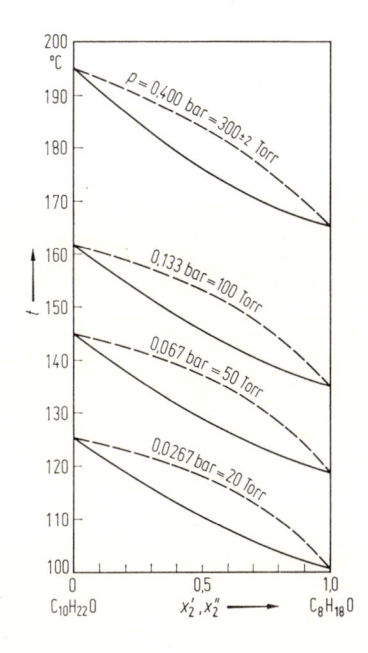

487 x_1 (C$_{10}$H$_{10}$O), α-Tetralon
M: 146,19   Kp.: 257 °C

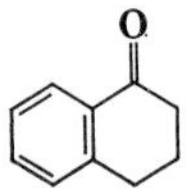

x_2 (C$_{10}$H$_{12}$), Tetralin
M: 132,21   Kp.: 206,5 °C

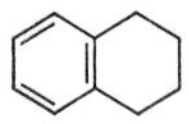

[T 5]

$p = 26{,}66$ mbar $= 20$ Torr

t in °C	x_2'	x_2''	t in °C	x_2'	x_2''
138,0	0,020	0,198	116,0	0,260	0,772
136,0	0,038	0,265	114,0	0,299	0,801
134,0	0,054	0,335	112,0	0,341	0,825
132,0	0,071	0,403	110,0	0,389	0,847
130,0	0,088	0,480	108,0	0,442	0,870
128,0	0,106	0,537	106,0	0,501	0,890
126,0	0,125	0,593	104,0	0,566	0,911
124,0	0,145	0,644	102,0	0,637	0,929
122,0	0,170	0,677	100,0	0,714	0,946
120,0	0,197	0,710	98,0	0,799	0,963
118,0	0,227	0,742	96,0	0,890	0,981

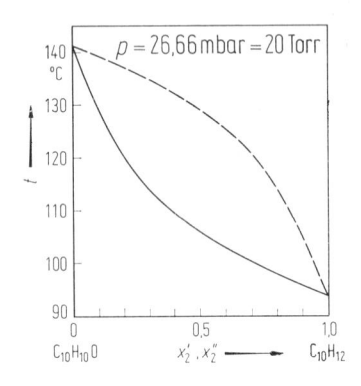

488 x_1 (C$_{10}$H$_8$O), α-Naphthol
M: 144,17   Kp.: 288 °C

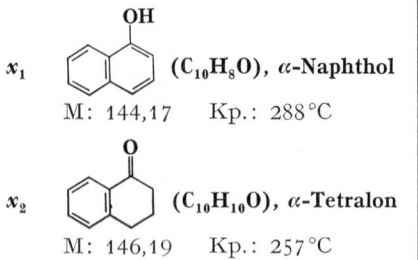

x_2 (C$_{10}$H$_{10}$O), α-Tetralon
M: 146,19   Kp.: 257 °C

[Y 1]

$p = 0{,}0133$ bar $= 10$ Torr

t in °C	x_2'	x_2''	t in °C	x_2'	x_2''
152,0	0,050	0,010	154,8	0,500	0,696
155,0	0,100	0,036	152,4	0,550	0,788
157,0	0,150	0,068	149,8	0,600	0,843
157,9	0,200	0,135	147,0	0,650	0,887
158,3	0,250	0,234	144,4	0,700	0,923
158,8	0,275	0,275	141,6	0,750	0,952
158,6	0,300	0,333	138,8	0,800	0,974
158,4	0,350	0,424	135,8	0,850	0,984
157,8	0,400	0,504	133,0	0,900	0,992
156,6	0,450	0,592	130,0	0,950	0,998

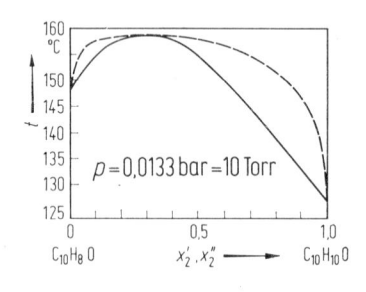

489 x_1 CH$_3$·[CH$_2$]$_8$·CO$_2$CH$_3$, Caprinsäure-methylester
M: 186,30

x_2 CH$_3$·[CH$_2$]$_6$·CO$_2$CH$_3$, Caprylsäure-methylester
M: 158,24

[R 15]

$p = 0{,}0400$ bar $= 30$ Torr			$p = 0{,}0533$ bar $= 40$ Torr		
t in °C	x_2'	x_2''	t in °C	x_2'	x_2''
130,9	0,000	0,000	137,8	0,000	0,000
117,2	0,263	0,584	124,7	0,265	0,570
111,7	0,430	0,743	118,8	0,432	0,750
109,8	0,512	0,813	116,9	0,501	0,792
107,2	0,590	0,857	113,9	0,590	0,847
140,5	0,706	0,908	111,1	0,700	0,903
99,9	0,913	0,975	106,5	0,906	0,984
98,3	1,000	1,000	104,9	1,000	1,000

Fortsetzung nächste Seite

Zu **489**

$p = 0{,}0677$ bar = 50 Torr			$p = 0{,}1333$ bar = 100 Torr		
t in °C	x_2'	x_2''	t in °C	x_2'	x_2''
143,6	0,000	0,000	162,2	0,000	0,000
130,2	0,261	0,523	148,8	0,276	0,528
130,1	0,269	0,528	140,9	0,491	0,767
124,5	0,424	0,726	137,7	0,600	0,808
122,3	0,491	0,788	137,7	0,605	0,845
119,4	0,582	0,843	134,6	0,713	0,899
116,6	0,705	0,913	129,5	0,915	0,968
111,9	0,913	0,966	128,0	1,000	1,000
110,2	1,000	1,000			

Die Sättigungstemperaturen der reinen Stoffe wurden durch Interpolation von Dampfdruckdaten ermittelt

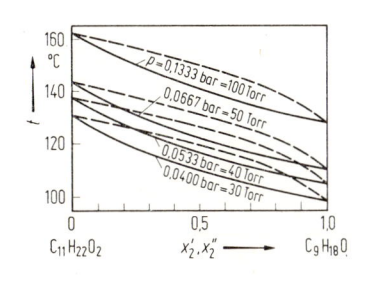

---

490 x_1 $CH_3 \cdot [CH_2]_{10} \cdot CH_2OH$, Dodecanol-(1)
M: 186,34   Kp.: 255···259 °C

x_2 $CH_3 \cdot [CH_2]_8 \cdot CH_2OH$, Decanol-(1)
M: 158,29   Kp.: 232,9 °C

[R 13]

$p = 0{,}0267$ bar = 20 Torr			$p = 0{,}067$ bar = 50 Torr		
t in °C	x_2'	x_2''	t in °C	x_2'	x_2''
149,7	0,089	0,223	173,3	0,042	0,083
146,2	0,169	0,389	170,2	0,100	0,257
142,4	0,296	0,563	166,5	0,193	0,416
138,6	0,437	0,713	163,0	0,314	0,578
135,6	0,560	0,798	158,9	0,451	0,713
133,6	0,640	0,841	155,8	0,568	0,800
131,6	0,739	0,891	153,2	0,695	0,879
129,6	0,881	0,956	150,4	0,847	0,943
			148,5	0,945	0,976

$p = 0{,}133$ bar = 100 Torr			$p = 0{,}400$ bar = 300 ± 2,5 Torr		
t in °C	x_2'	x_2''	t in °C	x_2'	x_2''
186,7	0,157	0,307	219,6	0,200	0,357
180,8	0,327	0,544	216,0	0,307	0,491
179,8	0,357	0,593	215,0	0,353	0,550
176,5	0,484	0,722	211,3	0,449	0,660
173,8	0,582	0,800	207,6	0,539	0,754
171,2	0,695	0,872	206,6	0,539	0,713
168,0	0,834	0,942	202,6	0,711	0,870
166,3	0,906	0,960	199,9	0,890	0,946

Zahlentafel teils gekürzt, Werte teils aus je 2 Messungen gemittelt

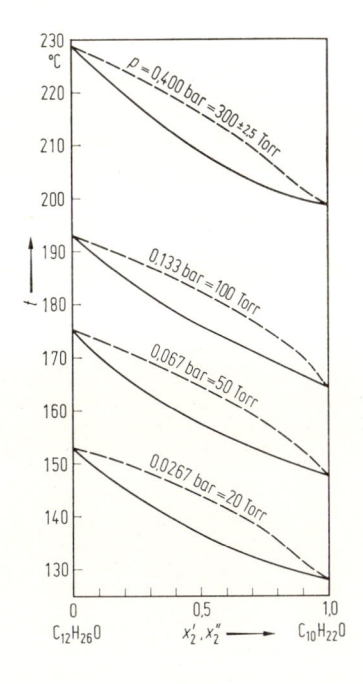

491 x_1 $CH_3 \cdot [CH_2]_{10} \cdot CO_2CH_3$, Laurin-säure-methylester
M: 214,35

         x_2 $CH_3 \cdot [CH_2]_8 \cdot CO_2CH_3$, Caprin-säure-methylester
M: 186,30

[R 15]

$p = 0,0400$ bar = 30 Torr			$p = 0,0533$ bar = 40 Torr		
t in °C	x_2'	x_2''	t in °C	x_2'	x_2''
159,0	0,000	0,000	167,3	0,000	0,000
147,6	0,289	0,562	152,4	0,379	0,655
139,7	0,576	0,830		0,580	0,823
	0,653	0,831	145,2	0,640	0,857
133,0	0,872	0,966		0,646	0,852
130,9	1,000	1,000	141,1	0,828	0,947
			137,8	1,000	1,000

$p = 0,0667$ bar = 50 Torr			$p = 0,1333$ bar = 100 Torr		
t in °C	x_2'	x_2''	t in °C	x_2'	x_2''
173,2	0,000	0,000	193,0	0,000	0,000
160,3	0,310	0,567	180,6	0,289	0,534
153,2	0,551	0,783	175,5	0,449	0,682
151,8	0,599	0,823		0,663	0,860
	0,647	0,839	165,6	0,849	0,940
146,9	0,822	0,930	162,2	1,000	1,000
143,6	1,000	1,000			

Die Sättigungstemperaturen der reinen Stoffe wurden durch Interpolation von Dampfdruckdaten ermittelt

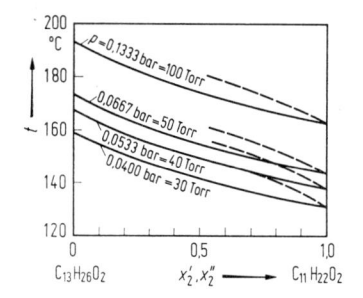

492 x_1 $CH_3 \cdot [CH_2]_{12} \cdot CO_2CH_3$, Myristin-säure-methylester
M: 242,41

         x_2 $CH_3 \cdot [CH_2]_{10} \cdot CO_2CH_2$, Laurin-säure-methylester
M: 214,35

[R 15]

$p = 0,0400$ bar = 30 Torr			$p = 0,0533$ bar = 40 Torr		
t in °C	x_2'	x_2''	t in °C	x_2'	x_2''
186,9	0,000	0,000	194,5	0,000	0,000
179,6	0,190	0,534	187,3	0,189	0,411
174,2	0,360	0,602	181,7	0,364	0,598
166,7	0,657	0,844	174,0	0,651	0,825
162,6	0,844	0,939	170,2	0,840	0,939
161,9	0,874	0,950	169,2	0,878	0,947
159,0	1,000	1,000	167,3	1,000	1,000

$p = 0,0667$ bar = 50 Torr			$p = 0,1333$ bar = 100 Torr		
t in °C	x_2'	x_2''	t in °C	x_2'	x_2''
200,8	0,000	0,000	219,0	0,000	0,000
193,2	0,196	0,424	213,8	0,196	0,503
187,8	0,368	0,596	208,3	0,370	0,590
180,1	0,646	0,813	200,5	0,651	0,823
176,0	0,851	0,934	196,0	0,854	0,935
175,2	0,937	0,942	195,3	0,889	0,952
173,2	1,000	1,000	193,0	1,000	1,000

Die Sättigungstemperaturen der reinen Stoffe wurden durch Interpolation von Dampfdruckdaten ermittelt

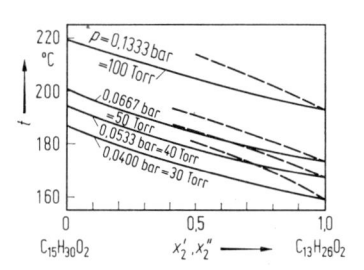

493 x_1 $CH_3 \cdot [CH_2]_{14} \cdot CO_2CH_3$, Palmitin-
säure-methylester
M: 270,46

x_2 $CH_3 \cdot [CH_2]_{12} \cdot CO_2CH_3$, Myristin-
säure-methylester
M: 242,41

[R 15]

$p = 0,0400$ bar = 30 Torr			$p = 0,0533$ bar = 40 Torr			$p = 0,0667$ bar = 50 Torr			$p = 0,1333$ bar = 100 Torr		
t in °C	x_2'	x_2''	t in °C	x_2'	x_2''	t in °C	x_2'	x_2''	t in °C	x_2'	x_2''
211,4	0,000	0,000	219,5	0,000	0,000	225,9	0,000	0,000			
200,6	0,346	0,571	208,3	0,344	0,585	215,0		0,543	235,8	0,359	0,565
196,8	0,492	0,705	204,6	0,486	0,729	211,0	0,488	0,710	232,4	0,488	0,709
196,7	0,496	0,734	204,4	0,492	0,710	210,9	0,482	0,696	232,1	0,496	0,728
190,8	0,767	0,894	198,9	0,740	0,873	205,3	0,731	0,834	226,1	0,750	0,876
186,9	1,000	1,000	194,5	1,000	1,000	200,8	1,000	1,000	219,0	1,000	1,000

Die Sättigungstemperaturen der reinen Stoffe wurden durch Interpolation von Dampfdruckdaten ermittelt

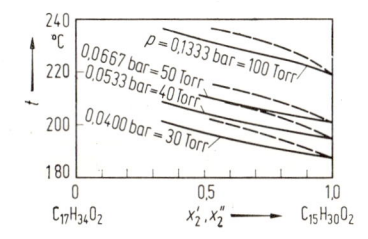

494 x_1 $CH_3 \cdot [CH_2]_{16} \cdot CO_2CH_3$, Stearin-
säure-methylester
M: 298,51

x_2 $CH_3 \cdot [CH_2]_{14} \cdot CO_2CH_3$, Palmitin-
säure-methylester
M: 270,46

[R 15]

$p = 0,0400$ bar = 30 Torr		
t in °C	x_2'	x_2''
236,0	0,000	0,000
224,7	0,338	0,583
223,9	0,376	0,572
211,4	1,000	1,000

Die Sättigungstemperaturen der reinen Stoffe wurden durch Interpolation von Dampfdruckdaten ermittelt
Wegen der guten Übereinstimmung mit den Gesetzen von Raoult und Dalton können Gleichgewichtswerte für binäre Gemische aus der vorangehenden homologen Serie mit ziemlicher Genauigkeit berechnet werden

495 x_1 $CH_3 \cdot [CH_2]_{16} \cdot CO_2CH_3$, Stearin-
säure-methylester
M: 298,51   Kp.: 443 °C

x_2 $HC \cdot [CH_2]_7 \cdot CH_3$, Ölsäure-
methylester
$HC \cdot [CH_2]_7 \cdot CO_2CH_3$
M: 296,50

[R 14]

$t = 199$ °C

x_2'	x_2''
0,1	0,1071
0,2	0,2153
0,3	0,3233
0,4	0,4303
0,5	0,5350
0,6	0,6369
0,7	0,7349
0,8	0,8285
0,9	0,9169

Das Gemisch zeigt nur geringe Abweichungen vom Idealverhalten

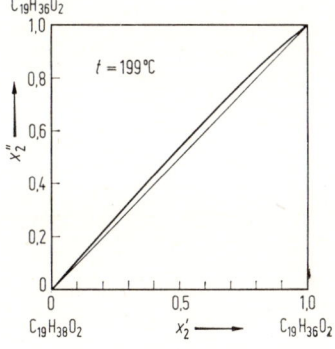

496 x_1, m_1 $CH_2Cl \cdot CH_2OH$, **β-Chloräthanol**
(Äthylenchlorhydrin)
M: 80,51   Kp.: 127,9···128,1 °C

x_2, m_2 H_2O, **Wasser**
M: 18,02   Kp.: 100,0 °C

[G 11]

$p = 0{,}1333$ bar $= 100$ Torr

t in °C	x_2'	x_2''	t in °C	x_2'	x_2''
64,8	0,0875	0,4193	50,4	0,7030	0,8384
64,8	0,0953	0,4111	50,4	0,7182	0,8427
64,3	0,1029	0,4253	50,4	0,8279	0,8564
59,5	0,1570	0,5854	50,4	0,8876	0,8709
56,6	0,3320	0,7111	50,4	0,8918	0,8710
57,2	0,3441	0,7020	50,4	0,9164	0,8808
56,2	0,3441	0,7173	50,4	0,9375	0,8968
51,2	0,5152	0,8013	50,6	0,9557	0,9142
51,2	0,5580	0,8186	50,8	0,9642	0,9223

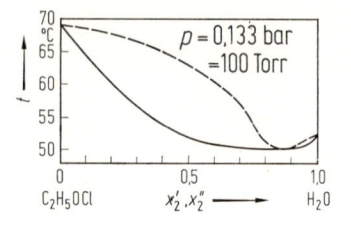

Massenanteile in Flüssigkeit und Dampf in der Umgebung des azeotropen Punktes bei verschiedenen Drücken

[G 11]

$p = 0{,}0667$ bar $= 50$ Torr		$p = 0{,}1333$ bar $= 100$ Torr		$p = 0{,}2666$ bar $= 200$ Torr		$p = 1{,}013$ bar $= 760$ Torr	
m_2'	m_2''	m_2'	m_2''	m_2'	m_2''	m_2'	m_2''
0,572	0,593	0,518	0,572	0,535	0,571	0,558	0,571
0,578	0,588	0,536	0,578	0,563	0,577	0,570	0,575
0,592	0,595	0,638	0,601	0,588	0,581	0,591	0,573
0,596	0,591	0,648	0,553	0,620	0,581	0,600	0,570
0,610	0,595						

---

497 x_1 $CH_2Cl \cdot CO_2H$, **Chloressigsäure**
M: 94,50   Kp.: 189,35 °C

x_2 $CH_3 \cdot CO_2H$, **Essigsäure**
M: 60,05   Kp.: 118,5 °C

[G 15]

$p = 0{,}1333$ bar			$p = 0{,}400$ bar		
Temp. °C	x_2'	x_2''	Temp. °C	x_2'	x_2''
113,7	0,170	0,536	143,65	0,156	0,486
103,1	0,292	0,711	143,3	0,166	0,480
100,3	0,320	0,762	132,7	0,294	0,672
92,2	0,452	0,844	132,4	0,304	0,678
75,5	0,705	0,958	121,25	0,452	0,811
68,75	0,846	0,978	104,3	0,698	0,927
			98,8	0,806	0,963
			97,0	0,846	0,974
			93,0	0,925	0,982
			92,55	0,927	0,979

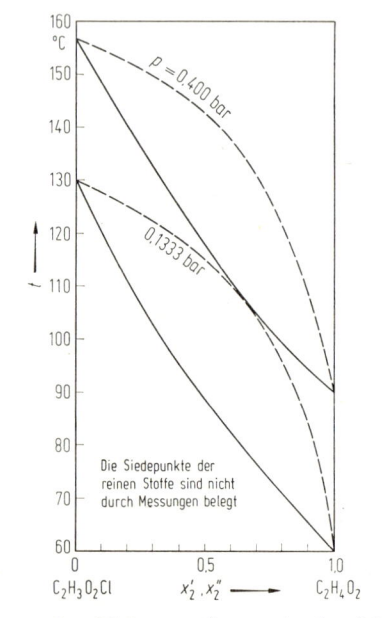

Beide Stoffe assoziieren in der Gasphase. Für die Berechnung des Molenanteils wurde das Molekulargewicht der Komponenten in monomerer Form herangezogen.
Die Verfasser zeigen, wie man bei richtiger Berücksichtigung der Assoziation Aktivitätskoeffizienten erhält, die die Bedingung der thermodynamischen Konsistenz erfüllen.

498

x_1 $CF_3 \cdot CO \cdot CF_3$, Perfluor-aceton
     M: 166,02   Kp.: $-28\,°C$

x_2 $CH_3 \cdot CH_2 \cdot CH_3$, Propan
     M: 44,10   Kp.: $-44,5\,°C$

[M28]

Kritische Daten der Gemische

x_2	p_K in bar	T_K in K
0,000	28,320	357,14
0,124	29,70	353,57
0,3194	31,21	349,05
0,4437	32,14	346,90
0,7047	35,76	351,38
0,8573	39,11	359,48
1,000	42,537	369,74

499

x_1 (C_4H_4S), Thiophen
     M: 84,14   Kp.: $84\,°C$

x_2 C_6H_{12}, Cyclohexan
     M: 84,16   Kp.: $80,8\,°C$

[B7]

$t = 45\,°C$

x_2'	p in bar	x_2'	p in bar
0,000	0,2544	0,397	0,3206
0,090	0,2812	0,430	0,3225
0,118	0,2865	0,455	0,3236
0,158	0,2936	0,516	0,3256
0,178	0,2972	0,568	0,3265
0,212	0,3029	0,634	0,3274
0,232	0,3042	0,721	0,3250
0,262	0,3084	0,781	0,3221
0,292	0,3120	0,856	0,3129
0,321	0,3148	0,935	0,3082
0,355	0,3181	1,000	0,2992

Für obenstehende Meßwerte enthält die Originalarbeit auch die Aktivitätskoeffizienten der beiden Komponenten. Weiterhin wurden bei der gleichen Temperatur die molaren Mischungsenthalpien ermittelt

500

x_1 (C_4H_4S), Thiophen
     M: 84,14   Kp.: $84\,°C$

x_2 C_6H_6, Benzol
     M: 78,11   Kp.: $80,2\,°C$

[K21]

$t = 75\,°C$

x_2'	x_2''
0,200	0,224
0,399	0,432
0,599	0,628
0,800	0,818

Die Originalarbeit enthält auch die Aktivitätskoeffizienten der Komponenten bei 75 °C
Bezüglich Trennbarkeit des Gemisches durch Zugabe von Äthanolamin siehe [Z2]

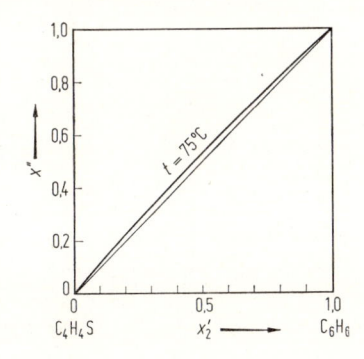

501

x_1    (C_4H_4S), Thiophen
     M: 84,14   Kp.: $84\,°C$

x_2 $CH_3 \cdot CH_2OH$, Äthanol
     M: 46,07   Kp.: $78,32\,°C$

[K21]

$t = 75\,°C$

x_2'	x_2''
0,072	0,281
0,199	0,428
0,382	0,480
0,507	0,517
0,703	0,605
0,891	0,765

Die Originalarbeit enthält auch die Aktivitätskoeffizienten der Komponenten bei 75 °C

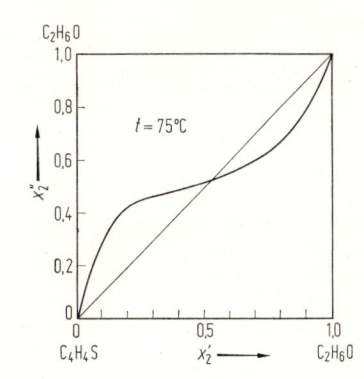

502 x_1 $(CH_3)_2SO$, Dimethylsulfoxid
           M: 78,13   Kp.: 189 °C

           x_2 $CH_3 \cdot CO \cdot CH_3$, Aceton
           M: 58,08   Kp.: 56,2···,3 °C

[S 3]

$t = 25$ °C			$t = 35$ °C*)			$t = 45$ °C		
p in mbar	x_2'	x_2''	p in mbar	x_2'	x_2''	p in mbar	x_2'	x_2''
0,79	0,0000	0,0000	1,59	0,0000	0,0000	2,93	0,0000	0,0000
52,1	0,0994	0,9861	77,1	0,0992	0,9810	111,2	0,0991	0,9756
95,3	0,2027	0,9931	141,1	0,2025	0,9906	203,3	0,2022	0,9878
130,4	0,3026	0,9954	193,2	0,3024	0,9937	279,7	0,3022	0,9919
158,9	0,3983	0,9966	236,4	0,3981	0,9953	342,9	0,3979	0,9940
183,9	0,4981	0,9974	274,4	0,4979	0,9965	400,1	0,4976	0,9955
208,8	0,6000	0,9980	313,0	0,5999	0,9973	457,4	0,5996	0,9966
232,3	0,7002	0,9985	348,5	0,7001	0,9980	510,8	0,6999	0,9975
258,0	0,8023	0,9990	387,4	0,8022	0,9987	570,0	0,8020	0,9983
280,8	0,9011	0,9995	422,8	0,9010	0,9993	620,9	0,9009	0,9991
308,2	1,0000	1,0000	465,7	1,0000	1,0000	685,3	1,0000	1,0000

*) Die Originalarbeit enthält noch eine weitere Meßreihe für $t = 35$ °C

503 x_1 $(CH_3)_2SO$, Dimethylsulfoxid
           M: 78,13   Kp.: 189 °C

           x_2 $CH_3 \cdot [CH_2]_2 \cdot CH_2OH$, Butanol-(1)
           M: 74,12   Kp.: 117,5 °C

[C 5]

$t = 120,2$ °C		$t = 150,3$ °C	
x_2'	x_2''	x_2'	x_2''
0,0720	0,3732	0,0451	0,2797
0,1035	0,5007	0,1510	0,5441
0,1809	0,6155	0,2028	0,6249
0,2432	0,6943	0,2654	0,7002
0,3499	0,7898	0,3563	0,7539
0,4663	0,8699	0,4413	0,8289
0,5798	0,9345	0,5707	0,9060
0,7390	0,9760	0,5946	0,9137
0,8500	0,9905	0,6780	0,9529
		0,8232	0,9859
		0,8799	0,9900

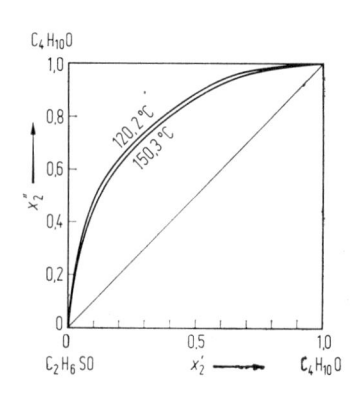

504 x_1 $(CH_3)_2SO$, Dimethylsulfoxid
           M: 78,13   Kp.: 189 °C

           x_2 $(CH_3)_2CH \cdot CH_2OH$, Isobutanol
           M: 74,12   Kp.: 107,7 °C

[B 13]

$t = 80,0$ °C			$t = 92,5$ °C		
p in mbar	x_2'	x_2''	p in mbar	x_2'	x_2''
26,3	0,0275	0,2408	51,3	0,0350	0,2901
30,7	0,0462	0,3591	56,0	0,0442	0,3492
36,8	0,0735	0,4643	60,0	0,0555	0,3960
41,1	0,0964	0,5259	76,5	0,0955	0,5285
51,1	0,1386	0,6157	92,0	0,1371	0,6056
59,7	0,1848	0,6838	112,4	0,2013	0,7090
74,4	0,2489	0,7525	131,7	0,2500	0,7597
100,1	0,3555	0,8441	174,7	0,3605	0,8421
114,9	0,4162	0,8785	200,0	0,4156	0,8808
140,4	0,4982	0,9190	228,4	0,4631	0,8998
167,3	0,5799	0,9452	297,7	0,5908	0,9485
196,9	0,6528	0,9660	360,0	0,6874	0,9724
222,4	0,7228	0,9800	437,3	0,8063	0,9895
265,3	0,8180	0,9925	520,0	0,9273	0,9981
289,3	0,8808	0,9972			

Fortsetzung nächste Seite

Zu **504**

$t = 105,0\,°C$

p in mbar	x_2'	x_2''	p in mbar	x_2'	x_2''
101,3	0,0551	0,4026	288,0	0,3483	0,8434
116,7	0,0826	0,4931	334,6	0,4034	0,8763
135,3	0,1131	0,5610	345,3	0,4207	0,8849
149,3	0,1397	0,6160	420,2	0,5071	0,9147
162,4	0,1587	0,6564	484,2	0,5729	0,9448
182,7	0,1912	0,6978	562,4	0,6510	0,9648
202,6	0,2245	0,7368	623,0	0,7060	0,9748
222,4	0,2574	0,7660	727,9	0,8005	0,9889
264,6	0,3193	0,8208	830,6	0,9400	0,9981

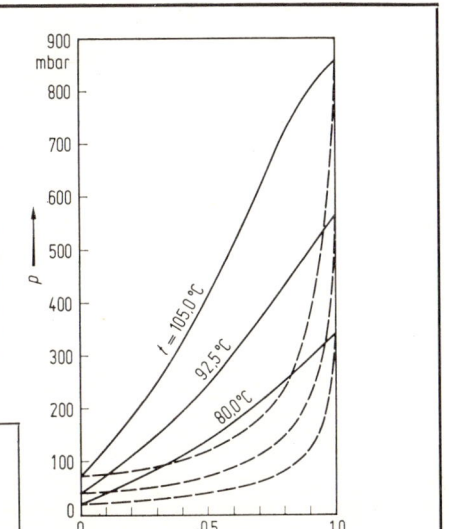

505

x_1 $(CH_3)_2SO$, Dimethylsulfoxid
     M: 78,13   Kp.: 189 °C

x_2 (C_4H_8O), Tetrahydrofuran
     M: 72,11   Kp.: 65,5···65,7 °C

[S 3]

$t = 25\,°C$			$t = 35\,°C$			$t = 45\,°C$		
p in mbar	x_2'	x_2''	p in mbar	x_2'	x_2''	p in mbar	x_2'	x_2''
0,79	0,0000	0,0000	1,59	0,0000	0,0000	2,93	0,0000	0,0000
56,3	0,1010	0,9871	82,9	0,1008	0,9824	119,3	0,1007	0,9774
93,7	0,2011	0,9928	138,9	0,2008	0,9902	201,1	0,2006	0,9874
119,5	0,2991	0,9942	178,0	0,2989	0,9929	258,6	0,2986	0,9910
138,4	0,3994	0,9959	207,3	0,3992	0,9944	302,9	0,3988	0,9929
153,3	0,4974	0,9966	230,7	0,4971	0,9954	337,3	0,4968	0,9942
166,5	0,6014	0,9971	250,4	0,6012	0,9962	368,5	0,6009	0,9952
177,3	0,6985	0,9976	267,4	0,6983	0,9968	394,0	0,6981	0,9960
188,3	0,7995	0,9980	284,9	0,7994	0,9974	420,8	0,7992	0,9968
199,7	0,9002	0,9987	302,9	0,9001	0,9983	447,8	0,9000	0,9980
215,6	1,0000	1,0000	327,8	1,0000	1,0000	486,4	1,0000	1,0000

506

x_1 $(CH_3)_2SO$, Dimethylsulfoxid
     M: 78,13   Kp.: 189 °C

x_2 $CH_3 \cdot CO_2C_2H_5$, Essigsäure-äthylester
     M: 88,11   Kp.: 77,06 °C

[S 3]

$t = 25\,°C$			$t = 35\,°C$			$t = 45\,°C$		
p in mbar	x_2'	x_2''	p in mbar	x_2'	x_2''	p in mbar	x_2'	x_2''
0,79	0,0000	0,0000	1,59	0,0000	0,0000	2,93	0,0000	0,0000
34,4	0,1009	0,9789	53,1	0,1008	0,9725	80,0	0,1007	0,9662
55,2	0,2031	0,9879	86,0	0,2030	0,9843	129,9	0,2028	0,9808
69,9	0,3037	0,9910	109,1	0,3035	0,9885	165,3	0,3033	0,9859
79,3	0,3962	0,9927	124,0	0,3961	0,9906	188,5	0,3958	0,9886
89,3	0,5170	0,9941	141,1	0,5169	0,9925	214,5	0,5166	0,9909
95,2	0,5955	0,9949	149,6	0,5953	0,9935	230,7	0,5951	0,9922
102,8	0,7087	0,9959	162,5	0,7086	0,9948	249,2	0,7084	0,9938
109,2	0,8046	0,9968	173,7	0,8045	0,9960	266,4	0,8044	0,9953
117,3	0,9012	0,9980	187,2	0,9011	0,9976	287,0	0,9010	0,9971
127,2	1,0000	1,0000	202,1	1,0000	1,0000	310,0	1,0000	1,0000

507 x_1 CH$_3$·CN, Acetonitril
M: 41,05   Kp.: 81,6 °C

x_2 CH$_3$·CO·CH$_3$, Aceton
M: 58,08   Kp.: 56,2···56,3 °C

[N 16]

In dem untersuchten Temperaturbereich von 30 °C bis 60 °C befolgt das Phasengleichgewicht des binären Systems recht genau das Raoultsche Gesetz:

$$x_2'' = \frac{x_2'\beta}{1 + x_2'(\beta - 1)};$$

dabei gilt für die relative Flüchtigkeit β die Beziehung:

$$\beta = 2{,}729 - 0{,}006\,55\,t \quad (t \text{ in } °C)$$

508 x_1 CH$_3$·CN, Acetonitril
M: 41,05   Kp.: 81,6 °C

x_2 CH$_2$:CH·CN, Acrylsäure-nitril
M: 53,06   Kp.: 77,3···79 °C

[B 16]

$p = 1{,}013$ bar $= 760$ Torr

t in °C	x_2'	x_2''	t in °C	x_2'	x_2''
79,8	0,079	0,098	77,7	0,557	0,586
79,2	0,168	0,206	77,4	0,780	0,791
78,5	0,317	0,350	77,3	0,917	0,921
78,2	0,406	0,431			

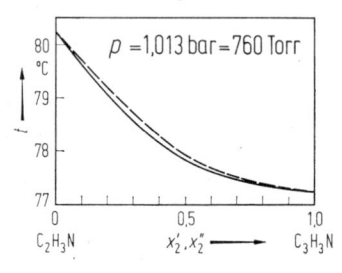

509 x_1 H$_2$N·CH$_2$·CH$_2$·NH$_2$, Äthylendiamin
M: 60,10   Kp.: 116,5 °C

x_2 H$_2$O, Wasser
M: 18,02   Kp.: 100,0 °C

[S 11]

$p = 133{,}3$ mbar			$p = 533{,}3$ mbar			$p = 1033{,}3$ mbar		
t in °C	x_2'	x_2''	t in °C	x_2'	x_2''	t in °C	x_2'	x_2''
63,78	0,000	0,000	98,46	0,000	0,000	117,33	0,000	0,000
65,84	0,144	0,085	99,71	0,150	0,110	118,07	0,118	0,099
66,89	0,229	0,138	99,98	0,181	0,139	118,46	0,198	0,165
67,67	0,301	0,202	100,65	0,281	0,225	118,58	0,220	0,182
68,73	0,367	0,279	101,31	0,382	0,334	118,84	0,282	0,249
68,89	0,383	0,295	101,69	0,446	0,408	119,00	0,339	0,312
69,31	0,420	0,330	101,89	0,507	0,498	119,07	0,391	0,369
69,90	0,478	0,405	101,80	0,538	0,545	119,14	0,463	0,450
70,28	0,503	0,462	101,52	0,563	0,606	119,16	0,520	0,535
70,40	0,539	0,541	101,47	0,578	0,624	118,76	0,573	0,613
70,30	0,558	0,575	100,99	0,615	0,699	118,60	0,583	0,635
69,76	0,590	0,645	99,76	0,663	0,789	117,83	0,615	0,696
69,17	0,630	0,742	98,07	0,714	0,850	116,45	0,669	0,786
68,35	0,666	0,804	96,64	0,739	0,894	114,92	0,704	0,843
66,57	0,715	0,880	91,14	0,832	0,971	113,47	0,739	0,883
65,27	0,748	0,918	86,96	0,904	0,992	108,44	0,831	0,958
59,04	0,834	0,985	84,72	0,957	0,997	104,28	0,905	0,990
54,93	0,907	0,996	83,89	0,982	0,998	101,86	0,956	0,996
52,83	0,959	0,999	82,91	1,000	1,000	101,04	0,982	0,999
52,17	0,983	0,999				100,00	1,000	1,000
51,64	1,000	1,000						

Lage des Azeotropen Punktes:

$p = 133{,}3$ mbar; $t_{az} = 70{,}42$ °C; $x_{2az} = 0{,}545$
$p = 533{,}3$ mbar; $t_{az} = 101{,}90$ °C; $x_{2az} = 0{,}512$
$p = 1033{,}3$ mbar; $t_{az} = 119{,}20$ °C; $x_{2az} = 0{,}489$

Fortsetzung nächste Seite

Zu **509**

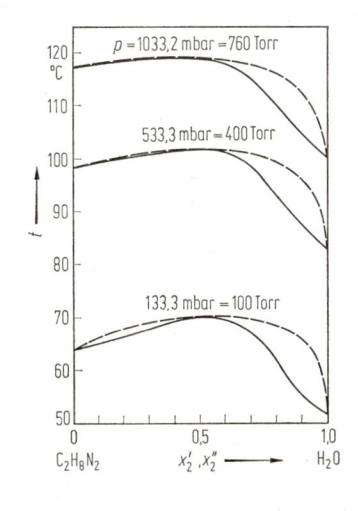

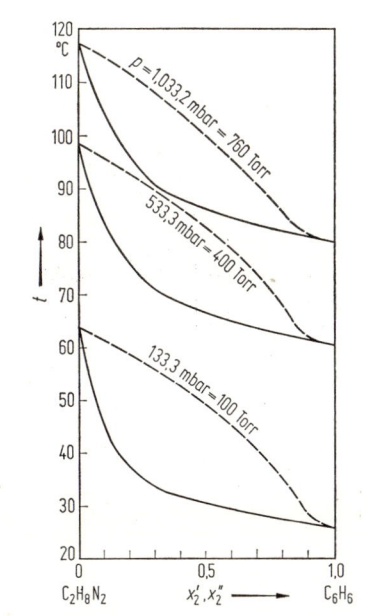

510 x_1 $H_2N \cdot CH_2 \cdot CH_2 \cdot NH_2$, Äthylendiamin
M: 60,10   Kp.: 116,5 °C

x_2 C_6H_6, Benzol
M: 78,11   Kp.: 80,2 °C

[S 11]

$p = 133{,}3$ mbar			$p = 533{,}3$ mbar			$p = 1033{,}2$ mbar		
t in °C	x_2'	x_2''	t in °C	x_2'	x_2''	t in °C	x_2'	x_2''
63,78	0,000	0,000	98,46	0,000	0,000	117,33	0,000	0,000
57,40	0,031	0,251	92,70	0,027	0,195	111,89	0,037	0,197
53,81	0,047	0,364	90,12	0,044	0,284	107,88	0,061	0,285
49,69	0,066	0,485	87,37	0,064	0,365	104,20	0,098	0,398
45,26	0,096	0,585	83,48	0,097	0,457	101,65	0,127	0,460
42,62	0,133	0,667	80,56	0,140	0,565	99,09	0,158	0,518
40,28	0,150	0,697	78,27	0,164	0,601	95,62	0,204	0,597
37,55	0,200	0,754	75,11	0,224	0,680	93,64	0,230	0,632
35,55	0,257	0,789	72,57	0,258	0,709	91,30	0,283	0,674
34,04	0,295	0,814	70,78	0,304	0,742	89,16	0,359	0,728
32,43	0,358	0,841	68,96	0,369	0,770	87,90	0,421	0,755
31,48	0,432	0,856	67,58	0,430	0,796	86,62	0,488	0,779
30,58	0,486	0,866	66,49	0,497	0,810	85,50	0,539	0,799
29,71	0,548	0,876	65,40	0,555	0,827	84,44	0,596	0,816
29,39	0,599	0,883	64,79	0,602	0,837	83,78	0,652	0,828
28,84	0,657	0,891	64,21	0,655	0,848	83,36	0,680	0,838
28,61	0,680	0,894	63,95	0,668	0,850	82,28	0,763	0,861
28,47	0,705	0,896	63,75	0,690	0,854	81,60	0,830	0,890
28,15	0,767	0,906	62,75	0,766	0,876	81,29	0,859	0,904
27,41	0,840	0,930	62,05	0,836	0,903	81,01	0,903	0,930
27,26	0,860	0,936	61,73	0,861	0,912	80,64	0,952	0,960
27,00	0,884	0,943	61,44	0,899	0,931	80,19	1,000	1,000
26,47	0,955	0,966	60,96	0,952	0,962			
26,01	1,000	1,000	60,61	1,000	1,000			

Weishaupt

511

x_1 $H_2N \cdot CH_2 \cdot CH_2 \cdot NH_2$, Äthylendiamin
M: 60,10   Kp.: 116,5 °C

x_2 CH_3OH, Methanol
M: 32,04   Kp.: 64,7 °C

[D 15]

$p = 1,013$ bar $= 760$ Torr

t in °C	x_2'	x_2''	t in °C	x_2'	x_2''
117,2	0,000	0,000	86,4	0,615	0,919
116,1	0,015	0,027	83,9	0,646	0,938
115,3	0,045	0,080	81,3	0,690	0,957
113,9	0,084	0,181	79,4	0,723	0,969
112,3	0,132	0,250	77,5	0,753	0,978
110,5	0,175	0,325	75,5	0,782	0,981
110,3	0,181	0,338	73,5	0,816	0,989
109,9	0,232	0,436	72,1	0,839	0,993
106,4	0,265	0,488	70,5	0,866	0,996
103,7	0,324	0,580	69,5	0,885	0,997
101,2	0,375	0,655	68,5	0,905	0,9975
99,1	0,414	0,710	67,5	0,919	0,998
96,3	0,463	0,733	66,5	0,944	0,999
93,4	0,507	0,825	65,6	0,967	0,9995
90,7	0,548	0,867	64,6	0,997	0,9995
88,4	0,585	0,901	64,5	1,000	1,000

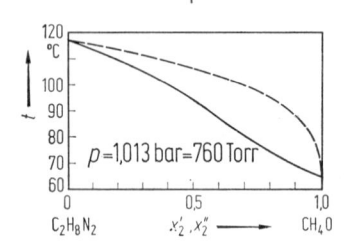

512

x_1 $(CH_3)_2N \cdot CN$, Dimethylcyanamid
M: 70,09   Kp.: 161,6 °C

x_2 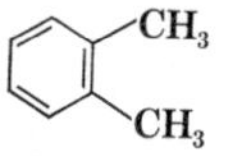 (C_8H_{10}), o-Xylol
M: 106,17   Kp.: 143,6 °C

[S 34]

$p = 1,013$ bar $= 760$ Torr

t in °C	x_2'	x_2''	t in °C	x_2'	x_2''
161,6	0,0000	0,0000	137,3	0,6809	0,7400
160,5	0,0065	0,0213	137,0	0,7591	0,7758
159,7	0,0205	0,0620	136,6	0,8152	0,8113
158,0	0,0274	0,0796	137,9	0,8205	0,8041
146,2	0,2520	0,5080	138,0	0,9537	0,9203
144,8	0,2912	0,5461	139,5	0,9954	0,9849
142,0	0,3707	0,5613	143,5	1,0000	1,0000
137,5	0,6094	0,7151			

Azeotroper Punkt: $t_{az} = 136,2\,°C$; $x_{2az} = 0,812$

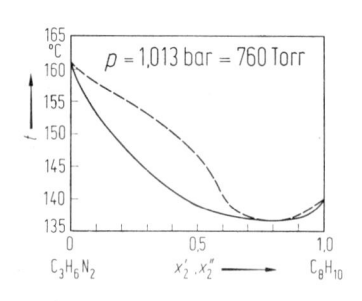

513

x_1 $CH_3 \cdot [CH_2]_2 \cdot CH_2NH_2$, n-Butylamin
M: 73,14   Kp.: 77,8 °C

x_2 $CH_3 \cdot [CH_2]_4 \cdot CH_3$, n-Hexan
M: 86,18   Kp.: 68,8 °C

[H 21]

$t = 60\,°C$

p in bar	x_2'	x_2''	p in bar	x_2'	x_2''
0,6446	0,104	0,216	0,8229	0,652	0,689
0,6986	0,194	0,336	0,8209	0,782	0,774
0,7635	0,358	0,480	0,8023	0,872	0,851
0,8066	0,535	0,601			

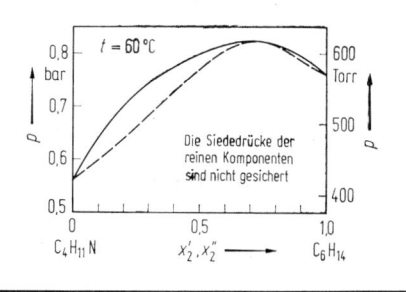

514

x_1 $CH_3 \cdot [CH_2]_2 \cdot CH_2NH_2$, n-Butylamin
M: 73,14   Kp.: 77,8 °C

x_2 $CH_3 \cdot [CH_2]_3 \cdot CH:CH_2$, Hexen-(1)
M: 84,16   Kp.: 63,5 °C

[H 21]

$t = 60\,°C$

p in bar	x_2'	x_2''	p in bar	x_2'	x_2''
0,6425	0,103	0,216	0,8823	0,646	0,723
0,7103	0,209	0,365	0,9018	0,749	0,794
0,7899	0,366	0,522	0,9074	0,871	0,881
0,8463	0,517	0,632			

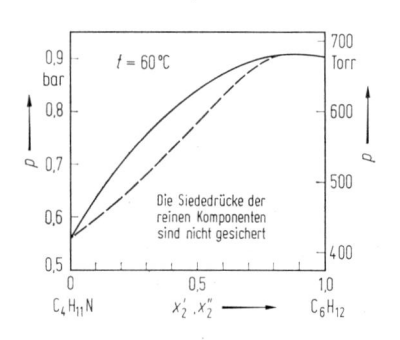

515

x_1 $CH_3 \cdot [CH_2]_2 \cdot CH_2NH_2$, n-Butylamin
  M: 73,14   Kp.: 77,8 °C

x_2 CH_3OH, Methanol
  M: 32,04   Kp.: 64,7 °C

[N 13]

$p = 0{,}9733$ bar $= 730$ Torr

t in °C	x_2'	x_2''	t in °C	x_2'	x_2''
—	0,036	0,032	73,7	0,690	0,796
—	0,094	0,113	72,7	0,710	0,810
77,5	0,280	0,279	72,1	0,720	0,828
77,4	0,349	0,377	71,3	0,781	0,888
75,6	0,556	0,635	67,7	0,870	0,975
74,1	0,655	0,752			

Die Temperaturwerte beziehen sich auf 760 Torr

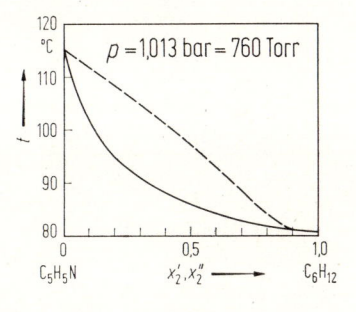

Zu 516

[B 7]

$t = 45{,}0$ °C

x_2'	p bar	x_2'	p bar
0,0000	0,0763	0,6772	0,2820
0,0265	0,1005	0,8016	0,2921
0,0464	0,1181	0,8082	0,2922
0,0922	0,1508	0,8568	0,2949
0,2383	0,2156	0,8674	0,2958
0,2442	0,2182	0,9111	0,2981
0,2999	0,2577	0,9439	0,2989
0,4041	0,2522	0,9579	0,2990
0,5149	0,2800	0,964	0,2990
0,5269	0,2718	1,000	0,2992

Für obenstehende Meßwerte enthält die Originalarbeit auch die Aktivitätskoeffizienten der beiden Komponenten. Weiterhin wurden bei 44,90 °C die molaren Mischungsenthalpien ermittelt.

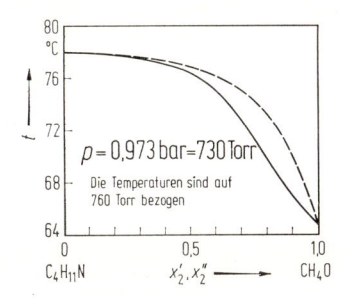

516

x_1 (C_5H_5N), Pyridin
  M: 79,10   Kp.: 115,3 °C

x_2 C_6H_{12}, Cyclohexan
  M: 84,16   Kp.: 80,8 °C

[J 6]

$p = 1{,}013$ bar $= 760$ Torr

t in °C	x_2'	x_2''	t in °C	x_2'	x_2''
102,0	0,10	0,380	82,8	0,70	0,832
94,8	0,20	0,555	81,8	0,80	0,866
90,8	0,30	0,645	81,1	0,90	0,920
88,0	0,40	0,710	80,0	0,95	0,960
86,0	0,50	0,785	80,8	0,975	0,980
84,2	0,60	0,800			

517

x_1 (C_5H_5N), Pyridin
  M: 79,10   Kp.: 115,3 °C

x_2 CH_3OH, Methanol
  M: 32,04   Kp.: 64,7 °C

[N 11]

$p = 0{,}9733$ bar $= 730$ Torr

t in °C*)	x_2'	x_2''	t in °C*)	x_2'	x_2''
111,0	0,036	0,138	78,7	0,509	0,821
106,7	0,063	0,303	75,0	0,614	0,864
97,4	0,163	0,496	73,3	0,664	0,887
92,2	0,222	0,577	70,6	0,756	0,934
86,8	0,330	0,699	68,0	0,852	0,967
83,4	0,398	0,741	66,5	0,907	0,980
80,7	0,470	0,810	66,5	0,945	0,989

*) Die Temperaturwerte beziehen sich auf 760 Torr

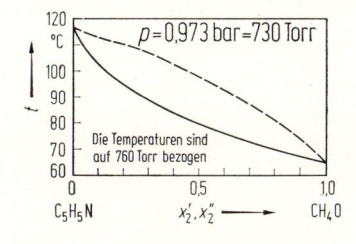

518

x_1 (C$_5$H$_5$N), Pyridin
M: 79,10   Kp.: 115,3 °C

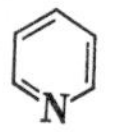

x_2 HCO$_2$H, Ameisensäure
M: 46,03   Kp.: 100,75 °C

[K 18]

Siedetemperatur des binären Gemisches bei
$p = 1,013$ bar $= 760$ Torr

x_2'	t °C	x_2'	t °C
0,000	114,9	0,706	144,6
0,213	123,6	0,731	145,8
0,241	124,6	0,775	142,9
0,246	124,9	0,785	139,2
0,262	125,5	0,804	137,6
0,270	126,0	0,834	133,5
0,567	137,8	0,853	129,7
0,596	139,5	0,867	128,4
0,675	143,5	0,888	123,5

Azeotroper Punkt: $t_{az} = 145,6$ °C; $x_{2az} = 0,734$

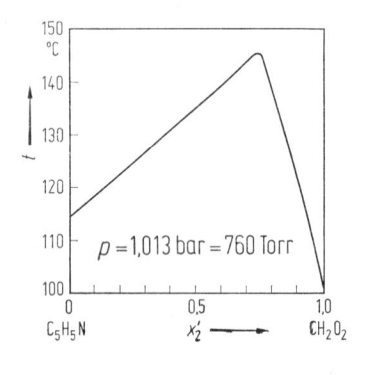

519

x_1  (C$_5$H$_5$N), Pyridin
M: 79,10   Kp.: 115,3 °C

x_2 CH$_3 \cdot$CO$\cdot$CH$_3$, Aceton
M: 58,08   Kp.: 56,2 ··· 56,3 °C

[J 6]

$p = 1,013$ bar $= 760$ Torr

t in °C	x_2'	x_2''	t in °C	x_2'	x_2''
102,5	0,10	0,367	64,8	0,70	0,929
91,0	0,20	0,609	62,0	0,80	0,953
83,0	0,30	0,740	59,0	0,90	0,977
76,5	0,40	0,809	57,5	0,95	0,989
72,0	0,50	0,858	57,0	0,975	0,994
68,0	0,60	0,897			

Wegen des großen Unterschiedes der Siedetemperaturen der reinen Stoffe gibt es keine befriedigende Korrelation durch die Van Laar-Gleichung

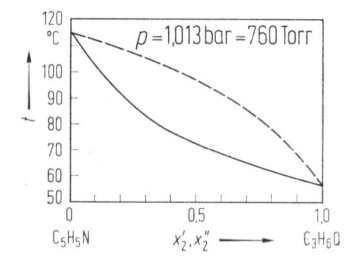

520

x_1  (C$_5$H$_5$N), Pyridin
M: 79,10   Kp.: 115,3 °C

x_2 HCO$_2 \cdot$[CH$_2$]$_3 \cdot$CH$_3$, Ameisensäure-butylester
M: 102,13   Kp.: 106,6 ··· 106,8 °C

[K 18]

$p = 1,013$ bar $= 760$ Torr

t in °C	x_2'	x_2''	t in °C	x_2'	x_2''
114,9	0,000	0,000	109,4	0,546	0,610
113,3	0,083	0,105	108,75	0,646	0,674
112,35	0,163	0,201	108,1	0,750	0,779
111,55	0,246	0,283	107,4	0,873	0,885
110,8	0,336	0,399	106,6	1,000	1,000
110,1	0,453	0,482			

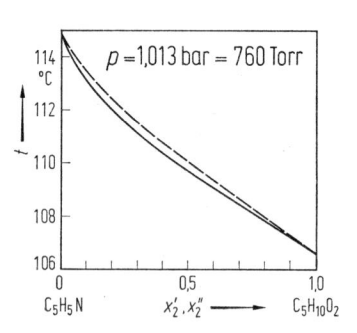

3 Binary mixtures

521

x_1 CH$_3$·[CH$_2$]$_4$·CH$_2$NH$_2$, n-Hexylamin
M: 101,19 Kp.: 129···132,7 °C

x_2 CH$_3$·[CH$_2$]$_4$·CH$_3$, n-Hexan
M: 86,18 Kp.: 68,8 °C

[H 21]

$t = 60$ °C

p in bar	x_2'	x_2''	p in bar	x_2'	x_2''
0,1764	0,094	0,588	0,5529	0,625	0,931
0,2689	0,192	0,754	0,6317	0,768	0,959
0,3834	0,344	0,853	0,6917	0,877	0,978
0,4469	0,437	0,885			

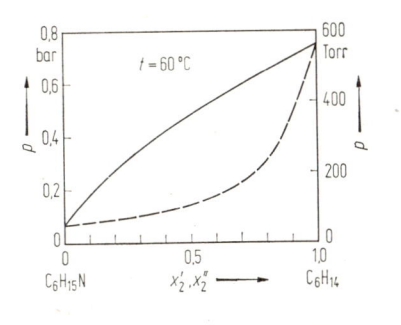

522

x_1 CH$_3$·[CH$_2$]$_4$·CH$_2$NH$_2$, n-Hexylamin
M: 101,19 Kp.: 129···132,7 °C

x_2 CH$_3$·[CH$_2$]$_3$·CH:CH$_2$, Hexen-(1)
M: 84,16 Kp.: 63,5 °C

[H 21]

$t = 60$ °C

p in bar	x_2'	x_2''	p in bar	x_2'	x_2''
0,1941	0,110	0,631	0,6406	0,640	0,946
0,2445	0,159	0,719	0,7426	0,784	0,971
0,4228	0,352	0,868	0,8170	0,888	0,986
0,4956	0,447	0,901			

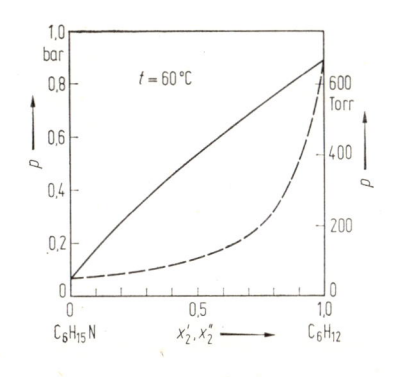

523

x_1 (C$_2$H$_5$)$_3$N, Triäthylamin
M: 101,19 Kp.: 89,3 °C

x_2 CH$_3$·[CH$_2$]$_4$·CH$_3$, n-Hexan
M: 86,18 Kp.: 68,8 °C

[H 21]

$t = 60$ °C

p in bar	x_2'	x_2''	p in bar	x_2'	x_2''
0,4032	0,044	0,084	0,6361	0,652	0,780
0,4202	0,087	0,160	0,6942	0,808	0,889
0,4653	0,201	0,332	0,7263	0,896	0,942
0,5340	0,377	0,543	0,7461	0,948	0,972
0,5781	0,488	0,649			

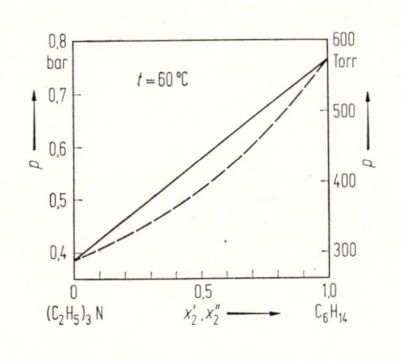

524

x_1 (C$_2$H$_5$)$_3$N, Triäthylamin
M: 101,19 Kp.: 89,3 °C

x_2 CH$_3$·[CH$_2$]$_3$·CH:CH$_2$, Hexen-(1)
M: 84,16 Kp.: 63,5 °C

[H 21]

$t = 60$ °C

p in bar	x_2'	x_2''	p in bar	x_2'	x_2''
0,4328	0,088	0,182	0,7250	0,652	0,811
0,4797	0,180	0,334	0,8011	0,800	0,901
0,5668	0,348	0,550	0,8525	0,897	0,952
0,6421	0,495	0,691			

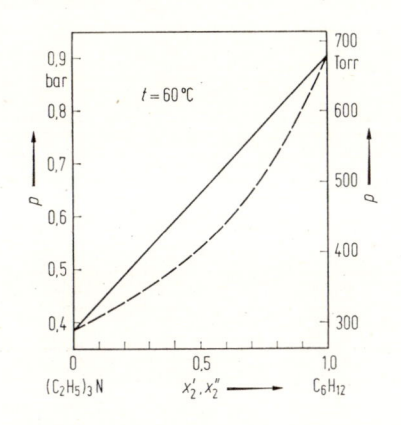

525 x_1 $(C_2H_5)_3N$, Triäthylamin
            M: 101,19   Kp.: 89,3 °C

    x_2 CH_3OH, Methanol
            M: 32,04   Kp.: 64,7 °C

[C 12]

Dampfdruck in mbar

x_2'	t = 10 °C	20,05 °C	30,05 °C	40 °C
0,0000	41,7	69,9	112,9	173,9
0,0474	44,9	76,5	125,5	196,7
0,0857	48,0	82,5	134,3	211,7
0,1722	51,4	88,9	146,8	233,9
0,2952	56,3	97,9	163,9	—
0,4224	58,9	104,0	176,0	285,7
0,5581	61,3	108,1	183,4	299,4
0,5649	61,8	109,6	183,1	300,0
0,7397	65,9	115,5	194,4	318,5
0,7580	65,8	116,1	196,1	—
0,8776	70,2	122,1	206,0	335,2
0,9565	73,3	127,8	213,3	345,0
1,0000	75,1	130,6	216,2	349,4

Die Originalarbeit enthält weitere Daten zur Berechnung der Dampfzusammensetzung

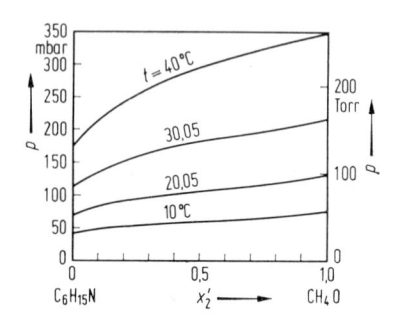

[N 13]

p = 0,9733 bar = 730 Torr

t in °C*)	x_2'	x_2''	t in °C*)	x_2'	x_2''
83,1	0,053	0,208	68,0	0,583	0,718
78,0	0,126	0,361	67,5	0,623	0,744
75,2	0,189	0,435	67,2	0,659	0,758
74,0	0,227	0,476	66,6	0,726	0,802
72,5	0,285	0,535	66,1	0,777	0,833
70,7	0,371	0,591	65,7	0,831	0,866
69,8	0,417	0,637	65,3	0,879	0,900
69,2	0,475	0,660	65,0	0,919	0,935
68,4	0,540	0,699	64,7	0,962	0,966

*) Die Temperaturwerte beziehen sich auf 760 Torr

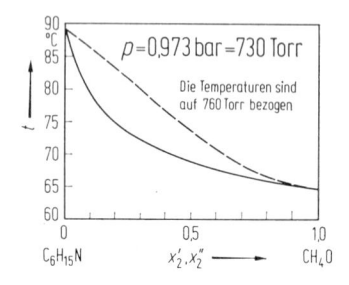

[C 12]

t = 20,05 °C

p in mbar	x_2'	x_2''	p in mbar	x_2'	x_2''
69,86	0,000	0,000	110,04	0,600	0,684
83,15	0,100	0,233	113,51	0,700	0,767
91,47	0,200	0,364	117,83	0,800	0,858
97,93	0,300	0,464	123,50	0,900	0,940
102,79	0,400	0,542	130,59	1,000	1,000
106,71	0,500	0,613			

In der Originalarbeit sind die x_2'-Werte in Abständen von 0,05 abgestuft

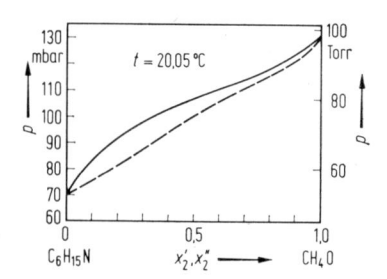

526 x_1 $(C_2H_5)_3N$, Triäthylamin
        M: 101,19   Kp.: 89,3 °C

        x_2 $CH_3 \cdot CH_2OH$, Äthanol
        M: 46,07   Kp.: 78,32 °C

[C 12]

Da im Meßbereich der Dampfdruck des Triäthylamins höher ist als der des Äthanols, werden in Zahlentafel und Diagramm die x_1-Werte als Bezugsgröße angegeben.

Dampfdruck in mbar

x_1'	$t = 10$ °C	20,05 °C	30,05 °C	35 °C
0,0000	31,4	58,6	104,8	136,7
0,0857	32,1	60,8	107,5	140,2
0,1520	33,5	62,7	110,9	144,9
0,2656	36,0	66,3	116,0	150,3
0,3617	38,3	69,1	120,3	154,7
0,4654	39,4	71,1	122,6	157,2
0,5434	41,0	73,3	124,8	159,0
0,6467	41,5	73,5	124,7	158,9
0,7450	42,5	74,8	126,4	158,1
0,8503	42,3	74,0	123,5	154,3
0,9494	42,5	72,7	119,4	146,9
1,0000	41,7	69,9	112,9	140,7

Die Originalarbeit enthält weitere Daten zur Berechnung der Dampfzusammensetzung

527 x_1 $(C_2H_5 \cdot CH_2)_2NH$, Di-n-propylamin
        M: 101,19   Kp.: 109,2 °C

        x_2 H_2O, Wasser
        M: 18,02   Kp.: 100,0 °C

[D 6]

Dampfdruck in bar

x_1'	10 °C	20 °C	30 °C	39,95 °C
0,00308	0,0139	0,0291	0,0579	0,1091
0,00489	0,0149	0,0323	0,0663	0,1269
a)	0,0202 a)	0,0399 a)	0,0739 a)	0,1293 a)
0,402	0,0205	0,0399	0,0740 a)	0,1293 a)
0,476	0,0205	0,0399	0,0711	0,1293 a)
0,633	0,0203	0,0395	0,0727	0,1274
0,783	0,0195	0,0376	0,0689	0,1207
0,852	0,0183	0,0352	0,0650	0,1134
0,8585	0,0186	0,0353	0,0647	0,1126
0,931	0,0175	0,0329	0,0594	0,1015
0,946	0,0166	0,0315	0,0563	0,0964
1,000	0,0147	0,0268	0,0463	0,0768

a) 2 flüssige Phasen

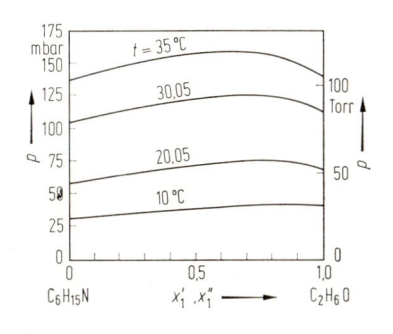

$t = 10$ °C			$t = 20$ °C		
x_1'	x_1''	p in bar	x_1'	x_1''	p in bar
0,00		0,0123	0,00		0,0234
0,10	heterogen	0,0202	0,10	heterogen	0,0399
0,20	heterogen	0,0202	0,20	heterogen	0,0399
0,30	0,409	0,0203	0,30	heterogen	0,0399
0,40	0,445	0,0205	0,40	0,426	0,0399
0,50	0,489	0,0206	0,50	0,489	0,0399
0,60	0,535	0,0204	0,60	0,517	0,0397
0,70	0,586	0,0200	0,70	0,552	0,0390
0,80	0,646	0,0193	0,80	0,616	0,0372
0,90	0,753	0,0178	0,90	0,730	0,0337
1,00		0,0147	1,00		0,0268

$t = 30$ °C			$t = 39,95$ °C		
x_1'	x_1''	p in bar	x_1'	x_1''	p in bar
0,00		0,0424	0,00		0,0735
0,10	heterogen	0,0740	0,10	heterogen	0,1293
0,20	heterogen	0,0740	0,20	heterogen	0,1293
0,30	heterogen	0,0740	0,30	heterogen	0,1293
0,40	heterogen	0,0740	0,40	heterogen	0,1293
0,50	0,464	0,0737	0,50	0,434	0,1293
0,60	0,495	0,0730	0,60	0,469	0,1280
0,70	0,527	0,0716	0,70	0,504	0,1249
0,80	0,586	0,0681	0,80	0,559	0,1187
0,90	0,692	0,0616	0,90	0,667	0,1059
1,00		0,0463	1,00		0,0768

Obige Gleichgewichtswerte wurden aus den Daten der vorangehenden Tabelle mit Hilfe der Gibbs–Duhem-Gleichung berechnet. In der Originalarbeit sind die x_1'-Werte mit den Abständen 0,05 abgestuft.

Fortsetzung nächste Seite

Zu **527**

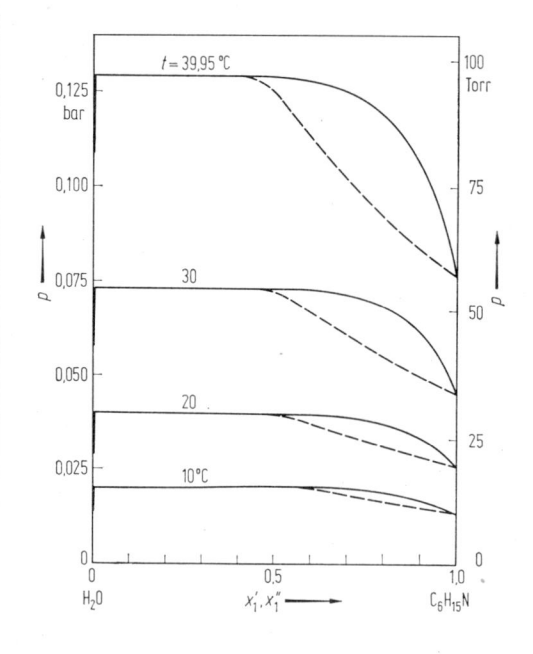

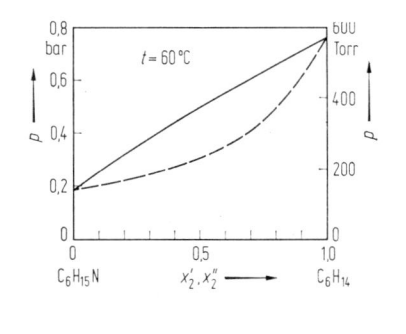

529 x_1 $(C_2H_5 \cdot CH_2)_2NH$, Di-n-propyl-amin
M: 101,19   Kp.: 109,2 °C

x_2 $CH_3 \cdot [CH_2]_3 \cdot CH:CH_2$, Hexen-(1)
M: 84,16   Kp.: 63,5 °C

[H 21]

$t = 60\,°C$

p in bar	x_2'	x_2''	p in bar	x_2'	x_2''
0,2433	0,079	0,297	0,6373	0,624	0,884
0,3088	0,166	0,494	0,7521	0,782	0,942
0,4108	0,306	0,678	0,8271	0,888	0,973
0,5262	0,466	0,804			

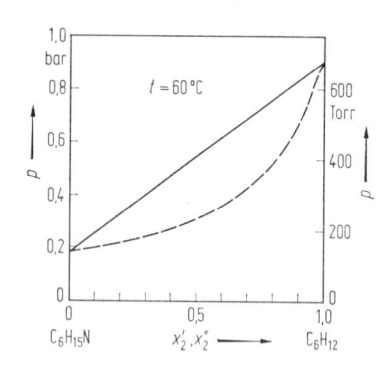

---

528 x_1 $(C_2H_5 \cdot CH_2)_2NH$, Di-n-propyl-amin
M: 101,19   Kp.: 109,2 °C

x_2 $CH_3 \cdot [CH_2]_4 \cdot CH_3$, n-Hexan
M: 86,18   Kp.: 68,8 °C

[H 21]

$t = 60\,°C$

p in bar	x_2'	x_2''	p in bar	x_2'	x_2''
0,2405	0,082	0,290	0,5597	0,621	0,862
0,2877	0,153	0,448	0,6439	0,778	0,927
0,3788	0,298	0,647	0,7014	0,886	0,964
0,4788	0,472	0,784			

---

530 x_1 $[(CH_3)_2CH]_2NH$, Di-isopropyl-amin
M: 101,19   Kp.: 83,5 °C

x_2 $CH_3 \cdot [CH_2]_4 \cdot CH_3$, n-Hexan
M: 86,18   Kp.: 68,8 °C

[H 21]

$t = 60\,°C$

p in bar	x_2'	x_2''	p in bar	x_2'	x_2''
0,5045	0,092	0,150	0,6754	0,649	0,744
0,5400	0,199	0,295	0,7110	0,792	0,852
0,5898	0,353	0,474	0,7341	0,882	0,917
0,6374	0,509	0,621			

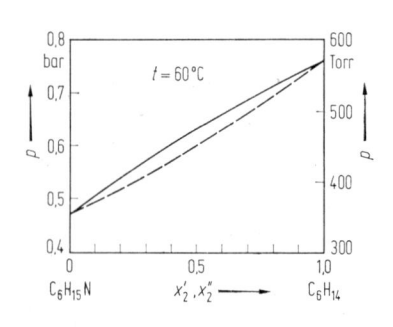

531

x_1 [(CH$_3$)$_2$CH]$_2$NH, Di-isopropyl-amin
M: 101,19   Kp.: 83,5 °C

x_2 CH$_3$·[CH$_2$]$_3$·CH:CH$_2$, Hexen-(1)
M: 84,16   Kp.: 63,5 °C

[H 21]

$t = 60$ °C

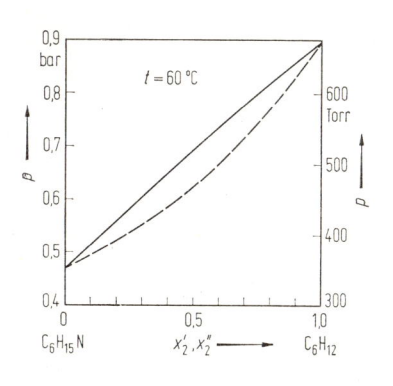

p in bar	x_2'	x_2''	p in bar	x_2'	x_2''
0,5169	0,102	0,179	0,7615	0,656	0,781
0,5581	0,194	0,315	0,8238	0,805	0,883
0,6267	0,346	0,501	0,8642	0,909	0,944
0,6913	0,495	0,649			

532

m_1 (C$_7$H$_9$N), Cyclohexen-3-carbonitril
M: 107,16

m_2 H$_2$O, Wasser
M: 18,02   Kp.: 100,0 °C

[A 3]

Heteroazeotroper Punkt bei $p = 1{,}013$ bar (760 Torr):
$t_{az} = 98{,}1$ °C; $m_{2az} = 0{,}805$ (Massen-Tl.)

533

x_1 (C$_7$H$_9$N), 2,6-Dimethyl-pyridin (2,6-Lutidin)
M: 107,16   Kp.: 142,5 °C

x_2 H$_2$O, Wasser
M: 18,02   Kp.: 100,0 °C

[K 24]

$t = 29{,}3$ °C

p in mbar	x_2'	x_2''	p in mbar	x_2'	x_2''
31,73	0,148	0,660	44,35	0,891	0,883
38,29	0,299	0,798	44,30	0,904	0,883
40,44	0,376	0,8395	44,24	0,931	0,884
42,19	0,492	0,846	44,19	0,953	0,884
43,46	0,595	0,865	44,11	0,957	0,884
43,71	0,681	0,871	44,07	0,969	0,885
44,14	0,770	0,879	43,96	0,987	0,900
44,19	0,855	0,883	43,10	0,995	0,923
44,39	0,885	0,883			

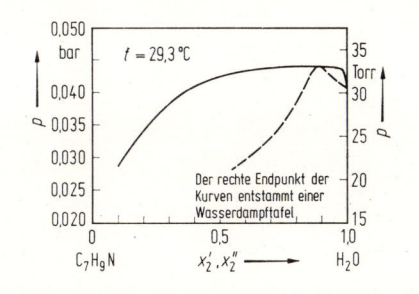

534

m_1 C$_6$H$_5$·N(CH$_3$)$_2$, N,N-Dimethyl-anilin
M: 121,18   Kp.: 193···194,2 °C

m_2 CH$_3$·CO$_2$H, Essigsäure
M: 60,05   Kp.: 118,1···118,5 °C

[G 3]

Meßwerte			Ausgeglichene Werte		
$p = 1{,}013$ bar $= 760$ Torr			$p = 1{,}013$ bar $= 760$ Torr		
t in °C	m_2'	m_2''	t in °C	m_2'	m_2''
	Massenanteile			Massenanteile	
193,0	0,000	0,000	193,0	0,000	0,000
161,0	0,053	0,425	171,0[a]	0,020	0,198
152,6	0,093	0,572	168,3	0,040	0,347
141,6	0,175	0,720	160,5	0,060	0,455
134,0	0,299	0,822	155,0	0,080	0,532
130,8	0,368	0,860	151,3	0,100	0,584
127,9	0,490	0,886	148,4	0,120	0,626
126,2	0,540	0,912	143,6	0,160	0,691
125,4	0,565	0,912	139,7	0,200	0,743
122,2	0,716	0,945	136,7	0,240	0,783
120,0	0,822	0,970	134,6	0,280	0,812
118,0	0,905	0,985	133,0	0,320	0,835
			131,5	0,360	0,854
			130,1	0,400	0,870
			127,8	0,480	0,894
			126,0	0,560	0,914
			124,5	0,640	0,930
			123,1	0,720	0,948
			120,3	0,880	0,979
			119,2	0,940	0,990
			118,1	1,000	1,000

[a]) Aus Diagramm $t = 178{,}4$ °C

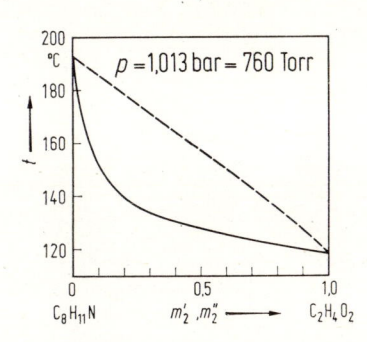

535 m_1 2-Methyl-5-vinylpyridin (C_8H_9N),
M: 119,17   S.P. bei 11 Torr: 69,7 °C

m_2 2-Methyl-5-äthylpyridin ($C_8H_{11}N$),
M: 121,18   Kp.: 176,6 °C

[F 10]

$p = 26,7$ mbar $= 20$ Torr

t in °C	m_2'	m_2''	t in °C	m_2'	m_2''
79,9	0,022	0,038	75,1	0,590	0,7123
78,85	0,054	0,0845	74,6	0,694	0,790
78,10	0,124	0,194	74,2	0,770	0,855
77,30	0,208	0,3185	73,8	0,836	0,896
76,76	0,292	0,404	73,6	0,866	0,915
76,4	0,378	0,504	73,02	0,927	0,955
75,64	0,504	0,630	72,2	0,980	0,988

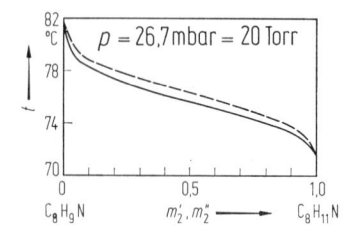

536 x_1 $CH_3 \cdot NO_2$, Nitromethan
M: 61,04   Kp.: 101,15 °C

x_2 H_2O, Wasser
M: 18,02   Kp.: 100,0 °C

[M 10]

Siedeverlauf des Zweistoffgemisches im heteroazeotropen Punkt

Druck		Siedetemp. °C	x_{2az}
bar	Torr		
0,533	400	66,4	
0,600	450	69,5	
0,667	500	72,2	
0,733	550	74,7	
0,800	600	77,1	
0,867	650	79,2	
0,933	700	81,2	
0,997	748	83,1	0,503
1,067	800	85,0	

537 x_1 $CH_3 \cdot NO_2$, Nitromethan
M: 61,04   Kp.: 101,15 °C

x_2 $CH_3 \cdot [CH_2]_4 \cdot CH_3$, Hexan
M: 86,18   Kp.: 68,8 °C

[M 10]

Siedeverlauf des Zweistoffgemisches im heteroazeotropen Punkt

Druck		Siedetemp. °C	x_{2az}
bar	Torr		
0,467	350	40,5	
0,533	400	44,0	
0,600	450	47,0	
0,667	500	50,1	
0,733	550	52,8	
0,800	600	55,3	
0,867	650	57,6	
0,933	700	59,8	
0,997	748	61,7	0,747
1,067	800	63,8	

538 x_1 $CH_3 \cdot NO_2$, Nitromethan
M: 61,04   Kp.: 101,15 °C

x_2 $CH_3 \cdot [CH_2]_5 \cdot CH_3$, Heptan
M: 100,21   Kp.: 98,34 °C

[T 4]

Azeotroper Punkt:
$t_{az} = 80,1$ °C; $x_{2az} = 0,521$

Bezügl. des Druckes siehe Anmerkung zu System 542

539 x_1 $CH_3 \cdot NO_2$, Nitromethan
M: 61,04   Kp.: 101,15 °C

x_2 CH_3OH, Methanol
M: 32,04   Kp.: 64,7 °C

[N 11]

$p = 0,9733$ bar $= 730$ Torr

t in °C*)	x_2'	x_2''	t in °C*)	x_2'	x_2''
96,9	0,015	0,133	67,3	0,493	0,761
93,1	0,026	0,228	65,6	0,678	0,818
89,1	0,048	0,334	65,1	0,747	0,838
84,8	0,075	0,429	65,0	0,813	0,864
82,1	0,096	0,484	64,6	0,886	0,901
77,9	0,152	0,570	64,5	0,914	0,921
72,9	0,254	0,673	64,4	0,960	0,956
71,1	0,314	0,704	64,5	0,994	0,993
68,2	0,426	0,747			

*) Die Temperaturwerte beziehen sich auf 760 Torr

Fortsetzung nächste Seite

Zu **539**

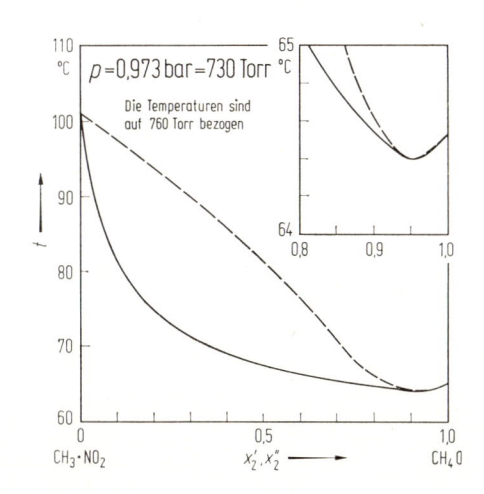

$p = 0{,}973$ bar $= 730$ Torr

Die Temperaturen sind auf 760 Torr bezogen

(Diagramm: t vs x_2', x_2'', von $CH_3 \cdot NO_2$ bis CH_4O)

---

540 x_1 $H_2NCH_2 \cdot CH_2OH$, Äthanolamin
         M: 61,08   Kp.: 168,5···170°C

   x_2 C_6H_6, Benzol
         M: 78,11   Kp.: 80,2°C

[Z 2]

$p = 1{,}013$ bar $= 760$ Torr

t in °C	x_2'	x_2''	t in °C	x_2'	x_2''
109	0,0595	0,995	80,2	0,155	0,998
93	0,092	0,995	80,1	0,200	1,000
83,8	0,122	0,995	80,1	0,300	1,000
82	0,148	0,995			

---

541 x_1 $H_2NCH_2 \cdot CH_2OH$, Äthanolamin
         M: 61,08   Kp.: 168,5···170°C

   x_2 (C_4H_4S), Thiophen
         M: 84,14   Kp.: 84°C

[Z 2]

$p = 1{,}013$ bar $= 760$ Torr

t in °C	x_2'	x_2''	t in °C	x_2'	x_2''
136,9	0,0368	0,913	85,5	0,295	0,987
130	0,0595	0,946	84,5	0,335	0,987
113,8	0,0905	0,967	84,2	0,50	—
97,0	0,137	0,967	84,0	0,70	—
92,8	0,196	0,967	84,0	0,90	—
87,9	0,250	0,987			

---

542 x_1 $CH_3 \cdot CH_2 \cdot NO_2$, Nitroäthan
         M: 75,07   Kp.: 114···114,8°C

   x_2 $CH_3 \cdot [CH_2]_5 \cdot CH_3$, Heptan
         M: 100,21   Kp.: 98,34°C

[T 4]

t in °C	x_2'	x_2''	t in °C	x_2'	x_2''
105,4	0,037	0,238	90,0	0,537	0,638
101,1	0,071	0,364	90,1	0,587	0,642
94,7	0,131	0,515	90,0	0,612	0,649
92,5	0,183	0,561	89,9	0,653	0,656
91,5	0,236	0,591	89,9	0,695	0,663
91,0	0,283	0,604	90,9	0,858	0,728
90,4	0,392	0,623	93,5	0,938	0,835
90,1	0,534	0,639			

Die Arbeit enthält keine Angabe über den Druck, doch ist aus den extrapolierten Gleichgewichtskurven anzunehmen, daß die Messungen bei 760 Torr durchgeführt wurden.

Azeotroper Punkt:

$t_{az} = 89{,}8°C$; $x_{2az} = 0{,}648$

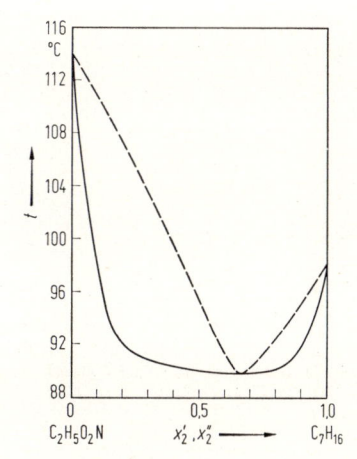

(Diagramm: t vs x_2', x_2'', von $C_2H_5O_2N$ bis C_7H_{16})

543

x_1 $(CH_3)_2N \cdot CHO$, N,N-Dimethylformamid
     M: 73,10   Kp.: 155 °C

x_2 H_2O, Wasser
     M: 18,02   Kp.: 100,0 °C

[B 18]

$p = 1,013$ bar $= 760$ Torr

x_2'	x_2''	x_2'	x_2''
0,0197	0,126	0,465	0,835
0,043	0,174	0,615	0,890
0,050	0,210	0,680	0,910
0,100	0,350	0,784	0,945
0,190	0,530	0,832	0,960
0,225	0,550	0,88	0,975
0,225	0,600	0,91	0,99
0,230	0,650	1,00	1,00
0,300	0,690		

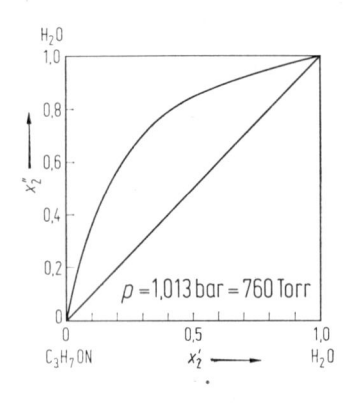

544

x_1 $(CH_3)_2N \cdot CHO$, N,N-Dimethylformamid
     M: 73,10   Kp.: 155 °C

x_2 (C_4H_8O), Tetrahydrofuran
     M: 72,11   Kp.: 65,5 °C

[S 13]

$p = 1,013$ bar $= 760$ Torr

t in °C	x_2'	x_2''	t in °C	x_2'	x_2''
114,3	0,087	0,690	77,6	0,679	0,939
109,0	0,134	0,754	74,0	0,885	0,958
96,0	0,212	0,810	70,2	0,960	0,974
84,0	0,489	0,906			

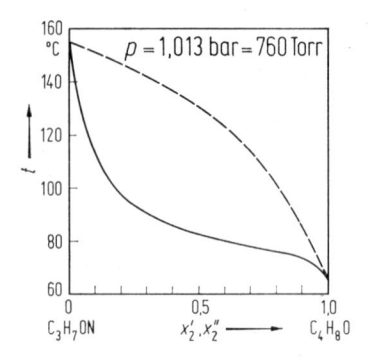

545

x_1 $CH_3 \cdot [CH_2]_2 \cdot NO_2$, 1-Nitropropan
     M: 89,09   Kp.: 131,6 °C

x_2 $CH_3 \cdot [CH_2]_5 \cdot CH_3$, Heptan
     M: 100,21   Kp.: 98,34 °C

[T 4]

t in °C	x_2'	x_2''	t in °C	x_2'	x_2''
125,6	0,021	0,157	96,5	0,704	0,796
121,0	0,043	0,273	96,4	0,767	0,802
109,1	0,131	0,528	96,4	0,804	0,820
104,1	0,200	0,615	96,3	0,828	0,831
101,3	0,270	0,663	96,3	0,843	0,841
99,3	0,357	0,709	96,4	0,858	0,843
98,2	0,448	0,730	96,4	0,889	0,862
97,3	0,572	0,759	96,9	0,9419	0,9054
96,7	0,642	0,775			

Bezügl. des Druckes s. Anmerkung zu System 542, Nitroäthan—Heptan

Azeotroper Punkt:

$t_{az} = 96,1$ °C; $x_{2az} = 0,837$

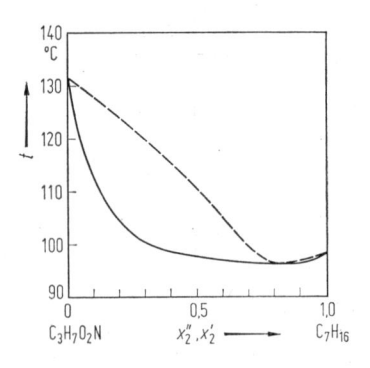

546 x_1 $CH_3 \cdot CH(NO_2) \cdot CH_3$, 2-Nitropropan
M: 89,09   Kp.: 120,3 °C

x_2 $CH_3 \cdot [CH_2]_5 \cdot CH_3$, Heptan
M: 100,21   Kp.: 98,34 °C

[T 4]

t in °C	x_2'	x_2''	t in °C	x_2'	x_2''
114,9	0,028	0,155	95,0	0,493	0,647
111,2	0,047	0,242	94,6	0,576	0,664
106,6	0,087	0,365	94,4	0,641	0,683
103,3	0,135	0,448	94,4	0,752	0,724
100,4	0,187	0,512	94,9	0,867	0,793
98,5	0,254	0,550	95,4	0,896	0,825
96,8	0,327	0,592	96,2	0,927	0,862
95,7	0,407	0,617			

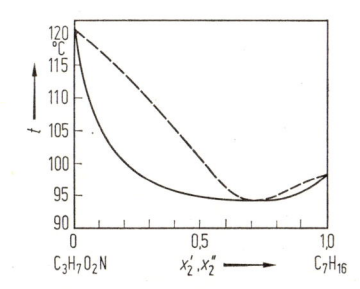

Bezügl. des Druckes s. Anmerkung zu System 542
Azeotroper Punkt:

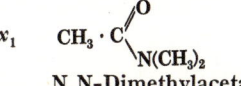

$t_{az} = 94,4$ °C; $x_{2az} = 0,708$

---

547 x_1 $CH_3 \cdot C \begin{smallmatrix} O \\ N(CH_3)_2 \end{smallmatrix}$
N,N-Dimethylacetamid
M: 87,12   Kp.: 165,5 °C

x_2 H_2O, Wasser
M: 18,02   Kp.: 100,0 °C

[C 2]

$p = 0,2667$ bar = 200 Torr			$p = 1,0132$ bar = 760 Torr					
t in °C	x_2'	x_2''	t in °C	x_2'	x_2''	t in °C	x_2'	x_2''
111,2	0,079	0,375	162,0	0,0170	0,125	114,0	0,530	0,910
108,5	0,110	0,435	155,0	0,0580	0,290	113,0	0,532	0,905
102,0	0,185	0,595	154,0	0,065	0,330	111,0	0,597	0,928
97,0	0,250	0,704	148,5	0,105	0,447	110,5	0,600	0,930
95,5	0,275	0,735	146,5	0,115	0,480	109,5	0,615	0,940
93,7	0,290	0,750	144,8	0,124	0,512	108,5	0,650	0,943
92,8	0,300	0,755	138,4	0,185	0,625	109,0	0,675	0,943
89,0	0,370	0,817	138,2	0,187	0,641	106,5	0,730	0,956
87,8	0,390	0,830	135,5	0,220	0,676	105,5	0,765	0,965
85,0	0,440	0,857	135,5	0,225	0,670	103,8	0,817	0,975
82,2	0,500	0,895	134,0	0,225	0,698	102,5	0,868	0,981
80,5	0,530	0,910	128,0	0,295	0,768	102,0	0,890	0,985
76,5	0,645	0,942	126,5	0,312	0,780	101,0	0,938	0,990
76,0	0,650	0,945	125,0	0,335	0,797			
74,0	0,702	0,958	121,0	0,385	0,846			
70,8	0,825	0,979	121,2	0,402	0,855			
70,0	0,852	0,984	118,0	0,445	0,868			
69,3	0,872	0,985	117,0	0,462	0,882			
68,5	0,905	0,991	115,0	0,495	0,896			

Weitere Daten für $p = 1,0132$ bar finden sich bei [B 18], jedoch nur mäßige Übereinstimmung mit vorstehenden Werten

548

x_1 CH$_3$·CO·N(CH$_3$)$_2$
N,N-Dimethylacetamid
M: 87,12   Kp.: 165,5 °C

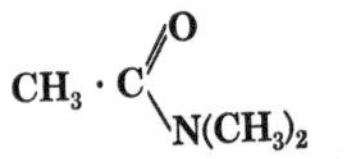

x_2 CH$_3$·CO$_2$H, Essigsäure
M: 60,05   Kp.: 118,5 °C

[C 2]

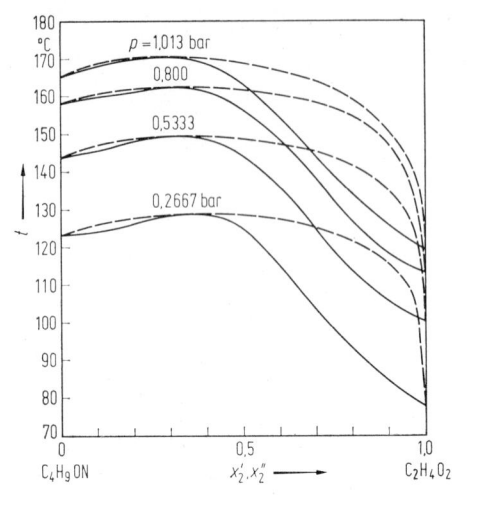

$p = 0{,}2667$ bar $= 200$ Torr			$p = 0{,}5333$ bar $= 400$ Torr		
t in °C	x_2'	x_2''	t in °C	x_2'	x_2''
125,6	0,175	0,095	146,0	0,125	0,075
126,5	0,217	0,134	146,5	0,140	0,100
128,0	0,270	0,210	147,0	0,155	0,085
129,0	0,350	0,350	147,5	0,185	0,115
129,0	0,355	0,355	148,0	0,200	0,135
128,8	0,405	0,470	149,5	0,307	0,307
126,5	0,481	0,647	149,7	0,325	0,360
122,0	0,530	0,773	148,0	0,422	0,555
118,0	0,575	0,866	147,5	0,430	0,575
113,5	0,615	0,900	146,5	0,460	0,650
108,5	0,657	0,963	139,5	0,555	0,830
104,6	0,695	0,973	138,5	0,570	0,850
102,5	0,713	0,979	136,5	0,595	0,878
102,5	0,713	0,980	133,0	0,635	0,906
98,2	0,745	0,985	126,5	0,683	0,965
95,5	0,778	0,992	124,5	0,700	0,957
94,0	0,785	0,992	120,6	0,733	0,980
92,2	0,808	0,993	117,5	0,755	0,975
90,2	0,825	0,995	110,0	0,832	0,995

$p = 0{,}800$ bar $= 600$ Torr			$p = 1{,}013$ bar $= 760$ Torr		
t in °C	x_2'	x_2''	t in °C	x_2'	x_2''
159,8	0,106	0,053	167,0	0,050	0,030
160,5	0,140	0,075	169,0	0,145	0,092
161,0	0,210	0,135	170,3	0,225	0,190
162,0	0,255	0,211	170,8	0,287	0,287
162,5	0,280	0,252	170,6	0,325	0,355
162,5	0,300	0,300	169,5	0,392	0,492
162,5	0,320	0,345	165,0	0,480	0,675
161,5	0,367	0,470	161,5	0,515	0,737
161,2	0,390	0,540	158,0	0,575	0,820
159,0	0,455	0,696	154,3	0,600	0,857
153,5	0,530	0,800	149,5	0,640	0,915
148,4	0,602	0,890	146,5	0,675	0,938
144,2	0,645	0,924	139,0	0,732	0,973
138,6	0,692	0,950	138,0	0,775	0,975
136,0	0,718	0,958	133,7	0,802	0,991
132,0	0,750	0,978	131,3	0,817	0,988
128,0	0,778	0,987	129,5	0,840	0,993
125,8	0,803	0,987	127,0	0,875	0,996
121,7	0,840	0,995	125,5	0,902	0,997
119,2	0,872	0,994	121,5	0,937	0,998

549

x_1 H$_2$C—CH$_2$ / H$_2$C—CO / NCH$_3$ **N-Methylpyrrolidon**
M: 99,13   Kp.: 205 °C

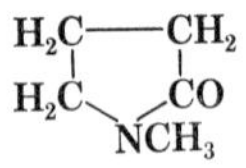

x_2 H$_2$O, Wasser
M: 18,02   Kp.: 100,0 °C

[B 18]

$p = 1{,}013$ bar $= 760$ Torr

x_2'	x_2''	x_2'	x_2''
0,0147	0,0715	0,440	0,978
0,025	0,236	0,650	0,980
0,0425	0,453	0,798	0,990
0,0577	0,477	0,905	0,990
0,114	0,788	0,937	0,992
0,123	0,870	0,975	0,995
0,165	0,945	1,000	1,000

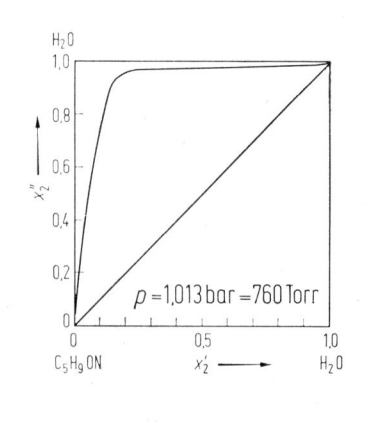

550

x_1 CO·[CH$_2$]$_5$·NH , **Caprolactam**
M: 113,16   Siedetemp. bei 12 Torr: 139 °C

x_2 C$_6$H$_{12}$, **Cyclohexan**
M: 84,16   Kp.: 80,8 °C

[S 19]

$p = 0{,}400$ bar $= 300$ Torr

t in °C	x_2'	x_2''	t in °C	x_2'	x_2''
225,0	0,0	0,0000	57,5	0,6	0,9995
77,3	0,1	0,9981	56,4	0,7	0,9996
66,2	0,2	0,9991	55,3	0,8	0,9997
61,0	0,3	0,9994	54,2	0,9	0,9998
59,5	0,4	0,9994	53,0	1,0	1,0000
58,6	0,5	0,9995			

551

x_1 CO·[CH$_2$]$_5$·NH , **Caprolactam**
M: 113,16   Siedetemp. bei 12 Torr: 139 °C

x_2 C$_6$H$_6$, **Benzol**
M: 78,11   Kp.: 80,2 °C

[S 19]

$p = 0{,}400$ bar $= 300$ Torr

t in °C	x_2'	x_2''	t in °C	x_2'	x_2''
225,0	0,0	0,0000	60,8	0,6	0,9996
106,3	0,1	0,9911	58,1	0,7	0,9997
85,0	0,2	0,9975	56,0	0,8	0,9998
74,3	0,3	0,9988	53,7	0,9	0,9999
68,3	0,4	0,9993	53,3	1,0	1,0000
64,7	0,5	0,9994			

552

x_1 CO·[CH$_2$]$_5$·NH , **Caprolactam**
M: 113,16   Siedetemp. bei 12 Torr: 139 °C

x_2 C$_7$H$_8$, **Toluol**
M: 92,14   Kp.: 110,8 °C

[S 19]

$p = 0{,}267$ bar $= 200$ Torr

t in °C	x_2'	x_2''	t in °C	x_2'	x_2''
211,7	0,0	0,0000	78,3	0,6	0,9983
118,1	0,1	0,9833	75,8	0,7	0,9988
99,7	0,2	0,9938	73,5	0,8	0,9992
89,5	0,3	0,9961	71,5	0,9	0,9995
83,7	0,4	0,9973	70,5	1,0	1,0000
81,0	0,5	0,9978			

553

x_1 (C$_9$H$_6$O$_2$N$_2$), **Toluol-di-iso-cyanat-(2,4)**
M: 174,16   Siedetemp. bei 10 Torr: 121 °C

x_2 (C$_9$H$_6$O$_2$N$_2$), **Toluol-di-iso-cyanat-(2,6)**
M: 174,16   Siedetemp. bei 10 Torr: 120 °C

[C 19]

$p = 0{,}0067$ bar = 5 Torr		$p = 0{,}040$ bar = 30 Torr	
x_2'	x_2''	x_2'	x_2''
0,114	0,125	0,114	0,124
0,132	0,145	0,199	0,219
0,139	0,147	0,342	0,354
0,291	0,302	0,439	0,459
0,305	0,319	0,467	0,483
0,422	0,442	0,590	0,611
0,438	0,455	0,696	0,708
0,693	0,703	0,797	0,806
0,867	0,871	0,904	0,910

Temperatur 109 bis 110 °C   Temperatur 145 bis 146 °C

$p = 0{,}080$ bar $= 60$ Torr

x_2'	x_2''	x_2'	x_2''
0,132	0,141	0,411	0,430
0,230	0,247	0,586	0,605
0,278	0,298	0,670	0,686
0,342	0,360	0,752	0,764

Temperatur 165 bis 166 °C

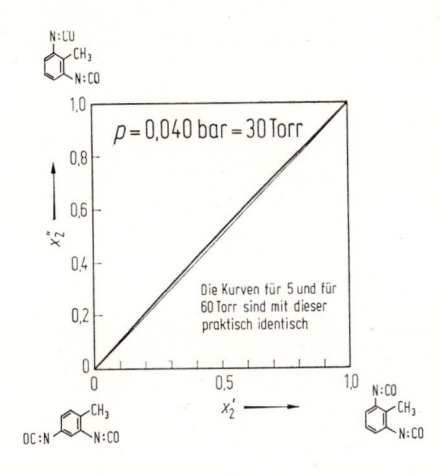

Die Kurven für 5 und für 60 Torr sind mit dieser praktisch identisch

554 x_1 (C$_3$H$_3$NS), Thiazol
M: 85,13   Kp.: 116,8 °C

x_2 C$_6$H$_{12}$, Cyclohexan
M: 84,16   Kp.: 80,8 °C

[B 7]

$t = 45,2$ °C

x_2'	p bar	x_2'	p bar
0,000	0,0653	0,580	0,2850
0,010	0,0833	0,716	0,2952
0,069	0,1516	0,779	0,2989
0,134	0,1988	0,857	0,3008
0,259	0,2461	0,899	0,3025
0,334	0,2608	0,960	0,3037
0,427	0,2681	1,000	0,3021
0,504	0,2796		

Für obenstehende Meßwerte enthält die Originalarbeit auch die Aktivitätskoeffizienten der beiden Komponenten. Weiterhin wurden bei $t = 45$ °C die molaren Mischungsenthalpien ermittelt

---

555 x_1 (C$_3$H$_3$NS), Thiazol
M: 85,13   Kp.: 116,8 °C

x_2 CCl$_4$, Tetrachlorkohlenstoff
M: 153,82   Kp.: 76,7 °C

[B 7]

$t = 45,0$ °C

x_2'	p bar	x_2'	p bar
0,000	0,0648	0,624	0,2833
0,118	0,1352	0,702	0,2965
0,230	0,1830	0,796	0,3125
0,320	0,2149	0,855	0,3222
0,411	0,2392	0,906	0,3305
0,497	0,2585	0,977	0,3425
0,512	0,2618	1,000	0,3468

Für obenstehende Meßwerte enthält die Originalarbeit auch die Aktivitätskoeffizienten der beiden Komponenten. Weiterhin wurden bei der gleichen Temperatur die molaren Mischungsenthalpien ermittelt

---

556 x_1 O:P(O-C$_6$H$_4$-CH$_3$)$_3$ (C$_{21}$H$_{21}$PO$_4$)
Phosphorsäure-tri-m-kresylester
M: 368,37

x_2 C$_6$H$_4$(CO$_2$·CH$_2$·CH(C$_2$H$_5$)·C$_4$H$_9$)$_2$
(C$_{24}$H$_{38}$O$_4$) Di(2-äthylhexyl)-phthalat
M: 390,57   Siedetemp. bei 5 Torr: 216 °C

[U 4]

$t = 130$ °C		$t = 140$ °C		$t = 150$ °C		$t = 160$ °C	
x_2'	x_2''	x_2'	x_2''	x_2'	x_2''	x_2'	x_2''
0,085	0,230	0,119	0,230	0,081	0,157	0,127	0,162
0,116	0,329	0,120	0,253	0,085	0,161	0,133	0,177
0,125	0,350	0,136	0,294	0,098	0,176	0,143	0,223
0,145	0,385	0,202	0,425	0,100	0,183	0,202	0,325
0,164	0,414	0,222	0,468	0,117	0,200	0,249	0,370
0,202	0,470	0,249	0,523	0,175	0,281	0,304	0,498
0,326	0,645	0,304	0,598	0,183	0,293	0,326	0,498
0,330	0,655	0,326	0,618	0,185	0,310	0,417	0,582
0,410	0,715	0,418	0,718	0,233	0,377	0,418	0,588
0,537	0,811	0,502	0,797	0,303	0,485	0,440	0,608
0,557	0,820	0,620	0,845	0,415	0,615	0,479	0,641
0,630	0,858	0,695	0,877	0,467	0,675	0,498	0,650
0,710	0,892	0,790	0,898	0,500	0,705	0,502	0,659
0,803	0,915	0,866	0,905	0,615	0,790	0,613	0,736
0,861	0,918	0,872	0,914	0,693	0,834	0,693	0,780
0,891	0,926	0,884	0,920	0,788	0,875	0,785	0,835
				0,845	0,889	0,862	0,900
				0,872	0,910	0,866	0,905
						0,872	0,914
						0,884	0,920

Für die Gleichgewichtsmessung wurde die Methode der stationären Molekulardestillation benutzt. Im Bereich $0,2 < x_2' < 0,8$ verhält sich das binäre Gemisch nahezu ideal

Fortsetzung nächste Seite

Zu **556**

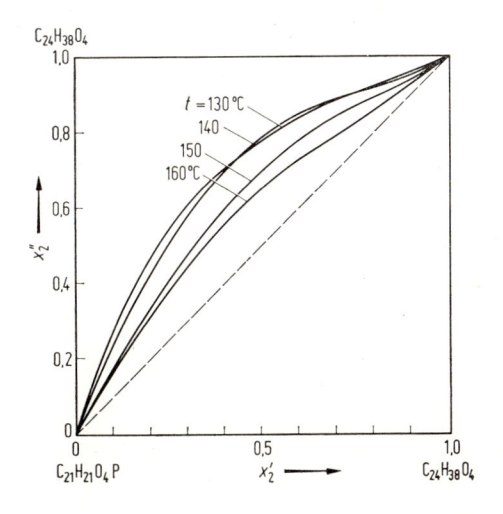

557 x_1 $(CH_3)_3 \cdot Si \cdot O \cdot Si \cdot (CH_3)_3$ Hexa-methyl-disiloxan
M: 162,38

x_2 $CH_3 \cdot CH_2 \cdot CH_2OH$ Propanol-(1)
M: 60,10   Kp.: 97,4 °C

[K 8]

$p = 1,000\,\text{bar} = 750\,\text{Torr}$

t in °C	x_2'	x_2''	t in °C	x_2'	x_2''
99,85	0,000	0,000	85,25	0,570	0,521
98,00	0,042	0,082	85,45	0,686	0,554
97,10	0,045	0,096	86,10	0,798	0,599
96,15	0,052	0,136	86,75	0,840	0,651
94,50	0,062	0,165	88,50	0,896	0,715
92,40	0,092	0,227	89,95	0,924	0,769
91,60	0,120	0,248	91,20	0,941	0,825
89,10	0,143	0,328	92,45	0,956	0,857
88,55	0,169	0,358	93,20	0,963	0,895
87,60	0,199	0,383	94,25	0,972	0,913
86,20	0,211?	0,432	95,00	0,980	0,935
85,75	0,286	0,456	95,55	0,983	0,948
85,55	0,353	0,467	95,75	0,987 5	0,960
85,15	0,484	0,504	96,65	1,000	1,000

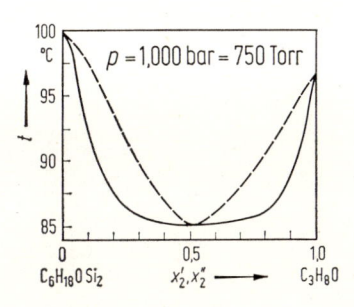

4 Ternäre und quaternäre Gemische — Ternary and quaternary mixtures

1 x_1 D_2, Deuterium
        M: 4,029   Kp.: 23,66 K

     x_2 HD, Deuteriumwasserstoff
        M: 3,023   Kp.: 22,14 K

     x_3 H_2, Wasserstoff
        M: 2,016   Kp.: 20,28 K

[A 9]

Kondensationsdaten für das ternäre Gemisch

x_1''	x_2''	x_3''	T_k in K	p_k in bar
0,992	0,008	0,000	20,04	0,298 0
0,497	0,004	0,499	19,00	0,312 ± 0,003
0,556	0,004	0,440	20,00	0,429 ± 0,003
0,000	0,000	1,000	18,01	0,464 2
0,001	0,496	0,503	18,005	0,320 ± 0,001
0,001	0,496	0,503	17,03	0,211 ± 0,001
0,000	0,248	0,752	18,00	0,381 ± 0,001

Für den Temperaturbereich 18 bis 28,5 K enthält die Arbeit [N 18] Zahlenwerte für den Dampfdruck der 3 Stoffe H_2, HD und D_2 bei korrespondierenden Temperaturen

2 x_1 O_2, Sauerstoff
        M: 32,00   Kp.: 90,2 K

     x_2 Ar, Argon
        M: 39,94   Kp.: 87,29 K

     x_3 N_2, Stickstoff
        M: 28,01   Kp.: 77,35 K

[W 7]

$p = 6,079$ bar $= 6$ atm

t in K	x_1'	x_2'	x_3'	x_1''	x_2''	x_3''
97,1	0,050	0,007	0,943	0,021	0,004	0,974
97,6	0,011	0,114	0,874	0,005	0,062	0,933
97,6	0,086	0,024	0,890	0,037	0,012	0,950
98,7	0,046	0,197	0,757	0,021	0,114	0,865
98,7	0,166	0,062	0,771	0,078	0,037	0,884
99,8	0,155	0,190	0,654	0,064	0,095	0,840
99,8	0,287	0,035	0,677	0,142	0,022	0,835
101,5	0,296	0,188	0,515	0,163	0,129	0,707
101,5	0,370	0,093	0,535	0,204	0,065	0,730
103,7	0,454	0,181	0,364	0,286	0,143	0,570
103,7	0,579	0,034	0,385	0,362	0,027	0,610
105,9	0,596	0,174	0,229	0,428	0,158	0,412
105,9	0,714	0,032	0,253	0,508	0,030	0,460
108,2	0,716	0,168	0,115	0,584	0,176	0,239
110,4	0,824	0,156	0,019	0,761	0,194	0,044

$p = 18,238$ bar $= 18$ atm

t in K	x_1'	x_2'	x_3'	x_1''	x_2''	x_3''
114,8	0,012	0,081	0,906	0,009	0,052	0,940
115,4	0,020	0,122	0,858	0,013	0,081	0,904
116,5	0,053	0,184	0,762	0,033	0,126	0,839
116,5	0,187	0,019	0,793	0,117	0,011	0,871
119,3	0,322	0,097	0,579	0,216	0,074	0,708
119,3	0,390	0,018	0,591	0,262	0,012	0,725
122,1	0,441	0,155	0,403	0,347	0,129	0,522
124,8	0,643	0,094	0,262	0,527	0,091	0,380
124,8	0,709	0,015	0,275	0,578	0,014	0,406
127,6	0,770	0,119	0,110	0,690	0,127	0,181
127,6	0,843	0,016	0,140	0,754	0,018	0,227
129,8	0,875	0,107	0,017	0,846	0,122	0,030

(Vorstehende Daten sind entnommen aus der Arbeit [W 5], in der Gleichgewichtstemperaturen und -dampfzusammensetzungen rechnerisch abgeleitet und mit Meßdaten verglichen werden) Aktivitätskoeffizienten von Sauerstoff, Argon und Stickstoff im ternären Gemisch bei 100 K finden sich in einer Zahlentafel der Arbeit [E 4]

In der Arbeit [C 1] wird ausgeführt, wie für die vorstehenden einfachen Moleküle aus charakteristischen Größen der binären Gemische die Gleichgewichtsdaten für das ternäre Gemisch bis zu den Kritischen Punkten ermittelt werden können

Harmens [H 5] gibt eine Anweisung zur Berechnung des Phasengleichgewichtes für den Bereich $x_2' < 0,5$ Molteile und $p < 15$ bar, wobei eine Genauigkeit von $t = 0,1$ K bzw. $x'' = 0,002$ Molteile erreicht wird

Eine ausführliche Berechnung des ternären Phasengleichgewichtes für einen weiten Druckbereich bringt die Arbeit [L 2]

3 x_1 H_2O, Wasser
        M: 18,03   Kp.: 100,0 °C

     x_2 CH_3OH, Methanol
        M: 32,04   Kp.: 64,7 °C

     x_3 $CH_3 \cdot CO \cdot CH_3$, Aceton
        M: 58,08   Kp.: 56,2 °C

[V 4]

$p = 1,013$ bar $= 760$ Torr

t in °C	x_2'	x_3'	x_2''	x_3''
64,75	0,200	0,200	0,229	0,597
64,06	0,400	0,200	0,414	0,454
62,05	0,600	0,200	0,557	0,371
60,52	0,200	0,400	0,191	0,682
59,18	0,400	0,400	0,348	0,580
57,85	0,200	0,600	0,184	0,735

4

x_1 H_2O, Wasser
     M: 18,02   Kp.: 100,0 °C

x_2 $CH_3 \cdot CH_2OH$, Äthanol
     M: 46,06   Kp.: 78,32 °C

x_3 CH_3OH, Methanol
     M: 32,04   Kp.: 64,7 °C

[D 10]

$p \approx 0{,}994$ bar

t in °C	x_1'	x_2'	x_3'	x_1''	x_2''	x_3''	t in °C	x_1'	x_2'	x_3'	x_1''	x_2''	x_3''
68,1	0,109	0,141	0,750	0,054	0,096	0,850	82,7	0,810	0,081	0,109	0,395	0,250	0,355
68,1	0,102	0,142	0,756	0,052	0,096	0,852	83,5	0,830	0,080	0,090	0,407	0,285	0,308
74,2	0,108	0,590	0,302	0,092	0,490	0,418	82,5	0,797	0,142	0,061	0,410	0,395	0,195
71,7	0,240	0,230	0,530	0,125	0,180	0,695	82,2	0,803	0,037	0,160	0,380	0,105	0,515
75	0,220	0,520	0,260	0,170	0,470	0,360	81	0,785	0,098	0,117	0,368	0,273	0,359
81,2	0,703	0,248	0,049	0,358	0,512	0,130	82,8	0,8815	0,067	0,0515	0,456	0,316	0,228
74,5	0,347	0,293	0,360	0,185	0,290	0,525	82,5	0,804	0,096	0,100	0,395	0,295	0,310
76,3	0,322	0,475	0,203	0,202	0,470	0,328	76,5	0,170	0,720	0,110	0,140	0,680	0,180
77,2	0,474	0,310	0,216	0,245	0,365	0,390							
71,9	0,150	0,360	0,490	0,075	0,290	0,635							
79	0,530	0,368	0,102	0,293	0,510	0,197							
75,8	0,420	0,296	0,284	0,205	0,355	0,440							
80,5	0,615	0,350	0,035	0,365	0,554	0,081							
83	0,895	0,062	0,043	0,505	0,310	0,185							
87,5	0,906	0,033	0,061	0,500	0,220	0,280							
83	0,821	0,041	0,138	0,425	0,150	0,425							
79	0,700	0,060	0,240	0,290	0,160	0,550							
81	0,690	0,255	0,055	0,355	0,485	0,160							
82,7	0,802	0,145	0,053	0,425	0,430	0,145							
82,7	0,809	0,098	0,093	0,390	0,300	0,310							

In der Originalarbeit finden sich keine Angaben über den Druck. Der Verfasser vergleicht seine Ergebnisse mit jenen von Griswold [G 17], die bei $p = 740$ bis 750 Torr ermittelt wurden, so daß man gleichen Druck bei den vorstehenden Daten annehmen kann. Die Meßwerte im rechten Tabellenteil wurden mit einer dynamischen Methode gewonnen

5

x_1 H_2O, Wasser
     M: 18,02   Kp.: 100,0 °C

x_2 $CH_3 \cdot CH_2OH$, Äthanol
     M: 46,07   Kp.: 78,3 °C

x_3 $CH_3 \cdot CO_2C_2H_5$, Essigsäureäthylester
     M: 88,11   Kp.: 77,1 °C

[Z 1]

$p = 1{,}013$ bar $= 760$ Torr

t in °C	x_2'	x_3'	x_2''	x_3''	t in °C	x_2'	x_3'	x_2''	x_3''
Homogene Flüssigkeitsmischungen					Homogene Flüssigkeitsmischungen				
70,85	0,283	0,473	0,251	0,509	71,90	0,486	0,324	0,426	0,406
70,90	0,238	0,634	0,250	0,589	71,90	0,517	0,380	0,472	0,433
70,90	0,279	0,580	0,271	0,565	71,95	0,430	0,552	0,445	0,530
71,00	0,262	0,388	0,225	0,490	72,05	0,541	0,410	0,496	0,465
71,20	0,316	0,387	0,273	0,471	72,10	0,266	0,712	0,324	0,633
71,20	0,178	0,723	0,208	0,655	72,16	0,413	0,276	0,358	0,391
71,30	0,385	0,470	0,349	0,491	72,40	0,530	0,277	0,458	0,369
71,35	0,224	0,325	0,200	0,481	72,45	0,179	0,149	0,213	0,426
71,40	0,371	0,543	0,373	0,526	72,60	0,225	0,173	0,239	0,413
71,40	0,384	0,384	0,331	0,451	72,65	0,214	0,154	0,244	0,400
71,65	0,433	0,361	0,378	0,433	72,70	0,330	0,225	0,296	0,390
71,80	0,280	0,284	0,250	0,438	72,80	0,624	0,325	0,561	0,401
71,85	0,488	0,452	0,441	0,478	73,10	0,347	0,181	0,322	0,354

Forts. nächste Seite

Zu **5**

$p = 1{,}013$ bar $= 760$ Torr

t in °C	x_2'	x_3'	x_2''	x_3''
\multicolumn{5}{l}{Homogene Flüssigkeitsmischungen}
73,15	0,610	0,231	0,535	0,322
73,40	0,482	0,182	0,434	0,313
73,50	0,242	0,125	0,276	0,365
73,55	0,511	0,171	0,462	0,299
73,65	0,626	0,184	0,548	0,281
73,85	0,650	0,163	0,570	0,250
74,00	0,756	0,220	0,680	0,303
74,15	0,721	0,182	0,625	0,261
74,50	0,220	0,078	0,299	0,327
74,55	0,588	0,124	0,541	0,231
74,70	0,315	0,105	0,352	0,306
74,65	0,457	0,115	0,455	0,259
74,85	0,785	0,169	0,721	0,288
75,35	0,729	0,120	0,652	0,200
75,40	0,339	0,087	0,383	0,267
75,55	0,817	0,133	0,755	0,218
75,70	0,618	0,082	0,584	0,170
76,20	0,700	0,078	0,648	0,142
76,33	0,833	0,091	0,769	0,150
76,55	0,227	0,051	0,350	0,267
76,85	0,780	0,063	0,720	0,125
77,35	0,854	0,051	0,800	0,091
77,55	0,825	0,040	0,782	0,064
78,00	0,566	0,026	0,612	0,071
78,00	0,881	0,025	0,855	0,045
78,60	0,580	0,015	0,639	0,038
\multicolumn{5}{l}{Heterogene Flüssigkeitsmischungen}
70,30	0,074	0,301	0,107	0,627
70,30	0,043	0,300	0,070	0,652
70,45	0,107	0,301	0,110	0,600

[M 19]

Flüssig-flüssig-Gleichgewicht an der Löslichkeitsgrenze im ternären System

$H_2O - C_2H_5OH - CH_3 \cdot CO_2C_2H_5$

t in °C	Wasserreiche Phase		Esterreiche Phase	
	x_2'	x_3'	x_2'	x_3'
40	0,020	0,013	0,043	0,760
	0,032	0,015	0,085	0,668
	0,046	0,018	0,121	0,563
	0,064	0,028	0,144	0,432
	0,085	0,043	0,157	0,312
55	0,017	0,012	0,037	0,735
	0,026	0,014	0,086	0,632
	0,043	0,018	0,114	0,546
	0,058	0,024	0,134	0,431
	0,064	0,030	0,145	0,372
70	0,013	0,013	0,047	0,678
	0,027	0,018	0,079	0,612
	0,041	0,021	0,113	0,500
	0,050	0,023	0,125	0,421
	0,062	0,033	0,140	0,334

[Z 1]

Flüssig-flüssig-Gleichgewicht am Siedepunkt

$p = 1{,}013$ bar $= 760$ Torr

t in °C	Wasserreiche Phase		Esterreiche Phase	
	x_2'	x_3'	x_2''	x_3''
70,30	0,040	0,038	0,044	0,650
70,34	0,068	0,069	0,081	0,561
70,45	0,098	0,099	0,116	0,466

[M 19]

$t = 40\,°C$

p in bar	x_2'	x_3'	x_2''	x_3''
0,2596	0,508	0,211	0,381	0,448
0,2153	0,618	0,0032	0,731	0,034
0,2479	0,468	0,152	0,380	0,414
0,2928	0,199	0,700	0,201	0,689
0,2637	0,200	0,103	0,229	0,501
0,1897	0,206	0,019	0,400	0,217
0,1126	0,0642	0,0001	0,375	0,012
0,2866	0,074	0,880	0,101	0,789
0,2676	0,614	0,307	0,449	0,488

$t = 55\,°C$

p in bar	x_2'	x_3'	x_2''	x_3''
0,5136	0,512	0,274	0,387	0,441
0,3937	0,939	0,020	0,910	0,073
0,3696	0,605	0,010	0,693	0,037
0,3569	0,446	0,156	0,390	0,394
0,5552	0,210	0,673	0,214	0,655
0,5129	0,213	0,137	0,226	0,505
0,3937	0,223	0,024	0,407	0,254
0,2365	0,057	0,0013	0,351	0,0143
0,5397	0,091	0,849	0,128	0,767
0,4998	0,603	0,344	0,480	0,461

$t = 70\,°C$

p in bar	x_2'	x_3'	x_2''	x_3''
0,9477	0,464	0,302	0,388	0,433
0,7703	0,923	0,035	0,863	0,087
0,7178	0,562	0,012	0,662	0,055
0,8863	0,482	0,162	0,426	0,326
0,9903	0,246	0,738	0,256	0,694
0,9362	0,190	0,163	0,186	0,503
0,7626	0,231	0,034	0,396	0,260
0,9633	0,126	0,798	0,162	0,713
0,9278	0,657	0,304	0,560	0,412

Weitere Daten (in Massen-%) für die Löslichkeitsgrenzen s. Originalarbeit

Fortsetzung nächste Seite

Zu 5

t = 70 °C
•——o Flüssigkeits-Dampf-Gleichgewicht
+----+ flüssig-flüssig-Gleichgewicht

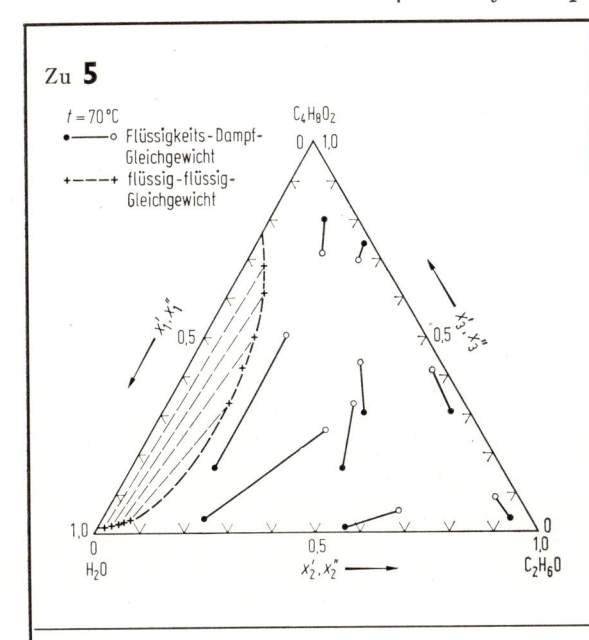

(Ternary diagram with vertices $C_4H_8O_2$, H_2O, C_2H_6O)

7

x_1 H_2O, Wasser
       M: 18,03   Kp.: 100,0 °C

x_2 $CH_3 \cdot CH(OH) \cdot CH_3$ Isopropanol
       M: 60,10   Kp.: 82,4 °C

x_3 CH_3OH, Methanol
       M: 32,04   Kp.: 64,7 °C

[V 4]

$p = 1{,}013$ bar $= 760$ Torr

t in °C	x_2'	x_3'	x_2''	x_3''
78,54	0,200	0,200	0,308	0,340
77,68	0,400	0,200	0,413	0,292
77,64	0,600	0,200	0,530	0,273
74,86	0,200	0,400	0,201	0,562
74,50	0,400	0,400	0,314	0,533
71,34	0,200	0,598	0,135	0,750

6

x_1 H_2O, Wasser
       M: 18,02   Kp.: 100,0 °C

x_2 $CH_3 \cdot CH_2 \cdot CH_2OH$, Propanol-(1)
       M: 60,10   Kp.: 97,4 °C

x_3 $CH_3 \cdot CH_2OH$, Äthanol
       M: 46,07   Kp.: 78,32 °C

[C 7]

$p = 1{,}013$ bar $= 760$ Torr

t in °C	x_1'	x_2'	x_3'	x_1''	x_2''	x_3''
86,30	0,8950	0,0050	0,1000	0,5675	0,0263	0,4062
83,50	0,7950	0,0050	0,2000	0,4852	0,0111	0,5037
81,10	0,5950	0,0050	0,4000	0,3905	0,0047	0,6048
79,50	0,3950	0,0050	0,6000	0,3053	0,0024	0,6923
88,40	0,9300	0,0200	0,0500	0,6261	0,1356	0,2383
86,06	0,8835	0,0194	0,0971	0,5561	0,0814	0,3625
83,50	0,7800	0,0200	0,2000	0,4845	0,0419	0,4736
81,10	0,5801	0,0200	0,3999	0,3822	0,0238	0,5940
79,74	0,3803	0,0197	0,6000	0,3078	0,0114	0,6808
87,30	0,9000	0,0500	0,0500	0,5921	0,2187	0,1892
85,74	0,8502	0,0499	0,0999	0,5522	0,1542	0,2936
83,80	0,7500	0,0500	0,2000	0,4928	0,0927	0,4145
81,37	0,5185	0,0471	0,4344	0,3739	0,0484	0,5777
79,90	0,3501	0,0500	0,5999	0,2923	0,0405	0,6672
85,80	0,8000	0,1000	0,1000	0,5461	0,2183	0,2356
84,05	0,7000	0,1000	0,2000	0,4950	0,1452	0,3598
81,93	0,5001	0,1000	0,3999	0,3891	0,0859	0,5250
80,25	0,3002	0,1000	0,5998	0,2700	0,0643	0,6657
79,90	0,1246	0,0984	0,7770	0,1321	0,0583	0,8096
86,20	0,6000	0,3000	0,1000	0,5537	0,3069	0,1394
84,82	0,5000	0,3000	0,2000	0,4747	0,2550	0,2703
83,13	0,3000	0,3000	0,4000	0,3158	0,1937	0,4905
82,80	0,1004	0,2999	0,5997	0,1277	0,1805	0,6918
86,90	0,4003	0,4998	0,0999	0,4912	0,3763	0,1325
86,10	0,3001	0,4999	0,2000	0,3911	0,3550	0,2539
85,70	0,1999	0,5001	0,3000	0,2740	0,3501	0,3759

8 x_1 H_2O, Wasser
          M: 18,03   Kp.: 100,0 °C

          x_2 $CH_3 \cdot CH(OH) \cdot CH_3$, Isopropanol
          M: 60,10   Kp.: 82,4 °C

          x_3 CH_3OH, Methanol
          M: 32,04   Kp.: 64,7 °C

          x_4 $CH_3 \cdot CO \cdot CH_3$, Aceton
          M: 58,08   Kp.: 56,2 °C

[V 4]

$p = 1,013$ bar $= 760$ Torr

t in °C	x_2'	x_3'	x_4'	x_2''	x_3''	x_4''
67,84	0,199	0,199	0,199	0,141	0,208	0,470
68,59	0,399	0,199	0,199	0,258	0,213	0,394
65,34	0,200	0,399	0,199	0,114	0,394	0,387
62,17	0,199	0,199	0,399	0,100	0,191	0,613

9 x_1 H_2O, Wasser
          M: 18,02   Kp.: 100,0 °C

          x_2 $CH_3 \cdot CH(OH) \cdot CH_3$, Isopropanol
          M: 60,10   Kp.: 82,4 °C

          x_3 $CH_3 \cdot CH_2OH$, Äthanol
          M: 46,07   Kp.: 78,32 °C

[C 8]

$p = 1,013$ bar $= 760$ Torr

t in °C	x_1'	x_2'	x_3'	x_1''	x_2''	x_3''
88,7	0,9424	0,0094	0,0482	0,6572	0,0793	0,2635
84,0	0,8431	0,0098	0,1471	0,5037	0,0370	0,4593
81,9	0,6933	0,0098	0,2969	0,4410	0,0239	0,5351
80,4	0,5425	0,0099	0,4476	0,3745	0,0148	0,6107
79,4	0,3941	0,0100	0,5959	0,3066	0,0116	0,6818
78,6	0,1394	0,0100	0,8506	0,1403	0,0085	0,8512
84,8	0,9030	0,0483	0,0487	0,5390	0,2686	0,1924
82,5	0,8034	0,0489	0,1477	0,4667	0,1595	0,3738
81,3	0,6531	0,0495	0,2974	0,4292	0,0890	0,4818
80,2	0,5023	0,0498	0,4479	0,3645	0,0648	0,5707
79,1	0,3512	0,0499	0,5989	0,2868	0,0606	0,6526
78,7	0,1252	0,0486	0,8262	0,1264	0,0520	0,8216
81,4	0,8029	0,1475	0,0496	0,4458	0,4462	0,1080
81,0	0,7033	0,1484	0,1483	0,4262	0,2954	0,2784
79,9	0,5525	0,1490	0,2985	0,3999	0,2115	0,3886
79,0	0,4025	0,1494	0,4491	0,3244	0,1779	0,4977
78,4	0,2502	0,1499	0,5999	0,2348	0,1552	0,6100
80,5	0,6527	0,2971	0,0502	0,4223	0,5031	0,0746
80,1	0,5522	0,2975	0,1503	0,3878	0,4277	0,1845
79,3	0,4011	0,2997	0,2992	0,3374	0,3256	0,3370
78,8	0,2502	0,2999	0,4499	0,2501	0,2880	0,4619
78,7	0,0996	0,3005	0,5999	0,1266	0,2752	0,5982
79,6	0,4023	0,4980	0,0997	0,3610	0,5286	0,1104
79,5	0,3503	0,4996	0,1501	0,3314	0,5042	0,1644
79,4	0,1994	0,4999	0,3007	0,2257	0,4722	0,3021
79,9	0,1990	0,7014	0,0906	0,2337	0,6549	0,1114
79,8	0,1489	0,7009	0,1502	0,1871	0,6507	0,1622

10

x_1 H_2O, Wasser
M: 18,02   Kp.: 100,0 °C

x_2 $CH_3 \cdot CH(OH) \cdot CH_3$, Isopropanol
M: 60,10   Kp.: 82,4 °C

x_3 $CH_3 \cdot CO \cdot CH_3$, Aceton
M: 58,08   Kp.: 56,2···56,3 °C

[V 4]

$p = 1{,}013$ bar $= 760$ Torr

t in °C	x_2'	x_3'	x_2''	x_3''
60,90	0,20	0,60	0,104	0,788
65,25	0,40	0,40	0,222	0,659
71,45	0,60	0,20	0,414	0,428
64,10	0,20	0,40	0,114	0,705
70,70	0,40	0,20	0,297	0,466
69,86	0,20	0,20	0,209	0,546

[R 5]

Flüssigkeits-Dampf-Phasengleichgewichte

$\dfrac{x_2'}{x_2' + x_3'} = 0{,}35;$ $t = 75\,°C$

p in bar	x_2'	x_3'	x_2''	x_3''
1,5877	0,315	0,585	0,1837	0,7321
1,5465	0,29	0,52	0,1658	0,7002
1,5027	0,245	0,455	0,1531	0,6724
1,4481	0,21	0,39	0,1431	0,6517
1,3956	0,175	0,325	0,1376	0,6337
1,3487	0,14	0,26	0,1366	0,6175
1,2820	0,105	0,195	0,1361	0,5988
1,2332	0,07	0,13	0,1463	0,5733
1,0571	0,035	0,065	0,1511	0,5096

In der Originalarbeit ist die Quelle angegeben für den Bezug weiterer Dampfdruck- und Gleichgewichtsdaten längs der Basislinien

$\dfrac{x_2'}{x_2' + x_3'} = 0{,}10,\ 0{,}20,\ 0{,}50,\ 0{,}65,\ 0{,}80$ und $0{,}90$

Die drei zugehörigen Zweistoffgemische sind im Abschnitt „Binäre Gemische" behandelt.

[R 5]

Dampfdruck von Gemischen, für die das Verhältnis $\dfrac{x_2'}{x_2' + x_3'} = 0{,}35$ ist

x_2'	x_3'	t in °C	p in bar	x_2'	x_3'	t in °C	p in bar
0,315	0,585	61,44	1,0119	0,140	0,260	66,36	1,0050
		66,25	1,1932			71,17	1,1903
		72,65	1,4715			77,53	1,4635
		77,45	1,7173			82,39	1,7185
		82,00	1,9692			87,08	2,0013
0,280	0,520	62,39	1,0119	0,105	0,195	60,41	0,7731
		67,13	1,1932			67,57	0,9946
		73,47	1,4715			72,41	1,1730
		78,31	1,7173			78,58	1,4476
		82,61	1,9692			83,63	1,7014
0,245	0,455	63,40	1,0119	0,070	0,130	61,54	0,7627
		68,06	1,1932			68,82	0,9934
		74,40	1,4715			73,51	1,1760
		79,14	1,7173			79,78	1,4421
		83,49	1,9692			85,02	1,7051
0,210	0,390	64,36	1,0050	0,035	0,065	66,24	0,7731
		60,11	1,1903			73,43	0,9946
		75,35	1,4635			77,96	1,1730
		80,29	1,7185			84,11	1,4476
		85,06	2,0013			89,36	1,7014
0,175	0,325	65,40	1,0050				
		70,14	1,1903				
		76,54	1,4635				
		81,39	1,7185				
		86,23	2,0013				

11 x_1 H_2O, Wasser
M: 18,01   Kp.: 100,0 °C

x_2 $CH_3 \cdot CH(OH) \cdot CH_3$, Isopropanol
M: 60,10   Kp.: 82,4 °C

x_3 $CH_3 \cdot CH_2 \cdot CO \cdot CH_3$, Butanon-(2)
(Methyl-äthyl-keton)
M: 72,11   Kp.: 79,6 °C

[M 13]

$p = 1,013$ bar $= 760$ Torr

t in °C	x_2'	x_3'	x_2''	x_3''
77,7	0,136	0,080	0,267	0,329
74,4	0,107	0,390	0,096	0,556
79,1	0,481	0,063	0,513	0,123
88,4	0,013	0,004	0,179	0,178
75,6	0,043	0,072	0,134	0,476
73,8	0,085	0,522	0,073	0,589
73,9	0,092	0,563	0,078	0,598
77,5	0,162	0,100	0,274	0,333
74,1	0,041	0,360	0,045	0,600
76,4	0,304	0,216	0,296	0,353
76,8	0,534	0,255	0,451	0,323
76,6	0,506	0,381	0,433	0,425
75,9	0,392	0,495	0,336	0,513
78,0	0,676	0,213	0,587	0,274
75,4	0,126	0,775	0,123	0,705
79,8	0,817	0,078	0,745	0,210
74,7	0,169	0,674	0,151	0,630

Punkt A: Minimum-Azeotrop $t = 73,4$ °C
Punkt B: Minimum-Azeotrop $t = 80,1$ °C
Punkt C: Minimum-Azeotrop $t = 77,3$ °C

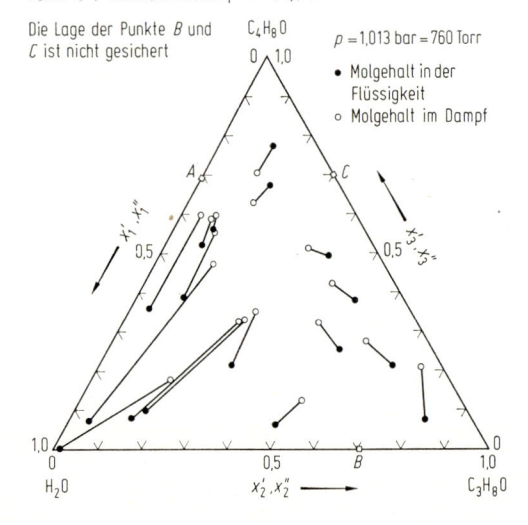

Die Lage der Punkte B und C ist nicht gesichert

● Molgehalt in der Flüssigkeit
○ Molgehalt im Dampf

---

12 x_1 H_2O, Wasser
M: 18,02   Kp.: 100,0 °C

x_2 $CH_3 \cdot CH(OH) \cdot CH_3$, Isopropanol
M: 60,10   Kp.: 80,4 °C

x_3 $(CH_3)_2 CH \cdot O \cdot CH(CH_3)_2$, Di-isopropyläther (2-Isopropoxipropan)
M: 102,18   Kp.: 68 °C

[V 2]

Dampf-Flüssigkeits-Gleichgewicht

$p = 1,013$ bar $= 760$ Torr

t in °C	x_1'	x_2'	x_3'	x_1''	x_2''	x_3''
	Homogene Phase					
62,6	0,100	0,186	0,714	0,208	0,122	0,670
63,7	0,100	0,291	0,609	0,173	0,150	0,676
64,9	0,103	0,398	0,499	0,150	0,189	0,660
66,4	0,099	0,509	0,392	0,126	0,259	0,614
68,2	0,100	0,616	0,285	0,114	0,332	0,552
70,8	0,104	0,715	0,181	0,112	0,447	0,440
75,0	0,099	0,812	0,089	0,114	0,587	0,299
63,0	0,197	0,300	0,503	0,220	0,170	0,610
64,8	0,200	0,411	0,389	0,198	0,204	0,597
67,1	0,200	0,529	0,271	0,184	0,297	0,518
69,8	0,200	0,627	0,173	0,182	0,355	0,463
73,4	0,199	0,705	0,096	0,195	0,500	0,305
65,3	0,300	0,409	0,291	0,219	0,236	0,542
67,6	0,300	0,500	0,200	0,214	0,312	0,474
72,8	0,301	0,610	0,089	0,242	0,419	0,339
66,6	0,405	0,410	0,185	0,224	0,244	0,531
71,2	0,402	0,499	0,098	0,259	0,331	0,410
69,9	0,503	0,400	0,097	0,259	0,282	0,459
	Heterogene Phase					
61,9	0,600	0,068	0,332	0,208	0,061	0,731
62,0	0,600	0,071	0,329	0,203	0,115	0,685
62,3	0,600	0,118	0,282	0,209	0,139	0,652
63,7	0,600	0,217	0,180	0,220	0,176	0,606
64,0	0,600	0,230	0,170	0,228	0,196	0,576
65,7	0,600	0,302	0,100	0,237	0,268	0,495

Zusammensetzung der azeotropen Mischungen (Mol-Teile) bei $p = 760$ Torr
Wasser—Isopropanol (homogenes, binäres Gemisch):

$x_{2az} = 0,6834$; $t_{az} = 80,2$ °C

Isopropanol—Di-isopropyläther (homogenes, binäres Gemisch):

$x_{3az} = 0,7870$; $t_{az} = 66,2$ °C

Wasser—Di-isopropyläther (heterogenes, binäres Gemisch):

$x_3'' = 0,780$; $t_{az} = 62,5$ °C
ätherreiche Phase $x_3' = 0,972$;
wasserreiche Phase $x_3' = 0,000$

Wasser—Isopropanol—Di-isopropyläther (heterogenes, ternäres Gemisch):

$x_2'' = 0,061$; $x_3'' = 0,73$; $t_{az} = 61,9$ °C
ätherreiche Phase: $x_2' = 0,070$; $x_3' = 0,862$
wasserreiche Phase: $x_2' = 0,018$; $x_3' = 0,000$

Fortsetzung nächste Seite

Zu **12**

[V 2]

Flüssig-flüssig-Gleichgewicht beim Siedepunkt

$p = 1{,}013$ bar $= 760$ Torr

t °C	Ätherreiche Phase			Wasserreiche Phase		
	x_1'	x_2'	x_3'	x_1'	x_2'	x_3'
65,9	0,601	0,308	0,090	0,905	0,093	0,003
64,7	0,470	0,340	0,191	0,923	0,075	0,002
64,3	0,420	0,340	0,240	0,927	0,071	0,002
63,7	0,352	0,328	0,320	0,930	0,068	0,001
63,4	0,316	0,314	0,370	0,937	0,062	0,001
63,0	0,263	0,292	0,445	0,947	0,052	0,001
62,6	0,236	0,277	0,488	0,951	0,049	0,000
62,3	0,155	0,217	0,628	0,962	0,038	0,000
62,05	0,123	0,160	0,717	0,968	0,031	0,000
61,9*)	0,067	0,070	0,862	0,982	0,018	0,000
62,5	0,028	0,000	0,972	1,000	0,000	0,000

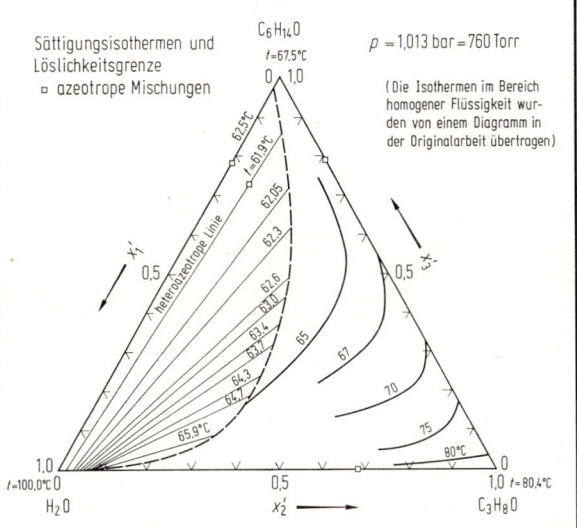

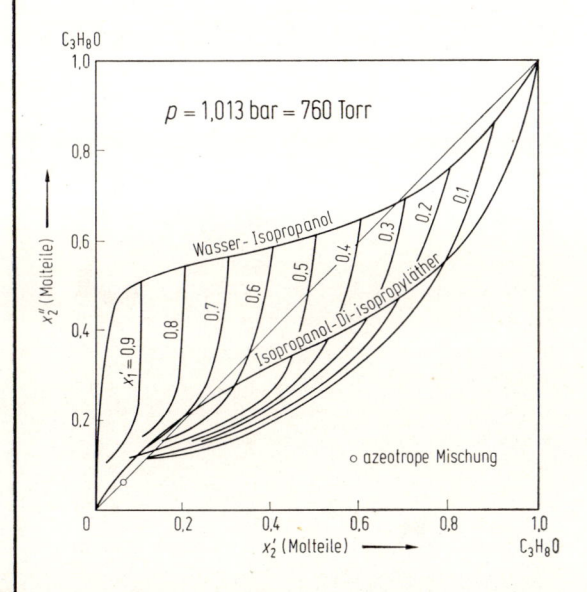

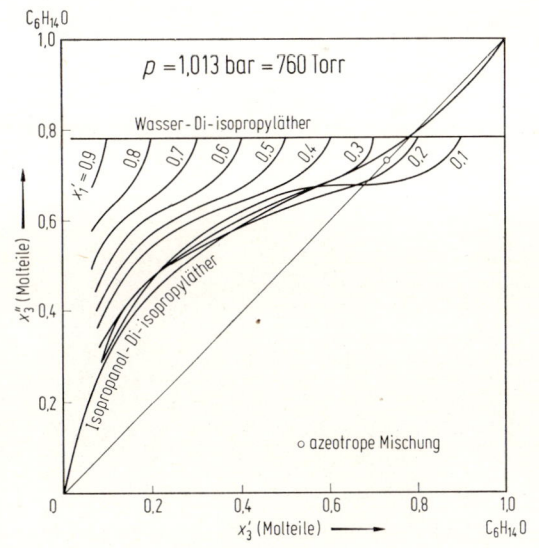

*) Hetero-azeotrope Linie

Kritischer Entmischungspunkt (berechnet)

$x_1' = 0{,}841$; $x_2' = 0{,}150$; $x_3' = 0{,}009$

13 x_1 H_2O, Wasser
         M: 18,02   Kp.: 100,0 °C

   x_2 $CH_3 \cdot CO_2C_2H_5$, Essigsäure-
         äthylester
         M: 88,11   Kp.: 77,1 °C

   x_3 CH_3OH, Methanol
         M: 32,04   Kp.: 64,6 °C

[A 5]

$p = 1{,}013$ bar $= 760$ Torr

t in °C	x_2'	x_3'	x_2''	x_3''	t in °C	x_2'	x_3'	x_2''	x_3''
63,2	0,288	0,639	0,304	0,656	68,7	0,068	0,471	0,237	0,580
63,3	0,211	0,707	0,258	0,708	69,4	0,065	0,294	0,349	0,413
63,7	0,136	0,783	0,196	0,769	69,5	0,059	0,385	0,264	0,522
63,7	0,367	0,547	0,357	0,595	70,1	0,021	0,570	0,084	0,735
63,8	0,284	0,608	0,316	0,621	70,2	0,838	0,067	0,690	0,146
63,9	0,178	0,697	0,261	0,681	70,6	0,867	0,082	0,716	0,188
65,2	0,256	0,514	0,339	0,544	71,1	0,031	0,419	0,175	0,613
65,3	0,632	0,306	0,514	0,429	71,8	0,015	0,487	0,083	0,714
65,3	0,444	0,378	0,435	0,457	71,9	0,901	0,058	0,777	0,146
65,5	0,047	0,830	0,088	0,858	72,4	0,911	0,061	0,778	0,171
65,9	0,126	0,626	0,238	0,659	73,1	0,019	0,330	0,173	0,572
66,1	0,275	0,405	0,394	0,445	73,7	0,942	0,021	0,850	0,057
66,2	0,221	0,438	0,361	0,480	74,6	0,009	0,357	0,080	0,654
66,4	0,422	0,297	0,468	0,350	76,0	0,011	0,248	0,155	0,536
66,4	0,083	0,666	0,184	0,720	77,4	0,004	0,262	0,062	0,614
66,8	0,562	0,219	0,520	0,289	80,0	0,005	0,139	0,172	0,431
66,8	0,357	0,287	0,461	0,333	82,0	0,014	0,158	0,047	0,526
66,8	0,430	0,260	0,490	0,312	64,9	0,593	0,329	0,481	0,445
66,8	0,325	0,313	0,441	0,361	66,2	0,463	0,304	0,482	0,379
66,9	0,288	0,329	0,429	0,371	67,4	0,387	0,220	0,547	0,235
66,9	0,726	0,196	0,569	0,302	67,4	0,297	0,254	0,481	0,301
67,0	0,208	0,381	0,382	0,427	67,5	0,376	0,216	0,519	0,269
67,1	0,528	0,204	0,522	0,290	67,7	0,734	0,120	0,618	0,228
67,1	0,106	0,552	0,245	0,605	67,7	0,743	0,121	0,617	0,219
67,3	0,218	0,324	0,421	0,374	67,8	0,689	0,115	0,604	0,194
67,4	0,097	0,528	0,250	0,594	67,9	0,554	0,131	0,572	0,183
67,4	0,138	0,425	0,329	0,486	69,1	0,050	0,524	0,179	0,654
67,5	0,180	0,328	0,411	0,383	69,4	0,833	0,122	0,681	0,260
67,7	0,080	0,533	0,222	0,622	69,5	0,874	0,064	0,709	0,152
67,7	0,137	0,368	0,357	0,434	69,6	0,843	0,067	0,694	0,099
67,8	0,063	0,589	0,173	0,680					
68,1	0,138	0 289	0,419	0,356					
68,1	0,028	0,670	0,082	0,797					
68,2	0,706	0,119	0,590	0,204					
68,6	0,087	0,388	0,309	0,488					

Es existiert kein ternärer Azeotroper Punkt.
Weitere Daten s. [Z 1].

Fortsetzung nächste Seite

Zu 13

[A 5]

Daten für die Sättigungsisotherme 70 °C bei $p = 1{,}013$ bar

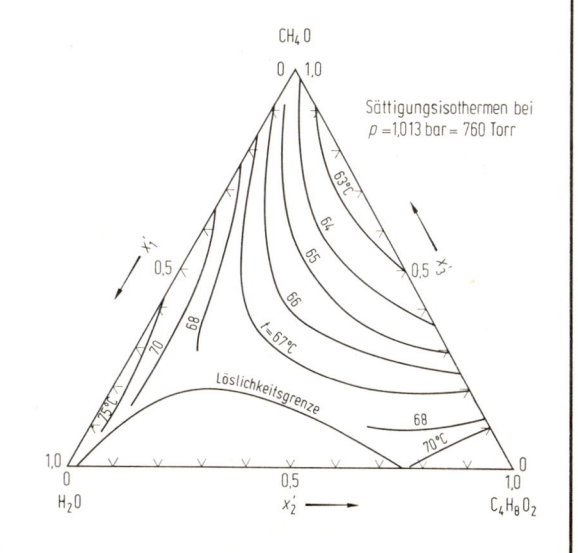

Wasserreiche Phase		Esterreiche Phase	
x_2'	x_3'	x_2'	x_3'
0,013	0,000	0,762	0,000
0,016	0,039	0,690	0,042
0,020	0,050	0,641	0,063
0,028	0,078	0,531	0,103
0,036	0,103	0,463	0,130
0,050	0,123	0,352	0,163
0,053	0,154	0,335	0,171

14

x_1 H_2O, Wasser
     M: 18,02   Kp.: 100,0 °C

x_2 $CH_3 \cdot CN$, Acetonitril
     M: 41,05   Kp.: 81,6 °C

x_3 $CH_2:CH \cdot CN$, Acrylsäure-nitril*)
     M: 53,06   Kp.: 76,5 °C

[V 10]

Dampf-Flüssigkeits-Gleichgewicht

$p = 1{,}013$ bar $= 760$ Torr

t in °C	x_1'	x_2'	x_3'	x_1''	x_2''	x_3''
81,3	0,952	0,036	0,012	0,466	0,249	0,285
81,6	0,954	0,034	0,012	0,482	0,221	0,297
76,9	0,917	0,068	0,015	0,427	0,344	0,229
77,2	0,913	0,072	0,015	0,358	0,383	0,259
79,4	0,780	0,200	0,020	0,319	0,539	0,142
76,9	0,900	0,070	0,030	0,331	0,282	0,387
75,5	0,864	0,098	0,038	0,336	0,320	0,344
75,5	0,862	0,099	0,039	0,324	0,330	0,346
75,3	0,862	0,098	0,040	0,315	0,320	0,365
72,3	0,897	0,060	0,043	0,328	0,207	0,465
76,3	0,203	0,743	0,054	0,242	0,688	0,070
76,2	0,216	0,726	0,058	0,247	0,690	0,063
73,5	0,800	0,138	0,062	0,336	0,319	0,345
77,1	0,086	0,852	0,062	0,175	0,754	0,071
76,5	0,211	0,726	0,063	0,269	0,654	0,077
77,1	0,093	0,842	0,065	0,182	0,742	0,076
76,7	0,097	0,837	0,066	0,183	0,740	0,077
75,8	0,503	0,420	0,077	0,322	0,521	0,157
75,8	0,512	0,409	0,079	0,330	0,518	0,152
76,0	0,498	0,422	0,080	0,316	0,530	0,154

*) Zur Vermeidung einer Polymerisation wurden dem Acrylsäure-nitril 30 p.p.m. Hydrochinon-monomethyläther zugegeben.

Fortsetzung nächste Seite

Zu 14

[V 10] (Fortsetzung)

$p = 1{,}013$ bar $= 760$ Torr

t in °C	x_1'	x_2'	x_3'	x_1''	x_2''	x_3''	t in °C	x_1'	x_2'	x_3'	x_1''	x_2''	x_3''
75,7	0,514	0,405	0,081	0,328	0,517	0,155	72,9	0,212	0,356	0,432	0,271	0,268	0,461
75,3	0,374	0,533	0,093	0,319	0,524	0,157	72,4	0,319	0,239	0,442	0,320	0,186	0,494
75,3	0,385	0,520	0,095	0,304	0,560	0,136	72,4	0,314	0,241	0,445	0,324	0,186	0,490
75,3	0,368	0,537	0,095	0,293	0,557	0,150	72,6	0,300	0,240	0,460	0,312	0,186	0,502
75,3	0,381	0,524	0,095	0,285	0,560	0,155	72,5	0,202	0,336	0,462	0,262	0,279	0,459
75,9	0,581	0,320	0,099	0,324	0,446	0,230	73,9	0,085	0,385	0,530	0,177	0,310	0,513
76,0	0,600	0,300	0,100	0,323	0,442	0,235	74,1	0,080	0,390	0,530	0,172	0,305	0,523
74,8	0,400	0,500	0,100	0,326	0,524	0,150	74,0	0,080	0,389	0,530	0,184	0,303	0,513
74,7	0,396	0,504	0,100	0,341	0,518	0,141	74,1	0,078	0,389	0,533	0,169	0,321	0,510
75,2	0,601	0,279	0,120	0,308	0,410	0,282	71,1	0,229	0,168	0,603	0,268	0,123	0,609
73,2	0,661	0,209	0,130	0,311	0,322	0,367	71,4	0,210	0,160	0,630	0,327	0,111	0,562
73,1	0,656	0,210	0,134	0,295	0,313	0,392	71,2	0,203	0,167	0,630	0,289	0,107	0,605
75,2	0,239	0,626	0,135	0,270	0,550	0,180	71,2	0,210	0,156	0,634	0,312	0,116	0,572
78,2	0,041	0,821	0,138	0,112	0,741	0,147	72,3	0,092	0,143	0,765	0,224	0,080	0,696
78,2	0,040	0,818	0,142	0,102	0,747	0,151	73,3	0,081	0,101	0,818	0,174	0,067	0,759
73,2	0,647	0,209	0,144	0,308	0,321	0,371	73,3	0,068	0,112	0,820	0,163	0,075	0,762
75,2	0,224	0,629	0,147	0,286	0,542	0,172	74,1	0,041	0,132	0,827	0,098	0,098	0,814
75,3	0,226	0,619	0,155	0,255	0,550	0,195							
75,4	0,228	0,617	0,155	0,266	0,560	0,174							
76,2	0,221	0,621	0,158	0,248	0,562	0,190							
78,0	0,041	0,800	0,159	0,107	0,722	0,171							
73,0	0,600	0,238	0,162	0,300	0,329	0,371							
76,2	0,100	0,721	0,179	0,150	0,628	0,222							
76,1	0,104	0,717	0,179	0,175	0,629	0,196							
76,2	0,078	0,741	0,179	0,140	0,636	0,224							
75,1	0,171	0,650	0,179	0,238	0,543	0,219							
75,0	0,181	0,637	0,182	0,242	0,563	0,195							
75,3	0,187	0,630	0,183	0,256	0,523	0,221							
73,4	0,512	0,304	0,184	0,306	0,338	0,356							
75,0	0,176	0,639	0,185	0,239	0,574	0,187							
76,3	0,095	0,719	0,186	0,168	0,625	0,207							
74,0	0,398	0,412	0,190	0,324	0,423	0,253							
73,8	0,403	0,405	0,192	0,323	0,400	0,277							
74,1	0,405	0,400	0,195	0,321	0,410	0,269							
73,0	0,488	0,316	0,196	0,312	0,325	0,363							
73,9	0,394	0,405	0,201	0,321	0,409	0,270							
73,0	0,488	0,307	0,204	0,315	0,345	0,340							
73,4	0,492	0,296	0,212	0,291	0,338	0,371							
73,5	0,305	0,412	0,283	0,289	0,363	0,348							
73,5	0,274	0,425	0,301	0,285	0,368	0,347							
73,3	0,285	0,413	0,302	0,280	0,358	0,362							
73,4	0,258	0,426	0,316	0,264	0,388	0,348							
74,0	0,200	0,480	0,320	0,267	0,389	0,344							
73,5	0,200	0,477	0,323	0,249	0,402	0,349							
74,0	0,200	0,471	0,329	0,245	0,402	0,353							
73,7	0,187	0,484	0,329	0,259	0,402	0,339							
74,0	0,188	0,481	0,331	0,248	0,414	0,338							
74,4	0,113	0,536	0,351	0,197	0,422	0,381							
74,4	0,119	0,514	0,367	0,196	0,419	0,385							
72,5	0,300	0,300	0,400	0,706	0,242	0,452							

Ausführliche Daten für das vorliegende System finden sich auch bei [B 16]. Es besteht jedoch keine gute Übereinstimmung

Fortsetzung nächste Seite

Zu **14**

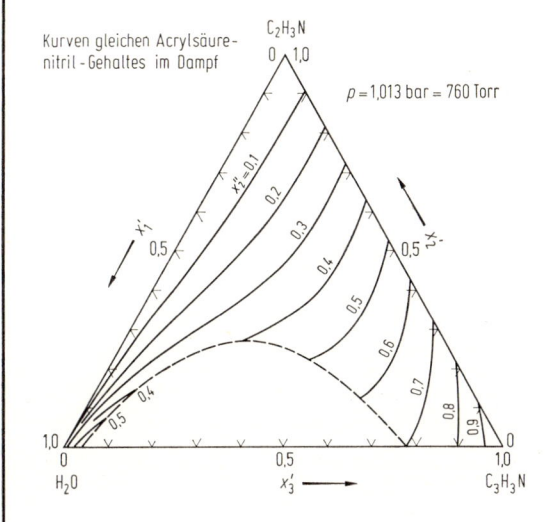

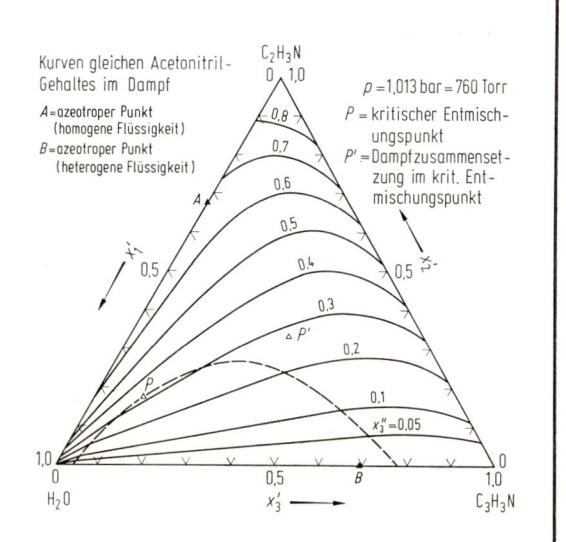

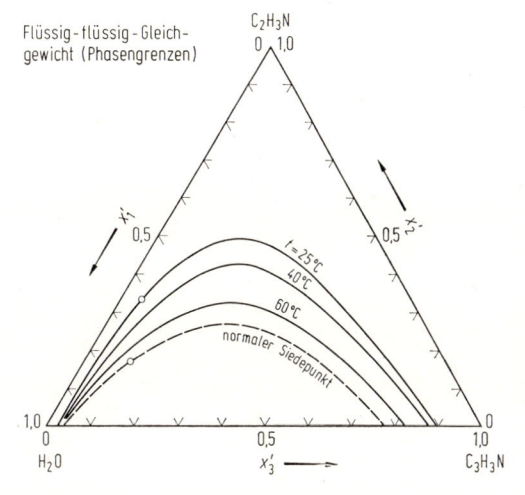

Kurven gleichen Acrylsäurenitril-Gehaltes im Dampf
$p = 1{,}013$ bar $= 760$ Torr

Kurven gleichen Acetonitril-Gehaltes im Dampf
A = azeotroper Punkt (homogene Flüssigkeit)
B = azeotroper Punkt (heterogene Flüssigkeit)
$p = 1{,}013$ bar $= 760$ Torr
P = kritischer Entmischungspunkt
P' = Dampfzusammensetzung im krit. Entmischungspunkt

[V 10]

Flüssig-flüssig-Gleichgewicht bei 25, 40 und 60 °C

t °C	Schwere Phase		Leichte Phase	
	x_2	x_3	x_2	x_3
25	0,145	0,026	0,480	0,144
	0,135	0,025	0,494	0,193
	0,085	0,025	0,480	0,306
	0,056	0,025	0,399	0,406
	0,054	0,023	0,369	0,428
	0,044	0,023	0,334	0,499
	0,035	0,025	0,274	0,584
	0,033	0,027	0,269	0,578
	0,026	0,028	0,201	0,677
	0,012	0,027	0,069	0,816
	0,000	0,026	0,000	0,900
40	0,117	0,034	0,415	0,218
	0,096	0,026	0,432	0,222
	0,096	0,034	0,427	0,246
	0,092	0,032	0,414	0,273
	0,087	0,030	0,404	0,280
	0,056	0,028	0,345	0,427
	0,051	0,030	0,303	0,472
	0,046	0,026	0,312	0,475
	0,041	0,029	0,296	0,497
	0,032	0,025	0,219	0,600
	0,024	0,033	0,210	0,623
	0,017	0,027	0,142	0,705
	0,011	0,025	0,098	0,763
	0,010	0,030	0,100	0,750
	0,000	0,028	0,000	0,885
60	0,116	0,053	0,308	0,210
	0,046	0,038	0,259	0,437
	0,023	0,033	0,172	0,578
	0,018	0,033	0,133	0,648
	0,014	0,036	0,116	0,688
	0,000	0,033	0,000	0,827

Flüssig-flüssig-Gleichgewicht (Phasengrenzen)

[V 10]

Flüssig-flüssig-Gleichgewicht beim normalen Siedepunkt

$p = 1{,}013$ bar $= 760$ Torr

t °C	Schwere Phase		Leichte Phase	
	x_2'	x_3'	x_2'	x_3'
74,8	0,178	0,100	0,178	0,100
72,6	0,084	0,058	0,265	0,298
72,0	0,059	0,054	0,245	0,372
71,5	0,039	0,043	0,198	0,463
71,7	0,039	0,047	0,200	0,482
71,5	0,032	0,043	0,169	0,529
71,4	0,031	0,044	0,186	0,509
71,5	0,030	0,040	0,176	0,541
71,4	0,030	0,042	0,169	0,554
71,3	0,029	0,041	0,162	0,546
70,7	0,015	0,040	0,109	0,625
70,9	0,015	0,037	0,095	0,644

Weishaupt

15

x_1 H_2S, Schwefelwasserstoff
      M: 34,08   Kp.: $-60,4\,°C$

x_2 CO_2, Kohlendioxid
      M: 44,01   Tripelpunkt: $-78,5\,°C$

x_3 CH_4, Methan
      M: 16,04   Kp.: $-164\,°C$

[R 9]

Flüssigkeits- und Dampfzusammensetzung bei gegebenen Werten von Temperatur und Druck

$t = 37,8\,°C = 100\,°F$

x_1'	x_2'	x_3'	x_1''	x_2''	x_3''
\multicolumn{6}{l}{$p = 41,4$ bar $= 600$ lb./in.²}					
0,840	0,160	0,000	0,608	0,392	0,000
0,910[a]	0,070[a]	0,020	0,660	0,222	0,118
0,905	0,069	0,026	0,667	0,206	0,127
0,937	0,044	0,019	0,684	0,115	0,201
0,891	0,101	0,008	0,644	0,259	0,097
0,815	0,185	0,000[b]	0,630	0,370	0,000
0,870	0,122	0,008	0,630	0,317	0,053
0,967	0,000	0,033	0,710	0,000	0,290
0,955	0,029	0,016	0,690	0,066	0,244
\multicolumn{6}{l}{$p = 82,7$ bar $= 1\,200$ lb./in.²}					
0,891	0,000	0,109[b]	0,490	0,000	0,510
0,843	0,042	0,115	0,470	0,095	0,435
0,747	0,137	0,116	0,445	0,201	0,354
0,683	0,213	0,104	0,418	0,278	0,304
0,615	0,284	0,101	0,411	0,332	0,257
0,598	0,305	0,097	0,407	0,347	0,246
0,552	0,366	0,082	0,368	0,422	0,210
0,476[a]	0,458	0,066	0,348	0,498	0,155
0,422	0,520	0,058	0,314	0,565	0,121
0,372	0,563	0,065	0,316	0,579	0,105
0,314	0,616	0,070	\multicolumn{3}{l}{krit. Zusammensetzung}		
\multicolumn{6}{l}{$p = 124,1$ bar $= 1\,800$ lb./in.²}					
0,740	0,000	0,260	0,522	0,000	0,478
0,551	0,084	0,364	\multicolumn{3}{l}{Einfach-Phase}		
0,706	0,036	0,258	0,530	0,047	0,423
0,577	0,087	0,336	\multicolumn{3}{l}{Einfach-Phase}		
0,611	0,083	0,306	\multicolumn{3}{l}{Einfach-Phase}		
0,655	0,050	0,285	0,520	0,079	0,401

[a] Aus Diagramm entnommen, da Zahlenwerte in Originalarbeit unwahrscheinlich sind
[b] Berechnete Zusammensetzung

Lit.	$t = -51,1\,°C$					
	x_1'	x_2'	x_3'	x_1''	x_2''	x_3''
	\multicolumn{6}{l}{$p = 20,7$ bar $= 300$ lb./in.²}					
K 14	0,96	0,00	0,04	0,11	0,00	0,89
H 11	0,812	0,130	0,058	0,117	0,085	0,798
H 11	0,447	0,470	0,082	0,076	0,219	0,705
H 11	0,178	0,732	0,090	0,040	0,309	0,651
D 16	0,000	0,925	0,075	0,00	0,34	0,66

Lit.	$t = -51\,°C$					
	x_1'	x_2'	x_3'	x_1''	x_2''	x_3''
	\multicolumn{6}{l}{$p = 34,5$ bar $= 500$ lb./in.²}					
K 14	0,92	0,00	0,08	0,08	0,00	0,92
H 11	0,796	0,108	0,096	0,110	0,063	0,828
H 11	0,406	0,466	0,128	0,059	0,177	0,764
H 11	0,153	0,684	0,163	0,026	0,230	0,744
D 16	0,00	0,83	0,17	0,00	0,23	0,77
	\multicolumn{6}{l}{$p = 48,3$ bar $= 700$ lb./in.²}					
K 14	0,897	0,000	0,103	0,08	0,00	0,92
H 11	0,751	0,122	0,126	0,085	0,026	0,893
H 11	0,366	0,415	0,218	0,058	0,085	0,856
H 11	0,125	0,606	0,269	0,028	0,195	0,777
D 16	0,00	0,73	0,27	0,00	0,20	0,80

Lit.	$t = -34,4\,°C$					
	x_1'	x_2'	x_3'	x_1''	x_2''	x_3''
	\multicolumn{6}{l}{$p = 20,7$ bar $= 300$ lb./in.²}					
K 14	0,97	0,00	0,03	0,21	0,00	0,79
H 11	0,825	0,127	0,048	0,209	0,140	0,652
H 11	0,169	0,776	0,056	0,078	0,543	0,382
D 16	0,00	0,97	0,03	0,000	0,635	0,365
	\multicolumn{6}{l}{$p = 34,5$ bar $= 500$ lb./in.²}					
K 14	0,93	0,00	0,07	0,14	0,00	0,86
H 11	0,771	0,134	0,095	0,155	0,095	0,750
H 11	0,375	0,511	0,114	0,111	0,289	0,600
H 11	0,175	0,709	0,118	0,053	0,368	0,579
D 16	0,00	0,90	0,10	0,00	0,40	0,60
	\multicolumn{6}{l}{$p = 48,3$ bar $= 700$ lb./in.²}					
K 14	0,905	0,000	0,095	0,12	0,00	0,88
H 11	0,758	0,114	0,128	0,116	0,024	0,860
H 11	0,357	0,471	0,172	0,097	0,226	0,677
H 11	0,144	0,662	0,194	0,043	0,305	0,651
D 16	0,000	0,825	0,175	0,00	0,33	0,67

(Alle Daten sind der Arbeit [H 11] entnommen)

16 x_1 **CH:CH, Acetylen**
M: 26,04   Kp.: $-83,6$ °C

x_2 **CH$_3\cdot$CH$_3$, Äthan**
M: 30,07   Kp.: $-88,5$ °C

x_3 **CH$_2$:CH$_2$, Äthylen**
M: 28,05   Kp.: $-103,9$ °C

[H 17]

t in °C	p in bar	x_2'	x_3'	x_2''	x_3''
$-37,2$	15,17	0,104	0,812	0,080	0,836
	13,81[a]	0,330	0,483	0,260	0,538
	13,81	0,316	0,623	0,234	0,682
	12,07	0,630	0,228	0,511	0,283
	12,05[a]	0,629	0,187	0,533	0,224
	10,36	0,839	0,110	0,733	0,157
$-17,8$	24,81[a]	0,204	0,736	0,157	0,778
	24,79[a]	0,214	0,619	0,179	0,654
	22,08[a]	0,437	0,538	0,347	0,619
	22,07[a]	0,512	0,313	0,432	0,354
	22,04[a]	0,509[b]	0,406[b]	0,395	0,485
	22,04	0,464	0,480	0,374	0,549
	19,31[a]	0,795	0,062	0,684	0,096
	19,26[a]	0,726	0,236	0,633	0,291
$+4,45$	32,05	0,741	0,228	0,677	0,277
	32,10	0,767	0,159	0,698	0,189

[a]) Druckmessung nicht sehr genau
[b]) Flüssigkeitsanalyse ist fragwürdig

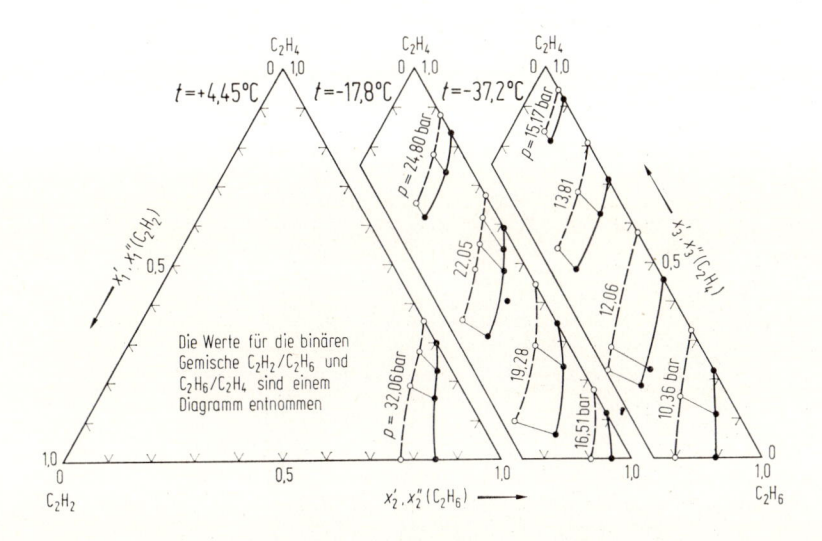

17

x_1 $CH_3 \cdot CH_2 \cdot CH_3$, Propan
M: 44,10   Kp.: $-44,5\,°C$

x_2 $CH_3 \cdot CH:CH_2$, Propylen
M: 42,08   Kp.: $-47,0\,°C$

x_3 $CH_2:C:CH_2$ Propadien (Allen)
M: 40,07   Kp.: $-32\,°C$

x_4 $CH_3 \cdot C:CH$ Propin
M: 40,07   Kp.: $-27,5\,°C$

(Die 4 Komponenten sind nach fallenden Molgewichten geordnet)

[H 13]

p in bar	Mittlere Flüssigkeitszusammensetzung			Relative Flüchtigkeit bezogen auf Propan		
	x_1'	x_2'	x_3'	α_{21}	α_{31}	α_{41}

$t = 10\,°C\ (50\,°F)$

7,58	0,040	0,935	0,013	1,105	0,839	0,819
7,58	0,041	0,941	0,009	1,100	0,828	0,822
7,17	0,492	0,470	0,019	1,159	0,929	1,005
6,90	0,477	0,488	0,018	1,156	0,905	0,984
6,55	0,822	0,125	0,028	1,162	1,000	1,137
—	0,834	0,120	0,024	1,189	1,004	1,167

$t = 32,3\,°C\ (90\,°F)$

13,31	0,093	0,865	0,020	1,083	0,896	0,912
13,31	0,095	0,862	0,020	1,097	0,884	0,900
12,76	0,465	0,535	0,000	1,136	—	—
12,62	0,516	0,470	0,007	1,127	0,948	1,025
12,62	0,482	0,494	0,012	1,129	0,966	1,051
12,41	0,540	0,400	0,028	1,130	0,945	1,015
11,65	0,912	0,058	0,013	1,171	1,025	1,181
11,58	0,924	0,047	0,014	1,152	1,028	1,148
11,72	0,871	0,084	0,021	1,179	1,022	1,161
9,72	0,026	0,027	0,935	0,969	0,694	0,605
9,72	0,012	0,037	0,933	0,963	0,683	0,654
9,79	0,010	0,036	0,941	0,968	0,683	0,616

$t = 60\,°C\ (140\,°F)$

24,68	0,106	0,847	0,022	1,078	0,918	0,948
25,10	0,100	0,853	0,022	1,078	—	—
26,06	0,034	0,964	0,001	1,091	0,913	0,928
24,96	0,039	0,929	0,017	1,066	0,927	0,933
25,10	0,413	0,587	0,000	1,096	—	—
23,72	0,499	0,501	0,000	1,116	—	—
23,51	0,492	0,508	0,000	1,098	—	—
23,72	0,512	0,468	0,010	1,096	0,989	1,032
23,37	0,555	0,380	0,030	1,082	0,947	1,020
21,99	0,919	0,055	0,012	1,123	1,030	1,123
21,58	0,929	0,047	0,011	1,137	1,022	1,149
22,06	0,867	0,087	0,022	1,119	1,019	1,120
17,93	0,014	0,016	0,959	0,988	0,777	0,715
18,34	0,007	0,032	0,951	0,991	0,794	0,750

18

x_1 $CH_3 \cdot [CH_2]_2 \cdot CH_3$, n-Butan
M: 58,12   Kp.: $-0,5\,°C$

x_2 $CH_3 \cdot CH_2 \cdot CH_3$, Propan
M: 44,10   Kp.: $-44,5\,°C$

x_3 $CH_3 \cdot CH_3$, Äthan
M: 30,07   Kp.: $-88,5\,°C$

[G 16]

Kritische Temperaturen und kritische Drücke

x_1	x_2	x_3	t_K in °C	p_K in bar
0,300	0,700	0,000	117,2	43,6
0,231	0,539	0,230	112,5	48,5
0,176	0,397	0,427	91,0	52,0
0,107	0,242	0,651	69,5	54,7
0,544	0,456	0,000	131,1	43,0
0,466	0,395	0,139	122,8	47,6
0,425	0,355	0,220	115,0	49,5

Die Kritischen Isobaren konvergieren gegen den maximalen Kritischen Druck $p_{K\max} = 58,4$ bar im binären Gemisch n-Butan—Äthan

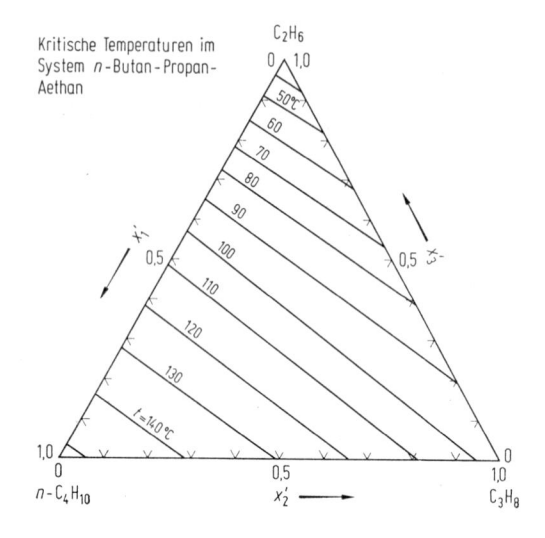

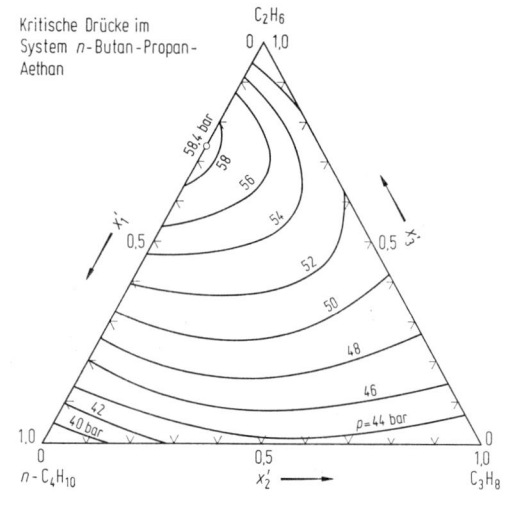

Kritische Temperaturen im System n-Butan-Propan-Aethan

Kritische Drücke im System n-Butan-Propan-Aethan

19

x_1 $CH_3 \cdot [CH_2]_2 \cdot CH_3$, **Butan**
  M: 58,12 Kp.: $-0,5\,°C$

x_2 $CH_2 : CH \cdot CH : CH_2$, **Butadien-(1,3)**
  M: 54,09 Kp.: $-4,75\,°C$

x_3 $CH_3 \cdot CH_2 \cdot CH : CH_2$, **Buten-(1)**
  M: 56,11 Kp.: $-6,1\,°C$

[L 4]

Dampfdruck des ternären Gemisches

t in °C	x_1'	x_2'	x_3'	p in bar
37,8	0,3505	0,2994	0,3501	4,124
	0,1998	0,6002	0,2000	4,177
	0,0499	0,8998	0,0503	4,167
	0,3496	0,3003	0,3501	4,121
	0,6804	0,1595	0,1601	3,873
51,7	0,3505	0,2994	0,3501	5,838
	0,1998	0,6002	0,2000	5,913
	0,0499	0,8998	0,0503	5,892
	0,3496	0,3003	0,3501	5,835
	0,6804	0,1595	0,1601	5,524
65,6	0,3505	0,2994	0,3501	8,281
	0,1998	0,6002	0,2000	8,383
	0,0499	0,8998	0,0503	8,380
	0,3496	0,3003	0,3501	8,281
	0,6804	0,1595	0,1601	7,846

Es wurde kein Druck-Maximum, -Minimum oder -Sattelpunkt gefunden. Man kann also annehmen, daß im untersuchten Bereich kein ternärer Azeotroper Punkt existiert.

20

x_1 C_6H_{12}, **Cyclohexan**
  M: 84,16 Kp.: 80,8 °C

x_2 C_6H_6, **Benzol**
  M: 78,11 Kp.: 80,2 °C

x_3 $CH_3 \cdot [CH_2]_4 \cdot CH_3$, **Hexan**
  M: 86,18 Kp.: 68,8 °C

[L 14]

$t = 10\,°C$

p in mbar	x_2'	x_3'	x_2''	x_3''
78,22	0,487	0,120	0,447	0,187
78,85	0,368	0,150	0,361	0,220
80,90	0,290	0,215	0,292	0,298
85,66	0,260	0,336	0,255	0,427
84,67	0,493	0,251	0,426	0,353
81,23	0,685	0,179	0,555	0,310
87,23	0,555	0,333	0,444	0,460
95,11	0,390	0,527	0,331	0,607
94,41	0,229	0,588	0,216	0,649
75,22	0,138	0,161	0,169	0,229

$t = 15\,°C$

p in mbar	x_2'	x_3'	x_2''	x_3''
97,85	0,496	0,103	0,461	0,161
99,64	0,374	0,131	0,373	0,192
103,38	0,286	0,222	0,293	0,297
109,18	0,259	0,344	0,258	0,427
108,35	0,488	0,256	0,416	0,359
103,91	0,689	0,176	0,564	0,300
113,75	0,545	0,344	0,445	0,460
121,08	0,396	0,519	0,334	0,602
119,67	0,245	0,561	0,228	0,630
95,69	0,134	0,155	0,166	0,217

$t = 25\,°C$

p in mbar	x_2'	x_3'	x_2''	x_3''
168,76	0,407	0,251	0,373	0,338
179,52	0,312	0,416	0,288	0,500
188,14	0,218	0,589	0,205	0,652
165,23	0,123	0,325	0,139	0,414
165,93	0,409	0,213	0,381	0,295
196,53	0,085	0,824	0,087	0,847
160,00	0,473	0,139	0,439	0,207
154,19	0,396	0,088	0,377	0,132
163,64	0,288	0,219	0,295	0,292
172,13	0,260	0,342	0,261	0,419
170,67	0,493	0,251	0,433	0,345
164,67	0,686	0,178	0,568	0,296

$t = 70\,°C$

p in mbar	x_2'	x_3'	x_2''	x_3''
995,62	0,220	0,605	0,210	0,652
890,86	0,177	0,323	0,189	0,393
825,81	0,141	0,164	0,163	0,218
850,10	0,498	0,109	0,482	0,153
831,04	0,683	0,069	0,634	0,108
824,88	0,780	0,073	0,718	0,124

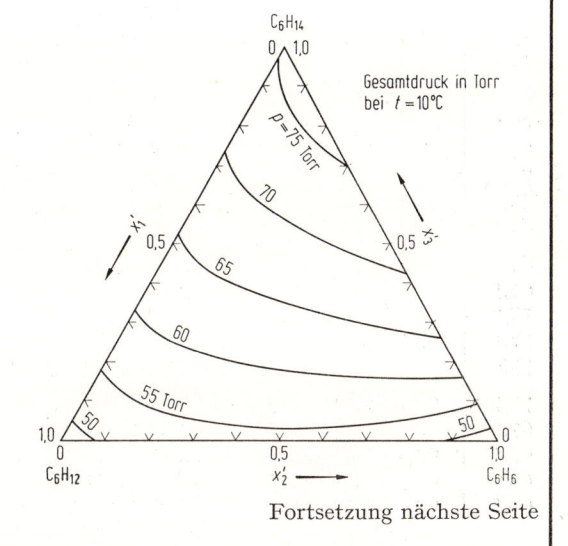

Gesamtdruck in Torr bei $t = 10\,°C$

Fortsetzung nächste Seite

Zu 20

Gesamtdruck in Torr bei $t = 70\,°C$

Ternary diagram showing C_6H_{14}, C_6H_{12}, C_6H_6 with isobars at 780, 750, 720, 690, 660, 630, 600 Torr.

$p = 1{,}013$ bar $= 760$ Torr						
t in °C	x_1'	x_2'	x_3'	x_1''	x_2''	x_3''
58,3	0,195	0,207	0,598	0,180	0,118	0,702
56,8	0,193	0,092	0,715	0,189	0,050	0,761
72,3	0,294	0,620	0,086	0,285	0,505	0,210
69,3	0,294	0,555	0,151	0,268	0,416	0,316
67,4	0,302	0,506	0,192	0,265	0,355	0,380
63,5	0,266	0,396	0,338	0,231	0,244	0,525
61,4	0,281	0,322	0,397	0,235	0,186	0,579
59,0	0,292	0,197	0,511	0,240	0,109	0,651
56,8	0,271	0,094	0,635	0,234	0,046	0,720
73,7	0,359	0,580	0,061	0,350	0,500	0,150
74,7	0,374	0,586	0,040	0,379	0,510	0,111
69,4	0,375	0,495	0,130	0,325	0,375	0,300
65,2	0,401	0,367	0,232	0,315	0,244	0,441
62,9	0,377	0,325	0,298	0,291	0,198	0,511
60,6	0,382	0,220	0,398	0,288	0,127	0,585
57,8	0,370	0,120	0,510	0,275	0,064	0,661
72,5	0,475	0,472	0,053	0,426	0,412	0,162
68,7	0,473	0,402	0,125	0,383	0,307	0,310
72,5	0,454	0,489	0,057	0,412	0,430	0,158
68,7	0,473	0,400	0,127	0,381	0,306	0,313
71,2	0,488	0,439	0,073	0,420	0,370	0,210
65,8	0,505	0,299	0,196	0,370	0,210	0,420
62,0	0,516	0,204	0,280	0,355	0,127	0,518
58,3	0,467	0,082	0,451	0,320	0,044	0,636
68,0	0,598	0,277	0,125	0,451	0,215	0,334
73,3	0,574	0,374	0,052	0,498	0,341	0,161
68,2	0,545	0,323	0,132	0,421	0,243	0,336
62,7	0,549	0,201	0,250	0,373	0,128	0,499
60,9	0,589	0,113	0,300	0,355	0,076	0,569
74,0	0,660	0,297	0,043	0,567	0,286	0,147
67,9	0,692	0,193	0,115	0,505	0,160	0,335
62,8	0,665	0,120	0,215	0,436	0,080	0,484
71,1	0,714	0,221	0,065	0,572	0,210	0,218
68,6	0,783	0,108	0,109	0,558	0,088	0,354
56,6	0,044	0,036	0,920	0,068	0,020	0,912

21

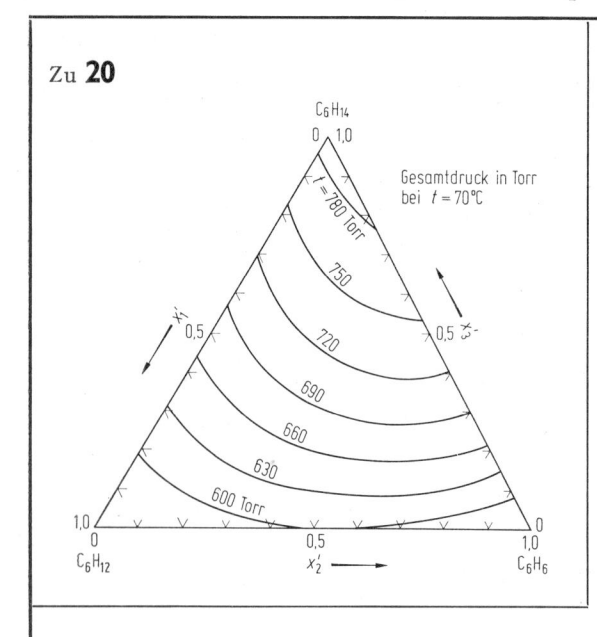

x_1 C_6H_{12}, Cyclohexan
       M: 84,16   Kp.: 80,8 °C

x_2 C_6H_6, Benzol
       M: 78,11   Kp.: 80,2 °C

x_3 $CH_3 \cdot CO_2CH_3$, Essigsäuremethylester
       M: 74,08   Kp.: 56,8 °C

[N 4]

$p = 1{,}013$ bar $= 760$ Torr						
t in °C	x_1'	x_2'	x_3'	x_1''	x_2''	x_3''
75,0	0,059	0,874	0,067	0,073	0,773	0,154
68,9	0,078	0,685	0,237	0,084	0,503	0,413
69,5	0,055	0,732	0,213	0,064	0,542	0,394
71,3	0,043	0,790	0,167	0,068	0,614	0,318
65,8	0,078	0,594	0,328	0,090	0,392	0,518
63,2	0,085	0,488	0,427	0,097	0,302	0,601
62,2	0,066	0,416	0,518	0,075	0,258	0,667
60,8	0,082	0,322	0,596	0,114	0,178	0,708
59,1	0,070	0,222	0,708		0,128	0,776
58,3	0,042	0,151	0,807	0,060	0,092	0,848
57,7	0,071	0,136	0,793	0,092	0,079	0,829
74,3	0,129	0,790	0,081	0,145	0,676	0,179
71,6	0,160	0,715	0,125	0,166	0,567	0,267
69,0	0,142	0,646	0,212	0,144	0,475	0,381
65,5	0,140	0,546	0,314	0,143	0,360	0,497
64,0	0,113	0,480	0,407	0,118	0,309	0,573
61,5	0,142	0,379	0,479	0,142	0,226	0,632
58,3	0,126	0,206	0,668	0,137	0,114	0,749
57,5	0,137	0,129	0,734	0,156	0,072	0,772
73,4	0,213	0,710	0,077	0,220	0,597	0,183
70,7	0,218	0,645	0,137	0,218	0,494	0,288
67,9	0,229	0,557	0,214	0,222	0,394	0,384
65,1	0,230	0,474	0,296	0,211	0,310	0,479
62,2	0,197	0,390	0,413	0,183	0,231	0,586
60,5	0,221	0,279	0,500	0,195	0,177	0,628

22

x_1 C_6H_6, Benzol
       M: 78,11   Kp.: 80,2 °C

x_2 $CH_3 \cdot [CH_2]_3 \cdot CH_3$, n-Pentan
       M: 72,15   Kp.: 36,15 °C

x_3 SO_2, Schwefeldioxid
       M: 64,06   Kp.: $-10{,}0$ °C

[B 22]

$t = -17{,}8\,°C = 0\,°F$

p in bar	x_2'	x_3'	x_2''	x_3''
0,3329	0,922	0,047	0,317	0,679
0,5260	0,871	0,100	0,192	0,806
0,5929	0,851	0,121	0,174	0,825
0,6313	0,832	0,140	0,152	0,846
0,6686	0,814	0,158	0,150	0,848

Fortsetzung nächste Seite

Zu **22**

$t = -17{,}8\,°\mathrm{C} = 0\,°\mathrm{F}$				
p in bar	x_2'	x_3'	x_2''	x_3''
0,7807	0,776	0,217	0,128	0,871
0,7706	0,764	0,221	0,135	0,865
0,7666	0,742	0,235	0,121	0,878
0,7667	0,720	0,250	0,133	0,866
0,7526	0,698	0,262	0,123	0,876
0,7439	0,678	0,273	0,124	0,875
0,7399	0,640	0,300	0,128	0,871
0,7326	0,617	0,316	0,127	0,872
0,7386	0,611	0,323	0,122	0,876
0,7286	0,594	0,330	0,118	0,881
0,7226	0,561	0,356	0,125	0,874
0,7179	0,526	0,382	0,120	0,878
0,7139	0,471	0,427	0,121	0,877
0,7079	0,404	0,489	0,121	0,877
0,7799	0,051	0,942	0,128	0,871
0,7706	0,066	0,917	0,135	0,865
0,7666	0,066	0,909	0,121	0,878
0,7667	0,070	0,899	0,133	0,866
0,7526	0,076	0,833	0,123	0,876
0,7439	0,085	0,865	0,124	0,875
0,7399	0,091	0,850	0,128	0,871
0,7326	0,106	0,825	0,127	0,872
0,7386	0,104	0,825	0,122	0,876
0,7286	0,107	0,814	0,118	0,881
0,7226	0,120	0,793	0,125	0,874
0,7179	0,132	0,773	0,120	0,878
0,7139	0,175	0,722	0,121	0,877
0,7079	0,396	0,495	0,121	0,877
0,6999	0,411	0,475	0,125	0,873
0,6939	0,414	0,464	0,124	0,874
0,6839	0,420	0,444	0,123	0,874
0,6773	0,413	0,446	0,124	0,874
0,6679	0,431	0,416	0,128	0,868
0,6506	0,427	0,409	0,125	0,872
0,6420	0,449	0,380	0,130	0,866
0,6200	0,451	0,366	0,131	0,864
0,6038	0,456	0,349	0,132	0,863
0,5866	0,457	0,336	0,136	0,859
0,5589	0,461	0,303	0,139	0,855
0,5413	0,452	0,301	0,144	0,850
0,5173	0,447	0,288	0,145	0,848
0,5013	0,454	0,271	0,160	0,832
0,4744	0,453	0,252	0,169	0,822
0,4497	0,457	0,230	0,174	0,817
0,4300	0,451	0,213	0,181	0,808
0,4120	0,456	0,204	0,188	0,800
0,4033	0,449	0,195	0,183	0,804
0,3741	0,443	0,186	0,197	0,789
0,3513	0,448	0,175	0,210	0,775
0,3288	0,438	0,163	0,213	0,771

$t = -17{,}8\,°\mathrm{C} = 0\,°\mathrm{F}$				
p in bar	x_2'	x_3'	x_2''	x_3''
0,3140	0,433	0,155	0,223	0,758
0,2880	0,431	0,144	0,238	0,741
0,2613	0,428	0,122	0,263	0,712
0,2347	0,429	0,096	0,277	0,695
0,2880	0,420	0,144	0,242	0,736
0,3612	0,394	0,192	0,202	0,781
0,3886	0,365	0,230	0,177	0,810
0,4340	0,342	0,280	0,158	0,828
0,4873	0,312	0,338	0,151	0,838
0,5246	0,293	0,386	0,130	0,862
0,5713	0,245	0,473	0,125	0,869
0,6197	0,216	0,552	0,124	0,872
0,6458	0,186	0,626	0,122	0,873
0,6639	0,151	0,675	0,119	0,876
0,6799	0,136	0,719	0,117	0,880
0,6913	0,115	0,747	0,114	0,883
0,6973	0,103	0,786	0,114	0,883
0,7079	0,089	0,814	0,116	0,882
0,7226	0,058	0,878	0,106	0,891
0,2996	0,092	0,292	0,104	0,870
0,3026	0,156	0,275	0,152	0,826
0,3226	0,247	0,235	0,179	0,800
0,3257	0,330	0,201	0,192	0,788
0,3293	0,471	0,157	0,219	0,765
0,3246	0,593	0,120	0,236	0,749
0,3040	0,699	0,084	0,271	0,715
0,2673	0,781	0,054	0,325	0,661
0,2347	0,860	0,032	0,404	0,584

Die Arbeit enthält auch Gleichgewichtsdaten für das quaternäre System Benzol—n-Hexan—n-Pentan—Schwefeldioxid bei 0 °F

23		
x_1	C_6H_6, Benzol	
	M: 78,11 Kp.: 80,2 °C	
x_2	H⟩⟨CH$_3$ (C_6H_{12}), Methyl-cyclopentan	
	M: 84,16 Kp.: 71,8 °C	
x_3	$CH_3\cdot[CH_2]_4\cdot CH_3$, n-Hexan	
	M: 86,18 Kp.: 68,8 °C	
[B 9]		

$p = 1{,}013$ bar $= 760$ Torr

t in °C	x_1'	x_2'	x_3'	x_1''	x_2''	x_3''
70,8	0,414	0,241	0,346	0,366	0,244	0,390
70,7	0,346	0,376	0,278	0,312	0,375	0,313
70,8	0,257	0,536	0,207	0,240	0,527	0,233
71,0	0,190	0,650	0,160	0,181	0,648	0,171
71,8	0,433	0,457	0,110	0,382	0,488	0,130

Fortsetzung nächste Seite

Zu 23

$p = 1{,}013$ bar $= 760$ Torr

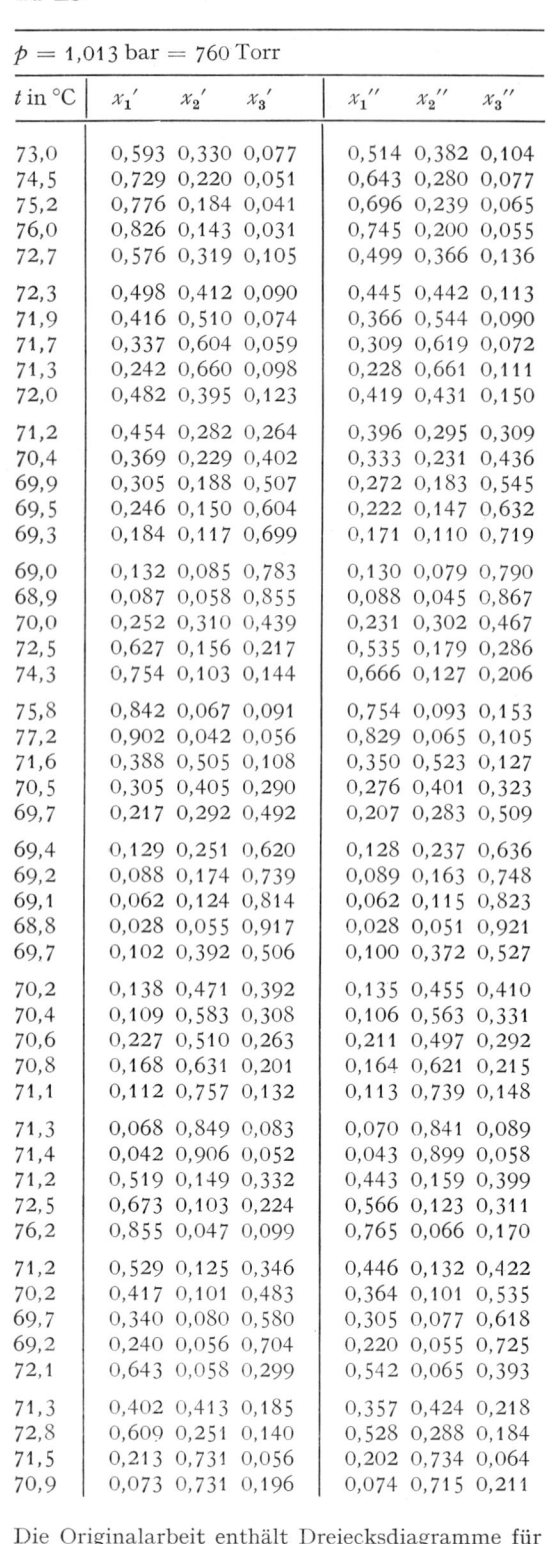

t in °C	x_1'	x_2'	x_3'	x_1''	x_2''	x_3''
73,0	0,593	0,330	0,077	0,514	0,382	0,104
74,5	0,729	0,220	0,051	0,643	0,280	0,077
75,2	0,776	0,184	0,041	0,696	0,239	0,065
76,0	0,826	0,143	0,031	0,745	0,200	0,055
72,7	0,576	0,319	0,105	0,499	0,366	0,136
72,3	0,498	0,412	0,090	0,445	0,442	0,113
71,9	0,416	0,510	0,074	0,366	0,544	0,090
71,7	0,337	0,604	0,059	0,309	0,619	0,072
71,3	0,242	0,660	0,098	0,228	0,661	0,111
72,0	0,482	0,395	0,123	0,419	0,431	0,150
71,2	0,454	0,282	0,264	0,396	0,295	0,309
70,4	0,369	0,229	0,402	0,333	0,231	0,436
69,9	0,305	0,188	0,507	0,272	0,183	0,545
69,5	0,246	0,150	0,604	0,222	0,147	0,632
69,3	0,184	0,117	0,699	0,171	0,110	0,719
69,0	0,132	0,085	0,783	0,130	0,079	0,790
68,9	0,087	0,058	0,855	0,088	0,045	0,867
70,0	0,252	0,310	0,439	0,231	0,302	0,467
72,5	0,627	0,156	0,217	0,535	0,179	0,286
74,3	0,754	0,103	0,144	0,666	0,127	0,206
75,8	0,842	0,067	0,091	0,754	0,093	0,153
77,2	0,902	0,042	0,056	0,829	0,065	0,105
71,6	0,388	0,505	0,108	0,350	0,523	0,127
70,5	0,305	0,405	0,290	0,276	0,401	0,323
69,7	0,217	0,292	0,492	0,207	0,283	0,509
69,4	0,129	0,251	0,620	0,128	0,237	0,636
69,2	0,088	0,174	0,739	0,089	0,163	0,748
69,1	0,062	0,124	0,814	0,062	0,115	0,823
68,8	0,028	0,055	0,917	0,028	0,051	0,921
69,7	0,102	0,392	0,506	0,100	0,372	0,527
70,2	0,138	0,471	0,392	0,135	0,455	0,410
70,4	0,109	0,583	0,308	0,106	0,563	0,331
70,6	0,227	0,510	0,263	0,211	0,497	0,292
70,8	0,168	0,631	0,201	0,164	0,621	0,215
71,1	0,112	0,757	0,132	0,113	0,739	0,148
71,3	0,068	0,849	0,083	0,070	0,841	0,089
71,4	0,042	0,906	0,052	0,043	0,899	0,058
71,2	0,519	0,149	0,332	0,443	0,159	0,399
72,5	0,673	0,103	0,224	0,566	0,123	0,311
76,2	0,855	0,047	0,099	0,765	0,066	0,170
71,2	0,529	0,125	0,346	0,446	0,132	0,422
70,2	0,417	0,101	0,483	0,364	0,101	0,535
69,7	0,340	0,080	0,580	0,305	0,077	0,618
69,2	0,240	0,056	0,704	0,220	0,055	0,725
72,1	0,643	0,058	0,299	0,542	0,065	0,393
71,3	0,402	0,413	0,185	0,357	0,424	0,218
72,8	0,609	0,251	0,140	0,528	0,288	0,184
71,5	0,213	0,731	0,056	0,202	0,734	0,064
70,9	0,073	0,731	0,196	0,074	0,715	0,211

Die Originalarbeit enthält Dreiecksdiagramme für die Aktivitätskomponenten der 3 Komponenten

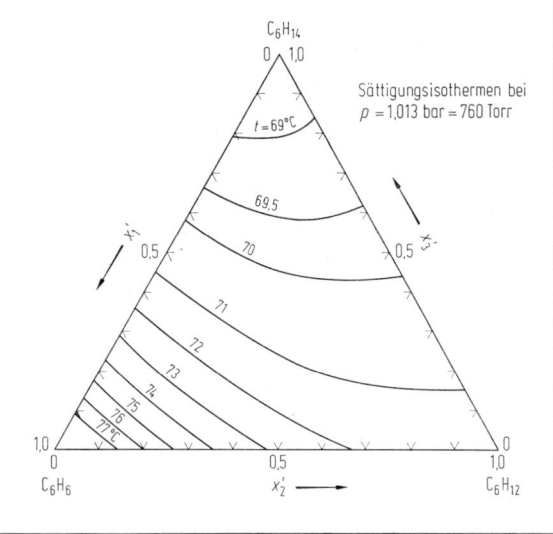

Sättigungsisothermen bei $p = 1{,}013$ bar $= 760$ Torr

24

x_1 C_6H_6, Benzol
      M: 78,11   Kp.: 80,2 °C

x_2 $CHCl_3$, Chloroform
      M: 119,38   Kp.: 61,2 °C

x_3 $CH_3 \cdot CO_2CH_3$, Essigsäuremethylester
      M: 74,08   Kp.: 56,9 °C

[N 2]

$p = 1{,}013$ bar $= 760$ Torr

t in °C	x_1'	x_2'	x_3'	x_1''	x_2''	x_3''
63,9	0,078	0,844	0,078	0,045	0,899	0,056
65,1	0,154	0,756	0,090	0,093	0,829	0,078
67,2	0,252	0,655	0,093	0,179	0,729	0,092
67,3	0,280	0,647	0,073	0,185	0,744	0,071
68,5	0,345	0,595	0,060	0,239	0,693	0,068
69,1	0,385	0,546	0,069	0,275	0,644	0,081
70,9	0,493	0,450	0,057	0,379	0,542	0,079
71,8	0,544	0,381	0,075	0,431	0,461	0,108
72,9	0,619	0,312	0,069	0,507	0,385	0,108
73,8	0,680	0,264	0,056	0,566	0,332	0,102
74,9	0,742	0,206	0,052	0,642	0,263	0,095
75,7	0,819	0,136	0,045	0,722	0,175	0,103
76,6	0,892	0,063	0,045	0,816	0,081	0,103
64,8	0,086	0,760	0,154	0,052	0,815	0,133
66,3	0,183	0,692	0,125	0,121	0,760	0,119
66,7	0,206	0,646	0,148	0,139	0,712	0,149
67,4	0,271	0,576	0,153	0,192	0,638	0,170
68,7	0,336	0,532	0,132	0,235	0,602	0,163
69,9	0,413	0,466	0,121	0,309	0,535	0,156
70,6	0,485	0,379	0,136	0,371	0,443	0,186
70,9	0,530	0,331	0,139	0,418	0,377	0,205
73,3	0,681	0,214	0,105	0,567	0,253	0,180
73,6	0,743	0,151	0,106	0,625	0,178	0,197
74,2	0,822	0,070	0,108	0,712	0,064	0,224
65,3	0,071	0,703	0,226	0,047	0,740	0,213

Fortsetzung nächste Seite

Zu **24**

$p = 1{,}013$ bar $= 760$ Torr						
t in °C	x_1'	x_2'	x_3'	x_1''	x_2''	x_3''
65,7	0,122	0,670	0,208	0,080	0,723	0,197
66,7	0,200	0,600	0,200	0,140	0,645	0,215
67,6	0,262	0,542	0,196	0,190	0,585	0,225
68,4	0,338	0,476	0,186	0,250	0,518	0,232
67,9	0,279	0,531	0,190	0,204	0,578	0,218
68,4	0,342	0,468	0,190	0,252	0,511	0,237
70,5	0,533	0,285	0,182	0,417	0,311	0,272
71,4	0,625	0,213	0,162	0,501	0,236	0,263
71,8	0,692	0,136	0,172	0,563	0,148	0,289
73,1	0,784	0,080	0,136	0,655	0,090	0,255
65,5	0,082	0,665	0,253	0,058	0,695	0,247
66,0	0,136	0,591	0,273	0,098	0,612	0,290
66,8	0,192	0,535	0,273	0,140	0,551	0,309
67,3	0,258	0,476	0,266	0,189	0,488	0,323
68,2	0,349	0,405	0,246	0,265	0,419	0,316
69,7	0,469	0,330	0,201	0,362	0,352	0,286
69,2	0,472	0,292	0,236	0,364	0,298	0,338
69,8	0,551	0,225	0,224	0,429	0,232	0,339
69,8	0,609	0,147	0,244	0,474	0,145	0,381
70,3	0,698	0,076	0,226	0,542	0,076	0,382
65,5	0,069	0,596	0,335	0,049	0,595	0,356
66,1	0,163	0,511	0,326	0,117	0,508	0,375
66,6	0,207	0,487	0,306	0,153	0,487	0,360
67,1	0,273	0,424	0,303	0,201	0,421	0,378
67,4	0,334	0,360	0,306	0,252	0,351	0,397
67,7	0,406	0,290	0,304	0,305	0,277	0,418
68,3	0,492	0,215	0,293	0,375	0,203	0,422
68,4	0,552	0,159	0,289	0,413	0,149	0,438
68,6	0,624	0,076	0,300	0,466	0,068	0,466
65,4	0,090	0,525	0,385	0,066	0,504	0,430
65,7	0,131	0,482	0,387	0,097	0,458	0,445
65,8	0,191	0,418	0,391	0,140	0,389	0,471
66,7	0,255	0,385	0,360	0,191	0,362	0,447
67,3	0,317	0,358	0,325	0,237	0,344	0,419
66,6	0,407	0,216	0,377	0,301	0,188	0,511
66,6	0,487	0,141	0,372	0,351	0,121	0,528
66,8	0,561	0,072	0,367	0,404	0,061	0,535
64,8	0,061	0,491	0,448	0,044	0,438	0,518
65,2	0,134	0,427	0,439	0,099	0,387	0,514
65,2	0,200	0,358	0,442	0,155	0,295	0,550
65,5	0,289	0,281	0,430	0,211	0,240	0,549
65,6	0,345	0,224	0,431	0,249	0,187	0,564
65,3	0,420	0,141	0,439	0,299	0,115	0,586
65,8	0,502	0,091	0,407	0,354	0,071	0,575
64,3	0,072	0,425	0,503	0,053	0,371	0,576
64,4	0,152	0,355	0,493	0,111	0,299	0,590
64,5	0,203	0,303	0,494	0,147	0,250	0,603
64,7	0,242	0,285	0,473	0,177	0,234	0,589
64,3	0,349	0,155	0,496	0,246	0,120	0,634
64,2	0,425	0,081	0,494	0,292	0,059	0,649
63,3	0,074	0,357	0,569	0,055	0,290	0,655
63,4	0,134	0,305	0,561	0,100	0,241	0,659
63,3	0,206	0,223	0,571	0,145	0,168	0,687
63,4	0,289	0,157	0,554	0,199	0,114	0,687
63,2	0,361	0,082	0,557	0,245	0,057	0,698

$p = 1{,}013$ bar $= 760$ Torr						
t in °C	x_1'	x_2'	x_3'	x_1''	x_2''	x_3''
62,5	0,068	0,294	0,638	0,050	0,220	0,730
62,4	0,142	0,221	0,637	0,101	0,161	0,738
61,8	0,197	0,148	0,655	0,134	0,103	0,763
61,8	0,278	0,076	0,646	0,185	0,050	0,765
61,2	0,067	0,222	0,711	0,047	0,153	0,800
61,0	0,132	0,146	0,722	0,090	0,098	0,812
60,9	0,201	0,084	0,715	0,134	0,052	0,814
60,1	0,060	0,151	0,789	0,041	0,098	0,861
59,9	0,150	0,066	0,784	0,100	0,040	0,860
58,9	0,066	0,072	0,862	0,043	0,043	0,914
69,5	0,447	0,346	0,207	0,342	0,367	0,291

[N 7]

$t = 50$ °C

p in bar	x_1'	x_2'	x_3'	x_1''	x_2''	x_3''
0,4346	0,821	0,076	0,103	0,690	0,091	0,219
0,4436	0,807	0,073	0,120	0,666	0,082	0,252
0,4645	0,769	0,068	0,163	0,613	0,074	0,313
0,5145	0,670	0,073	0,257	0,495	0,067	0,438
0,6483	0,362	0,050	0,588	0,229	0,031	0,740
0,7383	0,162	0,018	0,820	0,098	0,010	0,892
0,4202	0,782	0,164	0,054	0,675	0,220	0,105
0,4324	0,754	0,169	0,077	0,636	0,215	0,149
0,4552	0,713	0,162	0,125	0,577	0,192	0,231
0,4912	0,647	0,153	0,200	0,501	0,160	0,339
0,5349	0,562	0,139	0,299	0,404	0,125	0,471
0,5959	0,459	0,119	0,422	0,307	0,088	0,605
0,6803	0,260	0,073	0,667	0,168	0,039	0,793
0,4410	0,694	0,244	0,062	0,574	0,318	0,108
0,4550	0,667	0,240	0,093	0,537	0,301	0,162
0,5050	0,570	0,219	0,211	0,433	0,229	0,338
0,5005	0,464	0,198	0,338	0,331	0,174	0,495
0,6850	0,211	0,102	0,687	0,138	0,062	0,800
0,7501	0,079	0,038	0,883	0,049	0,020	0,931
0,7517	0,089	0,044	0,867	0,057	0,024	0,919
0,4645	0,596	0,338	0,066	0,465	0,433	0,102
0,4728	0,580	0,314	0,106	0,436	0,391	0,173
0,4926	0,551	0,303	0,140	0,423	0,350	0,227
0,5181	0,472	0,294	0,234	0,353	0,302	0,345
0,5545	0,395	0,259	0,346	0,285	0,230	0,485
0,6126	0,290	0,212	0,498	0,199	0,160	0,641
0,6847	0,172	0,127	0,701	0,112	0,080	0,808
0,7421	0,082	0,062	0,856	0,051	0,034	0,915
0,4864	0,509	0,420	0,071	0,377	0,527	0,096
0,4918	0,490	0,403	0,107	0,362	0,487	0,151
0,5102	0,468	0,374	0,158	0,348	0,431	0,221
0,5438	0,365	0,344	0,291	0,268	0,338	0,394
0,5634	0,317	0,315	0,368	0,235	0,290	0,475
0,6091	0,256	0,258	0,486	0,177	0,202	0,621
0,6861	0,151	0,170	0,679	0,099	0,110	0,791

Fortsetzung nächste Seite

Zu 24

$t = 50\,°C$

p in bar	x_1'	x_2'	x_3'	x_1''	x_2''	x_3''
0,7543	0,052	0,062	0,886	0,033	0,033	0,934
0,5129	0,418	0,506	0,076	0,285	0,619	0,096
0,5152	0,401	0,479	0,120	0,301	0,571	0,128
0,5226	0,362	0,465	0,173	0,258	0,527	0,215
0,5468	0,309	0,427	0,264	0,226	0,436	0,338
0,5737	0,257	0,376	0,367	0,185	0,348	0,467
0,6174	0,194	0,300	0,506	0,138	0,234	0,628
0,7515	0,040	0,074	0,886	0,027	0,038	0,935
0,5440	0,321	0,601	0,078	0,201	0,716	0,083
0,5409	0,271	0,545	0,184	0,188	0,608	0,204
0,5601	0,234	0,496	0,270	0,164	0,518	0,318
0,5796	0,189	0,435	0,376	0,137	0,410	0,453
0,6127	0,139	0,343	0,518	0,098	0,277	0,625
0,6795	0,091	0,239	0,670	0,062	0,163	0,775
0,7489	0,028	0,082	0,890	0,016	0,046	0,938
0,5718	0,241	0,667	0,092	0,145	0,768	0,087
0,5694	0,216	0,644	0,140	0,135	0,729	0,136
0,5656	0,181	0,628	0,191	0,117	0,694	0,189
0,5664	0,183	0,538	0,279	0,128	0,560	0,312
0,5825	0,127	0,490	0,383	0,090	0,468	0,442
0,6159	0,080	0,403	0,517	0,057	0,338	0,605
0,6754	0,060	0,239	0,701	0,040	0,160	0,800
0,7375	0,022	0,113	0,865	0,014	0,064	0,922
0,6178	0,112	0,798	0,090	0,057	0,874	0,069
0,6039	0,107	0,748	0,145	0,061	0,819	0,120
0,5922	0,102	0,690	0,208	0,064	0,746	0,190
0,5895	0,081	0,631	0,288	0,049	0,657	0,294
0,5978	0,060	0,544	0,396	0,043	0,526	0,431
0,6219	0,046	0,432	0,522	0,031	0,367	0,602
0,6778	0,028	0,297	0,675	0,017	0,210	0,773
0,4754	0,611	0,236	0,153	0,477	0,269	0,254

25

x_1 C_6H_6, Benzol
     M: 78,11   Kp.: 80,2 °C

x_2 CCl_4, Tetrachlorkohlenstoff
     M: 153,82   Kp.: 76,7 °C

x_3 $CH_3 \cdot CO \cdot CH_3$, Aceton
     M: 58,08   Kp.: 56,2…56,3 °C

[S 32]

$p = 1{,}013\,\text{bar} = 760\,\text{Torr}$

t in °C	x_2'	x_3'	x_2''	x_3''
57,4	0,136	0,784	0,126	0,826
57,4	0,101	0,815	0,094	0,854
57,4	0,063	0,857	0,062	0,886
57,5	0,177	0,742	0,160	0,795
57,7	0,206	0,713	0,182	0,772
58,0	0,252	0,674	0,210	0,748
58,3	0,317	0,610	0,235	0,725
58,3	0,296	0,631	0,228	0,732
58,5	0,431	0,540	0,303	0,682
59,0	0,481	0,495	0,327	0,660
59,4	0,170	0,624	0,156	0,723
59,5	0,529	0,446	0,376	0,610
59,5	0,523	0,450	0,360	0,624
59,6	0,350	0,485	0,266	0,640
60,1	0,196	0,560	0,176	0,674
60,6	0,332	0,453	0,260	0,620
61,3	0,642	0,307	0,458	0,512
61,6	0,244	0,451	0,210	0,604
61,6	0,306	0,416	0,242	0,598
61,8	0,655	0,292	0,460	0,508
62,4	0,279	0,389	0,228	0,572
62,8	0,698	0,245	0,500	0,464
63,0	0,091	0,470	0,083	0,632
63,1	0,259	0,367	0,220	0,550
63,1	0,237	0,384	0,203	0,565
64,0	0,310	0,285	0,264	0,488
64,1	0,757	0,184	0,555	0,407
64,2	0,244	0,313	0,210	0,524
64,4	0,430	0,274	0,337	0,481
64,9	0,498	0,234	0,390	0,441
65,1	0,236	0,288	0,210	0,480
65,8	0,799	0,141	0,614	0,346
68,4	0,853	0,081	0,700	0,248
71,0	0,894	0,039	0,796	0,148
71,0	0,425	0,081	0,406	0,222
71,7	0,206	0,084	0,200	0,210
72,3	0,391	0,060	0,382	0,168
73,5	0,496	0,052	0,466	0,168
73,5	0,913	0,057	0,762	0,210
74,1	0,179	0,057	0,180	0,158
74,6	0,441	0,033	0,432	0,105
74,7	0,321	0,038	0,328	0,110
75,0	0,314	0,052	0,314	0,148
75,2	0,284	0,036	0,290	0,104
75,3	0,153	0,044	0,164	0,122
75,3	0,263	0,052	0,259	0,145
75,5	0,378	0,031	0,394	0,090
75,6	0,253	0,031	0,262	0,091
76,1	0,210	0,043	0,216	0,128
76,6	0,169	0,039	0,182	0,120
76,8	0,253	0,021	0,280	0,065
78,3	0,023	0,024	0,028	0,072
78,4	0,102	0,018	0,125	0,052
79,4	0,072	0,009	0,089	0,028
79,4	0,017	0,016	0,019	0,052
79,5	0,073	0,006	0,090	0,019
79,7	0,017	0,016	0,020	0,052

Fortsetzung nächste Seite

4 Ternary and quaternary mixtures

Zu 25

Die Kurven sind von einem rechtwinkligen Dreiecksnetz der Originalarbeit übertragen.

$p = 1{,}013$ bar $= 760$ Torr

(Ternary diagram: C_3H_6O – C_6H_6 – CCl_4 with isotherms $t = 57$ °C, 60, 65, 70, 75 °C)

26

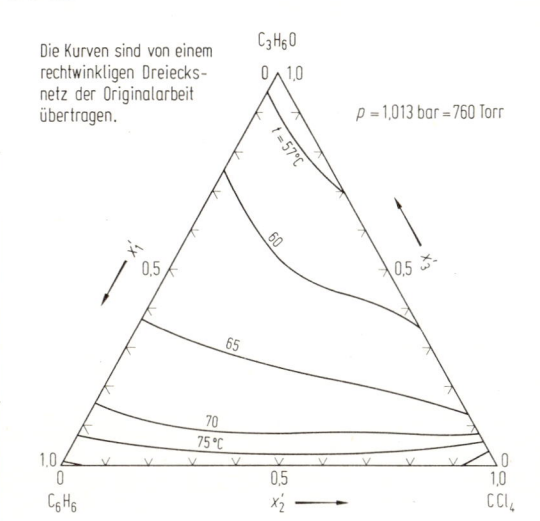

x_1 C_6H_6, Benzol
      M: 78,11   Kp.: 80,2 °C

x_2 CH_3OH, Methanol
      M: 32,04   Kp.: 64,6 °C

x_3 $CHCl_3$, Chloroform
      M: 119,38   Kp.: 61,2 °C

x_4 $CH_3 \cdot CO_2CH_3$, Essigsäuremethylester
      M: 74,08   Kp.: 56,9 °C

[H 20]

$p = 1{,}013$ bar $= 760$ Torr

t in °C	x_1'	x_2'	x_3'	x_4'	x_1''	x_2''	x_3''	x_4''
56,90	0,196	0,390	0,211	0,203	0,153	0,463	0,184	0,200
56,89	0,194	0,391	0,211	0,205	0,152	0,462	0,185	0,201
56,85	0,195	0,387	0,215	0,203	0,152	0,460	0,186	0,202
56,66	0,089	0,151	0,660	0,100	0,048	0,296	0,597	0,059
59,09	0,045	0,852	0,052	0,052	0,094	0,709	0,090	0,107
56,05	0,093	0,160	0,100	0,647	0,059	0,257	0,056	0,627
60,79	0,678	0,122	0,104	0,096	0,397	0,413	0,083	0,107
58,02	0,446	0,282	0,184	0,088	0,286	0,476	0,156	0,082
59,66	0,480	0,144	0,191	0,184	0,287	0,375	0,149	0,189
57,70	0,442	0,301	0,091	0,165	0,291	0,467	0,070	0,172
56,62	0,085	0,302	0,442	0,170	0,057	0,401	0,414	0,128
59,03	0,178	0,120	0,519	0,183	0,103	0,298	0,455	0,143
56,54	0,159	0,301	0,441	0,100	0,102	0,419	0,410	0,070
57,30	0,056	0,708	0,121	0,115	0,083	0,590	0,157	0,170
57,18	0,110	0,708	0,064	0,118	0,152	0,593	0,097	0,176
57,40	0,119	0,695	0,123	0,063	0,157	0,594	0,161	0,087
56,06	0,082	0,315	0,175	0,428	0,062	0,384	0,124	0,430
55,74	0,163	0,323	0,091	0,423	0,115	0,392	0,060	0,433
57,52	0,169	0,172	0,198	0,462	0,109	0,304	0,132	0,455
75,39	0,924	0,007	0,036	0,033	0,803	0,080	0,046	0,071
66,25	0,492	0,023	0,456	0,029	0,311	0,165	0,492	0,033
57,74	0,288	0,664	0,025	0,023	0,327	0,613	0,028	0,032
61,06	0,456	0,054	0,053	0,437	0,271	0,174	0,035	0,520
55,89	0,035	0,091	0,049	0,825	0,022	0,153	0,025	0,800
56,40	0,032	0,460	0,253	0,255	0,029	0,463	0,243	0,266
61,09	0,029	0,057	0,470	0,445	0,020	0,144	0,392	0,444
57,14	0,325	0,456	0,089	0,130	0,263	0,513	0,081	0,143
55,80	0,020	0,681	0,027	0,272	0,028	0,548	0,028	0,396
63,07	0,311	0,042	0,330	0,318	0,203	0,154	0,280	0,362

Mit Aceton als weiterer Mischungskomponente wird in der Originalarbeit auch ein quinäres Phasengleichgewicht behandelt

27

x_1 C_6H_6, Benzol
M: 78,11   Kp.: 80,2 °C

x_2 $CH_3 \cdot CH_2OH$, Äthanol
M: 46,07   Kp.: 78,32 °C

x_3 $CH_3 \cdot [CH_2]_4 \cdot CH_3$, n-Hexan
M: 86,18   Kp.: 68,8 °C

[H 16]

$t = 55$ °C

t in °C	p in bar	x_2'	x_3'	x_2''	x_3''
55,05	0,8014	0,042	0,895	0,219	0,737
55,10	0,7502	0,026	0,738	0,156	0,657
55,25	0,6709	0,015	0,473	0,092	0,523
54,73	0,8766	0,186	0,758	0,324	0,631
54,92	0,8639	0,145	0,718	0,300	0,609
55,00	0,8438	0,143	0,625	0,295	0,532
55,16	0,8291	0,117	0,587	0,280	0,480
54,95	0,7742	0,079	0,437	0,272	0,416
55,00	0,8753	0,233	0,637	0,323	0,594
54,95	0,8533	0,213	0,561	0,325	0,514
55,05	0,7990	0,138	0,400	0,273	0,418
55,00	0,7387	0,099	0,314	0,253	0,323
55,00	0,5852	0,014	0,118	0,143	0,205
55,13	0,8847	0,338	0,546	0,346	0,558
55,00	0,8501	0,271	0,460	0,330	0,476
54,98	0,8129	0,207	0,381	0,303	0,416
55,05	0,7175	0,104	0,223	0,266	0,270
55,16	0,8931	0,535	0,443	0,381	0,594
54,98	0,8818	0,528	0,396	0,367	0,553
55,22	0,8618	0,487	0,335	0,341	0,500
55,10	0,8398	0,461	0,299	0,350	0,437
55,08	0,8106	0,372	0,272	0,349	0,369
55,20	0,7731	0,281	0,227	0,375	0,230
54,85	0,7313	0,201	0,168	0,315	0,237
55,10	0,6751	0,119	0,105	0,306	0,170
54,95	0,5490	0,038	0,046	0,189	0,081
54,94	0,8475	0,633	0,253	0,403	0,465
55,14	0,8159	0,523	0,224	0,373	0,378
55,16	0,7799	0,434	0,183	0,371	0,310
55,18	0,6993	0,234	0,107	0,338	0,164
55,15	0,8249	0,694	0,196	0,429	0,435
55,05	0,8013	0,630	0,174	0,406	0,372
55,05	0,7446	0,459	0,116	0,385	0,238
55,08	0,7066	0,345	0,089	0,367	0,158
55,10	0,6280	0,141	0,040	0,306	0,068
55,05	0,7467	0,843	0,095	0,437	0,371
55,16	0,7311	0,793	0,087	0,477	0,338
54,73	0,7218	0,726	0,083	0,444	0,270
55,00	0,7211	0,640	0,074	0,441	0,201
54,98	0,6903	0,526	0,059	0,399	0,145
55,10	0,5418	0,928	0,030	0,677	0,198
54,96	0,6273	0,759	0,028	0,525	0,124
54,80	0,6446	0,548	0,023	0,447	0,061

Siehe auch Abschnitt 3

[W 3]

$p = 1,013$ bar $= 760$ Torr

t in °C	x_1'	x_2'	x_3'	x_1''	x_2''	x_3''
60,9	0,108	0,052	0,840	0,077	0,240	0,683
61,8	0,221	0,046	0,733	0,159	0,230	0,611
59,9	0,218	0,185	0,597	0,154	0,300	0,546
61,7	0,327	0,073	0,600	0,224	0,249	0,527
60,7	0,303	0,307	0,390	0,229	0,333	0,438
64,7	0,625	0,079	0,296	0,421	0,245	0,334
66,2	0,719	0,183	0,098	0,520	0,325	0,155

Die Originalarbeit enthält Dreieckdiagramme für die Aktivitätskoeffizienten der Komponenten

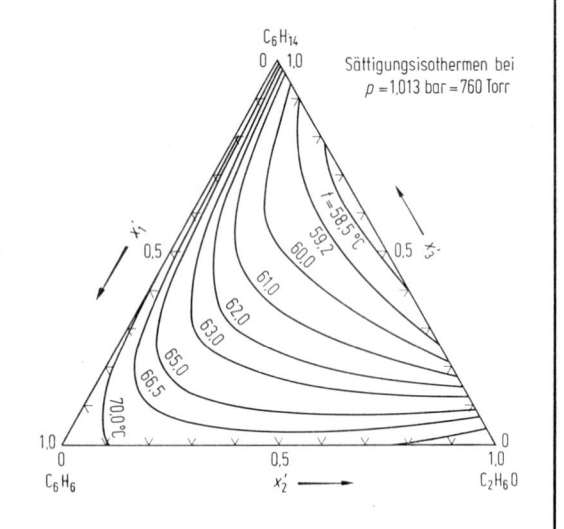

28

x_1 C_6H_6, Benzol
M: 78,11   Kp.: 80,2 °C

x_2 $CH_3 \cdot CH_2OH$, Äthanol
M: 46,07   Kp.: 78,3 °C

x_3 Methyl-cyclopentan (C_6H_{12}),
M: 84,16   Kp.: 71,8 °C

[S 18]

$p = 1,013$ bar $= 760$ Torr

t in °C	x_2'	x_3'	x_2''	x_3''
63,0	0,047	0,845	0,258	0,657
60,7	0,232	0,670	0,340	0,585
60,5	0,422	0,499	0,363	0,565
60,7	0,495	0,422	0,371	0,551
60,9	0,569	0,359	0,386	0,538
61,5	0,650	0,272	0,407	0,501
63,0	0,763	0,173	0,457	0,443

Fortsetzung nächste Seite

Zu 28

$p = 1{,}013$ bar $= 760$ Torr

t in °C	x_2'	x_3'	x_2''	x_3''	t in °C	x_2'	x_3'	x_2''	x_3''
60,5	0,352	0,540	0,356	0,554	63,1	0,477	0,208	0,387	0,321
67,1	0,062	0,842	0,564	0,250	64,5	0,199	0,236	0,327	0,278
62,1	0,179	0,443	0,337	0,412	63,4	0,690	0,157	0,442	0,358
65,7	0,746	0,075	0,497	0,232	61,0	0,174	0,722	0,328	0,595
62,0	0,324	0,321	0,347	0,374	67,7	0,878	0,068	0,594	0,296
64,7	0,669	0,098	0,454	0,243	61,3	0,096	0,847	0,308	0,646
62,7	0,292	0,258	0,338	0,327	61,6	0,504	0,312	0,380	0,446
63,1	0,613	0,167	0,413	0,340	62,7	0,690	0,182	0,432	0,403
64,2	0,227	0,195	0,335	0,245	60,2	0,395	0,568	0,396	0,597
62,5	0,497	0,309	0,371	0,449	67,0	0,052	0,353	0,225	0,357
71,0	0,051	0,077	0,217	0,109					
61,3	0,281	0,486	0,344	0,483					
67,4	0,120	0,127	0,304	0,159					
65,5	0,262	0,121	0,363	0,168					
66,1	0,127	0,185	0,302	0,219					
65,4	0,366	0,098	0,395	0,160					
65,5	0,101	0,243	0,279	0,271					
65,1	0,490	0,092	0,416	0,176					
64,0	0,124	0,370	0,290	0,365					
64,6	0,570	0,103	0,426	0,216					
63,6	0,091	0,495	0,278	0,443					
62,8	0,094	0,592	0,284	0,498					
63,6	0,175	0,327	0,317	0,343					
61,8	0,106	0,689	0,292	0,563					
61,3	0,224	0,584	0,330	0,532					
61,8	0,218	0,486	0,328	0,459					
61,9	0,323	0,388	0,347	0,427					
64,4	0,324	0,182	0,396	0,247					
61,3	0,399	0,394	0,361	0,465					
62,1	0,389	0,325	0,360	0,404					
63,4	0,402	0,217	0,373	0,304					

Die Originalarbeit enthält Dreiecksdiagramme für die Aktivitätskoeffizienten der 3 Komponenten

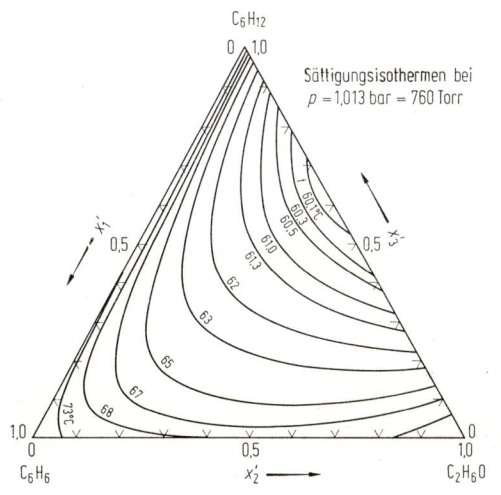

Sättigungsisothermen bei $p = 1{,}013$ bar $= 760$ Torr

29

x_1 C_6H_6, Benzol   M: 78,11   Kp.: 80,2 °C

x_2 $CH_3 \cdot CH_2OH$, Äthanol   M: 46,07   Kp.: 78,3 °C

x_3 Methyl-cyclopentan (C_6H_{12}),   M: 84,16   Kp.: 71,8 °C

x_4 $CH_3 \cdot [CH_2]_4 \cdot CH_3$, n-Hexan   M: 86,18   Kp.: 68,7 ··· 68,8 °C

[S 18]

$p = 1{,}013$ bar $= 760$ Torr; Molgehalt n-Hexan i. d. Fkt. etwa 0,15

t in °C	x_1'	x_2'	x_3'	x_4'	x_1''	x_2''	x_3''	x_4''
61,3	0,298	0,286	0,284	0,150	0,223	0,329	0,279	0,169
61,9	0,346	0,358	0,155	0,140	0,275	0,343	0,183	0,199
62,3	0,369	0,128	0,352	0,152	0,252	0,291	0,304	0,153
60,3	0,152	0,359	0,341	0,147	0,125	0,346	0,354	0,175
65,4	0,659	0,085	0,110	0,146	0,445	0,261	0,117	0,177
61,2	0,112	0,677	0,085	0,126	0,132	0,402	0,172	0,294
61,7	0,114	0,068	0,656	0,162	0,083	0,274	0,503	0,140
63,2	0,516	0,153	0,184	0,148	0,350	0,298	0,183	0,169
60,9	0,180	0,514	0,166	0,139	0,171	0,370	0,231	0,228
60,8	0,180	0,154	0,510	0,156	0,128	0,310	0,417	0,145

Fortsetzung nächste Seite

Zu **29**

[B 9]

$p = 1{,}013$ bar $= 760$ Torr; Molgehalt n-Hexan i. d. Fkt. etwa 0,35

t in °C	x_1'	x_2'	x_3'	x_4'	x_1''	x_2''	x_3''	x_4''
59,4	0,079	0,515	0,076	0,330	0,073	0,361	0,097	0,469
59,6	0,105	0,365	0,208	0,354	0,084	0,339	0,201	0,376
60,2	0,216	0,336	0,101	0,347	0,168	0,330	0,100	0,402
60,1	0,116	0,165	0,360	0,359	0,084	0,311	0,282	0,322
60,5	0,232	0,189	0,218	0,361	0,161	0,306	0,191	0,342
61,3	0,367	0,185	0,100	0,348	0,249	0,304	0,090	0,358
62,6	0,094	0,034	0,502	0,371	0,071	0,216	0,395	0,317
62,6	0,226	0,052	0,360	0,362	0,163	0,230	0,287	0,320
62,9	0,366	0,063	0,212	0,358	0,250	0,237	0,183	0,331
64,5	0,539	0,057	0,085	0,320	0,362	0,216	0,074	0,358

[B 9]

$p = 1{,}013$ bar $= 760$ Torr; Molgehalt n-Hexan i. d. Fkt. etwa 0,50

t in °C	x_1'	x_2'	x_3'	x_4'	x_1''	x_2''	x_3''	x_4''
59,1	0,079	0,379	0,060	0,481	0,068	0,343	0,061	0,529
59,3	0,083	0,249	0,170	0,499	0,064	0,328	0,142	0,465
59,7	0,177	0,240	0,082	0,501	0,126	0,319	0,071	0,483
60,1	0,090	0,117	0,276	0,517	0,063	0,305	0,207	0,425
60,4	0,188	0,118	0,181	0,513	0,131	0,285	0,141	0,443
61,1	0,321	0,112	0,078	0,488	0,201	0,281	0,067	0,452
64,2	0,068	0,019	0,370	0,475	0,064	0,181	0,340	0,479
63,2	0,176	0,031	0,284	0,509	0,129	0,196	0,219	0,457
63,2	0,290	0,040	0,167	0,503	0,207	0,208	0,134	0,452
64,5	0,407	0,033	0,067	0,493	0,295	0,180	0,058	0,468

[K 1]

$p = 1{,}013$ bar $= 760$ Torr; Molgehalt n-Hexan i. d. Fkt. etwa 0,72

t in °C	x_1'	x_2'	x_3'	x_4'	x_1''	x_2''	x_3''	x_4''
59,2	0,059	0,157	0,052	0,733	0,050	0,303	0,041	0,606
59,8	0,045	0,107	0,105	0,743	0,035	0,294	0,081	0,590
62,1	0,060	0,039	0,177	0,725	0,045	0,223	0,131	0,601
65,2	0,046	0,015	0,234	0,705	0,037	0,129	0,200	0,635
65,8	0,118	0,010	0,153	0,720	0,102	0,108	0,134	0,657
62,2	0,123	0,035	0,111	0,732	0,096	0,221	0,086	0,597
60,1	0,111	0,090	0,057	0,742	0,085	0,277	0,042	0,596
61,6	0,156	0,084	0,056	0,704	0,116	0,225	0,043	0,616
66,3	0,163	0,015	0,106	0,716	0,141	0,095	0,092	0,672
65,3	0,210	0,016	0,058	0,717	0,172	0,126	0,047	0,655

30 x_1 $CH_3 \cdot (CH_2)_5 \cdot CH_3$, n-Heptan
M: 100,21   Kp.: 98,4 °C

x_2 C_6H_6, Benzol
M: 78,11   Kp.: 80,2 °C

x_3 $CH_3 \cdot CH_2OH$, Äthanol
M: 46,07   Kp.: 78,3 °C

[O 1]

$p = 0{,}240$ bar $= 180$ Torr

t in °C	x_2'	x_3'	x_2''	x_3''
33,3	0,771	0,118	0,636	0,290
32,8	0,710	0,194	0,588	0,342
32,7	0,578	0,336	0,584	0,341
32,8	0,520	0,391	0,563	0,350
32,9	0,457	0,459	0,550	0,363
36,3	0,088	0,826	0,229	0,559
36,2	0,083	0,781	0,198	0,534
36,2	0,083	0,724	0,181	0,523
36,2	0,073	0,665	0,150	0,521
36,3	0,074	0,507	0,127	0,511
36,9	0,067	0,316	0,102	0,508
37,0	0,079	0,227	0,113	0,497
38,0	0,080	0,106	0,117	0,474
39,2	0,185	0,028	0,241	0,358
37,4	0,288	0,030	0,346	0,316
34,7	0,368	0,115	0,390	0,351
33,8	0,443	0,155	0,436	0,348
33,6	0,495	0,165	0,478	0,338
33,4	0,566	0,144	0,520	0,320
33,6	0,605	0,103	0,539	0,302
34,3	0,590	0,070	0,537	0,287
33,8	0,691	0,076	0,597	0,271
34,3	0,791	0,046	0,666	0,234
33,8	0,664	0,072	0,579	0,274
32,9	0,519	0,274	0,518	0,342
33,0	0,440	0,354	0,471	0,370
33,3	0,326	0,512	0,448	0,290
33,8	0,250	0,602	0,400	0,422
34,4	0,201	0,701	0,385	0,453
33,6	0,263	0,638	0,439	0,418
33,3	0,419	0,306	0,450	0,365
33,6	0,294	0,482	0,399	0,400
34,3	0,217	0,534	0,328	0,433
33,1	0,394	0,520	0,482	0,400
34,7	0,193	0,469	0,280	0,443
35,4	0,150	0,435	0,222	0,464
35,6	0,152	0,323	0,203	0,467
36,0	0,146	0,256	0,194	0,465
33,6	0,882	0,062	0,717	0,240
35,8	0,166	0,231	0,212	0,446
36,7	0,155	0,119	0,203	0,434
35,4	0,206	0,227	0,254	0,430
35,1	0,137	0,718	0,278	0,487
34,6	0,295	0,199	0,332	0,397
34,1	0,303	0,293	0,360	0,395

$p = 240$ bar $= 180$ Torr

t in °C	x_2'	x_3'	x_2''	x_3''
33,6	0,293	0,357	0,358	0,401
38,9	0,066	0,062	0,096	0,454
39,5	0,045	0,918	0,152	0,690
32,8	0,529	0,280	0,525	0,341
32,8	0,607	0,214	0,553	0,329
32,4	0,572	0,396	0,621	0,344
34,4	0,491	0,085	0,476	0,317
32,4	0,646	0,331	0,645	0,332
32,5	0,521	0,443	0,605	0,353
32,4	0,631	0,324	0,623	0,334

Ternäres Azeotrop mit Temperaturminimum:

$t_{az} = 32{,}4$ °C; $x_{1az} = 0{,}023$;
$x_{2az}' = 0{,}646$; $x_{3az} = 0{,}331$.

[N 19]

$p = 0{,}533$ bar $= 400$ Torr

t in °C	x_2'	x_3'	x_2''	x_3''
64,84	0,096	0,011	0,128	0,303
57,94	0,107	0,054	0,120	0,461
54,70	0,098	0,204	0,120	0,513
54,60	0,095	0,323	0,119	0,529
54,32	0,096	0,450	0,125	0,538
54,13	0,098	0,533	0,141	0,534
54,13	0,092	0,630	0,149	0,548
54,17	0,089	0,729	0,166	0,569
54,92	0,085	0,824	0,191	0,619
61,36	0,185	0,27	0,227	0,322
56,18	0,192	0,080	0,205	0,432
54,24	0,184	0,209	0,210	0,477
53,78	0,179	0,285	0,216	0,488
53,24	0,185	0,433	0,230	0,491
53,02	0,188	0,543	0,246	0,501
52,88	0,171	0,650	0,273	0,513
53,23	0,159	0,757	0,308	0,543
59,46	0,282	0,028	0,317	0,303
54,79	0,278	0,076	0,286	0,413
54,62	0,298	0,107	0,298	0,414
52,57	0,272	0,353	0,313	0,439
52,37	0,268	0,453	0,314	0,471
52,19	0,260	0,556	0,340	0,479
52,10	0,260	0,651	0,391	0,483
58,62	0,367	0,031	0,388	0,293

Fortsetzung nächste Seite

Zu 30

[N 19] (Fortsetzung)

$p = 0{,}533$ bar $= 400$ Torr

t in °C	x_2'	x_3'	x_2''	x_3''
53,94	0,364	0,135	0,352	0,397
52,58	0,359	0,251	0,348	0,435
51,96	0,365	0,356	0,370	0,438
51,08	0,347	0,465	0,400	0,441
51,43	0,346	0,561	0,476	0,425
56,15	0,456	0,043	0,442	0,306
53,27	0,468	0,125	0,413	0,379
52,01	0,448	0,264	0,414	0,411
51,45	0,443	0,363	0,445	0,412
51,06	0,441	0,466	0,479	0,429
55,97	0,549	0,043	0,525	0,274
52,63	0,557	0,141	0,471	0,362
51,59	0,544	0,259	0,486	0,384
51,04	0,542	0,367	0,518	0,398
55,20	0,642	0,050	0,561	0,269
52,19	0,645	0,148	0,526	0,352
51,40	0,633	0,266	0,544	0,380
54,26	0,736	0,060	0,607	0,273
52,01	0,735	0,163	0,581	0,350
54,02	0,835	0,065	0,671	0,264
55,67	0,920	0,027	0,802	0,157
57,64	0,047	0,915	0,135	0,733
70,87	0,050	0,002	0,091	0,165
52,46	0,350	0,318	0,333	0,448
53,10	0,396	0,164	0,363	0,413

Kein ternärer azeotroper Punkt

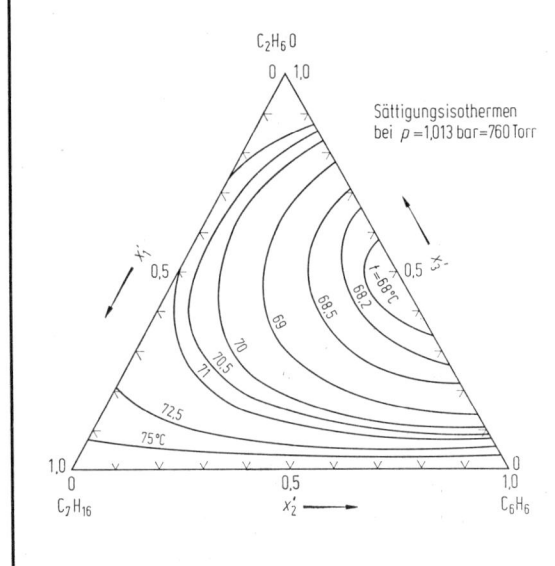

[W 2]

$p = 1{,}013$ bar $= 760$ Torr

t in °C	x_2'	x_3'	x_2''	x_3''
75,1	0,213	0,044	0,212	0,424
72,7	0,323	0,084	0,265	0,426
72,7	0,415	0,069	0,371	0,376
71,4	0,584	0,086	0,478	0,346
70,5	0,651	0,103	0,506	0,359
69,5	0,750	0,138	0,560	0,371
72,0	0,115	0,155	0,091	0,575
70,5	0,212	0,252	0,201	0,518
69,8	0,310	0,242	0,260	0,502
69,0	0,407	0,257	0,364	0,452
68,6	0,495	0,238	0,387	0,468
68,5	0,651	0,244	0,520	0,415
71,2	0,065	0,350	0,065	0,598
70,9	0,084	0,168	0,082	0,587
69,8	0,193	0,356	0,199	0,534
69,0	0,261	0,378	0,255	0,527
68,4	0,391	0,406	0,370	0,485
67,9	0,320	0,602	0,401	0,510
67,9	0,544	0,419	0,520	0,446
70,7	0,044	0,467	0,051	0,614
70,4	0,069	0,399	0,092	0,599
69,6	0,139	0,522	0,179	0,572
68,6	0,272	0,527	0,318	0,511
68,2	0,361	0,541	0,407	0,498
67,9	0,428	0,524	0,471	0,477
70,8	0,036	0,622	0,053	0,632
70,1	0,071	0,635	0,099	0,617
70,0	0,172	0,640	0,240	0,563
68,2	0,397	0,467	0,362	0,524
68,0	0,314	0,642	0,421	0,516
70,4	0,050	0,725	0,083	0,631
70,0	0,091	0,727	0,141	0,622
69,3	0,166	0,751	0,273	0,592
69,2	0,196	0,766	0,344	0,583
71,1	0,045	0,825	0,094	0,669
70,8	0,078	0,842	0,170	0,658
71,1	0,105	0,862	0,237	0,678
73,5	0,035	0,932	0,098	0,791
69,4	0,792	0,154	0,597	0,365
68,3	0,673	0,277	0,538	0,423
72,5	0,892	0,054	0,712	0,251
76,2	0,927	0,020	0,831	0,129
73,1	0,841	0,049	0,693	0,234
78,5	0,402	0,024	0,430	0,240
77,0	0,508	0,027	0,504	0,230
75,4	0,622	0,034	0,570	0,232
74,4	0,735	0,038	0,633	0,229

Kein ternärer azeotroper Punkt

Sättigungsisothermen bei $p = 1{,}013$ bar $= 760$ Torr

31 x_1 $CH_3 \cdot (CH_2)_5 \cdot CH_3$, n-Heptan
M: 100,21   Kp.: 98,4 °C

x_2 $CH_3 \cdot CH_2 \cdot CH_2OH$, Propanol-(1)
M: 60,10   Kp.: 97,4 °C

x_3 C_6H_6, Benzol
M: 78,11   Kp.: 80,2 °C

[F 13]

$t = 75\,°C$

t in °C	p in bar	x_2'	x_3'	x_2''	x_3''
75,00	0,8658	0,054	0,627	0,100	0,677
75,03	0,8093	0,061	0,430	0,137	0,521
75,00	0,9107	0,071	0,732	0,119	0,728
75,00	0,7597	0,077	0,260	0,189	0,313
75,00	0,7290	0,089	0,173	0,224	0,276
75,00	0,9083	0,091	0,625	0,156	0,644
74,95	0,7874	0,096	0,257	0,224	0,344
74,98	0,8619	0,108	0,444	0,218	0,492
74,91	0,9366	0,125	0,761	—	0,756
74,92	0,9301	0,126	0,705	0,190	0,666
75,00	0,8365	0,131	0,354	0,251	0,405
75,03	0,9387	0,132	0,813	0,203	0,748
74,98	0,7722	0,147	0,185	0,293	0,223
75,12	0,8013	0,155	0,230	0,282	0,320
75,00	0,9353	0,159	0,660	0,196	0,662
75,00	0,7522	0,166	0,142	0,182	0,193
75,00	0,8711	0,167	0,408	0,235	0,464
75,00	0,8622	0,169	0,382	0,240	0,447
74,95	0,9245	0,169	0,606	0,270	0,570
74,90	0,7699	0,176	0,185	0,314	0,238
75,00	0,9025	0,178	0,492	0,219	0,542
74,97	0,8466	0,191	0,306	0,269	0,378
75,08	0,9509	0,207	0,664	0,227	0,664
77,05	0,9029	0,209	0,473	0,227	0,535
74,98	0,8086	0,213	0,231	0,285	0,282
75,09	0,7833	0,213	0,159	0,315	0,223
74,98	0,7394	0,219	0,071	0,324	0,080
75,00	0,9214	0,220	0,534	0,232	0,577
74,90	0,9018	0,226	0,469	0,253	0,519
75,00	0,9191	0,226	0,520	0,244	0,556
74,97	0,9385	0,259	0,585	0,359	0,607
74,93	0,9458	0,262	0,581	0,244	0,622
74,99	0,7833	0,263	0,134	0,323	0,196
74,93	0,8791	0,275	0,366	0,282	0,443
75,00	0,9407	0,286	0,594	0,244	0,647
74,93	0,7767	0,288	0,112	0,347	0,170
75,01	0,9026	0,290	0,420	0,265	0,500
75,04	0,7479	0,290	0,066	0,352	0,097
75,00	0,8533	0,299	0,308	0,320	0,354
75,00	0,9481	0,309	0,617	0,253	0,675
75,04	0,9167	0,328	0,469	0,286	0,533
75,00	0,8622	0,333	0,310	0,301	0,395
75,01	0,8717	0,340	0,324	0,288	0,413
75,00	0,8237	0,342	0,218	0,343	0,300
75,05	0,9291	0,359	0,499	0,275	0,587
74,89	0,7941	0,377	0,113	0,383	0,210
74,90	0,8401	0,392	0,245	0,317	0,339
74,92	0,8039	0,404	0,147	0,344	0,239
74,87	0,8870	0,421	0,382	0,295	0,502
75,05	0,8917	0,424	0,348	0,318	0,461
75,00	0,9013	0,428	0,393	0,299	0,517

$t = 75\,°C$

t in °C	p in bar	x_2'	x_3'	x_2''	x_3''
75,30	0,8698	0,448	0,280	0,333	0,393
75,00	0,7867	0,451	0,097	0,375	0,168
74,98	0,9127	0,469	0,420	0,312	0,557
75,00	0,8941	0,476	0,328	0,275	0,587
74,90	0,7465	0,480	0,039	0,407	0,090
74,99	0,8639	0,497	0,295	0,329	0,439
75,00	0,8301	0,501	0,203	0,384	0,303
75,06	0,9009	0,521	0,418	0,298	0,623
74,87	0,7846	0,545	0,133	0,401	0,216
75,03	0,8778	0,550	0,330	0,328	0,509
75,11	0,8293	0,560	0,201	0,361	0,331
75,02	0,7911	0,623	0,139	0,401	0,269
75,03	0,7333	0,636	0,093	0,376	0,211
75,00	0,8207	0,645	0,210	0,380	0,395
75,08	0,8295	0,660	0,229	0,380	0,433
75,07	0,7529	0,670	0,117	0,452	0,244
75,04	0,7885	0,679	0,152	0,411	0,313
75,00	0,7429	0,680	0,055	0,446	0,124
75,01	0,8214	0,699	0,241	0,398	0,482
74,98	0,7954	0,721	0,247	0,409	0,525
75,07	0,7746	0,731	0,159	0,438	0,351
74,97	0,8227	0,746	0,202	0,401	0,472
75,02	0,6839	0,768	0,055	0,479	0,161
75,00	0,6771	0,841	0,074	0,532	0,229
75,00	0,6771	0,841	0,076	0,544	0,225
75,05	0,6153	0,884	0,028	0,619	0,099
75,00	0,6003	0,907	0,061	0,642	0,231

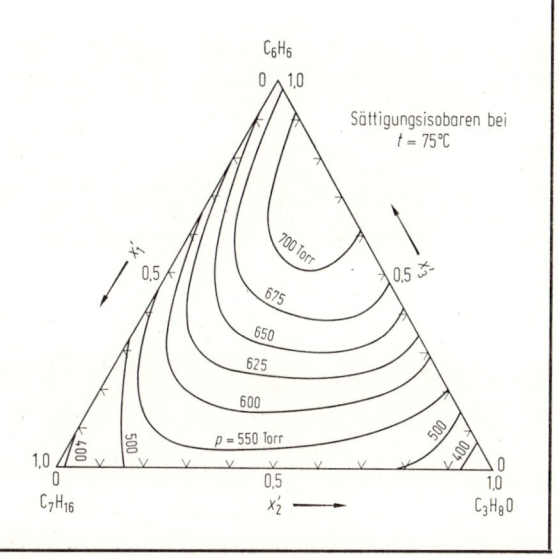

Sättigungsisobaren bei $t = 75\,°C$

Weishaupt

32 x_1 (C$_7$H$_{14}$), Methyl-cyclohexan
M: 98,19   Kp.: 100,9 °C

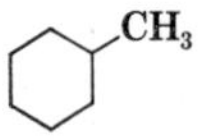

x_2 C$_6$H$_6$, Benzol
M: 78,11   Kp.: 80,2 °C

x_3 (C$_6$F$_6$), Hexafluorbenzol
M: 186,06   Kp.: 80,2 °C

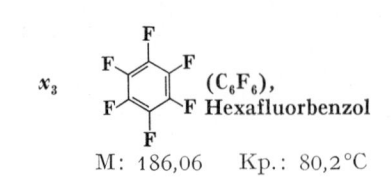

[W 1]

$p = 1,013$ bar $= 760$ Torr

t in °C	x_1'	x_2'	x_3'	x_1''	x_2''	x_3''
81,24	0,177	0,795	0,027	0,126	0,838	0,036
80,75	0,115	0,854	0,031	0,087	0,876	0,037
80,29	0,058	0,909	0,033	0,046	0,915	0,039
79,88	0,008	0,957	0,035	0,007	0,952	0,041
79,92	0,018	0,946	0,036	0,014	0,949	0,038
89,61	0,688	0,268	0,044	0,519	0,387	0,093
89,59	0,687	0,268	0,045	0,519	0,387	0,093
81,67	0,209	0,743	0,047	0,149	0,792	0,059
82,31	0,256	0,681	0,063	0,190	0,731	0,078
80,89	0,139	0,798	0,063	0,103	0,822	0,075
81,26	0,186	0,742	0,072	0,142	0,772	0,086
90,43	0,753	0,172	0,075	0,561	0,293	0,146

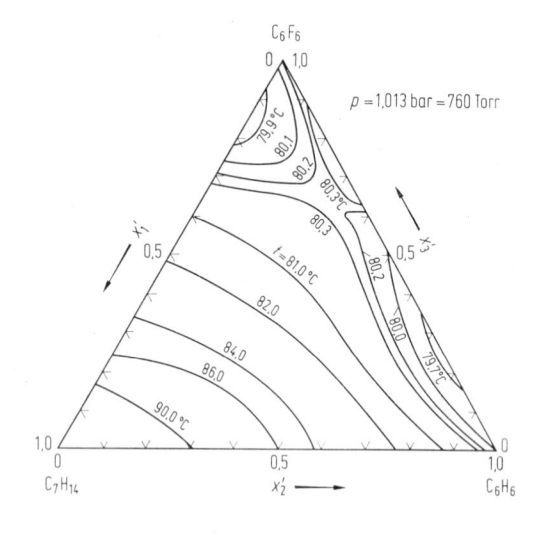

Die Originalarbeit enthält ein Dreiecksdiagramm mit den Verbindungslinien (Tie-lines) für etwa 140 Meßpunkte vorwiegend in Gemischen mit wenig Methyl-cyclohexan.

Ternäres Sattelpunkts-Azeotrop:

$t_{az} = 80,25$ °C; $x_{1\,az} = 0,068$;
$x_{2\,az} = 0,291$; $x_{3\,az} = 0,641$.

---

33 x_1 C$_7$H$_8$, Toluol
M: 92,14   Kp.: 110,8 °C

x_2 C$_6$H$_{12}$, Cyclohexan
M: 84,16   Kp.: 80,8 °C

x_3 C$_6$H$_6$, Benzol
M: 78,11   Kp.: 80,2 °C

[D 17]

$p = 1,013$ bar $= 760$ Torr

t in °C	x_1'	x_2'	x_3'	x_1''	x_2''	x_3''
80,88	0,200	0,1267	0,6733	0,1051	0,1444	0,7505
80,17	0,200	0,2400	0,5600	0,0969	0,2875	0,6156
80,13	0,200	0,3633	0,4367	0,1112	0,4166	0,4722
80,01	0,200	0,4811	0,3189	0,1170	0,5462	0,3368
80,50	0,200	0,6004	0,1996	0,0927	0,6823	0,2250
82,15	0,200	0,7192	0,0802	0,1304	0,7696	0,1000
85,44	0,400	0,0902	0,5092	0,2132	0,1143	0,6725
84,61	0,400	0,1804	0,4196	0,1969	0,2375	0,5656
84,39	0,400	0,2721	0,3279	0,2093	0,3477	0,4430
84,25	0,400	0,3614	0,2386	0,2291	0,4580	0,3119
85,02	0,400	0,4517	0,1483	0,2188	0,5812	0,2000
87,57	0,400	0,5388	0,0612	0,2117	0,6873	0,1010

Fortsetzung nächste Seite

Zu 33

$p = 1,013$ bar $= 760$ Torr

t in °C	x_1'	x_2'	x_3'	x_1''	x_2''	x_3''
90,31	0,600	0,0616	0,3384	0,3007	0,1009	0,5984
89,04	0,600	0,1212	0,2788	0,3301	0,1856	0,4843
88,75	0,600	0,1811	0,2189	0,3788	0,2667	0,3545
88,97	0,600	0,2423	0,1566	0,3766	0,3662	0,2572
90,13	0,600	0,3006	0,0994	0,3575	0,4733	0,1692
91,43	0,600	0,3600	0,0400	0,3587	0,5595	0,0818
93,03	0,800	0,0252	0,1748	0,5212	0,0788	0,4000
92,76	0,800	0,0597	0,1403	0,5784	0,1344	0,2872
92,55	0,800	0,0903	0,1097	0,5732	0,1814	0,2454
92,85	0,800	0,1196	0,0804	0,5809	0,2373	0,1818
92,71	0,800	0,1498	0,0502	0,5727	0,3000	0,1273
93,44	0,800	0,1801	0,0199	0,5533	0,3711	0,0756

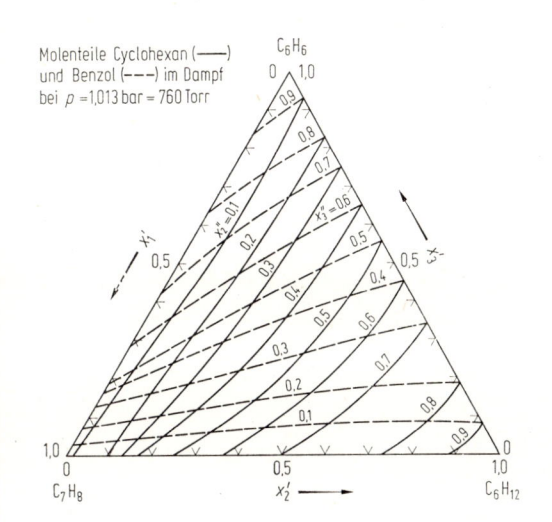

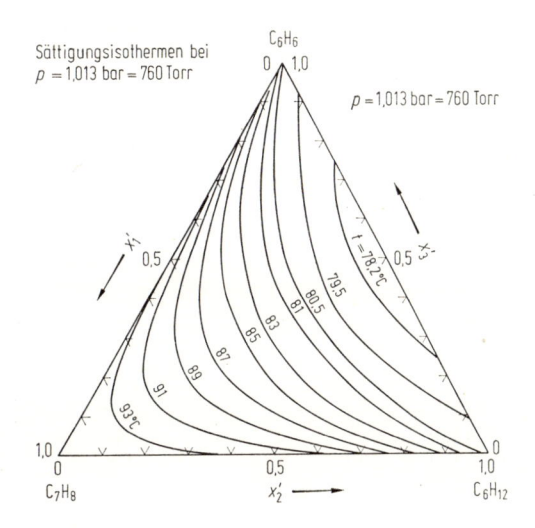

Molenteile Cyclohexan (———) und Benzol (– – –) im Dampf bei $p = 1,013$ bar $= 760$ Torr

Sättigungsisothermen bei $p = 1,013$ bar $= 760$ Torr

34

x_1 **C₇H₈, Toluol**
     M: 92,14   Kp.: 110,8 °C

x_2 **C₆H₆, Benzol**
     M: 78,11   Kp.: 80,2 °C

x_3 **CH₃·[CH₂]₄·CH₃, n-Hexan**
     M: 86,18   Kp.: 68,8 °C

[A 8]

$p = 1,013$ bar $= 760$ Torr

t in °C	x_2'	x_3'	x_2''	x_3''
81,3	0,264	0,276	0,277	0,540
82,0	0,506	0,163	0,527	0,333
83,4	0,485	0,146	0,531	0,305
78,6	0,377	0,316	0,369	0,518
74,8	0,371	0,419	0,333	0,599
75,9	0,369	0,389	0,350	0,565
76,1	0,369	0,401	0,348	0,574
95,9	0,128	0,114	0,198	0,314
90,4	0,194	0,171	0,257	0,400
101,0	0,104	0,064	0,180	0,202
103,3	0,086	0,053	0,156	0,173

35

x_1	C_7H_8, Toluol	x_3	$CH_2Cl \cdot CH_2Cl$, 1,2-Dichloräthan
	M: 92,14 Kp.: 110,8 °C		M: 98,96 Kp.: 84,1 °C
x_2	$CH_3 \cdot CH_2 \cdot CH_2OH$, Propanol	x_4	$CH_3 \cdot CO \cdot CH_3$, Aceton
	M: 60,10 Kp.: 97,4 °C		M: 58,08 Kp.: 56,2···56,3 °C

[M 1]

$p = 1,013$ bar $= 760$ Torr

t in °C	x_1'	x_2'	x_3'	x_4'	x_1''	x_2''	x_3''	x_4''
78,3	0,022	0,066	0,877	0,035	0,010	0,099	0,830	0,061
76,6	0,056	0,232	0,613	0,099	0,027	0,204	0,611	0,158
80,9	0,261	0,057	0,614	0,068	0,128	0,097	0,627	0,148
74,2	0,097	0,168	0,515	0,220	0,045	0,150	0,443	0,362
73,8	0,108	0,161	0,483	0,248	0,050	0,139	0,405	0,406
81,3	0,281	0,335	0,307	0,077	0,168	0,312	0,361	0,159
69,3	0,137	0,101	0,354	0,408	0,055	0,072	0,241	0,632
82,8	0,419	0,207	0,307	0,067	0,231	0,265	0,346	0,158
73,7	0,104	0,314	0,307	0,275	0,055	0,197	0,282	0,466
83,9	0,251	0,512	0,202	0,035	0,189	0,425	0,302	0,084
73,0	0,152	0,336	0,206	0,306	0,081	0,202	0,189	0,528
75,7	0,252	0,267	0,251	0,230	0,128	0,205	0,232	0,435
88,0	0,617	0,131	0,213	0,039	0,370	0,249	0,263	0,118
71,2	0,268	0,156	0,204	0,372	0,112	0,110	0,146	0,632
86,5	0,061	0,840	0,049	0,050	0,083	0,625	0,119	0,173
82,8	0,265	0,552	0,086	0,097	0,214	0,404	0,128	0,254
83,9	0,534	0,256	0,117	0,093	0,310	0,310	0,138	0,242
74,4	0,167	0,375	0,194	0,264	0,091	0,216	0,194	0,499
65,5	0,101	0,219	0,134	0,546	0,042	0,100	0,082	0,776
95,1	0,861	0,039	0,064	0,036	0,607	0,130	0,093	0,170
75,2	0,558	0,079	0,075	0,288	0,236	0,083	0,058	0,623
84,5	0,581	0,152	0,179	0,088	0,320	0,235	0,200	0,245
60,9	0,065	0,138	0,085	0,712	0,024	0,053	0,042	0,881
59,5	0,072	0,089	0,063	0,776	0,026	0,034	0,028	0,912

36

x_1	C_7H_8, Toluol
	M: 92,14 Kp.: 110,8 °C
x_2	$CH_2{:}CH \cdot CH_2OH$, Allylalkohol
	M: 58,08 Kp.: 96,95 °C
x_3	$(CH_3)_3COH$, tert.-Butanol
	M: 74,12 Kp.: 82,55 °C

[F 12]

$p = 1,013$ bar $= 760$ Torr

t in °C	x_1'	x_2'	x_3'	x_1''	x_2''	x_3''	t in °C	x_1'	x_2'	x_3'	x_1''	x_2''	x_3''
99,40	0,895	0,048	0,055	0,645	0,160	0,195	92,33	0,052	0,745	0,203	0,070	0,623	0,307
92,94	0,690	0,260	0,050	0,431	0,426	0,143	87,32	0,517	0,094	0,389	0,295	0,098	0,607
96,60	0,850	0,095	0,055	0,581	0,250	0,170	88,00	0,200	0,400	0,400	0,180	0,290	0,530
92,33	0,895	0,050	0,055	0,645	0,160	0,195	87,30	0,345	0,252	0,403	0,243	0,186	0,571
91,50	0,448	0,497	0,055	0,372	0,537	0,091	88,40	0,094	0,502	0,404	0,095	0,373	0,532
92,31	0,108	0,747	0,145	0,160	0,625	0,215	86,46	0,547	0,048	0,405	0,309	0,048	0,543
90,60	0,354	0,497	0,149	0,305	0,447	0,248	84,50	0,103	0,200	0,597	0,113	0,103	0,784
90,90	0,251	0,601	0,148	0,378	0,340	0,282	83,50	0,200	0,095	0,705	0,152	0,045	0,803
91,00	0,202	0,648	0,150	0,235	0,553	0,212	83,50	0,040	0,244	0,716	0,035	0,145	0,820
92,13	0,764	0,085	0,151	0,455	0,178	0,367							

37 x_1 C_7H_8, Toluol
M: 92,14   Kp.: 110,8 °C

x_2 $(CH_3)_2 \cdot CH \cdot CH_2OH$, Isobutanol
M: 74,12   Kp.: 107,7 °C

x_3 $(C_4H_8O_2)$, 1,4-Dioxan
M: 88,11   Kp.: 101,3 °C

[S 36]

Flüssigkeit		$t = 80$ °C			$t = 100$ °C		
		p	Dampf		p	Dampf	
x_1'	x_3'	bar	x_1''	x_3''	bar	x_1''	x_3''
0,750	0,125	0,4733	0,659	0,137	0,9039	0,618	0,136
0,625	0,125	0,4913	0,554	0,130	0,9539	0,539	0,123
0,500	0,125	0,4916	0,499	0,108	0,9707	0,470	0,112
0,375	0,125	0,4841	0,423	0,133	0,9679	0,397	0,116
0,250	0,125	0,4677	0,353	0,129	0,9478	0,316	0,123
0,125	0,125	0,4345	0,221	0,155	0,9002	0,186	0,140
0,625	0,250	0,4806	0,546	0,271	0,9163	0,550	0,264
0,500	0,250	0,4904	0,472	0,252	0,9536	0,451	0,248
0,375	0,250	0,4882	0,399	0,255	0,9616	0,368	0,246
0,250	0,250	0,4780	0,308	0,267	0,9542	0,288	0,249
0,125	0,250	0,4538	0,184	0,307	0,9239	0,149	0,271
0,500	0,375	0,4838	0,443	0,393	0,9303	0,441	0,394
0,375	0,375	0,4909	0,371	0,376	0,9582	0,373	0,367
0,250	0,375	0,4873	0,276	0,379	0,9615	0,264	0,369
0,125	0,375	0,4653	0,158	0,424	0,9395	0,147	0,400
0,375	0,500	0,4914	0,328	0,534	0,9466	0,319	0,530
0,250	0,500	0,4941	0,254	0,512	0,9623	0,254	0,497
0,125	0,500	0,4861	0,145	0,530	0,9514	0,140	0,514
0,250	0,625	0,4952	0,230	0,639	0,9596	0,232	0,632
0,125	0,625	0,4953	0,137	0,649	0,9666	0,139	0,629
0,125	0,750	0,5006	0,118	0,766	0,9676	0,107	0,768

38 x_1 (C_8H_{10}), Äthyl-cyclohexan
M: 112,22   Kp.: 131,8 °C

x_2 $CH_3 \cdot [CH_2]_6 \cdot CH_3$, n-Octan
M: 114,23   Kp.: 125,8 °C

x_3 $CH_3 \cdot CH(OH) \cdot CH_3$, Isopropanol
M: 60,10   Kp.: 82,4 °C

[P 6]

Einfluß des Isopropanols auf den Trennfaktor α des binären Gemisches Äthyl-cyclohexan — n-Octan

$p = 0{,}5333$ bar = 400 Torr

t in °C	x_3'	x_2' a)	x_2'' a)	$\alpha_{2,1}$
107,87	0,00	0,240	0,268	1,16
106,61	0,00	0,482	0,512	1,13
105,4	0,00	0,741	0,760	1,11
73,8	0,33	0,247	0,276	1,16
73,2	0,33	0,492	0,520	1,12
72,5	0,33	0,750	0,767	1,11

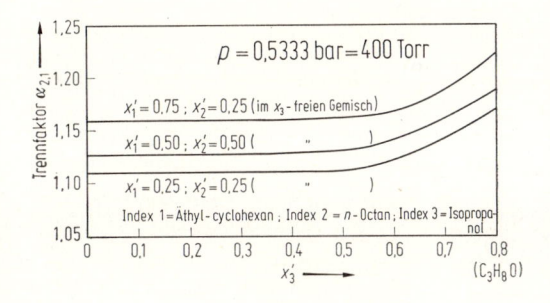

$p = 0{,}5333$ bar = 400 Torr
$x_1' = 0{,}75$; $x_2' = 0{,}25$ (im x_3-freien Gemisch)
$x_1' = 0{,}50$; $x_2' = 0{,}50$ (")
$x_1' = 0{,}25$; $x_2' = 0{,}25$ (")
Index 1 = Äthyl-cyclohexan ; Index 2 = n-Octan ; Index 3 = Isopropanol

Fortsetzung nächste Seite

Zu 38

$p = 0{,}5333$ bar $= 400$ Torr

t in °C	x_3'	x_2' [a]	x_2'' [a]	$\alpha_{2,1}$
70,0	0,50	0,244	0,272	1,16
70,0	0,50	0,482	0,512	1,13
69,9	0,50	0,746	0,766	1,11
68,8	0,67	0,240	0,271	1,18
68,87	0,67	0,488	0,524	1,15
68,5	0,67	0,743	0,767	1,14
68,3	0,75	0,239	0,274	1,20
68,25	0,75	0,488	0,530	1,18
67,5	0,75	0,741	0,769	1,16
67,9	0,80	0,239	0,278	1,23
67,75	0,80	0,496	0,540	1,19
67,0	0,80	0,745	0,774	1,17

[a]) Die x_2-Werte beziehen sich auf das isopropanolfreie Gemisch, ebenso $\alpha_{2,1}$

Die Addition von Isopropanol zum Gemisch Äthylcyclohexan–n-Octan hat keinen nennenswerten Einfluß auf den Trennfaktor

39

x_1 (C$_8$H$_{10}$), p-Xylol
M: 106,17   Kp.: 138,4 °C

x_2 CH$_3$·CO$_2$H,   Essigsäure
M: 60,05   Kp.: 118,5 °C

x_3 H$_2$O, Wasser
M: 18,02   Kp.: 100,0 °C

[M 30]

Phasengleichgewicht im homogenen Bereich bei $p = 1{,}013$ bar $= 760$ Torr

t in °C	Flüssigkeit			Dampf		
	x_1'	x_2'	x_3'	x_1''	x_2''	x_3''
102,5	0,067	0,650	0,283	0,172	0,373	0,455
107,8	0,039	0,801	0,160	0,115	0,551	0,334
112,2	0,021	0,898	0,081	0,055	0,730	0,215
110,5	0,162	0,600	0,238	0,186	0,357	0,457
108,6	0,080	0,800	0,120	0,146	0,575	0,279
112,8	0,040	0,900	0,060	0,099	0,750	0,151
109,9	0,120	0,799	0,081	0,139	0,689	0,222
113,6	0,063	0,900	0,037	0,083	0,813	0,104
107,3	0,319	0,600	0,081	0,205	0,445	0,350
112,1	0,160	0,800	0,040	0,145	0,700	0,155
114,5	0,080	0,900	0,020	0,095	0,845	0,060

[M 30]

Phasengleichgewicht im heterogenen Bereich bei $p = 1{,}013$ bar $= 760$ Torr

t in °C	Wasserreiche Schicht			Xylolreiche Schicht			Dampfphase		
	x_1'	x_2'	x_3'	x_1'	x_2'	x_3'	x_1''	x_2''	x_3''
92,3	0,0005	0,0705	0,929	0,986	0,012	0,002	0,245	0,040	0,715
92,8	0,001	0,142	0,857	0,963	0,033	0,004	0,230	0,080	0,690
93,3	0,002	0,214	0,784	0,951	0,043	0,006	0,215	0,120	0,665
94,0	0,003	0,288	0,709	0,922	0,070	0,008	0,210	0,160	0,630
95,8	0,017	0,436	0,547	0,789	0,190	0,021	0,207	0,223	0,570
93,0	0,002	0,174	0,824	0,962	0,034	0,004	0,226	0,092	0,682
93,6	0,003	0,248	0,749	0,935*)	0,060	0,005	0,213	0,137	0,650
94,3	0,008	0,327	0,665	0,903	0,088	0,009	0,212	0,168	0,620
96,3	0,035	0,469	0,496	0,748	0,224	0,028	0,206	0,239	0,555
94,0	0,003	0,288	0,709	0,922	0,070	0,008	0,212	0,153	0,635
94,9	0,010	0,360	0,630	0,868	0,121	0,011	0,210	0,180	0,610
95,8	0,017	0,436	0,547	0,789	0,190	0,021	0,208	0,222	0,570
98,6	0,169	0,527	0,304	0,492	0,393	0,115	0,205	0,305	0,490

*) An Hand des Diagramms berichtigt

Fortsetzung nächste Seite

Zu **39**

40

- x_1 **CHCl$_3$, Chloroform**
  M: 119,38   Kp.: 61,2 °C
- x_2 **(CH$_3$)$_2$CH·CH(CH$_3$)$_2$,
  2,3-Dimethylbutan**
  M: 86,18   Kp.: 58,1
- x_3 **CH$_3$·CO·CH$_3$, Aceton**
  M: 58,08   Kp.: 56,1···56,3 °C

[G 2]

$p = 1{,}013$ bar $= 760$ Torr

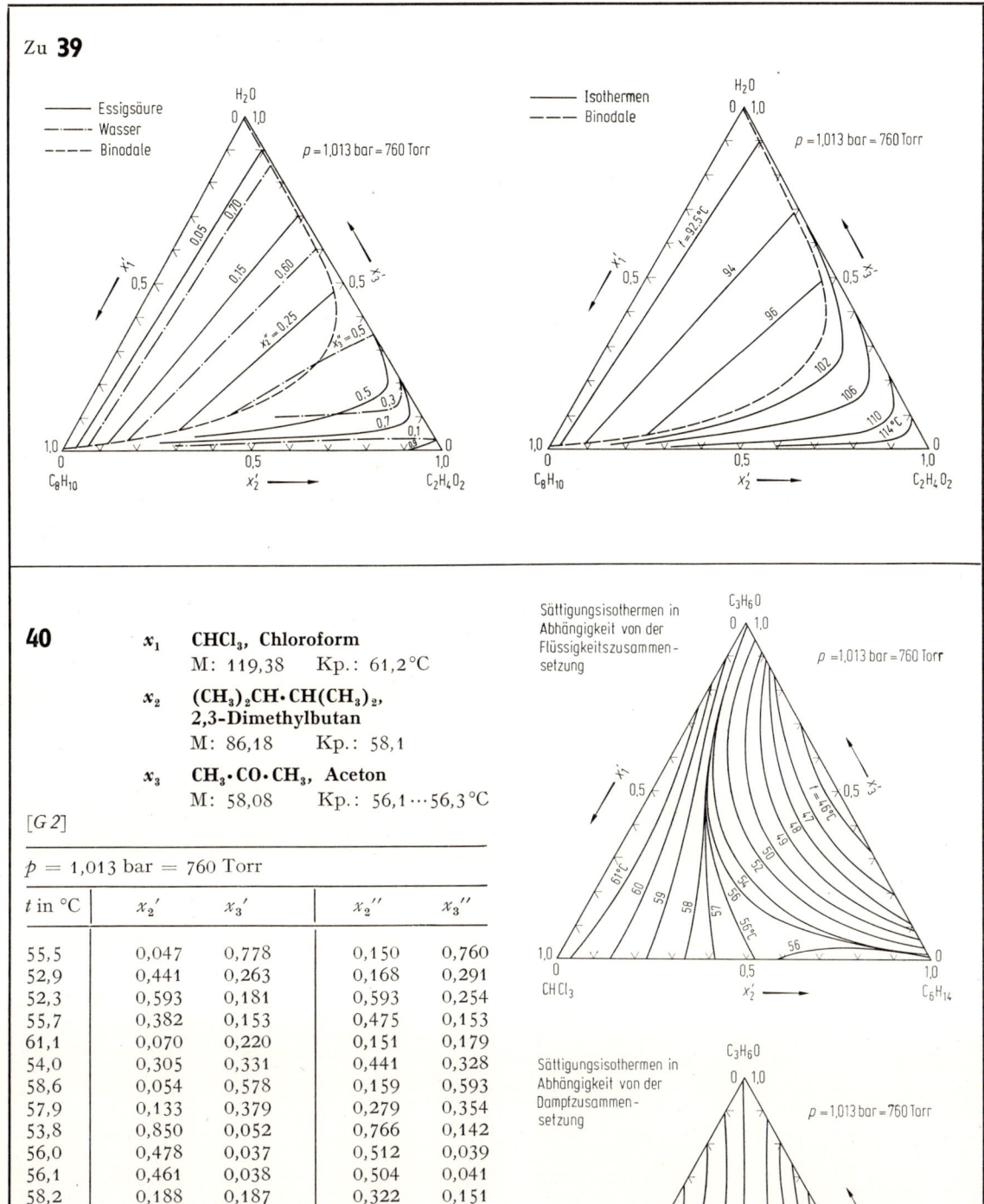

t in °C	x_2'	x_3'	x_2''	x_3''
55,5	0,047	0,778	0,150	0,760
52,9	0,441	0,263	0,168	0,291
52,3	0,593	0,181	0,593	0,254
55,7	0,382	0,153	0,475	0,153
61,1	0,070	0,220	0,151	0,179
54,0	0,305	0,331	0,441	0,328
58,6	0,054	0,578	0,159	0,593
57,9	0,133	0,379	0,279	0,354
53,8	0,850	0,052	0,766	0,142
56,0	0,478	0,037	0,512	0,039
56,1	0,461	0,038	0,504	0,041
58,2	0,188	0,187	0,322	0,151
47,9	0,337	0,568	0,450	0,516
52,3	0,680	0,137	0,637	0,229
62,3	0,013	0,537	0,044	0,591
61,7	0,052	0,337	0,154	0,308
54,1	0,128	0,600	0,389	0,574
52,0	0,247	0,502	0,404	0,475
55,0	0,555	0,085	0,584	0,109

Das Dreistoffgemisch hat bei Atmosphärendruck keinen ternären azeotropen Punkt.

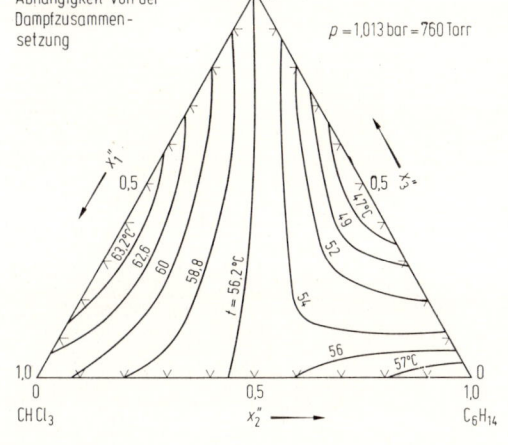

41

x_1 $CH_2Cl \cdot CH_2Cl$, 1,2-Dichloräthan
       M: 98,96   Kp.: 83,47 °C

x_2 C_6H_{10}, Cyclohexen
       M: 82,15   Kp.: 82,98 °C

x_3 C_6H_{12}, Cyclohexan
       M: 84,16   Kp.: 80,70 °C

[M 20]

$p = 1{,}013$ bar $= 760$ Torr

t in °C	x_2'	x_3'	x_2''	x_3''
80,24	0,7450	0,0761	0,6690	0,0845
80,05	0,6852	0,1614	0,6025	0,1705
80,37	0,6105	0,2025	0,5333	0,2144
78,73	0,5394	0,2326	0,4592	0,2438
78,39	0,4887	0,2611	0,4076	0,2681
77,90	0,4136	0,2931	0,3426	0,3090
78,00	0,4211	0,2963	0,3573	0,3124
77,19	0,2884	0,2774	0,2365	0,3166
77,34	0,2313	0,2610	0,1939	0,2471
77,48	0,1863	0,2038	0,1731	0,2763
77,78	0,1756	0,1796	0,1588	0,2543
77,98	0,1070	0,1529	0,1154	0,2297
77,19	0,1284	0,2445	0,1198	0,3172
76,60	0,1310	0,3145	0,1240	0,3528
76,36	0,1240	0,3802	0,1171	0,4083
76,46	0,1504	0,4638	0,1320	0,4465
77,19	0,2314	0,4684	0,1995	0,4549
76,56	0,1652	0,3253	0,1494	0,3461
76,95	0,1264	0,2266	0,1213	0,2916
77,24	0,1080	0,1975	0,1153	0,2771
77,74	0,0982	0,1768	0,1106	0,2781
78,37	0,0597	0,1432	0,0720	0,2295
77,40	0,2953	0,4373	0,2561	0,4253
77,49	0,3549	0,3726	0,2943	0,3678
77,04	0,2536	0,2557	0,2216	0,2794
79,10	0,1348	0,7928	0,1223	0,7509
80,04	0,2425	0,7032	0,2285	0,6773
80,63	0,3219	0,6378	0,3302	0,5999
79,84	0,3910	0,5452	0,3582	0,5085
79,60	0,4392	0,4660	0,4140	0,4254
80,04	0,5253	0,3706	0,4740	0,3580
80,04	0,5312	0,3688	0,4836	0,3582
79,84	0,4591	0,4221	0,3681	0,4621
79,94	0,5225	0,3551	0,4124	0,4108
80,14	0,5643	0,3159	0,4804	0,3432
80,38	0,5928	0,2999	0,5159	0,3218
80,65	0,6145	0,2931	0,5587	0,2980
80,97	0,6677	0,2524	0,5930	0,2831
82,01	0,7570	0,1848	0,7143	0,1979
79,42	0,2866	0,6413	0,2723	0,6000
77,62	0,2626	0,5494	0,2192	0,5147
77,01	0,2470	0,4864	0,2155	0,4649
77,08	0,2663	0,4470	0,2408	0,4326

Zugehörige Zweistoffgemische s. Abschnitt 3

42

x_1 $CCl_2 : CCl_2$, Tetrachloräthylen
       M: 165,83   Kp.: 121,1 °C

x_2 $CHCl_3$, Chloroform
       M: 119,38   Kp.: 60,7 °C bei
                              744 Torr

x_3 $CH_3 \cdot CO \cdot CH_3$, Aceton
       M: 58,08   Kp.: 56,2 ··· 56,3 °C

[D 1]

$p = 1{,}013$ bar $= 760$ Torr

t in °C	x_2'	x_3'	x_2''	x_3''
56,7	0,0150	0,9550	0,0070	0,9830
57,1	0,0100	0,9300	0,0050	0,9750
57,6	0,0600	0,8875	0,0350	0,9500
58,1	0,0450	0,8675	0,0270	0,9495
58,8	0,1450	0,8050	0,0770	0,9000
61,4	0,0950	0,6800	0,0575	0,8775
62,7	0,3150	0,5900	0,2025	0,7550
63,6	0,3225	0,5750	0,2325	0,7375
64,4	0,0700	0,5425	0,0425	0,8600
64,2	0,4000	0,4950	0,3300	0,6360
64,6	0,4325	0,4675	0,3830	0,5950
65,4	0,3675	0,4575	0,2750	0,6875
65,6	0,0525	0,4450	0,0325	0,8225
66,4	0,4150	0,3975	0,3775	0,5400
68,4	0,0475	0,3925	0,0400	0,8025
69,2	0,0825	0,3625	0,0700	0,7900
68,1	0,4825	0,3025	0,5225	0,4125
66,7	0,5775	0,2025	0,5950	0,3625
70,5	0,3500	0,2800	0,4050	0,4950
69,9	0,5600	0,1795	0,7020	0,2480
76,8	0,3950	0,1300	0,6175	0,2700
62,8	0,8700	0,1050	0,9225	0,0725
80,2	0,2750	0,1000	0,5650	0,3225
68,8	0,6525	0,0925	0,8375	0,1000
66,5	0,7275	0,0925	0,8725	0,0800
85,5	0,1175	0,0900	0,2550	0,4900
70,5	0,6250	0,0800	0,8375	0,0975
93,0	0,0800	0,0625	0,1925	0,4400
90,0	0,2450	0,0550	0,5800	0,1625
107,0	0,0125	0,0250	0,0435	0,2475
102,5	0,0900	0,0200	0,2975	0,1850

Das Gemisch hat keinen ternären Azeotropen Punkt

43

x_1 $CH_2Cl \cdot CHCl \cdot CH_2Cl$, 1,2,3-Trichlor-propan
M: 147,43   Kp.: 156,8 °C

x_2 $CH_3 \cdot [CH_2]_4 \cdot CH_3$, n-Hexan
M: 86,18   Kp.: 68,8 °C

x_3 $CH_3 \cdot [CH_2]_3 \cdot CH:CH_2$, Hexen-(1)
M: 84,16   Kp.: 63,35 °C

[S 35]

$p = 1{,}013$ bar $= 760$ Torr.

t in °C	x_2'	x_3'	x_2''	x_3''
70,5	0,496	0,354	0,547	0,435
77,0	0,292	0,283	0,482	0,470
129,2	0,016	0,018	0,280	0,266
71,0	0,618	0,194	0,719	0,255
72,1	0,638	0,199	0,724	0,254
77,2	0,436	0,140	0,721	0,229
78,5	0,425	0,141	0,716	0,238
88,3	0,213	0,076	0,685	0,222
88,6	0,224	0,077	0,689	0,219
127,2	0,028	0,011	0,468	0,151
69,0	0,220	0,601	0,247	0,733
69,7	0,220	0,616	0,242	0,749
76,6	0,149	0,423	0,250	0,707
89,1	0,068	0,214	0,239	0,668
127,8	0,011	0,032	0,160	0,407
129,6	0,010	0,029	0,162	0,388

Siehe auch Abschnitt 3

44

x_1 (C_6H_5Cl), Chlorbenzol
M: 112,56   Kp.: 132 °C

x_2 C_6H_6, Benzol
M: 78,11   Kp.: 80,2 °C

x_3 $CH_3 \cdot [CH_2]_4 \cdot CH_3$, n-Hexan
M: 86,18   Kp.: 68,8 °C

[A 8]

$p = 1{,}013$ bar $= 760$ Torr

t in °C	x_2'	x_3'	x_2''	x_3''
92,0	0,349	0,107	0,538	0,314
81,2	0,260	0,341	0,285	0,638
72,1	0,091	0,765	0,086	0,888
77,5	0,695	0,180	0,648	0,333
105,9	0,018	0,133	0,041	0,627
79,1	0,335	0,358	0,345	0,597
80,4	0,933	0,022	0,942	0,050
80,4	0,710	0,112	0,734	0,236
91,4	0,471	0,067	0,681	0,202
83,7	0,200	0,338	0,234	0,669

45

x_1 (C_6H_5Cl), Chlorbenzol
M: 112,56   Kp.: 132 °C

x_2 C_6H_6, Benzol
M: 78,11   Kp.: 80,2 °C

x_3 $CH_3 \cdot CO \cdot CH_3$, Aceton
M: 58,08   Kp.: 56,3 °C

[F 5]

$p = 1{,}013$ bar $= 760$ Torr

t in °C	x_2'	x_3'	x_2''	x_3''
121,8	0,028	0,026	0,088	0,185
117,9	0,066	0,028	0,192	0,182
113,0	0,122	0,032	0,293	0,198
107,3	0,210	0,032	0,438	0,178
101,5	0,317	0,031	0,564	0,152
95,5	0,413	0,042	0,638	0,168
90,0	0,532	0,046	0,701	0,173
85,4	0,650	0,049	0,757	0,166
81,0	0,781	0,054	0,798	0,164
77,2	0,874	0,067	0,799	0,189
109,9	0,046	0,072	0,106	0,404
103,8	0,129	0,080	0,250	0,385
102,0	0,138	0,088	0,251	0,419
98,4	0,210	0,088	0,342	0,383
95,0	0,298	0,082	0,455	0,329
91,0	0,392	0,085	0,529	0,312
86,6	0,494	0,088	0,595	0,293
82,2	0,588	0,104	0,628	0,300
78,0	0,701	0,114	0,664	0,298
75,3	0,794	0,119	0,692	0,292
98,2	0,045	0,148	0,068	0,622
99,2	0,078	0,129	0,127	0,554
91,2	0,098	0,186	0,132	0,644
88,6	0,206	0,173	0,264	0,561
84,8	0,306	0,175	0,350	0,519
87,6	0,316	0,140	0,393	0,449
80,8	0,403	0,182	0,414	0,492
77,7	0,506	0,184	0,482	0,456
75,2	0,602	0,190	0,528	0,432
72,6	0,694	0,195	0,568	0,414
83,2	0,042	0,302	0,043	0,793
83,1	0,110	0,273	0,122	0,729
81,2	0,212	0,253	0,223	0,657
77,8	0,311	0,266	0,298	0,618
74,2	0,413	0,278	0,358	0,586
71,4	0,515	0,289	0,413	0,555
70,1	0,596	0,280	0,456	0,524
77,5	0,103	0,364	0,099	0,793
74,4	0,214	0,364	0,189	0,736
71,7	0,308	0,374	0,254	0,694
69,4	0,412	0,377	0,314	0,652
67,0	0,506	0,392	0,362	0,623
70,9	0,054	0,514	0,042	0,884
71,5	0,106	0,478	0,089	0,841
69,5	0,205	0,472	0,162	0,786
67,3	0,305	0,482	0,227	0,740
65,2	0,400	0,485	0,279	0,705

Fortsetzung nächste Seite

Zu 45

$p = 1,013$ bar $= 760$ Torr

t in °C	x_2'	x_3'	x_2''	x_3''
67,5	0,108	0,574	0,081	0,870
65,0	0,200	0,596	0,145	0,826
63,1	0,303	0,592	0,206	0,779
64,6	0,036	0,699	0,024	0,936
62,1	0,096	0,740	0,067	0,910
61,8	0,156	0,714	0,106	0,875
59,1	0,067	0,861	0,046	0,944

Siehe auch Abschnitt 3

Die Kurven sind von einem rechtwinkligen Dreiecksnetz der Originalarbeit übertragen.

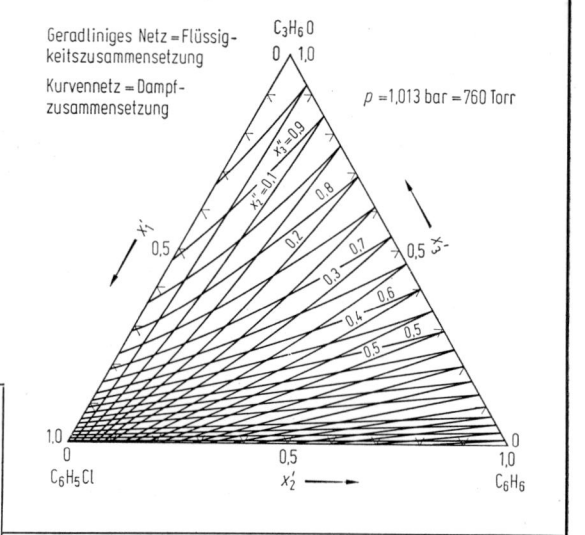

Geradliniges Netz = Flüssigkeitszusammensetzung
Kurvennetz = Dampfzusammensetzung

$p = 1,013$ bar $= 760$ Torr

46

x_1 CH_3OH, Methanol
     M: 32,04   Kp.: 64,7 °C

x_2 $(CH_3)_2CH \cdot CH(CH_3)_2$, 2,3-Dimethylbutan
     M: 86,18   Kp.: 58,1 °C

x_3 $CH_3 \cdot CO \cdot CH_4$, Aceton
     M: 58,08   Kp.: 56,1···56,3 °C

[W 6]

$p = 1,013$ bar $= 760$ Torr

t in °C	x_2'	x_3'	x_2''	x_3''
44,7	0,150	0,219	0,459	0,201
43,6	0,303	0,386	0,447	0,315
47,6	0,072	0,155	0,385	0,173
46,6	0,091	0,300	0,371	0,279
44,6	0,196	0,494	0,399	0,384
49,5	0,049	0,203	0,316	0,231
43,8	0,397	0,438	0,456	0,381
43,8	0,766	0,089	0,584	0,134
44,3	0,771	0,163	0,573	0,246
44,3	0,642	0,041	0,589	0,058
46,9	0,131	0,717	0,313	0,554
47,0	0,107	0,625	0,297	0,500
50,3	0,056	0,812	0,189	0,684
51,1	0,036	0,718	0,148	0,639
43,2	0,460	0,297	0,496	0,273
44,1	0,509	0,410	0,487	0,397
44,0	0,379	0,047	0,567	0,055
44,5	0,182	0,399	0,418	0,320
46,1	0,109	0,428	0,344	0,364
44,3	0,300	0,542	0,423	0,430
44,1	0,659	0,270	0,531	0,325
43,4	0,561	0,216	0,524	0,228
43,4	0,411	0,200	0,514	0,188
43,7	0,276	0,217	0,495	0,195
44,4	0,174	0,124	0,504	0,125
43,5	0,504	0,255	0,510	0,248
43,2	0,517	0,230	0,517	0,229

Die Originalarbeit enthält einen Vergleich mit berechneten Werten

47

x_1 CH_3OH, Methanol
     M: 32,04   Kp.: 64,7 °C

x_2 $CHCl_3$, Chloroform
     M: 119,38   Kp.: 61,2 °C

x_3 $(CH_3)_2CH \cdot CH(CH_3)_2$, 2,3-Dimethyl-butan
     M: 86,18   Kp.: 58,1 °C

[K 9]

$p = 1,013$ bar $= 760 \pm 0,1$ Torr

t in °C	x_2'	x_3'	x_2''	x_3''
49,4	0,270	0,093	0,306	0,303
46,0	0,208	0,395	0,170	0,482
51,2	0,124	0,052	0,175	0,333
47,4	0,368	0,256	0,307	0,370
46,9	0,338	0,380	0,257	0,425
52,0	0,279	0,038	0,378	0,181
49,6	0,506	0,135	0,432	0,243
48,4	0,414	0,167	0,368	0,303
50,0	0,193	0,067	0,249	0,308
46,3	0,163	0,747	0,127	0,552
49,8	0,055	0,930	0,058*)	0,712*)
49,3	0,557	0,349	0,404	0,343
51,4	0,725	0,193	0,537	0,237
51,2	0,676	0,088	0,526	0,157
53,3	0,830	0,102	0,632	0,146
49,6	0,433	0,528	0,334	0,449
45,3	0,079	0,335	0,065	0,555
46,6	0,269	0,578	0,200	0,487
46,7	0,197	0,206	0,172	0,448
48,4	0,489	0,288	0,367	0,335
45,3	0,113	0,537	0,089	0,549

*) Auf Grund der Originalzeichnung berichtigter Zahlenwert

Fortsetzung nächste Seite

Zu 47

Punkt A: Maximum - Azeotrop $t = 55,5\,°C$
Punkt B: Minimum - Azeotrop $t = 53,5\,°C$
Punkt C: Minimum - Azeotrop $t = 44,5\,°C$

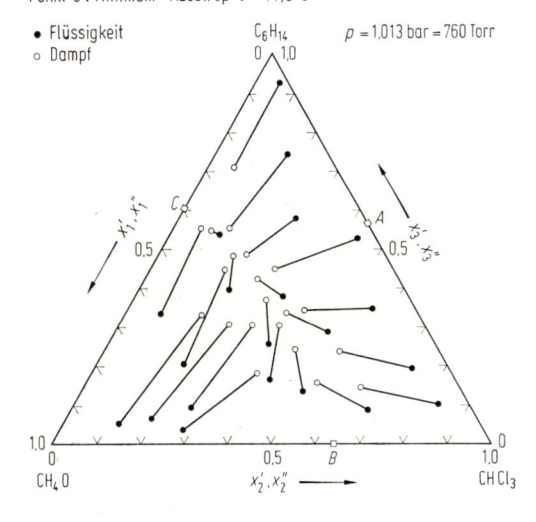

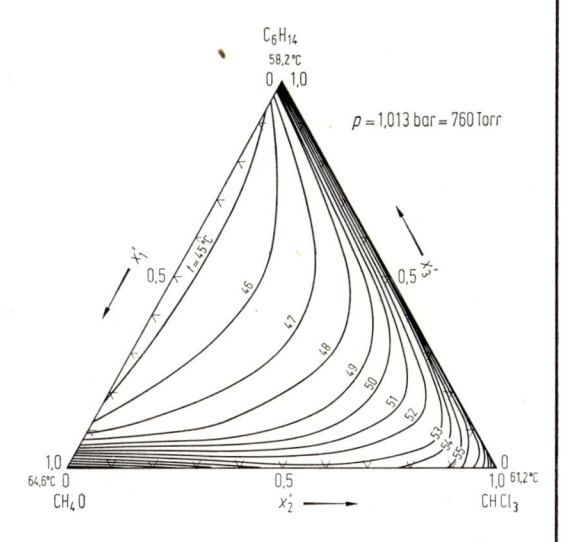

• Flüssigkeit
○ Dampf

Kondensationstemperaturen in Abhängigkeit von der Zusammensetzung des Dampfes

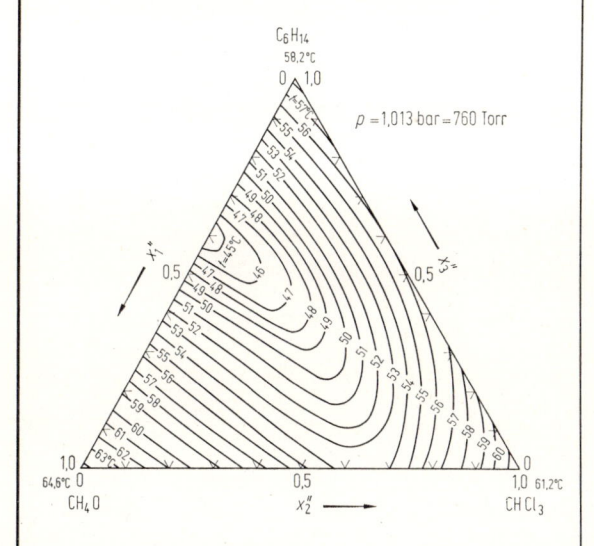

48

x_1 CH_3OH, Methanol
M: 32,04   Kp.: $64,7\,°C$

x_2 $CHCl_3$, Chloroform
M: 119,38   Kp.: $61,2\,°C$

x_3 $CH_3 \cdot CO \cdot CH_3$, Aceton
M: 58,08   Kp.: $56,1 \cdots 56,3\,°C$

[W 6]

$p = 1,013$ bar $= 760$ Torr

t in °C	x_2'	x_3'	x_2''	x_3''
58,1	0,340	0,368	0,306	0,337
59,5	0,418	0,436	0,354	0,411
56,7	0,412	0,188	0,438	0,143
57,4	0,169	0,428	0,148	0,446
57,7	0,241	0,264	0,261	0,264

Die Arbeit enthält einen Vergleich mit berechneten Werten. Ferner werden Gleichgewichtsdaten für das quaternäre Gemisch Methanol−Chloroform−2,3-Dimethylbutan−Aceton mitgeteilt.

49
  x_1 CH_3OH, Methanol
       M: 32,04   Kp.: 64,7 °C

  x_2 $CHCl_3$, Chloroform
       M: 119,38   Kp.: 61,2 °C

  x_3 $CH_3 \cdot CO_2CH_3$, Essigsäure-methylester
       M: 74,08   Kp.: 56,9 °C

[H 20]

$p = 1{,}013$ bar $= 760$ Torr $\quad$ • Molgehalt in der Flüssigkeit $\quad$ ○ Molgehalt im Dampf
A Minimum-Azeotrop $t = 53{,}4$ °C
B Minimum-Azeotrop $t = 53{,}8$ °C
C Maximum-Azeotrop $t = 64{,}7$ °C
+ Sattelpunkt-Azeotrop $t = 56{,}4$ °C

t in °C	x_2'	x_3'	x_2''	x_3''
57,20	0,913	0,035	0,813	0,015
55,70	0,034	0,892	0,017	0,858
63,15	0,016	0,012	0,040	0,039
55,89	0,299	0,046	0,436	0,047
59,03	0,451	0,438	0,360	0,401
55,53	0,048	0,308	0,047	0,433
56,83	0,184	0,178	0,221	0,230
55,68	0,422	0,129	0,465	0,100
55,34	0,133	0,414	0,104	0,461
56,39	0,297	0,263	0,288	0,262
55,92	0,208	0,529	0,142	0,522
57,03	0,545	0,245	0,484	0,176
56,98	0,371	0,367	0,305	0,330

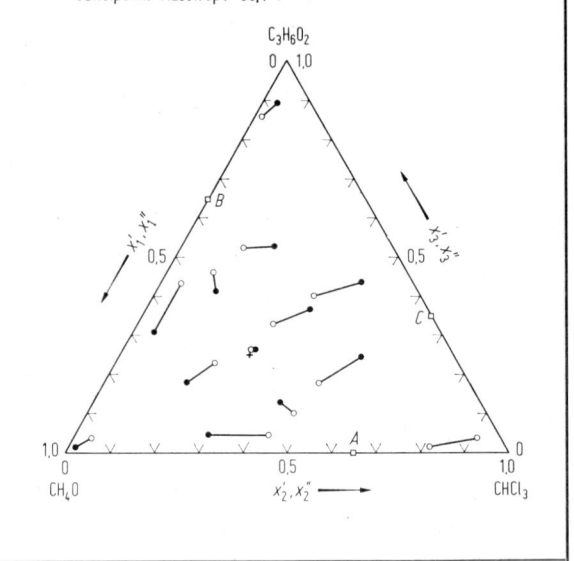

50
  m_1 HCO_2H, Ameisensäure
       M: 46,03   Kp.: 100,75 °C

  m_2 H_2O, Wasser
       M: 18,02   Kp.: 100,0 °C

  m_3 $CHCl_3$, Chloroform
       M: 119,38   Kp.: 61,2 °C

[C 20]

Dreiphasengleichgewicht: flüssig – flüssig – dampfförmig

$p = 1{,}013$ bar $= 760$ Torr

t in °C	wasserreiche Schicht		wasserarme Schicht		Dampfphase	
	m_2'	m_3'	m_2'	m_3'	m_2''	m_3''
	Massenanteile		Massenanteile		Massenanteile	
56,1	0,992	0,008	0,002	0,998	0,028	0,972
56,9	0,483	0,048	0,0025	0,988	0,020	0,948
57,1	0,401	0,058	0,005	0,984	0,015	0,949
57,9	0,187	0,144	0,001	0,956	0,012	0,930
58,1	0,150	0,173	0,002	0,948	0,008	0,926
58,2	0,157	0,174	0,006	0,941	0,015	0,888
57,6	0,274	0,096	0,002	0,970	0,014	0,945
58,3	0,114	0,206	0,002	0,930	0,010	0,920
58,8	0,059	0,342	0,003	0,846	0,007	0,889
56,6	0,603	0,040	0,018	0,979	0,026	0,937
56,5	0,662	0,035	0,007	0,989	0,025	0,938
59,5	0,053	0,300	Monophase		0,001	0,869
64,6	0,061	0,182			0,015	0,831
69,3	0,061	0,127			0,024	0,771
99,8	0,259	0,002			0,176	0,298

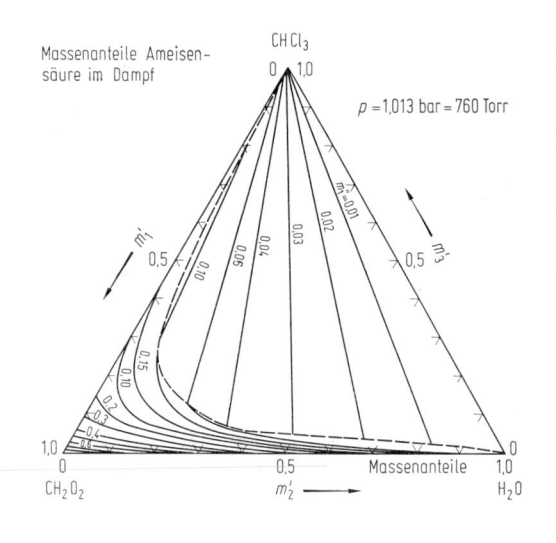

Fortsetzung nächste Seite

Zu **50**

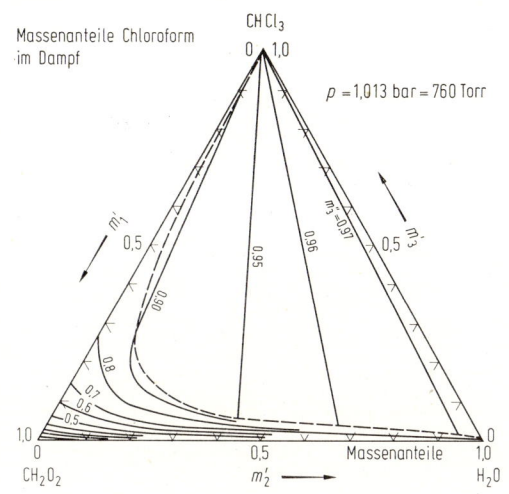

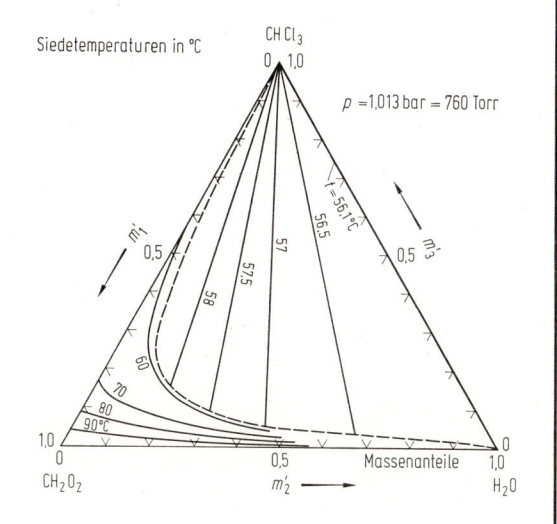

51 x_1 $CH_3 \cdot CH_2OH$, Äthanol
M: 46,07   Kp.: 78,3 °C

x_2 (C$_6$H$_{12}$),
Methyl-cyclopentan
M: 84,16   Kp.: 71,8···72 °C

x_3 $CH_3 \cdot [CH_2]_4 \cdot CH_3$, n-Hexan
M: 86,18   Kp.: 68,8 °C

[K 1]

$p = 1,013$ bar $= 760$ Torr

t in °C	x_1'	x_2'	x_1''	x_2''	t in °C	x_1'	x_2'	x_1''	x_2''
62,5	0,050	0,839	0,269	0,633	59,3	0,276	0,309	0,343	0,268
60,5	0,156	0,727	0,334	0,571	59,9	0,165	0,478	0,319	0,367
60,2	0,292	0,606	0,354	0,547	60,3	0,098	0,480	0,300	0,346
60,1	0,416	0,485	0,364	0,519	59,6	0,137	0,379	0,311	0,281
60,2	0,522	0,382	0,383	0,483	59,3	0,159	0,325	0,306	0,259
60,3	0,626	0,280	0,382	0,440	58,9	0,300	0,208	0,339	0,176
61,1	0,731	0,184	0,415	0,371	58,9	0,427	0,103	0,347	0,107
62,2	0,798	0,105	0,452	0,258	58,7	0,276	0,110	0,326	0,097
60,5	0,752	0,089	0,407	0,184	59,3	0,165	0,222	0,315	0,172
60,0	0,616	0,191	0,397	0,287	60,9	0,049	0,327	0,266	0,245
59,8	0,537	0,275	0,383	0,355	59,8	0,097	0,175	0,300	0,128
59,7	0,409	0,400	0,356	0,425	59,1	0,170	0,118	0,322	0,085
60,3	0,151	0,634	0,320	0,496	61,0	0,044	0,114	0,244	0,086
62,3	0,045	0,736	0,259	0,557	64,0	0,012	0,057	0,155	0,046
62,3	0,040	0,631	0,243	0,490	64,0	0,016	0,163	0,156	0,131
59,8	0,215	0,475	0,333	0,382	64,5	0,015	0,271	0,156	0,221
59,4	0,288	0,398	0,342	0,360	64,6	0,019	0,529	0,176	0,417
59,4	0,419	0,293	0,362	0,309	65,4	0,015	0,815	0,165	0,682
59,3	0,544	0,189	0,369	0,247	61,8	0,058	0,769	0,277	0,571
59,6	0,623	0,100	0,368	0,144	59,9	0,431	0,468	0,364	0,505
59,0	0,520	0,097	0,356	0,118	60,3	0,305	0,645	0,358	0,591
59,2	0,405	0,200	0,349	0,198	60,7	0,635	0,319	0,410	0,507

Fortsetzung nächste Seite

Zu 51

$p = 1{,}013$ bar $= 760$ Torr

t in °C	x_1'	x_2'	x_1''	x_2''
63,3	0,826	0,132	0,496	0,369
67,1	0,919	0,039	0,578	0,187
62,1	0,825	0,045	0,451	0,125
59,0	0,552	0,027	0,366	0,065
58,9	0,164	0,063	0,303	0,046
60,3	0,323	0,600	0,352	0,565
60,1	0,322	0,557	0,358	0,510
59,9	0,336	0,500	0,345	0,480
59,8	0,266	0,518	0,337	0,451
59,4	0,357	0,360	0,351	0,346
60,2	0,328	0,588	0,349	0,565
59,4	0,373	0,295	0,352	0,286
59,3	0,215	0,311	0,334	0,257

Die Originalarbeit enthält Dreieckdiagramme für die Aktivitätskoeffizienten der 3 Komponenten.

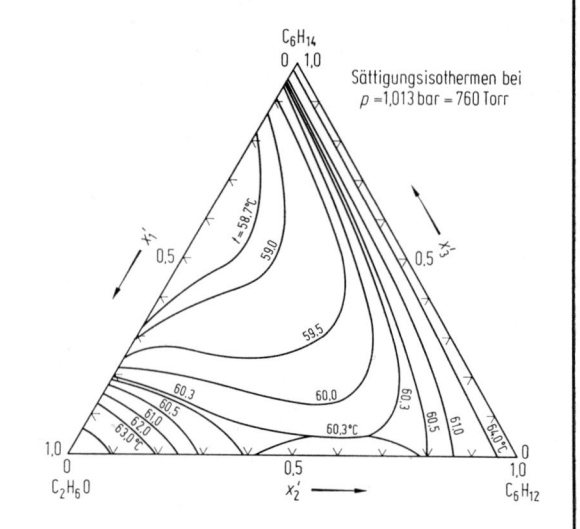

Sättigungsisothermen bei $p = 1{,}013$ bar $= 760$ Torr

52

x_1 $CH_3 \cdot CO_2H$, Essigsäure
     M: 60,05   Kp.: 118,5 °C

x_2 H_2O, Wasser
     M: 18,02   Kp.: 100,0 °C

x_3 CH_2Cl_2, Dichlormethan
     M: 84,93   Kp.: 40,67 °C

[S 14]

$p = 1{,}013$ bar $= 760$ Torr

t in °C	x_1'	x_2'	x_3'	x_1''	x_2''	x_3''
39,3	0,052	0,183	0,765	0,0036	0,056	0,9404
39,4	0,097	0,345	0,558	0,0065	0,0565	0,9370
39,6	0,120	0,427	0,453	0,0075	0,0583	0,9342
39,8	0,142	0,506	0,352	0,0088	0,0585	0,9327
40,2	0,168	0,596	0,236	0,0103	0,0590	0,9307
40,5	0,182	0,649	0,169	0,0106	0,0600	0,9294
40,7	0,192	0,682	0,126	0,0109	0,0612	0,9279
46,8	0,208	0,740	0,052	0,0164	0,0836	0,9000
40,1	0,117	0,176	0,707	0,0080	0,0450	0,947
40,3	0,153	0,229	0,618	0,0102	0,0498	0,940
40,9	0,210	0,315	0,475	0,0138	0,0512	0,935
41,5	0,250	0,375	0,375	0,0161	0,0569	0,927
42,3	0,285	0,428	0,287	0,0180	0,0600	0,922
43,3	0,316	0,474	0,210	0,0205	0,0685	0,911
46,8	0,347	0,521	0,132	0,0263	0,0877	0,886
50,4	0,363	0,545	0,092	0,0316	0,1034	0,865
40,6	0,176	0,117	0,707	0,0110	0,0330	0,956
41,2	0,229	0,153	0,618	0,0146	0,0374	0,948
42,9	0,315	0,210	0,475	0,0211	0,0479	0,931
44,7	0,374	0,249	0,377	0,0240	0,0610	0,915
47,3	0,428	0,285	0,287	0,0348	0,0672	0,898
51,0	0,473	0,315	0,212	0,0442	0,0818	0,874
58,2	0,521	0,347	0,132	0,0668	0,0972	0,836
65,5	0,545	0,363	0,092	0,0968	0,1282	0,775
41,3	0,190	0,048	0,762	0,0134	0,0196	0,967
45,0	0,362	0,091	0,547	0,0308	0,0342	0,935
47,6	0,444	0,111	0,445	0,0392	0,0418	0,919
51,2	0,522	0,131	0,347	0,0520	0,0510	0,897
57,9	0,616	0,154	0,230	0,0810	0,0700	0,849
63,7	0,666	0,167	0,167	0,1100	0,0920	0,798
71,2	0,706	0,177	0,117	0,1580	0,1300	0,712
87,2	0,762	0,191	0,047	0,3070	0,1920	0,501

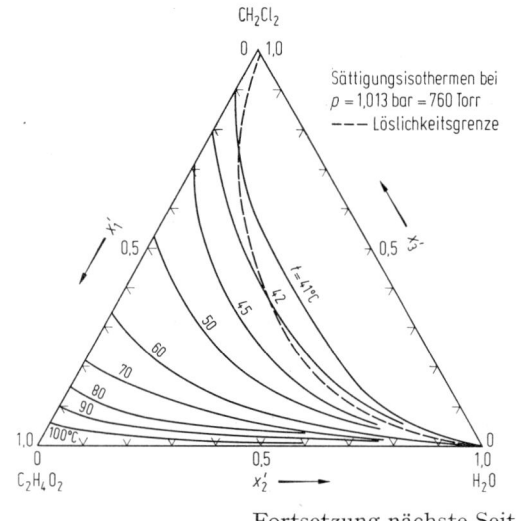

Sättigungsisothermen bei $p = 1{,}013$ bar $= 760$ Torr
---- Löslichkeitsgrenze

Fortsetzung nächste Seite

4 Ternary and quaternary mixtures

Zu 52

Kurven gleichen Essigsäuregehaltes im Dampf

$p = 1,013$ bar $= 760$ Torr

(ternary diagram: CH$_2$Cl$_2$ – C$_2$H$_4$O$_2$ – H$_2$O, with curves labeled $x_1^* = 0,01$; 0,02; 0,04; 0,06; 0,10; 0,20; 0,30)

Kurven gleichen Dichlormethangehaltes im Dampf

$p = 1,013$ bar $= 760$ Torr

(ternary diagram: CH$_2$Cl$_2$ – C$_2$H$_4$O$_2$ – H$_2$O, with curves labeled 0,98; 0,96; 0,95; 0,94; 0,92; 0,90; $x_3^* = 0,85$; 0,80; 0,75; 0,70; 0,60; 0,45)

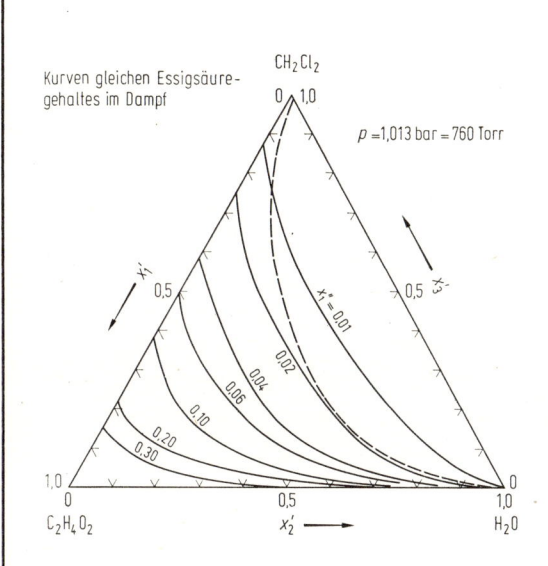

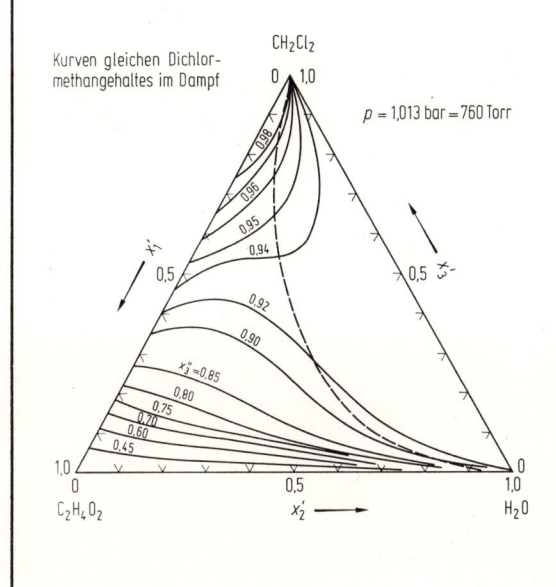

53

m_1 CH$_3$·CO$_2$H, Essigsäure
  M: 60,05   Kp.: 118,5 °C

m_2 H$_2$O, Wasser
  M: 18,02   Kp.: 100,0 °C

m_3 CHCl$_3$, Chloroform
  M: 119,38   Kp.: 61,2 °C

[C 20]

Dreiphasengleichgewicht: flüssig — flüssig — dampfförmig

$p = 1,013$ bar $= 760$ Torr

t in °C	wasserreiche Schicht		wasserarme Schicht		Dampfphase	
	m_2'	m_3'	m_2'	m_3'	m_2''	m_3''
	Massenanteile		Massenanteile		Massenanteile	
56,1	0,992	0,008	0,002	0,998	0,028	0,972
56,8	0,779	0,024	0,006	0,963	0,034	0,959
57,2	0,696	0,030	0,002	0,944	0,036	0,955
57,5	0,649	0,037	0,021	0,924	0,039	0,953
58,5	0,503	0,076	0 022	0,875	0,039	0,948
59,0	0,433	0,110	0,015	0,840	0,036	0,949
59,2	0,403	0,127	0,028	0,816	0,038	0,947
60,0	0,295	0,231	keine Daten		0,039	0,941
59,8	0,206	0,351	0,064	0,651	0,033	0,947
59,3	0,316	0,194	0,026	0,759	0,034	0,947
60,4	0,008	0,843			0,030	0,954
66,9	0,007	0,635			0,022	0,922
77,0	0,054	0,299	Monophase		0,040	0,823
94,4	0,144	0,062			0,140	0,445
80,9	0,202	0,115			0,091	0,743
97,1	0,154	0,040			0,123	0,482

Siehe auch Abschnitt 3

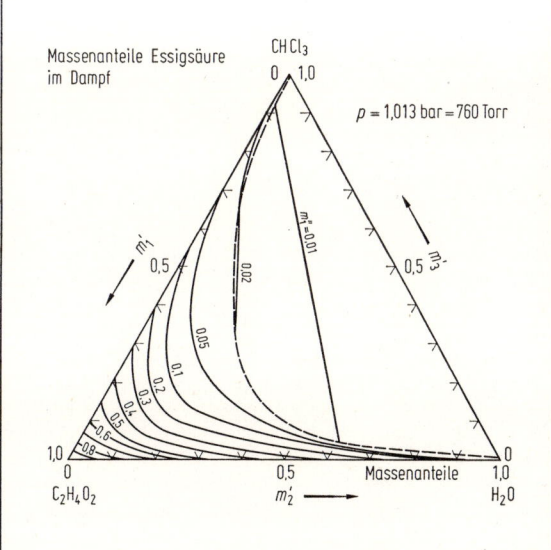

Massenanteile Essigsäure im Dampf

$p = 1,013$ bar $= 760$ Torr

(ternary diagram: CHCl$_3$ – C$_2$H$_4$O$_2$ – H$_2$O, with curves labeled $m_1^* = 0,01$; 0,02; 0,05; 0,1; 0,2; 0,3; 0,4; 0,5; 0,6; 0,8)

Zu 53

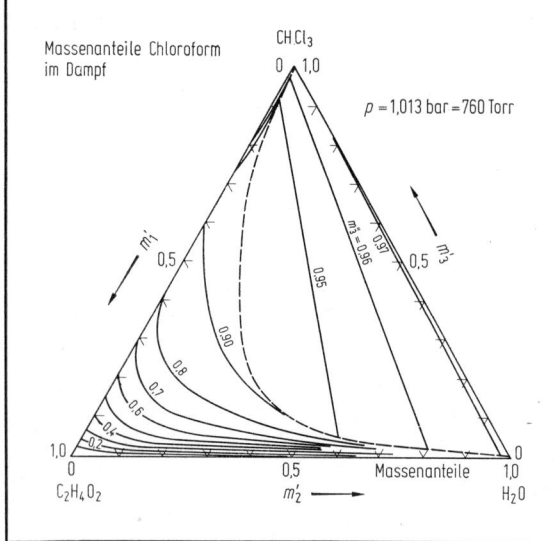

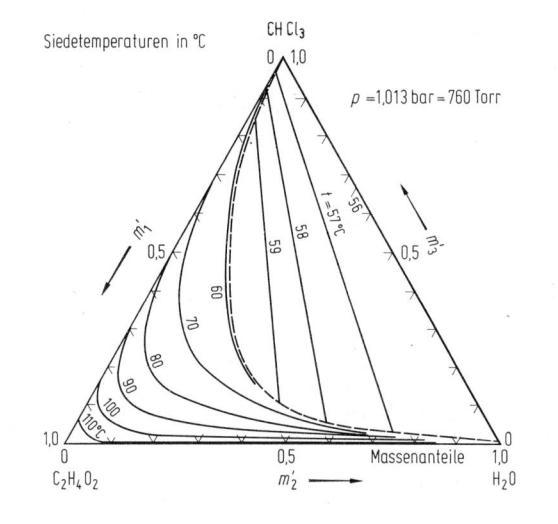

Massenanteile Chloroform im Dampf — $p = 1{,}013$ bar $= 760$ Torr

Siedetemperaturen in °C — $p = 1{,}013$ bar $= 760$ Torr

54

x_1 $CH_3 \cdot CO_2H$, Essigsäure
       M: 60,05   Kp.: 118,5 °C

x_2 C_6H_{12}, Cyclohexan
       M: 84,16   Kp.: 80,8 °C

x_4 C_6H_6, Benzol
       M: 78,11   Kp.: 80,2 °C

[B 6]

$p = 1{,}013$ bar $= 760$ Torr

t in °C	x_2'	x_3'	x_2''	x_3''
89,5	0,090	0,025	0,420*	0,220*
80,6	0,280	0,075	0,470*	0,175*
78,6	0,440	0,150	0,585*	0,195
78,6	0,540	0,190	0,580	0,215
77,8	0,410	0,325	0,470	0,355
78,8	0,192	0,550	0,250	0,595
79,1	0,312	0,290	0,4675	0,360*
77,2	0,610	0,295	0,620*	0,300*
80,0	0,185	0,420	0,280	0,515
80,8	0,203	0,210	0,420	0,290
91,0	0,052	0,093	0,230	0,220
81,6	0,157	0,340	0,260	0,480
80,2	0,070	0,660	0,100*	0,790
81,2	0,073	0,500	0,135	0,615
83,2	0,106	0,314	0,200	0,480
91,8	0,020	0,155	0,110	0,350
93,8	0,020	0,130	0,140	0,330
77,8	0,740*	0,190*	0,710*	0,205*
77,2	0,550*	0,350	0,550*	0,350*
77,4	0,415	0,450	0,395	0,460*
78,4	0,180	0,610	0,220	0,625

Sättigungsisothermen bei $p = 1{,}013$ bar $= 760$ Torr

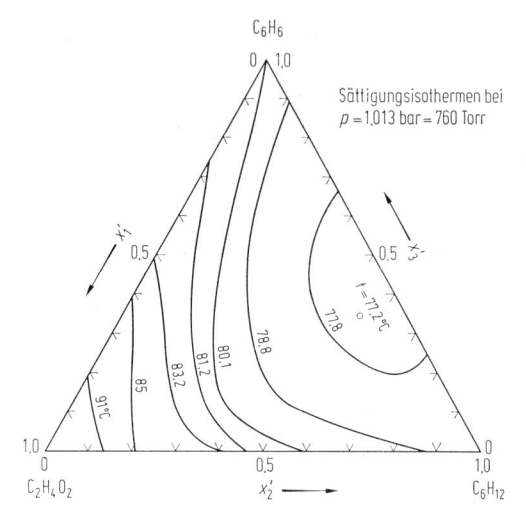

Das Diagramm stimmt zum Teil mit der Zahlentafel nicht überein

Ternärer azeotroper Punkt: $t_{az} = 77{,}2$ °C;
$x_{1az} = 0{,}10$; $x_{2az} = 0{,}55$; $x_{3az} = 0{,}35$

Die mit * bezeichneten Werte stimmen nicht mit einem (hier nicht wiedergegebenen) Diagramm der Originalarbeit überein.

55 m_1 $CH_3 \cdot CO_2H$, Essigsäure
   M: 60,05   Kp.: 118,5 °C

   m_2 HCO_2H, Ameisensäure
   M: 46,03   Kp.: 100,75 °C

   m_3 H_2O, Wasser
   M: 18,02   Kp.: 100,0 °C

[C 20]

$p = 1{,}013$ bar $= 760$ Torr

t in °C	m_2'	m_3'	m_2''	m_3''
	Massenanteile		Massenanteile	
107,6	0,073	0,124	0,081	0,181
105,8	0,161	0,218	0,148	0,283
105,2	0,268	0,304	0,228	0,380
105,8	0,374	0,296	0,320	0,357
106,6	0,550	0,282	0,501	0,324
107,0	0,572	0,232	0,543	0,254
107,1	0,631	0,250	0,600	0,270
107,2	0,663	0,229	0,640	0,241
107,2	0,613	0,160	0,618	0,149
106,5	0,722	0,123	0,744	0,100
105,9	0,765	0,103	0,792	0,080
104,8	0,833	0,083	0,846	0,064
103,6	0,875	0,069	0,895	0,049
106,6	0,626	0,344	0,566	0,402
105,6	0,551	0,423	0,448	0,518
104,0	0,410	0,529	0,290	0,651
102,0	0,239	0,726	0,132	0,831
102,0	0,190	0,679	0,109	0,780
102,4	0,214	0,596	0,124	0,760
103,4	0,186	0,433	0,135	0,541
104,6	0,122	0,313	0,096	0,406
106,6	0,210	0,208	0,204	0,261
107,4	0,222	0,167	0,216	0,213
108,3	0,150	0,133	0,153	0,173
109,2	0,216	0,090	0,259	0,105
109,0	0,279	0,066	0,330	0,078
110,3	0,202	0,052	0,246	0,065
107,1	0,458	0,049	0,513	0,051
107,2	0,561	0,147	0,577	0,140
106,7	0,622	0,118	0,648	0,102
105,8	0,722	0,095	0,745	0,082
107,0	0,620	0,138	0,641	0,116
106,1	0,735	0,111	0,745	0,096
105,6	0,757	0,106	0,788	0,088
104,7	0,808	0,092	0,833	0,075
106,9	0,765	0,154	0,787	0,132
107,2	0,625	0,260	0,604	0,277
107,0	0,509	0,229	0,497	0,240
107,2	0,405	0,190	0,406	0,201
107,9	0,281	0,142	0,289	0,161

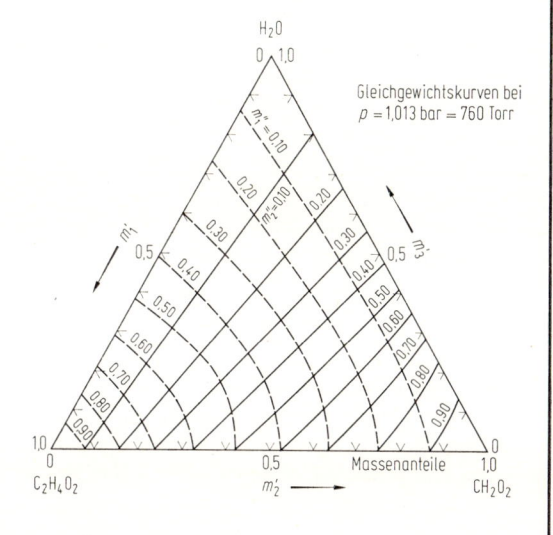

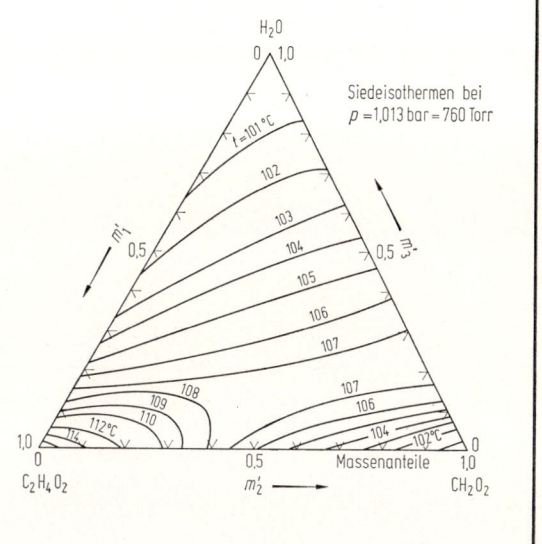

56 m_1 $CH_3 \cdot CO_2H$, Essigsäure
               M: 60,05   Kp.: 118,5 °C

           m_2 HCO_2H, Ameisensäure
               M: 46,03   Kp.: 100,75 °C

           m_3 $CHCl_3$, Chloroform
               M: 119,38   Kp.: 61,2 °C

[C 20]

$p = 1,013$ bar $= 760$ Torr

t in °C	m_2'	m_3'	m_2''	m_3''
	Massenanteile		Massenanteile	
63,4	0,325	0,545	0,136	0,846
65,5	0,237	0,560	0,120	0,850
72,7	0,183	0,436	0,080	0,825
79,9	0,159	0,319	0,084	0,760
81,5	0,163	0,297	0,088	0,740
83,8	0,149	0,291	0,080	0,725
90,4	0,112	0,211	0,086	0,640
96,1	0,161	0,131	0,140	0,500
96,6	0,141	0,132	0,130	0,509
96,5	0,215	0,105	0,168	0,477
90,9	0,291	0,138	0,197	0,549
89,4	0,337	0,165	0,220	0,559
92,5	0,453	0,082	0,319	0,455
92,5	0,503	0,077	0,339	0,454
98,3	0,547	0,044	0,465	0,270
99,7	0,692	0,018	0,625	0,163
94,4	0,540	0,080	0,389	0,390
97,1	0,502	0,059	0,404	0,327
98,8	0,611	0,020	0,518	0,241
89,8	0,454	0,110	0,285	0,525
92,4	0,495	0,085	0,330	0,460
96,0	0,523	0,054	0,403	0,358
94,4	0,534	0,066	0,377	0,399
84,8	0,476	0,148	0,259	0,604
72,8	0,366	0,334	0,153	0,777
72,3	0,258	0,392	0,120	0,795
67,2	0,170	0,595	0,086	0,862
70,8	0,129	0,528	0,069	0,852
61,5	0,085	0,845	0,062	0,916
61,0	0,288	0,659	0,136	0,855
60,3	0,174	0,772	0,090	0,880
64,0	0,405	0,465	0,144	0,826
68,1	0,608	0,262	0,203	0,770
80,7	0,836	0,089	0,388	0,595
93,2	0,846	0,025	0,591	0,333
97,4	0,827	0,008	0,672	0,205
95,8	0,713	0,025	0,551	0,290
76,4	0,620	0,179	0,240	0,696
88,4	0,657	0,085	0,393	0,496
71,9	0,508	0,266	0,205	0,752

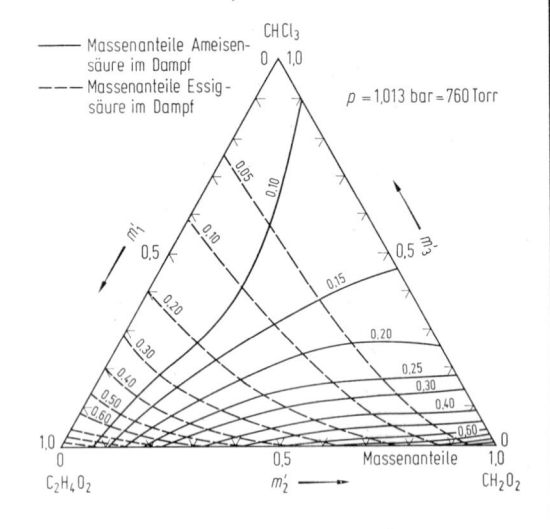

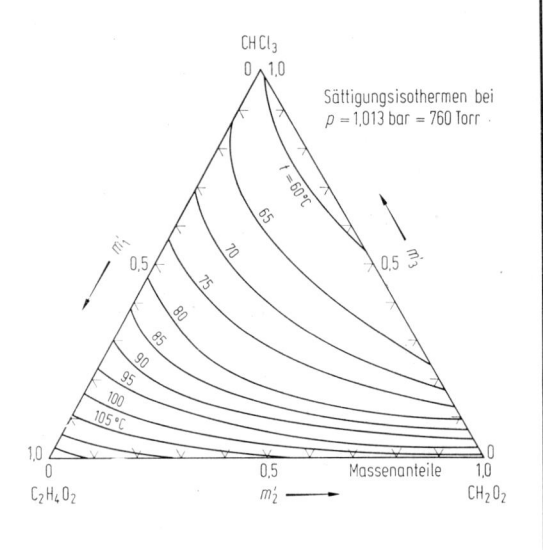

57

x_1 $CH_3 \cdot CH_2 \cdot CH_2OH$, Propanol-(1)
   M: 60,10   Kp.: 97,4 °C

x_2 C_6H_6, Benzol
   M: 78,11   Kp.: 80,2 °C

x_3 $CH_3 \cdot [CH_2]_4 \cdot CH_3$, n-Hexan
   M: 86,18   Kp.: 68,8 °C

[P 7]

Ausgangs-mischung		Gleichgewicht Flüssigkeit/Dampf $p = 1,013$ bar $= 760$ Torr					
x_2/x_3	x_1	t in °C	$\bar{x}_2'{}^*)$	$\bar{x}_3'{}^*)$	$\bar{x}_2''{}^*)$	$\bar{x}_3''{}^*)$	$\alpha_{3,2}$
3 : 1	0,00	74,1	0,79	0,21	0,674	0,326	1,82
	0,33	72,0	0,807	0,193	0,654	0,346	2,21
	0,50	74,3	0,828	0,172	0,668	0,332	2,39
	0,67	78,7	0,884	0,156	0,675	0,325	2,60
	0,75	82,3	0,846	0,154	0,673	0,327	2,67
	0,80	84,8	0,864	0,136	0,700	0,300	2,72
1 : 1	0,00	71,2	0,572	0,428	0,472	0,528	1,50
	0,33	67,5	0,576	0,424	0,426	0,574	1,83
	0,50	70,2	0,600	0,400	0,428	0,572	2,00
	0,67	75,2	0,605	0,395	0,407	0,593	2,23
	0,75	80,3	0,625	0,375	0,420	0,580	2,30
	0,80	83,0	0,632	0,368	0,426	0,574	2,31
1 : 3	0,00	69,4	0,316	0,684	0,276	0,724	1,31
	0,33	66,3	0,32	0,68	0,224	0,776	1,63
	0,50	68,6	0,37	0,63	0,256	0,744	1,71
	0,67	72,8	0,342	0,658	0,224	0,776	1,80
	0,75	78,2	0,365	0,635	0,234	0,766	1,88
	0,80	80,7	0,395	0,605	0,254	0,746	1,92

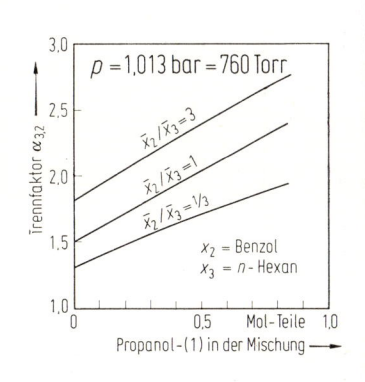

*) Der Strich über dem x besagt, daß sich die Zahlenangabe auf das Gemisch nach Wegnahme des Propanols bezieht.

58

x_1 $CH_3 \cdot CH(OH) \cdot CH_3$, Isopropanol
   M: 60,10   Kp.: 82,4 °C

x_2 C_6H_{12}, Cyclohexan
   M: 84,16   Kp.: 80,8 °C

x_3 CCl_4, Tetrachlorkohlenstoff
   M: 153,82   Kp.: 76,7 °C

[Y 3]

$p = 1,013$ bar $= 760$ Torr

t in °C	x_2'	x_3'	x_2''	x_3''	t in °C	x_2'	x_3'	x_2''	x_3''
70,17	0,224	0,118	0,376	0,155	68,44	0,163	0,406	0,337	0,338
69,28	0,219	0,202	0,294	0,273	68,45	0,172	0,483	0,172	0,480
68,82	0,154	0,326	0,198	0,389	68,60	0,145	0,622	0,132	0,577
68,55	0,135	0,473	0,139	0,502	69,00	0,103	0,757	0,086	0,661
68,45	0,118	0,567	0,111	0,563	72,90	0,022	0,952	0,021	0,893
68,80	0,055	0,730	0,013	0,672	68,80	0,447	0,117	0,485	0,133
70,10	0,032	0,875	0,037	0,763	68,60	0,379	0,222	0,403	0,229
69,10	0,367	0,119	0,428	0,147	68,50	0,320	0,351	0,309	0,344
68,40	0,223	0,387	0,233	0,413	68,62	0,240	0,489	0,215	0,451

Fortsetzung nächste Seite

Zu 58

$p = 1{,}013$ bar $= 760$ Torr

t in °C	x_2'	x_3'	x_2''	x_3''
68,84	0,192	0,617	0,165	0,551
71,50	0,058	0,884	0,063	0,801
68,60	0,473	0,253	0,441	0,231
68,60	0,394	0,380	0,346	0,343
68,40	0,179	0,481	0,195	0,477
68,30	0,241	0,630	0,201	0,560
69,00	0,090	0,725	0,252	0,586
72,30	0,068	0,893	0,066	0,827
69,10	0,667	0,133	0,557	0,126
69,10	0,399	0,356	0,486	0,224
69,40	0,472	0,397	0,388	0,345
69,60	0,379	0,524	0,292	0,457
71,60	0,179	0,770	0,163	0,699
72,16	0,077	0,889	0,078	0,848
72,69	0,055	0,100	0,240	0,183
70,19	0,322	0,088	0,336	0,240
69,31	0,100	0,330	0,000	0,520
68,73	0,075	0,463	0,090	0,540
68,43	0,075	0,585	0,063	0,601
70,69	0,721	0,242	0,630	0,201
70,87	0,557	0,393	0,510	0,340
71,64	0,452	0,514	0,353	0,480
72,40	0,326	0,645	0,267	0,600
69,49	0,057	0,250	0,234	0,313
69,11	0,116	0,335	0,190	0,431
68,59	0,118	0,465	0,124	0,525
69,21	0,294	0,196	0,320	0,274
68,67	0,215	0,351	0,230	0,396
68,25	0,027	0,448	0,171	0,488
68,65	0,371	0,224	0,381	0,257
68,54	0,284	0,361	0,288	0,367
68,45	0,230	0,493	0,220	0,470
69,02	0,429	0,251	0,397	0,248
68,66	0,365	0,381	0,327	0,352
68,78	0,291	0,503	0,196	0,482
69,03	0,575	0,235	0,437	0,245
69,16	0,436	0,383	0,363	0,350
69,29	0,350	0,514	0,281	0,458
69,97	0,738	0,201	0,550	0,210
70,28	0,540	0,410	0,426	0,358
70,79	0,458	0,530	0,340	0,465
71,18	0,220	0,080	0,316	0,164
74,45	0,000	0,130	0,055	0,251
71,85	0,259	0,100	0,169	0,334

Siehe auch Abschnitt 3

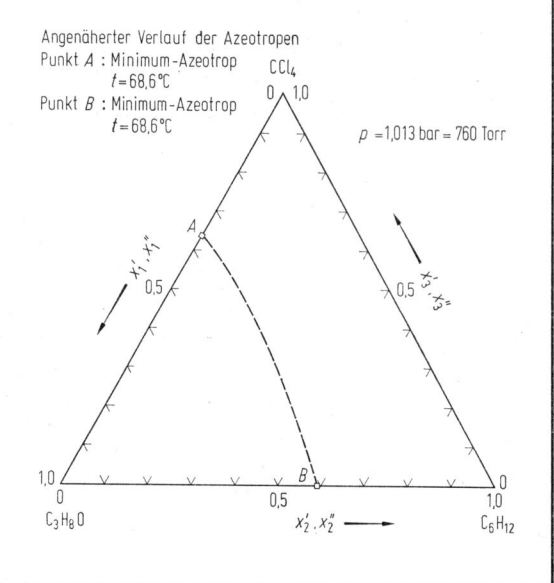

Angenäherter Verlauf der Azeotropen
Punkt A: Minimum-Azeotrop $t = 68{,}6$ °C
Punkt B: Minimum-Azeotrop $t = 68{,}6$ °C

59

x_1 $CH_3 \cdot CH(OH) \cdot CH_3$, Isopropanol
     M: 60,10   Kp.: 82,4 °C

x_2 C_6H_6, Benzol
     M: 78,11   Kp.: 80,2 °C

x_3 CCl_4, Tetrachlorkohlenstoff
     M: 153,82   Kp.: 76,7 °C

[$N\,5$]

$p = 1{,}013$ bar $= 760$ Torr

t in °C	x_2'	x_3'	x_2''	x_3''
73,5	0,362	0,032	0,470	0,054
71,9	0,456	0,034	0,512	0,048
72,0	0,430	0,071	0,472	0,100
70,2	0,052	0,371	0,066	0,508
71,2	0,054	0,301	0,071	0,471
71,3	0,083	0,313	0,111	0,452
73,8	0,528	0,429	0,437	0,416
75,1	0,506	0,468	0,449	0,458
75,5	0,555	0,424	0,487	0,420
75,9	0,868	0,092	0,748	0,100
72,8	0,734	0,092	0,627	0,096
71,6	0,621	0,078	0,563	0,088
73,5	0,224	0,058	0,348	0,112
75,9	0,104	0,036	0,211	0,093
71,4	0,651	0,190	0,545	0,190
70,9	0,510	0,169	0,468	0,186
71,6	0,373	0,151	0,404	0,194
71,7	0,238	0,132	0,322	0,208
74,6	0,143	0,106	0,220	0,203
75,2	0,069	0,095	0,132	0,231
73,8	0,664	0,270	0,550	0,269
71,2	0,536	0,275	0,452	0,270
71,5	0,425	0,256	0,384	0,276

Fortsetzung nächste Seite

4 Ternary and quaternary mixtures

Zu 59

$p = 1{,}013$ bar $= 760$ Torr

t in °C	x_2'	x_3'	x_2''	x_3''
71,3	0,280	0,237	0,304	0,300
71,3	0,172	0,203	0,223	0,315
74,1	0,080	0,164	0,131	0,320
73,1	0,552	0,386	0,456	0,369
70,1	0,306	0,358	0,281	0,380
70,3	0,182	0,302	0,203	0,391
72,1	0,090	0,262	0,126	0,411
73,5	0,448	0,490	0,373	0,459
70,3	0,360	0,470	0,284	0,440
70,6	0,213	0,392	0,209	0,434
73,0	0,351	0,601	0,297	0,552
70,8	0,227	0,594	0,188	0,542
69,6	0,101	0,551	0,103	0,567
72,8	0,236	0,713	0,201	0,641
70,0	0,118	0,703	0,100	0,633
73,2	0,125	0,830	0,106	0,741

Siehe auch binäres Gemisch Isopropanol–Tetrachlorkohlenstoff

60

x_1 $CH_3 \cdot CH(OH) \cdot CH_3$, **Isopropanol**
     M: 60,10   Kp.: 82,4

x_2 C_6H_6, **Benzol**
     M: 78,11   Kp.: 80,2 °C

x_3 $CH_3 \cdot CO_2CH_3$, **Essigsäuremethylester**
     M: 74,08   Kp.: 56,8 °C

[N 7]

$p = 1{,}013$ bar $= 760$ Torr

t in °C	x_1'	x_2'	x_3'	x_1''	x_2''	x_3''
72,5	0,133	0,822	0,045	0,236	0,687	0,077
71,2	0,267	0,692	0,041	0,315	0,616	0,069
70,9	0,360	0,580	0,060	0,352	0,551	0,097
70,4	0,476	0,462	0,062	0,402	0,486	0,112
74,2	0,801	0,169	0,030	0,621	0,302	0,077
75,1	0,875	0,053	0,072	0,679	0,114	0,207
72,9	0,804	0,102	0,094	0,587	0,174	0,239
69,7	0,529	0,357	0,114	0,402	0,402	0,196
69,5	0,157	0,718	0,125	0,219	0,577	0,204
68,9	0,070	0,720	0,210	0,116	0,550	0,334
68,0	0,318	0,481	0,201	0,281	0,423	0,296
68,0	0,401	0,410	0,189	0,320	0,390	0,290
68,1	0,456	0,350	0,194	0,336	0,351	0,313
68,4	0,505	0,309	0,186	0,361	0,329	0,310
68,4	0,661	0,111	0,228	0,421	0,147	0,432
66,4	0,323	0,394	0,283	0,262	0,338	0,400
66,6	0,167	0,548	0,285	0,179	0,416	0,405
67,6	0,073	0,648	0,279	0,099	0,478	0,423
65,9	0,097	0,553	0,350	0,113	0,400	0,487
64,8	0,177	0,440	0,383	0,161	0,331	0,508

Zu 60

$p = 1{,}013$ bar $= 760$ Torr

t in °C	x_1'	x_2'	x_3'	x_1''	x_2''	x_3''
65,3	0,416	0,238	0,346	0,281	0,218	0,501
66,6	0,546	0,157	0,297	0,349	0,170	0,481
64,0	0,417	0,154	0,429	0,260	0,142	0,598
63,7	0,304	0,252	0,444	0,206	0,207	0,587
63,7	0,177	0,364	0,459	0,150	0,267	0,583
62,8	0,100	0,362	0,538	0,093	0,247	0,660
62,6	0,310	0,162	0,528	0,198	0,130	0,672
63,0	0,420	0,070	0,510	0,246	0,064	0,690
61,5	0,202	0,167	0,631	0,138	0,122	0,740
60,2	0,102	0,174	0,724	0,075	0,115	0,810
60,4	0,149	0,142	0,709	0,111	0,098	0,791
58,5	0,109	0,033	0,858	0,073	0,022	0,905

61

x_1 $CH_3 \cdot CH(OH) \cdot CH_3$, **Isopropanol**
     M: 60,10   Kp.: 82,4 °C

x_2 C_6H_6, **Benzol**
     M: 78,11   Kp.: 80,2 °C

x_3 $CH_3 \cdot CH_2 \cdot CO \cdot CH_3$, **Butanon-(2)**
     M: 72,11   Kp.: 79,6 °C

[K 15]

$p = 1{,}013$ bar $= 760$ Torr

t in °C	x_1'	x_2'	x_3'	x_1''	x_2''	x_3''
77,3	0,134 5	0,134 5	0,731	0,185	0,144	0,671
76,8	0,114	0,266	0,620	0,144	0,285	0,571
76,3	0,084	0,458	0,458	0,128	0,455	0,417
76,6	0,266	0,114	0,620	0,297	0,132	0,571
75,9	0,231	0,231	0,538	0,254	0,258	0,488
75,1	0,176	0,412	0,412	0,235	0,418	0,347
75,0	0,114	0,620	0,266	0,173	0,585	0,242
76,5	0,458	0,084	0,458	0,438	0,112	0,450
75,6	0,412	0,176	0,412	0,395	0,223	0,382
74,4	0,333	0,333	0,333	0,348	0,371	0,281
73,6	0,231	0,538	0,231	0,293	0,524	0,183
74,0	0,134 5	0,731	0,134 5	0,224	0,655	0,121
76,3	0,620	0,114	0,266	0,542	0,182	0,276
74,7	0,538	0,231	0,231	0,468	0,312	0,220
72,3	0,412	0,412	0,176	0,399	0,460	0,141
72,3	0,266	0,260	0,114	0,329	0,587	0,084
76,3	0,731	0,134 5	0,134 5	0,615	0,237	0,148
74,1	0,620	0,266	0,114	0,507	0,384	0,109
72,5	0,458	0,458	0,084	0,418	0,519	0,063

Azeotrope Punkte:
im System Isopropanol–Benzol
$t_{az} = 71{,}8$ °C; $x_{2az} = 0{,}616$
im System Benzol–Butanon-(2)
$t_{az} = 78{,}3$ °C; $x_{3az} = 0{,}482$
Weitere Gleichgewichtswerte für $p = 1{,}013$ bar s. [Z 4]

Fortsetzung nächste Seite

Zu **61**

[Z4]

$t = 50\,°C$

p in bar	x_1'	x_2'	x_3'	x_1''	x_2''	x_3''	p in bar	x_1'	x_2'	x_3'	x_1''	x_2''	x_3''
0,3564			1,000			1,000	0,4130	0,114	0,620	0,266	0,161	0,602	0,237
0,3649		0,155	0,845		0,175	0,825	0,3953	0,084	0,458	0,458	0,106	0,471	0,423
0,3713		0,300	0,700		0,315	0,685	0,3856	0,114	0,266	0,620	0,103	0,294	0,603
0,3764		0,500	0,500		0,503	0,497	0,3761	0,1345	0,1345	0,731	0,142	0,160	0,698
0,3761		0,700	0,300		0,691	0,309	0,3776	0,266	0,114	0,620	0,217	0,148	0,635
0,3714		0,845	0,155		0,830	0,170	0,3673	0,458	0,084	0,458	0,339	0,134	0,527
0,3614		1,000			1,000		0,3616	0,620	0,114	0,266	0,432	0,218	0,350
0,4360	0,155	0,845		0,240	0,760		0,3582	0,731	0,1345	0,1345	0,513	0,302	0,185
0,4489	0,300	0,700		0,320	0,680		0,3985	0,620	0,266	0,114	0,423	0,452	0,125
0,4402	0,500	0,500		0,391	0,609		0,4301	0,458	0,458	0,084	0,350	0,579	0,071
0,4089	0,700	0,300		0,477	0,523		0,4362	0,266	0,620	0,114	0,282	0,629	0,089
0,3550	0,845	0,155		0,579	0,421		0,4242	0,231	0,538	0,231	0,251	0,560	0,189
0,2366	1,000			1,000			0,4058	0,176	0,412	0,412	0,201	0,442	0,357
0,3014	0,800		0,200	0,620		0,380	0,3908	0,231	0,231	0,538	0,205	0,276	0,519
0,3376	0,600		0,400	0,450		0,550	0,3850	0,412	0,176	0,412	0,317	0,252	0,431
0,3565	0,400		0,600	0,310		0,690	0,3922	0,538	0,231	0,231	0,391	0,360	0,249
0,3633	0,200		0,800	0,180		0,820	0,4210	0,412	0,412	0,176	0,344	0,514	0,142
0,3632	0,080		0,920	0,075		0,925	0,4072	0,333	0,333	0,333	0,291	0,408	0,301
0,4260	0,1345	0,731	0,1345	0,208	0,681	0,111							

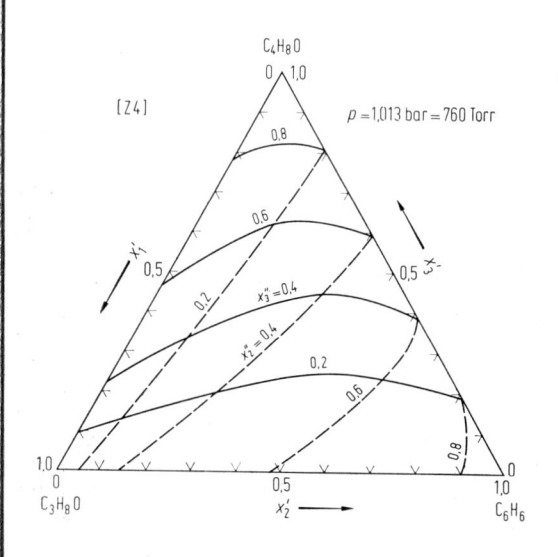

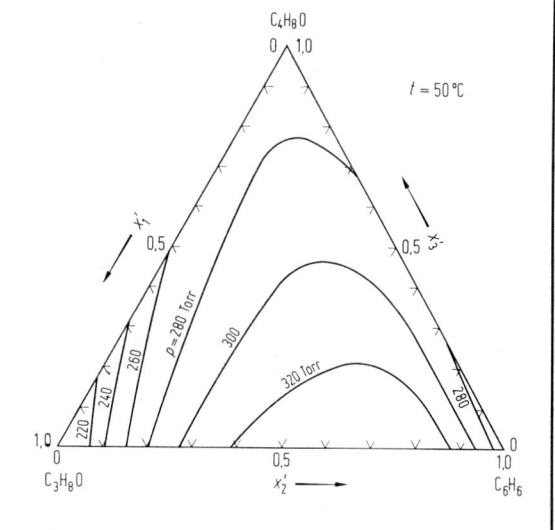

62

x_1 $CH_3 \cdot CH(OH) \cdot CH_3$, Isopropanol
       M: 60,10   Kp.: 82,4 °C

x_2 CH_3OH, Methanol
       M: 32,04   Kp.: 64,6 °C

x_3 $CH_3 \cdot CO \cdot CH_3$, Aceton
       M: 58,08   Kp.: 56,1···56,53 °C

[F 6]   [F 6]

Isobare Daten für $p = 1{,}013$ bar $= 760$ Torr   Isotherme Daten für $t = 55$ °C

t in °C	x_2'	x_3'	x_2''	x_3''	p in bar	x_2'	x_3'	x_2''	x_3''
69,30	0,5460	0,0360	0,6750	0,1050	0,9948	0,1760	0,8054	0,1857	0,8064
66,84	0,5230	0,0930	0,5810	0,2390	0,9741	0,2306	0,7148	0,2224	0,7592
68,83	0,2980	0,1360	0,3690	0,3350	0,9278	0,3447	0,5372	0,3048	0,6480
76,97	0,1120	0,0370	0,1699	0,1210	0,6948	0,9580	0,0206	0,9372	0,0518
56,32	0,0761	0,8708	0,0912	0,8866	0,6922	0,9070	0,0300	0,8862	0,0821
58,45	0,2693	0,5459	0,2569	0,6680	0,7075	0,8940	0,0369	0,8742	0,0940
63,65	0,1917	0,3555	0,2096	0,5780	0,3547	0,0616	0,0138	0,1237	0,0694
77,41	0,0287	0,0520	0,0485	0,1606	0,3712	0,1071	0,0200	0,1936	0,0949
69,23	0,2635	0,1324	0,3391	0,3218	0,4003	0,1163	0,0301	0,2192	0,1292
68,18	0,4453	0,0950	0,5135	0,2306	0,7723	0,0761	0,4817	0,0817	0,7235
63,10	0,8993	0,0601	0,8556	0,1300	0,7811	0,1450	0,4535	0,1342	0,6880
63,27	0,6965	0,1231	0,6776	0,2469	0,7934	0,1723	0,4485	0,1836	0,6591
58,43	0,4841	0,3948	0,4237	0,5346	0,9135	0,6239	0,3453	0,5027	0,4856
62,95	0,3920	0,2635	0,3861	0,4576	0,8961	0,6707	0,3019	0,5495	0,4448
64,65	0,1895	0,3089	0,2040	0,5465	0,8770	0,6475	0,2887	0,5294	0,4461
66,79	0,5602	0,0820	0,6259	0,1955	0,6197	0,5681	0,0633	0,6424	0,1817
61,29	0,4201	0,3167	0,4023	0,4923	0,6236	0,5249	0,0872	0,5850	0,2324
57,54	0,5910	0,3732	0,4923	0,4982	0,6300	0,5420	0,0862	0,5858	0,2300
57,56	0,5355	0,4062	0,4490	0,5315	0,5018	0,3907	0,0309	0,5339	0,1114
64,73	0,0351	0,4089	0,0552	0,6596	0,4950	0,3646	0,0330	0,5132	0,1156
61,77	0,1379	0,4854	0,1480	0,6768	0,4881	0,3395	0,0363	0,4923	0,1229
					0,6703	0,3236	0,2032	0,3466	0,4434
					0,7040	0,3081	0,2461	0,3141	0,4939
					0,7458	0,2807	0,3127	0,2780	0,5532
					0,9610	0,0970	0,8387	0,1044	0,8636
					0,9405	0,0677	0,8296	0,0783	0,8752
					0,9251	0,0707	0,7985	0,0699	0,8704

Einige weitere Gleichgewichtsdaten für den gleichen Druck finden sich bei [V 4]

Gleichgewichtsdaten der drei möglichen Zweistoffgemische s. Abschnitt 3

63

x_1 $CH_3 \cdot CO_2 \cdot CH_3$, Essigsäuremethylester
       M: 74,08   Kp.: 56,95 °C

x_2 $CH_3 \cdot CO \cdot CH_3$, Aceton
       M: 58,08   Kp.: 56,2···56,3 °C

x_4 $HCO_2 \cdot C_2H_5$, Ameisensäureäthylester
       M: 74,08   Kp.: 54,05···54,1 °C

[B 1]

$p = 1{,}013$ bar $= 760$ Torr

t in °C	x_3'	x_2'	x_1'	x_3''	x_2''	x_1''	t in °C	x_3'	x_2'	x_1'	x_3''	x_2''	x_1''
55,5	0,200	0,640	0,160	0,220	0,605	0,175	55,5	0,200	0,320	0,480	0,218	0,334	0,448
55,2	0,400	0,480	0,120	0,425	0,454	0,120	55,3	0,400	0,240	0,360	0,425	0,235	0,340
54,8	0,600	0,320	0,080	0,634	0,295	0,070	55,0	0,600	0,160	0,240	0,625	0,150	0,225
54,5	0,800	0,160	0,040	0,814	0,146	0,040	54,6	0,800	0,080	0,120	0,810	0,084	0,106
55,4	0,200	0,480	0,320	0,222	0,459	0,319	55,9	0,200	0,160	0,640	0,213	0,166	0,622
55,2	0,400	0,360	0,240	0,430	0,346	0,224	55,5	0,400	0,120	0,480	0,420	0,127	0,453
54,9	0,600	0,240	0,160	0,625	0,230	0,145	55,1	0,600	0,080	0,320	0,620	0,085	0,295
54,5	0,800	0,120	0,080	0,810	0,110	0,080	54,6	0,800	0,040	0,160	0,819	0,038	0,143

Sattelpunkts-Azeotrop:
$t_{az} = 55{,}61$ °C; $x_1' = 0{,}407$; $x_2' = 0{,}550$; $x_3' = 0{,}045$

Zu 63

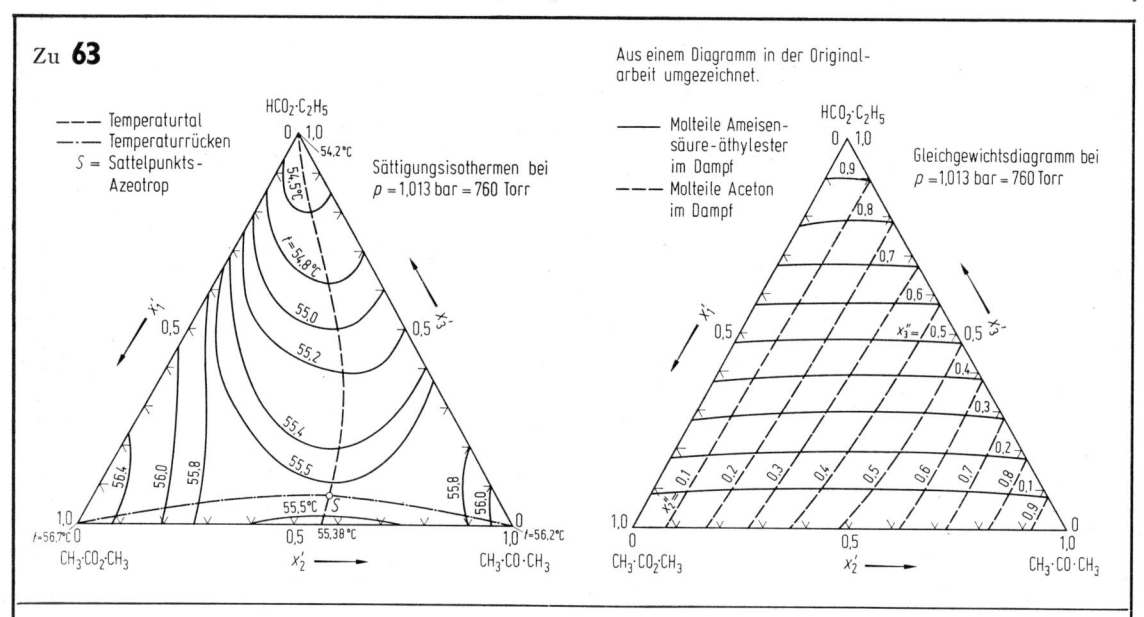

- – – – Temperaturtal
- – · – Temperaturrücken
- S = Sattelpunkts-Azeotrop

Sättigungsisothermen bei $p = 1{,}013$ bar $= 760$ Torr

Aus einem Diagramm in der Originalarbeit umgezeichnet.

—— Molteile Ameisensäure-äthylester im Dampf
– – – Molteile Aceton im Dampf

Gleichgewichtsdiagramm bei $p = 1{,}013$ bar $= 760$ Torr

64

x_1 $HOCH_2 \cdot CH(OH) \cdot CH_2OH$, Glycerin
     M: 92,10   Kp.: 290 °C

x_2 H_2O, Wasser
     M: 18,02   Kp.: 100,0 °C

x_3 $CH_3 \cdot CH(OH) \cdot CH_3$, Isopropanol
     M: 60,10   Kp.: 82,4 °C

[V 3]

$p = 1{,}013$ bar $= 760 \pm 0{,}5$ Torr

t in °C	x_2'	x_3'	x_2''	x_3''	$\bar{x}_3'$*)	$\bar{x}_3''$*)
0,10 Massenanteile Glycerin						
91,5	0,955	0,022	0,664	0,336	0,023	0,336
85,5	0,910	0,063	0,519	0,480	0,065	0,480
84,3	0,872	0,100	0,491	0,507	0,103	0,508
83,9	0,858	0,114	0,476	0,523	0,117	0,523
82,8	0,795	0,173	0,469	0,529	0,179	0,530
82,2	0,616	0,344	0,414	0,583	0,358	0,585
81,7	0,487	0,467	0,367	0,633	0,489	0,632
81,6	0,288	0,655	0,297	0,701	0,695	0,702
0,20 Massenanteile Glycerin						
90,1	0,915	0,031	0,591	0,407	0,033	0,407
85,1	0,867	0,077	0,494	0,505	0,081	0,506
83,8	0,808	0,129	0,468	0,533	0,139	0,532
83,1	0,729	0,198	0,418	0,582	0,213	0,582
83,0	0,729	0,202	0,405	0,596	0,233	0,596
82,7	0,632	0,290	0,388	0,610	0,315	0,611
82,6	0,487	0,419	0,359	0,640	0,463	0,640
83,0	0,294	0,592	0,262	0,738	0,669	0,735
0,30 Massenanteile Glycerin						
89,0	0,873	0,042	0,548	0,451	0,046	0,451
86,2	0,814	0,092	0,482	0,517	0,102	0,517
84,0	0,734	0,159	0,418	0,582	0,178	0,582
83,6	0,635	0,241	0,395	0,605	0,275	0,605
83,4	0,503	0,354	0,347	0,652	0,412	0,652
83,7	0,318	0,511	0,283	0,716	0,616	0,716
84,8	0,177	0,628	0,163	0,837	0,780	0,837
0,40 Massenanteile Glycerin						
89,9	0,822	0,047	0,564	0,436	0,054	0,436
87,3	0,743	0,111	0,426	0,571	0,130	0,573
85,0	0,651	0,172	0,419	0,580	0,209	0,580
84,5	0,492	0,306	0,342	0,656	0,384	0,657
85,0	0,321	0,438	0,258	0,743	0,577	0,743
85,9	0,182	0,548	0,155	0,845	0,751	0,845
0,50 Massenanteile Glycerin						
91,6	0,757	0,050	0,554	0,446	0,062	0,446
87,3	0,664	0,109	0,420	0,578	0,141	0,580
85,7	0,509	0,230	0,339	0,659	0,311	0,660
86,0	0,355	0,344	0,237	0,763	0,492	0,763
87,0	0,191	0,465	0,201	0,859	0,709	0,859

*) Der Strich über dem x besagt, daß sich die Zahlenangabe auf das glycerinfreie Gemisch bezieht.

Sind in der Flüssigkeit weniger als 0,80 Massenanteile Glycerin, so enthält der Dampf praktisch kein Glycerin

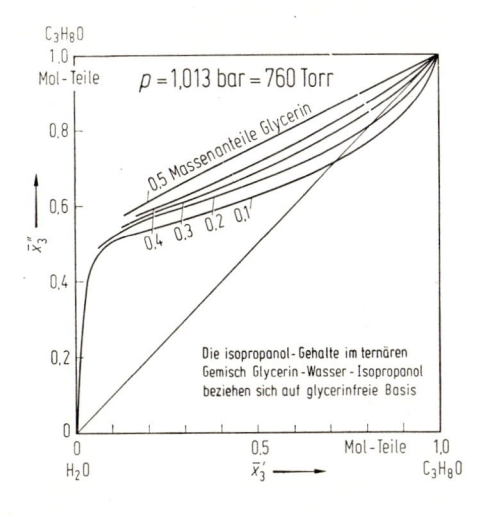

Zu **64**

65 m_1 (C$_3$H$_6$O$_3$), 1,3,5-Trioxan
M: 90,08   Kp.: 114,5 °C

m_2 H$_2$O, Wasser
M: 18,02   Kp.: 100,0 °C

m_3 HCHO, Formaldehyd
M: 30,03   Kp.: −21 °C

[P3]

$p = 1,013$ bar = 760 Torr

t in °C	m_1'	m_2'	m_3'	m_1''	m_2''	m_3''
	Massenanteile					
99,3	0,0010	0,8000	0,1990	0,0614	0,7880	0,1506
98,5	0,0020	0,8010	0,1970	0,1710	0,6990	0,1300
96,9	0,0525	0,7810	0,1665	0,3168	0,5865	0,0947
96,9	0,0740	0,7710	0,1550	0,3494	0,5852	0,0656
95,0	0,2070	0,6471	0,1459	0,5633	0,4160	0,0207
94,5	0,1486	0,7603	0,0911	0,5146	0,4742	0,0112
92,8	0,3398	0,6415	0,0187	0,6250	0,3743	0,0007
98,9	0,0000	0,7116	0,2884	0,0552	0,7352	0,2096
97,0	0,0669	0,7108	0,2223	0,3398	0,5630	0,0972
95,9	0,0700	0,6823	0,2477	0,3728	0,5229	0,1043
95,5	0,1209	0,6494	0,2297	0,4450	0,4697	0,0853
95,5	0,0978	0,6730	0,2292	0,4007	0,5037	0,0956
101,0	0,0000	0,5338	0,4662	0,0000	0,6548	0,3452
98,0	0,0115	0,5200	0,4685	0,1719	0,5903	0,2378
96,0	0,1094	0,5091	0,3815	0,3699	0,4889	0,1412
96,0	0,1209	0,4912	0,3879	0,4158	0,4508	0,1334
95,5	0,1545	0,4762	0,3693	0,4761	0,4232	0,1007
97,5	0,0017	0,4877	0,5106	0,0809	0,6279	0,2912
97,5	0,0417	0,4823	0,4760	0,2864	0,5191	0,1945
97,0	0,0700	0,4623	0,4677	0,3184	0,4987	0,1829
97,0	0,0691	0,4849	0,4460	0,3201	0,5070	0,1729
97,5	0,0329	0,5472	0,4199	0,2245	0,5687	0,2068

Fortsetzung nächste Seite

Zu **65**

t in °C	m_1'	m_2'	m_3'	m_1''	m_2''	m_3''
	\multicolumn{6}{l}{Massenanteile}					

t in °C	m_1'	m_2'	m_3'	m_1''	m_2''	m_3''
96,0	0,0887	0,7747	0,1366	0,4070	0,5643	0,0287
95,2	0,1322	0,7424	0,1254	0,4995	0,4813	0,0192
92,8	0,2540	0,6500	0,0960	0,5737	0,4168	0,0095
93,0	0,2726	0,6322	0,0952	0,5891	0,1048	0,0091
96,7	0,0527	0,7047	0,2426	0,2738	0,6085	0,1177
93,7	0,3764	0,3418	0,2818	0,6019	0,3400	0,0581
96,3	0,0706	0,7060	0,2234	0,3605	0,5506	0,0889
95,7	0,0902	0,6640	0,2458	0,2958	0,6180	0,0869
97,1	0,0375	0,6918	0,2707	0,2121	0,6304	0,1575
100,5	0,0139	0,9274	0,0587	0,0757	0,8939	0,0301
97,2	0,0529	0,8902	0,0569	0,2913	0,6937	0,0150
96,7	0,1943	0,7310	0,0747	0,5557	0,4362	0,0081
93,9	0,0429	0,7684	0,1827	0,2735	0,6307	0,0958
95,0	0,1402	0,6798	0,1800	0,4972	0,4500	0,0528
98,5	0,0111	0,7186	0,2693	0,0532	0,7500	0,1968
97,5	0,0404	0,7035	0,2561	0,2257	0,6135	0,1608
95,5	0,0919	0,6632	0,2449	0,3954	0,5176	0,0870
95,3	0,1223	0,6637	0,2140	0,4545	0,4729	0,0727
95,7	0,0847	0,7225	0,1928	0,4043	0,5229	0,0728
98,5	0,0082	0,6428	0,3490	0,0481	0,7103	0,2416
95,2	0,1927	0,3773	0,4300	0,4846	0,4091	0,1163
95,2	0,1491	0,4590	0,3919	0,4782	0,4357	0,0861
93,1	0,3591	0,4334	0,2075	0,6296	0,3486	0,0218
93,7	0,3211	0,4168	0,2621	0,5811	0,3571	0,0618
94,1	0,3400	0,3053	0,3547	0,5654	0,3475	0,0871
94,2	0,2341	0,5038	0,2621	0,5330	0,3987	0,0683
94,0	0,2387	0,5695	0,1918	0,5532	0,4031	0,0437
92,7	0,3581	0,5119	0,1300	0,6335	0,3556	0,0109
96,1	0,1341	0,3868	0,4791	0,4157	0,4242	0,1601
96,4	0,0775	0,5854	0,3371	0,3401	0,5073	0,1526

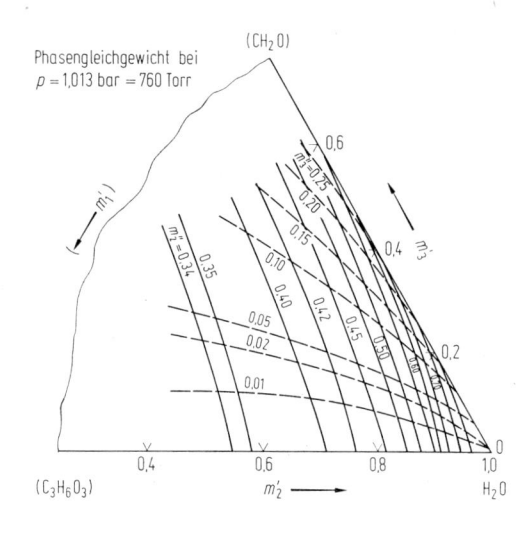

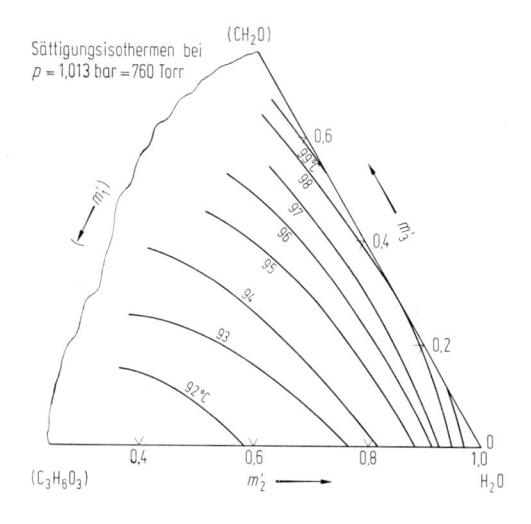

$p = 1{,}013$ bar $= 760$ Torr

Phasengleichgewicht bei $p = 1{,}013$ bar $= 760$ Torr

Sättigungsisothermen bei $p = 1{,}013$ bar $= 760$ Torr

Weishaupt

66 x_1 $CH_3 \cdot [CH_2]_2 \cdot CH_2OH$, Butanol-(1) x_2 H_2O, Wasser
         M: 74,12   Kp.: 117,5 °C   M: 18,02   Kp.: 100,0 °C

                                                                    x_3 $CH_3 \cdot CH_2OH$, Äthanol
[F 11]   M: 46,07   Kp.: 78,32 °C

$p = 1,013$ bar $= 760$ Torr

t in °C	x_1'	x_2'	x_3'	x_1''	x_2''	x_3''
82,05	0,0081	0,8259	0,1660	0,0210	0,4140	0,5650
80,26	0,0070	0,7050	0,2880	0,0053	0,3367	0,6580
78,56	0,0041	0,3499	0,6460	0,0007	0,2068	0,7925
87,44	0,0095	0,9382	0,0523	0,0747	0,5513	0,3740
88,52	0,0097	0,9564	0,0339	0,1120	0,6240	0,2640
91,28	0,0097	0,9738	0,0165	0,1295	0,7300	0,1405
80,54	0,0230	0,6750	0,3020	0,0135	0,3990	0,5875
79,60	0,0185	0,5200	0,4615	0,0083	0,3407	0,6510
78,62	0,0114	0,3240	0,6646	0,0019	0,2051	0,7930
87,48	0,2480	0,6230	0,1290	0,1350	0,6120	0,2530
86,80	0,0680	0,8430	0,0890	0,1070	0,5790	0,3140
81,47	0,0507	0,6273	0,3220	0,0219	0,3561	0,6220
78,69	0,0240	0,2920	0,6840	0,0054	0,2180	0,7766
87,24	0,1150	0,7855	0,0995	0,1180	0,5760	0,3060
84,44	0,1010	0,6870	0,2120	0,0700	0,4410	0,4890
81,76	0,0830	0,5640	0,3530	0,0267	0,4063	0,5670
80,21	0,0626	0,4254	0,5120	0,0140	0,3550	0,6310
80,71	0,1200	0,2930	0,5870	0,0269	0,2761	0,6970
78,80	0,0662	0,1638	0,7700	0,0108	0,1332	0,8560
79,00	0,0877	0,0980	0,8133	0,0152	0,1118	0,8730
85,11	0,2090	0,5290	0,2620	0,0925	0,4645	0,4430
89,78	0,3910	0,5360	0,0730	0,1990	0,6510	0,1500
87,98	0,3580	0,4932	0,1488	0,1495	0,5965	0,2540
84,26	0,2930	0,4040	0,3030	0,0868	0,4807	0,4325
81,95	0,2230	0,3090	0,4680	0,0503	0,3320	0,6177
90,57	0,5390	0,3240	0,1370	0,2155	0,5600	0,2245
88,94	0,5085	0,3065	0,1850	0,1730	0,5250	0,3020
84,08	0,4030	0,2410	0,3560	0,0836	0,3890	0,5214
95,46	0,8040	0,1400	0,0560	0,3750	0,4950	0,1300
90,46	0,7120	0,1250	0,1630	0,2090	0,4250	0,3660
84,33	0,5029	0,0896	0,4070	0,0960	0,2390	0,6650
82,19	0,3560	0,0600	0,5840	0,0515	0,1555	0,7930

Kondensationstemperatur bei $p = 1,013$ bar $= 760$ Torr

Weishaupt

67 x_1 $CH_3 \cdot [CH_2]_2 \cdot CH_2OH$, Butanol-(1) x_2 H_2O, Wasser
         M: 74,12   Kp.: 117,5 °C   M: 18,02   Kp.: 100,0 °C

                                                               x_3 $CH_3 \cdot CH_2 \cdot CH_2OH$, Propanol-(1)
[D 8]   M: 60,10   Kp.: 97,4 °C

$p \approx 1{,}016$ bar ≈ 763 Torr

t in °C	p in bar	x_2'	x_3'	x_2''	x_3''	t in °C	p in bar	x_2'	x_3'	x_2''	x_3''
100,21	1,0140	0,141	0,197	0,432	0,170	88,73	1,0209	0,406	0,539	0,535	0,436
96,37	1,0140	0,153	0,409	0,382	0,421	90,06	1,0208	0,490	0,303	0,616	0,288
94,88	1,0139	0,155	0,517	0,367	0,492	88,87	1,0171	0,572	0,338	0,607	0,338
93,44	1,0140	0,166	0,611	0,352	0,571	89,93	1,0157	0,589	0,226	0,649	0,243
92,20	1,0141	0,168	0,697	0,344	0,615	89,74	1,0209	0,623	0,239	0,646	0,261
91,73	1,0211	0,176	0,748	0,354	0,618	88,43	1,0207	0,689	0,307	0,607	0,359
91,82	1,0155	0,372	0,233	0,602	0,247	89,27	1,0167	0,749	0,210	0,639	0,307
92,76	1,0157	0,374	0,144	0,633	0,142	88,91	1,0205	0,857	0,129	0,635	0,318
90,22	1,0171	0,377	0,503	0,542	0,401						

Es gibt je einen Azeotropen Punkt im Gemisch Wasser—Propanol, wie im Gemisch Butanol—Wasser (2 flüssige Phasen). Dagegen bildet das Gemisch kein ternäres Azeotrop.

---

68 x_1 $CH_3 \cdot [CH_2]_2 \cdot CH_2OH$, Butanol-(1) x_2 C_7H_8, Toluol
         M: 74,12   Kp.: 117,5 °C   M: 92,14   Kp.: 110,8 °C

                                                               x_3 C_6H_{12}, Cyclohexan
[D 18]   M: 84,16   Kp.: 80,8 °C

$p = 1{,}013$ bar $= 760$ Torr

t in °C	x_1'	x_2'	x_3'	x_1''	x_2''	x_3''
80,00	0,200	0,0775	0,7225	0,0699	0,0425	0,8876
82,25	0,200	0,1578	0,6422	0,0840	0,0727	0,8433
84,78	0,200	0,2333	0,5667	0,1046	0,1154	0,7800
86,41	0,200	0,3195	0,4805	0,1154	0,1846	0,7000
88,35	0,200	0,4023	0,3977	0,1826	0,2357	0,5817
90,11	0,200	0,4805	0,3195	0,2274	0,2969	0,4757
92,50	0,200	0,5481	0,2519	0,2351	0,4000	0,3649
95,12	0,200	0,6342	0,1658	0,2016	0,5222	0,2762
101,60	0,200	0,7120	0,0880	0,2072	0,6515	0,1413
82,16	0,400	0,0557	0,5343	0,1417	0,0352	0,8235
83,24	0,400	0,1155	0,4845	0,1627	0,0707	0,7666
85,00	0,400	0,1721	0,4279	0,1922	0,1068	0,7000
86,01	0,400	0,2423	0,3577	0,2377	0,1636	0,5987
87,00	0,400	0,3910	0,3090	0,2755	0,2083	0,5162
89,11	0,400	0,3492	0,2508	0,3017	0,2666	0,4317
91,41	0,400	0,4105	0,1895	0,3437	0,3251	0,3312
94,62	0,400	0,4616	0,1384	0,3267	0,4326	0,2407
100,00	0,400	0,5267	0,0733	0,3438	0,5344	0,1218
85,20	0,600	0,0382	0,3618	0,2324	0,0333	0,7343
86,64	0,600	0,1111	0,2889	0,2748	0,1000	0,6252
89,35	0,600	0,1980	0,2020	0,3358	0,1829	0,4813
94,05	0,600	0,2485	0,1515	0,4179	0,2806	0,3015
102,35	0,600	0,3477	0,0523	0,5000	0,4000	0,1000
93,66	0,800	0,0289	0,1711	0,3472	0,0357	0,6171
96,00	0,800	0,0616	0,1384	0,3589	0,0856	0,5555
99,11	0,800	0,0932	0,1068	0,4072	0,1601	0,4427
102,84	0,800	0,1307	0,0683	0,4989	0,3000	0,2011
106,00	0,800	0,1797	0,0203	0,6396	0,2604	0,1000

69 x_1 $CH_3 \cdot [CH_2]_2 \cdot CH_2OH$, Butanol-(1)
  M: 74,12 Kp.: 117,5 °C

  x_2 C_7H_8, Toluol
  M: 92,14 Kp.: 110,8 °C

  x_3 C_6H_6, Benzol
  M: 78,11 Kp.: 80,2 °C

[D 18]

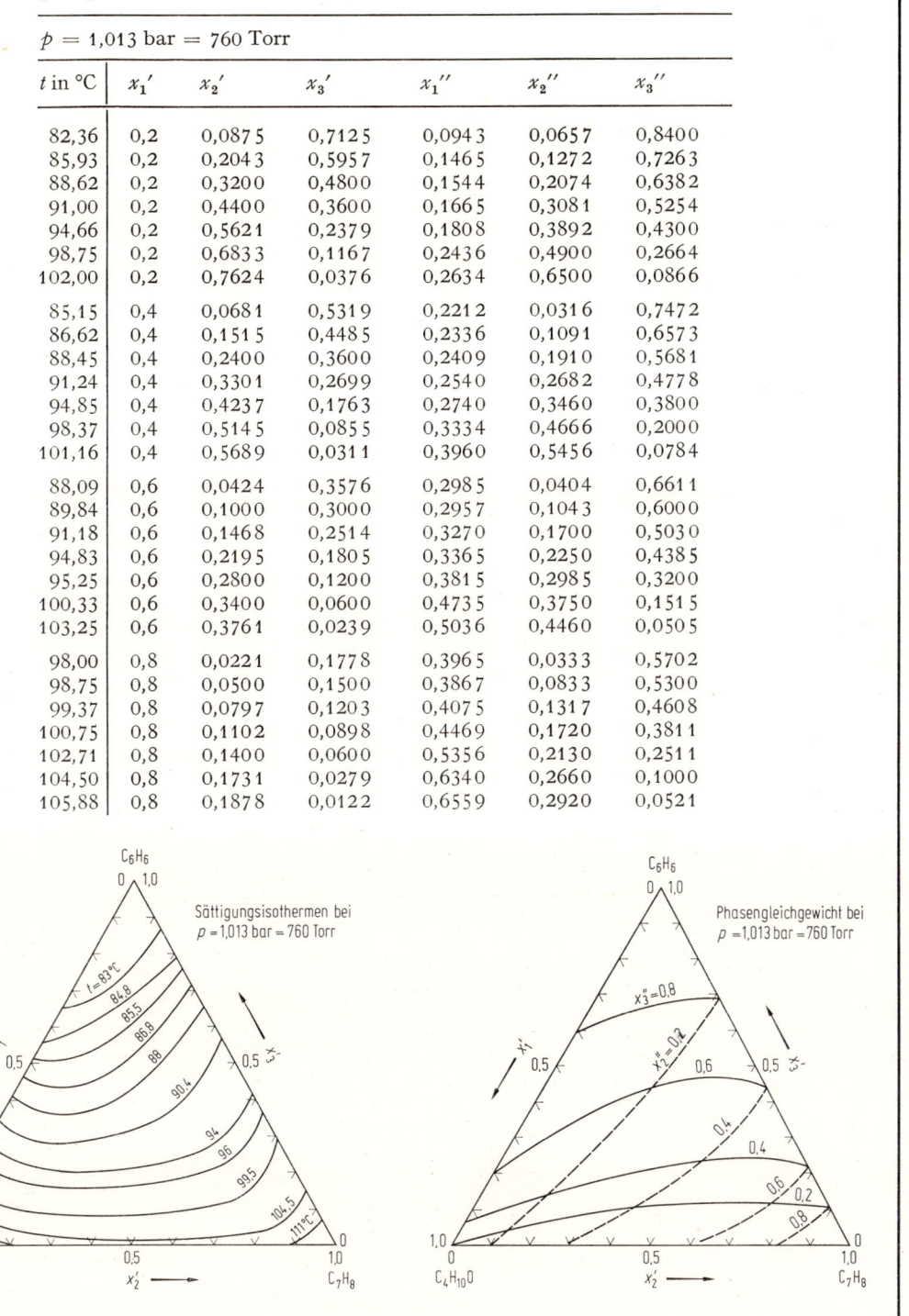

$p = 1{,}013$ bar $= 760$ Torr

t in °C	x_1'	x_2'	x_3'	x_1''	x_2''	x_3''
82,36	0,2	0,0875	0,7125	0,0943	0,0657	0,8400
85,93	0,2	0,2043	0,5957	0,1465	0,1272	0,7263
88,62	0,2	0,3200	0,4800	0,1544	0,2074	0,6382
91,00	0,2	0,4400	0,3600	0,1665	0,3081	0,5254
94,66	0,2	0,5621	0,2379	0,1808	0,3892	0,4300
98,75	0,2	0,6833	0,1167	0,2436	0,4900	0,2664
102,00	0,2	0,7624	0,0376	0,2634	0,6500	0,0866
85,15	0,4	0,0681	0,5319	0,2212	0,0316	0,7472
86,62	0,4	0,1515	0,4485	0,2336	0,1091	0,6573
88,45	0,4	0,2400	0,3600	0,2409	0,1910	0,5681
91,24	0,4	0,3301	0,2699	0,2540	0,2682	0,4778
94,85	0,4	0,4237	0,1763	0,2740	0,3460	0,3800
98,37	0,4	0,5145	0,0855	0,3334	0,4666	0,2000
101,16	0,4	0,5689	0,0311	0,3960	0,5456	0,0784
88,09	0,6	0,0424	0,3576	0,2985	0,0404	0,6611
89,84	0,6	0,1000	0,3000	0,2957	0,1043	0,6000
91,18	0,6	0,1468	0,2514	0,3270	0,1700	0,5030
94,83	0,6	0,2195	0,1805	0,3365	0,2250	0,4385
95,25	0,6	0,2800	0,1200	0,3815	0,2985	0,3200
100,33	0,6	0,3400	0,0600	0,4735	0,3750	0,1515
103,25	0,6	0,3761	0,0239	0,5036	0,4460	0,0505
98,00	0,8	0,0221	0,1778	0,3965	0,0333	0,5702
98,75	0,8	0,0500	0,1500	0,3867	0,0833	0,5300
99,37	0,8	0,0797	0,1203	0,4075	0,1317	0,4608
100,75	0,8	0,1102	0,0898	0,4469	0,1720	0,3811
102,71	0,8	0,1400	0,0600	0,5356	0,2130	0,2511
104,50	0,8	0,1731	0,0279	0,6340	0,2660	0,1000
105,88	0,8	0,1878	0,0122	0,6559	0,2920	0,0521

Weishaupt

70 m_1 $(CH_3)_2CH \cdot CH_2OH$, Isobutanol
  M: 74,12 Kp.: 107,7 °C
  m_2 H_2O, Wasser
  M: 18,02 Kp.: 100,0 °C
  m_3 $CH_3 \cdot [CH_2]_4 \cdot CH_3$, n-Hexan
  M: 86,18 Kp.: 68,8 °C

[A 3]

Heteroazeotroper Punkt bei $p = 1,013$ bar (760 Torr):
$t_{az} = 59,8\,°C$; $m_{2az} = 0,055$; $m_{3az} = 0,895$
(Massen-Tl.)

---

71 m_1 $(CH_3)_2CH \cdot CH_2OH$, Isobutanol
  M: 74,12 Kp.: 107,7 °C
  m_2 H_2O, Wasser
  M: 18,02 Kp.: 100,0 °C
  m_3 $CH_3 \cdot [CH_2]_5 \cdot CH_3$, n-Heptan
  M: 100,21 Kp.: 98,34 °C

[A 3]

Heteroazeotroper Punkt bei $p = 1,013$ bar (760 Torr):
$t_{az} = 76,0\,°C$; $m_{2az} = 0,115$; $m_{3az} = 0,74$
(Massen-Tl.)

---

72 x_1 $C_2H_5 \cdot O \cdot C_2H_4OH$, Cellosolve (Äthylenglykol-mono-äthyläther)
  M: 90,12 Kp.: 135,1 °C
  x_2 $CH_3 \cdot [CH_2]_4 \cdot CH_3$, n-Hexan
  M: 86,18 Kp.: 68,8 °C
  x_3 $CH_3 \cdot [CH_2]_3 \cdot CH:CH_2$, Hexen-(1)
  M: 84,16 Kp.: 63,35 °C

[S 35]

$p = 1,013$ bar $= 760$ Torr

t in °C	x_2'	x_3'	x_2''	x_3''
67,7	0,443	0,405	0,470	0,487
69,4	0,306	0,294	0,466	0,475
74,5	0,167	0,163	0,468	0,447
107,9	0,027	0,028	0,320	0,286
68,5	0,659	0,205	0,706	0,249
70,3	0,468	0,149	0,700	0,239
74,9	0,237	0,080	0,683	0,224
105,5	0,043	0,015	0,488	0,148
67,0	0,227	0,633	0,238	0,723
66,6	0,229	0,619	0,241	0,719
68,5	0,160	0,439	0,244	0,701
68,8	0,151	0,441	0,235	0,708
74,5	0,082	0,230	0,247	0,667
74,4	0,078	0,229	0,240	0,675
108,8	0,014	0,043	0,160	0,430

Siehe auch Abschnitt 3

---

73 x_1 $CH_3 \cdot CO_2C_2H_5$, Essigsäureäthylester
  M: 88,11 Kp.: 77,1 °C
  x_2 CH_3OH, Methanol
  M: 32,04 Kp.: 64,7 °C
  x_3 $CHCl_3$, Chloroform
  M: 119,38 Kp.: 61,2 °C

[N 3]

$p = 1,013$ bar $= 760$ Torr

t in °C	x_2'	x_3'	x_2''	x_3''
72,0	0,077	0,075	0,238	0,057
65,4	0,246	0,082	0,470	0,060
64,1	0,303	0,147	0,494	0,118
61,9	0,539	0,122	0,618	0,122
62,8	0,445	0,123	0,574	0,108
63,8	0,347	0,079	0,513	0,059
63,1	0,470	0,060	0,585	0,050
62,1	0,634	0,058	0,667	0,064
62,3	0,569	0,048	0,640	0,045
62,2	0,651	0,046	0,681	0,051
62,4	0,861	0,040	0,814	0,076
61,4	0,645	0,104	0,665	0,126
61,4	0,657	0,101	0,673	0,118
62,0	0,725	0,063	0,713	0,083
61,3	0,738	0,086	0,718	0,118
62,0	0,575	0,087	0,644	0,087
62,1	0,792	0,070	0,750	0,111
64,5	0,241	0,250	0,442	0,218
62,8	0,360	0,219	0,548	0,197
62,5	0,432	0,190	0,580	0,180
61,1	0,678	0,136	0,663	0,178
61,3	0,637	0,120	0,655	0,144
69,0	0,122	0,314	0,316	0,281
62,4	0,383	0,222	0,544	0,204
60,5	0,597	0,202	0,619	0,242
60,3	0,651	0,180	0,639	0,240
61,1	0,822	0,097	0,748	0,178
69,8	0,071	0,416	0,235	0,409
63,6	0,207	0,364	0,414	0,329
60,0	0,482	0,289	0,553	0,322
62,0	0,300	0,347	0,489	0,329
59,0	0,659	0,223	0,603	0,319
60,9	0,314	0,384	0,475	0,376
59,0	0,465	0,345	0,526	0,388
58,3	0,504	0,338	0,531	0,398
57,3	0,579	0,327	0,509	0,433
57,5	0,660	0,265	0,558	0,401
61,4	0,211	0,486	0,412	0,463
61,6	0,191	0,507	0,380	0,485
59,8	0,285	0,470	0,426	0,467
57,9	0,407	0,419	0,478	0,470
65,7	0,077	0,597	0,242	0,603
60,0	0,219	0,527	0,393	0,509
57,5	0,338	0,499	0,437	0,515
57,3	0,363	0,492	0,449	0,512

Fortsetzung nächste Seite

Zu 73

$p = 1{,}013$ bar $= 760$ Torr

t in °C	x_2'	x_3'	x_2''	x_3''
56,0	0,486	0,434	0,448	0,529
56,7	0,518	0,397	0,475	0,488
59,7	0,183	0,588	0,361	0,570
63,8	0,082	0,653	0,247	0,652
57,4	0,234	0,608	0,371	0,584
56,0	0,351	0,599	0,402	0,580
57,1	0,200	0,680	0,347	0,634
57,2	0,102	0,824	0,248	0,736
67,1	0,174	0,195	0,386	0,158
58,1	0,745	0,208	0,622	0,353
67,5	0,179	0,115	0,382	0,088
72,3	0,072	0,170	0,241	0,144
68,8	0,067	0,482	0,235	0,481
57,2	0,644	0,290	0,540	0,426
58,5	0,740	0,206	0,617	0,345
68,5	0,071	0,470	0,235	0,468
66,4	0,075	0,540	0,244	0,542
59,1	0,325	0,454	0,440	0,464
60,6	0,077	0,731	0,230	0,704
55,9	0,342	0,566	0,391	0,584
65,8	0,197	0,246	0,420	0,206
62,4	0,861	0,033	0,809	0,058
62,6	0,898	0,030	0,838	0,057
64,4	0,328	0,076	0,506	0,059
56,6	0,639	0,329	0,517	0,468
63,0	0,260	0,309	0,471	0,280
59,2	0,739	0,203	0,615	0,340

Es gibt keinen ternären Azeotropen Punkt

74

x_1 (C$_4$H$_8$O$_2$), 1,4-Dioxan
M: 88,11   Kp.: 101,3 °C

x_2 CH$_3$·[CH$_2$]$_4$·CH$_3$, n-Hexan
M: 86,18   Kp.: 68,8 °C

x_3 CH$_3$·[CH$_2$]$_3$·CH:CH$_2$, Hexen-(1)
M: 84,16   Kp.: 63,35 °C

[S 35]

$p = 1{,}013$ bar $= 760$ Torr

t in °C	x_2'	x_3'	x_2''	x_3''
65,3	0,229	0,645	0,221	0,696
66,0	0,231	0,631	0,224	0,694
68,2	0,165	0,471	0,203	0,603
67,9	0,163	0,470	0,205	0,602
72,6	0,103	0,298	0,187	0,521
72,7	0,103	0,297	0,188	0,516
85,7	0,027	0,082	0,118	0,319
86,6	0,026	0,079	0,111	0,290
67,4	0,448	0,414	0,441	0,460
68,6	0,324	0,314	0,400	0,409
72,3	0,213	0,210	0,363	0,349
85,5	0,049	0,054	0,226	0,217
67,7	0,672	0,207	0,671	0,236
69,7	0,490	0,156	0,589	0,199
73,2	0,294	0,096	0,522	0,169
84,8	0,074	0,029	0,330	0,113

Siehe auch Abschnitt 3

75

x_1 (CH$_3$)$_2$CH·CH$_2$·CH$_2$OH, Isoamylalkohol
M: 88,15   Kp.: 131,2···131,7 °C

x_2 H$_2$O, Wasser
M: 18,02   Kp.: 100,0 °C

x_3 CH$_3$·CH$_2$OH, Äthanol
M: 46,07   Kp.: 78,3 °C

[C 6]

$p = 1{,}013$ bar $= 760$ Torr

t in °C	x_1'	x_2'	x_3'	x_1''	x_2''	x_3''
85,5	0,0099	0,8903	0,0998	0,0489	0,5871	0,3640
84,2	0,0110	0,8407	0,1483	0,0336	0,5474	0,4190
83,5	0,0100	0,7904	0,1996	0,0170	0,4760	0,5070
81,9	0,0100	0,6900	0,3000	0,0112	0,4320	0,5568
81,4	0,0101	0,5899	0,4000	0,0051	0,3913	0,6036
80,3	0,0101	0,4898	0,5001	0,0030	0,3508	0,6462
79,4	0,0100	0,3899	0,6001	0,0021	0,3030	0,6949
78,8	0,0101	0,2897	0,7002	0,0016	0,2454	0,7530

Fortsetzung nächste Seite

Zu **75**

$p = 1{,}013$ bar $= 760$ Torr

t in °C	x_1'	x_2'	x_3'	x_1''	x_2''	x_3''
78,5	0,0100	0,1901	0,7999	0,0014	0,1765	0,8221
84,3	0,0300	0,7701	0,1999	0,0332	0,4968	0,4700
82,6	0,0300	0,6732	0,2968	0,0200	0,4520	0,5280
81,4	0,0300	0,5796	0,3904	0,0116	0,4113	0,5771
80,5	0,0300	0,4704	0,4996	0,0078	0,3571	0,6351
79,6	0,0299	0,3702	0,5999	0,0056	0,3045	0,6899
79,4	0,0306	0,2667	0,7027	0,0047	0,2237	0,7716
79,1	0,0300	0,1753	0,7947	0,0041	0,1737	0,8222
84,8	0,0499	0,7502	0,1999	0,0361	0,5183	0,4456
83,2	0,0500	0,6499	0,3001	0,0230	0,4638	0,5132
81,4	0,0499	0,5501	0,4000	0,0165	0,4103	0,5732
80,9	0,0502	0,4501	0,4997	0,0118	0,3616	0,6266
80,2	0,0500	0,3503	0,5997	0,0086	0,3053	0,6861
79,6	0,0503	0,2520	0,6977	0,0075	0,2401	0,7524
84,3	0,1001	0,6013	0,2986	0,0381	0,4913	0,4706
82,8	0,1000	0,5002	0,3998	0,0284	0,4259	0,5457
81,8	0,0998	0,4007	0,4995	0,0212	0,3674	0,6114
81,1	0,1004	0,3001	0,5995	0,0160	0,2994	0,6846
80,8	0,1003	0,2007	0,6990	0,0151	0,2178	0,7671
87,2	0,3000	0,4006	0,2994	0,0612	0,5102	0,4286
86,2	0,2999	0,3005	0,3996	0,0580	0,3925	0,5495
85,7	0,2998	0,2003	0,4999	0,0565	0,2793	0,6642
92,9	0,5002	0,1003	0,3995	0,1174	0,1850	0,6976

---

76 x_1 (C$_5$H$_4$O$_2$), Furfurol
M: 96,09   Kp.: 161,7 °C

x_2 C$_6$H$_6$, Benzol
M: 78,11   Kp.: 80,2 °C

x_3 CCl$_4$, Tetrachlorkohlenstoff
M: 153,82   Kp.: 76,7 °C

[F 14]

$p = 1{,}013$ bar $= 760$ Torr

t in °C	x_2'	x_3'	x_2''	x_3''
92,8	0,449	0,0726	0,756	0,185
101,1	0,225	0,075	0,571	0,306
98,8	0,149	0,151	0,379	0,545
87,0	0,526	0,174	0,654	0,317
94,4	0,198	0,202	0,396	0,555
97,0	0,076	0,224	0,187	0,707
91,2	0,247	0,253	0,387	0,524
85,9	0,347	0,353	0,419	0,559
80,7	0,445	0,455	0,402	0,481
85,0	0,177	0,523	0,210	0,763

Vorstehende Zahlentafel wurde der Arbeit [A 8] entnommen. Die Siedetemperaturen sind berechnete Werte.

---

77 x_1 C$_6$H$_6$O, Phenol
M: 94,11   Kp.: 181,9···182,2 °C

x_2 (C$_6$H$_{12}$O), Cyclohexanol
M: 100,16   Kp.: 160···161 °C

x_3 (C$_6$H$_{10}$O), Cyclohexanon
M: 98,15   Kp.: 155,6···156 °C

[C 21]

$p = 0{,}120$ bar $= 90$ Torr

t in °C	x_2'	x_3'	x_2''	x_3''
103,1	0,801	0,099	0,801	0,178
105,1	0,798	0,056	0,879	0,060
109,1	0,582	0,113	0,717	0,175
110,8	0,637	0,042	0,800	0,067
112,7	0,428	0,157	0,567	0,229
116,0	0,389	0,121	0,544	0,158
118,5	0,272	0,132	0,383	0,155
119,0	0,316	0,054	0,408	0,045
120,8	0,159	0,140	0,205	0,136
121,2	0,164	0,062	0,184	0,046
102,2	0,762	0,103	0,779	0,189
102,4	0,763	0,099	0,800	0,175

78

x_1 $C_4H_9 \cdot O \cdot CH_2 \cdot CH_2(OH)$, Butyl-cellosolve (Äthylenglykol-monobutylester)
M: 118,17   Kp.: 164···176 °C

x_2 [Ethylcyclohexan structure] C_2H_5 (C_8H_{16}), Äthyl-cyclohexan
M: 112,22   Kp.: 131,8 °C

x_3 $CH_3 \cdot [CH_2]_6 \cdot CH_3$, n-Octan
M: 114,23   Kp.: 125,8 °C

[P6]

Einfluß von Butylcellosolve auf den Trennfaktor α des binären Gemisches Äthyl-cyclohexan—n-Octan

$p = 0{,}5333$ bar $= 400$ Torr

t in °C	x_1'	x_2'*)	x_2''*)	$\alpha_{3,2}$
107,87	0,00	0,760	0,732	1,16
106,61	0,00	0,518	0,488	1,13
105,4	0,00	0,259	0,240	1,11
111,4	0,33	0,763	0,724	1,23
113,3	0,33	0,530	0,484	1,20
108,8	0,33	0,268	0,231	1,22
115,05	0,50	0,721	0,728	1,25
116,3	0,50	0,568	0,513	1,25
111,9	0,50	0,273	0,227	1,28
124,0	0,67	0,780	0,732	1,30
122,2	0,67	0,565	0,498	1,31
122,8	0,67	0,281	0,224	1,35
128,8	0,75	0,776	0,724	1,32
127,4	0,75	0,555	0,485	1,32
125,5	0,75	0,280	0,220	1,38
131,6	0,80	0,784	0,732	1,33
132,6	0,80	0,565	0,492	1,34
132,4	0,80	0,282	0,219	1,40

*) Die x_2-Werte beziehen sich auf das butylcellosolvefreie Gemisch

Die Addition von Butyl-cellosolve zum Gemisch Äthyl-cyclohexan—n-Octan erhöht den Trennfaktor merklich

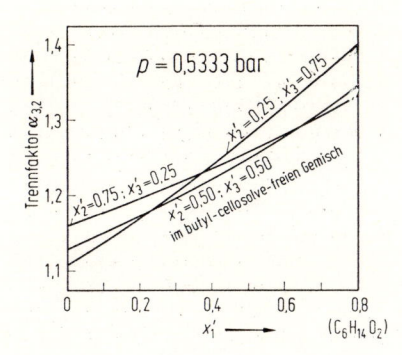

[Diagram: Trennfaktor $\alpha_{3,2}$ vs x_1' at $p = 0{,}5333$ bar, with curves labeled $x_2'=0{,}25; x_3'=0{,}75$; $x_2'=0{,}50; x_3'=0{,}50$; $x_2'=0{,}75; x_3'=0{,}25$ im butyl-cellosolve-freien Gemisch; abscissa 0 to 0,8 $(C_6H_{14}O_2)$; ordinate 1,1 to 1,4]

79

x_1 $HCO_2[CH_2]_2 \cdot CH(CH_3)_2$, Ameisensäure-isoamylester
M: 116,16   Kp.: 123,8 bis 124,2 °C

x_2 $H \cdot CO_2H$, Ameisensäure
M: 46,03   Kp.: 100,75 °C

x_3 H_2O, Wasser
M: 18,02   Kp.: 100,0 °C

[T6]

$p = 1{,}013$ bar $= 760$ Torr

t in °C	x_1'	x_2'	x_3'	x_1''	x_2''	x_3''
Meßlinie I						
100,6	0,032	0,944	0,0238	0,036	0,948	0,016
103,2	0,029	0,829	0,142	0,050	0,849	0,101
104,25	0,026	0,739	0,235	0,064	0,754	0,182
104,85	0,023	0,684	0,293	0,075	0,670	0,255
104,1	0,017	0,499	0,484	0,172	0,256	0,572
103,3	0,015	0,450	0,535	0,156	0,155	0,689
Meßlinie II						
101,1	0,160	0,822	0,018	0,084	0,902	0,014
102,8	0,100	0,751	0,149	0,114	0,765	0,121
103,15	0,087	0,658	0,255	0,146	0,622	0,232
102,95	0,077	0,583	0,341	0,159	0,512	0,329
101,9	0,064	0,485	0,451	0,382	0,145	0,473
Meßlinie III						
103,3	0,267	0,677	0,056	0,146	0,786	0,068
103,4	0,254	0,642	0,104	0,189	0,697	0,114
103,03	0,231	0,591	0,178	0,190	0,595	0,215
102,05	0,206	0,519	0,275	0,212	0,452	0,336
Meßlinie IV						
105,25	0,599	0,377	0,024			
104,85	0,570	0,360	0,070			
103,35	0,532	0,336	0,132	\} Keine Daten		
102,02	0,492	0,312	0,196			
101,00	0,466	0,294	0,240			
99,00	0,420	0,265	0,315			
Meßlinie V						
106,9	0,001	0,481	0,518	0,050	0,374	0,576
105,7	0,006	0,479	0,515	0,080	0,371	0,549
104,8	0,009	0,474	0,518	0,096	0,369	0,535
102,6	0,021	0,472	0,507	0,129	0,363	0,508
101,65	0,032	0,466	0,502	0,152	0,351	0,497
101,1	0,047	0,461	0,496	0,171	0,340	0,489
100,35	0,063	0,451	0,486			
99,6	0,104	0,431	0,465	\} Keine Daten		
99,1	0,153	0,408	0,439			
98,65	0,213	0,379	0,408			

Im Bereich der homogenen Flüssigkeitszusammensetzungen bilden die Isothermen eine Sattelfläche. Der Rücken dieser Fläche verläuft vom Azeotropen Punkt A_2 des Gemisches Ameisensäure—Wasser zur Ester-Ecke über nachstehende Punkte:

x_1'	0,021	0,090	0,1505	0,264
x_2'	0,624	0,676	0,669	0,666
x_3'	0,355	0,234	0,1805	0,070

Die Werte in der 3. Spalte kennzeichnen die Lage des Sattelpunkt-Azeotrops. Dabei ist $t_{az} = 102{,}65$ °C.

Fortsetzung nächste Seite

Zu **79**

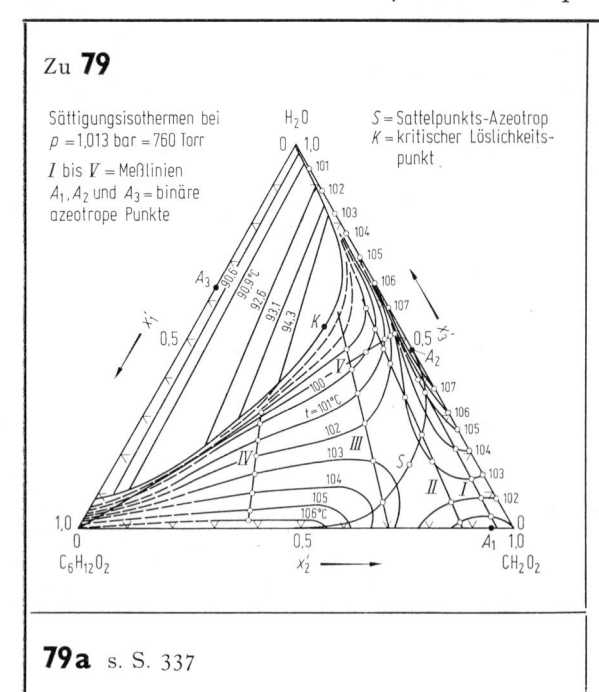

Sättigungsisothermen bei
$p = 1{,}013$ bar $= 760$ Torr
I bis V = Meßlinien
A_1, A_2 und A_3 = binäre azeotrope Punkte
S = Sattelpunkts-Azeotrop
K = kritischer Löslichkeitspunkt

79a s. S. 337

80

m_1 5-Methyl-furfurol H_3C—furan—CHO ($C_6H_6O_2$),
M: 110,11   Kp.: 187 °C

m_2 furan—CHO ($C_5H_4O_2$), Furfurol
M: 96,09   Kp.: 161,7 °C

m_3 H_2O, Wasser
M: 18,02   Kp.: 100,0 °C

[$F\,1$]

$p = 0{,}1333$ bar $= 100$ Torr

t in °C	m_1'	m_2'	m_3'	m_1''	m_2''	m_3''
	Massenanteile					
48,74	0,7000	0,1700	0,1300	0,0696	0,1430	0,7874
48,95	0,6150	0,2950	0,0900	0,0800	0,2308	0,6892
49,44	0,1504	0,7069	0,1427	0,0269	0,2947	0,6784
49,49	0,1500	0,0200	0,8300	0,0439	0,1366	0,8195
49,56	0,1176	0,1525	0,7299	0,0445	0,2964	0,6591
49,57	0,0900	0,8420	0,0680	0,0090	0,3100	0,6810
49,59	0,5254	0,3429	0,1317	0,0666	0,2048	0,7286
49,65	0,1000	0,4000	0,5000	0,0271	0,3046	0,6683
49,67	0,3072	0,4981	0,1947	0,0437	0,2478	0,7085
49,78	0,0500	0,0200	0,9300	0,0283	0,1589	0,8128
49,78	0,0300	0,4122	0,5578		0,3245	0,6755
49,79	0,7644	0,0990	0,1366	0,1031	0,1298	0,7671
49,82	0,6144	0,2101	0,1755	0,0589	0,1561	0,7850
49,86	0,6000	0,2500	0,1500	0,0723	0,1800	0,7477
49,91	0,6371	0,2222	0,1407	0,1003	0,1733	0,7264
49,92	0,1860	0,2536	0,5604	0,0347	0,2610	0,7075
49,92	0,0127	0,7000	0,2873		0,3228	0,6772
49,93	0,2960	0,3140	0,3900	0,0528	0,2507	0,6965

$p = 0{,}1333$ bar $= 100$ Torr

t in °C	m_1'	m_2'	m_3'	m_1''	m_2''	m_3''
	Massenanteile					
49,94	0,0288	0,7726	0,1986		0,3241	0,6759
49,96	0,4350	0,3648	0,2002	0,0518	0,1972	0,7510
49,97	0,4422	0,2162	0,3418	0,0467	0,1752	0,7781
49,97	0,4419	0,3414	0,2167	0,0400	0,1935	0,7665
49,98	0,4024	0,4059	0,1917	0,0513	0,2225	0,7262
50,00	0,3833	0,2906	0,3261	0,0476	0,2262	0,7262
50,00	0,0542	0,5453	0,4005	0,0090	0,3127	0,6183
50,01	0,0500	0,0400	0,9100	0,0240	0,1875	0,7885
50,02	0,2200	0,5800	0,2000	0,0314	0,2610	0,7076
50,05	0,1782	0,4773	0,3445	0,0345	0,2640	0,7015
50,06	0,0200	0,0100	0,9700		0,1092	0,8908
50,08	0,0230	0,5080	0,4690		0,3230	0,6770
50,08	0,1034	0,3327	0,5639	0,0435	0,3032	0,6533
50,14	0,0385	0,8337	0,1278	0,0100	0,3221	0,6679
50,15	0,1934	0,7024	0,1042	0,0294	0,2954	0,6752
50,19	0,2414	0,1044	0,6542	0,0398	0,2260	0,7342
50,35	0,0238	0,8444	0,1318	0,0088	0,3212	0,6700
50,40	0,3098	0,1364	0,5538	0,0503	0,2410	0,7087
50,41	0,6255	0,3173	0,0572	0,0830	0,2620	0,6550
50,45	0,5100	0,0200	0,4700	0,0672	0,1275	0,8053
50,47	0,0200	0,0900	0,8900		0,2742	0,7258
50,48	0,5136	0,0882	0,3982	0,0632	0,1526	0,7842
50,49	0,4616	0,0706	0,4678	0,0563	0,1586	0,7851
50,50	0,8944	0,0574	0,0482	0,1234	0,0870	0,7896
50,52	0,7949	0,0544	0,1507	0,1167	0,0771	0,8062
50,52	0,5097	0,4043	0,0860	0,0618	0,2442	0,6940
50,53	0,1000	0,0200	0,8800	0,0607	0,1270	0,8123
50,56	0,5434	0,1070	0,3496	0,0690	0,1423	0,7887
50,57	0,0213	0,8156	0,1631	0,0104	0,3259	0,6637
50,58	0,0281	0,1336	0,8383	0,0127	0,3228	0,6645
50,58	0,0995	0,1034	0,7971	0,0448	0,3062	0,6490
50,60	0,1936	0,1234	0,6830		0,2672	0,7328
50,60	0,5933	0,2036	0,2031	0,0662	0,1513	0,7825
50,74	0,2700	0,0300	0,7000	0,0925	0,1416	0,7659
50,86	0,6000	0,0500	0,3500	0,1220	0,1230	0,7550
50,87	0,6573	0,0952	0,2475	0,0672	0,1340	0,7988
50,87	0,6500	0,1000	0,2500	0,0772	0,1240	0,7988
50,88	0,7465	0,0530	0,2005	0,0837	0,0812	0,8351
50,90	0,6822	0,2178	0,1000	0,0367	0,1817	0,7816
51,02	0,1107	0,5665	0,3228	0,0261	0,3086	0,6653
51,08	0,1326	0,8390	0,0284	0,0180	0,3800	0,6020
51,08	0,3967	0,0303	0,5730	0,0524	0,1066	0,8410
51,19	0,1434	0,1621	0,6945	0,0313	0,2700	0,6987
51,22	0,4607	0,0326	0,5067	0,0657	0,1200	0,8143
53,13	0,1643	0,7257	0,1100	0,0260	0,3005	0,6735
53,14	0,0446	0,9142	0,0412		0,4474	0,5526
54,89	0,4116	0,5610	0,0271	0,0347	0,3123	0,6530
57,10	0,2619	0,7109	0,0272	0,0423	0,3180	0,6397
50,52	0,7949	0,0544	0,1507	0,1167	0,0817	0,8016
51,00	0,6500	0,0300	0,3200	0,1000	0,0800	0,8200
51,50	0,9000	0,0500	0,0500	0,1234	0,0870	0,7896
52,04	0,0350	0,9100	0,0550	0,0100	0,3842	0,6058
52,66	0,0800	0,8500	0,0700	0,0300	0,3180	0,6520
57,49	0,4007	0,5697	0,0296	0,0421	0,3106	0,6473
60,42	0,1097	0,8757	0,0146	0,0132	0,5261	0,4607
61,28	0,0381	0,9216	0,0403	0,0125	0,6189	0,3686

Fortsetzung nächste Seite

Zu **80**

$p = 0{,}1333$ bar $= 100$ Torr

t in °C	m_1'	m_2'	m_3'	m_1''	m_2''	m_3''
Massenanteile						
61,54	0,0790	0,8673	0,0537	0,0700	0,3195	0,6705
63,16	0,4490	0,5306	0,0204	0,0450	0,3150	0,6450
64,91	0,0706	0,8937	0,0357	0,0124	0,5229	0,3947
68,29	0,7000	0,2700	0,0300	0,1572	0,2743	0,5685
70,74	0,0141	0,9500	0,0359		0,5523	0,4474
72,01	0,1773	0,8131	0,0096	0,0523	0,9137	0,0340
72,30	0,0759	0,8940	0,0301	0,0226	0,7941	0,1833
73,19	0,0954	0,8726	0,0320	0,0269	0,6013	0,3718
89,69	0,0708	0,9174	0,0118	0,0146	0,8685	0,1169
92,36	0,0100	0,9800	0,0100	0,0229	0,9555	0,0216
96,43	0,1100	0,8800	0,0100	0,0511	0,9155	0,0334
96,87	0,4216	0,5714	0,0070	0,1057	0,7807	0,1136

79a

[M 5]

	$C_6H_{12}O_2$	$C_4H_{10}O$	H_2O
	Essigsäure-n-butylester	Butanol-(1)	Wasser

81

m_1 $CH_3 \cdot CH \cdot CH_2 \cdot O \cdot CH_2 \cdot CH \cdot CH_3$,
    $\qquad\;\;\dot{O}H \qquad\qquad\;\;\; \dot{O}H$
Dipropylen-glykol
M: 134,18   Kp.: 231,8 °C

m_2 ($C_{10}H_8$), Naphthalin
M: 128,18   Kp.: 218,05 °C

m_3 $CH_3 \cdot [CH_2]_{10} \cdot CH_3$, n-Dodecan
M: 170,34   Kp.: 214,5 °C

[L 22]

Flüssigkeitszusammensetzung des Dreistoffgemisches bei gleichbleibenden Sättigungstemperaturen

$p = 1{,}013$ bar $= 760$ Torr

$t = 110$ °C		$t = 120$ °C		$t = 130$ °C		$t = 140$ °C		$t = 150$ °C		$t = 154{,}8$ °C	
m_2'	m_3'	m_2'	m_3'	m_2'	m_3'	m_2'	m_3'	m_2'	m_3'	m_2'	m_3'
Massenanteile											
0,000	0,945	0,000	0,914	0,000	0,869	0,000	0,807	0,000	0,697	0,000	0,500
0,100	0,816	0,044	0,856	0,085	0,715	0,010	0,790	0,023	0,577		
0,127	0,773	0,100	0,768	0,100	0,676	0,066	0,634	0,028	0,472		
0,200	0,622	0,150	0,650	0,124	0,576	0,080	0,520	0,020	0,380		
0,209	0,591	0,175	0,525	0,129	0,471	0,080	0,420	0,000	0,300		
0,226	0,474	0,175	0,425	0,125	0,375	0,069	0,331				
0,219	0,381	0,166	0,334	0,112	0,288	0,037	0,263				
0,205	0,295	0,147	0,253	0,100	0,254	0,006	0,194				
0,179	0,221	0,114	0,186	0,080	0,220	0,000	0,183				
0,142	0,158	0,100	0,174	0,031	0,169						
0,100	0,134	0,053	0,147	0,000	0,138						
0,074	0,126	0,000	0,109								
0,000	0,087										

83

x_1 ⌬–CH(OH)–CH$_3$ (C$_8$H$_{10}$O), Methyl-phenylcarbinol
M: 122,17   Kp.: 205,0 °C

x_2 ⌬–C$_2$H$_5$ (C$_8$H$_{10}$), Äthylbenzol
M: 106,17   Kp.: 136,1 °C

x_3 CH$_3$·CH·CH$_2$ 1,2-Propylenoxid
         \\O/
M: 58,08   Kp.: 34,1 °C

[F 9]

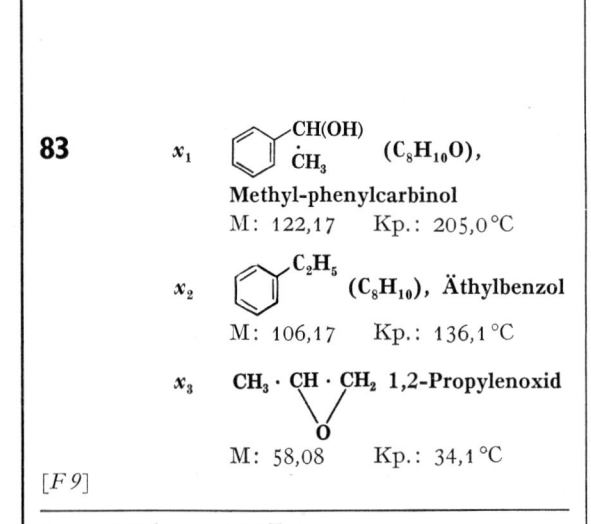

$p = 1{,}013$ bar $= 760$ Torr

t in °C	x_1'	x_2'	x_3'	x_1''	x_2''	x_3''
62,02	0,050	0,757	0,193	0,0525	0,1225	0,825
47,06	0,050	0,570	0,380	0,025	0,0425	0,9325
41,40	0,050	0,380	0,570	0,020	0,035	0,945
38,50	0,050	0,190	0,760	0,010	0,0225	0,9675
72,20	0,300	0,560	0,140	0,062	0,118	0,820
59,60	0,300	0,418	0,282	0,038	0,047	0,915
52,04	0,300	0,272	0,428	0,032	0,033	0,935
104,08	0,300	0,625	0,075	0,100	0,230	0,670
128,00	0,600	0,350	0,050	0,230	0,145	0,625
104,60	0,600	0,310	0,090	0,140	0,080	0,780
72,25	0,600	0,1525	0,2475	0,085	0,040	0,875
142,07	0,800	0,160	0,040	0,188	0,055	0,757
82,20	0,800	0,0775	0,1225	0,130	0,030	0,840
60,00	0,800	0,034	0,166	0,100	0,025	0,875
85,06	0,800	0,110	0,090	0,1475	0,040	0,8125

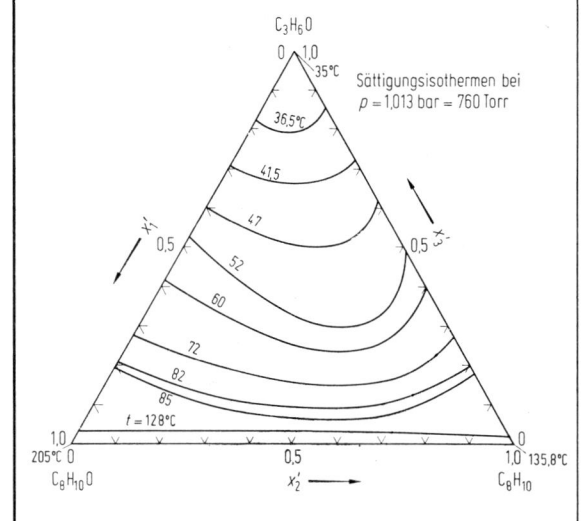

Sättigungsisothermen bei $p = 1{,}013$ bar $= 760$ Torr

82

x_1 CH$_2$:CH·CO$_2$C$_4$H$_9$, Acrylsäure-n-butylester
M: 128,17   Kp.: 147,4 °C

x_2 CH$_3$·[CH$_2$]$_2$·CH$_2$OH, Butanol-(1)
M: 74,12   Kp.: 117,5 °C

x_3 CH$_2$:CH·CO$_2$C$_2$H$_5$, Acrylsäure-äthylester
M: 100,12   Kp.: 99,7 °C

[F 4]

$p = 1{,}013$ bar $= 760$ Torr

t in °C	x_2'	x_3'	x_2''	x_3''
101,2	0,064	0,892	0,034	0,963
101,7	0,15	0,79	0,109	0,88
103,7	0,27	0,663	0,169	0,825
104,5	0,362	0,539	0,311	0,667
106,2	0,337	0,478	0,213	0,758
108,6	0,413	0,382	0,34	0,609
109,0	0,589	0,299	0,771	0,197
110,0	0,37	0,273	0,41	0,414
112,0	0,42	0,208	0,511	0,317
112,6	0,745	0,143	0,739	0,21
114,4	0,813	0,077	0,756	0,194
115,0	0,536	0,167	0,608	0,286
115,6	0,922	0,051	0,855	0,138
120,8	0,349	0,113	0,562	0,238
129,8	0,165	0,113	0,401	0,203
135,8	0,104	0,067	0,273	0,218

84

x_1 ⌬$_S$ (C$_4$H$_4$S), Thiophen
M: 84,14   Kp.: 84 °C

x_2 C$_6$H$_6$, Benzol
M: 78,11   Kp.: 80,2 °C

x_4 CH$_3$·CH$_2$OH, Äthanol
M: 46,07   Kp.: 78,32 °C

[K 22]

$t = 75$ °C

Berechn. Druck p in bar

p in bar	x_1'	x_2'	x_3'	x_1''	x_2''	x_3''
1,168	0,100	0,100	0,800	0,160	0,191	0,649
1,281	0,100	0,300	0,600	0,109	0,390	0,501
1,227	0,300	0,100	0,600	0,342	0,134	0,524
1,264	0,300	0,300	0,400	0,255	0,295	0,450
1,204	0,600	0,100	0,300	0,440	0,095	0,465
1,199	0,200	0,700	0,100	0,135	0,523	0,342
1,131	0,500	0,400	0,100	0,337	0,320	0,343

In der Originalarbeit sind für 36 Flüssigkeitsgemische berechnete Dampfzusammensetzungen angegeben

Fortsetzung nächste Seite

4 Ternary and quaternary mixtures

Zu **84**

Sättigungsisobaren bei $t = 75\,°C$

Sättigungsisothermen bei $p = 1{,}013\text{ bar} = 760\text{ Torr}$

85

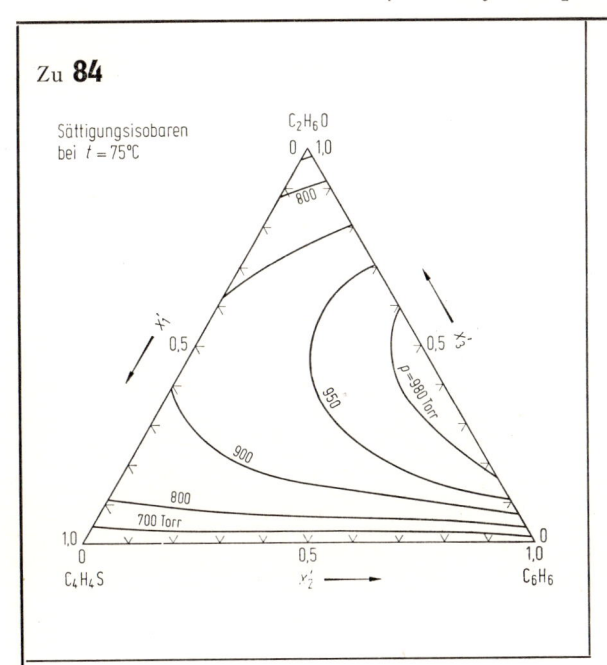

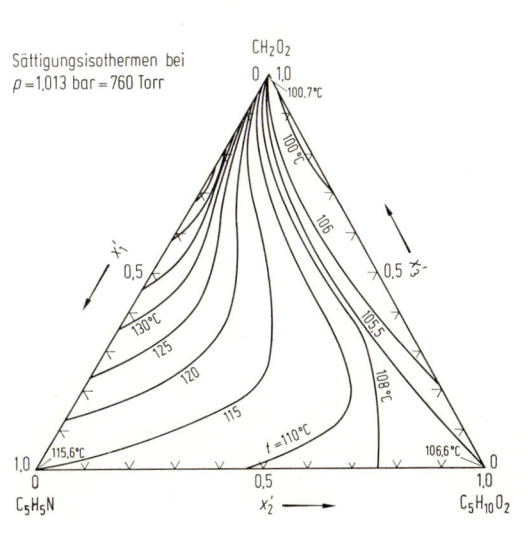

x_1 (C$_5$H$_5$N), **Pyridin**
M: 79,10   Kp.: 115,5 °C

x_2 HCO$_2$·[CH$_2$]$_3$·CH$_3$, **Ameisensäure-butylester**
M: 102,13   Kp.: 106,8 °C

x_3 HCO$_2$H, **Ameisensäure**
M: 46,03   Kp.: 100,75 °C

[K 18]

Siedetemperatur des ternären Gemisches bei $p = 1{,}013\text{ bar} = 760\text{ Torr}$

x_1'	x_2'	x_3'	t in °C
0,061	0,774	0,165	108,4
0,059	0,611	0,330	106,2
0,063	0,380	0,557	104,0
0,059	0,220	0,721	102,4
0,059	0,101	0,840	101,8
0,207	0,510	0,283	111,4
0,180	0,330	0,490	110,5
0,160	0,190	0,650	111,6
0,139	0,088	0,773	111,3
0,407	0,385	0,208	114,9
0,368	0,225	0,377	118,6
0,329	0,156	0,515	121,3
0,303	0,070	0,627	128,0
0,611	0,251	0,138	115,4
0,563	0,176	0,261	120,6
0,526	0,110	0,364	125,5
0,496	0,052	0,453	130,0
0,806	0,125	0,069	115,5
0,774	0,091	0,135	118,0
0,749	0,058	0,193	120,8
0,724	0,029	0,247	124,0

[K 18]

Flüssigkeits-Dampf-Phasengleichgewicht bei $p = 1{,}013\text{ bar} = 760\text{ Torr}$

x_1'	x_2'	x_3'	x_1''	x_2''	x_3''
0,062	0,766	0,176	0,000	0,848	0,152
0,054	0,612	0,334	0,014	0,720	0,266
0,068	0,364	0,564	0,000	0,567	0,433
0,059	0,203	0,738	0,000	0,449	0,551
0,060	0,096	0,844	0,000	0,229	0,771
0,201	0,515	0,284	0,054	0,862	0,084
0,183	0,300	0,517	0,051	0,745	0,204
0,176	0,182	0,642	0,024	0,684	0,292
0,141	0,087	0,772	0,009	0,437	0,551
0,438	0,328	0,239	0,283	0,638	0,079
0,362	0,212	0,426	0,251	0,606	0,143
0,341	0,108	0,551	0,216	0,558	0,226
0,318	0,071	0,611	0,204	0,293	0,503
0,613	0,230	0,157	0,591	0,366	0,043
0,555	0,162	0,283	0,563	0,365	0,072
0,493	0,099	0,408	0,573	0,302	0,125
0,475	0,049	0,476	0,684	0,220	0,096
0,799	0,108	0,093	0,792	0,192	0,016
0,761	0,086	0,153	0,792	0,173	0,035
0,739	0,057	0,204	0,836	0,094	0,070
0,711	0,030	0,259	0,857	0,058	0,085

Binäre Azeotrope Punkte:

System 1,3 $t_{az} = 145{,}6\,°C$; $x_{3az} = 0{,}734$
System 2,3 $t_{az} = 99{,}0\,°C$; $x_{3az} = 0{,}858$

Fortsetzung nächste Seite

Zu 85

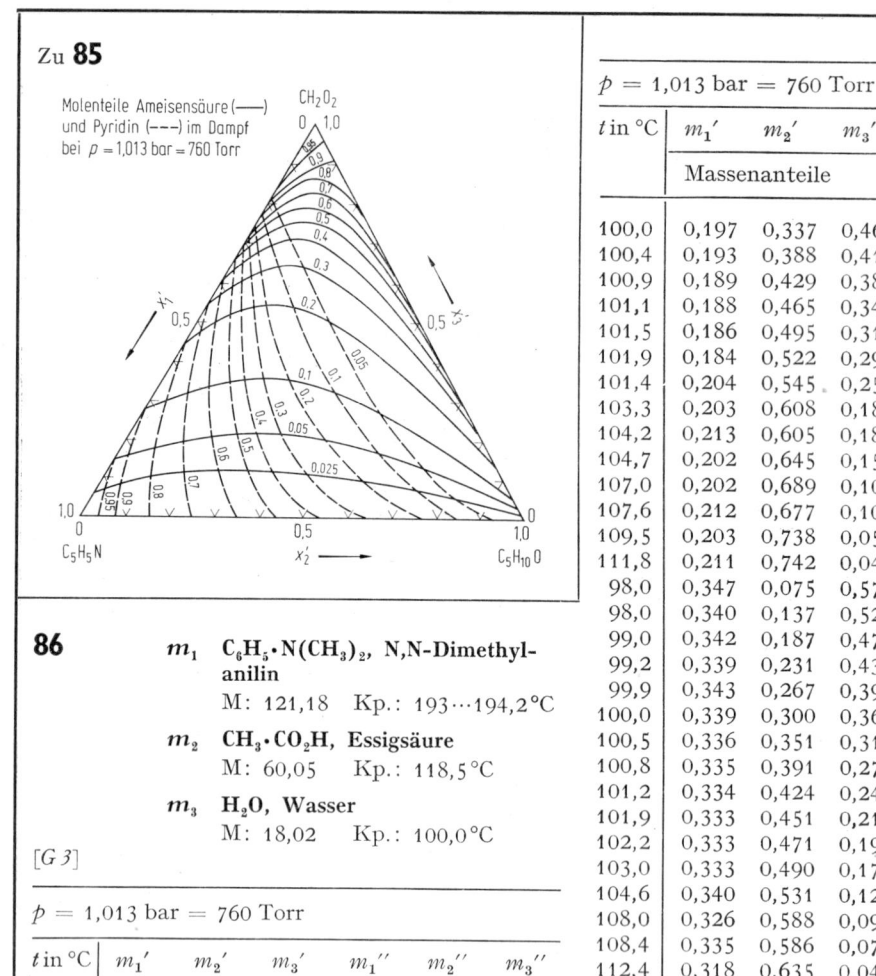

Molenteile Ameisensäure (——) und Pyridin (---) im Dampf bei $p = 1{,}013$ bar $= 760$ Torr

Ternary diagram with CH_2O_2, C_5H_5N, $C_5H_{10}O$ axes.

t in °C	m_1'	m_2'	m_3'	m_1''	m_2''	m_3''
\multicolumn{7}{c}{Massenanteile}					
100,0	0,197	0,337	0,466	0,187	0,196	0,617
100,4	0,193	0,388	0,419	0,189	0,220	0,593
100,9	0,189	0,429	0,382	0,187	0,242	0,571
101,1	0,188	0,465	0,347	0,180	0,260	0,560
101,5	0,186	0,495	0,319	0,161	0,282	0,557
101,9	0,184	0,522	0,294	0,141	0,328	0,531
101,4	0,204	0,545	0,251	0,128	0,362	0,510
103,3	0,203	0,608	0,189	0,088	0,476	0,436
104,2	0,213	0,605	0,182	0,100	0,481	0,419
104,7	0,202	0,645	0,153	0,081	0,556	0,363
107,0	0,202	0,689	0,109	0,054	0,662	0,284
107,6	0,212	0,677	0,101	0,072	0,655	0,273
109,5	0,203	0,738	0,059	0,039	0,787	0,174
111,8	0,211	0,742	0,047	0,048	0,803	0,149
98,0	0,347	0,075	0,573	0,197	0,057	0,743
98,0	0,340	0,137	0,523	0,200	0,101	0,699
99,0	0,342	0,187	0,471	0,192	0,130	0,678
99,2	0,339	0,231	0,430	0,185	0,156	0,659
99,9	0,343	0,267	0,390	0,195	0,182	0,623
100,0	0,339	0,300	0,361	0,190	0,200	0,610
100,5	0,336	0,351	0,313	0,187	0,228	0,585
100,8	0,335	0,391	0,274	0,188	0,254	0,558
101,2	0,334	0,424	0,242	0,178	0,283	0,540
101,9	0,333	0,451	0,216	0,174	0,305	0,521
102,2	0,333	0,471	0,196	0,160	0,335	0,505
103,0	0,333	0,490	0,177	0,158	0,362	0,480
104,6	0,340	0,531	0,129	0,132	0,459	0,409
108,0	0,326	0,588	0,096	0,104	0,596	0,300
108,4	0,335	0,586	0,079	0,100	0,615	0,285
112,4	0,318	0,635	0,047	0,083	0,741	0,176
98,6	0,404	0,065	0,531	0,210	0,055	0,735
99,0	0,403	0,120	0,477	0,210	0,092	0,698
99,4	0,413	0,208	0,379	0,198	0,161	0,641
99,6	0,400	0,203	0,397	0,204	0,147	0,649
99,6	0,402	0,203	0,395	0,205	0,151	0,644
99,6	0,414	0,236	0,350	0,196	0,174	0,630
99,8	0,400	0,235	0,365	0,197	0,172	0,631
100,0	0,416	0,273	0,311	0,195	0,200	0,605
100,3	0,421	0,319	0,260	0,185	0,235	0,580
100,6	0,411	0,339	0,250	0,183	0,251	0,567
101,0	0,411	0,374	0,215	0,182	0,271	0,545
101,7	0,410	0,418	0,172	0,172	0,323	0,505
102,0	0,420	0,454	0,120	0,150	0,400	0,450
107,2	0,409	0,518	0,073	0,095	0,572	0,335
98,3	0,501	0,041	0,458	0,192	0,043	0,765
98,7	0,500	0,087	0,413	0,202	0,088	0,710
99,4	0,500	0,125	0,375	0,200	0,121	0,679
99,8	0,499	0,159	0,342	0,195	0,148	0,658
99,9	0,500	0,185	0,315	0,190	0,171	0,639
99,9	0,509	0,188	0,303	0,193	0,170	0 788
100 0	0 508	0,200	0,292	0,200	0,183	0,617
100,0	0,499	0,210	0,291	0,195	0,192	0,613
100,0	0,507	0,214	0,279	0,193	0,194	0,613
100,1	0,504	0,232	0,264	0,195	0,207	0,598
100,4	0,503	0,250	0,247	0,192	0,225	0,583
100,6	0,502	0,273	0,225	0,188	0,243	0,569

Fortsetzung nächste Seite

86

m_1 $C_6H_5 \cdot N(CH_3)_2$, N,N-Dimethylanilin
     M: 121,18   Kp.: 193···194,2 °C

m_2 $CH_3 \cdot CO_2H$, Essigsäure
     M: 60,05   Kp.: 118,5 °C

m_3 H_2O, Wasser
     M: 18,02   Kp.: 100,0 °C

[G 3]

$p = 1{,}013$ bar $= 760$ Torr

t in °C	m_1'	m_2'	m_3'	m_1''	m_2''	m_3''
\multicolumn{7}{c}{Massenanteile}					
98,5	0,095	0,052	0,853	0,198	0,028	0,774
98,5	0,098	0,099	0,813	0,195	0,053	0,752
99,0	0,092	0,142	0,766	0,194	0,074	0,732
99,1	0,094	0,181	0,725	0,195	0,096	0,709
99,4	0,089	0,218	0,693	0,202	0,110	0,688
99,5	0,091	0,251	0,658	0,197	0,132	0,671
99,7	0,103	0,304	0,593	0,191	0,162	0,647
100,1	0,108	0,351	0,541	0,190	0,184	0,626
100,3	0,101	0,396	0,503	0,175	0,209	0,616
100,6	0,098	0,428	0,474	0,156	0,244	0,600
101,0	0,097	0,463	0,440	0,123	0,278	0,599
101,6	0,085	0,519	0,396	0,078	0,346	0,576
101,9	0,096	0,546	0,358	0,060	0,375	0,565
103,0	0,096	0,615	0,289	0,056	0,462	0,482
103,0	0,095	0,615	0,290	0,056	0,469	0,475
104,4	0,100	0,683	0,217	0,040	0,580	0,380
105,0	0,111	0,697	0,192	0,039	0,609	0,362
107,0	0,109	0,762	0,130	0,028	0,711	0,261
116,0	0,139	0,812	0,049	0,031	0,834	0,136
98,0	0,201	0,052	0,747	0,208	0,032	0,760
98,0	0,198	0,109	0,693	0,200	0,065	0,735
98,8	0,195	0,159	0,646	0,200	0,097	0,703
99,0	0,192	0,204	0,604	0,205	0,121	0,674
99,7	0,189	0,246	0,565	0,201	0,141	0,658
99,8	0,186	0,280	0,534	0,200	0,156	0,644

Zu **86**

$p = 1{,}013$ bar $= 760$ Torr

t in °C	m_1'	m_2'	m_3'	m_1''	m_2''	m_3''
	Massenanteile					
100,9	0,501	0,300	0,199	0,190	0,253	0,557
101,5	0,502	0,339	0,159	0,180	0,295	0,525
101,8	0,500	0,363	0,137	0,166	0,319	0,515
102,4	0,498	0,391	0,111	0,156	0,353	0,491
104,4	0,496	0,422	0,082	0,134	0,446	0,420
107,2	0,494	0,459	0,047	0,091	0,584	0,325
98,3	0,694	0,029	0,277	0,212	0,041	0,747
98,7	0,693	0,055	0,252	0,195	0,077	0,728
99,1	0,692	0,078	0,230	0,197	0,101	0,702
99,5	0,691	0,098	0,211	0,190	0,125	0,685
99,6	0,691	0,114	0,195	0,201	0,141	0,656
99,7	0,690	0,130	0,180	0,201	0,160	0,639
99,7	0,651	0,153	0,196	0,195	0,166	0,610
99,9	0,658	0,162	0,180	0,201	0,180	0,619
99,9	0,665	0,174	0,161	0,195	0,195	0,610
100,0	0,671	0,187	0,142	0,187	0,217	0,596
100,5	0,672	0,206	0,122	0,197	0,231	0,572
101,0	0,684	0,225	0,091	0,183	0,271	0,546
101,4	0,691	0,230	0,079	0,182	0,285	0,533
101,9	0,692	0,242	0,066	0,170	0,320	0,510
102,8	0,697	0,251	0,052	0,164	0,359	0,477
105,0	0,699	0,264	0,037	0,152	0,446	0,402
111,1	0,704	0,275	0,021	0,146	0,580	0,274
98,1	0,901	0,0068	0,092	0,232	0,020	0,748
98,1	0,898	0,0131	0,089	0,225	0,038	0,737
98,2	0,897	0,0194	0,084	0,215	0,059	0,726
98,5	0,894	0,0258	0,080	0,195	0,077	0,728
98,8	0,896	0,0332	0,071	0,210	0,091	0,699
99,2	0,888	0,0402	0,072	0,219	0,108	0,673
99,3	0,884	0,048	0,0677	0,200	0,120	0,680
99,3	0,886	0,059	0,0550	0,205	0,135	0,660
99,3	0,892	0,060	0,0483	0,202	0,142	0,656
99,5	0,896	0,063	0,0410	0,208	0,151	0,641
99,8	0,897	0,068	0,0350	0,205	0,160	0,625
100,8	0,898	0,074	0,0276	0,200	0,207	0,593
102,1	0,901	0,009	0,0203	0,214	0,239	0,547
104,4	0,903	0,082	0,0153	0,201	0,279	0,520
102,6	0,892	0,091	0,0172	0,201	0,303	0,496
106,4	0,902	0,085	0,0125	0,216	0,322	0,463
105,1	0,894	0,092	0,0135	0,187	0,340	0,473
111,7	0,902	0,090	0,0082	0,228	0,408	0,364
112,6	0,896	0,094	0,0095	0,216	0,428	0,356
119,0	0,897	0,096	0,0070	0,255	0,505	0,240
121,6	0,897	0,097	0,0064	0,275	0,510	0,215
127,0	0,898	0,098	0,0040	0,275	0,583	0,142

Die Zugabe einer kleinen Menge von Dimethylanilin erleichtert die destillative Trennung von Essigsäure und Wasser.
Die Originalarbeit enthält weiterhin Zahlentafeln für die Siedetemperatur, den Anteil von Wasser und von Dimethylanilin im Dampf bei ausgeglichenen Werten von x_1' und x_3'.

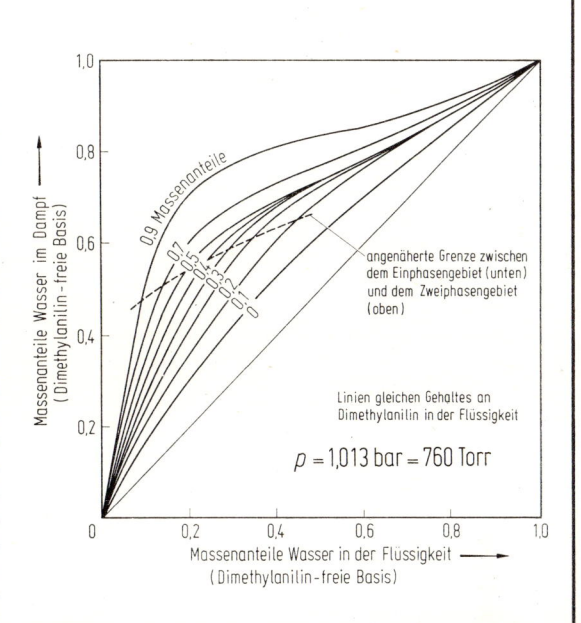

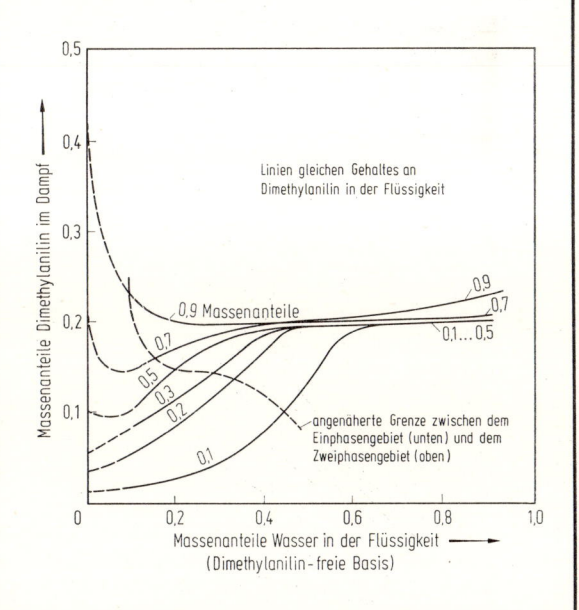

87

x_1 $(C_4F_9)_3N$, Perfluor-tributylamin
M: 671,10   Kp.: 178,8 °C

x_2 $CH_3 \cdot CH_2 \cdot CH(CH_3) \cdot CH(CH_3)_2$,
2,3-Dimethylpentan
M: 100,21   Kp.: 89,78 °C

x_3 C_6H_6, Benzol
M: 78,11   Kp.: 80,2 °C

[K 26]

$p = 1,013$ bar $= 760$ Torr

t in °C	x_2'	x_3'	x_2''	x_3''
104,2	0,26	0,02	0,83	0,12
102,0	0,25	0,04	0,76	0,20
...	0,27	0,04	0,73	0,21
101,1	0,25	0,05	0,71	0,25
...	0,25	0,05	0,69	0,25
...	0,22	0,07	0,64	0,33
97,0	0,19	0,11	0,50	0,48
96,5	0,17	0,12	0,46	0,51
93,5	0,14	0,16	0,38	0,59
92,7	0,12	0,17	0,33	0,64
90,2	0,10	0,20	0,27	0,70
90,6	0,08	0,21	0,25	0,71
89,5	0,08	0,22	0,20	0,76
89,1	0,07	0,23	0,20	0,76
87,8	0,06	0,23	0,16	0,80
86,7	0,04	0,26	0,11	0,84
86,0	0,05	0,25	0,10	0,87
84,7	0,01	0,28	0,05	0,92

Im Bereich $0 < x_3' < 0,5$ bringt die Zufügung des Fluorkohlenstoffs praktisch keine Änderung des Flüssigkeits-Dampf-Verhältnisses der Komponenten 2 und 3. Vgl. auch binäres Gemisch 2,3-Dimethylpentan — Benzol.

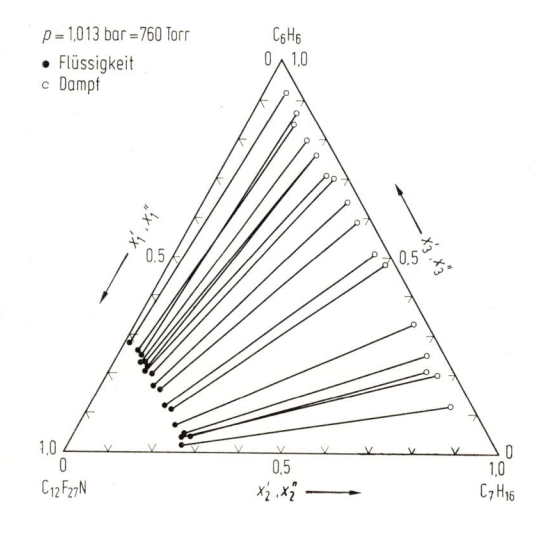

$p = 1,013$ bar $= 760$ Torr
• Flüssigkeit
○ Dampf

88

x_1 $CH_3 \cdot NO_2$, Nitromethan
M: 61,04   Kp.: 101,15 °C

x_2 H_2O, Wasser
M: 18,02   Kp.: 100,0 °C

x_3 $CH_3 \cdot [CH_2]_4 \cdot CH_3$, Hexan
M: 86,18   Kp.: 68,8 °C

[M 10]

Siedeverlauf des Dreistoffgemisches im heteroazeotropen Punkt

Druck		Siede-temp.
bar	Torr	°C
0,467	350	34,5
0,533	400	38,8
0,600	450	42,5
0,667	500	46,2
0,733	550	49,4
0,800	600	52,5
0,867	650	55,4
0,933	700	58,1
0,997	748	60,6
1,067	800	63,0

Zusammensetzung des Dampfes im heteroazeotropen Punkt bei $p = 0,997$ bar:
$t_{az} = 60,6$ °C; $x_{1az} = 0,208$; $x_{2az} = 0,165$; $x_{3az} = 0,627$

89

x_1 $(CH_3)_2N \cdot CHO$, N,N-Dimethylformamid
M: 73,10   Kp.: 155 °C

x_2 H_2O, Wasser
M: 18,02   Kp.: 100,0 °C

x_3 (C_4H_8O), Tetrahydrofuran
M: 72,11   Kp.: 65,5 °C

[S 13]

$p = 1,013$ bar $= 760$ Torr

t in °C	x_1'	x_2'	x_3'	x_1''	x_2''	x_3''
69,4	0,055	0,879	0,065	0,004	0,105	0,890
72,0	0,096	0,810	0,092	0,008	0,064	0,926
69,2	0,220	0,519	0,256	0,020	0,022	0,958
74,1	0,410	0,116	0,472	0,021	0,076	0,901
82,9	0,311	0,610	0,079	0,024	0,281	0,694
81,6	0,458	0,434	0,109	0,034	0,222	0,742
93,1	0,623	0,253	0,123	0,074	0,196	0,730
111,0	0,582	0,413	0,006	0,138	0,826	0,035
120,6	0,875	0,066	0,058	0,359	0,210	0,426
136,3	0,974	0,023	0,005	0,723	0,179	0,097
67,0	0,092	0,777	0,129	0,043	0,077	0,880
69,2	0,020	0,930	0,041	∼0	0,152	0,848
76,2	0,026	0,964	0,010	0,005	0,571	0,423

Fortsetzung nächste Seite

Zu 89

$p = 1{,}013$ bar $= 760$ Torr

t in °C	x_1'	x_2'	x_3'	x_1''	x_2''	x_3''
67,2	0,120	0,559	0,315	0,007	0,071	0,920
65,0	0,023	0,464	0,514	~0	0,035	0,964
65,1	0,092	0,022	0,884	0,005	0,030	0,964
66,5	0,040	0,002	0,957	0,005	~0	0,994
66,1	0,291	0,341	0,367	0,004	0,103	0,891
67,2	0,375	0,232	0,392	0,010	0,043	0,946
69,0	0,155	0,262	0,470	0,019	0,047	0,933
67,1	0,226	0,281	0,492	0,010	0,126	0,864
69,3	0,208	0,139	0,691	0,010	0,043	0,946
67,2	0,533	0,051	0,414	0,010	0,043	0,946
94,2	0,685	0,175	0,139	0,098	0,167	0,734
100,5	0,753	0,114	0,132	0,160	0,121	0,717
69,0	0,191	0,079	0,729	0,010	0,022	0,967
66,1	0,087	0,157	0,755	0,003	0,043	0,952
88,9	0,691	0,135	0,172	0,064	0,183	0,751
67,5	0,219	0,284	0,496	0,004	0,140	0,855
77,5	0,442	0,358	0,198	0,027	0,158	0,813
74,7	0,441	0,154	0,402	0,022	0,056	0,923
70,6	0,058	0,839	0,102	0,009	0,118	0,882
84,9	0,124	0,844	0,032	0,014	0,332	0,653
110,8	0,400	0,600	0	0,122	0,878	0
119,3	0,600	0,400	0	0,223	0,777	0
136,0	0,924	0,076	0	0,528	0,472	0
100,5	0,010	0,990	0	0,004	0,996	0

Im ganzen Mischungsbereich — möglicherweise abgesehen von dem nicht untersuchten Gebiet sehr hohen Tetrahydrofuran-Gehaltes — gibt es keine Azeotropie.

90

x_1 $(CH_3)N \cdot CHO$, N,N-Dimethylformamid
M: 73,10   Kp.: 155 °C

x_2 H—☐—CH$_3$ (C_5H_{10}), Methylcyclobutan
M: 70,14

x_3 $(CH_3)_2C:CH \cdot CH_3$, Trimethyläthylen (2-Methylbuten-(2))
M: 70,14   Kp.: 38,42 °C

[G 6]

$t = 30{,}4$ °C

x_1'	x_2'	x_3'	x_2''	x_3''
0,000	0,755	0,245	0,738*)	0,262*)
0,235	0,577	0,188	0,622	0,378
0,344	0,493	0,133	0,648	0,352
0,410	0,446	0,144	0,649	0,351
0,470	0,400	0,130	0,645	0,355
0,615	0,293	0,092	0,643	0,357
0,702	0,226	0,072	0,632	0,368
0,000	0,511	0,489	0,488*)	0,512*)
0,503	0,251	0,246	0,383	0,617
0,600	0,206	0,194	0,376	0,624
0,710	0,146	0,144	0,366	0,634
0,738	0,134	0,128	0,368	0,632
0,000	0,227	0,773	0,211*)	0,789*)
0,212	0,173	0,605	0,181	0,819
0,387	0,138	0,475	0,167	0,833
0,521	0,109	0,370	0,160	0,840
0,616	0,088	0,296	0,159	0,841
0,693	0,070	0,237	0,151	0,849
0,776	0,050	0,174	0,145	0,855

*) Berechnet aus dem in der Originalarbeit angegebenen Trennfaktor

5 Literatur zu 3 und 4 — References for 3 and 4

(Zusammenfassende Darstellungen siehe am Ende der Einleitung — For general references on phase equilibria, see Introduction, p. 20, 21, 23)

A 1	Aarna, A. Ja., Kaps, T. K.: Trudy Tallinskovo politechn. inst. Ser. **A 285** (1970) 3.
A 2	Adams, R. A., Stein, F. P.: J. Chem. Eng. Data **16** (1971) 146.
A 3	Afanasenkova, T. F., et al.: Zh. prikl. Khim. **46** (1973) 2114.
A 4	Akers, W. W., Kelley, R. F., Lipscomb, T. G.: Ind. Eng. Chem. **46** (1954) 2535.
A 5	Akita, K., Yoshida, F.: J. Chem. Eng. Data **8** (1963) 484.
A 6	Alessi, P., Kikic, I., Tlustos, G.: La Chimica e l'Industria (span.) **53** (1971) 925.
A 7	Alpert, N., Elwing, Ph. J.: Ind. Eng. Chem. **43** (1951) 1182.
A 8	Arai, Y., Saito, S., Maeda, S.: J. Chem. Eng. of Japan **2** (1969) 8.
A 9	Arnold, R. D., Hoge, H. J.: J. Chem. Phys. **18** (1950) 1295.
A 10	Aubry, M., Jayles, C., Guiglion, C.: Chim. et Ind. **105** (1972) 1429.
A 11	d'Avila, S. G., Silva, R. S. F.: J. Chem. Eng. Data **15** (1970) 421.
B 1	Bablich, S. V., et al.: Z. prikl. Khim. **44** (1971) 1837.
B 2	Bachmann, K. C., Simons, E. L.: Ind. Eng. Chem. **44** (1952) 202.
B 3	Bagga, O. P., Raju, K. S. N.: J. Chem. Eng. Data **15** (1970) 531.
B 4	Baker, T. H., Fisher, G. T., Roth, J. A.: J. Chem. Eng. Data **9** (1964) 11.
B 5	Bandrowski, J., Trybula, St.: Inzynieria Chemiczna **2** (1972) 365.
B 6	Baradarajan, A., Satyanarayana, M.: J. Chem. Eng. Data **13** (1968) 148.
B 7	Barès, D., Soulié, M., Metzger, J.: Journ. Chim. physique **70** (1973) 1531.
B 8	Barr-David, F., Dodge, B. F.: J. Chem. Eng. Data **4** (1959) 107.
B 9	Belknap, R. C., Weber, J. H.: J. Chem. Eng. Data **6** (1961) 485.
B 10	Benedict, M., et al.: Trans. Am. Inst. Chem. Engrs. **41** (1945) 371.
B 11	Besserer, G. J., Robinson, D. B.: J. Chem. Eng. Data **18** (1973) 298.
B 12	Besserer, G. J., Robinson, D. B.: J. Chem. Eng. Data **18** (1973) 301.
B 13	Betancourt, T., McMillan, A. F.: J. Chem. Eng. Data **17** (1972) 311.
B 14	Bierlein, J. A., Kay, W. A.: Ind. Eng. Chem. **45** (1953) 618.
B 15	Bigg, D. C., Banerjee, S. C., Doraiswamy, L. K.: J. Chem. Eng. Data **9** (1964) 17.
B 15a	Persönliche Mitteilung von Prof. H.-J. Bittrich, Merseburg. Weitere Daten s. [*G 19*]
B 16	Blackford, D. S., York, R.: J. Chem. Eng. Data **10** (1965) 313.
B 17	Bloomer, O. T., Gami, D. C., Parent, J. D.: Inst. of Gas Technology Chicago Res. Bull. **22** (1953).
B 18	Bogoslovskii, V. E., Mikhalyok, G. I., Shamolin, A. I.: Zh. prikl. Khim. **45** (1972) 1154.
B 19	Boldyrev, A. V., Komarov, B. M., Chaspekova, T. R.: Zh. prikl. Khim. **46** (1973) 2578.
B 20	Boldyrev, A. V., Komarov, B. M., Krichevtsov, B. K.: Zh. prikl. Khim. **46** (1973) 2338.
B 21	Boublíková, L.: Coll. Czech. Comm. **38** (1973) 2033.
B 22	Bowden, W. W., Staton, I. C., Smith, B. D.: J. Chem. Eng. Data **11** (1966) 296.
B 23	Brewer, J., Rodewald, N., Kurata, F.: A. I. Ch. E. J. **7** (1961) 13.
B 24	Brown, I., Ewald, A. H.: Austral. J. Sci. Res. **44** (1951) 198.
B 25	Burch, R. J.: Cryogenics **7** (1966) 77.
B 26	Bures, E., Cano, C., de Wirth, A.: J. Chem. Eng. Data **4** (1959) 199.
B 27	Burke, D. E., Williams, G. C., Plank, C. A.: J. Chem. Eng. Data **9** (1964) 212.
B 28	Butcher, K. L., Ramasubramanian, K. R., Medani, M. S.: J. appl. Chem. Biotechnol. **22** (1972) 1139.
C 1	Calvin, W. J., Smith, B. D.: A. I. Ch. E. Journ. **17** (1971) 191.
C 2	Carli, A., di Cave, S., Sebastiani, E.: Chem. Eng. Sci. **27** (1972) 993.
C 3	Carr, A. D., Kropholler, H. W.: J. Chem. Eng. Data **7** (1962) 26.
C 4	Chaiyavech, P., van Winkle, M.: J. Chem. Eng. Data **4** (1959) 53.
C 5	Chandok, S. S., McMillan, A. F.: J. Chem. Eng. Data **14** (1969) 286.
C 6	Charin, S. E., Perelygin, V. M., Picarevskij, V. G.: Zh. prikl. Khim. **45** (1972) 466.
C 7	Charin, S. E., Perelygin, V. M., Remizov, G. P.: Zh. prikl. Khim. **43** (1970) 2016.
C 8	Charin, S. E., Perelygin, V. M., Smirnov, V. S.: Khim. prom. **7** (1971) 510.
C 9	Chemisches Handbuch (russ.), Moskau: Verlag Chemie 1964.
C 10	Chinikamala, A., Houth, G. N., Taylor jr., Z. L.: J. Chem. Eng. Data **18** (1973) 322.
C 11	Chubarov, C. A., Danov, S. M., Efremov, R. V.: Zh. prikl. Khim. **45** (1972) 2104.

C 12	Chun, K. W., Davison, R. R.: J. Chem. Eng. Data **17** (1972) 307.
C 13	Chun, K. W., Smith, W. H., Davison, R. R.: J. Chem. Eng. Data **17** (1972) 122.
C 14	Chun, K. W., Clinkscales, T. C., Davison, R. R.: J. Chem. Eng. Data **16** (1971) 443.
C 15	Chun, K. W., Drummond, J. C., Davison, R. R.: J. Chem. Eng. Data **18** (1973) 169.
C 16	Chun, K. W., Drummond, J. C., Davison, R. R.: J. Chem. Eng. Data **19** (1974) 142.
C 17	Christiansen, L. J., Fredenslund, Aa., Mollerup, J.: Cryogenics **13** (1973) 405.
C 18	Cigna, R., Sebastiani, E.: Ann. Chim. **54** (1964) 1047.
C 19	Cole, H. N.: Ind. Eng. Chem., Chem. Eng. Data Series **3** (1958) 213.
C 20	Conti, J. J., Othmer, D. F., Gilmont, F.: J. Chem. Eng. Data **5** (1960) 301.
C 21	Cova, D. R.: J. Chem. Eng. Data **5** (1960) 282.
D 1	Dakshinamurty, P., Rao, P. V., Chiranjivi, C.: J. appl. Chem. Biotechnol. **22** (1972) 1217.
D 2	Dalager, P.: J. Chem. Eng. Data **14** (1969) 298.
D 3	Darmois, R., Darmois, J.: J. Chim. physique. Physico-chim. biol. **61** (1964) 830.
D 4	Davalloo, P.: Iranian J. Sci. and Tech. **1** (1971) 279.
D 5	Davalloo, P.: J. Chem. Eng. Data **18** (1973) 471.
D 6	Davison, R. R.: J. Chem. Eng. Data **13** (1968) 348.
D 7	Davison, R. R., Smith, W. H.: J. Chem. Eng. Data **14** (1969) 296.
D 8	Dawe, R. A., Newsham, D. M. T., Ng, S. B.: J. Chem. Eng. Data **18** (1973) 44.
D 9	Dejsenrot, I. V., Kogan, V. B.: Zh. prikl. Khim. **45** (1972) 1137.
D 10	Delzenne, A. O.: Ind. Eng. Chem., Chem. Eng. Data Ser. **3** (1958) 224.
D 11	Delzenne, A. O.: J. Chem. Eng. Data **5** (1960) 413.
D 12	Deshpande, D. D., Oswal, S. L.: J. Chem. Soc. Farad. Trans. **I** (1968) 1059.
D 13	Djordjevich, L., Buderrholzer, R. A.: J. Chem. Eng. Data **15** (1970) 10.
D 14	Dojčanský, J., Heinrich, J., Surový, J.: Chem. Zvesti **22** (1968) 514.
D 15	Doniec, A., Krauze, R., Michalowski, St.: Zeszyty naukowe Politechniki Lodzkiej Nr. **159** (1973).
D 16	Donnelly, H. G., Katz, D. L.: Ind. Eng. Chem. **46** (1954) 511.
D 17	Drajko, L. I., Liakumovich, A. G., Serafimov, L. A.: Zh. prikl. Khim. **46** (1973) 230.
D 18	Drajko, L. I., Ljakumovich, A. G., Serafimov, L. A.: Zh. prikl. Khim. **45** (1972) 1136.
E 1	Echevarria, H. R.: Coll. Czech. Comm. **38** (1973) 1295.
E 2	Eduljee, H. E., Kumarkrishnarao, V. N., Narasinga Rao, M.: Ind. Eng. Chem., Chem. Eng. Data Series **3** (1958) 44.
E 3	Ehrett, W. E., Weber, J. H.: J. Chem. Eng. Data **4** (1959) 142.
E 4	Elshayal, J. M., Lu, B. C.-Y.: J. Chem. Eng. Data **16** (1971) 31.
E 5	Esel'son, B. N., Berezniak, N. G.: Zh. eksp. i teor. fiz. **30** (1956) 628.
E 6	Ewing, M. B., Marsh, K. N.: J. Chem. Thermodyn. **6** (1974) 35.
E 7	Ewing, M. B., Marsh, K. N.: J. Chem. Thermodyn. **6** (1974) 43.
F 1	Fedotova, S. A., Tsirlin, Y. A.: Zh. prikl. Khim. **44** (1971) 852.
F 2	Filip, St.: Inzynieria chemiczna **2** (1972) 597.
F 3	Filip, St., Lugowski, Z.: Inzynieria chemiczna **3** (1973) 107.
F 4	Filippov, N. A., Reikhsfel'd, V. O.: Zh. prikl. Khim. **46** (1973) 2041.
F 5	Free, K. W., Hutchison, H. P.: J. Chem. Eng. Data **4** (1959) 193.
F 6	Freshwater, D. C.: J. Chem. Eng. Data **12** (1967) 179.
F 7	Fried, V., Gallant, P., Schneier, G. B.: J. Chem. Eng. Data **12** (1967) 504.
F 8	Friend, J., Scheller, W. A., Weber, J. H.: Ind. Eng. Chem. Proc. Des. Develop. **9** (1970) 144.
F 9	Frolov, A. F., et al.: Zh. prikl. Khim. **45** (1972) 1581.
F 10	Frolov, A. F., Loginova, M. A., Kiseleva, M. M.: Russ. J. Phys. Chem. **35** (1961) 877.
F 11	Frolov, A. F., Karassewa, A. P., Loginowa, M. A.: Fiz. Khim. rastvorov **1972**, 217.
F 12	Frolov, A. F., et al.: Zh. prikl. Khim. **46** (1973) 1499.
F 13	Fu, S. J., Lu, B. C.-Y.: J. Chem. Eng. Data **13** (1968) 6.
F 14	Fujita, S., Ogawa, S., Watanabe, Y.: Kagaku Kōgaku **22** (1958) 500.
G 1	Garber, Yu. N., Aleinikova, L. I., Shashkov, Yu. I.: Zh. prikl. Khim. **45** (1972) 572.
G 2	Garrett, G. R., van Winkle, M.: J. Chem. Eng. Data **14** (1969) 302.
G 3	Garwin, L., Haddad, Ph. O.: Ind. Eng. Chem. **45** (1953) 1558.
G 4	Geiseler, G., Sühnel, K., Quitsch, K.: Z. phys. Chem. Leipzig **254** (1973) 261.
G 5	Gilmutdinova, V. A., Chrapkova, E. J., Sire, E. M., Lesteva, T. M.: Zh. prikl. Khim. **45** (1972) 907.
G 6	Gilmutdinova, V. A., Chrapkova, E. J., Lesteva, T. M., Sire, E. M.: Zh. prikl. Khim. **45** (1972) 1138.
G 7	Gilot, B., Guiglion, C., Enjalbert, M.: Chim. Ind. — Génie Chim. **98** (1967) 1052.
G 8	Gilot, B., et al.: Chim. Ind. — Génie Chim. **105** (1972) 1403.
G 9	Goff, G. H., Farrington, P. S., Sage, B. H.: Ind. Eng. Chem. **42** (1950) 735.
G 10	Golubev, Yu. D.: Zh. prikl. Khim. **44** (1971) 1424.

G 11	Gothard, F. A., et al.: J. Chem. Eng. Data **18** (1973) 381.
G 12	Grabner, R. W., Clump, C. W.: J. Chem. Eng. Data **10** (1965) 13.
G 13	Gravelle, D., Lu, B. C.-Y.: Canad. J. Chem. Eng. **49** (1971) 144.
G 14	Greenwood, H. J., Barnes, H. L.: Handbook of phys. Constants. Geol. Soc. of American, Mem. **97** (1966).
G 15	Grewer, T., Schmidt, A.: Chem. Ing. Techn. **45** (1973) 1063.
G 16	Grieves, R. B., Thodos, G.: J. appl. Chem. **13** (1963) 466.
G 17	Griswold, J., Dinwiddie, J. A.: Ind. Eng. Chem. **34** (1942) 1188
G 18	Gugnoni, R. J., et al.: A. I. Ch. E. J. **20** (1974) 357.
G 19	Gumpert, H.-J., Köhler, H., Schille, W., Bittrich, H.-J.: Wiss. Z. TH Leuna—Merseburg **15** (1973) 179.
G 20	Gurukul, S. M., Raju, B. N.: J. Chem. Eng. Data **11** (1966) 501.
G 21	Gurukul, S. M., Raju, B. N.: J. Chem. Eng. Data **15** (1970) 361.
H 1	Haase, R., Pehlke, M., Dücker, K.-H.: Z. Naturforsch. **28a** (1973) 1740.
H 2	Haddad, P. O., Edmister, W. C.: J. Chem. Eng. Data **17** (1972) 275.
H 3	Hakuta, T., Nagahama, K., Hirata, M.: Bull. Jap. Petrol. Inst. **11** (1969) 10.
H 4	Hakuta, T., Nagahama, K., Suda, S.: Kagaku-Kōgaku **33** (1969) 904.
H 5	Harmens, H.: Cryogenics **11** (1970) 406.
H 6	Haselden, G. G., Holland, F. A., King, M. B., Strickland-Constable, R. F.: Proc. Roy. Soc. **240 A** (1957) 1.
H 7	Haselden, G. G., Newitt, D. M., Shah, S. M.: Proc. Roy. Soc. **209 A** (1951).
H 8	Hayduk, W., Laudie, H., Smith, O. H.: J. Chem. Eng. Data **18** (1973) 373.
H 9	Heck, C. K., Barrick, P. L.: Adv. Cryog. Engng. **11** (1966) 349.
H 10	Hellwig, L. R., van Winkle, M.: Ind. Eng. Chem. **45** (1953) 624.
H 11	Hensel, W. E., Massoth, F. E.: J. Chem. Eng. Data **9** (1964) 352.
H 12	Hicks, C. P., Young, C. L.: J. Chem. Therm. **3** (1971) 899.
H 13	Hill, A. B., McCormick, R. H., Barton, B., Fenske, M. R.: A. I. Ch. E. J. **8** (1962) 681.
H 14	Hill, W. D., van Winkle, M.: Ind. Eng. Chem. **44** (1952) 205.
H 15	Hirata, M., Suda, S., Hakuta, T., Nagahama, K.: Tokyo toritsu daigoku kogakubu hokoku **19** (1969) 103.
H 16	Ho, J. C. K., Lu, B. C.-Y.: J. Chem. Eng. Data **8** (1963) 553.
H 17	Hogan, R. J., Nelson, W. T., Hanson, G. H., Cines, M. R.: Ind. Eng. Chem. **47** (1955) 2210.
H 18	Horsley, L.: Azeotropic Data — II, Am. Chem. Soc. Washington **32** (1962).
H 19	Hsi, C., Lu, B. C.-Y.: Canad. J. Chem. Eng. **49** (1971) 140. (Zahlentafeln erhältlich bei National Science Library, National Research Connell Ottawa 2, Ont.)
H 20	Hudson, J. W., van Winkle, M.: J. Chem. Eng. Data **14** (1969) 310.
H 21	Humphrey, J. L., van Winkle, M.: J. Chem. Eng. Data **12** (1967) 526.
I 1	Iino, M., Sudo, J., Hirata, M., Hirose, Y.: J. Chem. Eng. Data **15** (1970) 446.
I 2	Ito, T., Yoshida, F.: J. Chem. Eng. Data **8** (1963) 315.
J 1	Jain, D. V. S., Yadav, O. P.: J. Chem. Thermodyn. **5** (1973) 541.
J 2	Jain, D. V. S., Yadav, O. P.: Indian J. Chemistry **9** (1971) 342.
J 3	Jain, D. V. S., Yadav, O. P., Kamra, K. N.: Indian J. Chemistry **9** (1971) 1262.
J 4	Jarym-Agajew, N. L., Kohan, E. A.: Zh. Fiz. Khim. **30** (1956) 2510.
J 5	Joffe, J., Zudkewitch, D.: Chem. Eng. Progr. Symp. Ser. **63** (1967) Nr. 81, S. 43.
J 6	Jones, H. E.: J. Chem. Eng. Data **7** (1962) 13.
K 1	Kaes, G. L., Weber, J. H.: J. Chem. Eng. Data **7** (1962) 344.
K 2	Kato, M., Sato, T., Hirata, M.: J. Chem. Eng. Japan **4** (1971) 305.
K 3	Kay, W. B.: J. Chem. Eng. Data **15** (1970) 46.
K 4	Kay, W. B., Rambosek, G. M.: Ind. Eng. Chem. **45** (1953) 221.
K 5	Kay, W. B., Brice, D. B.: Ind. Eng. Chem. **45** (1953) 615.
K 6	Kesselman, W. D., Hollenbach, G. E., Myers, A. L., Humphrey, A. E.: J. Chem. Eng. Data **13** (1968) 34.
K 7	Khazanova, N. E., Sominskaya, E. E., Zakharova, A. V.: Russ. J. Phys. Chem. **47** (1973) 467.
K 8	Killgore, C. A., Chew, W. W., Orr, V.: J. Chem. Eng. Data **11** (1966) 535.
K 9	Kirby, C. E., van Winkle, M.: J. Chem. Eng. Data **15** (1970) 177.
K 10	Kissell, F. N., Manning, F. S.: J. Chem. Eng. Data **7** (1962) 205.
K 11	Klekers, A. J., Scheller, W. A.: J. Chem. Eng. Data **13** (1968) 482.
K 12	Kogan, L. V., Lesokhin, V. B.: Zh. prikl. Khim. **45** (1972) 2335.
K 13	Kogan, I. V., Morachevskii, A. G.: Zh. prikl. Khim. **45** (1972) 1888.
K 14	Kohn, J. P., Kurata, F.: A. I. Ch. E. J. **4** (1958) 211.
K 15	Kolbina, V. N., Sabylin, I. I.: Zh. prikl. Khim. **45** (1972) 1391.

K 16	Komarov, V. M., Boldyrev, A. V., Pelerina, R. S.: Zh. prikl. Khim. **46** (1973) 1371.
K 17	Koppany, C. R., Rebert, C. J.: Am. Inst. Chem. Eng., Paper **35 C** (1973).
K 18	Korovina, T. V., Balashov, M. J., Serafimov, L. A.: Zh. prikl. Khim. **46** (1973) 2477.
K 19	Kraus, J., Linek, J.: Coll. Czech. Chem. Comm. **36** (1971) 2547.
K 20	Kretschmer, C. D., Nowakowska, J., Wiebe, R.: J. Am. Chem. Soc. **70** (1948) 1785.
K 21	Kudryavtseva, L. S., Viit, Kh. Kh., Eizen, O. G.: Zh. prikl. Khim. **45** (1972) 1817.
K 22	Kudryavtseva, L. S., Viit, Kh. Kh., Eizen, O. G.: Zh. prikl. Khim. **45** (1972) 2590.
K 23	Kupriyanova, Z. N., Belugin, V. F., Shakhova, G. B.: Zh. prikl. Khim. **46** (1973) 234.
K 24	Kurtyka, Z. M.: J. Chem. Eng. Data **16** (1971) 188.
K 25	Kurtyka, Z. M.: J. Chem. Eng. Data **16** (1971) 310.
K 26	Kyle, B. G., Tetlow, N. J.: J. Chem. Eng. Data **5** (1960) 275.
L 1	Landwehr, J. C., Yerazunis, St., Steinhauser jr., H. H.: Ind. Eng. Chem., Chem. Eng. Data Series **3** (1958) 231.
L 2	Latimer, R. E.: A. I. Ch. E. Journ. **3** (1957) 75.
L 3	Laurance, D. R., Swift, G. W.: J. Chem. Eng. Data **17** (1972) 333.
L 4	Laurance, D. R., Swift, G. W.: J. Chem. Eng. Data **19** (1974) 61.
L 5	Lazeeva, M. S., Markuzin, N. P.: Zh. prikl. Khim. **46** (1973) 360.
L 6	Lee, L. L., Scheller, W. A.: J. Chem. Eng. Data **12** (1967) 497.
L 7	Lemkowitz, S. M., de Cooker, M. G., van den Berg, P. J.: J. appl. Chem. Biotechnol. **23** (1973) 63.
L 8	Lemkowitz, S. M., Goedebuur, J., van den Berg, P. J.: J. appl. Chem. Biotechnol. **21** (1971) 229.
L 9	Lemkowitz, S. M., Zuidam, J., van den Berg, P. J.: J. appl. Chem. Biotechnol. **22** (1972) 727.
L 10	Lessels, G. A., Corrigan, Th. E.: Ind. Eng. Chem., Chem. Eng. Data Series **3** (1958) 43.
L 11	Lesteva, T. M.: Zh. prikl. Khim. **45** (1971) 833.
L 12	Lesteva, T. M., Chernaya, V. I.: Zh. prikl. Khim. **45** (1972) 459.
L 13	Lesteva, T. M., Timofeev, G. A., Chernaya, V. I.: Zh. prikl. Khim. **45** (1972) 2117.
L 14	Li, I. P.-C., Polak, J., Lu, B. C.-Y.: J. Chem. Thermodyn. **6** (1974) 417.
L 15	Li, I. P.-C., Lu, B. C.-Y., Chen, E.: J. Chem. Eng. Data **18** (1973) 305.
L 16	Linek, J., Wichterle, I.: Coll. Czech. Chem. Comm. **38** (1973) 1846.
L 17	Linek, J., Procházka, K., Wichterle, I.: Coll. Czech. Chem. Comm. **37** (1972) 3010.
L 18	Linek, J., Wichterle, I., Polednová, J.: Coll. Czech. Chem. Comm. **37** (1972) 2820.
L 19	Lo, T. C., Bieber, H. H., Karr, A. E.: J. Chem. Eng. Data **7** (1962) 327.
L 20	Lodl, S. J., Scheller, W. A.: J. Chem. Eng. Data **12** (1967) 485.
L 21	Long, R. D., Martin, J. J., Vogel, R. C.: Ind. Eng. Chem., Chem. Eng. Data Series **3** (1958) 28.
L 22	Lyvers, H. I., van Winkle, M.: Ind. Eng. Chem., Chem. Eng. Data Series **3** (1958) 60.
M 1	Ma, K. T., McDermott, C., Ellis, S. R. M.: I. Chem. Engrs. Symp. Ser. **32** (1969) 3:104.
M 2	McConnell, C. G., van Winkle, M.: J. Chem. Eng. Data **12** (1967) 430.
M 3	McCormick, R. H., Walsh, W. H., Hetrick, S. S., Zudkevitch, D.: J. Chem. Eng. Data **8** (1963) 504.
M 4	McCurdy, J. L., Katz, D. L.: Oil and Gas J. **43** (1945) 102.
M 5	Mandhane, J. M., Heidemann, R. A.: Canad. J. Chem. Eng. **51** (1973) 381.
M 6	Manley, D. B., Swift, G. W.: J. Chem. Eng. Data **16** (1971) 301.
M 7	Mann, A. N., Pardee, W. A., Smyth, R. W.: J. Chem. Eng. Data **8** (1963) 499.
M 8	Mann, R. S., Shemilt, L. W.: J. Chem. Eng. Data **8** (1963) 189.
M 9	Mann, R. S., Shemilt, L. W., Waldichuck, M.: J. Chem. Eng. Data **8** (1963) 502.
M 10	Marinichev, A. N., Vertsman, L. A.: Zh. prikl. Khim. **46** (1973) 355.
M 11	Maripuri, V. C., Ratcliff, G. A.: J. appl. Chem. Biotechnol. **22** (1972) 899.
M 12	Marks, D. E., Wingard, R. E.: J. Chem. Eng. Data **5** (1960) 416.
M 13	Matocha jr., J. R., van Winkle, M.: J. Chem. Eng. Data **16** (1971) 61.
M 14	Matouš, J., Žibný, A., Biroš, J.: Coll. Czech. Chem. Comm. **37** (1972) 3960.
M 15	Matschke, D. E., Thodos, G.: J. Chem. Eng. Data **7** (1962) 232.
M 16	Mehra, V. S., Thodos, G.: J. Chem. Eng. Data **10** (1965) 307.
M 17	Meranda, D., Furter, W. F.: A. I. Ch. E. Journ. **18** (1972) 111.
M 18	Meranda, D., Furter, W. F.: A. I. Ch. E. J. **20** (1974) 103.
M 19	Mertl, I.: Coll. Czech. Chem. Comm. **37** (1972) 366.
M 20	Mesnage, J., Marsan, A. A.: J. Chem. Eng. Data **16** (1971) 434.
M 21	Miller, I. K., Wu, J.-l.: J. Chem. Eng. Data **18** (1973) 262.
M 22	Minh, D. C., Ruel, M.: J. Chem. Eng. Data **18** (1973) 41.
M 23	Miniovich, V. M., Sorina, G. A.: Russ. J. Phys. Chem. **47** (1973) 586.
M 24	Mollerup, J., Fredenslund, Aa.: Chem. Engng. Science **28** (1973) 1295.
M 25	Molochnikov, M. L., Kudryatseva, T. S., Kogan, V. B.: Zh. prikl. Khim. **43** (1970) 2346.
M 26	Molochnikov, M. L., Kudryatseva, T. S., Kogan, V. B.: Zh. prikl. Khim. **43** (1970) 2348.
M 27	Morisue, T., Noda, K., Ishida, K.: J. Chem. Eng. Japan **6** (1973) 355.
M 28	Mousa, H. N., Kay, W. B.: J. Chem. Thermodynamics **4** (1972) 301.

M 29	Muradyan, A. G., Morlyan, N. M., Gabrielyan, A. M.: Zh. prikl. Khim. **46** (1973) 933.
M 30	Murogova, R. A., et al.: Zh. prikl. Khim. **46** (1973) 2464.
M 31	Murti, P. S., van Winkle, M.: Ind. Eng. Chem., Chem. Eng. Data Series **3** (1958) 72.
M 32	Myers, H. S.: Ind. Eng. Chem. **47** (1955) 2215.
N 1	Nagahama, K., Hirata, M.: J. Chem. Eng. Japan **4** (1971) 205.
N 2	Nagata, I.: J. Chem. Eng. Data **7** (1962) 360.
N 3	Nagata, I.: J. Chem. Eng. Data **7** (1962) 367.
N 4	Nagata, I.: J. Chem. Eng. Data **7** (1962) 461.
N 5	Nagata, I.: J. Chem. Eng. Data **10** (1965) 106.
N 6	Nagata, I.: J. Chem. Eng. Data **14** (1969) 418.
N 7	Nagata, I., Hayashida, H.: J. Chem. Eng. Japan **3** (1970) 161.
N 8	Nagata, I., Ohta, T., Takahashi, T., Gotoh, K.: J. Chem. Eng. Japan **6** (1973) 129.
N 9	Nagata, I., Ohta, T., Uchiyama, Y.: J. Chem. Eng. Data **18** (1973) 54.
N 10	Nagata, I., Yamanda, T.: Ind. Eng. Chem., Proc. Des. Develop. **13** (1974) 47.
N 11	Nakanishi, K.: J. Chem. Eng. Data **13** (1968) 188.
N 12	Nakanishi, K., Nakasato, K., Toba, R., Shirai, H.: J. Chem. Eng. Data **12** (1967) 440.
N 13	Nakanishi, K., Shirai, H., Minamiyama, T.: J. Chem. Eng. Data **12** (1967) 591.
N 14	Nataraj, V., Rao, M. R.: Indian J. Technol. **5** (1967) 212.
N 15	Neau, E., Blanc, Cl., Barès, D.: Journ. Chim. physique **70** (1973) 843.
N 16	van Ness, H. C., Kochar, N. K.: J. Chem. Eng. Data **12** (1967) 38.
N 17	van Ness, H. C., Soczek, C. A., Kochar, N. K.: J. Chem. Eng. Data **12** (1967) 346.
N 18	Newman, R. B., Jackson, L. C.: Trans. Faraday Soc. **54** (1958) 1481.
N 19	Nielsen, R. L., Weber, J. H.: J. Chem. Eng. Data **4** (1959) 145.
O 1	Oakeson, G. O., Weber, J. H.: J. Chem. Eng. Data **5** (1960) 279.
O 2	Ohe, S., Yokoyama, K., Nakamura, S.: J. Chem. Eng. Data **16** (1971) 70.
P 1	Pavlov, S. Yu.: Zh. prikl. Khim. **45** (1972) 614.
P 2	Peñia, M. D., Cheda, D. R.: Anales de Quimica **66** (1970) 721.
P 3	Petrov, P., Tsochev, V., Elenkov, D.: Zh. prikl. Khim. **44** (1971) 2482.
P 4	Piacentini, A., Stein, F. P.: Chem. Eng. Progr. Symp. Ser. **63** (1967) Nr. 81, S. 28.
P 5	Pinder, K. L.: J. Chem. Eng. Data **18** (1973) 275.
P 6	Prabhu, P. S., van Winkle, M.: J. Chem. Eng. Data **8** (1963) 14.
P 7	Prabhu, P. S., van Winkle, M.: J. Chem. Eng. Data **8** (1963) 210.
P 8	Prabhu, P. S., van Winkle, M.: J. Chem. Eng. Data **9** (1964) 9.
P 9	Privott, W. J., Paul, D. R., Jolls, K. R., Schoenborn, E. M.: J. Chem. Eng. Data **11** (1966) 331.
P 10	Puri, P. S., Raju, K. S. N.: J. Chem. Eng. Data **15** (1970) 480.
P 11	Puri, P. S., Polak, J., Ruether, J. A.: J. Chem. Eng. Data **19** (1974) 87.
Q 1	Qozati, A., van Winkle, M.: J. Chem. Eng. Data **5** (1960) 269.
R 1	Raal, J. D., Code, R. K., Best, D. A.: J. Chem. Eng. Data **17** (1972) 211.
R 2	Raju, B. N., Rao, D. P.: J. Chem. Eng. Data **14** (1969) 283.
R 3	Ramalho, R. S., Edgett, N. S.: J. Chem. Eng. Data **9** (1964) 324.
R 4	Ramalho, R. S., Delmas, J.: J. Chem. Eng. Data **13** (1968) 161.
R 5	Ramalho, R. S., Drolet, J. F.: J. Chem. Eng. Data **16** (1971) 12.
R 6	Ramalho, R. S., James, W., Carnaham, J. F.: J. Chem. Eng. Data **9** (1964) 215.
R 7	Rao, B. V. S., Rao C. V.: J. Chem. Eng. Data **8** (1963) 368.
R 8	Reddy, M. S., Rao, C. V.: J. Chem. Eng. Data **10** (1965) 309.
R 9	Robinson, D. B., Bailey, J. A.: Canad. J. Chem. Eng. **34** (1957) 151.
R 10	Robinson, D. B., Hughes, R. E., Sandercock, J. A. W.: Canad. J. Chem. Eng. **41** (1964) 143.
R 11	Rodger, A. J., Hsu, C. C., Furter, W. F.: J. Chem. Eng. Data **14** (1969) 362.
R 12	Rose, A., Acciari, J. A., Williams, E. T.: Ind. Eng. Chem., Chem. Eng. Data Secies **3** (1958) 210.
R 13	Rose, A., Papahronis, B. T., Williams, E. T.: Ind. Eng. Chem., Chem. Eng. Data Series **3** (1958) 152.
R 14	Rose, A., Schrodt, V. N.: J. Chem. Eng. Data **9** (1964) 12.
R 15	Rose, A., Supina, W. R.: J. Chem. Eng. Data **6** (1961) 173.
R 16	Rozhnov, M. S., Dorocinskaj, G. S.: Tepl. Svoistva Veshchestv **1969**, 140.
S 1	Sadler III, L. Y., Luft, D. W., McKinley, M. D.: J. Chem. Eng. Data **16** (1971) 446.
S 2	Sagnes, M., Sanchez, V.: J. Chem. Eng. Data **16** (1971) 351.
S 3	Sassa, Y., Konishi, R., Katayama, T.: J. Chem. Eng. Data **19** (1974) 44.
S 4	Scatchard, G., Wood, S. E., Mochel, J. M.: J. Phys. Chem. **43** (1939b) 119.
S 5	Scatchard, G., Wood, S. E., Mochel, J. M.: J. Am. Chem. Soc. **61** (1939a) 32.
S 6	Schachowa, S. F., Braude, G. E.: Khim. Prom. **12** (1964) 26 (russ.).
S 7	Scheller, W. A., Torres-Soto, A. R., Daphtary, K. J.: J. Chem. Eng. Data **14** (1969) 17.

S 8	Scheller, W. A., Torres-Soto, A. R., Daphtary, K. J.: J. Chem. Eng. Data **14** (1969) 439.
S 9	Scheller, W. A., Rao, S. V. N.: J. Chem. Eng. Data **18** (1973) 223.
S 10	Schiller, F. C., Canjar, L. N.: Progr. Symp. Ser. Nr. 7. **49** (1953) 67.
S 11	Schmelzer, J., Quitzsch, K.: Z. phys. Chemie (Leipzig) **252** (1973) 280.
S 12	Schmidt, H.: Z. phys. Chemie, Neue Folge **24** (1960) 265.
S 13	Shah, C. S., Greene, H. L.: J. Chem. Eng. Data **15** (1970) 408.
S 14	Shakhanov, V. D., Dobroserdov, L. L.: Zh. prikl. Khim. **45** (1972) 1140.
S 15	Shnitko, V. A., Kogan, V. B., Pefrova, N. V.: Zh. prikl. Khim. **44** (1971) 2126.
S 16	Shnitko, V. A., Kogan, V. B.: Zh. prikl. Khim. **41** (1968) 1305.
S 17	Shvarts, A. V., Efremova, G. D.: Russ. J. Phys. Chem. **46** (1972) 1654.
S 18	Sinor, J. E., Weber, J. H.: J. Chem. Eng. Data **5** (1960) 243.
S 19	Skorokhodova, V. L., Kogan, V. B.: Zh. prikl. Khim. **46** (1973) 698.
S 20	Skrinka, B. G., et al: Gazov Prom. **15** (1970) 35 (russ.).
S 21	Smith, V. C., Robinson, jr., R. L.: J. Chem. Eng. Data **15** (1970) 391.
S 22	Sobocinski, P. P., Kurata, F.: A. I. Ch. E. Journ. **5** (1959) 545.
S 23	Sokolov, N. M., Tzygankova, L. N., Zhavoronkov, N. M.: Theoret. osnovy Khim. tekhnol **5** (1971) 900.
S 24	Sokolova, T. D., Prokofjeva, N. K., Niselson, L. A.: Zh. prikl. Khim. **45** (1972) 1613.
S 25	Sprow, F. B., Prausnitz, J. M.: A. I. Ch. E. Journ. **12** (1966) 780.
S 26	Steckel, F.: Svensk Kemisk Tidskr. **1945**, 209.
S 27	Stein, F. P., Proust, P. C.: J. Chem. Eng. Data **16** (1971) 389.
S 28	Stephenson, R. W., van Winkle, M.: J. Chem. Eng. Data **7** (1962) 510.
S 29	Streett, W. B.: Int. Cryog. Engng. Conf. Proc. **1968**, 260
S 30	Strubl, K., Svoboda, V., Holub, R.: Coll. Czech. Chem. Comm. **37** (1972) 3522.
S 31	Strubl, K., Vonka, P., Svoboda, V., Holub, R.: Coll. Czech. Chem. Comm. **38** (1973) 468.
S 32	Subbarao, B. V., Rao, C. V.: J. Chem. Eng. Data **11** (1966) 158.
S 33	Subramanian, D., Nageshwar, G. D., Mene, P. S.: J. Chem. Eng. Data **14** (1969) 421.
S 34	Sukhova, S. I., Vlasov, O. N., Kiselev, L. A.: Russ. J. phys. Chem. **47** (1973) 243.
S 35	Suryanarayana, Y. S., van Winkle, M.: J. Chem. Eng. Data **11** (1966) 7.
S 36	Susarev, M. P., Toikka, A. M.: Zh. prikl. Khim. **46** (1973) 2461.
S 37	Suter, H.: Phthalsäureanhydrid u. seine Verwendung, Darmstadt 1972.
S 38	Svoboda, V., Holub, R., Pick, J.: Coll. Czech. Chem. Comm. **36** (1971) 2331.
S 39	Swamy, P. A., van Winkle, M.: J. Chem. Eng. Data **10** (1965) 214.
T 1	Tassios, D., van Winkle, M.: J. Chem. Eng. Data **12** (1967) 555.
T 2	Taylor, Z. L., jr., Wingard, R. E.: J. Chem. Eng. Data **13** (1968) 301.
T 3	Tenn, F. G., Missen, R. W.: Canad. J. Chem. Eng. **41** (1963) 12.
T 4	Tolstova, T. S., Kogan, V. B., Fridman, V. M., Romanova, T. G.: Zh. prikl. Khim. **46** (1973) 907.
T 5	Trofimov, V. I., et al.: Zh. prikl. Khim. **46** (1973) 1871.
T 6	Trofimov, A. N.: Zh. Prikl. Khim. **44** (1971) 1330.
T 7	Trust, D. B., Kurata, F.: A. I. Ch. E. Journ. **17** (1971) 415.
T 8	Tsochev, V., Petrov, P.: Z. phys. Chem. (Leipzig) **252** (1973) 337.
U 1	Udovenko, V. V., Mazanko, T. F.: Khim. i Khim. tekhn. **15** (1972) 1654.
U 2	Udovenko, V. V., Mazanko, T. F., Plyngeu, V. Ya.: Khim. i Khim. tekhn. **16** (1973) 686.
U 3	Udovenko, V. V., Mazanko, T. F., Plyngeu, V. Ya.: Russ. J. Phys. Chem. **46** (1972) 129.
U 4	Uyeha, H., Hagihara, Y.: J. Chem. Eng. Japan **3** (1970) 13.
V 1	Vera, J. H., Prausnitz, J. M.: J. Chem. Eng. Data **16** (1971) 149.
V 2	Verhoeye, L. A. J.: J. Chem. Eng. Data **15** (1970) 222.
V 3	Verhoeye, L., Lauwers, E.: J. Chem. Eng. Data **14** (1969) 306.
V 4	Verhoeye, L., de Schepper, H.: J. appl. Chem. Biotechnol. **23** (1973) 607.
V 5	Vijayaraghavan, S. V., Deshpande, P. K., Kuloor, N. R.: J. Indian Inst. Sci. **47** (1965) 7.
V 6	Vijayaraghavan, S. V., Deshpande, P. K., Kuloor, N. R.: J. Indian Inst. Sci. **47** (1965) 139.
V 7	Vijayaraghavan, S. V., Deshpande, P. K., Kuloor, N. R.: J. Chem. Eng. Data **11** (1966) 147.
V 8	Vijayaraghavan, S. V., Deshpande, P. K., Kuloor, N. R.: J. Chem. Eng. Data **12** (1967) 13.
V 9	Vijayaraghavan, S. V., Deshpande, P. K., Kuloor, N. R.: J. Chem. Eng. Data **12** (1967) 15.
V 10	Volpicelli, G.: J. Chem. Eng. Data **13** (1968) 150.
V 11	Voňka, P., Svoboda, V., Strubl, K., Holub, R.: Coll. Czech. Chem. Comm. **36** (1971) 18.
V 12	Vostrikova, V. N., Moiseeva, T. P., Aerov, M. E.: Zh. prikl. Khim. **47** (1974) 295.
V 13	Vostrikova, V. N., et al.: Zh. prikl. Khim. **47** (1974) 568.
W 1	Wade, J. C., Taylor, Z. L. jr.: J. Chem. Eng. Data **18** (1973) 424.
W 2	Wagner, I. F., Weber, J. H.: Ind. Eng. Chem. **3** (1958) 220.
W 3	Waldo, R. A., Weber, J. H.: J. Chem. Eng. Data **8** (1963) 349.
W 4	Wang, J. L. H., Lu, B. C.-Y.: J. appl. Chem. Biotechnol. **21** (1971) 297.

W 5	Watson, I. D., Rowlingson, J. S.: Chem. Eng. Sci. **24** (1969) 1575.
W 6	Willock, J. M., van Winkle, M.: J. Chem. Eng. Data **15** (1970) 281.
W 7	Wilson, G. M., Silverberg, P. M., Zellner, M. G.: Int. Adv. in Cryogenic Eng. (Plenum Press. 1965) Q — 6. Die ternären Daten sind erhältlich von OTS, U. S. Dep. of Commerce, Washington 25, D. C. als Tech. Doc. Rept. No APL TDR 64 — 64 (1964).
W 8	Wong, K. F., Eckert, C. A.: J. Chem. Eng. Data **14** (1969) 432.
W 9	Wóycicki, W.: J. Chem. Thermodyn. **6** (1974) 141.
Y 1	Yakubson, A. M., Blyakhman, L. I., Mel'nichenko, M. Ya., Efimova, Z. V., Trofimov, V. I.: J. appl. Chem. USSR, **44** (1971) 1198.
Y 2	Yen, L. Ch., Reed III, T. M.: J. Chem. Eng. Data **4** (1959) 102.
Y 3	Yuan, K. S., Lu, B. C.-Y.: J. Chem. Eng. Data **8** (1963) 549.
Z 1	Zandijcke, F. van, Verhoeye, L.: Am. Inst. Chem. Engrs. **1973**, Paper Nr. 35 D.
Z 2	Zaretskii, M. I., et al.: Zh. prikl. Khim. **45** (1972) 2297.
Z 3	Zernov, V. S., et al.: Zh. prikl. Khim. **44** (1971) 683.
Z 4	Zharov, V. T., Malegina, N. D., Morachevskii, A. G.: Zh. prikl. Khim. **38** (1965) 2132.
Z 5	Zieborak, K.: Z. phys. Chem. **231** (1966) 248.
Z 6	Zirlin, Yu. A., Vasileva, V. A.: Zh. prikl. Khim. **44** (1971) 1121.
Z 7	Zirlin, Yu. A., Vasileva, V. A.: Zh. prikl. Khim. **46** (1973) 232.

6 Register — Index

6.1 Verzeichnis der binären Gemische — Index of binary mixtures

6.1.1 Alphabetische Übersicht nach Bruttoformeln

6.1.1 Alphabetical index of gross formulae

In der folgenden Tabelle ist jedes Gemisch zweimal aufgeführt, und zwar so, daß jede Komponente einmal an erster Stelle steht (durch halbfetten Satz hervorgehoben). Die jeweils an erster Stelle aufgeführten Komponenten folgen alphabetisch aufeinander entsprechend den in den Bruttoformeln enthaltenen Elementen, die selbst innerhalb der Bruttoformeln alphabetisch und nach ihrer steigenden Anzahl geordnet sind. Beispiel: ... H_2O, H_2S, N_2, O_2, O_2S ...

Abweichend von dieser Regel sind die Kohlenstoff enthaltenden Verbindungen behandelt. Sie stehen alle unter C und sind nach steigenden C-Zahlen, weiter nach steigenden H-Zahlen und danach alphabetisch nach den weiteren Elementsymbolen geordnet. Beispiel: ... C_3H_6, C_3H_6O, $C_3H_6O_2$, C_3H_7NO, C_3H_8, C_3H_8O, $C_3H_8O_3$, C_4H_4S, C_4H_6 ...

Entsprechendes gilt für die zweiten Gemischkomponenten.

Die Zahlen in der rechten Spalte sind die Nummern, unter denen die Gemische in Kapitel 3 stehen.

In the following table every mixture occurs twice: Each component takes the first place once (indicated by boldface type). These components are arranged alphabetically according to the elements in their gross formulae, wherein the elements themselves are ordered alphabetically and according to their increasing numbers. E.g.: ... H_2O, H_2S, N_2, O_2, O_2S ...

The compounds containing carbon deviate from this rule. They are all listed under C and arranged according to rising C-numbers, then to rising H-numbers and after this alphabetically according to the symbols of further elements. E.g.: ... C_3H_6, C_3H_6O, $C_3H_6O_2$, C_3H_7NO, C_3H_8, C_3H_8O, $C_3H_8O_3$, C_4H_4S, C_4H_6 ...

The same applies to the second components of the mixtures.

In the column on the right, the numbers are given under which the mixtures appear in Chapter 3.

Ar	**Argon**	
CH_4	Methan	45
CO	Kohlenmonoxid	5
Kr	Krypton	6
N_2	Stickstoff	4
O_2	Sauerstoff	9
BrF_3	**Bromtrifluorid**	
BrF_5	Brompentafluorid	34
BrF_5	**Brompentafluorid**	
BrF_3	Bromtrifluorid	34
CCl_4	**Tetrachlorkohlenstoff**	
CS_2	Schwefelkohlenstoff	248
C_2HCl_3	Trichloräthylen	273
$C_2H_3Cl_3$	1,1,2-Trichloräthan	270
$C_2H_4Cl_2$	1,2-Dichloräthan	257
C_3H_6O	Aceton	245
C_3H_8NS	Thiazol	555
C_3H_8O	Isopropanol	342
$C_4H_8O_2$	1,4-Dioxan	409
$C_4H_{10}O$	Butanol-(1)	371
$C_4H_{10}O$	Diäthyläther	246
C_5H_{10}	Cyclopentan	237
C_6H_6	Benzol	132
C_6H_{10}	Cyclohexen	123
C_6H_{12}	Cyclohexan	112
C_6H_{12}	Hexen-(1)	243
C_6H_{12}	Methyl-cyclopentan	244
C_6H_{14}	2,2-Dimethylbutan	241
C_6H_{14}	2,3-Dimethylbutan	242
C_6H_{14}	n-Hexan	238
C_6H_{14}	2-Methylpentan	239
C_6H_{14}	3-Methylpentan	240
$C_6H_{14}O$	Di-isopropyläther	247
C_7H_8	Toluol	166
C_7H_{14}	Methyl-cyclohexan	156
C_7H_{16}	2,4-Dimethylpentan	153
C_7H_{16}	n-Heptan	145
C_8H_{10}	Äthylbenzol	198
C_8H_{10}	m-Xylol	209
C_8H_{10}	o-Xylol	206
C_8H_{10}	p-Xylol	211
C_8H_{16}	Octen-(1)	191
C_8H_{18}	n-Octan	182
C_8H_{18}	2,2,4-Trimethylpentan	187
C_9H_{20}	Trimethylhexan	217

CClF₃	**Trifluorchlormethan**			CH_2Cl_2	Dichlormethan	304
CHF_3	Trifluormethan	249		CH_3NO_2	Nitromethan	539
CF₄	**Tetrafluormethan**			CS_2	Schwefelkohlenstoff	310
CHF_3	Trifluormethan	233		C_2Cl_4	Tetrachloräthylen	278
CHCl₃	**Chloroform**			$C_2H_6O_2$	Glykol	323
CH_2O_2	Ameisensäure	313		$C_2H_8N_2$	Äthylendiamin	511
CH_4O	Methanol	305		C_3H_6O	Aceton	306
$C_2H_4O_2$	Essigsäure	326		C_3H_6O	Propylenoxid	307
C_2H_6O	Äthanol	319		$C_3H_6O_2$	Essigsäure-methylester	308
C_3H_6O	Aceton	235		C_3H_8O	Isopropanol	343
$C_3H_6O_2$	Essigsäure-methylester	236		C_3H_8O	Propanol-(1)	337
$C_4H_8O_2$	Essigsäure-äthylester	402		$C_4H_6O_2$	Acrylsäure-methylester	412
C_6H_6	Benzol	131		C_4H_8O	Butanon-(2)	395
C_6H_{14}	2,3-Dimethylbutan	234		C_4H_8O	Tetrahydrofuran	309
CHF₃	**Trifluormethan**			$C_4H_8O_2$	Essigsäure-äthylester	403
$CClF_3$	Trifluorchlormethan	249		$C_4H_{10}O$	Butanol-(1)	373
CF_4	Tetrafluormethan	233		$C_4H_{11}N$	n-Butalymin	515
CH₂Cl₂	**Dichlormethan**			$C_4H_{11}N$	Diäthylamin	311
CH_4O	Methanol	304		C_5H_5N	Pyridin	517
C_4H_6	Butadien-(1,3)	231		$C_5H_8O_2$	Methacrylsäure-methylester	438
C_5H_{12}	n-Pentan	232		C_5H_{12}	n-Pentan	302
CH₂F₂	**Difluormethan**			$C_5H_{12}O$	n-Amylalkohol	424
CO_2	Kohlendioxid	230		C_6H_5Cl	Chlorbenzol	293
CH₂O	**Formaldehyd**			C_6H_6	Benzol	133
H_2O	Wasser	14		C_6H_{14}	2,3-Dimethylbutan	303
CH₂O₂	**Ameisensäure**			C_6H_{14}	n-Hexan	103
$CHCl_3$	Chloroform	313		$C_6H_{14}O$	Di-isopropyläther	446
$C_2H_4O_2$	Essigsäure	327		$C_6H_{15}N$	Triäthylamin	525
C_3H_6O	Aceton	314		C_7H_8	Toluol	168
C_4H_8O	Butanon-(2)	315		H_2O	Wasser	13
C_5H_5N	Pyridin	518		**C₂Cl₄**	**Tetrachloräthylen**	
$C_5H_{10}O_2$	Ameisensäure-butylester	434		CH_4O	Methanol	278
$C_5H_{10}O_2$	Valeriansäure	433		C_2HCl_3	Trichloräthylen	277
$C_6H_{12}O_2$	Ameisensäure-isoamylester	457		$C_2H_4Cl_2$	1,2-Dichloräthan	276
$C_6H_{14}O$	Di-isopropyläther	316		C_3H_8O	Propanol-(1)	279
$C_8H_{18}O$	Di-n-butyläther	476		C_5H_5N	Pyridin	280
H_2O	Wasser	312		**C₂F₃N**	**Trifluor-acetonitril**	
CH₃Cl	**Methylchlorid**			C_3H_8	Propan	59
O_2S	Schwefeldioxid	39		**C₂HCl₃**	**Trichloräthylen**	
CH₃Cl₃Si	**Silicium-methyl-trichlorid**			CCl_4	Tetrachlorkohlenstoff	273
C_7H_8	Toluol	179		C_2Cl_4	Tetrachloräthylen	277
CH₃NO₂	**Nitromethan**			$C_2H_4Cl_2$	1,2-Dichloräthan	275
CH_4O	Methanol	539		C_2H_5Cl	Äthylchlorid	274
C_6H_{14}	n-Hexan	537		C_3H_8O	Propanol-(1)	336
C_7H_{16}	n-Heptan	538		**C₂H₂**	**Acetylen**	
H_2O	Wasser	536		C_2H_4	Äthylen	53
CH₄	**Methan**			C_2H_6	Äthan	52
Ar	Argon	45		C_3H_6	Propylen	64
CO	Kohlenmonoxid	46		C_3H_8	Propan	57
C_2H_4	Äthylen	51		**C₂H₂Cl₂**	**1,1-Dichloräthylen**	
C_2H_6	Äthan	49		C_2H_5Cl	Äthylchlorid	261
CH₄O	**Methanol**			**C₂H₂Cl₂**	**cis-1,2-Dichloräthylen**	
$CHCl_3$	Chloroform	305		$C_2H_2Cl_2$	trans-1,2-Dichloräthylen	263
				$C_2H_3Cl_3$	1,1,1-Trichloräthan	268
				C_2H_5Cl	Äthylchlorid	262

C_3H_6O	Aceton	264	$C_2H_4O_2$	**Essigsäure**		
$C_3H_6O_2$	Ameisensäure-äthylester	265	$CHCl_3$	Chloroform	326	
$C_3H_6O_2$	Essigsäure-methylester	266	CH_2O_2	Ameisensäure	327	
C_4H_8O	Butanon-(2)	393	$C_2H_3ClO_2$	Chloressigsäure	497	
$C_2H_2Cl_2$	**trans-1,2-Dichloräthylen**		$C_4H_6O_3$	Essigsäure-anhydrid	414	
$C_2H_2Cl_2$	cis-1,2-Dichloräthylen	263	C_4H_9NO	N,N-Dimethyl-acetamid	548	
$C_2H_3Cl_3$	1,1,1-Trichloräthan	269	$C_5H_{10}O$	Pentanon-(3)	328	
C_2H_5Cl	Äthylchlorid	267	$C_6H_{14}O$	Di-isopropyläther	329	
C_3H_6O	Aceton	351	C_8H_{10}	Äthylbenzol	199	
$C_3H_6O_2$	Ameisensäure-äthylester	357	C_8H_{10}	p-Xylol	212	
$C_3H_6O_2$	Essigsäure-methylester	358	$C_9H_{11}N$	N,N-Dimethyl-anilin	534	
C_4H_8O	Butanon-(2)	394	H_2O	Wasser	325	
C_2H_3Cl	**Vinylchlorid**		C_2H_5Cl	**Äthylchlorid**		
C_2H_5Cl	Äthylchlorid	252	C_2HCl_3	Trichloräthylen	274	
$C_2H_3ClO_2$	**Chloressigsäure**		$C_2H_2Cl_2$	1,1-Dichloräthylen	261	
$C_2H_4O_2$	Essigsäure	497	$C_2H_2Cl_2$	cis-1,2-Dichloräthylen	262	
$C_2H_3Cl_3$	**1,1,1-Trichloräthan**		$C_2H_2Cl_2$	trans-1,2-Dichloräthylen	267	
$C_2H_2Cl_2$	cis-1,2-Dichloräthylen	268	C_2H_3Cl	Vinylchlorid	252	
$C_2H_2Cl_2$	trans-1,2-Dichloräthylen	269	$C_2H_3Cl_3$	1,1,2-Trichloräthan	271	
$C_2H_4Cl_2$	1,2-Dichloräthan	259	$C_2H_4Cl_2$	1,1-Dichloräthan	253	
$C_2H_3Cl_3$	**1,1,2-Trichloräthan**		$C_2H_4Cl_2$	1,2-Dichloräthan	258	
CCl_4	Tetrachlorkohlenstoff	270	$C_3H_6Cl_2$	1,2-Dichlorpropan	282	
$C_2H_4Cl_2$	1,2-Dichloräthan	272	C_4H_{10}	n-Butan	251	
C_2H_5Cl	Äthylchlorid	271	O_2S	Schwefeldioxid	250	
C_2H_3N	**Acetonitril**		C_2H_5ClO	**β-Chloräthanol**		
C_3H_3N	Acrylsäure-nitril	508	H_2O	Wasser	496	
C_3H_6O	Aceton	507	$C_2H_5NO_2$	**Nitroäthan**		
H_2O	Wasser	25	C_7H_{16}	n-Heptan	542	
C_2H_4	**Äthylen**		C_2H_6	**Äthan**		
CH_4	Methan	51	CH_4	Methan	49	
CO_2	Kohlendioxid	43	CO	Kohlenmonoxid	47	
C_2H_2	Acetylen	53	CO_2	Kohlendioxid	48	
C_2H_6	Äthan	50	C_2H_2	Acetylen	52	
$C_3H_3F_3$	3,3,3-Trifluorpropen	287	C_2H_4	Äthylen	50	
C_3H_6	Propylen	63	C_3H_6	Propylen	62	
$C_2H_4Cl_2$	**1,1-Dichloräthan**		C_3H_8	Propan	56	
C_2H_5Cl	Äthylchlorid	253	C_4H_{10}	Butan	69	
$C_2H_4Cl_2$	**1,2-Dichloräthan**		C_4H_{10}	Isobutan	75	
CCl_4	Tetrachlorkohlenstoff	257	H_2S	Schwefelwasserstoff	36	
C_2Cl_4	Tetrachloräthylen	276	H_3N	Ammoniak	41	
C_2HCl_3	Trichloräthylen	275	C_2H_6O	**Äthanol**		
$C_2H_3Cl_3$	1,1,1-Trichloräthan	259	$CHCl_3$	Chloroform	319	
$C_2H_3Cl_3$	1,1,2-Trichloräthan	272	$C_2H_4Cl_2$	1,2-Dichloräthan	260	
C_2H_5Cl	Äthylchlorid	258	C_2H_4O	Acetaldehyd	320	
C_2H_6O	Äthanol	260	C_4H_4S	Thiophen	501	
C_3H_8O	Propanol-(1)	335	C_4H_8O	Butanon-(2)	396	
$C_4H_{10}O$	Butanol-(1)	372	$C_4H_8O_2$	Essigsäure-äthylester	321	
C_6H_6	Benzol	256	$C_4H_{10}O$	Butanol-(2)	381	
C_6H_{10}	Cyclohexen	255	$C_5H_8O_2$	Acrylsäure-äthylester	437	
C_6H_{12}	Cyclohexan	254	$C_5H_{10}O$	Pentanon-(2)	427	
C_2H_4O	**Acetaldehyd**		$C_5H_{12}O$	n-Amylalkohol	425	
C_2H_6O	Äthanol	320	C_6H_6	Benzol	134	
C_3H_6O	1,2-Propylenoxid	354	C_6H_{12}	Cyclohexan	113	
H_2O	Wasser	16	C_6H_{12}	Methyl-cyclopentan	318	
			C_6H_{14}	n-Hexan	317	

Weishaupt

$C_6H_{15}N$	Triäthylamin	526	C_2H_2	Acetylen	64
C_7H_8	Toluol	169	C_2H_4	Äthylen	63
C_7H_{16}	n-Heptan	148	C_2H_6	Äthan	62
C_8H_{18}	2,2,4-Trimethylpentan	188	C_3H_4	Propadien	66
H_2O	Wasser	15	C_3H_8	Propan	58
C_2H_6OS	**Dimethyl-sulfoxid**		C_4H_8	Buten	77
C_3H_6O	Aceton	502	H_2S	Schwefelwasserstoff	60
C_4H_8O	Tetrahydrofuran	505	**$C_3H_6Cl_2$**	**1,2-Dichlorpropan**	
$C_4H_8O_2$	Essigsäure-äthylester	506	C_2H_5Cl	Äthylchlorid	282
$C_4H_{10}O$	Butanol-(1)	503	**$C_3H_6N_2$**	**Dimethylcyanamid**	
$C_4H_{10}O$	Isobutanol	504	C_8H_{10}	o-Xylol	512
$C_2H_6O_2$	**Glykol**		**C_3H_6O**	**Aceton**	
CH_4O	Methanol	323	CCl_4	Tetrachlorkohlenstoff	245
C_4H_8O	Tetrahydrofuran	324	$CHCl_3$	Chloroform	235
H_2O	Wasser	322	CH_2O_2	Ameisensäure	314
C_2H_7NO	**Äthanolamin**		CH_4O	Methanol	306
C_4H_4S	Thiophen	541	$C_2H_2Cl_2$	cis-1,2-Dichloräthylen	264
C_6H_6	Benzol	540	$C_2H_2Cl_2$	trans-1,2-Dichloräthylen	351
$C_2H_8N_2$	**Äthylendiamin**		C_2H_3N	Acetonitril	507
CH_4O	Methanol	511	C_2H_6OS	Dimethylsulfoxid	502
C_6H_6	Benzol	510	C_3H_6O	Propylenoxid	352
H_2O	Wasser	509	$C_3H_6O_2$	Ameisensäure-äthylester	353
C_3F_6O	**Perfluor-aceton**		$C_3H_6O_2$	Essigsäure-methylester	359
C_3H_8	Propan	498	C_3H_8O	Isopropanol	344
C_3F_8	**Octafluorpropan**		$C_4H_6O_3$	Essigsäure-anhydrid	415
C_3H_8	Propan	285	$C_4H_{10}O$	tert.-Butanol	384
$C_3H_3F_3$	**3,3,3-Trifluorpropen**		C_5H_5N	Pyridin	519
C_2H_4	Äthylen	287	C_5H_{12}	n-Pentan	350
C_3H_3N	**Acrylsäure-nitril**		C_6H_5Cl	Chlorbenzol	294
C_2H_3N	Acetonitril	508	C_6H_6	Benzol	135
C_3H_3NS	**Thiazol**		C_6H_{12}	Cyclohexan	114
CCl_4	Tetrachlorkohlenstoff	555	C_6H_{14}	2,3-Dimethylbutan	105
C_6H_{12}	Cyclohexan	554	C_7H_8	Toluol	171
C_3H_4	**Propadien**		H_2O	Wasser	19
C_3H_6	Propylen	66	**C_3H_6O**	**Allylalkohol**	
C_3H_8	Propan	65	$C_4H_{10}O$	tert.-Butanol	349
C_3H_4	**Propin**		C_7H_8	Toluol	170
H_3N	Ammoniak	67	H_2O	Wasser	20
$C_3H_4O_2$	**Acrylsäure**		**C_3H_6O**	**Propylenoxid**	
$C_5H_{10}O_2$	Essigsäure-isopropylester	363	CH_4O	Methanol	307
$C_6H_{12}O$	2-Methyl-pentanon-(4)	365	C_2H_4O	Acetaldehyd	354
$C_6H_{14}O$	Di-isopropyläther	364	C_3H_6O	Aceton	352
$C_8H_{18}O$	2-Äthyl-hexanol-(1)	477	C_4H_8O	Butanon-(2)	397
C_3H_5Br	**Allylbromid**		$C_4H_{10}O$	tert.-Butanol	385
C_3H_5Cl	Allylchlorid	286	C_8H_{10}	Äthylbenzol	200
C_3H_5Cl	**Allylchlorid**		**$C_3H_6O_2$**	**Ameisensäure-äthylester**	
C_3H_5Br	Allylbromid	286	$C_2H_2Cl_2$	cis-1,2-Dichloräthylen	265
$C_3H_5Cl_3$	**1,2,3-Trichlorpropan**		$C_2H_2Cl_2$	trans-1,2-Dichloräthylen	357
C_6H_{12}	Hexen-(1)	284	C_3H_6O	Aceton	353
C_6H_{14}	n-Hexan	283	$C_3H_6O_2$	Essigsäure-methylester	360
C_3H_6	**Propylen**		**$C_3H_6O_2$**	**Essigsäure-methylester**	
CO_2	Kohlendioxid	61	$CHCl_3$	Chloroform	236
			CH_4O	Methanol	308
			$C_2H_2Cl_2$	cis-1,2-Dichloräthylen	266
			$C_2H_2Cl_2$	trans-1,2-Dichloräthylen	358

C_3H_6O	Aceton	359		$C_4H_8O_2$	Essigsäure-äthylester	338
$C_3H_6O_2$	Ameisensäure-äthylester	360		C_5H_{12}	Isopentan	331
C_6H_6	Benzol	136		C_5H_{12}	n-Pentan	330
C_6H_{12}	Cyclohexan	115		C_6H_6	Benzol	333
H_2O	Wasser	21		C_6H_{14}	n-Hexan	332
				$C_6H_{15}N$	Triäthylamin	339
$C_3H_6O_2$	**Glycid**			$C_6H_{18}OSi_2$	Hexamethyl-disiloxan	557
C_7H_8	Toluol	361		C_7H_{14}	Methyl-cyclohexan	158
C_9H_{12}	Isopropylbenzol	362		C_7H_{16}	n-Heptan	149 + 334
				H_2O	Wasser	17
$C_3H_6O_2$	**Propionsäure**					
H_2O	Wasser	356		**$C_3H_8O_2$**	**Propandiol-(1,2)**	
				H_2O	Wasser	355
C_3H_7Cl	**1-Propylchlorid**					
O_2S	Schwefeldioxid	281		**$C_3H_8O_3$**	**Glycerin**	
				H_2O	Wasser	348
C_3H_7NO	**N,N-Dimethylformamid**					
C_4H_8O	Tetrahydrofuran	544		**$C_4Cl_3F_7$**	**2,2,3-Trichlor-heptafluorbutan**	
H_2O	Wasser	543		$C_5Cl_2F_6$	1,2-Dichlor-hexafluor-cyclopenten	289
				C_7H_{16}	n-Heptan	146
$C_3H_7NO_2$	**1-Nitropropan**			$C_8F_{16}O$	Perfluor-octylcyclooxid	299
C_7H_{16}	n-Heptan	545				
				C_4F_8	**Perfluor-cyclobutan**	
$C_3H_7NO_2$	**2-Nitropropan**			C_5H_{10}	Penten-(1)	88
C_7H_{16}	n-Heptan	546				
				C_4H_2	**Diacetylen**	
C_3H_8	**Propan**			H_3N	Ammoniak	81
CO_2	Kohlendioxid	55				
C_2F_3N	Trifluor-acetonitril	59		**$C_4H_2O_3$**	**Maleinsäure-anhydrid**	
C_2H_2	Acetylen	57		$C_8H_8O_2$	o-Toluylsäure	481
C_2H_6	Äthan	56				
C_3F_6O	Perfluor-aceton	498		**C_4H_4**	**Vinylacetylen**	
C_3F_8	Octafluor-propan	285		H_3N	Ammoniak	80
C_3H_4	Propadien	65				
C_3H_6	Propylen	58		**C_4H_4O**	**Furan**	
C_4H_{10}	Butan	70		C_4H_8O	Tetrahydrofuran	398
C_4H_{10}	Isobutan	76				
C_5H_{12}	n-Pentan	82		**C_4H_4S**	**Thiophen**	
C_6F_6	Hexafluorbenzol	295		C_2H_6O	Äthanol	501
C_6F_{14}	Perfluor-hexan	291		C_2H_7NO	Äthanolamin	541
H_2S	Schwefelwasserstoff	54		C_6H_6	Benzol	500
				C_6H_{12}	Cyclohexan	499
C_3H_8O	**Isopropanol**					
CCl_4	Tetrachlorkohlenstoff	342		**C_4H_5Cl**	**Chloropren**	
CH_4O	Methanol	343		C_4H_6	Butadien-(1,3)	290
C_3H_6O	Aceton	344				
C_4H_8O	Butanon-(2)	345		**C_4H_6**	**Butadien-(1,3)**	
$C_4H_8O_2$	Essigsäure-äthylester	346		CH_2Cl_2	Dichlormethan	231
C_6H_6	Benzol	341		CS_2	Schwefelkohlenstoff	44
C_6H_{12}	Cyclohexan	340		C_4H_5Cl	Chloropren	290
$C_6H_{15}N$	Triäthylamin	347		C_4H_8	Buten-(1)	79
C_7H_{14}	Methyl-cyclohexan	159		C_4H_{10}	n-Butan	73
C_8H_{16}	Äthyl-cyclohexan	194		$C_4H_{10}O$	Diäthyläther	391
C_8H_{18}	n-Octan	184				
C_8H_{18}	2,2,4-Trimethylpentan	189		**$C_4H_6O_2$**	**Acrylsäure-methylester**	
H_2O	Wasser	18		CH_4O	Methanol	412
				$C_4H_6O_2$	**Essigsäure-vinylester**	
C_3H_8O	**Propanol-(1)**			C_7H_{16}	2,4-Dimethyl-pentan	154
CH_4O	Methanol	337				
C_2Cl_4	Tetrachloräthylen	279		**$C_4H_6O_2$**	**Methacrylsäure**	
C_2HCl_3	Trichloräthylen	336		H_2O	Wasser	411
$C_2H_4Cl_2$	1,2-Dichloräthan	335				
$C_4H_8O_2$	1,4-Dioxan	410		**$C_4H_6O_3$**	**Essigsäure-anhydrid**	
				$C_2H_4O_2$	Essigsäure	414
				C_3H_6O	Aceton	415

C_5H_5N	Pyridin	417		C_8H_{10}	Äthylbenzol	202
$C_5H_8O_4$	Methylen-diacetat	443		C_8H_{10}	p-Xylol	213
C_6H_{12}	Cyclohexan	413		H_2O	Wasser	24
$C_6H_{14}O$	Di-isopropyläther	416		**C_4H_9Cl**	**1-Butylchlorid**	
C_4H_8	**Isobuten**			O_2S	Schwefeldioxid	288
C_4H_{10}	Isobutan	78		**C_4H_9NO**	**N,N-Dimethyl-acetamid**	
C_4H_8	**Buten-(1)**			$C_2H_4O_2$	Essigsäure	548
C_3H_6	Propylen	77		H_2O	Wasser	547
C_4H_6	Butadien-(1,3)	79		**C_4H_{10}**	**Butan**	
C_4H_{10}	n-Butan	72		C_2H_5Cl	Äthylchlorid	251
C_4H_8O	**Butanon-(2)**			C_2H_6	Äthan	69
CH_2O_2	Ameisensäure	315		C_3H_8	Propan	70
CH_4O	Methanol	395		C_4H_6	Butadien-(1,3)	73
$C_2H_2Cl_2$	cis-1,2-Dichloräthylen	393		C_4H_8	Buten-(1)	72
$C_2H_2Cl_2$	trans-1,2-Dichloräthylen	394		C_4H_{10}	Isobutan	71
C_2H_6O	Äthanol	396		H_2S	Schwefelwasserstoff	68
C_3H_6O	Propylenoxid	397		**C_4H_{10}**	**Isobutan**	
C_3H_8O	Isopropanol	345		CO_2	Kohlendioxid	74
C_6H_6	Benzol	137		C_2H_6	Äthan	75
C_6H_{14}	n-Hexan	392		C_3H_8	Propan	76
C_7H_8	Toluol	174		C_4H_8	Isobuten	78
C_8H_{10}	Äthylbenzol	201		C_4H_{10}	Butan	71
C_8H_{18}	n-Octan	185		**$C_4H_{10}O$**	**Butanol-(1)**	
C_4H_8O	**Tetrahydrofuran**			CCl_4	Tetrachlorkohlenstoff	371
CH_4O	Methanol	309		CH_4O	Methanol	373
C_2H_6OS	Dimethylsulfoxid	505		$C_2H_4Cl_2$	1,2-Dichloräthan	372
$C_2H_6O_2$	Glykol	324		C_2H_6OS	Dimethyl-sulfoxid	503
C_3H_7NO	N,N-Dimethylformamid	544		C_4H_8O	Tetrahydrofuran	377
C_4H_4O	Furan	398		$C_4H_{10}O$	Butanol-(2)	374
$C_4H_{10}O$	Butanol-(1)	377		$C_4H_{10}O$	tert.-Butanol	375
C_5H_6O	2-Methyl-furan	399		$C_4H_{10}O$	Isobutanol	376
H_2O	Wasser	23		$C_5H_8O_2$	Acrylsäure-äthylester	378
$C_4H_8O_2$	**1,4-Dioxan**			$C_5H_8O_2$	Methacrylsäure-methylester	379
CCl_4	Tetrachlorkohlenstoff	409		C_6H_6	Benzol	367
C_3H_8O	Propanol-(1)	410		C_6H_{12}	Cyclohexan	366
$C_4H_{10}O$	Isobutanol	390		C_7H_8	Toluol	370
C_5H_{10}	Penten-(1)	404		$C_7H_{12}O_2$	Acrylsäure-n-butylester	473
C_6H_6	Benzol	407		C_7H_{14}	Methyl-cyclohexan	369
C_6H_{12}	Hexen-(1)	406		C_7H_{16}	n-Heptan	368
C_6H_{14}	n-Hexan	405		$C_{10}H_{22}$	n-Decan	221
C_7H_8	Toluol	176		**$C_4H_{10}O$**	**Butanol-(2)**	
C_7H_{16}	n-Heptan	408		C_2H_6O	Äthanol	381
C_8H_{16}	Octen-(1)	192		$C_4H_{10}O$	Butanol-(1)	374
C_8H_{18}	n-Octan	186		$C_4H_{10}O$	tert.-Butanol	382
C_9H_{20}	n-Nonan	216		$C_4H_{10}O$	Isobutanol	388
$C_4H_8O_2$	**Essigsäure-äthylester**			C_6H_6	Benzol	380
$CHCl_3$	Chloroform	402		C_8H_8O	Methyl-phenyl-keton (Acetophenon)	479
CH_4O	Methanol	403		**$C_4H_{10}O$**	**tert.-Butanol**	
C_2H_6O	Äthanol	321		C_3H_6O	Propylenoxid	385
C_2H_6OS	Dimethylsulfoxid	506		C_3H_6O	Aceton	384
C_3H_8O	Isopropanol	346		C_3H_6O	Allylalkohol	349
C_3H_8O	Propanol-(1)	338		$C_4H_{10}O$	Butanol-(1)	375
C_6H_6	Benzol	138		$C_4H_{10}O$	Butanol-(2)	382
C_7H_8	Toluol	175		$C_4H_{10}O$	Isobutanol	389
				C_6H_6	Benzol	383

C_7H_8	Toluol	173		C_5H_5N	**Pyridin**	
H_2O	Wasser	22		CH_2O_2	Ameisensäure	518
				CH_4O	Methanol	517
$C_4H_{10}O$	**Diäthyläther**			C_2Cl_4	Tetrachloräthylen	280
CCl_4	Tetrachlorkohlenstoff	246		C_3H_6O	Aceton	519
C_4H_6	Butadien-(1,3)	391		$C_4H_6O_3$	Essigsäure-anhydrid	418
				$C_5H_{10}O_2$	Ameisensäure-butylester	520
$C_4H_{10}O$	**Isobutanol**			C_6H_{12}	Cyclohexan	516
C_2H_6OS	Dimethyl-sulfoxid	504				
$C_4H_8O_2$	1,4-Dioxan	390		C_5H_6	**Cyclopentadien**	
$C_4H_{10}O$	Butanol-(1)	376		C_5H_8	Cyclopenten	96
$C_4H_{10}O$	Butanol-(2)	388		C_5H_8	Isopren	98
$C_4H_{10}O$	tert.-Butanol	389		C_5H_{12}	n-Pentan	97
C_6H_6	Benzol	387		C_6H_6	Benzol	126
C_6H_{12}	Cyclohexan	386		C_6H_{10}	Cyclohexen	119
C_7H_8	Toluol	172		C_6H_{12}	Cyclohexan	108
				C_6H_{14}	n-Hexan	101
$C_4H_{10}O_2$	**Cellosolve**			C_7H_8	Toluol	161
C_6H_{12}	Hexen-(1)	401		C_7H_{16}	n-Heptan	141
C_6H_{14}	n-Hexan	400				
				C_5H_6O	**2-Methyl-furan**	
$C_4H_{10}O_2$	**Methacrylsäure**			C_4H_8O	Tetrahydrofuran	399
H_2O	Wasser	411		$C_5H_{10}O$	2-Methyl-tetrahydrofuran	430
$C_4H_{10}O_3$	**Diglykol**			$C_5H_6O_2$	**Furfurylalkohol**	
C_6H_6	Benzol	418m		$C_5H_4O_2$	Furfurol	440
C_6H_6	Benzol	419		$C_5H_{10}O_2$	Tetrahydrofurfurylalkohol	435
C_6H_{12}	Cyclohexan	418g		H_2O	Wasser	439
C_6H_{12}	Hexen-(1)	418i				
C_6H_{14}	n-Hexan	418a		C_5H_8	**Cyclopenten**	
C_7H_8	Toluol	418n		C_5H_6	Cyclopentadien	96
C_7H_{14}	Hepten-(1)	418k		C_5H_8	Isopren	95
C_7H_{14}	Methyl-cyclohexan	418h				
C_7H_{16}	n-Heptan	418b		C_5H_8	**Isopren**	
C_7H_{16}	n-Heptan	420		C_5H_6	Cyclopentadien	98
C_8H_{10}	Äthylbenzol	418o		C_5H_8	Cyclopenten	95
C_8H_{10}	o-Xylol	421		C_5H_8	Methylen-cyclobutan	94
C_8H_{18}	n-Octan	418c		C_5H_{10}	2-Methyl-buten-(2)	92
C_9H_{20}	n-Nonan	418d		C_5H_{10}	Penten-(1)	87
$C_{10}H_{20}$	Decen-(1)	418l		C_5H_{10}	Trimethyläthylen	91
$C_{10}H_{22}$	n-Decan	418e		C_5H_{12}	n-Pentan	85
$C_{12}H_{26}$	n-Dodecan	418f		C_6H_6	Benzol	125
				C_6H_{10}	Cyclohexen	118
$C_4H_{11}N$	**n-Butylamin**			C_6H_{12}	Cyclohexan	107
CH_4O	Methanol	515		C_6H_{14}	n-Hexan	100
C_6H_{12}	Hexen-(1)	514		C_7H_8	Toluol	160
C_6H_{14}	n-Hexan	513		C_7H_{16}	n-Heptan	140
$C_4H_{11}N$	**Diäthylamin**			C_5H_8	**Methylen-cyclobutan**	
CH_4O	Methanol	311		C_5H_8	Isopren	94
C_6H_{12}	Hexen-(1)	106		C_5H_{10}	Trimethyläthylen	93
C_6H_{14}	n-Hexan	104				
				C_5H_8O	**Methyl-cyclopropyl-keton**	
$C_5Cl_2F_6$	**1,2-Dichlor-hexafluor-cyclopenten**			H_2O	Wasser	431
$C_4Cl_3F_7$	2,2,3-Trichlor-heptafluor-butan	289				
$C_8F_{16}O$	Perfluor-octylcyclooxid	300		$C_5H_8O_2$	**Acrylsäure-äthylester**	
				C_2H_6O	Äthanol	437
$C_5H_4O_2$	**Furfurol**			$C_4H_{10}O$	Butanol-(1)	378
$C_5H_6O_2$	Furfurylalkohol	440				
$C_5H_{10}O_2$	Tetrahydro-furfurylalkohol	436		$C_5H_8O_2$	**Methacrylsäure-methylester**	
C_8H_{10}	Äthylbenzol	441		CH_4O	Methanol	438
C_8H_{10}	p-Xylol	442		$C_4H_{10}O$	Butanol-(1)	379

$C_5H_8O_4$	**Methylen-diacetat**			**C_5H_8**	Isopren	85
$C_4H_6O_3$	Essigsäure-anhydrid	443		C_5H_{10}	Penten-(1)	86
C_5H_9NO	**N-Methylpyrolidon**			C_5H_{10}	2-Methyl-buten-(1)	83
H_2O	Wasser	549		C_5H_{10}	Trimethyläthylen	89
C_5H_{10}	**Cyclopentan**			C_5H_{12}	Isopentan	84
CCl_4	Tetrachlorkohlenstoff	237		C_6F_6	Hexafluorbenzol	296
C_5H_{10}	**2-Methyl-buten-(1)**			C_6H_6	Benzol	124
C_5H_8	Isopren	92		C_6H_{10}	Cyclohexen	117
C_5H_{10}	Trimethyläthylen	90		C_6H_{14}	n-Hexan	99
C_5H_{12}	n-Pentan	83		**$C_5H_{12}O$**	**n-Amylalkohol**	
C_5H_{10}	**Penten-(1)**			CH_4O	Methanol	424
C_4F_8	Perfluor-cyclobutan	88		C_2H_6O	Äthanol	425
$C_4H_8O_2$	1,4-Dioxan	404		C_6H_{12}	Cyclohexan	422
C_5H_8	Isopren	87		C_7H_8	Toluol	423
C_5H_{12}	n-Pentan	86		**$C_5H_{12}O$**	**Isoamylalkohol**	
C_5H_{10}	**Trimethyläthylen (2-Methyl-buten-(2))**			C_7H_8	Toluol	426
C_5H_8	Isopren	91		**$C_5H_{13}N$**	**Äthyl-isopropylamin**	
C_5H_8	Methylen-cyclobutan	93		H_2O	Wasser	27
C_5H_{10}	2-Methyl-buten-(1)	90		**$C_5H_{13}N$**	**Dimethyl-isopropylamin**	
C_5H_{12}	n-Pentan	89		H_2O	Wasser	28
$C_5H_{10}O$	**2-Methyl-tetrahydrofuran**			**$C_5H_{13}N$**	**(N,N)-Methyl-butylamin**	
C_5H_6O	2-Methylfuran	430		H_2O	Wasser	29
$C_5H_{10}O$	**Pentanon-(2)**			**$C_5H_{13}N$**	**Methyl-diäthylamin**	
C_2H_6O	Äthanol	427		H_2O	Wasser	26
C_7H_{16}	n-Heptan	428		**C_6F_6**	**Hexafluorbenzol**	
$C_5H_{10}O$	**Pentanon-(3)**			C_3H_8	Propan	295
$C_2H_4O_2$	Essigsäure	328		C_5H_{12}	n-Pentan	296
C_6H_{14}	n-Hexan	429		C_6H_6	Benzol	298
$C_5H_{10}O_2$	**Ameisensäure-butylester**			C_6H_{14}	n-Hexan	297
CH_2O_2	Ameisensäure	434		C_7H_8	Toluol	167
C_5H_5N	Pyridin	520		C_7H_{14}	Methyl-cyclohexan	157
$C_5H_{10}O_2$	**Essigsäure-isopropylester**			C_7H_{16}	n-Heptan	147
$C_3H_4O_2$	Acrylsäure	363		C_8H_{18}	n-Octan	183
$C_5H_{10}O_2$	**Tetrahydro-furfurylalkohol**			C_9H_{20}	n-Nonan	215
$C_5H_4O_2$	Furfurol	436		$C_{10}H_{22}$	n-Decan	220
$C_5H_6O_2$	Furfurylalkohol	435		$C_{12}H_{26}$	n-Dodecan	227
$C_5H_{10}O_2$	**Valeriansäure**			**C_6F_{14}**	**Perfluorhexan**	
CH_2O_2	Ameisensäure	433		C_3H_8	Propan	291
C_7H_{16}	n-Heptan	432		**C_6H_5Cl**	**Chlorbenzol**	
$C_5H_{11}Cl$	**1-Amylchlorid**			CH_4O	Methanol	293
O_2S	Schwefeldioxid	290a		C_3H_6O	Aceton	294
C_5H_{12}	**Isopentan**			C_6H_6	Benzol	292
C_3H_8O	Propanol-(1)	331		**C_6H_6**	**Benzol**	
C_5H_{12}	n-Pentan	84		CCl_4	Tetrachlorkohlenstoff	132
C_5H_{12}	**n-Pentan**			$CHCl_3$	Chloroform	131
CH_2Cl_2	Dichlormethan	232		CH_4O	Methanol	133
CH_4O	Methanol	302		$C_2H_4Cl_2$	1,2-Dichloräthan	256
C_3H_6O	Aceton	350		C_2H_6O	Äthanol	134
C_3H_8	Propan	82		C_2H_7NO	Äthanolamin	540
C_3H_8O	Propanol-(1)	330		$C_2H_8N_2$	Äthylendiamin	510
C_5H_6	Cyclopentadien	97		C_3H_6O	Aceton	135
				$C_3H_6O_2$	Essigsäure-methylester	136
				C_3H_8O	Isopropanol	341

C_3H_8O	Propanol-(1)	333	$C_6H_{11}NO$	Caprolactam	
C_4H_4S	Thiophen	500	C_6H_6	Benzol	551
C_4H_8O	Butanon-(2)	137	C_6H_{12}	Cyclohexan	550
$C_4H_8O_2$	1,4-Dioxan	407	C_7H_8	Toluol	552
$C_4H_8O_2$	Essigsäure-äthylester	138	C_6H_{12}	**Cyclohexan**	
$C_4H_{10}O$	Butanol-(1)	367	CCl_4	Tetrachlorkohlenstoff	112
$C_4H_{10}O$	Butanol-(2)	380	$C_2H_4Cl_2$	1,2-Dichloräthan	254
$C_4H_{10}O$	tert.-Butanol	383	C_2H_6O	Äthanol	113
$C_4H_{10}O$	Isobutanol	387	C_3H_3NS	Thiazol	554
$C_4H_{10}O_3$	Diglykol	419	C_3H_6O	Aceton	114
$C_4H_{10}O_3$	Diglykol	418 m	$C_3H_6O_2$	Essigsäure-methylester	115
C_5H_6	Cyclopentadien	126	C_3H_8O	Isopropanol	340
C_5H_8	Isopren	125	C_4H_4S	Thiophen	499
C_5H_{12}	n-Pentan	124	$C_4H_6O_3$	Essigsäure-anhydrid	413
C_6F_6	Hexafluorbenzol	298	$C_4H_{10}O$	Butanol-(1)	366
C_6H_5Cl	Chlorbenzol	292	$C_4H_{10}O$	Isobutanol	386
C_6H_{10}	Cyclohexen	122	$C_4H_{10}O_3$	Diglykol	418 g
$C_6H_{11}NO$	Caprolactam	551	C_5H_5N	Pyridin	516
C_6H_{12}	Cyclohexan	111	C_5H_6	Cyclopentadien	108
C_6H_{12}	Hexen-(1)	128	C_5H_8	Isopren	107
C_6H_{12}	2-Methylpenten-(1)	129	$C_5H_{12}O$	n-Amylalkohol	422
C_6H_{12}	4-Methylpenten-(1)	130	C_6H_6	Benzol	111
C_6H_{14}	n-Hexan	127	C_6H_{10}	Cyclohexen	121
$C_6H_{14}O$	Di-isopropyläther	139	$C_6H_{11}NO$	Caprolactam	550
$C_6H_{14}O$	Dipropyläther	445	C_6H_{14}	2,3-Dimethylbutan	110
C_7H_8	Toluol	164	C_6H_{14}	n-Hexan	109
C_7H_{16}	2,3-Dimethylpentan	151	$C_6H_{14}O$	Hexanol-(1)	444
C_7H_{16}	2,4-Dimethylpentan	152	C_7H_{16}	n-Heptan	143
C_7H_{16}	n-Heptan	142	$C_7H_{16}O$	Heptanol-(1)	461
C_8H_{10}	Äthylbenzol	195	C_8H_{10}	m-Xylol	207
C_8H_{16}	Octen-(1)	190	C_8H_{10}	o-Xylol	205
C_8H_{18}	n-Octan	181	C_8H_{10}	p-Xylol	210
C_9H_{12}	n-Propylbenzol	218	C_8H_{18}	n-Octan	180
$C_{10}H_{22}$	n-Decan	219	$C_8H_{18}O$	Octanol-(1)	474
C_6H_6O	**Phenol**		**C_6H_{12}**	**Hexen-(1)**	
$C_6H_{12}O$	Cyclohexanol	451	CCl_4	Tetrachlorkohlenstoff	243
C_8H_{18}	n-Octan	449	$C_3H_5Cl_3$	1,2,3-Trichlorpropan	284
C_9H_{18}	Nonen-(1)	450	$C_4H_8O_2$	1,4-Dioxan	406
$C_{10}H_8$	Naphthalin	226	$C_4H_{10}O_2$	Cellosolve	401
$C_{10}H_{18}$	trans-Decahydronaphthalin	222	$C_4H_{10}O_3$	Diglykol	418 i
$C_{12}H_{26}$	n-Dodecan	228	$C_4H_{11}N$	n-Butylamin	514
C_6H_{10}	**Cyclohexen**		$C_4H_{11}N$	Diäthylamin	106
CCl_4	Tetrachlorkohlenstoff	123	C_6H_6	Benzol	128
$C_2H_4Cl_2$	1,2-Dichloräthan	255	C_6H_{14}	Hexan	102
C_5H_6	Cyclopentadien	119	$C_6H_{15}N$	Di-isopropylamin	531
C_5H_8	Isopren	118	$C_6H_{15}N$	Di-n-Propylamin	529
C_5H_{12}	n-Pentan	117	$C_6H_{15}N$	n-Hexylamin	522
C_6H_6	Benzol	122	$C_6H_{15}N$	Triäthylamin	524
C_6H_{12}	Cyclohexan	121	C_7H_8	Toluol	163
C_6H_{14}	n-Hexan	120	**C_6H_{12}**	**Methyl-cyclopentan**	
C_7H_{16}	n-Heptan	144	CCl_4	Tetrachlorkohlenstoff	244
$C_6H_{10}O$	**Cyclohexanon**		C_2H_6O	Äthanol	318
$C_6H_{12}O$	Cyclohexanol	448	C_6H_{14}	n-Hexan	116
$C_6H_{10}O_2$	**4-Vinyldioxan-(1,3)**		**C_6H_{12}**	**2-Methylpenten-(1)**	
$C_6H_{12}O_2$	4,4-Dimethyldioxan-(1,3)	460	C_6H_6	Benzol	129

C_6H_{12}	4-Methylpenten-(1)	
C_6H_6	Benzol	130
$C_6H_{12}O$	**Cyclohexanol**	
C_6H_6O	Phenol	451
$C_6H_{10}O$	Cyclohexanon	448
C_8H_{10}	m-Xylol	447
C_8H_{10}	o-Xylol	447
C_8H_{10}	p-Xylol	447
$C_6H_{12}O$	**2-Methyl-pentanon-(4)**	
$C_3H_4O_2$	Acrylsäure	365
$C_6H_{12}O_2$	**Ameisensäure-isoamylester**	
CH_2O_2	Ameisensäure	457
$C_6H_{12}O_2$	**Buttersäure-äthylester**	
C_7H_{16}	n-Heptan	459
$C_6H_{12}O_2$	**n-Capronsäure**	
$C_8H_{16}O_2$	n-Caprylsäure	480
$C_6H_{12}O_2$	**4,4-Dimethyldioxan-(1,3)**	
$C_6H_{10}O_2$	4-Vinyldioxan-(1,3)	460
$C_6H_{12}O_2$	**Essigsäure-n-butylester**	
C_7H_{16}	n-Heptan	458
$C_6H_{13}Cl$	**1-Hexylchlorid**	
O_2S	Schwefeldioxid	290b
C_6H_{14}	**2,2-Dimethylbutan**	
CCl_4	Tetrachlorkohlenstoff	241
C_6H_{14}	**2,3-Dimethylbutan**	
CCl_4	Tetrachlorkohlenstoff	242
$CHCl_3$	Chloroform	234
CH_4O	Methanol	303
C_3H_6O	Aceton	105
C_6H_{12}	Cyclohexan	110
C_7H_{14}	Cycloheptan	155
C_6H_{14}	**n-Hexan**	
CCl_4	Tetrachlorkohlenstoff	238
CH_3NO_2	Nitromethan	537
CH_4O	Methanol	103
C_2H_6O	Äthanol	317
$C_3H_5Cl_3$	1,2,3-Trichlorpropan	283
C_3H_8O	Propanol-(1)	332
C_4H_8O	Butanon-(2)	392
$C_4H_8O_2$	1,4-Dioxan	405
$C_4H_{10}O_2$	Cellosolve	400
$C_4H_{10}O_3$	Diglykol	418a
$C_4H_{11}N$	n-Butylamin	513
$C_4H_{11}N$	Diäthylamin	104
C_5H_6	Cyclopentadien	101
C_5H_8	Isopren	100
$C_5H_{10}O$	Pentanon-(3)	429
C_5H_{12}	n-Pentan	99
C_6F_6	Hexafluorbenzol	297
C_6H_6	Benzol	127
C_6H_{10}	Cyclohexen	120
C_6H_{12}	Cyclohexan	109

C_6H_{12}	Hexen-(1)	102
C_6H_{12}	Methylcyclopentan	116
$C_6H_{15}N$	Di-isopropylamin	530
$C_6H_{15}N$	Di-n-propylamin	528
$C_6H_{15}N$	n-Hexylamin	521
$C_6H_{15}N$	Triäthylamin	523
C_7H_8	Toluol	162
$C_7H_{14}O$	Heptanon-(4)	462
H_2O	Wasser	11
C_6H_{14}	**2-Methyl-pentan**	
CCl_4	Tetrachlorkohlenstoff	239
C_6H_{14}	**3-Methyl-pentan**	
CCl_4	Tetrachlorkohlenstoff	240
$C_6H_{14}O$	**Di-isopropyläther**	
CCl_4	Tetrachlorkohlenstoff	247
CH_2O_2	Ameisensäure	316
CH_4O	Methanol	446
$C_2H_4O_2$	Essigsäure	329
$C_3H_4O_2$	Acrylsäure	364
$C_4H_6O_3$	Essigsäure-anhydrid	416
C_6H_6	Benzol	139
C_7H_8	Toluol	178
C_7H_{16}	n-Heptan	150
C_8H_{10}	Äthylbenzol	204
$C_6H_{14}O$	**Dipropyläther**	
C_6H_6	Benzol	445
C_7H_8	Toluol	177
C_8H_{10}	Äthylbenzol	203
$C_6H_{14}O$	**Hexanol-(1)**	
C_6H_{12}	Cyclohexan	444
$C_8H_{18}O$	Octanol-(1)	475
$C_6H_{14}O_2$	**Butylcellosolve**	
C_8H_{16}	Äthylcyclohexan	453
C_8H_{18}	n-Octan	452
$C_6H_{14}O_2$	**2-Methyl-pentandiol-(2,4)**	
C_8H_{10}	Äthylbenzol	455
C_8H_{16}	Äthylcyclohexan	454
$C_6H_{14}O_3$	**Dipropylenglykol**	
$C_{10}H_8$	Naphthalin	456
$C_6H_{15}N$	**N-Äthyl-sec-butylamin**	
H_2O	Wasser	32
$C_6H_{15}N$	**Di-isopropylamin**	
C_6H_{12}	Hexen-(1)	531
C_6H_{14}	n-Hexan	530
H_2O	Wasser	31
$C_6H_{15}N$	**Di-n-propylamin**	
C_6H_{12}	Hexen-(1)	529
C_6H_{14}	n-Hexan	528
H_2O	Wasser	527
$C_6H_{15}N$	**n-Hexylamin**	
C_6H_{12}	Hexen-(1)	522
C_6H_{14}	n-Hexan	521

$C_6H_{15}N$	**Triäthylamin**			$C_{10}H_8$	Naphthalin	226
CH_4O	Methanol	525		$C_{10}H_{12}$	1,2,3,4-Tetrahydronaphthalin	224
C_2H_6O	Äthanol	526		$C_{10}H_{14}$	1-Methyl-5-isopropylbenzol	471
C_3H_8O	Isopropanol	347		$C_{10}H_{14}$	1,2,4,5-Tetramethylbenzol	470
C_3H_8O	Propanol-(1)	339		$C_{10}H_{20}$	Decen-(1)	469
C_6H_{12}	Hexen-(1)	524		$C_{10}H_{22}$	n-Decan	468
C_6H_{14}	n-Hexan	523		$C_{13}H_{28}$	Tridecan	229
H_2O	Wasser	30		C_7H_9N	**Cyclohexen-3-carbonitril**	
$C_6H_{18}Si_2O$	**Hexamethyl-disiloxan**			H_2O	Wasser	532
C_3H_8O	Propanol-(1)	557		C_7H_9N	**2,6-Dimethyl-pyridin**	
C_7F_{16}	**Perfluorheptan**			H_2O	Wasser	533
$C_8F_{16}O$	Perfluor-octylcyclooxid	301		$C_7H_{12}O_2$	**Acrylsäure-butylester**	
$C_7H_6O_2$	**Benzoesäure**			$C_4H_{10}O$	Butanol-(1)	473
$C_8H_4O_3$	Phthalsäure-anhydrid	483		C_7H_{14}	**Cycloheptan**	
C_7H_8	**Toluol**			C_6H_{14}	2,3-Dimethylbutan	155
CCl_4	Tetrachlorkohlenstoff	166		C_7H_{14}	**Hepten-(1)**	
CH_3SiCl_3	Silicium-methyl-trichlorid	179		$C_4H_{10}O_3$	Diglykol	418k
CH_4O	Methanol	168		C_7H_{14}	**Methyl-cyclohexan**	
C_2H_6O	Äthanol	169		CCl_4	Tetrachlorkohlenstoff	156
C_3H_6O	Aceton	171		C_3H_8O	Isopropanol	159
C_3H_6O	Allylalkohol	170		C_3H_8O	Propanol-(1)	158
$C_3H_6O_2$	Glycid	361		$C_4H_{10}O$	Butanol-(1)	369
C_4H_8O	Butanon-(2)	174		$C_4H_{10}O_3$	Diglykol	418h
$C_4H_8O_2$	1,4-Dioxan	176		C_6F_6	Hexafluorbenzol	157
$C_4H_8O_2$	Essigsäure-äthylester	175		$C_7H_{14}O$	**Heptanon-(4)**	
$C_4H_{10}O$	Butanol-(1)	370		C_6H_{14}	n-Hexan	462
$C_4H_{10}O$	tert.-Butanol	173		$C_7H_{14}O_2$	**Capronsäure-methylester**	
$C_4H_{10}O$	Isobutanol	172		$C_9H_{18}O_2$	Caprylsäure-methylester	484
$C_4H_{10}O_3$	Diglykol	418n		$C_7H_{15}Cl$	**1-Heptylchlorid**	
C_5H_6	Cyclopentadien	161		O_2S	Schwefeldioxid	298a
C_5H_8	Isopren	160		C_7H_{16}	**2.3-Dimethyl-pentan**	
$C_5H_{12}O$	n-Amylalkohol	423		C_6H_6	Benzol	151
$C_5H_{12}O$	Isoamylalkohol	426		C_7H_{16}	**2,4-Dimethyl-pentan**	
C_6F_6	Hexafluorbenzol	167		CCl_4	Tetrachlorkohlenstoff	153
C_6H_6	Benzol	164		$C_4H_6O_2$	Essigsäure-vinylester	154
$C_6H_{11}NO$	Caprolactam	552		C_6H_6	Benzol	152
C_6H_{12}	Hexen-(1)	163		C_7H_{16}	**n-Heptan**	
C_6H_{14}	n-Hexan	162		CCl_4	Tetrachlorkohlenstoff	145
$C_6H_{14}O$	Di-isopropyläther	178		CH_3NO_2	Nitromethan	538
$C_6H_{14}O$	Dipropyläther	177		$C_2H_5NO_2$	Nitroäthan	542
C_7H_8O	p-Kresol	466		C_2H_6O	Äthanol	148
C_8H_{18}	2,2,4-Trimethyl-pentan	165		$C_3H_7NO_2$	1-Nitropropan	545
H_2O	Wasser	12c		$C_3H_7NO_2$	2-Nitropropan	546
C_7H_8O	**m-Kresol**			C_3H_8O	Propanol-(1)	149 + 334
$C_{10}H_8$	Naphthalin	226		$C_4F_7Cl_3$	2,2,3-Trichlor-heptafluorbutan	146
C_7H_8O	**o-Kresol**			$C_4H_8O_2$	1,4-Dioxan	408
$C_{10}H_8$	Naphthalin	226		$C_4H_{10}O$	Butanol-(1)	368
$C_{10}H_{14}$	1,2,4,5-Tetramethylbenzol	223		$C_4H_{10}O_3$	Diglykol	418b
$C_{10}H_{14}$	n-Butylbenzol	465		C_5H_6	Cyclopentadien	141
$C_{10}H_{18}$	trans-Decahydronaphthalin	464		C_5H_8	Isopren	140
$C_{10}H_{20}$	Decen-(1)	463		$C_5H_{10}O$	Pentanon-(2)	428
C_7H_8O	**p-Kresol**			$C_5H_{10}O_2$	Valeriansäure	432
C_7H_8	Toluol	466		C_6F_6	Hexafluorbenzol	147
C_8H_{18}	n-Octan	467				

C_6H_6	Benzol	142		C_8H_{10}	p-Xylol	
C_6H_{10}	Cyclohexen	144		CCl_4	Tetrachlorkohlenstoff	211
C_6H_{12}	Cyclohexan	143		$C_2H_4O_2$	Essigsäure	212
$C_6H_{12}O_2$	Buttersäure-äthylester	459		$C_4H_8O_2$	Essigsäure-äthylester	213
$C_6H_{12}O_2$	Essigsäure-n-butylester	458		$C_5H_4O_2$	Furfurol	442
$C_6H_{14}O$	Di-isopropyläther	150		C_6H_{12}	Cyclohexan	210
C_8H_{10}	Äthylbenzol	196		$C_6H_{12}O$	Cyclohexanol	447
				C_8H_{10}	m-Xylol	208
$C_7H_{16}O$	**Heptanol-(1)**			H_2O	Wasser	12f
C_6H_{12}	Cyclohexan	461				
				$C_8H_{10}O$	**Methyl-phenylcarbinol**	
$C_8F_{16}O$	**Perfluor-octylcyclooxid**			C_8H_{10}	Äthylbenzol	478
$C_4Cl_3F_7$	2,2,3-Trichlor-heptafluorbutan	299				
$C_5Cl_2F_6$	1,2-Dichlorhexafluor-cyclopenten	300		**$C_8H_{11}N$**	**N,N-Dimethyl-anilin**	
C_7F_{16}	Perfluorheptan	301		$C_2H_4O_2$	Essigsäure	534
$C_8H_4O_3$	**Phthalsäure-anhydrid**			**$C_8H_{11}N$**	**2-Methyl-5-äthylpyridin**	
$C_7H_6O_2$	Benzoesäure	483		C_8H_9N	2-Methyl-5-vinylpyridin	535
C_8H_8	**Styrol**			**$C_8H_{14}O_3$**	**Diglykol-divinyläther**	
C_8H_{10}	Äthylbenzol	214		$C_8H_{18}O_3$	Diglykol-diäthyläther	482
C_8H_8O	**Acetophenon (Methyl-phenyl-keton)**			**C_8H_{16}**	**Äthyl-cyclohexan**	
$C_4H_{10}O$	Butanol-(2)	479		C_3H_8O	Isopropanol	194
H_2O	Wasser	472		$C_6H_{14}O_2$	Butylcellosolve	453
				$C_6H_{14}O_2$	2-Methyl-pentandiol-(2,4)	454
$C_8H_8O_2$	**o-Toluylsäure**			C_8H_{10}	Äthylbenzol	197
$C_4H_2O_3$	Maleinsäure-anhydrid	481		C_8H_{18}	n-Octan	193
C_8H_9N	**2-Methyl-5-vinylpyridin**			**C_8H_{16}**	**Octen-(1)**	
$C_8H_{11}N$	2-Methyl-5-äthylpyridin	535		CCl_4	Tetrachlorkohlenstoff	191
C_8H_{10}	**Äthylbenzol**			$C_4H_8O_2$	1,4-Dioxan	192
CCl_4	Tetrachlorkohlenstoff	198		C_6H_6	Benzol	190
$C_2H_4O_2$	Essigsäure	199				
C_3H_6O	Propylenoxid	200		**$C_8H_{16}O_2$**	**n-Caprylsäure**	
C_4H_8O	Butanon-(2)	201		$C_6H_{12}O_2$	n-Capronsäure	480
$C_4H_8O_2$	Essigsäure-äthylester	202		**C_8H_{18}**	**n-Octan**	
$C_4H_{10}O_3$	Diglykol	418o		CCl_4	Tetrachlorkohlenstoff	182
$C_5H_4O_2$	Furfurol	441		C_3H_8O	Isopropanol	184
C_6H_6	Benzol	195		C_4H_8O	Butanon-(2)	185
$C_6H_{14}O$	Di-isopropyläther	204		$C_4H_8O_2$	1,4-Dioxan	186
$C_6H_{14}O$	Dipropyläther	203		$C_4H_{10}O_3$	Diglykol	418c
$C_6H_{14}O_2$	2-Methyl-pentandiol-(2,4)	455		C_6F_6	Hexafluorbenzol	183
C_7H_{16}	Heptan	196		C_6H_6	Benzol	181
C_8H_8	Styrol	214		C_6H_6O	Phenol	449
$C_8H_{10}O$	Methyl-phenylcarbinol	478		C_6H_{12}	Cyclohexan	180
C_8H_{16}	Äthyl-cyclohexan	197		$C_6H_{14}O_2$	Butylcellosolve	452
C_8H_{10}	**m-Xylol**			C_7H_8O	p-Kresol	467
CCl_4	Tetrachlorkohlenstoff	209		C_8H_{16}	Äthyl-cyclohexan	193
C_6H_{12}	Cyclohexan	207		H_2O	Wasser	12a
$C_6H_{12}O$	Cyclohexanol	447		**C_8H_{18}**	**2,2,4-Trimethylpentan**	
C_8H_{10}	p-Xylol	208		CCl_4	Tetrachlorkohlenstoff	187
H_2O	Wasser	12e		C_2H_6O	Äthanol	188
C_8H_{10}	**o-Xylol**			C_3H_8O	Isopropanol	189
CCl_4	Tetrachlorkohlenstoff	206		C_7H_8	Toluol	165
$C_3H_6N_2$	Dimethylcyanamid	512		**$C_8H_{18}O$**	**2-Äthyl-hexanol-(1)**	
$C_4H_{10}O_3$	Diglykol	421		$C_3H_4O_2$	Acrylsäure	477
C_6H_{12}	Cyclohexan	205				
$C_6H_{12}O$	Cyclohexanol	447		**$C_8H_{18}O$**	**Di-n-butyläther**	
H_2O	Wasser	12d		CH_2O_2	Ameisensäure	476

$C_8H_{18}O$	Octanol-(1)	
C_6H_{12}	Cyclohexan	474
$C_6H_{14}O$	Hexanol-(1)	475
$C_{10}H_{22}O$	Decanol-(1)	486
$C_8H_{18}O_3$	**Diglykol-diäthyläther**	
$C_8H_{14}O_3$	Diglykol-divinyläther	482
$C_9H_6N_2O_2$	**Toluol-diisocyanat-(2,4)**	
$C_9H_6N_2O_2$	Toluol-diisocyanat-(2,6)	553
$C_9H_6N_2O_2$	**Toluol-diisocyanat-(2,6)**	
$C_9H_6N_2O_2$	Toluol-diisocyanat-(2,4)	553
C_9H_{12}	**Isopropylbenzol**	
$C_3H_6O_2$	Glycid	362
C_9H_{12}	**n-Propylbenzol**	
C_6H_6	Benzol	218
$C_9H_{12}O$	**Dimethyl-phenyl-carbinol**	
H_2O	Wasser	485
C_9H_{18}	**Nonen-(1)**	
C_6H_6O	Phenol	450
$C_9H_{18}O_2$	**Caprylsäure-methylester**	
$C_7H_{14}O_2$	Capronsäure-methylester	484
$C_{11}H_{22}O_2$	Caprinsäure-methylester	489
C_9H_{20}	**Nonan**	
$C_4H_8O_2$	1,4-Dioxan	216
$C_4H_{10}O_3$	Diglykol	418d
C_6F_6	Hexafluorbenzol	215
H_2O	Wasser	12b
C_9H_{20}	**2,2,5-Trimethyl-hexan**	
CCl_4	Tetrachlorkohlenstoff	217
$C_{10}H_8$	**Naphthalin**	
C_6H_6O	Phenol	226
$C_6H_{14}O_3$	Di-propylenglykol	456
C_7H_8O	m-Kresol	226
C_7H_8O	o-Kresol	226
C_7H_8O	p-Kresol	226
$C_{12}H_{26}$	n-Dodecan	225
$C_{10}H_8O$	**α-Naphthol**	
$C_{10}H_{10}O$	α-Tetralon	488
$C_{10}H_{10}O$	**α-Tetralon**	
$C_{10}H_8O$	α-Naphthol	488
$C_{10}H_{12}$	Tetralin	487
$C_{10}H_{12}$	**1,2,3,4-Tetrahydronaphthalin**	
C_7H_8O	p-Kresol	224
$C_{10}H_{12}$	**Tetralin**	
$C_{10}H_{10}O$	α-Tetralon	487
$C_{10}H_{14}$	**n-Butylbenzol**	
C_7H_8O	o-Kresol	465
$C_{10}H_{14}$	**1-Methyl-4-isopropylbenzol**	
C_7H_8O	p-Kresol	471
$C_{10}H_{14}$	**1,2,4,5-Tetramethylbenzol**	
C_7H_8O	o-Kresol	223
C_7H_8O	p-Kresol	470
$C_{10}H_{18}$	**trans-Decahydro-naphthalin**	
C_6H_6O	Phenol	222
C_7H_8O	o-Kresol	464
$C_{10}H_{20}$	**Decen-(1)**	
$C_4H_{10}O_3$	Diglykol	418l
C_7H_8O	o-Kresol	463
C_7H_8O	p-Kresol	469
$C_{10}H_{22}$	**Decan**	
$C_4H_{10}O$	Butanol-(1)	221
$C_4H_{10}O_3$	Diglykol	418e
C_6F_6	Hexafluorbenzol	220
C_6H_6	Benzol	219
C_7H_8O	p-Kresol	468
$C_{10}H_{22}O$	**Decanol-(1)**	
$C_8H_{18}O$	Octanol-(1)	486
$C_{12}H_{26}O$	Dodecanol-(1)	490
$C_{11}H_{22}O_2$	**Caprinsäure-methylester**	
$C_9H_{18}O_2$	Caprylsäure-methylester	489
$C_{13}H_{26}O_2$	Laurinsäure-methylester	491
$C_{12}H_{26}$	**Dodecan**	
$C_4H_{10}O_3$	Diglykol	418f
C_6F_6	Hexafluorbenzol	227
C_6H_6O	Phenol	228
$C_{10}H_8$	Naphthalin	225
$C_{12}H_{26}O$	**Dodecanol-(1)**	
$C_{10}H_{22}O$	Decanol-(1)	490
$C_{13}H_{26}O_2$	**Laurinsäure-methylester**	
$C_{11}H_{22}O_2$	Caprinsäure-methylester	491
$C_{15}H_{30}O_2$	Myristinsäure-methylester	492
$C_{13}H_{28}$	**Tridecan**	
C_7H_8O	p-Kresol	229
$C_{15}H_{30}O_2$	**Myristinsäure-methylester**	
$C_{13}H_{26}O_2$	Laurinsäure-methylester	492
$C_{17}H_{34}O_2$	Palmitinsäure-methylester	493
$C_{17}H_{34}O_2$	**Palmitinsäure-methylester**	
$C_{15}H_{30}O_2$	Myristinsäure-methylester	493
$C_{19}H_{38}O_2$	Stearinsäure-methylester	494
$C_{19}H_{36}O_2$	**Ölsäure-methylester**	
$C_{19}H_{38}O_2$	Stearinsäure-methylester	495
$C_{19}H_{38}O_2$	**Stearinsäure-methylester**	
$C_{17}H_{34}O_2$	Palmitinsäure-methylester	494
$C_{19}H_{36}O_2$	Ölsäure-methylester	495
$C_{21}H_{21}PO_4$	**Phosphorsäure-tri-m-kresylester**	
$C_{24}H_{38}O_4$	Di-(2-äthylhexyl)-phthalat	556
$C_{24}H_{38}O_4$	**Di-(2-äthylhexyl)-phthalat**	
$C_{21}H_{21}PO_4$	Phosphorsäure-tri-m-kresylester	556
Cl	**Chlor**	
O_2S	Schwefeldioxid	37
ClH	**Chlorwasserstoff**	
O_2S	Schwefeldioxid	38

CO	**Kohlenmonoxid**		$C_5H_{13}N$	Äthyl-isopropylamin	27
Ar	Argon	5	$C_5H_{13}N$	Dimethyl-isopropylamin	28
CH_4	Methan	46	$C_5H_{13}N$	(N,N)-Methyl-butylamin	29
C_2H_6	Äthan	47	$C_5H_{13}N$	Methyl-diäthylamin	26
N_2	Stickstoff	42	C_6H_{14}	n-Hexan	11
CO_2	**Kohlendioxid**		$C_6H_{15}N$	N-Äthyl-sec-butylamin	32
CH_2F_2	Difluormethan	230	$C_6H_{15}N$	Di-isopropylamin	31
C_2H_4	Äthylen	43	$C_6H_{15}N$	Di-n-propylamin	527
C_2H_6	Äthan	48	$C_6H_{15}N$	Triäthylamin	30
C_3H_6	Propylen	61	C_7H_8	Toluol	12c
C_3H_8	Propan	55	C_7H_9N	Cyclohexen-3-carbonitril	532
C_4H_{10}	Isobutan	74	C_7H_9N	2,6-Dimethylpyridin	533
H_2S	Schwefelwasserstoff	35	C_8H_8O	Acetophenon	472
H_3N	Ammoniak	40	C_8H_{10}	m-Xylol	12e
			C_8H_{10}	o-Xylol	12d
CS_2	**Schwefelkohlenstoff**		C_8H_{10}	p-Xylol	12f
CCl_4	Tetrachlorkohlenstoff	248	C_8H_{18}	Octan	12a
CH_4O	Methanol	310	$C_9H_{12}O$	Dimethyl-phenyl-carbinol	485
C_4H_6	Butadien-(1,3)	44	C_9H_{20}	Nonan	12b
D_2	**Deuterium**		D_2O	Schweres Wasser	33
H_2	Wasserstoff	8	**H_2S**	**Schwefelwasserstoff**	
Ne	Neon	3	CO_2	Kohlendioxid	35
D_2O	**Schweres Wasser**		C_2H_6	Äthan	36
H_2O	Wasser	33	C_3H_6	Propylen	60
H_2	**Wasserstoff**		C_3H_8	Propan	54
D_2	Deuterium	8	C_4H_{10}	Butan	68
Ne	Neon	2	**H_3N**	**Ammoniak**	
H_2O	**Wasser**		CO_2	Kohlendioxid	40
CH_2O	Formaldehyd	14	C_2H_6	Äthan	41
CH_2O_2	Ameisensäure	312	C_3H_4	Propin	67
CH_3NO_2	Nitromethan	536	C_4H_2	Diacetylen	81
CH_4O	Methanol	13	C_4H_4	Vinylacetylen	80
C_2H_3N	Acetonitril	25	**He[4]**	**Helium[4]**	
C_2H_4O	Acetaldehyd	16	He[3]	Helium[3]	1
$C_2H_4O_2$	Essigsäure	325	**He[3]**	**Helium[3]**	
C_2H_5ClO	β-Chloräthanol	496	He[4]	Helium[4]	1
C_2H_6O	Äthanol	15	**Kr**	**Krypton**	
$C_2H_6O_2$	Glykol	322	Ar	Argon	6
$C_2H_8N_2$	Äthylendiamin	509	O_2	Sauerstoff	7
C_3H_6O	Aceton	19	**Ne**	**Neon**	
C_3H_6O	Allylalkohol	20	D_2	Deuterium	3
$C_3H_6O_2$	Essigsäure-methylester	21	H_2	Wasserstoff	2
$C_3H_6O_2$	Propionsäure	356	**N_2**	**Stickstoff**	
C_3H_7NO	N,N-Dimethylformamid	543	Ar	Argon	4
C_3H_8O	Isopropanol	18	CO	Kohlenmonoxid	42
C_3H_8O	Propanol-(1)	17	O_2	Sauerstoff	10
$C_3H_8O_2$	Propandiol-(1,2)	355	**O_2**	**Sauerstoff**	
$C_3H_8O_3$	Glycerin	348	Ar	Argon	9
$C_4H_6O_2$	Methacrylsäure	411	Kr	Krypton	7
C_4H_8O	Tetrahydrofuran	23	N_2	Stickstoff	10
$C_4H_8O_2$	Essigsäureäthylester	24	**O_2S**	**Schwefeldioxid**	
C_4H_9NO	N,N-Dimethylacetamid	547	CH_3Cl	Methylchlorid	39
$C_4H_{10}O$	tert.-Butanol	22			
$C_5H_6O_2$	Furfurylalkohol	439			
C_5H_8O	Methyl-cyclopropyl-keton	431			
C_5H_9NO	N-Methyl-pyrolidon	549			

C_2H_5Cl	Äthylchlorid	250		$C_6H_{13}Cl$	1-Hexylchlorid	290 b
C_3H_7Cl	1-Propylchlorid	281		$C_7H_{15}Cl$	1-Heptylchlorid	298 a
C_4H_9Cl	1-Butylchlorid	288		Cl	Chlor	37
$C_5H_{11}Cl$	1-Amylchlorid	290 a		ClH	Chlorwasserstoff	38

6.1.2 Alphabetische Übersichtstabelle der binären Gemische nach Stoffnamen

Um das Auffinden eines Gemisches zu erleichtern, sind in nachstehender Tabelle alphabetisch die Namen aller Stoffe aufgeführt, die in Kapitel 3 als Komponenten eines Gemisches vorkommen. Die angegebenen Nummern kennzeichnen die Gemische, in denen der betreffende Stoff als Komponente enthalten ist. Sucht man ein bestimmtes Gemisch, dann wähle man unter den angegebenen Nummern diejenige aus, die für beide Komponenten des Gemisches gleich ist.

6.1.2 Alphabetical index of the binary mixtures according to names of substances

In order to facilitate the search for a particular mixture, the following table shows alphabetically the names of all substances which occur as components of mixtures in Chapter 3. The numbers indicate the mixtures which contain the individual substances as a component. In searching for a particular mixture, the number which applies to both components of that mixture should be looked for.

Stoff	Gemisch Nr.	Stoff	Gemisch Nr.
Acetaldehyd	16, 320, 354	Äthylenglykol-mono-butyläther s. Butyl-cellosolve	
Aceton	19, 105, 114, 135, 171, 235, 245, 264, 294, 306, 314, 344, 350, 351, 352, 353, 359, 384, 415, 502, 507, 519	2-Äthyl-hexanol-(1)	477
		Äthyl-isopropylamin	27
		Allen s. Propadien	
Acetonitril	25, 507, 508	Allylalkohol	20, 170, 349
Acetophenon	472, 479	Allylbromid	286
Acetylen	52, 53, 57, 64	Allylchlorid	286
Acrylsäure	363, 364, 365, 477	Ameisensäure	312, 313, 314, 315, 316, 327, 433, 434, 457, 476, 518
Acrylsäure-äthylester	378, 437		
Acrylsäure-butylester	473		
Acrylsäure-methylester	412	Ameisensäure-äthyl-ester	265, 353, 357, 360
Acrylsäure-nitril	508		
Äthan	36, 41, 47, 48, 49, 50, 52, 56, 62, 69, 75	Ameisensäure-butyl-ester	434, 520
Äthanol	15, 113, 134, 148, 169, 188, 260, 317, 318, 319, 320, 321, 381, 396, 425, 427, 437, 501, 526	Ameisensäure-isoamyl-ester	457
		Ammoniak	40, 41, 67, 80, 81
		n-Amylalkohol	422, 423, 424, 425
Äthanolamin	540, 541	n-Amylchlorid	290 a
Äther s. Diäthyläther		Argon	4, 5, 6, 9, 45
Äthylbenzol	195, 196, 197, 198, 199, 200, 201, 202, 203, 204, 214, 418 o, 441, 455, 478	Benzoesäure	483
		Benzol	111, 122, 124, 125, 126, 127, 128, 129, 130, 131, 132, 133, 134, 135, 136, 137, 138, 139, 142, 151, 152, 164, 181, 190, 195, 218, 219, 256, 292, 298, 333, 341, 367, 380, 383, 387, 407, 418, 419, 445, 500, 510, 540, 551
N-Äthyl-sec-butylamin	32		
Äthylchlorid	250, 251, 252, 253, 258, 261, 262, 267, 271, 274, 282		
Äthyl-cyclohexan	193, 194, 197, 453, 454		
Äthylen	43, 50, 51, 53, 63, 287		
Äthylenchlorid s. 1,2-Dichloräthan			
		Brom-pentafluorid	34
Äthylendiamin	509, 510, 511	Brom-trifluorid	34
Äthylenglykol-mono-äthyläther s. Cello-solve		Butadien-(1,3)	44, 73, 79, 231, 290, 391
		Butan	68, 69, 70, 71, 72, 73, 251

Stoff	Gemisch Nr.	Stoff	Gemisch Nr.
Butanol-(1)	221, 366, 367, 368, 369, 370, 371, 372, 373, 374, 375, 376, 377, 378, 379, 473, 503	trans-Decahydro-naphthalin	222, 464
		n-Decan	219, 220, 221, 418e, 468
Butanol-(2)	374, 380, 381, 382, 388, 479	Decanol-(1)	486, 490
		n-Decen-(1)	418l, 463, 469
tert.-Butanol	22, 173, 349, 375, 382, 383, 384, 385, 389	Deuterium	3, 8
		Diacetylen	81
Butanon-(2)	137, 174, 185, 201, 315, 345, 392, 393, 394, 395, 396, 397	Diäthyläther	246, 391
		Diäthylamin	104, 106, 311
		Di(2-äthylhexyl)-phthalat	556
Buten-(1)	72, 77, 79		
Buttersäure-äthyl-ester	459	Diäthylketon s. Pentanon-(3)	
n-Butylamin	513, 514, 515	Di-n-butyläther	476
n-Butylbenzol	465	1,1-Dichloräthan	253
Butylcellosolve	452, 453	1,2-Dichloräthan	254, 255, 256, 257, 258, 259, 260, 272, 275, 276, 335, 372
n-Butylchlorid	288		
Caprinsäure-methyl-ester	489, 491		
		1,1-Dichloräthylen	261
Caprolactam	550, 551, 552	cis-1,2-Dichloräthylen	262, 263, 264, 265, 266, 268, 393
n-Capronsäure	480		
n-Capronsäure-methylester	484	trans-1,2-Dichlor-äthylen	263, 267, 269, 351, 357, 358, 394
n-Caprylsäure	480	1,2-Dichlor-hexafluor-cyclopenten	289, 300
Caprylsäure-methyl-ester	484, 489		
Cellosolve	400, 401	Dichlormethan	231, 232, 304
Chlor	37	1,2-Dichlorpropan	282
β-Chloräthanol (Chlorhydrin)	496	Difluormethan	230
		Diglykol	418, 419, 420, 421
Chlorbenzol	292, 293, 294	Diglykol-diäthyläther	482
Chloressigsäure	497	Diglykol-divinyläther	482
Chloroform	131, 234, 235, 236, 305, 313, 319, 326, 402	Di-isopropyläther	139, 150, 178, 204, 247, 316, 329, 364, 416, 446
		Di-isopropylamin	31, 530, 531
Chloropren	290	N,N-Dimethyl-acetamid	547, 548
Chlorwasserstoff	38	N,N-Dimethylanilin	534
Cumol	362	2,2-Dimethyl-butan	241
Cycloheptan	155	2,3-Dimethylbutan	105, 110, 155, 234, 242, 303
Cyclohexan	107, 108, 109, 110, 111, 112, 113, 114, 115, 121, 143, 180, 205, 207, 210, 254, 340, 366, 386, 413, 418g, 422, 444, 461, 474, 499, 516, 550, 554		
		Dimethylcyanamid	512
		4,4-Dimethyl-dioxan-(1,3)	460
		N,N-Dimethylformamid	543, 544
		Dimethyl-isopropyl-amin	28
Cyclohexanol	447, 448, 451		
Cyclohexanon	448	2,3-Dimethyl-pentan	151
Cyclohexen	117, 118, 119, 120, 121, 122, 123, 144, 255	2,4-Dimethyl-pentan	152, 153, 154
		Dimethyl-phenyl-carbinol	485
Cyclohexen-3-carbo-nitril	532		
		2,6-Dimethyl-pyridin	533
Cyclopentadien	96, 97, 98, 101, 108, 119, 126, 141, 161	Dimethylsulfoxid	502, 503, 504, 505, 506
		1,4-Dioxan	176, 186, 192, 216, 390, 404, 405, 406, 407, 408, 409, 410
Cyclopentan	237		
Cyclopenten	95, 96		

6.1 Index of binary mixtures

Stoff	Gemisch Nr.	Stoff	Gemisch Nr.
Dipropyläther	177, 203, 445	Hexen-(1)	102, 106, 128, 163, 243, 284, 401, 406, 418i, 514, 522, 524, 529, 531
Di-n-propylamin	527, 528, 529		
Di-propylen-glykol	456		
Di-n-propylketon s. Heptanon-(4)		n-Hexylamin	521, 522
		n-Hexylchlorid	290 b
Dodecan	225, 227, 228, 418 f	Hexylenglykol s. 2-Methyl-pentandiol-(2,4)	
Dodecanol	490		
2,3-Epoxipropanol s. Glycid		Isoamylalkohol	426
Essigsäure	199, 212, 325, 326, 327, 328, 329, 414, 497, 534, 548	Isobutan	71, 74, 75, 76, 78
		Isobutanol	172, 376, 386, 387, 388, 389, 390, 504
Essigsäure-äthylester	24, 138, 175, 202, 213, 321, 338, 346, 402, 403, 506	Isobuten	78
		Isooctan s. 2,2,4-Trimethyl-pentan	
Essigsäure-anhydrid	413, 414, 415, 416, 417, 418, 443	Isopentan	84, 331
		Isopren	85, 87, 91, 92, 94, 95, 98, 100, 107, 118, 125, 140, 160
Essigsäure-butylester	458		
Essigsäure-isopropylester	363	Isopropanol	18, 159, 184, 189, 194, 340, 341, 342, 343, 344, 345, 346, 347
Essigsäure-methylester	21, 115, 136, 236, 266, 308, 358, 359, 360		
Essigsäure-vinylester	154	Isopropylbenzol s. Cumol	
Formaldehyd	14		
Freon 13 s. Trifluorchlormethan		Kohlendioxid	35, 40, 43, 48, 55, 61, 74, 230
Freon 23 s. Trifluormethan		Kohlenmonoxid	5, 42, 46, 47
		m-Kresol	226
Furan	398	o-Kresol	223, 226, 463, 464, 465
Furfurol	436, 440, 441, 442	p-Kresol	224, 226, 229, 466, 467, 468, 469, 470, 471
Furfurylalkohol	435, 439, 440		
Glycerin	348	Krypton	6, 7
Glycid	361, 362	Laurinsäure-methylester	491, 492
Glykol	322, 323, 324		
Helium	1	2,6-Lutidin s. 2,6-Dimethyl-pyridin	
Heptan	140, 141, 142, 143, 144, 145, 146, 147, 148, 149, 150, 196, 334, 368, 408, 418b, 420, 428, 432, 458, 459, 538, 542, 545, 546	Maleinsäure-anhydrid	481
		Methacrylsäure	411
		Methacrylsäure-methylester	379, 438
Heptanol-(1)	461	Methan	45, 46, 49, 51
Heptanon-(4)	462	Methanol	13, 103, 133, 168, 278, 293, 302, 303, 304, 305, 306, 307, 308, 309, 310, 311, 323, 337, 343, 373, 395, 403, 412, 424, 438, 446, 511, 515, 517, 525, 539
Hepten-(1)	418 k		
n-Heptylchlorid	298 a		
Hexafluorbenzol	147, 157, 167, 183, 215, 220, 227, 295, 296, 297, 298		
Hexamethyl-disiloxan	557		
Hexan	11, 99, 100, 101, 102, 103, 104, 109, 116, 120, 127, 162, 238, 283, 297, 317, 332, 392, 400, 405, 418a, 429, 462, 513, 521, 523, 528, 530, 537	Methylacetat s. Essigsäure-methylester	
		Methyl-acetylen s. Propin	
		2-Methyl-5-äthylpyridin	535
Hexanol-(1)	444, 475	2-Methylbuten-(1)	83, 90, 92

Stoff	Gemisch Nr.	Stoff	Gemisch Nr.
2-Methylbuten-(2) s. Trimethyläthylen		n-Pentan	82, 83, 84, 85, 86, 89, 97, 99, 117, 124, 232, 296, 302, 330, 350
N,N-Methyl-butylamin	29		
Methylchlorid	39	Pentanol-(1) s. n-Amylalkohol	
Methyl-cyclohexan	156, 157, 158, 159, 369, 418h	Pentanon-(2)	427, 428
Methyl-cyclopentan	116, 244, 318	Pentanon-(3)	328, 429
Methyl-cyclopropyl-keton	431	Penten-(1)	86, 87, 88, 404
		Perfluoraceton	498
Methyl-diäthylamin	26	Perfluor-cyclobutan	88
Methylen-cyclobutan	93, 94	Perfluorheptan	301
Methylen-diacetat	443	Perfluorhexan	291
2-Methyl-furan	399, 430	Perfluor-octylcyclo-oxid	299, 300, 301
Methyl-isobutyl-keton s. 2-Methyl-pen-tanon-(4)		Phenol	222, 226, 228, 449, 450, 451
		Phosphorsäure-tri-m-kresylester	556
1-Methyl-4-isopropyl-benzol	471	Phthalsäure-anhydrid	483
2-Methyl-pentan	239	Propadien	65, 66
3-Methyl-pentan	240	Propan	54, 55, 56, 57, 58, 59, 65, 70, 76, 82, 285, 291, 295, 498
2-Methyl-pentan-diol-(2,4)	454, 455		
2-Methyl-pentanon-(4)	365	Propandiol-(1,2)	355
2-Methyl-penten-(1)	129	Propanol-(1)	17, 149, 158, 279, 330, 331, 332, 333, 334, 335, 336, 337, 338, 339, 410, 557
4-Methyl-penten-(1)	130		
Methyl-phenyl-carbinol	478		
Methyl-phenyl-keton	472, 479	Propanol-(2) s. Isopropanol	
Methyl-n-propylketon s. Pentanon-(2)		1,2,3-Propantriol s. Glyzerin	
N-Methyl-pyrrolidon	549	Propen s. Propylen	
2-Methyl-tetrahydro-furan	430	Propin	67
2-Methyl-5-vinyl-pyridin	535	Propionsäure	356
		n-Propylbenzol	218
Myristinsäure-methyl-ester	492, 493	n-Propylchlorid	281
		Propylen	58, 60, 61, 62, 63, 64, 65, 66, 77
Naphthalin	225, 226, 456		
α-Naphthol	488	Propylenoxid	200, 307, 352, 354, 385, 397
Neon	2, 3		
Nitroäthan	542	Pyridin	280, 417, 516, 517, 518, 519, 520
Nitromethan	536, 537, 538, 539		
1-Nitropropan	545	Sauerstoff	7, 9, 10
2-Nitropropan	546	Schwefeldioxid	37, 38, 39, 250, 281, 288, 290a, 290b, 298a
Nonan	12b, 215, 216, 418d		
Nonen-(1)	450	Schwefelkohlenstoff	44, 248, 310
Octafluorpropan	285	Schwefelwasserstoff	35, 36, 54, 60, 68
Octan	12a, 180, 181, 182, 183, 184, 185, 186, 193, 418c, 449, 452, 467	Silicium-methyl-trichlorid	179
		Silvan s. 2-Methyl-furan	
Octanol-(1)	474, 475, 486		
Octen-(1)	190, 191, 192	Stearinsäure-methyl-ester	494, 495
Ölsäure-methylester	495		
Palmitinsäure-methyl-ester	493, 494	Stickstoff	4, 10, 42
		Styrol	214

Stoff	Gemisch Nr.	Stoff	Gemisch Nr.
Tetrachloräthylen	276, 277, 278, 279, 280	1,1,2-Trichloräthan	270, 271, 272
Tetrachlorkohlenstoff	112, 123, 132, 145, 153, 156, 166, 182, 187, 191, 198, 206, 209, 211, 217, 237, 238, 239, 240, 241, 242, 243, 244, 245, 246, 247, 248, 257, 270, 273, 342, 371, 409, 555	Trichloräthylen	273, 274, 275, 277, 336
		2,2,3-Trichlor-heptafluorbutan	146, 289, 299
		1,2,3-Trichlorpropan	283, 284
		Tridecan	229
		Trifluor-acetonitril	59
		Trifluor-chlormethan	249
Tetrafluormethan	233	Trifluormethan	233, 249
Tetrahydrofuran	23, 309, 324, 377, 398, 399, 505, 544	3,3,3-Trifluorpropen	287
		Trimethyläthylen	89, 90, 91, 93
Tetrahydro-furfurylalkohol	435, 436	Trimethylcarbol s. tert.-Butanol	
1,2,3,4-Tetrahydronaphthalin	224	2,2,5-Trimethylhexan	217
		2,2,4-Trimethylpentan	165, 187, 188, 189
Tetralin	487	Valeriansäure	432, 433
α-Tetralon	487, 488	Vinylacetylen	80
1,2,4,5-Tetramethylbenzol	223, 470	Vinylchlorid	252
		4-Vinyl-dioxan-(1,3)	460
Thiazol	554, 555	Wasser	11, 12a···f, 13, 14, 15, 16, 17, 18, 19, 20, 21, 22, 23, 24, 25, 26, 27, 28, 29, 30, 31, 32, 33, 312, 322, 325, 348, 355, 356, 411, 431, 439, 472, 485, 496, 509, 527, 532, 533, 536, 543, 547, 549
Thiophen	499, 500, 501, 541		
Toluol	12c, 160, 161, 162, 163, 164, 165, 166, 167, 168, 169, 170, 171, 172, 173, 174, 175, 176, 177, 178, 179, 361, 370, 418n, 423, 426, 466, 552		
Toluol-di-isocyanat-(2,4)	553	Wasser, schweres	33
		Wasserstoff	2, 8
Toluol-di-isocyanat-(2,6)	553	m-Xylol	12e, 207, 208, 209, 421, 447
o-Toluylsäure	481	o-Xylol	12d, 205, 206, 421, 447, 512
Triäthylamin	30, 339, 347, 523, 524, 525, 526	p-Xylol	12f, 208, 210, 211, 212, 213, 442, 447
1,1,1-Trichloräthan	259, 268, 269		

6.2 Verzeichnis der ternären und quaternären Gemische — Index of ternary and quaternary mixtures

6.2.1 Alphabetische Übersicht nach Bruttoformeln

In der folgenden Tabelle ist jedes ternäre oder quaternäre Gemisch 3- bzw. 4mal aufgeführt, und zwar so, daß jede seiner Komponenten einmal an erster Stelle steht. Die jeweils an erster Stelle aufgeführten Komponenten folgen alphabetisch aufeinander entsprechend den in den Bruttoformeln enthaltenen Elementen, die selbst innerhalb der Bruttoformeln alphabetisch und nach ihrer steigenden Anzahl geordnet sind. Beispiel: ... H_2O, H_2S, N_2, O_2, O_2S ...

6.2.1 Alphabetical index of gross formulae

In the following table every ternary or quaternary mixture occurs three (or four) times: Each component takes the first place once. These components are arranged alphabetically according to the elements in their gross formulae, wherein the elements themselves are ordered alphabetically and according to their increasing numbers. E.g.: ... H_2O, H_2S, N_2, O_2, O_2S ...

Abweichend von dieser Regel sind die Kohlenstoff enthaltenden Verbindungen behandelt. Sie stehen alle unter C und sind nach steigenden C-Zahlen, weiter nach steigenden H-Zahlen und danach alphabetisch nach den weiteren Elementsymbolen geordnet. Beispiel: ... C_3H_6, C_3H_6O, $C_3H_6O_2$, C_3H_7NO, C_3H_8, C_3H_8O, $C_3H_8O_3$, C_4H_4S, C_4H_6 ...

Entsprechendes gilt für die Gemischkomponenten, die an zweiter, dritter oder vierter Stelle stehen.

Die Zahlen in der rechten Spalte sind die Nummern, unter denen in Kapitel 4 Angaben über das Gleichgewichtsverhalten der betreffenden Gemische zusammengestellt sind.

The compounds containing carbon deviate from this rule. They are all listed under C and arranged according to rising C-numbers, then to rising H-numbers and after this alphabetically according to the symbols of further elements. E.g.: ... C_3H_6, C_3H_6O, $C_3H_6O_2$, C_3H_7NO, C_3H_8, C_3H_8O, $C_3H_8O_3$, C_4H_4S, C_4H_6 ...

The same applies to the components of the mixtures standing in the second, third or fourth place.

In the column on the right, the numbers are given under which the mixtures appear in Chapter 4.

$Ar-N_2-O_2$	Argon—Stickstoff—Sauerstoff	2
$CCl_4-C_3H_6O-C_6H_6$	Tetrachlorkohlenstoff—Aceton—Benzol	25
$CCl_4-C_3H_8O-C_6H_6$	Tetrachlorkohlenstoff—Isopropanol—Benzol	59
$CCl_4-C_3H_8O-C_6H_{12}$	Tetrachlorkohlenstoff—Isopropanol—Cyclohexan	58
$CCl_4-C_5H_4O_2-C_6H_6$	Tetrachlorkohlenstoff—Furfurol—Benzol	76
$CHCl_3-CH_2O_2-C_2H_4O_2$	Chloroform—Ameisensäure—Essigsäure	56
$CHCl_3-CH_2O_2-H_2O$	Chloroform—Ameisensäure—Wasser	50
$CHCl_3-CH_4O-C_3H_6O$	Chloroform—Methanol—Aceton	48
$CHCl_3-CH_4O-C_3H_6O_2$	Chloroform—Methanol—Essigsäure-methylester	49
$CHCl_3-CH_4O-C_3H_6O_2-C_6H_6$	Chloroform—Methanol—Essigsäure-methylester—Benzol	26
$CHCl_3-CH_4O-C_4H_8O_2$	Chloroform—Methanol—Essigsäure-äthylester	73
$CHCl_3-CH_4O-C_6H_{14}$	Chloroform—Methanol—2,3-Dimethylbutan	47
$CHCl_3-C_2Cl_4-C_3H_6O$	Chloroform—Tetrachloräthylen—Aceton	42
$CHCl_3-C_2H_4O_2-H_2O$	Chloroform—Essigsäure—Wasser	53
$CHCl_3-C_3H_6O-C_6H_{14}$	Chloroform—Aceton—2,3-Dimethylbutan	40
$CHCl_3-C_3H_6O_2-C_6H_6$	Chloroform—Essigsäure-methylester—Benzol	24
$CH_2Cl_2-C_2H_4O_2-H_2O$	Dichlormethan—Essigsäure—Wasser	52
$CH_2O-C_3H_6O_3-H_2O$	Formaldehyd—1,3,5-Trioxan—Wasser	65
$CH_2O_2-CHCl_3-C_2H_4O_2$	Ameisensäure—Chloroform—Essigsäure	56
$CH_2O_2-CHCl_3-H_2O$	Ameisensäure—Chloroform—Wasser	50
$CH_2O_2-C_2H_4O_2-H_2O$	Ameisensäure—Essigsäure—Wasser	55
$CH_2O_2-C_5H_5N-C_5H_{10}O_2$	Ameisensäure—Pyridin—Ameisensäure-butylester	85
$CH_2O_2-C_6H_{12}O_2-H_2O$	Ameisensäure—Ameisensäure-iso-amylester—Wasser	79
$CH_3NO_2-C_6H_{14}-H_2O$	Nitromethan—n-Hexan—Wasser	88
$CH_4-CO_2-H_2S$	Methan—Kohlendioxid—Schwefelwasserstoff	15
$CH_4O-CHCl_3-C_3H_6O$	Methanol—Chloroform—Aceton	48
$CH_4O-CHCl_3-C_3H_6O_2$	Methanol—Chloroform—Essigsäure-methylester	49
$CH_4O-CHCl_3-C_3H_6O_2-C_6H_6$	Methanol—Chloroform—Essigsäure-methylester—Benzol	26
$CH_4O-CHCl_3-C_4H_8O_2$	Methanol—Chloroform—Essigsäure-äthylester	73
$CH_4O-CHCl_3-C_6H_{14}$	Methanol—Chloroform—2,3-Dimethylbutan	47
$CH_4O-C_2H_6O-H_2O$	Methanol—Äthanol—Wasser	4
$CH_4O-C_3H_6O-C_3H_8O$	Methanol—Aceton—Isopropanol	62
$CH_4O-C_3H_6O-C_3H_8O-H_2O$	Methanol—Aceton—Isopropanol—Wasser	8
$CH_4O-C_3H_6O-C_6H_{14}$	Methanol—Aceton—2,3-Dimethylbutan	46
$CH_4O-C_3H_6O-H_2O$	Methanol—Aceton—Wasser	3
$CH_4O-C_3H_8O-H_2O$	Methanol—Isopropanol—Wasser	7
$CH_4O-C_4H_8O_2-H_2O$	Methanol—Essigsäure-äthylester—Wasser	13
$CO_2-CH_4-H_2S$	Kohlendioxid—Methan—Schwefelwasserstoff	15
$C_2Cl_4-CHCl_3-C_3H_6O$	Tetrachloräthylen—Chloroform—Aceton	42
$C_2H_2-C_2H_4-C_2H_6$	Acetylen—Äthylen—Äthan	16
$C_2H_3N-C_3H_3N-H_2O$	Acetonitril—Acrylsäure-nitril—Wasser	14

$C_2H_4-C_2H_2-C_2H_6$	Acetylen—Acetylen—Äthan	16
$C_2H_4Cl_2-C_3H_6O-C_3H_8O$ $-C_7H_8$	1,2-Dichloräthan—Aceton—Propanol—Toluol	35
$C_2H_4Cl_2-C_6H_{10}-C_6H_{12}$	1,2-Dichloräthan—Cyclohexen—Cyclohexan	41
$C_2H_4O_2-CHCl_3-CH_2O_2$	Essigsäure—Chloroform—Ameisensäure	56
$C_2H_4O_2-CHCl_3-H_2O$	Essigsäure—Chloroform—Wasser	53
$C_2H_4O_2-CH_2Cl_2-H_2O$	Essigsäure—Dichlormethan—Wasser	52
$C_2H_4O_2-CH_2O_2-H_2O$	Essigsäure—Ameisensäure—Wasser	55
$C_2H_4O_2-C_6H_6-C_6H_{12}$	Essigsäure—Benzol—Cyclohexan	54
$C_2H_4O_2-C_8H_{10}-H_2O$	Essigsäure—p-Xylol—Wasser	39
$C_2H_4O_2-C_8H_{11}N-H_2O$	Essigsäure—N,N-Dimethyl-anilin—Wasser	86
$C_2H_6-C_2H_2-C_2H_4$	Äthan—Acetylen—Äthylen	16
$C_2H_6-C_3H_8-C_4H_{10}$	Äthan—Propan—Butan	18
$C_2H_6O-CH_4O-H_2O$	Äthanol—Methanol—Wasser	4
$C_2H_6O-C_3H_8O-H_2O$	Äthanol—Propanol-(1)—Wasser	6
$C_2H_6O-C_3H_8O-H_2O$	Äthanol—Isopropanol—Wasser	9
$C_2H_6O-C_4H_4S-C_6H_6$	Äthanol—Thiophen—Benzol	84
$C_2H_6O-C_4H_8O_2-H_2O$	Äthanol—Essigsäure-äthylester—Wasser	5
$C_2H_6O-C_4H_{10}O-H_2O$	Äthanol—Butanol-(1)—Wasser	66
$C_2H_6O-C_5H_{12}O-H_2O$	Äthanol—Isoamylalkohol—Wasser	75
$C_2H_6O-C_6H_6-C_6H_{12}$	Äthanol—Benzol—Methylcyclopentan	28
$C_2H_6O-C_6H_6-C_6H_{12}-C_6H_{14}$	Äthanol—Benzol—Methylcyclopentan—n-Hexan	29
$C_2H_6O-C_6H_6-C_6H_{14}$	Äthanol—Benzol—n-Hexan	27
$C_2H_6O-C_6H_6-C_7H_{16}$	Äthanol—Benzol—n-Heptan	30
$C_2H_6O-C_6H_{12}-C_6H_{14}$	Äthanol—Methylcyclopentan—n-Hexan	51
$C_3H_3N-C_2H_3N-H_2O$	Acrylsäure-nitril—Acetonitril—Wasser	14
$C_3H_4-C_3H_4-C_3H_6-C_3H_8$	Propin—Propadien—Propylen—Propan	17
$C_3H_4-C_3H_4-C_3H_6-C_3H_8$	Propadien—Propin—Propylen—Propan	17
$C_3H_5Cl_3-C_6H_{12}-C_6H_{14}$	1,2,3-Trichlorpropan—Hexen-(1)—n-Hexan	43
$C_3H_6-C_3H_4-C_3H_4-C_3H_8$	Propylen—Propadien—Propin—Propan	17
$C_3H_6O-CCl_4-C_6H_6$	Aceton—Tetrachlorkohlenstoff—Benzol	25
$C_3H_6O-CHCl_3-CH_4O$	Aceton—Chloroform—Methanol	48
$C_3H_6O-CHCl_3-C_2Cl_4$	Aceton—Chloroform—Tetrachloräthylen	42
$C_3H_6O-CHCl_3-C_6H_{14}$	Aceton—Chloroform—2,3-Dimethylbutan	40
$C_3H_6O-CH_4O-C_3H_8O$	Aceton—Methanol—Isopropanol	62
$C_3H_6O-CH_4O-C_3H_8O-H_2O$	Aceton—Methanol—Isopropanol—Wasser	8
$C_3H_6O-CH_4O-C_6H_{14}$	Aceton—Methanol—2,3-Dimethylbutan	46
$C_3H_6O-CH_4O-H_2O$	Aceton—Methanol—Wasser	3
$C_3H_6O-C_2H_4Cl_2-C_3H_8O$ $-C_7H_8$	Aceton—1,2-Dichloräthan—Propanol—Toluol	35
$C_3H_6O-C_3H_6O_2-C_3H_6O_2$	Aceton—Essigsäure-methylester—Ameisensäure-äthylester	63
$C_3H_6O-C_3H_8O-H_2O$	Aceton—Isopropanol—Wasser	10
$C_3H_6O-C_4H_{10}O-C_7H_8$	Allylalkohol—tert.-Butanol—Toluol	36
$C_3H_6O-C_6H_5Cl-C_6H_6$	Aceton—Chlorbenzol—Benzol	45
$C_3H_6O-C_8H_{10}-C_8H_{10}O$	1,2-Propylenoxid—Äthylbenzol—Methyl-phenyl-carbinol	83
$C_3H_6O_2-CHCl_3-CH_4O$	Essigsäure-methylester—Chloroform—Methanol	49
$C_3H_6O_2-CHCl_3-CH_4O-C_6H_6$	Essigsäure-methylester—Chloroform—Methanol—Benzol	26
$C_3H_6O_2-CHCl_3-C_6H_6$	Essigsäure-methylester—Chloroform—Benzol	24
$C_3H_6O_2-C_3H_6O-C_3H_6O_2$	Ameisensäure-äthylester—Aceton—Essigsäure-methylester	63
$C_3H_6O_2-C_3H_6O-C_3H_6O_2$	Essigsäure-methylester—Aceton—Ameisensäure-äthylester	63
$C_3H_6O_2-C_3H_8O-C_6H_6$	Essigsäure-methylester—Isopropanol—Benzol	60
$C_3H_6O_2-C_6H_6-C_6H_{12}$	Essigsäure-methylester—Benzol—Cyclohexan	21
$C_3H_6O_3-CH_2O-H_2O$	1,3,5-Trioxan—Formaldehyd—Wasser	65
$C_3H_7NO-C_4H_8O-H_2O$	N,N-Dimethyl-formamid—Tetrahydrofuran—Wasser	89
$C_3H_7NO-C_5H_{10}-C_5H_{10}$	N,N-Dimethyl-formamid—Trimethyläthylen—Methyl-cyclobutan	90
$C_3H_8-C_2H_6-C_4H_{10}$	Propan—Äthan—Butan	18
$C_3H_8-C_3H_4-C_3H_4-C_3H_6$	Propan—Propadien—Propin—Propylen	17

$C_3H_8O-CCl_4-C_6H_6$	Isopropanol—Tetrachlorkohlenstoff—Benzol	59
$C_3H_8O-CCl_4-C_6H_{12}$	Isopropanol—Tetrachlorkohlenstoff—Cyclohexan	58
$C_3H_8O-CH_4O-C_3H_6O$	Isopropanol—Methanol—Aceton	62
$C_3H_8O-CH_4O-H_2O$	Isopropanol—Methanol—Wasser	7
$C_3H_8O-CH_4O-C_3H_6O-H_2O$	Isopropanol—Methanol—Aceton—Wasser	8
$C_3H_8O-C_2H_4Cl_2-C_3H_6O-C_7H_8$	Propanol—1,2-Dichloräthan—Aceton—Toluol	35
$C_3H_8O-C_2H_6O-H_2O$	Propanol-(1)—Äthanol—Wasser	6
$C_3H_8O-C_2H_6O-H_2O$	Isopropanol—Äthanol—Wasser	9
$C_3H_8O-C_3H_6O-H_2O$	Isopropanol—Aceton—Wasser	10
$C_3H_8O-C_3H_6O_2-C_6H_6$	Isopropanol—Essigsäure-methylester—Benzol	60
$C_3H_8O-C_3H_8O_3-H_2O$	Isopropanol—Glycerin—Wasser	64
$C_3H_8O-C_4H_8O-C_6H_6$	Isopropanol—Butanon-(2)—Benzol	61
$C_3H_8O-C_4H_8O-H_2O$	Isopropanol—Butanon-(2)—Wasser	11
$C_3H_8O-C_4H_{10}O-H_2O$	Propanol-(1)—Butanol-(1)—Wasser	67
$C_3H_8O-C_6H_6-C_6H_{14}$	Propanol-(1)—Benzol—n-Hexan	57
$C_3H_8O-C_6H_6-C_7H_{16}$	Propanol-(1)—Benzol—n-Heptan	31
$C_3H_8O-C_6H_{14}O-H_2O$	Isopropanol—Di-isopropyläther—Wasser	12
$C_3H_8O-C_8H_{16}-C_8H_{18}$	Isopropanol—Äthyl-cyclohexan—n-Octan	38
$C_3H_8O_3-C_3H_8O-H_2O$	Glycerin—Isopropanol—Wasser	64
$C_4H_4S-C_2H_6O-C_6H_6$	Thiophen—Äthanol—Benzol	84
$C_4H_6-C_4H_8-C_4H_{10}$	Butadien-(1,3)—Buten-(1)—Butan	19
$C_4H_8-C_4H_6-C_4H_{10}$	Buten-(1)—Butadien-(1,3)—Butan	19
$C_4H_8O-C_3H_7NO-H_2O$	Tetrahydrofuran—N,N-Dimethylformamid—Wasser	89
$C_4H_8O-C_3H_8O-C_6H_6$	Butanon-(2)—Isopropanol—Benzol	61
$C_4H_8O-C_3H_8O-H_2O$	Butanon-(2)—Propanol-(2)—Wasser	11
$C_4H_8O_2-CHCl_3-CH_4O$	Essigsäure-äthylester—Chloroform—Methanol	73
$C_4H_8O_2-CH_4O-H_2O$	Essigsäure-äthylester—Methanol—Wasser	13
$C_4H_8O_2-C_2H_6O-H_2O$	Essigsäure-äthylester—Äthanol—Wasser	5
$C_4H_8O_2-C_4H_{10}O-C_7H_8$	1,4-Dioxan—Isobutanol—Toluol	37
$C_4H_8O_2-C_6H_{12}-C_6H_{14}$	1,4-Dioxan—Hexen-(1)—n-Hexan	74
$C_4H_{10}-C_2H_6-C_3H_8$	Butan—Äthan—Propan	18
$C_4H_{10}-C_4H_6-C_4H_8$	Butan—Butadien-(1,3)—Buten-(1)	19
$C_4H_{10}O-C_2H_6O-H_2O$	Butanol-(1)—Äthanol—Wasser	66
$C_4H_{10}O-C_3H_6O-C_7H_8$	tert.-Butanol—Allylalkohol—Toluol	36
$C_4H_{10}O-C_3H_8O-H_2O$	Butanol-(1)—Propanol-(1)—Wasser	67
$C_4H_{10}O-C_4H_8O_2-C_7H_8$	Isobutanol—1,4-Dioxan—Toluol	37
$C_4H_{10}O-C_5H_8O_2-C_7H_{12}O_2$	Butanol-(1)—Acrylsäure-äthylester—Acrylsäure-n-butylester	82
$C_4H_{10}O-C_6H_6-C_7H_8$	Butanol-(1)—Benzol—Toluol	69
$C_4H_{10}O-C_6H_{12}-C_7H_8$	Butanol-(1)—Cyclohexan—Toluol	68
$C_4H_{10}O-C_6H_{12}O_2-H_2O$	Butanol-(1)—Essigsäure-n-butylester—Wasser	79a
$C_4H_{10}O-C_6H_{14}-H_2O$	Isobutanol—n-Hexan—Wasser	70
$C_4H_{10}O-C_7H_{16}-H_2O$	Isobutanol—n-Heptan—Wasser	71
$C_4H_{10}O_2-C_6H_{12}-C_6H_{14}$	Cellosolve—Hexen-(1)—n-Hexan	72
$C_5H_4O_2-CCl_4-C_6H_6$	Furfurol—Tetrachlorkohlenstoff—Benzol	76
$C_5H_4O_2-C_6H_6O_2-H_2O$	Furfurol—5-Methyl-furfurol—Wasser	80
$C_5H_5N-CH_2O_2-C_5H_{10}O_2$	Pyridin—Ameisensäure—Ameisensäure-butylester	85
$C_5H_8O_2-C_4H_{10}O-C_7H_{12}O_2$	Acrylsäure-äthylester—Butanol-(1)—Acrylsäure-n-butylester	82
$C_5H_{10}-C_3H_7NO-C_5H_{10}$	Trimethyl-äthylen—N,N-Dimethylformamid—Methylcyclobutan	90
$C_5H_{10}-C_3H_7NO-C_5H_{10}$	Methylcyclobutan—N,N-Dimethylformamid—Trimethyläthylen	90
$C_5H_{10}O_2-CH_2O_2-C_5H_5N$	Ameisensäure-butylester—Ameisensäure—Pyridin	85
$C_5H_{12}-C_6H_6-O_2S$	n-Pentan—Benzol—Schwefeldioxid	22
$C_5H_{12}O-C_2H_6O-H_2O$	Isoamylalkohol—Äthanol—Wasser	75
$C_6F_6-C_6H_6-C_7H_{14}$	Hexafluorbenzol—Benzol—Methyl-cyclohexan	32

Weishaupt

$C_6H_5Cl-C_3H_6O-C_6H_6$	Chlorbenzol—Aceton—Benzol	45
$C_6H_5Cl-C_6H_6-C_6H_{14}$	Chlorbenzol—Benzol—n-Hexan	44
$C_6H_6-CCl_4-C_3H_6O$	Benzol—Tetrachlorkohlenstoff—Aceton	25
$C_6H_6-CCl_4-C_3H_8O$	Benzol—Tetrachlorkohlenstoff—Isopropanol	59
$C_6H_6-CCl_4-C_5H_4O_2$	Benzol—Tetrachlorkohlenstoff—Furfurol	76
$C_6H_6-CHCl_3-CH_4O-C_3H_6O_2$	Benzol—Chloroform—Methanol—Essigsäure-methylester	26
$C_6H_6-CHCl_3-C_3H_6O_2$	Benzol—Chloroform—Essigsäure-methylester	24
$C_6H_6-C_2H_4O_2-C_6H_{12}$	Benzol—Essigsäure—Cyclohexan	54
$C_6H_6-C_2H_6O-C_4H_4S$	Benzol—Äthanol—Thiophen	84
$C_6H_6-C_2H_6O-C_6H_{12}$	Benzol—Äthanol—Methylcyclopentan	28
$C_6H_6-C_2H_6O-C_6H_{12}-C_6H_{14}$	Benzol—Äthanol—Methylcyclopentan—n-Hexan	29
$C_6H_6-C_2H_6O-C_6H_{14}$	Benzol—Äthanol—n-Hexan	27
$C_6H_6-C_2H_6O-C_7H_{16}$	Benzol—Äthanol—n-Heptan	30
$C_6H_6-C_3H_6O-C_6H_5Cl$	Benzol—Aceton—Chlorbenzol	45
$C_6H_6-C_3H_6O_2-C_3H_8O$	Benzol—Essigsäure-methylester—Isopropanol	60
$C_6H_6-C_3H_6O_2-C_6H_{12}$	Benzol—Essigsäure-methylester—Cyclohexan	21
$C_6H_6-C_3H_8O-C_4H_8O$	Benzol—Isopropanol—Butanon-(2)	61
$C_6H_6-C_3H_8O-C_6H_{14}$	Benzol—Propanol-(1)—n-Hexan	57
$C_6H_6-C_3H_8O-C_7H_{16}$	Benzol—Propanol-(1)—n-Heptan	31
$C_6H_6-C_4H_{10}O-C_7H_8$	Benzol—Butanol-(1)—Toluol	69
$C_6H_6-C_5H_{12}-O_2S$	Benzol—n-Pentan—Schwefeldioxid	22
$C_6H_6-C_6F_6-C_7H_{14}$	Benzol—Hexafluorbenzol—Methyl-cyclohexan	32
$C_6H_6-C_6H_5Cl-C_6H_{14}$	Benzol—Chlorbenzol—n-Hexan	44
$C_6H_6-C_6H_{12}-C_6H_{14}$	Benzol—Methylcyclopentan—n-Hexan	23
$C_6H_6-C_6H_{12}-C_6H_{14}$	Benzol—Cyclohexan—n-Hexan	20
$C_6H_6-C_6H_{12}-C_7H_8$	Benzol—Cyclohexan—Toluol	33
$C_6H_6-C_6H_{14}-C_7H_8$	Benzol—n-Hexan—Toluol	34
$C_6H_6-C_7H_{16}-C_{12}F_{27}N$	Benzol—2,3-Dimethylpentan—Perfluor-tributylamin	87
$C_6H_6O-C_6H_{10}O-C_6H_{12}O$	Phenol—Cyclohexanon—Cyclohexanol	77
$C_6H_6O_2-C_5H_4O_2-H_2O$	5-Methyl-furfurol—Furfurol—Wasser	80
$C_6H_{10}-C_2H_4Cl_2-C_6H_{12}$	Cyclohexen—1,2-Dichloräthan—Cyclohexan	41
$C_6H_{10}O-C_6H_6O-C_6H_{12}O$	Cyclohexanon—Phenol—Cyclohexanol	77
$C_6H_{12}-CCl_4-C_3H_8O$	Cyclohexan—Tetrachlorkohlenstoff—Isopropanol	58
$C_6H_{12}-C_2H_4Cl_2-C_6H_{10}$	Cyclohexan—1,2-Dichloräthan—Cyclohexen	41
$C_6H_{12}-C_2H_4O_2-C_6H_6$	Cyclohexan—Essigsäure—Benzol	54
$C_6H_{12}-C_2H_6O-C_6H_6$	Methylcyclopentan—Äthanol—Benzol	28
$C_6H_{12}-C_2H_6O-C_6H_{14}$	Methylcyclopentan—Äthanol—n-Hexan	51
$C_6H_{12}-C_2H_6O-C_6H_6-C_6H_{14}$	Methylcyclopentan—Äthanol—Benzol—n-Hexan	29
$C_6H_{12}-C_3H_5Cl_3-C_6H_{14}$	Hexen-(1)—1,2,3-Trichlorpropan—n-Hexan	43
$C_6H_{12}-C_3H_6O_2-C_6H_6$	Cyclohexan—Essigsäure-methylester—Benzol	21
$C_6H_{12}-C_4H_8O_2-C_6H_{14}$	Hexen-(1)—1,4-Dioxan—n-Hexan	74
$C_6H_{12}-C_4H_{10}O-C_7H_8$	Cyclohexan—Butanol-(1)—Toluol	68
$C_6H_{12}-C_4H_{10}O_2-C_6H_{14}$	Hexen-(1)—Cellosolve—n-Hexan	72
$C_6H_{12}-C_6H_6-C_6H_{14}$	Cyclohexan—Benzol—n-Hexan	20
$C_6H_{12}-C_6H_6-C_6H_{14}$	Methylcyclopentan—Benzol—n-Hexan	23
$C_6H_{12}-C_6H_6-C_7H_8$	Cyclohexan—Benzol—Toluol	33
$C_6H_{12}O-C_6H_6O-C_6H_{10}O$	Cyclohexanol—Phenol—Cyclohexanon	77
$C_6H_{12}O_2-CH_2O_2-H_2O$	Ameisensäure-isoamylester—Ameisensäure—Wasser	79
$C_6H_{12}O_2-C_4H_{10}O-H_2O$	Essigsäure-n-butylester—Butanol-(1)—Wasser	79a
$C_6H_{14}-CHCl_3-CH_4O$	2,3-Dimethylbutan—Chloroform—Methanol	47
$C_6H_{14}-CHCl_3-C_3H_6O$	2,3-Dimethylbutan—Chloroform—Aceton	40
$C_6H_{14}-CH_3NO_2-H_2O$	n-Hexan—Nitromethan—Wasser	88
$C_6H_{14}-CH_4O-C_3H_6O$	2,3-Dimethylbutan—Methanol—Aceton	46
$C_6H_{14}-C_2H_6O-C_6H_6$	n-Hexan—Äthanol—Benzol	27
$C_6H_{14}-C_2H_6O-C_6H_6-C_6H_{12}$	n-Hexan—Äthanol—Benzol—Methylcyclopentan	29
$C_6H_{14}-C_2H_6O-C_6H_{12}$	n-Hexan—Äthanol—Methylcyclopentan	51
$C_6H_{14}-C_3H_5Cl_3-C_6H_{12}$	n-Hexan—1,2,3-Trichlorpropan—Hexen-(1)	43
$C_6H_{14}-C_3H_8O-C_6H_6$	n-Hexan—Propanol-(1)—Benzol	57

$C_6H_{14}-C_4H_8O_2-C_6H_{12}$	n-Hexan—1,4-Dioxan—Hexen-(1)	74
$C_6H_{14}-C_4H_{10}O-H_2O$	n-Hexan—Isobutanol—Wasser	70
$C_6H_{14}-C_4H_{10}O_2-C_6H_{12}$	n-Hexan—Cellosolve—Hexen-(1)	72
$C_6H_{14}-C_6H_5Cl-C_6H_6$	n-Hexan—Chlorbenzol—Benzol	44
$C_6H_{14}-C_6H_6-C_6H_{12}$	n-Hexan—Benzol—Cyclohexan	20
$C_6H_{14}-C_6H_6-C_6H_{12}$	n-Hexan—Benzol—Methylcyclopentan	23
$C_6H_{14}-C_6H_6-C_7H_8$	n-Hexan—Benzol—Toluol	34
$C_6H_{14}O-C_3H_8O-H_2O$	Di-isopropyläther—Isopropanol—Wasser	12
$C_6H_{14}O_2-C_8H_{16}-C_8H_{18}$	Butyl-cellosolve—Äthyl-cyclohexan—n-Octan	78
$C_6H_{14}O_3-C_{10}H_8-C_{12}H_{26}$	Dipropylenglykol—Naphthalin—n-Dodecan	81
$C_7H_8-C_2H_4Cl_2-C_3H_6O$ $-C_3H_8O$	Toluol—1,2-Dichloräthan—Aceton—Propanol	35
$C_7H_8-C_3H_6O-C_4H_{10}O$	Toluol—Allylalkohol—tert.-Butanol	36
$C_7H_8-C_4H_8O_2-C_4H_{10}O$	Toluol—1,4-Dioxan—Isobutanol	37
$C_7H_8-C_4H_{10}O-C_6H_6$	Toluol—Butanol-(1)—Benzol	69
$C_7H_8-C_4H_{10}O-C_6H_{12}$	Toluol—Butanol-(1)—Cyclohexan	68
$C_7H_8-C_6H_6-C_6H_{12}$	Toluol—Benzol—Cyclohexan	33
$C_7H_8-C_6H_6-C_6H_{14}$	Toluol—Benzol—n-Hexan	34
$C_7H_{12}O_2-C_4H_{10}O-C_5H_8O_2$	Acrylsäure-n-butylester—Butanol-(1)—Acrylsäure-äthylester	82
$C_7H_{14}-C_6F_6-C_6H_6$	Methyl-cyclohexan—Hexafluorbenzol—Benzol	32
$C_7H_{16}-C_2H_6O-C_6H_6$	n-Heptan—Äthanol—Benzol	30
$C_7H_{16}-C_3H_8O-C_6H_6$	n-Heptan—Propanol-(1)—Benzol	31
$C_7H_{16}-C_4H_{10}O-H_2O$	n-Heptan—Isobutanol—Wasser	71
$C_7H_{16}-C_6H_6-C_{12}F_{27}N$	2,3-Dimethylpentan—Benzol—Perfluor-tributylamin	87
$C_8H_{10}-C_2H_4O_2-H_2O$	p-Xylol—Essigsäure—Wasser	39
$C_8H_{10}-C_3H_6O-C_8H_{10}O$	Äthylbenzol—1,2-Propylenoxid—Methyl-phenylcarbinol	83
$C_8H_{10}O-C_3H_6O-C_8H_{10}$	Methyl-phenyl-carbinol—1,2-Propylenoxid—Äthylbenzol	83
$C_8H_{11}N-C_2H_4O_2-H_2O$	N,N-Dimethyl-anilin—Essigsäure—Wasser	86
$C_8H_{16}-C_3H_8O-C_8H_{18}$	Äthyl-cyclohexan—Isopropanol—n-Octan	38
$C_8H_{16}-C_6H_{14}O_2-C_8H_{18}$	Äthyl-cyclohexan—Butylcellosolve—n-Octan	78
$C_8H_{18}-C_3H_8O-C_8H_{16}$	n-Octan—Isopropanol—Äthyl-cyclohexan	38
$C_8H_{18}-C_6H_{14}O_2-C_8H_{16}$	n-Octan—Butylcellosolve—Äthyl-cyclohexan	78
$C_{10}H_8-C_6H_{14}O_3-C_{12}H_{26}$	Naphthalin—Dipropylen-glykol—n-Dodecan	81
$C_{12}F_{27}N-C_6H_6-C_7H_{16}$	Perfluor-tributylamin—Benzol—2,3-Dimethylpentan	87
$C_{12}H_{26}-C_6H_{14}O_3-C_{10}H_8$	n-Dodecan—Dipropylen-glykol—Naphthalin	81
D_2-HD-H_2	Deuterium—Deuteriumwasserstoff—Wasserstoff	1
$HD-D_2-H_2$	Deuteriumwasserstoff—Deuterium—Wasserstoff	1
H_2-HD-D_2	Wasserstoff—Deuteriumwasserstoff—Deuterium	1
$H_2O-CHCl_3-CH_2O_2$	Wasser—Chloroform—Ameisensäure	50
$H_2O-CHCl_3-C_2H_4O_2$	Wasser—Chloroform—Essigsäure	53
$H_2O-CH_2Cl_2-C_2H_4O_2$	Wasser—Dichlormethan—Essigsäure	52
$H_2O-CH_2O-C_3H_6O_3$	Wasser—Formaldehyd—1,3,5-Trioxan	65
$H_2O-CH_2O_2-C_2H_4O_2$	Wasser—Ameisensäure—Essigsäure	55
$H_2O-CH_2O_2-C_6H_{12}O_2$	Wasser—Ameisensäure—Ameisensäure-iso-amylester	79
$H_2O-CH_3NO_2-C_6H_{14}$	Wasser—Nitromethan—n-Hexan	88
$H_2O-CH_4O-C_2H_6O$	Wasser—Methanol—Äthanol	4
$H_2O-CH_4O-C_3H_6O$	Wasser—Methanol—Aceton	3
$H_2O-CH_4O-C_3H_6O-C_3H_8O$	Wasser—Methanol—Aceton—Isopropanol	8
$H_2O-CH_4O-C_3H_8O$	Wasser—Methanol—Isopropanol	7
$H_2O-CH_4O-C_4H_8O_2$	Wasser—Methanol—Essigsäure-äthylester	13
$H_2O-C_2H_3N-C_3H_3N$	Wasser—Acetonitril—Acrylsäure-nitril	14
$H_2O-C_2H_4O_2-C_8H_{10}$	Wasser—Essigsäure—p-Xylol	39
$H_2O-C_2H_4O_2-C_8H_{11}N$	Wasser—Essigsäure—N,N-Dimethyl-anilin	86
$H_2O-C_2H_6O-C_3H_8O$	Wasser—Äthanol—Propanol-(1)	6
$H_2O-C_2H_6O-C_3H_8O$	Wasser—Äthanol—Isopropanol	9
$H_2O-C_2H_6O-C_4H_8O_2$	Wasser—Äthanol—Essigsäure-äthylester	5
$H_2O-C_2H_6O-C_4H_{10}O$	Wasser—Äthanol—Butanol-(1)	66

Weishaupt

$H_2O-C_2H_6O-C_5H_{12}O$	Wasser—Äthanol—Isoamylalkohol	75
$H_2O-C_3H_6O-C_3H_8O$	Wasser—Aceton—Isopropanol	10
$H_2O-C_3H_7NO-C_4H_8O$	Wasser—N,N-Dimethylformamid—Tetrahydrofuran	89
$H_2O-C_3H_8O-C_3H_8O_3$	Wasser—Isopropanol—Glycerin	64
$H_2O-C_3H_8O-C_4H_8O$	Wasser—Isopropanol—Butanon-(2)	11
$H_2O-C_3H_8O-C_4H_{10}O$	Wasser—Propanol-(1)—Butanol-(1)	67
$H_2O-C_3H_8O-C_6H_{14}O$	Wasser—Isopropanol—Di-isopropyläther	12
$H_2O-C_4H_{10}O-C_6H_{12}O_2$	Wasser—Butanol-(1)—Essigsäure-n-butylester	79a
$H_2O-C_4H_{10}O-C_6H_{14}$	Wasser—Isobutanol—n-Hexan	70
$H_2O-C_4H_{10}O-C_7H_{16}$	Wasser—Isobutanol—n-Heptan	71
$H_2O-C_5H_4O_2-C_6H_6O_2$	Wasser—Furfurol—5-Methyl-furfurol	80
$H_2S-CH_4-CO_2$	Schwefelwasserstoff—Methan—Kohlendioxid	15
N_2-Ar-O_2	Stickstoff—Argon—Sauerstoff	2
O_2-Ar-N_2	Sauerstoff—Argon—Stickstoff	2
$O_2S-C_5H_{12}-C_6H_6$	Schwefeldioxid—n-Pentan—Benzol	22

6.2.2 Alphabetische Übersicht der ternären und quaternären Gemische nach Stoffnamen

Um das Auffinden eines Gemisches zu erleichtern, sind in nachstehender Tabelle alphabetisch die Namen aller Stoffe aufgeführt, die in Kapitel 4 als Komponenten eines Gemisches vorkommen. Die angegebenen Nummern kennzeichnen die Gemische, in denen der betreffende Stoff als Komponente enthalten ist. Sucht man ein bestimmtes Gemisch, dann wähle man unter den angegebenen Nummern diejenige aus, die für alle Komponenten des Gemisches gleich ist.

6.2.2 Alphabetical index of ternary and quaternary mixtures according to names of substances

In order to facilitate the search for a particular mixture, the following table shows alphabetically the names of all substances which occur as components of mixtures in Chapter 4. The numbers indicate the mixtures which contain the individual substances as a component. In searching for a particular mixture, the number which applies to all components of that mixture should be looked for.

Stoff	Gemisch Nr.	Stoff	Gemisch Nr.
Aceton	3, 8, 10, 25, 35, 40, 42, 45, 46, 48, 62, 63	Ameisensäure-isoamyl-ester	79
Acetonitril	14	Argon	2
Acetylen	16	Benzol	20, 21, 22, 23, 24, 25, 26, 27, 28, 29, 30, 31, 32, 33, 34, 44, 45, 54, 57, 59, 60, 61, 69, 76, 84, 87
Acrylsäure-äthylester	82		
Acrylsäure-n-butyl-ester	82		
Acrylsäure-nitril	14	Butadien-(1,3)	19
Äthan	16, 18	n-Butan	18, 19
Äthanol	4, 5, 6, 9, 27, 28, 29, 30, 51, 66, 75, 84	Butanol-(1)	66, 67, 68, 69, 79a, 82
		tert.-Butanol	36
Äthylbenzol	83	Butanon-(2)	11, 61
Äthylcyclohexan	38, 78	Buten-(1)	19
Äthylen	16	Butyl-cellosolve	78
Äthylenglykol-mono-butylester s. Butyl-cellosolve		Cellosolve	72
		Chlorbenzol	44, 45
Allen s. Propadien		Chloroform	24, 26, 40, 42, 47, 48, 49, 50, 53, 56, 73
Allylalkohol	36	Cyclohexan	20, 21, 33, 41, 54, 58, 68
Ameisensäure	50, 55, 56, 79, 85		
Ameisensäure-äthyl-ester	63	Cyclohexanol	77
		Cyclohexanon	77
Ameisensäure-butylester	85	Cyclohexen	41

6.2 Verzeichnis der ternären und quaternären Gemische

Stoff	Gemisch Nr.	Stoff	Gemisch Nr.
Deuterium	1	Methyl-cyclopentan	23, 28, 29, 51
Deuteriumwasserstoff	1	5-Methylfurfurol	80
1,2-Dichloräthan	35, 41	Methyl-phenyl-carbinol	83
Dichlormethan	52	Naphthalin	81
Di-isopropyläther	12	Nitromethan	88
N,N-Dimethylanilin	86	n-Octan	38, 78
2,3-Dimethylbutan	40, 46, 47	n-Pentan	22
N,N-Dimethyl-formamid	89, 90	Perfluor-tributylamin	87
		Phenol	77
2,3-Dimethylpentan	87	Propadien	17
1,4-Dioxan	37, 74	Propan	17, 18
Dipropylen-glykol	81	Propanol-(1)	6, 31, 35, 57, 67
n-Dodecan	81	1,2,3-Propantriol s. Glycerin	
Essigsäure	39, 52, 53, 54, 55, 56, 86		
Essigsäure-äthylester	5, 13, 73	Propen s. Propylen	
Essigsäure-n-butylester	79a	Propin	17
Essigsäure-methylester	21, 24, 26, 49, 60, 63	Propylen	17
Formaldehyd	65	1,2-Propylenoxid	83
Furfurol	76, 80	Pyridin	85
Glycerin	64	Sauerstoff	2
n-Heptan	30 31, 71	Schwefeldioxid	22
Hexafluorbenzol	32	Schwefelwasserstoff	15
n-Hexan	20, 23, 27, 29, 34, 43, 44, 51, 57, 70, 72, 74, 88	Stickstoff	2
		Tetrachloräthylen	42
Hexen-(1)	43, 72, 74	Tetrachlorkohlenstoff	25, 58, 59, 76
Isoamylalkohol	75	Tetrahydrofuran	89
Isobutanol	37, 70, 71	Thiophen	84
Isopropanol	7, 8, 9, 10, 11, 12, 38, 58, 59, 60, 61, 62, 64	Toluol	33, 34, 35, 36, 37, 68, 69
		1,2,3-Trichlorpropan	43
2-Isopropoxipropan s. Di-isopropyläther		Trimethyl-äthylen	90
		1,3,5-Trioxan	65
Kohlendioxid	15	Wasser	3, 4, 5, 6, 7, 8, 9, 10, 11, 12, 13, 14, 39, 50, 52, 53, 55, 64, 65, 66, 67, 70, 71, 75, 79, 79a, 80, 86, 88, 89
Methan	15		
Methanol	3, 4, 7, 8, 13, 26, 46, 47, 48, 49, 62, 73		
Methyl-cyclobutan	90	Wasserstoff	1
Methyl-cyclohexan	32	p-Xylol	39